會稽學
會稽縣
三江所
屏風山

绍兴水利文献丛集

冯建荣　主编

广陵书社

图书在版编目（CIP）数据

绍兴水利文献丛集 ： 全2册 / 冯建荣主编. -- 扬州：广陵书社，2014.9

ISBN 978-7-5554-0151-3

Ⅰ. ①绍… Ⅱ. ①冯… Ⅲ. ①水利史—文献资料—汇编—绍兴市 Ⅳ. ①TV882.855.3

中国版本图书馆CIP数据核字(2014)第213806号

书　　名 绍兴水利文献丛集：全 2 册
主　　编 冯建荣
责任编辑 方慧君　李　洁
出版发行 广陵书社
扬州市维扬路 349 号　　邮编 225009
http://www.yzglpub.com　　E-mail:yzglss@163.com
印　　刷 江阴金马印刷有限公司
开　　本 787 毫米 ×1092 毫米 1/16
印　　张 63.75
字　　数 1009 千字
版　　次 2014 年 9 月第 1 版第 1 次印刷
标准书号 ISBN 978-7-5554-0151-3
定　　价 208.00 元

（广陵书社版图书凡印装错误均可与承印厂联系调换）

绍兴水利文献丛集

主　编：冯建荣

副主编：邱志荣　赵任飞

编　审：（按姓氏笔画）

陈鹏儿　徐智麟　鲁先进　魏义君

编 委 会

点　校：

《三江闸务全书》主要标点者：邹志方

《经野规略》《浦阳江测绘报告书》《麻溪改坝为桥始末记》《绍兴县麻溪坝利害纪略》标点者：方俞明

《上虞塘工纪略》《上虞县五乡水利本末》《上虞五乡水利纪实》《上虞塘工纪要》标点者：应志铨

民国《绍兴县志资料第一辑·塘闸汇记》标点者：吕山

民国《绍兴县志资料第二辑·地理类》标点者：谢炳武

参编单位

绍兴市水利局

绍兴图书馆

绍兴市鉴湖研究会

绍兴市水文化教育研究会

凡　例

一、是书共遴选9部文献，增附3组资料，是为绍兴水利文献的历史精华和治谱。

二、各水利文献以权威版本为底本，参校其他版本，审慎标断，用现代通行符号标点，力求简明。阙字无从考证者，用“□”标示。底本讹误者径改不出校。含义易混处依照原字，句读难通处亦照原字。

三、底本用字或繁或简，或正或异或俗，前后不一者，一般统一改为简体。少数人名、地名为存文献原貌，不予统一。水利工程段用千字文排序字号时，不能任意简化，如“髮”不能为“发”，“薑”不能为“姜”，以免混淆。

四、底本繁体竖排，原有之敬谦格，现整理横排只能爰而舍之。原双行及单行小注，加括号而仍小之。原书有颠倒之页，参详而理之。原文有校勘记、注释者，一律照录。

五、《丛集》中各书，仍按原版次序排列。原书一般有目录，或与正文不完全一致，为存文献原貌，现各书之前保留原目，《丛集》之前新制总目。

六、底本数字均为汉字数字，无阿拉伯数字，原书中之各种统计表，涉及的数字较大，且带有小数点，现一律改为阿拉伯数字，以便阅读。

七、是书各文献为不同作者整理，分别为邹志方、方俞明、应志铨、吕山、谢炳武。疏漏之处，敬祈指正。

目　录

上　册

闸务全书

塘闸汇记

民国绍兴县志资料第二辑 第二类 地理

下　册

经野规略

麻溪改坝为桥始末记

附

上虞塘工纪略四卷

上虞五乡水利本末

上虞塘工纪要

上虞五乡水利纪实

咸丰元年起捐修柴土塘并石塘各工案

闸务全书

山阴程鹤翥鸣九辑著　男式昭汇编

孙学濂正字　漱玉斋梓行

序　一

《闸务全书》与《闸务全书・续刻》合并点校出版，这是绍兴文物事业上的一件大事。因为二者都是稀籍，而后者更是稀中之稀。假使仍由少数几处馆室作为善本收藏，年代稍久，则水火虫蛊，或即亡佚不传。何况潮流多变，一时举国大破“四旧”，洛阳白马寺的收藏可为殷鉴[1]。一时大兴重商，人们只知证券、股票一类之可贵，对此等珍稀古籍视同芥蒂。其实，社会世态多变，但文化文物属于永恒。经籍文献，是我国优秀文化的主要载体。华夏文明，就是这样传承下来的。所以能看到此二种稀籍的合并整理出版，中心雀跃，不可言表。

“闸务”的“闸”，指的是明太守汤绍恩主持兴建的“三江闸”，故此书按《振绮堂书目》卷三著录作《闸务全书》。“三江”，当然是三条河流，即曹娥江（西汇咀）、钱清江和若耶溪（后称直落江）。在明代兴建三江闸之时，此三江流贯的平原地区，已经是一片富庶的水乡泽国。但成书于战国的《禹贡》记及这个地区是“厥田惟下之”[2]，被视为当时的最低等级。所以要议论此二书的重要性和与之相关的这片平原，还得从较早的时代说起。这个地区，从地质年代第四纪晚更新世以来，我们已经掌握了自然环境变迁的确实证据，即气候有暖季与冷季的交替，水体有间冰期与冰期的交替，海陆关系有海进与海退的交替。这三种交替都是彼此呼应的，而气候是其中的主导。我在拙撰《史前漂流太平洋的越人》[3]一文中，曾绘有《假轮虫海退时期今浙江省境示意图》。当时的省境面积，几乎超过当前的一倍。按 ^{14}C 测定的时期[4]是在距今 14780 ± 700 年的古地理学（Palaeogeography）研究的时代，所以可置勿论。但拙文也绘有《卷

1　录《洛阳市志》第 13 卷《文化艺术志・概述》：“1966 年 6 月，洛阳出现造反组织；8 月，毛泽东的《我的一张大字报——炮打司令部》出现在洛阳街头，从而把洛阳市的‘文化大革命’推向了高潮。各种名目的‘造反’组织，以破‘四旧’为名，捣毁文物、破坏古建筑、烧毁古籍。他们在白马寺烧毁历代经书 55884 卷，砸毁佛像 91 尊。……这种疯狂的大破坏后，洛阳市古代泥塑和近代泥塑无一幸存。”（《洛阳市志》，中州古籍出版社，1998 年出版）

2　《禹贡・扬州》。

3　《文化交流》第 22 辑，浙江省对外文化交流协会主办，1996 年出版。

4　以从黄海零点以下五十余米取得的贝壳堤测年的数据。

转虫海进时期今浙江省境示意图》，图示今省境之内的所有平原、盆地都沦为海域，其时在全新世之始，距今约12000年，当时，人类有组织的生产劳动已经开始，在学科上已属历史地理学（Historical）的研究领域。当年东南和华南所谓百越部族，都进入附近山区。海进并不是突发的洪水，它是随着海面的升高而逐渐进入陆域的。越人因海水的进入，自北而南逐年后撤，今河姆渡一线，是当年越人在平原的最后定居点，则为时可确定为距今7000年。这次海进，到距今约5000年以后从其鼎盛而趋向退缩。所以上述这座三江闸所汇聚的三江，是在卷转虫海退以后，随着平原的出现而形成的。

与海进一样，海退也是一种多年持续的过程。越人从会稽山区进入平原，也有一番复杂的历程。因为海水是逐渐北退的，平原也是逐渐扩展的。而且随着海退而出现的平原，当然是一片泥泞沼泽，一日两度的咸潮，土地斥卤，垦殖维艰，越人是依靠会稽山外流的河川溪涧（即所谓“三十六源”）和天然降水，筑堤建塘，拒咸蓄淡，一小片一小片地从事垦殖的。所以越大夫计倪曾说过“或水或塘”的话，而《越绝书》中就已有诸如吴塘、练塘等的记载[1]，其中有些堤塘名称，至今仍然存在。

前人对这片沼泽地的改造是历尽辛劳的，而在这个过程之中，第一项改天换地的伟大创造，则是后汉顺帝永和五年（140），会稽郡太守马臻在会稽山南麓以北这片沼泽棋布、堤塘参差的地区，利用前时陆续建的堤塘，加以培固、增补，并连结封闭，从而形成了一个后来称为镜湖（以后又称鉴湖）的巨大水库。对于这个水库的重要价值，我在拙撰《古代鉴湖兴废与山会平原农田水利》[2]一文中已经详述。按今1∶5万地形图测估，这个水库的面积超过200平方公里，其所积蓄的淡水，当然可观。马臻创湖的目的，当然是为了对这片广大平原的进一步垦殖，所以在沿湖堤塘上修建了一系列排灌设施。按其大小及在排灌上的重要性，分别以斗门、闸、堰等称谓命名。曹娥江下游当时尚不涉此，浦阳江则与此无关。在会稽山外流诸水中，以从今平水镇一带北流的若耶溪为“三十六源”的巨流，为此，马臻在对此巨流以北约三十里的濒海（钱塘江下游，当时称为后海）之处，由于在地形上有金鸡山和玉山两座孤立丘阜之便，在此二山之间，修建了水库泄水入海的枢纽，即平原上众多堰、闸、斗门之中的玉山斗门。后因陆域扩展，此斗门处所形成的聚落就称为斗门（陡亹）镇，

1 均见《越绝书》，计倪言见此书卷四，堤塘名称见此书卷八。

2 《地理学报》1962年第3期，又收入于《吴越文化论丛》，中华书局1999年出版。

至今犹存。

有几句题外之言需要穿插。我当年曾担任过浙江师范学院地理系的经济地理教研室主任，按照部颁教学计划，地理系高年级学生，需要有一次经济地理和城市地理的田野实习，而此事是由我主持的。我当时已经选定了宁绍平原和舟山群岛作为我们的实习基地。由于很想探索平原西部，即当时已由我称为“山会平原”（因原属山阴、会稽二县）在镜湖落成及其水体北移以后的变迁。因为这种变迁可以窥及平原的开拓和垦殖情况，而这种情况，往往可以从各时期修建的闸坝等水利设施中反映出来。我在《天下郡国利病书》及绍兴的几种志书上，都看到过戴琥在明成化年间（1465~1487）所立的《水则碑》，各书记载的碑文略同。从碑文揣摩，玉山斗门到明成化年间，仍是越地的重要水利枢纽。所以很想找到原碑核实此事，因此几次在佑圣观前寻觅，却始终未得见到。记得是1962年，当时年轻能走，我在久索不得以后，忽然想到了几年前见面过的尹幼莲先生。他一直在越城，而且留意当地山川地理，或许能通过他获知此碑线索。经过多方查询，始知他已经改业行医。结果是在上大路“七星救火会”对面的屋舍中，找到了挂牌行医的尹先生，即就此事与他谈论甚久。承他所告，他年轻时确曾在佑圣观前见过此碑，以后虽不留意，但此碑确已不存。最后他又提出一种设想，这一带后来夯筑了不少“泥墙”（用夹板泥土夯筑，不同于砖砌，绍兴人称“泥墙”），是否可能将此碑夯入泥墙以省工料。尹先生的设想或许颇有可能，于是我又再次前往察访。在此处往复多次，见到宝珠桥下的一堵泥墙，从墙的根基上细察，似有以碑入墙的可能。由于此墙不属民居，可能是当年因护桥而筑。于是我即在附近觅得几块碎瓦片，按此墙基底略露痕迹处用劲刮擦，发现确是碑石。不过因为所夯泥层甚厚，我的刮擦很难得力。但毕竟碑石渐显，而隐约可见“水”、“田”等字。虽然已感筋疲力尽，但仍奔往都昌坊口附近的“文管所”，造访我已熟识的方杰先生，告以我在宝珠桥下之所发现。方杰先生即于稍后，雇工将石碑取出，并修补泥墙。事后告我，碑文与各志所载符合。至此，我始确识，从马臻成湖，到南宋水体北移，以至明成化年间，玉山斗门在越地水利中的枢纽地位，依然未变。

但事实上变化是渐进的，自从“（嘉定）十二年，盐官县海失故道，潮汐冲平野三十余里，至是侵县治”（《宋史·五行志》）的现象以来，虽然屡有反复，但钱塘江总的变化趋势是南淤北坍。玉山斗门当年濒海，以后必有涨沙，只是没有确切的资料而已。三江口的“三江”，原来只是“二江”，即曹娥江（西汇咀）和若耶溪。但我在拙撰《论历史时期浦阳江下游的河道变迁》[1]一文中曾经提及，由于浦阳江下游碛堰的开凿与浦阳江改道之事，陈吉余先生曾把这种改道称为“浦阳江的人工袭夺”[2]。改道的结果是浦阳江和钱清江的关系从此中断，钱清江从此也注入三江口。则明成化以后，斗门（陡亹）老闸以北的沙地，必然大有淤涨，促使了在老闸以北修建新闸的必要。不过在当时，曹娥江、钱清江以及斗门老闸废弃后的若耶溪，都是直通后海的潮汐河流。三江汇聚一处，汹涌澎湃，要在这个地区兴建新闸又岂是易事。在这种事在难为却又事在必为的情况下，汤绍恩太守当然是经过详勘细察才选定这处建闸地址的。此处位于马鞍山之东，山基绵亘，火成岩横越基底，显然是新闸兴修的有利位置。工程开始于嘉靖十五年（1536）七月，历半年而于次年完成。其闸原设计为36孔，施工过程中，因地制宜，因工所需，最终改为28孔，全长103.15米。由于闸座全依天然岩基而建，所以各闸孔之间的深浅并不一致，最深者5.14米，最浅的仅3.4米。闸身全部用块石叠成，石体巨大，每块多在500公斤以上，牝牡相衔，胶以灰秫，灌以生铁，当然可称坚固。此闸建成以后，由于钱清江和若耶溪均成为内河，山会平原向北延伸，面积当然有所扩大。不仅使垦殖事业获得发展，对平原的旱涝灾害也有所缓解。正是由于此闸的重要性，拙编《绍兴地方文献考录》[3]中，才得以收入有关此闸的文献达三十余种。而《闸务全书》及《闸务全书·续刻》是其中的荦荦大者。此书整理点校出版以后，稀籍获致流传普及，所以这当然是绍兴文物事业上的一件大事。

事物当然继续有所发展。由于钱塘江下游在清初完全北移，原来作为江道的南大门成为大片称为南沙的沙地。三江闸以北也有大片沙地淤涨，为此在汤公所建的三江闸以北三里，又于1983年修建了新三江闸。汤公主持兴建之闸，在经历了四百余年以后才完成了它的任务。此闸在越中水利史上所作的贡献，当然是永垂不朽的，《闸务全书》及《闸务全书·续刻》之所以成为越中水利要籍，也正是为此。“于汤有光”，绝非泛泛之言。现在，由于此二书的普及问世，越人都可以了解此中全过程了。

陈桥驿

2013年6月于浙江大学

---

1 《历史地理》创刊号，上海人民出版社，1981年出版，又收入于《吴越文化论丛》。

2 《杭州湾地形述要》，《浙江学报》1卷2期，1947年。

3 《绍兴地方文献考录》，浙江人民出版社，1983年出版。

序　二

夫水能滋润万物、载舟生民，亦会泛溢九州、覆舟逆命。故水居五行之首。太史公尝叹曰："甚哉，水之为利害也。"[1]越地背山面海，昔时水旱频繁，民生维艰。春霖秋涨，民苦暴泄；数日不雨，民苦涸旱；潮汐横入，民苦泻卤。管子尝谓"越之水浊重而洎，故其民愚疾而垢"。[2]是故自大禹始，历代守越者，多以兴水之利、治水之害为要务，终至代有所成。放翁称"今天下巨镇，惟金陵与会稽耳"。[3]明人云"浙之为府者十有一，而无敢于绍兴并者"。[4]

噫吁嚱，以治水而论英雄，于越地建丰功伟业者，汤公绍恩堪称一也。绍恩者，于绍兴有恩之公也。明嘉靖间，公自德安来守越，建应宿大闸二十八洞，筑捍闸塘及要关两涯，以节宣山阴、会稽、萧山三邑之水，使海潮咸水难入内，河湖淡水不易涸，以广丰阜饶沃之土。"自是，三邑方数百里间无水患"，[5]越民永赖矣。汤公亦由是而名副其实哉。兹后，越中良守贤牧、乡宦缙绅，多景仰汤公，留心闸务。尤有如万历间之知府萧良干、乡贤张元忭；崇祯间之知府黄䌹、山阴主簿许长春、会稽主簿曹国柱，乡贤余煌；康熙间之知府王元宾、乡贤姚启圣；乾隆间之知府吴三畏、乡贤茹棻；道光间之知府周仲墀者，继往开来，修治经营，越民大利焉。

昔者，大禹虽苦身焦思，胼手胝足，使无"金简玉书"[6]，亦恐难平洪水。理论指导之要，于此显而易见矣。清康熙时，有乡贤程公鸣九者，博学善文，心念万民，洞察隐微，深思远虑，广搜博采，酌古准今，将汤公与绪业者建修之诸务，汇为《闸务全书》上、下两卷，庶几前贤之伟绪，不至湮没不彰，而从来吏治之道，亦斑斑可睹矣。道光间，又有三江闸五修之提议与参与者公平衡，晚年

1 《史记·河渠书》。

2 《管子·水地》。

3 嘉泰《会稽志》陆游序。

4 万历《绍兴府志》后序。

5 《明史》卷二百八十一列传第一百六十九《汤绍恩》。

6 《吴越春秋》卷六。

号两渔者，为有裨闸务，以告来者，遂不惮琐述，再编辑而成《闸务全书·续刻》四卷。其与《闸务全书》，堪称珠联璧合哉。赖于两书，诸公治水之功绩，历历在目；之品德，昭昭示天；之方略，井井于人；之技术，丝丝相传。嗟夫，程、平两公是举，洵可谓山高水长、媲美修闸焉。

今者，闸之蓄泄功能已尽，然书中所蕴诸公之功绩、品德，所载大闸之方略、技术，仍然熠熠生辉，尤当永垂不朽。

事贵成书，书贵用世。然如此佳籍，惟见善本收藏，难予大众阅读，深惜矣。今将《闸务全书》及其《续刻》合并点校，付梓出版，稀籍获致流播，良书得以普及，实乃水利与文物事业之喜也。

雀跃之情，不可言表。性之所至，缀成数语。

是为序。

癸巳年七月初五，冯建荣撰于会稽投醪河畔。

闸务全书

上　卷

原　目

序

下卷

序　一

吏治之道，由来尚矣。求其深切民依，因地制宜，害去而利兴，为一方计久远者，治固不易言，吏更不数觏，若吾越刺史笃斋汤公，非其人欤？越州盖泽国也，势最洼，潮汐腾啮，倾注内地，为山、会、萧三邑巨患。厥初无论矣，即汉唐宋元以迄明兴，田禾强半不登，民厉征输，庐舍恒难保其飘没。天不弃越，笃生异人，得公来守是邦，权其利害，存其利在水者，去其害在水者，爰相地脉之高下，源委之会归。去郡治三十里许，按经星建闸，号曰“应宿”。嗣是而捍御有备，旱则闭以蓄之，田足于灌溉；涝则启以泄之，稼不致浸淫。三邑之民，安居乐业，而输将自亟。其视昔之穿渠引洮，后先辉映，深切民依者，功何让哉！余弱冠时，憩游其所，泥首汤祠，窃尸祝焉，恐后无继。则闸久而渐敝，民复危矣。讵意叨公冥庇，事合机缘，承乏闽制，因慨然兴叹，谓夙昔所心期者，今则可以赎吾愿。为梓里计也，捐俸营缮，虽王事鞅掌，未遑躬任厥劳，而解橐之余，亦得弥缝其什一。然微名宿儒生，穷源竟委，勒之简编，后有同志，未由循其榘矱而遵行之。程子鸣九，余女兄倩也，留神经济，老而弥笃，广搜博采，酌古准今，汇为一册，名曰《闸务全书》。地形水势，了若指掌，洵后人之金鉴哉！窃念创始者笃斋汤神，绍往者萧、余二前辈，余则踵而新之。我鸣九则又统集成绩，垂诸永久，授诸锲梓，庶几前贤之伟绪，不至湮没不彰焉，而从来吏治之道，亦斑斑可睹矣。是为序。

康熙岁在癸亥嘉月，眷同学弟姚启圣熙止氏顿首漫题。

序　二

士君子尽心利济，使海内人少他不得，则天地亦少他不得。盖世界原自缺陷，人心本自圆满，吾人当以圆满之人心补满缺陷之世界，无论或出，或处，或创，或继，或述，皆可以大公无我之心，存万物一体之念，而经纶参赞，出其中焉。天下大势，西北高而东南下，神禹奠之，凿龙门，辟伊阙，以成决排疏瀹之功；东南大势，荆扬高而吴越最下，东汉会稽郡守马臻，唐武肃王钱镠奠之，筑南北堤，营捍海塘，以兴灌溉渔盐之利；若吾越大势，三江为尾闾，而山、会、萧之水归之，浙江、曹娥、钱清之江，又会焉。故三邑频多水患，潦则苦浸，旱则苦涸，田卒污莱、民号饥溺者匪朝伊夕。明时，汤公绍恩，嘉靖间自德安来守越，思所以奠之，建应宿大闸二十八洞，筑捍闸塘及要关两涯，以节宣三邑之水，使海潮咸水不能入内河，淡水不易涸，以广丰阜饶沃之土，越民永赖焉。然权其大概，大率五十年，水石冲啮，势不得不修，踵公后者，当道则有郡守萧公，荐绅则有修撰余公，俱以明时，后先递勷闸政。迄今皇清，闽督姚公，独捐俸数千金，力为修治。又郡守胡公祖莅吾越，下车问民疾苦，知一郡之丰凶，系闸板之启闭，而启闭之缓急，又系筑闸之工食。戊午，朝廷以兵饷亟需裁其半，于是板筑费缺，启闭愆时，绍民岁岁苦饥矣。公蹙然悯之，暨山、萧两邑，共捐田三十亩，以租米给板镘塘闸银，悉给为工食，垂于永久。若此数公，皆以大公无我，心存万物一体念，为社稷苍生福，可称邦家之光矣。然前人创之，后人不能继，即或能继之，而其所以创与继，后人或不能述。当其时，焦心劳思，每深经营惨淡之苦，一有不当，非徒无益，而害即随之，何所视法，以永越民万世之利，而保百年不坏之功，此程君鸣九《闸务全书》之所由昉也。程君为会邑诸生，博学善文，数奇不遇，多究心经济之务，三江其土著也，故能备考闸政之巅末，详晰规制利害，审形势，酌权宜，洞察隐微，尽发秘奥，直言示人，其亦以大公无我心，存万物一体念，后之良二千石贤有司洎乡先生，一览了然，丰功伟业，便可立就其功，与创继者等。昔神禹治水八年，使无《禹贡》一篇，则治水之道不详。若汤公与诸公之建修诸务，使无全书一录，则节水之计罔据，岂非皆天地间不可少之人，以补世界之缺陷者哉！昔人有曰："莫为之前，虽美不彰；莫为之后，虽盛不传。"是书也，梓而行之，列之府志，板藏汤祠，仁人之言，其利溥哉！余乐得而读之。是为序。

康熙甲子阳月，鉴水眷同学弟鲁元炅棐园氏拜撰。

序　三

余友程子鸣九，少游黉序，日习举子业，登群玉之巅，胸富五车二酉，兼能留心经济，慨然有澄清海宇之志，凡兴革利弊，关切民生者，无不详加考究，务期有济于当世，奈数奇不偶，始工著述，更欲藏之名山，以垂不朽，庶几不得著之于实事者，犹得见之于空言乎？他如诗、古文、词，姑不具论。即如吾越有应宿大闸，为一郡之咽喉，系三邑之利害，创而建之者则郡守笃斋汤公也，踵而修之者则郡守拙斋萧公也。厥后本郡缙绅若武贞余公，近日忧庵姚公，皆出身任事，竭力经营，以绍前绪，可谓懋矣。然未闻有能悉其颠末，纪载其事者。若神禹治水，得金简玉字于宛委，是神禹治水之功德传矣，而所以治水之方略不传也，设有能纪其事而得其传者，则神禹之功，谅不难于再见。今去汤萧诸公不远，当日建修之事，不能得之于见知者，犹可得之于闻知。使今日无一人纪其事，将事久年淹，后之人几不知创而建之者为谁，踵而修之者为谁，并不知其如何建，如何修，传闻不确，亥豕多讹，往往然也。抑或有父老能言其事，又苦鄙陋不文，举一漏百，遗前失后，何能悉举前贤之事实，而一一表章之乎？程子鸣九，家世三江，躬在闸所，非得之于目见，即得之于耳闻，因而述所见证所闻，条分缕析，辑成一集，名曰《闸务全书》，不特汤萧诸公之功德赖以不朽，即诸公相度之苦心经营之方略，其于夫匠、工程、物料、价值，一一详于简端，使后有膺修闸之举者，展卷了然，不烦更费心计。则是集也，洵为修闸之章程，较之仅传治水功德而方略不传者，似反过之。其有功于诸公固多，造福于三邑亦非浅。程子之空言，谓程子之实事也。可付之剞劂，与星闸并传不朽。吾友程子亦因是书而不朽矣。是为序。

康熙乙丑嘉平月，眷同学弟李元坤至庵氏拜题于若耶溪之静远堂。

序 四

於越千岩环郡，北滨大海，古泽国也。方春霖秋涨时，陂谷奔溢，民苦为壑，暴泄之；十日不雨，复苦涸；且潮汐横入，厥壤泻卤。患此三者，以故岁比不登。先贤于玉山、扁拖等处建诸闸，酾引水势，然未扼其吭，其吞噬震荡犹故也，罔奏厥功。嗟夫，非常之役，造物者往往笃生伟人，以仔肩之。郡守汤公绍恩，来莅兹土，治行称最，乃以三江地当数邑水冲，控带万壑，度形立闸，上应列星，跨山截海，规制壮阔，屹然成今古巨障，民无旱干水溢之咨，而有黍稷桑麻之喜者，皆出公赐，公之明德远矣哉！迨后二千石萧公良干，踵公遗绪，增葺之，遂益巩固。又前贤余公煌，迄今姚公启圣，相继缮完，所费无虑千百计。大约越五十载，一为饬治云。盖闸势陡险，水土木石日夜相射激，浸假蚁穴，浸假鲸波，其驯致然耳。嗟夫，世有作者，后必待继者，继者不乏人，则作与继均可不朽。古来为德为民，凡事莫不然，况斯闸之关於越重且巨乎。余故日望后之贤大夫荐绅先生，晓畅利病，尽如前数公者之尽心民事也。程子鸣九，三江布衣耳，伏处户庭，殷忧饥溺，裒述应宿规制，次第成书。余读之叹曰：嗟夫，世之都通显，跻华膴，扬历中外者众矣，所为捍灾御害，殁可社祭者何鲜也。若乃文人掞藻，学士著书，居然自命大雅，即邦之人相与宗师之，咸奉其文词为珍璧，然卒皆空言，何裨实用？若程子者，可以风矣。是书精揵臿石菑之用，密罅漏啮决之防，经纬变通，条贯眉列，其识远，其思深，其言约而能该，俾后之贤大夫荐绅先生考镜端委，以永厥功，庶无苟且因仍之弊也，云尔。嗟夫，程子之风，洵山高水长矣。

康熙丁卯仲春花朝，眷同学弟罗京周师氏拜手撰。

附

汤神事实录

郡守汤侯，讳绍恩，号笃斋，四川叙州府富顺县人。由进士出身，任守是郡。为人宽厚长者，其政务持大体，不事苛细。与人不欺，人亦不忍欺。朴俭性成，内服疏布，外服皆其先参政公所遗。始终清白，亦未尝以廉自居。度量宏雅，遇士大夫有礼，尤喜延接诸生。诸生事涉身家，必委曲调护，然亦未尝废法也。郡濒海，每受潮患，逢淫雨泛溢，决塘泄水，苗槁泉枯，且筑堤之役，殆无虚日，民甚苦之。侯相度地形，乃于三江建大闸二十八洞，蓄泄以时，其漂泊枯槁之害遂息。由是萃山、会、萧三邑周围八百里土田，永享亿万载不没之水利，凡彼沙渚，皆成沃野，民沐甘棠之泽。建祠立像以奉之，如侯犹在也。於戏，功在黄云白浪，事同辟土开疆，其事非常事，人非常人也。侯每公出，前导必悬两炉爇香，亦薰德善良之意，越人为之语曰："府香炉，县铁索，一为善，一为恶。"在郡六年，乃迁按察副使，备兵宁绍，镇静辑和，大都如郡时。官终山东左布政，其政绩美不胜书，宁止水利一节哉？今估约举数端，以概其大云。

康熙廿五年丙寅五月，程鹤翥谨识。

诸君子歌颂政绩引

（嘉靖丁酉至升任，凡九首。壬寅，郡民周嗣和记载。）

两川间气引

失　名

古之圣贤才士，能以道德文章，著名于时，流光于后者，必有山川精淑之气钟焉。是以申甫之于藩于宣，诗人以为维岳降神，而三苏之奇才伟气，雄文博览，君子亦谓其得眉山之秀，其理至不诬也。蜀，古梁州之域，而梓潼郡据涪水上游，尤为西南一大都会，故昔之名贤，多产于是。政事若冯灏，诗词若李观，文章勋业若苏易简，耿耿不磨，辉映古人。而我夫子实生于潼焉，则所以钟其秀气而全其美德者，盖有自矣。今观其胸次光明，度量雄伟，如青天白日，长江大河，而文章政事，迥不可及，是又兼冯李诸公之长，岂非山川之间气，不恒有于天下者也。方今克修侯度，用觐天子，诸生素沐夫子之教，而知夫子德政之深也。不能不咏歌于斯云。

庙堂雅量引

毛　翼

庙堂者，天子与宰相坐论之地也。然世称贤相，必曰雅量者何？盖宰相之道三，曰才，曰器，曰度。万几之地，非才固不可滥膺。有才矣，而器弗凝重，则不足以师表百僚；有才与器矣，而量弗宏，则周章急迫，刚愎任情，亦未有不祸天下。故三者之中，度量为上，德器次之，才美又次之。吾夫子玉色金声，扬休山立，优于器矣；剸繁理剧，所向无前，优于才矣；乃兹独以雅量见称，盖指所重而言也。翼尝端拜下风，见其处己接人，应机宰物，中正明达，乐易和平。方寸之中，空空洞洞，无涯岸城府，殆有包括宇宙之意。使其得君，必当不动声色，措天下于泰山之安，与韩魏公相为上下，安石雅量，不得专美于前矣。虽今日之资，去宰相有间，循此德业，有不至宰相者乎？异日庙堂之上，能致君尧舜，开世雍熙者，必吾夫子也。诸生谨拭目以俟。

功全禹迹引

王文镃

三江建闸，万世利也。何也？越阻山滨海，百川会归之地，积雨弥时，洪水泛涨，膏腴之壤，渺为巨浸，而业农者病焉。故每决堤以泄之也。噫，堤决而民之受害也多矣，其涸也可立而待也。既不足以备灌溉之利，而潮汐内冲，反贻漂泊之患，而且筑堤之役，无虚日矣。夫三江两山相峙，实居海口，建闸泄水，兹其宜也。但留心于此者，恒骇其难成，而弗敢任其责。夫子来守，兹治首讲水利，以三江建闸，系丰凶也，故谋协神人，斯举其事。洞惟二十有八，应天象也；堤跨四百余丈，捍潮患也；不两年而告成，又见人心之竞劝也。夫兹闸之建于三江者，地形卑而浚之易，万流聚而堤无容于决矣。且垦田万余顷，以业贫民，贤侯兹举，宁止为蓄泄哉？故曰，三江建闸，万世利也，食兹德者，曷容无言哉？故功全禹迹，咏以为夫子朝天赠焉。

修明礼乐引

娄　志

国家以礼乐风化天下，故春秋释奠以乐，而士民祠室，悉遵紫阳之旧，所以和神人，别统系也。历世既久，人心渐不古，若乐崩于教弛，礼废于俗尚，是以合奏乐舞，甚至不能饬器，而祖祢之世次，虽有识者，亦鲜克知焉。我夫子莅兹郡，见其弊而思以振起之，特遣人之临安，延道士之善声容者，以训乐工，刊文公家礼式，以颁士类，故越人翕然睹国家礼乐之盛也。君子曰，大人举礼乐，天地将为昭焉。我夫子有之。

振举纲维引

胡朝臣

予尝博览。夫古之善治者,匪谓其有膂力之刚,足以纠纷而解乱也,其操之有要,其运之有术,是以事不顺而民治。矧二千石之选,尤天下治乱之所关者。上而监司据其殿最,以为进退,下而僚属视其取舍,以为贤否。汉宣尝曰:"与我共此者,其为良二千石乎?"诚确论也。后世此义不明,任职者唯以分争辨讼为能。噫,为政大体,果在是乎?我夫子莅郡之初,重学校,表行义,发潜德,纲之纪之,与民宜之。凡粮储、水道、理刑之类,悉皆分之僚属,夫子考其要,受其会,以总其治而已。是以公庭之上,琴鹤悠然,初无案牍之劳,而治化裨于八邑。《白虎通》曰:"大纲小纪,所以张理上下,整齐人道也。"夫子其深于是者乎?

黉序春风引

胡　秀

国朝建学校造士,实与三代比隆。越为东浙名郡,人才颇多。前守虽心于是,然未有若夫子之独至者。下车他务未遑,即视学,病其旧制之隘,堂舍墙垣之敝,因为开辟而修葺之。时至其中,相与讲论同异,推诚布公,未始私昵,分题作课,亲为裁正。接见虽烦剧,必束带,请益虽寒暑,宵旰不倦,谆谆以圣贤之学诲诸生。诸生不克自强,怃然曰:"圣功不成,蒙养弗端也。"慎之于始,顾不易哉!因立社学条约,翻刻文公小学,以训童蒙。朔望,塾师率童蒙参谒,则亲教以小学之方,偕僚属观其习冠、婚、投壶等礼,而赏劳焉。故士无贤愚大小,皆得以均沾化育之神,以致文教大振。说者谓夫子成就后学,殆犹春风之鼓舞万物,兹所以有黉序春风之咏也。

闾阎冬日引

垫　敬

闾阎冬日者,志爱也。夫四时之日,皆以宣万物,而独以冬名之者何也?盖隆冬之时,天地之气不相升降,而固阴沍寒,薄于两间,惟夫暾日既出,则虽山谷之僻,鄙牧之远,穷檐蔀屋之陋,皆得与阳和之泽矣。绍兴古称大郡,迩年以来,财困于征求,力穷于繁役,譬诸隆冬盛寒,而万物皆萎也。夫子膺简命守兹土,下车以来,首询民瘼,而思以更生之。缓刑狱,务存恤,老疾者有养,贫弱者有贷,不能丧葬者捐俸以助之。是以两期之间,民渐苏息,譬诸隆冬而遇暾日,严凝之威为之解释者也。故时人目之为冬日云。

诚感商霖引

马　晋

嘉靖丁酉岁，自四月不雨，至秋七月，河流且竭，我稼尽槁。百姓呼吁于野，夫子心甚忧之。时有父老进曰："郡有道士，能以术致雨，城之南有龙池，致其神可得雨。"夫子方忡忡尔思，忧百姓之无年也，如父老请。时民畏炎暑，行道者寡，夫子不御隶人，不烦仆夫，素服徒跣，率诸僚属，相与伐鼓于社，祇告于名山大川。其诚翼翼，其力匪懈。既而天果惠我甘霖，距亘千里，禾槁者咸若厥性，是岁秋遂大稔，吾民百室皆盈。歌曰："旱为虐，暵其修。汤为霖，年大有。"以夫子汤姓而感霖雨，以惠厥民也云尔。

三代遗才引

胡守贞

嗟乎，三代之英，风微响绝，邈乎无以继焉久矣。孔子去古未远，犹曰未逮，矧后世乎？然窃观古今人之不相及，无几也。大抵古人心迹光明，无纤芥可疑，末世之士，则外可觌而中有莫可测识者也。吾夫子内彝外旷，不事表暴，若玉壶秋露，莹然明彻，远之可望，近之可亲，久之不可厌，亶乎成德君子也矣。跻之三代之上，虽未知孰为优劣，然要之心事，直当无愧前烈者也。仰止高山，三复兴嗟，猗与休哉！

冰蘖清操引

单　经

清白之名，岂唯贤哲慕之？中才之士，亦未有自委者也。然清苦之心，养之不熟，一旦欲火交作，而通神之术，复售于前，则鲜不随流而靡。故以冰蘖言清者，言必能寒能苦而后可与于斯也。夫子赋性清约，质任自然，虽位都通显，而家无姬侍，服无纨绮，斋厨索然，尝若闻韶，冰蘖之趣，盖饱熟饫之已。尘壤间物，何能入其灵台丹府，而易其恬淡也？即朝天伊迩，决事如常，未尝有戒行意。耆年父老，聚首惊愕，以为未之创见，不知先生所养，盖素定也。於戏伟哉！

朱公再叙

原叙遗亡。公讳燮元，号恒岳，两榜七省总督，山阴人。住四十七都白洋。

余敝庐与海，仅隔一塘，默限所观。金宫巉嵯，玉阙嵯峨，禹疆立乎北极，天吴跃于重渊，灵胥冯毽，砐硪斗立。观于此，难为观矣。幽田所闻，天河激涌，地机张翕，三折佛焉潮汐，九流沃于浪焦，铁幢银屋，震倍雷轰，听至此，穷于听矣。所虑塘或少圮，倏尔寻丈，堵塞不及，斥卤冲注，害厥嘉禾。是以三江未闸之先，虽有陡亹旧闸与林浦麻溪诸坝，然地脉不循，水经舛误，但可稍分内涨，而外涛莫砥，灌则成浸，泄又涸竭可虞，劳民妨课，民不聊生。自西蜀汤侯临莅兹土，似夙谙越中之形势，习知绍民之颠连者。甫下车，即议此举，谓襟海带江之地，百川交会，不早为堤防，山、会与萧其沼矣。于是遍察地理，步至三江，辗然喜色。与僚属绅民曰："此处两山对峙，能阏奔流。奔流所在，下有云根。余将于此建闸矣。"夫气交气变，海水群飞，归墟纳之不盈，尾闾泄之不竭。而欲于茫茫无际中，建非常之业，是犹投璧塞孟津，负薪遏瓢子，人咸笑侯痴，而侯弗顾也。毅然曰："凿龙门，辟伊阙，呼庆忌，锁支祈，宁異人任乎？谅必有苍水使者，如导禹而导余也。"遂涓吉申文，洁治沉埋，荐彼川渎，募善水者，汨没其下，果有厓巎，横亘两山之澥。始胥以石，复以箘簬盛瓷屑，破筏沉之。俾鳝鲵不敢穿穴，奈旋筑旋毁，人多谇悸，乃侯志愈坚，侯力愈猛，人亦嘲侯之痴愈甚，而侯终弗顾也。以必如是，毁而后基始实，址始坚，后果有道人授诸工方略，不两稔而落成矣。道人语工曰："汝但上复汝主云，云鹤已少助半臂矣。"拂袖而去。闸开二十八洞，袤亘五百余寻，启闭有时，浅深有则。至今阳侯奉职，游奂停波，隒涯滥汭，荒地万顷，尽成膏壤。民不艰食，国无逋粮，侯之惠也。余叨任西蜀，知侯幼而瑶髫挺莳，长而力学紫岩，有黄冠携杖直入，自称云鹤，向侯求庇，少选丰隆缺列，火光迸射，绕案追寻，侯覆以袖得免。黄冠谢别，转盼无踪。今助工之云鹤，非其人乎？不亦异乎？尤可异者，昔吾乡人，商于潼川，路经安岳，憩侯之门，侯以方伯告归林下，布袍绡履，慎隙阬歌，问商何自。商曰："自浙绍。"侯近而前曰："汝处三江塘闸，今时利赖，比昔时若何？"商曰："闸利甚溥，民食其德，功垂不朽耳。"侯闻言而寂，无以答。因留商饭，始知其为侯也，时年已九十七矣。大德长生，仁人有后，不益异乎？其他格苍苍而惠元元，士济济而民乐乐，已详余前序，此则闻所未闻，故并记之。余此番归，当重加垩饰，跪恳当事，题请封爵，庶几少慰九天之半愠，略展三邑之寸私乎。

音释：

巉，音蹇，嵯，音剗，巉嵯，山屈曲也。嵳，音雌，峩，我平声，嵳峩，山高大貌。禺，音鱼，冯𪆀，疑冯彝。砐，音蘖，硪，音我，砐硪，山高貌。怫，音佛，水逆行之意。幢，音床，旛幢，旌旗之属。闾，音庐，尾闾，海泄水处，在扶桑东。厓，醉平声，巎，音夷，厓巎，山巅也。箘，屈平声，簬，与簵同音。簬，美竹，禹贡："帷箘簬楛。"瓷，音慈。谇，音岁，诮也，告也。悸，音忌，心动。隒，音俨，山形如重甑。窌，音教，地藏也。鬖，糁平声，发垂貌。纠，音旬，丝绦也。隟，音乞，裂也。阸，与搤同音“厄”。垩，音恶，涂也，粉墙谓之垩。

余公永思集记

公讳煌，号武贞，明修撰。

天启乙丑鼎元。会稽人。住郡城罗汉桥。

越负山而濒海，水产毋隅趋子方，山、会、萧三邑受之，周回千里，百川相灌。泄则赴壑迅急，膏腴有枯竭之患，壅则三十六源之水沃而巨浸，民其为鱼，何论禾稼？治水者不获已，就水之所注，各为关键以蓄泄之。兵形象水，计备多方，分水怒少衰，可制其命，顾众流猥集，其气方盛，出径稍严，既未足以移上游之怒，而决窦盗行，转虞竭泽矣。我笃斋汤公祖，生长四川，而越中形势，习若指掌，于三江之口，得天险焉。曰河渠锁钥也，键石酾流，名三江闸，多张水门，数应星宿。当其时，潮汐往来，倏成倏毁，有蚊负蚷驰之嗤焉，而公弗顾也。及臻厥成，黎民晏如，且向时斥卤地，为海王所蹂躏。如荒徼弃地，不牧不耕，而兹纳之锁钥中，悉为膏腴。更视水势之高下，定为分数，使后人守之，因为启闭，暵不苦干，霪不苦潦，迄今百有余年，千里以内，有一人不食公德者哉？春秋享祀，尽其丰洁，而公之神，亦应接如响。嗟乎，公岂待没而后神哉！当其与潮汐争胜，奔涛骇浪，不敢浸噬，海若波臣，固以鞭箠使之矣。余生虽晚，而高曾以下，实利赖之。与木本水源，恩同一体，其敢忘诸乎？余同年张留孺兄与公同邑，公之孙曾，皆其姻也。持永思集示余，余拜而读，感而泣曰：公之功德在越，而越之不忘公功德也，久而愈深，而使守土而皆公若也，彼士民岂靳咏歌百世哉？但越人世食公德，未有以报，逮墨池恒岳，宦游其地，始一表奉而优恤之，岂足报公万一哉？越人而不忘公德也。越人而不忘公德，则朱王两君子，实兴起后人于不倦矣。

音释：

酾，音诗，疏也，分也。蚷，音渠。商蚷，虫名，《庄子》：“商蚷驰河。”嗤，音鸱，笑也。蹂，音柔，躏同蹸，音吝，蹂蹸，践轹也。徼，音教，塞也，东北谓之塞，西南谓之徼。

三江塘闸内地暨外海口两沙觜旧图
怪石嵌岩临九曲，飞湍汹涌入三江。

三江塘闸内地暨外海口两沙棠新图
野色涳濛云密罩，潮光潋滟水平分。

塘闸内外新旧图说

或问："子作是书，图诚不可少，而图有新旧，何也？"余应之曰："不有旧图，不知向时之尽善，而闸口长通；不有新图，不知近来之变迁，而闸口易涨。二图不可缺一也。"盖论地形沧桑更变，关系非轻，即如闸外九曲沙，此合郡风水所关，而闸之所系更甚。夫沙曲，则潮不直入，沙泥随曲而止。故闸长通，厥后开毁两大曲，出水固易，而潮入亦易，闸口易涨者，此也。至如西汇觜，东嚵觜，旧图两沙交合，沙形长阔，此闸之外卫也。今两沙豁开，沙形窄狭，比旧时十减其五，则潮势震撼而闸受病矣。此新旧图之关系，不可不载者也。江城旧有五门，门楼皆高大，后将北门填筑，上建真武殿并文帝阁。今四门城楼俱毁，仅存北门殿宇，故其新旧图亦异也。闸前和尚溇，城南小圆墩，今皆窄塞，与旧时异，故新图载之。俾后之观者可开复也。其余新旧相同处，于新图内加浮云点缀，令阅者不觉其重复耳。谨识。

三江纪略

三江海口，去山阴县东北三十余里，以其有曹娥江、钱清江、浙江之水会归于此，故名焉。其曹娥江，至西汇觜止，会新、嵊二邑及虞、会二邑支流之水，归西汇觜，呼为东江。其钱清江，至东嚵觜止，会山、会、萧三邑之水，出闸归东嚵觜，呼为西小江。故东西二江，皆有三邑水合流出东海。其东海之西北上流，即为浙江，盖以源远流长，曲折逶迤而得名，会金、衢、严三郡及徽、温、杭、绍四郡支流之水，合流至东西二沙觜，入东海。又三江坍涨无常，自东徂西，沿江一带，从癸卯年间坍起，厥后复涨三两年，倏于乙丑夏秋间又坍尽逼塘，其已甚处，数移塘进，并东西二沙觜，亦无日不消磨，而东嚵觜尤甚，岌岌乎有不留余地之势，灶户虽可渡江摊晒，而闸从此受病矣。盖由浙江上流，出水有三亹，南北各一大亹，而小亹居其中，一亹出水，二亹俱涨，递相先后，错综其间。当其出水之时，或数百年，或百年之内，未可以岁月计也。试就宋朝言之。绍圣甲戌，水出自南大亹，五百有余岁，迨明万历庚申，出自小亹，未及百年即涨满，而北大亹之庐墓田园，付诸川流。壬申癸酉间，流尚细微，至乙亥六月廿三日，遂骤决而成大江，萧、阴二邑交界，瓜沥、九墩等处沙地，即于是时涨开，摊晒无端。癸酉秋季，又坍尽无遗。幸往东汤湾等处沙地，竟有延袤之势，人宜不胜其喜，然闻诸沿海土著，不以为可喜，而反以为深足虑者，正在乎此。矗又安能无所疑哉！戊辰年，江西新开水路，又有江西支流水归浙江。（并记。凡载小江，西小江，即钱清江。）三江城建自明初洪武十八年，其西北高阜，名为彩凤山，即应宿大闸之东界。其下石骨，即大闸所倚而立者也。东门绕城北至闸，向有高阔官塘，塘外垦沙田并地将及三百亩，土名六路浦坂。外筑海塘御潮，贴城有城河一带，极深广，灌田甚便，后缘康熙庚戌年大潮暴发，将两塘冲决，填满城河，由是而阡陌塘基及城河，俱为沙地。至辛酉年，外塘虽复筑，而城河未开，故内塘犹无人议复也。今戊寅年，水利厅吴公委巡司萧君督修塘路，江城士民以筑浚塘河，复古利民，公呈恳司详县，顾侯批允即行。塘高河广，无异昔年，自是以后，城免潮冲而固如磐石，地近川流而尽为腴田，一举两得，利莫大焉，兼之江城水缠玄武矣。又城南之东有大圆墩，西有小圆墩，向俱深阔，名为日月捍门。今大墩如故，而小墩内河，渐为淤塞，倘能继此而亦浚之，非惟附近畎亩便于灌溉，抑且城之南北，合乎堪舆阴阳之理，则旧日声名，岂难复振？故并识以俟来者。

吴公讳家瑜，顾侯讳培元，萧君讳时鼎。

郡守汤公新建塘闸实迹

粤稽三江之有闸也，为山阴、会稽、萧山三县水口。其初潮汐为患，坏宫室，毁田园，且直入郡城，虽城内亦潮汐出没处，故卧龙山上有望海亭。自汉唐以来，建闸二十余所，惟玉山闸为重，次即扁拖闸，皆蓄泄随时，以备旱潦。水势虽稍杀，究未据要津，遂有决筑沿塘之劳费，而患不能除。明代嘉靖十五年丙申，郡守汤公由德安莅兹土，化行俗美，民皆安堵，所忧者特潮患耳。一旦，公登望海亭，见波涛浩淼，水光接天，目击心悲，慨然有排决之志。遍观地形，以浮山为要津，卜闸于此，白其事于巡抚周公暨藩臬长贰，佥“允议”。公虑之曰：“昔人建洛阳桥，支用八闽公帑，而桥始成。今不能支一郡之课，事可望其成乎？”于是请动公帑，各捐俸捐资外，于三邑田亩，每亩科四厘许，计得赀六千余两。物料始具，其役夫起于编氓。公乃祭告海神，筑基浮山之西，至再至三，终无所益。公又虑之曰：“事如是可望其成乎？”又相地形于浮山南三江之城西北，见东西有交牙状，度其下必有石骨。令工掘地数尺余，果见石如甬道，横亘数十丈。公始快然曰：“基可定于斯，事可望其成矣。”即于丙申秋七月，复卜吉，祀神经始。同寅孙公、周公、朱公、陈公，共司厥任，邑尹方侯、牛侯暨丞尉并义民等，乃分任焉。又命石工伐石于大山、洋山，以巨石牝牡相衔，胶以灰秫，其底措石，凿榫于活石上，相与维系。灌以生铁，铺以阔厚石板，诸洞皆极平正。惟参洞外板下，有一活石，间有几洞底，两旁无石板者，其叠石为坊，不过八九层，亦有几洞十余层者，则患洞也。每隔五洞，置一大梭墩，惟近要关止隔三洞，因填二洞之故，其近闸磬折参伍之。使水循涯以行，而飞湍奔驶之势始杀。叠石为坊，渐高渐难。或曰砌石一层，封土一层，石愈高，则土愈高阔，后所欲加之石，从土堆拖曳而上，则容足有地，而推挽可施，梁亦易上，公从之，信然。即昔人碑不见龟，龟不见碑之意。闸上七梁，阔三丈，长五十丈，下有内外二槛，计二十八洞，高浅洞丈六余，深洞二丈余。公初意欲建三十六洞，因太长，止建三十洞。潮浪犹能微撼，又填二洞，以应经宿，于是屹然不动矣。至今要关外，石板下有虚空处，城下起，角字首洞，往西至壁字洞，皆深洞，内有尤深者曰患洞。要关起，轸字末洞，往东至奎字洞，皆浅洞，用槛不高，闸板常有置于石板上无槛者。六易朔而告成。每洞横侧障水板于两旁，中筑泥，令闸夫启闭，以则水牌为准。闭闸先下内板，开闸先起外板，角、轸二洞名常平，里人呼减水洞，十一闸夫所共也。闭闸止下板，不筑泥，故二洞无工食。《萧公事宜》并《志书》俱载常平有四洞，未可轻信。除此二洞外，每夫派管二洞，深浅相配，有管房、胃洞者，有管心、参洞者，有管尾、柳洞者，有管箕、娄洞者，有管斗、室洞者，有管女、觜洞者，有管昴、井洞者，有管毕、星洞者，有管鬼、翼洞者，又有依次连管二洞者，亢、氐、壁、奎是也。牛、虚、危、张四患洞，名大家洞，不在分管之数。三夫共管一洞，盖牛、虚、危三洞，乃尤深洞也。张洞虽不深，因槽底活石有坚硬处，锤凿难施，未采平，下板筑泥费力，亦在公管之列。二人管一洞，四洞俱照槽口长取稻草包裹石块四束，乃于后槽底持挽钩擒住，各下二束，将槽底罅漏塞住，方好筑泥。再，斗字洞虽非患洞，内板东槽腰石去一尖角，闸板起下甚难，嗣后修闸，应速補葺。其分管廿二洞，与公派四洞，每夫一名。管闸二洞三分，如开十一洞，则每夫一洞，倍之则一人二洞，如开多开少不一，自有公议。闸夫开闸，一则懒于趋事，一则虑板漂流，每多迟回之意。惟当事严督□要，水小先开浅洞，大则先开深洞，倘闸内外俱有沙涨，又宜于小水微流处，先开几洞，借势疏通之。即本诸为下必因川泽之说。要之，洞虽分管，启闭未尝不通融相助。惟筑闸仍有专责，闸夫皆取壮丁焉。次年筑塘名新塘，长二百余丈，阔二十余丈。陶公《碑记》及余公《成规》，俱载长四百余丈，阔四十余丈，不知何据？时从海中填筑，先投以铁，盖铁能瘴龙目，龙见即远徙。次下巨石，其深莫测，潮汐冲决，固不必言，更有海鳝，穴居于此，悉被卷去。填筑之数，何可胜计！《尔雅翼》云“海鳝大者数十里，穴居海底”是也。后用箘簬盛瓷屑及釜犁等铁，破筏沉之，鳝复卷，体无全肤，随以石灰不计其数投之，鳝遂不得生。此患除后，复以大船载石块溺水，并下埽填筑，筑起而溃者，亦难数计。时公惧甚，疏告海若，置诸怀，卧于堤上，祝曰：“如再溃，某惟以身殉东流矣。”未几，有豚鱼数百，比次而上，识者谓此《易》中“孚豚鱼吉，利涉大川”之义，后果有云鹤道人，授诸工方略，塘不复溃。公于梦寐间，又见张神来助力，即立庙于新塘之西北，后将公祠建于内。今塘上成村，塘之内外沙涨，俱成田地，其工之不易为与费之不可限，尤甚于闸。五易朔而告成，水不复循故道而归于闸矣。嗣后河海划分为二。潮患既息，闸以内无复望洋之叹，因有改望海亭为“越望”又为“镇越”云。塘闸内得良田一万三千余亩，外增沙田沙地数百顷。至于蒲苇鱼盐之利，甚富而饶，驰骤往来，不似乘船之险，观游俯仰，咸称跨海之雄。煌煌禹绩，非公畴能则仿如此哉？公犹虑功虽告竣，后有倾颓之患，预设余银，藏贮府库，为修整之需。公当日乍闻树叶声，疑风雨骤至，即呕血，惟其昭格上帝，故建闸时竟无风雨，而卒收成功，兼理民事于工所，且工徒之臂力绝伦者甚众，尤征冥助焉。陶公撰碑文，府志载之。碑立于观澜亭上，镇东阁下，张公亦有碑记，百姓歌思，建祠立像于新塘西北之山麓。祠坐西北，向东南，其塘闸之向背亦然。殿后亭右路寝，奉公神位。崇祯元年戊辰七月廿三日，风潮惨烈，吹坏路寝。七年甲戌重修祠像，额曰“报功祠”，乡绅余公、邢公、钱公所立。郡民更建一祠于开元寺山门内之右，旁附会稽张、庄、傅、马四宰，额曰“三江伟绩”，公婿桐乡邑令高侯讳梅所立，西蜀内江人，时万历十年壬午七夕也。於戏，大功既建，万世永赖，公之恩泽，洵不在禹下矣。

路寝一间，后建添二间，于两旁立吴通府像并碑。左像，右碑。

附录：建闸增田

山阴钱清江北，四十四、四十五、四十六、四十七四都内塘，宋嘉定间太守赵彦倓筑，御西小江潮汐。既而又筑闸西海塘，起汤湾，迄于王家浦，则内塘更加环卫，地成沃野。奈外无关键，潮犹得以冲激。建闸后，西江亦为内河，其地始可开垦，四都内增田甚广。至筑闸东会稽海塘，在于宋元时，惟山、会交界宋家溇墩台后子塘十余里，建闸后居民所筑也，塘内增田亦不少。其萧山海塘，宋咸淳中太守刘良贵所筑，植柳万余株，题曰“万柳塘”。继筑者明弘治间太守游兴，增塘内田亦广。至于东西一带海塘外沙田沙地，不可胜计。年来虽坍多存少，今由近年观之，则其广袤之势，讵可限哉！

总督陶公塘闸碑记

绍兴古扬州之域，居东南下游之地。其属邑有八，惟山阴、会稽、萧山土田最下，霖雨浸淫，则万水钟会，陆地成渊，民甚苦之。昔之明守，爰度地形，置玉山、扁拖二闸，以泄其水。水潦盛昌，又权宜设㮾决，捍海塘岸数道，以疏其流，其为水虑悉矣。然二闸之口，石峡如瓮，水却行，自潴出浸数百里，而田卒污莱，决岸则激湍漂驶，决啮流移，而田亦沦没，其患未息，其功未全也。乃嘉靖丙申，西蜀笃斋汤公绍恩由德安更守兹土，下询民隐，实惟水患，公甚悯之。曰："为民父母，当捍灾御患，布其利以利之也。吾民昏垫，不知为之所，乃安食于其土，可乎？"于是相厥地形，直走三江。江之浒，山㮾突然，下有石巉然。其西北山之趾，亦有石隐然其起者，公图其状以归。议诸僚属，皆往相视之，掘地取验，下及数尺余，果有石如甬道，横亘数十丈。公曰："两山对峙，石脉中联，则闸可基矣。"遂毅然排众论而身任之。白其事于巡按御史周公汝员暨诸藩臬长贰。佥曰："俞，如议。"公于是祭告海渎诸神，又书土方，属赋役，规堰潴，授之史而效诸同寅孙君仝、周君表、朱君侃、陈君让，而周董事实严，复命三邑尹方廷玺、牛斗暨丞尉等，虑财用，简夫役，属功义民百余十人，量事期，仞厚薄，陈畚挶，分任效劳。命石工伐石于山，辇重如役，吏胥犒牛酒以劝，且授以方略。使闸用巨石牝牡相衔，煮秫和灰固之。其石激水，则剡其首，使不与水争。其下有槛，其上有梁，中受障水之板，板横侧搒之，石刻水平之准，使启闭惟时。堤筑以土，其淖莫测。先沉以铁，继用篚簵，发北山石投之两旁，甃石弥缝，峭格周施，堤实且坚，水不得复循故道。其近闸磬折参伍之，使水循涯以行。其财用出于田亩，每亩科四厘许，计三邑得赀六千余两。其丁夫起于编氓，更番事事。部署既定，乃即工。工方始，月夕向晦，有神灯数十，往来于堤，若为指示区画之状。既役工，堤载溃决，复有豚鱼百余，比次上浮，众疑且惧，奔告于公。适拾遗钱公焕在坐，曰："是《易》中之'孚豚鱼吉，利涉大川'之义也，闸其殆成矣乎？"众心始定，莫不肃将祇欢，胥劝丕作，记其月日。闸经始于丙申秋七月，六易朔而告成。以洞计凡二十有八，以应天之经宿。堤经始于丁酉春三月，五易朔而告成，以丈计，长四百丈有奇，广四十丈有奇，仍立庙以祀玄冥。计其费，止五千余两。其赢羡，又于塘闸之内置数小闸，曰泾溇，曰撞塘，曰平水，以节水流，以备旱干。呜呼伟哉，继是水无复却行之患，民无复决塘筑塘之苦矣。闸之内，去海渐远，潮汐为闸所遏，不得上，渐可得良田万余亩；堤之外，复有山翼之，淤为浮壤，可稽田数百顷。其沮洳，可蒲苇；其潟卤，可盐；其泽，可渔；其疆，可桑；其途，可通商旅。噫，公之举，匪直水患是除，而利之遗民者溥矣。然其事宜记，其德宜颂，因为颂以颂之。曰：繄越有邦，海堧广斥。地道流谦，实惟水国。雷雨满盈，浍盈川溢。浸彼苞萧，民奏艰食。惟公至止，凭灵熊轼。民告颠挤，视犹己溺。爰相三江，龙门积石。载即闸工，廪堤惟菼。海若效灵，百川浚辟。大野既潴，原隰底绩。举锸如云，我艺黍稷。兆民允怀，莫匪尔极。维晋之陂，维秦之谷。士民永思，渗漉余泽。公缵禹功，庆流舄奕。远矣美哉，万世无斁。

时嘉靖十八年岁次己亥十月之吉。

附录：碑记郎中张文渊撰，立于镇东阁下。

稽、阴、萧山，地势卑渍。霖不用旬，雨只一夕。百万膏腴，须臾没溺。举目望洋，徒兴叹息。白屋啼饥，朱门告籴。郡伯汤公，睹此隐恻。坐建远谋，立画长策。凿山开云，载土辇石。作闸三江，廿有八隙。旱则蓄储，潦则放逸。耕始有秋，饥始得食。行始遗舟，眠始贴席。此劳此功，承自开辟。此德此恩，垂于罔极。

郡守萧公初修大闸实迹

万历十二年甲申，郡守萧公以闸务白两台，胸有成画，以次举行。择吉于某月日虔祭河海神，先筑堰于闸内外，以障洪流潮汐。用砌石封土法，乃于闸前增置小梭墩。其用石牝牡交互，从下裒上，一直石缝，铸铁锭固之。闸上自首迄尾，覆石令平衍，两旁更加巨石为栏，以二十八宿分属各洞，凿于栏洞上。其有罅泐处，沃锡加灰秫，底板槛石及两涯，有应补换整齐者，有应用灰铁者，靡不周致而无遗。又相传首末常平四洞，属讹传，止置角、轸二洞为常平，酌旱潦之宜，高置石槛，以为节宣之准。外槛低于内槛，便水蹈下。满则任其自出，庶两涯杀急湍震荡之势，而塘岸皆固，且骤雨狂澜，亦不虞其泛溢。然闭闸时，亦须下闸前板，遏潮沙拥入。是役也，通判杨公董其事，以郑县丞、陶千户佐之。发银若干两，用夫若干人，三阅月而功成。由是观之，萧公虽有所因以成事，而闸之规制，益增而广；闸之形势，益壮而厚，实因而兼创也。凡此皆汤所欲行而未及行者，于焉补之。迨崇祯戊辰，海水横流，石栏亦汆去十余块，而闸仍然无恙者，不可征其修之之效与！然则汤虽肇造，不有萧公，何以善其后？而启其端者，则阳和张公也。是时山阴张侯、会稽曹侯求为作记，建亭立碑于汤祠仪门之右，以志勿谖。碑文亦载府志。

修撰张公初修大闸碑记

徐文长代笔

前太守富顺汤侯绍恩之闸三江也，盖举三邑之水而节宣之，其为利甚大。语具陶庄敏《记》中。至于今几五十年，无以苦潦告者。胶石以灰秫，久而剥，水日夜震荡，石渐泐，水益走罅中，势岌岌且就圮，民始岁岁以苦旱告矣。隆庆辛未，同年宛陵萧侯良干以户部郎来守越，凡所兴革，先所大，后所小，故忭得以闸告。侯亟往观，悉得所当举状，白两台，报可。遂以通判杨君庄董其事，而佐以县丞郑日辉、千户陶邦，发银千三百有奇，役夫若干人。始筑堰以障水，乃视旧甃所罅泐，沃以锡，令固其内。已又益发巨石，凹凸其两颠。凸以当上流，令杀水势；凹以衔旧甃，令水不得内攻。石每方丈，自下而上，以次衰之。又窍石及其底，悉为牝牡相钩连，令水不得外撼。又覆石其上，令平衍可驰，盖视汤所建，如车益辅，如齿益唇，倍壮且久。总其费，费于筑堰者十之六，于石若工者十之四。侯时时拏小艇往督劳，凡予直，毫发必躬，吏不得有所侵牟，众悦而劝。时值久不雨，工旦夕就，凡三阅月而事成。成而以记谒忭者，山阴令张君鹤鸣，会稽令曹君继孝也。余固愿有说也，盖闻父老言，曩汤侯时，以民苦潦甚，故役三江。及役而民又争以病告，此尤可诿，曰："初不知其利若此也，而今则知之矣，最可诿。"又不过，曰"汤费则科亩，役则概发丁民，未睹其利，先尝其害也。而今萧侯，费则括帑羡，役则日予直三分，役兵，兵已受直，则予二。不科一亩、发一丁矣。而尚有以不急议萧侯者。然则居室者，栋已挠矣，必待其尽颓而后葺之，其可乎？甚哉，下之难调也。"始麛裘，继衮衣，始病褚伍，继美诲殖，盖自昔然矣。闸潦而启不时，则海亩者窃决塘，窃则罪，故海民谤。无闸则海鱼入潮，河鱼入汐，闸则否，故内外渔迩闸者谤。他则宅是者，谓闸沮潮汐吐吞，改水顺逆，关废兴，故宅是者亦谤。非是三者而谤，则又或以私臆摇其喙，而无意于民瘼者也。夫诚有意于民瘼，即百口谤且不避，况异日必万口颂也。夫谤安足言也？而或者谓闸启闭固有准，乃万不可爽，爽有微甚，则亩害亦视之，此其弊在掌启闭费者，或靳与私则然，其致涸以害亩，则外渔赂掌闸者，乘公启以滞闭则然。兹二者诚有之，则非谤之类矣。噫，斯亦可谓下之难调邪？夫造物之生人也，劳矣；生而病则资医，无医犹无生也。故医之劳与造者等。今闸造者谁？汤侯也。修者谁？萧侯也。病虽已，不可废医。继萧侯而医者知为谁？劳则等也。医之剂凡几，窒漏与甃，一也；靳而滞启，赂而滞门者，痛砭之，二也，凡记者为颂而已矣。萧侯曰：“吾太守视民所疾苦而时疗之，奚颂焉？其已之。”虽然，医者既已疗疾，必有案以诒来者。余之记是也。直颂也与哉？万历十二年岁次甲申仲冬吉旦。

萧公大闸事宜条例

一、闸计二十八洞。上应列宿，故名应宿。近东尾、箕、斗、牛、女、虚、危、室八洞最深，下板不易，起板尤难。其两旁二洞，向来不开，盖二十四洞自足泄水，近岸善坏故也。令筑为常平闸，两边各二洞，以水当蓄处为准，水过则任其流，庶有久雨而水不涨。

一、启闭。以中田为准，先立则水牌于山阴一都五图，万历年间修闸，立则水牌于闸内平澜处，取金、木、水、火、土为则。如水至金字脚，各洞尽开；至木字脚，开十六洞；至水字脚，开八洞。夏至火字头筑，秋至土字头筑，闸夫照则启闭，不许稽迟时刻。仍建则水牌于府治东佑圣观前，上下相同，观此知彼，以防欺蔽。

一、闸官。先年俱委三江巡检带管，多以不专废事。议委三江所官一员，专司其职，督令闸夫以时启闭，诚为妥便。

一、开闸筑闸。开时闸官严督闸夫，彻起底板，仍稽其数，不许留余以致壅塞；筑时每洞约用荡草一百余斤，以塞罅隙，取闸外沙泥填筑，务要高实顶盖，毫无渗漏，使内河淡水不出，以蓄水利，外海咸潮不入，以弭潮患。盖春夏秋三时，农工所系，水必惜蓄。至秋收后，因无所需用，便尔筑不坚密，致内河漏涸，往来船只，雇拨起脚，害亦不小。故开时务到底，筑时务稠密，始为有利无害，万全之计。违者扣工食外，仍加究治。

一、闸夫。例定山阴县八名，会稽县三名，共十一名。每名给工食银三两，遇闰加二钱五分。又附闸沙田一百二亩三分三厘九毫，坐落山阴四十四都二图“才”字号，除给汤祠住持十亩，并给塘河新填成田八亩种收食用外，余九十二亩零，俱给闸夫佃种。每年纳租二十五两三钱七分五厘三毫，内输钱粮八两三钱，外净银一十七两七分五厘三毫。又草荡一区，每年租银五两，共银二十二两七分五厘三毫，征收府库存贮。

一、闸工。每筑一洞，工食银八钱，其尾、箕等患洞加二钱。今概给八钱。开时先给一半，筑后报完，即全给之。

一、闸板。计一千一百一十三块，每块阔八寸三分，厚四寸二分，工价三钱每块。铁镮一副,重十二两,工价六分。其采取板料,委廉干官员,或闸官领价,亲往山中,平买大松木,雇匠段解,取其四角方正坚完者充用。边薄者,取作盖板。每洞二块,共五十六块。余材抵偿公费销算。其铁镮亦雇匠依式打造,不许烂铁薄料搪塞。板定,隔年添换旧板,仍着闸夫运至佑圣观前,稽数验明,少则治罪勒赔。凡遇开闸起板漂流及堆积腐朽被盗者,治罪勒赔。闸夫自盗者,倍加惩治。

一、外解塘闸银。例定山阴县八十八两九钱,萧山县三十八两九钱,解贮府库。连前田荡租银,通计一百五十两一钱七分。每年筑闸工食、换板,不过百金,余应存贮,以备修闸之费。

一、渔户。通同闸夫暗起闸板,致泄水利,且开时或减洞额,以杀急湍,闭则故延时日,以便外流,种种弊窦,须附近齿德兼隆士民稽察,更有争执洞口,致多磕损。今定渔户籍名在官,止许闸河内外扳罾,不许近闸,以致磕损,违者闸夫渔户并究。渔户定例,每名输银一钱五分,贮备整修盖板之用。

修撰余公再修大闸实迹

崇祯六年癸酉,武贞余公以三江闸倾圮,方谋缮修而乏财用,适盐台张公按临吾越,系汤公姻里,又余公之同谱也。余公及守道林公,郡守黄公,以修闸事宜备告,公遂悉索羡赢,风谕捐助外,即首捐俸千余缗为倡。守道林公亦捐俸赞成之。按台萧公亦悉索羡赢,檄下郡邑,计田每亩加赋二厘许,郡丞罗公、山阴钟侯、会稽孙侯、萧山刘侯,同捐俸外,荐绅余公、邢公、钱公并工正王翁等,各捐资。又黄庭董公,系余公至戚,伊有女适车水坊张氏,因捐赋等银未到,公往张母处,先借五百金起工。冬孟中旬举事,先期往富阳,买一大龟,将祭文系于龟背,祭毕投入江中,以求神助。独黄公以忧去,钟侯、刘侯以觐去耳。惟时山阴簿许君、会稽簿曹君督工,先筑堰,后筑堤,甚为高阔。内障三邑水,外御大海潮,牛、女、虚、危等深洞通泉,旋涸旋潴,为力甚艰。余公计无所出,不得已,躬亲汲水以先之,众遂百倍其勇,立时即涸。又浚泥沙到底,朽泐者更,残缺者补,固以灰铁,至城下要关下,回波激湍,其石易败,令悉易之。越两月而功告成。当戊辰海溢之后,倾颓岌岌,克臻厥成如此。虽借汤公神灵,默为呵护使然,要非余公究图克殚,诸贤协赞维勤,不能永汤公之利泽于无穷也。是其修之之功,诚不容泯,志书但相传郡守黄公所修者,岂非知其经始,而忘其忧归之故与?记即余公所撰。碑尚未立,天下事有如此缺陷者,岂少哉?

修撰余公再修大闸碑记

自安岳汤公笃斋之建三江闸，而山、会、萧无水旱之忧，殆百年矣。然以一重门限，外御连山喷雪之潮，内泻砯崖转石之水，其砥之不能无啮，而址之不能无圮，势也。加以戊辰海溢，漂没田庐以千万计，而闸适当厥冲，至于今掌岠海口，不至尽摧，亦幸耳。尾闾泄之，岁每苦旱，田谷不登，利之源翻为害之薮矣。会鹾台留孺张公按部至越，勤问疾苦，而守道浴元林公指陈闸弊，倡议增修，郡侯黄公复从臾之。张公乃亲诣三江，经营相度，感叹汤公，洒涕祠下。又悉索羡赢，风谕捐助，欢声雷动，议遂定。先是，按台宁斋萧公下车，亦锐意斯举，而时诎举盈，踌躇久之，至是议定，亦悉索羡赢，檄下郡邑，于是郡丞罗公、山阴钟侯、会稽孙侯、萧山刘侯，俱以俸入先之。冬孟中旬，始用祭告，有事于三江，庀材鸠工，先筑巨堰，以障洪流，继筑小堤，以决潴水。惟箕尾逶迤而西，诸洞最深，旋涸旋潴，佥欲中止，苟且报完。时林公戴星驾湖舫，赍牛酒犒劝役夫，昼夜并作，遂终决之。又浚泥沙丈余，直穷根底，固以灰铁，向创闸下槛上梁，犬牙相错，如柱枅枈栱，环互钩连，岁久漂流，十不存一。则更其朽泐，补其残缺。前人所未及修者，而今又加固焉。至于塘闸交会之所，最为要害，虽垒石如城，度以鱼栏，悉撤之，甃以巨石，使水不得内攻，而塘尤闸之锁钥。旧制广四十丈有奇，树艺桑杨，根株盘结，以御水冲。豪右侵渔，日就陊狭，则稍为恢复。今唇齿辅车，相依为固。如是而闸之工庶乎全。纪其时，不过两易朔耳。役初兴，潮寖壮，人颇惶惧，则更祷于海若及汤公，潮稍稍落。时久不雨，燠如春，益说以劝，自兴工及竣事，无一怨咨者。予观陶庄敏之《记》，汤公曰："排众论而身任之。"张文恭之记萧公曰："时有以不急议公者，然则当时民情之难调如此，岂昔之民怨讟，今之民皆忠爱哉？"请以近事征之，昨壬申夏不雨，井泉枯，禾苗槁，涓滴余流，直走巨壑，土人具畚锸悉力以塞，然石罅注射，势如攒矛，朝堙而夕溃矣。土膏寖竭，田获渐微，然犹有可诿者曰旱。今癸酉水潦时降，占宜得丰，而溃决莫支，桔槔滋困，农家皇皇于水利甚矣。然则今日之举，功验较著，苦便了然。昔为修秃治疡，而今为解悬拯溺，有颂无怨，固其所已。夫任天下之德者恒不避怨，况乎其无怨也。虽然，予少时已闻诸大夫谋举是役，迟之十余年，此无他，长吏过自好，欲无受劳民伤财名，且潮汐风雨淫溢害成，惧中废，委诸逝波，为萎腇口实。是用袖手相矜，以为持重。若然，势不至于大决裂不止。夫蚁穴漏卮，古人深戒，况坊败而水费，为农事忧如此哉！断而行之，鬼神避之，则今诸大夫轸念民瘼之所格也。其经营供亿，详载别简，以诒来者。张公任学，予乙丑同年，汤公里人也。萧公奕辅，壬戌进士，广东东莞人。林公日瑞，丙辰进士，福建诏安人。罗公永春，乡进士，直隶通州人。孙侯鳞，辛未进士，湖广钟祥人。郡守黄絅，壬戌进士，河南光州人，以忧去。钟侯震阳，辛未进士，直隶宣城人。刘侯一汇，乡进士，江西进贤人，以觐去，未观厥成。然经始与有劳矣，筦钥厥费，则原任建昌府丞钱君以敬，汰浮节滥，纤悉必躬，资用约而功倍，当道实倚重焉。督工者，山阴簿许长春，会稽簿曹国柱，例得书。崇祯六年岁次癸酉季冬吉旦。

余公修闸成规条例

一、委监督佐贰官一员。往点夫匠，以稽勤惰。

一、立工正十名。必选殷实才能者，各司执事。每工正一名，统率夫头十名。夫头一名，统率余夫九名。其工价每日给筹，三日一散。

一、筑坝人夫约一千名。每一工，工食纹银四分五厘。其扁挑、锄头、铧锹之类，募夫自备。

一、修闸。先筑内外大小四坝，其内大坝，约高二丈五尺，阔五丈；小坝高二丈，阔三丈。外坝系浮山旧基，约高五丈，阔七丈；近闸小坝，约高三丈，阔三丈。

一、内外四坝。约共五百余丈，其坝桩用中号杉木数十排，并搭跳木在内。又用挡潮木数十排，搭架小木千余株，俱借各镇杉木行备用。如有损失，计价赔偿。

一、坝桩必须以篾缆之。于各镇埠，买毛竹、龙须竹数千余株，雇竹匠三十名劈竹打索，做箕运土。

一、坝内外约用竹篴五百余丈遮护。以便填土，于禹迹、开元、岳庙等处定做。务要一青三白，坚厚阔篾。又用草荐一千五百领，以防水浸泥苏。于城市并各乡收买。

一、水车一百部。车出坝内之水，出自附近山阴县二、四、五、六、四十四、四十五、四十六、四十七都，会稽县第三、四、五都里长。戽斗约用二百个，斗桶一百只。须用出挡排钉，坚牢灰碓四十枝，买檀树预做，务期轻重得宜。灰臼四十个。粗细筛各五面。

一、闸每洞用石匠八名，共二百二十四名。于洋山、柯山、大山、绕门山等处，各立匠头，选力练能干壮丁应用。其工价照募夫例给发。

一、诸洞底石。走水冲坏不齐者，于未筑坝先，着殷实宕户发大山坚硬石板，长九尺，阔四尺，厚一尺，并槛石衬石应用。

一、梭墩。空隙罅缝处，或用锅犁废铁，或用碎缸填满。俟水车干，看罅隙之大小多寡定议。

一、新塘近地空闲处，设草厂十所，以为贮灰舂灰之用。

一、石灰。买夏履桥西巫埠老荡好灰五万余斤，每百斤，加纸筋羊毛六斤，舂用。

一、闸上要关一座。应用木、石、砖、瓦、灰、钉，关门裹铁，闸夫常川专管启闭。

一、塘基。原长四百余丈，阔四十余丈，以御潮汐，此为大闸根本。近因顽民侵削，渐就卑薄，倘遇大信，恐有疏虞，合应遵照原例修筑，以防不测。

总督姚公三修大闸实迹

建闸后，两行缮修，约五十年一举。今又适逢其时，闽督姚公继之。公素景仰汤公，留心闸务。辛酉岁，公弟之闽，翥因属姻友，以大闸当修，附函上公。公闻之，欣然曰："是余之责也夫。"不加税一亩，不擅役一丁，不科派一家，独捐数千金，命伊弟代为佐理。兼向绅衿，道达其意。请郡守王公主之。康熙二十一年壬戌九月四日起工，筑内坝，定基于和尚溇后，动工不待立冬候，而早于往年，得凡事预立之意。且往时打桩，艰于搭架，今用大船二只，船上搭架，架上打桩，可随地遷换，亦觉便巧可法。十六日，祭河海百神，王公率山阴范侯、会稽王侯主祭，乡绅姜公、秦公、吕公、何公、余公、陈公、公弟与祭。其内阔坝，高七尺，阔一丈五尺，长九十丈，月内即可筑成。因运木排筑外坝，迟至半月余，龙门水溜深，下埽无数，终不易合。又于坝前，加阔坝基五尺，长十丈，打桩布簟，取盐袋皮装泥。备舟十只载之，用夫六十名，候潮时一齐并力填筑，流乃止。其用力维艰，仿佛如筑黄河荆隆口之合龙门矣。中狭坝高七尺，阔一丈五尺，长十丈二尺，二十二日筑成。近城狭坝高七尺，阔八尺，长六丈，筑而复决，冲坏石磡十余丈，激断厚石三块，磡上坟墓，几濒于危，堵以门板，筑泥无益。由是昼夜不息，亦于溜前打桩填阔坝基小半，流亦止。总之，筑内坝有三失。先筑二狭坝，浚筑阔坝，则先后倒置，其失一也；阔坝既成，当合龙门，犹迟延时日，其失二也；狭坝发漏，但知速于补救阔坝，而轻易之，其失三也。缓急先后，自有次序，前人亲历者未及言，而后人冒昧行之，其能免于失乎？二十六日发牒筑外坝，主祭者公弟，定基于巡司岭前，高一丈有奇，阔三丈，长四十五丈，坝中间多一层桩，且择大木为之，近乎两坝御潮之说，亦知防患于未然。月终，张君自闽回绍，佐公弟。姚公遥望谋出万全而遣归。十月十七日，内阔坝筑成。二十三日，近城狭坝筑成。二十四日，外坝合龙门，即鸠工车水，深洞亦将干。十一月一日，公弟张君，命工匠同闸夫浅洞用灰铁起，深洞或乘舟、或乘簰修之，加细工者即赏钱。是日潮时，外坝坝中微漏，即严督众夫，细筑增高。二日绅衿会集于要关上，辨论得失，凡有裨于闸务者用之。翥亦与焉。冬暖如春，至三日潮后，咸欣然喜曰："今而后，可保无虞矣。"不期四日，风雨交作，下午潮时，漏通外坝，中间桩木断数十株，内坝亦有冲决处，俄顷间，河海汪洋，过于曩日。此时大潮信已过，犹作大潮，天意人事，几不可测。幸所用灰铁无伤，是时乡人有欲包工补筑内外四坝者，有欲包工车水者，补筑数日后，公弟张君限车水，期以五日，复令石匠同闸夫乘舟及簰，修闸洞，深洞难干，公弟跣足到闸下，授车夫方略，复加重赏，夫遂奋勇争先，昼夜忘劳，甫及水干，下灰铁。下槛后，而雨雪冰霜交至，然而闸功亦幸将成矣。他如闸有十余洞，有上稍阔下稍狭者，有上稍狭下稍阔者，有中稍阔中稍狭者，起板下板，殊觉费力。今则清其槽，上下殆如线直，非惟便于启闭，兼之下板亲切。此外补诸洞槛共八根，用生铁约一万余斤，时价每斤一分。添换旧板五百块，新板亦居小半矣，其阔厚合古制。又虑铁镮浸咸淡水中易朽，每副比先年重四两，打五百副，用铁五百斤，打铁锭十二个，轻重不等，约一百二十余斤。打就，又打铁盼、铁钉钉之，外加以灰、铁锭，以重为贵，今觉稍轻，但昔之生铁铸成易朽，不若今之熟铁打成为可久也。打铁叉、铁钩八十余条，有重斤半一条者，有重斤四两一条者，约用铁一百余斤，并石匠所用铁，共用熟铁约一千余斤。时价三分一斤。用灰并修殿并杂用，约千余担，时价一钱一担。用羊毛约五百斤，时价每斤一分五厘。用卤鹾约二十余担，时价每担五分，用糯米约四五担，时价每担八钱。用中号杉木五十余排，时价每排二十二两，用竹若干株打簻，约用银五十余两。筑内坝，买田泥，三两一亩，约用银九十余两。篾匠约四百余工。箍桶匠约二百余工。木匠约二十余工。铁匠包工论斤，每斤工价四分五厘，犒赏在外。化灰、筛灰、椿灰，每担约六七工。石匠筑坝打桩，约四千余工。挑土约八千余工，车水约二千余工。石匠闸夫同修闸洞，并清槽下槛，建碑亭，共约千余工。敬神演戏，约用银三十余两。至坝决，复补筑车水，并犒赏，共用银约一百六十余两。其综核之功,巨微毕举如此。是月望日告成。二十三日酬神安土。于是三邑士民曰:“异日固当入府志以垂后也。”濡毫记功,则在今日。乃往求姜公,公遂直书其事,付工勒石。初建亭闸首,缘亭太卑,乃立于要关下,以志不朽云。工既毕,修汤祠,张神头殿前建山门,固以墙垣,汤神正殿前左右有两庑,俱四间。左庑颓毁多年。又有仪门三间甚卑隘,拆移加添一间,作左庑,将仪门广其基址,新建三间。比头殿高一尺,比正殿低一尺;中作戏台,前后崇卑中款,兼修诸神像,焕然一新。当年张殿后仪门前左边有汤祠山门,毁久未建(今辛未年,郡守李公重建山门,复悬扁额于上)。次年癸亥仲夏修要关,关外恢廓一仞有余,关右向有一泉井,湮没甚久,今复开凿,猗欤盛哉!汤公之遗泽,于斯益见,而姚公之媲美前贤,恩垂后世,更为彰显。然非有创之于前,乌能使后之人相继而起如此耶?

京兆姜公三修大闸碑记

吾绍郡三江应宿闸之建也,旱有蓄,潦有泄,启闭有则。山、会、萧三邑之田,去污莱而成膏壤者,富顺汤公之赐也。水啮石罅,久之罅渐疏,水益驶,以次剥蚀,有岌岌就圮之势,越五十年而宛陵萧公为之沃锡以塞其内,甃石以蔽其外,视昔称壮观矣。再五十年,守道林公以鹾使张公之命,同武贞余公,亲董斯役,倍加固焉。大率相距五十年,则坚者必溃,而修筑之功不能已。其庀材鸠工,或科之田亩,或据之赢羡,或捐之俸秩,陶庄敏、张文恭、余武贞记之详矣。呜呼,是皆守土者之责,而乡士大夫之所共忧也。比年水旱洊至,复患漏卮,旱则易涸,潦则溃决,诸父老咨嗟告语。盖以时考之,亦及其期矣。辛酉壬戌间,西江塘决,三邑田亩,再岁不登,民力告病,当事者议兴工役,踌躇未决,大司马忧庵姚公,予同里人也,时方总帅闽越,一闻舆论,慨然以斯役为己任,而并有事于西江。走札于予,谓水得顺从闸出,不得横从塘入,以为我父母之邦忧。即惟力是视,窃所愿也。公赋性慷慨,戮力疆场,为圣天子东南倚重之臣,日讨军实,而问罪于波涛震荡间,乃能顾念维桑,不遗余力如此哉!盖公之忠公体国,与敦本笃亲,其心若一,故视招携敌忾,靖乱安邦,如其身家之事,即视捍灾御患,保护乡闾,如其当官之事。盖志之所至,力无不殚也。于是叹公之度量宏远,为不可及矣。公之介弟,候选别驾君起凤,属员候选县令张君错,受公委任,来董其事。吾仕绅之在籍者,侍御余公缙、主政何公天宠、大参陈公必成,咸精思虑,勤视履,以协助之。九月之望,郡侯王公,有事于神而兴役焉,再易朔而告竣。凡用夫匠以万千工计，灰铁以数万钧计，竹木以万头计，置田起土以数百万担计。昔之筑堤，以卫闸也，内外各二。今则内外各一，为费较省。昔之补罅也，先下而后上，今则先上而后下，为期较速。斯固董事者之授方任能，而致有成效也邪？是役也，秋涛独盛，入冬而砰礴澎湃之声，犹闻数十里。议者以为工未易举，今且落成而兴颂焉。非公济物之怀，协于於穆，神陟降而式凭之，乌能致此？同里诸大夫，不以予言之不文，将勒之碑石，非敢曰足以记公之功于不朽，聊以慰父老惓惓之意云尔。

康熙二十一年岁次壬戌十一月谷旦。

郡守胡公捐田实数

前太守萧公，继汤而有事于闸也，著为《事宜条例》，载《县志》。以为善后永远之计，于塘闸银一项，尤为吃紧，前人规画，后人遵而行之，确不可易。自戊午年间将塘闸银裁半，闸务渐以弛废，蓄泄启筑，俱不坚完，而三邑黎民，累受其困矣。闸夫屡次具呈求复，历任以来，咸若罔闻。至甲子秋孟，郡守胡公下车，问民疾苦，拳拳闸务。闸夫因以复塘闸银呈恳，公则慨然曰："朝廷当用兵，甫息繁费之余，何能及此？若加派民间田亩，又觉多事。余守此土，则一方利病皆吾职也。前太守建此大功，余独不可踵成其美乎？"乃于乙丑孟夏，捐俸置田二十亩，山阴高侯、萧山刘侯，亦捐俸各置田五亩，共田三十亩，以补塘闸银裁半之数。收租米不论丰凶，概定以四十二石二斗，将每岁闸板铁镮工价，取给于是。工价向来俱行人领造，今租米系三江巡检收贮。次年奉府文，照时价作纹银，一给行人米若干担，造闸板；一给铺户米若干担，打铁镮，而董板镮工徒，亦委巡检掌之，倘有赢羡，即令修葺汤祠。又推其余，量给闸夫，以鼓其永矢弗懈之心。其稽新旧板数，遵例添换，则典守之责在闸夫。至于裁存塘闸银，悉给为筑闸工食。惟新置闸田钱粮，即于山阴塘闸银内扣除，粮米亦取给于此。复以萧山塘闸银补工食，其遗泽诚非浅也，第例定岁支正供筑闸工食，比闸板铁镮工价多过半。今以裁存塘闸银给工食，以新置田租花作板镮费，则板镮费反多于工食，犹可于工食内扣除数两钱粮乎？相应即于租米内扣除。又将粮米即扣充协镇兵饷，亦省现年一番上纳等费。今虽未及行，而大端已举，闸务亦得以有备无患矣。公虑岁久生弊，特记之。将号数田亩，悉载记末，绅衿亦有碑记，即附勒于碑阴。建亭立碑于要关前，以永其贻谋焉。於戏，水旱洊臻，民困极矣，得一廉明慈惠之师，勤恤民隐，不取民财，亦已厚幸，而况能捐己之俸，以为民者乎！今公斯举，上无损于国课，下无加于民田，而闸务已周，将见三邑士民，千载蒙休。汤之后有萧，萧之后有公，庶恩与并垂，而名将不朽也。

郡守胡公捐田碑记

三江闸之建也，创于明嘉靖间。郡守笃斋汤公，总揽山阴、会稽、萧山三邑之水，而时其蓄泄，以备旱潦，民甚赖之，迄今且百有数十余载矣。余膺命来守是邦，窃闻闸之形势，枕山卧江，横亘数十丈，下槛上梁，而中受障水之板，盖水之蓄泄，恃有闸以为之蓄泄，而闸之蓄泄，恃有板以为之启闭，固相须而不可缺者也。考之旧制，计板一千一百一十有奇，板各铁镮一副，数亦如之。岁支正供一百二十两有奇，视其敝者易之，而一切筑闸工食，亦取给焉。康熙戊午年，以军需浩繁，裁半充饷，经费遂绌。于是闸板之腐朽者，铁镮之残缺者，不即更换，而闸夫亦以廪稍不继，怠于趋事，因循苟且，浸以成习。盖欲令工食无缺，则板镮之费无所出，欲购造板镮，则闸夫之仰给于上者于何取足焉？斯二者兼举之，所以难也。居民上者，安可不急为善后之谋乎？余尝谓越为泽国，长江大河绕其外，众流百谷汇于中，水能为利而亦能为害，今欲去其害而收其利，岂有他术哉？亦在乎修启闭之具，顺蓄泄之时而已。假使三邑之水会于闸，而障水之板未固，则狂澜冲突于外，急流奔驶于内，旱涝为灾，而岁且不登，甚非所以绥兆民，宁干止也？予职司保障，饥溺犹已，因捐俸置田二十亩，山阴高令，萧山刘令，亦各捐俸置田五亩。其以前所裁存者，悉充工食，而以此三十亩之所入，为每年缮补板镮之费。板必产诸本山松，镮必出于福建铁，方为坚久，一遵旧式为之。至于闸田应纳钱粮，行令山阴县，将每年应解筑闸工食，预行扣除，以省追征之烦。其萧山县应解闸板之项，径行拨补工食，毋使混淆可也。他如严典守之责，稽新旧之数，一遵成例。惟闸夫是问。倘有赢羡，即以修汤祠，尸而祝之，百世弗替，功德在人，不可没也。又推其余，量给闸夫，以加优恤，作其勤也。若夫董工徒，司出纳，则令三江巡检专理其事，岁杪报核，毋致冒滥。俾其宜力奉公，勿负委任之意，庶几旱涝各得其宜，有水之利而无水之害，于先贤之遗泽，不无小补云尔。

康熙二十四年岁在乙丑畅月之吉，中宪大夫知绍兴府事胡以涣撰。山阴县知县高起龙萧山县知县刘俨同捐田亩。计开：

“调”字一千二十三号田一亩七分六厘三毫；

"调"字一千二十四号田七亩八分三厘；

"调"字一千二十七、(二十)八号田五亩一分；

"调"字一千六十二号田五亩四分八厘。

以上坐落单港荡里坂。

"往"字四百五十一号田五亩七里七毫。坐落梅山。

"被"字五百五十二号田三亩八分六厘三毫二丝。坐落小赭。

"唐"字二号田九分三厘一毫；

"唐"字十四号田六分五厘。

以上坐落偏门外曹家坂。

汤神寿日祭田列左：神诞三月二十五日。

"让"字五百三十四号田六分九厘一毫,今田七分一厘二毫,丙寅年钱又齐捐。本年即收进户讫。坐落偏门外湖觞洋湖坂。

"重"字一千九百六号田四亩八厘；今一千八百九十八号田三亩九分八厘四毫；内迁二亩五分正。丁卯年胡夏氏捐。次年收进户讫。

坐落礽塘胡家埠。

逢神寿,惟东桑石氏,斗门吕望如先生,称觞上寿久矣。厥后,钱又齐、胡夏氏捐田,届期巡检至祠一祭。丙寅年为始,我江城亦兴义会而致祭焉。本府遣梨园演剧,始于己巳年,迄今郡主李公敬重汤神,而于诞辰(自庚午岁起)尤为盛举。由是壬申以来,遐迩诸村,相率而上寿者众矣。庚午秋季,杨巡检移署汤祠右庑。以上通共田亩,俱收存汤祠户内。惟会稽田二亩五分,在十六都一图八甲胡宗虞户内。由契皆附卷,存府上房一科。山阴田钱粮三两八钱八分,以筑闸工食银扣除,粮米一石一升四合,闸夫亦以筑闸工食银上纳。外七分零祭田,钱粮并粮米,共一钱二分,在新置田钱粮数内。租米定额收四斗,闸夫存贮。会稽祭田钱粮并粮米,共三钱六分,即交本户里长输纳。租米定额收一石七斗,亦闸夫存贮,连前四斗,共二石一斗,至次年巡检闸夫庆神华诞。以上新置并捐祭田钱粮,共四两二钱四分,连旧十五两二钱九分,通共一十九两五钱三分。新置捐祭田、粮米不免,亦免徭役。

郡守胡公置田后定制闸板每块八寸阔,四寸厚,工价减事宜旧制一钱,给二钱。铁镮一副,重十二两,照式。工价减旧额二分,给四分。

己巳年,汤祠左庑倾颓。三月中旬,巡检奉文给住持租米一十一石修葺,时价每石纹银八钱。

庚午年,汤祠大殿梁棁蚁蚀垂颓,幸是年之闸板已足,郡主李公将置板镮米给与闸夫五石五斗之外，每石作纹银一两，悉给修大殿。此外用有不足，皆蒙公补给，重建张殿山门。整修之暇，兼及要关，且于汤神寿日，撰祝文以颂鸿勋。牲醴丰洁，拜献惟诚，悬灯布彩，演剧数日，前此嵩祝，未有盛于斯时者也。复于孟秋下浣，亲赍手书扁额，送祠悬挂。尊崇先哲，可谓至矣。

郡主李公，于辛未冬季，又大修祠宇暨观澜亭，度筑周围墙垣，一旦桷梃楹闲，画彩鲜明，庙貌增辉，复建汤祠山门，洵合祠宇规制，尤为可观。独是此外所当重建者，翥又不能无望矣。壬申三月神诞上寿，又送手书扁联至祠。

敬神实迹

汤公大闸告竣，越人立祠设像，以旌其功。嗣后来守越者，每逢祭奠，以阴阳同职，吝于屈膝。崇祯癸酉，鹾宪张公按绍，特赴三江，诣祠祭拜。后皆遵从，莫敢怀敌体抗礼之意。国朝康熙年间，部宪刘公、道宪史公、郡守张公洎各厅县巡海，行次三江，诣祠谒神。行礼之际，舆台进曰："汤神乃前朝郡守，礼应长揖不拜。"刘公答曰："公既成神，焉得不拜？"自是部宪以下，一概行礼。当时传颂弗衰。迨郡主李公拜奠汤神，能遵宪尽礼，乃于种山衙署东北，特建二贤祠，上配刘公以祀之。公嗣移守会城，而祀事未能如前矣。迄今乙亥年，郡主杨公来守我邦，下车甫及十余日，即命仆夫整舆，赴祠奠拜，其重汤神抑何后先一辙乎！

刘公讳兆麒。史公讳光鉴。张公讳三异。李公讳铎，号长白，三韩人。杨公讳芳声，号澹园，北直宣化万全人。

浚江实迹

汤公建闸以来，至康熙十年辛亥，百有三十六年。旱甚而闸始有沙涨之患。闸外涨至东嚵嶩外，闸内涨至和尚溇前，闸内外摊晒半年有余。后逢沙涨之年，莫此为甚。犹幸水不骤大，无损阡陌。郡守张公次年正月开掘，因势利导，河海遂通。迨癸亥天旱沙涨，时虽未久，而雨潦多于畴昔，一时水发，适遇西成之候，田如池沼，稻似芰荷，凫鹭之属，飞则上蔽霄汉，集则下掩郊原，黎民望洋太息，付之莫可谁何而已。兼之沿海居民，又遭窃决塘缺之害，禾稼虽稔，而反成歉岁也。是年兆民往省上控，抚院王公捐捧千金，下檄水利厅王公疏浚，补救虽迟，犹胜于已。至己巳，旱久沙涨，虽未成白地，亦及半年有余。郡主李公，未雨绸缪，当腊初时，特谕巡检着里递役夫开通。次年水发，又将鱼池笱薄番舍，俾川流赴海迅速，不逾浃日，旋则河岸分明。今癸酉节水竟乏，四月旱至九月，比往年节水后才旱，为灾尤烈。七八月时，间或有雨，河流如何得通？闸口沙涨成城，日甚一日，矧筑闸不满实，内河易干，外潮易入，上村河道亦咸，难于灌溉，禾黍枯槁不堪。即今重九后，正值铚艾之时，飓风狂雨交作两日，旱干水溢，兼而有之。此旷古所罕见也，其能免于饥馑乎？郡守王公拜奠虔祷汤神后，即命巡检传集里长役夫开浚，神人协应，河流旋即奔趋。是能酌乎时宜，而收旦夕之效者也。较之癸亥年民为鱼鳖将及两月者，何啻霄壤？今试举吴越两地并论之。吴有积水之处曰太湖，又有赴海之处曰刘河，故虽久雨不以为病。越则不然，向固有鉴湖，稍容潦水，后湖佃为田，更无纳百川之泽矣。故即时逢大旱后，霖雨崇朝，淹没之忧垂至。赖汤公相厥水道于三江，凿山建闸，填海筑塘，吾越得免水旱之灾。特是年来闸口屡有涨时，壑渎壅流，仅可付之一叹。惟念切民瘼者能揆度水势，浚其川泽云。

会邑王公建闸碑记

范阳在邑之东南百里许，隶廿四都，与上虞错壤，土虽瘠，民勤甚。惜三面周之以山，而一面当水道之冲，中如釜底，水高于田，每一霪雨，洪涛巨浪，自新、嵊数百里震撼奔驶而来，其入也如建瓴，及出也非激行不可，故水腐而不流，禾苗譬若荇藻。或旱干之年，犹可薄登，若五风十雨，乃民间乐事，而范阳之民，独疾首蹙额，束首待毙。谚云“十年九不收”，此地是也。故明嘉靖间，以里民郑江六叩阍，故得减粮免徭。崇祯末年，太守王公讳期升者，从里民请，谋筑堤以捍之，建闸以通塞之。堤将成而闸未十分之二，以升迁去，工遂寝。数十年来，其堤渐为洪水所啮，而闸则荡然无复存矣。庚午秋岁大祲，余募米次第赈济，及其地，里人涕泗为余言。余曰：“尔等剥肤害，计亩捐资，一成而享其利，何弗为？”里人曰：“人无所赖于田，或偿逋，或贱值于富者。富者田连阡陌，都不以为意，贫者又力薄不能支。故惟取数于天，受阨于地。今愿借公力，命阖邑建之，则易易。”余笑曰：“两图之利害，而波及阖邑可乎？且以堤限之可矣，何闸为？”里人曰：“有闸则内之水大泄之，水小潴之；外山水至，禁之；山水退而潮水至，通之。除内外之害，收内外之利，闸之为功大矣哉。”因慨然曰：“余莅会数年，于民尺寸无所补。与其为子孙谋，曷若为尔父老谋？”于是捐资鸠工，闸乃成。呜呼，《中庸》所谓“赞化育”，大则天地平成，小亦可以川原奠位，但虑人因小而弗为，或吝而不肯为，遂置民瘼于不关。文与可画竹，尺寸而有寻丈之势，谁谓大小不可参观耶？今日建此闸者，余力也。闸之万年不败，奠如磐石者，后之官斯土者力也。是役也，昉于壬申春初，落成于癸酉春暮。闸之石与工，约费二百余金，不派不募，余所捐也。堤之工，计田出夫，里人所助也。董其事、踊跃急公、不辞劳怨者，郑震明等也。所利之田，会邑“思、章、范”字等号，七千一百三十七亩；上虞“皇”字号八百余亩也。告成之日，里人请颜其名曰“王公闸”，余谢不敢。里人谓：“兹闸，公捐建也。舍公无以名。”余固辞不得，遂因之。康熙三十三年岁次甲戌八月谷旦。

创继诸公履历

郡守汤公，讳绍恩，字汝承，号笃斋，嘉靖五年丙戌进士，壬申由湖广德安府莅绍郡，四川叙州府富顺县人。公丙申由德安莅绍郡，本诸庄敏公《记》中。一说乙未以部郎迁知绍兴，则谬矣。四川叙州府富顺县人，出于阳和公碑文，有谓潼川州安岳县人者，或系公祖籍，或后有播迁之举，俱未可知。不然，武贞公《记》内，何以亦云安岳耶？公先世困窮溢羡，刀币充盈，乐善好施，凶札之岁，全活万人。祖参政，父紫阳公，早登两榜，历官吏垣，因斥江彬受谪。彬诛起用，为时名宦。及公母梦巨星陨怀，三月二十五日诞生。又梦绍郡城隍晋谒，告之曰：“此子当作绍兴恩官。”因名绍恩。后果播恩于绍。政绩之美，不可枚举。知公真天所笃生之人也。公寿考。位居山东左方伯。归林下时，年已九十有七矣。近闻公后式微，吾越缙绅，应属当道奏请，以存恤之，亦见饮水思源之意。巡按周公，讳汝员。同知孙公，讳仝。通判周公，讳表；朱公，讳侃。推官陈公，讳让，号见吾，嘉靖十年辛卯解元，壬辰联捷后升浙江道御史。建言廷杖，赠光禄寺左少卿。福建泉州府晋江县人，佐汤公建闸，精地理，闸基即公所定。崇祯七年甲戌重修祠像，今像不存，尚有神位。三邑尹方侯，讳廷玺。牛侯，讳斗。三邑尹，止载山、会二尹，据碑文所载载之。两广总督陶公，讳谐，号南川，谥庄敏。弘治八年乙卯解元，丙辰联捷，会稽县人。上系建塘闸时诸公。

郡守萧公，讳良干，号拙斋，隆庆五年辛未进士，江南宁国府泾县人。通判杨公，讳庄。县丞郑君，讳日辉。千户陶君，讳邦。修撰张公，讳元忭，号阳和，谥文恭，隆庆五年辛未鼎元，山阴县人。山阴张侯，讳鹤鸣。会稽曹侯，讳继孝。上系初修闸时诸公。修撰余公，讳煌，号武贞，天启五年乙丑鼎元，会稽县人。盐院张公，讳任学，号留孺，天启五年乙丑进士。张公，汤公同里人也。一夕梦见汤公人告曰：“余有曾孙尚未婚，愿求公之孙女为妇。”公曰“诺”，汤公宦游清介，产业萧条，而张公毫无世俗之见，寤时，遂择吉归之。迨按临绍日，特诣江城谒公祠，祭奠拜瞻，与梦中相见之像无异。乃兴嗟曰：俨然，不觉堕泪。公真像极秀发，髭须洒落不多，有周姓字仲谦者，为其艰于追封而改之，立意诚佳，不知即不改，自有追封之日在也。开元寺内有祠像，虽不能如三江未改之先，须眉酷肖，犹胜改像。祠遭蚁蚀，壬戌之春霖雨，倒塌而像犹依然，益足征其灵显焉。府城隍庙戏台右之祠内，亦有像，又与改像相似，列坐于东汉刘宠太守之右。上城隍殿后，亦有牌位，乃三江汤祠路寝内牌位，因戊辰风潮吹坏路寝，余公于重修闸时请上者。按院萧公，讳奕辅，壬戌进士，广东广州府东莞县人。守道林公，讳日瑞，号浴元，万历四十四年丙辰进士，福建漳州诏安县人。郡丞罗公，讳永春，乡进士，直隶通州人。会稽孙侯，讳嶙，辛未进士，湖广承天府钟祥县人。郡守黄公，讳絅，号季侯，天启二年壬戌进士，河南汝宁府光州人。山阴钟侯，讳震阳，崇祯四年辛未进士，直隶宁国府宣城县人。萧山刘侯，讳一汇，乡进士，江西南昌府进贤县人。吏部文选司主事邢公，讳大忠，号淇瞻，天启二年壬戌进士，山阴县人。江西建昌府府丞钱公，讳以敬，会稽县人。山阴簿许君，讳长春。会稽簿曹君，讳国柱。上系再修闸时诸公。八闽总督姚公，讳启圣，字熙止，号忧庵，康熙二年癸卯解元，满洲籍会稽人。郡守王公，讳之宾，世胄，祖父伯爵，辽东人。山阴范侯，讳其铸，号东岩，顺治十六年己亥进士，湖广汉阳人。会稽王侯，讳元臣，号衡斋，康熙九年庚戌进士，南直昆山县人。京兆姜公，讳希辙，字仪宾，号定庵，崇祯十五年壬午举人，余姚人。翰林编修历官侍讲秦公，讳宗游，字逸少，号来峰，康熙十八年己未进士，山阴人。县令历官郎中吕公，讳廷云，字望如，号见五，康熙十年癸丑进士，山阴人。主政补文选司何公，讳天宠，字昭侯，号素园，康熙六年丁未会魁，山阴人。侍御余公，讳缙，字仲绅，号浣公，顺治九年壬辰进士，诸暨人。大参陈公，讳必成，号德子，顺治十一年乙未进士，山阴人。属员候选县令张君，讳锖，号昼二，山阴人。太学生姚君，讳松，号君贞，会稽人。候选别驾姚君，讳起凤，号云从，会稽人。上系三修闸时诸公。

闸务全书下卷

事宜核实成规管见引

大闸事宜，系拙斋萧公所定；修闸成规，系武贞余公所裁，后人所当奉为蓍蔡者也。夫何人心不古，时事不同，遵行者少，更变者多，则不得不将萧公事宜，详悉言之，而名为《核实》。又余公《成规》，不得不备举而条分缕析者。以古今时移世迁，未可执一说为定论，而名为管见。今特各为一编，以昭示于来兹也云尔。

大闸事宜核实

一、建闸后，立则水牌于山阴一都五图。萧公初修闸时，立水则于大闸前，仍立水则于佑圣观前。上下相同，观此知彼，自难欺蔽。但向来观前水则，比闸前原低。况三邑土田，岁加河泥培壅，年久渐高，将观前水则升高数寸，则上下水则方平。更于要关外塘内，立一水则，尤为得宜。

一、闸官向委巡检带管，督令闸夫，以时启闭。后专任所官一员，今所官既无，复属巡检带管。

一、开放候大信过，则河水易干。然水势方张，晴难指日，又不能拘常例也。惟不留底板，彻底起完，为不可易耳。至齐放之时，愈不可留底板矣。稽查底板，须将本洞板数，一一记明，自无躲闪。即或沉没漂流少板，闸夫必不敢虚报取咎，板数仍可稽查。“角”字洞板十五块，“亢”字洞板四十四块，“氐”字洞板四十五块，“房”字洞板四十六块，“心”字洞板四十六块，“尾”字洞板四十八块，“箕”字洞板四十八块，“斗”字洞板四十六块，“牛”字洞板五十块，“女”字洞板四十四块，“虚”字洞板五十块，“危”字洞板五十块，“室”字洞板四十四块，“壁”字洞板四十四块，“奎”字洞板四十块，“娄”字洞板三十三块，“胃”字洞板三十八块，“昴”字洞板三十四块，“毕”字洞板三十四块，“参”字洞板三十八块，“觜”字洞板三十八块，“井”字洞板三十四块，“鬼”字洞板四十块,"柳"字洞板三十八块,"星"字洞板三十四块,"张"字洞板四十块,"翼"字洞板三十八块,"轸"字洞板十四块,合之与萧公《事宜》,原数相符。盖板不在数内,此就旧制八寸三分阔板记之。如减其分寸,则块数又当增多耳。又狂雨骤至,禾麦水淹,必待先报后开。即有缓不及事之忧,昔余公曾议闸夫报知闸官先开,闸官随即动报单,为权宜之计,行之极是。不闻前汉汲黯过河南,见伤水旱万余家,持节发仓以赈,请伏矫制之罪,而武帝贤之之事乎?闭筑在大信前,则大潮不入内河,第水仍盈溢,则又应缓矣。闭时下板须透口,不许剩旱板,泥用满筑且实,如剩旱板,筑泥便不满实,潮激如雷,板易震动,则泥亦因而苏落矣。故最初不特板透口,泥满实,先于未筑泥时,每洞两旁,照洞阔打二草荐,长二丈,用荡草两百余斤,深洞加四十余斤塞罅,后将草荐着板下之,然后筑泥,此先时无遇信修筑之说也。迨后仅用稻草一百余斤塞罅,深洞加二十余斤,又至后并塞罅草亦不用。欲内河不涸,则亦何可得哉?此种弊窦察出,相应扣工食外,仍究治以警将来。第冬水亦当惜蓄一条,此当年河海皆深之言也。今沙易涨,借流水疏通,且夏秋二季之水,实关农务,宜惜蓄。至冬季,即下板不筑泥,亦无所碍。凡闭,与开同。先报后闭,惟筑泥,亦先报起工,后筑。筑完,必复报完工。又水小,止放几洞,大则齐放。而闭不必齐,筑泥亦非无时。节水未完,即闭不必筑,节水已过,有闭不可无筑矣。然逢非旱则潦年,启闭又当因时,未可固守恒辙也。总之,凡遇开放闭筑,必须闸官勘验。

一、取土从建闸后,即取闸外沙泥填筑,此闸外左涯,置两阶级以取土也。非惟沙土不滞,开时易通,沙土不漏,筑时自固,而且取无竭时。数年以前,取泥于演武场,无论顾名思义,为演武而设,非为取闸泥而设,又无论非水利所宜,即云当取,或宜于是土,而以六十三亩之土壤,供千百年后之取给,果能取之不竭乎?闸夫不遵古制,而取演武场泥,相沿十有余年者,工倍省于沙土也。又不用塞罅草,投方块泥于洞内,不筑,任水向泥隙中流出,筑闸徒有其名,此于闸夫,诚为省力,其如有妨水利何?庚申年,部台李公阅绍郡志书,知古人有不易之良规,即禁取泥于演武场,以复古制。然闸夫取沙土外,更共派田七亩取泥,听其自便。李公讳之芳。

一、筑闸工食,即山阴解府塘闸银,给八钱一洞,遇信修筑,四钱一洞。塞罅用草,两洞如前一洞,深洞亦如之。其工食,筑时给一半,筑后报完,始全给。给余,存贮修闸。此先时制也。后将此项银全给之。一年之内,止报某日开、某日闭、某日筑而已,则工食浮于旧额矣。与其过薄,无宁过厚,未尝不可,但概至八月才给，闸夫未免有窘迫之忧，借贷应急，自不能已，非所以示劝。

一、置板镮，即萧山解府塘闸银，每块板有二镮，钉在两头，各一面，惟盖板俱钉在上面。买本山松木，方正者为上，边薄者作盖板。及旱板、旁洞板，其盖板宜阔，狭则须两块合为一块，朽烂板虽不可用，然不甚，亦可作旱、旁等板。板长九尺有余，即有长短，止争分寸之间，以洞有阔狭，故板亦有长短也。能于修闸时，清槽阔狭，则板可无长短矣。木匠、闸夫，俱有便处。木匠做一洞板，诸洞皆可准此。做板省工夫，于木匠固便。板有漂流，闸夫蹈急流而得之，原属舍生事，故非己洞板而无争之者，得板即可通用，不必因板有长短而彼此相易，于闸夫尤便。萧公《事宜》："板阔八寸三分，厚四寸二分，后减其分亦可。"以其有此，阔厚已足，倘遇漂流，又便于一人赴水，肩携上岸，但不可再减，以致薄狭不堪。每块工价三钱，今一钱五分。萧公《事宜》："打铁镮买建铁，重十二两一副，工价六分。"今重一斤，亦建铁，工价四分五厘。二项工价，比当年俱省，亦非无故。时价古今既不同，又官价给行人买置，未免周折，物料自薄，工价自高。今闸板往山买树，雇匠段解，铁镮雇匠包打，此工价所由省，而物料反过之。先年闸板，三年一小造，五年一大造，拙斋公定为隔年添换旧板，即三年一小造之意。厥后每年买新板一百三十三块换旧板，亦本此意推之，未为不是。后裁其半，止买六十七块换之。板日不足，大失前人防患过周之虑。且行人有减分寸，并减板原额内数，而以足数报上等弊。今丙寅岁起，将某年分并造若干板号数，凿在每块板上，更查分寸，则各年板数皆可稽察，而分寸亦无从减矣。又换若干板，即缴若干旧板，闸夫起板，堆积必确，照管必勤，好板亦不敢埋没。萧公《事宜》载，换板时，如板少，及漂流腐朽被盗者，俱治罪勒赔，闸夫自盗者倍惩，正防其疏略侵欺耳。

闸夫工食银及塘闸银，俱以银七钱三给发，始于壬子年间。其裁半为军兴之费，皆自戊午年起。至癸亥年，得复工食，又给会稽闸夫三名，工食银应照山阴银七钱三例。今皆给钱，其给闸夫佃种田一百十四亩零，即将工食扣作钱粮，后将租亦免。其给汤祠住持守祠田共十八亩，旧给十亩，坐祠前塘南，新给八亩，萧公修闸时所给，坐祠前塘南磡下。守祠闸夫田俱"才"字号，共在一区内，其祠内"才"字号地十余亩，六亩四分纳粮，在新塘之西北山麓。祠坐山麓，观澜亭坐山麓上，自观澜亭至左孙地，右傅坟界内，皆祠地，左近孙地四丈许，名香灯地。自孙地傅坟六丈许，界外出十六丈许，又皆祠地，与左西营张坟，右柳桥王地交界。祠内田地，共纳钱粮二两二钱四分，在钱粮总数内。观澜亭至张神殿后免粮，此外六亩四分，除张神殿基出纳粮，向来闸夫以工食银总扣除抵粮，即交闸夫。外“宿”字号香灯田九分零，坐祠左塘北，纳粮一钱，在钱粮总数内。又香灯田地二分七厘，坐祠左塘磡下。风火池边连池后填开三厘田并池，共纳银四分，在钱粮总数内。以上祠闸田地，皆坐落四十四都二图地方，租皆不起，甚为得体，且见厚道。特立一户，附于四十六都二图户后，一概无由。又因沙土瘠薄，水旱为灾，止输钱粮八两三钱，免粮差。康熙乙卯年，加四两二钱四分，戊辰年，又增二两七钱五分，共十五两二钱九分，以工食银抵。及一应使费外，尚有银伏余，数年前裁半，并抵粮犹且不足。又众派银补之，其香灯田地租，因向年乏住持守祠，新塘人暂管，今应交还。又草荡一区，塞罅外，纳租若干，即草荡已不知下落久矣，安问其塞罅纳租乎？以上田亩，俱系沙田。册书误入江田额内。然免粮差，则犹然沙田也。原守祠闸夫田，共一百二亩零，后增新涨沙田八亩，共一百十亩零。今祠田如故，闸田一百十四亩零，共一百三十二亩零。闸田多二十二亩零。缘河涨开田，康熙四年丈出所增者。

一、塘闸银。例定山阴八十八两九钱，给筑闸工食，闸夫领分。后裁半，止解四十四两四钱五分。工食银亦限于此数内，名为八钱、四钱一洞，而减半在其中矣。又例定萧山三十八两九钱，置板镮，添新换旧，行人领造，后照山阴例，减至十九两四钱五分，闸板亦不得不减半矣。总之，裁及二项银，皆由裁塘闸银之故。且闸夫行人领银，酒饭之费去其一，吏胥之费去其一，陋规之费去其一，名虽领银，其实有限。至壬戌年间水荒，免三分一亩，将几项银亦扣补钱粮额数，是年并存半之塘闸银，闸夫工食银俱无，欲闸务有备无患，其可得乎？后幸郡守胡公，将裁半塘闸银买田补之。

一、渔户通同闸夫，暗起闸板，此前人轻听憎恶之口而记之，未可轻信。盖以闸板之起闭甚难，非若门户之启闭甚易也。若水不大，开浅洞，闭少延时日，板缝惟潮时易敲落而候之，诚有是事，更板露缝隙，泥不筑实，既便渔户，又省已力。或有是事，如闸官同年高有德士民，严加稽察，即有弊端，亦不敢作。至于争逐洞口，洞口早已各自管开，并无此事。又渔户每名输银一钱五分，贮备修换盖板，然恐磕损闸缝灰秫，限离闸内外一丈八尺捕鱼。明末郡守于公到三江，见捕鱼者皆在闸之前后上下，特免输纳以禁之，闸固从此无盖板，不逾年而渔户仍纷纷不离乎闸矣。但灰秫一老，便不易磕损。此禁似可稍弛，所谓大闸事宜，出于翥之核实已如此。

修闸成规管见

一、筑坝。定内外大小四坝，在当年且然，今尤当遵。乃事不师古，不筑内小坝犹可，至外小坝并已之，乌可哉？盖闸内上南五里过玉山闸往郡城，路近，河不甚曲，即从闸前里许青鱼觜转西，进小江八里，过扁拖闸往萧邑，路遥，河有九曲，闸外江亦有九曲，其九曲之外，名东嚵觜，东西皆有沙觜，海塘镇塘殿居中，东海塘外沥海等处系东江北地方，西海塘内四十四、五、六、七四都，在钱清江北，系西江北地方。东沙觜俗呼西汇觜，西沙觜俗呼东嚵觜，东沙江阔，离塘远，西沙江狭，离塘近。西汇觜对进是桑盆村落；东嚵觜插入西汇觜内，对进是偁浦村落，两相交互，环卫东西二江并海塘，故海口关锁极周密。潮自东海来，至下盖山起潮头，一从西汇东嚵二觜外，西往钱塘以上诸江；一从西汇东嚵二觜内，东往东江至嵊县以上，西往西江入乙曲至闸。彼时东嚵觜既长，兼有数十里广阔，海离闸甚远，远则曲多，潮纡徐，又潮进西汇觜，卒未及进东嚵觜时，逢新、嵊、虞、会四邑深山发水，东江清水常逼入西江，浊流既无从进，而潮愈不迫，故到闸为时甚久。且沙地有萑苇，则地坚实，即使潮大，泥固不动，兼挡潮及暗长水，潮小亦挡暗长水，而浊流又沮。观沙不涨，则潮之势缓已见。尚筑二坝以御潮，今东嚵觜坍久，三分中止存一分，对进即姚家埭村落，到闸不及十里长，即江因盘绕路遥，亦不过多二五里路，犹齿亡唇也。嚵觜沙地北涯既坍，而南两涯亦有坍处，南北一顾，其地阔处仅在里许间，犹车无辅也。海口关锁已无，闸与海相近，近则曲少，潮直进奔腾，势难阻遏，犹国无城郭山溪，敌人得以长驱而入也。矧沙地又无萑苇挡潮，故潮甫进东嚵觜，俄顷间即至闸。频年因海近，泥浮而沙屡涨，亦足征潮之势急，外坝反可减其小坝矣。万不得已，亦当阔其坝基，以防不测。

筑内坝。买附近田泥，止取一锹，培植一二年后，犹可耕种，如加深则田废。当先从阔河筑起，即合龙门，如旷日迟久，便水溜深难合，今日可作一鉴矣。次及中狭河，俱已筑就，尚留近城狭河，即筑闸外大坝。将成，复筑近城狭河坝。务期小信潜潮时，将闸板彻起泄水。但沙易涨水，不能尽泄外坝，当即合龙门。其应用桩木若干，宜于未筑内坝之先置诸闸前待用，便可放心筑内坝，不必虑及运外坝桩木而留龙门矣。至如内三坝坝桩，俱可一齐先打，惟下篴筑泥有先后。内外二小坝，亦不可不筑，如欲从省，止可减内小坝。一说先筑外坝，则水不流动而内坝易筑，似亦可从，只恐车水之工多耳。迨筑两狭坝，何故独难，盖以阔坝既成,众流所归也。为永久之计,莫若先重整平水闸,闸之中狭河水已沮住,而坝易筑。次当于则水牌前,近城狭河建闸四洞,第坝成为会流之所,须照大闸式始固,且闸面照其阔,上可建祠五间,坐北朝南,崇祀司闸务诸公。闸洞照其长,修闸时板好借用。闸前进一尺五寸置槽口,阔三尺,中凿两槽,下板筑泥,比大闸减半,二尺阔已足,槽口内留余地五寸,以便启闭站脚。每洞将厚松板照槽口长阔,覆上,为祠廊,共计以上尺寸,则廊有五尺阔矣。又闸非冲要,且在大闸内,不必置梭墩,但凿尖坊石,使水势分而免于激石可也。届期起工修筑,不惟省此一坝,兼之筑内外坝得以操纵自如,留龙门运外坝桩木,既不必虑及外坝先内坝之说,又可以殊省许多工夫,时可赶早,补缮葺之所不及,而功易成者,未有善于是举矣。苟能行之,当与汤公并垂不朽。一创始以垂懋绩,一继起以便整修,如其不能,亦须改会龙桥为独眼闸闸之。水亦不流而筑坝亦易,此则出于权宜也。

一、定坝基。闸内筑于和尚溇后,闸外筑于巡司岭前。其车坝内水,百车昼夜更番,可干一尺,三人共一车,亦算人数。水要满板,车水只管车水,一应清沟,以水不满板,放车眼落及车夫饮食等事,如包则包头趋跄,不包则夫头奔走,庶不妨工。车到水落时,用盘车车上,水出自闸内外要关下,并内坝两旁,俱可布车。近闸洞内外,当以筑坝段下树稍,筑二小堤,高三尺,阔五尺,长五十余丈,堤俱于近闸口,止布一篾,淤泥用铁锨锨入堤内。堤上布车,患洞虽深,其干未尝不可立待。然以树梢为堤,此第就沙涨水浅时言之。倘复逢闸内外沙皆不涨,水深似当年,坝桩贵长,不可去稍,则当另取最细杉木为堤。又虚、危深洞通泉,车到三洞石槛将露时,洞下尚有数尺水,当外坝未决之先将车干,水复潺湲,既决之后将车干亦然。然水渐干落,即布一层盘车,布到五层,洞虽深,亦已着底,水未有不干也。

一、陵谷沧桑,不时变迁,坝之高低,以水有浅深时定。则水深坝增丈尺而高,水浅坝减丈尺而低,阔狭即以高低定,庶乎不差。昔年潮不浊,沙不涨,河海皆深,故坝不得不高阔。近来之潮,泥水相半,闸内外不时泥涨,常可摊晒。辛亥年亢旱殊甚,自秋前起,摊晒半年有余。今辛酉水大,壬戌更为旷古所未见,固因西江塘决,兼雨久使然。而二十载来,黍禾漂荡,非由闸口涨满而然乎?故河海皆浅,而坝不必高,亦不必阔,试观明季开封府黄河一决,泥满过半城,万家烟火,一旦俱为土掩,可知矣。然则昔时坝因水深故高,高则水势旺而砥柱难,非阔不可,斯时坝因水浅故低,低则水势弱而砥柱易,减其阔,亦无不可，约来坝高一丈，阔二丈以倍之，庶几相称。惟外坝挡潮，高不可不齐老塘，阔当比内坝增五尺。又余公《成规》“搭架挡潮，搭架用小杉木，挡潮用中号杉木”其法，离坝三四丈，钉桩一层，每桩相去四五尺，照外坝长，连钉三层，每层相去四五尺，内层高于中层，高过外坝二三尺许，中层高于外层，横系一木于各层桩上。横木之上，将杉木略斜眠，向内密排，大头在内层横木之上，中段在中层横木之下，末段在外层横木之上。树梢插入江底尺许。如此则潮不冲坝，永无溃决之虞，即减内外二小坝，亦未始不可也。

一、坝固而后闸好修，犹膺劲敌。城郭完固，外御强武，国内事方可就理，筑坝诚非可塞责而已。打桩用眠牛，加旁闩后，下篵着河底两边，须折一二尺转向内，坝底始无漏眼。坝腰眠牛，择老杉木用之，方不软弱。坝上双眠牛用多，才有力。坝两旁旁闩，不可不固。挑夫担要满，成块泥捣碎和水筑实，才不发漏。坝筑得坚实，修闸便有大半工夫。不然使坝一决，则前功尽弃，闸可得而修乎？

一、欲事无不理，必赖乎人。以人乃举事之源，此为政在人而进贤受上赏也。苟未能得人，必好自用，乃有反视古人为不若已者，不知圭之治水，果有愈于禹乎？是以举事不可慢易，务期慎重。主之者郡守、水利厅、三县，佐之者众乡绅，又择精明佐贰官督工，则赏罚自不令而行。至于执事，宜多择老成练达者为工正，访诸舆论所推，谅无谬举。或司钱谷，或司灰铁，或司竹木，即筛灰、舂灰、煮粥等务，坐守监督之人，尤不可少。为其闸功，全赖乎此也。夫筑室者尚必用好灰，期于坚久，况急流猛潮，内冲外激，灰秫可乏人坐守监督乎？故等项甚烦，其工甚琐，理之之人无容缺。姑就督理闸洞一事言之，当事乡绅，统率群众而已。工正青衿，宜一洞一人，各有专司，庶不至缺人废事也。其管闸洞，分写二十八宿作纸团，各取一团任之。居高望下，闸上亦可督工，第欲纤微悉周，毕竟在闸下看方亲切，加细工修者赏。每洞石匠八名，共二百二十四人分修，兼着闸夫十一人相助，起讫必俟工正看之。始修始止，早晚午间，闻锣作息。迟到早归，并不认真者，工正罚。石匠闸夫责能，修得一线不漏，工正有庆，石匠闸夫有赏，如不能无漏。见有某洞漏，即命管某洞工正，督率原修石匠闸夫，复修好乃已。

一、人力不可不众。谚云“众手移山”，如文王之台沼，不日可成，亦由人众争先使然也。若一时做得成，时固由此不失，费实由此而省。每见因用夫少而失时，意在于省费也。不知迁延日期，非但费反不省，而事究无成。惟夫多不失时，省费在其中，而成功亦在其中矣。不观以釜甑爨乎？不善爨者，惟知惜薪，则食不易熟，而薪反费，彼善爨者，知薪多食易熟，乃不惜薪而薪反省。大功之举，亦犹是也。况动工不上千夫，鲁班师不至，功必难成，此虽出于俗言，谅非无据。故夫役多多益善，尤贵一以当百，膂力方刚者用之。

一、夫匠点工，固是正理，恪守前规，自无所失，然亦有宜于包工者，筑坝之类是也。坝计若干仓，一仓之泥，揆以丈尺，担数人工若干，便可了然。假如上下四旁有一丈高阔，泥须一百满担，一人一日挑四十担，计二工半。推此以包坝，庶几两得其平，工尤不亏。议开若干银，听人各认一仓，先筑就者先付。坝泥亦可包在内，非惟获谢责成，兼可速于得银，彼必奋勇争先。载大船泥到所认坝前，一时筑起，即督工亦不费力，比点工殊为简便。至车水有勤有惰，此法便不能行，何也？筑坝既包属私，私则力无不用；车水虽包，尚属公，公则心有不齐故耳。如有历练包头，责成于彼，彼必严于夙夜稽察，亦可行。惟修闸洞，非加细密工夫，用上好灰料，则闸不固，断断不可包。以其坝决犹可为，闸漏责难治也。总之，斟酌损益，随机应变存乎人，能由此推之，则处之有当矣。今就点工规条言之，其夫役早就工鸣锣，唱夫头名，夫头所管九人，不及唱名，止数人数而已，工正发筹与众夫头，各给九人，午后就工鸣锣，点夫头并人数，晚鸣锣归筹登簿。惟车水，过夜恐旋潴，有夜工，晚不必归筹，至次早归筹登簿，作双工可也。其工食银，照旧例，三日一给发。余公《成规》载，四分五厘纹银，当时固可行之，斯时物力艰难，恐无以鼓人乐趋之意，应给银六分一工，夜工加一分，当勤加犒劳。又载，各匠工价，照募夫例给，似太轻，今定八分一工，内石匠，每工费炭铁半分，应加半分。至修闸洞，所费炭铁有限，不必加，犒赏俱在外。内铁匠，打就论斤给工价，及犒赏亦便，其一应工匠人等，俱包饭，吃饭有许多不便处。又载，扁挑铧锹等器，亦属募夫自备，恐力有不能，宜出公费置办，用毕日齐缴，所谓因时制宜，不可胶柱鼓瑟者此也。天妃宫外茶亭，点夫匠，给工食。

一、修闸，届期应用器物，宜预先买置。试就数者言之，如桩木闸板，竹篑土箕，打桩石夯，实坝木夯，灰碓灰臼，挈桶灰桶，戽斗挽斗，铧锹扁挑，粗细筛，灰磅等器，及单钩双钩，铁镮铁锭，诸洞槛石底石，有冲坏欲换者，城下要关下磡石，亦有当换者，并收废铁羊毛等项，俱可于春夏间为之。以上器物，皆宜择人居稠密处，或堆积，或封锁以藏之。而看守之人，尤不可不勤，待时应用可也。惟石灰，宜临时买舂，才有灰力。又和灰，类多用秫米汁，今河工造闸，用乌樟叶浸汁捣灰，坚固异常，但修闸在寒冬，无叶可采，其次藤藜汁亦好，冬季滋水足，最为得时，取嫩绿细枝如小指粗者，截成短段，微敲水浸，以湿透为度，冬天六七日，或十日皆可，暑天一二日，久则失性不胶粘矣。乌樟出岕乱山，藤藜出山岕新嵊深山，兴塘攒宫等处尤多，约一钱一百斤，亦宜现采现用。用汁和灰捣熟，胜于占米粥。灰秫藤藜，皆须量其应用若干买之。其打铁器等物，火候要到，尤要炼熟，□包亦须人看。灰臼要坚硬石，庶不舂碎，若少，各家好借用，至修闸时，物好价廉，日暇人闲，其洞槽有阔狭，亦可及是时令石工凿齐。谚曰“闲时办得忙时用”，何工不备？何谋不臧？故事半于古，而功必倍之。

一、修闸固要知时，尤不可不及时。四时之潮，惟冬最小，且农工已毕，动工宜在此时。夏令所以有十月成梁之说，但时将沍寒，用灰一冰，与修完灰未燥即开坝，均属无益。又恐雨雪骤至，无处泄水，工匠畏寒，束手难措，虽修闸之年诸神所佑，未有一冬无雨雪者。要之，闸犹人之咽喉，闭可暂不可久，岂如作室造桥等事，即迟以岁月，亦无所害乎？故旧时一洞，石匠八名，深知惟速为妙，期于数日内速完也。倘石匠少，泥水匠亦可用，则是时之不可不及也。观《诗・豳风・七月》一章可知，使功已告成，则心安，开坝又不必性急，看得天晴无雨，灰缝即燥，何妨宽缓几时以坚实之。此亦精而益求精之意也。

一、修法。先做长梯十余篰，以便上落。锤凿要动得轻，旧灰缝如坚固，不可动，用单钩双钩，长竹帚，钩扫缝内泥沙后，即用竹筒射水法。其法，竹筒长二尺许，截去上节，打通中节，留下节，钻一大窍，削圆竹一根，一头略粗，隔三寸间刻一陷槽，以布裹旧絮，缚于陷槽上，送入竹筒之底，长出竹筒一握，蘸入水器，抽起圆竹，吸水进筒，极力一送，挤水入罅，荡涤泥沙；复用挽斗，冲洗于外，如此数番，泥沙自净，水流出必清，俟罅缝内干燥，才好用灰铁。或曰：“昔人以白炭火炙燥，始下灰铁。”然闸如许高大，罅隙之多，不可胜计，何从而遍炙，且火不烈，缝内终难燥，烈则石必柔脆，将有累卵之危，若以粗纸裹在竹片上，外包麻布，伸进罅缝，渗水干，似亦一法。或又曰：“昔人灌生铁以固其内。”然缝大可灌，缝细如何灌得进？要之，灌铁终须自上临下，今且择其便者行之。先用灰，次将铁叉叉进铁，灰须挨次用，尺许即实以铁，恐用灰太长，则缝为灰掩，便看不出罅漏，用铁未免有失过处也。灰铁务要填塞满足，水无微隙可乘才好。不然，如有细眼，则大漏恐不免矣。一洞漏，诸洞未必能固，可不慎与？若遇罅缝深大难填满，用灰后莫如先将碎缸镡实内，继之以铁，此就不足于用者言之。苟用足，缝隙大处，实以盘铁，何愁不易填满？毕竟是纯用铁为美，更用灰草帚，将灰缝灰隙遍刷蹉后，即以稻草灰调和真蹉遍敷，灰自坚实易燥，纵遇冰冻亦不虞其裂且落矣。如行有余力，用一番细心，一面持鹅卵石，将灰缝隙细细砑遍，一面复取鹾草灰细细敷到更好。灰总要好，筛用极细竹筛，两人一日令舂一臼，每臼五斗，如臼小，量减之。其法，将筛过细灰，量五斗于篮内，四围摊散，将称准胡羊毛弹碎，拌入灰内，以匀为度，量入臼内。入真鹾少许，放浆汁，须看灰之燥湿，湿则少放几碗，燥则多放几碗，拌匀燥捣，切不可再放浆汁，直捣至柔润细腻。傍午时候，逐渐加浆，每加浆一度，熟捣一度，视浆灰匀熟，然后再加再捣，至燥湿得宜而后止。盖初间不燥，捣则灰性不坚牢，加浆不渐次，则厚薄不均匀，而粗块必多，此最当如法熟捣者也。能如是而闸犹未固，谁其信之？如或偶有漏眼，待开闸时先下闸前板，随取活油松段解，照漏眼大小削成，候小信早潮后，以索系舟于闸洞并梭墩下，倘板缝有水射出，持披水板档之，石工乘舟，看有漏眼处，将油松敲入，敲到无可进处，才齐以刀锯，外复加好灰，即下闸后板筑泥，以遏潮汐冲激，久则自固。凡用鹾，须真鹾，因鹾乏而代以沙卤者权也。

一、往时修闸，必待彻底车干，然后诸洞搭跳，从下修上，冲洗罅缝，兼有坝外汲水之劳。今则以水代跳，犹修浮图，从上修下，内外坝筑起。动车后，即命石匠同闸夫乘船，钩洗闸洞上层，水干一层，钩洗完一层，水渐干，钩洗渐下。水浅则用木簰或竹簰，至水车干，淤泥去净日，浅洞可完。而深洞之底，亦可钩洗矣。钩洗完日，上层必干，即用灰铁依次而下，如有欠干处，用渗水法实以灰铁，既不失时，又甚省费省力，真属可法可传之事。前人亦有虑不及处，而后人思而得之者，此类是也。虽然，苟逢亢旱时，稍可放胆，似不宜违先贤之制，则又当踌躇于其间矣。更着分属管洞闸夫与石匠同修闸洞，各洞既素所分属，则洞之有罅漏及受病处，彼必悉知。然闸洞多而闸夫少，何能遍及？须彼此互相通工以交助之。兼有督工者，赏罚分明，自可免陨越之虞。

闸上层，潮大暂时满上。内河水即甚大，亦无满上时，冲激所不及，略可轻。中间下层为重，闸底尤不可忽，亦有因患洞不易车干而忽之者，不知闸底犹树根，欲树恒繁，必培其根，欲闸无圮，必治其底。虽底外皆石骨，自无他虞，而益以人功，不愈固乎？故古人于水车干去淤泥后，深洞皆干，石骨尽露，复汲清水洗濯之。无石板者，即补。虽无，亦有不必补者，即已。有冲激不齐者，即整。少石槛者，即补。宜下灰者下灰，宜灌铁者灌铁。梭墩下有空隙处，亦灌以铁，必使纤毫无遗失而后已。是岂好名哉？夫亦深明乎本而务之耳，然则古人之修闸，兢兢如此，以闸都邑攸关，最公也，可私视之与？私则鄙吝之意起而锱铢必较，甚至有主不必筑坝之说者。又河海交会，至难也。可易视之与？易则欺诳之心生,而诞妄是矜,甚至有主拆洞修洞之说者,持是以修闸,其不同于宋人之揠苗者几希矣,又安望其成功乎?若然,修闸之要,请一言以断之曰:费不可惜,时不可失,工不可率。全此三者以几于成,岂有外于得人而理之哉!

一、换闸底石板。余公《成规》载,长九尺,阔四尺,此第就洞底中间闸板内言之。而板外每边俱有丈余阔,不必照其阔,但预备丈余长坚厚石板,遇有当换当补洞,每洞两边,共横排八块于底,灰好自固。且取石板于山,不费力。至于石槛,建闸即置,故陶公《记》中,有“其下有槛,其上有梁”句,即余公《记》中,亦有“向创闸,下槛上梁”句。今闸洞车干,有止存一槛者,有二槛俱无者,共少二十余槛。底少石板并冲激不齐者甚多。此翥所目击也。余公当年修闸,见少底石并无槛处,一一补之。其不肯苟且如此。

一、修闸之费省于当年,亦有其故。余公筑坝名为四坝,其实有六坝。余公《成规》止载四坝者,闸内两狭坝、一阔坝,作一坝论也。且彼时潮既不浊,沙何由涨?河海皆深,坝非高阔不可。高阔则筑坝工多而日久,外坝艰于筑起,厥后坝将收功,正遇潮来如海岛,公望海叩拜,潮即不大,而功始成。兼之车水工夫又多,故其费浩繁。今沙涨水浅,筑坝车水固易,又减二小坝,况今人之修,能如前人之不惜其费乎?而费自省。

一、佐汤建闸。相继修闸六贤,俱保疆免运四贤,但无专祠,并列于游观之所,不设几案门户,使樵子牧童,得以污损,又无岁时伏腊,焚香虔告,即逢修闸时,亦未尝与一祭,亵慢殊甚。且其诞辰,既无从知,每逢春秋,设祭以享之,殊不可少。姚公亦当建祠立像。诚能举行,非但六贤可奉于内,并四贤亦可附于旁室矣。

一、立碑之处,不可任意择取。当于祠内,或左或右,建室数间,永为立碑之所。则悲风殢雨,既无由及,苍苔碧藓,复何自生?又当着祠僧关锁,遇有欲阅碑文者,令启之。其位次,建闸碑宜居中间,重汤公也。修闸诸碑,宜一昭一穆,依次而列,非惟先后不紊,阅碑文者源流井然。如余公碑未立,而无人问及,无是事也。且勿使樵牧小子,损伤文字,使千载下灿然可观,尤为天地间一大快事。或曰,立碑以纪绩,犹作乐以象功也。功欲其传,故作乐,绩欲其著,故立碑。若置诸室内以藏之,不几掩其绩乎?不知非掩之,正所以著之也。盖绅衿及通文墨辈,入庙谒神毕,未有不问及碑记而欲观之者。今镇东阁下,乃八邑士庶会集之所,张公《建闸碑记》,立于此也,可谓得所矣。而八邑士庶,莫之能识,固无足怪,即世居近地者,亦有一二人能知之否耶?康熙二十九年庚午,郡主李公将闸碑尽撤，止存是碑及上虞水利碑，而碑始著。

一、当年建闸，缙绅共相赞襄，后凡有关闸务者，缙绅皆得与闻。至落成时，立碑纪绩，其文亦出其手。甲申郡守萧公乃修大闸，陶公作《记》。癸酉重修，余公身任其事，而兼作碑文。今壬戌姚公，复捐俸重修，缙绅共事者不一，而立碑作记，则出自定庵姜先生，由是观之，缙绅之有补于闸务者，从来久矣。其建祠塑像，创自前人，今增广旧制，庙貌改观，皆姚公修闸后事也。但守祠旧僧，历来因不择人，鲜克有终。凡我同人，应求缙绅主事，延请高僧数人居之，并给示以禁外扰，庶僧有端人，可以久居，而祠宫不至颓毁。其田地若干，已经详载于前，杜附近居民及闸夫僭端，并计一岁所获，尽足自给，不必出外募粮，徒滋纷扰。

一、记载贵传信不传疑。凡有功德于世，即属在氓庶，犹应录其实迹以传之。况位居公卿，可以讹传讹而泯其功德乎？余公修闸，虽任事者不止一人，而权衡揆度，废寝忘餐，始终弗懈者，则惟公一人也。故其作记，因亲历而特详，而父老至今诵述不衰。志书乃载黄公修之者，可为传信之书与？

一、余公《碑记》未立，尚冀后人有补立之举而书之，固所宜也。汤公祠像，重建于开元寺内，张公《碑记》，已立于镇东阁下，亦从而书之，何也？盖以建汤祠，立张碑，虽择于稠人广众之地，以彰有功，然略焉，而未遑一顾者，比比皆然。曷若笔之简册，使人展卷，即知先贤之遗泽，为尤愈也。

一、演戏敬神，汤公专席，木龙即公之夫头秉正者，向来无牌像。节使太尉沈相公，山阴县人，三江西南城外西堰头乃其故里。建角字头洞闸起，即显灵以助之，立像于本村土谷庙及三江天妃宫二处。天妃圣母姓林，福建泉州府晋江县人，生于明初，七岁成神，立庙于海内，而本县梅坞殿宇，系乡人所立，显灵救父兄之难于海中，今又显应敕封晏公。或云，有筑坝功，或又云，即明韩成，代主赴鄱阳湖诳敌者。及张神龙王，皆所当敬。此外城隍土地鲁班，并天下神祇，或专席，或共席，或侧席，尊卑位次既定，务尽其诚，不可亵也。昔余公朔望一大祭，五日一小祭，祭毕，既颁赐夫匠人等，均沾神惠，而无多寡有无之不齐，因敬神而获犒众，一举两得矣。

一、费固不可惜，亦不可滥，知其应用若干物料而买之，应役若干人工而计之，筦钥厥费者，井井不存私，则无妄费矣。今姑略举其大端，假如筑一丈高阔坝，取中号杉木为坝桩眠牛旁闩等用，约共二十余株。每边一篾，用篾二张，则内外四坝，共一百五十余丈，俱可类推。惟外坝用头号杉木，中多一层桩，及挡潮搭架木，当另加上，并一小堤桩篠，亦当另加上。又假如修一洞闸，用石灰约三十余担，羊毛约三十余斤，生铁约三百余斤，熟铁约三十余斤，卤鹾约浅担，占米约浅担，藤藜约五六十斤。二十八洞虽有浅深，相去不远，俱可类推。至夫匠宜包则包，不包则点工予直。假如筑成一丈高阔坝，车干一尺坝内水，修就一洞坚固闸，约共二千余工，余亦俱可类推。迨夫买泥、敬神、宴宾等费，总计不出百金之外。后逢斯举，观是以为则，犹虞被人欺误乎？第筑闸后外坝，其坝基之阔狭，未可预定，以其两涯坍涨无常，水固有浅深日，而江亦有阔狭时。姚公修闸，外坝仅载四十五丈长，就此时之江面载之，后应视江面之阔狭定坝基，此内外皆省二小坝。据今日之修闸，止筑四坝立论也。且草厂止设一处，搭跳木、挡潮搭架木，并草荐虽未及用，而其修之之功，亦觉有可观。但因时至寒沍，底石有冲坏处，有歪斜处，闸洞梭墩有罅漏处，止尽其大概，未遑细细整理无遗，以是为憾耳。所谓《修闸成规》，出于翥之管见又如此。

核实管见总论

核实管见，此翥本诸《事宜》、《成规》、《条例》而作也。凡条例中无容赘辞者不载，所当备述者加详。又有宜古不便于今，则更之；连类可以并举，则增之。辨其情理之所无，晰其时事之所异，而《条例》益著，则是修闸之要，不愈见其有治人，斯有治法哉！昔拙斋公之有光于汤也，固已。继此则有武贞公，到三江，虔恪任事，夙兴夜寐，不离乎闸，诚格阳侯，潮汐不至者累月。迨功将告竣，欲毁坝时，一潮外坝顿决，内坝亦因之而通，寒冬有此大潮，深为可异。至今父老有传之者。今之修期，举事更难，而姚公捐俸独任，留心民隐，可为至矣。不宁惟是？萧邑有西江塘，关系非轻，公亦兼修之。其视西江塘与三江闸，未可分为二，而彼此一体者，盖可见矣。此时山、会当事，有协济之举，逐亩征赋，山阴派征若干两，会稽派征若干两，其事已行，姚公闻之曰："协济固所应尔。但连年水涝，民即免于输纳，余独何忍？"复捐俸万金，则是公之视民饥溺，不犹己饥之而己溺之与？闸工既竣，西塘亦于癸亥孟夏告成，而董事乡先生，谋及永久，于次年秋冬复鸠工修葺，三邑遂得安居乐土矣。盖西塘与大闸原相表里，譬之一身然，西塘犹首，而大闸犹足也。首有病而心能泰乎？足有疾而身得安乎？公之亟亟于交修塘闸者，深有见于此。然修闸难于修塘，塘可旷日持久，而闸必须及时也。尝考唐代德朝，刘晏置船场，每船给钱千缗，或言虚费太多，晏曰："论大计者不可惜小费，凡事必为永久之虑。今始置船场，执事者至多,当先使之私用无窘,则官物坚完矣。若遽与之屑屑较计锱铢,安能久行乎?”旨哉斯言,前人之区处有略,积蓄有余者,亦明乎重赏之下,必有勇夫,费不可惜耳。不惜费则夫匠必勤,而时犹虞其失乎?不惜费则整修必确,而工犹虞其率乎?吾故曰,费不可惜,时不可失,工不可率。修闸之要,不外乎是。要之,知人善任其本也。闻万历年间初修闸时,且增石固之,取诸帑藏裕如,缮修费足,故事速成而功倍。后因官吏土著侵渔,存贮已寡,又闸夫免租,草荡湮没,塘闸银无余,仗渔户银亦不知着落,而毫无所蓄矣。至崇祯年间重修时,欲求素所积贮,问诸有司,则曰“不知”,问诸库吏,则曰“无有”。噫,古人岁积五十余金,至五十年,计其所获,非与斯时修闸之费,不甚相远哉,奈贪鄙成风,具归干没,即有良法,终不能行。非盐台张公倡议捐俸,余公力任其事,及现任缙绅,共捐俸赀暨税亩,多方设处,不能成此大功。今值水旱洊臻之时,亦非贵显居要,阀阅名门,并家处素封,急公好义之俦,必不能共襄鸿业。何幸而遇姚公,以至不容缓之美绩,一旦躬膺,而施泽于当时耶!

观澜亭十贤记

江城西门内,向有一祠,供奉佐汤建闸司理陈公、初修大闸郡守萧公二贤。又万历四十年刑尊李公,钦依郑公,为免役事。士民怀德,欲配享二贤于内,病其祠隘,将四贤并路寝傍,捍卫江城。通府吴公,合为前五贤,迁于观澜亭内。天启年间复派役,守道张公力主得免。里人于西门外天妃宫右,建祠奉公,厥后修闸,又有继萧之张公、余公、林公、襄事之孙侯四贤,并列于内,是谓“后五贤”。祠内有数叟修斋诵经,庙貌日新,洵足观也。延及顺治三年,因秋潮冲坏护城河溇底,而祠亦颓塌。里人爰有合祠之举。八年辛卯五月,复将后五贤合祠于亭而尸祝焉。今五贤有像,五贤像遗仅置一榜共载之,特照榜详列于左:

会稽孙侯,讳璘。详见前履历,重修闸者。

刑厅陈公,讳让。详见前履历,佐汤公建闸者。

修撰余公,讳煌。详见前履历,有像,东二座。重修闸者。免役亦与焉。

守道张公,讳鲁唯。仕天启年间,有像,中座。为免役而立。

盐院张公,讳任学。详见前履历,重修闸者。

守道林公,讳日瑞。详见前履历,有像,东一座。重修闸者。免役亦与焉。

郡守萧公,讳良干。详见前履历,初修闸者。

通判吴公，讳成器。字德修，别号鼎庵，徽郡休宁人。仕嘉靖末年会稽典史。后升本府别驾，官至佥事。与徐文长公同时。当海寇入内地，公以能将兵知名，承大吏命，提兵守水陆扼塞，秋毫勿扰，屡建奇功。居人为立祠刻石。曹娥江有祠，文长公作碑记，后亦不存。今陶堰有祠，郡城义爱祠内有像并碑。此外之环列于方隅者，不知其几，江城亦赖其捍卫，幸得保全。特建祠、塑像、立碑。今祠像虽无，尚崇祀于亭上。兼存残缺之碑记焉。

刑厅李公，讳应期。仕万历末年，有像，西二座。为免役而立。

临观守备郑公，讳嘉谟。仕万历末年，有像，西一座。为免役而立。

亭上十贤神位，似有二失：一、保疆免役四贤，混列于佐汤公建闸，两次修闸六贤内，若不相蒙。一、坐次不依建修闸时定位，则失先后之序，致使人拜瞻诸贤，不知有保疆、免役二事，但知为建修闸而立，并不知佐汤建闸者属某贤，修闸于前者属某贤，修闸于继者属某贤也。今姑就向时之位次载之，而履历特加详焉。后有作者，将四贤另立一祠，而六贤位次，亦使先者居先，后者居后，或像或牌，次第分明，则永无遗议矣。

诸闸附记

玉山闸。俗呼陡亹老闸，在山阴县东北三十余里。唐贞元元年乙丑季春，浙东观察使司皇甫政所建。故真武祠前有皇甫公所题书“坎区永键”之扁焉。其闸计十门，中三门填实，南三门属旁乩。北四门隶山阴，泄三县之水出三江，入巨海。上有靖江张帝祠，初封宁夏侯，续封英济侯，明末乙亥年，进封帝号云。

扁拖闸。在山阴县西北三十五里小江之北。其闸有：一、北闸三门，明成化十三年丁酉，刺史戴公所建。讳琥，号延节，江西饶之浮梁世胄。二、南闸五门，明正德六年辛未，山阴邑令张侯所建，讳焕，号主奎，江西吉安府泰和县人。

泾溇闸。一洞。扁拖、泾溇二闸皆在玉山之北。扁拖闸尚离玉山数里之遥，此闸即在山麓。正德六年山阴张侯所建。

撞塘闸。一洞。在玉山之东北。明嘉靖十七年戊戌建，缘后添一洞，俗又呼两眼闸。

五眼闸。

平水闸。六洞。俗呼咸水闸，在三江城西门外之南。嘉靖十七年建。

朱储闸。三洞。又名护家闸，在山阴县西北三十余里。唐贞元初，观察使司皇甫公所建。宋嘉定间，郡守赵彦倓以潮水为患，筑塘包绝，后建大闸。小江亦为内河，复开通此闸。改为护家桥。

甲蓬闸。□洞。在山阴县西北三十五里下亭山之麓，扁拖闸之东北。

新灶闸。十八洞。今叠石为塘，留五洞，改为桥。

柘林闸。在山阴县西北三十余里。以上三闸，并郡守戴公所建。因小江涨塞，此闸久废。

顾埭闸。在山阴县西北三十余里。今废。

午口闸。一洞。在山阴县西北三十余里，上方山南之山麓。

白马山闸。三洞。在山阴县西北四十五里白马山之麓。明天顺元年丁丑，郡守彭谊所建。今废。

钱清闸。在山阴县西五十里钓桥之右。

舍浦闸。

郑家闸。并在新安乡三十八里九都地方。

柳塘闸。在山阴县西七十里天乐乡。

九眼闸。在山阴县西五十里钱清江南。元时居民所建。

广陵闸。三洞。在山阴县西六十五里。东汉岁乩守马臻所建。公殿建于广陵斗门山上，闸即在殿右山下。

新泾闸。在山阴县西四十六里抱姑之左，九眼之北，唐太和七年，浙东观察使司陆亘所建。

白溇闸。

柯山闸。

三山闸。俱在鉴湖之西。湖废为田，今皆湮没。

清水闸。在山阴县西一十二里。

新河闸。

真武殿闸。在山阴县西六十里夏履桥二里许。土名长墩坂，溪深田高，建闸灌溉田三千七百亩，故时无旱涝。其后上流渠壅，闸今废。

猫山闸。麻溪坝筑后，而上下盈湖之田益苦于江潮水灌，嘉靖年间始建此闸。崇祯时乡宦刘宗周增修之，而湖水可御。上下盈湖田赖以有收。

白洋龟山

山西闸。三洞。在山阴县西北五十余里白洋村。是村有山似龟形，横跨塘基里许。闸建于山西龟首下，故名。濒浙江。白洋、党山、安昌等村，乃江北四都地方，尤低洼，离大闸又远，受灾更甚。萧公初修闸时，特建此闸。又因大闸居要，诸闸尽为桥堰，令水总归大闸，而此闸虽临大江，闭塞不开，然遇非常大水，则不能不议开矣。山西居民嫌有妨害，植竹木于闸上，欲泯其迹，以杜开端。年来因大闸屡涨，狂流漫患。戊申之秋，众议开此闸，山西居民竞相阻挠，终以私不胜公，寡不敌众，从而开之。后壬戌岁五六月间，西江塘决两次，复开。庚午岁四月末旬及五月初旬，水发汪洋，致郡主李公督令往来舟人，尽拆曲簿，水已奔趋不开。七月末旬及八月初旬，水复发，更大，与明季七月廿三日略似。但海不测耳，群起而议开者如云，于毁曲薄外又开。今辛未夏季，我公于闸西建添二洞，将旧三洞拆修如新，为五洞，募闸夫六名，买田三十亩，给工食银，共三十六两。其启闭准诸大闸，士民立公祠像于山上云。

黄草沥闸。三洞。在屰乩县东北六十里道墟村后。临东江。

清水闸。一洞。在屰乩县东八十里，至嵩坝里许。亦临东江。

迎龙闸。一洞。在萧山县东二十余里。

龛山陡亹闸。二洞。在萧山县东北二十余里。郡守戴公所建。

长山闸。在萧山县东里许。

王公闸。一洞。在会稽县东南百余里二十四都范阳村。

补略存疑

玉山闸中三洞填实，不通舟楫，上建靖江张帝大殿三间。殿前有重轩。闸内置六大梭墩，建戏台一座。闸外填开，建楼屋三间，供奉尊神考妣。南三洞，上建关帝殿三间，殿前亦有重轩。北四洞，上建平屋四间。左一间，为朱小二相公祠，于康熙乙丑年间，迁尊神于真武大帝祠内，而为市廛。中左一间，向为文帝祠，后建文昌祠于宝积寺后山上，将文帝移于山上，而为市廛最久。惟中右一间，前后无墙壁门户空闲。右一间，为真武大帝祠，关殿、戏台、楼屋、文祠，皆无量师于明崇祯年间建修。《山阴志》书，计闸八洞，今十洞。又载橦塘闸一洞，今两洞。俱未知其后所加，抑记事者有讹耳。至载泾溇闸，建于明正德年间，则所建之时，其说不同矣。盖诸闸建于大闸未建之先，人所共知，惟泾溇、撞塘、平水三闸，陶庄敏公《记》中云，系大闸之羸羡所建，以节水流，以备旱干者。故撞塘、平水二闸，皆建于明嘉靖十七年，泾溇闸亦当建在此时。今观所载，建时乃先于大闸，或闸已废，因建二闸，得复亦未可知。其诸闸闸夫不可稽，玉山闸夫皆泾溇人，以泾溇近玉山也。厥后建闸于三江之彩凤山下，俗呼新闸，玉山不必启闭，即为三江闸夫，后又因荷湖新塘附近大闸，故今闸夫大率皆荷湖傅姓，间有异姓几人住新塘者。

辨　讹

昔汤公建大闸，迄今百有数十余载，其间两行修葺，勒诸贞珉，无俟余赘。独是年来潮汐为患，沙泥壅塞，苦于疏浚无策，旋有不解事者，辄以余公当日修闸，每洞设石槛以为口实。余恐世人不究其理，为此说所惑，而展转相传无已也，不得不辨其讹。因取诸《闸务》而历陈之。盖闸上弊端，难以枚举，而首在启闭乖方，故昔人留心闸务，其造闸板阔厚，俱有尺寸，不使狭薄以隳成法。镮用好铁，每片钉二镮，不用废烂以致速朽。按水则，以时启闭，不许迟误妨农，勤修造以补缺少，不许那移别洞。至开放之时，亲持挽钩，以穷底板之有无，验水势之迅急，并稽板之多寡，定其额数，务期尽去底板，而斗、牛、虚、危深洞底板，尤所当撤。盖深洞之底板尽撤，则水势湍急，而其流倍猛，彼沙土随潮而入者，亦自随潮而出。若使底板不撤，其流必不能撤底疾行。但放闸时，底板一任闸夫之去留，且于深洞难启闭处，或及半而止，或不尽起而止，以故清水上浮而流不及底，沙土下积而倾泻无由，江河之淤也有由然矣。至于闭筑，□人必用沙土实其中，以茭草稻薪塞板缝隙，土必满筑，板必满槽，此则经久画一之制，不容紊更。故秋潮虽大，沙泥无从得入。今则易以教场土，利其上有草皮，堆砌易满，不顾其中虚实，并不用及一草塞罅，安能坚固？后必冲激渗漏空溃，况每洞闸板，所缺二三尺不等，并减水两洞，竟无片板障蔽，以致秋潮腾涌，沙土随潮而入，江河之淤也，又有由然矣。岂尺许石槛，能为沮塞也哉！于余公何尤？抑更有说焉。往日港道迂回，沙涂曲折，外又有芦草密比如云，而潮复三涨三落，不能遽抵内港。今则港路曲少，已成一派白地，彼涨此坍，潮汐更易于泛滥，兼之理斯大闸者，不能洞悉原委，乡之先达者，不暇直陈利弊，而欲闸务之整饬也，何日之有？矧役夫艰苦，虽给工食外，又给田若干，而水旱频仍，所获有限。即有筑闸工食，领发，守候，盘费，酒水，种种陋规，所余无几。惟当事者常加优恤，而按时给发，庶得尽力于闸务。此尤当事者所宜轸念也，余故不惮一言以辨之。

辨驳详明。向来讹传，涣然冰释，且又洞悉水利，而娓娓言之，无不条达。的是名手。武修王翁之笔也。

时务要略

癸亥浚江

闸之壅塞为害，起于辛亥年，后逢亢旱，闸内犹可，闸外涨至东嚵𡎺，时有之，闸内之水，积而不泄至月余，亦时有之。迄壬戌修闸后，罅漏少而江流屡涸，沙既易壅，癸亥雨又多于往年，河水汪洋，竟成一大沼。即久壅莫过于辛亥，亦不至于如今日者。彼时旱既太甚，而水渐至也，不知何处愚民，止顾目前，十月窃决塘于会稽道墟之直里河百丈塘以救急，系十四都里长，该管塘路，急终不能救，而道墟等村桥岸，则有狂流冲坏处，河溇则有浮沙壅满处，甚至屋庐坟墓，亦有不能保者。其田亩，甚则冲为深潭，不甚则沙土盖满，且水咸既不可饮，复难浣衣，市河水溜，又难泊舟，舟被石碎，而人溺于水者有之。种种害端，难以言罄，而闻亦有碍。甲子四月，会稽岳侯严督十四都里长筑塘，视工甚为艰难，又命十二、十三、十五、十六四都现递里长，通情协济。先筑备坝，数溃，有一叟曰："十字汇头是老坝基，筑于此，始可无虞。"信而筑之，果不复溃，海塘方好填筑。役夫千余人，工费千余金，塘始筑成。壬戌亦窃决此处，而无碍于闸者，以闸常开而沙不涨也。今闸涨至东嚵嵝，可复决塘而蹈前辙乎？昔未建大闸时，塘之有决筑，犹闸之有启闭者，权也。既有闸而不思设法通闸外水路，使水从塘缺出，则闸外愈涨，何时得通？又以曲簿为苟取鱼，古制仲秋为之，至次年元夕后悉收。今苟簿频增无收时，且遍处广布数重曲簿，绝流作鱼池，久则生苔，滞流最甚。兼之车卤过江，将江路车实，如欠平稳，借以柴草，除闸开水急外，即有水亦车，况海禁开于甲子年，应照往年，以船渡卤。今皆未能，水由此而愈难通，欲闸易通，莫如严禁上三条弊端，则万壑奔趋自捷，此穷源及反本之论也。幸抚院王公，命水利厅王公治水，仲冬中旬起工，至腊月初旬开通，因论及致此缘由。康熙三年甲辰，提标牧马海滨，将芦苇尽毁，灶户乘机悉开为白地，浊流既无芦挡，且遇狂雨，白地浮泥，冲落江中堆积，遇潮信又席卷浮泥进内，是利归海滨者固多，而害及内地者不少也。救时者曰："莫如将凡属江海涯边及新涨沙地，限留若干弓尺植芦，待其长盛如初，以杜后患，庶可补救。"所虑沙地坍多存少，有亏盐课，处于两难，尚宜俟其地广，徐为之图耳。今权立疏浚规条，该山、会两县，行插签分掘法，山阴六花，一百九十三里，会稽五花，一百八里，共十一花，三百一里。每里派夫四名，有一千二百余人。除山田、沙田免役外，将及千人。有此人数，开不满廿里沙嵝，纵汐大唯春夏，至秋冬则潮大，担阁工夫，何难于数日内开通？役夫宜收精壮，必须量江路若干里，计役夫若干名，从内掘出外，签自闸下插起，挨次均派分掘，遇泥淤难用力处，取各里泥船一百只运泥，又打铁锹二百把，上一长柄，将淤泥锹入船中，覆于两岸。昔辛亥沙涨，亦以此法开通。铁锹用毕，藏库待用。其费出于萧山，以彼穹远，应役不便，派此费代之。更有水潴处，则用舟溯流上下，导其深广，如是则责有所归，孰不乐于早完归里？役夫必倍加劝勉。又须官府互相责成，再佐贰官一员督工，勤则劝，惰则惩，此法苟行于八九月间，天气尚和，塘又未遭窃决，为力不难，何至有今日？且一年中大水不恒有，水如复大，闸必勤开，而无虞沙涨，借民力，仅在数日之内，便能如往年。水即甚大，初信后开闸，次信前可闭闸，而潮无从入内河矣。此法一立,患消利普,公私得以两全,于水利非无少补,是知天灾所及,诚失于因循,非失于无算也。或曰,祭神则可通。呜呼,昔建闸时,惟公殚厥心,故工方伊始,有灯阴助,若人事未尽,而能感格乎神者,断未之有。要之,祀神鸠工,皆不可少,第从牧马毁芦之后,几处沙地即坍,已有廿余载,则闸内外时常涨满,亦有廿余载,以此知江固因芦毁而涨,地亦未必不因芦毁而坍。窃观迩来坍涨虽无常,而涨时居多,亦属地将广斥之兆。数载后,海口关锁,可望其周密似当年,萑苇自盛,将必一望无际,不但可复古制,供煎盐之需,兼可樵采,以给民用,则河海有澄清之日矣。

翥闻甲子岁,抚院赵公浚杭城河道,立法甚善,后之治水者,所当诹询详明,而取法焉。

抚院赵公,讳士麟,号玉峰,河阳人。抚院王公,讳国安。水利厅王公,讳玑。会稽岳候,讳征斑。

新开江路说癸亥

凡水之曲折趋东海,其性然也。故江以浙名,而东西一小江,亦以九曲名。然西江之外九曲,闸之通塞所关,未可与东浙二江同日语也。试言之。江城东门外,塘湾对出南涂,系孙家团灶地,江路自北上南,盘绕二三里,复往北,赴东流,其曲东西各一,首尾相照处,仅长百余步,故名西嚵嶴。而俗或呼为龙舌嶴,或呼为狗项颈。癸亥江淤,抚院命别驾浚江,开到西嚵嶴,费工数日,因曲远,卒难开通。乃于两曲首尾逼近处,开直以救急,是其姑取捷径,以期速效焉耳。而土人则有云掘断地脉者,公因急于疏通,置之罔闻,更于所开之地,即以淤池补之。第开新水道,减地止在百亩内,淤旧江基,增地至三百余亩,是减一分,而增六七分也。补地既多,又连岸免涉江之劳,于灶丁非无两得,岂知江路曲多,非惟潮不直进,浮泥从兹阻住,闸亦因曲多路遥,离海远而沙不易涨。语云"三湾抵一闸",良为不诬。昔明季有灶丁王予钦者,曾开直一曲,致动江城公愤,控宪重惩,而曲得复旧。此外又有一大曲,坐落头团村灶地,村人于顺治七八年间亦欲开直此曲,江城仍共阻之,奈曲近彼村,终为彼所偷开,湮没已久,固无容议复也。盖关锁既撤,萑苇又无,潮汐到闸,止争呼吸间,沙不由此而壅乎?况曲从被人偷开后,更因东沙嶴亦坍去,又少几曲,今人犹呼为九曲,徒袭其名耳。奈公未知情弊,复于众曲中之最远且大者,一旦开直,闸外并闸内田亩,每因咸水直上,秋收微薄,苏民处暂而困民反久,开故淤新,以复江路,岂非当今急务乎？但旧江路成沙地，皆升科管业，则灶丁之获利，显而共见，庶民之受害，隐而莫知。灶丁既所乐从，庶民未知关切，相延日久，即有老成人创复古之说者，反虑地税缺额，群起而谈笑之矣。噫，后有作者，盍法禹之治水，无师丹之治水，以毋贻其患乎？翥之有望缙绅先生，达鄙意于当道者以此。

越郡治水总论

润万物者惟水，故水居五行之首。利民者不小，然怀襄洚洞者水也，淹没禾稼者水也，覆舟逆命者亦水也，病民者亦甚大。自古唯神禹治水，功在万世，巡狩会稽，徂落于此。迄今海滥汤村及禹陵，皆立庙祀焉。越地居东南最下，尤多水患，沐禹奠之恩者最深，而禹灵之在郡庙者为独赫。自是而后，东汉郡守马臻筑鉴湖，虽有蓄水溉田之利，后湖占为田而水溢田淹之害，未能除也。至唐武肃王钱镠，浙东观察使司皇甫政、陆亘、孟简，宋工部张夏、刺史赵彦倓、刘良贵，明刺史彭谊、戴琥、游兴，山邑宰李良、张焕等，于各会流处，建闸筑塘，以弭水患。奈此塞彼决，东壅西激，民劳殊甚，而水患犹未尽除。明巴蜀汤公来守郡，目击水灾之困民久矣，嘉靖年间，乃审度地形于三江西北城外，接彩凤山石骨，建应宿大闸，万水归宗，直注大海，由是而三邑之庐舍田庄，皆成锦地。兆民赖之，于今为烈。感公德泽，具呈详请敕封，未能如愿。己巳岁。圣驾南巡，专谒禹庙，翥同金、沈二友猛拟面陈茂绩，奈以天威严重，不果所奏，呜呼，公道久而不彰，人情郁而未遂，褒崇之典，应有日也。翥等其拭目俟之矣。近闸之区，有狭猕巨湖，屡遭覆舟之患，附郭广宁桥张贤臣号思溪者，罄产捐资六千两，于湖西一带，建塘六里，舟行塘内，以避风涛，全活甚众。且沿湖田囿，亦免水激岸坍，乡人感戴，塑像于湖畔古庙，并立二子牌位。厥后塘有倾圮，子孙即起而修之，以承前志。此虽功在一隅，然以一富民而能捍患御灾，此亦马、汤二公所亟引为同心者矣。倘逢盛典，配享二公，传之无穷，岂不可乎？因附之论末，以不没其善云。

郡城汤祠

汤公建闸于三江，泽溥兆民，恩垂千载，故江城建祠，郡城亦建祠于开元寺内，相与尸祝不忘，甚盛典也。幸三江一祠，郡守李公大施葺补，一朝壮丽改观，而郡祠年远不修，正殿于壬戌岁倒塌，尚存殿后一椽，并旁边头门数间，而神像即凭依于一椽之下，风雨飘摇，惨凄莫甚，势必至委诸草莽荒丘而后已。

今壬申年新正，绍民于西小路谢功桥北，为我公立生祠，至秋初告竣，欲塑公像，公因郡祠倾颓，神无所依，命塑汤公像，送入义爱祠，诚为美举。第郡城亦应如江城之专祠以禋祀之，而原祠何可置之度外哉？

开元寺汤祠旁附宁邑四宰，虽非闸务，皆有功于郡邑者。

傅侯讳良谏，号忠所。嘉靖四十四年乙丑进士。

张侯讳鉴，号右洲。嘉靖二十三年甲辰进士。

庄侯讳国祯，号洋山。嘉靖四十一年壬戌进士。

马侯讳洛。万历二年甲戌进士。

汤祠对联

汪公题

心悬皓月青天上；

功在黄云白浪间。

公讳应轸，系庶吉士，改郎中，讳镃之孙，山阴人。越城火珠巷乃其故里。明正德十二年丁丑会魁，初官庶吉士，因大礼不奉，诏左谪，终江西提学佥事。清峻特立，屡荐不赴，其立品如此，宜于作此光明高旷之句也。汤公毕肖，而公之气宇迥异，亦见于此矣。

张公题

凿山振河海，千年遗泽在三江，缵禹之绪；

炼石补星辰，两月新功当万历，于汤有光。

公讳元忭，系太仆卿讳天复之子，山阴人。世居越城车水坊。明隆庆五年辛未鼎元。其联出赞汤德，对表萧功，观此益知汤德固不容忘，而萧功亦未可泯也。联书俱徐文长先生所代，今墨迹已遗。

李公题

遵斯水，涤斯源，不知几载经营，始睹三江底定；

奠尔居，粒尔食，自应多方禋祀，恍如四乘弘功。

公讳铎，号天民，三韩人。以荫授中翰。康熙二十八年六月间由兵部员外郎出守绍郡。太翁宫保尚书，总制冀、兖、豫、荆，崇祀四省名宦。公象贤，克肖德政廉明，为绍民仰赖云。

李公题

江流力挽，尽从此处朝宗，何患蒲芽水涨；

砥柱功崇，悉自当年奠定，常如瓠子宫成。

公讳元坤，号至庵，山阴人。顺治十四年丁酉科一榜，广东雷州郡丞。

石之贞题

薪负著臣劳，锁钥三江，何事秋风沉璧马；

洞开缵禹绪，疏排万壑，任教春水涨金牛。

石氏，会稽东桑人。于三月二十五日汤神华诞，聚族人偕同志数友侑觞致敬。又于已未岁立扁联以颂厥功云。

傅二锡题

太守真奇，创非常而弗惧，智可及，愚不可及；

小民何幸，成大业于惟艰，忧在斯，乐亦在斯。

拙笔

轰天大业，划河海而底定千秋，遑恤当年谤讟；

盖世鸿猷，按辰星以绥宁万姓，岂图后日声名？

观澜亭

石卫洪涛，西北膏腴蟠地轴；

洞开列宿，东南经纬动天文。

对在梁上，不知作自何人，或云徐文长先生所书，则文亦必出其手。但题书"观澜"二字于额上者吴公，又未必非出自公也。公讳彦，系副使讳便之子，山阴人，祖居舟山。明嘉靖二年癸未两榜，官居佥事。今梁毁，壬申三月郡守李公手书，原联立于两楹以存之。

汤祠奠章

王昆发笔

凡今之吏，于其上者，但知有身。视居官如传舍，苟岁月以迁升。彼生民之休戚，漠然不以关其心。惟公莅兹绍郡，为民忧勤。知此邦之患，病在水势之骄淫。田以污莱，岁每不登。度地形之要害，爰创闸于海滨。潦则泄，旱则蓄，为三邑之锁钥。高者丰，下者获，乃百室之盈宁。凡此皆我公之赐也，而何可忘耶？即远方居民，有不惮跋涉艰辛，而跻堂庆诞称觥，则亲炙于其地者，安得不尽乎敬诚？盖建庙塑像，已在于当事，而时荐岁享，又见诸舆情。矧近蒙圣恩,赠“灵济”美谥,得与春秋祀禋。甘棠继起,益显声名。厥功维何?海宴河清。厥德维何?井凿田耕。群黎百姓,莫不尊亲。兹当诞日,时逢暮春。拜扬稽首,禴祭荐馨。愧不成享,庶其格歆。

郡守李公奠文

勒石立于殿右

古今有民牧者,治行有他美,不尽传。即传矣,亦不甚久。惟德被生民而功施社稷,斯久而不忘也。越之地,南盘山谷而高,北抵沧海而下,山、会、萧三县,则更处乎最下。一遇霪潦,诸水泛滥,陆地成渊,虽从前堤防疏浚,不乏其人,而沦没漂流,岁常告警,非患未尽息,盖功不甚全也。维我先生,来守兹土,法施于民,不严而化,以劳定国,所在民思。捍大灾,御大患,建闸三江,流泽千古。旱不干,水不溢,耕始有秋,饥始得食。昔也泽国,今也乐郊,经邦土而奠生民,厥功伟矣。生为循史,没作明神,其生也有自来,其逝也有所为,此自古圣贤,莫不皆然。而著在简册者,炳如日星迄于今,先生往矣,遗爱昭垂,讴歌未泯,此都人士咸诵之,深思之,至勒之金石,播之声诗,丰功盛烈,卓然不朽,构堂而奠,传于罔极。怀古钦风,临流羡德,又宁仅此都人士也哉?某生也晚,寤寐先型,每深佩服,幸承简命,来莅是邦,此地此官,无殊畴昔,乃先生之德泽,洽于千古遗爱,垂于百世。而某菲材庸劣,迂拙性成,惟愿学之心殷,日躬行而未逮。兹者,欣逢岳降之辰,展布葵倾之悃,虽世远年湮,不获亲受先生之教,今幸复登先生之庙,睹先生之像,俯首告虔,精神默会,无异亲晤对而接言大也。又为之歌曰:三江之山,维其嵂兮;三江之水,维其泌兮。比户讴歌,公之力兮。某也后人,思践迹兮。自惭疏陋,莫能及兮。牲拴盈俎,维其飶兮。酒醴盈觞,维其苾兮。沧海桑田,公之泽兮。海屋添筹,公之衮兮。鱼龙来幐,灵其陟兮。英爽如生,神可即兮。平成而下,公其匹兮。思之不见,我心戚兮。

丙寅年祝文

王武修笔

凡今之吏于其土者,但知有身,视居官如传舍。苟岁月以迁升,彼生民之休戚,漠然不以关其心。惟公莅兹绍郡,为民忧勤。知此邦之患,病在水势之骄淫。田以污莱,岁每不登。度地形之要害,爰创闸于海滨。潦则泄,旱则蓄,为三邑之锁钥。高者耕,下者耘,乃百室之盈宁。凡此皆我公之赐也,而何可忘耶？矧亲炙于其地者，而淡若罔闻，盖建祠塑像，春秋享献，虽已行于当事，而跻堂称觥，岁时忠爱，必期尽于吾民。兹当诞日，时维暮春。同盟数子，薄物荐馨。愧不成享，庶其格歆。

三邑士民奠章即碑记

稽、阴、萧山，地势卑渍。霖不用旬，雨惟数日。百万膏腴，须臾没溺。举目望洋，徒兴叹息。白屋啼饥，朱门告籴。郡伯汤公，睹此隐恻。坐建远谋，立画长策。凿山开云，载土辇石。作闸三江，廿有八隙。旱则蓄储，潦则放逸。耕始有秋，饥始得食。行始遗舟，眠始贴席。此劳此功，承此开辟。此德此恩，永垂无极。于是每逢诞辰，作歌以颂曰：我公岳降，令德孔彰。恩褒“灵济”，丰功愈扬。险阻既远，畦畹永芳。郊盈黍稷，户获仓箱。士农恭敬，傧荐馨香。报以介福，万寿无疆。

此明奉议大夫上虞张文焕之碑记也。嘉靖十六年十月朔旦撰。颂汤功，立于镇东阁下。今增数语于末，作奠章，颇为得宜。

入史褒封说

凡忠孝廉节，与夫功德及民者，非入史无以传于久，非褒封无以表其贤。今试举功德及民者言之。绍郡惟山、会、萧地洼临海，民遭巨溺。至明世庙时，刺史汤公建塘闸于三江，自此泛溢者宁澜，朝宗者敛浪，非徒远害，兼增土田，鸿功岂易及哉？爰考先世之有功德及民者，史册固已载之，而报之未始不厚也。如金龙分水洞庭，大禹南镇诸神，或隆禋祀，或加宠锡。且己巳岁，銮舆亲谒神禹，崇德报功，可谓盛矣。汤神之功德如是，而入史褒封未行，则神贶何由慰，舆情何由洽哉？况癸亥前有恩纶，凡在昔贤，类蒙旌表，汤神治绩，已经部咨史馆，安在入史褒封，不可次第行之也乎？即入史未及行，而褒封何尝不可先行？康熙庚申岁，闽督姚公，闽提万公，具题敕封天妃圣母，公独湮没不彰者，何哉？翥一介老生，每念及此，不禁感怀弥切，而深有望焉。

姚公讳启圣。万公讳正色。

宜封十例

凡功德之及于民者浅，当时则荣，没则已焉。若汤公爱民之深，而施膏泽于靡穷，斯其所以久而不能忘也。试以宜封十例言之。越自建闸后，闾阎坐享安澜之福者有年，历来士民请封，郡邑案积盈箱，例宜加封者一；水旱不侵，岁有收成，民以食为天，草野皆得保全余命，例宜加封者二；塘闸内增良田，外增沙田，盐场麦地，不可胜计，土田既加，赋税自裕，官民皆享其利，故开垦有嘉奖之例，例宜加封者三；闸建山阴地方，恩及会、萧邻邑，一县受惠，两县咸歌乐利，例宜加封者四；且夫御大灾，捍大患，载在祀典，汤公筑塘建闸，御捍之功，班班可考，例宜加封者五；绍郡老幼，佩德追思，称号不过太守，非所以示崇隆之意，例宜加封者六；汤公历任山东左布政，为一省藩屏，与王公相去一阶，例宜加封者七；马公讳臻，会稽太守，立功仅在南塘，尚膺王号，汤公勋绩，尤居其上，例宜加封者八；向来寇侵内地，兵民莫可谁何，闸后贼艘不得扬帆直入，黎庶宁谧，例宜加封者九；江南江北居民，往来络绎，尝以潮汐风波之险为忧，闻祭官渡江奠大禹，曾有覆舟而溺者，闸后非惟人得驰驱闸上，啸歌于洪涛巨浪之间，兼获渔盐之利无穷，例宜加封者十。（旧例祭官到汤湾祭禹。后因祭官溺水，又建禹庙于郡城南山以祀之。）盖绍郡八邑，五县依山，山、会、萧三县带海，地势最洼，向苦海塘一带，长亘二百余里，东至会稽曹娥，西至萧山西兴，唇齿相关，丰凶同病，虽内塘设小闸二十余处，要亦水口既多，闸门又隘，苟呼应不灵，工力不协，则启闭失时，旱涝为患，此嘉靖以前之大害也。自嘉靖十五年汤公来守兹土，深虑灾荒害民亏赋，乃修筑江北四都外海塘，以遏潮患，相地于三江，造总闸二十八洞，添设闸夫，守候旱涝，纵流则腾涌无碍，专筑则水泄不通，于是内塘诸闸俱废，内塘皆为隙地，可植桑麻，诸闸尽为徒杠，广通舟楫，从此水旱无灾，家给赋增，此嘉靖以后之大利也。汤公除害兴利之举，泽及兆民，功垂百世，士庶爱戴，亟请封号不已。历陈十德之宜封，望邀九重之恩綍，以彰含德不忘，庶慰民心之万一耳。

抚藩具由疏引

今夫加惠于民，口碑载道者，未尝少也，不再传而即寂然罔闻者，亦未尝少也。若夫在当时称道之，至于历久，而思慕之情，感动弥殷，而愈不能自已者，非德泽深厚，曷克臻此也哉！吾越汤公，其德泽及民，诚可为深厚矣。而历来之请封，不暇备述。试言康熙十一年，藩司袁公具由，亹亹数千文，何其恺切深至乎。又二十三年，抚院王公特疏题请，将荷敕封，十居其九，惜乎均罹中阻，而皆成画饼者抑何与？然二公报功扬德之嘉意，余终未能忘，谨录其引以存之。

总督署巡抚事王公，讳国安。藩司袁公，讳一相。

南巡请封引

康熙二十八年己巳，圣驾南巡幸越，翥同金声宏、沈又蠡二先生在舟中，跪捧奏章，候皇艭出西郭，上之。孰知咫尺天颜，遂有堂上千里之隔。但见船头大臣摇手者再，舟行又甚轻利，是以疏无从上达。我士民之菀结，何日得展也？是日具疏者甚众，仅录已疏，以见其一班云。

海滨耆士请封

奏为大功未褒，舆情久郁，伏叩恩赐敕封，以光国典，以慰民望，以扰官方事。臣窃惟忠贤之臣，能救患以济众；明圣之主，必褒德而嘉功。臣本府绍兴，系边海水乡，其初潮汐为患，冲坏田庐，咸水内入，且山阴、会稽、萧山三邑，土田最下，雨淫则万水钟会，陆地成渊，旱久则田禾枯槁，秋收无望，以故旱潦俱沴，民甚苦之。至明嘉靖十五年丙申，知府汤绍恩，四川富顺县人，由嘉靖丙戌进士，莅守是邦，轸念民瘼，稔知郡患在水，遍观沿海，审扼要之地在三江。三江者，内河外海交关处也。于此建闸二十八洞，上应经星，将三邑之水，总会于斯。潦则泄之，旱则闭之，蓄泻有则，旱涝无灾，而五谷胥登，越民得免为鱼鳖，而长享艰鲜之食，为万世永赖者，皆绍恩之功。是即一方之神禹也。迄今百有五十四载，百姓虽于闸西新塘建祠，而尚未有封号，民情久郁不舒。臣伏稽古祀典，能御大灾，则祀之，能捍大患，则祀之。如绍恩者，正所谓能御大灾、捍大患者也，其益国利民，自应世享弗替，崇号有加，岂徒吹豳击缶，陈里社之俎豆已乎。夫孝子节妇，著德于一家，朝廷犹且旌奖，况泽被万民，功垂千禩如绍恩者。即今皇上龙驾南幸，特为上下二河，亲临阅视，无过欲治水得法，以利生民。假令绍恩生在今日，谅必锡以高爵，有不次之擢。今其事虽隔代，有不欣然嘉予而吝惜封赏者无之矣。臣远考后汉马臻，为会稽郡守，创立鉴湖，至宋追封利济王，以视绍恩之功，殆数倍于马守。且臣乡之人，为神而膺敕封者不一，曹娥，上虞人，敕封孝女；江神张，萧山人，敕封英济侯；河神谢，会稽人，敕封金龙四大王。此皆生平忠孝仁义，有功德在民者，故蒙此显号。若以绍恩而与恩典，未为过也。伏乞皇上追奖前哲，俯顺舆情，加以尊爵，赠以美谥，俾神明被宠锡之光，懋绩乃克显乎奕叶，公道有昭彰之日，人心始大快于一时。则以之表已往者，即以之劝将来。而朝廷之大典弘恩，与星闸共垂不朽矣。此系阖郡公情，非翥等一人私言。草莽儒生，无缘上陈，幸逢圣驾南巡，得睹天颜。谨具述建闸利民本末，上渎宸聪。缘系叩请敕封□理，字稍逾额，贴黄难尽，伏叩鉴宥全览，恩赐依允，万代感仰。为此具本，谨具奏闻。

县覆府引

古之泽及生民，而显扬于后世者，果时为之耶？抑借乎人事而有然耶？昔汉会稽守马臻，受封于宋，唐越州总管庞玉，受封于梁，宋工部张夏，两次受封于本朝，一次加封于明季，以是观之，凡历来之得与褒封大典，似非人事所能尽，必有其时也明矣。虽然，时或有之，苟无贤士大夫，力任斯事，赞而成之，终必湮没无闻，何从而遇其表著之时也哉！今吾越人之请封汤神者，何啻连篇累牍。己巳岁，复幸朝廷驻跸，具疏者甚众，均未能上达，克副舆望。人皆诿之于数，以俟其时焉。岂知今遇郡主李公，夙敦缁衣之好，崇隆前哲，全越士民，不禁雀跃，特具公呈，蒙发山、会二邑，备查实绩，妥议速报。县主即遵宪申覆，仰冀详请，倘荷圣明循例荣封，则是先贤德泽虽湮，犹获昭宣于一旦也。我公之明德，不其远矣哉！适逢朝廷即命公移守会城，详请之举，遂尔中止。而予心安能释然？亦录其引以存之。

附录

《府志》载，汉会稽太守马臻，宋嘉祐四年封利济王；唐越州总管庞玉，梁开平二年封崇福侯；宋绍兴元年，又进封昭祐公。又载宋景祐中，浙江塘坏，工部张夏，受命护堤，采石修塘，人赖以安，郡人为之立祠，时嘉其功，封宁夏侯。《萧山县志》载，淳熙庆元间，又封英济侯，迄明乙亥年，进封帝号云。

敕封汤神灵济原案

巡抚浙江等处地方提督军务，都察院右副都御史赵，为筑塘建闸，裕国利民于生前，泄水驱沙，神灵显著于日后，亟请叩封，以昭盛典事。康熙四十一年七月二十七日，准礼部咨开祠祭清吏司案呈奉本部，送礼科抄出，该本部题覆，原任浙江巡抚张题前事，内开该臣等，议得原任浙江巡抚张疏，称明季嘉靖年间知府汤绍恩，在三江海口筑塘建闸，利益甚巨，抑或褒封，或于浙江额设祭祀银两内，匀给春秋二次致祭，以光俎豆等语，又准浙江巡抚赵，疏称汤绍恩特于三江海口筑塘建闸，旱潦无害，迨我本朝御灾捍患，利益实多，若非仰荷圣恩，未足俯酬嘉绩。伏乞皇上敕赐褒封祀典，则传之史册，千秋万世，永戴天施等语。查该抚既称汤绍恩筑塘建闸以来，至今田庐得免飘没，尽力农桑，增益课赋，利赖实多，应如该抚题请，将汤绍恩褒封致祭，其褒封字样，候命下之日应赐何字样之处，由内阁具题可也等因。康熙四十一年六月二十四日题，本月二十九日奉旨依议，钦此钦遵，随行文内阁典籍厅，撰拟褒封字样去后，今准内阁典籍厅为敕赐明绍兴府知府汤绍恩，祠额具题。

钦定“灵济”，钦此钦遵到部，相应移咨浙江巡抚可也等因。呈堂奉批行送司，拟合就行。为此给咨前去，遵照施行等因，到院准此，拟合就行。为此案仰该司官吏，照案备准咨文，奉旨事理，即便转行。钦遵施行，须至案者。

康熙四十一年七月三十日行布政司。

敕封汤神灵济徽谥记

越地滨海，夙称泽国，外存潮汐之患，内有盈涸之忧，旱则湖干川竭，潦则汤割怀襄，是吾越之所苦者，莫水患若矣。自神禹后，虽赖汉、唐、宋、明诸贤，堤方疏瀹，以谋朝夕，而水患未息，往之为当途所蒿目，以言乎一劳永逸，万古不朽，未有如郡守汤公建闸筑塘之功，使越人饮食尸祝，而不能顷刻忘者也。其间经营措置，凡所以竭诚尽力，神人协应者，具载文学程子鸣九先生《闸务全书》，独是兆民抑郁不舒，乃在敕封一事，论者以为功止一郡，而于时例不符。吁，亦未审从来表扬功德之大典矣。圣王御世，凡立德立功，无论当时异代，四海一隅，莫不表扬而加封号，凡以励世而牖民也。盖立德者如纯忠纯孝，止尽臣子分内之事，其累加封号，自古皆然，于今为烈。矧立功莫大乎保民，即功止一郡而延世无疆，其所保之群黎，不可以数计者，安在功未及远，而敕封大典，遂不可举行也乎？即以越论，东汉马臻，以创鉴湖，封利济王；刘宠以仁廉，封灵助侯；唐庞玉有惠政，封昭圣王。司牧本郡，而立功于当年者，皆得封爵。况久历年所，功难泯没如我公者哉！虽在贤豪挺生，其生也有自来，其没也有所往，浩浩落落，自足昭日月而壮山河，其灵爽必不泯灭于人间。第以情理揆之，似此裕国利民，百世永赖，而不获上邀国锡，崇德报功之谓何？非所以慰神灵、协舆情也。鸣九先生梦寐不忘其事，因与缙绅王谷韦、鲁德升、毛奇龄，士庶刘□、郑清毅、丁思尹、赵予敬等，具呈请封。今壬午夏，蒙藩司赵，据府县详宪，都察院张，乃会同总督郭、学院姜具疏。未几，都院移节江西，而藩司随陟是任，于五月闻奉旨应否赐封给祭，着问新任巡抚赵，令其察议其奏。复具疏陈请，蒙皇上敕行。礼部议覆，覆称汤神究图塘闸，利赖既多，应如该抚所请，褒封崇祀。命下之日，内阁拟赠“灵济”，奉俞旨依拟敕行，遐迩人群，莫不忭欢踊跃。自此之后，行见神灵愈赫，庙貌增光享祀，不忒俎豆生香，凡我圣帝之隆恩，宪台之硕德，与我公之福泽，当同江水以长流，亘千古而不没矣。晚生王澜昆发谨识。

疏内出看语诸公开后康熙四十一年壬午岁

山阴顾侯讳彪，会稽张侯讳联星，萧山郑侯讳世琇，本府同知署府印祖公讳光佩，布政司赵公讳申乔，都院张公讳志栋，总督郭公讳世隆，学院姜公讳橚，新任都院赵公讳申乔，即升本省抚院，今移抚湖南。礼部宗伯韩公讳菼。

自撰义会祭文

山、会、萧邑，地非高崇。巨源所会，支流亦潨。霖虽夕止，雨即朝终。原隰洋溢，郊野冲瀜。浸彼稷黍，没此莠蕫。人多菜色，谁解愠衷？我公莅任，不胜忧冲。旋至江城，计遏腾汹。凿山振海，辇石兴工。乃建宿闸，聿成懋功。蓄泄维则，耕获遂农。家沾膏雨，户纳薰风。南阳召父，岘山羊公。追思罔极，颂慕靡穷。斋明表敬，谢启褒封。对越惟虔，庆是奇逢。福由天授，乐与人同。季春谷旦，上寿呼嵩。特荐馨香，跻堂恪恭。爰献酒醴，称兕肃雍。丝纶甫下，传后靡穷。仰瞻巍焕，并配穹窿。延及侪辈，均荷帡幪。介眉有庆，纯嘏咸蒙。

自　记

海水无从入，则不咸；河流无从出，则不涸。上以输国课，下以遂民生，全赖乎此，闸之不可不固也，明矣。今闸罅漏处如攒矛，何洞不然？奚能免于二者之患，岁可望其有仓箱之积乎？赋可望其无追呼之扰乎？则修闸诚斯时之急务也。苟非姚公轸念民瘼，奋起力行，迟之又久，势必至大肆决裂，后即有欲起而修之者，晚矣。乃有人言，以为非急务，何怪乎萧公初修闸时，即有以不急之务议公者。噫，彼夫子所云远虑近忧之说，亦尝闻之否耶？翥不揣固陋，所叙建修大闸，皆本诸庄敏、阳和、武贞三先生《记》中。确而有据，即传闻或有未确处，亦存之以备参考。迄今修闸，姜公定庵《碑文》可考也。翥又亲历其事，据实言之，度未有丝毫获爽者，若所附《核实》、《管见》、《时务》、《要略》等作，虽考诸往日所载，询诸斯时所言，犹恐未能合宜中理，冀博闻君子，慨然惠教，伪者辨之，谬者正之，庶不负一片苦心也。封大典，累世莫能酬，犹幸康熙四十一年荷蒙圣恩，敕赐"灵济"徽谥，以慰苍生之仰望，全越舆情忭歌载道。夫如是，何患丰功懋德终归湮没，而无彰明较著之日哉？

闸务全书·续刻

第一卷 图说碑记

原 目

三江闸水利图说

按:《三江闸水利图》虽载《闸务全书》,但今昔沙水变迁,不得不因时补绘。查旧图,新塘外有南涂、东嚵粜及头团、灶地等处,计地四都,归钱清场管辖,今则滩卸无存。旧闸有三十六洞,因闸身遥长,改为二十八洞。汤公建闸时,每五洞置一大梭墩。万历年间,郡守萧公良干修闸,复于每闸前增置小梭墩。其石牝牡交互,从下裒上,石缝处固以铁锭。张太史元忭碑载云:"益发巨石,凹凸其两巅。凸以当上流,令杀水势;凹以衔旧甃,令水不得内攻。"即指此也。因绘图所及,附记于此。

双济祠图说

按:双济祠,前为张神殿,后为汤公祠。张神封英济,汤神封灵济,故以双济名祠。年久失修,邑绅平畴、胡泰阶、鲁郑松、杜宝于道光二十九年捐资重建,改易石柱,并添建先贤祠官厅,需费三千金。工竣,请郡伯铁孙徐公名荣、邑侯西桥吴公名英樾落成,以昭诚敬。惟修葺后不加岁修,则风雨剥蚀,易于朽坏。查汤公祠有岁修田十五亩、沙田五亩,向有工书,年征额租三十余千,除开销汤公春秋两季、生日演戏及完粮外,而置岁修于不问。经邑令云次胡公名泽沛请,以道光三十年为始,春、秋、生日三次祭祀,仍由工书支领承办,其收租、完粮、岁修,一切均归三江闸董经理,详府立案。附记田亩字号于后,以备稽考。

计开:

"垂"字　号　　湖田十五亩九分三厘,坐落蒋家溇,徐如皋种。

"才"字　号　　沙田五亩,坐落汤公殿后,张仁孝种。

敕封宁江伯咨文

礼部为遵旨敬陈事。礼科抄出本部会同工部题前事,内阁该臣等会议,浙江巡抚法海会同总督满保疏称"查江海庙祀诸神,有吴国上大夫伍员,唐代武肃王钱镠,宋代安济公张夏。三神实为浙省江海保障之神。再,明代绍兴府太守汤绍恩创筑三江闸,有功绍兴,俱应题请封号"等因具题,前来查得雍正二年八月詹事府少詹事钱以恺奏称"海口之神,请恩褒爵秩,以示尊崇"等语,一疏臣部以沿海地方庙祀诸神果有捍御保障之功应请封爵者,令该督抚查明汇题等因,拟覆具奏。奉旨依议这致祭礼仪,着极加虔,祈其应对字号,着敬慎撰拟，仍行文直隶、山东、江南、浙江、福建、广东督抚，每省各查江海神大庙，将修理之处具奏，钦此。钦遵行文在卷，今该抚既称“吴国上大夫伍员，唐武肃王钱，宋安济公张夏三神，实为浙省江海保障之神。再，明代绍兴府太守汤绍恩创建三江闸，有功绍郡”等语，因如所请，加以封号，交与内阁撰拟进呈。恭候命下之日，行文该抚，转饬该地方官于各庙内制造神牌安设，致祭一次，每岁春、秋二次，仍照例致祭。又疏称“省会吴山伍员庙，实系江海潮神大庙，应加修理，相应捐修”等语，查浙省吴山伍员庙，该抚既称“面临钱江，相传最久”，及庙内两庑祔祀掌潮神祇，实系省会江海潮神大庙，应如所请，敬谨坚修，以仰副皇上爱养黎元、崇祀海神之至意，其题估修理之处，应动正项钱粮，该抚何得以“相应捐修”之处，毋庸议。所需工料银两，着照估计之数，动用正项钱粮，敬谨坚固修理。俟功完之日，造具细册，题销到日，查核可也。

雍正三年六月二十六日题，本月二十日奉旨依议，钦此。今遵内阁发出封号，抄录粘单，移咨该抚可也。为此合咨，前去查照施行，须知咨者明汤绍恩封号，钦定“宁江伯”。

请晋封汤公并封莫神案

绍兴府为御灾勤事等事。据山阴县知县胡泽沛详称，据绅耆宗稷辰、潘尚楫、王藩、王海观、杜宝霱、平畴、鲁郑松、张景焘、章暹、孙道乾、王嘉谟、童光镤、胡泰阶、陶辰、娄咸、傅德涌、金坤一、赵守德、周以均、王应柱、章庆震、钱达、沈万春等呈称，切职等世居绍郡，地近海滨，形势低洼，水旱均易成灾，民甚苦焉。自前明知府汤公绍恩相度地形，在于彩凤山麓、三江隘口创建大闸二十八洞，上应天星，下关水利，启闭有制，旱潦无妨，业于康熙四十一年敕赐“灵济”封号，又于雍正三年，敕封“宁江伯”，春秋致祭，钦遵在案。伏查汤公建闸时，屡建屡圮。有司事姓莫名龙者，秉性公忠，任事踊跃，见公忧形于色，遂奋不顾身，深探闸底。巨石猝下，竟被压毙。闸由是成。郡人德之，立像工所。此后每逢闸流壅闭，沙土淤塞，虽千百人力不能开。前宪往祭，不顷刻间，沙去水退，其应如灵，尤可异者。上年五月中旬，霉雨过多，洪流泛溢，田禾悉遭淹没，闸门壅塞，堤岸皆危，仰荷府宪，通诚亲祷。就地居民，共见汤公祠莫神庙中神灯炯然，隐隐若有舆从驰行闸上，彻夜不绝。次日见蓄水当即泄退寸余，日觉畅泻，禾苗尚堪补种，民心渐安。今岁夏秋间，塘堤冲决，海水内灌，奉派贤员绅董驻闸，专司泄水。八月间遥望闸外，潮头汹涌，高至寻常数丈，居民惊恐,诣祠环祷,怒涛近闸倏隐,咸称灵异。非常职等谨稽祀典能御灾患,则祀之,以死勤事,则祀之。况复灵显屡昭,阖郡士民共深敬感。在汤公,受封效顺,固宜邀典礼之施,而莫神助祐扬灵,似可乞旌褒之锡。公吁转详,题请天恩,赐加汤公祠匾额。可否晋封,出自圣裁。并乞赐莫神封号,以光祀典等情到县。该山阴县知县胡泽沛看得绍郡地近海滨,古称泽国,水旱均易成灾,自前明郡守汤公建闸以来,旱潦无患,绥祐有灵,洵属越城保障。其司事莫神同心同德,利济情殷,为国为民,捐躯莫惜。允宜封号频加。可否俯顺舆情,准予题请,锡封从祀之处等情到府。该绍兴府知府徐荣核看得前府汤守,昔莅兹土,念切民瘼,建闸捍卫,保障於越。其司事莫神,利济存心,捐躯勤事,助佑扬灵,于今为烈,允宜锡封从祀,以答神庥。兹据该县签明,志乘具详,前来理合,备文转详。奉宪批查前封两案,切实复核。据县详称,汤公太守康熙雍正年间两奉敕封。原案,委因年久遗失,惟《三江闸务全书》所载,并汤公祠碑记,恭载两次钦封,核与《浙江省通志》相符等情,详送察核。五月十八日,奉署布政使庚批,仰侯照察。前详转请具题缴册,存送礼部具奏。为遵旨议奏事,礼科抄出浙江巡抚常疏,称为御灾勤事,恳恩赐额,加封以光祀典,一折奉旨该部,议奏钦此。钦遵到部,臣等查阅原奏,内称前明绍兴府知府汤绍恩于三江隘口建大闸二十八洞,启闭有制,旱潦无妨。康熙四十一年敕赐"灵济"祠额。雍正三年敕封为伯,各在案。查建时屡建屡圮,有司事莫龙者奋不顾身,闸由是成。郡人德之,附祀汤公祠侧,设牌为司闸正神。每逢闸流壅闭,叠著灵应。道光二十九年,泛溢被淹,闸壅堤危,知府竭诚亲祷,水即泄退,禾堪补种。三十年塘堤冲决,海水内灌,潮涌数丈,居民惊恐,诣祠环祷,涛倏奠平。吁请恩赐汤绍恩祠额,并乞赐莫龙封号,以光祀典等情。据绅耆禀请,并呈山阴县志乘造具各事实清册,会同浙闽总督臣合词具题,前来查定,例各直省志乘,所载庙祀正神,实能御灾捍患,有功德于民者,由督抚题请敕封。今据该抚疏称,前明绍兴府知府汤绍恩创建大闸,以兴水利,数万户端赖安居,千百世永资保障。神功丕著,既蒙圣德之崇封,灵显常昭,宜乞新恩之宠,锡其司事"莫龙",心存利济,念切民生,慷慨捐躯,竭一诚而坚磨铁骨。神灵在目,迄两朝而永奠金堤。文献足征,功德斯著。核与御灾捍患之例相符,应如该抚所请,请旨于汤绍恩祠,敕赐匾额。其司事"莫龙",敕赐封号,以示褒崇,而光庙祀,所有封号,交内阁撰拟,其匾额字样,是否皇上钦定,抑由内阁恭拟进呈,伏候命下臣部,遵奉施行。谨奏。咸丰元年十二月二十六日奏。本日奉旨依议匾额,亦由内阁拟字,钦此。

随经内阁交出。汤绍恩匾额,奉朱笔圈出“功襄清晏”,钦此。又“莫龙”封号,奉朱笔圈出“广济”,钦此。相应移知浙江巡抚,钦遵办理可也等因。二年二月十四日,咨到行司,合就转行。

郡守胡公捐俸置田添造三江闸板铁镮并补给闸夫工食碑记

自古郡守之贤,代不乏人。然或能施恩于一时,而未必垂功于百世;苟能垂功于百世,毋论创之与继,皆足以不朽于天地间。盖自来非常之人,其意量与天地并久,其所以抚民者,必有万世永赖之功,而不为一时之术。故下之诵上者,每曰“惠我无疆”,言不可以岁月计也。如我越三江闸,创自明代。笃斋汤公,嘉靖年间来牧是邦,见夫我越滨江迩海,水溢则民居淹没,水涸则田禾枯槁,公详审夫水脉来去,塞诸口而疏诸堰,汇山、会、萧三邑之水,而总出之三江,建洞二十八,曰“应宿”。淹则泄之,旱则蓄之,为三县得长享其利。此汤公百世之功,所谓不朽之业也。因动支三邑额,解钱粮一百二十八两,以为岁时补修闸板、铁镮之费,而闸夫之工食,亦于是出焉。此以见公之虑我民者,固详尽而无遗也。今康熙十七年,军需浩繁,裁其半以充饷,而闸板、铁镮之残缺者,艰于更换,即闸夫饩廪,亦或不敷,将启闭不时,旱潦皆戾,而害且不测。我公愀然忧之,谓于此无善后之策,则三邑之田或致汤割而付洪波,或苦魃虐而成焦土,吾民其不聊生乎?其如前贤盛绩,何爰为捐俸置田于单江之滨,皆沃土也。岁收粟米以为每年添造闸板、铁镮之费,则旱潦不能为灾,而人诵有年之庆矣。且以其羡余,修葺汤公神宇,而惠其闸夫之不给者,可以垂之永久。此固我公百世之功焉。自汤公创之于前,我公继之于后,汤公不朽之业,得我公而勿替。自汤公之绩不朽,我公之绩亦与之不朽焉。惠泽之垂人,岂不后先辉映也哉!况我公种种善政,不可枚举:宽徭省形;息讼停差;绝货贿,屏千牍;劝农于野,课士于庠;月吉与诸生阐抚宪拆一录,月三日与民讲圣谕;禁妇女游寺观,作歌以劝;勿溺女,积谷以备赈;兴义学以训贫民子弟;买山八十余亩为义塚,骸胔靡有暴露。凡所以恤民之政,作民之劝,育民之德,赡民之生,恤民之死,泽靡不周。况其施恩于一时者,又有不可胜道者乎!则微独置田一事为不朽,即种种善政亦不朽也。然则郡守之贤如我公者有几人哉?公讳以焕,号若之,三韩人。祖籍会稽,太翁天目公,为泗州守,多治绩。公以读中秘书出补汀州司马,右转吾越郡守。越人不胜歌诵,因为镌之石,而作诗以美之曰:“芃芃禾黍,甘雨膏之。洋洋江海,润泽无涯。闸建应宿,利济无期。汤创于前，公则继焉。以启以闭，赖此大田。大田多稼，岁取十千。食我徒役，趋事争先。闸板时易，铁镮倍坚。爰葺爰理，以莫不全。安澜奠土，于万斯年。甘棠莱柏，恩义有虔。戾也硕人，稽山镜川。”

康熙二十五年三月姜希辙撰。

重修明绍兴太守汤公祠堂碑文

前明绍兴太守笃斋汤公，四川安岳县人。其筑三江应宿闸，有大功于越中，旧史列之循吏，到今山阴、会稽、萧山三县之民，神而祠之。一在闸口，一在府城开元寺。近者城中之祠圮，侨祀之蕺山精舍，而闸口之祠亦日坏。予莅任之次年，请于今守郑公，既裒资以新之，且文于丽牲之石，以落其成。大江以南三江之望不一，有《禹贡》之三江，郭氏以钱唐当其一；有《春秋外传》之三江，韦氏以钱唐及浦阳当其二；其越中之三江，则以钱唐及曹娥及钱清列之为三，而实则浦阳本钱唐之支水，曹娥与钱清又浦阳之支水。盖浦阳江既东出，益大，越人以诸暨江目之，自是分为二。其蒿坝而下，所谓东小江者也，下流斯为曹娥。其自义桥而下，所谓西小江者也，下流斯为钱清。吾读郦氏注《水经》，其云："浦阳江者，本专指曹娥，而间以萧山之潘水当之，又以山阴之柯水当之，则皆属钱清。"特疏晰未精，以致《嘉泰志》疑之。然自三江分道，各有周防。钱唐水至，则萧山捍以渔浦之堤；曹娥水至，则会稽捍以蒿口之坝，皆不为厉。而钱清独甚，盖诸暨之水既至义桥，历萧山之尖山，入临浦合山阴之麻溪，承天乐诸乡之水穿入钱清。钱清故运河，江水挟海潮横厉其中，不得不设坝，每淫雨积日，山洪骤涨，大为内地患。今越人但知钱清不治田禾，在山、会、萧三县皆受其殃，而不知舟楫之厄于洪涛，行旅俱不敢出其间，周益公《思陵录》可考也。明天顺中，太守东莞彭公谊，乃凿通碛堰山，引上流之水，从渔浦入钱塘，而筑坝于临浦，以断其流。成化中，太守浮梁戴公琥，又营麻溪坝，添扁拖诸闸以济之，水患稍息。然而临浦之江塘未筑，海潮尚随江水入麻溪，且三十六支之水在内地者终无所归。嘉靖十六年，汤公始有应宿之役，其地二山对峙，石脉中联，正当三江所会以入海之道，乃筑二十八闸，护以塘四百余丈，而尾闾之水始得通行无阻。其经画一切事宜，详见陶庄敏公谐所为《记》。余尚书公煌所为《事略》，及倪职方会鼎《於越水利录》，予弗殚述。嗣是以后，钱清有江之名，而实则不复为江，可以引江之利，而不受其害，居民亦几忘其为三江之一也。汤公之功，不亦伟哉！圣祖时，诏封公"灵济"之神，世宗时，诏封公加封

“宁江伯”。予以谫劣，宰兹邑甚欲尽力沟洫以希风前哲，故先以是文表其区区。然窃尚有请于郑公，以为祠中配享之礼有当议者，考之余尚书之言，曰“汤公之后，增石拓之，改其旁四洞为常平，以泄涨水”者，太守泾县萧公良干也，事在万历十有二年。其后又微有罅漏，灌以铅锡，使无纤毫之隙者，太守光州黄公絅也，事在崇祯之六年。是皆当居配享之列者，不可以莫之举也。尚书又曰“闸工之修，大抵五十年而一举”，自兹以往，不无望于后来者。康熙之初，里人姚少保启圣又尝修之，今且七十余年矣。夫旧工之坚完，后人非可以妄有更张，固也。然而培植保护之功，所不容已，或乃为闸本主于泄水，虽有搏啮，亦无害，遂恝置之，则又谬矣。是以窃欲借配享之礼，使后之人谒公祠者有所瞿然而动其心。更为之诗曰：“五犀之神，力奠兹海疆。朝潮夕汐，使君之神所回翔。风风雨雨，不斗梅梁。”

乾隆十有六年秋七月，山阴县舒瞻撰。

重修三江闸碑

越为古泽国，农田水利綦重。汇山、会、萧三邑之水，以西江塘为上游，即以三江闸为尾闾。岁癸丑，余奉命来抚兹土，时西江塘始议鸠工，阅数月而屹为巨防。余既按视，入告山、会二邑绅士，即有重修三江闸之请。余考前明太守汤公肇建此闸，精诚之至，通于神明，嗣封宁江伯，祠祀于闸左之原，报神功也。厥后群贤继事，历有成规，自我朝邑绅姚少保启圣踵修后，迄今已阅百年，潮汐冲啮，罅漏滋深，允宜亟事补苴。顾旧例，惟冬令水落潮平，修筑较易。越中往岁，冬令雨雪连绵，少见接旬晴霁，畚锸难施，众情尚迟疑未决。乙卯秋，余于役宁郡，行道三江，率守令亲谒汤神及司闸莫神，默矢诚祷，并周视闸洞，指授机宜，爰命诹日兴工。天气融和，群情竞劝，越旬日，外坝将次合龙，忽阴雨连朝，数万指几至束手。时余尚驻宁郡，斋肃叩心，飞檄太守亲祷汤神，即立时开霁，迄工竣如一日，在工人等无不额手赞颂，此实汤神陟降之灵佑呵护，故能巨工迅奏，顿还旧观。余实乐与僚属士民共享其成，是不可以不记。是役也，自十月初六日开工，至十一月十八日工竣，凡四十有二日，计耗缗钱九千八百有奇，即动用西江塘岁修及捐款赢余，并未累及闾阎，其钩稽出入，董以绅士，官吏丝毫无与，至修筑章程，或守前人之旧而踵行之；或今昔异宜而变通之。详具续纂《闸务全书》，兹不具赘。作颂曰：“会稽古郡禹绩余，三江澎湃宗归墟。嵯峨巨闸束尾闾，神之功兮太史书。贤二千石桢干储，扶偏救弊争爬梳。

伟哉少保壮志摅，金钱百万经费舒。大臣为国实起予，余来相度期补苴。吏民胥劝谤讟除，万夫邪许情相于。重台直抉百岁淤，层阴未拨噫气嘘。嗟此手足皴拮据，海中仿佛太守旟。瓣香遥祝愿不虚，灵风飒沓飘轻裾。旭日西射何容与，神之来兮云为车。丰我牲醴洁我糈，雨我田兮覆我庐。千载守此廿八潴。”

钦命兵部侍郎兼都察院右副都御史巡抚浙江等处地方督理南北二关、世袭散秩大臣骑都尉、今升两广总督觉罗吉庆撰并书。

嘉庆元年，岁在丙辰，秋七月，抚浙使者觉罗吉庆撰。

重修三江汤公祠记

聿自文命乘橇欙东行，导南条之水告绩会稽，庚辰柏翳以下圣哲贤集，遂奠三江于扬州。韦昭所谓三江入海者，越中三江特浦阳一江之支川耳。禹迹既远，自汉迄明，继治水之绩者，前惟孝顺时太守马公，后惟成化间知府戴公，及明世宗朝笃斋汤公来治越，始集大猷于今三江，以建应宿闸感召天人，辅翊明德，遂为神。跻岳渎后，尊视五等。于是越之地利以三江名，而越之灵贶无以尚汤公者。汤公祠祀典垂于今三百年，呜呼，岂不伟哉！当公之初治三江也，遍祷百神，敬卜形势，张沈诸英爽与云鹤异人，佑助有迹，幽光照烁，如巨烛之载途。而有端人从役于工，为木隧氏。或曰，莫龙氏群称为正神者实左右公，不恤顶踵，追患洞屡阻，垂成几亏，致身九渊，以赞公成百世勋。传闻转微，神用恫叹，万口如石，久而不刊，然正神有祠，亦既三百年矣，而事不以上诸朝，终类私祀，念功者深嗛之。道光己酉庚戌之岁，郡境洊遭大水，下田庳舍多在水中，万户号呼。时郡大夫徐公荣对天而泣，精白洁蠲，数祈于公，冀吁救民命。先是，闸内壅，既祷乃大宣泄，灾地得复为良田室庐，斯民弥感天心之悔祸，神力之施仁，思崇报之不能忘也。迨灾退，大夫率吏士考志水之故，则商蓄放之利病，揆近患所致，因沙淤滞流，曲折难畅，矢于众谋亟浚之。浮沙孔长，消涨无时，方惧鲜效，而畚锸之间，风雷忽作，灵鳗枳首，昂然导于前，亦来神镫百十，其耀争扈于后，沙顿开豁数十里，用力不烦。公与正神庙中，肸蠁闻于祝觋。滨民欣告，称大夫之勤且诚，能致神之庥。吏士大夫欢陈，乞详达其状，请今上加封为莫神，请予封号。章下祠部察故事，以为当奉诏俞允。赐宁江伯，额曰“功襄清晏”，封莫龙氏曰“广济”。时咸丰二年春三月也。夫有道之世，履信尚贤，幽明无间，若张若沉。前代庙食，已章美报，若云鹤，又恍惚无得而名，虽垂佑者多不克遍举，惟“广济”之神，昔尽忠于公，今效顺于国，士庶殷然，并求褒录。天子俯顺民隐，次第锡封，自此疏瀹之，速利导之，使谷我井疆、保我丰熟者，福应岂有涯哉！是固缵神禹而有光，嗣马戴而不朽者矣！大夫既新其祠，恭悬赐额享祀，恪共爰磨贞珉以记。属邑士宗稷辰用昭德音，兼系迎送神。词曰："浙之东兮挽颓波，完旧防兮茂新禾。祀汤孙兮江阿，三百年兮瞻巍峨。贤为主兮忠为辅，巩金门兮保永固。资康济兮同功，酬德施兮曼古。跨灵虬兮宝炬明，般裔裔兮风云生。搴桂旗兮扬兰旌，谒似宫兮卫蠡城。江亹启兮江流顺，潴宣及时兮百谷登。沙不衍兮川不沦，被丰泽兮永永。德崇兮礼隆，歆𠺝酺兮神保应。"

三江司闸正神莫讳龙庙碑

南塘通判顾元揆撰

三江应宿闸，前明嘉靖丙申绍兴郡守汤公建。所以为一郡水利计，贻千载生民福者，无俟褒称矣。余以乾隆甲申为是郡倅，治三江，至即赴公祠，焚香叩首，而要关之上，别有神像，亦虔礼，视其主，题曰"三江闸正神"，而无姓名。问之吏，则曰原题"莫龙之位"，近山阴令万君以敦始易之，心窃疑焉。句龙，后土之祀于坛壝也，书名而不肖像，今既实有其人肖像矣，而反去其名欤？考《闸务书》，惟载一语曰"木龙即公之夫头秉公者"。岂欲隆其冠服而恐于夫头为不称欤？抑因越语木莫同音，未知孰是而故阙之欤？但味"秉公"二字，《闸务书》殆不为滥美而录其实者。今夫贵人乘轩绾绶，奔走斯民于道于廷，而其居心行事，尚少持正。夫头贱役耳，既不得与缙绅士大夫齿，则益图微利，资其家人妇子口食，至身犯鞭扑而不悔其常也。而神独以"秉公"称，必其分役钱不私而督众夫无误，是有功于汤公。有功于汤公，即有功于阖郡，宜乎郡民亦追思之，而并为之肖像也。汤公于本朝雍正三年，奉封"宁江伯"，而神以贱故，仅留姓名于乡邑，抑末矣，奈何并此而去之乎？然余为是论碌碌，亦姑仍其旧也。丁酉夏，摄淳安县事，得代归。绅士陈俞业等公，请易主且叙神之事实，以献其略。言"神实姓莫，山阴人，充府舆皂，其为汤公董夫役也，悉心所事。一日在工所，方入深水探闸底，巨石猝下，遂被压以死。汤公震悼，为恤其母终身"。呜呼，此直所谓以死勤事者，觉余向之论，尤为臆见，而兹事尤难能所必，当表章以示永久者也。顾近世论文，未免从刻，一事为志乘所不载，辄鄙夷以为不足观。余未敢措笔，复加遍访，则其事昭昭在人耳目，虽妇人孺子，尤能言之，乃始信其非虚，而疑《闸务书》之遗此，得弗仍以其贱故，而非实录也。间尝从容走闸上，或指为余言："每闸流久闭，沙土淤涨，虽千百人力不可开，开辄潮水冲塞如故。有司虔祷于神毕，出视细流涓涓耳。继则湍啮淤去，顷刻间数十里豁然矣。"心益异之。夫神生不爱其身，死有利于后如此，越之人思神若思汤公，不置又如彼，虽欲不从众请，其可得乎？爰仿太史公所至访父老、纪轶事之意，书此以待后之览者。又择吉日谨易牌主，曰"三江司闸正神莫讳龙之位"。夫"司闸正神"之称，原非敕命，此则仍万君旧题者，从私谥之例，士民之愿也。铭曰："猗不爵而自贵，独混俗以无私。从府朝兮致役，血溅石兮肤糜。哀我神兮报飨，留荣名兮书之碑。神俨驾兮浪翻雪，神安坐兮波回飔。巩南塘兮万禩，一启一闭兮永宅于斯。"

前明绍兴府推官刘侯浚江碑记

东南之有水患，尤前宋之有虏警也。虏入而荼毒我生灵，蹂躏我城邑，而水之虐过焉。故决排之绩，捍卫之功，方之折冲者居多。於越，古泽国也，而禹迹犹存。自成平之后，上下数千百禩，民咸神明之，禋祀之，而不敢废也，猗欤休哉！邑故娥江一带，剡溪激湍注其南，浙海狂潮撼其北，稽诸古，不无怀襄之垫，准之今，若是堙阏之患，则未之前闻也。间自后郭涨沙，约三千余亩，于是水性匆顺，北奔而南，俾受害处沃壤陆沉，征科莫抵，且直激横冲，而百丈如线之堤，无以御之。方春而入则无麦，当秋而入则无禾，无麦无禾，则岁大祲而民阻饥矣。慨自著雍执徐之秋，飓风大作，天吴肆怒，坏堤防，漂庐舍，痛濒海之蚩蚩，半葬于江鱼之腹，罹此患也，可胜言哉！邑侯虽出锾金贸石，率民筑堤，然而狂澜时溢，石未必胶，是委千金于巨浸，犹夫南宋之时，岁币屡遣而虏欲无厌也，奈若何？幸赖本府刑台刘侯，以天挺之英，衔当宁之命，来抚我邦，故将大造于吾民也。用集十三、四、五都里递徐显祥等，而诏之以浚江之议，佥曰无违。而后郭顽民终勿率也。恃狐鼠之奸，奋螳臂之勇，以与我侯抗，侯惟是赫怒，即饬杨委率子来之，民劳心焦思之，卒之人定胜天，逮庚午四月四日，方底其绩。嗟夫，方今江水凭陵，犹靖康以后之虏势，吾民凋弊，大似南渡之局蹐，向非我侯，则吾民之居是者亦鱼鳖而已矣，燕雀而已矣，侯之庸其缵禹之烈，于汤有光矣，行将与日月齐辉，上下同流，岂止折冲云尔哉？是役也，主盟则刘侯光斗，董役则杨委元正，宣力则里递显祥等，例得并载，以拟燕然之勒焉。四民同声，歌颂曰："溯自舜江，稽古之绩。塘名百丈，洪水泛溢。年谷不登，居民辟易。笃生我侯，神明赫奕。疏瀹决排，攸赖攸辟。猗欤休哉，厥功茂实。"崇祯庚午年菊月，钱象坤撰。

皇朝会稽邑侯张公筑塘疏江碑记

会郡，古泽国也。自前明太守汤公建闸于三江口，山、会、萧三邑得以时潴泻，安居粒食者二百余年。会邑滨江，而十四都之里睦桥、中市、龙王塘、白米堰、新沙诸处，尤当冲激。旧筑百丈石塘以御之，而官塘迤北又有食字号田若干顷，故又筑备塘于其外，且以固石塘也。备塘之外渐有淤涨，盐使者令灶户垦种，按亩升课，灶户鸠工筑堤，以防潮汐，久之地日增而堤日扩，曩之备塘日侵月削，不复顾问矣。讵知沧桑倏变，前之屡涨而屡高者，悉付之海若，惟灶户所筑以防潮汐之堤，补偏救弊，幸而仅存。但海波澒洞，力可排山，每遇春秋二汛，岌岌乎有朝不保暮之忧。雍正甲辰七月，冲设尤甚，我邑侯张公念切民瘼，谓此堤一决则百丈塘不足恃，而附近之田园庐舍不保，且三江之出不及决口之入，弥漫滔天，而山、会、萧俱不能无虞，拟于灶地土厚之处，复筑备塘一带，如车之有辅，齿之有唇，庶可恃之以无恐。白其事于郡伯特公，许之。丙午之三月旬有一日，涕泪以祷于神，乃发丁夫按亩分筑，东西绵亘得弓一千六百五十，纵而高得八十，横而广得弓六，巅则半之，间有滨江深堑，非一丸泥可塞者，则捐俸购桩篠以填筑之，而旧塘及百丈塘皆益加高广，新旧映带，屹若重城，阳侯当不能肆其虐矣。第塘以外升科地亩，日为海潮所啮，坍坼殆尽，复捐俸铸铁牛以镇于中，市之北乃水势未杀而啮者如故，势渐近则患渐迫，是新旧土塘与百丈石塘尚难永固也。盖新嵊之水由会邑之东南下归西北，而海潮由会邑之西北上达东南，自淤在塘角，则潮折而斜趋东北，山水因之，而虞邑之前江叶家埭诸处日濒于危，自淤在后郭，则潮折而斜趋东南，山水因之，而会邑之新沙、里睦桥诸处，亦日濒于危。春秋二汛，海潮与山水相薄而又济以飓风之力，鼓怒溢浪，其决坏塘堤，易若骇鲸之裂细网，能保吾民之不鱼乎？按故明刘公决北岸之淤，使山水从东南直泻西北，而潮水自西北直上东南，上下吞吐，安流中道，然则欲使地无坍坼之虞，塘无冲决之患，舍此则其道无由。侯循例请诸各宪会，罣误中止，制府李公知侯贤，题留原任，兼篆海防分宪，曰："以此汲汲，乃别缓急，请先拨项疏浚虞邑前江相对之塘角淤沙。"己酉二月旬有七日，会邑始兴大工，侯戴星渡江，躬亲率作，上虞邑百官金鸡山南之老江口，下对偁山斜北虞邑开掘之新江口，袤延得弓一千四百有奇，计丈八百八十有零，我十三、四、五、六都向称塘都，计图一十有二，分图分段十，图立董事，段立甲首，董事总其成，甲首分其任，每甲分浚六丈有七，阔得弓十，底减三之一，深得尺十，每计以丈，需工四十，每工给银五分，如并日而作，值则倍入。灶户另作一图，法亦如之。上下江口，倍令开阔，使易受水，其难以丈尺课功者，计工授值，条分缕析，臂运指随，畚锸之声，殷殷如雷动。制府于拨项外，复索羡赢，以济不给，督役张少府讳永年，晨不暇食，夕不告倦，兼以俸入犒劝，役夫又何怪乎趋事者之云集而恐后耶夫？亦我侯之治行素能，得乎上下之心，其所以感动斯民者，匪伊朝夕矣！下汛后，南北口外俱有沙涂拦截水道，而南口为甚，计长一百六十余丈，潮之由港以外达者，势既涣而不能扬之使去，五月间山水汛发，砯崖转石，则骇浪浮空，又不能抑之使深。当事者虞焉，募夫开浚，施以锹镢，不可即入，入即胶不可即出，间有挖之数尺，或移夜，或经汛，复如故，郡伯顾公触暑往，勘檄后郭，并力协浚，浚已复故。董事议设桩篢，以斜拦其水势，使鼓怒而作涛，彼必不能据地以相抗。侯以白之郡伯，乃构竹木，每间五尺，植一木桩，桩可丈五六尺，聚五六人，踞而摇之旋下，上余三之一，副以竹桩，长短如木桩，中实以篢，环篾因之。计用桩五百余十，篢百二十余丈，水潮上下，汇入江口，水以下溜而弥急，水随沙汰而就深。继之秋雨连绵，山流奔注，桩篢挟浮沙俱去，口以内口以外遂成洪流。而沧桑递变，向之日啮而弃于海而为盘涡患者，渐有不可方舟处矣。夫自汉以来，岁遭河决，靡内府金钱动以十百万计，而言治水者，大率以填以筑，因时补救而已，未有工不耗国，下不病民，昔为修秃治疡，今为拯溺疗饥，卒能捍大灾，钟大利，惠此三邑如我侯者。且前江诸处，决则潮海相没，而由虞由姚，皆为巨浸，而今咸登衽席，是泽又不独在三邑也。其至计岂仅不出汤刘下已哉？是役也，分浚之处逾旬而告浚，阅六月而流始畅，董事若朱潜佳，字鳞飞，沈士球，字扬彩，许士和，字在兹，皆不辞暑雨，而杨明宗，字昭候，章永培，字子乐，沾体涂足，尤仔肩其任，璿亦居邻鲛室，敢惮勤劳？外掾金琮，金凝远，各挟己资，竭蹶办公，皆体我侯之志，以勷厥事者也。於戏，得汤公而鉴湖之利兴，得刘公而海潮之患息。汤公累应锡典，于今为烈；刘公亦立祠貌相，历久不替。若我侯之浚江注海，俾新旧土塘屹若重城者，庶可永保无虞，其功德实可并垂不朽，冀其永莅此土，惠我无疆。何遽以老病告休，攀援无从耶？爰书其巅末，勒诸贞珉，俟后之职斯土者守为前型，而我子孙黎民，庶知安澜之庆，其来有自云。

按，侯讳我观，字昭民，别字省斋，山西绛州太平县东敬人，生于康熙壬寅年十二月十二日，中癸酉科乡试，拣选知县，敕授文林郎知会稽县事。于康熙五十九年三月间莅任，政声卓越，为上游器重。雍正四年三月以詿误罢职。五年又三月复留原任，兼署宁绍台分府印务，盗息风淳，几于道不拾遗。七年又七月以老病告休，阖邑士民，公吁郡伯，仰冀据情转请恩予卧理，郡伯殊深维絷之心，奈以委验得实，遂侯志，民甚惜之，于屠家埠之北，仍刘侯故祠而更新之，貌侯相，与刘公并峙焉。时己酉阳月也。

祔祀汤公前贤栗主

明浙江道御史赠光禄少卿陈公讳让之位。公讳让，字以礼，福建泉州府晋江县人。事载《修闸补遗》。

明山阴令方公讳廷玺之位。公讳廷玺，字信三，以举人令山阴。汤侯建闸，公与有劳焉。岁旱多蝗，祷于神，蝗不为灾。

明通判周公讳表之位。公讳表。汤公传云，公才敏虑周，董事闸务，劳绩为多，越人祀以配汤公焉。

明陕西布政司前绍兴郡守萧公讳良干之位。公讳良干，字拙斋，江南宁国府泾县人。事载《修闸补遗》。

皇清赐谥忠烈明赠兵部尚书林公讳日瑞之位。公讳日瑞，字裕元，福建诏安人。事载《修闸补遗》。

明两浙盐法道张公讳任学之位。公讳任学，字留孺，四川叙州府富顺县人。事载《修闸补遗》。

明会稽令孙公讳镃之位。公讳镃，湖广承天府钟祥县人，崇祯辛未进士。仕会稽令，承上台檄捐俸助修闸，襄事尤勤，故得祔祀。

皇清郡守胡公讳以焕之位。公讳以焕，山西人，事载《修闸补遗》。

皇清郡守李公讳铎之位。公讳铎，字天民，奉天铁岭人。事载《修闸补遗》。

皇清郡守高公讳三畏之位。公讳三畏，字惕若，号枕三，河南郏县人。乾隆庚子进士。《嘉庆山阴县志》："浙江巡抚吉庆，相度形势，采访舆论，饬知府高公重修三江闸，事在乾隆六十年。"

皇清郡守周公讳仲墀之位。公讳仲墀，江西湖口县人。事载《修闸补遗》。

先贤祠

唐观察使皇甫公讳政之位。公讳政。贞元元年为浙东观察使。事载《修闸补遗》。

宋龙图阁学士权知越州军州事黄公讳履之位。公讳履,邵武人。元裕元年出为越州。始至,问民所病。皆曰:“会稽十乡,苦濒巨海,塘护不固,人将为鱼。朱储陡亹,民食所系,而岁久不辑。”明年,发常平钱余,筑塘捍海。又度陡亹所费,命县主簿董服董其事,分八闸以前后,其功摹画制度,悉因前人之善者。移玉舒州。越人绘像祠之。

明辽东巡抚前绍兴郡守彭公讳谊之位。公讳谊,字景宣,东莞人。事载《修闸补遗》。

以上四贤供奉中堂。

明通判历官佥事吴公讳成器之位。公讳成器,字德修,号鼎庵,休宁人。事载《修闸补遗》。

明浙江右布政司前绍兴郡守张公讳鲁唯之位。公讳鲁唯,字宗晓,宪臣孙。事载《修闸补遗》。

明守备郑公讳嘉谟之位。公讳嘉谟。力主免役。士民怀德,塑像奉祀。

明理刑李公讳应期之位。公讳应期。力主免役。士民怀德,塑像奉祀。

皇清郡守俞公讳卿之位。公讳卿,字恕庵,云南陆凉州人。康熙辛亥举人。五十一年由兵部郎知绍兴府。值飓风,山阴海塘尽圮,漂没田庐无算。躬往相视,亲督畚挶。次年飓复大作,怒涛狂骤,土塘不能御,乃尽易以石,定江田归江之例,令分值岁修。上虞海塘圮亦久,屡遭水患,改筑石塘二千三百余丈,土塘一万一千余丈。又接筑会稽防海石塘三千余丈,萧山西江塘四百余丈,修麻溪坝及山西闸,越中自是无水灾矣。入《郡志名宦传》。

以上五贤祔左。

明左谕德谥文恭张公讳元忭之位。公讳元忭,字子荩,山阴人。事载《修闸补遗》。

皇清赐谥忠节明兵部尚书余公讳煌之位。公讳煌,字武贞,会稽人。事载《修闸补遗》。

皇清闽浙总督姚公讳启圣之位。公讳启圣,会稽人。籍隶镶红旗汉军。事载《修闸补遗》。

皇清兵部尚书茹公讳棻之位。公讳芬,字古香,山阴人。事载《修闸补遗》。

皇清候选县令平公讳衡之位。公讳衡,初名钟瑞,字舜班,号默庭,又号二愚,晚号一渔,山阴桑渎村人。由附贡生遵例捐知县。幼工文,有才干,屡困棘闱。幕游江西及两江,悉心佐治,大吏深倚赖之。暮年旋里,创建育婴堂,养活无算。道光十三年，以三江闸坐损坏，请于郡守周公，集议兴修，公任其事，适霪潦大至，毁坝及闸，同事者皆畏缩，公日夜焦劳，亲督夫役，迅速告成。复于次冬，纯以铅锡融汁沃之，俾无留隙，闸益巩固，皆公始终筹画力也。著有《修闸补遗》《修闸备览》及《修闸事宜》三书，以资后人考镜。

以上五贤列右。

双济祠匾联

张神殿

匾

敕封英济

敕封静安公

灵巩南塘

道光二十九年正月，知绍兴府事汉军徐荣题。

联

遍海壖庙食馨香，水府长恬，久仰金龙灵迹著；

记堤上神灯来往，明威永护，不偕云鹤逸踪遥。

道光戊申秋七月，知绍兴府事马秀儒敬题。

汤公祠

匾

敕封灵济

顺治壬午年，总督郭、藩司赵会题。（按，顺治无壬午年。）

敕封宁江伯

雍正三年，巡抚法海会同总督满保具题。

敕封功襄清晏

咸丰元年，巡抚常大淳题请。

砥柱中流

雍正癸卯五月，信官钱世俊题。

南镇金汤

乾隆二年岁次丁巳六月，太子太傅文垂殿大学士兼吏部尚书总理浙江海塘兼管总督巡抚盐政嵇曾筠题。

功补随刊

乾隆五年秋月，信州潘翀敬题。

夏后无双

乾隆二十五年秋月，南塘通判谢庆来敬立。

泽在东南

乾隆三十二年仲春，南塘通判潘炯敬立。

三江既入

嘉庆元年孟春，抚浙使者觉罗吉庆题。

泉流既清

郡城蕺山建有公祠，盖前任俞宪课士地也。甲寅岁，藩等肄业于内，捐金置斯额，日久为风雨侵剥，爰与乐园高子并同志数人，纠工重新，立于兹庙，以垂不朽云。己未秋八月，西村沈维藩识并书。

御灾捍患

嘉庆九年孟冬，署三江场事杨鸣鹤敬立。

民不能忘

嘉庆十一年四月，署南塘通判李忠题。

越州保障

道光十六年仲春，南塘通判王世履敬立。

智侔神禹

嘉庆十八年三月，邑人李国相敬立。

泽被三江

道光己酉仲春，郡守汉军徐荣题。

后事之师

道光己酉二月，知山阴县事吴英樾题。

联

此处是天造地设；

厥功在地平天成。

康熙壬寅，潞阳王锡名题。

道光戊申，邑人胡泰阶补书。

回四邑之狂澜，三百年击壤歌衢，成仰当年经济；

建千秋之伟业，廿八洞惊涛飞雪，长流此日恩波。

乾隆岁在丙子桂月，总制闽浙使者喀尔吉善题。

道光岁在戊申仲秋，郡人重修，会稽宗稷辰再书。

保障著奇勋，在当日只完一官事业；
砥柱留惠政，迄于今争传奕世恩波。

岁在柔兆摄提格阳月之日，南塘通判李泰立。

列宿划江河，三江六源归锁钥；
五星司启闭，千年万户庆平成。

乾隆庚申秋日，上饶潘翀题。

三江既从，利其利者，奚啻十年生聚；
一麾出守，忧民忧者，早符六侯神奇。

乾隆乙巳四月，知山阴县事潞河金仁立。

越水感中孚，二十八潴江浒奠安回白浪；
蜀山通异梦，百千万禩海疆巩固护苍生。

失名，会稽宗稷辰补书。

功在三江，导河以注海；
闸应列宿，平地即成天。

嘉庆十一年春月，邑人李国相等敬立。

建闸应周星，食德无穷怀美利；
轨流缘得地，踵修不易想神功。

嘉庆丙辰春日，抚浙使者觉罗吉庆题。

应二十八星辰以划江海，平地成天，太守惟知官守；
化三百里斥卤而作膏腴，服畴食德，民仁咸出公仁。

道光庚子十月，署绍兴府南塘通判王葆生敬立。

公德在生民，三百年旱潦无忧，长使川原成乐土；
我来仍属吏，二千石衣冠俨若，谨随父老拜神祠。

道光己酉三月，知山阴县事吴英樾敬题。

先贤祠

匾

仁贤师表

道光己酉春日，邑人娄咸敬题。

联

乾溢递深筹，穷则变，变则通，百世仰棠恩梓谊；

神明同朗鉴，后视今，今视昔，一堂歆菊报兰祈。

道光己酉仲春谷旦，邑人平畴、杜宝澍、鲁郑松、张景焘同敬立。

官厅

匾

俨思

思之时义大矣哉。斋洁于此，肃共俨恪，思以交乎神明，固也。思民瘼焉，思齐贤焉，思继美焉，来者必同此心，思以告之。

道光己酉春正月，汉军徐荣题并跋。

联

来者官仍称父母；

古人身已证神明。

徐荣铁孙。

要关即莫公祠，在大闸前。

匾

敕封广济

咸丰元年十二月，抚浙使者常大淳题请。

可以不朽

嘉庆元年丙辰，抚浙使者觉罗吉庆题。

赞功辅德

道光二年二月，南塘通判吴嵘书。

联

此实有功于民社；

至今不泯者声灵。

嘉庆元年孟春，抚浙使者觉罗吉庆题。

莫公祠祠在汤公殿右廊。

匾

敕赐广济

忠扶鳌极

会稽宗稷辰书。

联

白浪导青蜺，廿八洞一灵不显。

沧波埋碧血，三百年万口齐声。

道光己酉春月，邑人杜煦尺庄题。

戏台

匾

与民皆乐

道光戊申十二月，知山阴县事吴英樾题。

联

诵德歌功成雅奏；

高山流水绕清音。

道光己酉春月，邑人胡泰交敬题。

鲸鳄靖妖氛，化日舒长聆法曲；

鱼龙呈幻我，仙音缥缈接神山。

道光二十九年春王正月，邑人杜煦尺庄敬题并书。

诗　词

偕幼心司马游应宿闸

杨栋秀云浦

绝大江门一闸收，沧溟内外庆安流。天生石脊成鳌背，地束山腰锁鸭头。启闭因时风雨顺，节宣到处井疆修。农田水利千年事，争似前贤布远猷？

和云浦郡伯题应宿闸原韵

吕荣幼心

万里烟波一望收，巍然砥柱障中流。星躔本与石同体，虹气直通天上头。久远泽凭神物护，贞坚功省岁时修。莫教前烈空千古，不尽民依仰大猷。

题平二渔先生修闸备览卷后

杜煦尺庄

汤公筑闸初未就，手挽银河摘星宿。箕能翕舌喜簸扬，馨香之报先诅呪。为筑为修三百年，人言自沸天自佑。鱼龙入夜安敢骄？神鬼趋功唯恐后。天虽默佑人不知，隆冬水涸固其时。谁防雷垫虹藏候，仍骇银车白马驰。天心欲显循良绩，民意偏疑慈惠师。赤舌烧城犹可扑，金堤溃雨最难支。周侯锐志苏民瘼，一麾那惜撄盘错？使君赋命本来穷，元冥作剧由地恶。蚁孔传海眼穿，鳌身苦被潮头攫。祷雩晨剩清白泉，占晴晚倚蓬莱阁。周侯双目奕奕光，通经治水信平常。都将方略咨云鹤，不顾飞书谤乐羊。永捍沧瀛波舐啮，广镕赤堇锡精良。赋功两次缘霪潦，多黍频年免旱旸。若使周侯今在职，鹿幡定有欣欣色。春郊竹马拥成围，官河文鹢飞如织。任满犹当借寇君，卧治何妨容汲直。万壑千溪尚顺流，一身二竖胡相逼？乌虖周侯诚恺悌，撑肠书卷饶经济。未观三江水利成，先敬三岛先龛启。生前文笔富难量，身后囊衣清若洗。素旐旋时遗爱留，士民赠赙咸垂涕。涕送江干七尺棺，伤心此际闸才完。可怜雁翅安澜阔，尽是羊碑堕泪酸。郑白才长能善后，龚黄骨冷亦余欢。千花宝塔轮尖合，百代棠阴画像看。宏功伟绩凭人造，浮言逸口徒资笑。修闸云应待状头，张余茹可班班考。岂知桑渎老诸生，周侯倚之事竟了。君不见成法原师萧宛陵，异议勿挠毛检讨。

题平二渔先生修应宿闸卷后

朱　英

长虹高跨，压惊涛巨浪，千岩飞走。数百年来，资砥柱，为创为修非偶。首溯萧侯，躬亲畚筑，川壅纷腾口。谤言何恤，凿山功媲前守。

谁复信格豚鱼，捍张雁翅功，继前贤后？异议群师毛检讨，势与秋潮争吼。难得明经，读书致用，独障回澜手。一编新补，胸中罗列星宿。倚声《大江西上曲》。

秋日谒汤莫二公祠选二

朱丙焱云耕

怪石岩前立，惊涛闸上收。波摇飞阁动，山吼大江流。业并金城固，功垂禹绩侔。我来频景仰，正值雁横秋。

江上夕阳红，舟行图画中。潮喷两岸雪，舵转一帆风。前守今何在？吾侪感正同。膏腴八百里，千载仰神功。

预开水则示

署浙绍南塘海防水利分府管理盐务事提举衔即补分府加六级记录十二次徐，为出示晓谕事。咸丰元年三月初二日，准本府徐移据山邑职员赵晓霞等呈，称切三江闸外新沙涌涨，内河浅狭，宣泄较迟，请于水则五行牌于水涨之初预开一字，庶无水患，至濠湖鱼簖最为阻水要道，并求谕禁等由，准此。并据该职员具禀前情，查上年迭遭水灾，内水漫溢，全闸开泄，正值大汛，潮水内灌，披阅《闸务全书》，有所未载，当经本署分府，会同本府面商，并邀集山、会绅董等来闸筹议，惟有于开闸时如遇大汛潮水未到一刻之先，将闸板用绳连系，一律悬挂闸槽，察视水势，外高内底，陆续赶紧堵御，免致潮水内灌，守至水势稍平，将闸全启，以冀畅流，如此办理。道光三十年两次大水，较二十九年开闸日期尚速半月，实系有益于农田，即谕该闸夫遵办在案，兹准前因，合再出示晓谕，为此示仰闸夫及渔户人等知悉，嗣后如遇水涨，遵奉前议，妥为办理，毋得违误。至现在三江闸外新沙涌涨，爰为变通章程，准于水则五行牌预开一字，其濠湖鱼簖永禁再筑，如敢抗违，定即提究，均各凛遵毋违。特示。咸丰元年三月日给。

计开：

常例开放水则章程：

水字脚放八洞，木字脚放十六洞，金字脚齐放。

新例开放水则章程：

火字脚放八洞，水字脚放十六洞，木字脚齐放。

永禁私筑濠湖大簖示

特授浙江绍兴府正堂加三级记录十二次徐，为出示严禁事。据山邑职员赵晓霞等呈，称切山、会、萧地方滨江临海，每逢春水泛滥，则禾苗难插，遇秋雨连绵，则黍稷莫登。自前贤马、汤二公开湖建闸以后，顿成腴美，今乃连年水灾，田芜不种，其故由于三江闸外新涨浮沙，以致出水较缓。职等公议，请知三江厅宪，凡水涨之初，将水则五行牌预开一字，庶无水患，至濠湖鱼簖，地处大闸上游，最为阻水要害。上年蒙恩督拆，水流较畅，只恐日后故智复萌，渔利私筑，恳求永禁。并请建碑于汤公祠及三江厅署，俾职等遵循办理等情到府，据此除批示并移知南塘厅一体查办外，合亟出示谕禁，为此示仰渔户及该处居民地总人等知悉，嗣后濠湖地方毋许私筑箔簖，阻塞水道，致碍田禾，倘敢不遵，一经访闻或被告发，定即押拆严办。该地总如有得规徇隐，一并重究，决不宽贷。各宜凛遵毋违，特示。咸丰元年二月日给。

附：汤公神会田亩告示碑

特授浙江绍兴府正堂加六级记录五次赵，为遵批声叙等事。据山、会、萧三县绅士王焴伦、谢云卿、傅德临、骆廷松、韩虚堂、黄金兰、王贯一、徐应麟等呈称，前明汤公建三江应宿闸，旱潦有备，三邑人民咸思报德，伦等父祖纠同志三十二人，置有“能、过、调”三号田亩在山阴县四十六都三图。汤公会户输粮，每逢诞辰致祭，迄今百年，人更散处，保无盗卖盗除等弊。伦等于十一月初一日备情开列亩分田号，公请勒石祠旁，奉批详慎遵，即邀同公议将轮值汤公祭祀，以三十二人分作金、石、丝、竹、匏、土、草、木八股，每股四人，共司会事。八年一周。所有租息，“能”字号田专为三江祠诞辰演戏。“过、调”二号专为汤公虔设祭品及分胙饮福之资，并遵批议给管闸夫制钱二千文，以鼓及时启闭之勤等词，除批准给示并行县知照外，合亟给示，勒石永禁，为此示仰司会绅士及闸夫该地保人等知悉，尔等所置会内“能、过、调”三号田亩租息，岁时致祭，务尽恪诚，弗得虚应故事。倘会内人等串通盗卖盗除，以及抗租吞霸等情，即禀有司，提案究追，慎毋始勤终怠，各宜凛遵毋违，特示。

今将田号亩分坐落列后：

“过”字一千八百五十六号，江田三亩七分七厘六毫。

又一千八百三十五号，江田三亩五分五厘八毫。

又一千八百五十七号，江田三亩五分八厘。

又一千八百二十五号，江田三分三厘八毫。

坐落下坊桥郁家溇。上两号，土名八亩，徐家灶塘内；下两号，土名四亩，徐家灶塘外。

“调”字二千三百五十六号，中田一亩九分三厘。

“调”字二千二百六十号，中田三亩二分三毫。

坐落小管港东岸，三亩里进，二亩沿河。

“能”字二千八百六十二号，江田三亩九分四厘二毫。

坐落山头万安桥外东岸，沿河溜田，直进连北首田一爿。

嘉庆二十四年三月初一日，绅士王熇伦、谢云卿、黄金兰、徐应麟等，以立案垂久等事具呈。

浙绍南塘海防水利分府琡，蒙批汤公寿辰。该绅士公议给价，演戏在祠庆祝，殊为报德抒诚之美举。据呈该戏班每有失时迟误，甚属不合，准差传应期演唱，毋得迟误，以伸诚敬。

嘉庆二十年十二月日给

萧邑新林塘筹水说

会稽胡潮海门

原夫治水之法，有以宣为泄者，顺水之性也；有以泄为难而以蓄为泄者，就地之势也。论水之性，则无不就下，论地之势，则高低不待言，而高低之中，有洼曲者,若湖形然。引之使出,其势难;蓄之使留,其势易。蓄水必有沟洫,虑其不能容纳,则大者为湖,小者为荡矣。观夫湖必有堤,荡必培岸,不惟防其溢,亦且断其源也。今新林塘在东南,而海口在西北,西北子沙高与东南塘面相等,是塘以内,天然之湖形,善治水者不与水争地,古之排大疑决大难之人,必就势以为湖潴,然必弃数千亩之地,豁数千亩之粮,而后湖成焉。论者谓维正之供国家,岂惜此区区,不为豁除,而小民五十余年胼手胝足之力,生计在兹,庐舍在兹,甚至祖宗之丘陇亦复在兹,一旦舍为巨浸,则又爱民之心、因民之利而利者所不忍言也。夫以天然之湖形而不能使之为湖,将导之使出耶?是又有时与势所不能者。以时事言之,度支有常;以地势言之,高下迥别。如欲导之使出,必使东南之洼下改而为高,西北之高仰改而为洼,此人定胜天之说也,不亦难乎?虽然,有行之而著效者,如黄河之引河是也。道路之长,挑挖之深,化逆为顺,化险为夷,班班可考,盖不知费水衡几许金钱,而后能成,况成之后亦不数年而淤矣。若新林塘工不过北海塘四百余里中之二十余里,乃一隅中之一隅,即海潮距塘已近,尚无大发帑金之理,况距海六十里以外,不烦言而知其经费之无出,何况随挖随淤,更无以有用之钱粮置于无成之工作,又何况为地势之所限,迂回曲折。挑至百里之外,挖至寻丈之深,新林之水未必即出,沧海之潮先已倒灌。权诸顺逆安危之理,莫若以蓄为泄,而蓄之扼要,首在马塘面加高以遏来源,来源既遏,则沟洫疏通,足以容现有之积水,再开池荡,有以备四时之淫雨,异日者旱不患其不足,潦不患其有余,方且水利兴焉,何有水患之虑?是马塘之内灶地,诚当以蓄为断也。至于马塘外牧地情形,非泄不可之故,良田地之宽广三倍于灶地,势之来源有长山,有龛山,有赭山,有河庄,众山之水,发必同时,来非一路,山水久以牧地为壑,牧地久以灶地为壑,灶地又以新林塘为去路,今新林筑塘,灶地之水无去路矣。无去路因而蓄之,虑其来源不绝,故筑高马塘以遏之。马塘既筑,牧地之水无去路矣。牧地之水无去路,曷不就牧地亦照灶地蓄之?而牧地之不能蓄、不可蓄者有二说焉。一则地广沙松,地广则来源不易遏,沙松则开荡不易成,此不蓄之一说也;一则牧地大半皆植木棉,木棉忌水,居民少而散佃多,佃户多则人心不齐,居民少则人力不足,力不足者难与创始,心不齐者难以图成。加之以忌水之地强之蓄水,未免拂民之性;而渗水之沙使之蓄水,亦未免失沙之性。二者既失,非牧地之水仍从马塘灌入,即顽民仍将马塘如新林塘之盗挖乎?有一于此,并灶地亦不能蓄水,此所谓牧地之不可蓄也。为今之计,加高马塘灶地,未有主蓄之一法;

开通海口牧地，未有主泄之一策。论者又为牧地之泄，独不虑海潮到灌，与夫经费不支耶？是又有说焉。海潮之入，所患临塘，不患坍地，使坍地而至，马塘已不下数万丈，坍至老沙，犹可建闸以御，况此数万丈之地，岂能即坍，又况牧地坍涨，本属无常，何虑倒灌？其开通之处，只就牧地之卑下者，较新林塘直开至海，道路不必迂回，经费便省大半，牧民切肤之患，惟恐不泄，因高就下，各自疏挖，可使水之西注者西之，水之北注者北之，仍得以人事顺水之性，非如新林塘之必须东南而至西北，与水性相拂也。故曰：灶地主蓄，牧地主泄，必也。蓄泄并行，而后可非两端之说也。

议筑新林周纪略

山、会、萧三邑，滨临江海，全赖塘堤以资保障。而萧山新林周一塘，内为民田，外为灶地，灶地之外为牧地。灶地有塘曰马塘，塘有霪洞，牧地有沟。灶、牧两地之水，由沟以入于海，旋因海口日高，沟身日淤外沙，居民偷挖塘身，灶、牧之水转以内地为壑，水咸内注，禾苗枯萎。嘉庆年间，经陈侍御奏，奉谕旨，令前抚宪陈勘明查办。查看海口高仰，水难入海，议请以蓄为泄。今灶、牧两地，广开沟渠，用备旱涝，将该塘堵塞，永禁开掘。勒石塘上。议非不善，但沟渠蓄水几何？且雨淋泥卸，旋就淤塞，水无归宿，厉禁虽严，而外沙居民偷挖如故。每议堵筑，百计阻挠，塘口既愈刷愈宽，贻害则日深一日。道光己酉、庚戌两年之间，三遇水灾，内地积水难消，固因霉雨过多，出水较缓，亦由三江闸二十八洞所泄之水，不敌新林周万顷汪洋来源之旺也。夫新林周一塘捍潮御海，永禁开掘，诚以内地则膏腴成壤，外沙则坍涨靡常。以征额计之，轻重悬殊，以民庐计之，众寡不敌。设有不测，其有害于田禾者尚轻，而其有害于人民者更重。何可以私害公，以小妨大？若不及时筹筑，势必变沃土为瘠土，转有年为荒年不止也。惟堵筑塘缺，必令外沙先将沟道浚之使深，海口开之使通，使灶牧之水循故道以达于海，而后挖塘内灌之弊可以永息。经邑绅平畴、童光鏷、潘治安、娄咸、胡泰阶等查丈，该处塘缺计宽二十余丈，改作石塘，估计工费需四千，禀请府县，先行筹垫堵筑，并为外沙筹款清沟，适牧地之沟，被清水冲刷，形势深宽，较之人力清挖者，更为通畅。虽此时无须清理，而外沙向有清沟费，随粮带征，自应仍由萧邑按亩征收，随时给发清厘，免致淤塞以垂久远。新林周塘工不数月而告竣，惟塘身两面用石，中垫以土，而土不胜石，不无渗漏，又经潘治安于塘外添筑护塘，种植柳木，而塘益固，其始终驻工，不辞劳瘁，惟潘治安之力为独多。尝思利不什不兴,弊不什不革,此塘数十年来旋筑旋开,每议每阻,同于筑室,道谋迄无成功。今因迭被水灾,田庐淹没,民不聊生,始得郡守徐公决计兴筑,改用石塘,固同磐石。此诚千载一时而贻之以万世之利者矣。为记其颠末如此。

议开山西闸并田亩归入三江大闸作为岁修

按,道光二十九年夏,霪雨兼旬,河水异涨,邑绅胡泰阶、潘治安等议开山西大闸,分泄水势。郡伯徐公、邑侯胡公,筹议善后,各捐廉俸,绅士捐资,购板修闸,并将山西闸旧有田租三十亩,禀请府县批准立案,归入三江大闸收租,作为岁修经费。日后如遇河水异涨之时,一律开放,以为分泄之助。其田亩字号列后。计开:

"长"字四百一十四号,田二亩二分七厘五毫。

又四百七十一号,田四亩二厘四毫。

又六百号,田二亩五分。

又六百四号,田一亩四分。

又六百十六号,田一亩七分九厘二毫。

又九百三十六号,田三亩三分七厘三毫。

恃字二百四十二号,田二亩五分。

共十七亩八分六厘四毫,徐显英赁种。

"改"字六百二号,田十一亩八分五厘。

"元"字一百二十五号,地一亩。

共十二亩八分五厘,王阿马赁种。

闸上公所捐启

窃维旱干水溢之灾,关乎天运;疏瀹决排之力,视乎人功。而人功之尽与不尽,既贵董理之得人,尤在经费之应手。绍郡自道光己酉、庚戌两年,叠被水灾,郡士人无不留心于三江闸务,而专司乏人,徒深扼腕。自闸务归育婴堂兼管,每逢雨水过多,添夫督办,启闭及时,两载以来著有成效,亦合郡所共知。惟额设闸夫十一名,凡遇水涨,向系小汛放而大汛闭,今则一律启放,实属不敷策应。一日两汛,昼夜四次,汛前亟宜下板堵闭,以防内灌之虞;汛后亟宜起板全闸,以期宣泄之速,此闸夫之不能不添雇者,人力多寡之势殊也。闸板统计一千一百十三块，每年额换一百二十余块，近则潮水湍急，冲损过半，必须更换非五六百块不可，此闸板之不能不多备者，水势缓急之情异也。至经理之人，晨昏督办，及所加夫役，昼夜听差，风雨不时，安身无地，拟于要关之傍，建屋数椽，以资栖止。此屋之不能不建造者，风雨漂摇之虑，宜预筹也。统亿万家之田庐民舍，保障实赖乎三江；费千百缗而慎重修防捐输，咸资乎群力。点金乏术，独木难支。惟年来捐款频仍，集资非易，而每念农田湮没，欲罢不能。伏愿仁人君子，勿惜捐金，同志诸公，共成义举。捐数无拘乎多寡，惟期量力而行；被灾实切乎颠连，尤宜尽人自勉。从此醵资踊跃，力挽桑梓之狂澜，庶几协力轮将，共庆金汤之永固。谨启。

咸丰四年四月日

山、会董事

金纶、干玉书、鲁郑松、童光镤、娄咸、潘治安、平畴、胡泰阶、鲍学正、徐春沅

闸务全书·续刻

第二卷 修闸备览

原 目

铁叉，烙铁

器具图式

夫匠

石锡船匠，监工司事

修闸备览自序

太守周公甫下车，遂定修闸之议，而属其役于衡，今于落水即工焉。衡于是上复公曰："自汤公建闸以来，每届五十年一修，而昔人记其事，喻病之得医。夫病有浅深，则用药有轻重，曩事之方，不能概施于今日。今拟透沃以锡，工费且倍于昔，而不知公视此剂何如也？"公曰："善！唯君疗之。"乃兴工。而雨雪继作，水盛坝圮。洎复筑，残腊向尽，春水踵至，愈难为计。于是择可修者修之，辍工待再举。迨次年冬，始获次第沃锡，告成功焉。至前后所措划，不尽拘守旧章，得或老马之资，失亦前车之鉴，不惮琐述，以告来者，期与闸务有裨，非敢谓折肱成良医也。周公讳仲墀，江西湖口人，以翰林院编修出守吾郡，工甫竣而病不起，郡之人不能无隐痛云。道光十五年九月，山阴平衡撰。

泄　水

修闸先筑坝，筑坝先放水，预为水涨地也。其实河水旱涝不得过三尺，以三邑食用所需，往来舟楫攸赖，多放则上游立涸。值连朝大雨，陂谷奔益，陆地成渊，虽前次河底龟拆无益也。故必筹泄水而后可筑坝。山阴旧有山西闸，萧公良干初修大闸时所建也。距县治西北五十里，名白洋村，村有龟山，横跨塘基里许，闸建龟首下，三洞，在山之西，故名。其时前临大江，出水较捷，而水不双行，此通则彼塞，故初议常川堵闭，遇异涨则开，此为分泄地。康熙间，郡守李公讳铎者，值大水，亟开此。旋于其西添建两洞，新为五。历久外沙渐涨且远，水道湮而节宣废，故茹尚书棻《修闸管见备遗》云"今昔情形不同，山西闸外沙涂壅塞，断不能开，有汤湾一闸尚可开用"云云，盖修闸时以此备宣泄者。往看形迹尚存，地处大闸外，三邑之水由马鞍山麓绕达其地，离海不远，亟议修整，复于闸河直出，海塘另建小闸，设板启闭，讵意雨雪连绵，内河骤涨，开此放水，一宿之后，闸外跌荡成潭，闸座岌岌侍倾，窃恐波累无穷，故决计堵塞。于是遍查沿塘先时建闸处所，会稽黄草沥，山阴扁拖，萧之长山，皆沙土壅积，外高内低，西兴之隆兴闸，亦江水高于内河几尺，无可开放。旬日之间，水势愈涨，不得不弃大闸内外坝功，泄水纾急，洎水平复筑，而雨雪又作，内河复涨，再开则交春，非修筑时，坐待则漫漶无宣泄处，殊乏良策。因忆陶庄敏《记》中有“权宜设策，决塘疏流”之事，相地势，咨土人，三江城东有宜桥地方，塘外铁板护沙十余丈，从无坍刷。而塘内狭河，东通会稽，西接山、萧，疏泄莫便于此，官民议合，凿掘兼施，不虞开放，未久，塘缺坍宽，几遭大害，亟事堵筑，而一误再误，致稽巨工。后次修闸，惟有仍开山西闸而已。闸外沙洲虽远，沟形尚存，相距十余里有梅林湾，为土人运卤之处，由此开通泄水尚易，惟湾经开通，沟水难蓄，于土人生计有碍，而村民惑形家言，亦为泄水有妨地脉，屡开屡阻，全书凿凿言之。第修闸系数十年一举，且利在三邑，若得官绅调停慰谕，事宜可行。

再决塘放水，前人虽有行之者，究属非是。其时安危，间不容发，得保万全者幸耳，然亦赖神祇默佑，人功济事，请历言之：

一、化险为夷。决塘在道光十四年正月，适届下弦，小汛初亦利道得宜，不料三四日后，万壑千岩之水，争趋下流，夺门而出，冲坍塘身数丈。不得已，亟筹堵塞，遂于二十八日下桩，畚壅而口不能合。次日加料倍筑，午潮方至，东风大作，水与风争，百十株斗大杉桩一齐打折，塘缺增坍数丈，人心惶惶，窃计斯时犹患内水大耳，过此潮汐浸壮，内外交攻，倍难兼顾。法宜先平内难，然扪其口，不若扼其吭，驯其暴，亟宜剪其党，于是就内河两头，东西稍浅狭处，分筑两坝。一夕坝成而来源顿绝，方可施工焉。

一、反迟为速。既抒内忧，当捍外患，时二月初一也，当时测量塘缺，长十余丈，阔八丈余，深三丈有几，非建柴塘不能抵御，且必次日潮前工竣，方保无虞。而工料未备，何能限晷成功？当晚选雇壮健土工五百名，内一百名令于塘外两边掘成阶级，以便搬运柴土，其四百名令于五鼓往大坝工所，每人运柴一担。黎明毕集，柴土交下，片时合龙。日之方中，而工已克就。

一、鼓怯为勇。塘甫筑成，正在加桩为固，东风又作，潮头一线，势若奔雷。夫众胆怯，相率趋避，遂偕司事田生范等，屹立塘上，四顾指挥，喻以海道湾环，潮来尚缓，莫亏一篑，致弃前功。悬立重赏，危言怵励，众亦相顾神旺，奋勇争先，工甫竣而大潮至。

一、以决为塞。塘内辙涸，塘外望洋，高下相悬寻丈。计新筑之土，乌能捍排山撼岳之潮？急令开放内河两坝，塘内登时洋溢。内外相持，塘遂安堵。此河工水抢之法，用之适当其可。维时心胆与塘身俱碎，而不惧大患，实叨神佑。噫，亦殆矣，缕述险功，以见决塘之非计也。

筑　坝

修闸始泾阳萧公，张文恭《记》云："总其费，费于筑堰者十之六，于石若工者十之四。"本朝康熙间，姚少保启圣捐修大闸，值风雨挟潮而至，漏通外堰，断拆桩木数十株，内堰亦有冲失处，其费且难已如此，矧向止四土堰，而外堰筑巡司岭外。其时沙流湾曲，海道窄而施工易。逮乾隆六十年，茹尚书修闸时，汹涛直奔如矢，不敢撄难犯之锋，移基岭以内，且虑土堰不能御防，照此塘改筑抢水头，备两坝，头坝距闸一百十二丈二尺，备坝距闸近十四丈，用柴土逐层夯筑。今筑坝悉遵茹法，惟年来潮益犷猂异常，岭以内旧基刷宽且深，势难株守，距闸百丈筑头坝，而潮汛涨落有常，隆冬雨雪靡定，稍稽延即误工，此后复修，应亟筹良策。内坝各基，向就河身狭处，断无更易；外坝宜视潮流缓急，基无定所。此次筑后，坝底泛滥不易，拆后视之，其下有二深窟，土人目为沙眼云，与海气脉相通，必不可闭。筑坝其上，不遭汩没亦幸尔。此后能循茹公旧基，甚善，否则闸外活石尽处，距闸数十丈，沙涂时涨时坍，水势或浅或深，而下有沙埂横亘，水无消长，土人云然，想必有据。此乃天然门限，较胜他处也。

一、候汛。海潮每月两汛，大汛十二与二十七曰起，至十八、初三日而止，过此渐杀；小汛只初八至十一暨二十三至二十六，八日耳。而筑内坝必大汛，筑外坝必小汛，然又必后内坝半月。何则？筑内坝必先放水数日，若值大汛，潮且内灌，水安得出？故先于小汛期内泄水，如初八起闸，至十二三即闭，随筑内河。荷湖大坝，五六日成，接筑二道、头道河两坝，分头赶筑，一二日成，然已二十外矣。至大汛，勿筑外坝不待言，而内坝成后，正届小汛，不赶筑外坝。何也？盖放水后，闸外河道冲刷必深，难于施工，必俟潮挟沙来，两汛后涨满结实，方可下桩，故筑外坝必俟下月小汛期内。凡坝功，皆宜速，而外坝尤不可缓，必数日内筑就方可。

一、分筑。小汛期促，而外坝或不能就，此后潮汛日大，坝低则潮高，易于冒过，基松则势猛，挟之而趋，为害非细，宜审缓急，为分筑法。先筑底盘，昼夜赶筑，三日可了。底盘成后，工分两截。先筑外边，令高以御潮，次筑里边，令阔以固基，次并力合作以收顶，潮汛渐大而坝亦渐成，必无患矣。盖筑内坝可分两汛，筑外坝必不可历两汛，此为修闸第一要义。内河大，两坝筑成之后，留头道河不筑，大汛潮至，两坝内外有水相持，坝不吃重，可无矬裂之患，一也；历过一汛之后，坝土坚实再筑，头道河小，坝则内坝，俱无妨碍，二也。筑外大坝，必不可历两汛者，盖一汛不成，既不能合龙，则中必留口门，任潮出入，坝工冲刷为忧，则两边必设盘头，向用柴龙兜裹，不知柴龙入土，则桩柴拔取净尽为难，稍留柴干，即易过水，一也；中流刷深，倍费工料，坝根亦难坚固，二也；柴土新旧交接，断不胶粘，一经渗水，立见溃败，三也。此皆坝工所最忌者，万不获已，两边盘头宜用篾篢裹护，外用排桩关住，则坝不冲刷，合龙之时，篢易抽取，即桩难尽拔，亦可锯截，较为稳妥，不可不知也。

一、改筑。闸外设备坝，原以防正坝之不测，其实正坝设有冲动，何有备坝？鄙见不如并工料，合筑一坝，增高培厚，益令坚固，自足抵御。否则，于正坝外另筑土坝一道，长如正坝，而高阔不妨少逊，名曰连坝，潮来土蜇，随蜇随填，潮平之后，沙土壅积，渐高且远，借以此紧护坝身，较为稳实。

一、庀材。坝恃桩为固，故择木为要。内坝杉桩三等，深处须头围一尺五六寸，长二丈，次围一尺四五寸，长一丈七八尺，次围一尺三四寸，长一丈三四尺至六七尺不等。外坝杉桩亦三等，底桩围一尺四五寸，长一丈八九尺；腰桩围一尺五六寸，长二丈；面桩围一尺七八寸，长二丈二三尺。向来筑坝，内外皆用龙游长稍，以其木多而易购也。然杉木体松，每有矬折之患，外坝土宽柴多，尚不吃重，至内大坝里实外空，且纯用土筑，桩易矬折，惟栗木体坚质劲，价亦较廉，鄙见内大坝里面仍用杉桩，外面宜参用栗桩，庶较稳实。附记以备采取。至篢，用毛竹劈打，一青三白，五经二纬，每长一丈五六尺，以坝之浅深为阔狭；缆用毛竹，性过硬，不若新鲜紫竹篾绞成，长五丈余，粗如骈指；柴用历五春者，早买久堆，堆久则熨贴，便夯筑也。

一、积土。内坝河道较浅，只用土筑，已可抵御；外坝海道既深，身又高大，虽两边兼用柴筑，而中填纯土，需土较多，临时掘取，耽误工夫，宜于未筑之前，坝基两头先储积土如山，仍中留宽阔走路，以便就近挑送。否则人多拥挤，易于误事，欲速反迟矣。

一、备船。内大坝工宜速，势必多雇人夫，而坝上泥泞路窄，蚁附之众容足为难。此次改用石匠船，一字横列坝侧，上铺跳板，搭成浮桥，分头挑运，如入康庄。至二道河尤易筑，其头道河倍狭，坝工将成，龙门溜急，势不可遏。仿前人以船塞决之法，用江船一只，横泊坝口，系缆头尾，牢缚两岸，贮水沉入河底，溜势顿缓，登时合龙。及戽干，船起仍无损也。内坝成后，限日涸底，兴工闸外，另作小坝，接续车戽，迨水干缩，而车不及布，深洞盈盈，仍不可涸，亦用船横泊闸口，车水入船，挑倾坝外，船可为梁，又可为堰为柜，用亦溥哉。

一、练土。坝借土以制水，堵筑不力，蝼蚁之隙亦足溃防，故练土必实，而用夯不如足练。盖沙土性松，夯不得力，惟土随水洒，随洒随练，层累而上，庶无松浮之患，水干之后，即坚如石。

一、制缆。内坝之制，两边关以桩，桩内贴以篠，篠内实以土，而两桩借缆以绊住，庶不致豁开。大坝百数十条，小坝亦数十条，下土时宜随掣而上，若与土并筑，缆在土中，易于过水。土坝失时，往往由此，最宜留意。

分　修

此次修闸，历癸申两冬而始就，然施工有次第也。癸巳冬，天时不偶，既不能从容将事，又不敢草率塞责，可修者乘间修整，如要关上下，无不矬裂，添换石料，彻底拆修。东雁翅矬损尤甚，挖掘至底，灰石兼用，层递筑塞；西雁翅尚完整，则专以灰针弥罅漏焉。至闸洞水势尤涨，安能坐待涸出再行兴工？于是创分修法，先开西边十四洞出水，东边留内板不起，尽撤外板，系船镮上，备载物料器具，每洞用石匠、船匠各二人，视石缝大小高下，先用灰铁填补，其有缝小不容铁针，又近水，石灰难用者，改用油松削针以塞之，其便有三：盖铁经咸水辄腐，谚云“千年水底松”，油松更被淹不坏，一也；且铁针不能随缝大小，碍难迁就，若硬行敲入，则石缝必损，是以有每修一次即坏一次之说，松可临时取裁，不致凿枘损石，二也；如果缝浅难入，松有留余，即用锯截去，毫无格碍，三也。稽之往牒，前明余武贞公修闸，即有以油松乘船针隙之法，详载《闸务全书》可考。俟东边各洞罅漏尽弥，再修西边十四洞，亦如之。昔人每谓有分洞修闸之法，并不详其制，今仿其意以行之，亦不为无助云。

甲午冬，天时晴燠，潮水亦小，内坝既成，正届小汛，将筑外坝，以沃锡焉。时有老于世务者，周览闸内外，遽曰：“此际犹需筑外坝，毋乃拘乎？以某观之，正灌锡时，不可失也。”请言其故：“夫筑外坝患潮汐冲突耳，今届小汛，潮来不大，一也；闸外沙土淤高且坚，抵一小坝，疑有神助，潮不能长驱直入，二也；目下风日晴和，昼夜可以趱修，三也；上年修整已十居六七，工旦夕而就，四也；用灰患水冲刷，沃锡无虞，此水即淹至无伤，五也；先灌底层，自下而上，即使潮来窜入高处，仍可使工，六也。不特此也，外坝停筑，不费时日，其利一；省费更多，其利二；两岸田土掘取殆尽，再则民苦为沼，今舍之令可耕种，其利三；观成较易，上纾官长之忧，下慰三邑之望，并节诸君趋事之劳，其利四。有此六便四利，奚以胶柱鼓瑟为？夫前人有添坝无减筑，不得已也，得已不已，其失则固。君其图之。”予曰：“子之论善矣。雨旸不时，若奔涛难叱去，期内仓猝，或患此工不可了，谁任其咎？”曰：“某筹之熟矣。越一二日，下层毕灌，将由腰及巅，渐趋而上，下即被水无害，设遇万难措手，俟下汛补筑，亦未晚也。”众以其言然，乃从之。期内果值晴霁，且车干底水后，连日潮汐不至，得以昼夜施工，冥冥中若有相之者。既灌而雨雪始作，集思广益，固任事之良模云。

灌　锡

前之修闸者用灰，与铁锡较，费用多寡，奚啻什一？盖其时朽泐犹未甚也。今水由石罅喷薄，下如涌泉，上犹飞瀑，闸受病既深，潮一起即冲闸，势较益猛烈，岂容援往例以绳效？顾墁灰，毛西河谓不期月而罅豁如故，其言未免过当，要非无稽之谈。而茹尚书则怵火烈石松，不用铅铁，余未敢信。夫铅铁入缝，遇冷即凝，何火烈之足畏？第铁镕缓而流滞，入罅或不透，且历久必朽，其得用则逊锡远矣。今拟透沃以锡，必使中边周浃，石与锡融成一片，庶不堕前功而杜后患。迨稽往籍，不载沃法，询之匠人，则以镕锡非寻常热比，而罅泐外窄且平，内或阻深，不能锐入，奈何？于是有献策者得化平为高之法，试之靡不奔注四达，述于后以补记载之遗。其经上年修过而灰铁胶固难脱，与夫松针深入无间者，不容剜肉疗疮，固执成说。此次择隙浇灌，尤易致力尔。

一、分灌。灌锡必俟底涸显露，方可使工。其次第亦必先闸底，次闸墙，次梭墩，次栏石，皆宜自下而上。如果二十八洞齐灌，岂不更妙？第用夫匠，器具较多，未易集事，即司事者亦照料难周，不如分洞而灌，以七洞为一次，历四次而毕事。且深洞不即涸，先灌浅洞，灌必周边。盖功当先其易，而难者亦举，蒇事又速。若稍迟时日，即遇雨雪风潮为患，又蹈覆辙矣。

一、灌闸底。闸建彩凤山麓，底盘与槛板半放巉岩顽石之上，虽经刬削而高下大小必不能一一抿缝，其孔隙奔泻非涓滴细流比，可不尽塞乎？且每洞内外石槛各一，中嵌巨石板槛撑闸，而板底槛以为固槛之制，留榫两端，由闸墙凿槽缒下，其榫不能适如槽之深阔明矣。水潮日逼，而撼动之榫日损折，而不知榫坏则槛移，潮力更猛，故外槛恒先动。外槛动，则底板亦荡漾失其故，而内槛随之。槛板俱失，任水往来无阻，虽下板犹不下也。故先灌底盘，次底板，次两槛。每洞用锡有至二三千斤者，培基尤宜固也。基固，则全闸之罅泐已祛其半矣。

一、灌横缝。闸墙高二丈有奇，磊块相承。自八九层至十一二层不等。缝有横直之不同,横缝小或容指,大者可以运臂,积渐所至,将倾圮是虞,岂仅淋漓四出已乎？其灌法,则欲灌一处,先环视一周,从口最阔大处入手,其旁隙悉抿以灰缝,更大者,则体以板,仍固以灰,以防横溢。次于灌处,用钩碶等器,去净洞内泥沙,间有深大窟隆,不可即灌以锡者,先以铁石填塞。次于洞口,用羊毛纸筋练就石灰,筑成一窝形,仰如箕,丰其口而锐其下,敞口门,所以承灌。具此即化平为高之法也。灌具大用铜锡溜,小用毛竹溜,熔锡以炉,挹以铜杓,接续倾灌,势如建瓴,无微不达,视锡汁溢出住手,则锡已透彻可知。将灌时,洞内渗以燥灰,锡溜及竹溜,上盖以板片或粗纸,以杜爆裂,灌毕彻窝,凿去溢锡,平以烙铁,有余隙仍抿以灰,一边不到,如法再灌,层递施工,无隙可乘矣。

一、灌直缝。查旧甃,闸墙有直缝高尺余或二尺许,阔寸余或数寸余者,盖两石交接之处,先本斗榫合缝,后经水冲,日久渐离,若不为补实,势必愈离愈阔。第灌直缝视横缝为尤难,缝既一直,何能猝用自上灌下之法？乃取板片,视缝之长短阔狭而紧贴之,两旁及底用灰筑实。上留口门,亦筑一窝,另一匠人用力揞板,以竹溜斜插窝内,尽力浇灌,溢出为度。锡稍冷去,板与灰锡铺缝面如砖砌壁,非但水不能入,两石相衔,赖锡钤实,闸墙益固矣。

一、灌梭礅。汤公肇造,每五洞置一大梭礅。明万历间,萧公修闸,又逐洞添置小梭礅。张文恭记之甚详。礅形如梭,凸以当上流杀水势,凹以衔旧甃,卫墙身,前人之研密如此。第礅与墙不联属,故悉熔铁锭固之,顾铁被咸水浸渍,日久朽烂,间被偷挖,以致礅与墙愈离。又首当狂流冲突,罅泐亦较他处为甚。今于礅墙相离处,仍以铁锭联之。而用锡亦较闸墙尤费,罅泐处照前灌直缝之法,贴板涂灰逐细灌实,锡石胶固,雪亮如银,内水外潮,毋虞攻撼矣。

一、灌石栏。闸上两旁栏石七十块,亦萧公增置也。非特遮护行人,亦借以镇压全闸。初本凿榫衔接,历久动移,明崇祯及我朝乾隆间,海水冒闸,冲失十余块及八九块不等,闸座梭礅俱遭伤损,今特呈明当道,于两栏交接处,凿孔如砝码,内宽外窄,悉联以锡,凡六十八处。乙未秋,潮水内奔,过闸数尺而两栏不动,赖有此也。

物　料

一、铁。除铸锭作针实孔外,如打板、镮、钩、碶等件,用铁甚多。而作针尤须斟酌,悬揣预备,难于惬当,必临时制用为佳。前次有用釜犁旧铁者以实腹孔,犹可,若以抿缝厚薄叠砌,未免矫揉,不但速朽已也。

一、油松。取鲜润者，盖木耐久，活油松树老脂凝，入水直堪不朽。随时既便，斫削遇石，又无损伤，其得用胜铁，非特价廉已也。

一、灰。前人概用羊毛纸筋灰，此次兼用油灰。油灰入水不濡，修船需此，木腐而灰不坏，其效可知。凡化灰，须燥湿得宜，用筛必细，舂练必熟。水灰每臼用石灰四斗，加羊毛纸筋各六两半，拌舂半日，徐加藤藜汁，随舂随加，至匀粘后，再加鹾卤半斤，亦随舂随加，极熟而止。油灰每臼灰一斗二升，桐油七斤，初舂每灰一升入油二两，舂至胶粘如毡，逐渐加油，与灰尤须练透，以木杆挑试，灰凝丝竖为度。但不宜久搁，过二三日即须复练。羊毛用剪毛，弹松；纸筋用净白桃花纸，杭城伞扇铺中，逐日购买，碎纸浸缸中，时以竹梢搅之使烂；藤藜取青枝槌碎，水浸数日，汁出，可用桐油，取长路无搀杂者。灰臼土人有之，量给贯钱，取携较便。碓须自置，以檀木为之，重十四五斤。

锡。用笔管吹点，铜一等，价稍廉，而质不甚劣，熔化易而走且速也。

板片。莫如裹五湖有光滑细纸，用以挡锡最宜。临时锯削亦易。

器　具

一、每洞用炉二。以无锡缸为炉，座高尺半，面径二尺，旁凿火门口，固以铁榫，内涂泥厚二寸，上出缸口寸许，以承镬，仍留三孔，以透风发炎，镬宽尺八，厚倍常。

一、铜杓。每炉大小各一。纯铜铸就。大杓重半斤，面径六寸半。小杓重一斤，面径五寸。深各寸半，木柄长尺半，受柄处固以钉。

一、铜锡溜。每炉二。重二斤，长一尺一二寸，阔五寸，深二寸，状如火锨，而坦其底，镌唇两旁，中留舌长寸许。灌时便插入灰窝及石缝。木柄长尺半，亦固以钉。

一、竹锡溜。每炉四。取毛竹对剖，阔三寸，长三尺，留六七寸，削作柄，余为溜。留其近柄一节，余去之，中糊纸数层，热锡落纸即走，并免爆裂。锡匠浇板糊纸以此。剡其口，令可入缝。纸焦再糊，溜热即换。

一、铁钩。每洞二。重一斤，长二尺五寸，勾二寸。

一、铁�。每洞二。重一斤，长二尺五寸，首扁如凿。

一、铁叉。每洞二。重一斤，连柄长二尺五寸，叉长二寸，口阔四寸。

一、烙铁。每洞二。重二斤，锐长三寸，阔寸七八分，厚五分，连柄长尺半。

凡物料器具，备临时替换，宁有余，毋不足。所列不及估册什之一，姑志其大且要，专备修闸及灌锡用者。其他常用物件，可以随时取给，不载数目，后先增减。不可举以为例者，亦不登记。惟器具式样，全书不载，兹择其最要者，绘之于后，以备稽阅。

附器具图式

熔锡炉，高尺五寸，面径二尺。以无锡缸为之用。三和土糊口，高二寸许，留三小缺，以透火气。再用铁榫约定口沿，以防碎裂。下开火门。

竹锡溜，长三尺，中糊纸。

铁叉，重一斤，长二尺五寸。

铁灰磙，重一斤，长二尺五寸。

铁灰钩，重一斤，长二尺五寸，钩五寸。

小铜锡杓，重一斤，径五寸，连柄长二尺。

大铜锡杓，重一斤半，径六寸五分，连柄长二尺一寸五分。

铜锡溜，重约二斤，长尺一二寸，宽五寸，深二寸，柄尺半。

烙铁，重二斤，首锐长三寸，阔寸七分，厚五分。连柄长一尺。加木柄长一尺五寸。

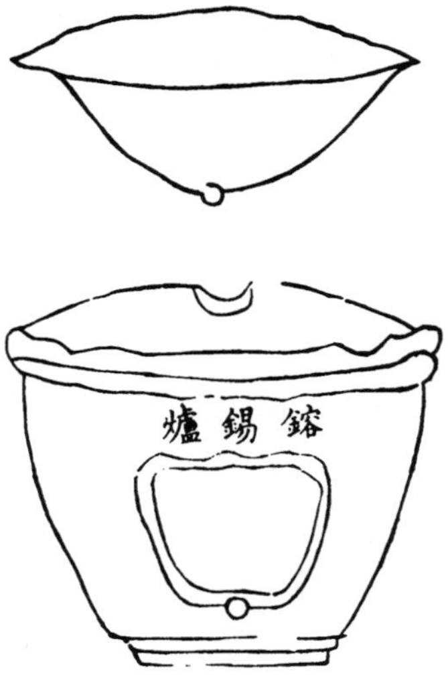

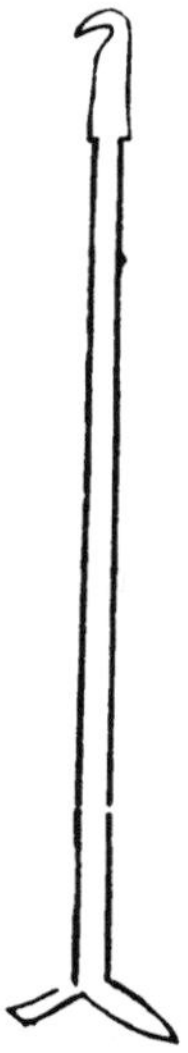

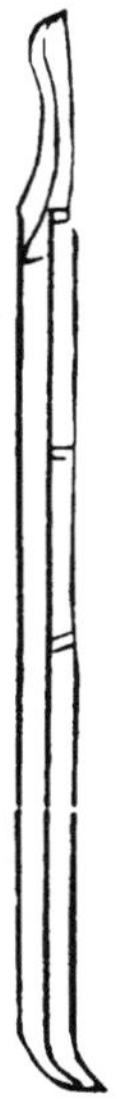

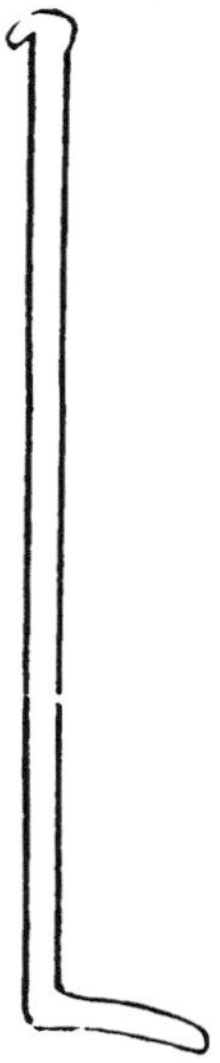

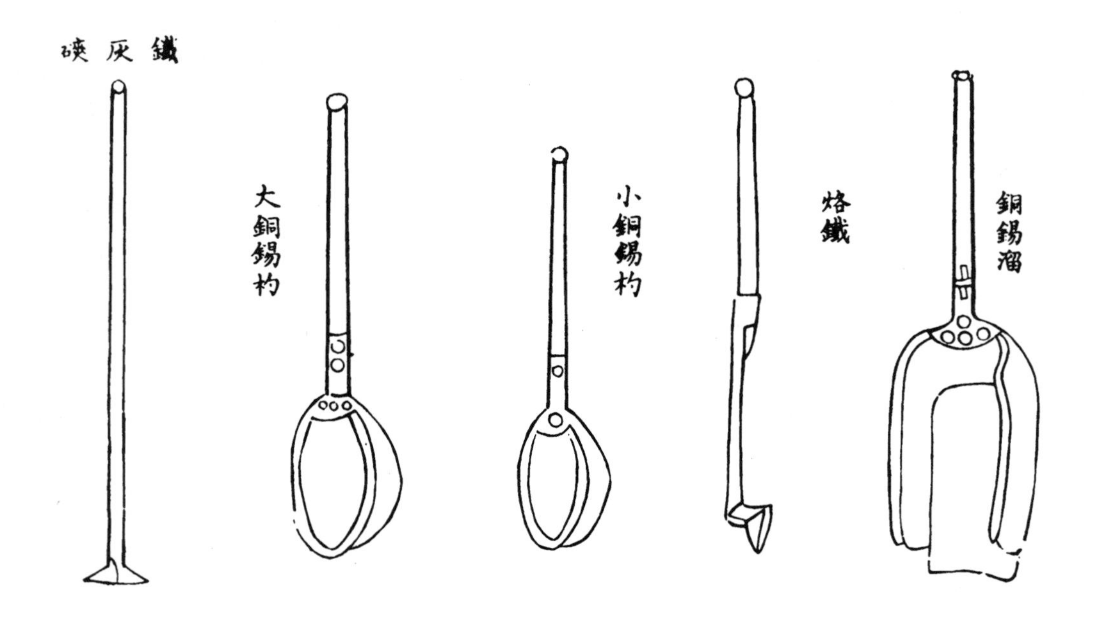

夫　匠

每洞石锡、船匠、火夫各二。其挑柴、运锡、搬灰等项，杂夫足用。此次用灰，不任泥水，而专任船匠者，针缝抿灰，与修船法通，乃船匠擅长，用器具亦备也。

按，此次石料，由石工包办，筑坝柴木等料自备，工则包给夫头，任其挑选谙工夫役以专责成，挑土则以土方折算，他如制器及舂灰车水一切夫匠，点工给值，难以概论也。

监　工

每洞监工司事一人，检点物料完缺，稽察工匠勤惰及浇灌如法与否，必择谙工而诚实耐劳者，方有裨于全局。

按，前次修闸，延绅士为工正，茹公则改用胥役，但绅士中谙工耐劳不可得兼，胥役则实心任事者少。此次专任经纪中人，颇为得力，而总理度务，则予弟夔与田生晚二人，既熟谙工程，又不辞劳怨，并患咯血，犹力疾从事，尤为众所心折。田生更机警绝伦，往往转败为功，遇艰阻辄抱衾卧汤公祠下，冀有神告，其真诚尤不可及也。

闸务全书·续刻

第三卷　修闸补遗

原　目

修闸补遗自序

郡守周公仲墀之第五次修闸也，为雨雪所阻，历癸、甲两冬蒇事。已详其制于《修闸备览》所言。多事不师古，然有恪遵成宪，不敢少事更张者，详载富中丞《奏疏》及吕护道《碑记》，并茹尚书《管见备遗》。至卫闸要务，善后为先，崇德报功，祀事为重，皆关修闸掌故，为《备览》所不及赅载，谨一一补记，名曰

《修闸补遗》,与《备览》一书,并付梓人,以供后来之采择。庶师心法古,两资考镜云耳。是为引。

道光十六年六月日平衡述。

奏疏

一、载奏疏。闸务关三邑民瘼,必先上闻而后从事。谨录抚部院富原奏及恭奉朱批于后,以备稽考。

奏为民愿捐修闸座,以备水旱而卫农田,恭折奏闻,仰祈圣鉴事。窃绍兴府属山阴、会稽、萧山三县地方,依山傍海,均相毗连,诸山之水,汇流东注,悉由山阴县属三江闸入海。该闸建自前明,计长四十六丈,共为二十八洞,内河外海,横亘其中。旱则固闭,潦则开启。以故偶遇水旱,农田皆得无患,实为三邑水利一大关键。前据署绍兴府知府石同福以各绅士吴永和等呈,明三江闸自乾隆六十年捐修以后,朝夕为海潮激荡,现已损坏,三邑士民情愿照旧按田摊捐,及时修整等情,录案具报。臣以关该要工,当经批府确勘,并督饬该绅士等确核估计等议妥办去后,兹据绍兴府知府周仲墀督同各该县暨诸绅士等,勘得该闸石栏多损,石缝石槽,层层渗漏,晴久即形干涸,有妨灌溉,潮至又灌咸水,患及田禾。其西首镇闸之要关及两傍护闸之雁翅,石多臌裂,势将倾圮。失今不修,为害甚巨。溯查历次修法,于石之罅漏处所,无不沃锡灌铁,惟上届代以纲灰,是以未能经久。今应仍旧,浇以锡铁,庶使浑成如铸,无隙可乘。虽物价较贵,工费培增,然非此无以为一劳永逸之计,现在樽节估计,凡筑坝车水以及闸座一切工料,约需钱二万七千九百串有奇,核计山、会、萧三县额田共一百四十余万,内除山田、义学、婴堂、祭户、庵观、寺庙各产,并三亩以下小户向不摊捐外,其余得沾水利之田止及其半,每亩捐钱四十五文,方足敷用。各愿赴局投收,以便秋末冬初,乘时修筑,并声明,此系民捐民办,请免报销等情,由藩司程转详前来。臣查前明建闸之初,载在志乘,系按亩科银,以济工用。迨后历届修治,均属捐办,即乾隆六十年间,前抚臣奏动西江塘生息银两,亦系山、会、萧三县民捐之项。兹据各绅士以闸座损坏,情愿按亩摊捐,照旧修复,自应俯顺舆情,准其办理,并饬该府县认真督率,毋庸假手书役,即责成各绅士庀材鸠工,自行监修,俾得视如己事,悉臻巩固,以资永久。除檄饬遵照,并出示晓谕外,合将民捐修闸缘由,恭折具奏。伏乞皇上圣鉴。谨奏。奉朱批“知道了,钦此”。

谨按,此次修闸,循照向例,借资民力公捐济事。惟于临时按田征费,为数较巨,既未免征解不前,停工以待,且民户散处城乡,不能不借手庄胥催收,更不免有侵蚀惰征之患。修闸之次年,萧邑修北海塘,亦系奏明三邑公捐,随同大粮,按田征输,民不扰而事易集,此后修闸,必应照办,于事前一年,估定工需确数,吁请奏明,预行征存在库,然后临期发办,方不致贻误要工。管见所及,谨附志于此,以备后人采取焉。

一、详碑记。此次修闸,工垂两载,备历艰辛,自应详记颠末,以示来兹。爰录护道吕公《碑记》于后,用志不朽。

重修三江闸记

古今言水利者,蓄泄二法而已。禹之疏、瀹、决、排,皆泄也。周官以遂沟浍,治野以潴防,沟遂列浍稼,下地则蓄泄兼之。而所谓止水、泻水者,即后世坝闸所由。昉国家承平日久,生齿益繁,垦植无弃地。东南地卑濒海,水易泄而难蓄,求水利者尤亟亟焉。绍兴古越州地,山阴、会稽、萧山三县,抱江负海,称泽国。自东汉马太守臻开镜湖潴水溉田,民沾其利。厥后废湖为田,昔人置闸泄水,甚则决塘以疏其流,时有修筑之烦,法未善也。至前明嘉靖间,知府汤公绍恩揆势扼要,置闸于三江之浒,洞如经宿之数,旱则蓄之,潦则泄之,工巨而泽溥,害除而利兴,护三县之田,皆成沃壤。顾其制,以灰秫胶石,水攻石泐易渗漏,故率五十年一修。昔皆灌以铁锡,工较坚致,惟乾隆六十年重修时,改用鱼网包灰之法,未久辄坏,旱潦咸苦之。道光九年,余署府事,往视闸,见有冲缝渗水如激矢者,心窃虑之。未几代去,无能为也。十三年,湖口周公仲墀知府事,集三邑绅士议修,其费先假公家钱,仍在得沾水利之区,计亩输还如故。事上之大吏。奏奉俞旨,遂于是年秋分,筑土坝柴塘,障内外水,鸠工集事,乃值霖潦大至,毁坝及闸,灌锡不及,先用网灰法,仓猝告成,宣泄盛涨,工未尽善。复于十四年冬,纯以铅锡熔汁沃之,无俾留隙,又易雁翅、栏砌、梭礅、板镮悉如式。全闸始臻巩固,经始于癸巳九月,竣事于甲午十一月,共用亩输钱二万二千余缗,期年之间,两次兴筑,必迟之久,而得工之坚且固者,人力之始终毋怠,亦天时之有以默赞其成也。时余护理宁绍台巡道,奉檄验收,见其工程完备,视昔坚好。闸成之明年,自春徂夏,亢旸缺雨,而农田得资灌溉,仍获有秋。自兹以往,蓄泄咸宜,其利赖宁有穷欤?诸绅士以余与知修闸颠末,寄开节略所言益详,属为之记。余愧未谋始而乐于观成也,不辞弇陋,用撮述梗概,以纪成功，且告后之尽心水利者。董其事诸绅士吴永和、李沄、章长龄、陶辰、朱芳、姚春江、金坤一、胡泰阶、孙庆皆有功于兹闸者，而二愚氏平衡筹划任事之功为最著，监工者职员平夒、田范例得备书。是为记。署宁绍台道宁波府知府吕子班谨撰。时道光十五年三月也。

闸洞闸墙层次尺寸

一、记闸洞。闸墙多寡不同，各洞宽窄亦异，《闸务书》未载。乾隆六十年，茹尚书《管见备遗》载有细数。此次修闸及灌锡时，开单粘贴工所，司事拈洞分修，各皆了然心目。爰附详于后，以备遗忘。

各洞层数

城边石墙九层。“角”字洞第一梭墩九层。“亢”字洞九层。“氐”字洞九层。“房”字洞十层。“心”字洞十层。“尾”字洞十一层。“箕”字洞十一层。“斗”字洞十一层。“牛”字洞十二层。“女”字洞十二层。“虚”字洞十二层。“危”字洞十一层。“室”字洞十一层。“壁”字洞十层。“奎”字洞九层。“娄”字洞九层。“胃”字洞九层。“昴”字洞九层。“毕”字洞九层。“觜”字洞八层。“参”字洞八层。“井”字洞八层。“鬼”字洞九层。“柳”字洞八层。“星”字洞八层。“张”字洞九层。“翼”字洞十层。“轸”字洞十层。

按，闸墙层数不同，为各洞浅深所系。内近东“尾、箕、斗、牛、女、虚、危、室”八洞，最深，故层数较多。前人云，“女、虚、危”三洞尤深，其下有泉，而《管见备遗》云，察看闸底，惟“翼、氐、女”三洞有泉，今日车干，明日仍有，较为费力，与前人所言稍异。此次灌锡，各深洞车干底水后，次日亦不见有泉涌出，故得于各洞底板石槛之下，悉心浇灌。今昔情形不同如此。

各洞尺寸

“角”字洞，九尺三寸。“亢”字洞，九尺三寸。“氐”字洞，九尺。“房”字洞，九尺一寸。“心”字洞，九尺三寸。“尾”字洞，九尺。“箕”字洞，九尺。“斗”字洞，九尺二寸。“牛”字洞，九尺。“女”字洞，九尺。“虚”字洞，九尺。“危”字洞，九尺三寸。“室”字洞，九尺一寸。“壁”字洞，九尺三寸。“奎”字洞，九尺一寸。“娄”字洞，九尺三寸。“胃”字洞，九尺三寸。“昴”字洞，九尺四寸。“毕”字洞，九尺二寸。“觜”字洞，九尺。“参”字洞，八尺八寸。“井”字洞，九尺二寸。“鬼”字洞，九尺。“柳”字洞，九尺。“星”字洞，九尺四寸。“张”字洞，九尺。“翼”字洞，九尺三寸。“轸”字洞，九尺。

一、记板额。各洞浅深不一，即板块额数不同，必照向定尺寸换板，须得永无凿枘。附志于册，以防增减。

各洞板数

“角”字洞，板十五块。“亢”字洞，板四十四块。“氐”字洞，板四十五块。“房”字洞，板四十六块。“心”字洞，板四十六块。“尾”字洞，板四十八块。“箕”字洞，板四十八块。“斗”字洞，板四十六块。“牛”字洞，板五十块。“女”字洞，板四十四块。“虚”字洞，板五十块。“危”字洞，板五十块。“室”字洞，板四十四块。“壁”字洞，板四十四块。“奎”字洞，板四十块。“娄”字洞，板三十三块。“胃”字洞，板三十八块。“昴”字洞，板三十四块。“毕”字洞，板三十四块。“参”字洞，板三十八块。“觜”字洞，板三十八块。“井”字洞，板三十四块。“鬼”字洞，板四十块。“柳”字洞，板三十八块。“星”字洞，板三十四块。“张”字洞，板四十块。“翼”字洞，板三十四块。“轸”字洞，板十四块。

共板一千一百十三块。

此闸板原定额数也，各洞板块长短不齐，向于闸板上下两面镌刻各洞字号，率多潦草模糊，骤难辨认。此后换板必将字号楷书深刻，务使字迹清朗，一目了然。

志分管。除“角、轸”两洞名为常平，俗呼减水洞，十一夫所共闭闸时，止下板而不筑泥，故二洞无工食。此外，每夫管两洞，深浅相配。“房、胃”一夫，“心、参”一夫，“尾、柳”一夫，“箕、娄”一夫，“斗、室”一夫，“女、觜”一夫，“毕、星”一夫，“鬼、翼”一夫。内有并不配搭连管两洞者，“亢、氐、壁、奎”是也。其“牛、虚、危”三洞最深，“张”洞不深而槽底石坚，锤凿难施，建闸时石未采平，下板筑泥尤为费力，故名患洞，亦名大家洞，不在分派之列。“牛、虚、危”三夫共管一洞，“张”洞则二人共管，闸夫额定十一名，分派二十二洞。又公派四洞，计每夫管闸二洞三分，如开十一洞，则夫各一洞，倍开则夫各两洞。要之，洞虽分管启闭，时恒相通融，惟筑闸则各有专责，不容诿卸云。

一、筹善后。全闸告竣，必计垂久远，庶不轻废。前工节录绅士条禀及府县议，详于后，以昭法守。

条议详禀

一、重板镮。据绅士吴永和等议，称闸工自甲午冬遍灌铅锡，以后罅隙尽弭，可称完善。乙未年，自春徂夏，旱干日久，邻邑诸、上、新、嵊，山田颗粒无收，山、会、萧三邑，因蓄水有制，毫无漏泄，农田车戽，有资秋收，得仍丰稔，固赖闸座坚固，亦由全闸板镮悉臻坚厚所致。定额，闸板一千一百十三块，阔八寸，厚四寸。铁镮重十二两，原定隔年更换，每年换板一百二十七块，八年一周。板必产自本山，铁必购自福建，所需经费，先奏定支正供银一百二十两有奇。后于康熙年间裁半充饷，经费遂绌。由是板镮残缺不换，闸务渐就废弛。后经前本府胡守捐置田二十亩，前山阴县高令、萧山县刘令共捐置田十亩，合成三十亩，年收租米四十二石二斗零，专为每年更换板镮之资，勒有碑记可查。先由三江巡检专司其事，后经裁半缺，改由南塘通判经理，旋田亩歉收，众佃户具呈前巡道，改定八折收租，每年仅收米三十二石零，照时价之至贱者折钱输纳，除完额课外，所余无多。是以历年更换之板，不能如式坚厚，棱坍边薄，势所不免，以之障水，渗漱如矢。大闸未修以前，蓄水无资，遇旱即涸，固应闸座渗漏，亦实缘板镮未能坚厚之故。现筹经久之策，每年更换板镮，必如向定尺寸，方足以资操纵。上年修闸时，悉易坚厚板镮，每块需钱七百余文，向年所收田租钱文，应用不敷，无怪历年之虚应故事也。查向定章程，山、会、萧三县每年各捐银四两八钱，共银十四两四钱，解交南塘通判衙门，以每板一块，定银二钱四分计，三县年各捐板二十块，共六十块，连年额应换板一百二十七块，每年共应换板一百八十七块，核计三县捐板之资，即以每块二钱四分而计，已不敷甚巨。今以每块板镮须钱七百文计之，年应换板一百八十七块，共需钱一百三十余千文，必须另筹贴补，职等现已垫钱置买附近三江田九亩零，收花贴补，尚有不敷，零用筹补，至每年添补换板镮，事关紧要，未便涉书役之人，应请按年改为轮派城乡，谙练殷实董事一人，协同闸夫购买本地坚厚板镮，解工，禀请委员验明易换。丰收之年，如有盈余，留为次年添补之用。倘遇歉收不敷，亦于下年节省归补，庶几板镮坚厚，则全闸蓄泄有资矣。惟查向定规制，每年换下之板，应由闸夫解送郡城佑圣观前，禀明本府衙门，委员验明锯断，不准匿留工次，致滋弊混，立法最为妥善。嗣后应请每年购回闸板，由南塘厅牒明本府委员督同董事查验，实系坚厚如式之板，方准留闸易换。其换板之时，必须验其实在朽腐损伤者，逐一检出易换。换下旧板，立时责成闸夫悉数解赴郡城佑圣观前，禀明本府委员验明点确，尽行锯断，不许仍前匿留，以杜弊混。再，每洞盖板两块，共五十六块，不在前列板数之内，此项盖板，系为遮盖闸面，不致行人失足倾跌而设，保全民命，所系甚重。先系山、会两县公共捐置，每年易换一十四块，四年一周。后经前任山阴令，以事关民瘼，两县合办易致诿误，改为山邑捐办，每块捐钱二千文，共捐钱二十八千文，每年由山邑工房领钱购办，历年已久，尚无贻误。此次修闸时，视其稍有损腐者，悉行易换坚厚盖板，此后应请循旧，由山邑主按年捐换，以重民命等语，卑府等查所议筹补经费，易换坚厚板镮及每年购回板镮，禀请委员验明，实系如式坚厚，方准留闸易换。其换板时，必视定在朽腐损伤者检出易换，换下旧板，务循旧例责成闸夫解送郡城佑圣观前，禀明卑府衙门委员验点明确，立时锯断，不许匿留滋弊，系为慎重板镮杜绝流弊起见，似应俯如所请，逐一照办，以资保护。惟所请按年轮派董事一节，查欲板镮之如式坚厚，自不应稍涉书役之手，第议归城乡董事，按年轮派，恐贤愚不齐，转以此为牟利之途，即使皆能洁己，而日久月长，人无专责，非始勤终怠，即彼诿此延转，恐日渐废弛。卑府等公同核议，应由各绅耆选举就地谙练老成公正董事四人，随同南塘通判，协力经理，无须递年轮派。凡购换板镮等件，责成董事自行置备，和衷商办，庶共见共闻，彼此无所存其私见，即或年久另易，间有怀利之人，在同办者亦易觉察，应令邀集绅耆另举一人接办，如此则责有专归而事无推诿，即书役亦无从染指矣。至每年共收田租若干，购用工料若干，定于岁底造具管收，除在清册呈送卑府暨南塘通判衙门及山、会两县查核，如有余剩钱文，即存殷实董事之家，以待支用，乃于册内开注姓名及存款数目备查。所有现在新置田亩，由该董事自行召佃租种，其向归南塘通判衙门经理之田，仍由南塘通判衙门收租，并卑县等应捐银两，均循旧解交，听董事届期领办，以杜书役侵冒。其每年应换盖板十四块，应请仍由卑山邑捐置，照常办理。

一、谨启闭。据该绅士等议，称定制启闭，有启必彻底，不留片板，闭必坚筑，不得后时，载在《闸务书》可考。乃年久法弛，闸夫并不遵办，每于应启板时贪图省事，辄于深洞存留底板，以致放水不畅，此由闸夫怠于从事，应请临时密查惩究。至于闭不坚筑，实有其故。向例每筑一洞，给工食银八钱，荡草、草荐费在内，若遇大汛，每洞添给银四钱。届今物料昂贵，照前式筑泥，一洞约需钱二千余文，全闸二十八洞，共需钱六十余千文。自康熙年间工食裁半后，每届筑泥，并不按次给发，仅给以山、萧两县裁存银六十五两，除领银、盘缠、饭食、零星费用外，所余之银不敷一次筑泥之用，以致流弊相沿，每遇夏秋水旱，仅止草率筑泥一次，每洞板缝又不循照向例塞草铺荐，筑犹不筑，良法荡然。今欲责其恪遵定制，必先使无赔垫之累，而目前并无闲款可动。职等酌议，惟查有山、会、萧三邑沿江田亩，每年按亩随正额，带征塘工钱三四文不等，定案之初，原为岁修塘闸之用，节年由县报销有案，此项每年每县约可征钱数百千文，除萧邑所征，每岁有贴补闸放湘湖等项之用不议外，应请山、会两县于每年征存塘工钱文项下，山邑每岁酌拨钱六十千文，会邑酌拨钱三十千文，共成九十千文，同前项裁存筑泥工食银两一并具领，为每年添补筑泥之用。如此则闸夫帮贴有项，不致借口赔累。此后每闭必筑，每筑必如法塞草铺荐，挑取坚厚之泥，满洞实筑，庶启闭如式，则蓄泄有资，实于闸务大有裨益。自今体恤之后，敢再玩忽从事，一经查觉，即行责革究追等语。卑府等查，启不尽去底板，则放水不畅，闭不筑泥拥护，则潮水必乘间而入，是筑泥尤为闸务之紧要，向例必须塞草铺荐，堵塞既坚，则河水不泄，咸水不入。然欲使闸夫克照旧制，必先令无借口赔垫，诚如该绅士等所议，惟据请于山邑塘捐项下，派钱六十千文，会邑塘捐项下，派钱三十千文，以作添补筑泥之用。原属本款，应准支销之项，但查山、会两县塘捐钱文，各花户视为无关紧要，完纳寥寥。按年额销，尚属不敷，且山邑额征钱四百七千零，会邑额征钱六百余千文，所派亦未允协。卑府等公同酌议，以往数之多寡，酌计山邑每年派钱三十二千文，会邑每年派钱四十八千文，合成钱八十千文，已足济用，按年由该董事具领转给闸夫，督同照办。倘每闭不筑，或筑不如式，或玩忽从事，即将该闸夫分别究革，仍酌追钱文，另拨应用，以示惩儆。

一、勤针补。据该绅士等议，称大闸经此次修竣灌锡之后，工程较前巩固，自可毋须议及岁修致滋糜费，惟查该处内水外潮，日夜震撼，铅锡浇灌之处，固已无虞损坏，其灰缝遇水冲激，历年既久，究不免于酥泐。查前明绅士修撰余煌著有《修闸事宜》，内开“遇闸偶有漏眼，取活油松段解，候小汛潮后，以索系舟于闸洞及梭墩下，察看漏眼，将油松敲至无可进入处，齐以刀锯，外抿好灰，日久自臻牢固”等语，盖活油松针，闸缝视铁针为尤宜者，铁经咸水浸渍，日久必锈，油松被淹不腐，一也；且铁针不能随缝大小，勉事迁就，薄则年久冲失，厚则有损石缝，是以有每修一次即缝大一次之谣，油松则可临时取裁，厚薄随心，不致凿枘，二也；此后遇有灰缝罅隙，露有漏眼，“自当用活油松削针，随时乘船逐加针补外，抿油灰日久，无隙可乘，益臻坚固，此法需费无多，用力甚易，而收效甚速。现已试行有验，如果责成闸夫经久奉行，实于全闸有裨”等语，卑府等查灰缝遇水冲激，不免年久酥裂，今议遇有漏眼，将油松针补，则被浸不腐，益资牢固，洵为保全之良法，惟仅令闸夫经理，恐日久玩生，未免虚应故事，应请责令该董事于每逢大潮汛后，督同闸夫周历查看，有隙必弭，庶年久奉行，事归实济，不致懈弛。

一、禁捕鱼。据该绅士等议,称旧制"近闸渔户,籍名在官,每名征银一钱五分,贮备整修盖板之用,止许离闸二十丈外扳罾,不许切近闸座,以致磕损灰缝。前明于郡尊见捕鱼者每近闸座前后致有损碍,特免输银以禁之,此后并无籍名渔户矣。"此次修竣后,每见仍有附近民人借称渔户,在闸上分占闸洞,放罾捕鱼,甚或得钱转顶,视同世业,并有渔船近闸下碇,张网捕鱼,每遇风雨冲击,尤易磕伤灰缝,此等渔船乘潮进退,日久滋弊,必致通同闸夫开时减少洞额,闭时故延时日,甚至竟私从闸洞进出,任意磕碰,为害非细。曾经职等禀明"前本府示禁,提究有案,应请咨行南塘厅及山邑主,严密查究,如有前弊,立提渔户并闸夫究治,以重保护"等语,卑府等查渔船分占闸洞,不必风雨冲击即闭,常潮水荡漾,船身磕碰,亦足以损伤灰缝,因小成大,为患匪浅。纵使禁令綦严,而稽察难周,闸夫互相循徇,牢不可破,自当绝其踪迹,非查察可能尽弭。卑府等管见,近闸渔船鱼罾,未必尽系民人,必有闸夫在内。且闸夫近在咫尺,果不通同舞弊,渔户人等何敢恣行无忌?今欲禁止渔户损碍闸座,仍当责成闸夫实力稽察,如有违禁,在于近闸二十丈内扳罾网捕损碍闸座情事,即时协同地总就近扭送南塘通判衙门,查究驱逐,并请每年由南塘通判及山邑取具,各闸夫不敢从容切结,送府备案,各闸夫出结后,如敢纵容渔船近闸捕鱼及分洞扳罾,得规包庇,一经卑府南塘通判及山邑等查觉,或经绅董指禀,立提该闸夫等,严行究革,以绝侵损而专责成。

一、恤闸夫。据该绅士等议,称《闸务书》载,闸夫山阴八名,会稽三名,共十一名,必取壮丁充办,不得以老弱充数。盖欲求闸座之蓄泄有制,必责闸夫以恪守定章。然欲令闸夫实心任事,必先使之俯仰无忧。旧例,每名县给工食银三两,遇闰按名加给二钱五分,又给佃种附近闸田,共九十二亩,草荡一区,除完粮外,饬令纳租银二十二两零。不知何年,将租银免作工食,似已极加体恤,惟闸田坐落沿江,浮沙泥软,滩涨靡常,又潮水过大之年,每致漫过闸座,闸内田地悉被淹浸,收成常苦歉薄,租息盈绌不等,而原设闸外草荡,已经坍入江流,闸夫工食不充,力难赡家,岂能责其常川驻工,专心闸务?"今欲认真整顿,自宜格外优恤,应请此后山、会两县额设工食银两,概以库平纹银给领,勿任经库稍有折扣,庶亦借此贴补"等语,卑府等查山、会两县,额设闸夫十一名,固须选取壮丁充办,但年虽精壮,设未能老成勤干,亦不免玩忽贻误,除移请南塘通守专管衙门并行山邑随时查究外,仍饬令该董事就近随时察看,如有偷安怠惰之人,禀请斥退另举,其有年老不能胜任者,不准恋栈,庶启闭得守定章。至各闸夫每于田租抵作工食之外，山、会两县每名各给银三两，例于地丁项下开销，自应核实给发，该县等当严谕经库，按季以库平纹银实给具领，不准稍有折扣，以照体恤。

以上各条，均经详奉藩宪转详院宪批允，永远遵守。此外，尚有防护海道之策，亦关卫闸要务，附陈以备采择。

筹卫海防

卫海防，闸外海道，变迁不一，闸之受病者有二。考三江之得名，以其有曹娥江、浙江之水会归于此，故名。曹娥江至西汇觜止，会新昌、嵊县及上虞、会稽支流之水归西汇觜，俗呼为东小江。其钱清江俗呼为西小江，至东巉止。会山、会、萧三县之水，出闸归于东巉觜，故东西二江，皆有三邑水合流出海。其东海之上流，即浙江，会金、衢、严三郡及徽、温、杭、绍四郡支流之水，合流出东西二沙觜，入东海。三江洲地，皆坍涨靡常，而东西觜为甚。二觜之中，东巉觜为尤甚。三江闸外二觜之沙，本相交合，又沙形长阔，为闸外卫。迨后两沙豁开，沙形窄狭，而闸之外卫已孤，尚恃闸外有沙九曲，借以捍护。盖沙曲则潮不直入，沙泥随曲而止，故闸常通而不壅，谚云“三湾抵一闸”者，此也。康熙间，因闸港偶塞，误将两夫曲开毁，出水虽易而潮亦易入，闸口转易涨塞。此闸之受病者一也。又闸外，往日不特港道迂回，沙涂曲折，兼之江城东门外塘湾对出，南途为孙团灶地，遍植芦苇，密比如云，潮水三涨三落，不能遽抵内江，自康熙初年，提标牧马海浜，芦苇渐毁，灶户乘机悉开白地，浊流并无阻挡，潮汛一起，直冲大闸，堵筑不固，即易内灌，且闸座为大潮所激，亦时有震撼之虞。此闸之受病者二也。有此二病，潮汐既易凤滥，沙泥尤易淤塞，于是救时者有二策也。港路淤塞不通，昔人曾有插签公掘之法，山阴六花，一百九十里；会稽五花，一百八里，共十一花三百里。每里派夫四名，除山田、沙田免役外，计派千余夫，委员督押，于每月小汛时，从闸下插签起，挨次分派，自内港掘出外港，遇淤沙难用力处，调附近各里泥船数只，备长柄铁锹百十把，掀淤泥入船，分运两岸。众力齐奋，不难数日开通。康熙辛亥年，闸外淤泥涨塞，即照此开通，此一法也。芦苇易生之物，欲复旧观，莫若于浜海沙涂及新涨沙地限留若干弓，分段劝谕，遍植芦苇，待其长成，弥望青葱，日久不毁，潮涨渐远，潮汐之来，借资抵御，潮射稍缓，沙亦不淤。此又一法也。为经久之计，求急救之方，二策似亦可用，载明《闸务书》可考，惟事关勤众，怨讟易生。我朝南省无派夫之举，海浜植芦又非旦夕可稽之事，不无格碍难行。果欲计垂久远，非预筹经费不可，此皆善后要策，附存其说，以为虑患预防之一助云。

议增祀典

《闸务书》云，江城西门内，向有一祠，供奉佐汤建闸司理陈公及初修大闸郡守萧公二贤侯，又配以免役捍城之理刑李公、守备郑公，并通判吴公，为前五贤，奉祀于汤公祠北首山麓之观澜亭。嗣又添立免役守道张公，并继萧公修闸之盐院张公，守道林公，修撰余公，并襄事县侯孙公，为后五贤。后观澜亭圮，遂附祀十贤于汤祠左右庑。里人程鸣九曰，十贤位次有二失，保疆免役四贤，错列于佐汤建闸及两次修闸六贤之内，似不相蒙；又坐次不依建修大闸时，定位次更失先后之序。今姑就向时位次载之。后有作者，四贤另作一祠，而六贤位次亦必先者居先，后者居后，则永无遗议等语，《记》有之，有其举之莫敢废也。保疆免役，与建修大闸，同一捍灾御患、利济苍生之事，均与祀典相合。前人既奉为十贤，合祀庙内，未便稍为更改。有兹遗议，维诸贤位次失伦，似应更定。兹依时之先后以定次序，当亦诸贤在天之灵所共慰也。查崇德报功，亦善后所必有之事，谨一一开列于左，以备后人采取焉。

明司理陈公，讳让，字见吾，福建泉州府晋江县人。嘉靖辛卯，本省乡试第一，壬辰进士。洊升浙江道御史。建言，廷杖殁。赠光禄少卿。任绍兴府推官时，佐汤公建闸。精地埋，闸基即公所定。

明郡守萧公，讳良干，字拙斋，江南宁国府泾县人。隆庆辛未进士。初次修闸，每洞加小梭墩，闸上两旁，加巨石为栏，以二十八宿分属各洞，凿于栏及洞上罅泐处，沃锡与灰秫，功最巨。

明理刑李公，讳应期。

明临观守备郑公，讳嘉谟。

明守道张公，讳鲁唯。

以上三公，力主免役，士民怀德，塑像奉祀。

明通判吴公，讳成器，字德修，号鼎庵，安徽徽州府休宁县人。嘉靖间，先任会稽县典史，后升绍兴府通判。时海盗入寇，公以知兵名，承大吏命提兵守水陆要隘，屡建奇功，地方赖以安堵，居民感焉，为肖像立祠。相传邑人徐渭曾作碑记，立石曹孝女祠，今已失。

明盐漕察院张公，讳任学，字留孺，四川叙州府富顺县人，汤公同里也。天启乙丑进士。公按部至越，访知闸敝应修，亲诣三江，经营相度，遂悉索羡余，风谕捐取，庀材鸠工，补残更朽。巨工告成，复以塘闸交会之所，最为要害，撤其鱼栏，悉甃巨石，而新塘尤闸之锁钥，旧制广四十丈有奇，豪右侵渔，日就陊陋，亦稍为恢复。昔汤公创闸及萧公初修，民皆不免于怨讟，公自兴工及竣事，无一怨咨者，盖兴大工于积年苦旱之后，民易见德也。

明守道林公，讳日瑞，字裕元，福建诏安人。万历丙辰进士。会盐政张公至越，询民疾苦，公指陈闸敝，倡议增修，先筑巨堰以障洪流，继筑小堤以决潴水，乃"箕、尾"迤西诸洞特深，旋涸旋潴。佥欲中止，苟且报完，赖公星夜驾湖舫载牛酒犒役夫，日夜并作，遂终决之，功乃克就。厥后免役之举亦与有力焉。民甚德之。

明修撰余公，讳煌，字武贞，浙江会稽人。天启乙丑进士第一人，仕至部尚书。崇祯末殉难，本朝赐谥忠节。留孺张公继修闸，萧公任其事。著《修闸成规》一编，以闸外海道，渐于内外筑坝事宜，以为修闸首务，名言至论，后人奉为蓍蔡。《闸务书》有言，修闸时，虽不止公一人权衡揆度，废寝忘食，终始弗懈者，则公一人而已。公以乡先生得列祀典者以此。

明会稽邑侯孙公，讳镃，湖广承天府钟祥县人。崇祯辛未进士。任会稽县丞，上台檄捐俸助修闸，襄事尤勤，故得奉祀云。

按，以上十贤，附祀已久，固不容稍有异议。惟前乎此后乎此有功于越中水利而尽心闸务者，尚不乏人。祀事不及，良为缺典。观于全氏祖望所称彭、戴、萧、黄四郡守，均宜配祀一议，诚足以厌人心而昭公论，除萧公已配前十贤外，今择其功绩尤为显著者十人，谨奉为后十贤。如能并列祀典，配享前贤，亦后人食德思报之意所欲共伸者欤？并列于左，以待后之论定焉。

唐浙东观察使司皇甫公，讳政。贞元元年春，观察浙东。越中三面环海，号为泽国，屡被水患，历于会流之处建闸筑塘，患庶少息。公闻山、会、萧三邑水无所归，必泛滥为患，而海潮内涌，尤易淹浸，遂于离郡城三十里之陡亹，建闸十门，即今所谓老闸也。中三门填实，南三门属会稽，北四门隶山阴，泄三县之涨水，由三江而入东海，潮至则闭闸以拒。复于陡亹附近朱储，建闸三洞，利济无穷也。

明郡守彭公，讳谊，广东东莞人。正统中乡举。天顺中守越。凿通碛堰山，引上流之水从渔浦入钱塘，而筑坝于渔浦，以断其流。至今利赖。又建白马山闸三洞，以节洪流。今虽废而迹尚存。盖公无刻不究心民事云。

明郡守戴公，讳琥，江西浮梁人。成化间由南台御史来知绍兴，营麻溪坝，以节上流诸暨及山阴天乐乡之水，复于距陡亹数里而近建扁拖闸，泄三邑之异涨，以消水患，厥功尤巨云。

明郡守黄公，讳纲，号纪候，河南光州人。天启壬戌科进士。崇祯初守越。值盐政张公修闸，督山、会、萧三邑宰以俸入充之。虽不久以忧去，未观厥成，然经始与有劳矣。

明修撰张公，讳元忭，号阳和，浙之山阴人。隆庆辛未以廷试第一授修撰，进擢左谕德。天启初谥文恭公。初修闸，赖公佐其成，复勒碑以记其事。公之言曰："造闸者汤侯，医闸者萧侯也。病虽已，不可废医，医之剂凡几？窒漏于甃，一也；靳而滞启，赂而滞闭者，痛砭之，二也；闸必罅漏尽弭，而启闭以时，始收其利。"公之言其医闸之良剂欤！

皇清郡守胡公，讳以焕，山西人。□□进士，康熙乙丑间知郡，以水之蓄泄，恃有闸以为之节宣，而闸之蓄泄，恃有板以为之启闭。旧制板有定数，镮有斤重，费原有着，后以充饷裁半，经费遂绌。于是板之腐朽者镮之，残缺者不即更换，而闸夫亦以廪稍不继，怠于趋事，而闸几废，乃捐俸置田二十亩，并劝山、萧两邑侯亦各捐置田五亩佐之，岁科其入，为每年缮板补镮之费，详立规条，勒之石，由是旱涝得宜，有水之利，无水之害。至今闸借板以资蓄泄者，赖有此也。

皇清闽浙总督姚公，讳启圣，字熙止，号忧庵，满洲籍会稽人。康熙二年顺天乡试第一。由广东知县荐升浙闽总督，封少保。稔知闸敝应修，念切桑梓，力引为己任，捐俸银六千余两，委其弟候选通判起凤、属吏候选县张锖董其事，再易朔而告成。有因仍成法者，有独出已裁者，皆因时制宜，事事足以传后。当其时，亦有议公弟起凤不实心者，然闸每历五十年而一修，公自康熙二十一年兴办，至乾隆六十年而坚者始溃，乃重修也。则公之斯役，为后先任事者所不可及。人言其可凭乎？

皇清郡守李公，讳铎，字天民，奉天铁岭人。康熙间以兵部武选郎中出知绍兴。为政尚严，时值西江塘屡决，狂流漫溢，大闸泄放不及，众议开山西闸。居民惑于堪舆家言，竞起阻挠，公不听，指令往来舟人，尽拆曲簿，水益奔腾，遂督开山西闸，患乃已。辛未夏，以闸洞窄，尚不足以资宣泄，复于闸西添建二洞，旧三洞拆修如新，为五洞，设闸夫六名，捐置田三十亩，租赋所入，给闸夫工食银三十六两，余为岁修资，启闭一准诸大闸，士民感之，祀公于闸畔之龟山上。今闸虽废，而制尚存，亟应修复云。

皇清尚书茹公，讳棻，浙江之山阴人。乾隆丙辰进士第一人。历官礼部尚书。大闸自姚少保修葺后，垂百余十年，罅漏弥甚。公倡议兴修，时海道变更，潮来直射，旧制外筑土堰二道，不足以资捍御，改照北塘抢工柴塘做法，用捆埽建筑内外，用柴镶高，土方层夯层筑，收分平顶，工益固，乃奋力修闸。法不泥古，事必躬亲，两阅月而功成。其劳勚为不可泯云。

皇清郡守周公，讳仲墀，江西湖口县人，嘉庆乙未进士。由翰林改守绍郡。下车之日，访民疾苦，咸以闸敝告公。亲往履勘，锐意兴修，议方策白上台，入告兴工。适遇天时不霁，雨雪兼旬，工不克就。公忧劳成疾，仍扶病驻工，手指口授，昼夜不辍，工遂竣。公以旧甃罅泐，虽固以油松灰秫，非灌铅锡，不能经久，复于次年冬，筑堰障水，择隙浇灌，无孔不入，益臻完固。乃工甫毕而公已逝。弥留之际，谆谆以闸工为念，可谓以死勤事，克殚厥职者矣。

闸务全书·续刻

第四卷 修闸事宜

原 目

序

修闸事宜自序

此次修闸之初，禀陈管见二十二条，经雪樵大守通详，各大吏批允照办。动工后，有恪守原议者，有因时、因人、因地临时少为变通者，具载《修闸备览》及《补遗》二书，惟原陈事宜各条，均按照历届成法，参及时彦所议，足供后来采择者，爰并梓之，以垂永久云。

道光十六年六月，平衡述。

酌议修闸条款

一、坝基，宜预定也。查向来筑坝内外六道，闸内各坝筑于和尚溇后，以堵内河之水；闸外两坝筑于巡司岭前，以御海潮。乾隆六十年修闸时，以巡司岭外迎潮，拦坝不免撄难犯之锋，改定闸外头筑在巡司岭以内，离闸一百十二丈二尺，第二道备坝较头坝又近十四丈，较为稳实。此次海口情形无大更改，应请照办。

一、筑坝丈尺，宜酌定也。查前明修撰余武贞公煌《成规》，内载大坝系浮山旧基，约高五丈，阔七丈，近闸小坝约高三丈，阔三丈。至本朝康熙年间，乡宦少保姚公启圣修闸时，内阔坝，高七尺，阔一丈五尺，长九十丈；中狭坝，高七尺，阔丈五尺，长十丈二尺；近城狭坝，高七尺，阔八尺，长六丈；外大坝，高一丈零，阔三丈，长四十五丈。谨按，《闸务全书》载康熙年间修闸，司事程鸣九之言曰“坝之高低，以水有深浅也。水深坝增丈尺而高，水浅坝减丈尺而低，阔狭以高低为准，庶乎不差。昔年潮不浊，沙不涨，江海皆深，故坝不得不高且阔。近因东嚪觜久坍，潮水直进而浊，泥水相半，闸内外不时泥涨，故河海皆浅，而坝不必高，亦不必阔大，约坝高一丈者，阔二丈倍之，庶几相称”等语，查乾隆六十年《修闸管见》《备遗》内载，今日沙坍潮大，理宜更加稳固，头坝丈尺较前增倍，估册内载，外大坝工长五十六丈，底宽五丈，面宽四丈二尺，高二丈，盖六十年外海头坝系照北海抢工柴塘做式，底用捆埽建筑，里面用柴镶高，其第二坝系筑备坝一座，亦用柴镶内外，两面俱用底桩、腰桩、面桩，层层密钉，用土压埽盖面，较之从前所筑各坝，较为结实可靠。惟向筑外坝时，另用中号杉木，离坝三四丈钉桩，斜眠向内，密排三层，名曰挡潮木。乾隆六十年，改筑柴塘，先有不用挡潮之木议，迨后因潮汛较大，加用柴埽，以代挡潮之木。此次自应逐一照办，俟临时觅雇海塘工匠，妥商办理。惟近年秋冬以后，潮水甚大，所筑抢水等坝，似应较六十年酌加宽长，以期万全。并于临时察看天时水势，再行酌定也。

一、筑坝先后，宜议定也。查旧说，谓须先筑外坝，则水不流动。而内坝易筑，似亦可从，第恐车水过多。考姚少保系先筑内坝，且先从阔河筑起，即合龙门。盖虑旷日持久，则水势溜动，中泓更深，难以合龙门也。次及中狭河俱已筑就，止留近城狭河，即筑闸外大坝，将届成功，然后复筑近城狭河。坝期于小汛潮落时，将闸板彻底全起，泄尽底水，但虑外沙易涨，则水不能尽泄，外坝即当合龙门，其应用外坝桩木若干，宜于未筑内坝之先悉数运诸闸前待用，庶免临时掣肘，至筑内坝时，不必虑及运送桩木，而留龙门矣。此时似应照办，以归便捷。盖先筑外坝，车水过多，不但费力，亦且旷日持久，不可不虑也。谨按，程鸣九云："内三坝坝桩俱可一齐先打，惟下篷筑泥有先后耳。"斯言合理，惟乾隆六十年估册内载，内河筑坝四道，外海筑抢水备坝二座，共计六坝。再考前明余公筑坝，虽名为四道，其实亦有六坝。盖因闸内两狭坝一阔坝，作一坝论也。姚少保闸外只筑一大坝，是以屡撄险机。此次应照乾隆六十年，仍筑外二坝，内四坝，共六坝为妥。

一、水车，宜预备也。查旧例，用车一百部，由山、会两县附近都图农民家借用。乾隆六十年估册止有车水工钱，并无制车工料，则系仍旧借用，可知此次自应照办。至车水之法，旧例昼夜更番，三人共一车，车亦算人数，水要满板，车水止管车水，其一应清沟及车夫饭食等事，如包工，则令包头趋跄；不包工，则令夫头奔走，以免妨工。车到水落时，须用盘车，水大，自闸内外要关下并内坝两旁泄放亦可，须布车，须近闸洞内外。第查乾隆六十年因外坝较近，则底水较少，自内外头坝筑起，后即须车水，计自十月二十四日起，至十一月十四日止，连夜工在内，共计二十日，止用车五十部，盖因天时晴霁，雨水较少故也。本年因看天时，雨水之有无，闸内外水势之多寡，以定增减。再查乾隆六十年车水，以近闸处装车甚难，改用摇车，阴雨随移，较为妥便。今拟仿照办理，惟向例车系借用，今改摇车，如无借，恐须制备。萧山匠人惯造此车，可以定制。需费无多，应俟临时酌定。

一、任用，贵得人也。查闸工重大，又贵迅速，全在任用得人。主之者官吏，佐之者众绅，而稽工监料，尤须择老成练达谙悉工程者为工正，即董事或司钱谷，或管料物，或督工匠，至筛灰、舂灰等务，尤为紧要。更在监督得人，或坐守监视，或往来经理，先事派定，各有专司，各务中惟舂灰修洞更须留意，盖闸之坚固与否，全在灰之有力无力，灰好则工坚，一定之理也。至督理闸洞，必须一洞一人，庶几各有专责，不致顾此失彼。向来修闸，派管闸洞以二十八宿为阄，各拈一宿，分任其事。至监工者或居高望下，虽亦可行，但究不若在闸下，眼同看视，方较亲切。匠人内有加细工修整者，立时酌赏以励其余。每洞石匠八名，共二百二十四人分修，兼令闸夫十一人相助，盖令管洞闸夫与石匠一同修整，各洞既所分属，则洞之何处罅漏及何处受病，知之较悉，而事关切己，更必用心照管，是以必令相助也。惟闸洞多而闸夫少，寻常闸洞本系一夫管二洞，其四患洞或二人或三人共管一洞，势难遍及，则当临时酌令互相通融，彼此照管，以期交相为济，石匠勤惰，赏罚同之，庶知奋勉。

一、车水修洞，不宜包工也。查《全书》云："夫匠点工，固是正理，然亦有宜于包工者，筑坝之类是也。"此次仿照柴塘做法，则尤可按丈计工，量土论方，自不嫌于包办转使，事有专责。至乾隆六十年，工料均经包工给海塘工匠，此次料拟自行购备，工仍包给海塘工匠，并当责令包至工竣，庶几塘坝均可责令随时保护，以冀万全。惟车水断不可包，盖筑坝既包，其事属私，私则力无不奋，车水人多，事究属公，公则心不齐矣。至修闸洞，非惟罅漏之多寡浅深，梁槛之应否补换，难以预定。且事琐碎又关紧要，非加细密工夫不可。稍有苟简，闸便不固，更属万不可包工，致令草率了事，贻误非细也。

一、工价，宜酌增也。查夫役，清早即令就工，鸣锣唱夫头之名。夫头管散夫，以一人管九人，为断其所管之人不及唱名止点人数，工正发筹，与众夫头各给所管之人，午后就工点夫头及人数，临晚又鸣锣归筹登簿。惟车水，过夜恐致旋潴，既有夜工，临晚不必归筹，至次早归筹登簿，作双工可也。其工食照旧三日一给。考余公《成规》，每工纹银四分五厘，姚少保则每人给银六分，夜工加一分，勤则犒赏。乾隆六十年，系每车三人，车亦作一名，如车板损碎，自行修整，每篰给钱四百文，再每车五篰，加夫头一名，日给钱一百二十文。此时人工饭食无不增昂，应照时价酌增，以安其心，庶得其力。其工匠工食，亦应按照时值酌增，以示体恤，方可责其实心任事也。其一应工作，俱包饭食在内，不准另给。

一、器物，宜预备也。查修闸应用各物，除石灰一项外，其余均须预备，如桩木、柴斤、竹篾、土箕、打舂石夯、实坝木夯、灰碓灰臼、挈桶、戽斗、挽斗、铧锹、铁爬、扁挑、粪箕、灰桶、粗细灰筛、灰簩、筊篮、大小竹箩等器，及单双钩、铁镮、铁锭，诸洞槛石、底石，有冲坏欲换者，又要关下及城下磡石须易者，并废铁、羊毛、缸爿、碎罈、应用色样斤两数目，六十年估册可稽，俱须于当年夏秋以前预为一一置备，仍于该闸附近人居稠密之处，堆贮封锁，派人加紧看守，以防遗失。并由董率绅士、工正，时往稽察，以免怠忽，断不便临时置备，而石板、石槛，尤须伏天采用，名曰伏板，庶可耐久。惟石灰久则无力，必须临时买舂，方有灰力。又和灰向多用糯米汁，而河工造闸往往用乌樟叶浸汁捣灰，异常坚固。兹修闸在寒冬，恐无叶可采，惟有用藤藜汁，冬季滋水较足，最为得时。务买取嫩绿细枝如小指粗者，截成短段，微敲水浸，以湿透为度，冬天六七日或十日皆可，久则失性，不胶粘矣。灰秫藤藜，应需若干，仿照六十年估册之数，宽为置备，以便应用。其打造铁器等物，火候要到，尤要炼熟。以上舂灰、浸汁、打铁器等物，均须谙练工正，眼同察看，亲督办理，方无弊窦，有碍全局。

一、修法，宜讲求也。查上下须用长梯十余節，以便应用。其动锤凿时，下手要轻。《全书》云：旧灰缝如尚坚固者，不可轻动。单钩、双钩、长竹帚钩，扫缝内沙泥后，即用竹筒射水法。其法用竹筒长二尺许，截去上节，打通中节，留存下节，钻一大窍，削圆竹一根，一头略粗，隔三寸间刻一陷槽，以布裹旧絮，缚于陷槽上，送入竹筒之底，长出竹筒一握，蘸入水器，抽起圆竹，吸水进筒，极力一送，挤水入罅，荡涤泥沙，复用挽斗冲洗于外，如此数番，泥沙自净，则水流出必清，俟罅缝内干燥，才好用灰铁也。或云，用粗纸裹在竹片上，外包麻布，伸进罅缝，渗水令干，亦是一法。临时酌用，至填补罅隙。明人皆沃以锡，惟姚少保修闸，则纯用铁。或曰，昔人灌生铁以固其内，然缝大可灌，缝细如何灌入？要之，灌铁终须自上灌下，姚少保系先用灰，次将铁用叉叉进，灰须挨次用尺许，即实以铁，恐用灰太长，则缝为灰掩，便看出罅漏，用铁未免有失过处也。灰铁要填塞满足，水无微隙可乘，庶为完固。不然，有细眼即必至于大漏矣。一洞漏，则诸洞皆不能坚固。若遇罅缝深大，难以填满者，即于用灰后，先将碎缸罈爿实内，继之以铁，然究不如纯用铁之为美也。更用灰草帚将灰缝灰隙遍刷，用鹾以稻草灰调和，真鹾遍敷，灰自坚实易燥，纵遇冰冻，亦不虑其裂且落矣。此实要法，不可不遵而行之。惟用铁塞缝，缝大者或可，其细缝微隙处所，涓涓不塞，渐成巨孔。灌铁则仍不能入，必须照前人成法，沃之以锡，方能抿缝。惟锡虽烧化，而入石稍久，必仍坚凝，究应如何浇灌，尚须访求良法。至灰遇冰冻久，易露缝，前人成法，用小光石块，将灰缝细细研遍，再取鹾草灰逐细敷上，庶更无虑。灰为固闸根本，必须加意慎重，勿惜工省费也。

再查，闸洞用灰，风雪交作时尤易冰冻。乾隆六十年，层层用草苫遮护，洞面悉盖盐包，石匠既不受朔风之苦，遇晚尤能御寒，洵为妥善。惟《全书》旧例，灰浆抿缝后用稻草灰调和真鹾遍敷，石灰遇鹾更易坚实干燥，纵遇冰冻，裂缝剥落，皆可无虑。今若于敷鹾之后，再用草苫遮护，所费无多，益臻周密。应于临时酌备草苫、盐包，以备应用。

一、舂灰，宜得法也。查《全书》云，灰必择烧透者，水化后，用极细竹筛筛出净灰。两人一日令舂一臼，每臼五斗，臼小则量减。其法，将筛过细灰，量五斗于�篮内，四围摊散，将称准羊毛弹碎，拌入灰内，以匀为度。入真鹾少许，再放浆汁，看灰之燥湿，湿则少放几碗，燥则多放几碗，拌匀燥捣，切不可再放浆汁。直捣至柔润细腻，傍午时复逐渐加浆一度，熟捣一度，视浆灰匀熟，然后再加再捣，至燥湿得宜而后止。盖初间不燥，捣则灰性不坚牢，加浆不渐次，则厚薄不均匀，而粗块必多。此为修闸第一要事。欲闸洞之坚固经久，必要灰之如法熟捣，然工人无不贪懒偷工者，欲灰之如法熟捣，必须谙练诚实工正，分头督率，教令不可片刻放松，庶为得之。司事者于此而不尽心，则贻误全局，负疚非轻矣。

一、灰厂，宜宽阔也。查余公《成规》，于新塘附近闲空处所设草厂十余所，为贮灰、舂灰之用。向例，用灰臼四十具，乾隆六十年间，则用六十具。昼夜兼之，工尚不足用。此次必须多用灰臼，既多灰厂，必须宽。盖预择该塘附近处所赁地，盖厂灰臼必以坚硬石为佳，庶不致舂碎，若旧例灰臼借用，岂有如许灰臼可借？六十年间，系属赁用，每具赁价钱五百文，此次似应照办。

一、施工，宜分次第也。查明修闸必待将水车干，然后诸洞搭挑，从下修上，冲洗罅缝，兼有坝外汲水之劳，直待底水车干，再行施工，亦费时日。天时不齐，工程宜速。姚少保办法，则以水代跳，犹修浮图，从上修下，内外头坝筑就，一经动车，以后即命石匠同闸夫乘船，钩洗闸洞，上层水干一层，钩洗完一层，水渐干，钩洗渐下，迨水浅，则用木簰施工，至底水车干，淤泥去净之日，浅洞工完而深洞之底亦可钩洗矣。钩洗完日，上层必干，即用灰铁依次而下，如有尚欠干燥处，用渗水法，再实以灰铁，既不失时，又甚省力。此次似可仿照办理，临时酌商定局，惟查乾隆六十年，因坐船乘簰，究涉费事，改为两面搭鹰架，较为适用。如此则修洞时上下皆便，费亦无多，此次必应照办也。

一、底板，宜慎换也。查《全书》云，闸上层潮大时或至满上，内河水即甚大，亦必无满上之时，为冲激所不及，尚可略轻其中间。下层为重闸底，尤不可忽，乃有因患洞不易车干而忽之者，殊不知闸底犹树根，欲树之繁，必培其根，欲闸无圮，必治其底。虽闸底内外皆石骨，似无他虑，而益以人功，更臻巩固。故古人于底水车干，淤泥去净后，深洞皆干，石骨尽露，复汲清水洗濯。无石板者皆补，惟实有不必补者，方已有冲激不齐者，即整少石槛者，即补宜下灰者，下灰宜灌铁者，灌铁梭墩下。有空隙处，亦必灌铅铁，必使纤毫无遗而后已。盖必如是，而后为尽心。闸工百数，十年一修，此非易遇之事，稍存苟简之心，即留无穷之恨矣。

一、石槛，宜酌补也。查余公《成规》，闸底石板长九尺，阔四尺，此第就洞底中间闸板内言之，而板外每边，俱有丈余，阔不必照其阔也。但预备丈余长坚厚石板，遇有当换当补之洞，每洞两边共横排八块于底，只要灰好，自然坚固，且取石板于山，亦不费力，此皆《全书》之言于慎重之中，寓简易之法，似应照办。至建闸时，每洞置内外石槛二条，往往闸洞车干，有止存一槛者，有二槛俱无者。余公修闸时，也少底板，并无槛处，无不一一补之。前人之遇事不苟如此。乾隆六十年，车干底水时，石槛冲损者二十二条底板，体板应换者九块，石梁断烂者二条，亦皆逐一补换。此次修闸，如遇缺少底石及无石槛者，或朽烂处，必当一一补换。购料时必令匠人多为采购，运工应用，俟有盈余，工竣之后不难仍行载运变价归款也。

一、书役，宜酌派也。查余公《成规》，“止委监督佐贰官一员，查点夫匠，以稽勤惰，已敷足用。若多派，则徒滋縻费，此次应请照办。又立工正，即董事十名，每一名统率夫头十名，夫头一名，统率余夫九名”等语，查工正之所重，在监工、查料以及给筹散钱，事务烦琐，而修闸时，每洞必须一人监督十人，尚不足用，何能分身统率夫头？查统率夫头，尚匪难事，工正之外，必须添派勤干书吏，帮同弹压稽查，并令统率夫役，庶不致缺人误事。第乾隆六十年间，任用书役至六十余名，未免过多，今拟于临时禀派一二十人，以资协助，庶于公有济。

一、成法，宜恪遵也。查乾隆六十年修闸时，有遵循成法者，有补其未备者，有纠正其失者，今昔情形不同，自难拘泥陈迹，致误事机。而事有必不可更张者，亦不容妄生异议，如《修闸管见》《备遗》内载外坝改筑柴塘，坝基移进巡司岭以内，舂灰用多人，车水减人数，皆系斟酌尽善，永当遵办者也。又称数百年后，闸果有损坏，决无不修之理。查昔人所称闸可修而不可拆者，系指闸未损坏而果止灰缝罅漏，只当补其残缺，岂可妄动墙身？若果闸墙倾圮，石块损断，岂有拘泥不修之理？所言尤为至论。但现无其事，毋庸置议。又内外筑坝以后，诚恐霪雨不时，必预筹泄水之路。时因山西闸外壅塞已久，断不能开，惟有汤湾一闸，尚可开用，即就塘缺，先筑盘头，建一土闸，小汛则开，大汛则闭，以闸夫二名搭厂，专司其事，以免民灶被害。查内河筑坝以后，水无去路，设遇大雨，满溢堪虞，此则必应照办之事。现已勘明，酌议妥办，惟虑雨雪过多，水势盛涨，汤湾一闸，不足以资宣泄。临时应请委员勘明萧山、会稽近江近海塘坝地方，有可以暂筹泄水之区，妥速筹办，以期有备无患也。又闸洞两面，悬挂木榜，开明某字洞，差役某人，匠头某人，上下巡察，一望了然，随问即答，实较便捷。又每闸洞先分竹篮一具，用绳上下，一切石铁杂物，悉可装盛，尤为简便。此次均应一一照办，惟所称“铅铁浇灌，火烈石松，随处损裂，概置不用。仅用旧鱼网剪碎，送入罅缝，深浅合宜”等语，查铅铁浇灌，有孔即入，遇冷即凝，断不致烧松石块。大闸所处内河外海，潮汐冲激，猛烈非常，旧网入洞，岂能经久？昔人灌铅铁，年久不坏，如彼六十年，用旧网不二三十年，即已损漏，事有明证。此次必应变通办理，仍用铅铁为宜也。

一、修闸，须及时也。查《全书》云：“四时之潮，惟冬最小。农工已毕，动土宜在此时，《夏令》所以有十月成梁之说也。”历考修闸之期，总在秋尽冬初，盖一至冬深，非惟雨雪连绵，工匠畏寒，难以施工，且灰浆遇冻，即已无力，误工非细，尤为可虑。况开工早，则完工速，向来修闸后，开坝应迟至一月以后，使灰浆结实，闸自坚固。完工既早，则坝可迟开，灰可愈燥，尤关全局非细。查乾隆六十年卷内，系十月内开工，至十一月十六日完工。而《碑记》所载，系十二月十九日开工，至嘉庆元年二月初一日工竣。入春以后，春水方生，潮汛旋大，幸无他虑，不可屡试。此次必应秋尽开工为安，则一切造册、征费、购料、集夫，愈早愈妙也。

一、闸洞深浅宽狭，必须预知也。查闸洞盘数，多寡不同，即各洞浅深宽狭亦异。《全书》未经赅载。乾隆六十年载有细数，开列于后，庶工正于拈宿分修时，各皆了然于心，知所措手，亦甚有益也。

计开：

城边石墙九层。“角”字洞第一梭礅九层。“亢”字洞九层。“氐”字洞九层。“房”字洞十层。“心”字洞十层。“尾”字洞十一层。“箕”字洞十一层。“斗”字洞十一层。“牛”字洞十二层。“女”字洞十二层。“虚”字洞十二层。“危”字洞十一层。“室”字洞十一层。“壁”字洞十层。“奎”字洞九层。“娄”字洞九层。“胃”字洞九层。“昴”字洞九层。“毕”字洞九层。“觜”字洞八层。“参”

字洞八层。“井”字洞八层。“鬼”字洞九层。“柳”字洞八层。“星”字洞八层。“张”字洞九层。“翼”字洞十层。“轸”字洞十层。

谨按，近东“尾、箕、斗、牛、女、虚、危、室”八洞最深，故层数较多。其“牛、虚、危”与“张”字洞，又名四患洞。盖“牛、虚、危”三洞尤深，其下有泉，张字洞虽不深，槽底因活石有坚硬处锤凿难施，石未采平故耳。六十年察看闸底，泉水惟“翼”字洞、“氐”字洞、“女”字洞，今日车干，明日仍有，较为费力，与前人所云稍有不符，修闸者必知其浅深难易，而于难修之洞尤加之意，庶无遗憾矣。

再查各患洞底，水车干之后，泉水仍复涓涓不绝。六十年修闸时，留手车数篰，水满即车，以干为度，方可施工。即工竣后，亦必常车，以免水浸灰缝，致弃前工。其车水之人，未竣工时另派勤干之夫，工竣之后即责成本洞闸夫专心经理，酌给工费，以酬其劳。附闸工正不时稽察，勿任玩忽，此为最要之事，前人所未见到者。乾隆六十年，司事方筹及之，良可师法也。

各洞尺寸：

“角”字洞九尺三寸。“亢”字洞九尺三寸。“氐”字洞九尺。“房”字洞九尺一寸。“心”字洞九尺三寸。“尾”字洞九尺。“箕”字洞九尺。“斗”字洞九尺二寸。“牛”字洞九尺。“女”字洞九尺。“虚”字洞九尺。“危”字洞九尺三寸。“室”字洞九尺一寸。“壁”字洞年九尺三寸。“奎”字洞九尺一寸。“娄”字洞九尺三寸。“胃”字九尺三寸。“昴”字洞九尺四寸。“毕”字洞九尺二寸。“觜”字洞九尺。“参”字洞九尺八寸。“井”字洞九尺二寸。“鬼”字洞九尺。“柳”字洞九尺。“星”字洞九尺四寸。“张”字洞九尺。“翼”字洞九尺三寸。“轸”字洞九尺。

谨按，余公《成规》载“闸底石板长九尺，阔四尺。程鸣九云，此就洞底中间闸板内言之，而板外每边，俱尚阔有丈余，不必照其阔，但备丈余长坚厚石板，遇有当换、当补之洞，每两边共横排八块于底，灰好自固，且取石板于山，亦不费力”等语，细绎所谓板外每边具有丈余阔者，自系指每洞南北基址阔狭言之，故下有每洞两边共横排八块于底之南北，非所论于各洞东西长短之数也。今观乾隆六十年所记，各洞尺寸乃指东西长短之数，各洞大约九尺或九尺数寸，无长至一丈外者。《全书》所云备丈余坚厚石板，尚系约略言之也。查乾隆六十年估册，备底板二十块，约长九尺，宽四尺，阔一尺，具有斟酌。此次采底板须九尺余寸者为妥，或于二十块外，再备若干块亦可，惟槛石建闸时有内外二槛，必须稍长。六十年估册止备十条，约长一丈二尺，高宽一尺二寸，实二十二条。此次应再多备十数条更妥，盖备用之物倘有不敷，尚可购补，石块重笨，一时难以采补也。

再查六十年《管见》《备遗》载“《全书》内言‘斗’字洞内板槽腰石，去一尖角，望后人续修者，今已开通，宽过无碍。惟‘尾’字洞石槽又失去一块，长二尺，宽三寸余，系用铁板三层嵌入，一律完固”等语，如此之类，恐亦时有铁板阔狭难以预定，必须临时雇匠浇打，亦可应手，要不，可不知此法也。

一、闸夫之管洞，须先知也。查闸夫有协同石匠修洞之责，各夫分管合管之洞，必使人人皆知，今亦开列于后，以便临时责成。

谨按，萧公《事宜》及志书俱载常平有四洞，非也。实止“角、轸”二洞，下板而不筑泥，水满则任其流出，以杀其怒；水干则蓄，无过泄之患，故名为常平洞。除此二洞外，每夫派管二洞，深浅相配，有管“房、胃”洞者，有管“心、参”洞者，有管“尾、柳”洞者，有管“箕、娄”洞者，有管“斗、室”洞者，有管“女、觜”洞者，有管“昴、井”洞者，有管“毕、星”洞者，有管“鬼、翼”洞者，又有依此连管两洞者，“亢、氐、壁、奎”是也。“牛、虚、危、张”四患洞名大家洞，不在分管之数，“牛、虚、危”三夫共管一洞，盖此三洞乃尤深洞也。张洞虽不深，而槽底有活石，尤坚硬难施锤凿，下板筑泥较为费力，故亦在公管之列。二人管一洞，十一夫之分管、公管各洞者如此。

以上某夫管某洞，修闸时须先缮清单，粘于木牌之上，悬挂闸上要关等处，然后照依。六十年成式，每洞两面各挂木榜，开明某字洞闸夫某人，石匠某人，工正某人，或差役某人，庶使通工皆知，一目了然，随呼即应，各无诿卸，最为要务。

一、闸板，有定额也。查各洞板数，本与修闸无关，须俟修竣之后，再整闸板，乃善后之事。第筑坝车水，必须起板。若不记明板数，易致遗缺，一也；又闸工完竣月余后，即须启坝下板，若使板有残缺，不先照验灼知应修者，修应补者，补既不能停，闸待板又不可听其残损不全，必先未雨绸缪。今并开洞板定数，并铁镮副数斤两于后，以便临时点验应补应换，预先采办，方昭周妥。

计开：

“角”字洞板一十五块。“亢”字洞板四十四块。“氐”字洞板四十五块。“房”字洞板四十六块。“心”字洞板四十六块。“尾”字洞板四十八块。“箕”字洞板四十八块。“斗”字洞板四十六块。“牛”字洞板五十块。“女”字洞板四十四块。"虚"字洞板五十块。"危"字洞板五十块。"室"字洞板四十四块。"壁"字洞板四十四块。"奎"字洞板四十块。"娄"字洞板三十三块。"胃"字洞板三十八块。"昴"字洞板三十四块。"毕"字洞板三十四块。"参"字洞板三十八块。"觜"字洞板三十八块。"井"字洞板三十四块。"鬼"字洞板四十块。"柳"字洞板三十八块。"星"字洞板三十四块。"张"字洞板四十块。"翼"字洞板三十四块。"轸"字洞板十四块。

共计板一千一百十三块。

此各洞闸板原定之数也。其各洞盖板,每洞二块,共五十六块,不在数内,须另行点验。

谨按,旧制洞板阔八寸三分,厚四寸二分,志书所载,各洞板数系就旧制阔板分寸言之也。迨后板块分寸渐减,则块数又当增多。此次修闸之先,须令各洞闸夫开出现在实存板数,造具简明清册,临起板时,委员逐细点验,如有缺少,记明档册,本应照例责令闸夫赔补,惟闸夫穷苦者多,恐一时无力,徒延时日,应由总局发价购买足用,此后再有缺少,应于闸夫名下扣留工食赔补,以示惩儆。

再查闸面盖板,亦关紧要。六十年修闸时,因盖板年久失修,致有行人失跌殒命者,深为可悯。当时全行补足,责令闸夫专管。此次修闸起板时,亦应委员逐一点验,造册登记,如有缺少,并由总局买补,事竣之后,再有缺少,亦应于闸夫名下追价赔补,以循旧例。此事非独保全民命,并为培护闸座之要策,购补虽在事后,查点必在事先。亦修闸者之责也。

一、铁镮斤重,宜划一也。查旧制,铁镮每副重十二两。姚公修闸时,虑及铁镮浸咸淡水中,易于朽坏,每副比先年重四两,共计十六两,钉于两头各一面,惟盖板止钉上一面。铁镮为启闭闸板时最要之具,一经锈烂,即不得力。修闸起板之时,并令委员逐一查验,除尚结实者不议外,稍有锈烂不全,难以挽绳上下者,立即登册,由总局即时雇匠照依续定斤两,如法打就,即时更换,仍于报销时一体核销。此亦修闸时必应筹及之事,难任率忽贻误也。

民国绍兴县志资料第一辑

塘闸汇记

民国二十七年十月绍兴县修志委员会刊

王世裕　编

说　明

塘闸关系吾邑水利至巨。既往事实,参考不厌求详。故取本会已搜集之资料,辑为《塘闸汇记》。凡已见于旧志及《闸务全书》者不录,以节篇幅。又,塘闸利害连带绍、萧两县,故虽隶萧邑之事亦酌录之。近日又得此项资料不少,当辑续编。更望吾邑人士多赐教益,俾成完书。

王世裕编

塘闸汇记原目

记塘工

绍萧两县水利联合研究会议决韩松等陈请义桥新坝塘堤危险改建石塘案
绍萧两县水利联合研究会议决孔广裕等陈请兴修西塘碛堰山凉亭至觉海寺一段塘身案
浙江(总司令卢香亭、省长夏超)令筹募浙江游民工厂基金债券事务局局长郑云鹏筹募正副塘工债券兴修闻家堰等地方塘工文
绍萧塘闸工程局局长曹豫谦呈(总司令部、省长公署)设处开办文
又呈浙江(总司令、省长)请令饬绍萧两县知事息借商款文
绍萧塘闸工程局呈报视察北塘情形文
绍萧塘闸工程局呈报本局经过暨现办情形并规划进行程序列表请核文
绍萧塘闸工程局各工段计划表
绍萧塘闸工程局呈报视察东蒿各塘情形文
绍萧塘闸工程局呈报覆估东区抢修北塘仕至存字土塘工程文
道墟塘董章思永等呈绍萧塘闸工程局为东塘日坍请委勘兴修文
会稽县知县王安世筑塞小金海塘桥洞碑文
南塘通判陈荣甲详藩司请惩民人擅掘塘脚文附批
绍萧两县水利联合研究会议决整顿护塘地案
绍萧两县水利联合研究会议决来锦藩等陈请塘上房屋原基原造修改议案案
绍萧两县水利联合研究会议决整顿护塘地案
绍兴县议会咨绍兴县知事勒令禁合浦乡万圣庵官塘开设行坝文
东区管理处条陈责成塘夫照章割草挑土筑塘管见两端请核示文
绍萧塘闸工程局呈省政府为船货违禁盘塘请严令禁止文
绍萧塘闸工程局会县勒石永禁附塘堆积木石各料文
又会县示禁沥海塘不得埋棺开路及纵放牛羊文
越昌垦植公司代表金乙麟呈请第三区行政督察专员请示禁道墟等处私掘塘堤文
塘闸工程处函请取缔妨碍海塘建筑物
东区管理处北塘报告书
东区管理处巡塘报告书
东塘调查录
曹娥塘调查录

浙江巡抚马新贻奏勘办绍兴闸港疏浚折

委办绍郡山会萧塘工总局沈元泰周以均余恩照章嗣衡孙道乾莫元遂禀浙抚开掘宣港文附批

浙江按察使王凯泰禀浙抚勘明三江闸宣港淤沙文

绍兴府高札会稽县金山场曹娥场上虞县东江场疏掘吕家埠等淤沙文

章景烈代金光照上闽浙总督左宗棠论浙江水利亟宜疏浚禀文

绍兴府知府李寿椿撰重浚三江闸港碑记

山阴县知县王示谕开掘丁家堰至夹灶湾清水沟以通闸流文

宗能述三江闸私议

陈渭麿祖铨李拱辰李品方吕润身金鼎王耀袚经有常何元泰谢泰钧金昌鸿张祖良袁绪钧鲁擎邦陈维嵩陶庆治杜用康上绍兴府知府请开疏聊江禀文

宁绍台道桑禀覆浙抚饬查塘外筑堤开渠有无关碍水利文

东江塘水利会会长阮廷渠呈浙抚藩及宁绍台道请掘徐家堰对岸沙角文

疏掘辽江始末记

安昌沙民擅掘三江闸外新涨沙记事

绍兴县议会咨绍兴县知事请移知上虞县会议疏掘东塘西汇嘴沙角涨沙文

绍萧两县水利联合研究会议定西塘闻家堰开掘小港案

绍萧两县水利联合研究会议决沈一鹏陈请修埂保塘并浚复宣港闸道案

绍萧两县水利联合研究会议决徐元钊建议浚白洋川复山西闸案

绍萧两县水利联合研究会议决开掘东塘摄职从三字号对岸沙涂案

绍萧两县水利联合研究会议决疏浚三江闸淤沙案

绍萧两县水利联合研究会议决邀集地方绅耆详筹水利案

绍萧塘闸工程局呈省长为委员疏掘三江闸港取具支付册据请核销文

钱江绍萧段塘闸工程处报告闸港涨塞情形并建设厅批令救济办法

绍萧塘闸工程局呈省政府为东区请回复姚家埠闸请核示文

浙江第三区行政督察专员公署示禁开掘三江闸港涨沙文

绍萧两县水利联合研究会议决傅绍霖等陈请督拆老闸下鱼簖案

徐树兰致潘遹论三江闸书

绍兴政治研究社上会稽县陈令陈述徐家堰外护沙应谋防护书

周嘉烈记拦潮坝

杂记

各姓家谱中所载塘工事件

水利局建筑旱闸码头

白洋闸

东关区国民劳役挑填海塘

会商催缴轮船公司修塘费

民国廿六年秋间闸内外水位

曹豫谦拟绍萧塘工辑要凡例

记塘工

录浙江续通志稿海塘志

乾隆元年三月初五日。奉上谕：朕闻浙江绍兴府属山阴、会稽、萧山、余姚、上虞五县，有沿江海堤岸工程，向系附近里民按照田亩派费修筑，而地棍衙役于中包揽分肥，用少报多，甚为民累。嗣经督臣李卫檄行府县，定议每亩捐钱二文至五文不等，合计五县共捐二千九百六十余千，计值银三千余两，民累较前减轻，而胥吏等仍不免有借端苛索之事。朕以爱养百姓为心，欲使闾阎毫无科扰，著将按亩派钱之例即行停止。其堤岸工程遇有应修段落，着地方大员委员确估，于存公项内动支银两兴修，报部核，永著为例。

十二年奏准：绍兴所属塘工，令绍兴府水利通判兼管。

十九年奏准：裁江海防道。萧山、山阴、会稽三县塘工归宁绍台道管辖，将北岸海防通判改为南塘通判，移扎绍兴之三江城，专管南岸塘工。凡有塘工，各县所设之巡检、典史，听同知通判稽察调遣。

二十三年奏准：山阴县宋家溇大池头一带添建石塘二十九丈，并于塘外填砌块石。

三十二年奏准：山阴、会稽、萧山、余姚、上虞五县典史兼管塘工，改派各该县管理。

五十三年，山阴县境内，宋家溇外围“外、受”二字号土塘，长三十七丈九尺，“下、睦”二字号土塘长三十八丈五尺，改筑柴脚土塘，外堆块石，排桩拥护。

嘉庆四年，山阴县境内南塘头“真、志、满”三字号土塘五十丈，改建柴塘。

五年，“命”字号石塘外建砌单坦二十丈。

十二年，山阴三江闸等处“动、守、真”三字号及“面、洛”二字号柴土塘堤，被冲塌六十八丈，一律建筑柴塘。

道光元年奏准：浙江山阴县境内宋家溇盘头各工，东西两首，“姑、伯、比、儿、孔、怀”等号坍卸九十丈，并坍陷“姑、伯、叔、犹”等号原堆块石六十四丈一尺，其“比、儿、孔、怀”四号柴塘五十八丈，塘外无块石拥护，坍卸更甚。“姑、比”等号柴塘九十丈照旧拆让,并于塘外一律添砌块石一百二十丈一尺,加钉排桩以防冲溃。

二年,上谕:帅承瀛奏修筑塘堤工程一折。浙江山阴县三江闸塘堤,坐当潮汐顶冲,现在坍卸,并“神”字号须改柴塘,外抛堆块石,以资捍卫。经该抚委员勘估,亟应修筑。所有估需工料银二千一百四十九两零,着准其在藩库新工经费项下借支,俟收有景工生息、契牙杂税银两即行提还归款。

三年,上谕:帅承瀛奏请修复改建会稽县境内塘堤各工一折。浙江会稽县中巷一带塘堤,攸关民舍田庐保障,据该抚查明坍卸属实,自应及早修筑,所有估需工料银二千四百八十四两零,着照所请,准其于藩库新工经费款内,先借给兴办。又,谕:浙江绍兴府属山阴、会稽、萧山、余姚、上虞等五县境内滨临江海之柴土篓石各塘,间段坍卸。经该抚委员分案履勘,查明久逾保固例限,自应分别改建筑复,俾民田庐舍得资捍卫。所有估需土方工料银二万八百一十余两,应由西湖景工生息、契牙杂税等筹拨给办。惟本款现无存银,着照例先于藩库新工经费款内如数借支,即饬各该厅员认真妥速办理。仍俟收有绍兴南塘等款银两,即行提还归款。

十二年九月,巡抚富呢阿奏绍兴府属之山阴、会稽、萧山、上虞四县各禀报,八月十九至二十一等日,飓风猛雨,潮势汹涌,冲坍土石塘堤,更有山潮二水陡发,冲通土塘。

咸丰元年,巡抚吴文镕奏准:山阴县境内修筑鱼鳞条石塘四十二丈,坦水九十二丈,柴塘一百丈。贴近三江闸之湖河地方,挑挖沙淤,以资泄水。会稽县境内龙王荡、宝山寺等处,塘基冲缺,另行修筑石塘二十八丈四尺,土塘一千六百三十四丈三尺。

五年,议准绍兴府属之海石塘“藏、闰”二字号,坍卸四十丈。将塘基移进,改建“馀”字号二十丈,从底拆砌修复。

录萧山县志稿水利门

《明史·河渠志》:成化七年,潮决钱塘江岸及山阴、会稽、萧山、上虞、乍浦沥海二所、钱清诸场,命侍郎李颙修筑。

嘉靖十八年六月六日,水自西江塘入,萧山大困,延及山、会。二邑协力筑之,基阔七丈,身高二丈有奇,收顶三丈。南自傅家山嘴,北尽四都半爿山,横亘二十余里。自是始免水患。通判周督筑,勒碑纪其事。

万历三十四年，北海塘圮，协山、会修筑。按：县境西北两方逼近江海，筑塘以御之。在西者曰西江塘，在北者曰北海塘。皆自西兴永兴闸起。西江塘自闸而南，以至麻溪。北海自塘而东，以至瓜沥。西兴为两塘交界之处。

崇祯十五年，五月梅雨，江水泛溢，西江塘圮，田禾尽淹。六月十六日复溢，府及山、会、萧三县，亲诣塘缺督修。

康熙二十一年五月，连雨十七日，陈塘溃，冲没山阴高田、临浦庙。

二十五年六月，江塘涨，张家堰塘坏。巡抚金公鋐，檄本府三县会议修筑江塘。本县得利田输银二千两，山、会协输银二千两。盐道府三县官共捐银二千两。

三十一年六月，杨树湾、于家池、项家缺塘陷。知县刘俨请筑备塘。巡抚张公鹏翮檄署府事处州同知夏宗尧、山阴知县迟焘、会稽知县王凤采等会议，共筑备塘三百二十八丈。

道光十四年，北海塘圮。王石渠创议自西兴至来家塘止，建石塘数百丈，并于冲要处设立盘头，随谒郡守会商。山、会士绅定议，按亩征捐，山、会每亩六十文，萧山每亩七十文。通详立案。

同治四年五月，西、北两塘均决。西江塘自麻溪坝至长河一带，共坍三十余处，计七百余丈。巡抚马端愍公具奏，委臬司段光清督修，共需钱二十余万串，先借拨绍厘八万串动工，不敷之款由山、会、萧三县沾水利田亩开捐拨用，并归还厘款。

十二年九月，巡抚卫公奏：绍属塘工紧要，援案筹办亩捐及岁修经费，以山、会、萧得沾水利田共计一百十二万亩有奇，每亩征银一钱五分，递至一钱四厘不等，酌中牵算，每银一两约计田七亩左右，每两带收钱三百五十文。山、会以一年为限，萧山以两年为限。

十三年，山邑麻溪闸"诸、姑"两字号冲坍，约三四十丈。又孙家埭、杨家滨均有坍矬，共修费一万二千余串。

宣统二年，修北海塘。山、会绅周光煦、言宝华、张嘉谋，邑绅王燮阳、王時昌、林国桢承修。

毛甡撰两浙巡抚金公重修西江塘碑记（清康熙二十六年）

浙江为三江之一，自姑蔑导坎，历婺州、睦州以迄章安，而陡作一折，谓之浙江。萧山西南偏，则折流之冲也，其水北注，浩瀚抵所，冲而诎，而之西，于是筑塘以捍之，以其地之在县西也，名西江塘。明正统间，魏公文靖躬修之，历一百余年，逮天启改元，秋，潦水暴涨，决塘而奔，民之骴衣漂漂者相望千里。顾随决随筑，不致大坏。今则五年之间且两决矣。先是二十一年决二百余丈，山、会、萧三县尽成泽国。乡官姚总制捐赀修之。至二十六年决二十余丈，急畚壅间，复决三十余丈，非前此障坚而今障疏也，又非障之者不力也。前此北注涍涍，以渐而杀。其折也，勾而不矩，勾而不矩则水少力，水少力则增防易固。今则折流之西抱者，有沙生胁间，水之循沙而折者。沙转出则水转猛，水转猛则向之挽强以西者，今径矢而东。而于是承之者，以横亘尺土，当长江径矢之冲，初如撞闉，继如捣匽，下穴而上颓，欲其障之久，难矣。大中丞开府金公视犹己溺，一日檄三下。举三县民生嘻嘻处堂者，而公悉惊为灼体剖肤之痛。先审料形势，若潭头，若张家堰，若上落埠，若诸暨渎，若于池，若大小门臼，历求其受患之故，且务极根柢，必以筑老塘，勿仅筑备塘为断。曰不见夫塞河者乎，河之患未有减于江，然而先之以石菑。石菑者，石臿也。继以楗。楗，杙也，下淇园之竹以为楗是也。而后加之以籍。籍者，攡木而横之者也。而后填之以竹落。竹落者，河堤使者刳大竹为落，实以石，夹船而沉之是也。夫如是而工亦几矣。徒以老塘柢深，虚掷民间金，仅筑备塘，此黄叶止啼耳。且弃民田，弃庐舍何益？自今伊始，毋怙旧，毋惮烦，毋补苴目前而隳弃永久。牍十上十反，甚至集官民里老共议可否，必各使心伏，令画押上，乃众议嚼然，反谓筑备塘便，何也？以为河堤无正冲者，旁决易补，而正冲难塞，一也。且河身高于堤，其决也，堤耳。此则江深而堤高，堤亘于地，抵冲者以地不以堤，故当其冲时，先啮其堤地，而后堤随之以倾。方春水发，堤地如蟂潭，不特捧土难塞，即填以巨舟，投以箈石，随涛而卷，等于飘蓬，故菑楗之设，但施于堤，而不施于筑堤之地，所谓不与水争地，其说二也。且水能决堤，不能决地，地借堤以御涨水耳。能逊地于水，地不即渫，则堤不即坏，其说三。夫江流有定，而沙之迁徙有定乎？沙徙西则西冲，徙东则东冲。筑一定之塘，不能抵数徙之冲。保无东向之沙不仍徙而之西乎？其说四。要之，皆非公意也。是何也？则以公意在久远。而顺民之情，则仍近于补苴也。乃塘工所需有云，得利民田者，民利之，民自筑之。萧山得利田计十六万亩，而山、会二县计一百万亩有奇，则其利六倍于萧。然且萧山地高，而山、会地下，倾荡之害亦复不啻数倍。天下未有利奓而功悭，祸重而救反轻者。考之嘉靖间，三县通修，曾无氐卬，今则山、会合金，仅足抵萧山之一，似乎畸重。乃公复如伤为念，惟恐民力之或不足，既已议输四千金，萧山半之，山、会二县共半之。而公特倡率司道捐金二千，却三县之半。计程立簿，犹恐董之非人，则其工不固，且或来中饱之患，复简属吏之廉能而勤慎者，共推郡司马冯君。会冯君以清军兼摄水利，遂董其事。塘距水五丈，底七丈，额二丈，高一丈五尺，长二百一十丈有奇。余悉增庳培薄，内桓而外杀，礬之椓之，谅工役勤惰而亲为之犒。计楗若干，土若干，篰与石若干，自二十五年十月，至二十六年三月，凡六阅月工成。夫方州大臣，兴利除害，固属本分，然往往视为故事，遇修翰所关，一委之都水，听其便宜，从未有己溺己饥如公者。且民利民筑，向有成例，而公以冰清之操，却苞绝匭然，且惟恐民力之或竭，为之割腽而剖腊，以资于成。继此者可风已。公讳铉，字冶公，别字悚存，壬辰进士，由内翰林起家，改祭酒，历按察、布政二司使，进兵部侍郎，巡抚福建，调繁为今官。颂曰：

於越同利，有如三江。北流而折，在余暨傍。冯修訇訇，江斐洄湟。缦地逆防，民为鲤鲂。我公仁爱，宛如身创。负土作埭，捐金捍防。前者策堰，龟山仲房。我公嗣兴，以颉以颃。公之功德，煌煌版章。只此泽阔，一何汪洋。沙漫可泐，江颓可挡。公恩荡荡，千秋勿忘。

姚夔撰重修越郡石塘纪略(清顺治年)

於越，泽国也。自郡城东百里抵曹江，为四明孔道；西百里抵钱清，为武林孔道。中蓄鉴湖之水，由三江闸归海。然则舟楫之利，居人享之，而舆马往来，正不可无周行以通之也。石塘一线，绵亘二百里，由来尚矣。明季湛然和尚修筑，非不坚固，大率因循旧制，宽不逾丈。鼎革之初，山海未靖，重烦宵旰之忧，谋及师旅之事，浃寻之径，仅通商贾。如欲并辔联镳，固有难言驰骋者矣。当时仰承功令，培高增阔，计日告成，何暇谋及永久哉。十余年来，风浪摧残，湍流漱激，根脚既虚，倾圮日甚。徒步当前，思揭厉而不能，呼舟楫而不至。目前之溺，孰为拯者？进同学余子涵赤而筹之，匪杞人之忧，实由己之患也。始难之，终任之，未暇鸠工，先谋经费矣。一言经费必出劝输矣。于是刁宗异目，以佛法劝倪子，涵初以医劝，仲父佑之以上中下三则劝，余以百缘劝，而涵赤则总司其出纳运筹之事，兴作渐久，风声渐远，于是读书设道者，争出其文章，以劝里中。耆素各就亲知以劝，住僧就檀越以劝，募僧以行脚劝，近者以碗饭劝，远者以厨米劝，少者锱铢，多积缗贯，非不无胫而来，接踵而至。然而工程繁巨，精卫难填，成效莫臻，中阻不得。余子谓予曰："将何以善后也哉？"人之欲善，谁不如我，要不如其好名之心为更切也。今贫富皆有捐输，而多寡略无分辨，勇往之念，用是阑珊矣，爰就石刊石，填丹炳日，捐一丈者列名一丈之内，捐十丈百丈者列名十丈百丈之内。舟楫往来，万目共赏。而一时之慕义乐施者无不络绎奔赴，一而再，再而且三，少而多，多而且倍，遂使二百里之危塘八年而告成。事虽曰众手移山，然而余子之心，良亦苦矣，故于落成之日为纪其大略云。

蛏江石塘颂德碑（清乾隆二年）

蛏江，古渡也，利涉往来，无间日夕，而吾王氏之居者千家，障江之堤自昔以土。每遇秋涛喷薄，往往溃决泛溢。自会邑而外山阴、萧山，败禾稼，漂室庐，其害蔓延。加以顷岁北岸沙涨，潮汐趋南，江岸日益颓削，一线之堤，盖岌乎殆哉。乾隆丁巳，广元曾侯以名孝廉来知邑事，步历江涘，睹危险形势，即为非易石不可。己未夏，为上请抚宪委员勘实入告，遂得俞旨。而侯之勤瘁自是始矣。夫土塘之筑，肇自宋元，虽卑狭，不宜划削。侯乃帖石北面，以御冲激。东起鱼池，西至万胜尼庵，为丈六百九十。需帑计二万有奇。桩用巨木，石必钧钤，下迤上锐，中实外坚，与土塘相依倚，而培薄增高，上平如砥。由江北望之，延袤矗立，隐若石城。即其西次险土塘，高阔亦加半于旧。用是，知江浒之永奠，而侯之绩为不可泯也。盖侯之督建是塘也，鸠工庀材，综核谨饬，其间蒙霜露，栉沐风雨，身履查勘者殆无虚旬。且委用亲信，不假吏胥，故许许登登声闻千里，聚数百人不稍喧扰，而冒功者亦绝无一人。盖自己未初秋，殆今庚申冬仲，才岁余而功竟。自非精诚干敏，其孰能以办此。昔者郡侯俞公患潮之为斯土厉也，徘徊堤上，思为易石而难于上请，讫以不就。今侯惠养我人，底兹茂绩，向非圣天子之恩膏，无由竭其忠爱。然簿书纷沓，使少惮劳瘁而弗克躬亲，其能于旬岁间不靡帑、不劳民，捍大患而登之衽席哉。然则歌帝力者，讵能忘侯之勤？而三邑之蒙庥，尤吾聚族于斯者，为深且切也。是乌容以无颂？颂曰：

维兹蛏浦，地迫海涘。山阴萧邑，内连镜水。昔遇水浸，西成伊迩。风号恣怒，潮入如矢。桑田沧海，直须臾耳。况乎沙岸，近更倾圮。父老望洋，惴慄湍驶。渺然土堤，匪石奚恃。天生我侯，来自玉垒。作我父母，政行化美。谓此江塘，宜急改理。爰请开府，上达玉几。帝曰俞哉，民德须弭。我侯焦劳，于是焉始。恩波雺霈，督筑敢弛。万株伐木，先固基址。千斧开山，运石日至。工亲为鸠，材自为庀。单舸飞棹，指示移晷。冻雨裳濡，严霜体被。里犬不惊，欢声载起。岁月几何，东西迤逦。高高荡荡，金城百雉。讶此海湄，天移岗巃。

夫何狂澜，犹惊深豕。三邑耕桑，万家庇倚。维昔漳河，西门暨史。□□南阳，召父堪纪。邑有贤侯，绩可鼎峙。吾人荫德，爰逾毛里。窃比桐乡，称祝千祀。采辞上闻，天颜应喜。

鲁雒生撰重修火神塘记（中华民国二年）

浦阳之滨，自临浦至尖山塘圩，绵亘约十七里强，皆民塘也。而火神塘为其一。塘之外，积沙壅其东，曰燕子窝，曰老鹰嘴，曰李家汇，名曰三大汇。燕子窝处上游之颠，老鹰嘴踞其中，李家汇居其下。故三汇之中，李家嘴距塘近，而贻患为最烈。上游诸、义、浦三江之水顺泻而下，如高屋之建瓴，燕子窝阻之，老鹰嘴又阻之，迨逼近临浦而李家嘴又阻之，加以钱塘之潮逆流而上，于是乎，上流之水怒不可泄，而以雷霆万钧之势，使陈旧衰朽之塘身受之。岌岌乎，火神塘其危哉。天乐中乡之民，离塘最近而受祸最巨。塘，故为乡人私财所筑，数百年来，不耗官家一文钱，努力奔走，疲于修缮。私人之力有限，而江水之险无穷，其为患也可谓巨矣。民国二年，绍、萧二县公民吁于官厅，屈民政长批令绍县知事筹款，会同西江塘局长邵文镕，从事修葺。火神塘是为动用公款之第一次。嗟乎，西江塘者，绍、萧人民生死之关键也。而火神塘者，西江塘之屏蔽也。《传》曰："辅车相依。"又曰："唇亡则齿寒。"天乐中乡之民，勤于此塘者无所不用其极。盖使两县之民受其利而不自知者，垂数百年焉。民国四年秋冬之交，水势应杀而反涨，火神塘骤然卸陷者十之五，秋实既烬而农力已疲。哀哉吾乡之人也。公民汤兆法等，暨临浦商务分会经理吕祖楣等，以其事先后状于官。巡按使屈公映光、都督吕公公望，皆能知民疾苦，饬所司就地方公款酌量补助，而都督吕公又捐俸二千元，委都督府顾问官袁钟瑞赍款兴修，并责成绍、萧知事筹款解用。同时，绍、萧知事请于上官，以风灾工赈款项尽数拨作修筑火神塘费，上官可之。遂于民国五年某月鸠工兴修，培土以增其高，抛石以固其基，补苴缀拾，历数阅月而后成。督工者为袁钟瑞，董其事者为汤寿密、吕祖楣，验收工程者为王济组。是役也，亦地方乐利之本也，不可以不记。

汤寿密撰重修火神塘记（中华民国十一年四月）

当诸、义、浦三江水建瓴而下，钱江潮逆流而上，奔腾澎湃，雷霆万钧，受其冲者，厥惟火神塘。火神塘者，西江塘之屏蔽也，亦绍、萧两县人民庐墓、田禾、牲畜之保障也。火神塘若不幸而溃决，祸必嫁西江塘，西江塘不幸而溃决，祸且延于绍、萧全境。然则火神塘之所系亦重矣哉。是塘向由乡民集众以筑，拮据奔走，财殚力痡者，先后已数百年，绍、萧人民隐蒙其利而不知所以为之者，亦数百年。公家漠然，无丝毫费，第坐视吾乡民之自为精卫而已。民国二年，始得请公款以修之。五年复修之，详见鲁君雒生记。然其所为修者，培土下桩外无他事。绍、萧父老以为西江塘自"慎"字起至"夫"字止，绵亘八千三百三十五尺，屹立不动，固于苞桑，实惟火神塘为之卫，唇亡则齿寒，藩篱不谨而欲求固其门户，是不智；利、溥两县使天乐乡民独任其劳苦，是不公。遂乃合词吁省吏告中央政府，请改火神塘为官塘，修必以公款，与西江塘无异，视制为例。报曰可。是役也，澹沉灾，纾民困，彰公道，一举而三善具焉。岂非懿欤。寿密生长是乡，岁往来于是塘，无虑数十百次。若乃江流盛涨，横击逆冲，或潮汛大至，搏跃过颡，或风雨交作，侵蚀浸灌，惟兹一线危塘，倾陷可以立待。我乡人惴惴焉，若大难之将临，扶老携幼，负土壅护，汗泪并下，冀保喘息，可谓极人世之忧劳。今而后，其庶几免乎？是塘向无字号，今以全塘四百七十八丈，编为官字，一号起至二十四号止，其间官字一号至十号之二百丈内筑半石塘，外筑坦水。十年十一月，绍、萧塘工局长钟寿康派技士戚孔怀兴修，今年四月竣。十一号至二十号有土塘一百九十四丈。八年八月，钟局长派工程员周炳炎兴修，十二月竣。至省署委西江塘工局长邵文镕所兴修者，时在民国三年，鲁君已详记其事，计土塘八十四丈。今编入官字二十一号至二十四号，谨备书之，俾后来者可以考焉。

葛陛纶撰修筑天乐中乡江塘记(中华民国四年)

天乐中乡江塘之在外者，曰泗洲塘，曰沈家渡塘(又称西徐坂塘)，曰茅潭塘。塘随江道曲屈，共长十二里有奇。其内筑杜衖庵塘、珊山庙塘、下邵塘、茅山塘重蔽之，皆取弦势，短于外塘三之二，悉由民力自成，官不过问。清同治初，江潮俱盛，水决外塘，入犯内塘。下邵塘适当冲而决，决处深激为潭，不可测。塘长等每有事于塘，必提议修筑下邵塘事，辄以潭深不可施工止。岁癸丑，上距下邵塘决口之岁已四十八年，于时麻溪坝奉部令废改为桥，中乡水利渐有起色。前乡董汤农先先生乃倡议修筑下邵塘，邀集四十八村父老于杜家衖村之珊山庙，以三事付议公决。一修筑江塘内外孰先；二捐派塘费范围孰准；三塘费捐数多寡孰宜。佥议曰：宜先修筑下邵内塘，塘费派捐宜以从前江塘决口被害之处为准，工程艰巨，费不足不克底于成。凡田一亩宜捐费五百文。议既定，往视决处，果极深不可施工。乃议移入旧决处二百步内之坂田上，起筑首尾与旧塘衔接，而避出旧决处，取直径计百丈，自下邵村口东北起至磡头颜村之北磡止。十月某日兴工，凡竹木灰石畚锸篁索一切需用之具，先数日咸备。人夫大集，各应其用，无患不给。一日数十役，一役数十人，各举其事，无有不称。凡泥均挖取于对塘各田，塘底面积步之可三十余亩，多近塘各村居户产，咸愿割让，以便工成。其舍己从人，勇于公益也如此。新塘全身计合英尺长一千另六十三尺，高十尺，面阔十五尺，底阔四十六尺。以英尺计算者，因塘工系浙路工程师陈叔胤君勘定而又相助为理也。下邵新塘既成，遂分工修葺泗洲塘、杜衖庵塘、珊山庙塘、茅山塘，加高培厚，弥隙添桩，工费与新塘埒。次年春，一律完工，高大坚实，视西江官塘有过之无不及。实维绍、萧二县之外障，讵独一乡蒙其利哉。是役也，汤农先先生始终总其成。佐之者，浙路工程师陈君及同里诸先生。农先先生家距塘约七八里，星出月归，无弛晴雨，事无纤巨，必躬必亲，募资不及济用，则农先先生任垫发以周转之，尽心力与财力，为地方谋乐利，宜乎人谋毕协，各能分尽其心力，以相与有成也。

附护塘禁约

为公众议决永远禁止事：窃吾乡自麻溪改桥以来，所有重要塘圩，及时筹款建筑，补种竹木，以期巩固而垂久远。业经禀县存案并通告各处，谅为诸父老兄弟所深悉。近查邻塘各村间，有不明利害之人，擅敢牧放牛羊，随意糟蹋，殊非保卫塘堤之道。为此，特于四月初二日在刘公祠演戏全台，重申严禁，务祈各村父老兄弟，互相劝勉，一律保护，勿再摧残，则竹木得期其成荫，而塘圩亦因之而坚固。嗣后再有故意违禁者，一经察获，无论何人，照后规例议罚，决不宽贷，特此禁约：

一、所禁地点：泗洲塘，杜隆庵塘，珊山庙至茅山庙塘，新闸桥两面至茅山闸北首，推猪刨塘以及下溋湖塘一带，塘上竹木，不得摧残。沿塘河泥，亦不得挖取。

一、茅山除颜姓已山外，统在禁界之内。非特不准造葬，并不准带刀入山。

一、犯禁之人重则送县究治，轻则罚戏酬神。

一、来社报告者，视犯禁之轻重议赏。

民国四年五月日，戟社事务所白

赵文璧与绍兴府知府俞卿论西江塘塘工书(清康熙□□年)

五月间,萧邑西江塘坏,洪水滔天。某于次日乘船出东门,登高而望,陆地行舟,桑田变海,真所谓“荡荡怀山襄陵”者。其时,众谋修筑之事,而某以仆仆风尘,久役于外,于本邑水利茫然不知,加以先人来归窀穸,刻无宁晷。今得少暇,考之旧志,参之舆论,稍知纲要。其修筑事宜已具合邑公呈,当事自有主裁。但犹有二事:工程之缓急未定,捐输之银钱未具。不得不烦老祖台之主张者,敢为左右陈之。夫坍缺之当急筑者,人尽知之。有未坍之塘似若可缓而急宜修补者,人不尽知也。盖徽、婺合衢、处、杭、严诸水直冲而下,环萧山之西南,折而东入海者,大江也。概浦江合富阳、山阴诸水屈曲而下,环萧山之东南折北而入海者,小江也。二江原自分道而流,自明代成化年间,太守浮梁戴公忧小江为山、萧二县之害,筑塞临浦、麻溪二坝,使小江不复由故道,而凿断碛堰引小江以入于大江。于是两江浑而为一,而渔浦上下十余里间,适值其会合之地,汇成巨浸,浩瀚汪洋。而孔家埠、汪家堰、小门臼、大门臼、上塘嘴、张家堰诸处,正当其冲。一带塘甚低薄,极为危险。今岁幸不冲决,浅见之人遂谓此数处且可恃以无恐,不必兴工,但责成来年分段岁修者,增卑培薄,足可了事。此等议论,极足动听,然极为误事。夫衣袽不戒,则万斛之舟可沉;蚁穴不塞,则千丈之堤立溃。皆机伏于隐微而祸生于所忽也。此数处塘内,即八十里之湘湖,万一决入,则江湖相连,势益汹涌,浩无津涯,将必湖塘尽倒,方忧水患,旋患旱灾;方治江防,又缮湖堤,安得有如许物力乎?况气再鼓而必衰,力长用而必竭。今年不了,以待来年。今人不为,以待后人。今日之苟且,安保后日之不因循?今人之泄泄,安保后人之不沓沓乎?此事尚未有归一之论,所谓工程之缓急未定者,此也。若夫萧邑据东浙上游,西自西兴,东至曹娥,一水直达,而地势西高东下,朝浸萧山,夕及山、会,理固然也。故水旱蓄泄,三县每相灌输,同病相怜,同患相恤,譬之同舟而遇风,秦越之人相救,如左右手矣,盖西江塘所以捍外水也。万一决溢,则三县皆有沉溺之害。三江闸所以泄内水也,万一壅塞,则三县皆有泛滥之忧,所以三江造闸时,萧山帮工帮费。而西江塘山、会之协济,始于明嘉靖时,萧山田少而独任其半,山、会田多而合任其半,此旧例也,迄今不废,载在志书可考,并非无稽。近闻三县会看,会稽明公有本县自有海塘,无暇旁及,且以往年萧山不帮修三江闸为责。窃以为过矣。幸今岁坍缺犹少,水势犹缓,且在二麦既登之后,禾苗初插之时,故萧山虽已大扰,而山、会尚得晏然，犹可买苗补种。设其缺口加多，圮在六月，山、会亦难免沉霪洪水。一遇烈日暵之，苗且立槁，秧无可觅，其为二邑害可胜言耶。所以从前协济，历有年所。二令不曾存此疆彼界之见，上官何曾受截鹤续凫之讥？良有见于此也。若往岁之不肯修三江闸者，亦自有故。盖萧邑原有协济银两，每岁解府收贮存积，以备修葺塘闸之用。此项历年未动，何容重出？况无病而服药，不饥而强食，非徒无益而且有害。闸并无倾覆之形，何烦修筑之劳？无端光棍献谋，有司过听，将以万姓之膏血，充奸徒之囊橐，所以敝邑贡生来尔绳发愤具呈，上台得以中止，官吏不知省多少追呼，闾里不知省多少笞挞，而闸固依然无恙，是二县所当尸而祝之者，奈何反借以为口实耶？值此亟宜修举之时，尚未有归一之论，则所谓捐输之银钱未具者，此也。此二事，非得老祖台主持于上，则县父母难以奉行于下。工无自而兴，功无自而就。故敢竭愚夫之千虑，以备智者之一择焉。

任浚撰会稽邑侯张公捍海纪事碑（清雍正七年）

古会稽郡，泽国也。自故明太守汤公建闸于三江口，山、会、萧三邑，得以时潴泻，安居粒石者二百余年。会邑滨海，而十四都之李木桥、中市、龙王堂、白米堰、新沙诸处，尤当冲激。旧筑百丈石塘以御之，而官塘迤北，又有“食”字号田若干顷，故又筑备塘于其外，且以固石塘也。备塘之外，渐有淤涨，鹾使者令灶户垦种，按亩升课。灶户鸠工筑堤，以防潮汐。久之地日增，而堤日扩。曩之备塘，日侵月削不复顾问矣。讵知沧桑倏变，前之屡涨而屡筑者，悉付之海。若惟灶户所筑以防潮汐之堤，补偏救弊，幸而仅存。但海波澒洞，力可排山。每遇春秋二汛，岌岌乎有朝不保暮之忧。雍正甲辰七月，冲没尤甚。我邑侯张公，念切民瘼，谓此堤一决，则百丈塘不足恃，而附近之田园庐舍不保。且三江之出不及决口之入，弥漫滔天，而山、会、萧俱不能无虞。拟于灶地土厚之处，复筑备塘一带，如车之有辅，齿之有唇，庶可恃以无恐。白其事于郡伯特公，许之。丙午之三月，旬有一日，涕泪以祷于神。乃发丁夫按亩分筑，东西绵亘，得弓一千六百五十，纵而高得尺十，横而广得弓六，巅则半之。间有滨江深堑，非一丸泥可塞者，则捐俸购桩篠以填筑之。而旧塘及百丈塘皆益加高广，新旧映带，屹若重城。阳侯当不能肆其虐矣。第塘以外，升课地亩日为海潮所啮，坍坼殆尽，复捐俸铸铁牛以镇于中市之北。奈水势未杀而啮者如故，势渐近则患渐迫，是新旧土塘与百丈石塘尚难永固也。盖新、嵊之水，由会邑之东南下归西北，而海潮则由会邑之西北上达东南，自淤在塘角，则潮折而斜趋东北，山水因之，而会邑之新沙、李木桥诸处亦日濒于危。春秋二汛，海潮与山水相薄，而又济以飓风之力，鼓怒溢浪，其决坏塘堤易若骇鲸之裂细网，能保吾民之不鱼乎？按故明司李刘公，决北岸之淤，使山水从东南直泻西北，而水潮自西北直上东南，上下吞吐，安流中道。然则欲使地无坍坼之虞，塘无冲决之患，舍此则其道无由。侯循例请诸各宪，会罣误中止。制府李公知侯贤，题留原任兼篆海防分宪，曰以此汲汲，乃别缓急，请先拨项疏浚虞邑前江相对之塘角淤沙。己酉二月旬有七日，会邑始兴大工。侯戴星渡江，躬亲率作。上接虞邑百官金鸡山南之老江口，下对偁山斜北虞邑开掘之新江口，袤延得弓一千四百有奇，计丈八百八十有零。我十三、四、五、六都，向称塘都，计图一十有二，每图分段十，图立董事，段立甲首。董事总其成，甲首分其任。每甲分浚六丈有七，阔得弓十，底减三之一，深得尺十，每计一丈需工四十，每工给银五分。如并日而作，值则倍之。灶户另作一图，法亦如之。上下江口，倍令开阔，使易受水。其难以丈尺课程者计工授值，条分缕析，臂运指随，畚锸之声，殷殷如雷动。制府于拨项外，复索羡赢以济不给。督役张少甫，讳永年，昃不暇食，夕不告倦，兼以俸入犒劝役夫，又何怪乎趋事者之云集而恐后耶。夫亦我侯之治行，素能得乎上下之心，其所以感动斯民者，匪伊朝夕矣。下汛后，南北口外俱有沙涂拦截水道，而南口为甚。计长百六十余丈，潮之由港以外达者势既涣，而不能扬之使去。五月间，山水迅发，砂厓转石则骇浪浮空，又不能抑之使深，当事者虑焉。募夫开浚，施以锹镢，不可即入，入则胶不可急出，间有挖至数尺，或移夜或经汛，复如故。郡伯顾公触暑枉勘，檄后郭并力协浚，浚已复。故董事议设桩篑以斜拦其水势，使鼓怒而作涛，彼必不能据地而相抗。侯白之郡伯，乃购竹木，每间五尺植一木桩，桩可丈五六尺，聚五六人踞而摇之，旋下，上余三之一，副以竹桩，长短如木桩，中实以篑，环篾固之，计用桩五百余十，篑百二十余丈。水潮上下，汇入江口，水以下溜而弥急，沙随水汰而就深。继之秋雨连绵，山流奔注，桩篑挟浮沙俱去口以内，口以外遂成洪流，而沧桑递变，向之日啮而弃于海，而为盘涡汗漶者，渐有不可方舟处矣。夫自汉以来，岁遭河决，糜内府金钱动以十百万计，而言治水者大率以填以筑，因时补救而已，未有上不耗国、下不病民，昔为修秃治疡，今为拯溺疗饥，卒能捍大灾、钟大利，惠此三邑如我侯者。且前江诸处，决则湖海相连，而由虞而姚皆为巨浸，而今咸登衽席，是泽又不独在三邑也。其至计岂仅不出汤、刘下已哉。是月也，分浚之处逾旬，而告竣阅六月，而流始畅。董事若朱潜佳(字鳞飞)、沈士球(字扬彩)、许士和(字在兹)皆不辞暑雨，而杨明宗(字昭侯)、章永培(字子乐)沾体涂足，尤仔肩其任，浚亦居邻鲛室，敢惮勤劳。外掾金琮、金宁远，各挟己赀，竭蹶办公，皆体我侯之志，以勷厥事者也。於戏！得汤公而鉴湖之利兴，得刘公而海潮之患息。汤公累膺锡典，于今为烈，刘公亦立祠，貌相历久不替，若我侯之浚江注海，俾新旧土石塘之屹若重城者，庶可永保无虞，其功德实可并垂不朽，方冀其永莅兹土，惠我无疆，何遽以老病告休，攀卧无从耶！爰书其巅末，勒诸贞珉。俟后世之职斯土者，守为前型，而我子孙黎庶，知安澜之庆，所由来有自云。

按：侯讳我观，字昭民，别字省斋，山西绛州太平县东敬人。生于康熙壬寅十二月十二日，中癸酉科乡试，拣选知县，敕授文林郎，知会稽县事。于康熙五十九年三月间莅任，政声卓越，为上游所器重。雍正四年三月以罣误罢职。五年又三月，复留原任，兼署宁绍台分府印务。盗息风淳，几于道不拾遗。七年又七月，以老且病告休。阖邑士民公吁郡伯，仰冀据情转请恩予卧理。郡伯殊深维絷之心，奈以委验得实，遂侯志。民甚惜之，于屠家埠之北，仍刘侯故祠而更新之，貌侯相与刘侯并峙焉，时己酉阳月日也。任浚又识。(此碑嵌东厢壁中)

绍兴知府溥禀覆浙抚札查西北两塘工程及经费文(清宣统二年十月)

敬禀者：

宣统二年八月二十六日，奉宪台札开：案查前据该府禀报，兴修西江、北海两塘，估计工段、字号、丈尺、工料银圆、筹办情形，当经批司核复饬遵。嗣据萧山县禀报，西江北海“爱、育、芥、薑”等字号，于三月十三日开工。六月间又据萧山县禀报，“周、垂”等九字号，先钉排桩，以固塘身，一面购料预备兴修等情，又经批示在案。兹查开工以来，已阅半载有余，此项塘工有无完竣，未据禀报，殊属不解。该府有督修之职，岂容塘董任意延玩？该府县等玩视民瘼于此，可见除前禀批饬，将萧山翁令记过示惩外，札府立即亲诣工次，查明各段字号究竟有无修竣，如尚有已估未修之工，应即责令各塘董，务于冬令一律修竣具报，并将动支银圆，分晰造册详销，毋任浮滥。是为至要。再，前次呈送估计册内开列各塘，或载字号，或书土名，均未一律载明字号，易于含混。至西江、北海等塘，是否均以千字文编号，无从考察。嗣后勘估各工，须将西江、北海两塘，分案禀报，将土名与字号分晰注明，以免朦混影射之弊。所有每年禀报，秋汛安澜工程稳固，近已视为循例具文，殊非核实之道。兹特拟就表式随文札发，即由该府转饬各县，按照表式查明境内各塘，逐款填注，加绘详细塘图，详候核夺。以后按年照此办理，毋违，切切。等因奉此。查西江、北海两塘为山、会、萧三县生民财产之保障，关系至重。前因塘堤坍卸，亟须修整，经傅绅赉予核实估计，共需工料钱一万八千六百八十一千四百四十五文，造具清册，呈经前署府包守，于本年三月初旬，督同三县官绅，亲诣工次，按段履勘，当以西江之“平、章、爱、育”及北海之“菜、重、芥、薑”等号塘堤，尤为危险，遂公同议决，于是月十三日，由“平、章、爱、育”等号先行开工。拨给工料钱三千串，责成段董分段承修。旋因霉雨日久，致稽工作。而北海塘即土名月华坝之“周、发、商、汤、坐、朝、问、道”等号塘身，又险象迭现，且时值农忙，招工非易，由萧山县翁令会绅商榷拟，预备物料，随时抢护，并补漏培高，为暂救目前之计，禀经包守拨给工料钱一千六百十五千文，继以该处父老佥谓：对岸杭州沙渚盛涨，潮势汹涌，恐非补塞培高所能济事。复经官绅决议，将建造护塘之疏桩改为密桩，并丢放坦水，以期一劳永逸，计共需工料钱四千八百二十七千九百四十三文，除前领钱一千六百十五千外，实给钱三千二百十二千九百四十三文，并由府札委经历袭振瀛前往监修，讵月华坝正在施工，其毗连之“垂、拱、平、章、爱”五号，因被秋潮冲激，塘身复岌岌可危。即经包守饬县赶紧抢救防护，并照会山、会塘董，星夜赴萧会商办法，克期修筑，以资抵御。综计先后由府拨给及续萧翁令禀经包守批准，给发□修“珍、李、奈、菜、重、芥、薑”等号工料钱一千六百四十八千二百一十文，共已拨给钱九千四百七十六千一百五十三文，均在山、会、萧三县亩捐塘闸经费项下动支在卷。查毕，随即于九月初九日轻舆减从，亲诣萧邑查勘西江、北海两塘，均系用千字文编号，自西兴之铁陵关为始，循序而下。铁陵关以北“天”字号起，至山阴县属之梅岭、党山“龙、师、火、帝”等号为北海塘。铁陵关以南“天”字号起至麻溪闸之“诸、姑、伯”等号为西江塘。每字分界，竖有石碑，其中碑石亦间有重复残缺者。三月间，禀报开工之西江塘“平、章、爱、育”等号约长八千丈，其做法系排钉桩木，加放坦水，现已什九修竣，日内即可完工。察看工料，尚属核实。北海塘俞家潭之“珍、李、奈、菜、重、芥、薑”等号，系按照傅绅原估办法加土培高，业经一律完竣，工程亦颇称坚固。又月华坝即“周、发、商、汤、坐、朝、问、道”等号，约长一百八九十丈，其间或排钉木桩，丢放坦水，或翻掘塘身，重筑新土，或添筑护塘，或加土培高，一切工作核与原估办法均属符合。但桩内坦水石尚未一律安放，当经知府面谕塘董，务于十月内赶修完固，造册报销，以竟全功。至毗连月华坝之“垂、拱、平、章、爱”等号塘堤，因塘外余沙逐渐坍削，江水已逼近塘身。八月间翁令所禀该塘危险情形，自系实在。于三月间开工之“平、章、爱、育”等号，亦有西江、北海之分。值此秋汛已过，冬令水涸之时，正可兴工修筑，已由知府谕令，会同各塘董，赶紧商定办法，开明榜示招工、投票公估、造具工料细数表，遵饬分案禀报，请款兴修。总期费不虚縻，工归实际，上副宪台轸念民瘼、慎重塘工之至意，除将奉颁表式，分饬各属，查明境内各塘，逐款填注并绘图同送外，合将遵饬履勘西江、北海两塘已修未修各工程，绘图贴说，肃泐禀呈，仰祈大人察核，示遵。再，萧山县翁令在该县劝学所息借洋七千元，究竟已未动用，未据报告，容俟饬查明确，再行禀陈。合并声明。

绍兴县议会咨绍兴县知事请勘修东塘垂拱两字号文（中华民国六年）

为咨请事：九月二十日准孙端乡议会呈：窃照东塘“垂、拱”两号，坐落敝乡七都三图后桑盆憩龙庵地方，上年屡次出险，曾经禀请勘估拨款兴修。嗣因啸唫乡粥厂款无所出，呈由前民政长程批准，移缓就急，将修塘经费五百元移拨。仅将塘工略事补苴，历经呈报在案。前月廿八九号，新、嵊山洪顺流而下，水势急湍，塘下新培之土业已冲刷殆尽。本月十七八号，大雨连朝，益以东北风怒吼，激起秋潮，上冲下顶，塘身泥土渐就剥蚀，情形岌岌可危。若不亟请抢修，后患实不忍言，理合呈请提议，牒县勘估抢修，以保田庐而卫民生，实纫公谊，须至呈者等由。准此，当经印刷配布，公同会议。查孙端乡“垂、拱”两字号塘身，泥渐剥蚀，岌岌可危，即出险工，未便因大汛已过，置为缓图。自应咨县知照本县塘闸局理事，查勘估修，以资保障。业经表决，多数赞成。相应咨请贵知事查照执行。

绍兴县议会呈浙江都督民政司请迅派员兴修西江塘文（中华民国元年）

为呈请事：窃照西江塘“归、王、一、体”等字号，相继坍陷倒卸，当经据情通报，一面筹办抢险。嗣奉民政司司长委员莅工查勘，知工程浩大，禀奉拨修洋六万元，令由知事电知在案。旋因抢修将竣，急须开办大工，经萧、绍两县议会电请拨款，承都督暨民政司电复：西江塘大修工程，应由司勘明，遴选熟悉工程人员办理等因。仰见关怀民瘼，擘画周详，萧、绍生灵同声额首。但自奉命以来，引领西望几匝月矣，农民催询于途，地方自治职董又复函牍交驰，谓此塘延不修固，东作虽竟，秋成难保。值上年军旅饥馑之后，复何堪重遭浩劫。

皇急之状,莫可名言。敝会对兹险工益觉夙夜忧心。初以为已筑柴土两塘,暂可权济目前,不意旧历七月汛期,由会派员视察,据称抢筑险工,仅恃柴土,风烈浪涌,实难巩固,如“归、王”二字之土塘,已崩化有四五丈之多,“壹”字盘头,前因失修已化沧海,以致“遐、迩”两字旧土塘皆大受影响。“鸣、凤”字号亦节节可危。若不亟修石塘,转瞬旧历八月大汛,将何恃而不恐?纵或苟免一时,来年上游春水冲击,决难保其无事等语。窃念敝会为全县代表,是塘系两邑命脉,当此存亡危急之际,不作疾痛之呼,则危而不持,颠而不扶,将焉用此议事会哉!况在上级官厅,初蒙委估,继蒙拨款,终蒙勘办,亦稔知利害相关,非同细故,已力任其担负。然事机危迫至此,奚可稍事迁延,自宜亟图进行,以全危局。除呈请民政司迅遴干员勘办外,相应备文呈请都督察核,速赐饬司派员勘明,拨款兴修,无任感盼。

绍萧两县水利联合研究会议决保护西塘臣字号盘头办法案

（中华民国五年六月）

按:西塘“臣”字号盘头,向东南倾侧,现状危险,两县塘闸局照旧抢险,添抛坦水,不意该处水深溜急,屡抛屡坍,量其潮汛最小时之水量,计离盘头八尺之处,深一丈一尺;离二丈处,深三丈;离三丈处,深三丈七尺;离四丈处,深五丈四尺。如此情形,诚恐精卫填海,成效难收,实无善策。经萧局呈请两县公署交付本会研究办法,并据萧局汪理事面称,与浙江水利委员会技正林君大同研求办法。林君谓可用长五丈之松桩,钉于周围,内抛乱石,以护根脚等语。查西塘工程艰难之处,纯在水量过深、与塘外坦坡壁立,及水流湍急三端,故无论抛乱石坦水、放条石坦水,非有木桩关栏于外,终难免坍陷之患。欲排木桩,则长至五丈之木桩,非就地桩夫所能排钉。节经本会再三研究,苦无善策。今承林技正指示,倘雇用他处桩工包打或能办到,爰于第三次常会提议,共同研究议决如左:

一、议西塘“臣”字号盘头新抛坦水,复行坍矬,共同研究保护办法,再三讨论,拟照水利委员会林君大同,前与汪理事面述办法,用长五丈松桩钉于周围,内抛乱石以护根脚。惟此项工程必需机器,非就地桩夫所能胜任。现拟派本会会员李培初、何丙藻赴杭往商,林君代为雇工包打。俟商妥后即行开办。其余工程仍归两局自行办理。

按:是案经第三次常会议决后,节经商承林君代为雇工来萧,估计函送草图估单前来。爰于第四次常会交各会员传阅，交换意见，即行议定如左：

一、议“臣”字盘头所有林委员来函、草图、估单，应即印刷分布，俟下次开会时再行讨论。

嗣于第五次常会将各工开来包工估单逐一审查，尚有疑点甚多并经实地测探，江边坍剩乱石甚夥，施工颇难，当经议定如左：

一、议“臣”字盘头，准归吴文斌承包，惟须问明距离盘脚几丈立桩？其桩规定用长五丈者几枝？略短者几枝？两毗排桩，桩与桩距离若干？前后毗距离若干？桩内究用何料填筑？贴桩可否用石一毗，桩外戗石高阔各若干？保固几年？担保何家？支款分若干期？以何时为期限？何时完工？如逾期不完工，扣费若干？到限无完工希望者，全数赔偿损失等项，先行传其来工，逐一详答，俟下次开会决议。

旋据工头再三测探，因塘身外坦底脚坍剩，乱石、条石陷入底沙者甚多，排桩势难深入。若将立桩之处所有石块尽行捞起，非特工大费巨，且亦断难捞尽，致各工头均不肯承认包打，议遂中止。节经本会各会员每于开常会时研究再三，终无妥善方法。至第十一次常会，复由会员临时动议，共同研究，始议定如左：

一、议由会员临时动议，西塘“臣”字盘头，霉汛、秋汛相继将至，前经本会迭次研究，迄无妥善方法，致无结果。此次共同议定，拟用石刺菱在盘头周围三丈外填底，以作关栏，上抛毛石坦水，两傍添筑雁翅以托水势。应由本会函请两县知事令行两县塘闸局估计兴办，借作治标计划。

绍萧两县水利联合研究会审议公民孙衡等及陆履松等建议在半爿山上下建筑石盘头案(中华民国五年十月)

按：本案准萧山县公署转据长安乡士民孙衡等联名禀请，在西江塘半爿山上下，建两石盘头以资捍卫等情，并具禀民政厅长。奉批令饬水利委员林察勘具复。旋又饬测绘员吴福保，会同萧理事何丙藻，前往半爿山上下详细测勘，一面先后函致绍局理事，交会研究。当即印刷配布，提交第七次常会，佥以东江嘴沙地内，本会主张自老塴村西首，至大王浦开掘引河一案，尚未实行。半爿山上下并无水溜顶冲，塘外沙地尚多，并不吃紧，似可暂从缓议。故议决如左：

一、议孙衡等请在半爿山上下建筑石盘头一案，俟开掘大王浦案解决后再行筹办。

嗣又准：绍兴县公署公函，以据萧山县公民陆履松等二百五十八人联名禀称：清光绪十三年泥塘坍进后，遂即被山潮两水冲削，至光绪二十七年迄今，半爿山一带横斜七八里，不惟税地坍净，即自认民田，亦已坍去。现时江水离塘阔处仅八十余丈，狭处不过五六十丈，水深数丈，沿岸无滩，形同壁立等语。准经印刷配布，交第九次常会讨论，以塘外沙地坍涨靡常，该处沙地较前坍削，固属实情，然三塘险要工程甚多，实系无暇顾及。开掘大王浦引河问题尚未确定，该处不致发生何等急工，故议决如左：

一、议陆履松等请在半爿山建筑盘头一案，查此案与第七次常会所议孙衡等禀请之件，情事相同，应仍照前次议定，俟大王浦开掘支港问题解决以后再行筹议。

绍萧两县水利联合研究会审议绍萧大埂善后事宜案

（中华民国六年六月）

按：本案由萧山县塘闸局理事转奉萧山县公署第九十二号训令，内开：以据公民李介福禀请，将大埂善后事宜，检同图说并细则十四条，发交萧局理事提交本会核议前来，当经印刷配布，提议于第十一次常会请众讨论。佥以是项大埂，关系两县塘外沙地，范围甚广，向章以埂内得利地亩出资自筑。该公民所拟细则十四条，志在维持永久，诚美意也。惟其中办法似欠明了，该处各地情形、性质当分数种，非就地士绅不能悉其底蕴，应由官厅督率就地公正士绅妥为协议办理，庶不致有隔阂之处。故议决如左：

一、议萧山县知事咨询公民李介福，拟具绍、萧大埂善后细则十四条一案，经本会共同讨论，应由绍、萧两县知事协议办理，本会未便悬虚研究。

六年五月二十一日，准绍、萧两县公署会衔公函，内开以绍、萧大埂善后事宜，关系两县水利。自应详加审慎，会同查议，以臻周妥，并将抄折、图说，函送贵会查照，希即于来月常会时提议决定，并望见复核办，实纫公谊。此致并送抄折、图说各一份等由到会，准此。爰即印刷配布，提交第十三次常会，复经详细研究，议决如左：

一、议绍、萧大埂善后事宜，萧属朱茂林案一段，据公民李介福条陈善后细则，多有未洽处。惟岁修经费，由得利地亩之完纳官租者分则筹捐，似属可办。即出有大工，亦应于得利地亩之完纳官租者筹款兴筑，不得动用地方公款，以清界限。绍辖一段内有场地，应请绍兴县知事会商三江场知事，查核办理。至举董一层，由两县各别自行委任，俾专责成。

六年八月三十日，据朱茂林案内沙地业户公民谢海山、周维新等，以公民李介福原拟未洽，习惯难移，呈请拟归业户自行筹修等情，陈请本会审议前来。据经印刷配布，提交第十六次常会，经众讨论，佥以是案于第十三次常会议决时，本以其善后细则多有未洽，本会并不赞同，并已于第十一次常会议决，由绍、萧两县知事协议办理有案，故议决如左：

一、议人民谢海山等呈请朱茂林案，沙地大埂拟归业户自行筹修一案，此案前准萧山县知事咨询，据公民李介福拟具善后细则，案内已于第十一次常会议决，由绍、萧两县知事协议办理。现经本会据案审议，仍应函请绍、萧两县知事并案核办。

绍萧两县水利联合研究会议决省长公署令饬本会会同塘闸局将西塘垂拱字号工程实地察勘另筹培补塘根办法案

（中华民国六年七月）

按：本案准绍兴县公署函开：六年六月二十日，奉省长公署第八九九七号指令，绍、萧两县署会呈查复："垂、拱"二字号工程，未便改抛坦水，由内开呈悉。查此案前据该两县知事会呈，以"垂、拱"二字号塘身开裂，势将坍陷，已非抛护乱石所能补救，拟请变更计划，帮阔附土，以防溃决等情前来。经前民政厅令准在案。惟塘工坍损，多由根脚松动所致，据称现在该处塘根已呈壁削之状，则其根脚之病，较诸塘面开裂尤为危险，当以培补塘根为治本之图，而帮阔附土犹属治标之策。须一面赶办坦水，培补塘根，一面帮阔附土，以防溃决，兼筹并顾，方称完全。从前所办抛投乱石坦水，随抛随失，洵非善策，应即饬由两县水利联合研究会，会同塘闸局，实地察勘，悉心考求，另筹培补塘根办法，呈候核夺。仰即遵照。此令。等因奉此。查西塘"垂、拱"字号工程，办理经年，原拟抢抛乱石坦水，以资救护。嗣因根土日削，塘面开裂。形势异常危险，非抛坦水所能奏效。经两县塘闸理事呈明，变更计划，拟于旧塘内坡加宽附土，借资捍御，由县转奉省署核示照准，并以"垂"字号塘上民房有碍施工，叠经示谕迁让，乃该处人民延未遵行，并有"来、慎、生"等多名，节次具呈，请求仍抛坦水，并以前情迭赴省垣，呈奉令行遵照。本年五月间爰由本署会同萧署将该处工程未便改抛坦水情形，呈复省长在案。兹奉指令，前因自应遵办，除咨会萧山县知事,并令塘闸局理事查照外,相应摘叙案由,照录会呈,备函奉布,即祈贵会察照办理,见复为荷。此致,并附发照抄原呈录后。

附录:绍萧两县知事会呈原文

呈为会查“垂、拱”二字号工程,未便改抛坦水,谨会衔具复,仰祈鉴核令遵事。案:奉钧署第一七〇一号训令开案,据萧山来慎生等呈称云云,切切此令等因,下县奉此。窃查此案,上年先后奉到前民政厅第五一五号及七三四号训令,正在会商核办间,适又奉前民政厅第八六〇号令,知以萧山来慎生等请加宽附土一法,改抛坦水,已呈奉省长指令,应毋庸置议等因。遵经知事等,分令两县塘闸局积极进行。旋以附塘民房未即迁让,难于兴工,又经会示催迁,各在案。奉令,前因知事等遵即切实查明“垂、拱”二字塘工,上年曾经绍局抛石一千七百九十六万三千三百斤,萧局抛石三百二十二万五千八百三十斤,因各该塘水深浪急,“垂”字塘根尤为壁削,仅事抛石,如投虚牝,实属无效,故议变更工程,分别加宽附土,帮阔塘身,免致出险。附塘居民因惮于迁让,苟安目前,屡起反对,殊不思该塘为绍、萧两县人民田庐保障,目下情势已极危险。所幸未出险工,尚可先事绸缪,冀图永固,及出巨险,附塘居民纵可临事迁避,而险工抢护非能仓卒补苴。灾祸所及,何堪设想。自应遵照前民政厅呈奉指令,俾符原案,而重塘工。所有查明“垂、拱”二字工程,未便改抛坦水缘由,理合会衔备文呈复。仰祈钧长鉴核,指令祗遵,实为公便。谨呈浙江省长齐,绍兴县知事宋承家,萧山县知事王右庚。

遵经本会推定会员陈玉、许枚、王燮阳、林国桢、韩颐,前往该处,会同两县塘闸局理事,实地察勘。旋据会勘员陈玉等报告书称,会勘得西江塘“垂、拱”二字号塘根松动,已成削壁之状。现时江水较浅,察看前抛坦石二千余万斤,仅有少数露出水面。测量塘面至塘脚水面,计深一丈七尺,从塘脚横量至坦水一丈外,水深一丈;二丈外,水深二丈;三丈外,水深三丈;四丈、五丈外,水深四丈、五丈。水底呈层累阶级之形,塘上房屋栉比。会员等察看情形,欲遵省令,外抛坦水,内加附土,均多窒碍。应如何办理之处,请开会讨论,从长集议解决等语到会。即将各件印刷配布,于第十四次常会悉心考求,筹议培补塘根之策。佥以该处工程,险在塘根松动。今欲培补塘根,自非从根基上着想不可。现查会员报告,该处塘身外坦,形同阶级层累而下,其坡面又若壁削。所抛坦石,仅存少数,则其病在水深溜急,外无关拦。若排钉木桩,以关拦坦石,则因旧抛坦石留存尚多,欲借以补苴塘根之罅漏则不足,而阻碍桩木之安排则有余。是培补工程之根基，已属无可凭借，更何望有培补之功耶？若放平坦脚，则查会员报告，就水量较浅时测量，离塘身一丈处水深一丈，离二丈处水深二丈，离三丈处水深三丈，离四丈、五丈处水深四丈、五丈，如此深量即使毫无坦石留存，木桩亦难排钉。如必欲培补塘根，实无良策。本会研究所得，用石刺菱作坦水关拦方法，甫在试用，成效未收，未敢主张，无已只得急治其标，内加附土，借资出险时抵御耳。议决如左：

一、议准绍兴县公署转奉省长令，饬本会会同塘闸局将西塘“垂、拱”字号工程实地察勘，另筹培补塘根办法一案，经会员等会同塘闸局实地测勘，报告到会。佥谓塘根外坦已成阶形壁立，抛掷乱石，势仍随抛随走。如钉排桩，因其壁立阶形，兼有留存乱石，水量又深，亦属无济。是培补塘根，实无善策，惟有先治其标，预防坍陷。决议加培附土，借资抵御。应由本会详叙研究情形，抄同报告书，函复两县知事呈省核办。

旋准绍兴县公署函开：迳启者，查西塘“垂、拱”二字号变更工程案内，奉省长指令，转由贵会察勘考求另筹培补塘根办法呈候核夺等因，即经函准议复。此案讨论结果，仍以加宽附土为言。随由绍、萧两公署转呈，请照原案进行。兹准萧山县知事，转奉省长指令，内开如呈办理。等因奉此，除令行绍塘闸局知照外，相应函达查照，为荷。此致等因，到会备案。

绍萧两县水利联合研究会筹议绍萧两县塘闸治标治本计画案(中华民国六年十月)

按：本案于六年十月十八日准萧山县公署函开：顷接绍、萧两县水利联合研究会会员汤建中、韩颐、何兆棠、李培初、汪望庚、何丙藻函称，迩来绍、萧塘闸迭出险工，两县地方各机关及人民因经费支绌，均拟请官厅设法主持。会员等负研究水利责任，对于各塘工程治标、治本均须切实计划，以备长官采择，为此具陈意见，敢祈知事提交两县水利联合研究会，迅速定期特开会研究等语。相应提交贵会，希即查照集会研究，为荷，此致等由到会。准此。当经本会于十月二十三日在萧山县塘闸局开特别会，印刷配布，付众研究。佥以绍、萧塘闸同时迭出险工，关系至为险要，即将各塘闸详细情形，询由两县塘闸局理事当场报告，并将两局理事所拟治标、治本两种办法逐项审查，详细研究，议决如左：

一、议萧山县知事交议，准本会会员汤建中等函请，筹议两县塘闸治标、治本计划一案，现经集议，佥以东、西、北三塘险工叠出，应宿闸年久失修，渗漏不堪，在在均关紧要，不得不抢先救护。其治标方法，业由两县塘闸局理事逐段勘明，条举办法均属妥当。本会俱表赞同。惟治本计划东、北两塘，苟能按照现事抢护，尚可暂缓时日，从长计议。而西塘则危险急迫，施工较难，抢护固刻不可缓，而治本方法实难缓图。现在两县塘闸局理事所议，自砾山起至半爿山止，另筑石塘一道，仍属治标之计。盖塘身不能与水势争持，塘身退一步，则水势必随而进迫，仍难一劳永逸，尚非治本之法。治本维何？非分流杀势，开掘自老蝴村西首至大王浦引河不可，况另筑石塘需款约二三百万元，开掘引河约计工程并赔偿损失不过数十万元，事半功倍，是为上策。应函请绍、萧两县知事会衔转呈省长察核，采择施行。

附录：绍萧两县塘闸局理事所拟治标治本计画呈文及清折

窃绍兴、萧山两县，东西滨曹娥、钱塘两江，北滨浙海，地势低洼，古称泽国，全赖东江、西江、北海三塘，亘续二百数十里，屏蔽三面以捍御外水，应宿等闸以蓄泄内水兼捍拒潮汐，为萧、绍人民生存之保障，即国家赋税产出之根基，关系至为重大。查西江塘之出险，由于上游金华、衢州、严州、徽州四旧府属及诸暨、义乌、浦江三县来水，汇合于钱塘江之东江嘴，激成劲溜，直射塘身，根底漱空，危机四伏，百孔千疮，补救无术。民国元年，“归、王、鸣、凤”四字号石塘，并“壹”字号石盘头同时坍陷。二年六月间，“平、章、爱”三字号石塘坍没六十丈，塘上民房及塘身土石，均陷入江心。而测原塘底水量尚深二丈四五尺，现在“让、国、垂、拱、体、率、宾”等字号塘身又各出险工，“壹”字盘头尚未建复，而“臣”字盘头复低陷外欹，如此状况，危险万分，欲谋持久计画，惟有自半爿山起至小砾山止，在残塘以内，辟基新建一塘，约长十里。但此项基址，均系民间私有粮田，且多村落住房，即使仿照铁路办法，定价收买，工长费巨，连土木石工等，总非二三百万元不可。其余自半爿山迤北之土塘，碛堰山迤南之土石塘，临浦戴家桥迤东之块石塘，均因年久失修，坍塌矬陷，亦应分别修筑。除另建新塘不计外，“连、让、国”等七字号暨“壹”字、“臣”字盘头，总计约需经费十二万元之则，此西塘之情形也。北塘萧属自“发”字起至“鸣”字止，共二十八号，塘外坦水早被怒潮卷去，其间如“戎、羌、归、王、鸣”等字号，并长山闸、横坝各处塘身，一律出险，在在均关急要，不得不于目前同时并举，分头抢护，绍属自“五”字起至“端”字止，共六十一号，并“靡、邑、华”三字号，塘身亦均坍化低陷，急宜修复，总计约需经费八万元之则。此北塘之情形也。东塘

“火、帝、鸟、官”等字，塘身大半坍入江中，危险万状，现时正在兴工。其余自“宣”字起至“壹”字止共二十四号，土石塘低陷，兼有獾洞；“木”字起至“女”字止共二十号，塘石腐烂外凸；“形”字起至“终”字止，共八十号，土塘低狭，并有獾洞；“气”字起至“往”字止，共十九号，正值潮洪顶冲，急宜改建石塘；“观”字起至“明”字止，共四十三号，因曹娥铁桥横阻山水，宣泄不易，时有漫溢之患；“既”字起至“藁”字止，共十号，塘身低陷，均宜加高土石，总计约需经费三十五万五千余元，此东塘之情形也。又，应宿大闸二十八洞，梭墩渗漏如筛，夏秋农田需水之时，闭蓄无效；潮汐暴涨之时，捍拒无功。闸内河水已含咸质，既碍饮料，复伤田禾，急宜修筑，约计需费二三十万元左右，此应宿闸之情形也。查两县原定随粮附加塘闸经费，绍县每两计洋七分，年不过七千余元。萧县每两计百文，年不过一千数百元，而每亩六十文之特别捐，因人民无力负担，已于本年停止征收。溯自民国元年，至今东、西、北三塘，连年抢修，不敷过巨。绍县则借拨备荒特捐已达五万数千元，无从归垫。萧县则辗转移挪，迄未着落。似此剜肉补疮，后难为继。今又险工叠出，刻不容缓。欲办则经费无着，不办溃决堪虞。远考同治四年，洪水泛滥，东、西、北三塘同时溃决，绍、萧两县水涨与城墙相齐，人命牲畜，淹毙无算，庐墓毁损，亦难数计。田禾无收，国税无着，虽经动拨国帑，分头抢修，而地方元气因此大伤。与近时鲁、直河决，灾遍天津，后先一辙。迩来三塘险工层见叠出，地方财力罗掘已空，理事等本鲜学识，更难为无米之炊。如果坐误时机，则两县课税不保，人民损害至巨，何堪任此重咎？查乾隆元年，绍兴府属沿江沿海堤岸工程，曾动支公项兴修。同治四年，三塘抢修工程暨民国元年西塘“归、王、鸣、凤”四字号大工，所需经费亦均有公家支发。此次各项险工，人民无力负担，惟有请求长官主持拨款，派员分头抢护。为此缮具绍、萧两县塘闸险要工程清折，备文呈请，仰祈钧长知事鉴核，俯赐转呈省长暨会稽道道尹，准予援照浙西海宁等处塘工成例办法，准将绍、萧塘闸工程改归官厅主持。应需常年及治本各经费，统由国库支发。至现在抢险急工，迫不及待，并请首先核发以济眉急。一面并乞据情咨陈大部立案，以昭大公而弭水患，诚为德公两便。除呈萧山、绍兴县知事外，谨呈浙江省长齐，绍兴、萧山县知事宋、殷。绍兴塘闸局理事何兆棠、李培初，萧山塘闸局理事汪望庚、何丙藻。中华民国六年十月日。

谨将绍、萧两县塘闸险要约举大概，缮折呈电。

西塘险工：

一、“让、国” 字号，计长四十丈，石塘矬陷五六尺不等，水深四丈有余，岌岌可危，临江拟抛毛石坦水，约需洋二万元。

一、“垂、拱” 字号，计长四十丈，水底陡墈，形如梯级，水深四五丈不等，塘底漱空面现裂纹数道，深不可测，危险万分。前次呈请加筑后戗，系因无款可筹，暂作权宜防险之计。若期耐久，非将塘址让进，建筑新石塘不可。约需工料洋二万余元。临江应加抛乱石坦水，俟新塘筑成再行相机酌估，为数亦属不资。

一、“臣” 字盘头，向多漏洞，其头已向外倾侧，水深五丈有余。前次呈报，拟用石刺菱拦护乱石坦水，约计洋八千元之则，亦因经费为难，无从着手。

一、“壹” 字盘头，挑上游山水，借保闻堰一带塘身，最为得力，自民国元年坍没无存，后因无款重建，至塘身节节冲激，危险日增。现拟照旧建筑，约需洋三万元。

一、“体、率、宾” 字号，计长六十丈，正受东江嘴回旋山水之冲激，塘外坦脚无存，水深五丈左右，塘身塌矬，险象日增，拟筑新石塘，约需工料洋二万余元。

以上自 “让、国” 字起至 “垂、拱” 字止，塘底均被山洪江潮漱空，所拟各险工修估价目，系暂济目前办法，如须经久，非自半爿山起至小砾山止一律退后，另筑新塘不可。工段绵长，所费不资。若照现势而论，治本清源，舍开掘大王浦，别无万全之策。

一、半爿山迤北土塘，计长四十余丈，多年失修，塘基塌平，急宜加培帮阔，约需洋六七百元。

一、自碛堰山 “馨” 字起至新凉亭 “暎” 字止，及 “若、言、初、令、所、藉、无、竟” 等字号，共二十一号，约长四百余丈，土石塘坍矬，翻做工料约需洋四千余元。

一、自临浦万安桥之 “所” 字号起，至双塘湾之 “傅” 字止，共四十号，约长八百丈，因年久失修，塘身块石多处向外坍落，塘面亦经矬陷，宜早修复，以防不测。约需洋八千元。

北塘险工：

一、月华坝 “发” 号起至 “鸣” 字号止，计长五百六十丈，临江坦水均被潮浪冲去。拟照旧修复，约用木石工料洋四万元。

一、“戎、羌” 字号计长四十丈，潮流顶冲，塘身臌挤坍缺。现拟建筑新石塘，约需工料洋五千余元。

一、“归、王、鸣”字号，计长六十丈，潮流顶冲，现用旧石桩柴暂时抢护，拟建筑新石塘，约需工料洋三万余元。

一、长山闸横坝，内临深河，被潮冲坍，约长十六丈，现在急宜抢护，约需工料洋一千五百元。

一、“五”字号起至“端”字号止，共六十一字号。土石塘年久失修，面土低陷，拟加土三尺，约需洋二千元。

一、“靡、邑、华”字号，塘身坍化颇甚，急宜修复，以资保障。估工计洋三百五十余元。

东塘险工：

一、“火、帝、鸟、官”四字号，石塘计长八十丈，低矬外侧，山洪潮汐均系顶冲，现在拆建新石塘，以及修整“周、发”等十四字石坦水，共需洋二万四千元零。

一、“官、人”两字号，石塘约长三十丈，内无整石，底无桩木，四年间风潮突起，附土被刷殆尽，虽经抢修，未能持久。现在“人”字号有到底大穿洞一个，底毗塘石被水呼吸欲出，“官”字西首已形低陷，事属连带，岌岌可危。拟一律拆造，计用桩木、条石、整肚石，及附加土，并做坦水等，约共需洋一万五千元。

一、“官”字号向有盘头，业已坍倒。此处现被潮水顶冲，极称险要。拟仍筑盘头一座，周围长三十丈，计用桩木、条石、整肚石等，共需洋一万元。

一、“宜”字号起至“壹”字号止，计二十四字，土石塘年久失修，面土低陷，兼有獾洞不少，且北岸沙涂日涨，塘外沙地日坍，此处为山洪潮汐顶冲，形势吃重。迭准该处绅民函请兴修，宜一律培土三尺，并将獾洞统加翻掘，约共需洋七千余元。

一、“木”字号起至“女”字号止，共二十字石塘，其条石多腐烂外凸，现在辽江疏通，山水直射该塘，适顶其冲，急需修整，以防不测。约需洋四千元。

一、“形”字号起至“终”字号止，共八十字土塘，年久失修，塘身低狭，且有獾洞多处，拟将土塘加高帮阔，并将獾洞统加翻掘。约共需洋二万元。

一、“气”字号起至“往”字号止，共十九字土塘。此处潮水由北而南，正值顶冲，甚属吃紧。四年风潮，被刷殆尽，几致决口，拟一律改建石塘，以资抵御。计塘长四百二十丈，约用桩木、条石、整肚石及加培附土等，共需洋二十万元。

一、曹娥下沙“观”字号起，至“明”字号止，计四十三字，每字以二十丈计之，计长八百六十丈。因铁桥横阻江心，山水宣泄不易，时有满塘之患。拟加高条石三眦。如系土塘者，则加土。计用条石、整肚石及加附土等，约需洋一万五千元。

一、沥海所、姚家埠石塘，“既”字号起至“藁”字号止，计十字。年久失修，塘身低陷，虽于四年间风潮后略加修培，而逼近江流，时受潮激，情形甚属险要。拟用条石、整肚石加高石塘，并帮阔附土等，约共需洋六万元。

一、三江应宿闸为绍、萧两县泄水总尾闾，关系最为重大，定章五十年一修。自前清道光以来，失修八十余年。现在二十八洞梭礅损漏如筛，非大修不足以保卫两县生命财产，据乡民纷纷请求兴工，急不及待。查修闸向章，均用高锡灌入漏缝，以弥罅隙。近来锡价过昂，并内外筹筑拦潮拦水等六七坝，水旺势猛，工难费巨，恐非二三十万不能施工。

以上各处，系已经发见险象者而言，至工程较小之处，尚未列入，而其他应从根本解决为永久计划之处，尤为繁夥，亦不在内。要之，三塘工程关系两县人民生命财产，一旦溃决，尽成汪洋。近观天津水灾，尤为前车之鉴。地方财力几何，丁此重大险要工程，同时并见，委实无力负担。两县人民迫于生死巨患，不得不吁求长官，俯赐维持，准予援照浙西海宁等塘成案，转呈中央收归官办，以拯危殆，以图永久，则两邑人民同感再生之德于无既矣。谨具略。

绍萧两县水利联合研究会议决朱嗣琦等陈请赶修北海塘案

（中华民国九年十一月）

按：是案于九年十一月十六日第二十五次常会提出，议决如左：

一、议朱嗣琦等说帖：请议赶修北海塘一案，佥谓新安、龙泉、仁化三乡毗连之各北塘，塘身本极卑薄，近为坍江逼近，实系危险万分，应函请绍、萧两县公署呈请绍、萧塘闸局长。如该各乡北塘已入原计划大工之内，乞派员勘估赶修。若未计划入内，请迅速派员履勘估工，追加划入大工之内赶紧修筑。此议。

附录：说帖

具说帖：公民朱嗣琦、方体仁、蔡殿昇、宣文渊、夏庆琳、杨世杰、陈学礼、周震襄等，为泥塘危险，民命攸关，请求派员勘修以保田庐事。窃自富阳、诸暨、徽江之水直泻钱江，每逢山水暴发，水势冲激，故萧山、绍兴之农田民居，皆借西江、北海二塘为之保障。其北海泥塘之外沙乡田地，向有二三十里才临江岸，由是无人注意。近年潮势猖獗，愈坍愈近，江已近塘。每逢潮水涨时，水与塘平。

昔年冲成漏洞数处，幸赖就近居民抢险填筑，得以苟安，今庚屡濒于危。此塘条石甚少，泥筑居多，且塘身不高，面沙之塘脚现遭潮水冲刷，泥渐坍削。公民等田庐民命，危似累卵，一闻怒潮声旺，心胆为碎。履霜知坚冰之至，兔死起狐狸之悲，目睹危状，害切眉睫。倘使壅于上闻，不几有负社会。将来一经坍陷，一日两潮，绍、萧地方咸成泽国。若言修筑，非先请派员履勘不可。缘工程浩大，縻款必巨，趁此刻老塘未坍之前，尚可从容修筑，则事半工倍，工程亦稍能节省，且免两县糜烂流离之祸。除公呈省长暨县知事外，为此谨具说帖，公请水利会会长查核议修，得以转危为安，实为公便须至。说帖者。中华民国九年十一月。

绍萧两县水利联合研究会议决孙思生等陈请修筑长山以东至龛山一带北塘案（中华民国十年十一月）

按：是案于十年十一月十六日第二十七次常会提出，议决如左：

一、议孙思生等陈请复议修筑长山以东至龛山一带北塘案，佥谓长山以东至龛山各处泥塘，塘身本极卑薄，现在涨沙坍尽，逼近塘脚，险象较前尤甚。前经二十五次、二十六次常会提议，转请塘工局派员勘估兴修，并入夹滨各塘工程一律办理。至今已阅年余，迄未履勘，未便再事耽延，应请两县公署查照第二十五次、第二十六次常会公民朱嗣琦等陈请及本会会员许枚等提议请求修筑各议决案，转请省长令饬绍、萧塘闸工程总局，迅速派员履勘，并入大工计划之内，仿照大小潭、蛏浦等处工程，提前修筑，以弭隐患。此议。

附录：致两县公署函

迳启者：本月十六日，敝会举行常会，据萧山县仁化乡农民孙思生等，龙泉乡农民邵顺和等合词陈请，内称思生等世居本邑东区仁化、龙泉两乡沿塘一带，是处塘堤自茬山即长山东起，至龛山止，皆在北海塘范围之内，向以土塘居多数。前以塘外涨有沙地数十里为之屏蔽，故置该塘工程于不问。民国初年，西江坍动，逐渐东趋，现已拦入龛、赭二乡，逼近北海塘身。自民国五年以来，因塘身低薄，年久失修，每遇山洪海潮盛涨之时，常有漫溢溃决之患。即今年夏、秋两季雨水过多，海水涨满过塘。幸经思生等沿塘各居民群往抢护，在塘上加筑子埂，得免溃决。然已危险万状，迄今思之，犹心惴惴也。思生等以村居近塘，利害切身，一经出险，首当其冲。上年曾经商请地方绅民，具书陈请贵会，即蒙开会议决，咨请绍、萧两县公署，转呈省长令饬绍、萧塘工局丁前局长履勘兴修在案。不意丁前局长置诸脑后，迁延多时，并不到塘履勘，旋即交卸。现在局长更易，事成隔膜，以最急最要之工程，竟成冰搁。窃思西江、北海两塘，为绍、萧两县人民田园庐墓保障，今北海塘因塘身低薄，时遭漫溢。若不急谋补救，择要建筑石塘，并将土塘低薄之处，一律加高培厚，设有不测，则两县尽成泽国，贻害何堪设想。为此联名呈请贵会，准即开会复议，转请迅速勘办，无任公感等情。到会当经印刷案由，分布开会研究。佥谓长山以东至龛山各处泥塘，塘身本极卑薄，现在涨沙坍尽，逼近塘脚，险象较前尤甚。前经二十五、二十六两次常会提议，转请塘工局勘估，并入夹滨等处各塘工程一并办理，迄今时隔年余，未经履勘。如果再事耽延，设有不测，非特抢护较难，而祸患扩大，工程较巨，应请两县公署，查照前两次常会公民朱嗣琦等陈请，及本会会员许枚等提议，请求并案修筑。各议决案转呈省长，令饬绍、萧塘闸工程总局，迅速派员履勘，并入大工计划之内，仿照大小潭、蛏浦等处工程，提前修筑，一面转请局长，即行估办，以期迅速而弭隐患，为此除函请绍兴、萧山县公署外，用特函请贵知事查照，请即分别转呈，实为公感。此致。

绍兴、萧山县知事余、庄，绍、萧两县水利联合研究会会长余大钧、庄纶仪。中华民国十年十一月二十五日。

绍萧两县水利联合研究会议决火神塘移石栽桑案

（中华民国五年八月）

按：本案五年八月二日，准绍兴县公署函开：奉民政厅第一三四五号饬开，案奉都督批，发委员袁钟瑞详为复丈火神、西江两塘敬陈二策，请饬县会同塘闸局筹办由，内开呈悉。所陈移立号石，内塘种桑二策，为一劳永逸之计，用意甚善。仰民政厅分饬萧、绍两县会同塘闸局协议筹办，此批抄详发。等因奉此，除分饬外，合亟抄发原呈，饬仰该知事会同萧山县知事督同两县塘闸局暨水利研究会，协议筹办，具复察夺，切切。此饬等因到县，奉此，除塘闸局理事遵照协议，并函致萧山县知事一体分行照办外，用特备函奉达贵会，查照办理为要，此致，并抄送原呈一件等由到会。准此。查阅火神塘监工委员、都督府法律顾问袁钟瑞原呈所陈二策，一曰移立号石，二曰塘内种桑。其主张理由，略谓西江塘自临浦镇后市梢戴家桥量起，经与推猪刨衔接处，至麻溪桥，连该桥东西两堍及由里坝兜至戴家桥，共计一万一千五百零三英尺。火神塘自该镇火神庙量起，绕新闸头，沿茅山闸、刘公祠，至推猪刨与西塘衔接处止，及后塘头三百英尺，共计四千九百七十英尺。是火神塘仅得百分之四十三三，既有火神塘为外障，嗣后只修火神塘足矣，西江塘似可毋庸再修，公家可节省经费不少，请将该火神塘改为官堤，以西塘所立号石顺次移立于火神塘，归入西江塘塘工项下办理，以垂永久，此一策也。西江塘该处一段既有火神塘为外障，自与别段接近江水者情形不同，则此段自觉无足重轻，修之固可不必，废之亦属可惜，拟将西江塘自戴家桥外起麻溪桥止，两傍栽种桑树，即化无用为有用，亦兴利之一端，以每年所收利益为火神塘岁修经费，洵属一举两得，此亦一策也，等语。并据绍兴塘闸局理事兼本会会员何兆棠、李培初备具意见书前来本会，当将各件一并印刷分布于第五次常会，提议经众研究，议决如左：

一、议火神塘如归官款官办，本会应即赞成。如归入西江塘工项下办理，两塘范围各别，未便赞成。至移钉号石及废塘种桑二策，应请均免置议。所有理由，根据绍兴塘闸局理事提出之意见书。

附录：绍兴塘闸局理事提出之意见书

奉饬协议火神塘监工委员袁钟瑞条陈，移立号石、种桑兴利二策一案。今奉省长以据火神塘监工委员袁钟瑞条陈，移立号石、种桑兴利二策。檄饬协议筹办等因，足征省长审慎周详之至意。夫塘有官私之别，又有公私之分。所谓官塘者，出官款以修之者也。如民间自修者，均谓之私塘。此国家对于民间之塘之名称也。第民间之私塘，亦自有别。吾绍、萧东、西、北三塘，绵亘二百余里，竭两县之财力以修筑之，以防不测，缘关系绍、萧数百万之生灵财产。是可知三塘者，两县之公塘也。若论塘外包塘，其必有沙地之处，或千数百亩，集资而筑一道，或数千百亩集资而筑一道，其关系以塘为限，仅止一隅。绍、萧两县人民对于此等包塘，向均目之为私塘。故私塘中又有公私之分也。火神塘贴邻浦阳江，由该处之千余亩田产集资自筑，即属私塘。若可移钉号石，改私为公，吾恐沿塘如火神塘者不一而足，援引请求，势难偏侧。即令一律加征塘捐，姑毋论沙地与湖田粮赋轻重各别，而办理亦多窒碍。矧工程难以预定，所出之捐又不能指定所用之处。近年来西江塘险工迭出，东、北两塘亦有工程，绍、萧两县已觉力不能支，岂能再加此负担哉。民国二年间，朱将军应天乐乡人裘垚等之请，檄饬两县修理火神塘，嗣经县议会陈明不能承认之理由，由绍县陆前知事转呈，蒙另委邵文镕承修，动支省款，迨后以支用之款，责令两县筹还。又经绍县自治办公处委员续陈难以承认等情，呈经金前知事转呈俯准在案。前者绍、萧两县议会，又欲思以西江塘归为官款官办，援本省海宁塘之案，迭次请求于省长,并复请求于省议会,虽经省议会议准而在省款支出,由省委员办理者,仅得“归、王、鸣、凤”四字工程。此外则仍两县自筹。所以然者,以向系民间自办耳。袁委员所引直隶、山西、河南改民地为官堤成例,如能将西江塘、火神塘一律改为官塘,是最为吾两县人民所朝夕盼祷者也。惟西江塘、火神塘历来如此争议,可知省中不肯将西江塘改为官办者,无非拘定“私塘”二字。而况西江塘于火神塘同为私塘,之中亦有公私之分,其性质天然不同,其办法自有向章可守,更难以遽行变更,合而为一。袁委员殆未知火神塘之向不归官,故有此议也。又,塘外沙地,三塘如火神塘者甚多,而较阔于火神塘者亦复不少。北塘之丁家堰、童家塔,东塘之枯渚、杜浦等村,塘外沙地约有一二十里或四五里之遥,其包塘者二三道,少者一二道,形势稳固,岂逊于火神塘乎?去年夏间风潮为灾,包塘冲决者十之八九,而绍、萧数千百万生灵财产,幸赖此一线塘堤为之屏蔽,得保无虞。此曷故哉?缘包塘全用沙土,性极松,不足以恃。不若公塘之用田土,或用条石为之者之坚实,是未便弃坚实之塘,而恃沙土之塘。且火神塘之沙田,亦远不及丁家堰等村塘外之阔,以彼例此“慎、终”等字号之西江塘,断不可以言废也。又,塘外沙地坍涨靡常,其他姑毋论矣,以现今之新林周、莫家港等村塘外言,此处熟地向有五六十里之遥,其间村落、市镇极夥,亦有包塘为之外藩,而形势之稳固,亦岂逊于火神塘乎?近年来,沙地逐坍,几及龛山,为人料所不及,而潮水又到公塘塘沿。该处人民急急然筹修私塘,以图自卫,而萧山塘闸局亦从事修整新林周、龛山等处北塘矣。且公塘在老地,填筑基础较实,不若私塘之筑于涨沙之上,沙地既如是之不足恃,则筑于沙地上之私塘,夫岂反可以恃乎?火神塘现在情形虽可无虞坍卸,然以新林周等村之塘外沙地比例观之,“慎、终”等字号之西江塘,尤不可以言废也。至栽桑,原兴实业之一种,然栽桑于塘之上,极不相宜者也。塘必期其坚实,必使之罅隙无漏,所恐涓涓不塞,成为江河。而种桑则反是,土必刨之松,使其根易于发展。姚江乡首创塘上种桑,始则由县议会以大损塘堤议决拔除。去年秋间,勘塘委员俞伟目击情形,亦深不以为然。详奉屈巡按使批县,勒令拔除。旋屈巡按使以据该乡自治委员施仁禀陈缘由,批县暂缓拔除,由县随时察看,此外不得起而效尤各等因。又经绍县自治办公处会同塘闸局,以急宜整顿塘堤案内详:奉屈巡按使饬县查覆各在案。是塘上种桑久为人民所反对,亦为功令所禁止者也。上述各端,本诸往议,证以现情,“慎、终”等字号之西江塘与火神塘其不能更改之原因既如是,而塘上之不能种桑又如彼,用特详揭理由,请民政厅转请督军收回成命以保公塘，绍、萧幸甚。是否有当，应请诸君核议施行。具意见书：绍兴塘闸局理事，绍、萧水利研究会会员何兆棠、李培初。

六年二月一日，准绍兴县知事金函开：案奉省长公署第五号指令，两县会呈火神塘工程用款不敷，临浦商会不认筹还，如何办理请示由。内开呈悉，查绍、萧火神塘工，前经令饬该知事等协议，改为公塘，归并西江塘工办理有案。此项垫款，临浦商会既不认筹还，而商借之款催索甚急，断难久延，应即在两县西江塘工经费项下克日照数拨解，以清垫款。等因奉此。查修筑火神塘一案，先奉前省长吕捐拨经费银二千元，并由绍、萧两县署会拨，前拨风灾案内工赈银九百五十元，其余不足之数，原议由临浦商会就地筹集。嗣因该地商民不认筹缴，经监工委员袁钟瑞呈奉前省长吕，以塘工告竣，该处商民受绝大利益，何得以款无可筹，遽请免缴？指令转饬遵照。而临浦商会复以该地商民无力负担，复请转呈各在案。兹经呈奉指令前因，复查萧、绍两县署西江塘工均无余款存储，碍难照拨。第垫款久悬，势不得不另筹拨还之法。卷查上年九月间，奉前民政厅第六二九号训令，饬将火神塘协议改为公塘等因，曾有宋前知事函知贵会，会同绍、萧塘闸局议复在案，尚未复到。今此项垫款，计银六百九十六元三角六分五厘，究应如何另行筹拨之处，应请并案核议，除函致萧署查照，并令行绍局理事遵办外，相应函达贵会查照，希即将前奉省令将火神塘协议改为公塘一案，暨此项不敷垫款，应作何另行筹拨，克日会同绍、萧两局理事并案协议见复，以便核办，幸勿稍稽。此致等由，准经于第十次常会交议，议决如左：

一、议火神塘应否改为绍、萧公塘，归入西江塘工项下办理一案，佥谓西江塘在绍、萧两县，塘内人民视为公塘，在官厅视为两县人民之私塘。而火神塘则天乐乡人民视为公塘，绍、萧两县塘内人民视为天乐一乡之私塘，范围各别，负担亦异。所有不能赞成改为公塘理由，已于本会第五次常会记事录报明在案。惟以水利利害研究之，火神塘不承认为公塘，于塘内农田水利有西江塘保障，毫无损害。如果认火神塘为公塘，则塘内农田水利之利害关系如故，而塘内人民反多一重负担。是以仍照前次议决，不承认火神塘为绍、萧两县之公塘。以情理论，东、西、北三塘为绍、萧两县塘内人民共同出资经营自卫之政策，火神塘可否归入西塘办理，须得塘内人民之同意，应待两县县议会恢复后，请两县知事咨交议决。

绍萧两县水利联合研究会议决韩松等陈请义桥新坝塘堤危险改建石塘案(中华民国十年十二月)

按：是案于十年十二月十六日第二十八次常会提出，议决如左：

一、议韩松等陈请义桥新坝塘堤危险，改建石塘一案，佥谓此塘年久失修，若不赶速勘办改建，设遇倒坍，贻害匪浅，应请两县公署会呈省长转饬绍、萧塘工局派员勘估兴办，其经费请准照韩松等所请，在于盈余项下支拨。倘无盈余，并恳将奖券延长数期，以资挹注。此议。

附录：县公署来函

萧山县公署第一〇二号公函

迳启者：本年十二月三日，据义桥乡选民韩松、韩庚、韩毓岱、韩稽禹、倪伟、倪则贤、倪赓孺等联名呈称：塘堤倾圮，田庐攸关，吁请俯准核转迅予改筑石塘，以垂久远而安闾阎事。窃本邑义桥、新坝两区，塘堤上接临浦，下连闻堰，为旧山、会、萧三县之保障，关系何等重要。自义桥富家山起至新坝碛堰山止，系“德”字号至“清”字号，计塘路五里有奇。前清光绪二十七年，洪水为灾，塘几不保。幸附近居民协力救护，得免坍覆。其时虽承瞿邑尊实地履勘，事终寝搁。迨民国纪元，松等力请汪、韩二理事设法修筑。旋蒙复称经费无着，从缓计议。迄今已届十稔，并不实行兴筑，忍令该塘塘身日形坍卸。设遇金、衢、严三府山水陡发，与潮水相激，势必尽行倒没。松等生长于斯，言之不寒而慄。且查该塘失修已有十七八年之久，兼以钱江、振兴、诸杭三埠轮舶往来，一日三次，致该塘“温、日、竞、父、阴、是、忠、尽”等字号内，塘面虽存，塘脚实已松动，其险象殆显而易见。一经派员逐段查勘，亦知非改筑石塘，不足以垂久远而安闾阎。松等目击情形，田庐所在，势濒于危。为保全绍、萧两县人民利益起见，不得不呈请钧署，俯准核转动工兴筑，借资保障。虽修筑塘堤以经费为要件，绍、萧塘工奖券办理有年，所积储金原为预备地方工程之用，该塘亦绍、萧塘工之一部，当然事同一律，万不能任其长此倾圮，贻附近居民时抱危险之虞。除一面呈请省长核办外，理合据实吁请鉴察，迅于核转施行，不胜迫切待命之至，等情到县。据此，除批以呈悉，案关塘堤，事属重要，既据并呈省长，应俟指令遵行，一面该公民等速具陈请书，请求绍、萧两县水利联合研究会于常会之期，提出会议，并由本公署备文函请，俟议决后，再予转呈可也。此批等词发挂外，相应函请贵会查照，希即于常会之期，将此案提前会议见复为荷。此致绍、萧两县水利联合研究会。萧山县知事庄纶仪。中华民国十年十二月八日。

绍萧两县水利联合研究会议决孔广裕等陈请兴修西塘碛堰山凉亭至觉海寺一段塘身案(中华民国十三年三月)

按:是案于十三年三月十六日第三十四次常会提出,议决如左:

一、议苎萝乡公民孔广裕等请修西塘碛堰山凉亭至觉海寺前一段,自"渊"字起"竟"字止塘身坍陷一案,议由本会函请两县公署转咨绍、萧塘闸工程局,赶速估修,以防意外而免危险。

附录:孔广裕等呈请书

窃公民等距萧署三十里苎萝乡,分住前孔、后孔、柏山陈、谭家埭、詹家埭等村落,聚族而居,耕田而食,全赖西江塘为保障。因民国十年时,碛堰山东段石塘修葺完善后,而接连临浦之泥塘,竟置之不修,当由公民等环叩前省长,迅饬修理。业蒙批饬绍、萧塘闸工程局查勘估计兴修,并于十一年四月间,饬县拨款照办在案。嗣后不知若何原因,仍复中止。公民翘首望治,迄今三年之久,并无影响。上年霪雨为灾,飓风肆虐,山洪顺注,江潮逆涌,民村左近之西塘,自碛堰山迤东之凉亭起,至觉海寺前止,坍陷之处,不一而足,皆由公民召集各村乡民,群策群力,尽夜救治,幸未溃决。至救护所用之物品损失已不可计算。此皆由官塘未修所致,然犹幸不为鱼鳖,失物固不足计也。迨至去年秋季,本县县、参两会,电请修葺,杳无回信,今春汛已届,雨水延绵,民心甚为惶恐。转瞬即至耕种时节,犹以塘圩为根本,若再延宕不修,将来水汛骤发,势必不可收拾,后患何堪设想。除呈省长,本县县议会,绍、萧塘闸工程局外,谨请绍、萧水利联合研究会提议施行。

浙江(总司令卢香亭、省长夏超)令筹募游民工厂基金债券事务局局长郑云鹏筹募正副塘工债券兴修闻家堰地方塘工文(中华民国十五年七月)

案:据省议会议员陈宰埏等呈称:窃绍兴与邻邑萧山接壤而治,三面临江,全赖东、西、北三塘以为保障。塘长三百里,向来土石相间,地方担任岁修,遇有大工则奏拨国帑,派员督修。自前清同治四年,西塘出险,拨款大修以后,历四五十年幸告无事。至民国初年,闻家堰地方塘身倾陷,蒙前都督蒋筹拨正款,委邵绅文镕监修一次。五六年间,全塘又见危险,复蒙齐前省长电陈院部,派员履勘,设立绍、萧塘工局,委钟绅寿康长局事,特筹巨款,修筑历数年之久,费洋百数十万元，将工程分别最要、次要，次第修竣。此为绍、萧两邑塘工近百年中之大略情形也。惟是水势既变迁无定，沙地亦坍涨靡常，三五年前塘外护沙广袤至数十里者，现均被水冲没，逼近塘身，致前之视为无关紧要者，今以接近江潮，险工迭见。本年六月二十八九等日，霪雨连朝，西江及北海两塘，外水高越塘面激荡飞腾，致北海塘之楼下陈附近地方决口多处，自西至北绵亘数十里，土塘突然矬漏，缺陷者多至一百余处。石塘经此次水势披激，中有罅漏而底脚松动者，更难枚举。东塘方面，塘身低洼，幸此次潮流在北，仅塘外遭水，塘内未经淹入。若遇嵊江水涨，则彼处塘身大半土工，倾陷亦易。目前治标之策，虽由两县塘闸局抢险修补，而存款有限，仅救一时。转瞬秋潮伏汛，势更汹涌。万一被冲出险，再酿巨灾，不但人民之生命财产尽付洪流，即国家正供亦何从出？宰埏等一再筹商，非请筹拨巨款，援照历届成案，派委大员，仍设绍、萧塘工局，就根本上大加修筑，或将泥塘改建石塘，不足以专责成而资永久。为此呈请察核，筹拨巨款，派员督办，不胜迫切待命之至等情。据此，查绍、萧两县东、西、北三面环水，全赖江海塘为之保障，关系甚大。此次海塘决口，险工林立，自宜规复原有绍、萧塘闸工程局专责办理，至所需经费，值此库款奇绌，国省两税，一时均难筹措。惟有援照原办塘工奖券成例，按月募集正副塘工债券各一期，以资工用。其债券即由该局发行，惟添募债券，事务加繁，应委任会办一员以资襄理。除令绍兴县知事转行陈议员等知照。暨任命曹豫谦为绍、萧塘闸工程局局长，并任命钱显曾为该局会办外，合亟令仰该局长遵照，克日拟具筹募塘闸工程债券办法，呈候核夺。此令。

绍萧塘闸工程局局长曹豫谦

呈（总司令部、省长公署）设处开办文（十五年八月）

呈为呈报设立筹备处，并启用关防日期，仰祈备案事。本年七月二十八日，奉总司令、省长会令，以此次绍、萧两县塘堤决口，险工林立，自宜规复旧制，设局专职办理。所有绍、萧塘闸工程局局长一职，查有该员堪以委充。饬即克日设局开办，并将局内编制暨应需局用，拟具清折，呈送核夺。等因奉此。豫谦猥以菲材，谬蒙知遇，自当矢勤矢慎，服务梓乡，以仰副钧座保卫民生之至意。惟是绍、萧东、西、北各塘，绵亘二百余里，渗漏矬陷，在在皆是，自宜分别缓急，次第兴修。现值着手伊始，举凡延聘人员，采办材料，均须在省接洽。遂于本月一日暂赁许衙巷就养堂房屋，先设筹备处，借利进行。一俟布置就绪，即行正式成立。正具报间，续奉省、钧署颁发关防一颗，遵于本月七日谨敬启用。除将编制章程暨局用预算另文呈核并分呈外，所有在省设立筹备处暨启用关防日期，理合具文呈请总司令、省长鉴核备案，谨呈。

又呈浙江省政府请令饬绍萧两县知事息借商款文（十五年八月）

敬呈者：豫谦猥以菲材，谬蒙委任，办理绍、萧塘闸工程事宜，亟应克日设局开办，惟查萧属北塘决口四处，以楼下陈一处口门为最大，计阔十一丈有零，其车盘头、郭家埠、湾头徐三处，亦近十丈。又，绍属北塘，“摄、职、从、政、存”五字，潮流所过，适当其冲，三年内竟两次出险，情形亦甚危急。此外，北塘自黄公溇起至西兴止，西塘自龙口闸起至新坝止，矬漏残圮多至一百四十余处，虽仓猝之间未能提出全部计画，但就目前必需之款，至少在十万元以上。若待塘工新券收入再行着手施工，实为缓不济急。拟恳分令绍、萧两县知事，先行息借商款各五万元，即以塘工券奖余作抵，是否可行理合，呈请钧座鉴核示遵。除呈省长、总司令外，谨呈。

绍萧塘闸工程局呈报视察北塘情形文（十五年九月）

呈为北海塘形势险要，谨将视察情形先行具报事。窃维绍、萧古称泽国，东、西、北三塘沿海滨江，仅恃一线长堤为之屏障。往时，出险地点每在东江、西江两塘，是以时贤对于防御工程特别注意。至若北海塘外涨沙，多或二三十里，少亦十余里，距海既远，垦筑兼施，久已阡陌相连，成为巨镇，非如东西江塘之与水争衡也。讵本年夏霪雨连朝，山洪暴发，富春、浦阳之水并流而下，受江潮之顶托，乃横溢而为患。向称险要之东、西江塘，虽有矬陷，尚幸无恙。独北海塘自楼下陈以西，车盘头以东十里间，同时决口四处，自十余丈至七八丈。不特塘内外一片汪洋，即内河港汊，亦复弥漫无际，有同巨浸。豫谦奉命后，周历北塘，自西兴“天”字号起至瓜沥“叔”字号止，为萧山县境；又自瓜沥相近“天”字号起至宋家溇相近“气”字号止，为绍兴县境，相距七八十里。其间塘身或高下悬殊，或土石残剥，非有巨大之款，不能为久远之规。谨将历史沿革及现在状况为总司令、省长陈之：塘之建筑始自何代，无可考证。惟《唐书·地理志》：开元十年令李俊之、大历十年观察使皇甫温、太和六年令李左次，先后增修，此为绍、萧海塘见诸记载之始。及宋嘉定年间，溃决五千余丈，守赵彦倓重筑，兼修补六千余丈，砌以石者三之一。此后潮汛往来，坍涨靡定。降及明季，遂为倭寇出没之所，其地之滨海可知。彼时塘外尚属卤地，渐次蓄水养淡，开垦成熟。入清后始有灶牧之分。至康熙年间，飓风大作，塘岸尽颓，守俞卿竭数年之力，大加修筑，垒石者四十余里。自是阙后，增筑石塘之案，志不绝书。迄于今，北塘全部在龛山以东者，石塘为多，在龛山以西者，土塘为多。此历史之沿革也。至于现在状况，则较前大异。萧辖之龛山棉桑遍地，出产富饶无论已。即绍辖之马鞍、党山一带，以及绍、萧分辖之瓜沥等处，亦复人烟稠密，熙攘往来，凡生于斯长于斯衣食于斯者，咸以塘为通衢，几忘其捍卫之用。此次溃决坍圮，固有风挟涛力，如排山倒峡而来，无坚弗摧，无远弗届，亦因龛、茌、航坞诸山水，值暴雨之后逆流横注，有以致之。夫内水主泄，外水主遏，古今不刊之论也。泄之道在闸，遏之道在塘，未有塘身不固而能捍御水患者。北塘之受病，其原因不止一端，外沙水势高出海面，每恃港湾为之宣泄，凡逼近塘脚处，深或数丈，阔且数倍，骇浪惊涛，易被剥蚀。此受病之原因一。塘以内原有护地侵占无余，取土塘边，久成汀沼，木桩尽露，土脚刷空。此受病之原因二。船货盘塘，无一定地点。塘身愈低，驳运愈易，贪目前之小利，贻将来之大患。此受病之原因三。夹塘而居，有同街市，遇有罅缝，无从检查，甚致背塘筑屋，于屋后塘面分植竹木，根深土裂，獾鼠穴之。此受病之原因四。夹灶东西二三十里间，塘上土塚累累，几无余隙。或有主或无主，视同义地，数且逾万，其他各处亦未能免。此受病之原因五。塘长名目，早已无存，塘夫则未给工资，如同虚设。甚有借护为名，间施敲诈者。此受病之原因六。综此六因，而害遂不可胜言矣。夫沧海桑田，本多变幻，朝潮夕汐，互有盈虚。必执一成不易之说，谓沙涨必不再坍，潮远必不复至，则又何解于今日之冲决乎？况近年以来，上游之东江嘴则滩涂突出，逼近之钱塘江则沙埂中阻，水流易向，已成东坍西涨之势。必待危及全塘始图补救，亦已晚矣。抑豫谦更有言者，自古无固定不变之潮流，亦无历久不敝之石质。北塘建筑石工，咸在百年以上，受苔藓之侵啮，经霜雪之摧残，大都碎裂颓崩，不成片段。论其功用，尚不如新筑之土埂，犹能捍御于一时也。即如此次决口四处，其在车盘头者，实为石塘，是其明证。豫谦奉委筹办，职在宣防，既不敢急切以图功，亦何忍敷衍而塞责。惟有就其受病所在，徐图整理，庶有以慰宪廑于万一。除将决口各处施工计划另行送核并分呈外，所有视察北塘情形，理合呈请总司令、省长鉴核。谨呈。

绍萧塘闸工程局呈报本局经过暨现办情形并规划进行程序列表请核文(十六年四月)

呈：为报明职局经过，暨现办情形，并规划进行程序列表送请鉴核事。本年四月十日，奉钧会第二九二号训令，照得政治革新，建设事业百端待理，所有本省关于塘工水利各项事宜，自应悉心筹划，积极进行，以图发展。该局成立有年，整理改良刻不容缓，亟应将经过情形、现在状况详细查明，并将进行程序预为规划，分别列表，克日呈报，以便查核。除分行外，合亟令仰该局长，即便遵照办理。此令等因。查绍、萧两邑，江海塘堤，专属绍邑者为东江塘，专属萧邑者为西江塘，分属绍、萧两邑者为北海塘。清制由绍兴府直接管理。民国纪元改由两县各自推举理事，任岁修保护之责，而受成于两县知事。其后各塘相继出险，经士绅之呼吁，当道之主持，成立绍、萧塘闸工程局，并发行塘工奖券，以盈余拨充经费。自民国七年至十三年，先后用款一百二十余万，险要工程大致告竣，仍回复理事制，维持现状。上年夏，霪雨兼旬，山洪暴发，海潮怒涌，北塘遽告溃决，西塘亦见矬陷。两县士绅奔走呼号，力主规复专局，要求拨款兴修。省中以无款可拨，决议仍发塘工债券，并先向杭、绍中国银行借款十万元，即以奖余作抵。此职局之经过情形也。局长于上年七月奉夏前省长委任，即偕工程人员驰赴北海塘，周历履勘，察得该塘受病之原因凡六，已于呈报视察北塘文内详细具陈。至于决口处所，一为车盘头，一为郭家埠，一为楼下陈，内外均临深河，宜建全石塘，护以石坦。一为湾头徐，则内滨河，外临池，宜建半石塘，当就地势适中之萧山县境新发王村筹备设局，于九月十六日成立。先后将车盘头、郭家埠、湾头徐三处计划图表，分别呈送。车盘头一处，先于十月十日施工。其余各处，原拟次第进行。适逢战事停顿，致车盘头工程未能克期竣事。而郭家埠一段，亦复迟至本年三月十七日甫经着手，实出诸当时意料之外。复查上四处地点，均在龛、茌两山之间，原有土塘，东西近二十里，日久坍塌，询诸就地人士，咸谓上次海水暴涨，越过塘面尺余，此次改筑石塘，每段仅数十丈，若不将其余土塘同时修复，仍属功亏一篑。是以上年十一月间，复经详叙施工计划，呈奉核准。此项土工，其始受军事影响，入春以来又因雨水过多，以致已完之工不及四分之一。此职局之现在状况也。窃谓海塘工程，关系人民之生命财产，非有的实款项，不足以言培修。尤非有常设机关，不足以言管理。职局开办之始，仅领到借款十万元，自债券停办后，已借之款尚在虚悬，未来之款更无把握，以故任职后，仅能尽此十万元就目前最要之工。如上所述者，酌量分配，雅不敢侈言计划。然如北塘三江东门外“摄”至“存”字号一百二十丈土塘，三年内两次出险，已于折呈息借商款案内声明。又如西塘小砾山以下之石塘石坦，半爿山以下之土塘盘头，均有必须修筑情形，亦于视察西塘案内声明，徒以术乏点金，不得不留以有待。兹奉明令，将进行程序预为规画，此实绍、萧士绅所祷祀以求者，亟应列表先行呈送。其东塘应修工段，以及三江应宿大闸年久失修，应如何审慎估计之处，容俟博访周咨，另行具报。抑局长更有请者，绍、萧东、西、北三塘绵亘二百余里，如工程局之外不设其他分理机关，必有鞭长莫及之虑。前就三塘形势，划分为东、西两区，订立管理处章程十二条，并请将此项经费，列入国家预算，作为常设机关，俾司管理防护之责。只以限于预算，东区仅划分为七段二十四岗，西区仅划分为六段二十一岗，平均每段管理员约管十余里，每岗塘夫约管五六里，薪工微薄，路线绵长，仍虑无以经久。值兹政治革新，关于建设事业，宜有远大之图，此又钧令所谓整理改良，刻不容缓者也。理合附具意见并连同各工段计划表，呈请钧会鉴核。令遵。谨呈。

绍、萧塘闸工程局各工段计划表

塘名	地段	字号	工别	丈尺	估数	说明
北塘	车盘头		石塘	四十丈	一万八千四百七十七元六角	此段估计图表，早经呈送，系十五年十月十日施工，中间适逢战事，条石块石运输阻滞。入春后雨多晴少，工作进行因之迟缓。现在丁由石业经砌完，盖石亦将告竣，塘后附土已填三分之二。
北塘	车盘头		坦水	四十丈	二千九百四十六元四角	坦水泥业将挖竣，杉桩亦钉五分之四，不日即可砌石。
北塘	郭家埠		石塘	十八丈	六千一百四十四元	此段估计图表，早经呈送。系十六年三月十七日施工，外坝已用塘土筑成，如天时晴霁，再有一星期即可钉桩。
北塘	郭家埠		坦水	十八丈	一千三百四十一元四角	须待石塘筑成方能施工。
北塘	湾头徐		半石塘	二十三丈	四千五百五十二元二角九分	此段估计图表，早经呈送。木石各料亦渐预备，两星期后当可施工。
北塘	楼下陈		石塘	三十三丈	一万四千元	此段计划图与车盘头一段同，前经呈送在案，刻正办理估计表。上列系约计数。

（续表）

塘名	地段	字号	工别	丈尺	估数	说　明
北塘	楼下陈		坦水	卅三丈	二千五百元	同前
北塘	龛山至荏山		土塘	三千四百丈	二万六十元	每丈平均加土十五方，每方三角六分，计银一万八千三百六十元。又每丈加挖掘草皮及拆放路石，小工一工，每工五角，计银一千七百元。两共二万六十元。系十五年十一月呈准分段开工，适逢战事，入春后又多雨晴少，以致工作迟缓，未及四分之一。
北塘	三江	“摄”至“存”字	石塘	一百二十丈	五万五千元	此段适临闸港，三年内两次出险，必须改筑石塘、石坦。只以工需浩繁，未经筹定，是以未即绘图设计。上列系比照车盘头一段工程约略估计。
北塘	三江	“摄”至“存”字	坦水	一百二十丈	九千元	同前
西塘	半爿山至龙口		土塘	三千六百丈	二万一千六百元	此段纯系土塘，并无字号。或塘身低薄，或坡度坍削，或外傍沟河，或内滨池沼。前清咸丰、同治、光绪年间，屡次出险，亟应加高培厚，并于接连沟河各处，加钉排桩，以防霉汛。每丈平均以六元计，约需洋如上数。
西塘	曹家里一带		乱石盘头	三座	二千元	该处乱石盘头三座，系就地人民自行建筑，前以款绌停办，由曹永兰等请求酌拨到局，当经转呈，量予补助二千元。
西塘	文昌阁	“皇”字	坦水	二十丈	三千元	
西塘	大庙前	“让、国”字	坦水	十丈	一千五百元	
西塘	大庙前	“有、虞”字	坦水	八丈	一千二百元	
西塘	大庙前	“爱”字	坦水	二十丈	三千元	
西塘	大庙前	“臣、伏”字	坦水	四十丈	六千元	
西塘	西汪桥	“体、率”字	坦水	五十五丈	八千二百五十元	
西塘	西汪桥	“凤”字	坦水	五十丈	二千二百五十元	

（续表）

塘名	地段	字号	工别	丈尺	估数	说　明
西塘	西汪桥	“白”字	坦水	三十丈	四千五百元	查西塘自“皇”字迄“白”字坦水二百丈，渐已陷落，露出坦桩尺余。其故由于上江山水受海潮顶托，每遇屈曲，则回湍激射，旁搜下注，辄成潭穴，始而危在石坦，继将啮及塘根。此时宜将陷落之处，加以整理，并于其外加抛块石，以护其根。前经面嘱西区虞主任测丈水量深度。据报，最浅者为一丈二尺，最深者为三丈六尺，平均折半作为深二丈四尺，如于原有石坦外，抛成面阔一丈，底宽二丈之块石坦水，约每丈需块石三一六方。所虑者块石投入深水，分量减轻，易被卷去。似应查照方数，酌加四成，计每丈实需块石五十方，每方以三元计算，每丈约需洋一百五十元。
西塘	西汪桥	“宾”字	石塘	四十丈	二万元	查西汪桥一带，邵前局长筑混凝土塘，系“归”字号起，钟前局长筑丁由石塘，系“率”字号止。中间“宾”字号尚有老塘约四十丈，形势倾圮，似应改筑石塘、石坦，以期巩固。每丈每石以五百元计，约需款如上数。
西塘	西汪桥	“宾”字	坦水	四十丈	三千二百元	每丈石坦以八十元计约需款如上数。
西塘	西汪桥	“鸣、凤”字	盘头	一座	四万元	此段系邵前局长所筑之混凝土塘，为富春、浦阳两江汇流冲激地点，形势至为重要，亟应建筑盘头，以杀水势。前经测丈江深，约在三丈以外，拟筑五丈半径盘头一座，连左右两翼，共长二十二丈。下以块石叠成，上砌条石十毗，并于盘头以外加抛块石坦水，期臻巩固。计需块石一万方，条石五百丈，底石一百余块，约计需款如上数。

施工细则

挖土：

由工程师指定相当地点，规画宽深及坡度尺寸，挖掘至适合工作之高低为度。其底面务须一律平整，不得此高彼低。其堆土地点亦须由工程人员指定，不得随意倾弃。

钉桩：

用二丈桩木，按照底桩图样、尺寸，排钉梅花桩。桩面高度须在水平桩五寸以内。务须距离均匀，不得参差歪斜。未钉之前，由监工员将桩木两端烙印，督同管工监视。钉竣将桩顶锯至与水平桩等齐。

次挖桩缝泥，深一尺三四寸，桩缝内紧嵌石块，用木夯捣实，露出桩顶三四寸。

拌混凝土砌塘底：

混凝土用一三六配合，即水泥一成，黄沙三成，寸半石子六成。寸半石子须用筐在水中洗净。

黄沙一项，除带泥者不用外，其带有细石块杂物者，须筛过再洗。

拌时先将水泥黄沙按成调匀，和成纯一颜色，复将寸半石子六成摊开，将已经拌成之水泥黄沙，匀铺石上，用喷水壶随喷随翻，以均匀为度，愈快愈好，并注意浆水不使过燥过薄。

拌成后即由竹筐抬至工场，倾入高一尺阔八尺之模板内，用平锹锹平，再用小木夯夯实，以浆水向上为度。但为时不得逾二十分钟，俟四五日凝固后，作为第一层之塘底，再在上面砌第二层。

第二层之砌法与第一层同，但模板宽度改为七尺，按图与下层比较，计外面缩进六寸，里面缩进四寸，砌成后再照图样安放条石。

安放条石：

在混凝土上安放条石，照图一丁一由，逐层整砌，一律清做(不用石爿塞垫，不用灰沙胶粘)，砌缝挤紧，须彼此密切，不得缺角离缝。

由石长五尺，高一尺二寸，阔一尺，前面及左右上下均细錾光，后面粗錾光。丁石长四尺五寸至五尺五寸，高阔同，由石顶面及左右上下均细錾光，离顶面二寸处，左右两边各凿成一寸深之直角，光洁子口，使丁石与由石扣紧，每隔一层，纵横交互，均成直线。

上下两丁石之间，用垫石垫平，其腹肚照图中尺寸，用块石填齐。逐层整砌，其填法须审定石块方向，依次排列，以便交互凑合。块石缝隙中用白灰一成、黄沙三成之厚灰沙同砌，砌至三尺宽为度，务使凝成整块，坚实耐久，不得松隙，免致外水漏入。此外，块石如砌墙然，不用灰沙。块石之外则填以干土，逐层夯实。

塘之上面铺长五尺，阔厚各一尺之盖，面石应细錾光，照图安放，一律清做(与丁由石同)，须平整密合，砌缝尤宜光洁挤紧，不得缺角、离缝。以上石料錾光后，须经监工员验明，合用始得安放。

绍萧塘闸工程局呈报视察东蒿各塘情形文（十六年五月）

呈为报明视察东蒿各塘情形仰祈鉴核事。职局前奉政务委员会令，查塘工经过情形、现在状况以及进行计画等因。当就西、北两塘先行规画列表呈送，并声明东塘应修工段容另文具报在案。查东塘属旧会稽县管辖，自大池盘头“天”字起，迄曹娥“郁”字止，共四百十九字；又自曹娥“楼”字起，迄上虞交界之梁湖溪“明”字止，共四十二字，别为曹塘，实则东塘之一小部分。若蒿塘则居东塘之南。自“天”字迄“盈”字共十字，在蒿山、凤山之间，上置旱闸二座，为绍、台往来之道，行旅出入，有同通衢。一遇山洪则闭闸以防浸灌，是以地虽属于上虞，而塘则隶诸会邑。盖会邑地居下游，东关、陶堰各村，所恃以屏障者，即在此一线之堤也。塘以内里许，有清水闸备旱潦启闭。考其时，必在筑塘之先，自塘成而闸遂废弃。前人有议移闸于塘上者，如明崇祯间余忠节煌，有建蒿闸救会邑旱灾之议。清同治间，旅京绍绅有开蒿闸以刷三江淤沙之议。格于众议不行。及光绪年间，蒿塘决口，钟绅念祖会郡绅参前议，以家资在凤山麓“盈”字土塘建闸三门，自己亥兴工，迄辛丑蒇事，意在借清刷浊，并备旱灾。卒以外低内高，虽成而无裨于用。局长亲诣视察，该塘距江不及一里，江水上受剡溪，下通曹娥，西北流而入于海，实为东塘门户，惜蒿山障其前，滩浅岸仄，流不能畅，往往横溢堤坝。民国十一年，新、嵊山洪骤发，高与塘平，幸免溃决。其余年份，遇夏令暴雨时，亦冲及塘腰，旱闸即须置板，非放晴三五日不易退去。塘内附近居民，有归咎于曹娥之火车路者，以为蒿居曹之上游，距曹仅十余里，往时曹江南岸一片沙碛，每值蒿水大涨，曹江不能容纳，尚有沙碛任其泛滥，自车路横亘江边，桥墩兀立江上，尾闾受病，则上游必遭横决。咸主将蒿口二百丈土塘，改筑石塘，以期一劳永逸。只以国库支绌，筹措维艰，为急则治标计，宜将旱闸量予修砌加高，并由东区主任查明经管闸板之过塘行，责成认真办理，庶足以资保障。至于东塘各段，如镇塘殿，业经前塘闸理事改筑石塘，如曹娥，如西湖底，如蛏浦，如大小潭，如大池盘头，均经前局改筑石塘，其余土亦由前绍兴县知事于民国十年间呈奉省署核准，在奖券项下，借拨二万元，分交各塘董择要培修，果使江水悉循故道，则塘身自保无虞，而无如其不可能也，诚以江流则变迁靡定，沙碛则坍涨无常，昔之溜在中泓者，不数年间即渐趋南岸。此次局长偕同东区主任逐段查勘，发见险工两处，其一为贺盘，自“川”字起迄“令”字止，共二十四字。江心发生沙嘴逼溜南趋，原有老沙逐渐坍没，仅存三四十丈。该处塘董曾于三年前呈请县署派员勘修。及职局成立，又申前请局长覆勘。结果以全段建筑石塘为上策，以东西两端建筑盘头为中策。若夫加土培补仅能补苴一时，为策之最下者。其一为楝树下“鸣、凤、在、竹”等字，业已着塘流水，纵一时不及改建石塘，亦宜乘伏汛以前，赶行救护。业由局长令行东区主任拟具抢险办法，另文呈请核示。总之绍、萧塘工绵长二百余里，而前借之款仅十万元，工程迭出，分配为难。局长责在宣防，自当熟权利害，勉维现状，理合先将视察情形呈请钧会鉴核。谨呈。

绍萧塘闸工程局呈报覆估东区抢修北塘仕至存字土塘工程文

（十六年五月）

呈为东区抢修北塘“仕”至“存”字土塘，敬将职局覆估情形报祈鉴核备案事。窃查绍属北塘三江东门外“摄”至“存”字土塘，内滨深河，外临闸港，三年内两次出险，亟应改建石塘，借资捍御。曾于折呈息借商款暨拟送各工段计划表文内，先后呈明各在案。值兹霉汛在即，迭据报告，该段塘外原有抢险桩缝泥土被潮卷去，啮及塘根，势甚危险。即经电令東区任主任督同工务员查丈估计，设法先行抢修。旋据覆称，就“仕、摄、职、从、政、存”六字号塘身，逐一勘丈明确，造具工料估册，计洋二千六百余元。当由局长率同该主任暨工程师，亲诣覆勘。查得该处闸港，日来愈逼愈近，潮水日夕顶托，塘脚多被刷空。若不于此时相机防护，转瞬即届霉汛，溃决堪虞。兹决定该处塘面不足二丈者补足二丈，坦坡一二，其在二丈以外者亦将坦坡改为一二，借避冲刷。“仕”字与石塘连接处，改用旧有坦石，叠成盘头式，外石内泥，南北阔二丈二尺，东西长二丈二尺，其形为圆径四分之一。至杉桩现值极昂，应于顶冲处钉二丈桩，围一丈二尺五寸至一尺四寸，梢径三寸，约三百六十枝，出土三尺。其余次要处，钉丈四桩，围九尺五寸至一丈零五寸，梢径二寸五分，约八百枝，出土二尺。约计工料共需银二千元，比较原估减削六百余元。即在职局借款项下如数支给。责令该主任克日施工，一俟工竣，派员验收，再请核销。理合具文呈请钧会鉴核备案。谨呈。

道墟塘董章思永等呈绍萧塘闸工程局为东塘日坍请委勘兴修文

（十六年二月）

呈为东塘逼近江流，日渐坍陷，应请鉴核委勘迅予开工兴修事。窃道墟乡地处江滨，东为东关，西系啸唫，同赖一线塘堤借资保障。故塘堤稍有疏虞，则受害不堪设想。与其临时遇险有措手不及之虞，孰若未雨绸缪，收防患未然之效。塘董等忝任本乡塘务，历有年所，责重才疏，深惧陨越，惟有奋勉从公，为桑梓尽义务，亦即为局长寄耳目也。奉职以来，不时轮流巡勘塘身，如有损毁及应修应筑各事，随时具呈报告，不敢壅于上闻，贻误事机。兹查东塘贺盘村与东关所管之塘堤毗连，自"言"字起至"令"字止，计十二字号，年久失修，塘身既狭，塘泥甚松，且逼近江流，每遇盛涨及怒潮冲击时，水几逼越江面，实属危险万分。塘董等目睹心惊，随时督饬各塘夫，加意巡视，毋稍疏忽。并筹款置办袋、簟等及一切抢险必需之物，预备应用。目下虽未出险，虑难长此安全，自上年春间，呈请县署后，虽蒙派委履勘，因款绌久未兴工。嗣经具呈催修多次，奉指令候转，令塘闸理事赶紧复勘举办等因。是陈情之公牍虽经迭呈，而当局之筹维，仍属有待。伏思塘堤事关民命田庐，一隅出险，足以牵动全局。上述十二字号，如欲为治本之谋，似应改建石塘，庶可一劳而永逸。然限于经费，暂作治标之计，能将塘身增高加阔，遇紧要处排钉木桩，亦可有备而无患。又查"言"字东首"容、止、若、业"四字号，经塘董等详加察勘，亦有损漏，惟未经呈报县局有案，敢乞并案办理，履勘修整。应恳局长察核施行，塘董等生长斯土，休戚相关，心以为危，何敢安于缄默，上辜层宪仁爱之真诚，下负同里族邻之督责。为此具呈请求局长俯赐鉴核，调阅底案，迅予委员勘明，克日开工兴修，实为德便。除呈明县署转请外，谨呈。

会稽县知县王安世筑塞小金海塘桥洞碑文(康熙六年正月)

绍兴府会稽县为违制开掘海塘引潮，大害地方□□宪肃斩枭蠹，以□国本，以活民命事。奉本府信牌，水利厅信票，蒙分守宁绍台道王宪牌，浙江等处提刑按察使司冯宪檄，奉总督浙江部院兵部尚书赵、巡抚浙江部院工部尚书蒋、浙江巡盐监察御史雷批：据本县八都里长石茂仁即石之贞等呈前事，内称绍郡八邑，半属海滨，山、会两县，尤切边隅。其间国赋所出，民生所立，全赖官塘依作长城。上古筑沙成堤，历判易□□石工程，莫计金钱，无算题定，随损随修，不许私行挖掘。刊载志书，炳若日星。塘以内谓之民田，塘以外谓之灶地。民田种禾输粮，灶地拥晒办课。民、灶迥别，塘界攸分。□典永定，亘古不易。仁等祖居会稽八都地方，倚江枕海，借塘为命。祸遭□灶欺□，民借不谙灶例，诈称升科，将沙地私垦肥田一千四百余亩，不纳民粮，不当民差，胆将千古老塘东西开挖,水上建高桥,下立绳堤,内河掘通,海面舟楫出入无忌。风潮一起,直贯内地。良田万顷,连遭患害。去年八月初二日,怒潮冲啮,桥石悉行漂散,禾稻尽被淹没,周围数十余里,颗粒无收。三月间,蒙部、抚二院牌行前守王,挨查修筑,老幼欢腾。不期灶枭朋比舞弊,隐留□穴,瞒官不塞。本年七月初五日风,兜发海潮,□桥复贯,河水高数丈,男妇几同鱼鳖。里递□之贞等,以潮水由桥复入等□呈报守宪王批,边海石塘,民命攸关,岂宜私留一穴?仰会稽县察例筑塞报,蒙本府夏批,仰会稽县委官督筑,速竣报。蒙水利厅杨批,仰县亲临踏勘,果系私开穴窦,有妨人命禾稼,即严令固筑,具文速报各到县。蒙本县出示晓谕,拨夫筑塞,而枭棍张振吾、王禹宾、魏大符、陈钟林、王岳等,身虽灶籍,窟无立锥,机乘奉宪批筑,视为生涯,煽□五十四灶,百有余人,公然传□,按亩科敛,使费劈诬,呈首石之贞,以婪秀谋塞,希图倒陷,不思此桥不塞,乐土必为□□,□□尽□流民。伏乞□□,俯□□古之志书,龌制与诡捏之升科案示,孰真孰伪;数万顷之民田额赋与千余亩之沙地微税,孰多孰寡;况民田条粮之外,额有秋南二米,灶地不入黄册,并无粒米交官。民田正供之外,例有编甲值□,灶产不载役书,曾无半亩当差。田粮地税,霄壤相悬。以私害公,天地不容。且灶地拥晒之后。可种花豆,筑塘仍然无碍。民田必植禾苗,别无他业,沾潮立行朽烂,开塘于灶无益,与民有损。筑塘于民除害,于灶无亏。通潮正是通海,害民总是害国。号宪严批固筑,早杜民殃等情。蒙督抚赵批:海塘原无开挖通舟之理,仰绍守道从公勘明报夺。蒙抚宪蒋批:仰绍守道查勘确议速报。蒙盐宪雷批:守绍道究报。三词俱蒙批送守道。蒙守宪王俱转檄水利厅杨勘审。蒙□□水利厅即会同本□□后细勘,□□根究。明确申详本道。本道更亲行提审,逐一研讯,备探舆情,议留霪洞详覆□院。蒙督宪赵批:据详,塞桥以防潮患,留霪以灌灶田,果民、灶两便,如详行缴。蒙抚宪蒋批:塞桥以防潮患,留霪洞以灌灶田,既经各官踏勘明悉,民、灶允服,如详永遵,不得私行开掘。蒙盐宪雷批:塞桥以防潮患,留霪以灌灶田,两便,似属应从。但陈钟林驾词失宜与控款贴告之王岳,均应究惩。该道律拟确招,候部、抚二院批,行缴。但本道业蒙部抚二院批允,即申请盐宪宽恩免拟。蒙盐院雷复批:塞桥防患,留霪灌田,既经部抚二院批允如详,□□□陈钟林驾词诳捏,□□捏款贴告,健讼刁风,渐不可长。按察司究拟招报。随蒙臬宪行提一干人犯,究审拟罪。而本县即委捕衙拨夫筑塞。岂灶枭□众拒官抗挠,不□□□豪□护塚等事,朦控盐宪雷批,据呈存桥□闸,启闭以时,潮□可□,□□可溉,诚民、灶两便。

□道□守绍道速督建闸并吊臬司词卷汇结在案。仍通详二院批示，永杜争端。缴。而石之贞等复以开塘通海灭旨抗断等事，遍控各宪。内开：沿海官塘，关系最大。低狭□□，加培开挖，奚免重罪，今□京畿□顾疏称，千丈之塘一蚁穴，□□□现奉严旨，修葺天下堤防，挨查溃决处所，年终造册报部，分别官箴在案。□小金团海塘，蒙奉各宪反覆详勘，已蒙三院再四批筑，张振吾、王岳宾、闵□荣等百计具院拒官抗塞，反以保桥改闸，朦诳盐宪，希图□雾迷天，险□堪仍通舟楫，疏□三县地方，伏祈宪天查明前案，□饬□筑，勒石永禁等情。蒙水利厅杨批：塞桥留霪，灶、民两利，既经三院允详，自当速筑，以卫民生。张振吾等藐视宪批，阻挠朦控，仰县亲督速筑报。蒙抚宪蒋批：已经三院批定之案，如果仍复开塘，许径赴盐院。并蒙雷批守绍道并查报。蒙督宪赵批，海塘原无造闸通舟之理，仰绍守道查明原案，严督固筑，以杜潮患，勒石永禁。缴。批发到道，转行到府，檄行到县。□本县遵即转委粮衙赵骥亲诣小金团地方拨夫筑塞。□□□本县具有筑完□□□□□□□□模呈送各宪□验□□□明，批准在案。蒙此□□遵宪勒石，严禁掘挖。□除□□□□□□□□不朽云。（石之贞，号瑄侯，辛卯孝廉，北都生长，京师中式，北籍。甫归故里，两罹潮害，毅然举此，功非渺少。）

南塘通判陈荣甲详藩司请惩民人擅掘塘脚文附批

（清光绪三十四年五月）

案：据通判衙门八段夫俞芳达禀称，山邑西塘下地方西首“诗”字号塘堤，有就地不法民人卢如立，将该号塘脚擅自开掘，搬运护泥，砌填屋基，见阻不采，禀请究禁等情。查塘堤为保障民命，护泥系塘身要卫，最期根脚巩固，抵御坍矬，固属唇齿相依，何堪任被开掘。兹卢如立竟以开掘运泥，殊属大干例禁，当即轻舆减从，亲诣察勘。勘得所禀该处“诗”字号塘脚，果被开掘阔一丈一尺零，深三尺零，塘根毕露。卢如立填砌屋基多间，委系搬运该塘护泥砌填建造，同梓里老，询诘彰然。实属罔顾大局，有干法纪，且是塘内外，逼近乡河。设有疏虞，害非浅鲜。比经饬传，讯令修整，以资巩固。去后，旋据该差以卢如立恃蛮抗传，禀复前来。查卢如立始则不采理阻，继则恃蛮抗传，似此任意违禁，实属胆玩已极。按之该犯住近沙僻，惯合刁奸，难保不无于中相助为非，巧钻护符。若不严加惩创，兼恐纷纷觊觎，效尤胡底，刁蔓愈炽。通判责司塘防，深为堪虞，理合据情详请，仰祈宪台俯赐察核，迅速檄饬府县，严提不法民人卢如立到案，诘究互谋，照例分别惩办。一面将开挖护泥之塘脚如故修整，以卫塘身，而昭儆戒。

附藩司批：

据详，民人卢如立开掘山邑西塘下地方西首“诗”字号塘脚护泥，搬填屋基，既据该倅亲诣勘明饬传修复，何得抗违不釆，殊属胆玩。仰绍兴府即饬山阴县查勘明确，如果属实，应即勒令将开掘之处填复完固，从严惩究，以儆不法，而重塘堤。据实禀复察夺。

绍萧两县水利联合研究会议决整顿护塘地案

（中华民国五年七月）

按：本会据会员陈玉、陈骚、王一寒、汤建中、何兆棠、李培初等提出议案，内称绍、萧负江挟海，地极低洼，所持以保障全局者，实惟塘堤是赖。而塘堤之得以捍卫，又惟以护塘余地为之屏蔽。故塘堤巩固，则野尽沃土；塘堤决裂，则阖境沦胥。关系之重，莫逾于此。惟查近年以来，各处护塘余地，大半均被侵占。或有近塘填基，任意建筑者；或在附塘播种，疏松塘脚者；甚至沿塘一带，坟冢林立，始则破塘埋棺，刨土作坑，继因棺木朽腐，穿成空穴者，危害情形，殊难言状。本会既以研究水利为职务，欲保水利，务除水害。紧要根本，自应保全塘堤为重。然欲保全塘堤，必须将护塘余地，先请绍、萧两县知事迅派干员，赶紧勘丈明确，划清界限，切实整顿，务使已占之处，严加取缔，未占各地，永申厉禁。用特提出议案，应请公同研究，共加讨论，以除水害而保水利，绍、萧幸甚等语。当经印刷配布，宣付第四次常会会议，经众研究，议决如左：

一、议护塘地为保护塘堤之必要，欲期巩固塘堤，自非整顿护塘地不可。以近今之糟蹋日甚，一若不知有从前规定丈尺者，尤非严加取缔不可。现经本会将提议之案，公同讨论，表决通过。拟请两县知事转详财政厅，即饬清理官产处，幸勿视护塘余地为公产，误行标卖，一面由县派员前往勘丈明确后，商订取缔章程，再行办理。

节录重订清理绍属沙地章程

第九条　各县场沙地，不分民户灶户，旧升新涨，塘内塘外，应一律报缴领照，但有关护塘制盐等用者，得由各事务所所长，会同县场知事勘明，酌留若干，划清界址，详报立案。

六年七月十三日准绍兴县知事宋函开：迳启者，案照护塘余地，原为塘堤之保障，关系极为重要。前清时代，对于近塘造屋以及盗葬、私垦，曾经悬诸禁令。乃人民不顾公益,仍不免自便私图。民国改革已还,发生违禁建筑,及任意侵占者亦数见不鲜。上年贵会提出保存护塘余地议案,报由绍、萧两公署,援引前清塘内外一律留出二十弓之旧制,呈奉省长指令有案。今本公署又于吉生布厂在北塘“岁”字号护塘余地建筑案内奉文,督局规定:嗣后不论远近,以及塘地现象若何,塘内外如有余地,一律照旧制留出二十弓以为护塘地面。如有不遵规定距离丈尺,从事建筑或盗葬坟墓,垦掘种植,及其他种种妨碍情事,一经塘闸局报告,即由官厅严予制裁,其现已建筑墙屋,将来如有拆卸重行建筑者,即责令该屋主恪遵规定护塘丈尺办理,合将核议办法专案请示。兹于本年七月十日奉省长公署第九八二四号指令,内开呈悉,仰即咨行。萧山县会衔布告,一体遵办,以重塘堤等因。除令行塘闸局遵照,并会同萧山县知事遵令布告外,相应函达贵会,请烦查照为荷。此致。又,于是年七月二十三日准绍兴县知事宋函开:迳启者,卷查前准贵会提议保存护塘余地事,业经敝公署于吉生布厂在北塘建筑案内,遵奉省令,饬由绍塘闸局规定护塘丈尺,并限制情形,呈经核准布告,并函达贵会查照。兹据绍塘闸局理事按照结束保护塘地原案,拟具取缔章程八条,呈请立案前来。查保卫塘地与水利有密切关系,绍理事所拟取缔办法,是否悉臻妥协,有无应行增损之处,事关两县,用特照录章程一份,函达贵会查照,希即于下届开会时公同议决,见复过署,以便转呈省长核定,无任切盼。此致。计函送章程一份各等由,准此。当经于第十五次常会印刷分布,详加讨论。佥谓萧山境内西北两塘,市镇村落,较绍属为多。此项取缔章程,非详细研究审慎核定,不足以昭公允而资信守,决定第十五次常会作为交换意见,到会各员各将印刷文件带回,详加研究,俟下届开会继续会议等语。旋准绍兴县知事宋函开,以据萧山西北乡沿塘各村民人贺景运等,以规定护塘丈尺并取缔章程于沿塘乡民,殊多窒碍,禀请率由旧章,取消前议等情前来。据此,查此案提议本旨,无非为保护两县人民生命财产起见,因欲谋多数者久远之安全,未免涉及少数者一时之痛苦,势所必至,理有固然。但两利取重,两害从轻。自惟有将前项章程详细研究,审慎核定,俾痛苦得以减杀,而安全仍克永保,斯为尽善。除禀批示外,相应抄录原禀,函达贵会查核。于会议时,借备参考。此致。并抄送原禀一纸等由,准此。复于本会第十六次常会继续讨论,议决如左:

一、议继续第十五次常会。议订取缔护塘地章程,经本会议决,是项章程十条,函请两县知事转呈省长核准公布,并分别报盐运使暨清理官产处存案。

附录：取缔护塘地章程

（一）护塘地遵照定案，塘内外各以距塘脚二十弓为界限。

（二）护塘地内不论官私，有田地、屋基，均受本章程拘束。

（三）塘上及护塘地内，旧有房屋、卤池、粪池并其他等物，现时暂准免予拆填，倘因塘工必要时，应立即拆除填塞。

（四）护塘地内不论田地，如系民间私产，执有契串者，仍归民间营业。但只能耕种，不准有新建筑毁掘等事（如起屋、造坟、掘池及其他损害之类）。倘有违犯，应即勒令恢复原状，其情节较重者，并处以相当之惩罚。

（五）塘上及护塘地内旧有卤池、粪池及其他损害等物，如因塘工拆除及倒坍废弃者，一概不准修复。

（六）塘上及护塘地内所有房屋，遇修葺时，应报明县署勘明，确无损碍，准予出具保固切结，照旧修葺。

（七）沿塘一带，除向有护塘余地各处（如童家塔、丁家堰等处）外，其有新涨沙地或系坍而复涨者，丈出二十弓为护塘地。

（八）此项余地为护塘之必要，如系官有，当永远保存，不得以官产标卖。

（九）前列各条，东、西、北三塘均适用之。

（十）此项取缔章程，由两县公署核转奉准后，出示通告，并分报盐运使暨清理官产处存案，作为永远定案。

绍萧两县水利联合研究会议决来锦藩等陈请塘上房屋原基原造修改议案案（中华民国九年十二月）

按：是案于九年十二月十六日第二十六次常会提出，议决如左：

一、议来锦藩等请愿，塘上房屋原基原造修改议案一案，佥谓塘上房屋于塘工有种种妨碍，前经议定取缔护塘地章程，如因塘工拆除及倒坍废弃者，一概不准修复。来锦藩等请原基原造与议案违反，碍难照行，亦未便因个人私意，遽行修改议案，应行却下。一面函知两县公署查照备案。

绍萧两县水利联合研究会议决整顿护塘地案

（中华民国十三年三月）

按：是案于十三年三月十六日第三十四次常会提出，议决如左：

一、议整顿护塘地案，前经本会于民国六年第十五、十六两次常会，根据绍、萧沙地章程第九条规定，议订取缔护塘地章程十条。函请两县公署转呈省长核准公布，并分报财政厅、盐运使暨清理官产处存案，并由两县知事出示布告，各在案。兹闻是项护塘余地，有人觊觎，希图朦准承买，应即查照前次议决原案，取缔护塘章程第七、第八两条，函请两县公署转呈省长暨财政厅仍照原案保存，不得以官产标卖。

绍兴县议会咨绍兴县知事勒令禁合浦乡万圣庵官塘开设行坝文

（中华民国十二年）

案准敝会阮议员廷藩提出，禁合浦乡万圣庵官塘开掘设坝案。内开：官塘为人民保障，议会为人民代表，难安缄默。兹有金阿水在偁浦“草”字号官塘沿，土名万圣庵地方，毁掘塘堤，开设行坝。虽历经合浦、啸唫两乡自治委员王长庆等禀准官厅，已奉批示，切实查禁。而金阿水开设行坝依然如故，官塘之实受损害，亦依然如故。查偁浦万圣庵附近一带，均属土塘。本为潮汐冲激之要区，又为汤浦等处山水下泻之总汇，关系重大，不忍漠视。为此提议等由。准经提付大会讨论，佥谓查合浦乡万圣庵一带土塘，为山洪潮汐冲激之处，地方至为重要，正宜设法保护，岂可任人剥损。乃金阿水图一己私利，在于塘堤紧要处所开掘设坝，不顾公益，忍心害理，莫此为甚。既经啸唫、合浦两乡自治委员禀准官厅，查禁有案，而金阿水开掘如故。应由本会函请公署吊销行照，勒令停闭，并令恢复掘毁原状，以保塘堤，而免尤效等语。表决一致通过，相应函请贵公署查照原案，迅将该处金阿水所设过塘牙行勒令停闭，吊销行照，并令将毁掘塘身恢复原状，以保塘堤。一面希将办理情形见覆，是所至盼。（查是案由顾知事派警将金阿水所设行坝封禁。）

东区管理处条陈责成塘夫照章割草挑土筑塘管见两端请核示文

（十五年十二月）

呈为呈请事。查绍属各塘塘夫，向来不给工食，故虽有管塘之名，而无护塘之实。今蒙钧长明定规章，实事求是，所有塘夫概给工食。窃以为既给工食，则应责成塘夫者有二端焉：塘上生长之草，本以护塘。然塘面之草无所用之，向因该草刈割为塘夫津贴，故任其长成，莫或过问。萋萋满塘，高出于人，或遇潮汛泛滥之时，欲视塘身之有无罅漏，獾猪之有无巢穴，实令人无从下手。为今之计，似宜将塘外之草，照旧章于立冬后刈割。塘内之草照旧章于霉汛前刈割。塘面之草则责成塘夫随时割去,不准长至一尺以上,俾巡视者既不碍于巡行,而塘身之一切情形亦得随时查察。此其一也。土牛为抢险之预备,关系塘务最为紧要。然东、北两塘一带,有土牛者,殊属寥寥。宜责成塘夫,分作三年,每字挑土牛五个,每个底方长一丈二尺,阔八尺,顶方长四尺,阔二尺,高五尺,计土两方。第一年责成塘夫先将旧有塘身须补苴者,一律补苴完讫,再筑土牛一个,第二年、第三年各分挑两个,或遇抢险时,甲段土牛不足,得借用乙段土牛,事后由双方管理员商承主任,酌给挑筑津贴,是每塘夫一名,假定管五十字,平均计算约每年须挑土二百方,每方以三角计,须银六十元。该塘夫一年工食只七十二元,似未免失之太苛。第为之细算,塘夫看塘以外,仍可兼理农工事业。且此项土牛,限三年每字挑筑五个为止。此后不再增加,但每年于土牛坍陷者添补之,塘身有水溜者修葺之,则三年之后,该塘夫既可不劳而获,而抢险之土亦有备无患矣。此其二也。以上二端,愚陋之见,是否有当,伏祈裁夺。示遵。谨呈。

绍萧塘闸工程局呈省政府为船货违禁盘塘请严令禁止文

（十六年七月）

呈为船货违禁盘塘请严令禁止事。窃职局管辖江海塘堤,关于船货起运驳卸,向有指定地点。东区管理处主任转据三江应宿闸兼北塘第六段管理员张光耀呈称,七月四日午后一时,光耀巡视塘身,见闸务公所后面"夏"字号塘,停泊盐船一艘,挑夫掘毁塘身,开掘阶级,挑运盐包过塘。当经光耀劝阻,挑夫纷纷逃散,船内尚存盐十四包,当着塘夫往请驻扎三江城内缉私第五营第二队第六棚长蔡伯仲,将盐十四包如数点交。经蔡伯仲领收,出立收讫字据。一面将船扣留。已经呈报。该船于翌日夜间驶去。讵本月十日上午一时,光耀自丁家堰巡塘至闸务公所后面"夏"字号,仍见停泊盐船一艘,挑夫二十余人,纷纷挑运盐包过塘,经应宿闸而去。当经光耀劝令,以后切勿损害塘身,私擅过塘。讵有缉私营第五营第二队第六棚棚长蔡伯仲率领缉私营兵士八人,汹汹赶到,向光耀百般辱骂。光耀见无可理喻,即回闸务公所。查职段所管塘堤,向不准开设埠头,私擅过塘。今该缉私营棚长蔡伯仲,蛮横不法,强干例禁,实属办理为难等语。查北塘三江一带,塘堤并无正式埠头,无论何种货物,均不准擅自盘运。此次缉私营队,横加干预,若不严行禁止,则将来各种货船均可相率效尤。设有疏虞,谁负其责?除指令外,理合据情呈请鉴核,令行该管机关，迅行申禁，并予处分，以重塘政。谨呈。

绍萧塘闸工程局会县勒石永禁附塘堆积木石各料文

（十六年二月）

为会衔布告泐石永禁事。本年八月二十日，奉省长公署第七一一九号指令，本知事等会衔呈覆：勘明杨锡颐呈控木商堆积木料，占用塘身一案情形由，内开：既据查明该木行等实有堆积木料，塘身受损情事，自应勒令迁移，永远禁止。仰该知事等，会同绍、萧塘闸工程局局长办理可也。此令等因。又奉会稽道尹第一四七九号指令，同前由，内开：呈悉。据拟勒令各该木行，将堆筑木料仓屋一律拆迁，嗣后不准再行堆筑，违则拘案罚办。并会衔布告，泐石永禁。办法甚合。应即切实办理，并随时查察，毋令阳奉阴违，是为至要。此令等因。各到县奉此。查此案，前据萧邑公民来燕及田履耕等分别来署呈控，并由绍邑公民杨锡颐控，奉省长暨道尹令，饬查明核办等因。业经本知事等亲诣闻家堰，勘得永和、人和、余记、森茂等四户木行，在该塘“戎、羌、平、章、爱”等字号，堆积木料，并建造仓屋属实。森茂木行且有擅筑石坝情事。当以该塘曾于民国二年间倒坍一次，形势极为危险。当时抢修施工，颇感困难，迨工程告竣，曾有本公署等给示泐石，永禁造屋搭厂以及排列坑基等项，有案。乃该木行等竟专图一己之便利，不顾公众之大害，在塘上私堆木料，并造屋筑坝，致塘身被压受损，无怪两邑人民啧有烦言。拟请将各该木行所堆木料及仓屋、石坝，一律勒令拆迁。嗣后不准再行私堆私筑，违则拘案惩罚，并会衔布告，泐石申禁，以垂久远等语，呈请核示在案。兹奉前因，除勒令永和等木行将木料及仓屋、石坝一律拆迁外，合行会衔布告，泐石永禁，仰该处商民人等，一体遵照。须知西江塘为两县田庐之保障，关系何等重大。自此次布告申禁之后，务须恪守禁令，不得再有堆积木料、造屋搭厂以及私擅筑坝，或排列坑基等情事。倘敢故违，定即拘案惩罚，不稍宽贷。其各凛遵毋违。切切。特此布告。

又会县示禁沥海塘不得埋棺开路及纵放牛羊文

（十六年二月）

为会衔布告事。案，据东区塘闸管理处主任任元炳呈称，窃主任于月前带同职员，巡视所辖塘堤，当查绍属沥海塘一带，塘身本属狭窄，乃附近居民或擅开私路，或纵放牛羊，任意践踏，不顾利害，甚有挖掘塘身，埋葬孩棺。各字塘内,孩棺累累,不可胜计。此等孩棺,概系薄板所制,一年半载破朽以后即成空穴。因而塘身坍陷破损,不堪言状。主任职在管理,未敢缄默,理合呈请布告严禁,以固塘堤等情。据此,查沿江沿海各塘,为地方保障,前清于私葬、偷掘,禁例綦严。据呈各节,殊属藐视功令。除饬随时查报外,合亟会衔布告。为此,示仰该处居民人等,一体知悉。尔等须知:塘堤为人民财产所系,凡属附近居民,尤宜保护爱惜。所有从前已埋之棺、已开之路,能于一个月内迁出,挑补如原者,此次不究既往。倘经布告以后仍敢埋棺、开路、牧放牛羊,以及种种损害塘堤情事,一经查实,或被告发,定即提案严究不贷。其各凛遵毋违。特此布告。

越昌垦植公司代表金乙麟呈第三区行政督察专员请示禁道墟等处私掘塘堤文(中华民国二十五年四月)

窃越昌垦植公司筹备处,在绍属道墟黄草庙对岸沿宋家地,对途赵村渡、上仓角、戚家池、谢家地、海茶、高严家、坵下庙、车家浦等处沙地雇工建筑塘堤,预备开凿。讵被就地及对江上虞县属无知之徒,聚众掘毁塘堤。除呈奉东关区署,派警查拘到解送法院归案治罪外,内尚有四近无赖,不明事理,散布谣言,煽惑乡愚。诚恐复酿事端,于本年四月十七日呈请钧署颁发布告,以杜儆祸,而维产权各等情。于同年五月廿八日奉建字第四三〇号批示,内开:呈悉。已令东关区署暨上虞县政府查明制止矣。所请出示晓谕,暂毋庸议,亦足见慎重将事之本旨。呈请人于此,势有不能已于言者。窃谓制止云者,为发生事端之际临时之救济,非预防之办法也。国家统治人民,一方既原非希望人民之犯罚,一方亦非必待产权人损失以后,始予补救。呈请人本此主旨,故请颁发布告,以期防患于未然,而免无知乡愚受人煽惑,误蹈法网。虽出示之后,容或仍有违抗,致干法纪,第在政府则既出示在先,自已尽开导之责任。此颁发布告似不宜缓议也。呈请人之产证及预备开垦之地亩,已奉令行东关区署查明,确属实在,呈复在案。此项产权之授予,关系政府信用及纳税义务。保护设不周密,则非但政府之标卖升科,不足以取信于人,即催征赋税,亦难免于义不合。现既查明产权属实,则颁发布告,似应准予所请者也。呈请人已筑之塘,被吕庆元等聚众掘毁,案经绍兴地方法院判决,科刑主文,系被告等共同毁损他人所有物一罪,各处罚金十元。如不纳,各准以一元折算一日,易服劳役。在既往,被告固属咎由自取,第后来之覆辙,何妨惩前毖后,杜渐防微,以见政府爱民以德之至意。此征诸事实,似于颁发布告,势属必要者也。查民国二十四年五月三十一日公布之《修正浙江省垦荒地办法》，对于公、私荒地之开垦，既设有奖惩之规定，其九条且明载各县政府对于公、私有荒地之开垦，应充分注意保护与考察。可见政府提倡实业，不遗余力。今呈请人雇工筑塘，预备开垦私有沙地，仰体督垦办法之本旨，即无吕庆元等聚众毁抗之发见，亦应予以出示保护，况既有肇事之经过，尤不宜不予明白晓谕，杜来者而使呈请人有欲垦不能之困难。此颁发布告似又不应缓议者也。总上管见，窃以谓给示晓谕，为行政机关防患未然之责任，遇事制止为临时救济之方法。依法究惩，为事后之补救。各有效用，不能偏废。如果事前可防而不防，必待临时之制止，或事后之究惩，未免于教民以正之旨不符。为此渎请给示晓谕，以维治安。

附贺专员批：

查垦荒筑塘，系属正当事业。聚众掘毁，实属不法行为。据呈前情，除批示外，合行出示布告，仰该处居民人等，一体知照。嗣后勿得聚众阻挠，掘毁堤塘，致干法办。此布。

塘闸工程处函请取缔妨碍海塘建筑物

中华民国二十六年六月，绍、萧塘闸工程处据第三区区务员李松龄报告，曹娥太平桥湾头“陆”字号海塘，近有印培增在塘上私建五丰过塘行，王公茂埠头有沈姓私建房屋，均在开工进行。并谓曹娥一段石塘，塘身既高，形势又极险要，势难任其造筑。应迅速函请绍兴县府，电饬东关区署，派干员到场督拆，以免效尤。工程处据报后，即函请县府令，饬东关区署查勘，并派第五科技士骆锦奎前往曹娥履勘。据其查勘所得经过：五丰过塘行在太平桥所建楼屋三间，与塘仅距离四尺，且建筑无规律。现工程处拟在该处建筑旱坝一座，将塘身之本来高度，以百分之四陂度延长至三公尺六，应将该屋以左首为标准，拆进一公尺，以利塘坝。骆技士于查勘之余，已面令该行主于三日内自动拆除，并令曹娥派出所警士赵柏龄督促办理云。（见报载）

东区管理处北塘报告书(十六年三月)

号别	塘别	塘身高阔	沙碛远近	江流形势	备考
天	石塘	阔二丈九尺,高九尺	塘外熟地四十里	江流向西	塘内脚有屋,内外大小坟四十一穴。又石路各一条,天字起至山西闸“玉”字号止,塘上坟葬累累,前次巡视时,塘上芦苇长草尚未割尽,故塘高、阔均未量准。此次系勘该塘外毗,塘石均多倾欹,兼塘身多被塘上做坟掘陷,竟有至六七丈者。少亦一二丈不等。深陷或有至四五尺者,屡禁无效。查塘外沙地长至四五十里。烟灶繁盛,贫户死亡即在塘上埋葬,成为习惯,非塘内多设义葬,殊虑无法禁止。
地	同上	阔二丈七尺,高九尺	同上	同上	塘内脚有屋,面有大小坟七穴,又串路一条。
元	同上	阔二丈一尺,高七尺	同上	同上	塘内脚有屋,面有坟三十七穴,内路一条,外路二条,树根一个。
黄	同上	阔二丈三尺,高一丈	同上	同上	塘内脚有河,面有坟大小三十一穴。内外石路各一条。
宇	同上	阔二丈四尺	同上	同上	塘内脚有坟,有河,面有大小坟三穴,串路四条,内路二条,外路三条,树根三个。“宇”字碑缺。
宙	同上	阔二丈四尺,高九尺	同上	同上	塘内系河。内外塘面大小坟七十五穴。路一条。
日	同上	阔二丈三尺,高一丈	同上	同上	塘内临河,面有大小坟五六十穴,浮厝一具,外泥路一条。
月	同上	阔一丈七尺,高一丈	同上	同上	塘内临池,内外身大小坟五十余穴。
盈	同上	阔一丈九尺,高一丈	同上	同上	塘内民房,竹园。面有坟九穴。
辰	同上	阔二丈,高七丈	同上	同上	塘内外脚民房、竹园,又石串路一条,内泥路一条,黄公河埠一个。
宿	同上	阔一丈八尺,高七尺	同上	同上	塘内有屋,面有厕所三间,串路一条,内外石路各一条,泥坟二穴,地名黄公溇,烟灶约百余户。
列	同上	阔二丈一尺,高七尺	同上	同上	塘面住屋十余间,即黄公埠头。又石串路二条。
张	同上	阔一丈九尺,高九尺	同上	同上	塘内临河,面有坟三十一穴,内身多种作,并石路一条。“张”字碑缺。
寒	同上	阔二丈七尺,高九尺	同上	同上	塘内田,并石路一条,塘身有坟三十六穴。
来	同上	阔二丈四尺,高九尺	同上	同上	塘内河,并石路一条,坟四十穴,浮厝一具。十五年五月间抢修二丈。“来”字碑缺。
暑	同上	阔一丈八尺,高一丈	同上	同上	塘内临溇,内外坟四十七穴。内石路一条。

（续表）

号别	塘别	塘身高阔	沙碛远近	江流形势	备　考
往	同上	阔二丈四尺，高一丈	同上	同上	塘内临漤，内外坟二十九穴。内石路一条。“往”字碑缺。
秋	同上	阔一丈八尺，高九尺	同上	同上	塘内临河，面有坟大小二十六穴，内身有金池庵。
收	同上	阔二丈三尺，高九尺	同上	同上	塘内临河，面有泥坟四十七穴。“收”字碑缺。
冬	同上	阔二丈七尺，高九尺	同上	同上	塘内临河，面有坟三十一穴，面泥多被刨土做坟，故有陷溃多处。
藏	同上	阔二丈三尺，高八尺	同上	同上	塘内临漤，身有坟大小三十二穴。
闰	同上	阔三丈二尺，高一丈	同上	同上	塘内临漤，面有大小坟十一穴。内有路一条。“闰”字碑缺。
成	同上	阔二丈七尺，高九尺	塘外熟地三十余里	同上	塘面有草舍，内外身多坟，石串路一条。
岁	土塘	阔三丈九尺，高一丈	同上	同上	塘内脚系吉生布厂。内外身大小坟二十八穴。内路一条。
律	同上	阔二丈七尺，高八尺	同上	同上	塘内屋，并地竹园。面有坟二十六穴。
吕	同上	阔二丈七尺，高七尺	同上	同上	塘内屋。面有坟三十穴。内泥路二条。外泥路一条。
调	同上	两面多坟，高阔无从量处	同上	同上	塘内漤。内外坟大小五十七穴，内石路一条，串路一条。
阳	同上	阔一丈六尺，高六尺	同上	同上	塘内屋并坟四十七穴。内外石路各一条。
云	同上	阔一丈五尺	同上	同上	塘内漤。面有路亭一间，民房草舍十余间，厕所肥缸六只。石串路一条。内石路一条。
腾	同上	面阔二丈一尺，高四尺五寸	同上	同上	塘内漤。外井柳一排。内有民房草舍并石路一条，坟一穴。
致	同上	面阔一丈八尺五寸，塘高四尺	同上	同上	塘内河，内脚有屋。坟十七穴。内路一条，外路二条。“致”字碑缺。
雨	同上	面阔一丈九尺，塘高五尺	同上	同上	塘内地，并有坟三穴，内有竹园。石串路一条。
结	同上	面阔一丈七尺，塘高五尺	同上	同上	塘内地，串路一条。内泥路一条，又多竹园、民房。又坟十五穴。地名后渡。“结”、“露”倒置。
露	同上	面阔二丈四尺，高无量处	同上	同上	塘内脚多民房，石串路二条，内外泥路各一条。
为	同上	面阔二丈五尺，高五尺	同上	同上	塘内系屋，近河，并有井柳一排。石串路一条，内路三条，外有破卤池。

（续表）

号别	塘别	塘身高阔	沙碛远近	江流形势	备　考
霜	同上	面阔一丈塘高五尺	同上	同上	塘内系河并石串路一条，内外多卤池，树根三个，地名山西埠。
金	同上	面阔一丈一尺，高八尺	同上	同上	塘内外脚系屋，并卤池。石串路一条。内外石路三条，内路一条。“金”字碑缺。
生	同上	面阔一丈，高六尺，外塘脚掘坍	同上	同上	塘内河。内外泥路各一条。“生”字碑缺。
丽	同上	面阔一丈二尺，塘高九尺，塘面外倾，塘脚掘坍	同上	同上	塘内河，身及面大小坟四十八穴。柏树一株。
水	同上	面阔一丈二尺，高八尺五寸	同上	同上	塘内河，塘面做坟，塘脚掘陷。有坟四十六穴，外路一条。
玉	石塘	面阔一丈二尺，高九尺五寸	同上	同上	塘内河。面有山西闸一座，即在“玉”字之尾，迤东大和山脚，有念公祠。外路一条，大小坟四十八穴。
出	同上	阔二丈二尺，高八尺	同上	同上	塘内脚有毛石墙，迤西即大和山脚。并大小坟三十六穴。内泥路一条，外石路一条。地名西塘下，烟灶二百左右。
昆	同上	阔一丈，高一丈二尺	同上	同上	塘内外竹园、民房，外石路二条，内石路一条，大小坟三十五穴。
冈	同上	阔一丈四尺，高一丈四尺	同上	同上	塘内外并及面，大小坟三十三穴。
剑	石塘	阔一丈七尺，高一丈	塘外熟地三十里	同上	塘内地并屋，面有肥缸六只，草舍每面各两间。石串路一条，内外路各一条。坟八穴。“剑”字碑缺。
号	同上	阔九尺，高无量处	同上	同上	塘内外皆河埠，面有民房、茶店、厕所一间，内临河。石串路一条，内石路三条。
巨	同上	阔一丈六尺，高一丈	同上	同上	塘内泥坟十五穴，内泥路一条，柏树一株。
阙	同上	阔一丈四尺，高一丈	同上	同上	塘面坟三十一穴，内河并石路一条，外泥路一条，地名冯家塘头，烟灶四十余户。
珠	同上	阔一丈七尺，高八尺	同上	同上	塘内田并石串路一条，坟三十一穴。
称	同上	阔一丈六尺，高一丈	同上	同上	塘内田并屋。内路一条，外石路二条。坟十七穴。面多海芦。
夜	同上	阔一丈五尺，高九尺	同上	同上	塘内田并坟十五穴。
光	同上	阔一丈九尺，高八尺	同上	同上	塘内田并石路一条。坟大小二十七穴。地名白洋道士溇。

（续表）

号别	塘别	塘身高阔	沙碛远近	江流形势	备　考
果	同上	阔二丈一尺，高一丈	同上	同上	塘内田。外石路一条。坟大小二十七穴。
珍	同上	阔一丈八尺，高一丈	同上	同上	塘内田，并石路一条。坟大小三十穴。
李	同上	阔一丈七尺，高一丈	同上	同上	塘内河。并坟大小十三穴。地名蔡家溇。
奈	同上	阔二丈五尺，高九尺	同上	同上	塘内河。并坟大小十穴。
菜	土塘	阔一丈四尺，高八尺	同上	同上	塘内河。石路内外各一条。大小坟四十一穴。
重	同上	阔一丈三尺，高八尺	同上	同上	塘内河。石串路一条。外井柳一排。坟四穴。地名蔡家塘，烟灶近百户。
芥	同上	阔一丈三尺，高四尺	同上	同上	塘内系河。
薑	同上	阔一丈三尺，高八尺	同上	同上	塘内河。石串路一条。坟一穴。
海	同上	阔一丈五尺，高七尺	同上	同上	塘内河。面有大小坟四十四穴。“海”字碑缺。
咸	同上	阔一丈三尺，高六尺	同上	同上	塘内河。外面有义冢碑一块，大小坟不计。
河	同上	阔一丈五尺，高八尺	同上	同上	塘内河。串路一条。大小坟不计。“河”字碑缺。
淡	同上	阔二丈三尺，高八尺	同上	同上	塘内河。泥串路一条。坟多不计。外有梅荫庵一所。“淡”字碑缺。
鳞	同上	阔一丈五尺，高四尺	同上	同上	塘内河。泥串路一条。坟三穴。地名梅林，烟灶四十余户。“鳞”字碑缺。
潜	同上	阔一丈九尺	同上	同上	塘内屋。两边皆民房、草舍。石串路一条。坟十五穴。树根八个。
羽	同上	阔一丈四尺，高四尺	同上	同上	塘内外脚皆屋。石串路二条。外树根一排。
翔	同上	阔一丈一尺	同上	同上	塘内河。外泥路一条。大小坟四十二穴。
龙	同上	阔一丈三尺，高八尺	同上	同上	塘内河。外泥路一条。大小坟五十九穴。碑缺。
师	同上	阔一丈七尺，高七尺	同上	同上	塘内河。外泥路一条。大小坟八十穴。
火	同上	阔一丈七尺，高七尺	同上	同上	塘内河。外泥路一条。地名井树头。碑缺。
帝	同上	阔一丈三尺，高九尺	同上	同上	塘内河。两边皆民房。外石路三条，内有莲池庵、关帝庙。又大小坟二十四穴。

（续表）

号别	塘别	塘身高阔	沙碛远近	江流形势	备　考
鸟	同上	阔一丈，高无量处	同上	同上	塘内外多民房、卤池、肥缸、草舍，并石串路一条。内石路二条，外石路一条。
官	同上	阔一丈五尺，高无量处	同上	同上	塘内民房。内外石路各一条。地名党山。烟灶不计。
人	同上	阔一丈六尺，高五尺	同上	同上	塘内民房。外泥路一条。碑缺。
皇	同上	阔二丈二尺，高五尺	同上	同上	塘内民房。内泥石路各一条。
始	同上	阔一丈六尺，高四尺	同上	同上	塘内民房、肥缸、厕所，并石路一条，外泥路二条。碑缺。
制	同上	阔一丈七尺	同上	同上	塘内多民房、肥缸、厕所，内外石路各一条。碑缺。
文	同上	阔一丈，高无量处	同上	同上	塘上系党山市镇，两边店屋，内石路二条，外石路一条。
字	同上	阔一丈，高无量处	同上	同上	塘上系党山市镇，两边店屋。内外石路各一条。
乃	同上	阔一丈，高无量处	同上	同上	塘上系党山市镇，两边店屋。内石路三条，外石路一条。碑缺。
服	石塘	阔一丈四尺，高七尺	同上	同上	塘内外皆民房，内有卤池一排。内石路二条，外石路一条，内泥路一条。坟九穴。碑缺。
衣	同上	阔一丈五尺，高九尺	同上	同上	塘内河。外有耶稣教堂一所。内外石路各一条。大小坟十九穴。碑倒。
裳	同上	阔一丈八尺，高九尺	同上	同上	塘内脚有雷殿。内外路各一条。大小坟三十一穴。碑缺。
推	同上	阔一丈八尺，高一丈	同上	同上	塘内河。内外路各一条。大小坟二十五穴。
位	同上	阔二丈，高一丈	同上	同上	塘内河。并大小坟三十五穴。
让	同上	阔一丈五尺，高一丈	同上	同上	塘内河，并泥石路各一条。大小坟四十二穴。
国	同上	阔一丈五尺，高一丈	同上	同上	塘内河，并泥路一条。外石路一条。大小坟二十九穴。
有	同上	阔一丈七尺，高八尺	同上	同上	塘内河，并石路一条。坟大小三十七穴。
虞	同上	阔二丈，高九尺	同上	同上	塘内河。外泥路一条。大小坟三十九穴。
陶	同上	阔一丈九尺，高九尺	同上	同上	塘内河，外路一条。大小坟三十八穴。碑缺。
唐	同上	阔一丈九尺，高七尺	同上	同上	塘内脚多肥缸。石串路二条。内石路一条。地名团前埠。烟灶七八十户。碑缺。

（续表）

号别	塘别	塘身高阔	沙碛远近	江流形势	备　　考
民	同上	阔八尺， 高七尺	同上	同上	塘内河并小坟二穴。碑缺。
伐	同上	阔二丈二尺， 高一丈	同上	同上	塘内河，面有孩坟二十一穴，碑缺。
周	同上	阔一丈三尺， 高一丈	同上	同上	塘内河并小坟十九穴，碑缺。
发	同上	阔一丈四尺， 高一丈	同上	同上	塘内河并坟九穴。碑缺。
商	同上	阔一丈八尺， 高六尺	同上	同上	塘内民房，外卤池，内外泥石路各二条。大小坟十三穴。碑缺。
汤	同上	阔一丈四尺， 高九尺	同上	同上	塘内河并石路二条。外泥路一条。大小坟二十四穴，浮厝六具。
坐	同上	阔一丈九尺， 高一丈	同上	同上	塘内河。内脚有三官殿一座。外石路一条。大小坟三十一穴。
朝	同上	阔二丈一尺， 高一丈	同上	同上	塘内河并大小坟十六穴。
问	同上	阔二丈六尺， 高一丈三尺	同上	同上	塘内河，外石路一条，坟六穴。
道	同上	阔二丈三尺， 高一丈三尺	同上	同上	塘内外皆民房。石串路一条，内石路一条。坟二穴。地名盛五村大埠头。碑缺。
垂	同上	阔一丈八尺	同上	同上	塘内有屋。外泥路一条，大小坟二十一穴，浮厝一具。碑缺。
拱	同上	阔二丈， 高一丈	同上	同上	塘内有屋有河，外脚草舍。内石路一条，外泥路一条。碑缺。
平	同上	阔二丈五尺， 高一丈	同上	同上	塘内河。大小坟二十三穴。
章	同上	阔二丈五尺， 高一丈二尺	同上	同上	塘内河。大小坟三十一穴。
爱	同上	阔二丈四尺， 高一丈	同上	同上	塘内河。外泥路一条，面孩棺四十四穴，浮厝一具。
育	同上	阔二丈， 高一丈二尺	同上	同上	塘内河。石串路一条。面孩棺十九穴。
黎	同上	阔二丈一尺， 高一丈	同上	同上	塘内河，并有木桩一排。又大小坟十六穴，浮厝一具。
首	同上	阔一丈七尺， 高一丈	同上	同上	塘内河。面有大小坟二十六穴。
臣	同上	阔二丈， 高九尺五寸	同上	同上	塘内田，外泥路一条。并大小坟四十穴。

（续表）

号别	塘别	塘身高阔	沙碛远近	江流形势	备　考
伏	同上	阔二丈六尺，高一丈	同上	同上	塘内田，并有大小坟四十六穴。
戎	同上	阔二丈二尺，高一丈三尺	同上	同上	塘内河。外脚包殿。内脚卤池。石串路一条。内泥路一条。大小坟三十五穴。
羌	同上	阔二丈一尺，高一丈二尺	同上	同上	塘内临河，并内外泥石路各一条。又大小坟四十一穴。塘面挖掘做坟，破坏不堪，盖塘石均已内倾。
遐	同上	阔二丈四尺，高一丈三尺	同上	同上	塘内田。并石路一条。外泥路一条。大小坟四十七穴。
迩	同上	阔二丈五尺，高一丈二尺	同上	同上	塘内有地。并石路一条。又大小坟十七穴。碑缺。
壹	同上	阔二丈五尺，高一丈三尺	同上	同上	塘内田。并大小坟三十七穴。碑缺。
体	同上	阔二丈，高一丈	同上	同上	塘内田。并串路一条。又大小坟十九穴。碑缺。
率	同上	阔二丈，高一丈一尺	同上	同上	塘内田。并泥路一条。又大小坟二十四穴。
宾	同上	阔二丈六尺，高一丈	同上	同上	塘内有河。外泥路一条。又大小坟二十一穴。碑缺。
归	同上	阔一丈八尺，高六尺	同上	同上	塘内河，并大小坟二十八穴。
王	同上	阔二丈五尺，高一丈	同上	同上	塘内河。并泥路一条，外石路一条。又大小坟四十六穴。
鸣	同上	阔一丈八尺，高七尺	同上	同上	塘内河。系大林埠头。面有石路亭一所，石串路二条。并大小坟十一穴。碑缺。
凤	同上	阔一丈五尺，高一丈	同上	同上	塘内河。石串路二条，并大小坟二十七穴。碑缺。
在	同上	阔二丈五尺，高七尺	同上	同上	塘内有屋，并大小坟二十三穴。碑缺。
竹	同上	阔二丈九尺，高九尺	同上	同上	塘内屋。面有路亭三间，并树二株。内石路一条。外泥路一条。又大小坟十八穴。
白	同上	阔二丈一尺，高一丈	同上	同上	塘内屋，并大小坟四十一穴。碑缺。
驹	同上	阔一丈七尺，高一丈	同上	同上	塘内田。并石串路一条，又大小坟十五穴。碑缺。
食	同上	阔一丈九尺，高七尺	同上	同上	塘内屋并竹园。内外石路各二条。又大小坟十一穴。
场	同上	阔二丈，高五尺五寸	同上	同上	塘内田。外皆民房。石串路一条，面有草舍、厕所。又坟六穴。地名镇龙殿。碑缺。
化	同上	阔一丈七尺，高四尺	同上	同上	塘内田。外皆民房，面有草舍、厕所，石串路一条。坟三穴。

（续表）

号别	塘别	塘身高阔	沙碛远近	江流形势	备　考
被	同上	阔二丈，高五尺	同上	同上	塘内河。外有商店十余家。石串路一条。大小坟二十九穴。
草	同上	阔一丈九尺，高一丈	同上	同上	塘内脚竹园。外石路各一条。又坟七穴。
木	同上	阔一丈六尺，高一丈	同上	同上	塘内河，内泥、石路各一条。又大小坟三十一穴。
赖	同上	阔二丈二尺，高七尺	同上	同上	塘内近河。外泥路二条。又大小坟二十八穴。
及	土塘	阔一丈三尺，高九尺	同上	同上	塘内田，外泥路二条。又大小坟三十穴。
万	同上	阔一丈四尺，高一丈	同上	同上	塘内河并串路一条。内石路一条。又大小坟二十四穴。
方	同上	阔一丈五尺，高九尺	同上	同上	塘内近河。泥串路一条。又大小坟二十九穴。
盖	同上	阔一丈四尺，高九尺	同上	同上	塘内近河。泥串路一条。又大小坟三十一穴。
此	同上	阔一丈五尺，高九尺	同上	同上	塘内河。外泥路一条，又大小坟三十六穴。碑缺。
身	同上	阔一丈五尺，高八尺	同上	同上	塘内河。并大小坟三十一穴。
发	同上	阔一丈三尺，高九尺	同上	同上	塘内河。泥串路一条。又大小坟十九穴。
四	同上	阔一丈一尺，高五尺	塘外熟地二十余里	同上	塘内屋。面有石柱廿根。内外石路各一条。又有井柳一排。塘外竹园、草舍、民房，地名夹灶。烟灶约三百户。
大	同上	阔一丈六尺，高五尺	同上	同上	塘内民房。外竹园、草舍。又有来因寺一所。内外石路各二条。地名夹灶。碑缺。
五	半土石塘	阔一丈四尺，高六尺	同上	同上	塘内民。外竹园、草舍。又有竹笆、井柳。并泥路一条。又大小坟十四穴。碑缺。
常	石塘	阔二丈四尺，高一丈	同上	同上	塘内屋。并石路二条。外泥路一条。又大小坟二十一穴。
恭	同上	阔二丈五尺，高八尺	同上	同上	塘内屋。泥串路一条。又大小坟十三穴。碑缺。
惟	同上	阔一丈四尺，高一丈	同上	同上	塘内屋，石串路一条。又坟七穴。碑缺。
鞠	同上	阔一丈四尺，高八尺	同上	同上	塘内屋。并石路一条。又大小坟十三穴。碑缺。
养	同上	阔一丈七尺，高八尺	同上	同上	塘内屋并河。内石路一条。又大小坟三十五穴。

（续表）

号别	塘别	塘身高阔	沙碛远近	江流形势	备　　考
岂	同上	阔二丈四尺，高九尺	同上	同上	塘内河并泥路一条，石串路一条。又大小坟四十二穴。
敢	同上	阔二丈二尺，高六尺	同上	同上	塘内有竹并泥路一条。又坟十一穴。
女	同上	阔二丈三尺，高八尺	同上	同上	塘内有屋有竹。并串路一条。
慕	同上	阔一丈四尺，高九尺	同上	同上	塘内河。并石路一条，泥路二条。又大小坟四十二穴。
贞	同上	阔二丈四尺，高九尺	同上	同上	塘内河。外泥路一条。内脚大楝树一株。又大小坟五十八穴。碑缺。
洁	同上	阔一丈九尺，高九尺	同上	同上	塘内河。并大小坟五十八穴。碑缺。
男	同上	阔二丈二尺，高一丈	同上	同上	塘内河。并大小坟三十五穴。
效	同上	阔一丈四尺，高九尺	同上	同上	塘内草舍、卤池。又石路一条，泥路一条，又串路一条。地名夹滨小桥头。碑缺。
才	同上	阔一丈六尺，高六尺	同上	同上	塘内河，并石路一条。又大小坟二十三穴。碑缺。
良	同上	阔一丈七尺，高九尺	同上	同上	塘内河。外泥路一条，并孩棺二十一穴。碑缺。
知	同上	阔一丈九尺，高九尺	同上	同上	塘内河。面有孩棺四十九穴。碑缺。
过	同上	阔一丈七尺，高七尺	同上	同上	塘内河，并大小坟三十二穴。碑缺。
必	同上	阔一丈八尺，高八尺	同上	同上	塘内屋，内外泥路各一条。面有石柱十余根。并大小坟五十三穴。碑缺。
改	同上	阔一丈七尺，高八尺	同上	同上	塘内屋，并斜串路一条，内石路一条。又大小坟十七穴。碑缺。
得	同上	阔一丈八尺，高七尺	同上	同上	塘内河。并有竹园。又坟七穴。碑缺。
能	同上	阔一丈六尺，高七尺	同上	同上	塘内河。面有孩坟三十七穴。碑缺。
莫	同上	阔一丈一尺，高八尺	同上	同上	塘内屋。并竹园。面孩坟三十四穴。地名夹滨村。烟灶约百户。碑缺。
忘	同上	阔二丈二尺，高七尺	同上	同上	塘内民房，面多店屋并有凉亭一座。内石路二条。外石路一条，系夹滨村市。碑无。
罔	同上	阔一丈八尺	同上	同上	塘内民房、草舍、竹园。内泥石路各一条。又坟三穴。碑缺。
谈	同上	阔一丈七尺，高五尺	同上	同上	塘内河。泥路一条，又大小坟四十一穴。碑缺。

（续表）

号别	塘别	塘身高阔	沙碛远近	江流形势	备　　考
彼	同上	阔一丈四尺，高五尺	同上	同上	塘内屋。面有卤沟一条，内系卤池。斜串路一条。又大小坟六十四穴。碑缺。
短	同上	阔二丈四尺，高七尺	同上	同上	塘内脚有竹园。石串路一条。又大小坟三十一穴。碑缺。
靡	同上	阔二丈二尺，高六尺	同上	同上	塘内屋。脚有竹园，内泥路一条。又大小坟六十一穴。
恃	同上	阔一丈五尺，高七尺	同上	同上	塘内河。面孩棺六十八穴。碑缺。
己	同上	阔二丈，高七尺	同上	同上	塘内脚及面均种竹。并石路二条，外石路一条。面孩棺五十七穴。碑缺。
长	同上	阔二丈七尺，高七尺	同上	同上	塘内屋，并石路一条，内多卤池、民房。地名直湖头。面孩棺七十八穴。碑缺。
信	同上	阔二丈五尺，高八尺	同上	江流向东	塘内屋。内石路一条，外泥路一条。面孩棺十四穴。
使	同上	阔二丈九尺，高七尺	同上	同上	塘内屋。内外泥路各一条。碑缺。
可	同上	阔二丈，高四尺	同上	同上	塘内外民房。面有厕所。内新开路一条，石串路一条，内石路一条。碑缺。
复	同上	阔二丈，高四尺	同上	同上	塘内屋。面多店铺、厕所，内石路二条。碑缺。
器	同上	阔一丈四尺，高九尺	同上	同上	塘内屋，并多草舍、卤池。内石路二条。碑缺。
欲	同上	阔一丈一尺，高九尺	同上	同上	塘内屋。内外石路各一条。又坟七穴。碑缺。
难	同上	阔一丈，高八尺	同上	同上	塘内河。内石路三条，外泥路一条。碑缺。
量	同上	阔二丈一尺，高七尺	同上	同上	塘内屋。面路亭三间。内石路一条。
墨	同上	阔二丈四尺，高六尺	同上	同上	塘内河，并石路二条。碑缺。
悲	同上	阔二丈四尺，高五尺	同上	同上	塘内河，内外石路各一条，外泥路一条，面孩棺七穴。碑缺。
丝	同上	阔二丈五尺，高七尺	同上	同上	塘内河，内石路二条。面孩棺八十三穴。碑缺。
染	同上	阔二丈三尺，高七尺	同上	同上	塘内河。面有孩棺五十九穴。碑缺。
诗	同上	阔二丈一尺，高八尺	同上	同上	塘内河。面有孩棺五十七穴。碑缺。
赞	同上	阔二丈七尺，高七尺	同上	同上	塘内河。面有孩棺八十四穴。碑缺。

（续表）

号别	塘别	塘身高阔	沙碛远近	江流形势	备　考
羔	同上	塘身高阔无量处	同上	同上	同上。
羊	同上	阔三丈六尺，高七尺	同上	同上	塘内屋，并大树五株。内石路一条。大小坟八十一穴。
景	同上	阔二丈九尺，高六尺	同上	同上	塘内屋。面有茶亭两间，串路一条。内外石路各一条。又坟五穴。
行	同上	阔二丈五尺，高六尺	同上	同上	塘内屋。外草舍、民房。内外路各二条。又坟三穴。
维	同上	阔二丈四尺，高六尺	同上	同上	塘内皆民房。串路一条。内泥路一条。碑缺。
贤	同上	阔二丈一尺，高六尺	同上	同上	塘内皆民房。内石路二条，外泥路一条。碑缺。
克	同上	阔一丈九尺，高六尺	同上	同上	塘内皆民房。串路一条。内石路二条。
念	同上	阔一丈九尺，高七尺	同上	同上	塘内皆民房。碑缺。
作	同上	阔一丈八尺，高七尺	塘外沙地约里许	同上	塘内民房，并串路一条。面有种作。
圣	同上	阔一丈九尺，高六尺	同上	同上	塘内民房，面有种作。内泥路一条。
德	同上	阔一丈五尺，高八尺	同上	同上	塘内民房，并串路一条。内外石路各一条。地名西塘下，烟灶约五六十户。碑缺。
建	同上	阔一丈五尺，高五尺	同上	同上	塘内民房、卤池，内石泥路各一条。
名	同上	阔二丈三尺，高八尺	同上	同上	塘内民房，并石路一条。外泥路一条，又大小坟二十一穴。
立	同上	阔一丈八尺，高六尺	同上	同上	塘内近河，并脚有大树三株。大小坟五十六穴。碑缺。
形	同上	阔一丈六尺，高五尺	同上	同上	塘内河。外路一条。又大小坟四十九穴。碑缺。
端	同上	阔二丈七尺，高六尺	同上	同上	塘内河，又大小坟五十一穴。
表	同上	阔二丈九尺，高六尺	同上	同上	塘内近河。并大小坟六十五穴。
正	同上	阔二丈，高四尺	同上	同上	塘内近河。外泥路二条。大小坟四十二穴。碑缺。
谷	同上	阔二丈八尺，高七尺	同上	同上	塘内河。并石路一条。又坟二穴。
传	同上	阔二丈五尺	同上	同上	塘内近河，并串路一条。内石路一条。地名童家塔。烟灶约三十余户。

（续表）

号别	塘别	塘身高阔	沙碛远近	江流形势	备　考
声	同上	阔二丈四尺	同上	同上	塘身内外皆店铺。面有东岳庙。又民房五间。内石路二条,外有卤池。
堂	同上	阔二丈四尺	塘外沙地约廿余丈	同上	塘身两边皆民房,外卤池,泥、石串路各一条。
习	同上	阔二丈一尺	同上	同上	塘身两边皆民房,泥串路一条。又坟一穴。
听	同上	阔二丈,高四尺五寸	同上	同上	塘内河并坟六穴。
因	同上	阔二丈,高四尺五寸	塘外临江	同上	塘内河,并泥路二条。又大小坟五十八穴。碑缺。
积	同上	阔二丈二尺,高五尺	同上	同上	塘内河,并有藕池。又大小坟三十五穴,碑缺。
福	同上	阔一丈四尺,高四尺	同上	同上	塘内河,并泥路一条,又大小坟四十一穴,碑缺。
缘	同上	阔二丈二尺,高七尺	同上	同上	塘内河,并泥路一条。内脚有种作。又大小坟三十穴。碑缺。
善	同上	阔二丈一尺,高一丈	同上	同上	塘内河。面有姚家埠三眼闸一座。闸屋基三间。又坟四穴。
庆	同上	阔二丈八尺,高九尺	同上	同上	塘内地。内泥路一条。
尺	同上	阔三丈,高一丈一尺	同上	同上	塘内有河有地,并泥路一条。
璧	同上	阔四丈六尺,高九尺	同上	同上	塘内系河,并石路一条。
非	同上	阔四丈九尺,高九尺	同上	同上	塘内系河。
宝	同上	阔六丈四尺,高七尺	同上	同上	同上
寸	同上	阔五丈,高七尺五寸	同上	同上	同上
阴	同上	阔四丈三尺,高九尺	同上	同上	同上
是	同上	阔四丈五尺,高九尺	同上	同上	同上
竞	同上	阔三丈一尺,高八尺	同上	同上	同上
资	同上	阔四丈二尺,高八尺	同上	同上	塘内河,并多大树。
父	同上	阔二丈,高九尺	同上	同上	塘内民房,并石、泥路各一条。

（续表）

号别	塘别	塘身高阔	沙碛远近	江流形势	备　考
事	同上	阔二丈七尺，高八尺	塘外临江	同上	塘内近河，并泥串路一条，内泥路一条。
君	同上	阔三丈，高七尺	同上	同上	塘内系屋。内石路二条。老泥坟一穴。地名丁家堰。
曰	同上	阔五丈九尺，高九尺	同上	同上	塘内系屋，并石路一条。内有岳庙，并丁局长紫芳修塘碑石一块。
严	同上	阔三丈五尺，高九尺	同上	同上	塘内皆民房。内石路一条。并卤池一埭，草舍二间。
与	同上	阔二丈五尺，高九尺	同上	同上	塘内皆民房。尚有卤沟两埭。内有卤池，并石路一条，泥路一条。
敬	同上	阔二丈二尺，高七尺	同上	同上	塘内民房，并有种作。
孝	同上	阔二丈，高七尺	同上	同上	塘内临河。
当	同上	阔一丈八尺，高九尺	同上	同上	同上。
竭	同上	阔二丈九尺，高九尺	同上	同上	塘内临河，内有木桩一排。
力	同上	阔三丈二尺，高一丈	同上	同上	同上。
忠	同上	阔三丈五尺，高九尺	同上	同上	同上。
则	同上	阔二丈五尺，高九尺	同上	同上	同上。
尽	同上	阔二丈二尺，高八尺	同上	同上	塘内临河。
命	同上	阔二丈四尺，高八尺	同上	同上	同上。
临	同上	阔二丈，高九尺	同上	同上	同上。
深	同上	阔一丈九尺，高九尺	同上	同上	塘内临河，内脚泥路一条。又大樟树一株。
履	同上	阔一丈七尺，高一丈	同上	同上	塘内民房。内石路一条，泥路二条。地名新盛。烟灶约百户。
薄	同上	阔一丈六尺，高一丈	同上	同上	塘内屋，内石路一条。
夙	同上	阔二丈二尺，高一丈	同上	同上	塘内临河，内石路一条。碑缺。
兴	同上	阔二丈，高一丈	同上	同上	同上。

（续表）

号别	塘别	塘身高阔	沙碛远近	江流形势	备　考
温	同上	阔二丈六尺，高一丈	同上	同上	塘内系屋。
清	同上	阔二丈一尺，高一丈	同上	同上	塘内系田，内泥路一条，地名南塘头。
似	石塘	阔二丈一尺，高一丈	同上	同上	塘内临河，石路一条，外泥路一条，“似”字误“斯”字。
兰	半土石塘	阔二丈九尺，高二丈	塘外沙地约二十丈	同上	塘内系屋。近河。内石路一条，外泥路二条。树根四个。
斯	同上	阔一丈二尺，高九尺	同上	同上	塘内临河。内泥路一条。树根十三个。“斯”字误“似”字。
馨	同上	阔一丈五尺，高九尺	同上	同上	塘内临河。外泥路一条。塘身有种作处并树根三个。
如	同上	阔七尺，高九尺	同上	同上	塘内临河。外泥路一条。
松	同上	阔一丈二尺，高九尺	同上	同上	塘内临河。外泥路一条。又树根三个。
之	同上	阔二丈，高八尺	同上	同上	塘内系田。外泥路一条。
逸	同上	阔一丈二尺，高七尺	同上	同上	塘内系田。泥串路一条。树根三个。地名豆腐坂。
心	同上	阔二丈五尺，高五尺	同上	同上	塘内系田。内泥路一条。树根一个。
动	同上	阔二丈，高七尺	同上	同上	塘内系田。内外泥路各一条。
神	同上	阔二丈，高四尺五寸	同上	同上	塘内系田。外泥路一条。
守	同上	阔一丈六尺，高五尺	同上	同上	塘内系田。内泥路一条。又树根二个。
真	同上	阔一丈，高五尺	塘外沙地约里许	江流向东	塘内系田。并河外丘路一条。碑倒塘下。
志	同上	阔一丈九尺，高五尺	同上	同上	塘内系河。外泥路一条并孩棺八穴。
满	同上	阔二丈，高五尺	同上	同上	塘内系河，面孩棺三穴。
物	同上	阔一丈九尺，高五尺	同上	同上	塘内系河。面孩棺九穴。
意	同上	阔一丈九尺，高四尺	同上	同上	塘内系河。外丘路一条。内泥路一条。面孩棺十九穴。碑缺。
移					“移”字碑避去。

（续表）

号别	塘别	塘身高阔	沙碛远近	江流形势	备　　考
坚	同上	阔一丈九尺，高五尺	同上	同上	塘内系河，并泥串路一条。面孩棺二十五穴。
持	土塘	阔一丈五尺，高五尺	同上	同上	塘内系河，并泥串路一条。面孩棺十五穴。
雅	同上	阔一丈八尺，高六尺	同上	同上	塘内系河，并泥串路一条，内外皆草舍。
操	同上	阔一丈九尺，高七尺	同上	同上	塘内系河。塘上有刷沙闸一座。外泥路一条。
好	土塘	阔二丈，高四尺	同上	同上	塘内系河。外泥路一条。又树根四个。
爵	同上	阔一丈一尺，高五尺	同上	同上	塘内系河，外泥路一条。
自	同上	阔一丈五尺，高五尺	塘外沙地二十余丈	同上	塘内系河，外新开路一条，又多树根。
縻	半土石塘	阔一丈一尺，高五尺	同上	同上	塘内系河。
都	石塘	阔三丈一尺，高八尺	同上	同上	同上。
邑	同上	阔二丈九尺，高八尺	同上	同上	同上。
华	同上	阔二丈二尺，高九尺	同上	同上	同上。
夏	同上	阔二丈，高八尺五寸	同上	同上	同上。
东	同上	阔二丈二尺，高九尺	同上	同上	同上。
西	同上	阔二丈四尺，高八尺	同上	同上	塘内系田，内泥路一条。
二	同上	阔二丈七尺，高五尺	同上	同上	同上。
京	同上	阔二丈五尺，高六尺	同上	同上	塘内系田，内泥路一条。
面	同上	阔一丈六尺，高六尺	同上	同上	塘内系田，内外泥路各一条。
洛	同上	阔一丈九尺，高六尺	同上	同上	塘内系田。面有三江大闸及要关莫神庙一座，泥路一条。内有老土塘一埭。
安	同上	阔一丈四尺，高七尺	同上	同上	塘内系三江脚。内外泥路各二条。面有孩棺七穴。
定	同上	阔一丈二尺，高七尺	同上	同上	塘内系三江脚。外泥路一条。又树根二个。

（续表）

号别	塘别	塘身高阔	沙碛远近	江流形势	备　　考
笃	同上	阔一丈三尺，高八尺	同上	同上	塘内有沟。外泥路一条。面孩棺二穴。碑缺。
初	同上	阔一丈一尺，高七尺	同上	同上	塘内有沟。内外泥路各一条。内石路一条。外脚柏树一株。
诚	同上	阔一丈四尺，高七尺	塘外沙地约一里	同上	塘内有沟。外泥路二条。又树根三个。外脚柏树一株。
美	同上	阔一丈三尺，高八尺	同上	同上	塘内有沟。外泥路二条。内泥路一条。又树根五个。
慎	同上	阔一丈三尺，高七尺	同上	同上	塘内有沟。外泥路三条。内泥路一条。面孩棺三穴。
终	同上	阔一丈三尺，高八尺	同上	同上	塘内有沟，外丘泥路各一条。外脚柏树一株。碑缺。
宜	同上	阔一丈三尺，高九尺	同上	同上	塘内有沟。内外泥路各一条。塘底有霪洞一个。
令	半石塘	阔一丈五尺，高九尺	同上	同上	塘内有沟。外泥石路二条。内泥路一条。内脚孩棺十二穴。树根十六个。
荣	同上	阔一丈六尺，高七尺	同上	同上	塘内有沟。外脚石椁三具。坟多树根。碑缺。
业	土塘	阔一丈四尺，高八尺	同上	同上	塘内系地。内外泥路各一条。内石路一条。
所	同上	阔一丈七尺，高七尺	同上	同上	塘内系地。外泥路二条。内泥路一条。塘下有霪洞一个。
基	同上	阔一丈六尺，高一丈	同上	同上	塘内系河，并泥路一条，内脚系有刺柴。
籍	同上	阔一丈六尺，高一丈	同上	同上	塘内系河。外丘路一条。内泥路二条。外脚多刺柴。
甚	同上	阔一丈六尺，高一丈	同上	同上	塘内临河。外泥路二条。外脚多刺柴，并有桩一排。
无	同上	阔一丈九尺，高九尺	同上	同上	塘内临河。外丘路一条。内泥路二条。内脚有种作。
竟	同上	阔一丈一尺，高五尺	同上	同上	塘内近河。外多民房。内草舍并石串路一条。内泥路一条。
学	同上	阔一丈，高五尺	同上	同上	塘内临河，并有木桩一排，并串路一条。外泥路一条。又楝树二株。
优	同上	阔一丈，高六尺	同上	同上	塘内系河。内有木桩一排。外泥路二条。
登	同上	阔一丈，高七尺	塘外沙地四五十丈	同上	塘内临河。外泥路二条。内脚木桩一排。
仕	同上	阔一丈一尺，高七尺	同上	同上	塘内临河。内密桩一排。外泥路二条。丘路一条。

（续表）

号别	塘别	塘身高阔	沙碛远近	江流形势	备　考
摄	同上	阔一丈三尺，高八尺	同上	同上	塘内外泥路一条。
职	同上	阔一丈六尺，高七尺	同上	同上	塘内泥路一条。
从	同上	阔二丈二尺，高九尺	塘外沙地四五十丈	同上	塘内临河。内木桩各一排。
政	同上	阔一丈九尺，高一丈	同上	同上	塘内临河。内外密桩各一排。内泥路一条。
存	半土石塘	阔一丈九尺，高一丈	同上	同上	塘内临河。内泥路二条。
以	石塘	阔二丈三尺，高一丈	同上	同上	塘内系地。
甘	同上	阔二丈九尺，高一丈	同上	同上	塘内近河。
棠	同上	阔三丈一尺，高一丈三尺	同上	同上	塘内临河。外密桩一排。
而	同上	阔二丈四尺，高一丈	塘外临江	同上	塘内临河，内密桩一排，内石路一条，泥路二条。
益	同上	阔一丈七尺，高一丈四尺	同上	同上	塘内近河。面有宜桥三眼闸一座。内泥路一条。
咏	同上	阔四丈，高一丈一尺	同上	同上	塘内近河。内泥路一条。
乐	同上	阔二丈七尺，高一丈	同上	同上	同上。
殊	同上	阔二丈一尺，高一丈三尺	同上	同上	塘内临河。面有孩棺四穴。
贵	同上	阔二丈三尺，高一丈	同上	同上	塘内临河。面有孩棺二穴。
礼	同上	阔一丈九尺，高一丈三尺	同上	同上	塘内临河，并泥石路一条。面有泥坟二穴。
别	同上	阔二丈三尺，高一丈	同上	同上	塘内临河。
尊	同上	阔二丈，高一丈三尺	同上	同上	塘内临河。内泥、石路各一条。内有草舍一间，卤池三埭。面有孩棺一穴。
卑	同上	阔二丈二尺，高一丈	同上	同上	塘内临河。并坟一穴。浮厝三具。内脚有卤池二处。
上	同上	阔二丈三尺，高一丈四尺	同上	同上	塘内临河。泥石路各一条。内脚有草舍、卤池，并浮厝一具。
和	同上	阔三丈二尺，高一丈五尺	同上	同上	塘内系地。内石路一条。内脚有民房、卤池，并多刺柴。

（续表）

号别	塘别	塘身高阔	沙碛远近	江流形势	备　　考
下	同上	阔二丈六尺，高一丈六尺	塘外沙地约三十丈	同上	塘内脚系屋，并泥路一条，多刺柴。
睦	同上	阔三丈六尺，高一丈六尺	同上	同上	塘内系地，并孩棺三穴。多刺柴。碑缺。
仪	同上	阔三丈二尺，高一丈四尺	同上	同上	塘内系地。多刺柴。
节	同上	阔三丈六尺，高一丈四尺	同上	同上	塘内系地，并泥路三条。有树根，多刺柴。
勿	同上	阔三丈一尺，高一丈三尺	同上	同上	塘内系地，并泥路一条。有树根，多刺柴。
次	同上	阔三丈四尺，高一丈四尺	同上	同上	同上。
造	同上	阔三丈四尺，高一丈四尺	同上	同上	塘内系地，并泥路一条。孩棺一穴。多刺柴、树根。
恻	同上	阔三丈四尺，高一丈四尺	同上	同上	塘内系地。多刺柴、树根。
隐	同上	阔三丈四尺，高一丈四尺	同上	同上	塘内系地，并泥路一条。孩棺二穴。多刺柴、树根。
慈	同上	阔三丈二尺，高一丈四尺	同上	同上	塘内系地，并泥路一条。又坟一穴。多刺柴、树根。内有种作。
仁	同上	阔三丈三尺，高一丈三尺	同上	同上	塘内系地，并泥路一条。泥坟四穴。“仁”字误刻“慈”字。
规	同上	阔三丈一尺，高一丈三尺	同上	同上	塘内系地，泥路一条。又孩棺五穴。
箴	同上	阔三丈三尺，高一丈三尺	同上	同上	塘内系地。内身柏树树根，多刺柴。又孩棺三穴。
磨	同上	阔三丈三尺，高一丈三尺	同上	同上	塘内系地。面孩棺四穴。
切	同上	阔三丈三尺，高一丈四尺	同上	同上	塘内系地，并泥路一条。大小坟十四穴。内有柏树，多树根、刺柴。
分	同上	阔三丈一尺，高一丈三尺	同上	同上	同上。
投	同上	阔三丈二尺，高一丈	同上	同上	塘内系地。内身柏树，种作。并孩坟十三穴。地名大池盘头。碑缺。
友	同上	阔三丈一尺，高一丈	同上	同上	塘内系地。内脚柏树并种作。孩棺十三穴。碑缺。
交	同上	阔三丈，高一丈二尺	同上	同上	塘内系地。内有柏树，并孩棺七穴。
枝	同上	阔二丈九尺，高九尺	塘外浮沙约二十丈	同上	塘内系地。内有柏树，并孩棺三穴。

（续表）

号别	塘别	塘身高阔	沙碛远近	江流形势	备　考
连	同上	阔四丈一尺，高一丈三尺	同上	同上	塘内有竹并草舍。又泥路一条。
弟	同上	阔三丈二尺，高一丈	同上	同上	塘内系地，并石路一条，泥路二条。孩棺二穴。
同	同上	阔四丈一尺，高九尺	同上	同上	塘内系地，并泥路一条。孩棺一穴。
气	同上	阔四丈一尺，高一丈	同上	同上	塘内系地。

东区管理处巡塘报告书（东塘）（十六年三月）

号	塘别	塘身高阔	沙碛远近	江流形势	备　考
天	石塘	阔四丈三尺，高一丈	塘外临江	江流向东	塘内系地，并泥路二条。“天”字起至“往”字头止系前局长钟新修。
地	同上	阔四丈五尺，高一丈	同上	同上	塘内系田。并泥路一条。
元	同上	阔三丈六尺，高一丈	同上	同上	同上。
黄	同上	阔三丈六尺，高一丈	同上	同上	同上。
宇	同上	阔三丈七尺，高一丈	同上	同上	塘内系田，并泥路二条。
宙	同上	阔四丈三尺，高一丈	同上	同上	塘内系地，并泥路一条。多刺柴。
日	同上	阔四丈三尺，高一丈	同上	同上	塘内系地，并泥路一条。多刺柴。
月	同上	阔四丈四尺，高一丈	同上	同上	塘内系地，并泥路二条。内脚多石椁。孩棺五穴。多刺柴。
盈	同上	阔四丈四尺，高一丈	同上	同上	塘内系地，并泥路一条。多刺柴。多坟椁。
昃	同上	阔四丈二尺，高一尺	同上	同上	塘内系地，并石路一条。泥路二条。内脚多刺柴、坟椁。
辰	同上	阔三丈四尺，高一尺	同上	同上	塘内系地，并多刺柴。
宿	同上	阔三丈六尺，高一尺	同上	同上	塘内系地，并泥路一条。孩棺五穴。多刺柴。
列	同上	阔三丈五尺，高一丈	塘外沙地约三十丈	同上	塘内系地，并泥路一条。孩棺二穴。多刺柴。

（续表）

号	塘别	塘身高阔	沙碛远近	江流形势	备　考
张	同上	阔四丈一尺，高一丈	同上	同上	塘内系地，并孩棺七穴。多刺柴。
寒	同上	阔三丈六尺，高一丈	同上	同上	塘内系地，并泥路一条。孩棺四穴。多刺柴。
来	同上	阔三丈九尺，高一丈	同上	同上	塘内系地，并泥路一条。孩棺三穴。多刺柴。
暑	同上	阔三丈九尺，高一丈	同上	同上	塘内系地，并泥路一条。
往	同上	阔三丈四尺，高一丈	同上	同上	塘内系屋，并串路一条。塘上茶亭三间。地名大潭。
秋	同上	阔二丈三尺	同上	同上	塘内系屋，并串路一条。外泥路二条。内石路一条。外脚民房。又有石椁二穴。
收	同上	阔一丈四尺，高八尺	塘外沙地二十丈	同上	塘内系地。外泥路二条。
冬	同上	阔一丈五尺，高七尺	同上	同上	塘内系地。内外泥路各二条。坟二穴。
藏	同上	阔一丈四尺，高一丈	塘外沙地五十丈	同上	塘内系地，并泥路一条。低坟一穴。
闰	同上	阔一丈六尺，高一丈	同上	同上	塘内系地，并泥路一条。
余	同上	阔一丈六尺，高一丈	同上	同上	塘内系田，并泥路二条。外丘路一条。多刺柴。
成	同上	阔一丈五尺，高一丈	同上	同上	塘内系田，并泥路一条。
岁	同上	阔一丈五尺，高一丈	同上	同上	塘内系田。串路一条。内路二条。碑缺。
律	同上	阔一丈五尺，高一丈	同上	同上	塘内系田，并泥路一条。外池一个。孩棺四穴。
吕	同上	阔一丈七尺，高九尺	同上	同上	塘内系田，并石路一条。外有池一个。石椁十二穴。浮厝二具。又内泥路一条。
调	同上	阔一丈七尺，高一丈	同上	同上	塘内系田。石串路一条。内外泥路各二条。内多石椁，浮厝一具。又内泥路一条。
阳	同上	阔二丈，高四尺	同上	同上	塘内系田。石串路二条。内石路二条。外泥路一条。内脚民房。面有柴蓬一间。外恒泰盐舍。地名直落施。
云	同上	阔二丈四尺	同上	同上	塘内临河，并石路二条。泥串路一条。碑无。
腾	同上	阔三丈三尺	同上	同上	塘内系河，并石路二条。外王万丰盐舍。面有柴蓬一个。

（续表）

号	塘别	塘身高阔	沙碛远近	江流形势	备　　考
致	同上	面阔三丈	同上	同上	塘内系河。内脚木桩一排。石路二条。又石埠头一个。外恒升盐舍。面有柴蓬一个。沟一埭。
雨	同上	阔三丈，高无量处	塘外沙地五十丈	同上	塘内系河。内脚木桩一排。石路二条。又石埠头一个。外恒升盐舍。面柴蓬一个，卤沟一埭。
露	同上	阔一丈四尺，高九尺	同上	同上	塘内系河。内脚木桩一排。内外泥路各一条。“雨”、“露”碑皆缺。
结	同上	阔一丈三尺，高一丈	同上	同上	塘内系河。内石路一条。外丘路一条。石椁一穴。内多刺柴。碑无。
为	同上	阔一丈三尺，高一丈一尺	同上	同上	塘内系河。内脚密桩一排。坟四穴。楝树一株。多刺柴。
霜	同上	阔一丈五尺，高一丈	同上	同上	塘内系河，并有密桩一排。石椁一穴。孩棺二穴。多树根、刺柴。碑无。
金	同上	阔一丈七尺，高一丈二尺	同上	同上	塘内系河，并有密桩一排。又泥坟二穴。
生	同上	阔一丈五尺，高一丈三尺	同上	同上	塘内系河，并有密桩。外丘路一条。内泥路一条，低坟一穴。
丽	同上	阔一丈三尺，高一丈	同上	同上	塘内系河，并有密桩一排。外泥路一条。多刺柴。碑无。
水	同上	阔一丈七尺，高一丈	同上	同上	同上。
玉	同上	阔一丈二尺，高一丈二尺	同上	同上	塘内系河，石串路一条。内外泥路各一条。新开路一条。
出	同上	阔一丈六尺，高一丈二尺	同上	同上	塘内系河，并密桩一排。外泥路二条。多刺柴。
昆	同上	阔一丈六尺，高一丈二尺	塘外沙地四十丈	同上	塘内系田，并泥路二条。外泥路一条。多刺柴。
岗	同上	阔一丈六尺，高一丈二尺	同上	同上	塘内系田。外泥路一条。多刺柴。
剑	同上	阔一丈四尺，高九尺	同上	同上	塘内系田。外泥路一条。内多石椁。孩棺五穴。多刺柴。
号	同上	阔一丈六尺，高一丈一尺	同上	同上	同上。
巨	同上	阔一丈三尺，高九尺	同上	同上	塘内系田。内石路一条。多刺柴。
阙	同上	阔一丈四尺，高一丈	同上	同上	塘内系田。内泥路一条。浮厝三具。多刺柴。
珠	同上	阔一丈三尺，高一丈	塘外沙地三十丈	同上	塘内系田。并串路一条。石椁六穴。

（续表）

号	塘别	塘身高阔	沙碛远近	江流形势	备　考
称	同上	阔一丈五尺，高九尺	同上	同上	塘内系田。串路一条。丘路一条。内泥路一条。多刺柴。地名严浦茶亭。
夜	同上	阔一丈二尺，高一丈	同上	同上	塘内系河,并密桩一排。
光	同上	阔一丈三尺，高九尺	同上	同上	塘内系河,并密桩一排。外丘路一条。内泥路一条。多刺柴。
果	同上	阔一丈三尺，高一丈一尺	塘外沙地四十丈	同上	塘内系河。外泥路一条。多刺柴。碑无。
珍	同上	阔一丈二尺，高一丈	同上	同上	塘内系河。内泥路一条。多刺柴。碑无。
李	同上	阔一丈三尺，高一丈二尺	同上	同上	塘内系田。外泥路二条。内泥路一条。浮厝一穴。
奈	同上	阔一丈二尺，高一丈三尺	同上	同上	塘内系田。外泥路二条。内泥路一条。多刺柴。孩棺三穴。
菜	同上	阔一丈四尺，高一丈二尺	同上	同上	塘内系田。外泥路一条。多刺柴。孩棺四穴。
重	同上	阔一丈四尺，高一丈	同上	同上	塘内系田。外泥路一条。多刺柴。
芥	半石塘	阔一丈四尺，高一丈	同上	同上	塘内系田。内石路一条。外泥路二条。刺柴甚多。
薑	同上	阔一丈五尺，高一丈一尺	同上	同上	塘内系田,并新开路一条。孩棺一穴。多刺柴。
海	同上	阔一丈五尺，高一丈	同上	同上	塘内系田。外泥路一条。孩棺四穴。多刺柴。
咸	同上	阔一丈五尺，高一丈	同上	同上	塘内系田,并串路一条。低坟二穴。
河	同上	阔一丈三尺，高一丈	塘外沙地二十丈	同上	塘内系田。内泥路一条。
淡	同上	阔一丈三尺，高一丈	同上	同上	塘内系田。内石路一条。外丘路一条。
鳞	同上	阔一丈五尺，高一丈	塘外沙地约十丈	同上	塘内系田,并有草舍。外丘路一条,石路一条。内泥路一条。碑缺。
潜	同上	阔一丈四尺，高九尺	同上	同上	塘内系田。内有草舍,并丘路一条。内石路一条。
羽	同上	阔一丈四尺，高九尺	同上	同上	塘内系田。外有草舍斜串路一条。外石路。石椁一穴。碑倒塘下。
翔	同上	阔一丈三尺，高八尺	同上	同上	塘内有屋。外有民房草舍。泥石、串路各一条。外石路一条。

（续表）

号	塘别	塘身高阔	沙碛远近	江流形势	备　考
龙	同上	阔一丈二尺，高六尺	同上	同上	塘内有屋。泥石、串路各一条。内外泥石路各一条。
师	同上	阔一丈五尺，高七尺五寸	塘外临江	同上	塘内是屋。外脚有草舍。内石路三条。外石路二条。泥路一条。
火	石塘	阔二丈四尺，高一丈二尺	同上	同上	塘内系屋。泥串路一条。内石、泥路各二条。地名镇塘殿。
帝	同上	阔二丈五尺，高一丈二尺	同上	同上	塘内民房，并石路三条。民国二年，何、李二理事新修石塘。
鸟	同上	阔三丈一尺，高一丈二尺	同上	同上	塘内卤池二十八口。卤沟一条。福宁茶亭五间。内石路四条。
官	同上	阔二丈三尺，高一丈二尺	同上	同上	塘内卤池三十九口，卤沟六条。内路四条。
人	同上	阔二丈三尺，高一丈二尺	同上	同上	塘内系屋。多肥缸。内石路二条。
皇	半石塘	阔一丈八尺，高一丈三尺	同上	同上	塘内系田。内泥路一条。低坟二穴。树根六个。
始	同上	阔二丈二尺，高一丈三尺	同上	同上	塘内系田，并石路一条。
制	同上	阔一丈八尺，高一丈	同上	同上	塘内系田。
文	同上	阔一丈六尺，高一丈四尺	同上	同上	同上。
字	同上	阔一丈六尺，高一丈四尺	同上	同上	塘内有溇。内石路一条。石椁一穴。坟一穴。
乃	同上	阔三丈，高一丈四尺	同上	同上	塘内近河。
服	同上	阔一丈四尺，高同	同上	同上	塘内系河，并泥石路一条。石椁一穴。浮厝一具。
衣	半石塘	阔二丈四尺，高一丈二尺	同上	同上	塘内临河。外石路一条。泥路一条。内石路一条。顾德兴坝埠一个。大吉庵盘头。石椁五穴。
裳	同上	阔一丈七尺，高六尺	同上	同上	塘内临河。面有石埠一个。石椁二十二穴。外系余济盐廒。
推	同上	阔一丈五尺	同上	同上	塘内临河。石椁二十二穴。石埠一个。
位	同上	阔二丈一尺	塘外沙地五十丈	同上	塘内临河。石埠一个。多石椁。面多洋冬青。外系浙东公廒。
让	同上	阔一丈六尺	塘外浮沙五十丈	江流向东	塘内系河。内泥路三条。坟二穴。多石椁。
国	同上	阔一丈七尺	同上	同上	塘内是河，并泥路一条。石埠一个。外公盛廒屋。

（续表）

号	塘别	塘身高阔	沙碛远近	江流形势	备　考
有	同上	阔一丈二尺，高一丈一尺	同上	同上	塘内是河，并内外泥石路各一条。坝埠一个。坟一穴。多石椁。外王慎泰行。多刺柴。
虞	同上	阔一丈三尺，高一丈二尺	同上	同上	塘内系田。外丘路一条。内泥路一条。坟二穴。多石椁、树根、刺柴。
陶	同上	阔一丈三尺，高一丈二尺	同上	同上	塘内系田，内外丘路各一条。坟一穴。石椁十二穴。有永泰行埠。
唐	同上	阔一丈五尺，高一丈一尺	同上	同上	塘内系河。沈德兴坝路一条。多石椁、树根、刺柴。
吊	同上	阔一丈九尺	同上	同上	塘内是河。麦边坝埠一个。内泥路一条。石椁九穴。外身麦边栈房。
民	同上	阔一丈一尺	同上	同上	塘内系河。永泰、三联泰行埠各一个。内外石路四条。多石椁、刺柴。外有草舍。
伐	同上	阔一丈五尺	同上	同上	塘内系河。内泥路一条。外脚草舍。多刺柴。
罪	石塘	阔一丈八尺	同上	同上	塘内系屋。沈德兴、沈祥兴坝路各一条。塘上密堆松柴，塘下沥海分关。
周	同上	阔三丈七尺，高一丈一尺	塘外沙地约五十丈	同上	塘内系屋。内泥石路各一条。多石椁。
发	同上	阔一丈九尺，高一丈	同上	同上	塘内系溇。多石椁。
商	同上	阔七尺，高一丈三尺	同上	同上	塘内系溇。面有茶亭五间，民房六间。内石路一条。多石椁。
汤	同上	阔一丈七尺	同上	同上	塘内系溇。面有民房十余间，肥缸十余只。内外石路各一条。
坐	同上	阔一丈七尺，高六尺	塘外临江	同上	塘内系溇。内张神殿、汤公祠。外面马福昌酒店。内石路一条。多石椁、刺柴。
朝	同上	阔一丈三尺，高五尺	同上	同上	塘内临河。内外泥路各三条。多石椁、刺柴。外有草舍。
问	半石塘	阔一丈七尺，高一丈二尺	同上	同上	塘内系河。内泥、石路各一条。“问”字起至“爱”字止系钟局长新修半石塘。
道	同上	阔一丈八尺，高一丈一尺	同上	同上	塘内系河。孩棺六穴。
垂	同上	阔一丈九尺，高一丈二尺	同上	同上	塘内系河，并石路一条。有石椁孩棺四穴。内有起龙庵。多芦根。
拱	同上	阔二丈，高一丈三尺	同上	同上	塘内系河。石椁五穴，孩棺三穴。芦根多。
平	同上	阔二丈八尺，高一丈二尺	同上	同上	塘内系河，并泥路一条。多石椁、刺柴。

（续表）

号	塘别	塘身高阔	沙碛远近	江流形势	备　考
章	同上	阔二丈七尺，高一丈	同上	同上	塘内系河。多石椁。
爱	同上	阔二丈，高一丈一尺	塘外浮沙十丈	同上	塘内系河。泥串路一条。内石路一条。多石椁、刺柴。孩棺六穴。
育	土塘	阔一丈六尺，高一丈	同上	同上	塘内系河,串路一条。孩棺三穴。
黎	同上	阔一丈八尺，高一丈	同上	同上	塘内系河。外丘路一条。石椁孩棺各三穴。
首	同上	阔一丈七尺，高一丈	同上	同上	塘内系河。外丘路一条。内多石椁。坟二穴。多刺柴、树根。
臣	同上	阔一丈六尺，高一丈	同上	同上	塘内系河。外丘路一条。内石路二条。树根、芦根甚多。
伏	同上	阔一丈五尺，高三尺	同上	同上	塘内系河。王慎泰、协泰兴坝路各一条。外石路一条。内外身多民房、树根、芦根。
戎	同上	阔一丈五尺，高七尺	同上	同上	塘内系河。协泰兴坝路一条。石椁十四穴。
羌	同上	阔一丈三尺，高九尺	同上	同上	塘内系河,王懋昌坝路一条。石路一条。石椁四穴。孩棺一穴。多刺柴。
遐	同上	阔一丈四尺，高八尺	同上	同上	塘内系河。外泥路一条。多树根、刺柴。
迩	同上	阔一丈六尺，高七尺	同上	同上	塘内系河。内木桩。外丘路一条。多芦根、刺柴。
壹	同上	阔一丈四尺，高六尺五寸	塘外沙地约十丈	江流西北	塘内系河。外泥路一条。泥坟三穴。
体	同上	阔一丈六尺，高七尺	同上	同上	塘内系河,多树根、芦根。
率	同上	阔一丈九尺，高八尺	同上	同上	塘内系河,外泥路一条。石椁一穴。泥坟五穴。浮厝三具。多树根、芦根。
宾	同上	阔一丈七尺，高六尺	同上	同上	塘内系河。外泥路一条。内、外楝树各一株。又泥坟五穴。
归	同上	阔一丈八尺，高一丈二尺	同上	同上	塘内系河。内楝、柏树各一株。并泥路一条。沈德兴泥坝路一条。又楝树三株。眼闸一座。
王	同上	阔一丈三尺	同上	同上	塘内系河。内外石路各一条。串路一条。内泥路一条。芦根多。
鸣	同上	阔一丈四尺，高四尺	同上	同上	塘内外皆民房。内石路一条。外路二条。内脚多坟椁、树根、芦根。
凤	同上	阔一丈七尺，高一丈三尺	同上	同上	塘内系田。内路二条。外路一条。面石椁三穴,孩棺一穴。多树根、芦根。

（续表）

号	塘别	塘身高阔	沙碛远近	江流形势	备　考
在	同上	阔一丈七尺，高一丈	同上	同上	塘内系地。内外路各一条。面有石椁二穴。坟一穴，孩棺三穴。多树根、芦根。
竹	同上	阔一丈八尺，高一丈	同上	同上	塘内系地。面有石椁二穴，孩棺五穴。多树根、芦根。
白	同上	阔一丈九尺，高一丈	同上	同上	塘内系地。内外路各一条。石椁三穴。内脚椁多，孩棺二穴，浮厝三具。多树根、芦根。
驹	同上	阔一丈八尺，高一丈	同上	同上	塘内系地。外丘路一条。内脚石椁十穴，面有孩棺二穴，浮厝三穴。多树根、芦根。
食	同上	阔一丈八尺，高一丈	塘外浮沙六丈	江流西北	塘内系田并孩棺一穴。多树根、芦根。碑缺。
场	同上	阔一丈七尺，高一丈一尺	同上	同上	塘内系河。内外路各一条。石椁四穴。“场、化”两字塘内系河。前表误写系田。宜更正。且此两字，内临深河，塘外沙脚不过六丈，内塘身及脚均多坍陷，急宜修筑。
化	同上	阔一丈八尺，高一丈	塘外浮沙十丈	同上	塘内系河。外路一条。
被	同上	阔一丈九尺，高九尺	同上	同上	塘内系河。内外路各一条。面大小石椁九穴。孩棺六穴。
草	同上	阔一丈九尺，高七尺	同上	同上	塘内系河。内路一条。多芦根。
木	同上	阔二丈二尺，高九尺	同上	同上	塘内有万圣庵。串路一条。内脚多坟椁。内身又石椁五穴。孩棺一穴。多芦根。
赖	同上	阔二丈八尺，高九尺	同上	同上	塘内系田。外路一条，内路二条。面石椁、孩棺各二穴。芦根极多。
及	同上	阔二丈八尺，高九尺	同上	同上	塘内系田。内脚多坟椁。
万	半石塘	阔二丈七尺，高九尺	同上	同上	塘内系田。外路一条。内脚多坟椁。
方	同上	阔二丈一尺，高一丈	同上	同上	塘内系田。内外路各一条。内脚多坟椁、树根、刺柴、芦根。
盖	同上	阔二丈五尺，高九尺	塘外浮沙六丈	同上	塘内系田。外路一条。内脚多坟椁。孩棺二穴。多刺柴、树根、芦根。
此	同上	阔二丈七尺，高一丈	同上	同上	塘内系田，并路一条。内脚多坟椁。孩棺四穴。多树根、刺柴、芦根。
身	同上	阔二丈六尺，高一丈	塘外浮沙约七丈	同上	塘内系田。内脚多坟椁。孩棺二穴。
髮	同上	阔二丈三尺，高一丈	同上	同上	塘内系田，并路一条。内脚多坟椁。浮厝三具。

（续表）

号	塘别	塘身高阔	沙碛远近	江流形势	备　考
四	同上	阔二丈三尺，高一丈一尺	同上	同上	塘内系田。内路一条。面砖、石椁四穴。孩棺七穴。多刺柴。
大	同上	阔二丈，高九尺五寸	塘外浮沙约三丈	同上	塘内系田。内石路一条，外路二条。内脚多坟椁。面有石椁七穴。又多肥缸。多刺柴、芦根。
五	同上	阔五丈九尺，高一丈二尺	塘外临江	同上	塘内民房，面有大王庙茶亭三间。泥路五条。石椁一穴。
常	同上	阔一丈二尺，高一丈三尺	同上	同上	塘内外皆民房。内路一条。多芦根。
恭	同上	阔一丈六尺，高一丈二尺	同上	同上	塘内脚多坟椁，并路三条。多芦根。
惟	同上	阔高同上	同上	同上	塘内脚多坟椁。孩棺二穴。多芦根。
鞠	同上	阔二丈六尺，高一丈二尺	同上	同上	塘内系田。内路一条。石椁十四穴，坟二穴，浮厝七具，孩棺二穴。
养	同上	阔一丈九尺，高一丈三尺	同上	同上	塘内系田，并泥坟二穴，孩棺一穴。
岂	半石塘	阔一丈九尺，高一丈二尺	塘外浮沙约二丈	同上	塘内系田。内路二条。石椁十一穴，浮厝二具，孩棺三穴。多树根、刺柴。
敢	同上	阔一丈六尺，高一丈二尺	同上	同上	塘内系田。内脚多坟椁，孩棺一穴。有树根、刺柴。
女	同上	阔一丈四尺，高一丈二尺	同上	同上	塘内系田。内脚多坟椁，孩棺一穴，内路一条。外路二条。
慕	同上	阔一丈六尺，高一丈	同上	同上	塘内系田，外路一条，树根八个。
贞	同上	阔一丈四尺，高一丈	同上	同上	塘内系田，内外路各一条。石椁二具，浮厝一具。
洁	同上	阔一丈四尺，高一丈	塘外浮沙约五丈	同上	同上。
男	同上	同上	同上	同上	塘内系田。内路一条。外路二条。内脚多坟椁。
效	同上	阔一丈七尺，高九尺	同上	同上	塘上有会龙庵茶亭三间。内外民房。内路四条，外路一条。地名车家浦。
才	同上	阔一丈九尺	同上	同上	塘内脚多石椁。坝路二条。内石路一条。外皆民房。地名车家浦。烟灶约百余户。
良	同上	阔一丈七尺，高九尺	同上	同上	塘内系地，并路一条。内脚多坟。并面有石椁一具。孩棺四穴。
知	同上	阔一丈六尺，高一丈	同上	同上	塘内系地，并路一条。孩棺三穴。
过	同上	同上	同上	同上	塘内系地，并路一条。内脚多坟。树根一个。

（续表）

号	塘别	塘身高阔	沙碛远近	江流形势	备　考
必	同上	阔一丈六尺，高九尺	同上	同上	塘内系地。内路一条。内脚多坟。
改	同上	阔一丈八尺，高一丈	同上	同上	塘内系地。内外路各一条。多坟。
得	同上	阔一丈五尺，高一丈	塘外浮沙约十丈	同上	塘内系地。内串路一条。
能	同上	阔一丈五尺，高五尺五寸	同上	同上	塘内民房。外路三条。内路二条。面有路亭三间。地名徐家堰。烟灶约四十余户。
莫	同上	阔一丈九尺，高九尺	同上	同上	塘内系地。外路一条。
忘	同上	阔一丈四尺，高一丈一尺	同上	同上	塘内系田。内外路各二条。
罔	土塘	阔一丈四尺，高一丈	塘外浮沙三十丈	同上	塘内脚多坟。外路一条。孩棺一穴。
谈	同上	阔一丈四尺，高一丈	同上	同上	塘内系田,并屋斜串路一条。孩棺三穴。
彼	同上	阔一丈八尺，高一丈	同上	同上	塘内系田。内路一条。孩棺五穴。多坟。碑无。
短	同上	同上	同上	同上	塘内系田。内外路各一条。内脚多坟。
靡	同上	阔一丈六尺，高一丈	塘外沙地约五十丈	同上	塘内脚多坟,内外路各一条。孩棺二穴。
恃	同上	阔一丈五尺，高一丈	同上	同上	塘内系田。内外路各一条。坟一穴。孩棺七具。
己	同上	阔二丈一尺，高一丈	塘外沙地约半里	同上	塘内系河,并密桩一排。斜串路一条。孩棺二穴。多树根。
长	同上	阔二丈一尺，高九尺	同上	同上	塘内系河。并密桩一排。外路一条。孩棺五穴。
信	同上	阔一丈九尺，高五尺	同上	同上	塘内系河,串路二条,外路一条,地名啸唫下庙。
使	同上	阔一丈七尺，高五尺	同上	同上	塘内民房。外草舍。内路三条。外路二条。
可	同上	阔一丈一尺	同上	同上	塘内外民房。内路三条。串路一条。
复	同上	阔一丈五尺，高八尺	同上	同上	塘内系地。外路一条,浮厝一具,孩棺六穴。
器	同上	阔一丈五尺，高一丈	同上	同上	塘内系地。内脚多坟。面浮厝一具,孩棺六穴。
欲	同上	阔一丈六尺，高九尺	同上	同上	塘内系地。外路一条,柏树一株。内脚多坟。

（续表）

号	塘别	塘身高阔	沙碛远近	江流形势	备　考
难	同上	阔一丈四尺，高七尺	同上	同上	塘内系田，并路二条。内脚多坟。面坟四穴，石椁一具。柏树二株。孩棺五穴。
量	同上	阔一丈三尺，高八尺	同上	同上	塘内系田。内外路各二条。内外脚多坟。孩棺八穴。碑无。
墨	同上	阔一丈四尺，高七尺	塘外沙地约里许	江流西北	塘内系田。并路二条。内脚多坟。面石椁一具，坟四穴、柏树二株。孩棺五穴。
丝	同上	阔一丈三尺，高八尺	同上	同上	塘内系田。内外路各一条。塘内外脚多坟，孩棺八穴。
染	同上	阔一丈六尺，高八尺	同上	同上	塘内系地。内脚多坟。孩棺十一穴。
诗	同上	阔一丈三尺，高八尺	同上	同上	塘内系河并屋。斜串路一条。面坟二穴，孩棺七穴。多树根。
赞	同上	阔一丈七尺，高九尺	同上	同上	塘内民房。内外路各一条。串路一条。石椁一具。多树根。
羔	同上	阔一丈九尺，高九尺	塘外沙地约三里	同上	塘内民房。面有路亭三间。又大树三株。外路四条。内路一条。
羊	同上	阔一丈四尺，高七尺	同上	同上	塘内民房。内路四条。外路三条。
景	同上	阔一丈七尺	同上	同上	塘内民房。外路一条。内石路二条。
行	同上	阔一丈四尺，高七尺	同上	同上	塘内民房，并近河内石路二条。外有肥缸一排。
维	同上	阔一丈六尺，高九尺	同上	同上	塘内系屋。外路一条。内路六条。
贤	同上	阔二丈四尺	同上	同上	塘内系田。外路二条。内脚多肥缸。孩棺一穴。树根十个。
克	同上	阔一丈四尺，高八尺	同上	同上	塘内系田。斜串路一条。浮厝二具。坟并孩棺各三穴。多树根。
念	同上	阔一丈七尺，高九尺	塘外沙地约三四里	同上	塘内系田。内路一条，浮厝三具。坟五穴。孩棺九穴。多树根、芦根。
作	同上	阔一丈四尺，高八尺	同上	同上	塘内系田。内路一条。浮厝五具。坟六穴。孩棺二穴。地名青山脚。
圣	同上	阔一丈八尺，高六尺	同上	同上	塘内系地。多坟并浮厝。
德	同上	阔一丈五尺，高六尺	同上	同上	塘内系地。串路一条，外泥路一条。坟二穴。浮厝三具，孩棺多。
建	同上	阔一丈七尺，高七尺	同上	同上	塘内系田。内路二条，外路一条。浮厝二具。多孩棺、树根。

（续表）

号	塘别	塘身高阔	沙碛远近	江流形势	备　考
名	同上	阔一丈六尺，高七尺	同上	同上	塘内系田。外泥路二条。坟二穴,孩棺十七穴。外楝树一株。
立	同上	同上	同上	同上	塘内系田,串路一条。外泥路二条。
形	同上	阔一丈二尺，高五尺	同上	同上	塘内系田。外石路四条。内石路二条,泥路一条。
端	同上	阔一丈，高四尺五寸	同上	同上	塘内系河。外路五条。内路四条。
表	同上	阔六尺，高四尺	同上	同上	塘内系屋。内外路各二条。外泥路一条。
正	同上	阔一丈六尺，高八尺	同上	同上	塘内系河。内旧木桩一排,并路一条。外路三条,并有民房。内柳、楝树各一株。
谷	同上	阔一丈九尺	同上	同上	塘内系田并屋。内石路三条。外石路四条。
传	同上	阔一丈三尺，高五尺	塘外沙地三里	同上	塘内系屋。内外石路各一条。外有三聚亭一座,并民房。
声	同上	阔二丈三尺，高七尺	同上	同上	塘内系屋。并路三条。树根三个。碑断。
虚	同上	阔一丈六尺，高七尺	同上	同上	塘内系田,外路一条,树根、芦根多。地名杜浦,烟灶约百余户。
堂	同上	阔一丈二尺，高七尺	同上	同上	塘内系田。内路一条。孩棺三穴。多树、芦等根。
习	同上	阔一丈六尺，高一丈	同上	同上	塘内系田,近河。外路一条。多树、芦根。
听	同上	阔一丈四尺，高九尺	同上	同上	塘内系田。多树根、芦根。
祸	同上	阔一丈五尺，高一丈	同上	同上	塘内系田。外路一条。树根七个。
因	同上	阔二丈，高一丈一尺	同上	同上	塘内系田。内外泥路各一条。孩棺一穴。多树根。
恶	同上	阔一丈六尺，高一丈	同上	同上	塘内系田。外路一条。孩棺七穴。树根一个。
积	同上	阔一丈七尺，高八尺	同上	同上	塘内系田。并路一条。树根十二个。多芦根。
福	同上	阔一丈六尺，高一丈	同上	同上	塘内系田。斜串路一条。内路一条。树根七个。孩棺二穴。多树根。
缘	同上	阔一丈八尺，高八尺	同上	同上	塘内系田。树根八个。多芦根。
善	同上	阔一丈六尺，高八尺	同上	同上	塘内系田。外路一条。树根二个。多芦根。

（续表）

号	塘别	塘身高阔	沙碛远近	江流形势	备　考
庆	同上	阔一丈五尺，高八尺	同上	同上	塘内系田。内有张神庙。内石路二条。外石路一条。树根八个。多芦根。
尺	同上	阔三丈，高一丈	同上	同上	塘内系田。面有黄草沥废闸一座。内泥、石路各一条。树根一个。
璧	同上	阔一丈四尺，高一丈	同上	同上	塘内系田。孩棺三穴。
非	同上	阔一丈六尺，高一丈	同上	同上	塘内系田。外路二条。孩棺五穴。多树根。
宝	同上	阔一丈五尺，高九尺	同上	同上	塘内系田。内外路各一条。孩棺二穴。
寸	同上	阔一丈六尺，高一丈	同上	同上	塘内系田。斜串路一条。孩棺一穴。
阴	同上	阔一丈七尺，高一丈二尺	同上	同上	塘内系田。内路一条。树根六个。
是	同上	阔一丈七尺，高一丈	同上	同上	塘内系田。外路一条。树根三个。
竞	同上	阔一丈七尺，高一丈	同上	同上	塘内系田。内、外路各一条，斜串路一条。
资	同上	阔二丈五尺，高一丈	同上	同上	塘内系河。有旧木桩一排。内石串路各一条。并枯楝树一株。
父	同上	阔二丈，高九尺五寸	同上	同上	塘内系田。内石路一条。面有大连香树一株，周围一丈零五寸。地名杨家塘。烟灶三十余。
事	同上	阔一丈九尺，高一丈	同上	同上	塘内系田。外路一条。内脚浮厝八具，孩棺七穴。内、外树根二十个。
君	同上	阔二丈三尺，高一丈	同上	同上	塘内系田。内串路各一条。树根五个。
曰	同上	阔一丈八尺，高一丈	同上	同上	塘内系田。内路一条。树根二个。
严	同上	阔一丈七尺，高一丈	同上	同上	塘内系田。外路一条。树根四个。
与	同上	阔一丈五尺，高一丈	同上	同上	塘内系田。内、外泥路各一条。孩棺一穴。树根、芦根多。
敬	同上	阔二丈三尺，高一丈	同上	同上	塘内有沟。内路一条。内外树根甚多。孩棺二穴。
孝	同上	阔一丈九尺，高一丈	同上	同上	塘内系田。内路一条，树根十一个。多刺柴。
当	同上	阔一丈八尺，高一丈	同上	同上	塘内系田。外石路一条。内石路二条。面有大楝树一株。地名沥泗。有张神殿。又多芦根。

（续表）

号	塘别	塘身高阔	沙碛远近	江流形势	备　考
竭	同上	阔一丈四尺，高九尺	同上	同上	塘内系田。串路一条，宜挑平。外脚樟树一株。“竭”字碑误写“是”字。
力	同上	阔一丈二尺，高九尺	同上	同上	塘内系田。串路一条，宜挑平。外脚樟树一株。多芦根、树根。
忠	同上	阔一丈七尺，高九尺	同上	同上	塘内系田。内外多树根。
则	同上	阔一丈九尺，高九尺	同上	同上	塘内系田。内外树根多。
尽	同上	阔一丈九尺，高九尺	同上	同上	塘内系田。孩棺五穴。
命	同上	阔一丈七尺，高一丈	同上	同上	塘内系田。内路二条。外路一条。串路一条。宜挑平。多芦根。
临	同上	阔一丈二尺，高一丈	同上	同上	塘内系田。内路一条。孩棺一穴。
深	同上	阔一丈四尺，高九尺	同上	同上	塘内系田。多树根、刺柴、芦根。
履	同上	阔一丈三尺，高八尺	同上	同上	塘内系田。内路一条。孩棺一穴。多芦根。
薄	同上	阔一丈五尺，高九尺	同上	同上	同上。
夙	同上	阔一丈六尺，高九尺	同上	同上	塘内系田。内路一条。串路一条。孩棺一穴。
兴	同上	阔二丈，高一丈	同上	同上	塘内系田。外路一条。孩棺二穴。多刺柴。地名卖盐溇。
温	同上	阔一丈七尺，高八尺	同上	同上	塘内系田。内路一条。多树根、刺柴。
清	同上	阔一丈四尺，高八尺	同上	同上	同上。
似	同上	同上	同上	同上	同上。
兰	同上	阔一丈六尺，高八尺	同上	同上	塘内系田。地名沥泗村。烟灶约二百余户。
斯	同上	阔一丈六尺，高八尺	同上	同上	塘内系田。内、外路各一条。多刺柴、树根。
馨	同上	阔二丈，高八尺	同上	同上	塘内系田。斜串路一条。多树根、刺柴。
如	同上	阔一丈四尺，高九尺	同上	同上	塘内系田。内脚旧木桩一排。外路一条。孩棺二穴。树根二个。多刺柴。

（续表）

号	塘别	塘身高阔	沙碛远近	江流形势	备　考
松	半石塘	阔一丈一尺，高九尺	同上	同上	塘内系河。内脚有旧木桩一排。
之	同上	阔一丈五尺，高九尺	塘外沙地约百丈	同上	塘内系田。内路二条。多树根、刺柴。
盛	同上	阔一丈二尺，高九尺	同上	同上	塘内系田。孩棺一穴。多树根、刺柴。
川	同上	阔三丈，高九尺	同上	同上	塘内系田。内路一条，串路一条。树根、刺柴多。
流	同上	阔一丈五尺，高一丈	同上	同上	塘内系田。枯楝树一株，孩棺一穴。多树根、刺柴。
不	同上	阔一丈八尺，高九尺	同上	同上	塘内系沟。外路一条，多树根、刺柴。
息	同上	阔一丈五尺，高九尺	塘外沙地五十丈	同上	塘内系沟。多树根、刺柴。地名马王溇。烟灶约五十余户。
渊	同上	阔一丈四尺，高一丈	同上	同上	塘内系河。内密桩一排。内外路各一条。树根、刺柴甚多。
澄	同上	阔一丈八尺，高一丈一尺	同上	同上	塘内系河。内脚密桩一排。内路一条。多树根、刺柴。
取	同上	阔一丈五尺，高一丈	同上	同上	塘内系河。内脚密桩一排。内、外路各一条。多树根、刺柴。
瑛	同上	阔一丈六尺，高九尺	同上	同上	塘内系田。外路二条。多刺柴、树根。
容	同上	阔一丈六尺，高一丈	同上	同上	塘内系田。多树根、刺柴。
止	同上	阔二丈，高一丈	同上	同上	塘内系田，并路一条。树根、刺柴多。
若	同上	阔一丈五尺，高九尺	同上	同上	塘内系田，并路一条。多树根、刺柴。地名杨树溇。烟灶约六十余户。
思	同上	阔一丈三尺，高九尺	塘外沙地三十丈	同上	塘内系田。内脚坟四穴。外路一条。多刺柴、树根。
言	同上	阔二丈四尺，高九尺	同上	同上	塘内系田。孩棺一穴。多树根、刺柴。
辞	同上	阔一丈五尺，高九尺	同上	同上	塘内系田。斜串路一条，内泥路二条。多树根、刺柴。
安	同上	阔一丈六尺，高九尺	同上	同上	塘内系田。多树根、刺柴。
定	同上	阔二丈四尺，高九尺	同上	同上	塘内系田。内脚坟二穴。多树根、刺柴。

（续表）

号	塘别	塘身高阔	沙碛远近	江流形势	备　　考
笃	同上	阔一丈七尺，高九尺	同上	同上	塘内系田。内路一条。多树根、刺柴。
初	同上	阔一丈六尺，高九尺	同上	同上	塘内系田。多树根、刺柴。
诚	同上	阔一丈八尺，高一丈一尺	同上	同上	同上。
美	同上	同上	同上	同上	塘内系田，内路四条。外路一条。树根、刺柴多。系韩家滨沙地。
慎	同上	阔一丈九尺，高九尺	同上	同上	塘内系田，并有王殿一座。外有竹。
终	同上	阔一丈六尺，高九尺	同上	同上	塘内系田。内、外有竹并柳、楝树各一株。内、外路各一条。
宜	同上	阔一丈九尺，高九尺	同上	同上	塘内系河，有密桩一排。内、外路各一条。
令	同上	阔一丈二尺，高一丈一尺	同上	同上	塘内系河。树根十二个。
荣	同上	阔二丈四尺，高一丈	同上	同上	塘内系田，内脚浮厝三具。
业	同上	阔二丈八尺，高九尺	同上	同上	塘内系田，树根三个。多刺柴。
所	同上	阔二丈五尺，高一丈一尺	同上	同上	塘内系田。内路一条。树根四个。
基	同上	阔二丈九尺，高一丈	同上	同上	塘内系田。多刺柴。
籍	同上	阔二丈四尺，高一丈	同上	同上	塘内系田。
甚	同上	阔二丈六尺，高一丈	同上	同上	塘内系田。树根十五个。多刺柴。
竟	同上	阔二丈七尺，高一丈	塘外沙地五十丈	同上	塘内系田。多刺柴。
学	同上	阔三丈一尺，高一丈	同上	同上	塘内系田。内、外路各一条。树根五个。多刺柴。
优	同上	阔二丈二尺，高一丈	同上	同上	塘内系田。外路一条。
登	同上	阔二丈二尺，高一丈	同上	同上	塘内系田。
仕	同上	阔二丈四尺，高一丈一尺	同上	同上	塘内系田。内路一条。树根一个。多刺柴。

（续表）

号	塘别	塘身高阔	沙碛远近	江流形势	备　考
摄	同上	阔二丈四尺，高九尺	同上	同上	塘内系田。内脚坟四穴。孩棺一穴。
职	同上	阔二丈五尺，高八尺	塘外沙地十丈	同上	塘内系田。
从	同上	阔二丈四尺，高一丈	同上	同上	塘内系田，串路泥路一条。塘面西湖三眼闸一座。
政	同上	阔二丈二尺，高七尺	同上	同上	塘内系田。串路一条，内泥路一条。柏树一株，树根十八个。
存	同上	阔二丈，高八尺	塘外沙地百丈	同上	塘内系田。内路一条，树根十二个。
以	同上	同上	同上	同上	塘内系田。外路一条。树根九个。
甘	同上	阔一丈九尺，高八尺	同上	同上	塘内系田，外路一条。树根、刺柴甚多。
棠	同上	阔二丈一尺，高八尺	同上	同上	塘内系田。树根、刺柴多。
去	同上	阔一丈九尺，高八尺	同上	同上	塘内系田，外路一条，柏树一株。孩棺二穴。树根、刺柴甚多。地名塘角。
而	同上	同上	同上	同上	塘内系田。串路一条。多树根、刺柴。
益	同上	阔二丈，高九尺	同上	同上	塘内系田。多刺柴、树根。
咏	同上	阔二丈二尺，高九尺	同上	同上	塘内系田。串路一条。孩棺一穴，多刺柴、树根。
乐	同上	阔二丈二尺，高一丈	同上	同上	塘内系田。孩棺二穴。多树根、刺柴。
殊	同上	阔二丈一尺，高一丈	同上	同上	塘内系田。多树根、刺柴。
贵	土塘	同上	同上	同上	塘内系田。外路一条。多树根、刺柴。
礼	同上	阔二丈一尺，高九尺	同上	同上	塘内系田。外路二条。多树根、刺柴。
别	同上	同上	同上	同上	塘内系田，丘路一条。
尊	同上	同上	塘外沙地约半里	同上	塘内系田。内路一条。外路二条。孩棺二穴。多树根、刺柴。
卑	同上	阔一丈一尺，高一丈	同上	同上	塘内系田。孩棺二穴。多刺柴。
上	土塘	阔二丈一尺，高一丈	塘外沙地半里	同上	塘内系田。内、外泥路各一条。多树根、刺柴。
和	同上	阔二丈一尺，高一丈一尺	同上	同上	塘内系田。外路一条。

（续表）

号	塘别	塘身高阔	沙碛远近	江流形势	备　　考
下	同上	阔一丈六尺，高一丈	同上	同上	塘内系田。内、外泥路各一条。外有竹园。地名塘角。多树根。
睦	同上	阔一丈八尺，高八尺	塘外沙地五里	同上	塘内外脚有竹园。石串路一条。石路三条。内有塘角社庙，外有民房。
夫	同上	阔一丈六尺，高七尺	同上	同上	塘内系河。有庙。内脚竹园。外路一条，坟一穴。多树根。
唱	同上	阔二丈一尺，高一丈	同上	同上	塘内种竹，并路一条。多树根。
妇	同上	阔二丈一尺，高一丈	同上	同上	塘内民房。外泥路二条。内泥、石路各一条。树根三个。地名小金家。
随	同上	阔二丈二尺，高一丈三尺	同上	同上	塘内系田。串路一条。坟二穴。树根三个。
外	同上	阔二丈一尺，高一丈三尺	同上	同上	塘内系田。串路一条。树根五个。坟二穴。
受	同上	阔二丈一尺，高一丈一尺	同上	同上	塘内系田，串路一条。树根八个。地名大金家。
傅	同上	阔二丈四尺，高一丈四尺	同上	同上	塘内系田，并屋又有竹，内石路一条。树根十一个。
训	同上	阔二丈四尺，高一丈四尺	同上	同上	塘内系田，并有竹。内、外泥路各一条。孩棺二穴。
入	同上	阔二丈二尺，高一丈二尺	同上	同上	塘内系田，并屋，又有竹。内石路一条。树根二十三个。孩棺二穴。
奉	同上	同上	同上	同上	塘内系田。树根十五个。
母	同上	同上	同上	同上	塘内系田。树根十一个。
仪	同上	同上	同上	同上	塘内系田。树根八个。多刺柴。
诸	同上	阔一丈九尺，高七尺	同上	同上	塘内系田。内、外泥路各一条。树根八个。塘外有会龙庙。
姑	同上	阔二丈一尺，高七尺	同上	同上	塘内系田，内、外泥路各一条。树根五个。
伯	同上	阔二丈，高一丈二尺	同上	同上	塘内系田，外路一条。孩棺四穴。树根十八个。
叔	同上	阔一丈九尺，高一丈	同上	同上	塘内系田。连理柏树一株。树根十二个。地名徐家塘。
犹	同上	阔二丈一尺，高一丈二尺	同上	同上	塘内系河。内泥路四条，外一条。石路一条。内有草舍。地名潭底。面阔二丈九尺，多树根。
子	同上	阔二丈一尺，高一丈	同上	同上	塘内系田。外路一条，多树根、刺柴。孩棺十四穴。

（续表）

号	塘别	塘身高阔	沙碛远近	江流形势	备　　考
比	同上	阔二丈，高一丈二尺	同上	同上	塘内系田。树根五个。孩棺五穴。
儿	同上	阔二丈，高一丈一尺	同上	同上	塘内系田。树根六个。孩棺三穴。
孔	同上	阔二丈一尺，高一丈	同上	同上	塘内系田。外路一条，多树根三个。
怀	同上	阔二丈二尺，高一丈二尺	同上	同上	塘内系田。内路一条。孩棺一穴。树根十六个。地名中庵。烟灶约百余户。
兄	同上	阔二丈一尺，高一丈一尺	同上	同上	塘内系田。树根十二个。多刺柴。
弟	同上	阔二丈三尺，高一丈二尺	同上	同上	塘内系田。树根十一个。多刺柴。
同	同上	阔二丈，高一丈一尺	同上	同上	塘内系田。
气	同上	阔二丈，高一丈二尺	同上	同上	塘内系田，并树根十二个。
连	同上	阔二丈二尺，高一丈二尺	同上	同上	塘内系田，串路一条，孩棺四穴。
枝	同上	阔二丈，高一丈一尺	同上	同上	塘内系田。孩棺二穴。多树根、刺柴。
交	同上	阔二丈二尺，高一丈一尺	同上	同上	塘内系田。多树根、刺柴。泥路一条。地名梁巷。烟灶约三百多户。
友	同上	阔二丈二尺，高一丈一尺	同上	同上	塘内系田。多树根、刺柴。
投	同上	阔二丈一尺，高一丈一尺	同上	同上	塘内系田。斜串路一条。外泥路一条。并有丰山庵。
分	同上	阔二丈一尺，高一丈一尺	同上	同上	塘内系田。多树根、刺柴。
切	同上	阔二丈二尺，高一丈四尺	同上	同上	塘内系田。串路二条。孩棺一穴。
磨	同上	阔二丈一尺，高一丈二尺	同上	同上	塘内系田。外泥路一条。地名新沙。
箴	同上	阔一丈八尺，高一丈二尺	同上	同上	塘内系田。内、外路各二条。孩棺七穴。
规	同上	阔二丈一尺，高一丈二尺	同上	同上	塘内系田。外路一条。孩棺四穴。
仁	同上	阔二丈三尺，高一丈二尺	同上	同上	塘内系田，并路一条。孩棺三穴。

（续表）

号	塘别	塘身高阔	沙碛远近	江流形势	备　考
慈	同上	阔一丈八尺，高一丈四尺	同上	同上	塘内系田,内路一条。孩棺一穴。
隐	同上	阔一丈九尺，高一丈四尺	同上	同上	塘内系田,并路一条。
恻	同上	阔二丈二尺，高一丈三尺	同上	同上	塘内系田,外路一条。树根一个。
造	同上	阔二丈五尺，高一丈五尺	同上	同上	塘内系田。多刺柴。树根廿一个。
次	同上	阔二丈，高一丈五尺	同上	同上	塘内系田。外泥路一条。多树根、刺柴。内倒塘潭。
弗	同上	阔二丈六尺，高一丈四尺	同上	同上	塘内系田。内泥路一条。多树根、刺柴。
离	同上	阔一丈九尺，高一丈五尺	同上	同上	塘内系田。斜串路一条。树根四个。
节	同上	阔一丈九尺，高一丈四尺	同上	同上	塘内系田。孩棺三穴。树根十六个。
义	同上	阔二丈，高一丈五尺	同上	同上	塘内系田。树根十四个。内倒塘潭。
廉	同上	阔三丈，高一丈五尺	同上	同上	塘内系田。地名屠家埠。孩棺二穴。
退	同上	阔二丈，高一丈六尺	同上	同上	塘内系田。斜串路一条,孩棺一穴。
沛	同上	阔一丈八尺，高一丈六尺	同上	同上	塘内系田。刺柴多。树根六个。内倒塘潭。
匪	同上	阔二丈四尺，高一丈六尺	同上	同上	塘内系田。串路一条。
性	同上	阔一丈八尺，高一丈五尺	同上	同上	塘内系田。斜串路一条。树根一个。
静	同上	阔二丈六尺，高一丈六尺	同上	同上	塘内系田。树根七个。
情	同上	阔二丈六尺，高一丈四尺	同上	同上	塘内系田。外泥路一条。
逸	同上	阔二丈四尺，高一丈四尺	同上	同上	塘内系田。树根五个。
心	同上	阔一丈七尺，高一丈六尺	同上	同上	塘内系田。外泥路二条。内泥路三条。树根十五个。
动	同上	阔一丈九尺，高一丈五尺	同上	同上	塘内系田。斜串路一条。树根七个。

（续表）

号	塘别	塘身高阔	沙碛远近	江流形势	备　　考
神	同上	阔二丈， 高一丈四尺	同上	同上	塘内系田。内路一条。地名白米堰。
疲	同上	阔二丈八尺， 高一丈五尺	同上	同上	塘内系田。串路一条。孩棺一穴。塘下有霪洞一个。
守	同上	阔二丈， 高一丈四尺	同上	同上	塘内系田。孩棺一穴。
真	同上	阔二丈， 高一丈五尺	同上	同上	塘内系田。内、外路各一条。树根五个。
志	半石塘	阔二丈六尺， 高一丈	同上	同上	塘内系田。孩棺一穴。
满	同上	阔二丈四尺， 高一丈一尺	同上	同上	塘内系田。外路一条。多刺柴、树根。
逐	同上	阔二丈二尺， 高一丈二尺	同上	同上	塘内系田。串路一条。孩棺一穴。多刺柴、树根。
物	同上	阔一丈六尺， 高一丈三尺	同上	同上	塘内系田。内路一条。孩棺一穴。
意	同上	阔二丈四尺， 高一丈二尺	同上	同上	塘内系田。内路一条。多刺柴、树根。
移	同上	阔二丈六尺， 高一丈	同上	同上	塘内系田。外路一条。多树根、刺柴。
坚	同上	阔三丈， 高一丈一尺	同上	同上	塘内系田。多树根、刺柴。
持	同上	阔二丈七尺， 高一丈	同上	同上	塘内系田。外路一条。地名龙王塘。
固	同上	阔一丈七尺， 高一丈	同上	同上	塘内系田。
雅	土塘	阔一丈六尺， 高一丈二尺	同上	同上	塘内系田。多树根、刺柴。孩棺一穴。
操	同上	同上	同上	同上	塘内系田。孩棺四穴。多树根、刺柴。
好	同上	同上	同上	同上	塘内系田。面有铁牛头一个。串路一条。地名中墅。
爵	同上	阔一丈五尺， 高一丈三尺	同上	同上	塘内系田，多芦根。
自	同上	阔一丈五尺， 高一丈三尺	同上	同上	同上。
靡	同上	阔一丈七尺， 高一丈三尺	同上	同上	塘内系田。串路一条。多树根、芦根。
都	同上	阔一丈七尺， 高一丈三尺	同上	同上	塘内系田。多树根、芦根、刺柴。

（续表）

号	塘别	塘身高阔	沙碛远近	江流形势	备　　考
邑	同上	阔一丈九尺，高一丈三尺	同上	同上	同上。
华	同上	阔一丈九尺，高一丈三尺	同上	同上	同上。
夏	同上	阔一丈八尺，高一丈七尺	同上	同上	同上。
东	同上	阔二丈，高一丈三尺	同上	同上	同上。
西	同上	阔一丈七尺，高一丈	同上	同上	同上。
二	同上	阔一丈六尺，高一丈三尺	同上	同上	塘内系田。串路一条。多树根、芦根、刺柴。内里木桥。
京	同上	阔一丈九尺，高一丈三尺	同上	同上	塘内系田。树根十二个。孩棺三穴。
背	同上	阔一丈八尺，高一丈	同上	同上	塘内系田。斜串路一条，孩棺三穴。多树根、刺柴。
邙	同上	阔一丈八尺，高一丈	同上	同上	塘内系田。树根七个。有芦根。
面	同上	阔二丈，高一丈一尺	同上	同上	塘内系田。多树根、芦根。
洛	同上	阔一丈六尺，高一丈二尺	同上	同上	塘内系田。内路一条。孩棺三穴。多树根、刺柴。
浮	同上	阔一丈八尺，高一丈二尺	同上	同上	塘内系河。孩棺一穴。多树根、刺柴。
渭	同上	阔一丈七尺，高一丈	同上	同上	塘内系河。外路一条。多树根、刺柴。
据	同上	阔二丈，高一丈二尺	同上	同上	塘内系田。孩棺二穴。多树根、刺柴。
泾	同上	阔二丈三尺，高一丈三尺	同上	同上	塘内系田。外丘路一条。内泥路一条。多树根、刺柴。
宫	同上	阔二丈二尺，高一丈四尺	同上	同上	塘内系田。内路一条。孩棺二穴。多树根、刺柴。
殿	同上	阔二丈一尺，高一丈三尺	同上	同上	塘内系田。外路一条、孩棺六穴。树根十个。
盘	同上	阔二丈一尺，高一丈	同上	同上	塘内系田。内路二条。孩棺七穴。树根甚多。
郁	同上	阔二丈三尺，高一丈二尺	同上	同上	塘内系田。多树根、芦根。孩棺七穴。

东塘调查录

东塘即官塘。自车家浦“慕”字号起，至沽渚“圣”字号止，所经过村落，自车家浦以下曰徐家堰，曰怡隆坟，曰沽渚，以迄道墟俩山之麓。宋时，塘在今塘之内半里许，现尚留残址数段。后因垦田日多，塘向外移，即今日之塘是也。其塘初建时期已不可考。近始于民国七年及十五年、十六年间，先后由绍、萧塘工处各增修一次。塘身平均高一丈三尺，基阔四丈五尺，面阔一丈五尺，共长九百二十丈。均系土塘。民十六年塘工处报告书中，载“女”字起至“忘”字止一段，半系石塘，实属错误。现因潮流冲激，势颇危岌，惟在官塘外北面一带，多有民人自筑之子塘，其辅益官塘实非浅鲜。兹备述于下：

（一）建塘，亦称下庙直塘，在严家、林家、张家等地。此塘既御潮患，又为至沥海乡及上虞崧厦等处往来要道。建于清道光年间，重修于宣统年间，高与阔均约一丈。迨民国二十二年秋汛，是塘被潮冲坍，致遭水患，现仅存与官塘相接之一小段矣。

（二）沙田直塘、十六沟地直塘、大汉塘、包江塘，均为各家姓地。除包江塘外，其他塘堤因外地逐涨，重筑子塘，本塘日渐减削。惟包江塘屡经重修。

（三）税地横塘，原为税地。因潮水向内冲激不已，建此横塘以保税地，而护官塘，建于民国二十二年。高一丈，面阔亦一丈。基阔三丈六尺。现尚完好。

（四）镇海直塘，在潘家地。自建塘坍后，赶筑此塘以挡潮，保东南一带之沙地。建时在民国二十二年，宽阔与税地横塘同。惟地当潮水正冲，屡毁屡修，实为过江要道。

综上各子塘均由置沙地产者自动集资兴筑，费用颇巨，既系沙地之种物住民，又可充备塘而护官塘，利益甚大，关系亦重。（采访）

曹娥塘调查录

曹娥塘自白米堰“疲”字号起，“明”字号止，计字八十一，每字均立勒石一方，计长一千六百念丈，高约一丈余，阔二丈。而自“鼓”字号起，至“明”字号，因濒曹江，每遇春秋水汛时被冲毁，故于清光绪年间改建石塘，计四百丈。又曹娥塘“飞”字起，民国十年，绍兴余知事请款兴修，塘高二尺，塘董王树槐、朱士行、徐绳宗等监修。（采访）

啸唫镇之徐家堰车家浦调查录

徐家堰在啸唫镇西北“能”字号碑处，是石质南北向。传系清乾、嘉间，塘外浮沙日涨，地势变迁，改在楝树下筑闸，此堰遂废平为塘身。现堰之基石尚存。

车家浦在啸唫镇极西北角“才、良”二字号碑处，南北向。民元以来，塘外沙地逐坍，江道渐逼塘身，而莠民、奸商时有开坝设行之事。迭经就地士绅请官禁止。塘上向有禁碑，屡毁屡立，仅存民国十年，绍兴县知事余大钧及民国十九年绍兴县长汤日新二碑。现坝已填塞，惟石砌尚存塘上，有护塘公所房屋五间。

车家浦塘上禁碑云：为出示永禁事，案奉浙江省民政厅第七七一一号指令，本政府呈一件，呈为勘明车家浦塘面拟定办法，请赐察核由，内开呈悉，此案既据饬查明确，设立过塘行损害塘身，有碍水利。所拟将该协济过塘行，将旱闸填塞，不准再开。原有护塘公所房屋，照旧保存，不得侵占。各节准予照办。除函财政厅外，仰即知照此令。等因奉此。即经查明该处塘堤，迭经永禁开掘，有案可稽，合亟出示永禁。此布。中华民国十九年四月勒石。县长汤日新。

又，民国十年有知事余大钧禁碑一块，字迹已多剥蚀难辨。(采访)

北海塘调查录

北海塘，宋嘉定年间太守赵彦倓所建。隆兴中，给事中吴芾重加浚叠。明弘治间易以石。正德七年为风潮所坏，复以土筑之。嘉靖十二年又易以石。清康熙丙申知府俞卿加以修理。雍正二年七月十六日又为风潮冲坏，次第修筑之，至最近修整完好。兹将调查所得备载于下：

沿塘地名：山祇庵，王公溇，盛陵，大河(今为大和)山西，塘下，蔡家塘头，梅林，党山，圆前(今为团前)，大埠头，五丈村(今为丈五村)，镇龙殿，夹灶，夹滨，直河头，西塘下，童家塔，姚家埠，丁家堰，新城，南塘头，刷沙闸，新塘登，三江塘，嵿宜桥闸，真武殿，大池盘头，直乐施。

沿塘字号：自山祇庵“天”字号起，至大池盘头“气”字号止，共三百四十七个字号。(字号按千字文句依次排记，每隔二十丈一字号。)

沿革：咸丰四年，“邑”字号起至“京”字号止，共计一百四十丈，改建柴塘为石脚土塘。民国九年自姚家埠“庆”字号偏东起，至“严”字号毗连“与”字号止，于旧塘外加筑新条石钉油塘，合计长二百八十二丈四尺，高一丈四尺，塘面宽三丈至四五丈不等。民十一年，自岑山脚“廪”字号起，至“夏”字号止，改建石脚土塘为条石钉油塘，计长一百八十公尺，高四公尺，塘面宽五公尺。民十四年，塘身西首“仕”字号起，至“存”字号止，改土塘为洋灰斜坡塘（无石），计长二百九十公尺，斜坡高六公尺半。民二十年，南塘头“似”至“兰”字号土塘，改砌块石洋灰斜坡塘，计长二十九公尺，坡高七公尺八，塘面宽五公尺。

修筑时期：咸丰四年修“逸”字号柴塘十丈，高一丈余，塘面宽一丈余。七年修“落”字号起至“似”字号止条石塘一百丈，高一丈四五尺，塘面一丈五尺。民国十八年，修“赖”字号起至“四”字号止土塘一百六十丈；“竟”字号起至“仕”字号止土塘八十五丈。民十九年，修“莫”字号起至“收”字号止石塘一百六十丈。民廿二年修“巳”字号起至“维”字号止石塘四百丈。塘面及内坡加高培厚。民廿四年修“珠”字号起至“淡”字号止石塘、土塘共三百二十丈，塘面及坡均加高培厚。

高阔长度：“天”字号起至“气”字号止，共长六千九百四十丈，约合华里三十八里半。全塘高一丈四尺至二丈不等，阔一丈五尺至三丈余不等。

备塘：自山祇庵“天”字号起，至童家搭“传”字号止，塘外均有成熟沙地，约距海沿三十余里或十余里、五六里不等，俱有御潮备塘。（采访）

记闸务

韩振撰绍兴县三江闸考

绍兴府山阴、会稽、萧山三县，皆系滨海，其形内高外低，会上游诸郡之水，出三江口而注诸海。三江者，曹娥江、钱清江、浙江也。曹娥江归西汇觜，是为东江。钱清江出闸归东巉觜，是为西小江。其东海之西北上流，即为浙江。至东西两沙觜入东海。三县内地之水由三江口以出海，海之潮汐亦由三江以入内地。其潮汐之来也，拥沙以入；其退也，停沙而出。迨至日久，沙拥成阜，当其霪雨浃旬，水不得泄，则泛滥为患，及至决沙而出，水无所蓄，又倾泻可虞。汉唐以来建闸二十余所，虽稍杀水势，而未据要津，恒有决筑之劳，而患不能弭。明嘉靖中，绍兴知府汤公绍恩，审度沿海，知三江口者，内河外海之关键也，欲闸之。而苦湖撼沙松，基难成立。乃近里相度，见浮山之东西两岸，有交牙状。掘地则石骨横亘数十丈，此又三江口以内之关键而天然闸基也。乃建二十八洞大闸以扼之，果屹然安固。兼筑塘四百余丈以捍海潮。由是而二邑之水总会于斯，潦则泄，旱则闭，有利无患，盖数百年于兹矣。然为日既久，胶石灰秫渐剥，潮汛日夜震荡，砥不能无泐，址不能无圮，其后萧、余、姚、姜诸公，相继修之。而潮泥壅塞，疏浚无策，甚有以闸为不可修、不能修、不必修者。其说固悖谬，即主修者，亦未得其病之由，盖坏闸之弊不一，而莫甚于启闭乖方与沙港开直之二端。夫昔人定启闭之制也，版必厚阔，环必坚铁，至水则以按时启闭。其启也，必稽底板之多寡而尽去之，使水势湍急，沙得随潮以出入；其闭也，又必实以沙土，塞以草薪。故秋潮虽大，而沙无从入。今乃启闭听之闸夫，则于深阔难启之版，往往不尽起，以致浑沙下积，而外渔人又赂掌闸者迟闭，以致涸而害农，且填土多不实，又无草薪补其渗漏，并有闸版缺而不全者，所以虽不启之时，而潮沙尝得乘隙以入，夫安得不淤乎？此坏闸之大弊一也。凡水之曲折以趋海者，其性则然，故中江以浙名，而东西二小江亦以九曲名。昔时两沙觜，东西交互以环卫海塘，故海口关锁周密，潮来自下盖山起涛头，一从二觜外，溯钱塘江而西；一从二觜内，分往曹娥及钱清诸江，以曲九曲而至闸，是海离闸远而曲多。曲多故来缓而退有力，来缓则挟沙少，退有力则刷沙速。且遇内水发时，外潮初入，则东江清水逼入西江浊流，既无从进而潮愈不迫，故到闸为时甚久，且沙地坚实，萑苇茂密，皆可以御浑潮。古人犹筑二堤以补九曲之不足，岂无深意焉？故语云："三湾抵一闸，良不诬也。"自龛赭两沙日坍日狭，南北一望，阔仅里许，海口关锁已无，潮固可以长驱直入矣。乃司浚者不察所以致淤之由，反以旧曲难通，更将两曲逼近之处而开直之，以省挑浚之力。小民贪淤地之利，灶户幸免涉江晒盐之劳，而闸身之受患与咸水之害田，罔有过而问者也。此坏闸之大弊又一也。如是而欲去淤闸之二弊，以收捍蓄之全功，岂能无浮议之阻挠乎？夫闸潦而启不时，则海亩者窃决塘。窃则罪，故海民谤。无闸则海鱼入潮、河鱼入汐，闸则否。故内外渔迩闸者谤。宅是者闸阻潮汐吞吐，改水顺逆关废兴，故宅是者亦谤。况计闸之无淤，必塞直以就曲，则灶丁晒盐必渡江往来，故擅牢盆之利者亦谤。虽然唯谤之是畏，必非有意于民瘼者也。夫诚有意于民瘼，即百口谤且不避，况异日必万口颂乎？是以愚民可与乐，成难以图始。麑裘衮衣，褚伍诲殖，是所赖实心任事兴久大之利者。（见《经世文编》）

胡廷俊撰增建均水诸闸记（清康熙四年）

治地之宜，莫先于平水土。所谓平者，无高无下，咸各得其所，而无旱涝之患者也。吾绍兴为浙省之东郡，山、会为绍兴之宗邑，倚万叠之峰峦，临归墟之沧海，潮汐随气升降，东自蛏浦，进于曹娥江，注于东小江而止。西自鳌门，进于钱塘江，灌于西小江而止，此越国之大形势也。山有源泉之脉，脉而溢出于三十六带之溪。溪有流泉之混，混而充满于三百余里之湖，灌溉九千余顷之田，此足国之大功利也。不虞宋真宗时，势家占湖为田，水无潴蓄之处。一遇烈风淫雨，水如龙马奔腾，田无高下，皆为鱼鳖游息之场。由小江而复归大海，其能速退乎？故开拦江坝以泄之，开之数日筑之。月余而后复其故疆，二邑之水已涸矣。故守臣先后建闸，如龛山、陡亹诸处，时开时闭，以除其患。其间有便于低田而不便于高田，利于上乡而不利于下乡。嘉靖中，郡守笃斋汤公，复于三江建闸二十八洞，立准则以敛散其水，水得其平，而后田亩高低皆获其利。近年以来，饥岁相仍，固曰天时使然，然滨海黄云被野，边山赤土飞埃，下田近水，高田立涸。江村沈公，康熙四年乙巳秋来等守吾邦，心乎民病，而不少安，躬自经度，乃于朱储、泾溇，伧塘、丁溇、夹篷各建一闸，不加木板于其上，以为开闭。乃置石堰于其下，以为疏咽。水涨时，自堰盘剥其下，由旧闸以归海。水退时，自堰障住其上，溉民田以利民。卓立宏规，而不尽革乎旧制。此万世之利也。昔禹之治水，顺下而已。今之所为无土之堤、不板之闸，神乎？有夏之绪余也。木石之费，公悉自置之。不数月而功成，民享其利而不知为之者。众欲立石以纪其事，且为后来者式。承公闻而止之曰：吾之所为，不过因前人之已为而折衷之，小小补塞其罅漏而已，功何与焉。越之士大夫，益嘉公不自有其功，而功终莫之能掩也。因属予为记。予曰然。公虽不自有其功，而功之在于吾民者，其利无穷也。功及于吾民，而吾民喜得公。倘后来继公者，皆如公之勤施于民，则吾民之利，赖于公者抑何穷哉。公，苏之吴江人，名啓，字子田，江村其号云。（见《张川胡氏谱》。廷俊，字载歌。）

王衍梅跋铅山先生请重修应宿闸书（清乾隆六年）

铅山先生两贻宁绍台潘兰谷观察书，请重修吾乡三江应宿闸，前书略云：闻此都老成人言，应宿闸石脚松弛，坼罅如裂缯，虽两板层蔽，而奔澜激箭，透漏泄喷缕缕焉。及此，不重加修建，它日之祸烈矣。再书略云：此闸自康熙二十一年，经制府姚公捐修。至十年前，太守舒宁安兴德，山阴令万以敦，因士民请修，两次妥议垂成，而各官以升擢去，遂延至今时，溃败日甚。其前次建议时，有萧山蔡某伧而瞶者也，忽持彼邑前翰林毛甡所著三不修之说，力梗众议曰：不必修，不能修，不可修。大约以此闸为姚制军修坏立论。按毛甡所著之书，言伪而辩，记丑而博，平生以诋毁先儒为能，其奴视朱子，几同仇敌。及病危日，自嚼其舌称快，舌尽乃死。其人很愎无赖可知。所言偏僻，何足为重。况姚公籍本山阴，当时几经集议，始为举行，岂智出毛甡下乎？在当日萧山之人，总以此闸切肤山、会，于彼上游无涉，故欲吝其财与力耳。岂知水性无分于东西，彼为海潮者，果不能西流而上溯乎？末又自记云：此书庚寅三月中，再达观察。观察覆札亦恳挚。旋移嘉湖道去。而七月廿三，飓风作矣，萧山沿海居民遂成鱼鳖。兴利除害，盖有天焉，可慨也。是时先生年四十六，主讲蕺山证人书院，其于富若贵，淡焉冥焉，而拳拳利济之心，随地触发，有出于不能已者。乾隆己卯，乡先辈修撰茹公棻，外舅前甘泉令陈公太初，复议重修，上书于制府觉罗吉公庆，时又有以毛甡之说来梗者，大藩稼轩汪公志伊，竟如所请，浃日而檄下，动帑劝捐，自秋徂冬，数阅月而功成。其石脚之松者插之，泐者新之铁之，寒者胶液而融之，冻以苧麻，周以纯灰，千辟而万灌之，凡洞二十有八，有细罅必㪚之。启闭以时，渟泄有法。而先生二十年前所谓溃败决裂者，至是而屹若崇墉焉。方创修时，庸夫贩竖；，吻翕翕如箕舌张，妄云汤公水星，手创神迹，不宜骚动。一目之儒，又以毛甡鸿博，必非无见，恐一坏于制府，再坏于状元，而同事诸公，毅然不顾，鸠工而落之。厥后年谷丰收，以倍旱干，水潦无虞。方稍稍感重修之德于不逮。嗟乎，仁人君子，达而在上，兴间阎，咨疾苦，课耕桑，敦孝弟，力行而不怠，退而居下，不以声色田园自娱，而孳孳于农畴水洫之大防，此成己及物之当然，非吾儒分外事也。不然，先生一寄公耳。足迹所至，曾何毛发切于其肤？而一议修萧山富家池石塘，再请修三江应宿闸，何其不惮烦哉。当时事虽不果行，所谓仁人之言，其利也溥。后之君子，即指先生两书，以驳毛甡三不修之说，而果于必行。余时据席隅而观焉，盖不自知其何以尊先生而薄西河也。为人上者，其可不留意乎哉。嗟乎，读是书，汤公神灵亦当为吾越士民称叹矣。

齐召南撰丰安闸碑（清康熙四十三年）

会稽山水之区，离治百二十里，二十四都二三图附都民居十数村，地连上、嵊田百余顷，会稽居其七。三面崇山，下连大江，上接新、嵊。夏秋霖雨，山水潮汐，搏击漫溢。十日不雨，沟洫直泻，涸可立待。水旱频仍，素称患田。康熙三十一年，前令王君名风采，筑堤南山，建盈丈小闸。民怀其德，曰王公闸。都人于南又筑庙湖、唐家二堤捍卫。然灾祲屡告，岁每不登。彭君元玮公来宰会邑，筹策者十年，往来审视，见东隅雄雌二象山，对峙中流，曰乌石滩，实新、嵊二水涌注江潮出入之门。其下石根突兀。建闸兹地，备蓄泄而御潮汐，利益甚大，谋于邑绅司马章君与彼都人士，咸欢乐从捐，醵三千金。同署上令吴君，嵊令黄君，请命署太守高公，今太守邹公，转告两台暨藩、臬监司，均曰可。甲申之春，择吉举行。采石于山者千计，取土于阜者万计，为闸纵十三丈三尺，横一丈五尺，高二丈有奇，设闸启闭，并两山坪筑堤，以防旁溢。旧堤缺陷者、塌削者悉增土俾高厚，重关叠障，屹然完备。八月上浣告成，命名曰丰安闸。祝兹土年丰民安，亦父母斯民之意。是役也，成之者郡守无锡邹公，主之者邑令南昌彭君，董其事者邑绅司马章君，踊跃而攻之者，范洋各庄之里正也。告竣不二日，淋雨适至，潮汐骤涨，闸外江水汪洋，闸内嘉禾遍野。向称患田，今为沃壤。民感颂明德，思永志不忘，予为记，俾刻于石。

彭公自丰安闸告成之后，转升杭州西防分府。士民以公御灾捍患，立祠报享，恭请华诞，公谦冲不受，悬牌批示：本县忝任名邦，莅兹十载，毫无寸功于民，即该地闸工，亦赖众志坚成，得以利赖。今汝等归功于令，殊见谆诚，但返衷实堪自愧耳。惟愿尔等从此长庆丰年，享太平盛世之福，家给人足。孝友成家，勤俭立业，俾号仁里，永称乐土，则令心更为欣慰矣，不在祝祷之虚词也。各勉之毋忽。（见《八郑郑氏谱》）

会稽县知县王风采撰九湖患田王公闸碑记（清康熙三十三年）

范洋在邑之东南百里许，隶廿四都，与上虞错壤。土虽瘠，民甚勤。惜三面周之以山，而一面当水道之冲，中如釜底，水高于田。每一霪雨，洪涛巨浪，自新、嵊百里震撼奔驶而来。其入也，如建瓴，其出也，非激行不可。故水潴而不流，禾苗譬若荇藻。或旱干之年，犹可薄登；若五风十雨，乃民间乐事。而范洋之民独疾首蹙额，束手待毙。谚云十年九不收，此地是也。故明嘉靖间，以里民郑江六叩阍故，得减粮免徭。崇祯末年，太守王讳期昇者，从里民请，谋筑堤以捍之，建闸以通塞之。堤将成而闸未十分之二，以升迁去，工遂寝。数十年来，其堤渐为洪水所啮，而闸则荡然无复存矣。庚午秋，岁大祲。余募米，次第赈济及其地，里人涕泗为余言。余曰：尔等剥肤害，计亩捐资一成而享其利，何弗为？里人曰：人无所赖于田，或偿逋，或贱值于富者，富者田连阡陌，都不以为意，贫者又力薄不能支，故惟取数于天，受困于地，今愿借公力，命阖邑建之，则易易。余笑曰：两图之利害而波及阖邑，可乎？且以堤限之可矣，何闸为？里人曰：有闸则内之水大泄之，水小潴之，外山水至禁之，山水退而潮水至通之。除内外之害，收内外之利，闸之为功大矣哉。因慨然曰：余莅会数年，于民尺寸无所补，与其为子孙谋，曷若为尔父老谋？于是捐资鸠工，闸乃成。呜呼，中庸所谓赞化育，大则天地平成，小亦可以川原奠位。但虑人因小而弗为，或吝而不肯为，遂置民瘼于不关。文可与画竹，尺寸而有寻丈之势，谁谓大小不可参观耶？今日建斯闸者，余力也。闸之万年不败，奠如磐石者，后之官斯土者力也。是役也，昉于壬申春初，落成于癸酉春暮。闸之石与工，约费二百余金，不派不募，余所捐也。堤之工，计田出夫，里人所助也。董其事踊跃急公、不辞劳怨者，郑震明等也。所利之田，会邑“思、章、范”字等号七千一百三十一亩，上虞“皇”字号八百余亩也。告成之日，里人请颜其名曰王公闸。余谢不敢。里人谓兹闸公捐建也，舍公无以名。余固辞不得，遂因之。时康熙三十三年岁次甲戌八月谷旦，赐进士第文林郎知会稽县事王风采立。（见《八郑郑氏谱》）

会稽邑侯王公捐俸筑堤碑记(清康熙三十七年)

会稽县治东南百有余里,地名范洋,界在会、虞、嵊之交,有会邑“白、杜、沧、范、车、漓、思、大、章”字号,名曰九湖。字分九号,共田七千一百余亩。上虞“皇”字号田八百余亩,三面倚山,一面临江,总汇新、嵊之水,江道要冲。夏秋霪雨,诸水时至,百川沸腾,则汪洋澎湃,冲入其中,辄壅潮连月,田畴禾黍,淹没腐烂,十秋不获一收。其地之民不得享农田之利,而徒受有田之累也久矣。故明正德年间,居民郑江六叩阍,得稍减赋役。崇祯年间郡守王公名期昇者,从里儒之请,筑堤以捍水害,建闸以通蓄泄。工未及竣,旋以升任报罢。里儒沈可立痛功不就,抱郁而殁。灵爽不昧,化为山鸟。春夏之间,昼夜悲鸣,呼王公闸不止。里人怜之,乃与江六并祀焉。我朝康熙三十一年,会稽邑侯王公名风采,号随庵,本籍楚黄,以己未科进士,知会邑事。因赈饥亲临范洋,始得田土历年无收情状,与里民郑震明等,度地量费,谋筑堤建闸,慨然捐俸,鸠工伐石,建闸一区,潦则闭闸以捍冲激,旱则启板以通潮汐。启闭以时,蓄泄有备。历年三载,阅工两番。不费公帑,只劳民力。千万年两邑难治之积患,一旦可苏民困,地方平安,莫不举手加额曰:“是非王公之力不至此。”遂呼其堤曰王公堤,潭曰王公潭,闸曰王公闸,俱系之以王公,犹西湖之苏堤,西陵之梁堰。使千万世后,佩公之恩、颂公之德于不衰也。三县喧传,事闻于余。董事等不以余为不敏,嘱余作文以记之。余思不朽之业,以待不朽之人为之也。故麻溪筑坝而鉴湖八百里之利以兴;三江建闸而山、会、萧三县之田遂稔。使其时无马公暨汤公为之劳心焦思,建此不朽之业,则山、会、萧三邑,八百里之水乡泽国,安知其不同于范洋之区,至今犹为积患耶?又何火耕水耨、以耘以耔、玉粒山峙之足云哉。是汉之马公、明之汤公、今之王公,皆天生不朽之人,建此不朽之业,后先媲美,今古同符。粒我蒸民,垂之于万世而不朽也。余因为之记,冀附其名于不朽云尔。赐进士出身,内阁撰文中书舍人,钦点翰林史馆同直丁卯科乡试治年家弟范嘉业顿首拜撰。时大清康熙三十七年,岁次戊寅季春之吉。二十四都一二三图并附都,众董事等感恩同立。(见《八郑郑氏谱》)

八郑水利记

患田自优恤以后,薄赋免徭,民困稍苏。而土性瘠薄,地势卑洼,水旱频仍。邑侯王公讳风采,捐俸筑堤,建王公闸于患田之南,以备旱潦。而蒋家山系水口要道，未有防御，为患如故。乾隆廿八年，邑侯彭公讳元玮，相度地势，进蒋家山里许，曰乌石滩，两山对峙，有石骨横亘江底，叠石垒土，建丰安闸三洞，而江潮遂难入矣。自是以来水患获减。但外涨虽除，而内涨犹未免也。每当春雨，山水骤发，内注九湖，田禾稚弱，未堪淹没。岁岁两种，工本亦重，至阴雨连绵之候，山水大作，外潮亦至，闸门难启，内水不泄，经五六日而田禾亦无收矣。故议者曰：欲得九湖之无害，须于王公闸添置数洞，牢固坚致，更将内外出水河道浚之使深，内水骤下，则由此以泄之。江潮逆来，闭丰安闸以御之。斯内外无虞而丰年可望矣。噫，此论虽善，吾安能起王、彭二君于九原而为之哉。（见《八郑郑氏谱》）

朱阜撰重建山西闸碑记（清康熙庚午年）

闻之有补于天地曰功，有裨于世教曰名，为百姓驱害曰德，为百姓兴利曰泽。功名德泽能久而不弊者，未有不崇其报而隆其享者也。吾越素称泽国，鉴湖之汪洋，盖八百里焉。自春秋以暨汉唐，尝与海潮通。唐祠部郎中张公筑鉴湖以御水患，海水始与湖水分，而民得以余力治田植禾，八百之巨浸多为良田。张公亦为越神，而司天下之水。继之者为宋太守马公，亦有功于湖。湖傍故有马公庙。延及有明，水患又作。嘉靖丙申之间，被灾尤甚。蜀笃斋汤公守越，悯越人之阽危，乃相厥地形高下，建闸于三江之口，为廿八穴，命名应宿。又按五行之次，立石则水，以资蓄泄。数百年来民受其利，立庙三江，与张公、马公后先相望。我朝康熙庚午秋，霪雨浃旬，水患复作，阡陌沟塍，咸为洪波巨浸。三江大闸二十八穴尽启，犹不能泄其怒，且外沙壅于水道，其势不能骤平。太守李公拯溺为心，惠爱黎庶，必欲为越民永弭其灾，乃于山、会、萧三邑水势下流，得白洋龟山，旧所谓山西闸故址，岁久圮倾，仅存其名，然实与三江应宿闸相为表里。公乃相度地宜，捐俸修建。复于闸西增建二穴，以广水道，备御潦年，俾民不鱼。而且为之设启闭之方，置专司之役，其规模制度，一一仿之三江。后三江而启，先三江而闭，佐应宿之成功，而�助其不逮。又惧其不克垂之永久也，为捐置"元"字号沙田一亩，岁取土壤以填筑罅漏。置"长、恃、改"三号江田三十亩，岁取租息，以供其修葺。取萧山之民壮四名，山阴之民壮二名，以供夫役。于闸边建屋三间，以为夫役栖息之所。而专董其事于白洋之巡司，法良而政美，患息而民利，吾越人是以得永免于水灾。初，公之作此闸也，吾越民惑于阴阳风水之言，或以为水势过泄，则旱干之灾必多，或以为水泉不聚，则财货之藏必空。公独毅然不疑，以兴利驱害之责为己任，必欲有裨于天地、有裨于民物而后即安。及公去任，而水复大涨，赖山西之闸以佐三江。而田禾累岁丰稔，益信公之德泽为深且远也。吾越民之幸，有神君而沐其惠，夫岂细欤。夫有利宜兴，有弊宜革，此居官之事也。有功必报，有德必酬，此吾民之分也。郡民感公之惠，即于闸上建立长生祠，以致祝颂报享之心。阜，郡人也，沐惠亦与桑梓同。故乐于为文以记之。俾后之贤者，毋废前人之功，以永为此邦之利，非吾越人之厚幸欤。李公讳铎，字长白，号天民。以贤能奉特调杭州府，方施泽于民，以济时行道云。（见《白洋朱氏谱》。阜，字印山，记在白云庵。闸，石质，高约丈五尺，宽约二丈，在大和乡。）

孙德祖撰会稽钟公祠碑记

古圣王之制，祭祀也，能御大灾则祀之，能捍大患则祀之。是故，禹修鄣水之功，而冥勤水官记以为皆有功烈于民，著在《祭法》。此则会稽钟公所以有祠于县蒿坝也。会稽分绍兴府治之东，并山阴为附郭。县西竟萧山，南枕山而北带海，水利通三县为一。自明太守汤公作应宿闸于山阴之三江场，树水则为之程，潦启旱闭，以筦蓄泄之键。兼建清水闸于会稽之蒿坝，引剡江，开其源东首北尾，以剂水旱之平。讫明季入国朝，而三县公其利。汤公故有祠于三江，于今列祀典焉。中间清水闸废，犹恃蒿塘霪洞，存什一于千百，久之而霪洞亦湮。于是乎有尾闾而亡喉舌，应宿不能以时开放，江潮挟泥沙日再至，至辄渟淤闸以外，沙碛绵亘常二三十里。岁恒雨，水亡所泄。从事开浚，卒不敌潮汐之所挟。朝增夕长，人力穷而淫潦之灾亡时不有。其为三县之患，于是乎大同。治中尝议复清水闸，闸址久为民居，成市集。道谋而不（同否），溃于成。迄今又再更星纪。近岁钟公宦成，归林下，乃会郡绅，参前议，审形势，得地于故闸偏右凤山之麓，是宜改建三门之新闸。仍内购民田百余亩，开水道百九十余丈，而外迎剡江，开水道四百余丈，以引来源。俾内河水常有余，应宿不致久闭，得长流以为出口刷沙之用，其成效可必焉。然而工浩费繁，筹之不易，则经始亡期。公独以三县民生之休戚，毅然肩之一身，由郡邑大夫达于行省，请以私财应亟需，刻期征役。始己亥秋八月辛巳，迄辛丑冬十二月庚戌，阅八百八十有余日，大功告蒇。而汤公之遗规复，三县之水灾澹。方事之殷也，意大利人窥伺我三门湾，浙海戒严，公奉省檄，主全浙行营营务，兼统台防。全军扼守宁、绍、台三郡濒海要害，驰驱鞅掌，以积劳没王事。盖闸未观成，没而犹视也。公继室黄夫人，实率公子德铭、撤、环、瑱，斥服用以济之。凡为缗钱三万三千五百有奇，胥取给于钟氏。复念公之忠爱君国，既家食而每饭不忘，目击时艰帑绌，辄愿毁家以纾难，加之此役所以保卫桑梓，三县实利赖之。谊不以还支，发烦当路，申请举全数，效乐输，以遂公未竟之志。前护抚翁公既上其事，奉恩纶，表宅里，通三县士庶。深惟自兹以往，畋田宅宅，食公之德于无穷者，非百世祀，亡以慰万家尸祝之忱。此蒿坝钟公祠所由作也。公讳念祖，号厚堂。咸丰中，游学滇南，会有回逆之变，以国子生投笔从戎，隶前督部岑襄勤公部下，总戎行，当前敌，大小百数十战，一解省围，三擒逆首，收复府厅州县名城十数，肃清全滇。积功累任令长牧守，仕至监司，晋崇阶，加勇号。岁丙戌正任盐法道，俸满入觐，道出上海，金创举发，得请开缺，养伤里居，十有余稔。直海疆事棘，力疾视师，焦劳致剧。以庚子春二月壬午告终里第，得年六十有八。倾城巷祭，穷乡野哭，备哀荣云。公既殁之，明年冬十有二月，祠宇落成。记所谓有功烈于民者，公实当之。征诸报功之典，公且庙食于滇，其在斯祠，尤礼之以义起者也。惟公有灵，尚其永绥于斯，并三江之崇祀汤公者，北东相望，享蒸尝于弗替哉。光绪三十有二年太岁丙午春王正月三县士民公同立石。

王念祖撰重修茅山闸记（清道光七年）

刘蕺山先生移坝之策，阻于任氏。既不得行，乃慨然有茅山建闸之议。其计画具详于先生《建茅山闸记》中，不具赘。先是成化间，知府戴公琥，于茅山之西筑闸二洞，以节宣江潮。久之闸圮，至是先生乃改筑三洞，皆以寻为度高，视旧增四之一，甃其上半。内外皆设霪门，中施版干，以便启闭。事详《绍兴府志》。道光六年，邑侯石公同福，以茅山闸倾漏，惧为民患，集绅耆议修复，苦无要领。里中戴山金先生与张海尊、赵庚、张庆增、裘用宾、金云亭、金文治、诸国泰、金跃诸先生，合力董其事，醵资兴修。于道光七年二月十五日兴工，先期筑御潮、截洪二坝，皆告成。时石公以卓异引见，周君镛莅任，详请开麻溪坝泄山水出三江。十月十六日，拆旧闸。十二日定闸基，叠石六尺。江潮大涨，内外土坝同时陷决。有鱼名斜鲠者，千万为群，交岸为穴，已成之工，瞬息毁坏。遂祭于蕺山先生庙，为文以祷之。至道光八年四月，遂告成功。闸身长八尺，高二丈二尺，阔三丈六尺，自底至面，叠石十九层，霪洞三，各阔八尺。洞旁立石凿槽，施板以资启闭。闸旁建刘公祠，岁时祭享。又建小屋两楹，安宿闸夫。里人有碑记修闸事綦详，附载于后。

据调查，茅山闸外江水，及上、中天乐两乡山水，合流入麻溪，经浴美施闸东流，转屠家埭过西施庙，经蓑衣港过安桥，绕柳家塘出鲇鱼嘴，入西小江。其另一流，出李家闸入西小江。又所西乡诸溪流，由青化山、越王峥等各高山发源，汇入天井浜，合众流出柳塘闸，经过闸山下出洞桥，入西小江。故西小江分绍、萧两县。上面所述，即其来源之大概情形也。

石韫玉撰重修茅山闸碑（清道光八年）

昔管夷吾之论水利也，曰：水者，地之血气，如筋脉之流通者也。是以圣人之治于世也，其枢在水。是说既传，故后世谈治术者，必曰水利。夫水之为利于民，诚大矣。然亦未尚无害。田畴之灌溉，舟楫之游泳，是其利也；天有霪雨之灾，地有怀襄之眚，是其害也。祛其害而收其利，是非人力不为功。山阴为绍兴负郭之邑，所辖有天乐乡，其地濒江，往时为潮汐泛滥之地。明时刘宗周公创议建茅山闸以拒江潮，于是天乐乡等八坂共田壹万贰仟贰佰余亩始可种作。其事垂今将二百年。岁月既久，闸座倾颓，前功将弃。予长子同福于道光某年，移宰斯邑，因邑人之请，相度厥址，咨诸父老，及时修建。适有武生金鳌，请任其事。爰庀工鸠材，诹吉兴工。闸身长八丈，高二丈二尺，阔三丈八尺。自底至面叠石十九层，霪洞三，每洞阔八尺，洞旁立石，凿槽施板，以为启闭之用。闸旁建刘公祠，岁时祭享，以申邑人报本追远之志。又建小屋两楹，安宿闸夫。自七年七月起，至八年四月告成。凡用金钱六百有奇。金生独捐二百金。其余则各塘长按亩敛钱，以足成之。工既竣，邑人请勒碑纪其事。窃谓世间事作之难，而守之尤不易也，此闸自念台先生议建以来，论者谓其捍御江潮，保护汙田二百余顷，岁纳其稼，给万人之食，其利溥矣。而更有利焉者，岁旱则收外江之潮，可以资灌溉之利，水溢则泄内河之溜，可以免昏垫之灾。是在司其事者，善为启闭而已。如是而一方之民享其利，消其害，庶不负先贤创建之苦心，而此日邑人修举之劳，亦久而不废也。是为记。

金跃撰重修茅山闸碑（清道光八年）

麻溪自古不通江潮，与诸、义、浦三县之水合流，而聚于鉴湖。前明天顺间，塞麻溪，开碛堰，决三县之水于钱江。由是江潮逆流而上，与三县之水相冲激。而天乐一都半之地，遂为巨浸。太守戴公琥筑闸于江岸，以御江潮，稍可耕种。然而闸小地旷，堤堰不坚，时有溃决之患，十岁九荒，不堪其苦。先贤刘忠介公遭明季之乱，不获大用，退居于越，思有以展其经济，以垂裕于万世。于是悯一方之颠覆，筹山阴、会稽、萧山三县之利害，而移戴公之闸，改筑于茅山。茅山者，西接江塘，南带郑家塘，山水之扼要，而山、会、萧三县之所恃以为呼吸者也。时有不知谁何之任三宅，倡麻溪永不可开之说，致三县之民不获实受其利，而天乐一都半之水，终为麻溪所阻不得泄，往往溢入田庐至十余日不退，幸恃茅山闸为外卫，俟江潮交泄之日，放干河道，以待山洪。而山洪之为害稍减，较之十岁九荒时，不啻起死人而骨肉之矣。刘公以经世名贤，遭时不遇，退而为一乡一郡之民兴其利而除其害，其心亦良苦矣，而犹阻于邪说，卒不得行。此刘子所为痛哭流涕而托诸空言，以俟百世之圣人复起也。然自有此闸，而天乐一都半之民，已沐其恩矣，立庙闸左，岁时必祝之，此民之心也。二百年来，闸已渗溜。前邑侯石君，恐先贤之遗迹就圮也，急命兴修。选董事五人，按亩醵费，以附居近闸者总其事。开工以后，石侯以卓异升任。周侯来莅兹土。下车即经理闸务工程，更选三人共任其事，以讫于成功。工成，父老命跃曰：茅山闸幸告成矣，吾辈世居闸内，依闸为命，效力捐赀，分所应得，不书名可也。石侯、周侯，修先贤之遗迹，救天乐一都半之民命，其恩不可忘，请书之以勒石于刘公忠介之庙。石侯名同福，字敦甫，江苏吴县人。周侯名镛，字和庵，湖北汉川人。闸自道光七年七月开工，至八年四月告成。里人金跃敬献文曰：

水旱自天，凶丰视地。补救斡旋，是在良吏。维我天乐，古称瘠壤。碛堰一开，江潮涌上。旁溢倒流，莫可名状。嗟我乡民，遭此沉沦。釜田蛙灶，与鬼为邻。死亡相藉，行者莫憧。天生刘子，主持明季。道大莫容，为世所忌。解组归田，乡人是庇。乃择茅山，依山筑闸。惠我天乡，莫不被泽。公曰惜哉，未竟其役。佑启后人，垂以三策。历年二百，壤朽石泐。江潮击之，导虚走隙。虹贯雷飞，目动股慄。天赐成功，来我石父。狱讼清闲，巡行比户。到我茅山，询我疾苦。爰命兴修，万民鼓舞。乃述前贤，均役以田。购料鸠役，畚挶俱全。天子命之，即日荣迁。维贤侯周，抚理兹土。夙夜维勤，百废俱举。易旧以新，以终厥绪。茅山巍巍，刘公之德。岁久就倾，民忧饥溺。伊谁复之，二侯之力。麻溪永清，刘公之心。江潮穿霤，乡民震惊。伊谁奠之，二侯是平。安我庐墓，复我田畴。殷因夏造，厥功允侔。始时乡民，卧不贴席。今此乡民，安坐而食。始时乡民，忧心如捣。今此乡民，欢声载道。黄发怡怡，妇子欣欣。奔走偕来，聿观厥成。金跃作碑，以颂大德，义不取谀，词皆从实。社立栾公，祠新朱邑。勒之贞珉，刘公是式。

附金戴山公行述(按：茅山闸之重修，实金戴山之力为多。今附载其行述如左。)

公讳鳌，字戴山，武略佐骑尉佐清公长子也。性严毅，有胆识，遇事敢为，必求其成。幼读书，知大义，以好武略舍去。年十九应武科，受知于学使。道光六年，公年二十八岁，邑侯石君同福，议修茅山闸，众举公董其事。先是茅山闸倾漏，父老皆忧之，惧不能集事，议每中止。石君之议修也，至闸座，集绅耆、塘长等与之谋，皆茫若望洋，莫知所措。佥曰：闸当江潮山水之冲，恐一经拆造，成功无日。水患一至，其祸蔓延，将无底止。众以为难。公曰：合乡性命，全赖此闸，不急修必决，决而受害，其伤必多，是宜修。众曰：若水患何？公曰：修之而水患尚可预防，不修而水利请问安在？众咸目公。公归告于家庙，与族兄云亭、文治，族侄跃商酌，凡水道利害及工作、料物，皆再三筹划，得其大概。翌日又会议于火神庙，公曰：江潮可作坝拒之，内水可由麻溪坝约束而入出于三江，又筑内坝以防山洪骤长，可矣。众又以派费为难。公曰：此公事也，谁不乐从。田坂有远近，利害有轻重，下溋湖于闸最为切要，每亩派钱四百文，其余各坂每亩派钱二百五十文，足矣。众恐不敷用。公曰：但须捐得若干数，倘不足，皆我任之。众大悦，举公董其事。张德尊、赵庚、张庆增、裘用宾、金文亭、金文治、诸国泰、金跃协助之。七年正月，公购料齐备，石君详报，定于道光七年二月十五日开工，先期筑御潮、截洪二坝，皆告成。石君以卓异引见。周君镛莅任，详请各大宪开麻溪坝泄山水出三江。十月十六日拆旧闸，越三日，清闸底，见闸底闸柱坚固异常，请于周君。周君命仍其旧，水矶稍有损坏，即改作之。十二月初二日定闸基，至十六日叠石仅六尺，其日江潮大作，增筑土坝高四五尺。至暮，疾风暴雨，浪发坝上，高至丈余。公率众救护。有鱼名斜鲠者，尖头锐尾，善攻岸为穴，千百为群，随潮涌至，攻穿御坝，瞬息十余处，潮随漏入，声若雷鸣。工人皆惊走。公立坝上最险处，众心稍定。重赏善泅者塞其穴，每穴一金。水稍止。自十六日卯刻救护，至十七日午刻，塞穿漏数百，风雨稍息。公之赴救也，触石伤足，血流遍地，然不自知，督救益力。及风势稍定，始觉痛楚，将归裹足，忽闻漏声，而已不可救矣。截坝较御坝稍低，水与坝平，同时被决，湖内淹没者数百家。公竭力堵塞，下柴皆随浪冲去，下石皆扫归闸潭。闸潭者，水矶下冲激之处也，广五六亩，深不可测量，不可以填塞。无可奈何，祷于刘公之庙。水稍平，即下柴堵塞，旁施板簟，以防穿漏。上则用泥压之。坝已坚固，无如河底悉是涂沙，穿从底过，无可寻觅，势不能以复塞。公祭于刘公之庙，其文曰：呜呼！有千古不敝之精神，无千古不敝之形器，其必敝者全赖不敝者以贞之，则虽敝而终归于不敝。承承继继，皆前人之灵爽所式凭者也。先生传千圣之渊源，成一朝之柱石，心光日月，气壮山河，所作茅山一闸，赖以备一乡之水旱者，不过小焉者耳。昔程子修筑檀州桥，后见大木，心辄计度。盖身所经理者，事虽小，不能忘情焉。先生当明季土崩之际，天时人事，俱已无可挽回。生死存亡，谅已早决。甲申岁犹与故乡父老建闸于此，诚以乡土情殷，绸缪备至。恐猝遭大变，遗憾无穷，所以亟亟于此者，盖欲为故乡子弟谋万世之安也。近年来，闸已倾漏，某等奉邑父母命，派费重修，修造未半，猝遭水患，内外土坝，同时陷决。合乡之人，无不受害。水势稍缓，便即堵塞。今外坝已就，惟斜鲠为患，时时穿漏。百计阻塞，徒劳无功。昔昌黎治潮，鳄鱼赴海，精诚感格，冥顽通灵。某等无昌黎祭之之诚，又无元吉杀之之智，遭兹小丑，致误巨工。缅想前贤，汗惭雨下。恭维先生，殁而祭社，俎豆犹新，时虽隔乎古今，情自通乎桑梓。即或岁时不顺，犹且敬奉明禋，况乎恩泽所留，岂不力为呵护。惟是外拒江潮，内泄洪水，奔雷走电，日夜冲撞，土石之力，能有几何，二百余年，不能无坏。邑父母仰承德意，加惠子民，谬委某等与闻工作，谁知办理不善，遭此奇祸。谨修尺素，敢告先生，神之格思体物俱在。尚飨。祭毕，又购大鱼，传檄于东海，并用夏公法，以石灰填之，斜鲠遂绝。道光八年四月告成。（下略）

浙江建设厅长曾养甫重修绍兴三江闸碑记（民国二十二年一月）

绍兴古会稽郡地，山自南来，水尽北趋，泥沙淤积，遂成原野。曹娥、浦阳两江之间，沃壤万顷，宜黍宜稷。港汊纵衡，灌溉是资。而钱清一水，实其综汇，北注东海。西通浦阳，倾泻既易，倏盈倏竭。久霖苦潦，偶暵患涸。海涛西指，旁溢平地。每每原田，时虞斥卤。李唐以来，颇事堤堰，因陋就简，未彰厥效。朱明嘉靖之世，绍兴太守富顺汤公绍恩，实闸三江，地当入海之会，蓄淡御咸，泄潦防旱，万民利赖，厥功乃大。嗣是以后，代事修缮。清季迄今，久未踵武。越为水乡，设局以治。斯闸兴废，责亦归之。三载以还，迭有计议。民国二十一年春，养甫继主浙省建设，凂安化张君自立长局务，爰赓前议，庀材兴工。其年十月，既截水流，躬与其役。汤公遗烈，灿然可见。浮山潜脉，隐限钱清。入海之口，引为闸基。上砌巨石，牝牡相衔。弥缝苴罅，惟铁惟锡。挽近西土工程共夸精绝，以此方之，殊无逊色。而远在数百年前，有兹伟画，犹足钦矣。今兹重葺，壹循陈轨，兼参西法，以混凝工质代铁锡灌沃，膏黏弥坚弥久。计时三月，闸工告成，乃熔铸废锡为碑，综其始末为文，镌之以汤公之遗，记汤公之德，其意益深切焉。至工程费之详,并志碑阴,以征众信。

重修三江闸经费支出表

工程类别	作法大概	开工日期	完工日期	工料金额
筑坝工程	内坝三道,离闸二三〇公尺。外坝一道,离闸二五〇公尺。用柴土木桩建筑。	二十一年十月九日	二十一年十月三十日	12986.51
抽水工程	闸外十六公尺,筑仔坝一道,用四匹及十六匹马力抽水机各二具递转抽出塘外。	二十一年十月卅日	二十一年十一月十日	932.96
灌浆工程	闸墩及两端翼墙石缝,用一比三灰沙,以汽压灌浆机注射填实。	廿一年十一月一日	廿一年十一月廿三日	6969.32
补底工程	闸底两槛间及内外,用一比二比四混凝土填补。	廿一年十一月四日	二十一年十二月一日	4792.66
其他工程	闸面闸栏用一比三沙灰弥缝。闸槽上部用一比二比四混凝土填筑。并挖修两端翼墙,建造锡碑亭及粉刷要关等。			1565.51 杂费:4129.54

合计洋三万一千三百七十六元五角正。

浙江省水利局修筑绍兴三江闸工程报告

一、三江闸之形势

绍、萧二县,古称泽国。禹治水终于会稽(大禹陵在会稽山)。盖地势最卑下云。且仅南面依山,东、西、北三面皆水。东临曹娥江,西濒浦阳江,北负钱塘江,为潮汐出没之地。绍兴城内龙山顶有亭曰望海亭,可想见当时潮水到达情形。

自汉唐以来,水利代有改进。东、北、西三面沿江筑塘(视三江闸泄水流域图),自马溪桥至西兴,曰西江塘。自西兴至宋家溇曰北海塘。自宋家溇至蒿坝曰东江塘,以捍外来之潮汐。至明嘉靖十五年,郡守汤公笃斋复于三江(钱塘江、曹娥江、钱清江会合之处)建闸,操纵内地之水,使旱有蓄,涝有泄,启闭有则,无旱干水溢之患,从此绍、萧人民得安居乐业。迄今生聚繁茂,蔚为东南名郡者,水利之兴修有以致之,而三江闸尤为枢纽。

三江闸泄水流域为一五二〇方公里,人口百有余万,河道纵横,密如蛛网;大小湖泊,星罗棋布。湖面积约占全流域百分之五。闭闸时能容大量之水,足资灌溉。舟楫交通到处可达,货物运输尤称便利,固极完备之灌溉制度,亦一周密之水道运输网也。

惟三江闸外，闸港形势与汤公建闸时颇有变迁。古时钱塘江入海之道有三。一曰南大亹，又称鳖子门，在龛山、赭山之间（视三江闸泄水流域图）；一曰中小亹，在赭山与河庄山之间；一曰北大亹，在河庄山与海宁县城之间。钱江怒潮，势如排山奔马，名闻中外。而犹以鳖子门一路为最猛，山洪之下注，亦以该路为最烈。北海塘系着塘流水，故自西兴至三江，蜿蜒四十余公里之塘，均系条石砌成，建筑极为巩固。迨清雍正元年（西历一七三四年），江流变迁，鳖子门竟因以涨塞。至乾隆廿三年（西历一七五九年）中小亹又淤为平陆。而北海塘外成横纵各廿余公里之南沙江流，完全由北大亹入海。自是以还，南沙常有向东增涨之势，三江闸港始屡有淤塞之患矣。今钱塘江与曹娥江口，尚无确定之整理计划，塘外沙地究将涨至如何程度，钱塘江口与曹娥江口之固定岸线应在何处，一时尚无从预测。在目前状况之下，惟有随时开闸刷沙，以减闸港淤塞之患。根本之改进，须待江口整理、江岸决定之后，非短时期所能决定也。

二、三江闸之创筑

三江闸，又名应宿闸，建于三江城之西北，系就天然岩石为基础，计二十八洞，每隔五洞置一大闸墩（视三江闸平剖面图）。洞深浅不一，依天然岩基而定。最深者“虚”字，洞深5.14公尺。最浅者“角”字，洞深3.40公尺。即同一闸洞，有内槛高于外槛者，有外槛高于内槛者，洞宽亦略有出入，最宽者“昂”字，洞宽2.42公尺，最狭者“柳”字，洞宽2.10公尺。全闸共长103.15公尺。二十八洞共宽62.74公尺（视三江闸洞宽度高度及闸板块数表）。

三江闸洞宽度高度及闸板块数表

洞名	洞宽（公尺）	槛高（公尺）		洞深（公尺）		闸板块数		墩宽（公尺）	闸墩条石层数	备注
		内槛	外槛	内槛	外槛	内槛上	外槛上			
角	2.20	5.51	5.02	3.40	3.89	15	17	1.17	8	
亢	2.26	4.53	4.55	4.38	4.36	19	19	1.17	8	
氐	2.21	4.76	4.42	4.15	4.49	18	20	1.22	8	
房	2.18	4.37	4.25	4.54	4.61	20	20	1.08	9	
心	2.35	4.31	4.30	4.60	4.61	20	20	2.99	9	
尾	2.19	4.09	4.13	4.82	4.78	21	21	1.15	10	
箕	2.19	3.93	3.94	4.98	4.97	22	22	1.15	10	
斗	2.28	3.94	3.97	4.97	4.97	22	22	1.22	10	
牛	2.30	3.88	3.83	5.03	5.08	22	22	1.19	11	

（续表）

洞名	洞宽（公尺）	槛高(公尺)		洞深(公尺)		闸板块数		墩宽（公尺）	闸墩条石层数	备注
		内槛	外槛	内槛	外槛	内槛上	外槛上			
女	2.30	4.00	3.97	4.91	4.94	21	22	2.91	11	
虚	2.32	3.75	3.77	5.16	5.14	23	22	1.20	11	
危	2.17	3.82	3.77	5.09	5.14	22	22	1.12	10	
室	2.21	4.09	4.10	4.82	4.81	21	21	1.17	10	
壁	2.23	4.32	4.11	4.59	4.80	20	21	1.15	9	
奎	2.26	4.43	4.24	4.48	4.67	20	20	2.93	8	
娄	2.23	4.41	4.35	4.50	4.56	20	20	1.17	8	
胃	2.26	4.95	4.93	3.96	3.97	17	17	1.10	8	
昴	2.42	4.48	4.48	4.43	4.43	19	19	1.16	8	
毕	2.19	4.62	4.85	4.29	4.06	19	18	1.12	8	
觜	2.21	4.61	4.37	4.30	4.54	19	20	3.00	7	
参	2.27	4.75	4.74	4.16	4.17	18	18	1.11	7	
井	2.24	4.94	5.21	3.96	3.70	17	16	1.13	7	
鬼	2.20	5.19	4.79	3.72	4.12	16	18	1.19	8	
柳	2.16	4.86	5.02	4.05	3.89	18	17	1.19	7	
星	2.23	4.99	5.06	3.92	3.85	17	17	3.12	8	
张	2.26	5.03	4.96	3.88	3.95	17	17	1.12	8	
翼	2.23	4.90	4.67	4.01	4.24	17	18	1.18	9	
轸	2.19	5.17	5.23	3.72	3.68	16	16			
共计	62.74					536	542	40.41		

筑闸之石，采自绍兴之大山、洋山，石体厚大，每块重量多在五〇〇公斤以上。考当时无起重机之运用，叠石为墩，渐高渐难，乃于闸墩砌石一层，同时闸洞封土一层，与砌石齐平等阔，后所加石，得从土拖曳而上，则容足有地，而推挽可施，石梁亦易上。古人工程建筑之智慧，殊令人敬佩。其筑法，令石与石牝牡相衔，胶以灰秫，灌以生铁，使相维系。底措石则凿榫于天然岩基之上，墩侧刻内外闸槽，洞底有内外石槛，以承闸板。墩与墩间架巨石为闸面。细察三江闸“女”字洞闸面及大小闸墩图，便可代表其构造之大概。图中除栏石及小梭墩，系第一次修闸时增置。一比二比四混凝土底，系此次修补外，余均汤公建筑时原来形状。

三、三江闸从前修理方法之略述

三江闸建于嘉靖十五年(西历 1536 年)，迄今已历(西历 1932 年)三九六年。除此次工程以外，经修理五次，其修理方法具载《闸务全书》，爰略述于下：

第一次修闸　明万历十二年（西历1584年）。即建闸后四八年。绍兴郡守萧良干（江南泾县人）从事修理。于闸前增置小梭墩（视三江闸“女”字洞闸面及大小闸墩图），用石牝牡交互，从下镶上，并铸铁锭钳固之。闸面自首讫尾，铺镶盖面石，以资覆护。两旁加巨石为栏，以二十八宿分属各洞，凿字于闸洞上，罅泐处则沃锡加灰秫弥缝之。底板槛石及两涯，有应补换及应用灰铁者，靡不加以整理。

第二次修闸　明崇祯六年（西历1633年），距第一次修闸后四九年。修撰余煌（浙江会稽人）再修三江闸。于是年十月中旬动工，十二月完工。考余公修闸成规条例，内载诸洞底石，走水冲坏不齐者，于未筑坝以前，先着殷实宕户，发大山坚硬石板，长九尺，阔四尺，厚一尺，并槛石、衬石，应用梭墩，罅缝处或用锅犁废铁，或用碎缸填满。

第三次修闸　清康熙二十一年（西历1682年），即第二次修闸后四九年，闽督姚启圣（浙江会稽人）三修三江闸。是年九月四日开工，十一月十五日完工。于闸墩隙缝先塞以废铁，再用羊毛纸筋灰弥缝。羊毛纸筋灰者，由石灰、羊毛、纸筋、卤鹾、糯米舂合而成。复以闸内有十余闸洞，有上阔下狭者，有上狭下阔者，有中阔上下稍狭者，起板下板，诸多不便，乃清其槽，使上下成平行直线，既便于启闭，兼令下板得以密切。此外复补立闸槛八根。

第四次修闸　清乾隆六十年（西历1795年），距第三次修闸后一一三年，尚书茹棻（浙江山阴人）四修三江闸。是年十月六日开工，十一月十八日完工。其修理方法，考诸记载，仅载有用鱼网包石灰填塞罅漏一事。

第五次修闸　清道光十三年（西历1833年），距第四次修闸后三八年。郡守周仲墀（江西湖口人）五次修三江闸。是年秋筑坝告成，值霖潦大至，乃毁坝泄水。先修水面以上部分，视石缝大小高下，先用灰铁填补，其有缝小不用铁针填嵌，及近水处石灰难用者，改用油松削针以塞之。盖取千年水底松浸久不坏之义。于次年冬筑坝车水，将底部隙缝完全沃锡修补。

四、三江闸现在罅漏情形

距第五次修闸至今已历九八年。照历次修闸期间计之，已觉较远。再察该闸罅漏情形，尤觉有急修之必要。兹将各部损害情形略述于下：

闸底　石槛置于岩基之上，槛与岩基间弥缝之锡冲刷殆尽。小汛时内水自槛底漏出，大汛时外潮由槛底涌入。照水力学水之压力与深度成正比例。再，同一漏洞，其漏水之量与深度之平方根成正比例。闸槛居最深部分，受水压力最甚。而槛下漏水之量，亦特大，且开闸时，水之流速多在每秒钟三公尺以上，槛已动摇，有脱落之虞。

闸墩　第五次修闸分二年办竣，前已言之。第一年修上部，用灰。次年修下部，用锡。查锡之熔解点为摄氏232度，达该度时，即熔解为液体，如温度降至232度以下，复凝结而为固体。修闸在冬令，闸石温度多在10度以下，以232度以上极热液体之锡，遇10度以下极冷之石，且石又系良导体，善于传热，能不即凝固直接注入闸墩之中心乎？昔人云，闸墩闸底透沃以锡，予不信也。可见镕锡灌注仅能弥封于墩缝之四周，且锡与石本无粘合之力，经九十八年闸水之冲刷，锡之留存者甚微。此次抽水检查，见闸缝有宽达五公分者，水经石缝得周流无滞，足见镕锡之不足恃也。

再，闸墩条石经三九六年风化作用，多现裂解现象，尤急应修补，以策安全。

翼墙　两端翼墙漏水，与闸墩相似，惟情形较烈耳。

总上述，闸底闸墩及两端翼墙漏水之量，乡人尝谓有开闸四洞之数。旱则内水易涸，失灌溉之资。而闸外朔望二汛咸潮，经石缝涌入，尤伤田禾。且水啮石罅，石渐酥，水亦益驶，剥蚀亦益烈。常此失修，闸身将有逐渐就圮之势。

五、三江闸此次修理之经过

修闸必须筑坝抽水。筑坝之先，对于二县内水之宣泄，尤应预为布置。然后灌浆补底及其他各项工程，始可渐次进行，兹分别说明于下：

宣泄　绍、萧二县泄水之道，以三江闸二十八洞为主，以西湖（三洞）、楝树（三洞）、宜桥（三洞）、刷沙（一洞）、四小闸共计十洞为附（视三江闸泄水流域图）。三江闸内外坝筑后，二县之水必须经四小闸出口，甚为明显。筑坝之初，查西湖、宜桥二闸港淤塞，即雇工掘通并与修闸期内，令四小闸闸夫依照内河水位高低，按时间启闭，按日具报。至水位之高低，则以绍兴城内山阴火神庙之水尺为准，使最低水位不得低于6.366尺（无碍轮船交通之最低水位），最高水位不得高于7.00公尺（无碍农田之最高水位）。冬季水小，四小闸已足操纵裕如。再查历次修闸均在冬令（视三江闸从前修理方法略述），盖冬令雨量最少，绍兴雨量本处仅有三年记载，兹录上海徐家汇天文台绍兴附近之宁波站雨量报告，以供参考。

宁波站1886年至1924年之每月平均雨量（单位：公厘）

月　份	雨　量
一	68.3
二	88.1

（续表）

月　份	雨　量
三	109.1
四	118.2
五	112.0
六	190.1
七	126.0
八	176.5
九	177.4
一〇	109.1
一一	62.9
一二	47.9
共计	1386.4

内坝　内坝三。一号坝筑于头道河，二号坝筑于二道河，三道坝筑于钱清江(视内外坝与抽水机地位图)。坝之筑法：先钉木桩二排，排与排之距离为1.0公尺，桩与桩之距离为0.6公尺，中间实以蓬柴与土，然后内外加土，筑令坚实。顶宽4公尺，高7.20公尺，内外坡一比一二分之一。一、三两坝十月九日(废历九月十日)开工，十七日完工。留二号坝不筑，以备废历九月望汛之潮，自闸底闸缝漏入，可由二道河直流入内。否则闸外之潮位常在8.00公尺以上，内坝高度仅7.20公尺，潮水经闸漏入涌高，将漫内坝之顶而过，危险甚大。至十九日(废历九月二十日)望汛已过，乃筑二号坝，打桩、铺柴、加土，一天赶竣。计一号坝长17公尺，高2.2公尺。二号坝长16公尺，高2.3公尺。三号坝长120公尺，高3.2公尺。

外坝　内坝完工后，已届小汛时期。外坝地点，港底涸露。乃于二十一日开始建筑。先铺柴笼，笼上铺抢柴，厚1.5公尺，钉木桩三排，是谓底层。再于其上铺柴，厚1.5公尺，钉木桩三排，是谓中层。复加柴厚1.7公尺，钉桩二排，是谓上层。每层柴之铺叠，干向外，枝向内，宽3.5公尺。木桩之排列，则排与排之距离为0.6公尺。每排桩与桩之距离亦0.6公尺。内坡填土，顶宽3公尺，高9.50公尺。内坡一比二，外坡三比一，坝长126公尺，高5.3公尺。至三十日完工。

外坝共用土7284.95公方，柴56020担，钉桩1129枝，用柴既多，柴中钉桩尤难，非有经验者不办。此项叠柴钉桩小工，均自海宁远道雇来。且外坝附近之土，系沙性，夯不适用，须一方加土，一方加水，雇工用脚踏练，层累而上，庶无松浮之患。全部坝工，须于九天小汛内赶竣。地位局促，人数拥挤，已甚困难。乃进行期内，东北风大作，潮水特大，竟达8.33公尺，新填之土，受此高水压力，曾发生数处渗漏，日夜防守抢护，终底于成。为此次修闸最艰巨之工作。

抽水　此次筑坝程序，事前均经详细考虑。内坝完竣后，正在小汛，此时内河之水已断绝，内坝以外之水，除少数深洞外，均向外流出，各浅洞底脚俱干涸呈露，然后开始建筑外坝，故抽水之工极少。

闸外一六公尺处，筑仔坝一道。用四匹马力煤油机四具，离心抽水机二具，装置船上，停于闸与仔坝之间，水自"虚、危"等深洞抽出仔坝储蓄，以备洗闸之需。再于近外坝处，装十六匹马力柴油机、八吋离心抽水机二具，以备天雨时将过量之水抽出塘外（视内外坝与抽水机地位图）。闸底之水，十月三十日开始抽出仔坝，十一月十日抽干。工程进行期内，天气极干旱，近外坝处之八吋大抽水机装置后竟完全不用。

灌浆　闸墩及两端翼墙石缝，均用一比三灰沙浆，以灌浆机Cement-Gun注射入缝填满，使之结实。惟灌浆之先，须将原有石灰凿去，再将碎块杂质钩出。其缝内淤积沙泥，则临时备手摇洋龙三具冲洗，使荡涤清净。

灌浆机件之重要者，除灌浆机外尚有汽压机Air Compressor、水缸Water Tank、滤汽机Air dryer各一具，其布置如图。

先将水缸满储以水，并将一比三灰沙干拌后（不加水）陆续装入灌浆机，然后开一、二、三、四、五、六各门Valve，则水缸内之水，灌浆机内之灰沙，同时被高汽压，经水管、灰沙管压出至龙嘴Nozzle会合，喷出灌注石缝。滤汽缸则装于汽压机与灌浆机之间，所以滤汽中之水分也。

汽压机系N-1式德国柏林International Cement-Gun Company制造，每小时能灌灰沙浆0.75公方，汽压机之马力为35匹，汽压为每平方2.5至3.5公斤。

灌浆之黄沙采自绍兴平水镇，均经筛洗晒干后使用。洋灰则采用象牌。

灌浆工程于十一月一日开始，十二月二十三日完工。共灌灰沙浆158公方。

闸底　闸底岩基凹凸不平，淤泥甚多。先雇工挖掘，再用手摇洋龙冲洗，然后依各洞形势，两石槛间及内外，用一比三比四混凝土填补（视三江闸闸底修补工程图）。

闸底工程于十一月四日开始，十二月一日完工，共做混凝土177公方。

试闸　灌浆及闸底工程完竣后，闭内外闸板。中实以土，使闸板接缝丝毫不能漏水，然后开一号坝，试闸墩及翼墙灌浆之处有无渗漏情事，结果甚佳。惟西端翼墙左右石塘，未经灌浆，水竟由石塘绕道漏出。

石塘灌浆本未列入预算。试验之后，觉石塘不修，闸身仍有危险，即封筑一号坝，将放入之水车干。石塘闸内12公尺闸外38公尺，重行灌浆。共费工料洋668.38元。此则另列预算，作二十一年度岁修。不在修闸经费之内也。

其他工程　闸面及闸栏条石之缝，用一比三灰沙弥塞。闸槽上部则用一比二比四混凝土修补。两端翼墙背面均挖开填实。闸墩条石裂解处，用一比二比四钢筋混凝土修补。闸墩清理时脱下之锡，于彩凤山上建碑立亭，以留纪念。再，筑三号坝取土时，西端田中掘得石龟一个，置于锡碑之旁，要关加以粉刷修整。闸栏则凿每洞洞名，以资识别。

修闸经费　此次修闸，除灌浆及抽水机件不计外，合计工料杂费洋31376.50元列表于下：

工程类别	工料名称	数　量	金　额	备　注
一、筑坝工程				
内坝	蓬柴	2308.00担	138.48元	内坝三道。
	叠柴工	114.21公尺	46.14	
	土方	2901.48公尺	1334.68	
	木桩	347.00支	320.95	
	打桩工	347.00支	86.75	
	拆坝工		175.48	
外坝	抢柴	56020.00担	5010.69	外坝一道。
	叠柴工	346.02公尺	346.02	柴分三层铺叠合计长346.02公尺。
	土方	7284.95公尺	3642.48	
	地龙木	30.00支	21.60	
	木桩	1129.00支	994.67	
	打桩工	1129.00支	282.25	
	拆坝工		556.32	
二、抽水工程			932.96	
三、灌浆工程	洋灰	397.00桶	2840.48	闸墩及翼墙灌一比三灰沙浆。
	黄沙	241.05公方	482.10	黄沙照一比三比例仅需158公方超出之数因经筛洗晒之损耗。

（续表）

工程类别	工料名称	数　量	金　额	备　注
	灌浆工		2426.00	
	清理工	1019.00 工	858.80	
	机器运费		361.94	
四、补底工程	洋灰	355.00 桶	2587.03	闸底石槛间及内外用一比二比四混凝土填补。
	黄沙	81.59 公方	163.18	
	石子	175.89 公方	439.73	
	混凝土工	945.50 工	675.35	
	清理工	1472.00 工	927.37	
五、其他工程				
闸面			451.51	闸面用一比三灰沙弥缝石栏凿二十八字洞名。
闸槽			232.98	闸槽上部用一比二比四混凝土修补。
挖修翼墙			91.98	两端翼墙背后均挖开修填。
锡碑亭			753.42	
粉刷要关			35.62	
六、杂费			4129.54	
合计：			31376.50 元	

六、三江闸今后之管理

三江闸现在管理方面，有闸务员一人，闸夫十人，全闸闸板 1078 块，照已往之经验，每年规定添换 300 块，每块约可使用四年，兹将二十一年度闸务经费列下，以供留心闸务者之参考：

闸务员一人	每月 25 元	每年 300 元
夫头一人	每月 7 元	每年 84 元
闸夫十人	每人每月 6 元	每年 720 元
添换闸板盖板闸环闸钩及大汛帮工等		每年 1656 元
共计		每年 2760 元

每洞闸板，由 15 块至 23 块不等，现拟每洞闸板编列号码，开闸启闸板是否到底，便易检查。

开闸制度：绍兴城内山阴火神庙立有水则碑一块，凿有“金、木、水、火、土”五字。清咸丰元年规定内河水涨至“火”字脚（高 6.69）开八洞，“水”字脚（高 6.82）开十六洞，“木”字脚（高 6.94）开二十八洞。

三江闸内头道河，亦有水则碑一块，与城内之碑高度略有出入，易使管理者发生疑义，兹拟以城内之碑为标准，加以测量校正。

闸港淤塞，久成大患。未修闸之前，石缝漏水，尚稍有冲刷之力。现经修理，漏水既断。港底必更容易淤涨。查外坝二十一年十月二十一日开工时，外坡脚高为 4.30 公尺。至二十二年一月一日高达 6.20 公尺(视三江闸开洞刷沙计划图)。经过七二天淤涨至 1.90 公尺。如再涨半公尺，则内水虽已达开放之时，即开闸亦不能泄水矣。闸港长二十余里，疏掘又非旦夕所能办竣。兹规定于闸外 250 公尺处，设测沙站，每月朔望后测量一次，如港底高达 5.00 公尺时，即须开闸一洞以刷积沙，如一洞之水不足，得酌开数洞，以港底冲至 5.00 公尺以下为止。此法拟试办一年，如成绩优良，当泐石永成定例。

附注

一、本篇所用高度均以“翼、轸”二洞间闸墩外端 B · M · No20 高 8.739 公尺为准(视三江闸平剖面图)。将来须根据吴淞零点加以更正。

二、绍兴城内水标与三江闸 B · M · No20 之联络，以内坝建筑后，假定城内与三江坝内同时之水面高度相等为准。将来亦应测量水准核对。

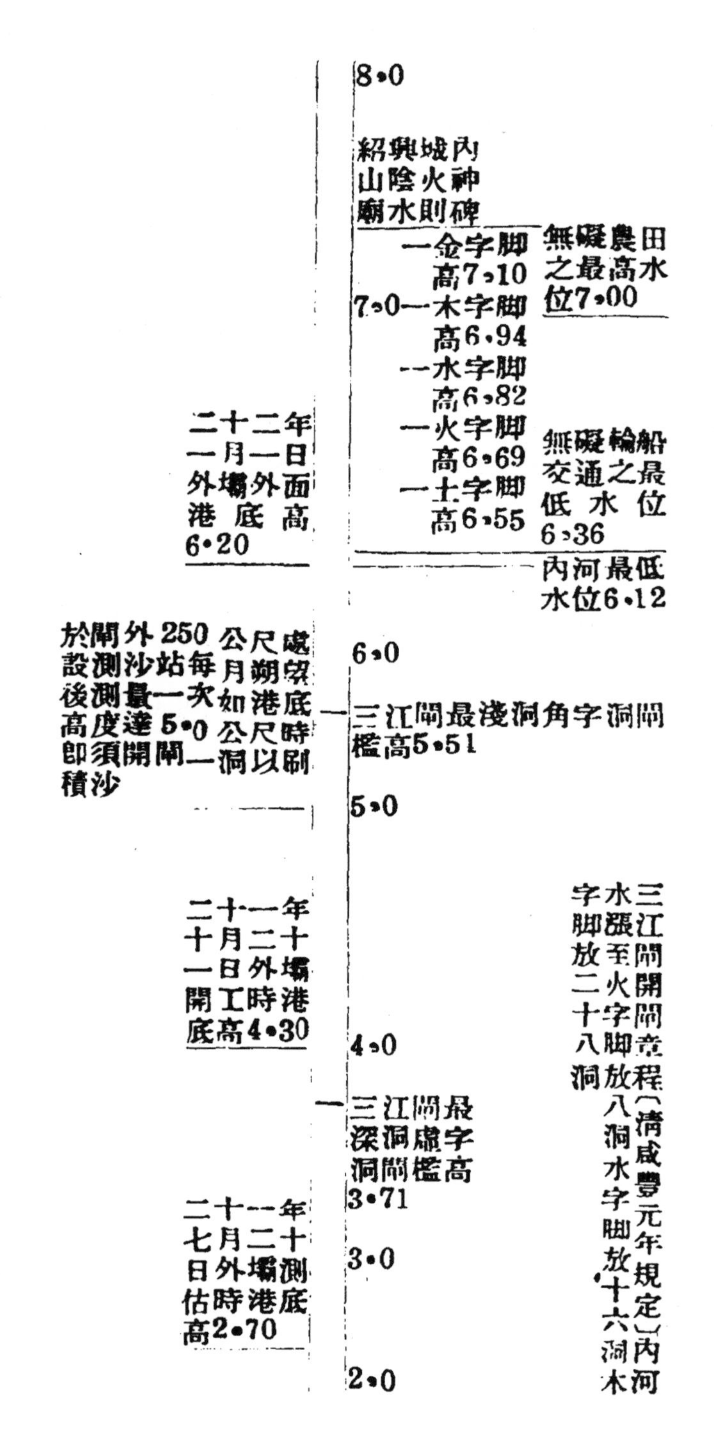
8.0
紹興城內
山陰火神
廟水則碑
一金字脚
高7.10
無礙農田
之最高水
位7.00
7.0—木字脚
高6.94
—水字脚
高6.82
二十二年
一月一日
外壩外面
港底高
6.20
—火字脚
高6.69
無礙輪船
交通之最
低水位
6.36
—土字脚
高6.55
內河最低
水位6.12
於閘外250公尺處
設測沙站每月朔望
後測量一次如港底
高度達5.0公尺時
即須開閘一洞以刷
積沙
6.0
三江閘最淺洞角字洞閘
檻高5.51
5.0
二十一年
十月二十
一日外壩
開工時港
底高4.30
4.0
三江閘開閘章程（清咸豐元年規定）內河
水漲至火字脚放八洞水字脚放十六洞木
字脚放二十八洞
三江閘最
深洞虛字
洞閘檻高
3.71
二十一年
七月二十
日外壩測
估時港底
高2.70
3.0
2.0

三江闸开闸刷沙计划图

浙江省水利局绍萧段闸务报告

闸务管理有闸务员一人(第二区工务员兼),常驻三江,主持其事。各闸均有闸夫,以司启闭。兹将闸夫制度、开闸规则等,分述于后:

闸夫制度　闸夫司闸之启闭。除启闭时间外,均得在家自作生活,故工资特为低廉,每月工食:夫头七元,闸夫五元,向来以附闸农民富有闸务经验者选充之,名额亦有规定。计三江闸闸夫十名,设夫头一名统率之。有闸田九十亩,每闸夫一人租种八亩,而夫头得租种十亩。宜桥、刷沙、西湖、楝树、姚公埠等小闸亦各设闸夫一名以司启闭,直辖于闸务员。惟无闸田。闸之启闭,通常以二人用长柄铁钩钩取闸板,二人以铁钩接取,再以一二人在旁扶住,将闸板安放于规定之处,故启闸每洞约须闸夫五名至六名。闭闸所用之人夫亦如之。各小闸启闭时由其兄弟妻子协助。三江闸则因有闸夫十名,协同启闭,如适值深夜,大雨滂沱,水流湍急并各洞齐开时,启闭较难,须临时另雇帮工。

开闸规例　绍兴城内山阴火神庙立有水则碑一块,镌有“金、木、水、火、土”五字。清咸丰元年,规定内河水涨至“火”字脚,开八洞。“水”字脚,开十六洞。“木”字脚,开二十八洞。但因特别情形,亦须酌量增减。如大潮汛期内,往往提前多开数洞,使多泄水量以抵补闭闸时间内泄水不足之量。在旱季农田需水之时,往往减开数洞,多蓄水量以备灌溉交通之用。闸内头道河亦有水则一块,惟在开闸泄水之时,水面有斜坡,此碑之读数,仅能供参考。仍当以城内山阴火神庙之水则碑为准。兹将二十一年三江闸开闸次数制成一表,以每开一洞为一次,计五月开三五八次,六月开三九二次,为绍、萧之雨季。十月、十一月、十二月、一月接连四个月不开闸,足见冬令之少雨。共计本年开闸九〇二次,以开闸日数计,同时开六洞者八日,开八洞者二十五日,开十二洞者一日,开十六洞及二十洞者各五日,开二十二洞者十一日,开二十四洞者一日,开二十八洞者七日。计全年开闸六十三日,计五月开二十一日,六月开二十二日(见表)。

绍、萧段二十一年三江闸开闸次数表

洞名＼月份	一	二	三	四	五	六	七	八	九	一〇	一一	一二	共计
角					一一	二二	一	八					四二
亢					一一	二二	一	八					四二

（续表）

月份 洞名	一	二	三	四	五	六	七	八	九	一〇	一一	一二	共计
氐					一一	二一	一		三				三六
房					二一	二一	一		八				五一
心		八		三	二一	一九							五一
尾		八		三	一四	一五							四〇
箕		八		三	一四	一五							四〇
斗		八		三	五	一五							三一
牛					一二	一四	一						二七
女					一二	一三	一						二六
虚					一二	九	一						二二
危					一二	九	一						二二
室					二一	三							二四
壁					一四	三							一七
奎					一二	三							一五
娄					一二	四							一六
胃				三	一二	五							二〇
昴				三	一二	五			八				二八
毕		八		三	五	一六			八				四〇
觜		八		三	四	一六							三一
参					一一	二〇	一						三二
井					一二	一六	一						二九
鬼					二一	一七	一						三九
柳					二一	一七	一						三九
星					一二	一八	一						三一
张					一一	一八	一		五				三五
翼					一一	一八	一		八				三八
轸					一一	一八	一		八				三八
共计次数		四八		二四	三五八	三九二	一六		六四				九〇二
雨量(公厘)	5.0	94.5	58.0	112.0	278.0	29.5	49.0	177.5	159.0	103.0	75.0	45.0	1450.5

绍、萧段二十一年三江闸开闸日数表

月份＼洞数	六	八	一二	一六	二〇	二二	二四	二八	共计开闸日数
一									
二	八								八
三									
四		三							三
五		九			一	七		四	二一
六		五	一	四	四	四	一	三	二二
七				一					一
八									
九		八							八
一〇									
一一									
一二									
共计开闸日数	八	二五	一	五	五	一一	一	七	六三

若再将二十一年雨量，列入开闸次数表，则知雨量愈多，开闸次数亦愈增。独八月份雨量为177.5公厘而不开闸者，因三江闸流域多系稻田，八月正农田需水之时，闭闸蓄水以资灌溉也。

测沙站　闸港淤塞，久成大患。未修闸之前，石缝漏水，尚有冲刷之力。既经修理，漏水断绝，港底更易淤涨。如修理三江闸期内，二十一年十月二十一日开工时，闸港为高4.3公尺。至次年一月一日高达6.2公尺，仅经七十二天，淤涨至1.9公尺，如再涨高半公尺，则内水虽已达开放之时，即开闸亦不能泄水矣。闸港长十余公里，疏决又非旦夕所能办竣。兹规定于闸外250公尺处，设一测沙站。每月朔望后测量一次，如港底高达5.00公尺时，即须开闸一洞以刷积沙。如一洞之水力不足，得酌开数闸，以港底高达5.00公尺以下为止。

取缔规则　渔船附闸放罾捕鱼，足以撞坏闸身，且妨害河港水杂而致壅塞。民国十二年，绍、萧塘闸局会同绍兴县会衔立碑，离闸五十丈内不准放罾捕鱼，至今垂为定制。

经费　三江闸及五小闸每年须更换闸板三百余块。惟以五小闸启阀次数较少，闸板之损耗较缓，故常以三江闸换下之旧板择较好者代用之。又大汛时雇用帮工，闸田赋税及测沙站之测量费用(测沙站系二十二年修闸后增设)共计全年开支在一千一百元之谱。兹将二十一年至二十三年闸务经费表列后。至闸务员薪水及闸夫工食则在经常费内开支也(见表)。

绍、萧段二十一年至二十三年闸务经费表

年份	添换闸板(元)	大汛帮工(元)	筑闸费(元)	田赋(元)	合计(元)
二十一年	985.86	64.40	55.45	54.67	1160.38
二十二年	997.76	30.10	17.62	52.88	1098.36
二十三年	596.91		12.38	57.77	667.06
总计	2580.53	94.50	85.45	165.32	2925.80

(工程师董开章编)

蒿口新闸辨(失名)

尝考越中山川脉络图,其郡城东面山节次至龙会山,渡蒿尖,东至曹娥诸山,又东北至丰山,又迤西至青山,又迤西曲折而至三江大闸。其水亦皆随山西流,转北而出三江。此吾越东偏形势也。其龙会与蒿尖夹水处,中故有闸曰清水闸。闸之南在龙会一面者,有白鹤湾、凤山诸麓,以包龙会山外角。在蒿尖一面者,节次尽至蒿壁,以包蒿尖山外角。其于两角脱续处,即今所建蒿塘处。然乾隆二十九年以前,清水闸外尚无此塘也。闸以内六七里许,有堰曰白米堰。旧闻宋明间,是堰向横南北,截东西水,舟楫不能直达曹蒿。其堰外之水,南出蒿口斗亹,东出曹娥斗亹。盖是时不惟蒿无塘,即曹亦无塘也。迨明嘉靖间,汤侯既成应宿闸,而复建清水闸,始决堰为桥,而堰外东南两路之水,均西出三江大闸矣。今虽蒿口斗亹之废在何时不可考,而筑闸在决堰之时,则尚有堰桥残碑可考。第念汤侯即决堰为桥,何以堰之南不建塘而必建闸,其必建闸者,安知非借闸以防江,借闸以通源也。及蒿塘筑于乾隆间,而清水闸遂废。而清水闸以外之水,始流塞而源断。邑人士尝深惜之。乃者,官绅创议于蒿塘、凤山根脚建闸,引水源而刷三江淤沙。而阻议者曰:吾越水宜泄不宜引,脱有暴潮,奈何?又离大闸远,恐不能通大闸淤。又有阻议者曰:东偏本出水外注,于内水引亦不进。矧流通淤?夫谓其难至大闸以通淤者,言似近理,而实未明理。譬诸宁郡需用之财而待苏郡以为接济,亦似远而难至,乃宁先有绍与杭之财交相济,则绍匮而杭至,杭匮而苏亦至,而又何患其远哉。即如麻溪亦是,进水去大闸亦远,何以前贤谓与应宿相呼吸?此无他源通故也。如谓宜泄不宜引,则麻溪亦引水,何以向无害于萧?且既于水涸时能引而进,亦必可于内涨时能浚泄而出。夫合山、会、萧三邑水而萃三江一口,故每有急不遽退之病。何若当内涨时而使东自归东,讵不稍分大闸之势乎?愚则谓疏大闸者,其常利。而或变为水涸与水涨,则兹闸之利于东偏者为更大也。特当时上议仅陈通淤,犹只言其常耳。至若虞暴潮冲激,夫岂有凿山为闸而不固,反视旧筑土塘谓固于石闸,而倚如泰山也。为是说者,盖亦积习相安,骇于举动,而仍不细察形势故也。至谓外洼于内,指其地为东偏出口者是,并不知山川脉络者也。议者又欲植木执绳,以量内外高下。试思沿江皆从山麓下田,无论塘内塘外,其山脚皆不能齐。不能齐者,其内外高下可量乎?不可量乎?即或内山近塘之脚较外略高,而建闸者将采山搂脚以安闸乎?抑建诸山脚上乎?此何可以空言争也。愚则谓所应改议改请者有二,而前说皆不与也。其一,现议挖沟清水之处宜改也。今当事于塘外,沿身指南挖沟引水,此却是凤山外包至野猫窠落平一带,沿东临江高田之出水口也,宜请改从馒头山东首高田山挖进,广不过一二十丈,引至野猫窠山脚旧有池处,以东顺入闸。是处沿田皆水沟,谚呼为顺流洗而来,工省而路正,此乃进水不易之处也。至现议指南挖沟处,乃是流水由梅桥放江之路,宜请于此路作人字沟式,以放流到闸口之沙,俾水自入闸,沙自入江。而所挖地土,又可顺沿塘身指南筑堤以护塘,庶几保塘更即保闸矣。其一,旧筑之清水闸宜请重建也。愚窃以东较西,其清水闸犹西麻溪坝也,其现议新闸犹西之茅山闸也,其中间蒿坝村犹西之天乐四都也。夫麻溪霪洞,自前明余太史煌从蕺山刘子议,改高、广各七尺,仿闸门式。而清水闸亦宜依为增减。惟现在闸桥之脚南首却不接山,倘仍改桥为闸,似断宜与山接,或仍用小门仿小陡闸式。如是则以重闸而代单层之土塘,何尚虑有意外乎?惟愚所不能决者,为水咸水淡。历询之,而欲为者言淡,不欲为者言咸,而亦皆无确证。惟念蒿之对江,如花杜浦各村,早禾晚禾,在在皆是。夏秋之际,均以江水潮水灌田,未闻有害穑事。此亦未始非水,鉴而咸淡可无论也。至于人各执一说,凡兴大役,历世皆然。愚窃以为毁誉可弗计,而利害不可不明。故著为《坝口新闸辨》,以告桑梓父老。

徐树兰谈西湖底造闸记(清光绪二十二年)

明嘉靖十五年,三江应宿闸成,而山阴、会稽、萧山潮海之水得其槽,关籥湖海数百年矣。特湖田连曼,鉴湖潴水之区失其疆半,而三江潮来,常挟泥沙,闸道易淤,淫潦交至,宣泄不灵,即三县为泽国。先民有作于姚家步、宜桥、楝树下开三闸以永之。比年来,姚家步闸、宜桥闸夭淤不畅,而楝树一闸不能立夔足之功,至乃破塘堤,决亭川,权宜应变,难可典常。窃尝相土水地,议为裨闸于西湖底以泄上游之水而未果也。光绪十五年,浙江濒海各州县大水,绍兴八县皆与焉。大吏用树兰议,敬录令甲兴土功之法,庸饥民以治水利,一时塘堰坲墣,百废具举。而郡守富察公霍顺武遂举行西湖裨闸之议,畚土斤石,丌丌桥桥。十六年四月毕成。为洞三,广四丈,高二丈有奇,沟其前百丈,以导于江。庙于西隅,以祀其神,以申古者祭防祭水,庸之谊以屋启闭者,而时其禀功坚而虑远,用以云仍应宿,左右楝树,钟泄相当,而横决之祸以息。于以见公之子谅闾阛,造福广远。而官吏董成,都人士典功作者,皆与有嘉焉。既题名于闸,复碑于庙,以论其始末。冀后之君子,览其前后中失,造作之所由,有举莫废,相与讲切而增裨之也。

绍萧塘闸局东区为盘查应宿等闸闸板确数列表呈报并陈明闸象危险处所请核示文(附载闸板对照表　十六年七月)

呈为盘查应宿闸板确数、列表呈报并陈明闸象危险处所,请予核办事。窃查职属三江应宿大闸原有各洞闸板,考诸《闸务全书》,综数为一千一百零九块。然近来屡经查点,数终未符。主任窃疑必有远年板片,深陷闸底,听其朽腐,不事深求之故。第沉陷日久,点数不符,其事小。任其横亘闸洞,遇开放泄水时,拦截闸门,震撼闸石,其害大。兹为澈底清查起见,经觅雇善泅渔民深入水底,按洞仔细探摸,起出腐板多块,合计现板综数亦为一千一百零九块,已与《闸务全书》所载相符。惟分算每洞板数,与书载各洞原数,多寡不同。谅由清道光甲午第五次修闸时,槛下石脚变迁所致。理合开列今昔闸板对照表,呈请鉴核。又查与新塘衔接处之"轸"字洞,其南北两翼石腮中空,渗漏殊甚,且莫神庙下要关后塘石已显形欹侧,危险堪虞。窃以为兴修全闸则工程浩大,需款甚巨,或非现时所能办到。若仅修整要关后新塘,则工料均较简单,尚属轻而易举,主任既有所见,不得不据实陈明,尚祈钧长采择施行,实为公便。谨呈。

闸务全书板数与现板对照表

"角"字洞原板	计一十五块	"角"字洞现板	内十五块	外十七块	共计三十二块
"亢"字洞原板	计四十四块	"亢"字洞现板	内二十块	外二十二块	共计四十二块
"氐"字洞原板	计四十五块	"氐"字洞现板	内十八块	外二十块	共计三十八块
"房"字洞原板	计四十六块	"房"字洞现板	内二十块	外二十块	共计四十块
"心"字洞原板	计四十六块	"心"字洞现板	内二十块	外二十块	共计四十块
"尾"字洞原板	计四十八块	"尾"字洞现板	内二十一块	外二十四块	共计四十五块

（续表）

"箕"字洞原板	计四十八块	"箕"字洞现板	内二十二块	外二十二块	共计四十四块
"斗"字洞原板	计四十六块	"斗"字洞现板	内二十二块	外二十三块	共计四十五块
"牛"字洞原板	计五十块	"牛"字洞现板	内二十二块	外二十二块	共计四十四块
"女"字洞原板	计四十四块	"女"字洞现板	内二十二块	外二十二块	共计四十四块
"虚"字洞原板	计五十块	"虚"字洞现板	内二十三块	外二十四块	共计四十七块
"危"字洞原板	计五十块	"危"字洞现板	内二十三块	外二十三块	共计四十六块
"室"字洞原板	计四十四块	"室"字洞现板	内二十一块	外二十二块	共计四十三块
"壁"字洞原板	计四十四块	"壁"字洞现板	内二十一块	外二十二块	共计四十三块
"奎"字洞原板	计四十块	"奎"字洞现板	内二十块	外二十块	共计四十块
"娄"字洞原板	计三十三块	"娄"字洞现板	内二十块	外二十块	共计四十块
"胃"字洞原板	计三十八块	"胃"字洞现板	内十八块	外十八块	共计三十六块
"昴"字洞原板	计三十四块	"昴"字洞现板	内十九块	外二十块	共计三十九块
"毕"字洞原板	计三十四块	"毕"字洞现板	内十九块	外十八块	共计三十七块
"参"字洞原板	计三十八块	"参"字洞现板	内十九块	外十九块	共计三十八块
"觜"字洞原板	计三十八块	"觜"字洞现板	内十九块	外二十块	共计三十九块
"井"字洞原板	计三十四块	"井"字洞现板	内十八块	外十六块	共计三十四块
"鬼"字洞原板	计四十块	"鬼"字洞现板	内十七块	外十八块	共计三十五块
"柳"字洞原板	计三十八块	"柳"字洞现板	内十八块	外十八块	共计三十六块
"星"字洞原板	计三十四块	"星"字洞现板	内十八块	外十七块	共计三十五块
"张"字洞原板	计四十块	"张"字洞现板	内十八块	外十八块	共计三十六块
"翼"字洞原板	计三十四块	"翼"字洞现板	内十九块	外十九块	共计三十八块
"轸"字洞原板	计一十四块	"轸"字洞现板	内十七块	外十六块	共计三十三块

吴庆莪字采之陡亹闸考证（中华民国二十七年）

陡亹自唐以前，有斗门而无闸。斗门者，如堰坝之类，皆以为泄水之用也。韩昌黎所谓疏为斗门走潦水已耳。越有斗门凡九，所在会稽者四，曰瓜山斗门，曰少微斗门，曰蒿口斗门，曰曹娥斗门。在山阴者五，曰广陵斗门，曰新迳斗门，曰西墟斗门，曰朱储斗门，曰玉山斗门。玉山斗门者，即陡亹故址也。陡亹之有闸，始自唐德宗贞元初，浙东观察使皇甫政就玉山斗门而改建也。闸成，乃以音同义近之陡亹名其乡。然则别处皆有斗门，何以不名别处而此独以名？以水流峡中，两岸对出若门为亹，闸即建于金鸡、玉蟾两峰之间，岩石陡绝，水势又夺门而出，陡亹复与斗门同音，因其形而易其名，所以纪新功而存旧置也。陡亹原名禹山，属感凤乡。今僧道梵夹榜文犹书感凤乡禹山里，礼失求野，亦一证也。玉山实为禹山，北齐"玉"读若"禹"。旧志谓，下马、禹山，并为沿海要区。下马山与禹山，脉络衔接，地亦相距里许，两处皆石骨过河，联贯若门槛。相传皇甫政下马之初，原议建闸于此。以未能尽束诸流，因就玉山斗门而改建之，又一说也。宋徐次铎谓，玉山斗门即曾南丰所谓朱储斗门，殆误以朱储为陡亹。旧志又误以柘林闸为朱储闸也，以讹传讹，岂惟约略之词乎。其实，明以前，朱储只有斗门，自柘林闸建而朱储之斗门遂废，亦犹玉山之斗门改建为陡亹闸也。柘林距朱储不过数小武，一而二，二而一，并非别有朱储闸也。今柘林闸址犹存，但已改为桥耳。若朱储则本无闸也。旧志又谓扁拖闸有二，北闸三洞，明成化十三年，知府戴琥建。南闸五洞，正德六年，知县张焕建。似又误以两闸皆名为扁拖闸也。殊不知北闸固在扁拖，闸虽废而迹尚留。南闸则在塘头对岸，今名五眼闸。北闸系分泄萧山之水，南闸系分泄会稽之水，来源互异，距离又遥，不能并为一谭也。旧志又谓，泾溇闸在玉山北，一洞，并为知县张焕同时所建是也。其来水，分钱清江三十六支流之一，入陡亹后北折玉津桥，绕泾溇底，又南循玉山而东，汇玉山闸之水落荷湖以入于海。闸虽小，流湍急，今亦改为石旳矣。旧志又谓，撞塘闸在玉山闸之东北，一洞，嘉靖十一年建。此闸北枕海塘，南依鸡麓，分会稽旁溢之水，今为两洞，不知何时添建。然自三江应宿闸筑，而诸闸皆废矣。以记载或有异同，乃因考陡亹而并连类以及之。总之，陡亹闸之为玉山斗门改建，以古证今，似无疑义。史乃只称皇甫政于贞元初置越王山堰以蓄水利，独不详载改建玉山闸事，或失传耳。现三江乡乡长陈肇奎家藏有《三江所志》一书，系钞本，未刊行。其载陡亹闸事颇详。谓陡亹闸即玉山闸，与志载皆同。惟称皇甫政建十洞，中三洞填实为张神祠，东三洞上有关公祠，西四洞上供玄帝，有“坎区永建”扁额，即皇甫政题。清康熙六十二年，郡守俞卿改西四洞为三洞，通体升高，以便舟楫。工竣，市人于阁上奉公禄位，称玉山书院，阁名旧称天一阁，有名士朱轸“金玉峰联神禹凿；江湖水汇有唐疏”一联云。按旧志谓皇甫政所建计八门，今云十洞，数已不符，且张神为宋转运使张夏，以筑石塘有功于民。今《所志》谓中三洞填实为张神祠，一似填实与立祠皆为皇甫政者，非独朝代颠倒，其洞数亦不知究何所据。或填实两字上脱落一“今”字。否则，作此志者当不至舛误若此耳。东三洞及中填实处其祀关帝、张神，现尚仍旧。西三洞上玄帝阁，今已改为包孝肃、于忠肃二公。旧额前联亦俱未见。《府志》俞卿改建为清康熙五十七年，今云六十二年。查康熙只六十一年，当以《府志》为是。西四洞改为三洞，其所塞之一洞，今尚石梁中空，水入复出，前后不通，洞形如旧。當系阻塞所致。谓为四洞，《所志》

是也。惟中三洞,究在何年为何人填实,今已无从考证。臆谓當在三江应宿闸筑成以后,当以老闸既废,留此六洞,宣泄有余,且使砥柱中流,坏舟较少。曾闻舵工驶船放闸,必对中间万年剧台,方可随水顺流而下,无虑横搁闸门。近闻水流变迁,则又今昔殊形矣。借非然者,既建复填,梗阻来水,义何取也?至旧志谓皇甫政原建八门,今即连所塞之一洞在内,亦只七门,尚有一门,已无形迹可按,似《所志》又较旧志为得实也。若闸孔横梁题曰“三江老闸”,则又名失其实矣。按三江故道,本为南江与浦阳、曹娥二江。南江自吴分流,绝钱唐至余姚入海,今越之运河是其流域,所谓浙江也。浦阳江即今钱清西小江,为浙江与浙江合流处。自江塘筑而南江至杭之北关而绝,浙江之水益壮。于是有钱塘江无浙江,而越复东西筑塘,浙江水亦不通矣,是则名为三江。而入陡亹闸之水,实只浦阳下流之钱清江与曹娥江而已。且钱清、曹娥之水亦不尽由此出,其所谓三江老闸,无非对三江应宿闸而言,似不如仍名陡亹老闸或玉山古闸之较为名实相孚也。虽与水利无关,然循名核实,或亦考证者之所有事欤。

三江闸附属各闸调查录

三江闸一名应宿闸,距城二十五里。明嘉靖十五年,绍兴知府汤绍恩所建。万历十二年,知府萧良干增修。崇祯六年知府张任学重修。此其事人多知之。但附属于三江闸之各小闸,多忽而不记。兹以调查所得备载如下:

减水闸,亦名监水闸,一名平水闸,又名兴隆桥,在三江城外,石造,长二丈余。因嘉靖时建三江闸后,恐水猛不能支持,于此闸下铺石版,状如鱼脊,以杀其势。足见古人虑事之精密。

宜桥闸,又名三眼闸,在三江东门外塘湾村东首,石造。洞自南至北长丈余。

刷沙闸,又名独眼闸,在三江闸北首,石造,洞自西南至东北,长丈余。

玉山闸,即陡亹老闸,闸梁上尚有三江老闸四字,石造。洞自南至北,水深处二丈余,浅处丈许。唐贞元元年浙东观察使皇甫政建造。计十洞。清康熙时知府俞卿改建。

撞塘闸,即两眼闸,在玉山闸之东,洞自东至西,高丈余,亦明嘉靖间知府汤绍恩所建。

又有九岩者即三江未设闸前之闸,以阻夏履桥之水。界塘有村口闸以阻紫棠湖之水,亦与三江闸有关系也。

后梅湖闸及牛头湖闸调查录

后梅湖闸在新安乡湖头方，距城六十余里，系石桥，以木板闸水，只一洞。水流由西而东，高约五六尺，阔约四五尺。此闸三面屏山一面建塘闸蓄水，以利其中之田。道光时陆耀南出资建筑。闸口有碑，字已不可辨。又牛头湖闸在蒲荡夏，亦一石桥，以木板闸水，水流由东而西，一洞。高约五六尺，阔约四五尺，与后梅湖闸同为一村之水利而设。

杨家闸与文昌新闸调查录

杨家闸在仁里村中王，石质。水由南而北。闸高三尺，宽四尺。传系宋代王氏始来此地时所筑。又，文昌新闸与杨家闸同有乾隆二十九年重修界塘碑记。碑已断。

长春大闸调查录

长春大闸在小江乡浦下，距城百里。石造。向北，计一洞。阔一丈三四尺，长五丈八九尺，高一丈四尺，闸门九尺。其水源，西由鹁鸠湖而来，计程七里。东由郑家埭上下两湖而来，计程五里。两水会合于三叉口，再流二里过闸，向北，与小舜江会合。此闸于民国十一年建筑，倡建人吴涂、沈光明，监工吴德斋、吴春明、吴宗海。知事余大钧补助六百元，知事顾尹圻补助五百元，募捐一千七百元，现溉粮田二十余顷，由农民公议公管。

芝塘湖水利考（郑家闸　舍浦闸　涨吴渡堰闸　和穆程闸）

延寿乡南限连山，北以西小江与萧山县分界。地势南高北下，河沟浅狭，水流湍急，山洪暴发则平地水高数尺，累月乏雨则河床爆裂飞灰。是以早晚田禾，每虑秋旱。前明洪武二十七年，简放钦差何启明到县踏勘，奉工部“露”字一百三十号勘令，建筑茭湖，后产水芝繁秀，更名芝塘湖，简称芝湖。相度地势，修塘设闸。塘长一百五十二丈五尺，阔二丈五尺，厚六尺。湖阔三千二百六十亩二分，计约湖面钞一百六十贯五百文。塘下各处灌水河沟计长六千九百八十七丈八尺，阔一丈五尺，以小满后三日下闸。如遇大旱，将近处暑，各处水口如郑家闸、舍浦闸、涨吴渡堰闸和穆程闸等处，由各地居民筑坝建闸，毋令漏泄。处暑后三日限同开放，用灌三十八、三十九、三十七三都官民田一万六千六百五十亩九分三厘三毫。放水期间，定三十八、三十九、三十七三都各为一周时（即界塘坞中村、芝湖村、湖里陈、山下王、江塘前中后三堡、仁里王、江桥镇、竹院童和穆程唐家桥、涨吴渡等十八社），水尽通灌。然后戽车，由是灌溉无缺，田禾有收。二十八年画图造册，申解户、工二部，悬为定例。前清乾隆十七年，十八社绅耆以塘闸历久失修，湖水漏涸，定每亩田出钱六文，从事修复启闭塘闸，募役专司。一革非时盗开、私渔攫利之积弊。光绪二十年，监生洪介堂等，以沿湖居民填湖为田，浸致湖面狭窄，水量减少，妨碍水利，害及田禾，请县给示，勒石永禁。宣统二年，因闸夫有不守规约之事，由士绅童仕琦、洪承焕及耆民丁高茂、王丰泰等发起，纠股集资，组织芝湖水利会，并循农意，邀集十八社绅耆及水利会会员，共同议决，改每年小满闭闸，处暑开闸。由会监理湖闸启闭，余悉如旧。于是本乡水利始具规模。民国八年，修筑舍浦闸，续修界塘和穆程闸。二十三年，修筑郑家闸、涨吴渡堰闸，筹费、设施均由水利会董其事。二十四年，江桥、江塘、涨吴渡、芝塘各乡镇公所，以去秋天时大旱，放水之际，中村农民欲改三十八都（即界塘中村等地方）放水期间一周时为三日，致激成公愤，几酿巨祸，尤恐此后一遇旱年，恃强以逞，各争水利，并忘危险，遂联请县政府给示严禁，整顿旧规云云。又，前明天顺二年建筑界塘，并开霪洞一处。当夏履桥山水暴泻之际，借以阻当水势，使折而东。自九曲河泻入西小江，不致泛滥。若遇岁旱，又利霪洞以输水焉。嗣以界塘村人改洞为桥，名曰庄桥。爰有设闸启闭之举，向归夏姓人负责，旋至互相推诿。民国十一年秋间，山洪暴发，失于闭闸，近塘田禾，均遭山水淹没。十二年，童仕琦等遂与界塘村人订约，桥闸启闭永归夏以茂等六人负责。呈县备案，给示勒石，俾垂久远，盖与延寿乡亦有利害关系者也（此文不记作者姓名）。

据调查，舍浦闸在延寿乡江桥镇，石造，南北向，高一丈七八尺，阔一丈二尺，有闸板，平时可通舟，闭时蓄芝塘湖之水。民国九年重修，闸旁有碑。郑家闸在江塘中，东西向，石造，高一丈六尺，阔八九尺。民国二十三年，以童颐卿遗命捐洋二百元兴修。每年处暑前三日闭闸，闭约半月。与舍浦闸同蓄芝塘湖之水，以溉该乡之田。有乾隆二十九年重修碑记，碑已断。其塘自郑家闸起至界塘埠止，高七尺，阔一丈，约一里，障夏履桥之水。

黄草沥闸

范寅《越谚·论古今山海变易》内有“道墟村北有黄草沥闸”，注曰：“三江应宿闸未建，此闸要隘。自三江闸利，此闸湮废。”同治初年，抚浙马端愍公以三江闸外涨淤，越地时患大水，奏饬沈绅掘涨通流。然涨高未畅，乃修此闸，并杀水势而成。

闸上公所捐启(清咸丰四年)

窃维旱干水溢之灾，关乎天运；疏瀹之力，视乎人功。而人功之尽与不尽，既贵董理之得人，尤在经费之应手。绍郡自道光己酉、庚戌两年叠被水灾，郡士人无不留心于三江闸务，而专司之人，徒深扼腕。自闸务归育婴堂兼管，每逢雨水过多，添夫督办，启闭及时。两载以来，著有成效，亦合郡所共知。惟额设闸夫十一名，凡遇水涨，向系小汛放而大汛闭。今则一律启放，实属不敷策应。一日两汛，昼夜四次，汛前亟宜下板堵闭，以防内灌之虞；汛后亟宜起板全闸，以期宣泄之速。此闸夫之不能不添雇者。人力多寡之势殊也。闸板统计一千一百十三块，每年额换一百二十余块。近则潮水湍急，冲损过半，必须更换，非五六百块不可。此闸板之不能不多备者，水势缓急之情异也。至经理之人，晨昏督办，及所加夫役昼夜听差，风雨不时，安身无地。拟于要关之傍，建屋数椽，以资栖止。此屋之不能不建造者，风雨漂摇之虑，宜预筹也。统亿万家之田庐民食保障，实赖乎三江。费千百缗而慎重修防捐输，咸资乎群力。点金乏术，独木难支。惟年来捐款频仍，集资非易，而每念农田湮没，欲罢不能。伏愿仁人君子，勿惜捐金，同志诸公，共成义举。捐数无拘多寡，惟期量力而行。被灾实切乎颠连，尤宜尽人自勉，从此醵资踊跃，力挽桑梓之狂澜，庶几协力输将，共庆金汤之永固。谨启。

咸丰四年四月日

山、会董事

娄咸、鲁郑松、平畴、金纶、鲍学正、潘治安、童光镤、胡泰阶、平玉书、徐春沅

记闸港疏浚

钱象坤撰绍兴府理刑推官刘侯开浚后郭壅涂永固患塘碑记

（明崇祯三年）

东南之有水患，犹西北之有虏警也。虏入而荼毒我生灵，蹂躏我城邑。而水虐祸焉，故决排之迹，捍卫之功，方之折冲者居多。於越，古泽国也。而禹迹昭存，自平成之后，上下数千百祀，民咸神明之，禋祀之，而不敢废也。猗欤休哉。邑故娥江一带，剡溪急湍注其南，浙海狂潮撼其北，稽诸古不无怀襄之执。准之今若是堙阏之患则未之前闻也。闻自后郭涨沙约三千余亩，于是水性弗顺，比奔而南，俾受害处沃壤陆沉，征科莫抵。且直冲横激，而百丈如线之堤，何以御之？方春而入，则无麦；当秋而入，则无禾。无麦无禾，则岁大祲，而民阻饥矣。慨自著壅执徐之秋，飓风大作，天吴肆怒，坏堤防，漂庐舍，痛濒海之蚩蚩，半葬于江鱼之腹。罹此患也可胜悼哉！邑侯虽出锾贸石，率民筑堤，然而狂澜时溢，石未必胶。是委千金于巨浸，犹夫岁币屡遣而虏欲无厌也，奈若何！幸赖本府刑台刘侯，以天挺之英，啣当宁之命，来抚吾邦，固将大造于吾民也。用集十三、四、五都里递徐显祥等，而诏之以浚江之议。佥曰：无违。而后郭顽民，终弗率也。恃狐鼠之奸，奋螳臂之勇，以与我侯抗。侯维时赫怒，即敕杨尉，率子来之民，劳心焦思，卒之人定胜天。逮庚午四月四日，方底其绩。嗟乎！方今江水凭陵，犹靖康以后之虏势。吾民凋敝，大似南渡之跼蹐。向非我侯，则吾民之居是者，亦鱼鳖而已矣，燕雀而已矣。侯之庸其缵禹之列，于汤有光矣。行将与日月齐辉，上下同流，岂止折冲云乎哉！是役也，主盟则刘侯光斗，董役则杨尉元正，宣力则里递显祥等。例得并载，以拟燕然之勒也。四民同声歌颂，曰：溯自舜江，稽古之迹。塘名百丈，洪水泛溢。年谷不登，居民辟易。笃生我侯，神明赫奕。疏瀹决排，攸赖攸关。猗欤休哉，厥功茂实。时龙飞崇祯庚午菊月谷旦。大学生邵允达督镌。会稽县十三、四、五都里递□民徐显祥等沐恩颂德。仝□□石。

浙江巡抚马新贻奏勘办绍兴闸港疏浚折(清同治五年)

奏为勘办绍兴闸港疏浚淤沙以资宣泄,并借拨经费俾应工需,绘呈图说,仰祈圣鉴事。窃查绍兴滨临江海,古称泽国。自鉴湖侵废,水无蓄泄。由唐宋以迄明初,虽分建各闸,以备旱潦,皆未得要领。嘉靖年间,始于三江口建应宿闸,地居最下,闸介两山,民享其利。数百年闸内之水,由山阴、会稽、萧山三邑达钱清江以出闸者,名为西江。闸外之水,由新昌、嵊县入曹娥江者,名为东江。二江合流,由东北趋海。自江失故道,日趋而西,海潮亦由西而上。江流日迂而日弱,海沙遂日涨而日高。询之土人,佥称十数年来,逐渐至此。从前附近业佃,随时挑挖,以免水患。兵燹以后,农民迁徙无定,水利不治,拥塞遂甚。去、今两年,春夏之交,山水陡涨,田禾淹被。经臣严饬府县,会同绅董,设法宣泄,幸得及时补种,而秋收不无减色。目前闸外之沙高与闸齐,且越闸而入内河,若不趁此冬令水涸,力求疏浚,来春水发为害甚巨。前经檄委候补知府李寿榛,会同绍兴府高贡龄,及在籍绅士、江西候补道沈元泰等,博采周咨,筹议办理。复委按察司王凯泰前往该处,周历查勘。兹据该司等先后详称,闸江故道,乾隆年间至道光十五年以前,系由宣港入海。咸丰年间改由丁家堰。近年始改由大林、夹灶迤西,海口去闸太远,潮汐之来,易于壅滞。且曹江之水绕闸西行,每逢盛涨,亦复挟沙而至。欲为闸筹出路,当先为江筹去路。现拟开通宣港故道,北接海口,南接曹江,相距约五里有余,一片荒沙,并无人烟,南北两口皆有冲刷河形,因势利导,施工尚易。开通之后,俟来春水发,察看宣港去路,两江合流是否疏畅,如曹江之水仍有阻滞,查有后倪地方,可以就近开通,俾曹江径行入海。惟该处民田庐舍,必须妥为安置,勿使所失,亦不准借词阻挠。至闸内外淤沙,急须竭力挑挖,庶闸流得以畅行。惟是江海之沙,坍涨靡定。万一水盛之时,港口复有淤塞,正闸仍恐阻滞。议将山阴旧有之山西闸,会稽旧有之黄草沥闸,赶紧修整。再于山阴之姚家埠、会稽之楝树下,另建新闸,以便相机起放、补救万一。至各项工程需费甚巨,民捐力有未逮,且恐缓不济急,应筹款借拨,以济要工等情。具详前来。臣查三江闸为山、会、萧三县泄水要口。今闸外涨沙日高,以致内河之水不能畅流。一遇水发,泛溢堪虞。该处为财赋之区,所关非细。亟应未雨绸缪,以利农田。两年以来,随时疏浚,皆出民资。今工大费巨,急切难筹。现拟援照修筑西江塘之案,先借拨钱一万串,以应工需,仍于亩捐项下征还归款。如有不敷,再行设法筹拨,断不敢顾惜小费,致贻大患。除饬府县,会同绅董,多集人夫,尽力疏浚,并修建各旁闸,务于年内一律完竣。臣仍随时派员前往查察,勿任草率从事外,所有勘办绍兴闸港情形,及借拨经费缘由,理合缮折具奏,并绘图说,恭呈御览。伏乞皇太后、皇上圣鉴。谨奏。

委办绍郡山会萧塘工总局沈元泰周以均余恩照章嗣衡孙道乾莫元遂禀浙抚开掘宣港文(附批　清同治五年)

窃职道等,日前叩谒铃辕,亲聆钧诲,钦佩同深。禀请先开后倪,以疏曹江,并掘宣港,以通闸河一事,蒙委李守复勘督办,如禀照行,业于前月二十四日,开掘后倪,现已次第将竣。宣港亦已接续兴工,限冬至前蒇事。闸港即须疏浚,李守又议于姚家埠、楝树下两处,添建旁闸,以备不虞。大工并举,需款甚繁。山、会两县亩捐,除前欠业经高守、李守勒限饬缴外,其现征者,虽已按旬缴解,然缓不济急,且年内为日无几,趁此冬日久晴,冰雪未至之时,急宜克期赶办,以防春汛。而局中收数所入,不敷所出,势难停工以待。职道等再四思维,前请拨借厘金二万串,原为济急起见,如蒙俯允,议将年内所收山、会、萧三县亩捐,先行归款,断不敢稍事延缓。昨王臬司来越,已将此情恳为代陈。兹复公同吁恳大人,俯念要公,准予如数暂为拨借,札行厘局,陆续给领。并饬山、会两县,赶催亩捐,尽征尽解,以便归款。不胜感激屏营之至。奉浙抚马批:绍郡开沙经费,已据王臬司勘覆,禀内批准拨借厘钱一万串,交由高守分给领用在案。仰绍兴府即便查照另札办理。仍严饬山、会二县,赶征亩捐,以还借款,毋违。缴禀抄发。

浙江按察使王凯泰禀浙抚勘明三江闸宣港淤沙文(清同治五年)

窃奉宪台札,饬赴绍兴督同府县委员暨绅董将三江闸淤沙及议开之后倪、宣港,并修建各旁闸,确切勘明,吊核全卷,酌定办法详细具覆等因。本司遵即束装于十月二十五日渡江,二十六日驰抵绍兴,会晤绅士沈道等,并接见高守、李守、汪署倅,华、詹二令,旋赴三江闸等处,会督官绅逐一履勘,博访周咨详细情形,为宪台陈之。绍地古称泽国,自鉴湖侵废,水无蓄泄,民病日深。唐宋以迄明初,虽分建各闸,以备旱潦,而未得要领。自嘉靖中汤郡守于三江口迤里造应宿大闸,地居最下,闸介两山,民享其利。于今数百年,闸内之水由山、会、萧达钱清以出闸者为西江,闸外之水由新、嵊入曹娥者为东江。二江合流,由东北趋海,江口坍涨靡定。自江失故道,日趋而西,海潮亦由西而上。其流以日迁而日弱,其沙遂日涨而日高。此时闸门之沙,高至丈余,且越闸而入内河,向之所谓西江,已不可复识。而东江竟至绕闸西行。欲为闸筹出路,即当为江筹去路。画道江之策,乃采通闸之源。此沈绅等议开后倪、宣港,在楝树下之对岸,于曹娥为最近。开通此处,则曹江之水不必西下,经穿后倪入海,曹江可日见深通,东江已有去路矣。宣港地方,北接海口,南接曹江。南北相距约五里有余。北口近为潮水冲有深江,本司督勘时,正值潮来汩汩而入,审定开掘界址,即就潮入之路,乘势疏浚。南口亦为江流,设有港路,沿途审度,皆有天然河形,且一片荒沙,并无田庐坟墓,因势开掘,询谋佥同,已与官绅商定,拣派董事,即日兴工。开通之后,西江即有去路矣。惟博采舆论,或云曹江之水,即从宣港入海,则冲刷淤沙更为得力。查沈绅原禀,亦云后倪既通曹江,复归故道,则现今闸港外曹江之水,所经之处必涸。若宣港尚未开通,闸流无处宣泄,殊为可虑。因与沈绅等会商议定,宣港、后倪两处,一并开掘。现在先掘后倪中段,封留两头暂缓开通,俟来春水发,察看宣港去路,两江合流是否流畅,另行核议。且后倪开掘之处,民田庐舍亦复不少。有此停顿,亦可徐议章程,妥为布置,以免后倪百姓流离之苦,以抒该官绅等恻隐之心。至闸口接入曹江,流处沙泥涨没,若不尽力疏通,江水虽有去路,而闸水尚无出路,终虑来春雨潦,仍为剥肤之灾。本司与官绅妥筹,闸口二十八洞,横积沙泥,必须全行挖掘。掘至数丈以外,渐次收束。宽处多以十丈,少以六丈为度。深处多以一丈,少以六尺为度。因势相形,随地酌办。而掘出之沙泥,则必须拉运上岸,远为抛弃。或以牛车以代人力,不可吝惜经费。如本年夏秋之开浚,仍留沙泥于水沟中。朝浚暮淤,似省而实费。闸外闸内一并开挖,如此逐节疏通,则出闸之水可接江流入宣港,以达海矣。至李守之议建修旁闸,譬之用兵者为策应之师,犄角之势。本司细勘,山西闸在三江之西,地属山阴,黄草沥闸在楝树下之东,地属会稽。两闸外沙民私筑塘坝,有碍出水。现由府县妥谕拆除,并将出水河道酌加疏浚。山西闸紧傍龟山,闸底当有石骨,地势较下,尤为得用,与应宿闸如车之有辅。今夏水涨,即曾开此闸以泄。黄草沥闸外地势较高,非遇盛涨开泄,恐未必畅。姚家埠在三江之西,相离七里,地势尚好。该处本系防海石塘,新闸工程必须格外坚实。楝树下即曹江塘堤,堤土甚松,必须添筑石塘,方可建闸。闸之盘头,尤宜宽大坚固。以上诸闸,皆为应宿正闸不通预筹旁泄之计。如此谋闸谋江,已无遗策。惟各闸启闭奉檄,及江口预防沙壅,仍须先事妥筹,另议办理。至现在掘海口、浚闸江、建新闸,同时并举,所需经费较多,专持亩捐,诚恐缓不济急。另有李守等酌定数目,具禀。本司管见,思江闸不通,转瞬必有大患。绍兴每年财赋盐捐,所入不下百数十万。失水利即失财赋。现为道江通闸之谋,拟请大人酌筹拨济,以期早为竣事。是否有当,伏乞钧裁批示遵行。

再禀者:查沈绅等原禀,以偁山之东小西团、吕家埠等处,沙嘴悉宜掘去。俾江流直趋入海,诚为疏通曹江要务。现饬高守委员,乘船沿江而上,直抵蒿坝。凡有沙嘴阻碍江道者,绘具图说,加议办理。至掘宣港,挖闸河,工程紧要,沈绅等拟请委员督工,以专责成。查有署南塘通判汪倅勋,能耐劳苦,可以专司其事。可否?迅赐札委,就近督率,理合附禀。

绍兴府高札会稽县金山场曹娥场上虞县东江场疏掘吕家埠等淤沙文(清同治五年)

照得三江闸外沙淤不通,以致内河水涨,无从宣泄,有碍山、会、萧三县水利民田,关系甚重,昨奉抚宪札委,臬宪王莅绍查勘情形,租机疏浚,并委前署府李妥筹督办。查闸外之沙淤,由于江流之改道。江流之改道,由于上游之迂回,又由于各处沙嘴之梗阻。现在与闸相近之宣港沙涂,业经开通,以冀江流就近入海,或不致绕至闸前。惟上游宣泄不畅,则下流水缓,近闸淤沙,非惟不能泻刷入海,且恐山沙停积,不久复淤。是上游沙嘴必须一体开掘,以顺江道,而垂久远。前经委员查得,该县境内有吕家埠、小西团、小金团,即扇头地沙嘴一处,于江流大有阻碍,自应赶紧挑挖深通。至现在疏江修闸以及修筑各塘,山、会、萧各县居民,均系按亩捐输,以充经费,而于沙民、灶户并不派及分文。今开掘沙涂,自当就地助工,俾昭公允。除饬董事查办外,合亟札饬。札到该县场,立即遵照,会同县场暨绅董,迅将该处沙嘴,谕令灶户、沙民,于江流阻碍处所,开掘深沟一道,避出熟田庐舍。其沟面宽三丈,底阔一丈五尺,深一丈。该沙民、灶户应令通力合作,公同赶挖。勒限年内竣事。俾春水得以畅流。如敢推诿不遵,或借端阻挠,即行按名严拏,解辕听候究办。此系水利要事,该县场毋得任听延宕,致滋迟误,有干未便。切速火速。

章景烈代金光照上闽浙总督左宗棠论浙江水利亟宜疏浚禀文(清同治五年)

窃维立疏浚之方,有治人尤贵有治法,树久远之业。有实事然后有实功,诚以人劳则事易集,法善则功易成。此古来治水之大端,而今日浙省之急务也。卑职籍隶浙水,职系闽峤。去夏六月,接到家书,惊悉原籍绍兴府,于五月杪连日霪雨至二十七日,江水陡涨,冲决会稽县东海塘五处,计百余丈。闰五月初二日,又冲决萧山县西江塘数处,亦约百余丈。水势东西陡涌,平地水深六七尺,禾苗淹没,庐墓飘零,人民饥溺,交呼道路,舟楫相望,八百里鉴湖如同巨浸一月余,洪水共叹汪洋。兵燹之余,复遭水厄,流离疾苦,不忍绘图,山阴、会稽、萧山等县,详报水灾,蒙抚宪轸念灾黎,派员履勘,议蠲议缓,按被灾之轻重,分别办理。今春续得家书,忻悉遭灾各县,荷蒙抚宪奏请蠲免,分数有差。其修筑塘工之费,仍按亩派捐,萧山每亩派捐钱四百文,山、会两县每亩派捐钱二百六十文。分作两年,随同地方摊征。内以二百文协修萧山西江塘,以六十文修会稽东海塘。各处塘工成有日矣。查近年来三县水灾,如道光二十三、二十九、三十等年,决冲海塘,淹没禾稻,已属创见。迩时适在将次秋收之时,随决随泄,尚不为灾。而被水之重,受灾之久,未有如此之甚者也。幸蒙各宪督饬,赶紧修筑。民捐绅办,虽费钱二十余万缗,而两江塘工将次告成,功诚速,事诚善矣。而卑职犹窃窃然虑者,塘工固宜坚筑,而水利首贵整顿也。伏查浙省水道,其浙西杭嘉湖各县,由苏、松入海者,无论已其发源于金、衢各府,合徽江汇流钱塘江入海者,杭则仁和、钱塘、海宁州、余杭、富阳等县系之矣,严则桐庐县系之矣,嘉则平湖、海盐等县系之矣。其钱塘江之东,则萧山东西江塘,实为捍海之要地。至会稽县之东曰曹娥江,发源于天台各县,由新、嵊汇流入海者。其左则余姚、上虞两县,其右则山阴、会稽、萧山三县。而由曹娥江迤逦而北至沥海所等处,其间堤塘半属会稽,一段冲决,三县受灾。此浙江水道之大概情形也。夫浙省之受灾最易者,莫如杭、嘉、湖三郡,故夏忠靖、海忠介诸君,或浚济河,或开吴淞,莫不以水利为亟亟。惟此事连及苏省,未便越俎而谋而事之。最急功之易集者,莫如山、会、萧三县。查三县皆系滨海,其形内高外低。三县之水,尽出三江口,而注诸海。海之潮汐,亦由三江口以入内地,泛滥为患,民无安居。明嘉靖间汤太守讳绍恩者,于三江口建塘四百余丈,建闸二十八门,上应列宿。旱则闭以蓄之,潦则开以泄之,利益甚大,历有年矣。讵相沿日久,江河变迁,霖雨忽来，江水陡涨。农民之救护堤塘者，昼夜劳辛，而卒至成灾者，其弊有二：就钱塘江处论之，其潮汐之来也，拥沙以入；其退也，停沙以出。日久沙拥成阜，堤外已成沙埕，中流渐积渐浅。就曹娥江等处论之，新、嵊等县各山，近来穷民均有开垦种植地瓜等物，沙泥翻种则松，一遇狂雨随流而下，迤逦入江，泥多停积。当夫霖雨浃旬，潮水陡涨，水无所蓄则泛滥为患，水高力厚，遂致冲决。此积沙之弊也。海塘之外，沙涨成堤，而沿海刁民，牟利之徒，名曰江豖。江豖者，沙棍之别名也。于海塘之外，就其成壤可种植者略之，沿海则筑私堤以防潮汐，遂使成壤者多，而蓄水者少。水有所逼激则遂冲。夫至私堤冲决，其水势不可遏，而官塘亦并受其害。此私堤之弊也。窃查浙省匪扰之后，田庐灰烬，井邑为墟。抚绥招徕，屡厪宪虑。年前宫保抚我浙江，轸念民瘼，厘定粮米，画一征收，固已道路讴歌，军民戴德矣。卑职窃思，粮米为国课攸关，实为农功所自出。而农功全恃水利之疏通，其所关系者大也。居今日而救目前之急，不立疏浚之方，惜一时之费，不思久远之图，将来海口淀沙日淤一日，江流滞沙，层益加层，必致水灾洊至，民无所归矣。卑职思浙省举措失当，处今日水利，亟须仿照雍正年间运河疏浚之法，制造大船二十号，后尾系混江龙，由深入浅，出则系之，入则收之。顺水梭巡，中流搅动，归入大海，使沙无所停而水有所蓄，则水势广而泛滥无虞。一面开浚闸口，挑掘淤泥，严禁修造私堤，访拿沙棍，劝谕种植堤树，修补缺漏。庶水有所归，而潦有所泄。气宽则势薄，堤坚则力厚。一劳永逸，法尽备矣。至造船浚闸，为费不赀。亟应筹款，以备支用。查绍郡克复之后，米捐接踵；水灾之后，仍派塘捐。上户固属拮据，中户更形竭蹶。此款若再派之民间，非特有需时日，仍恐累及闾阎。应请于浙省，此次塘捐项下，或公款项下，拨用若干，约计数万金可了。其各船水手，每船配雇五六名，分布钱塘江、曹娥江各海口，暨三江闸口，委员督办，分段疏浚，庶事有责成，而水手不至偷惰，费省而功倍，海塘亦从此永固矣。若计不出此，而仅惟决者筑之，坏者修之，补弊救偏，习为故事，势必堤塘愈筑愈松，江沙愈涨愈高，滨海各县付之洪流矣。夫天地之有江河，犹人身之有血脉也。流通则健，壅阻则惫。而治江之道，如治病然，决而待筑，坏而待修，急则治标之道也。与其急则治标，不若未病先药之为愈也。今用混江龙而去浮沙，使沙无所滞，而水有所归，此消积导滞之法也。挑掘淤泥，清闸口以泄水，筑造私堤，拿沙棍以蓄水，此清热驱邪之法也。种堤树而树根盘结，修补缺漏，岸上益坚，永无崩塌之患。此补中益气之法也。举此数者而并行之，则浙省百余万之生灵得以安，国家百余万之赋税无所绌。

其功甚速，其泽实长。即不然，仅于三江闸口开浚数十里，使山、会、萧三县水有所泄，潦不为灾，犹可为也。否则一经水灾，亏朝廷十余万之课税，竭小民二十余万之脂膏，而填之沟壑，庸有尽乎？今以数万金之费，而立疏浚之方，树久远之业，兴水利而后有农功，有农功而后裕国计。孰得孰失，其较然也。卑职去夏接信后，即所沥陈情形，禀请宪鉴。尔时宫保驻节霞漳，督兵剿贼，军书旁午，不敢琐渎。兹幸东南肃清，四方安谧，浙省民人同在帡幪之内，用深呼吁之情，伏求宫保不遗葑菲，迅赐察核，咨商浙江抚宪再为酌议，择其可用者札饬办理。抑或迳檄杭、嘉、严、绍各郡，先行试办。正本清源，端赖此役。卑职为国计民生起见，愚妄之谈，不揣冒昧。窃敢效一得之愚，仰祈听纳，则宪泽与江水长流，其造福于浙省者非浅鲜也。

绍兴府知府李寿榛撰重浚三江闸港碑记（清同治七年）

易曰：无平不陂，无往不复。天地之道，穷则变，变则通，通则久。故夫物之极者，未有不反者也。而水利为尤甚。或百年而一变，或数十年而一变，天时之消息盈虚，每与人事相会，其理甚微，其形甚著，使不举其兴废之迹，勤劳之故，纪而载之，以诏后世，则于利害源流，或知之不详，为之不审，甚且倒行逆施，成败利钝，相去远矣。绍兴之三江闸，创自前明汤公，越百余年迄于国朝康熙，水道皆由后倪出海，潮汐来去，径直易达。乾隆年间，徙道宣港，则由东北而迤西矣。道光初则徙道丁家堰。咸丰时再徙直河头，则又递迤而西矣。沙日涨于东，而水日趋于西，迂曲数十百里。宣泄愈难，淤塞愈易。丙寅岁，闸前沙壅益高，一望平衍，原流故道几不可识。内河水溢，民用昏垫，皇皇然奔走相告。有掘闸内之沙以为冲刷计者，有决丁堰沙涂以为疏通计者，病亟求治，无方不投，而迄无效。中丞马公忧之，七月寿榛以它事至郡，谕与郡人沈墨庄观察，偕往相度。十月奉檄办理三江闸工。方伯杨公，谆谆以无克期，无靳费，必求通畅为务。廉访王公复来督视。始议开宣港，继以后倪为最初故道，规复之。但历年已久，期间田亩庐墓甚夥，虑咈民，又恐宣港之未能遽通也。于是先掘后倪，中通而留其两端堤岸，旋开通宣港，乃罢后倪之工。并掘开闸前淤沙三千丈，舟通而水不流。再竭，水益浚深，闸内蓄水益盛，始外决。中夜有声如雷，沙尽汰。或见神灯照耀，民欢呼动天地。时丁卯三月初十日也。自闸流改道，曹娥江亦弯环曲折如重钩。叠带掘去吕家埠扇头地沙嘴数处，道乃复。又念不增修旁闸，无以分杀其势，爰修复山西、黄草沥两闸，添设姚家埠、楝树下两闸，以备盛涨，并虑宣港、直河头水分两路而出，潮亦分两路而入。潮退沙留，愈积愈多，日久势将复塞。乃于丁家堰筑大坝，以拦潮之西来者，屹立江心。既成旋圮，遂增工掊料，不惜人力以争之。今年春仲一律告竣。民间旧传，三江闸壅，必太守亲祷。寿榛先于乙丑二月权郡事，循故事，祷之而验。次夏复壅，中丞遣观察林公祷之，又验。丁卯岁二月，再权郡事，适逢其会，闸乃豁然，不复再壅。目击夫形势变迁，利害兴衰之故，与在事诸君子栉风沐雨，手足胼胝之劳，匪独敬志神庥，为越之民庆也，盖将俾后之人，知是闸水道，由后倪递徙而西，愈日迂远，为害滋大。今虽开通宣港，更数十年安知不再西徙？苟后倪不可猝复，毋宁从事宣港，尚可就一日之功，而免沦胥之患。若丁家堰以上，则比之郑桧无讥耳矣。又俾知天幸不可恃，人事不可不尽，而勤其事者之不容泯没于世也。寿榛虽不敏，其能已于世言哉。是役也，督修闸前工，署南塘通判汪君又彭，劳为最。郡之绅董佐其事，而始终要厥成者，沈君墨庄也。襄其事者，周君一斋，余君辉庭，鲁君晴轩，章君梓梁，孙君瘦梅，莫君意楼，何君冶锋也。承修旁闸暨分段督工者，鲁君毓麟，章君知福、宗瀚、予龄，周君以增。职员王奎光、鹤龄，邵煜，陈灿，阮光熠、世淮、元贵、祖勋。耆民吴在淇，沈凤冈。而熟谙沙地情形，勤劳最久者，职员何凤鸣也。至闸之缘起，事之始末，与夫圣天子之所以答神贶，而加封号者，中丞马公、廉访王公，纪之已详，兹不复赘述云。

山阴县知县王示谕掘丁家堰至夹灶湾清水沟以通闸流文

（清光绪三十一年五月）

为出示谕禁事。本月二十一日，奉府宪熊札开：本年四月十七日准塘闸局绅董徐艰兰、张嘉谋呈称，窃三江应宿闸为山、会、萧三邑出水尾闾，近年以来，每遇秋汛，闸江淤塞，田稻被淹。去年两次被淤有二十里之遥，集夫扒挖。幸雨水调匀，内河水旺，积沙逐渐冲卸，故未成灾。现应先事预防，为未雨绸缪之计。查闸江对面旧有清水沟，水接大夏山山西闸，土名白阳川，为山、萧两邑沙地出水归海之路。同治初年水灾，经在籍侍郎杜绅联，商同前宪，按该沟旧址，自丁家堰起，开浚十余里，蓄水刷沙，每逢涨沙借沟水冲洗，三邑诸水下注，众水汇源，即有涨沙，集夫挖沙，用力易而疏通速，以故无水患者七八年，此明证也。光绪二十二年，水淹为灾，闸港不通，前宪霍谂知该沟为刷水关键，勘掘至姚家埠。旋因出缺中止。今数沟淤成陆，绅等相度形势，步武成规，博访周咨，询谋佥同，舍此别无方法，惟清水沟至山西闸计程三四十里，同时并举，厥工既巨，筹款亦难。当奉面谕，择要勘估。遵即督带司事勘明，除沟口至丁家堰三里，经雨冲深，毋庸开掘外，今勘得丁家堰起至夹灶湾止，计工长一千三百六十丈，深阔牵算，估挑土一万零数十方，核钱二千八十千有奇。照章加办工经费一百六十六千文零。坝工在外。此系择要开工，先其所急，至出土处所有本护塘官地，并不扰及民产。现在官地被民占种，应请札饬山邑分传丘地各保，先行谕禁种作，以备将来出土之需。开捐绘图，呈请察核勘办等情前来，除由本府定期邀绅诣勘，拨款兴办外，合行札县，立即遵照饬令，传谕沙民，不得种作，以备出土，毋违。等因。下县奉此，除饬传沙地户首丘保，到县谕话，并俟奉府宪定期邀绅诣勘，拨款兴办外，合行出示谕禁。为此示仰该处地户，诸色人等知悉。尔等须知三江闸外开掘水沟，俾沟水冲刷闸外淤沙，原为保护附近沙地花息，捍卫内河居民田庐起见，水利之要，莫急于此。自示之后，务将应掘水沟，近处护塘官地一带，遵照一律停种，以备出土之需。如敢违抗，一经访闻，或被指告，定即严提讯办，决不姑宽，其各凛遵毋违。特示。

宗能述三江闸私议（清光绪壬申年）

一、究患原。闸港之塞也，塞之于沙。沙之至也，挟之于潮。潮因太阴摄力而生，其势骤以急，海沙受摄轻浮，尽从潮入。太阴过度，潮退之，势缓以迟，海沙摄去滞重，乃随地留澄。海港患塞，此为通病。而往往必有天然辅救之利。盖众川入海，必汇百派而合一流。势常足以敌潮刷沙，故患常不致于终塞。吾越三江闸，因地得名，所谓三江口者，钱清江合曹江以会于浙江之区也。明太守汤公察其形便，建闸其间，于是握山、会、萧三邑水利之总键，世称大利焉。数百年来，闸外沙线偶有变迁，亦未为大患。即患，亦易于补救。自同治五年，开宣港以后，闸患乃年重一年矣。何则？宣港未开，曹江自东南趋乎西北，闸港自西曲曲注于曹江，而潮来则自东北，有西汇涞沙洲为之屏蔽，潮不独不能直入闸，且不能直入曹江，必一折而入江，再折而入港。谚云：“三湾抵一闸。”言其能杀潮而御沙也。无何竟掘西涞而断之，使口门直向东北，潮挟沙来，毫无阻滞。入曹江易，入闸港尤易，且令港口直对曹江，势若仰承，隐病实痼。盖潮进宣港，分而为二。一入曹江，一入闸港。闸港短、近，潮之退速。曹江远、长，潮之退迟。闸港潮退将尽，曹江之退潮适来，犹得涌入闸港。闸港退潮中之沙，果积于本港。曹江退潮中之沙，亦入而积于闸港。闸港之地，竟成汇沙之区矣。一日两潮，闸港四次受沙。而无敌潮刷沙之辅，欲不及于常塞，得乎？

一、导曹江。曹江处闸港常塞之地，闸港塞而曹江终不塞，何也？盖江源数百里，受数县万山之水，自上下下，势若建瓴。潮挟沙入江，江流因潮之阻力而生抵力。潮力既减，江流遂沛然收送潮逐沙之功。若闸港，闸非盛涨大潦不全启，平日闸内之水停弱无力，启亦不足敌潮。即旁求余流，亦鲜能为功。是以曹江实为三江闸敌潮刷沙之大辅也。今曹江自出宣港，绕今之所谓西嘴而归海。与闸港不关痛痒矣。以我本有之大辅，一旦弃之，别启一户，令其自出。谓非启户之咎乎？启户者，开宣港也。今惟有导之使复故道，仍与闸港脉络融贯，如枝干之相依，则原气复而水利归矣。

一、复故道。闸港故道，本以闸外东西两沙嘴为屏藩。东嘴自西北抱向东南，嘴尖在东，故曰东嘴。西嘴自东南抱向西北，嘴尖在西，故曰西嘴。东嘴沙洲近于闸。西嘴沙洲近于海。两嘴之中，曹江自东南直趋西北之首。闸港自东嘴之内注于曹江，形势完固，宜乎为三邑之利而无患。今之形势反于古矣，不复于古，恐终不能远患而被利也。然欲复古，岂易言哉。必得深明水性之贤，与三邑练达之士，博访精求，抉择审定，不执一见之偏，不惑众论之歧，毋惜费而终误，毋欲速而罔功，和人事以俟天时，因今之势，导之以合古之道，江流岂不可致之顺轨也哉。

一、堵宣港。宣港者，内地之村名。昔西嘴沙地中，有直对宣港村之区言水利者谓：掘通此处，则闸港之流速，三邑可无病潦，因宣有通之义焉，遂亦因而名之曰宣港。当初开之时，顷刻之效，自足称快。不知内水之出速，外潮之入亦速矣。潮速，潮挟之沙亦速矣。且内水之速暂，外潮之速常。利之不足胜害万万矣。开港以救闸流之病，反以种闸病之根。今病深而须急救，若治标求末，恐终不起，自当力拔其根。拔根之道，则非堵宣港不可。宣港初开，不过数丈，今数百丈者，乃闸港不与曹江交汇，各循岸并流，溜冲潮激，刷啮堤边，渐入水中。水洪所以如此，其阔也。然中溜以外，迄不甚深。若合三邑人力材物，乘天时而为之，成功亦不难耳。（有图见后）

此私议作于光绪初年，距今几二十年矣。前岁闸外形势忽焉变改，宣港东岸之西汇嘴接涨新沙，宣港西岸坍去旧沙，宣港西移，江流西逐，曹江出海之道，遂较前近闸数里。此诚天心欲令曹江与闸仍合为一，以救三邑之民之仁爱也。述初冬奉讳旋里，与乡士之深明闸故者讨论闸事，各以所见辨难商榷。虑宣港塞复之艰巨，能令人畏而终托。遂筹简而易行，足以代塞复之策二：其一策，为渐筑挑溜坝于西汇嘴，循沙性导水势，使之一意西趋，以遂江流西刷之道。屡筑屡导，曹江出海之流必可渐移，以致于闸西。闸内之水自注于曹江而无塞淤之患矣。此则不塞之塞，不复之复，天心所在，顺势利导，事半功倍，诚万不可失之一时也。其一策即塘闸局拟办清潮刷沙之说也，潮至极点，退势已具，沙重已澄，距水面一尺之间，已如清水。此时各洞均启一版，放之入闸，蓄于筑坝之内河，逾刻港沙必又澄下一尺。再启一版以放之，蓄亦如是。递启至五七板，潮已退尽，乃尽闭诸洞，独尽启中间一洞之版，使中溜一道，沛然将闸外新澄之沙，逐成港溜一道。省财省力，莫良于此。惟潮汛有大小，涨退之时，因有多少。其启板之刻分数目，须按汛较准，定画一之规，俾实心之人行之，三邑可高枕不患水潦矣。壬寅冬日。

陈渭靡祖铨李拱宸李品方吕润身金鼎王耀绂经有常何元泰谢泰钧金昌鸿张祖良袁绪钧鲁擎邦陈维嵩陶庆治杜用康上绍兴府知府请开疏聊江禀文（清光绪二十□年）

为疏江防患，绘图公叩转详，拨款兴工，以杜偏灾事。窃照上年夏季潮溢冲堤，我绍会稽、上虞、余姚、新昌、嵊县、诸暨六邑，同遭水灾。蒙宪台拨款赈抚，灾民实惠同沾。又经绅等驰商寓沪同志，广募捐资，分历灾区，按户查放。现已蒇事。余、上两邑，解过洋八万元。会、新、嵊解过洋六万元。均经禀报在案。第赈抚系一时济急之图，仍须未雨绸缪，为永远杜灾之计，绅等于放赈之余，周历上下游察看水势，博访舆论，并考诸记载，非开疏聊江沙积，不足以弭后患。查聊江在舜宣港之中，为会、上两邑宣泄之汇，而其源则自新、嵊直冲而下，不逢阻隔则畅行入海，断无溃决之虞。自同治五年，前府宪李奉饬开疏后，至今三十余年，两岸涨有沙角三处。凡遇淫雨兼旬，江潮大汛，山水摄沙而下，潮汐拥沙而上，是项沙角愈积愈厚，横延日广，致江浅狭成扼吭之势。上下之水纡回莫泄，必至顶急奔腾，巨浸横溢，山乡则积水难消，下流遂冲决莫遏。去夏之灾，实职是故。为今之计，欲消患于未形，当浚源于先事，乘此沙松土瘠，易于奏功，亟宜赶紧疏通，以期水势通畅，而免淹浸冲决之患。惟查上虞均已奉饬改建石塘，而会邑东塘仍系土筑，亦应一律拨款改建。否则必须增高加阔，方足以资捍御。应请委员诣勘转详核办。兹绅等会同商酌，佥以疏浚江道，实为目前切要之工。倘再涉因循，将来大汛猝临，复罹是患，民何以堪。于是公同核实，估计约需经费二万元之谱。查会、新、嵊春赈项下尚有余款可筹，合无仰恳宪恩，俯赐札饬上海协助，新、嵊、会义赈公所拨洋五千元，以工代赈。（下阙）

宁绍台道桑禀覆浙抚饬查塘外筑堤开渠有无关碍水利文

（清宣统二年二月）

窃职道于上年十月间，遵奉宪命，以据会邑徐绅尔谷条陈，筹办山、会、萧三县塘外沙地于水利有无关碍，舆情能否允洽，饬即亲历其地，确切调查，嗣据徐绅来道接见，面询一切，当将筹议情形，禀陈钧鉴：职道于十一月四日，率同委员、候补知县徐璧华，亲赴绍属，周勘形势，博访舆评，谨以见闻所及，为宪台详晰陈之。查徐绅条陈，以筑堤开渠为入手办法。其第一条云，拟离塘十余里之外，循其中流界旧址，修筑堤埂，埂内即开沟渠。计自三江场灶地起，至西兴外沙为止，约长一百余里。而所保卫之沙田，不止四十万亩。蓄清养淡，以利灌输，诚为捍卫沙田之至计。维江涂两岸，沙地本有浮沙淤积而成，东坍西涨，迁徙靡定。原筑老田，均用民田。民地离江甚远，以避冲激。光绪二十七年，徐绅续修中埂。不及十年，坍塌甚夥。间有无迹可寻者，是沙地建埂之难，已可想见。且徐绅所谓中流界，系在民灶相连之处。查荏山以西至西兴等处，大半坍近塘身，旧址久湮，更无中流界之可据。彼此绅耆谓自三江场起至萧山之荏山西止，均系沿塘低洼，逐渐高至海滨，不下四五丈。向有三大坝以泄其水。如筑长堤，势必堤内之水积而不泄，且恐大潮骤涨，或有倒灌之虞。此筑堤开渠之未易办。又查，徐绅以清丈升科为继续办法第二条，注重堤内沙田。第三条则欲以堤外沙地，仿照堤内一律清丈，分别科则等差，以昭平允。查沙地有熟地、草地、白地、卤地之分，或由运司给照，或由各县给单，历年既久，坍涨无常，难免百弊丛生。今若举沿塘沙地再行丈量，诚足扩利权而清弊窦。惟访之地方绅董，佥谓沙地向无版籍鳞册可稽，其中侵占、隐匿，厘剔最难，且堤内皆谓熟地，而堤外之民，无堤内熟地者甚多，一旦举办清丈，即使堤内之民乐从，彼堤外之民必生疑惧，此清丈升科之不得不慎之于始也。徐绅面称，照此办法，每年课赋可得三十万元。果能如数以偿，其有益于国家正供者，固属甚大。惟所称堤工经费，须在十万元之谱，拟由堤工捐输项下提拨。此项工程既未确切勘估，捐输一节亦属虚拟之辞。现在官款艰窘，势难筹垫。万一中途费绌，办理愈觉为难。职道再四思维，犹恐此中情形一时不能洞悉。复督同绍兴府包守，发鸾谕令绍兴绅耆将筹办山、会、萧三县塘外沙地事宜，各抒所见。近据该守交来各绅董说帖，有一意赞成者，有极力反对者，有谓宜缓办筑堤，先行清丈者，有谓筑堤开渠不足以济事，必大开河道以为灌溉者。议论纷歧，莫衷一是。

职道以为兹事体大,非一二人之意见所能决谋,亦非一二年之工程所能奏效。查咨议局章程第二十一条第一项载明,议决本省应兴应革事件,今筹三县沙地,正在本省应兴事件之大者。浙省咨议局议决案,首载农田水利会规则,而修浚水利议案只及于浙西,未及于浙东。拟请以此案交咨议局议员公同核议。是即浙东水利议案之一,诸议员关怀桑梓,熟悉情形,必能剀切敷陈,为地方筹久远之计。职道愚昧之见,是否有当,祈请察核示遵。

东江塘水利会会长阮廷渠呈浙省抚藩及宁绍台道请掘徐家堰对岸沙角文(清宣统三年六月)

为呈请事:上年十二月,前会稽县陈,照会沿塘士绅,内开:本邑徐家堰等处,塘外护沙坍没将尽,对岸沙角日形淤涨,以致水势折流下注,冲激塘身,岌岌可危,事关重要,宜如何研究办理之处,应照本省咨议局议决,农田水利会规则第六条,认为应行兴办者,得令该庄图董及水利关系人,刻日组织水利会,俾得公议办法,等因。遵经该士绅等,联合沿塘八乡拟订细则,于正月二十三日开会,选举议员、会长、会董。廿六日呈报通详在案。又奉照会,各议董赶办等因。适府尊溥准塘董宋传殷等禀请,疏掘对岸沙角,藉资补救,札饬会、上两县会勘,禀复核夺。三月初六日,新任会稽县陈令,会同上虞县叶令,及各塘董、水利会各职员,周勘塘身,并渡江察看沙角利害所在,众目共睹。即经本会召集全体议员,公议办法。查车家浦、徐家堰而东,概系泥塘,有塘外涨沙防护,则新、嵊下注西北之山水,及海外奔赴东南之潮流,往来径直,塘身可保无恙。自对岸沙角伸涨,护沙坍没净尽,山水暴注,被沙角一阻,回激塘身,致该处"知、过、必、改、得、能、莫、忘、罔、谈"十字,计二百余丈之泥塘,势甚岌岌。不早为,所患将不堪设想。伏查西涨东坍,沧桑常事。从事疏掘,亦非一次。咸丰元年,同治六年暨十年,为三江闸壅塞,历经开掘潦江,各在案。此次涨角,竟害塘身。山、会、萧三邑生命财产所关尤巨。当场议决,呈请府尊,援照成案,将对岸之涨沙,疏掘一角,以救危险。旋奉札县照复,内开:来牍具悉,前据宋传殷等,以徐家堰"知、过、必、改"等号塘堤势甚危险,拟疏掘对江沙角,藉资补救等情。即经本府分饬会、上两县会勘,禀办在案。近来春雨连绵,江水盛涨,似不能不先其所急,择要兴修,以资捍御。仰会稽县立即会同该绅董等,妥筹办理,幸勿顾彼失此,延误要工。一面仍将会勘情形克日禀复核夺,等因。下县奉此,查该处塘堤危险,亟应先其所急,择要兴修,以资捍御。除将对江沙角另行禀请设法疏掘外,为此备文照会,查照办理,等因。遵于四月十五日,召集全体议员开会公议,并估计工程,权衡利害轻重。查兴修塘工,有仅做滩水者,有做滩水而兼造石塘者。滩水工费虽省,然“知、过、必、改”等号,共二百丈有奇,约计尚需洋万数千元。倘果足资捍御,何惮不为?然山水暴激,从前护沙支塘层层叠障,尚然坍尽,滩水抵力能有几何?岂堪恃为中流砥柱?观西江塘所造滩水,被春汛冲坍,可为前鉴。此滩水难资捍御之实在情形也。如造石塘,费更数倍。无论无此财力,就使公帑足拨,石塘果就,而对江之沙角日渐增长,徐家堰以东护沙,依次坍没,险象所呈,节节皆是,造何胜造,修何胜修,观西江、北海两塘,费帑凡几,迄今仍无办法,可为前鉴。此修造石塘为难之实在情形也。若对江沙角,则本自十数年来逐渐浮涨,原亦无人管业,近始有人低筑支塘,稍稍种植,然不过十之一二。此外,仍等不毛。现在拟掘之角,连及垦地者,为数更微,且概系新辟,租价亦低。从前疏掘潦江,所掘熟地,数且倍蓰,尚毅然实行无碍,诚以两害相权,必取其轻,大势所趋,有不得不尔者,况今之沙角,大都未垦,掘费较省,或堪筹集。又复水势径直,会、上两县塘身均利及此不为浸。假就近棍徒霸占未垦之地而尽种之,贾生所谓一胫之大将如腰,一指之大将如股。彼时治之,愈难为力。全体表决:呈请府尊,亲临测勘。即于五月二十二日由府函请浙路工程处测绘生二员,委龚经厅随同覆勘险象,测绘准图,俾便核办。讵霸垦涨沙之该邑棍徒,唆使沙民,将所插标杆抢拔阻挠,以致不能竟事。当察看时,见沙角外又涨浮沙一块,江面愈窄,山水冲激益烈,危险更甚。本会各职员忧惶无措。为此黏附图说,呈请抚宪大人察核。俯念三邑田庐民命,究竟应否疏掘,以顾大塘,札委大员覆勘明确,核饬令遵,实为公便。谨呈。

疏掘辽江始末记(清宣统三年)

绍兴东南皆山,西北濒海。新、嵊两邑,山水冲激而下,由曹娥江经三江对过之西汇嘴而入海,海外来潮,复涌进,经西汇嘴而至曹娥江。山水潮流之所经两岸堤塘,实关险要,尤赖塘外涨沙为之防护,故有护沙之称。沙之坍涨无常,沙坍则塘身临水,一经冲激,即行倾陷。塘之安危,实惟护沙是赖。护沙一尽,塘堤即危。查啸唫乡徐家堰塘,皆系土塘,全赖护沙保卫。惟此处为山水潮流当冲之处,塘身护沙荡刷易尽。为保塘计,乃开掘对岸沙角,自上虞境内江头庙塘外起,至绍兴偁浦堰头对渡止,作一攲斜形,使江水潮流顺水性而经此畅流，则东塘外之护沙乃涨而塘堤可保。道光、咸丰间，曾禀准层宪，先后疏掘两次。江通后定其名曰“辽江”。此辽江也，实东塘之一大保障也。嗣后水流逐渐东徙，辽江旧道均成涨沙。贪利者垦种而培筑之，而江水乃又逼塘身。至光绪三十年间，徐家堰塘外护沙无存，塘身危险。该处塘身由“知、过、必、改、得、能、莫、忘、罔、谈”等字地段护沙，业已坍没净尽，而“忘、罔、谈”三字之处，尤为最险。因对岸江头庙前沙角日形淤涨，致水势折流，娥江下注之水，悉冲激于“忘、罔、谈”三字之塘身。一旦出险，国计民生，妨害良巨。欲谋正当防护之法，以免塘堤险祸计，惟循照旧案，将对岸江头庙前新涨沙角疏掘以去，庶江流顺遂，冲激可免。且从西汇嘴上泝之潮，经此沙角，本须北折而冲激于对岸，虞邑花宫地方之塘掘去以后，于对岸塘身实亦多所裨益。因如是之利害关系，啸唫乡父老群相奔告，视为切要之图。惟控诉无门，只得杜门饮恨而已。前清宣统二年，绍兴王子馀等纠集同人，创办政治研究社。其时啸唫乡阮廷渠在城办理禁烟事务，共同入会，因提出东塘沙角情形，报告该会，共相研究。援照本省咨议局章程议决，农田水利会规则第六条，组织水利会。于是纠集邻近道墟、东关、吴融、孙端、合浦、贺湖六社，啸唫八乡，呈请官厅立案，成立水利会，并呈明水利会细则，粘贴东江塘图，投票公举阮廷渠为水利会会长，担负执行。于是官厅层禀于上台，该会历议于就地，公文函电无已。时经旧会稽县宪陈，次赓府尊溥韫斋，历电省抚增韫，致有省委劝业董道亲历该处查勘，认疏掘为必要。时在宣统三年，武昌起义，未遑顾及。民国三年六月廿五，剧风暴雨，海波冲激，塘身几致坍没，塘外护沙尽遭湮没，溺死沙民无算。因此一番灾害，该地之民视江头庙沙角为剥肤之痛。因痛成恨，因恨成愤。于四年七月间，不及候公署命令，纠集数千人至对岸沙角疏掘，三日将次完竣。经两县知事阻止，兼提办为首滋事之人，责令恢复原状。渐以潮汐淤塞，销灭形迹，该沙民等既受天灾，又累官事，于是啸唫乡父老目睹悲惨，责成阮廷渠进行疏掘事务，层禀省长委测量员何东初，在两邑地测绘应掘之线。何东初定绍兴界内之扇袋角，亦一并掘一小角，以为调停。于是两县各派代表六人，虞邑为王寄卿、朱集三、傅汝亮、俞谔亭、顾铭之、朱心斋六人。绍兴为陈均、孙秉彝、阮廷渠、陈玉、李幼香、章齐贤六人。叠次集议卒，议定两方交换疏掘，呈明省署核准，而需款浩大，经费无着。乃于各乡赈款内，提出三千元，于公益费项下提拨一千元，经商准各乡士绅及县知事呈省核准，作为开掘费。不敷之款，并就地依据受益地亩，分别等次，按亩集资，计七百余元，于民国六年二月间设立工程局，开办辽江疏掘事宜，其工程干事虞邑由县委邵子瑜为主任，绍邑由县委阮廷鉴、阮廷渠为主任。双方同时进行。越半月乃成。计绍地肩袋角斜长九百数十尺，虞邑小南汇斜长一千八百数十尺，阔各八尺，深各八尺，底阔各二丈，出纳口阔各十六丈。至五月间，山水暴发，所掘小南汇、辽江，遽然畅流，工程得以告竣。当时开工又拍一照，分给六代表以作纪念云。

安昌沙民擅掘三江闸外新涨沙记事（清宣统三年闰六月）

三江闸为山、会、萧三邑下流泄水要地，前曾屡至涨塞，为害田禾。后因闸外西首“乾、坤”字号沙地坍没，得复最初出海故道，水患遂弭。此固三邑人民天假之幸也。西首之沙既坍，遂涨归东首。此为沙性之常。不料六月十一、十三等日，突来安昌等处沙民千余人，将新涨之地，擅行开掘，树有大小旗帜数十方，俨同大敌。当有姚家埭沙地户首杨如焕、宋德安等向之理阻。若辈不依，于是姚家埭与毗连之直落施村民，亦鸣锣聚众，将与抵敌。幸经杨、宋二人竭力劝阻，得不酿祸。后经杨等赴府呈报，溥守檄县查办。一面批杨如焕呈，云据呈，“乾、坤”两号地方沙民，于本月十一、十三等日，聚众千余人，在直落施对岸南汇新沙强行开掘等情，是否属实，仰会稽县会同山阴县迅即前往查勘明确，禀复核夺。一面严谕该地户等，毋得恃蛮滋事，致干重咎。勿延。绘图均发，仍缴。又批，沙团灶各户云，前据会邑户首杨焕堂等，以该沙民聚众多人，将南新沙恃强开掘等情来府具呈，即经批饬会勘，复夺在案。据呈，前情仰会稽县会同山阴县迅即遵照前今控情批示，一并查勘明确，克日据实禀覆核夺。呈抄发云云。后又有杨炳棠等，以该沙民复于闰六月初三、四等日，纠众持械，复往开掘等情，向府署禀控。即经溥守批云，三江大闸为山、会、萧三县出水要道，关系至重。所有闸外沙地，不准擅改形势，致生阻碍。曾经霍前府明晰出示，严行禁止。嗣据该户首等，以本年六月十一、十三等日，有“乾、坤”两号地户，聚众千余，在直落施对岸南汇新沙强行开掘，希图涨复等情，联名具呈到府。据经本府饬县勘明属实。立即查案示禁，各在案。兹据“乾、坤”两号地户，胆敢纠众持械，于本月初三、四等日，复往开掘，并于初九日早晨，将告示揭毁等语。如果非虚，不法已极。仰山阴县会同会稽县迅即亲诣该处，妥为弹压。一面勘拿为首滋事之人，从严惩办，以儆其余。（节录《绍兴公报》）

绍兴县议会咨绍兴县知事请移知上虞县会议疏浚东塘西汇嘴沙角涨沙文(民国元年)

为咨请转移订期会议事。本会议员任元炳等提出,东塘险要,应先测绘,建议案。据称,东塘西北濒海,东接新、嵊两邑之山水,顺流而下,由曹娥经三江对过之西汇嘴而入海。海外来潮,复达西汇嘴,而至曹娥江。山水潮流之所经,东塘均当其冲,最易出险,全赖涨沙为之防护。沙之涨滩,塘之安危系也。查大吉庵、桑盆、车家浦、徐家堰、啸唫、东关、西湖底等处,塘外护沙自前清光绪三十年以来,逐渐坍没。塘身日形险象揆厥。原因实由对岸沙角淤涨,水势折流,使曹娥江下注之水,悉冲激于塘身。一旦出险,恐全邑之生命财产,尽遭淹没。而于国课上亦大受损失。是不得不急图疏浚。疏浚之法,宜先从测绘入手,此本议案所以提出之理由也。(办法)(要求行政官速即聘请测绘生测绘准图,须可辨明险要之区)(经费)由国家行政上应。俟测绘完竣,估工兴办等由,当将原案印刷分配各议员公同讨论。新、嵊山水由曹娥江经西汇嘴而入海,海外来潮由西汇嘴而至曹娥江,东塘适当其冲。自曹娥江对岸上虞境辖之西汇嘴沙角淤涨,水流转折,冲激塘身,以致塘外护沙逐渐坍没。危险情形奚堪设想。自宜速筹疏浚,以卫民生。惟区域画分,两县如何办法,必须两县协商,应请贵知事移知上虞县,转达县议会订期开会。知照本会,派令代表前赴会商办法,再请行政官聘请测绘生测绘准图,筹费兴工。俾期妥洽。合将议决情由,咨请贵知事查照,希即转移上虞县速办施行。此咨。绍兴县知事俞。

绍萧两县水利联合研究会议定西塘闻家堰开掘小港案

(中华民国五年五月)

按,是案准绍兴县公署函开,以奉浙江都督府第百二十号饬开,以据验收西江塘“平、章、爱”三字号石塘大工等,工程委员林大同复称验收后,复同汪理事就近察看沿塘一带,险象环生。盖浙水之源出于歙县之徽港,至桐江合婺港、衢港之水,曲折而东,以归于海。西江塘受数股水之冲击,塘身不固,底脚久被松动,险工林立,在在堪虞。如接连“平、章、爱”之“拱”字,及接连“归、王、鸣、凤”之“宾”字,及“让、国”等字,旧塘底脚已被山水漱空,裂缝叠见,将来夏秋之交,山洪霪霖,水势骤涌,冲决之患,在所不免。一旦出险,两县生命财产何堪设想,此不可不急起为谋安全者也。惟是西江塘既受上游众水之冲激，受病过深，危机已伏。若徒专事修筑，苟且弥缝，诚恐此功未竟，他险又生。补苴罅漏，终非良策。自非另筹宣导方法不足以保全塘堤久安长治。委员察度情形，悉心计划，拟于渔山埠至袁家浦地方，开凿小港，分富春港合流之水，导之出境。浦口又有小山，足为西江塘之屏幛。塘身不致受敌，似此改变江流，庶上可以杀奔腾之势，傍可以广宣泄之途，塘工得以稳固，尾闾藉以畅流，亦去薪止沸之一法也。委员以此办法，谋诸就地士绅，亦极表同意。惟事关开浚，工程颇巨，非筹有经费，未易集事。兹绘成开港拟线略图一纸，呈请鉴核。应如何办理，请饬发绍兴、萧山两县知事及塘闸局，妥筹方法，以定从违而资防御等情。据此，该委员所拟开掘袁家浦一节，应由该知事等督同该两县水利研究会，悉心筹议，详候核夺。除检同图样一纸，分饬萧山县知事遵照外，为此饬仰该知事，遵办具复，切切此饬等因到县。奉此，除函致萧山县知事查照外，用特备函奉布，即祈贵会员查照，希即会同萧邑会员，联合开会，筹议具复核办，是为至盼。此致。并函送图样一纸等由到会。准此。查西塘闻家堰，上下数百丈间，地势最高，圮溃最多，考诸志乘，核诸近事，若出一辙。盖钱江上游，系由衢、婺二江汇于兰溪，复合徽江于严州，经桐庐、富阳，过十里长沙，至大小二沙，分南北二流，绕出元宝沙，复合为一，名富春江。其东系自诸、义、浦三县来水，名浦阳江。汇富春江于小砾山北。其下游复有东江嘴沙角拦阻，激成劲溜，东犯西塘。此闻家堰上下一带塘脚被漱之由来也。溯自明成化间，戴公琥守绍，凿通碛堰，筑坝麻溪，小江一带，咸受其惠。嗣因渔浦江塘，屡被冲溃，江流东徙，扩为巨浸。时富春江洪流之在北者，亦徙而南。其原流深处，涨为高沙。即所谓新江嘴，俗呼为米贵沙，今名为东江嘴者是也。故东江嘴沙角未涨以前，富春江并不为西塘患。乃日积月累，愈涨愈南，深入江心，横拦江面，而富春江之出水口，因之乃折，折则水流之受激乃甚，斯西塘之直受顶冲乃烈矣。是以近数年来险工叠出，危象环生，财力既蹶于负担，人工亦疲于应付。前年“壹”字盘头工程，及“平、章、爱”暨“归、王、鸣、凤”等字号两处大工，甫庆告竣，今年则接连“平、章、爱”之“垂、拱”二字，及接连“归、王、鸣、凤”之“体、率、宾”三字，暨“让、国、臣”等字，塘脚底泥皆被劲溜激成之漩涡漱吸半空。沿塘水量各深数寻。察其表面，或裂巨缝，或陷深坑，或错落倾斜，或形成壁立，每遇山洪，潮汐怒涨时，甚至裂缝之下，时闻水声。罅隙之中，常见喷水者。若兹危状，容可缓图？今林委员所定计划，拟在西塘闻家堰对岸东江嘴沙角内，自渔山埠至袁家浦地方，开掘小港，以分富春江合流之水，既可杀上游奔腾之势，又可广旁流宣泄之途，办法实臻妥善。爰于第二次常会提议研究，嗣以所发图样未明了处甚多，其所定自渔山埠至袁家浦一带拟线是否适宜，工程若何计划，经费若何估计，本会研究不厌求详，故议定如左：

一、议在西塘闻家堰对岸东江嘴沙地内，自渔山埠至袁家浦地方，开掘小港，以杀水势一案，一致赞成，表决通过。应将今日会议情形，由两县知事先行详覆，一面因林委员测绘略图未能明了，疑点甚多，公推两县塘闸局理事与林委员及原测量员详细商酌，明确后再行续议。按：本案自第二次常会议定后，由本会函请两县知事，据情详覆都督府，转饬林委员详细测勘，估计明确去后。嗣准绍兴县公署函，准浙江水利委员技正林函开：案查袁家浦至渔山埠拟开新港一案，业奉民政厅长饬知派员覆勘拟线，并筹议用地亩数，一切经费等因。除饬敝会测绘员何杲前往测勘外，相应函请查照。一俟该员到境，希即知照贵县塘闸局理事，前赴该处，会同筹议，而利进行等由过署。并先准何测绘员函报，已率同测量员役，驻扎闻堰塘工局，定于本月二十七日开始实测等语。除饬敝县塘闸局理事遵照办理，并函致萧山县知事查照外，相应函达查照等由。旋准：萧山塘闸局理事汪望庚，于七月十六日在绍兴塘闸局开常会时，带到何测绘员勘定开掘新港图一纸，内具说明二则。一、勘定拟线之说明：谓富阳江会金、衢、严、徽之水，经十里长沙至大小二沙，分南北二流，汇合于东江嘴，激成劲溜，直射西江塘之闻堰，漱空塘脚，险象环生，欲筹万全之策，非分导水势不为功。现测得大沙对岸之老坳村西首地方，水深自十一丈至二十五丈不等，流度湍激，引线较顺，拟由此处开掘新港，直接大王浦，分引北流之水，径泻钱江。自老坳村西首至大王浦，底线长六千尺有奇，购地施工，均尚简捷。一、工程预计之说明：购地计八百二十三亩，每亩价洋四十元，计洋三万二千九百二十元。以上估计，皆系熟地之价。其近溜泥坂并无种作，皆属溜底，不计价。自拟线左右，每边购地五百尺为限。其间居户约百余户，迁费不在此限。土方计十二万方，每方五角，计洋六万元。以上估计新港出口，阔三百尺，其接溜底处阔一百尺，平均全线阔二百尺，长六千尺，深平均十尺，取土于三百尺外筑塘，藉保塘外田亩庐舍。其港底如遇浮沙难工，经费不在此限。打桩计一万四千四百支，每支一元，计洋一万四千四百元。以上估计于新塘塘脚，每丈排丈二桩二十支，自港口起二里为限，两岸计须打桩如上数，如是则新塘固而田庐安矣。共计工程经费约十万七千三百二十元。局用不在此限。等由到会，准此。本会复于第四次常会提议研究，佥以第二次拟线，自老坳村西首至大王浦一带，用地较短，水势较顺，确系适宜之点。惟经费甚巨，应请省款补助，方可举办。故议决如左：

一、议在西塘闻家堰对岸东江嘴沙地内开掘新港一案，准照水利委员会第二次所测自老劖村西首至大王浦之拟线为定。应请两县知事转详督军，拨款补助。一面转饬杭县知事，妥为劝导，以免抵抗。

按，本案自第四次常会议定拟线后，即经两县各代表赴杭磋商。川旅费用亟须议定。爰于第七次常会提议，在本会预备费项下列支。议决如左：

一、议开掘大王浦一案，代表往来旅膳等费，两县均以水利研究会名义，各自赴县具领。俟事竣实支实销，由本会函请两县知事备案。

绍萧两县水利联合研究会议决沈一鹏陈请修埂保塘并浚复宣港闸道案

（中华民国八年五月）

按：是案由马鞍乡自治委员沈一鹏条陈，由县交议，经本会第二十次常会，第二十一次常会先后议决，如左：

一、议马鞍乡自治委员沈一鹏条陈疏浚宣港一案。查宣港形势若何，自应派员勘明，方有把握。当经公推会员何丙藻、林国桢、何兆棠、陈玉前往实地履勘。俟报告后再行妥议。

一、议疏掘宣港一案。据会勘会员何丙藻、林国桢、何兆棠、陈玉四君报告：至丁家堰一带察看，该处塘身外面沙地尽行坍没，逼近石塘。内面泥塘复临深河，渗洞不一而足，且“忠、则、尽、命”四字号，面现裂纹，尤形危险，势成岌岌。是以沈一鹏等建议开掘宣港，以杀潮势。但到西汇嘴察看，现掘宣港情形，旧港故址已难寻觅。据本地奕家昌等声称，谓是港一开，虽与丁家堰一带沙地可以逐涨，而娥江下游水势被宣港一分，激力薄弱，将来应宿闸闸港外面淤沙，易涨难刷，恐于闸江有碍宣泄等语。是开通宣港有妨三江出水，亦属非计。兹事关系出入重大，非实地测量，不足以明真相。佥谓此事应属两县公署转呈省长，令饬全浙水利委员会遴派熟悉水利人员，会同就地正绅，悉心测量，究竟疏掘宣港于三江刷沙有无窒碍，再定从违。

附录：公牍六件

迳启者：本年五月二十三日，据西汇嘴公民章维椿、奕光奎、金鹤高、范成玉、王文栋、任光辉、杨国安、马成金、章维秀、杨永宝、宋大福、沈金福、杨志卿、施长生、张连生、许秀峰、杨志坤、单家全、张荣富、张耀春、沈增贵、王文贵、王新法、傅天成、杨志水、谢张宝、沈福全、陈连生、姚兰生、马成耀、傅秀钊、宋奎奕、金浩、俞增元、奕金和、马金水、傅天洪、奕光烈、张小宝、杨永泉、奕嘉德、马宝堂、奕嘉樑、钱相、奕嘉义、奕金德、施增泰、奕五九、宣兆灿、马荣棠、周金生、沈锦泰、奕光珠、章春雷、马永山、马春棠等五十六人联名禀称，窃公民居宣港口内西汇嘴，是地三面滨海，惟东接壤旧会邑粮田及上虞民地，形势甚危。历年得以安居乐业者，全赖宣港口外涨沙为藩篱。查清同治初年，有为马鞍沿海保全沙地者，创开掘宣港之议，以致天然江流，陡起变迁，彼涨此坍，三江闸外涨复十余里。闸道迂远，绍、萧河水宣泄为难，田禾时遭湮没，虽屡浚闸道，以修水利，而旋疏旋塞，销耗经费，累至巨万。嗣光绪十六年间，宣港新沙稍稍重涨，“乾、坤”两号居民恐其东涨西坍，有损于己，将该处涨复新沙，擅行开掘。当经前绍兴府霍知府勘明，以为历年闸港淤塞，推厥原因，由于宣港开掘之后，上游山水向西而流，浮沙日形冲积，为害闸道，莫此为甚。示禁开掘在案。又查，宣统三年，“乾、坤”两号刁民，以宣港涨沙禁掘有案，纠众千余人，在宣港附近，直乐施后岸，强行开掘新沙，由西汇嘴户首杨焕棠等禀报，蒙前绍兴府溥知府出示重禁，不得在闸外擅改形势，以保绍、萧内河出水要道。可见官厅对于闸外沙地，审慎周详，三令五申，早成铁案矣。讵意本年旧历三月初十、十一两日，突有“乾、坤”等号居民，纠集千余人，将前项禁沙非法开掘。公民等以若辈恃众逞蛮，未便理论。旋阅绍报，载有马鞍乡自治委员沈一鹏条陈疏掘宣港一案，呈请会长察核。当经开会议决，公推会员实地履勘。公民等静候会员前来勘明。能否疏掘，自有公论。岂料该乡“乾、坤”等号居民，又于四月初十、十一两日，鸣锣树帜，蜂拥二千余人，如临大敌。复将前掘未竣之禁沙，大肆开掘，忽成河渠。潮汛暴涨，愈激愈巨。且其开掘地点，逼近西汇嘴花地，秋潮汛滥，坍陷堪虞。窃思自治委员为一乡人民代表，谋本乡利害，固其天职，既经陈请贵会研究施行，何以复令乡民纠众擅掘，致干法令。前文明而后野蛮，究不知其是何居心也。至于援《三江闸浚沙记》，谓开通宣港闸道，可保全绍、萧塘闸水利，尤为大谬不然。盖《浚沙记》撰自同治六年，当时沈绅墨庄以理想之观测，施行疏掘宣港，以通闸道，曾几何时而江流形势忽然大变，前涨于东者，一转而涨于西，以致闸外浮沙日高，河水无从外泄。每逢霪雨，时患水灾。绍、萧人民恒苦之。就东港塘而论，宣港疏掘以后，塘外余沙坍陷尽净，闸水东流，娥江上游山水折而向西，两相冲激，塘脚不时坍毁。北港塘虽可无虞，而东塘实受其损。再就西汇嘴沙地论之，自开疏宣港以来，后海潮势澎湃，迳入宣港口内北面，成熟老沙竟坍至一万二千余百亩，迄今未能涨复。由是以观沈绅疏掘宣港，殊乏经验。今日父老目睹其事，身受其害者，犹痛诋之。前清知府霍、溥两太守，洞见此中流弊，所以不惮谆谆告诫，先后严禁在案。因知《浚沙记》已早在废弃之列。沈委员何得以此为符护也。为此沥陈疏掘宣港历次禁止缘由，并抄呈前绍兴府知府告示二道，西汇嘴草图一纸，伏乞水利会长鉴核，恩速付会查案讨论，派员履勘。一面颁给晓谕，重示严禁，并请惩戒擅掘，以保塘闸而便水利，不胜迫切待命之至。等情。到县。据此，查前据马鞍乡自治委员沈一鹏条陈疏掘宣港一案，即经贵会议决，公推会员何丙藻、林国桢、何兆棠、陈玉前往实地屡勘，俟勘明报告后再行妥议核办。在案。据禀前情，除批示外，相应函致贵会，希即转致何会员等，一并查勘，妥议复县核办。并传知沈委员一鹏，约束东乡人，以后毋再擅掘，致滋事端。幸勿稍延，足佩公谊。此致绍、萧两县水利研究联合会。知事王嘉曾。中华民国八年五月二十七日。

为报告事，据马鞍乡自治委员沈一鹏条陈，疏掘宣港一案，前经本会公推丙藻等前往会勘，俟勘明报告后再行妥议核办，并准绍兴县公署公函，以西汇嘴公民章维椿等禀报，本年旧历三四月间，突有“乾、坤”等居民，纠集千余人，擅掘宣港等情，函请本会一并查勘等因。丙藻等即于旧历五月十六日，会集往勘。舟至三江闸停泊。先至丁家堰一带察看，见该处塘身外面，沙地尽行坍没，逼近石塘。内面泥塘，复临深河，穿洞渗漏，不一而足，且“忠、则、尽、命”四字号，面现裂纹，尤形危险，势成岌岌。是以沈一鹏等建议开掘宣港，以杀潮势，视为保障之计。复于次日再诣西汇嘴，察看现掘宣港情形。旧港故址，现时已难寻觅。据本地奕家昌等报告，谓是港一开，可以分杀潮水，虽与丁家堰等处塘堤有益，而娥江下游水势，被宣港一分，激力薄弱，恐于应宿闸外两面浮沙，易涨难刷，将来闸江有碍宣泄。丙藻等实地察看，证之两方节略图说，所述意见，各有理由，应如何解决之处，请由会众妥议公决。须至报告者。会员何丙藻、林国桢、何兆棠、陈玉。中华民国八年六月十四日。

迳启者：本年七月十一日，奉省长齐指令，据章维椿等呈，为疏掘宣港，有碍闸流，请委勘饬禁缘由，奉令呈件均悉。疏掘宣港，果系有碍闸流，朱鞠堂等何得违禁开挖，妨害水利，仰绍兴县知事迅速查明核办，并将江流水势暨港闸关系情形，勘查明确，绘图贴说，呈复核夺。呈件并发，仍缴此令等因，到县奉此。查此案前据章维椿等来县具禀，业经函请贵会查复，并由本署会同萧邑，呈请省长委员来绍测量。发申后，迄尚未奉指令。兹奉前因，相应备函知会贵会,希即将查照指令各节,克日派员勘明江流水势,绘具详细图说,送县以便转呈察核。事关省令,幸勿迟延。足佩公谊。此致绍、萧水利联合研究会,计送抄呈一纸。知事王嘉曾。中华民国八年七月十五日。

具呈公民章维椿等,住绍兴县孙端乡西汇嘴,为疏掘宣港,有碍闸流,环请鉴核,会派委员勘明,饬警重禁严办,以保水利事。窃维三江应宿闸为绍、萧泄水之要道,而泄水之缓急,视乎闸前淤沙之有无。淤沙虽随江流变迁,靡有一定,而又视乎宣港之通塞为转移。盖宣港淤沙积于东而水趋于西,则闸水畅流无阻。否则,闸道淤塞,宣泄困难,历征往事,固丝毫不爽者也。公民等世居宣港口内西汇嘴,三面濒海,地势甚危。得以安居乐业者,赖有宣港沙涂为屏藩。溯自前清同治初年,创开宣港之举,原冀疏通闸道,以利泄水,曾不数载,西汇嘴熟地坍圮一万二千余百亩。浮沙日涨于西,以致闸外淤塞。绍、萧田禾自遭湮没,所谓变本加厉而又害之。后虽屡浚闸口淤沙,而旋疏旋塞。公费耗至巨万时,官绅方知曩昔疏掘宣港之举为非计也。迨光绪十六年,宣港浮沙稍稍重涨,马鞍乡“乾、坤”等号居民,恐将此坍彼涨,不利于己,擅行开掘宣港。当经前绍兴府知府霍勘明,有碍闸道排水,严禁,拘办。宣统三年,处居民复在宣港附近直乐施后岸,强行开掘,又蒙前绍兴府知府溥,出示重禁,不得在闸外擅改形势,以保绍、萧河水之通路。并饬拘严办。各在案。是于宣港附近沙涂,叠禁开掘,即所以保闸流,保闸流即所以保绍、萧之田庐。训示谆谆,不啻铸成铁案矣。本年旧历三、四月间,该处居民受朱鞠堂等主唆,胆敢藐视禁令,蜂拥二千数百人,鸣锣树帜,如临大敌,将前项禁沙一再开掘,距西汇嘴熟地止四五十丈。潮流出没无常,后患何堪设想。业经呈请县知事王,蒙指令该乡自治委员沈一鹏即行止掘,一面令饬绍、萧水利会会员实地勘明核议。顷奉疏掘宣港议案,内开:据会勘委员何丙藻、林国桢、何兆棠、陈玉四君报告:至丁家堰一带察看,该处塘身外面沙地尽行坍没,逼近石塘,内面泥塘复临深河,渗漏不一而足,且“忠、则、尽、命”四字号,面现裂纹,尤形危险,势成岌岌,是以沈一鹏等建议,开掘宣港以杀潮势。但到西汇嘴察看,开掘宣港等旧港故址,已难寻觅。据本地奕家昌等声称,谓是港一开,虽与丁家堰一带沙地可以逐涨,而娥江下游水势被宣港一分,激力薄弱,将来应宿闸闸港外面淤沙易涨难刷,恐于闸港有碍宣泄等语。是开通宣港,有碍三江出水,亦属非计。兹事关系出入重大,非实地测量不足以明真相。佥谓此事应复两县公署转呈省长,令饬全浙水利委员会遴派水利人员,会同就地正绅悉心测绘,究竟疏掘宣港,于三江刷沙有无窒碍，再定从违，等因。是知疏掘宣港一案，关系绍、萧水利至为重大，固非公民等一偏之见也。查宣港居娥江之下游，当山水暴发之时，即闸水畅泄之候。山水下经宣港以达三江，与闸水同流入海，则非特淤沙不致厚积，抑且能助闸流之速力，水利之便，莫过于此。即近今江流之形势是也。设或宣港开通，闸道向东，水流迂曲，复与娥江水势互相冲激，折而逆流，其宣港滞缓势所当然，且海潮经入宣港，日受冲刷，则浮沙日徙于西，丁家堰等处沙地虽可复涨，而闸外之沙愈积愈高，壅塞之患，可立而至，尤与绍、萧水利为害滋大。公民等以案经绍、萧水利会议决，由两县知事呈请钧长，令饬水利人员实地测量查勘，自能水落石出，明定是非。讵意朱鞠堂等复敢违抗议案，一味恃众逞蛮，纠集二千四五百人，业于六月二十一、二十二等日，在宣港附近直乐施后岸，重来开掘，其有碍于西汇嘴地方，姑置勿论，而若辈只自保护少数之沙地，不顾念两邑人民之命脉，妨害水利，破坏大局，其罪实无可逭。总之，天然江流，如欲以人力改变形势，必须兼筹并顾，使各方面无所得失，始能举行。今乃利仅及于一方，害将偏夫两邑，不待官厅之许可、众议之赞成，动辄以聚众为事，强制执行，视禁令如弁髦，等议案于草芥，其不法妄为，一至于斯。若再曲予宽容，凡我西汇嘴人尚有宁日乎！情急事危，万难坐视，理合抄呈前清绍兴府告示两道，西汇嘴草图一纸，备文陈请，环乞钧长鉴核，俯赐令派水利人员实地勘明，并饬绍兴县知事重申禁令，科朱鞠堂等以妨害水利罪，以儆不法。绍、萧幸甚，西汇嘴幸甚。谨呈浙江省长。

迳启者：准贵绍县公署函开：奉省长齐指令，据绍兴章维春等呈疏掘宣港，有碍闸流，请委勘饬禁缘由令，仰绍兴县知事迅速查明核办，并将江流水势，暨闸港关系情形，查勘明确，绘图贴说，呈复核夺，函致本会派员勘绘详细图说，送县转呈等因。适逢本会第二十二次常会，临时宣付共同讨论。查疏掘宣港前，据马鞍乡自治委员沈一鹏条陈到会，经本会开会集议，佥谓宣港形势自应派员勘明，方有把握。公推会员履勘。嗣据公民章维春等联名禀请，禁止开掘。准贵绍县公署函交一并查勘，妥议等因。并据会员查勘报告，又经开会公同妥议，以两方所述各有理由，但有妨三江闸水关系重大，非实地测量，不足以明真相。函请两县公署，转呈省长，令饬全省水利委员会，选派熟悉水利人员，会同该处就地正绅，悉心测量在案。兹奉前因，查会员中于测量一道，均未谙练。若就两造所呈图说，草率绘奉，于江流形势均未准确，仍不足以资考核。公同议决，仍应函请两县公署转呈省长，查照前案，迅饬水利委员会派员到地，会同就地士绅，详细测量绘图呈复，以昭慎重。除函致萧山、绍兴县公署查照外，相应函请贵知事，请烦察照施行。此致。绍兴、萧山县知事王、徐。绍、萧两县水利联合会会长王嘉曾、徐元绶。中华民国八年七月。

迳启者：案奉省长第五八二九号指令，本公署会同萧邑，呈请令水利委员会派员测量疏掘宣港利害缘由，奉令。此案前据章维椿等来呈，经批令该知事查明核办，并将疏浚水势，暨宣港关系情形勘查绘图，复夺在案。据呈各情，仰即会同迅速勘复，俟复到再行核夺。并转萧山县知照，此令。等因到县，奉此。查此案前奉省长指令到县，业经本公署函请绘送在案。兹奉前因，相应函催。为此函致贵会希即查照，克日查勘情形，绘图送县，以便转呈，而免争执。是为至盼。此致绍、萧水利联合研究会知事王嘉曾。中华民国八年七月二十四日。

浙江水利委员会公函第九四三号

迳启者：案奉省长公署训令案，据绍兴、萧山两县知事会呈，准绍、萧水利联合研究会函，据自治委员沈一鹏条陈疏掘宣港，公民章维椿等禀请禁止。两方各具理由，非经实地测勘，不足以昭慎重，而息纷争。等情前来。查疏掘宣港，关系塘闸利害。该县等请令会派员会同测勘研究，系为慎重起见，应即照准。除指令外，合亟函知该会，仰即遴派妥员前往，会同两县知事等，详细测绘，调查研究，妥议会复，以凭核夺。并先将遴派人员、衔名报查。此令。等因奉此。现派本会孙技士量，于本月十九日先行会同两县知事到地踏勘。届时即希贵会派员偕往，以资浃洽。一面另委测绘员郑泽垲、徐骙良，率同测役，于二十二日到地详细实测，再行核夺。除分行外，相应函达贵会查照施行。此致绍、萧水利联合研究会。中华民国八年九月十七日。

绍萧两县水利联合研究会议决徐元钊建议浚白洋川复山西闸案

（中华民国五年九月）

按：是案准绍兴县公署转据公民徐元钊建议到会，爰于第六次常会印刷配布，共同讨论，佥谓查阅来文，洋洋数千言，备陈利害，核诸现状，稍有沧桑之处。本会深愿实地调查，详细研究，惜图说并未同送，故议决如左：

一、议公民徐元钊所陈意见书内，浚白洋川、复山西闸二问题，是否可行，应请其补送图说，以凭交会，公推会员调查，俟报告后再行核议。

附录：原建议书

窃维决渚溃泥，管子肇富强之策；注填溉泽，迁史作河渠之书。马稜兴复陂湖，增岁租十余万斛；白公穿引泾水，食京师亿万余家。盖水利之与农事，固息息相关者也。吾绍古称泽国，地处湮洼。旱潦之乘，每成大歉。国计因而支绌，民生动致流离。夫岂岁害之哉，要亦不知兴辟水利之所致也。元钊，绍人也，究力于绍兴水利十余年矣。敢将考求所得者，谨为我公缕悉陈之：三江为旧山阴、会稽、萧山之尾闾，淖海之水，皆委焉。明太守富顺汤公建应宿闸以节宣之，民食其利几四百年矣。比年浮沙随潮壅淤，每旱暵闭闸，即失闸水入海之路。霪霖骤至，水不得泄，则三县有其鱼之痛。元钊尝周历访，究其利病，乃叹宣港之为害，而补救之不可无策也。考之闸内之水，自旧山阴、会稽、萧山汇钱清、陡亹以出闸者，为西江。闸外之水，自新昌、嵊县入曹娥江，以绕闸者为东江。二江合流，由东北出口，汇钱塘下游，然后入海。二江之间，沙地漫衍，谓之西汇嘴、东嚵嘴。清咸丰初年，二嘴寝长江水之东趋者，日徙而西。至同治五年夏大旱，闸大淤，于是当事者议凿宣港。宣港在闸外东北五里，南接曹娥江，北临海口。中间沙地五六里，无居人。时王补帆中丞凯泰臬两浙，奉檄勘办，遂凿其地为港，径三十余丈，广六七丈。又开横沟一道，导闸水入港，与东江汇流，淤遂通，众皆称庆，而不知闸之受病自此益深。盖闸水初由丁家堰出口，折而北，又折而东。两岸沙嘴纡曲，曲能拒潮，来缓而退有力，缓则挟沙少，有力则刷沙速。又东江受剡溪之水绕闸门而西流，足以陶洗梗涩。故非大旱不能淤，即淤亦畚锸可通，不致束手。自宣港开闸，水改道，而东江之两岸，初不过六七丈，已而潮汐刷啮，相距至千余百丈。怒潮长驱，席卷直抵闸门，退则涂泥如胶如饧，深淖没骭，久乃积为平陆，人力无所庸。当时杜莲衢少宗伯联，就闸西沙地，凿深沟五六里，曰清水沟。并开通旧时拦潮坝，引沙地之水入沟，以刷闸道之淤，法甚善也，无如水力薄，所补甚微。光绪十五年，吾越大水筹赈，总局元钊故父树兰议，庸饥民以修八邑水利，窃以谓三江刷淤之计，庶几可图，讵知局拨赈款有限，元钊故父仅得因沙河坝故址，建刷沙小闸，所补仍微。然则刷淤之计奈何？曰，莫若浚白洋川，使上受山西闸之水，下输于清水沟，其利有三：清水沟距山西闸二十里，沿塘地五六千顷，曰直河，曰夹沼，曰丈五村，曰党山，曰梅林，总名之曰白洋川。其地势外隆而内洼，常苦涝。今若因其沟浍而深广之，俾节节流通，则水有所归，而涝可无虑，是化斥卤为膏腴也，利一。山西闸岁久湮废，外水内灌，若修复之使泄水入白洋川，则可杀萧山上流之势，而去内灌之弊，是因分消为浥注也，利二。山西白洋水既通流，而清水沟出口之处，无堤埂闸堰以拒潮而束水，则仍不可恃。必于巡司岭之足建闸堰霪洞，于沟口筑堤与“乾”字沙地大埂相接，庶山西白洋之水可因时钟泄，而收刷沙之全力，是一劳而永逸也，利三。夫兼此三利，而卒因循而不果者，何哉？一中于不明利害也。一阻于任事无人也。一难于工多费广也。三江之淤之为害，人所共睹。其害由宣港而烈，人所不察。至于宣港之害，非浚白洋川不能已，则尤寻常所不及知，不及知而与谈川，方将以为多事，而何望其补救乎？所谓中于不明利害者，此也。川欲其贯通，则碍川之私埂势欲毁；闸堰欲其得地，则当闸堰之私筑势欲迁。大利所在，未始无一人一家之小损，然而乡里长者，孰肯任至易之怨，以待未然之功乎？所谓阻于任事无人者，此也。川长二十余里，其中宜浚者十八九里，宜购地开挖七八里，山西上流宜浚治者亦数里。加以复故闸，建霪洞，筑堤埂，用工若干虽未暇预计，而要非巨资不办。夫学校工厂之役工不多，而费不广，今犹难之，又安所得巨万之费兴此工乎？所谓难于工多费广者，此也。虽然事之关乎民命田庐者，莫要于此，治之则三县受其利，有数千顷之沙地不苦涝，犹其波及焉者也；不治则有坏禾稼庐舍之患，而时掘时淤劳民伤费犹其小焉者也。元钊参核图说，证以已事，并亲历其境，稔知利害之实，而不欲丰歉水旱之尽诿于岁也。故为此说，上之于公，备采择焉。绍兴县公民徐元钊谨上。

绍萧两县水利联合研究会议决开掘东塘摄职从三字号对岸沙涂案

（中华民国五年十月）

按：本会准绍兴县公署函开案，据本县东关乡公民袁文纬等呈称，据本乡杨角村公民杨南坪报告：西湖闸过西“摄、职、从”三字号，塘外沙地倒崩，请饬局勘估修整等情。今据塘闸局理事何兆棠、李培初勘明呈复，实山对岸沙涂涨逼所致，如能掘通沙涂，以顺水性，使无冲激之患，方为治本之谋。本年三塘应修工程，通盘筹划，“摄、职、从”等字号现象尚在次要，姑从缓议。至开掘沙涂，事在水利会范围之内，应请付交会议调查核办，等情前来。查该理事等所陈，西湖底地方“摄、职”等字号现象，尚在次要，自可从缓议修。惟开掘沙涂，既为治本之谋，其工程应如何着手，经费应如何筹集，应请贵会分别查议见复，以凭核办，等由到会。准此。当经印刷配布，提交第七次常会研究。佥以利害未能十分把握，须详细审慎。故议决如左：

一、议开掘东塘“摄、职、从”三号对岸沙涂，以顺水势，而保塘堤案。议由绍、萧两局理事会同覆勘后再行核议。

绍萧两县水利联合研究会议决疏浚三江闸淤沙案（中华民国十年八月）

一、议闸外淤沙涨至二十余里之遥，非人力所能疏掘，惟有责成闸务员随时雇工开溜，以资救济，庶所费有限，而功效甚巨。此议。

附录：公函二件

迳启者：本年八月十九日，准绍、萧塘闸工程局咨开案，准贵知事咨开案。据潞富乡自治委员王璋玉呈称，窃维吾邑三江乡应宿闸，为绍、萧水利锁钥，视内河水之涨落为启闭之准则，故当秋令，霉雨连绵，农家又无需灌溉，内河水涨，闸洞常开，注流入海，无水患之虞。绍、萧人民实利赖之。兹者，该闸沙泥淤涨，闸洞拥塞，启闭不灵，即难作水源屏障。倘秋水涨发，注流无门，为害民间，实非浅鲜。素仰知事兴利除弊，关心民瘼，倘该闸长此淤塞，秋水为患堪虞，理合备文呈请仰祈俯准，咨请塘闸局督掘，以疏注流，而杜水患，实感德便，等情前来，据此，除指令外，相应备文咨请贵局长查照办理，等由准此。正拟办理间，复据东区办事处呈称：窃据三江闸务员俞焕堂函称，应宿闸江前因江流变迁，涨沙日积，迭经开溜冲刷，借资疏泄。现在望汛以来，潮水夹沙，愈涨愈塞，又值天气亢晴，内河需水，车戽日干，未便再行开溜，应请勘明核办，等因到处，据此。当经委员亲往该闸，详加履勘。看得该处闸港形势大变，从前潮水西来，港流直顺，本无淤塞之患。近因逆而东流，以致港势迂折，港流迂缓，则潮水挟沙，势必沉淀日多，沙泥愈积，层层关锁，宣泄为难。若不赶早补救，贻害实非浅鲜。查前清闸港淤塞，即在巫山头直出之“天、地、庆”涨沙之处，曾有开掘港流之举。现在情形相同，应否在彼开掘，事关两县水利，且有摊款问题，委员未便擅专，应请县公署提交两县水利研究会，即在三江汤公祠开会，俾便就近察勘形势，公同讨论，妥议办法，实为裨益。是否有当，理合备文，仰祈局长察核，等情前来。查开掘港流，事关两县水利，应准如该呈所拟办法，以昭郑重。兹准前因，除指令外，相应备文，咨请查照，希即提交水利研究会公同讨论，妥议办法，望速施行。等由准此。相应函请贵会查照，希即定期知照两县会员，并函约塘闸局钟局长，如其同赴三江场汤公祠开会，集议办法，是所切盼。此致绍、萧两县水利联合研究会。知事余大钧。中华民国十年八月二十二日。

迳启者：案准贵会函开，准绍兴县议会函开，准绍、萧塘闸工程局长钟函开：查三江应宿闸为绍、萧水道之门户，内河水大则启闸以宣泄之，内河水浅则闭闸以关蓄之，殊与两邑农田大有关系。按该闸港流，向系直线入海，距离不过二三里，宣泄尚畅，启闭亦灵。不意去冬豆腐畈复涨淤沙，逼近闸口，以致水流方向改变，由义桥闸绕道直落施对出，方始入海，迤逦约二十余里之遥。港流迂折，形成曲线。今春三月间，雨水连绵，内河泛溢。闸外港沙涨塞，宣泄不尽。当经敝局长督饬闸务员，雇工多人，尽力开掘，幸得疏通，导水入海。惟水大，开闸刷沙尚易，设遇内河水浅，则涓涓者既不畅流，而旧有淤沙必致日益阻滞。加以日夜两潮之后，挟沙尤多，壅塞堪虞，欲为未雨绸缪之计，自非早自疏浚不为功。惟此项开掘经费，所费不资。此次开掘费用，除由局先行支垫，暂济急需外，此后设有开掘事宜，所需经费殊难筹措。敝局长查三江大闸港流，实与绍、萧两县农田大有密切之关系，万难视为缓图。现在每值潮汐期，来潮挟沙，愈积愈厚，时虑壅塞，若不先事预防，后患噬脐无及。即应先筹疏浚专款，以备不虞。兹特绘具港流形势图略一纸，函请查照，等由到会。查三江闸为绍、萧两县出水尾闾，闭塞关系农田，实资重要。现准塘闸局函报，大闸港流沙愈积愈后，时虞壅塞，深资忧虑。究竟贵会有无接洽绍、萧水利研究会，有无从事研究，经大会讨论，多数主张函会绍、萧水利研究会，切实查勘，应如何筹划疏浚之处，复有贵会交案核议，以重要政。同日，又准绍兴县公署函，以准塘闸工程局函开前情，专函敝会，筹备专款，用事疏浚，等由，各准此。查三江大闸淤沙壅塞，自应设法疏浚，惟事关农田水利，应由会切实查勘。应如何筹划之处，拟具办法，函复过会，再行提交县会核议，以重要政。相应函请查照办理等由，并准绍、萧塘闸工程局函知到会。准此。查三江应宿闸为绍、萧两县泄水尾闾，关系至为重要。当经敝会开会集议。佥以闸外淤沙涨至二十余里之遥，非人力所能疏掘。为今惟有责成闸务员，随时雇工，开溜疏通，以资救济，庶所费有限，而功效甚巨。其应需款项，尤须核实开支。全体表决应由敝会函复贵会，转函绍、萧两县公署，函请绍、萧塘闸工程局长查照办理。相应函请贵会，希即查照施行。此致绍兴县参事会。绍、萧两县水利联合研究会会长顾尹圻。中华民国十二年六月九日发。

绍萧两县水利联合研究会议决邀集地方绅耆详筹水利案

（中华民国十一年三月）

一、议会稽道尹公署令开，查道属各县，近年水灾频仍，推原其故，水利之不修，实为一大原因。令限邀集地方绅耆，并熟悉水利人员，详筹妥议，具复察夺一案。查绍、萧水利，以修复东、西、北三塘暨三江一闸，关系为最要。应请两县知事，呈请省长，令饬塘闸工程局长查照原定计划，依限完工。其余以疏浚曹娥江，使水有所归宿，不致泛滥内地，内地水患自杀。惟经费浩繁，应请将绍、萧塘工奖券盈余款项如数照拨，修筑方可着手进行。

附录：致萧县公署函

迳启者：本月十六日敝会举行常会，案准绍兴县公署咨开：本年二月十六日浙江会稽道尹公署第一二一号训令开，查道属各县近年来水灾频仍，九年份被灾者有十八县，十年份被灾者亦有十四县之多。推究其故，水利之不修，实为一大原因。频年办赈，每次动辄数十万元，公家财力支绌，断难常有巨款拨助，即募劝义赈继续不已，地方人民亦难于应付。前两年官、义赈款幸为充裕，得以消弭浩劫。然人民之痛苦与财产之损失，已受创深重。且办赈仅为治标之计，欲求根本救济之法，非治水不为功。黄岩于九年疏浚西江，上年发水，该江两岸田地因以未曾被灾，治水之效即此可见。绍兴德政乡亦鉴于历年被灾之惨，近有改迁水道之议。该县其他各处河道，如有必须修浚者，应即由该县知事，邀集地方绅耆，妥筹治本之法，就原有河道疏浚以畅其流，或审度地形，改迁水道，以顺其势。虽程功至难，需款至巨。然事贵力行，勉为其难，斯可收效。考之往昔，因治水之功，而名传简册者，代有其人。且为人民谋利赖，即为一己积莫大功德。各该知事，身任地方职责，所在当不忍畏难苟安，坐视地方之历年被灾，而置人民生命财产于不顾也。为此，除分令外，令仰该知事，邀集地方绅耆，并熟悉水利人员，详筹妥议，限一个月具复察夺。事关民生国计，慎勿视为具文，切切此令。等因，奉此，除分函自治委员外，相应函达贵会查照，会同详查筹议，依限具复，以凭核办，等因到会，准此。当将案由印刷分布，开会研究。佥谓绍、萧两县水利，以修复“东、西、北”三塘，暨三江一闸，关系为最要。应请两县知事，呈请省长，令饬绍、萧塘闸工程局查照，原定计划，依限完工。其余疏浚曹娥江，使水有所归，不致泛滥内地，庶两县灾患自能收效无形，惟经费浩繁，应请将绍、萧塘工奖券盈余款项，如数照拨，修筑方可着手进行。为此函请绍兴县公署外，相应函请贵知事查照，分别核转。此致萧山县知事宗。绍、萧两县水利联合研究会会长余大钧、宗彭年。中华民国十一年三月二十一日。

绍萧塘闸工程局呈省长为委员疏掘三江闸港取具支付册据请核销文

（民国十五年十二月）

呈为委员疏浚三江闸港，取具支付册据，专案请予核销事。窃本年九月十一、十二等日，狂风骤雨，内河水势陡涨，已平堤岸。东区三江应宿闸为泄水尾闾，原有港流被海沙淤塞，积水无从宣泄。迭准绍兴县知事，塘闸局理事，纷请派员疏掘前来。维时职局尚在筹备期间，东区管理处亦未成立。深虑大汛将至，负责无人，即经遴委任元炳为东区塘闸管理处主任，并加派职局会计助理张履颐，会同驰往察看情形，雇夫疏掘。一面代电呈报在案。兹据该主任等呈称，遵于九月十六日驰往三江，当查闸外，一片平沙。春季所开原港，已无痕迹。又值望汛将届，时迫工急，不得已自闸口量至宜桥闸，共计七百九十丈有奇，当晚招集夫役，翌晨开掘，面阔二丈，深五尺。十九日掘到宜桥闸，引水接出该闸港，迂回屈曲至南汇嘴方入大江。讵二十日望汛潮猛，堆土卷入，新港屡被阻塞。元炳等督率夫役，日事疏掘。至十月五日，始得渐渐流畅。现已工竣。所有工用款项，前奉钧局发交洋一千五百元，除支用洋一千三百八十七元四角二厘，收支相抵，计余剩洋一百十二元五角九分八厘。理合造册具文，呈请核销，等情。据此。查三江闸港，自前清同、光以来，屡掘屡塞。此次该主任等奉委，漏夜督率夫役，仅三日内，开掘八十余仓之多，不为不力。无如工事甫蒇，秋潮已至，不特内水无从宣泄，抑且已掘之土，复被卷入，新港有通而复塞之患。幸该主任等，添招夫役，于潮退后，督同疏掘，卒使内河积水畅流无阻，其办事手段敏捷，洵属难能。复核册报各项费用，计洋一千三百八十七元四角二厘，极为核实。内有津贴、食品、赏犒三项，约合洋八十元，系为奖励夜工起见，亦属必须之款。自可并予核销，以资结束。理合检同册据专案，呈请省长鉴核准销，实为公便。再，前项掘港经费，系在借款项下照数拨给，合并声明。谨呈。

钱江绍萧段塘闸工程处报告闸港涨塞情形并建设厅批令救济办法

（民国二十五年八月）

钱江绍、萧段塘闸工程处，以入秋以来天气亢旱，曹娥江流量微小，水位低落。现干至 9.63 公尺，而外港秋潮汹涌，泥沙随潮拥涨达 6.05 公尺，超过内河水位 0.42 公尺。江流离三江闸日远，致闸港长达十余里之遥。经废历八月望汛大潮，闸港完全涨塞。如短期内无充分大雨，内河无水可资冲刷，续淤数汛，闸港必再增涨。将来非人工挖掘，恐难奏效。特将所有港闸淤塞情形，报请建设厅鉴核。建厅据呈，以查三江闸内曹娥江形势变化，江流向北迁移，致闸港淤塞，根本改进，须俟整理江口计划就绪，江岸线确定以后，方能着手。兹为目前救济起见，应采下列办法：（一）暂时雇工挖掘。俟挖至内河水面以下，再行放水冲刷。（二）经此次整理，每逢潮汛过后，应派员随时测量。如淤沙增至内河水面以下五公寸时，应即开放一二洞冲刷。上列两项办法，经令饬该工程处主任兼工程师董开章考察实地情形，酌量应用。如有其他妥善方法，应随时呈候采纳。并饬克速测具淤沙纵断面图，拟具估计呈核。

绍萧塘闸工程局呈省政府为东区呈请回复姚家埠闸请核示文

（民国十六年七月）

呈为东区拟请回复姚家埠闸，据情转请核示事。窃据东区管理处主任任元炳呈称：职处所辖三江应宿大闸，近年因闸外港流，每被沙涂淤塞，必须多开旁闸，随时分泄，庶于水利农田自必较多裨益。兹查北塘第五段马鞍“善”字号塘堤附近，向有三眼闸一座，原名姚家埠闸。前因该闸外港久被沙涂涨塞，以致废弃有年，无人顾问。现经主任巡行察看，见该闸外沙涂，因经潮流冲刷，已曲折辟成港道，如内河之水冲放有力，更可渐将涨沙刷去，不难日见畅流。因思应宿闸外港流通塞不时既如彼，而姚家埠闸外港沙变迁情形又如此，自应亟予回复，以期多一处尾闾，即于农田水利多一重保障。询之就地民众，亦极赞成。是举用敢陈明理由，如蒙核准，所有换置闸板、添设闸夫等经费，拟于造送十六年度预算时，一并编请审核。等情，据此。查开设旁闸，分泄水流，实为必要之举。据呈各节，经派员覆勘无异，似应速谋恢复，以资保障。惟职局结束在即，应否准如所请之处理，合备文转请钧府鉴核令遵。谨呈。

浙江第三区行政督察专员公署示禁开掘三江闸港涨沙文

（中华民国二十五年）

据绍兴县皋埠区南汇乡乡长王广川、孙端镇镇长孙水占呈称：窃三江闸关于绍、萧两县农田水利，至重且巨。而闸港之通塞，尤与南汇、宣港及马鞍“乾、坤”两圩新沙有密切关系。如宣港涨，“乾、坤”两墟坍，则闸港通。反之则塞。证诸往事，丝毫不爽。是以前清绍兴府霍知府出示，严禁“乾、坤”两圩佃户人等，开掘宣港，以使闸流通畅，保全绍、萧水利。两县民众称颂至今。讵料本年六月十四日，突有绍县马鞍东南镇，马鞍西北乡，陶里乡，暨萧十二埭地方住民，为图增涨“乾、坤”两圩沙地，纠合一千余百人，擅自开掘宣港，以邻为壑，而谋私利。似此非法行为，破坏南汇乡民田庐安宁为害犹小，而三江闸港立时淤塞，妨害绍、萧农田水利，贻祸将无底止。幸蒙钧署，洞明事实，饬派工务料主任赵家豫，会同绍、萧段塘闸工程处董工程师，及关系乡镇长，前往查勘，以开掘宣港，确于南汇乡沙田，暨三江闸港均有妨碍，即分令萧山县，及绍属安昌、皋埠两区区长，查禁在案。惟该马鞍乡等住民，不顾公益，专图私利，难免日久玩生，再有非法开掘行动。除呈浙江省建设厅外，理合照抄旧布告示，具文呈请钧署鉴核，准予布告严禁，俾便泐石而垂永久，等情。专署据呈后，以查三江闸关系绍、萧两县内地农田水利，工作至巨。此次马鞍等乡民擅掘宣港，危及该闸，以邻为壑，殊属非是，曾经本署示禁在案。兹据前情，除指令外，昨特重申示禁。嗣后无论何人，凡未呈经政府许可，擅掘宣港者，定即拿案严惩，决不姑宽。其各知照云。（绍兴社）

绍萧两县水利联合研究会议决傅绍霖等陈请督拆老闸下鱼簖案

（中华民国十一年八月）

按，是案于十一年八月十六日第三十二次常会提出议决如左：

一、议马鞍乡自治委员傅绍霖等，函请督拆老闸下鱼簖一案。佥谓老闸外，为绍、萧两县出水要道，关系非浅。该处建筑鱼簖，实于水利大有阻碍。应请转饬孙端警佐，督拆净尽，并永远禁止，以维水利。此议。

附录：公函一件

迳启者：据马鞍乡自治委员傅绍霖，塘董沈一鹏，公民赵宗普、胡锡畴、俞思均、周士荣等函称：本乡亭山庙前鱼簖一道，日前会同安昌警佐，将该簖全行拔除，以杜后患。惟老闸下鱼簖，依然存在。查是项鱼簖，内为陡亹老闸，外即濠湖大江。前清咸丰元年，前太守徐公出示永禁，濠湖地方毋许私筑鱼簖。盖实指此而言也。其告示载《闸务全书续刻》第五十页，并建碑于汤公祠及三江厅署，均皆班班可考。讵七十余年后，该簖户之子孙，故智复萌，胆敢在咽喉要口，于上年夏季，利诱就地各绅合股，建筑高大鱼簖，横截闸流。以致水势逆行，泛滥于绍、萧各处半月有余。前经该绅等登报声明拆股，该簖户亦在安昌警佐结认，水大即拆。乃前月河水登岸，反加软箔于簖门，任意取鱼。似此胆玩不法，应请令饬孙端警佐，务将老闸下鱼簖督拆净尽，以绝祸根，而维水利。

等情据此。相应函请贵会查照，希即将该处鱼簖，是否妨碍水利，有无拆除之必要，克日查明见复，俾凭核办，实纫公谊。此致绍、萧水利研究会知事顾尹圻。中华民国十一年八月十五日。

徐树兰致潘遹论三江闸书（清光绪中叶）

三江闸为山、会、萧三邑汇泄之区，自同治四年，前董沈公牧庄开通宣港，潮汐由此出入两岸，渐刷渐宽，沙地之坍入水中者六七万亩，闸外游沙日积。晴曦略久，即淤为坚沙，绵亘一二十里。骤逢久雨，则内水无从宣泄，而三邑之民田皆淹。补救既无善策，人力亦苦难施。诚吾乡之大虑也。献岁以来，周历沙洲，探讨原委，乃知受病全在开掘宣港。但现在断无筑复宣港之理。统筹全局，惟有借清刷浊，束水攻沙之法。于三江闸之西，开通白洋川，使塘外二十余里沙地沟渠之水尽趋东北，以直攻宣港之沙，并修复山西闸，俾西小江来水，得从闸分消而出，与白洋川合流，以广川水之源，而益攻沙之力。又于三江闸之东，蒿坝尽处，建一清水闸，引曹娥江上游山水，使从闸流入内河，俾田畴缺水之际，三江闸亦可常开一二洞，以疏壅而导滞。涝则开山西闸，以减消作攻沙之用，旱则开清水闸，以挹注收疏刷之功。如是设施，或可补救万一。明日尚拟出城覆勘形势，究其利病，俟胸中确有把握，再行著为图说，通禀省宪，筹款举办。成固吾乡之福，不成则留此空言，以俟苞心桑梓者之采择，似亦一善举也。吾弟以为然否？再，杜莲衢太亲家，其生平虽无赫赫之功，而吾乡三江应宿闸经其整理，创开清水河引闸外沙地之水，以刷随潮而至之沙，至今六七年，河身日渐宽广，闸无淤塞之患。今夏西塘漫决，内水骤涨，亦幸赖闸门通畅，不成泽国。即此一端，成效显然，其有功于山、会、萧之民田水利，已足祀乡贤而光志乘。兄久拟集三邑绅耆，为之公请于大吏，而因循未果。今得云裳太史，与有同心，班管之表，扬荣于梓乡之尸祝矣。得书后，即函致汇占，渠甚感。刻今索得行述底稿，寄上，请即饬送何公处，并为汇占道感。

绍兴政治研究社上会稽县陈令陈述徐家堰外护沙应谋防护书

（清宣统二年十二月）

绍兴东南皆山，西北濒海，新、嵊两邑，山水冲激而下，由曹娥江经三江闸对过之西汇嘴而入海。海外来潮，复涌经西汇嘴而至曹娥江。山水潮流之所经，两岸堤塘实关险要，尤赖塘外涨沙为之防护。故有护沙之称。沙之坍涨无常，沙坍则塘身临水，一经冲击，即行倾陷。塘之安危实惟护沙是视。现查会稽徐家堰外护沙，自光绪三十年以来，逐渐坍没，塘身日危。现该处“知、过、必、改、得、能、莫、忘、罔、谈”等字地段护沙，业已坍没殆尽，而“忘、罔、谈”三字之处，尤为最险。因对岸江头庙前沙嘴，日形淤涨，致水势折流，使曹江下注之水，悉冲激于“忘、罔、谈”三字之塘身，一旦出险，生命财产临时之损失固不待言，且田亩经江水冲激，面泥洗刷殆尽，数年之后，仍难种植。证之光绪己亥年，蒿坝倒塘之已事，可为殷鉴，似于国计民生妨害良巨，应亟谋防护之法，以免塘堤险祸。计惟将对岸江头庙前新涨沙角疏掘以去，庶江流顺遂，冲激可免。且从西汇嘴上泝之潮，经此沙角，本须北折，而冲激于对岸花弓地方之塘。果照掘去，于对岸塘身实亦多裨益。伏查本省咨议局议决，农田水利会规则早经抚宪批准，公布施行，据规则第六条规定，凡地方之府厅州县长官，对于辖境内之水利，认为应行兴办，本得令该庄图董及水利关系人，组织水利会。按本条语意，具含绝对的强制性质。所以然者，水性懦弱，民狎易玩，恒不克为事前防维之计，其在外国对于水利事项，地方长官饬令组织水利会者，诚有相对的强制与绝对的强制之别。大抵为地方用水起见，而饬令组织者，出于相对的强制。为地方预防水害起见，而饬令组织，皆系绝对的强制。若某地为用水之故，经地方之水利关系人，多数认为应组织水利会时，地方长官得强制少数之不认水利会者，饬令入会。并负会中之义务，是为相对的强制。若某地方水害可虞，该地水利关系人纵无议及水利会之组织，地方长官认为必要预防时，得以强制该地之一般水利关系人，组织水利会，使负会中义务，以预防水害，是为绝对的强制。现值该塘险势，早暮可危，设不早为之图，后悔亦已无及。该地附近居民，目击情形，非不知亟图补救，然因情涣势隔，联合为难。应请遵照本省农田水利会规则第六条，速即饬令该塘附近庄图董及水利关系人立限组织水利会，并令整订细则，呈请核定，以便即时施行。地方幸甚。

周嘉烈记拦潮坝（中华民国二十五年）

拦潮坝者，三江闸外之涨沙也。原夫三江闸门坐西向东，其水直出约一二里许，折而北，曹江之水自南来，势甚涌，挟之而去，其流甚迅。盖水未有不东北趋者。汤公建闸之时，规定如是，亦顺水之性也。发逆踞绍五百余日，闸口之事，无人过问。而沙涨自北而南，绵亘如虹，贪利愚民，渐有筑堤栽桑者。贼遁走后，诸事蝟集。水利两字，视为缓图。由是播种粮食，不转瞬间而已可征租矣。沙地东坍西涨,原无一定。此地虽可征租,只能存为公项。于是一般绅士,各得数千亩,美其名曰“拦潮坝”。收其租曰“备塘工”。加闸内放出之水,不由东北须向南流,绕出坝外而去。但闸内之水,大若沟渠,安能向南与曹江下流之水相斗?势必至于俟外江水泻落之后,闸水方能通行。闸内田亩从此受害不可言矣。控县控府,俱归无效。迫而控省,省委绍城盐茶局委员代理绍兴府事李树棠往勘。讵李树棠罔知水利,自作聪明,以为水由南行,亦无碍事。此坝亦无烦开动,而拦潮坝遂牢不可破矣(此事实为李树棠所误)。闸内之民,亦只求在坝中间开成一港,使闸水直出较为便利。内地田亩受害稍减,而诸绅霸坝坚执不允,恐水流破而坝或致坍塌也。因是由石阜寺僧创首,鸠集赴京部控。部咨浙抚查办,其时李树棠在省听鼓,浙抚即委其原手覆勘,讵李胶执己见,不肯认错,仍以原勘情形禀复,抑知聚九州之铁,犹铸不成此大错耶。然而汤公在天之灵,则不忍置我三邑地方之沦于泽国也。数年以后,坝之南首地亩,被水冲刷,逐年节节倒坍,则又贬其名曰“豆腐坂”。无几年而坍尽,而水仍东北流矣。当各绅朋分租息之初,视官阶之大小,为分租之多寡。其时惟杜莲衢先生官已二品,分数最多,而郡守霍顺武,岁提一万元以为津贴,则又在各绅所分之外。(余绅姑隐其名)惟杜初听城绅之言,以为取不伤廉,亦且取之。嗣谂知此坝之为害甚烈,急将该地尽数褪出不收,悔之无及,此亦人皆仰之之意也。今将拦潮坝三字揭出,伏祈贵局特书以垂炯戒,未始非三邑黎民之保障也。

，　案:天下事利之所在,人必趋之,况今之言利者,无孔不入,海沿之沙,东坍西涨,讫无宁岁。安知他日闸外之沙,不如前日之涨乎?恐言利者见此,其害又不知若何底止也。丙子二月周嘉烈。

记塘闸经费

徐树兰呈缴塘闸经费文（清光绪二十三年九月）

为呈复缴请事。本年九月十三日，接准九月初九日照会内开：案查山、会、萧三县得沾水利田亩项下随粮带收捐钱，存典生息，作为塘闸岁修经费。于光绪十三年九月间，经霍前府禀奉卫抚宪奏准办理。又查山、会、萧三县原议章程，内开三县捐存发典生息，宜选公正殷实绅士一人，总理其事，以专责成等情，亦经霍前府，开折通禀。一面照请贵绅董总理其事，并分山、会、萧三县邀绅会办，在案。复查亩捐生息，收支各款，头绪繁纷，幸赖贵绅董运以精心，策以实力，始终不倦，筹画周详。如此公正廉明，实为近时所难得。霍前府之不允告退者，由于信服最深，本府德薄才庸，亦望贵绅董相助为理。拟合将前缴各典凭折，并萧邑解到亩捐钱文，一并备文照送，为此照会贵绅董，请烦查收，照旧经理，幸勿固辞。计照送各典凭折六十二扣，又萧山县第十四次解到亩捐钱五十三千一百十三文。等由，准此。伏查是项经费，绅早于本年三月间截清数目，检折开单，缴请遴绅接管。经霍前府尊核收，准其缴辞在案。兹准照会前因，过辱奖许，岂所敢承。查塘闸岁修一项，本为从前所无。自光绪十年间钟常卿以前董沈绅办理塘工，动用亩捐，报销不尽不实，奏奉谕旨，饬下浙江巡抚查办。于是人人视塘闸为畏途，不肯与闻。绅独忧之，毅然以补救自任，遂创为塘闸岁修之议，禀请奏明立案，就山、会、萧三县随粮带收亩捐，银三万两发典生息，作为东西两塘及三江闸岁修经费。自办捐生息以来，皆绅一手经理。历今十年，除还藩库借款及支付历届修费外，积成足钱七万串。绅之苦志经营，务求有备无患者，诚以三县之田庐民命皆悬于塘闸也。故苟可勉力，断不肯稍自偷安。况士为知己者用，叠承奖谕，谆拳复何忍轻言诿谢。无如蒲柳衰茶，百病丛生，偶一操劳，辄痰火上升，喘痛交作，从前尚有贱息分劳，今皆饥驱出门。遇事更无旁贷，而且绅新创中西学堂，一切规模，尚待擘画。府县志书为二百年文献所关，亟宜修举。崦嵫将暮，能不悚皇！况亩捐、仓谷两款，并计不下十万。照顾稍或不周，即敝坏生于不觉，迨至因循误事，指摘交加，而后求替无人，尚复有何面目？故唯有恳鉴愚忱，撤销前命，或改归官办，或另举贤绅。拟请邀集城乡各绅，示以此呈，嘱令会议，谅各绅关心桑梓，必有良谋。所有前发各典，凭折，并萧邑解到亩捐钱文，合行送缴，以俟接替之员。为此，呈请大公祖大人察存，希即照请裁核施行，实为公便。再六十二典本年分应缴息钱，绅并不经收，听候新董管理。又山邑同福典业已闭歇，其所领本钱一千串，已于本年七月初一日为始归山邑济德典照数接存，并无空息。其凭折业经转换发还，合并声明。须至呈者，计缴各典凭折六十二扣，又萧山县第十四次解到亩捐钱十三千一百十三文足串。右呈署理绍兴府知府傅。（见《绍郡义仓征信录》）

绍兴萧山两县县议会咨浙江省议会为塘工经费应由省库补助文

（中华民国元年）

为咨请维持事。照得绍、萧两县江海环错，所赖塘闸为之保障，一隅出险，两邑皆鱼，所系至巨。不意近来西塘受上游金、衢、严及诸、义、浦来水之冲，已出险要巨工。东塘因上虞改筑石塘，对岸沙淤，水势逼激。虽未坍卸，已极危险。北塘又近接洪潮，且俞家潭一带，均系泥身。因刷成空，无不岌岌可危。此虽由于沧桑之变更，人事之不齐，实则窘于财力，未能预事绸缪之所致也。现在已决者，固宜赶工修筑；未决者，尤难坐视因循。兼顾并营，需款益繁。若不仰仗库款，纵竭两邑生民之脂膏，奚能供此不支之工用？况吾绍去秋收成极歉，萑苻不靖，殷富之家先之以团防捐，继之以施粥捐，本年又加以济荒特捐，实已悉索敝赋，耗尽元气。此项塘工再议民捐民办，无论缓不济急，实属民不堪命。前因筹修西塘，报奉民政司委员勘明，允拨洋六万元，先由知事电知。嗣奉都督批令，财政司先拨万元抢修，延待日久，未奉拨到。前因抢工告竣，即须开办大工，议章举员咨由知事呈请核办，并两县议会会电请，款乃奉民政司批。西江塘坍陷塘工，业已由司计划。目前抢修工程，应由就地筹款赶筑完竣。至石塘大修工程，由司派委专员办理。应需经费亦经呈请都督，先行由省拨用。俟省议会开会请求追认，或由绍、萧两县按亩抽捐归还，等因。夫暨曰请求追认，则已由库承任，而又有或由两县按亩抽捐归还一语，似仍欲诿之于民。明知库储艰难，筹措亦甚不易。苟其民力稍裕，奚忍上累公家。无如公款如是，其巨且急，民力如是，其窘且迫。虽欲分肩，势实不能。溯念敝县东、西、北三处塘工，前有公民徐锡麒等上建议书，已承贵会公议决定，于兴修时，应就绍属原有之款支拨，不足则由库补助等语。查绍属原有之款，本系无多，前次西塘抢险，东塘培护，均未奉省库拨给款项，业已挪垫一空。此次大修工程，自应循照议案，请由省库补助。若再提议亩捐，微独民力未逮，更属违反议案。缘奉前因，窃以为此案自必交议，相应备陈颠末，咨请设法维持。除另文呈请都督、民政司迅派干员拨款兴修，以全民命外，为此备咨贵会，请烦查照，先赐循案议咨，并代请赶速筹修，足纫公谊。再，此案系绍兴县议会主稿，会同萧山县议会办理。是以连署不及会钤，合并声明。

绍兴萧山两县县议会呈浙江都督请援照海宁塘例支拨省款兴修西塘大工文（中华民国元年）

为呈请事。本年九月二十四日，奉民政司长批绍议会呈请迅速派员拨款修筑西江塘由。奉批，呈悉。西江塘“归、王、凤、鸣”及“一、体”字号，盘头坍陷。前司长暨本司，业经三次派员勘估。惟工程浩大，需款甚巨。目前一二月内万难筹足，而塘工又刻不容缓，所有抢修工程，业饬绍、萧两县知事督同塘工董事赶修，而现在未尝抢修。之“一、体”字号盘头及“鸣”字到“在、竹”数号之间抢修草率，之“工”暨“归、王、鸣”三号抢修工程，知秋汛有不能抵御之处，均饬分别赶修添补，务以大工未兴之前，必能抵御秋汛为断。原以拆修大工，非秋汛后无从开办故也。仰即知照等因，并准绍兴县知事在议会报告，以民政司司长对于该塘工程亦颇危迫，惟需款较巨，意在两邑人民分担，等语。谨核现批及传询前次奉批应需经费，先行由省拨用，俟省议会开会请求追认，或由绍、萧两县按亩抽捐归还等，词旨依违相同，良以库储艰难，筹措不易，故有此若即若离之辞。惟西塘大工，实两邑人民生死所关，苟民力稍能担负，对此百孔千创、岌岌可危之塘身，自不待官厅之督责，暨婉转之布告，已早善自为谋。无如值上年师旅饥馑，而后民生之凋敝已甚，似此极大之工程，再言捐办，实属民不堪命。以故一再陈情，请拨巨款，委员勘办，并非故事张皇，姑饰耸于上听，亦非巧为诿卸，冀重累于公家。所谓疾痛而呼父母，实有万不得已之苦衷。今秋汛已过，幸遇风日晴和，尚无意外之虞。然时机已迫，转瞬冬雪、春水，上游相逼而来，夕汛早潮，下游复倒涌而上。此冲彼击，专事柴土抢修培护，其将何以抵御？所以绍县已连日会议，谓再不及时大兴工程修复完固，将有坐以待毙之势。萧县议会亦以塘工危险万状，非乘此兴筑石塘，且有噬脐莫及之悔。此诚司批所谓刻不容缓之时也。但一动大工，则运石购树，鸠工庀材，无一不关巨款。无米之炊，巧妇为难。伏念浙西海宁诸塘，连年修筑，多则数十万，少亦十余万，无不动拨库款，浙东绍、萧塘闸，同关生命，及赋税所自出，何以历来彼动帑金，此须捐办。且彼则连年动之，而不之惜，此则偶一动之，而莫之许。何厚于彼而薄于此？此前清不平之政，当不应复见于共和时代矣。现经两县商确，绍、萧塘闸大工，人民实难担负，惟有要求官厅援照海宁塘例，概由省库支拨，并求咨交省议会追认，一面将西塘速派干员督办，以解倒悬而昭公允。议会等均为地方人民利害起见，相应呈请都督察核，俯赐分别令咨查照遵办，实为德便。此呈。

绍兴县议会咨覆绍兴县知事议决岁修边洞银两摊派办法文

（中华民国元年）

为咨覆事。十月二十九日准贵知事，以准塘闸局牒询岁修边洞银两定额，暨如何摊派情形，并准贵知事查叙向章，嘱即议覆等因，当经印刷配布，公同讨论。查阅来文，岁修边洞银两，系在小塘捐项下支给。惟定额有限，其向来在地漕正银项下开支之。岁修塘闸银，现在省税县税业已划分，未便扣解贴补。此项边洞费，应归入塘闸捐项下支出。小塘捐专备东塘岁修，不作别用。至萧山县每年应解塘闸银十九两四钱九分八厘，又边洞银一两四钱四分，自应查照旧案，令其认解。表决通过，相应咨覆贵知事，请烦查照施行。再，大闸插板更换经费，自亦应归绍、萧两县摊派。并请查明办理。此咨绍兴县知事陆。

浙江省长齐耀珊训令财政厅拨款兴修绍萧塘工文

（中华民国七年八月）

案准内务部咨开，浙江绍兴、萧山塘工危急，请拨款兴修一案，前准咨请前来，当经本部提请国务会议议决，由部派员前往察勘，拟定分年施治计划，经部遴员派佥事李升培，技士万树芳驰赴浙省，详细查勘，报部核办。旋据该佥事等呈报，会同该省主管人员筹拟分年施治计划及经费支配数目，请予查核，并准贵省长先后电同前因。复经本部拟具议案，提请国务会议公决去后。兹承准国务院函称，案查贵部提出分期筹拨兴修浙省绍、萧塘工经费办法，请付公决一案。现经国务会议议决，准如所拟分期筹办。第一期所需经费四十一万六千元，由中央、地方各认垫一半，由财政部先行筹拨十万元，以便克日兴工。第二期以后经费，即以有奖义券所入开支。所有中央、地方认垫之款，均即由捐款项下分期拨还。相应函达查照，希即转行财政部暨浙江省长查照办理。等因，到部。查浙江绍、萧塘工，关系至为重要。现在伏、秋汛届，本年应行兴修之闻家堰工程，亟须开办。所有中央担任先行筹拨之十万元，除咨行财政部迅速照拨外，相应抄录本部。原议案咨行查照办理，等因。并附抄录原议案两件到署，准此。除电请财政部将中央担任，先行筹拨之十万元，克日电汇，以便兴办外，合亟抄发附件，令仰该厅长查照，迅将第一年地方认垫之款，设法筹借，并将此项塘工有奖义券办法妥为拟议具复核夺，毋延。切切此令。

浙江财政厅长张厚璟为兴修绍萧塘工开办奖券呈省长文

（中华民国七年七月）

窃浙东海塘工程，向由人民集款自办。自道光年间大修之后，至今七八十年，塘身被水冲刷，处处皆生罅漏。冲要之地，根脚已空，尤形危险。若不赶紧兴修，一两年内必将崩溃，绍兴、萧山两邑胥成泽国。惟全塘数百里，工程过巨。如果一律建筑，需费在一千万元以上，公私财力，皆有不逮。迭经省署委员勘查，但将万不可缓之处，从事修补，亦非一百五十余万元不可。绍、萧两邑，就田赋酌收附捐，每年仅得八万元左右，所差尚多。值此民生凋敝之际，更无他款可筹。前经浙江省长呈请大总统，由国家拨款办理。业已奉准。惟浙省七年度预算，收支相抵，不敷已巨，积欠之款均无着落，实属无法支拨。中央筹划军费已极困难，亦何敢以此为请。思维再四，惟有开办有奖捐券，或可凑集巨款。查上海地方，前为京直水灾，曾办慈善救济券一次，收款颇多。法人亦在上海发行战事救济券，并闻英人近于香港亦有此举。与其听外人在我国各处吸收金钱，似不如自行举办。既可筹得塘工经费，又免金钱流出之害，实属一举两得。如蒙允准，再由厅长拟具详细章程，呈主浙江省长咨商大部，核覆开办。是否有当，理合先行具折陈请，伏祈批示祗遵。

附：财政部司签

查该厅长拟办有奖捐券，作为浙东塘工经费一节，自系不得已之权宜办法。惟有奖债券事，近投机各省，援例以请，中央殊难应付。但现在上海各种中外有奖之券，纷纷举行。浙东修筑海塘，事关地方水利。该厅长所拟有奖捐券，似属可行。惟须由地方绅士出面，禀请地方官厅呈部核准。其有奖捐券名目，尚应酌改，似应将协济塘工名称加入，以示与募充政费有别，且寓有慈善事业之意，则应募者投资亦较踊跃。是否有当，为此呈候总、次长批示施行。奉总长批：阅。准。次长批：照办。

内务部拟订绍萧江塘施工计划并由中央地方分担工程经费办法提交国务会议文(中华民国七年)

查浙省绍、萧两县江塘危急,请拨款兴修一案,前经本部将该省送到估工图表,详加复核,当以此项工程关系重要,惟原估一百三十余万元之巨,一时由中央筹集万难办到。拟由部派员查勘,酌量缓急,商明该省另拟分年施治办法,经提出国务会议议决照准,由部遴派佥事李升培,技士万树芳等前往详加察勘,并将原估工款,切实核减。一面会商承办工程人员,另拟分年施治计划。至将来工程兴办时,所有受益田亩亦应援照濮阳成案,加征附捐,以资挹注。仍拟具详细办法一并报部核办,复由部电知浙省长查照,派员接洽。等因各在案。嗣迭据该佥事等先后电称,周历绍、萧三塘,应以西江塘为最重要,尤以该塘闻家堰为最吃紧。北海、东江二塘次之。盖西塘塘身不固,坍坏时形。绍、萧地处釜底,除人民财产生命不可胜计外,即国家损失收入,如地丁、酒捐、杂税等项已在二百万元以上。现该塘"皇"字号又陷土穴,人字盘头已露裂绽,转瞬秋潮大汛,危险实在堪虑。绍、萧人民鉴于同治四年塘决巨灾,水灭屋顶,每遇风雨,一夕数惊,接晤各方父老士绅,亦复同声呼吁。余如北海、东江塘身,多形损坏。三江闸为绍、萧储泄湖水、障御海潮最要工程。现查各洞均有渗漏,失修已八九十年。此次浙省所拟施工计划,经逐段察勘,尚属切实,分别缓急,亦属的当。惟西江塘上游水势冲决处所,经迭次考察水势,参酌舆论,拟参加计划,添筑木笼水坝,俾改水向,以避险冲。惟如此巨工,自非同时所能商办,拟分施治时期为五年。第一年为西江塘闻家堰。第二年为西江塘全部。第三年为北海塘。第四年为东江塘。第五年为三江闸。如遇特别情形,则可变通办理。至原估工款,迭经会同承办人员切实核减,计将原估次险各工,核减十万零八千余元。综合计五年用款共需一百二十二万三千余元各等情。嗣后迭准浙江齐省长电,称李、万两部员请于西江上游再添木笼水坝,以改水向。洵于塘身大有裨益,自应照办。所议分年办法,先其所急,尤为的当。至原估工款,复由李部员等将原估次险各工核减十万零五千余元。综计五年用款共需一百二十二万三千余元。第一年自本年八月起至明年年底止,为西江塘最险之工,需四十一万六千余元。第二年为东、北塘最险之工,需二十八万七千余元。第三年为西江塘次险之工,需十七万六千余元。第四年为东、北塘次险之工,需二十万二千余元。第五年为三江闸工,需十四万元。除将变更工程分年计划暨核减工价并施工草图另行咨送外，瞬届秋汛，工程万急，应恳迅即提决阁议，电示筹办。至此项经费，本省分文无着，即议就绍、萧两县加征附税，为数亦属有限，务求中央筹拨七成，余由地方筹措。并恳指拨有着的款，以便克日开工，无任盼祷。再，原估经费，各购置及设局等项费用等，均未在内，合并声明。各等因，前来。正核办间，又据浙省财政厅长张厚璟来部声称，已在财政部条陈拟办有奖捐券，即以所得款项为修治塘工之用，当以原条陈所拟计划，闻已由财政部核准。该省原拟由中央筹拟七成一节，似可毋庸置议。经部电复该省，去后。兹复准该省长冬电，内开张厅长条陈原稿，核与事实不符。请俯念工程万急，先拨的款十万元，俾便克日开工，一面仍照原议，决定分年补助数目，以慰众望。等因。本部查绍、萧两塘工程经费，前准浙省咨报，合计三塘及应宿闸修治经费，暨添购器具等项，共需银一百三十四万九千五百二十六元。此次经本部派员切实核减，综计工程用款共需一百二十二万三千余元。比较原估数目，实已减少十余万元。且原估工之外，尚添出木笼、拦水坝一项，不另请款。工繁费省，裨补实多。至所需工款，原拟同时并举。今则视工程之缓急，分为五年，加以该省前拟筹款办法，有全由中央拨付，或由省自行借款之议，今则只须中央补助七成，余由本省筹借。倘再由部酌予议减，亦未始不易办到。惟是伏秋汛届，自本年八月起至明年年底止，第一年内应行筹办之闻家堰最要工程，迭准电称，岌岌可危，情形异常急迫。该省财政厅长条陈开办有奖券办法，辗转需时，亦属缓不济急。本部职掌宣防，明知中央财政竭蹶万分，一时实难兼顾，无如该项工程，所关至大，万一听其溃坍，漫溢成灾，匪惟议工议赈，需费不赀，即该处每年所征之地丁、酒捐、杂税等项，亦将尽付沦胥。而国家岁收，恐亦受其影响。再四筹维，拟请准照本部与该省议定分年施治计划，及工程经费数目，由中央、地方分担一半之数，以重要工。至本年八月起，迄明年年底为第一年工程，共需四十一万六千余元，如以五成分担，本年及明年中央应担二十万零八千余元。原电所请先拨十万元一层，应由财政部从速指拨的款，以便克期兴办，俾奠民生。相应提出国务会议公决施行。

绍萧两县水利联合研究会议决夹滨等处塘工请列入省款分别修筑案（中华民国八年七月）

按，是案由本会会员陈玉提出于第二十二次常会，二十六次常会、二十八次常会先后提出，议决如左：

一、议会员陈玉筹议夹滨塘等处塘工,应请列入省款,分别修筑一案。查绍、萧塘闸大工,前经部委会同塘工局择要估勘,动支省款,分年筹办在案。然对于外沙绵远各塘,当时并未出有险象,均不估计在内。今因江流变迁,形势迥异。东、北两塘,既经查有塘身破碎及倒坍掘毁多处,且外沙逐年坍没,吃紧异常。若不预为防维,设法补救,祸患不堪设想。兹经公同议决,应由本会致函绍、萧两县公署,转咨塘工局赶紧派员复勘,规画工程,逐段估计。在计划大工案内追加预算,迅予修复,以弭隐患而资保卫。

一、议夹滨等处塘堤兴修案,佥谓前项各处塘堤,关系綦重,险象已露,前经提议请塘工局派员勘估兴修,未便再事耽延。应请两县公署查照第二十二次常会议决案,并二十五次朱嗣琦等请求修筑新安、龙泉、仁化三乡毗连北塘案,一并转请塘工局,迅速派员估勘,以弭隐患。

一、会员临时动议,前第二十二次本会议决兴修夹滨等处塘堤,及第二十五次议决兴修新安、龙泉、仁化三乡之北海塘,业经第二十六、七两次常会催请,勘办在案。事隔两年,绝无影响。应请两县公署查照前案,转请省长速饬塘工局赶速勘修,以重要工。此议。

附:公函

迳启者:案查本会会员陈玉,筹议夹滨等处塘工,应请列入省款分别修筑一案。查议案内称:绍、萧两邑,负江带海,地处低洼,所赖以为生命财产之保障者,厥惟三塘是求。故一蚁溃堤,浸成泽国,不特补罅葺漏,视为要图,而审察潮流,防患未然,亦为不必可缓之举。上年东、西、北三塘大工,荷蒙部委会同塘工局,择要估计,规画周详,动支省款,感无既极。然地方人民对于外沙绵远各塘,无论如何破碎,从无修补之议。因循玩忽,良用怃然。会员前月间巡视绍属各塘,见童家塔毗连之夹滨、夹灶、镇龙殿、大林、盛五村、太平庵、党山、梅林、冯家、塘头、西塘下、后渡、钱家埭、王公溇,以及瓜沥三祇庵一带,绵亘十余里,期间石塘、土塘破毁情形,不胜枚举。大抵各塘护沙尽被居民占造房屋,毫无余地可言。其他占据种作,掘进塘脚,占为园地者,不一而足。以致塘身狭小,形如田埂,甚且一望长堤,荒冢林立,其做坟之泥,皆在塘面附土挑掘而成。有削低一二尺者,有低至三五尺者。且因掘泥之故,损及枕石。致使塘石翻倒,倾陷欹斜,亦有滚落塘下者。夹灶一段,竟将土塘掘成平地,无复塘形,更属不成事体。此外兽洞陷坑,触目皆是,而且塘外沙民,暗用竹竿打通塘身,放水入河,借谋宣泄。只图便利外沙,不顾内地危害。而就地人民,熟视无睹,言之实堪浩叹。又查直落施土塘前，因种桑之故，塘脚矬坍，塘面狭小。堰头大王庙背后，塘身石块，破乱不堪。徐家堰土塘对岸，系东江嘴，为山水、潮水交汇之处，冲激甚烈。近因外沙坍去，势甚岌岌。杜浦起直至凉巷后面“磨”字，正塘面极低，而“德、建、名、立、形、端、表、正”八字，尤属塘身狭窄，附土坍矬，若论兽洞穿漏，指不胜屈。而地方人民对之漠然，一无经意，良以各塘外沙包围甚远，此等塘地视为无关重轻，故无忧深虑远之计。孰意桑田沧海，变迁靡常，向之所谓无关重轻者，今且从事修防，不遑宁处。如丁家堰塘外沙地涨至二三十里之多，阡陌相通，已成村落。乃自去秋迄今，尽行坍没。潮汐所至，直冲塘身。童家塔塘外沙地涨亦三四十里，平日蔚成市集，视同乐土，近亦逐渐坍没，塘外剩沙不过三里左右。秋汛将届，保存无术。宜桥以上直至大池盘头，外沙十有余里，现亦尽付汪洋，塘身壁立，危象环生。虽经塘工局派员履勘，预备修葺，而塘内田庐，时虑冲决。人心惶惶，引为大戚。所幸丁家堰等各处塘身尚形坚固，其间虽有险之处，犹可从容修补。设夹滨等处，不幸外沙坍没，试问此一带有名无实之塘，一旦潮水溃决，其泛滥奔腾之势，如何抵御？吾绍首当其冲，生命财产安有幸免之理。更可惧者，夹滨以上直至三祗庵，塘内均属土沙，一无退步。倘经出险，恐无救济之策，何况潮流趋势，现已侵入西南，坍江之祸，方兴未艾。丁、童两处，既经坍去外沙，而夹滨等处，关系密切，难保不连累而及。会员目击情形，忧惶万分，寝难贴席。若不未雨绸缪，陈请挽救，窃恐洪水为灾，悔已莫及。为此提出议案，共商善策。应如何设法筹修之处，伏希公同讨论，赶为决定。且思前项工程，经费浩繁，两邑人民万难负担，自应函致两公署会同塘工局，赶紧派员履勘，分别估计，迅予修筑，并请列入上年计画塘闸大工案内，追加省款，诚为两邑人民之幸。会员为思患预防，保卫桑梓起见，是否有当，伏乞大会开议，公决施行。等情，到会。即经开会集议，公同研究，佥以绍、萧塘闸大工，前经部委会同塘工局勘明估计，动支省款，分年筹办。原择最关险要，迫不及待者，方予修复。此外，东、北两塘，虽有破损之处，当时因外沙包围，未出险象，均不计画在内。今因江流变迁，形势迥异，丁家堰、童家塔两处，既经外沙坍没，险象迭呈，其与丁、童毗连之夹滨等处，一带塘身，已被掘毁多处，塘石倒坍，破碎不堪，甚至划成平地，无复塘形，实属异常吃紧。且审察潮流侵入西南坍江之力，渐及夹滨，危害情形更加岌岌，若不预为防维，设法补救，祸患不堪设想。前经公同议决，应由本会函致绍、萧两县公署，转咨塘工局，赶紧派员覆勘，逐段规画，迅予修筑。惟念前项工程既繁且大，经费不资，两邑人民财力薄弱，委实难以负担，应请列入上年估计塘闸大工案内，追加预算，动支省款，始终成全，两邑幸甚。相应函请贵公署察核，迅即分别呈咨，从速施行，实为公便。除函致萧山、绍兴县公署外，此致绍兴、萧山县知事王、徐。绍、萧水利联合研究会会长王嘉曾、徐元绶。中华民国八年七月二十五日。

浙江省长齐耀珊令财政厅拨款兴修绍属北海塘丁家堰文

（中华民国九年一月）

案准财政部咨开，准内务部咨开，准浙江省长咨称：兴修绍属北海塘丁家堰，应需经费，请在绍、萧塘工经费项下开支，并检同计划书等件请察核备案，等因。查原咨所称绍、萧北塘姚家埠至丁家堰一带，塘身低陷，急应兴修，拟自“庆”字起至“兴”字止，共三百二十丈，于旧有块石塘外一丈以内，添筑条石护塘，及坦水。又“敬”字起至“力”字止，共一百二十丈，须添筑坦水两排，以护塘脚。又“命”字起至“斯”字止，共二百丈，须添筑坦水一排，以资捍卫各节。自属扼要之图，至应需经费计二十六万零二十九元二角，拟在绍、萧塘工奖券收入项下，并案支销。本部复查该省塘工奖券，原系为办理绍、萧塘工而设。此项工程又准声明，亦属绍、萧塘工所拟在塘工奖券收入项下支销，似尚可行。其送到书表等件，经饬司复核，亦尚相符，似可准予备案。咨行查核见复，以凭办理。等因前来。查浙省绍、萧塘工经费，前经国务会议议决，第一期由中央垫款十万元，第二期以后经费即以有奖义券所入开支，所有中央认垫之款，即由捐款项下归还。等因在案。兹该省咨以绍属北塘姚家埠至丁家堰一带塘身低陷，亟应兴修，所需经费二十六万零二十九元二角，请在绍、萧塘工奖券收入项下，并案支销。等因。复查浙省兴修绍、萧塘工计划第一期，为西江塘工四十一万六千余元，第二期为东、北塘工二十八万七千余元，第三期为西江塘工二十七万六千余元，第四期为东、北塘工二十万二千余元，第五期为三江闸工二十四万元。其北塘姚家埠至丁家堰一带塘工，并不在原定计划之内。究竟该省历年发行有奖义券共已收入若干，其原估塘工经费共已支出若干，应由该省开具详细数目，报部查核，并将中央认垫之款，先行归还。如有盈余，再以拨充前项塘工经费之用。相应咨行贵省长查照办理可也。等因。准此。查绍属北塘丁家堰塘工，前据绍、萧塘闸工程局局长钟寿康，绍兴县知事余大钧会衔呈请拨款兴修，等情前来。当经令准，照办，并咨请内务部备案各在案。兹准前因。合亟令仰该厅长迅照咨开各节，查明具复，以凭核转。毋延切切。此令。

浙江财政厅长张厚璟呈省长为增加绍属北塘工程经费酌拟办法文

（中华民国九年一月）

呈为奉令增加绍属北塘丁家堰工程经费，缕陈义券现办情形，酌拟办法，请赐察核示遵并咨部备案事。窃奉钧署令开，绍属北塘丁家堰塘工，前经绍、萧塘闸工程局局长钟寿康，绍兴县知事余大钧会衔呈请拨款兴修，计需工程经费二十六万零二十九元六角，业经核准，在于塘工奖券收入项下并案支销。现经咨准部复，以浙省历年发行奖券共已收入若干，其原估塘工经费已支出若干，应将详细数目报部查核，并将中央认垫之款，先行归还。如有盈余，再以拨充前项塘工经费。等因，迅照。咨开各节，查明具复，以凭核转。等因奉此。查浙省义券系于民国七年十一月开始发行，迄今仅十有四期。均须按照预算如数收足，计共银六十三万元有奇。至于施工计划，依奉钧署前次抄发内务部提交国务会议原议案内载，全部工程计分五年施治。第一年为西江塘最险之工，需银四十一万六千余元。第二年为东、北塘最险之工，需二十八万七千余元。第三年为西江塘次险之工，需十七万六千余元。第四年为东、北塘次险之工，需二十万二千余元。第五年为三江闸工，需十四万元。统计共需银一百二十二万三千余元。今钧令所叙，此次部咨内开第三年工费为二十七万六千余元，第五年工费为二十四万元，查与原案数目稍有未符，现在第一段险工业已如期兴修，节此由局拨付之款，截至上年年终为止，连同归还中央垫款，计共支过银二十九万四千七百三十八元。至中央垫款共计收到八万元，业经悉数归还，拨充第一师临时军费，并经报明钧署暨财政部在案。今者以丁家堰工程重要，续请增加经费，事关两县民生，自应勉力筹拨。第有不能已于言者，浙省义券当开办之初曾经呈明：拟以两年零五个月筹足所需工款一百二十二万余元。此种计算原系按每月一期，每期盈余四万四千五百元从宽预估。悬拟之数，以当时情形论，同时举办者，仅慈善救济券一种，销行甚易。如果办理得宜，别无他项阻碍，及特别事故发生，则循序而进，实不难于集事。讵意一年来，各省纷纷仿办，日有增加，综计现在各处发行之奖券，共有五种。且均附发副券，并闻山东、绥远等省区，复有仿办之说。此后券额愈多，销路自愈形受挤。就原定计划办理已苦，万分为难，若再增加二十五六万，能否如数筹集，更觉毫无把握。惟此项工程既在绍、萧范围之内，自应竭力图维，以竟全功。踌躇再四，只有恳予展长期限，以冀徐图设法，极力推销。但展期一节，究须展至若干限度，此时更属无从悬断。又查，塘工局局用经费每月二千余元，亦系由义券局收入项下支销，五年共需十二三万元，亦应一并计入。拟暂定为三年零两个月，将来果能先期收足，尽可提前停止。倘届时仍未足数，再请酌量续展，总以所需之全部工程经费，筹足为度。此外，更有须请变通者。查第二年工费，原案规定系属二十八万七千余元。今若是年内再增加二十六万余元，则连同塘闸工程局一年应需之局用计算，共须拨银五十六万元左右。以前次由局编送第十五期义券改章后，收支各款预算内所列盈余数目，作为标准，除去续请加支之副券经手费，暨认助上海法租界工部局公益捐费，两项每期只余银四万四千九百余元。以此推算，则一年之中亦只能收至五十三万余元，已属不敷应付，况处此时会，各省奖券异常拥挤，本年之收入究竟能有若干，实难预料。上年盈余项下，除支拨第一年工费，及归还中央垫款而外，虽尚余存银三十三万余元，然第一年之工程，既尚有应须找拨之款，而杭、沪、汉各银行又须分存巨数作为担保，及兑奖之准备金。信用所关，自亦未便动用。除此两款以外，所余者实已为数无多，万难有济。拟请钧署察核，将第二年工程分别缓急重行支配，于可缓之工段酌量挪移，递推至第三、第四、第五各年兴修。其第二年应支之款，仍请照原案规定，以二十八万七千余元为限，以纾财力，俾免将来有停工待款之弊。是否有当，理合具文呈请。仰祈省长鉴核示遵，并乞咨部备案。实为公便。谨呈。

浙江财政厅长陈昌穀呈省长为绍萧塘工经费与温台水灾赈款如何分晰界限文(民国九年十二月)

呈为奉令展期筹办温、台等属水灾赈款，所有绍、萧塘工经费一案，应如何分晰界限，定期结束，仰祈鉴核示遵事。本年十月十三日奉督军省长训令，内开：案查前因温、台等属迭被水灾，赈款无着，节经先后电咨内务、财政部，请将绍、萧塘工有奖义券续准展期，以应急需在案。兹于本月五日接准内务部支电开：有电悉。中央筹办义赈奖券，专为各灾区筹赈而设，塘工奖券信用既甚昭著，应准俟期满后展限半年，不必更改名义，免生窒碍，特复。等因到署。除令知财政厅外，合亟令仰该局查照办理。此令。等因奉此。自应遵办。查职局发行义券章程第一条所载，义券停止时期，以筹足绍、萧塘工经费为度。开办之初，曾经编送预算，拟以两年零五个月，筹足全部工程经费一百二十二万余元，呈明钧署咨部在案。嗣于本年一月，准财政厅函，知奉钧署令开，绍属北塘丁家堰塘工,前经绍、萧塘闸工程局局长钟寿康,绍兴县知事余大钧会衔呈请,拨款兴修,计需工程经费二十六万零二十九元六角。业经核准,在于塘工奖券收入项下并案支销。现经咨准部复,以浙省历年发行奖券共已收入若干,其原估塘工经费已支若干,应将详细数目报部查核,并将中央认垫之款,先行归还。如有盈余,再拨充前项塘工经费。等因。令厅迅照咨开,各节查照具复,以凭核转。等因。奉经本厅筹议,呈复以丁家堰工程重要,续请增加经费二十五六万元。只有展长期限,徐图设法。又塘闸局局用经费每月二千余元,亦系由义券收入项下支销,五年共需十二三万元,亦应一并计及。拟请展长发行期限,改定为三年零两个月。仍以所需之全部工程经费筹足为度,将令文及原稿抄录一份,函送来局。查丁家堰工程经费,系在原估一百二十二万三千余元之外,业经前省长核准咨部,并令行财政厅筹议,具复在案。本年八月并奉钧署训令一六四六号内开:据塘闸工程局长丁紫芳呈称:丁家堰新塘六十丈业已完工,旧塘亦在拆造,恳即令饬义券事务局拨发款项。等因。是此项追加经费业已核准照支,而展期一节,迄今悬案未定。职局义券系于民国七年十一月开始发行,照原案推算,扣至十年三月发行第三十期义券为止,即届两年零五个月限满。现已为时正近,究竟关于丁家堰一部分工费,应否再行延长数期继续筹办,抑自十年四月分起,即作为展期续办温、台等属灾赈筹款开始之期?职局未敢擅主,理合具文,呈请省长鉴核训示。祗遵。谨呈。

绍萧塘闸工程局局长曹豫谦呈总司令省长编送管理处预算文

（十五年九月）

呈为编送东西两区管理处预算表,请鉴核令遵事。窃绍萧东、西区塘闸管理处,根据职局简章,应就原有两县塘闸局改组。前经拟具管理处章程呈奉核准,并委任任元炳为东区主任,虞祖光为西区主任,刊发钤记,令行遵办。旋据先后具报成立,自应规定经费以资办公。按东、西、北三塘路线,以北塘为最长,东塘次之,西塘又次之。现定北塘划分六段,东三段为绍辖属于东区。西三段为萧辖属于西区。东塘划分四段属于东区;西塘划分三段属于西区。每段设管理员一人,计东区管理员七人,塘夫二十四人。西区管理员六人,塘夫二十一人。合以两区管理处主任以下员额薪公工食川旅各费,计东区月支四百五十六元,年支五千四百七十二元;西区月支四百二十六元,年支五千一百十二元。其东区所属之三江应宿闸闸务员,各闸闸夫,以及逐年添换闸板、铁环,各种经临费用,应俟东区管理处主任查明向章,并将应宿闸闸夫原有田租清理就绪后,方可着手编制。以上两区,常年实支数,虽较前局原定管理员办公处及县议会议决之塘闸局经费为巨,然其不同之点有二:其一,从前职员俸给较微,半属义务性质,且员额过少,分布为难,不如现定章程之各有专责。其二,从前各塘不分岗段,徒有管理虚名,虽绍属各塘派有塘夫,亦未发给工食,与现在办法不同。窃谓三塘绵长二百余里,全赖平时管理得人,方不致功亏一篑。局长自奉委任之始,即与地方士绅,切实讨论,咸以钟前局长于工竣撤局后,虽经遵令会县妥筹善后,徒以经费无着,未能实行。致本年夏间发生风潮,无从抢护。若能于此时明定章程,宽筹经费,实为计出万全。惟是两县塘闸捐,前准绍兴县知事函覆,年收八千余元。萧山县知事函覆,年收三千元左右。收支相抵,绍邑方面仅存二千余元。再加以闸务一部分经费所余无几,萧邑方面则已收不敷支。此后两县岁修经费,从何筹措,虽管理处章程第一条载有不敷之款,由职局补助之文,无如职局系临时机关,一经裁撤,以后该两区经费仍属虚悬无着。彼时再议善后,势必仍蹈前局覆辙,亦已晚矣。伏查海宁塘工,年支约二十万元。盐平塘工,年支约八万元。以职局东西管理处预算经费,再加入岁修等项,约计年支二万余元,比较海宁仅十之一,盐平仅四之一。同是塘工,一则由国税项下支出,一则由县税项下支出。待遇两歧,本非持平之道。前局长任内迭经绍兴县议会一再坚持,迄无具体办法。兹幸钧座体恤民艰,准予特设专局,两县人士虽不敢为过分之求,当亦不致抱向隅之叹。用特披沥上言,请予俯准,列入国家预算,以轻负担而资久远。万一国库实有为难,拟请将三塘寻常岁修费用,仍就两县带征塘闸捐项下动支。而以两区管理处经费,自本年十月始,准由国库支出。庶几预算确定,机关即可久存,实两县人士所馨香祷祝者也。所有东西区管理处预算经费是否有当,除分呈外,理合连同预算表具文呈请总司令、省长鉴核。令遵。谨呈。

又呈送东区闸务经费预算文

呈为编送东区闸务经费预算表,仰祈鉴核令遵事。窃查职局所属东、西区管理处经费,前经编订预算表呈请钧署核示,并声明东区所属之三江应宿闸闸务员、各闸闸夫以及逐年添换闸板、铁环各种经临费用,应俟该主任查明向章,并将应宿闸夫原有田租清理就绪,再行编送在案。兹据东区管理处主任任元炳呈称,职区所属之三江应宿大闸,以及沿江各闸,为绍、萧两邑水利蓄泄之枢纽，全在切实管理，庶得随时应付。从前虽设有闸务员，薪给太薄，半属义务性质。各闸闸夫仅酌给贴工。惟应宿闸闸夫，并令承种闸田，不缴租花。若循此办法，不但界限不清，抑且难期得力，自应参酌现状，从新编制。兹拟定应宿闸管理员一人，兼管附近之宜桥、刷沙两闸。应宿闸闸夫总头一人，散夫十人，宜桥、刷沙、西湖、楝树四闸，各设闸夫一人。所有俸给工食川旅杂费，均规定月支数目，列为经常费。至于添换闸板，大汛帮工，另内有闸夫承种不缴租花，现定每年按亩应缴租洋六元，俟秋收后，责成管理员于各该闸夫工食项下扣除。届时专呈报明。以上经、临两费，除租花扣抵工食外，统共年支银一千九百五十六元六角。似此酌量改编，虽经费稍巨，而各有专责，借可切实办理。所有拟定闸务经、临各费，是否有当，理合造具预算表呈请鉴核，等情。据此。查该主任此次拟定管理闸务员役名额，及原有闸田仍分令承种，缴租办法尚称得体。规定经、临各费，除以租洋抵扣外，统共年支一千九百五十六元六角，为数亦尚核实，自可并予照准，借资办公。据呈前情，除分呈并指令外，理合检同闸务预算表具文呈请总司令、省长鉴核俯准，并入前呈。处用经常费归国家预算支出，用垂久远，实为德便。谨呈。

绍萧塘闸工程局东西区塘闸管理处经费预算表

经常预算门共银一万五百八十四元。

	科　目	每月预算数	每年预算数	备　　考
第一款	东区管理处经费	456000	5472000	
第一项	俸给	246000	2952000	
第一目	主任俸给	50000	600000	主任一人月支如上数。
第二目	工务员俸给	24000	288000	工务员一人月支如上数。
第三目	巡塘员俸给	48000	576000	巡塘员二人月各支二十四元支如上数。
第四目	文牍兼缮校俸给	20000	240000	文牍兼缮校一人月支如上数。
第五目	会计兼庶务俸给	20000	240000	会计兼庶务一人月支如上数。
第六目	各段管理员俸给	84000	1008000	管理员七人月各支十二元合支如上数。
第二项	工食	160000	1920000	
第一目	塘夫工食	144000	1728000	塘夫二十四名月各支六元合支如上数。
第二目	公役工食	16000	192000	公役二名月各支八元合支如上数。
第三项	川旅	20000	240000	
第一目	旅费	20000	240000	主任及工务巡塘各员因公巡视所需旅费合支如上数。
第四项	公费	30000	360000	

（续表）

	科　目	每月预算数	每年预算数	备　　考
第一目	办公费	30000	360000	纸张笔墨灯油茶炭邮电报纸等费合支如上数。
第二款	西区管理处经费	426000	5112000	
第一项	俸给	234000	2808000	
第一目	主任俸给	50000	600000	主任一人月支如上数。
第二目	工务员俸给	24000	288000	工务员一人月支如上数。
第三目	巡塘员俸给	48000	576000	巡塘员二人月各支二十四元支如上数。
第四目	文牍兼缮校俸给	20000	240000	文牍兼缮校一人月支如上数。
第五目	会计兼庶务俸给	20000	240000	会计兼庶务一人月支如上数。
第六目	各段管理员俸给	72000	864000	管理员六人月各支十二元合支如上数。
第二项	工食	142000	1704000	
第一目	塘夫工食	126000	1512000	塘夫二十一名月六元合支如上数。
第二目	公役工食	16000	192000	公役二名月各支八元合支如上数。
第三项	川旅	20000	240000	
第一目	旅费	20000	240000	主任及工务巡塘各员因公巡视所需旅费合支如上数。
第四项	公费	30000	360000	
第一目	办公费	30000	360000	纸张、笔墨、灯油、茶炭、邮电、报纸等费合支如上数。
合计		882000	10584000	

说明：东区附属之闸务经、临各费应俟该主任覆到再行造册送核。

绍萧东区塘闸管理处闸务经费预算表

支出经常门一千六百五十六元。

临时门八百四十元六角。

两共二千四百九十六元六角。

	科　目	每月预算数	每年预算数	备　　考
第三款	东区闸务经费		2496600	每年闸务费经费除以闸田租五百四十上元抵充外，实需一千九百五十六元六角登明。
第一项	闸务经常费	138000	1656000	
第一目	应宿闸管理员俸给	24000	288000	管理员一人月支二十四元计如上数。
第二目	公役工食	8000	96000	公役一人月支如上数。

（续表）

	科　目	每月预算数	每年预算数	备　考
第三目	闸夫工食	88000	1056000	查应宿闸原设闸夫计总头一人，散夫十人。因有闸田九十亩零，给总头种十亩，散夫各种八亩，均不缴租，仍由公家另加贴费共年支四十二元。兹已改组力求整顿，拟定总头一人，月支八元，散夫十人，月各支六元，共月支六十八元。仍将此项闸田分令承种，每年须缴租洋每亩六元，计共五百四十元，即于应支工食项下扣抵。故年计实支工食二百七十六元。又楝树闸、西湖闸、宜桥闸闸夫各一人，月各支六元。刷沙闸闸夫一人，月支二元。照预算额定数共年支如上算。
第四目	管理员川旅费	6000	72000	管理员兼管宜桥、刷沙二闸，东西相距各三里，而沿江一带闸江道路迂曲，均须随时巡视，往返辄二十余里。故拟月支旅费六元如上数。
第五目	闸务公所杂支	6000	72000	油烛、茶炭、纸张、笔墨、邮报各项月支六元，如上数。
第六目	电话	6000	72000	三江距城三十里，公务接洽，往返需时，不得不装置电话，藉灵消息，并节川旅费。月支六元如上数。
第二项	闸务临时费		840600	
第一目	添换闸板		680600	各闸共三十八眼，其闸板须两面装置。兹参酌前办情形，每年添换盖板二十块，每块估洋二元五角，闸板三百块每块估洋二元，铁环三百副，每副估洋一角二厘。合年支如上数。
第二目	各闸大汛帮工		60000	每逢大汛时节，各闸闸夫不敷应用同，须随时添雇帮工。兹照旧案估计，开列年支如上数。
第三目	筑闸费		100000	如遇天旱，各闸须随时封筑，以免潮水内灌。兹参照旧案，约计年支如上数。

绍兴县函绍萧塘闸工程局奉省令饬查借款用途曾否报销有无余存及实施工程各项请查案函覆文（十六年六月）

迳启者：本月二十一日，奉浙江财政委员会第五四八号训令，内开：以准杭州中国银行函开，上年七月一日及廿六日，绍、萧两县建筑北海土塘，奉令向敝行各借银一万五千元，共计三万元。原订月息一分，以六个月为期。除第一期塘工券收入项下拨还银一万元外，尚欠本银二万元。又准函开，上年阴历八月一日，绍、萧两县因修筑北塘，代绍、萧塘闸工程局向敝行借银五万元，敝绍支行借银五万元，共计十万元。月息一分，以十六年阴历三月终为最后还期。现经前省令核准，按期拨还之塘工券，业已停办。借款又逾还期。请查照会衔借据，在两县项下设法提前拨还。等由令饬。修筑北塘息借商款至十三万元之多，究竟如何支用？曾否报销有案？现在有无余存？以及实施工程如何？应俟查明实在状况，再行核办，勿稍藉延，切切此令。等因奉此。遵查如何支用，曾否报销，有无余存，以及实施工程如何，各项，敝署无案可稽。奉令前因，相应函请贵局长查照。并希即日据实函复，以便转报，是为至要。此致。

绍萧塘闸工程局覆函

迳复者：案准贵署第三零八号公函内开，奉浙江财政委员会第五四八号训令，以准杭州中国银行函开，上年七月十二日及廿六日绍、萧两县(云云详前函)敝署无案可稽，请即函复，以便转报等由过局。查上年夏，绍、萧江海各塘出险，当道徇士绅之请，复设专局，以经费无着，饬由绍、萧两县息借商款十万元，经敝局长分别支配用途，约别为三。一曰工程经费，计北塘车盘头建筑石塘、石坦，估银二万一千四百二十四元。郭家埠建筑石塘、石坦，估银七千四百八十五元四角。湾头徐建筑半石塘，估银四千五百五十二元二角九分。楼下陈建筑石塘、石坦，估银一万六千四百十四元四角。培修龛、荏山间土塘三千四百丈，估银二万六千元。又荏山迤西“迩”至“宾”字土塘一百丈，估银四百十元。抢修三江“仕”至“存”字土塘一百二十丈，估银二千元。培修西塘半爿山至西兴龙口土塘三千六百丈，估银二万一千六百元。抢修富家山等处土塘工程，约银一千元。奉准补助曹家里民建筑盘头银二千元。共需银九万六千九百四十六元九分。以上各段有日内完工，正在报请验收者，有尚未竣工者，有甫经筹备开工者，究竟共需若干，须俟工程一律告竣，方有准确统计。二曰工程杂支，系每月关于工程上各项零星开支之款，计自上年九月十六日敝局成立之日起，截至本年五月底止，八个半月实支银四千四百二十元二角三厘。三曰局用经常暨附属机关以及三江闸务公所经、临费，计自上年九月十六日起，截至本年五月底止，八个半月实支局用经常费银一万一千八百三十二元四角二分。(按照每月预算一千九百九十八元，计八个半月，节减银五千一百五十元五角八分。)东西管理处经费银六千一百八十七元八角一厘。东区开办费银四十五元二角九分。

东区所属闸务经常费银一千二十一元九角六分,临时费银二千二百九十八元二厘。共用银二万一千三百八十五元四角七分三厘。以上统共合银十二万二千七百五十一元七角六分六厘。六月以后,局区用费尚不在内。准函前由相应连同逐月收支四柱清册,函送贵公署查照。再上年七月十二、廿六,两期借款三万元,敝局无案可稽。合并函达。此致。

又函绍萧两县嗣后抢险岁修各项经费奉令仍由两县分拨请查照文

（十六年六月）

迳启者:查敝局为临时设立机关,系就预筹专款举办特定工程,其寻常岁修、抢险各项经费,应否循案仍由绍、萧两县,在原有塘闸捐项下按成分拨,抑在局存借款项下支销?前经呈省核示去后。兹奉省政府建字第三一一三号令开:此项抢修工程经费,仍应依照旧案,就绍、萧两县塘闸捐项下拨充。所请拟在借款项下支销一节,应毋庸议。此令。等因奉此。除分令东西区管理处遵办外,相应函达贵县长,请烦查照为荷。此致。

东区管理处呈复遵令彻查应宿闸闸田户名字号亩分并陈管见请核示文

（十六年五月）

呈为应宿闸闸田户名、字号、亩分,查无要领,具陈管见,请予察核令遵事。案奉钧长第二十号训令,内开:案查三江应宿大闸原有闸田,向由闸夫承种。前经该处拟议,饬令每年每亩缴租六元作为扣抵工食之需,但仅令承种,无人承粮,办法尚欠周密。究竟该项闸田,共有若干亩分?何人承粮?上年有否完纳清楚?亟应从事彻查。令仰遵照,克日查明,呈覆核夺。等因奉此。当查:是项闸田,系旧山阴四十四都二图汤公祠闸夫户,每年应完粮银十一两八钱六分六厘。又查《闸务全书》,内载闸内沙田一百二亩三分三厘九毫,坐落山阴四十四都二图才字号,除给汤祠主持十亩,并给塘河新填成田八亩,余九十二亩零,俱给闸夫佃种各等语。核计除给闸夫之九十二亩零,与现存之数约九十亩零,尚属相差无几。其余十亩,并所谓塘河新填成田八亩,现在亦仍由汤祠主持种收。惟是项闸田总数一百二亩三分三厘九毫,并塘河新填成田之八亩,其中细字号亩分若何,分晰钱粮户名,除汤公祠闸夫户外,有无别种户名,年征粮银总分各数究为若干,自民国以来历年有否完清,系由何人承完,自非彻底清查,不足以杜隐射而有真相,遂即函致绍兴县推收所,按照上述各节,逐一详查。去后。兹准该所主任王起志以准查是项闸田，向系另串征收，并不报县入册，在地丁款内并征。敝所无从稽查，等由函覆前来。窃查旧山阴四十四都二图汤公祠闸夫年征粮银十一两八钱六分六厘，曾觅得前清山阴县知县所发是项串票。民国仍前清之旧，并无更改。今该所竟称并不报县入册，其中不无疑窦。且既称向系另串征收，是必另有串簿可稽。若谓另串征收，并不报县入册，系指由其他征收机关经征而言，则是田非比沙地，舍县署直接征收外，他种机关当然不能越俎。且该所何以知系另串征收？所谓另串者，究属何说？殊无从索解。惟有请予咨县，将是项旧山阴四十四都二图才字号沙田一百二亩三分三厘九毫，每年应完粮银十一两八钱六分六厘，仍立汤公祠闸夫户入册承粮。其余尚有所谓塘河新填成田之八亩，亦应由县核明应征粮额，另立汤公祠主持户承粮经管。是否有当，理合具文呈请钧长鉴核令遵，实为公便。谨呈。

绍萧塘闸工程局函绍兴县请查覆应宿闸闸田户名粮额等项文

迳启者：查三江应宿大闸，原有闸田向由闸夫承种。前经东区管理处拟定，每亩缴租六元，扣抵工食，列入预算。但此项闸田，究系何户承粮？历年曾否完纳？经令行彻查去后。兹据该区主任任元炳覆称，查是项闸田，系旧山阴四十四都二图汤公祠闸夫户，每年应完粮银十一两八钱六分六厘。又，查《闸务全书》，内载闸内沙田一百二亩三分三厘九毫，坐落山阴四十四都二图才字号，除给汤祠主持十亩，并给塘河新填成田八亩，余九十二亩零，俱给闸夫佃种。各等语。核计除给闸夫之九十二亩零，与现存之数约九十亩零，尚属相差无几。其余十亩，并所谓塘河新填成田八亩，现在亦仍由汤祠主持种收。惟是项闸田总数一百二亩三分三厘九毫，并塘河新填成田之八亩，其中细字号亩分若何，分晰钱粮户名，除汤公祠闸夫户外，有无别种户名？年征粮银总分各数，究为若干？自民国以来，历年有否完清？系由何人承完？自非彻底清查，不足以杜隐射而明真相。遂即函致绍兴县推收所，按照上述各节，逐一详查。去后。兹准该所主任王起志以准查是项闸田，向系另串征收，并不报县入册，在地丁款内并征。敝所无从稽查。等由函复前来。窃查旧山阴四十四都二图汤公祠闸夫户，年征粮银十一两八钱六分六厘，曾觅得前清山阴县知县所发是项串票。民国仍前清之旧，并无更改。今该所竟称并不报县入册，其中不无疑窦。且既称向系另串征收，是必另有串簿可稽。若谓另串征收，并不报县入册，系指由其他征收机关经征而言，则是田非比沙地，舍县署直接征收外，他种机关当然不能越俎。且该所何以知系另串征收？所谓另串者，究属何说？殊无从索解。惟有请予咨县，将是项旧山阴四十四都二图才字号沙田一百二亩三分三厘九毫每年应完粮银十一两八钱六分六厘，仍立汤公祠闸夫户入册承粮。其余尚有所谓塘河新填成田之八亩，亦应由县核明应征粮额，另立汤祠主持户承粮经管。等情前来。查该闸田亩，既有前清所发汤祠闸夫串票，载明年缴银十一两八钱六分六厘。贵署必有册籍可稽，除指令将串票迳行面交贵县长察阅外，事关清理闸田，相应函请贵县长查核办理。并望见覆，至纫公谊。此致。

绍兴县公函查复应宿闸田一案情形文（十六年五月）

迳启者：本年五月十日准贵局第二四号公函内开，以旧山邑四十四都二图汤公祠闸夫户才字号沙田一百二亩三分三厘九毫，每年应纳银十一两八钱六分六厘，并塘河新填成之八亩，其中细号亩分若何？分晰钱粮户名除汤公祠闸夫户外，有无别种户名？年征粮银总分若干？民国以来有无完清？自非彻底清查，不足以杜影射而明真相。即经函准推收所王主任查复，向系另串征收并不报县入册，函请查核办理等由，过县。准此：查才字号沙田一百二亩三分三厘九毫，前清年间并不编入地丁册内，向系额外另串征收，是以县署庄册，并无该田户名，亦无细号亩分可稽。该所王主任所复情形，尚属核实。惟该田有关塘闸局公产，若不立户，补号入册输粮，殊于公产课赋两有妨碍。兹敝县长核定，既经该闸夫历年管种，列入预算有案，应将才字号沙田一百二亩三分三厘九毫，编入旧山阴四十四都二图册内，改为新字第一号汤公祠闸夫户归入民国七年为始承粮。又塘河新填成之八亩，作为新字第二号，编入同都同图汤公祠住持户，归七年份起输粮，以重粮产。除令推收所编号列户，填给户折，并令粮赋处补造各该年银米串，分别征收外，相应函达贵局查照。希将应完七年份起至十五年份银米，照数缴纳。一面派员，赴所领取户折。以资执守，至纫公谊。此致。

曹豫谦敬告同乡父老（十六年七月）

豫谦不敏，承长官之任命，父老之委托，付以巨款，俾掌塘工。就职迄今十阅月矣，论工程则设施未竟，论经费则余剩无多。兹值瓜代有期，敬陈经过如左：

豫谦奉命就职，适在北塘龛、荏山间土塘决口以后，治本办法固须就决口处所,建筑石塘。而其余卑薄残圮之土塘,亦非同时培修,不足以言捍卫。此为第一步计画。计十阅月又二十日中,建筑车盘头石塘三十六丈二尺,郭家埠石塘十八丈五尺,湾头徐半石塘二十五丈,培修龛、荏山土塘二千三百三十丈。此外,则有东区之抢险工程,西区之岁修工程,又有补助西塘民建乱石盘头工程。虽可以报告者已尽于斯,而就当时情形言,一扼于上冬之战事,再扼于入春之雨水,工事迟缓,事实使然。当为父老之所共谅也。

抑豫谦同时复注意于西兴至半爿山之土塘,以及三江“仕”至“存”字之险工,兹再分两节述之:

西兴至半爿山土塘,并无界石字号,或塘身低薄,或坡度坍削,或外旁深沟,或内滨池沿,前清咸丰、同治、光绪等年,先后出险。上年江水盛涨,襄七庄一带,几濒于危。若非就地士绅合力抢修,为患不堪设想。此段实地丈量,长四千丈,已钉号桩。原议克日培修,以新章责具图说,手续繁重,未及筹办而止。

三江“仕”至“存”字土塘危险,必须建筑石塘。情形已详本期上省政府世电,核计余款四万余元,除建楼下陈石塘外,尚虑不敷。然一年以来绍、萧两县塘闸捐征存项下为数当以万计,上年萧山方面又有沙租案内变价之款,事关两县生命财产,省款不足,则县款补助之。此又事理之至顺者。

夫三塘路线绵长二百数十里,前局自七年设立至十三年裁撤,需款一百二十余万,仍不免于上年之溃决。今欲以区区十万之借款,支持一线之危堤,纵才智百倍于豫谦,亦必无以善后。豫谦则不敢自馁其气,曾于四月间拟具各项工段计画表(见第七期月刊),其后视察东塘,复将贺盘一带及楝树下之险工具文呈报。纵不获立邀核准,亦未始无发展之机也。

绍、萧两邑,沿江滨海。其西受富春、浦阳之水,其东受剡溪、曹娥之水。而海潮复自北来会,形势险要,与海宁盐平同。顾彼有专设之局,固定之款,此则仅持附捐,略事补苴。一遇风潮震撼,则奔走呼号,张皇失措矣。豫谦前订东西区塘闸管理处章程,并请将管理处预算列国家岁出项下,实为必不得已之举。今幸当局设立钱塘江工程局,有具体之规模,为通盘之筹画。款出省方,事有专属,此后我两邑人民当不致有其鱼之叹。豫谦幸获卸责,乐观厥成,所耿然于怀者,前次以塘工向无专书,将于工余从事编辑,匆匆十月,奔走工次,仅成凡例若干条,附于本刊之末。此则不能不有望于后继耳。

至于局用经费,节省六千六百余元。借款息金存贮四千九百余元。仅能免愆尤于万一,不敢遽言尽职也。收支总报告列后。

绍萧塘闸工程局收支总报告

收入项下：

收筹备费洋三千元。

收筹备费息洋八元三角一分。

收借款洋十万元。

收借款息洋四千九百五十五七角四分。

收前局移交洋二十四元五角九分。

收三江闸田租洋三百十五元。

收现水洋九元八角一分。

绍兴办料，有时订定划洋进出，计陆续升现水洋十四元四分，由绍中行登帐。本年四月二十九日，托绍中行划交同茂木行划洋五百二十八元九角。适逢现洋去水，由绍中行支出去水洋四元二角三分。已列入四月份收支。四柱清册支出项下，此款应在升水项下扣除。计如上数。

收杉脑、杉梢变价洋一百六十七元八角六分。

收东区杉脑、杉梢变价洋十五元九角六分。

收差数洋一角四分。

本局收付款项，以分为断，计差如上数。

以上统共收洋十万七千四百九十七元四角一分。

支出项下：

支本局筹备费洋一千三百六十二元四角五分。

本局筹备费前报一千四百八十三元四角五分，有电灯押柜洋二十一元，房屋押租洋一百元在内，已于一月份收回押柜洋二十一元。六月份收回押租洋一百元。计实支如上数。

支本局十五年九月十六成立之日起至十六年八月六日裁撤前一日止，计十个月二十日局用经费，洋一万四千六百九十一元二角二分。按本局预算规定，每月一千九百九十八元，共应领洋二万一千三百元，比较节减洋六千六百八元七角八分。

支本局十个月二十日工程杂费洋五千六百九十八元三角六分。

支东区开办费洋四十五元二角九分。

支东区经费洋三千六百八十九元四角。

支东区闸务经费洋一千三百八元九分。

支西区经费洋四千二百九十三元八角。

支三江掘闸费洋一千三百八十七元四角。

支三江装置电话费洋二百三十元。

支三江应宿闸换闸板、闸环,临时费洋六百七十九元三角。

此款预算数六百八十元六角。前已发文东区具领。旋据交还洋一元三角,复经转入七月份收支清册收入项下,计实支如上数。

支补助西塘半爿山下曹家里乱石盘头洋二千元。

支建筑车盘头石塘洋一万七百七十二元二角一分。

支建筑郭家埠石塘洋四千一百四十四元三角六分。

支建筑湾头徐半石塘洋二千五百三十八元七角二分。

支楼下陈新塘起土洋二百二十元五角五分。

支培修龛、荏山土塘洋五千二百二十三元二角二分。

支东区抢修北塘三江“仕”至“存”字土塘洋二千二十四元四角六分。内有余存桩木,折合洋十元八角四分。

支东区翻修北塘三江“宜”字号土塘洋七元五角。

支西区(翻修西塘镬底池土塘整理“男、效”字号块石塘)洋六十六元三角九分。

支存条石坦水石洋八百八十七元二分(抬力在内)。

支存桩木洋八百七十四元二角二分。

支存洋松板桩洋六百八十元八角四分(运费在内)。

支存洋灰洋一千五百十二元(抬力在内)。

支存石灰洋七元六角。

支存块石洋三百八十二元七角八分。

支黄沙洋四十七元四角七分。

上列材料七项,共合洋四千三百九十一元九角三分,系本局实存之料,其发交土石各塘,应用各料,并入工程项下造册支销,不再开列,以免重复。

以上统共支洋六万四千七百七十四元六角五分。

收支两抵计实存洋四万二千七百二十二元七角六分。

记塘闸机关

塘闸研究会简章(清宣统元年十月)

宣统元年九月,绍兴知府包发鸾,以西江、北海两塘亟应修葺,于二十日选举绅董四人经理其事。该绅等以胸少把握,事无预备,俱仓卒未敢承认。惟公议先设塘闸研究所,并拟定简章禀府,兹将其简章录下:

第一条　宗旨

本会以考查塘闸之关系,及修治之方法为宗旨,故定名为塘闸研究会。

第二条　职任

本会正会长一人,请行政长官郡尊任之。副会长二人,两邑尊任之。定会董六员,以士绅公举任之,主持会中一切事务。定调查员若干员,专任分乡分段项调查,报告本会共同研究。如有热心塘闸,能常时到会报告陈设者,为协议会员,无定员。

第三条　会期

本会以每月二十五日前为调查时间,二十九日为会期。如有险要工程,由本会会董随时邀集全体会员,或遍邀城乡士绅,开临时会公议。

第四条　权限

承修塘闸工程,应由本会邀集士绅公举经董,第本会会员既任调查,应有监理协助之责。

第五条　经费

本会经费应禀请会长,由塘闸局经费项下随时提拨。或凡附属塘闸有可生植利用之处,清理拨用。

第六条　会所

本会会所暂设郡城汤公祠。

第七条　附则

本会内部细则以及未尽事宜,随时公定增入,俟大致完全,呈请通详立案。

山会萧塘闸水利会规则（清宣统二年）

第一章　总纲

第一条　本会遵照本省咨议局议决，奉抚宪公布施行之农田水利会规则设立。

第二条　凡关于山阴、会稽、萧山三县有共同关系之塘闸，其防护、疏浚、兴修事宜，均由本会议决行之。

第三条　三县共同关系之塘闸列举如左：

一、西江塘。

二、北海塘。

三、应宿闸。

四、其他与三县有直接间接之利害关系者。

第二章　编制

第四条　本会以三县之选民即为水利关系人，照章选举职员。其编制如左：

一、议员。

二、会长及会董。

第五条　本会之选举，依府厅州县地方自治章程行之，其分区选举方法别以细则定之。

第三章　议员

第一节　员额及任期

第六条　本会额定议员一百名，以山、会、萧三县户口人数，依现在之调查，共计一百五十五万二千余人，应每一万五千五百人中选出议员一名。

第七条　由议员中互选议长一人，副议长一人，特任议员二十人。

第八条　议员、议长、副议长，以三年为一任。特任议员一年为一任，均连举得连任，惟以一次为限。

第二节　职任

第九条　议员应行议决之事件如左：

一、本区域内塘闸应行兴修之办法。

二、本区域内塘闸应行疏浚之办法。

三、本区域内塘闸应行防护之办法。

四、经费之筹集及征收管理方法。

五、经费之预算及决算。

六、规定工作之费用及雇募夫役方法。

七、增删修改本会规则。

八、议决各地方人民陈请建议关于塘闸水利事件。

九、其他议决之事件,由议长、副议长呈报地方官核定后移交会长、会董执行之。

第十条　议员议决之事件由议长、副议长呈报地方官核定后移交会长、会董执行之。

第十一条　议长主持会议事件,如议员决议权数相等则由议长决定之。

第十二条　议长有事故不能到会时,副议长代理之。议长、副议长同有事故不能到会时,由特任议员中公推年长者为临时议长。

第十三条　凡临时发生事件,有会董、会长所不能决者,由特任议员决定之。但须开常年会或临时会时报告于议员。

第十四条　议员不支薪水,但得给相当之旅费。

第三节　会期

第十五条　常会每年一次,于三月行之,由地方监督于会期前二十日知会召集。

第十六条　遇塘闸事变之发生,得开临时会,由会长呈请地方监督之,亦得由议员三分之一之请求,经议长许可后请地方监督召集开临时会。

第十七条　开会之期日以议事完竣为限。

第四节　会议

第十八条　每届会议应由会长将本届应议事件于会期前十日通知各议员。但临时会不在此限。

第十九条　会议事件非有议员到会半数以上不得议决。

第二十条　会议细则由议员定之。

第四章　会长及会董

第一节　员额及任期

第二十一条　本会额设会长一人,由议员于三县选民中选出之。会董三人,由各该县议员于各该县选民中选出之,山、会、萧各一人。其选举细则由议员议定之。

第二十二条　会长、会董均设候补员，如其额数。

第二十三条　会长、会董不得同时为本会议员，如由议员中选出者，应辞去议员职。

第二十四条　会长以三年为一任，任满改选，连举得连任，以一次为限。

第二十五条　会董每年改选一人，依山阴、会稽、萧山次序，第二年先由山阴议员改选山阴会董一人，以次轮选，连举者得连任。

第二节　职务

第二十六条　会长之职务列举如左：

一、管理本会一切事务。

二、监察本会办事员之勤惰功过。

三、准备本会应议事项及执行议决事项。

四、保护本会之权利，管理财产及款项。

五、调制本会岁出入之预算并监视收支款项。

六、对于外部有代表本会之责任。

七、收受各地方人民陈请，建议关于塘闸水利事项。

第二十七条　会董襄助会长办理一切事务，与会长负联带之责任。

第二十八条　会长、会董须常川驻会办事。

第二十九条　会长得经由议员之决议，设文牍、庶务及办事员役、塘闸巡警。

第三十条　会长、会董及各职员办事细则，由会长拟定，交议员议决后执行之。

第三十一条　议员议决之事件，会长、会董认为越权违法，妨害公益者，得交令覆议。若议员坚执不改，则申请三县参事会协议决定之。

第三十二条　会长、会董均酌支薪水，其数目由议员议定。各员役之辛金，由会长拟定交议员议决，照章开支。

第三节　调查

第三十三条　关于三县之塘闸，会长应不时派员调查或亲往察勘。其项目如左：

一、塘内外之形势及沙地亩分。

二、塘外沙地涨坍情形。

三、闸外流沙之情形。

四、闸流高下之情形。

五、内河水势涨落之情形。

六、塘身闸身之情形。

七、各处盘头坦水之形势。

八、旁塘闸官有地、民有地之区别及其多寡。

九、土塘石塘柴塘工程之比较。

十、旁塘内外居民之户口及财产。

第五章　工作

第三十四条　凡重大之工作，非经议员议决，不得兴举。其通常工作，可由特任议员议决兴举之。

第三十五条　凡塘闸有兴举工作时，会长或会董必须一人驻居工作所在地，其工作时所应注意者如左：

一、工作合宜与否。

二、材料坚实与否。

三、夫役勤惰与否。

第三十六条　凡塘堤抢险工作，会长或会董当立时兴办，并通知议员开临时会。

第三十七条　凡兴修或疏浚事宜，当分别工程最要、次要，妥慎办理，计日程功。

第三十八条　凡承办工程必须订明保固年限呈案，如有危险责令赔修。

第六章　经费

第三十九条　本会经费以左列各款充之：

一、原有关于塘闸之公款公产。

二、塘闸亩捐。亩捐向章由地方官带征，当仍旧办理，汇交本会。

三、富家乐捐。富家特捐至千元以上者，由本会呈请地方官详请奖励。

四、因重要之工作临时募集之债务。

第四十条　本会经费，经议员议定管理方法，交由会长管理之。

第四十一条　会长于每届常会期前，编成预算表，交由议员议决。其常年之决算，亦即当众公布，一面榜示通衢。

第四十二条　凡预算表于正额外，得列入预备费，为临时必要之支出。

第四十三条　凡决算外，如有赢余时，得为本会公积金，其保管生息之方法，另有议员议决行之。

第四十四条　本会因天灾事变，有不得已之支出，或为本会永久利益之事业，得增加通常岁入。

第四十五条　会员对于前项之增加不堪负担时，得酌募公债，但须定借入及偿还之方法、期限及利息之定率，并呈请监督官厅核准后方可举办。

第四十六条　凡短期之借债，以本年度内能收入偿还者，不适用前条之规定，但须经议员议决后即可举办。

第四十七条　会长每年将上年经费督同会计员，编成决算表，连同收支细目，交议员审查决定后方可公布。

第四十八条　本会会计年度以国家会计年度为准，在国家会计年度未定以前，照旧章办理。

第七章　监督

第四十九条　本会以绍兴府宪及山阴、会稽、萧山三邑尊，以次监督之。

第五十条　监督官厅有申请抚宪解散本会及撤消会内职员之权。但解散后三个月内须令更选。

第五十一条　监督官厅视察塘闸，将有危险时，得发防护上必要之命令。

第五十二条　监督官厅得视会务之当否，收支之适否，并得令本会报告办事情形，及预算决算表册按年申报抚藩、劝业道宪备案。

第五十三条　本会议决增删修改规则及变更水利区域，或买卖交换、让与让受、抵押不动产时，均应呈由监督官厅核准。

第五十四条　议员若不议决其应决之事项，致妨误公益者，监督官厅得令三县参事会协议代为决定。参事会未成立以前，由监督官厅代为决定。

第五十五条　议员否决必要之费用，或虽议决而缺乏必要之费用时，会长得呈由监督官厅核办。

第五十六条　本会会员有不服会长、会董之处分者，得申诉于监督官厅。有不服监督官厅之裁决者，得申诉于抚藩、劝业道宪。

第五十七条　本会职员有应行惩戒处分者，由监督官厅惩戒之。其惩戒细则另行规定。

第八章　附则

第五十八条　本规则经公同议决，呈请监督官厅核准后为施行之期。

第五十九条　本会成立后，旧设之塘闸局应即撤销。

第六十条　本规则经核准施行后，如有未尽事宜，当于常会或临时会时公议删修改之。

山会萧塘闸水利会暂行选举规则

第一条　本规则按照山会萧塘闸水利会规则第六条规定选举方法，故称暂行选举规则。

第二条　本会选举区由府参议及三县参事员分划定之。

第三条　选举方法分为左之三项：

甲、议事会已成立之城镇乡。

乙、议事会未成立之城镇乡。

丙、因选举区之合并，其议事会有已成立、未成立者。

第四条　议事会已成立之城镇乡，按照该区域内应出水利会议员额数，由城镇乡议事会选举之。

第五条　议事会未成立之城镇乡，按照该区域内应出水利会议员额数，由绅民选举之。

第六条　合并之选举区由区内各城镇乡联合选举之。

第七条　合并之选举区议事会有已成立、未成立者，其未成立之城镇乡绅民，先按照该镇乡规定议事额数公推选举人，联合议事会已成立之城镇乡选举之。

议事会未成立之镇乡由该管知县遴选该镇乡明白公正士绅一人，邀集选民选举之。

乡设选民会者，由选民会按照该乡议员额数公推选举人。

第八条　选举日期由本府知府定之，于十五日以前出示通告各选举区。

第九条　议事会未成立之镇乡及乡选民会与他镇乡合并者，应于奉到告示十日内预先推定选举人。

第十条　选举票由本府知府制就，发由三县知县转分各选举区。

第十一条　选举票分为二项：

甲、记名票。照本规则第五、第七条选举者适用之。

乙、无记名票。照本规则第三、第四、第六条选举者适用之。

第十二条　议事会已成立之城镇乡以议长为监理人，由议长于议员中指任四人为投票、开票管理人。

第十三条　合并选举区之监理人及投票、开票管理人由区内各议长、议员共同任之。

第十四条　由绅民选举及绅民共推选举人者，均由选举人中共推一人为监理人，并指任投票、开票管理人。

第十五条　投票、开票同日行之，以上午为投票时间，下午为开票时间。

第十六条　投票、开票完竣，由管理人、监理人将投票、开票情形分别造具报告呈报该管知县。

第十七条　办理本会选举事宜，由本府知府照请明白公正之士绅一人为参议员，山、会、萧三县知县各照请一人为参事员。

第十八条　本规则于三县县议事会成立后失其效力。

山会萧塘闸水利会议员选举规则

第一条　本会议员按照三县之城镇乡区域配置人口分区选举。

右项之选举区另表规定。

第二条　选举日期由知府定之。先十五日出示晓谕。

三县县议事会成立后，本会议员之选举即于县议事会议员选举时同日行之。

第三条　届选举日，各区选民均应到投票所用无记名单记法投票选举。

第四条　凡选举区因投票不便，得于就近地方分设投票所。

前项之投票所选举议员，仍以所定选举区中之选民为限。

第五条　凡分设投票所者，其开票所仍限以一处，当选之票数仍就各投票所之当选票合计。

第六条　凡投票所分设数处者，其管理人以本区之总董或乡董充之。

第七条　选举事宜由城镇总董或乡董管理之。若两选举区合为一选举区者，由三县长官各就其所辖区域于总董或乡董中派定一人管理之。

第八条　选举票由会长制备，呈府盖印，分发于管理人。

第九条　管理人应按照各区投票人数分别造具投票簿。簿中应记载投票人姓名、年岁、籍贯及住所。

第十条　管理人应亲莅投票所监察投票。

第十一条　投票以午前八时起，午后六时止。

第十二条　投票以列名各该投票所之投票簿者为限。

第十三条　管理人应于五日前分发知会单于各投票人。

第十四条　投票人不得请人代理。其有照城镇乡地方自治选举章程第二十七条特许者不在此限。

第十五条　投票人应在投票簿所载本人姓名项内签字。

第十六条　投票毕之翌日，管理员当众开票。

第十七条　凡选举票无效者如左：

一、写不依式者。

二、字迹不可认者。

三、不用投票所所发票纸者。

第十八条　选举以得票较多者为当选人。名次以得票多寡为先后，票数同者以年长者列前，年同以抽签定之。

凡次多数之得票人均作为本会候补议员。

第十九条　当选人确定后，管理人应即将当选人及得票人姓名及得票数目榜示，并造具清册，连同选举票纸呈送绍兴府知府，由知府通知各当选人。

前项清册及选举票纸于下届选举以前由知府保存之。

第二十条　当选人接到前条通知后，应自通知之日起五日以内答复应选。其逾限不覆者，作为谢绝。

第二十一条　凡应选者，由知府给予执照，并呈报抚宪存案。

第二十二条　选举无效、当选无效、选举争议悉遵照府厅州县议事会议员选举章程行之。

第二十三条　各镇乡议事会未成立以先，其选举事宜由三县长官择派绅士办理之。

其有选民未调查完竣之区，则由该区按照规定选出议员额数，召集本区之田地管业人举行选举。

浙抚札绍兴府知府改正塘闸水利会规则文（清宣统三年五月）

为札知事：前据该府禀呈塘闸水利会规则草案六十条，现经本抚院提交会议厅审查科审查，佥以是项塘闸，关系三县人民之生命田庐，亟应组织团体，力筹保障。惟查第一条声明本会之设立，根据于本省公布施行之农田水利会规则，则凡关于选举事宜，应遵照该规则第九条之规定。现在山、会、萧三县城镇乡自治会业已成立，又应适用该规则第十六条之规定，今观草案第四条编制议员会长及会董，其名目与农田水利会相符，而第五条又谓本会之选举依府厅州县自治章程行之，其意盖以塘闸水利为山、会、萧三县全体公益，不知筹办水利属于城镇乡自治范围，如谓兹事体大，非一乡所能担任，亦应遵照城镇乡自治章程第十三条，凡二乡以上，有彼此相关之事，得以各该乡之协议，设联合会办理之。今本案于山、会、萧三县自治会未成立以前，按三县户口总数选举议员，其议长名目则本之自治章程，其会长名义则本之农田水利规则，其会议及职务之规定，分议决、执行两机关，又似参照城镇乡议事会、董事会之设置，盖合两种自治章程与本省单行规则互相杂糅，条理殊欠分明。总之，是项水利固为当务之急，但既认为农田水利范围之内，则当由城镇董事会乡董及水利关系人拟订细则行之。其地理上为三县公共关系，当县自治未成立以前亦应由三县城镇乡联合会协议定之，即须设特种之机关，亦应由联合会议定，呈由该府札饬山、会、萧三县，定期召集城镇董事会乡董联合协议，组织水利会拟订细则，呈候该县会核施行。前项草案其中不无可采之处，可由该府发供参考。该水利会未成立以前所有紧要工程，仍由该府督饬原办塘董赶速办理。再原禀所称，请参议参事员等名目，并即取消。合行札饬札到该府，即便查照办理，克期议定详复，勿延切切。此札。

绍兴县议会咨绍兴县知事修正塘闸局案并选举理事文

（附议案　中华民国元年）

为咨请核转，并给委任状事。本年八月九号，准贵前知事俞咨开：八月四号，奉前浙江民政司长褚批知事，呈本会议决，拟设塘闸局暨举定职员，分别开具清折，请核并发理事长委任状由。奉批，阅来呈拟设绍兴县塘闸局，办理塘务，以救塘董之弊。所见甚是。该县塘闸，平时岁修及管理事宜，应准统归该局办理。察阅章程，理事长统辖全局。又有文牍、庶务、会计等专员，工程理事似属闲职，应即删除。查工程一项，塘工最关紧要，非有专门学识，定难胜任。应即改设技师一员，以聘请具有工程学识之员充任，俾得随时筹划，以免意外。至于经费，应由塘闸捐项下，及县税项下，拨充济用，仰即转饬知照，并将章程更正呈司核夺。等因转咨到会，仰见司长擘画周详，思虑精密，钦服莫名。伏念御灾捍患，必须未雨绸缪，而用人行政，尤宜分头兼顾。绍属一带塘身，西接萧邑，回环约二百数十里。除南塘离海较远，虽有缺陷，暂可无虞外，东、西、北三塘，或直顶江水之冲，或横受海潮之逼，几无一处无险境。每当霉雨秋风之际,此须修葺,即彼须培护。一遇水落石出之时,此须巡江,即彼须探海。似此节节防备,互相联络,犹恐稍有疏虞,断非尽一人心思耳目所能顾全,亦非竭一手一足之劳所能了事。此本会鉴于西塘之坍没,而恨前事之失检,鉴于东北塘之薄弱,而叹旧董之一团散砂,皆漫不经心也。爰是公同决议,设立塘闸局为根株地,举声望交孚者一人为理事长,以总其成。举素有工程经验者二人为工程理事,使来往塘闸间,随时察看修浚。其余文牍、会计、庶务,各事所事。至技师一项,原属工程必需之才,但遴选固属不易,而经济亦极为难。是以拟待大工时聘用,盖系单简办法,不敢稍涉冗滥之意。兹奉批饬改正,自应酌量改易。查理事长汤农先,现已谢绝开会公决,议将理事长一员裁去,并删除工程理事名目,改为正理事一员,副理事一员。业经投票选举,王君植三得二十三票当选为正理事,何君子肯得二十一票当选为副理事。余则支配定当,实属删无可删,亦加不便加。惟有仍循其旧,相应将修正塘闸局案章程,咨请转呈民政司核夺,一面请给正副理事各委任状,俾资执守。此咨。绍兴县知事陆。

修正设立塘闸局案

(甲)组织及选任

一、绍兴县城内于旧有汤公祠地址设绍兴塘闸局一所(各塘有险工随时在工次设立工程处)。

二、局内设正理事一人,副理事一人,由县议会议员过半数投票选举。以得票最多数者为正理事,次多数者为副理事。当选后咨请县知事核准,给予委任状,并呈报民政司。其任期以三年为限。任满连举得连任(选举正、副理事须于工程素有经验,众望允孚者为及格)。

三、正理事因事出缺,以副理事补之。副理事遗缺应即补选。

四、如有险要工程,由正、副理事得协商聘任技师。

五、文牍(兼书记)、会计、庶务各一人,由正、副理事协商遴选聘任之(如有险要工程时得于工程处设临时各职员)。

六、由县议会每届常会期,于议员中互选常期监察员二人,临时工程监察员二人。

(乙)职员及权限

一、正理事负本局范围内随时稽察塘身闸务,对内有统率之权,对外有代表全局之权。

二、副理事负协助正理事全局之责任。

三、文牍兼书记承正、副理事之命，办理文牍兼记录缮写，并掌管塘闸图籍案卷。

四、会计员承正、副理事之命，管理银钱收支及报销事项。

五、庶务员承正、副理事之命，处理局内职务及工料收发事项。

六、监察员受县议会之委托，担任监察各职员并查勘工程稽核帐目各事项。

七、局内各职员办事细则，由正、副理事会同各职员公同议决，咨由县知事核准施行。

（丙）经费

一、岁修经费由县议会议决各项塘闸捐项下支出之。不足由县税项下拨充之。

二、遇有险工，依据临时省议会议决案办理。

三、所有塘闸经费，由管理公款公产之自治委员掌管之。塘闸局得以随时支用。

（丁）薪水及公费

一、正副理事、文牍、会计、庶务等员，均为有给职，其薪水由县知事提出于县议会议决之。

二、监察员为名誉职，不支薪水，但给相当之公费。

塘闸局员役薪工支出表

员役名称	员役额定	月支薪工	附注
正理事	1	24	按：原表正理事月薪五十元，副理事月薪四十元，未免太优。因理事皆本地人，含有义务性质。公议删定正理事月薪廿四元，副理事月薪廿元。
副理事	1	20	
临时、常期监察员	4		常期监察二员，临时监察二员，不支公费。如遇赴工监察用款，实用实支。
文牍兼书记	1	16	
会计	1	12	
庶务	1	12	
公役	2	12	公役每名月支工食六元，二名共十二元。

备考：（1）原表于薪工公费之外，不列杂用，似系遗漏。应由塘闸局核实预计补报。

（2）原表公役一名，另文追加一名。共二名，已列入表内。

（3）临时员役，应俟所出险工之大小，始能规定员役之多寡，未便凭空悬拟，故不列表。

绍兴县议会咨复绍兴县知事追加塘闸局经费文（中华民国元年）

绍兴县议会为咨复事。十二月一日准贵知事咨交议塘闸局经费预算及另文追加公役一名案到会，准此，当付大会公同议决，列表附奉。查正、副理事系本地人民，办理本地水利，含有义务性质。原表开列月薪未免过优，是以减削。常期、临时两项监察员，俱系本会议员，此亦应尽义务，未便另支公费。如遇出发应用，一切实支实销。至临时员役，当视所出险工之大小，始能规定员役之多寡，势难凭空预拟，故于表内删除。来表但列员役薪工公费，不列杂用，似系遗漏，拟请转知塘闸局预计补报。所有议决缘由，相应咨复贵知事，请烦查照施行。此咨绍兴县知事陆。

绍萧两县水利联合研究会设立公牍（中华民国五年）

绍、萧两县知事会详浙江巡按使、会稽道尹文。

详为拟设两县水利联合研究会酌订简章，附具预算表，会衔详祈察核批示备案事。窃查绍、萧两县，地势低洼，向称泽国，赖有沿江沿海塘闸堰坝，节节设置，以为宣潴蓄泄之预备，每值海潮汹涌，山洪暴发，以及旱涝不时之际，藉资抵御操纵，民命田庐得以保障，所关特重。改革以前，两县设有塘工董事，专司水利。民国以后，议会建议特置机关，各设塘闸局，公举理事专任其事，诚重视之也。比年江海各塘，迭次出险，如绍辖之东江塘，萧辖之西江塘，绍、萧兼辖之北海塘，屡被风潮冲决坍陷，损失人民生命财产，警告频闻。虽经两县官厅督率塘闸理事，随时设法抢堵，分段筹修，未成大患，而办工之竭蹶，集费之艰难，与夫居民之十室九惧，塘堤之百孔千疮，官民俱困，公私交迫，诚有笔墨难以形容，智愚为之束手者。知事等推原其故，江防之设，历数百年或百数十年。或系石塘，或为土塘，当时择要设置，几费经营。迨历年久远，江流改变，沙石走卸，塘根失据，海潮深啮，已非复昔日坚固不拔之旧观。加以递年日炙雨淋，塘面固受挫削，而沧桑屡易，沙角坍涨靡常，塘身为怒潮吞蚀，坍损尤多。虽近岁西塘“归、王、鸣、凤”及“平、章、爱”等字号，叠办大工，藉以拯救目前。无如其他险工，仍层出不已。限于财力，仅得补苴罅漏。民力既殚，后患无已。此外，闸坝等项并为水利重要之枢纽，非竭集思广益之图，曷收一劳永逸之效？兹经会同商酌，拟设两县联合水利研究会，草定章程，选任会员，举两县塘闸水利之应兴应革事件，如何而可消弭目前与防止将来种种险患，一一付之研究，随时随事，筹定办法，详报施行。总期策地方之安全，奠苞桑于永固，以仰副钧台振兴水利，保护人民之意。是否有当，所有拟订简章并预算表，理合分别缮就备文详送。仰祈钧使尹鉴核，俯赐批示备案，实为公便。再，此系绍署主稿，合并声明。除详巡按使外，谨呈浙江巡按使屈，浙江会稽道尹梁。

计送简章一份，预算表一份。

绍兴县知事宋承家
萧山县知事彭延庆
洪宪元年三月七日

浙江巡按使屈批

详件均悉。该知事等为讲求两县水利消防险患起见，议设水利联合研究会，具征实心为民，深堪嘉许。察阅拟订简章，亦尚妥洽。应准备案。所需经费，并准由两塘闸经费项下核实支销。惟该会将来研究情形及议决执行事件，仍应随时详细具报察核。仰会稽道道尹转饬遵照。此批件存。

浙江会稽道尹梁批

详件均悉。准予如详备案，仍候巡按使批示。此批附件存。

简章

第一条　本会以研究两县塘闸堰坝水利兴废，消弭现在及防止将来一切险患，以保护人民生命财产为宗旨。

第二条　本会设常任会员八员，每县各派四员。由两县知事各别选充。详报巡按使暨道尹，并咨水利委员会分别备案。

第三条　本会遇有重要事项发生时，得设临时会员，无定额。

前项会员由两县知事临时选充之。

第四条　会员之资格如左：

一、于水利事宜确有经验者；

一、现任水利职务者；

一、熟悉江海各塘情形者；

一、熟谙土木工程者；

一、饶有学识素孚众望者。

第五条　本会附设于两县塘闸局内，遇有会议事项，由两县知事任择一处作为会场。

第六条　本会以塘闸局理事为常驻会员，会内文牍、会计、庶务等事，由局内办事员兼任，视事繁简，酌给津贴。

第七条　本会分常会议、临时会议两种。

每月开常会议二次，以一日、十六日为定期。

临时会议无定期，由两县知事随时商定召集开会。

第八条　会议时以县知事为议长，在何县地点开会，即以该地知事当之。设两县知事一同到会，以抽签定之。

知事因事不克到会时，得派代表。

第九条　本会办事之范围如左：

一、关于调查水利应兴应革事件；

一、关于规画水利工程事件；

一、关于计划水利经费事件；

一、关于测绘编制水道里程暨塘闸堰坝形势等图表事件；

一、关于县署交议事件；

一、关于审查人民水利建议事件。

第十条　本会议决事件应由两县知事覆加审定，分别执行。

第十一条　会员均为名誉职，不支薪水。惟到会时，由会备膳，并得开支来往川资，以免赔贴。

第十二条　本会开会时纸笔茶水等一切费用，与夫查勘水利船川并绘编图表等项经费，另定预算表。其费由两县各半分担。在县款塘闸经费项下核实开支。

第十三条　本会系特别组织，作为暂设机关，其应存应废，由两县知事随时察酌，详明办理。

第十四条　本简章如有未尽事宜，随时会拟详报修正。

第十五条　本简章以详奉列宪批准之日起发生效力。

按：右录简章于民国五年三月十四日奉会稽道尹批准，又于三月二十日奉会稽道尹第七三八号饬开转奉巡按使批准。

修改本会简章条文

一、议常任会员每县各添四员(关系第二条)。

一、议开会地点绍、萧两县挨次轮流(关系第五条)。

一、议本会常会每月一次,以十六日为定期(关系第七条第一款)。

以上于第一次常会议决,在本会预算案内一并奉批照准。

一、议两县知事一同到会时,以非所在地之县知事为会长(关系于第八条第一项末段)。

以上于第三次常会议决。

议事细则

第一条　本会所议事件,以关于绍、萧两县水利上共同之利害者为限。

第二条　关于绍、萧两县水利上之调查兴革规划,工程计划经费,由两县会员研究后于开会时共同决议。

第三条　关于一县水利上之事件,由两县会员各别自行会议,彼此互不参预。

第四条　关于绍、萧两县水利共同事件,提出于第一次常会者,将应议事件刷印分送会员先行研究。于第二次常会时会议。以后递次照办。

第五条　发生紧要事件,关绍、萧两县水利上共同之利害,不及于前一次常会时提出而急待后一次常会时会议者,可由县署先行备文,两相知会(例如为绍县会员所提出者,由绍县知事将所提出事件,知会萧县;为萧县会员所提出者,由萧县知事将所提出事件,知会绍县),以便开常会时,共同会议。其有迫不及待须开临时会者亦同。

第六条　绍、萧两县人民关于绍、萧两县水利上有上建议事件于本会者,其付会议之手续,查照本细则第四条办理。其建议事件非常紧要不及于前一次常会时提出,而待后一次常会时会议者,付会议之手续,查照本细则第五条办理。

第七条　本会常会时,会员不足半数者,虽不能开议,然亦当交换意见,以资研究。

第八条　绍、萧两县会员提出事件,或绍、萧两县人民提出事件关于两县水利范围者,其会议时非有三分之二以上之会员到会不能付表决。

第九条　会议事件,两县会员有意见不能一致时,得并列意见会详两县知事互商决定。

第十条　本细则如有未尽善处,随时会议修正。

第十一条　本细则由本会绍、萧两县会员通过后发生效力。

预算

经费预算表

款　别	每月预算数	说明
纸张笔墨	四元	开会及平时应需各种纸笔等费约需上数。
川资饭食	十二元	开会时两县会员互相往来应需川资及供应饭食约需上数。
杂支	四元	会内零星杂用约需上数。
预备费	三十元	预备各种特别支出,如查勘水利绘图编表,办事员津贴等费,约需上数。
合计	五十元	

备考:表列经费每月需银五十元,系假定之数,仍应实支实销,以不越此数为限。已支之款,由两县各半分担,在县款塘闸经费项下开支。

修正预算议决案

一、议两县会长到会时,船川轿资各六元。随从按名酌给饭食。如会长派代表时减半。但本县会长及代表不在此限。

一、议两县会员到会时,除两局理事在本局开会不支川资外,其余每员三元,在本县境内者减半。

一、议开会时由轮值之塘闸局预备午膳两桌,每桌两元为限。临时会不以此数为限。

一、议办事员每月津贴八元,两局各半。

右系第一次常会议决,应即根据原预算表加入议决各项,更列一表如左:

修正预算表

款　别	每月支出预算数	说　　明
纸张笔墨	4元	开会及平时应需各种纸笔等费约上数。
川资饭食	46元	非所在地之县知事,船川轿资洋六元,会员每员三元。本县会员每员一元半。本县知事及本县塘闸局理事不支川资。午膳两桌,每桌限二元。合计如上数。
杂支	4元	会内零星杂用约如上数。
预备费	30元	预备各种特别支出,如办事员津贴,每局每月四元,共计八元。及查勘水利绘编图表等费,约需上数。
合计	84元	

备考:表列经费每月约需洋八十四元,系假定之数,仍应实支实销,以不越此数为限。已支之款,由两县各半分担,在县款塘闸经费项下开支。如非所在地之县知事派代表到会时,其川资比照本人减半。

附录：绍兴萧山县知事宋彭来函（五年七月三十一日发同年八月七日到会）

迳启者：案奉贵会函送到第一次常会议决事项记事书到署，当以议决事项除添设常任会员一项已专案会同呈报外，其余各项均与原送简章预算表稍有出入，自应以议决者为准。即经照录记事书，会衔呈报都督暨民政厅长察核。嗣于七月十六日奉民政厅长王批开，准予如呈备案。此批记事书存。等因。兹又于七月二十二日奉民政厅饬开，奉都督批，发会呈前由，奉批呈折均悉，仰民政厅查核备案，饬知，并饬将应修水利事项，分别最要、次要，切实研究，议定办法，呈候核夺，毋得徒托空言，是所厚望，此批呈抄连折发等因转行各到县相应录批。会函奉布。祈即贵会查照。此致。

马鞍士绅议设闸董禀绍兴府文（清光绪三十四年）

窃维养民以兴利为先，行政须分人而治。本邑地处水乡，民生祸福，枢纽在闸。况值连年米珠薪桂，更不能不于有关稼穑之事，共谋利益而惠闾阎。兹因职等所住马鞍村内汤湾地方，向有刷沙闸一洞，视积潦成浸之时，每年开放数次，以辅大闸之不逮。惟闸关以后，必须于闸外建筑土坝一道，名曰拦潮坝，以免咸潮渗入闸内，妨害汤湾附闸田畴，每筑一次，约需工料钱二十余千文。近闻闸夫向塘闸局承领是项钱文，每次不及十千，不敷之款，须向汤湾防盐农民苛派弥补，而汤湾地土较高，不甚畏水，他处成灾，汤湾未淹。是以汤湾人视闸如雠，每当应开之时，不肯听从他处人开掘。他处禾苗遭水涨，盖不堪迟旦夕，争端屡起，事机易失，民食大利，暗伤无算。兼顾是闸局董，远在城中，耳目难周，闸夫人等，得以上下其手，激成冤狱者有之。然有闸不开，设闸何为？究厥原因，汤湾人亦非有恶开闸，实恶派捐坝费。塘闸局存款充裕，本属公积公用，局董宜皆开明之士，谅勿有意惜此每年区区数十千筑坝正用经费，吝不付足，以致误公殃民。只以城乡远隔，未知底蕴，而就地士绅，又皆向存杜门自守之见，漠视地方公益，无人出面建议，遂不免拘泥旧章，撙节用度。若闻昌言，自必乐从。现经职等查悉情形，公同会商，拟请饬下山阴县暨塘闸局，亟宜添设专司监督该闸启闭，领款筑坝事宜，就地义务绅董一员，庶几照顾近便，较胜远隔遥制。由县照会请定，即与局董会同该董勘估，每次筑坝究应经费若干，准予领足公积局款，禀详立案，永为定章。不准闸夫人等再令居民苛派分文，致令政体蒙羞。并不准汤湾诸色人等，再有把持阻挠情事，违者由董送县，分别从严究处，一面酌量水势情形，在闸旁竖立水则碑一方，示民启闭准的，使董亦得遵循办理。嗣后弊绝风清，闸夫无可需索，仅赖原定工食，恐不足以养其身家，应否稍从优给，以示勉励，并会同议。及至绅董既合担任地方义务资格，必出地方公选、公举，品望高于寻常，未便亵以薪水，然欲其办公而使有徒行之劳，殊非文明大国崇德尊贤之道，志士灰心，往往失之礼貌。应由塘闸局每年致送舆马费钱十串八串，用昭郑重体恤之意。似此拟议办理，在公款所费有限，在小民获益良多，采诸舆论，皆以为然。理合公同联叩大公祖大人察核施行，实为地方幸福。如蒙核准，查有住处与闸相近曾任福建霞浦县典史耆绅陈纶，资深望重，办事认真，上年就地办理平粜禁烟，诸公益多赖赞助。若能以之董理该闸一切事务，乡民皆所深愿，职等为闸择人，即所以为民请命。是否有当，恭候批示。祇遵。戴德上禀。

民国元年省委塘工局长

民国元年十一月，绍兴县知事陆钟灵，萧山县知事卢观球，以西江塘危险情形会呈朱都督，请为派员拨款赶修，奉朱都督瑞批云：呈悉。查此案昨据该二县知事会呈，抢修西江塘工程收支清册，并另拨的款，兴办大工等情到府。即经批司迅派熟谙工程人员，前往会县查勘，赶速兴修在案。据呈，前情仰民政司迅即查照前批办理，并将财政司已拨定之三万元，除已由司拨付该二县领用一万元外，尚有二万元，应即分别咨领拨用。其不敷之款，仍遵前批，应由地方负担，并即转饬遵照，并将办理情形，随时具报。即经屈民政司映光，派邵文镕为局长，兼理技师事务，筹画一切。并以塘工局钤记，应请都督颁发转给，以昭信守。至修筑塘工款项，并请都督转饬财政司先拨二万元，以使开工应用云。(见民国元年十一月十二日《越铎日报》)

绍萧塘闸工程局局长曹豫谦函告设处就职文(中华民国十五年九月)

迳启者：案奉总司令，省长会委办理绍、萧塘闸工程事宜，敝局长遵先在省设处筹备，一面亲诣各塘闸视察险要工程，照章在绍设总局，并就北塘地势适中之新发王村，设立工程行局，即于九月十六日在工次就职。除呈报分行外，相应函达查照。

绍萧塘闸工程局简章(十五年七月)

第一条　本局专管绍、萧两县塘闸工程，设总局于绍兴，由总司令，省长会派局长一人，督率局员主持局内外一应事宜。

第二条　本局设总稽核一人，总核各股应办事宜。

第三条　本局设工程师一人，副工程师二人，办理各项工程事宜。

各股事务与工程上有关联者，工程师并负监察之责。

第四条　本局分总务、工务、材料、会计四股，每股设主任一人，助理及办事员若干人，视事务之繁简定之。

第五条　总务股之职掌如左：

一、关于撰拟文牍、典守关防事项；

二、关于收发文件、保管卷宗事项；

三、关于调查统计及公告投标事项；

四、不属于其他各股事宜。

第六条　工务股之职掌如左：

一、关于工程之计划及设施事项；

二、关于工程之测绘及计算事项；

三、关于工料之估计及稽查事项；

四、关于工作之监督及管理事项。

第七条　材料股之职掌如左：

一、关于材料之采办及承揽事项；

二、关于材料之收发及保管事项；

三、关于材料之数量册报及其他有关事项。

第八条　会计股之职掌如左：

一、关于款项之出纳登记报告事项；

二、关于编制预决算及报销表册事项；

三、关于使用物品及一应庶务事项。

第九条　本局为缮写文件，调查工程，得酌用书记、调查等员。

第十条　绍、萧两县原有塘闸局，改为东西区管理处，直隶于本局。就两县原有岁修经费移充，不敷之数，由本局补助之。

前项东西区管理处章制另定之。

第十一条　本局实施查勘修筑期内，得函请两县知事，派警协助。遇必要时并得邀集两县官绅公同讨论。

第十二条　本局所需各项经费，由总司令、省长指定塘工券奖余拨充，并分别造具表册呈送核销。

第十三条　本局各项办事细则，由主管员分别议拟，送经局长核定之。

第十四条　本简章自呈奉核准日施行。如有未尽事宜随时呈请增改。

绍、萧塘闸工程局员役名额俸给职务编制表

职　别	名额	月薪	职　务	备　考
局长	1	200元	综理局务	月支公费一百二十元，历照海宁塘工例，在工程杂用项下开支。
总稽核	1	80元	总核各股应办事宜	
工程师	1	90元	主持工务	
副工程师	2	120元	助理工程事宜	每员月各支六十元。
测绘员	2	60元	办理丈量测绘事宜	每员月各支三十元。
总务主任	1	50元	主持文牍收发统计等事	
总务助理	4	120元	辅助主任分办各事	二员月各支三十六元，二员月各支二十四元。
书记	6	96元	缮校文件	每员月各支十六元。
工务主任	1	工程师兼不支薪	主持工程事宜	
工务助理	5	144元	辅助主任分段监视工作	三员月各支三十二元，二员月各支二十四元。
材料主任	1	50元	主持材料事宜	
材料助理	4	132元	分任采办验收保管等事	一员月支三十六元，三员月各支三十二元。
会计主任	1	50元	主持会计事宜	
会计助理	3	104元	分任庶务出纳监印等事	二员月各支三十六元，一员月支三十二元。
办事员	6	104元	酌量事务缓急分别办理	二员月各支二十元，四员月各支十六元。
调查员	4	48元	派遣各处调查事宜	每员月各支十二元。
顾问咨询		120元		拟延聘熟习河海工程人员为本局顾问、咨询，以资研究。每月假定致送夫马费洋一百二十元。照原案已减半，其员额俟设局后再定。
管工	6	66元	分派各段管理工程	每名月各支十一元。
测地夫	2	20元	随同丈量服务琐事	每名月各支十元。
看守夫	4	36元	分派各处看守材料	每名月各支九元。
公役	8	72元	服役	每名月各支九元。

说明：以上职员俸薪总额月支洋一千五百六十八元，夫役工食月支银一百九十四元，合共支银一千七百六十二元。

绍萧塘闸工程局办事规则

第一章　总则

第一条　本局依据简章分设总务、工务、材料、会计四股,各股职务悉依本规则办理。

第二条　本局办公时间,规定每日上午八时至下午六时止,但遇事务紧要得提前或延长之。

第三条　本局职员因事请假,应陈明局长核准,于请假单内注明请假日数,并代理人姓名,交由会计股汇登请假簿,以资考核。

第四条　出差人员应造具旅费支出计算书,连同日记簿及请领旅费单,交由会计股核发。

第五条　各股主管事务,有互相关涉者,应协商办理。遇意见不同时,由局长裁定之。

第六条　遇有事务繁剧,主管股职员不敷分配时,得由本股主任陈明局长,指派他股职员兼办。

第二章　总务

第七条　总务股应置备左列各种簿籍:

一、收文簿;

二、发文簿;

三、送稿簿;

四、送签簿;

五、送文簿;

六、卷目簿。

第八条　凡文件到局,由主管员编号,加盖年月日戳记,摘由登入收文簿,送请局长暨总稽核书阅后交主管员核办。

第九条　主管员接到文件即行撰拟复稿,至迟三日内登簿送稿。遇事务紧要时并应随到随办。

第十条　凡拟办稿件,先由拟稿员署名盖章,经总稽核暨主任核阅后,送局长书行。凡有关联两股以上之件,应分送各股会核盖章。

第十一条　文件经局长核定后,交各书记员分别缮正,摘由登入送签簿送请用印。

第十二条　各项发缮稿件，监印、校对、书记各员均应在文后连署盖章。

第十三条　文件用印后，由主管员摘由编号，登入送文簿，专差寄递，并在底稿封面标明发送日期，连同送文回执，并交管卷员随时夹入卷套，归档保管。

第十四条　各股调取档案，应备条送交管卷员检取。阅毕，随时送还归档。如有泄漏或散失情事，由调取者完全负责。

第三章　工务

第十五条　各项工程，先由工程师、副工程师，会同工务主任，分别测勘，详细估计需用材料若干，工价若干，绘具图表送经总稽核覆核后，再送局长察夺，一面并知照材料股从事采办。

前项，工务主任得依事实上之便利，由工程师或副工程师兼任。

第十六条　前条估计图表经局长核定后，交由总务股拟稿，呈省。俟奉核准后招工承揽。

工作承揽式样另定之。

第十七条　开工后，应由工程师副工程师随时在场指挥监督，依照原估计划图样及承揽内载明条款实施工作。

第十八条　需用各项材料，应由监工员出具领料单，载明材料种类、数量，经工程师核准后，向材料股领取，并在领料单内盖章证明负责。

第十九条　各料领到时，由监工员发给各工头应用。如有偷漏缺少，立时根究追赔。

第二十条　每日工作情形及工作人数，气候晴雨，应由管工随时报告监工员，填具日报送请工程师查核。

第二十一条　工程师接到前条报告时，应编制旬表，转报局长察核。

第二十二条　材料收量时，副工程师应在场监视审定。如有货身低劣，尺寸不符，以及不合工用之料，随时商请材料股剔退。

第二十三条　工头于本段工程未经完竣时，只准预支已做工程十分之八。由工程师分次核明，填给预支单，送交会计股照发。

预支单式样另定之。

第二十四条　本段工程完竣，应由各工头按照承揽数目，开具正式收据。经工程师核准，送交会计股照发。一面由工程师督同本股职员造具决算表，送交总务股拟稿，呈省请即派员验收。

第四章　材料

第二十五条　应用各项材料种类、数量，一经工程师估计确定知照后，须立时预为采办，与各该商号订立承揽，嘱令依限陆续运送济用。

材料承揽式样另定之。

第二十六条　材料股应置备左列各种簿籍：

一、定货簿；

二、收料簿；

三、发料簿；

四、分类簿。

第二十七条　各料订立承揽后，应即记入定货簿，注明材料名称、数量、价目，及承办商户姓名，以备查考。

第二十八条　各项料价，俟货运齐，由商号开具正式收据，经主任核准后，送交会计股照发。如订约时，商户请求预借底码银元，应即请示局长办理，但至多不得过总额十分之二，以示限制。

第二十九条　商号运送材料，应由局填发护照，并预行函知财政厅知照，沿途经过局卡验照放行。

护照式样另定之。

第三十条　各料运到时，由本股人员眼同收量，即将各料种类、数量、尺寸、货身，填具报告单，报告主任覆核无误，记入收料簿，照数核收。如查有货身尺寸不符，应立时剔出退换。

第三十一条　工场需用物品材料，照第十八条凭监工员领料单照数给发，并随时记入发料簿，以凭稽核。

第三十二条　每月收发材料数目，应汇入分类簿，于月终送请局长查阅，并于次月五日内编造四柱清册，及材料价目运费表各一份。呈报省公署备案。

第五章　会计

第三十三条　会计股应置备左列各种簿籍：

一、草流水簿；

二、大流水簿；

三、总清簿；

四、局用分类簿；

五、料用分类簿；

六、工程杂用分类簿；

七、局用器具编号簿；

八、工用物品簿；

九、请假簿。

第三十四条　本局经、临各费，就预算范围内，每月由会计员编送支出计算书，及收支对照表，送请局长审定后，呈报省署核销。

甲月书表至迟乙月五日内办竣。

第三十五条　本局局用、工用、料用、杂用，以及附属机关请领各费，每月由会计员分别编造表册，呈省核销。办法与前条同。

第三十六条　本局经费存储杭、绍两处殷实银行，每月需用时，应填具支票，送请局长盖章签字，持向银行支取。

前项办法附属机关请领经费时适用之。

第三十七条　本局职员俸给、津贴，每月终由会计员开明职务、姓名、数目，连同请假簿，送请局长核准照发，不得预支。

员司请假暨支给薪津规则另定之。

第三十八条　本局购置物品及一切用款，须呈奉局长核准后方可照支。付款时，无论数目多寡，均须取具正式票据，以便黏联收据簿，汇送省署。如为数过微，或事实上确难取得收据，应由庶务员书条证明之。

第三十九条　各种用款，应随时记入草流水簿，每晚转入大流水簿，至月终汇入总清。

大流水簿，按照支付预算所列款项，每款之上应加盖木戳，标明性质，以便转入总清及分类簿。

第四十条　局用器具应一一编号登簿，并注明领用处所，无论何人，不得随意移动。如有特别事故，必须移动时，应通知庶务处，将领用处所及号数改编。

第四十一条　各处应用物品器具，由领用处填具领物证，注明品名、数量，并加盖图章送庶务处照发。

第四十二条　存储及消耗物品，每届月终，由庶务员编造四柱清册送请局长核阅。

第六章　附则

第四十三条　本规则自本局成立日施行。

第四十四条　本规则如有未尽事宜，得随时增改之。

护塘会大纲

第一条　本会定名为护塘会。就近塘各村组织，或一村自为一会，或数村合为一会，由各村自定之。

第二条　本会会员以本村之壮丁充之，公推有资望经验者为领袖，主持抢险事务，并受管理处之指挥监督。

第三条　凡遇塘堤出险，一经鸣锣告警，须立时集合出发抢救，不得延误。

第四条　塘堤险要地方，应需抢险工具，事前择要购置，妥为存贮，其费用由管理处核明转请塘闸工程局发给。

第五条　抢险工资，按日计算，由塘闸工程局于工竣后支给之。

第六条　抢险出发时，应制布旗一方，标明某塘某段某村，以资识别。

第七条　抢险出力之员，由塘闸工程局核给奖牌，其尤为出力者，得由局呈请省长给奖。

第八条　抢险规则由各村参酌就地情形自行订定，报明备案。但不得借护塘会名义干预其他事务。

绍萧塘闸工程局呈总司令省长呈订东西区管理处章程文

（十五年九月，附章程）

呈为拟订绍、萧塘闸管理处章程，请予核准分行事。窃维绍、萧塘闸局，在民国初元系由两县议会选举正、副理事负责办理。只以经费有限，员额无多，遇有险工，无从措手。经地方士绅来省呼吁，始蒙特设工程专局，大举兴修。而以原有之塘闸局改组为管理员办事处，专司管理。定章之始，本极周密。惜当时限于预算，未能将办事处员额经费量予扩充，致徒有管理之名，而无管理之实。及至专局工竣裁撤，办事处亦连带取消，斯为事实上所无可如何者也。此次奉令复设专局，责在举办大工。其寻常小修，以及平时管理防护事宜，仍须另设专员，以资臂助。惟是两县三塘，绵亘二百余里，较海宁塘路几长一倍。风潮汹涌之时，处处皆虞出险，亟应参照清季防汛专章，及海宁分区先例，回复旧日塘夫，给予工食，并将全塘分为若干段，每段设管理员一人，择近塘居住、朴实耐劳之士民，分别委任，仍就塘闸局旧址组织管理处，以董其成。庶于兼筹并顾之中，不失覈实循名之意。兹根据职局简章第十条之规定，拟订绍、萧塘闸管理处章程十二条，理合呈请总司令、省长鉴核备案。再，管理处系常设机关，与塘闸工程有密切关系，将来职局停办后，应分隶县公署管辖，俾专责成。如蒙照准，并请令行绍兴、萧山两县知事查照。合并声明，除分呈外，谨呈。

绍萧塘闸管理处章程

第一条　本管理处根据绍、萧塘闸工程局简章第十条之规定，就原有塘闸局改组，在绍兴县者，定名为绍、萧东区塘闸管理处；在萧山县者，定名为绍、萧西区塘闸管理处。均直隶于塘闸工程局，专司辖境内各塘闸寻常岁修，及管理防护事宜。其经费就两县塘闸捐拨充，不敷之款，暂由塘闸工程局补助之。

第二条　本处以左列人员组织之：

一、主任一人；

二、工务员一人；

三、巡塘员一人；

四、文牍兼缮校员一人；

五、会计兼庶务一人。

主任由塘闸工程局长就工程熟悉、众望允孚之士绅遴选委任，报明总司令、省长备案。其余各员由主任委任之。

第三条　各塘就形势便利，分为若干段，每段分为若干岗。段设管理员一人，岗设塘夫一人。

管理员由主任就近塘居住朴实耐劳之士民遴选委任，报明塘闸工程局备案。塘夫由主任管理员督同派充。

第四条　三江应宿闸设管理员一人，由东区管理处主任报明塘闸工程局，并知照西区管理处备案。

三江闸夫由主任督同管理员派充，其他各闸夫由主任派充。

第五条　主任每月至少巡塘两次，巡闸一次。巡塘时各巡塘员、管理员，均届期集合。第一次在第一段，第二次在第二段，挨次巡视，周而复始。

第六条　巡塘员每星期分班轮流巡视塘闸一次。管理员每三日巡视本段一次。并与邻段之管理员互相联络。

第七条　塘夫每日分上下午巡视本岗一次，塘上每隔若干步，应逐日挑积土方以备不虞。

第八条　主任、巡塘员、管理员、塘夫，均应备具巡塘报告，于每月终，由主任汇报塘闸工程局备查。报告方式由主任定之。

第九条　三江闸内河水势之大小、外港沙碛之坍涨，应由管理员按旬直接报告塘闸工程局，并分报东、西区管理处备查。

第十条　塘身单薄地点，以及逼近水溜处所，每值潮大风烈，管理员应不问晴雨昼夜，督同塘夫预备抢险工具，随时巡视。遇时机急迫时，并应飞报管理处，调集各段管理员、塘夫迅速抢护。

第十一条　岁修工程不满百元者，由管理处造具估计图表，呈经塘闸工程局核准修补。其寻常零星小工，由管理员督饬塘夫随时整理，并报明管理处备案。

第十二条　本章程自呈奉核准日施行，如有未尽事宜，得随时呈请修正。

塘夫应守规则

一、塘夫应受管理员之指挥监督，遵照本规则勤慎服务。

二、塘夫每日分上下午巡视本岗一次，在塘身单薄地点，以及逼近水溜处所，每值潮大风烈，尤应不分晴雨昼夜，随时巡视报告。遇时机急迫时，并须秉承管理员，预备抢险工具，集夫迅速抢护。

三、塘内之草，应于霉汛前刈割。塘外之草，应于立冬后刈割。塘面之草，应随时割去，不得长至一尺以上，致碍巡视。

四、塘内外离塘脚十丈之护塘田地，只许民间照常耕种，不准擅自掘土、堆物、起屋、造坟。如果劝阻不理，应报由管理员转呈核办。

五、塘身发见鼠穴獾洞，以及小有裂陷，应随时挑筑填补。如遇重大工程，即报由管理员转呈核办。

六、每一字号第一年挑土牛一个，第二、三年各挑土牛两个。每个需土两方，其底、面、高、阔尺数，及挑放地点，应照工程员及管理员之指示办理。

绍萧东区塘闸管理处办事细则

第一条　本细则凡本处办事人皆当遵守。

第二条　主任主管全处事务。

第三条　工务员之职务如左：

一、寻常岁修于开工时必亲往监督；

二、主任巡塘时，工务员应随同视察；

三、关于工程上之开支，应详列细账并保存票据；

四、凡巡塘员、管理员、塘夫之报告，工务员应负审核之责。

第四条　巡塘员之职务如左：

一、全塘分为东北两段，巡塘员二人，按照分配地段，第一星期甲巡东段，乙巡北段，至第二星期则互易巡视，周而复始。但亦得由主任随时指定，派往巡视；

二、巡塘员必就塘身及内外护沙详细查察，遇有情形稍有变更，即随时报告于主任；

三、每巡塘一次，按旧编字号造具报告一次。报告书内须署名负责。报告书式如左：

巡塘报告书第　　号中华民国　　年　月　日巡视									
塘之土名	字号第几段	塘身及护塘地有无损坏	塘外沙碛有无变迁	江流形势有无变更	塘身及护塘地内有无造屋做坟掘坑开埠等事	原有土牛有无倾陷	新添土牛若干	其他事件	备考
附记：									
中华民国　　年　月　日报告　　　　巡塘员署名盖章									

四、甲巡塘员之报告，与乙巡塘员之报告，如有不符之点，应由主任亲往覆查，或派工务员及其他职员覆查；

五、巡塘员于巡塘时，如遇管理员、塘夫查视塘身时，应将所遇地点及月日时间记明，有问答关于塘务事宜者，亦并记于报告书备考栏内；

六、巡塘员应随时与当地乡老咨询过去塘身状况，塘外潮水上落，沙涂坍涨情形，详记于报告书附记格内。乡老之住址、姓名，亦须详记，以备随时咨询；

七、塘内外居民户口之多少，其居屋离塘若干丈，或若干里，居民之状况、职业，亦可备载于附记栏内。

第五条　文牍及缮校员之职务如左：

一、撰拟文稿，拟定文稿，经主任签字后应即缮发。

二、管理案卷，凡新旧案卷，一律编列号数，列为案卷编号簿一册，案卷分类目录簿一册。

案卷编号簿		
事由	备考	号数
案卷分类目录簿		
事由	备考	号数

新到文件即随时分类，编定列入编号簿内，再按其类别记入分类簿。

列收文簿一本，每日收入文件，摘由填载，至归卷后，应于摘由下注明入某类第几号。

收文簿									
年	月	日	号	数	某处或某人	事由	备考	分别门类	编列号数

列发文簿一本，每文发出，应于簿内注明事由。发出后即将稿按类归入档中。并于事由下注明入某类第几号。簿式与收文簿同。邮寄或船寄或专送，于备考内注明。

三、缮录。凡发出文件，均应盖缮校员某某之图章。

四、核对。

五、保管处中所用各种图记，旧存及新刊图章，应列图章标样簿一本，将每章盖入一颗，注明此章作何用途。由他人使用者，更注明交某人保管使用。

图章标样簿	
图章	注明用途及何人使用保管

六、保管簿籍，立簿籍编号簿一本，将簿籍依次编号录入。随立一簿，必立一号。即属于他职员记载者，亦一律编号录入册内。注明由何人保管记载。更立簿籍分类簿一本，分别簿籍性质、种类记之，以备检取。

簿籍编号簿			
簿籍名称	立簿年月日	备考	号数

簿籍分类簿（式与前同）。

第六条　会计兼庶务员之职务如左：

一、掌司出纳，每月终总结一次，开列清单，报告于主任；

二、支出银钱均须取具收据或发票，随时编号，并置粘据簿一本，依号粘存；

三、流水账簿、总清簿内，记载账目均须将收据号数注明；

四、处中器具须随时检点，毋使缺少；

五、立器具簿一本，旧存新置，必随时登记。凡可粘贴纸张之器具，均须用纸标明名称、号数实贴；

器具簿					
名称	购置年月日	价值	用处	号数	备考

六、指挥工役，照看门户。工役如有保信者，送主任核定后，应将保信负责保存。

第七条　管理员之职务如左：

一、管理员所属塘堤如左表：

暂定塘堤管理分配表

塘之字号	起　讫	塘所在土名	分段编号	备考
东塘	"天"字号至"育"字号	大池盘头至烟墩下	第一段三岗	
东塘	"黎"字号至"圣"字号	烟墩下至偁山脚	第二段二岗	
东塘	"德"字号至"摄"字号	杜浦至西湖底	第三段二岗	
东塘	"职"字号至"明"字号	西湖底至曹娥	第四段四岗	
北塘	"天"字号至"羌"字号	三祗庵至盛五村包殿	第一段三岗	
北塘	"遐"字号至"敬"字号	大林村西至丁家堰	第二段三岗	
北塘	"孝"字号至"气"字号	丁家堰至大池盘头	第三段三岗	
蒿坝塘	"天、地、元、黄、宇、宙、洪、日、月、盈"十字			上虞辖境
沥海塘	共一百四十二字			绍属沥海

二、管理员巡视塘堤，每次均应造具巡塘报告书，报告于管理处。报告书式与巡塘员同；

三、本段管理员与邻段管理员因巡塘相晤时，或与巡塘员相晤时，均应将相晤地点、时日，记载于报告书备考栏；

四、管理员所管塘内，如有旁闸，一律负责管理，谨司启闭。闸内外情形，应照三江应宿闸报告书式一律报告；

五、管理员有督率塘夫之责，限五日内将巡视情形详具巡塘报告书一次，每月汇送管理处。塘夫不能自具报告者，管理员应代为报告，其报告书式与巡塘员同；

六、塘身单薄地点，及逼近潮流处所，应于受事两个月内详细报处；

七、旧有土牛尚有若干，在某字号塘上，应查明列表报告。以后塘夫挑积之土牛，应随时报告所积地点及容积。表式如左：

土牛调查表		
塘身字号	土牛容积	备考

八、遇潮大风烈时，应将塘内外情形及时间，于次日报告于管理处；

九、遇事机急迫时，如调集塘夫人数不敷，得临时招募，并将招募人数、工资，于三日内详列报告；

十、零星修补，责成塘夫办理。于工竣日报告于管理处，并于巡塘员经过时详细报告；

十一、关于塘工，一切管理员均有协助之责，并随时受主任之调遣指挥；

十二、管理员应随时以意见用书面陈告于管理处。

第八条　三江应宿闸管理员之职务如左：

一、管理员应常川住居三江闸之闸务公所；

二、每月自朔至晦应将潮汛大小列表详记；

每日潮汛报告(每月一纸)								
月	日	潮涨				潮退		备考
		时刻	高度	风势	晴雨	时刻	低度	

三、应宿闸旁近之闸，在三里内者悉归其管理；

四、督率塘闸夫谨司启闭；

五、巡视各闸港，每汛至少三次，随时函告于管理处，并陈述疏爬意见，遇有少许淤塞，应督率塘闸夫疏掘之；

六、查照从前禁例严禁捕鱼；

七、检查闸夫有无不规则行动；

八、每日闸洞启闭，均须列表详记，每月报告一次。表式如左：

闸洞启闭表(此表一日一纸，洞别栏内将各洞字号均行列入)										
年	月	日	时	洞别	启板若干块	下板若干块	闸内河水高度	闸外水高度	天时晴雨	备考

第九条　本处各员有互相协助之责，不得推诿。

第十条　巡塘员、管理员集合日时及地点，于先一次集合时定之，届时必须亲到。

第十一条　本处工务员及应宿闸管理员，由主任呈请局长加委，以昭郑重。

第十二条　本处办事时间上午八时起，下午四时止。

第十三条　除办事时间外，每日由各职员轮流值宿，凡值宿之员，无论何事，不得离处；遇有必要事故发生须离处时，应托他员负责代理。

第十四条　本处置考勤簿，到处职员，各自签到。簿式如左：

考勤簿				
姓名	到值时间	散值时间	请假或出巡	备考

第十五条　职员请假应具请假书，注明请假日数，并指定代理人。请假书式如左：

请假书				
姓名	请假事由	请假日数	指定代理人	备考

第十六条　有以公务来处，探访主任者，如主任公出，应嘱其详述事由，登入记事簿，以电话通问者亦同。俟主任到处，即时陈报于主任。

第十七条　本处发出文件均须经主任盖章。

第十八条　薪水工资于每月月底支给，均须取具正式收据。收据由处印制，无论何人不得借支银钱。

第十九条　处中时计应随时较准，遇各管理员到处时，必与其所携之表较对一次。

第二十条　处中及闸务公所均设风雨日记表一本，逐日记载。表式如左：

风雨日记表				
月日时分	风势方向大小	雨势大小	在何时时间若干	其他天气变态

第二十一条　主任巡视塘闸，离处、返处，月日时间，立簿记载。

第二十二条　本细则经塘闸工程局局长核定后实行。如有未尽事宜，得随时修改。

浙江省政府令知将局务结束逐项移交钱塘江工程局接收并委萧山县监盘文（十六年七月）

案查钱塘江为本省最大之江流，上接富春江，下达杭州湾，潮汛之势甚盛，沿江各塘工局修筑塘岸计划，既不统一，江身又未浚治。兹值革新伊始，励图建设之时，本政府为兼筹并顾，统一事权计，议决将海宁海塘工程局、盐平海塘工程局、绍萧塘闸工程局、海塘测量处等四机关一律裁撤，另行设立钱塘江工程局，办理两岸塘工，及浚治塘身等项工程。所有裁撤原有机关，筹设钱塘江工程局等办法，业经本省政府呈请政治会议浙江分会议决照准，并任命林大同暂署钱塘江工程局局长。各在案。除令饬钱塘江工程局局长前往各该裁撤机关接收,并令委萧山县县长就近前赴该局监盘、交代外,合即令仰该局长,遵即将局务结束,并将所有文卷、器具、物品、材料、工程用具以及收支款项结算清楚,逐项移交,毋得延缓。切切此令。

绍萧塘闸工程局局长电呈各段工程次第办竣遵电结束局务文

（十六年七月）

杭州省政府钧鉴：建字第六七四八号令奉悉,查职局呈奉核准,兴办各工,计车盘头石塘三十六丈二尺,郭家埠石塘十八丈五尺,湾头徐半石塘二十五丈,现已先后完工。又,培补龛、荏山间土塘已完工者,龛山至楼下陈一段,计二千二百二十丈；荏山头“遐”至“宾”字一段,计一百四十丈,正在办理决算,容即另文呈请,分别验收。其未经完工者,为楼下陈石塘三十三丈；又,自楼下陈至荏山腰土塘一千一百丈,所有土石各塘自应暂停工作。惟现值伏汛期内,三塘各段管理员、各岗塘夫,以及三江应宿闸闸务员、各闸闸夫,有防护塘闸之责,诚虑新旧交接期间,稍涉诿卸,除饬照常供职,并将局务遵令结束外,拟请令行钱塘江工程局,克日接收,俾便交代。绍、萧塘闸工程局局长曹豫谦叩。个印。

绍萧塘闸工程局局长曹豫谦呈报近塘各村拟组织护塘会拟定大纲请核示文（十五年十二月）

呈为近塘各村拟组织护塘会,以资救济事。查绍萧东、西、北三塘,绵亘二百余里,往时有塘长,有汛兵,星罗棋布,各有专司。其后塘长取消,汛兵裁撤,长堤一线,负责无人,是以前订东、西区管理处章程,分段分岗,求合古制。第原章规定,仅指平时管理而言,若遇风潮险恶之时,仍非就地士绅,协同抢救,不足以资抵御。然而征之往事,同一抢险工程,或免于泛滥,或终至溃决,岂天意之难测欤,抑亦人谋之不臧耳！大抵临时抢险,一在有团结力,一贵有责任心。其村实鲜丁壮,则他村协助之；其人确有经验,则众人服从之。联各村以赴工,合众心而为一,抢险要著,不外是矣。非然者各顾其私,人自为政,存秦越肥瘠之见,分彼此疆界之私,其不遭灭顶之凶也几希。窃谓抢险与消防同属地方要政,绍、萧习惯,城市乡村无不有救火会。一遇鸣锣告警,即集合会员,不论远近,不问晴雨,不分昼夜,立驰往救。其组织之周密,精神之焕发,实合于古者守望相助之义。拟本此意,就近塘各村,组织护塘会,由局长督同该管主任,分任劝谕,期于来年春汛以前,择冲要处所,先行组织成立。谨为拟定大纲八条,其详细节目,由各村自行参酌订定,不为遥制。应需工具,择其必不可少者,酌量制备,由局核发款项,免予捐募。此项会员以壮丁为合格,无事则各自归农,有事则相率出发,但于抢险工竣以后,酌给工资。所费亦尚有限。或谓塘堤出险,应由局处负其责任,其说诚是,无如局长息借之款只有十万元,而三塘应行修筑之费,数且十倍不止。顾此失彼,势所必然。毖后惩前,事犹未晚。此则不能不求钧座之主持,而望各界是之共谅也。愚昧之见,是否可行,理合缮具大纲,呈请省长鉴核,令遵。谨呈。

浙江省长公署指令

据呈拟组织护塘会以备临时抢修之需,事属可行,所拟大纲尚无不合。准于冲要处所,先行组织,以资救济。仰即知照。折存。此令。

东区呈报护塘会成立并拟订抢险规则请备案文

（十六年七月,附载清折）

呈为具报护塘会成立情形,并拟订抢险规则,请予察核备案事。案奉钧长令饬,劝导沿塘士绅,组织护塘会,以资捍御。等因,计发护塘会大纲八条,下处奉经主任分头切实劝导在案。兹据东关乡士绅何元泰、胡镇藩函称:查敝乡塘工,自贺盘“荣”字号起至白米堰“疲”字号止,中间经过西湖底、塘角、中巷、梁巷、徐家塘、新沙,共计八村庄。其间以贺盘西湖底着塘流水,尤为险要。敝乡向有水利会集款,以备不虞。兹承催办护塘会因,邀集绅商公决,即由水利会改组,当公举会员十二人,负督率抢护之责。特将会员名单及拟定抢险规则六条,缮送鉴核,即希转报备案等情,据此。主任复核无异,理合将东关乡成立护塘会情形,连同该会会员姓名,及所拟抢险规则,开折备文呈送,仰祈钧长鉴核备案,实为公便。谨呈。

抢险规则

第一条　本会联络近塘士民,以设备工具,保护塘堤为宗旨。

第二条　本乡向有水利会,兹改名护塘会,公推有资望经验及热心公益者十二人,主持其事,为本会会员。

第三条　本乡本段自贺盘“荣”字号起至白米堰“疲”字号止,中间经过西湖底、塘角、中巷、梁巷、徐家塘、新沙共八村庄,皆在本会抢护之内,以明界限，而专责成。

第四条　凡遇塘堤出险，一经鸣锣告警，各会员须分别出发接应抢救，不得延误。

第五条　塘堤险要，应需抢险工具，如麻袋、竹簟、土箕等件，事前预为购置，妥为存贮。其费用由本会筹垫之。

第六条　抢险时会员督率各村壮丁，日夜守护。其工资按日计算，于工竣后报由塘闸工程局支给之。

会员姓名：胡震凡　何阶平　章叔皋　徐长龄　楼　渭　朱郁齐
徐吉生　杨南坪　金绥之　王和甫　金玉堂　陈金生

东西北三塘管理员暨塘夫一览表

西塘第一段管理员　孔昭楣

第一岗（自西兴铁陵关起至双庙止。）塘夫　张兴发

第二岗（自双庙起至二渡埠止。）塘夫　来椿楠

第三岗（自二渡埠起至永福庵止。）塘夫　张大松

第四岗（自永福庵起至半爿山止。）塘夫　陈孝堂

西塘第二段管理员　汪黼

第一岗（自半爿山起至“吊”字止。）塘夫　陆金水

第二岗（自“吊”字起至西汪桥以上“驹”字止。）塘夫　洪惠丰

第三岗（自西汪桥以上“食”字起至砾山以上“女”字止。）塘夫　虞秋扬

第四岗（自砾山以上“慕”字起至富家山“羊”字止。）塘夫　孔广林

西塘第三段管理员　韩飞

第一岗（自富家山“德”字起至“君”字止。）塘夫　任龙生

第二岗（自“曰”字起至碛堰山以东“容”字止。）塘夫　韩瑞正

第三岗（自碛堰山以东“止”字起至临浦戴家桥迤东“优”字止。）塘夫　黄金照

第四岗（自临浦戴家桥迤东“登”字起至麻溪“仪”字止。）塘夫　孔幼斋

北塘第一段管理员　金贤林

第一岗（自西兴“天”字起至龙王庙“水”字止。）塘夫　孙桂堂

第二岗（自龙王庙“玉”字起至井亭徐“裳”字止。）塘夫　沈金兰

第三岗（自井亭徐“推”字起至荏山闸止。）塘夫　徐才运

北塘第二段管理员　胡季芳

第一岗（自荏山尾起至凌家港止。）塘夫　朱桂生

第二岗（自凌家港起至楼下陈迤东“羊”字止。）塘夫　朱思中

第三岗（自“景”字起至迎龙闸对出止。）塘夫　周世恩

北塘第三段管理员　沈仲嘉

第一岗（自迎龙闸对出起至丁村止。）塘夫　王维庆

第二岗（自丁村起至龛山金线闸止。）塘夫　周阿龙

第三岗（自航坞山起至三祇庵“犹”字止。）塘夫　倪毓棠

北塘第五段管理员　程志懋

北塘第六段管理员　张光耀

第一岗（自丁家堰“孝”字起至南塘头“清”字止，计十六字；又自塘头路亭前“逸”字起，至闸务公所后“洛”字止，计二十九字；共四十五字。）塘夫　潘长生

第二岗（自南塘头“似”字起至看鸭塘头“政”字止，计四十八字。）塘夫　张文潮

第三岗（自看鸭塘头“存”字起至大潭“气”字止，计四十一字。）塘夫　钱阿坤

东塘第二段管理员　范为栋

第一岗（自烟墩下“黎”字起至偁浦汇头“惟”字止计四十字。）塘夫　许祝堂

第二岗（自偁浦汇头“鞠”字起至道墟偁山脚“圣”字止，计五十一字。）塘夫　陈永仁

东塘第三段管理员　章藩绩

第一岗（自偁山脚“德”字起至沥泗村“履”字止，计五十字。）塘夫　郑阿木

第二岗（自沥泗村“薄”字起至西湖底“摄”字止，计五十字。）塘夫　叶茂元

东塘第四段管理员　胡寿鼎兼管蒿坝塘

第一岗（自西湖底“职”字起至徐家塘“子”字止，计四十字。）塘夫　任炳连

第二岗（自徐家塘“比”字起至白米堰后“疲”字止，计四十字。）塘夫　许冠廷

第三岗（字号待查。）塘夫　王六五

第四岗（字号待查。）塘夫　杨六十

沥海塘　不派管理员

第一岗（自“飞”字起至“隶”字止，计五十四字。）塘夫　倪金升

第二岗（自“漆”字起至“溪”字止，计四十六字。）塘夫　邵福灿

第三岗（自“伊”字起至“霸”字止，计四十二字。）塘夫　邵中发

蒿坝塘（计天地元黄宇宙洪日月盈，十字。）塘夫　钟家明

浙江水利局令绍萧塘闸工程处以霉汛阴雨注意防范文

（中华民国二十六年七月）

现届霉汛，阴雨连绵，河流陡涨，各处塘闸堤岸，险象堪虞。兹经本局照历年办理成案，将塘堤险状地点列表呈报建设厅，转饬各该管县市政府，查照前颁抢险暂行规则及历年办理成案，会同办理。迅即会同该管县市政府妥商协助，注意防范，毋稍玩忽。

附录：派定防护人姓名及地点

（一）塘闸工程处防护人员，第一区为闻家堰，负责者工务员谢海。防护地点自麻溪山至西兴镇。第二区三江闸，负责者练习工务员赵璧斋。防护地点自西兴镇至宋家溇。第三区新埠头，负责者工务员李松龄。防护地点自小潭至蒿坝。（二）县政府派定协助人员：柯桥区区长阮性之，临浦镇镇长汤登鉴，天乐乡乡长孙顺焕，天乐临江乡乡长朱文礼，皋埠区区长赵昼，双盆海塘乡乡长王恕常，安昌区区长颜承源，斗门镇镇长高剑秋，姚江西乡长宋锡庆，马鞍西北乡长韩子椿，马鞍东南镇长陈康孙，东关区区长严澄生，硝金乡乡长阮光乙，道墟镇镇长章天威，曹娥乡乡长陈祖修。

杂　记

徐树兰撰西湖闸闸栏碑记

光绪十五年，秋霖连月，水潦害稼。太守用树兰议，决西湖底塘泄之。水退请于上官，庸饥民修八县水利，以代赈赡，而是塘地形卑利钟泄，因建闸焉。十六年七月成。太守长白霍顺武，长史武进薛赞襄，会稽令广丰俞凤冈，临造太守宁乡杨鼎勋，勘工邑子章廷黻、杜用康、袁文纬。典功作邑子徐树兰记。

据调查，西湖底闸在东关镇，因地名西湖底，遂以名闸。石造，方向西北，高二丈余，宽四丈，洞三。现由塘闸工程处管理。

徐树兰致潘良骏论塘工书（清光绪□年）

一

萧山西江塘工程，早经浙抚奏明，现始拨款开工，归萧绅经办。其经费向归民捐，萧认三成四，山、会认六成六。各衙门通详有案。此次因抚藩意见不同，将山、会旧存司库两库之捐款地租，尽拨萧山，不但山、会存库公款如洗，缓急一无所恃，而三邑之款项界限，从此不清，西塘之旧章从此废坏，萧欠山、会之亩捐钱一万三千余缗，亦从此无归还之日。虽名为由司拨款，实仍慷山、会人之慨。名为无庸办捐，实反害自卫田庐之意。将来倘有塘工，势必互相观望，不肯出捐。万一司库支绌，必致败坏决裂，同为鱼鳖之乡。前谒中丞缅述此中利弊，虽属具禀而此公健忘糊涂，且木已成舟，未必能挽。然吾乡大局莫要于此，倘得奏明，立案改复旧章，则所关实匪浅鲜。不知老弟意中有能言事者乎？可与之一谈心曲否？倘得其便，兄当开寄节略，以备商榷。

二

山、会、萧筹捐塘闸岁修经费一节，业由中丞专折奏请，可望邀准。惟折内不曰塘捐，曰亩捐，尚防指驳。倘能得旨着照所请，则从此修塘有费，险工可以无虑。此外又有备荒专款，存商生息，御灾捍患之需，大略具备。

三

家乡各处患水，处州尤甚。吾越因久雨，外江山水陡涨，冲决邵林张、麻溪等处西江塘一百余丈。山、会、萧受其灌注，河水暴涨五六尺，洼处皆成泽国。幸闻坝宣泄尚灵，遭淹田禾尚可插补，不致有碍秋收。日内天晴水退，正在筹办塘工。然平时素无筹备，至工程已出，始谋修堵，其计已晚，况急切筹捐，势常不及，而三邑绅士又皆惩鉴于前，互相推让，无有肯任劳怨者。不料上年钟奉常一疏，其为祸竟至如斯也。言之可叹！现经官绅会禀省宪，拨借七千缗，始得开工。拟于来年办捐弥补，得能趁此预筹一款，为塘工岁修之用，则亡羊补牢，犹未为晚，顾犹必天心仁爱，数年之内，不可使有水患，乃可望成尔。

四

塘工案卷，局中不全。今由霍太守钧齐全卷，摘略交来，谨以奉阅(府卷中原奏上谕亦不齐全，故无由抄寄)。其末段详叙民捐民办，应请免其造报，系为上台因工部咨催札令，转饬前办同治四年塘工之绅士，造具工段丈尺清册报部，现在经办绅士大半物故，查无可查。太守正在为难，故详叙此节，冀将来入告时，带便声明，免其造报，以了此段公案。其实工部咨催，业已有年，总因撤局后，钱尽人散。藩署、工部，两处无人招呼，以致行催不及耳。晤钟老，请将此节说明。至于善后紧要关键，总在援照同治四、五两年奏案，办过亩捐章程，预筹款项，发商生息，作为岁修。遇有大工，提本兴修。工竣办捐弥补。如是庶有备无患，而事可经久。惟萧山欠还山、会之款，必须饬令筹还，则民间不致藉口。此事三邑民命攸关，如能入告，实孙子黎元之福，不仅目前已也。近日会稽大吉庵地方，“始、制、文”等字号又坍四十余丈。府县详请拨款未准，催取萧山欠款又若罔闻。转瞬秋汛，准备毫无，良可危也。山阴沙租一项，本可作西塘之用，现查县卷，除每年拨两书院、一义学，及山、会东塘修费外，解存藩库余款，为数无几，从前所存已于去年拨济萧山杨家滨工程，而此项沙地现在报坍者甚多。光绪七、八两年，因无收成，全行蠲免。日后即有可征，亦只可为书院、义学及修理东塘等经费，不足为西塘专款也。并望转告钟老，至要至要。此事已有刻不容缓之势，钟老如肯出一言以救正之，愈速愈妙。倘复迟疑，或嘱叔眉阁学从旁催促亦可，惟老弟酌行之。

五

会邑迤东一带海塘，近因七月初二、三，廿一、二等日，风潮猛烈，水与塘齐，黄草沥、贺盘、塘角、西湖底等处，屡填屡决，幸千万人齐心抢护，昼夜不辍

(中略)。现在筹款修塘,东挪西垫,万分支绌。又时当秋汛,乡民之居近海塘者,咸有戒心,纷纷诣府县呈求修筑。然总以经费为难,不能一律开工。现兄筹垫千缗,嘱章介千、杜彙占等择其尤险者,先行修护。他俟筹有公款再行兴办。艰窘如是,安可不亟思挽救。老弟留心时事,每切隐忧,故敢以闻。今年棉稻本望丰收,近因两次风潮,山、会、萧、余、上五邑,濒海之处,尽成泽国。不惟收成全无,而漂没庐舍,不计其数。牲畜器皿,半付洪流,间有淹毙人口者。而五邑中,又以会稽之南汇,山阴之“乾、坤”两号沙地为尤惨,真数十年未有之灾也。盖海滨之地,全恃堤埂为藩篱。堤埂一坏,即地不可耕,而流离失所。兄现为招集灾民,给以工食,使之筑堤,藉此糊口者,殆不下数千人,第憾棉力有限,不能兼及尔。

六

西江塘工现已告竣,今年兴办亩捐弥补借款,得能照原议筹款生息,以作岁修,此后塘工可望起色。

薛介福请建复老则水牌

宣统二年八月二十九日,山阴县增批薛介福请建复老则水牌禀云,该处牌名,应否建复,姑候便道诣勘察夺。

嘉庆《山阴县志》内《水利志》第二十卷,有明知府萧良干三江闸现行事宜六条,兹节录首条以资考证:

一、闸之启闭,以中田为准。定立水则于三江平阔处,以“金、木、水、火、土”为则,至“金”字脚,各洞尽开;至“木”字脚,开十六洞;至“水”字脚开八洞;夏至“火”字头筑;冬至“土”字头筑。闸夫照则启闭,不许稽延时刻。仍建水则于府治东佑圣观,并老则水牌。上下相同,以防欺蔽。

清末绍兴公报所载塘工事件

按:当时绍兴统辖八县,即塘工亦萧山县居其大部份。兹摘录其属于山、会两县之事以备考:

光绪三十四年四月,萧山塘工绅董王中辉,以修塘赔累,详叙情形,上藩司禀中有云:以山、会绅董公推办理西江塘险工,原议先柴后石,曾将山、会公估帐目及历做工程,详细册报。山、会原估办公经费一万一千四百余串,旋以水险难成,多做柴、坦水一道,多做柴子塘一道,照原估多用六百余千,除前后领到九千六百余千，尚垫钱二千余串。原存亩捐五万六千串，与山、会塘闸并用，至去年尚有七万左右。烦将垫款二千余串，照册给领，以免赔累。

宣统元年三月，知府萧文昭批萧山绅董王晖昌请筹款修理石塘禀云：二月初八日，本府扁舟就道，先至麻溪坝，回登茅山闸下。土备塘缺三四丈余。派徐县丞树灼驻工督修，萧山县丞蔡锦鸿开导居民，计亩派夫。塘成后另发官款。于宽阔处栽桑六百五十株。三五年后木本根蟠，足收效果。

七月，塘闸绅董徐嘏兰、张嘉谋等具禀山、会、萧三县略称：前经李前县至镇塘殿大吉庵"服、衣"二字等处周历履勘，镇塘殿"服"字号石脚钉石土塘坍矬，桑盆地方"垂、拱"字号泥塘外面坍矬，当即派司事雇工认真赶办，于光绪三十三年正月二十日开工，所修旧钉石石脚土塘，连盖十毗，计长二十三丈，坦水长二十三丈，计十九埭。计钱二千二百四十五千七百文。又桑盆"垂、拱"字号土塘外矬，修费钱九十六千文，加办公经费钱一百八十七千三百三十六文，除先后领到钱二千五百四十三千八百九十七文，以收抵支，尚存钱十四千八百六十一文。此项工程督率各匠，认真修筑，工坚料实，以冀一劳永逸。于是年十月初十日，一律告竣。所有一切收支款项余存钱文开具清折并具固结。仰祈察核验收。即经藩司颜批云，已据情转详抚宪察销，仰候奉到批示，再行饬遵。至山、会、萧塘工，极为紧要，历年收支亩捐息款，自应随时清理，归诸实用，并即由府遵照前抚宪张批示，通盘查明，按年于年底禀报一次，以资稽核。（东江塘）

八月，郡人以北海塘工前经巡抚增韫谕饬速行筹办，遂于八月初二日开会集议，均以先行调查确凿，再行筹办为然。即举定徐吉荪、周觉夫、陈秉衡、任葆泉、史廉卿、马仲威、何桐侯、徐伯泉、周子文等为调查员，即日分头调查。嗣马仲威、徐学源将调查结果具书知府。（以地均在萧山从略）

宣统二年二月间，山会塘闸局移请知府赶修西北塘公文云，为西、北两塘工程吃紧，移请另选贤能赶修，以免贻误事。查承修西、北塘工，去年开会，举定新董六人，迄今尚未开办。现闻纷纷告退，甚至无人过问。目下春雨连绵，上游之水激冲塘堤，万一不测，归咎何人？敝局未奉公牍，又不便与闻。险工悬宕，焦灼实深。顷据萧邑塘董王绅晖昌面称，萧邑尊为塘工险要，集议十一次之多，尚无一人承认。似此迁延时日，贻害何堪设想等语。并知王绅亲诣贵署面禀一切，谅蒙洞悉。其中敝局责司塘闸，未便缄默不言，况已据萧绅面告实情，不得不移请另选贤能接办，以期克日赶修，而免贻误要工。为此合移贵府，请烦查照施行。

三月，调查员周子文、言实斋二人，随同知府包发鸾，赴萧山勘验塘工。所有萧绅议筑之乱石坦，议改作斜铺。工程虽略增，然受水可不甚吃力。大约是项工程，需五六千金之谱，时已兴工。（塘工）

五月，藩司颜，将会邑东塘六、七、八段各字号塘工保固切结，详送抚署，当奉批示云，据送绍属会稽东塘六、七、八段各字号塘工，保固切结三纸存查。至小塘捐款起于何年，存有若干，仰即转饬该府饬县迅速查明具报。当此清理财政，各款应考源流，毋得视为具文。切切。（东江塘）

九月，巡抚增，以修筑西江、北海两塘石料，前经派员前往羊山、鸟门山采取，由会稽县新埠、塘湾等处雇用海船运至工次。兹查各船以载货利便，往往舍此就彼。倘或石料不能按时运到，不免有停工待料之虞。查转运工料雇用船只等事，责成地方官办理，呼应方能灵便。所有新埠、塘湾运工，应责成该县随时雇船装运，以重要工。特札饬新任本府溥知府转饬会稽县遵办，并行知海塘工程局知照。

巡抚增，以西江、北海两塘工程紧要，特札绍兴府知府包发鸾，督县会绅，赶速修筑，以重要工。嗣包守详复抚署，略谓西江、北海两塘，关系甚重。前因塘堤坍卸，工程紧要，经知府按段履勘，举董兴修，派委府经历龚二、尹振瀛监督工程。讵月华坝正在施工，而毗连之“垂、拱、平、章、爱”等五字号，因潮势凶猛，几至出险。知府即饬县委抢救防护，设法修补，并照会山、会塘董，星夜驰往萧邑会商办法。查该处海塘外沙坍尽，内临深潭，工程最为险要。事关三县田庐民命，未便草率从事。总期料实工坚，一劳永逸。所需经费由山、会、萧于亩捐塘闸经费项下拨给钱七千余串，又，在萧山劝学所息借洋七千元，先后发交经董领用。知府现在交卸在即，不便督促进行。除移会新任外，所有塘务缘由，理合禀报云云。而增抚以一再札饬，赶速会董设法修筑，乃包守以转饬未复，直至交卸前禀复。阅禀之后，以该守玩误塘工，甚为不悦，当将其记大过一次，以示惩儆。其批示云，查浙东修筑北海、西江两塘建议案，系本年二月间札府。五月间札催。原议办法分为四则，尚非繁难之举。或由府署召集塘董会议，或饬山、会、萧三县会同议复，均可计日而成。徐绅尔穀条陈，能否采用，亦应一并议及。乃竟迟至半年有余，仅以转饬未复一言，含糊禀闻。知府有表率之责，何以坐视玩延？既不照案议定，又无切实施行之方，辄请发交咨议局，断断无此办法。办事颟顸于兹，可见玩视塘工尤为不合。应将包守发鸾记大过一次，行司注册，以示惩儆。仰新任绍兴府溥守查照建议案，能否照行，抑须另筹办法，迅速督饬议定。并拟施行细则，限九月十五日以前详复，并移包守分行山、会、萧等县知照。嗣包守于交卸前，又将会绅估计修筑北海塘月华坝等处工料，开具清折，向抚署禀请拨款。复经增抚批云：察阅章程续估工料清折，既未遵照前次批饬，先行会勘，商定做法，开明榜示，会绅招工投票，仍听塘董任意开报，又未将何处字号，应用何项工料，分晰声叙，殊属含混。计自开工以来，共拨洋银一万四千八百余元，该守专以拨款为主要，于工程则任意延误，时逾半载，未据禀报完竣。所拨之款，究竟何处？塘董拨领若干，禀内亦未叙明。款属亩捐，无非生民膏血，宜如何郑重其事，乃因交卸有期，一禀塞责，非徇情滥支，即草率从事，实属罔知整饬，应即记大过一次，以为延玩塘工，漠视民瘼者戒。仰布政司注册饬遵，一面札饬新任绍兴溥守查照。前今批札，刻日携带案卷，亲诣工次，将已报开工各段字号，逐一查明，据实禀报，毋稍容隐。仍将续估各工，按照前颁表式，填注呈送，并将商定做法，开明榜示，会绅招工，投票公估，核实开办。勿任偷工减料，致涉虚糜。是为至要。至折开之八厘经费，系作何用？有无禀准之案？亦由溥守一并查明禀复，察夺。缴。

十一月，增抚批塘董徐椴兰云：西江、北海两塘工程，均关紧要。迭经批饬该府查明办理在案。该绅等办理塘工垂三十年，必已熟悉利弊。现在北海、西江两塘，正在筹议改章之际，既知内容腐败，应思所以整顿之方。诚如来禀，事关桑梓，断难坐观成败。该绅等身先塘董，何以不负塘工责任？察阅禀辞，殊不识命意所在。仰绍兴府查照迭次批饬，转致该绅等，将塘工事宜，悉心筹画，竭力整顿，以期无负责任。

十二月初八日，溥守发起，饬山、会、萧三邑，邀集士绅，在开元寺会议西江、北海两处塘工。三县士绅到者五十余人。溥守到会时，已四下钟。并有省委清丈萧山“仁、忠”字号沙牧旗地之候补道李锦堂到会。当由萧山县翁令宣告抚署饬令，会绅公举局长一人，及评议员等批词。当有人质问原案，有如何选举于施行细则规定之语。现并无此项细则，何能行使选举？翁令言，细则未定，不能选举，诚然。惟现因塘工危急，未及订定细则，目前应如何办法，请公众讨论。又，有萧山塘董报告，西江塘之“垂、拱、平、章”等十六字地方危险，惟事关三邑，萧绅不能专任，须有山、会两县之塘董会同办理，方可兴工。当有人提议此事，须遵照本省咨议局议决，巡抚批准，公布施行之农田水利会规则办理。惟现在工程紧急，或水利会未能一时成立，应责成旧日山、会塘董，即日会同萧山塘董，前往勘估。防护水利会未成立之前，如塘工出险，应由前日之塘董负其责任。倘山、会之塘董有诿卸情事，则太尊有监督之责，须少加迫促，以顾要工。农田水利会亦应即日由太尊照章组织，以为久远之图。众皆认可。萧绅又言，如山、会塘董不同往办事，则亦不能负此责任，应预先声明，众皆允之。旋由省委李道提议，谓奉宪办理清丈沙地，下手甚难。今日乘三邑士绅会议塘工之便，请各抒意见。又声明办理清丈章程，凡丈出之地，仍归原户承种，并不提出充公。惟沙地民智未开，应如何设法开导，当有人谓清丈章程未经寓目，且此事执行之权，全在官长。一时无可置议。李谓清丈章程，他日可以发布。惟开导沙民，尚赖各地士绅相助为理。时已天黑，遂各散会。

三年正月，绍兴溥守札饬山、会两县绅董筹议平粜塘工经费云，积谷塘闸经费，前据山阴县胡元骏等禀请，于宣统二年，再行随粮带收亩捐钱三十文，以期有备无患，等情。即经前署府转禀立案，并分饬遵办在案。（中略）为筹备西江、北海两塘，现正筹议兴修。工险费巨，亦不能不未雨绸缪，自应将前项亩捐，循旧展办一年，以备不虞。除分行外，合亟札饬该县，立即会同绅董，公同筹议。如果众情允洽，即行会衔禀复，以凭核转。嗣又札催设立水利会，兴修西、北两塘，略言：西江、北海等处塘堤，因塘外沙地坍削，势甚危险，即属急宜兴办之水利。内有北海塘“垂、拱、平、章”等各号，业经山、会、萧三县官绅开会议决，仍应由原办塘董一手经理，其余未修各塘，亟应照章组织水利会研究办法，克期兴修，以资捍御，藉符公布施行之议案。

会邑东江塘、徐家堰等处泥塘，因对岸江头庙前沙角逐年淤涨，以致水势折流，冲激塘身，岌岌可危。宣统二年冬间，会县陈令曾照会沿塘诸绅，令组织水利会，公筹保护办法。由各绅董发起，联合东关、道墟、啸唫、偁浦、贺湖、桑盆、孙端、吴融、姚宋六社十乡，于三年正月廿三日在啸唫关帝殿开会，到者九十余人，投票选举办事人员，从事进行，至五月复由溥守函请绅士，会同经厅，赴该处详细测量绘图，俾可按图讨论，合筹妥策。

七月溥守又批陈鉴等禀云，前据沙民钟三宝等，以东塘危险情形具呈到府，业经批饬查勘禀办矣。至对江沙角虽已委员前往会同测勘，而定案尚须时日。徐家堰“知、过、必、改”等号塘堤，既形危险，势不能不先其所急，择要兴修，仰会稽县立即遵照，会同绅董妥速办理，幸勿顾此失彼，延误要工。切切。

二十日下午，山、会城镇乡董事及乡董在郡城同善局开联合会，会议塘董事宜，公推何朗仙为临时议长。经大众议决，先行举员调查塘务，当举何朗仙、孙德卿、言实斋、鲍香谷、周子文、宋庚初等六人为调查员，嗣有人提议以周子文系议员，应当选无效。又有人以周系塘董，此次当选系塘董资格，应有效。后经临时议长决为调查员。六人会同塘董，同往调查。当经公决，言实斋亦塘董，当以次多数之张琴荪、杜安候补入。

八月，郡绅徐嘏兰具禀抚署，请丈量护塘沙地，酌收租税，补助修塘之用。经增抚批云，查护塘地亩，丈量升科，以资补助塘工，似无不宜。惟值此次绍属被灾，此事能否即行举办，仰绍兴府核议详夺，至具禀徐嘏兰，恐系瑕兰之误。其余王春茂等，查非塘董，何以亦在职董之列？并即查明具复。

各姓家谱中所载塘工事件

嵩临朱谱：岁在壬戌，越大潦，西江塘决水及郡治。山阴姚忧庵制八闽，书属朱昌董其事，为设方略，昼夜程督，塘乃克日告竣。

马鞍赵谱：乾隆时，海塘溃决，檄赵殿芳就近督修。

苞山徐谱：徐荫昌葺徐家涂石堤，障水口。举族赖之。

水利局建筑旱闸码头

浙江省水利局绍、萧塘闸工程处，于民国二十六年六月，拟在第三区曹娥“席”字至“承”字号填筑旱闸十一座，估工程费约二千元以上，并登报招标。于六月九日在建设厅开标，以价格最低之包商徐卿记得标。又该处岁修曹娥“席、陛、达”三字号，建筑公共码头三个，预估工程费二千元以上，建筑蒿坝“地”字至“玄”字号旱闸二座，公共码头一个，预计工程一千元以上。俟正式合同订就，即可开工兴筑。

白洋闸

山阴江北四都洊遭水患。萧公（郡守名良干）因公言，亲履海滥，熟筹蓄泄之宜，遂建闸于白洋山右。（见白洋朱谱）

东关区国民劳役挑填海塘（中华民国二十五年）

绍兴国民劳动服役，由县政府拟具省县乡镇工程详细计划及经费预算书，呈奉省政府核准，其省工事部分，拟为挑填海塘工程，地点在东关区杨家塘及皋埠区车家浦等处，合计约需一万九千二百工，每一义务工人以每名十天计

算，约需一千九百二十人。东关区方面开工时，贺专员扬灵特偕同林科长前往视察，并参加国民劳动服役开工典礼。（见报载）

会商催缴轮船公司修塘费

越安、临绍等轮船公司，自认贴补修塘经费，累积不缴。近年来，运河官塘冲毁益甚，萧山县党部大会议决，请绍、萧两县政府积极催缴。绍县政府即派五科技士蔡士侃，前往萧山会同该县政府第五科科长求良儒，与临绍、越安二公司代表筹议缴款办法。结果限该公司等于二星期内将缴款具体办法送县核夺。如届期仍属延宕，则予严厉执行。

民国二十六年秋间闸内外水位

民国二十六年七月，霪雨连绵，山洪暴发，地势较低之农村，水已濒岸。北部一带，致船只多不能通过桥梁。据三江闸务处消息，外江潮汛颇大，水位达七点五四公尺。内河水位为六点三九公尺。形势颇觉严重。应宿二十八洞全部开放，水流湍急。斗门以下已绝对不能行舟。幸闸外涨沙，经前次水涨时刷尽，水尚畅流无阻云。

曹豫谦拟绍萧塘工辑要凡例

一、沿革

绍、萧古称泽国，赖东、西、北三塘以为捍御。自碛堰山通而西塘之局变，自龛赭地涨而北塘之局又变，其间弃腴田于塘外，改土埂为官塘，每有志乘所未详者。至沿塘各闸坝，尤为蓄泄内水之要键。虽闸务幸有专书，而塘工尚鲜实录。兹特纪沿革一门，具征原委，而塘外沙牧各地之坍涨附之。

一、形势

三塘绵亘二百数十里，其西为富春、浦阳诸江，其东为曹娥江，其北为浙江，均会流而入于海。夏秋之交，怒潮疾上，激成劲溜，往往直逼塘身。兹纪形势一门，孰为险要，孰为缓冲，并志历年出险之点，俾后之任事者，藉以知工程之缓急焉。

一、图经

测绘为工程之先导，两县塘堤辽阔，近年来尚无精确图说，兹绘三塘总图，并附各段分图，系以说明，藉资考证。

一、诏令

自汉唐以来，关于三塘水利之历朝宸翰，及部省各令，或详史乘，或列成规，或载志书，或橥碑碣，详征博引，搜辑靡遗，亦考古者之所不废也。

一、公牍

凡关于工程之各种公私函牍，择其切要者具著于篇。其有批示指令及覆函者附于每篇之末。

一、议案

清末咨议局，民国省县城镇乡议会，以及其他各法团，有关于塘工各议案，或未决，或已决，或实行，均按年分类择要纪录。

一、著述

两县之私家著述，有裨塘工水利者，宏文巨制，所在多有。或未付梓，或未行世，潜德弗彰，良用惋惜。兹广搜博採，特纪著述一门，附以诗歌杂作，俾后人兴望古遥集之思。

一、祠宇

历代神祠之建于塘闸者，以戴、汤两太守为最著，其他有功于民，以死勤事而庙食者，皆当在防护之列。兹详纪祠宇之所在地及神之姓名、封号、功绩，以资景仰。

一、古迹

塘外之五庙路，杏花村。塘上之跨丈庙，万柳塘。朱子有视事之处，里正标股堰之名，见诸志集，耳熟能详。至若十二生肖，是何取义，一索九龟，得自童谣。明代御倭之役五马并行，鲁王监国之年划江自守。见闻必录，藉广流传。

一、经费

塘闸经费，历来取给于旧山、会、萧三县田亩附捐，由绍兴府主持。自府制取销，绍、萧两县议会分配多寡，互有主张。甫于民国五年定案，东、北两塘，绍认十之七，萧认十之三。西塘及三江大闸，绍认十之六点六六，萧认十之三点三四。然较诸海宁、盐平塘工，仰给于国税，年以数十万计，不免向隅。已向当道据理力争。兹纪经费一门，详述历年征收数目，历任报销各册，俾知民力未逮，后继为难。

一、工程

历来工程，因经费有限，往往补苴罅漏，因漏就简。自民国年间，各塘险工迭出，当道知非动巨款不能蒇事，时张财政厅长厚爆，创办绍、萧塘工奖券。省委钟君寿康董理工事。为期六年。需款百数十万,仍未能一劳永逸。兹纪工程一门,计分八类,曰混凝土塘,曰石塘,曰半石塘,曰土塘,曰柴塘,曰坦水塘,曰盘头,曰备塘。其应宿闸工程载于《闸务全书》,别为补辑,不复重录。

一、料材

材料大纲凡四,曰石,曰木,曰土,曰灰。往昔所需,或以竹篰磊石,或以麻袋灌泥,或用柴薪,或沉石船。类皆施诸抢险工程,近始有以洋灰代石者,性尤坚韧。兹分别纪载,俾后人有所取资焉。

豫谦奉命筑塘,苦无专书,足资考证。工事余暇,拟编《塘工辑要》一书。先成凡例十二则。近以裁并在即,徒存虚愿,缘将凡例录附月刊之末。

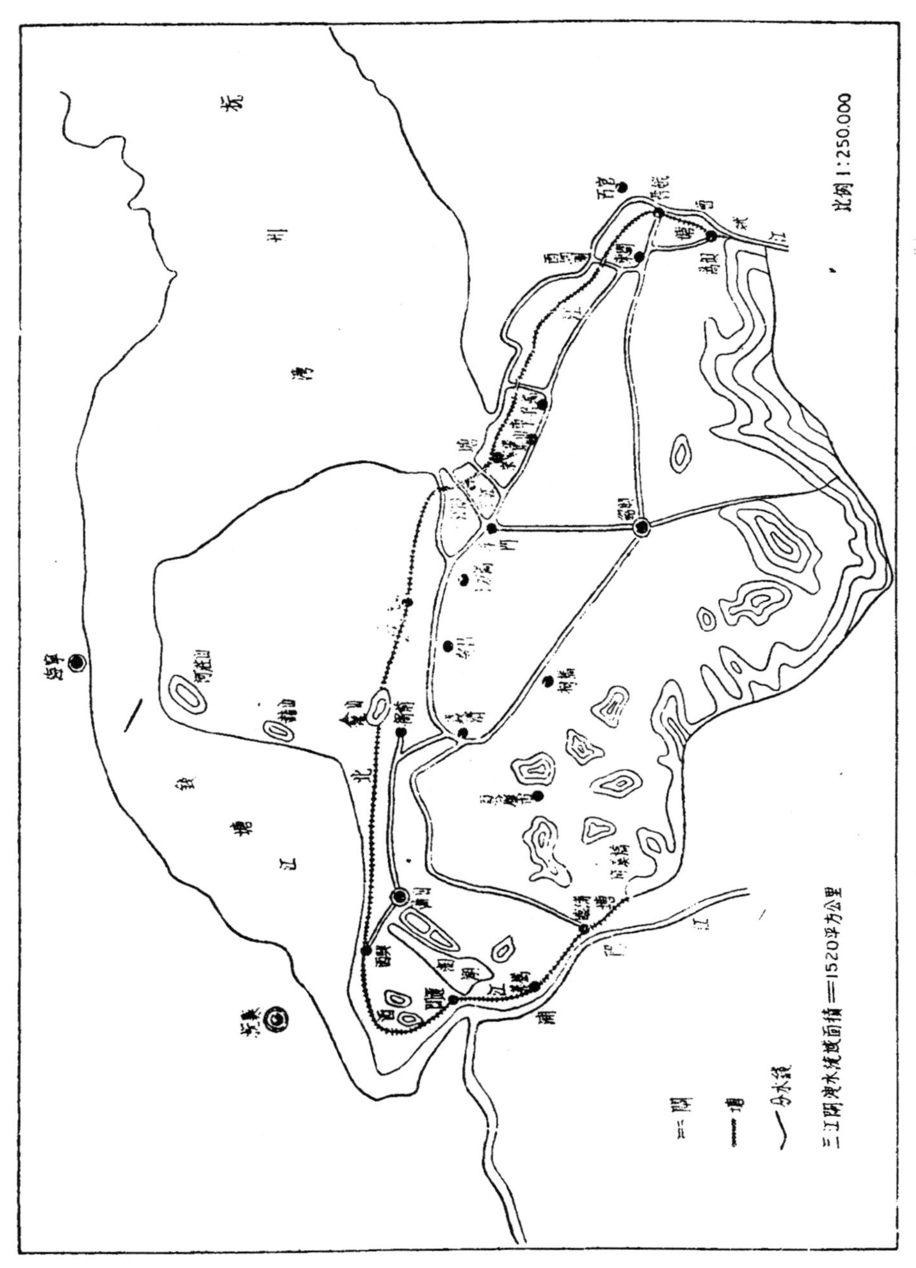

三江闸泄水流域图,此图属于修筑绍兴三江闸工程报告一

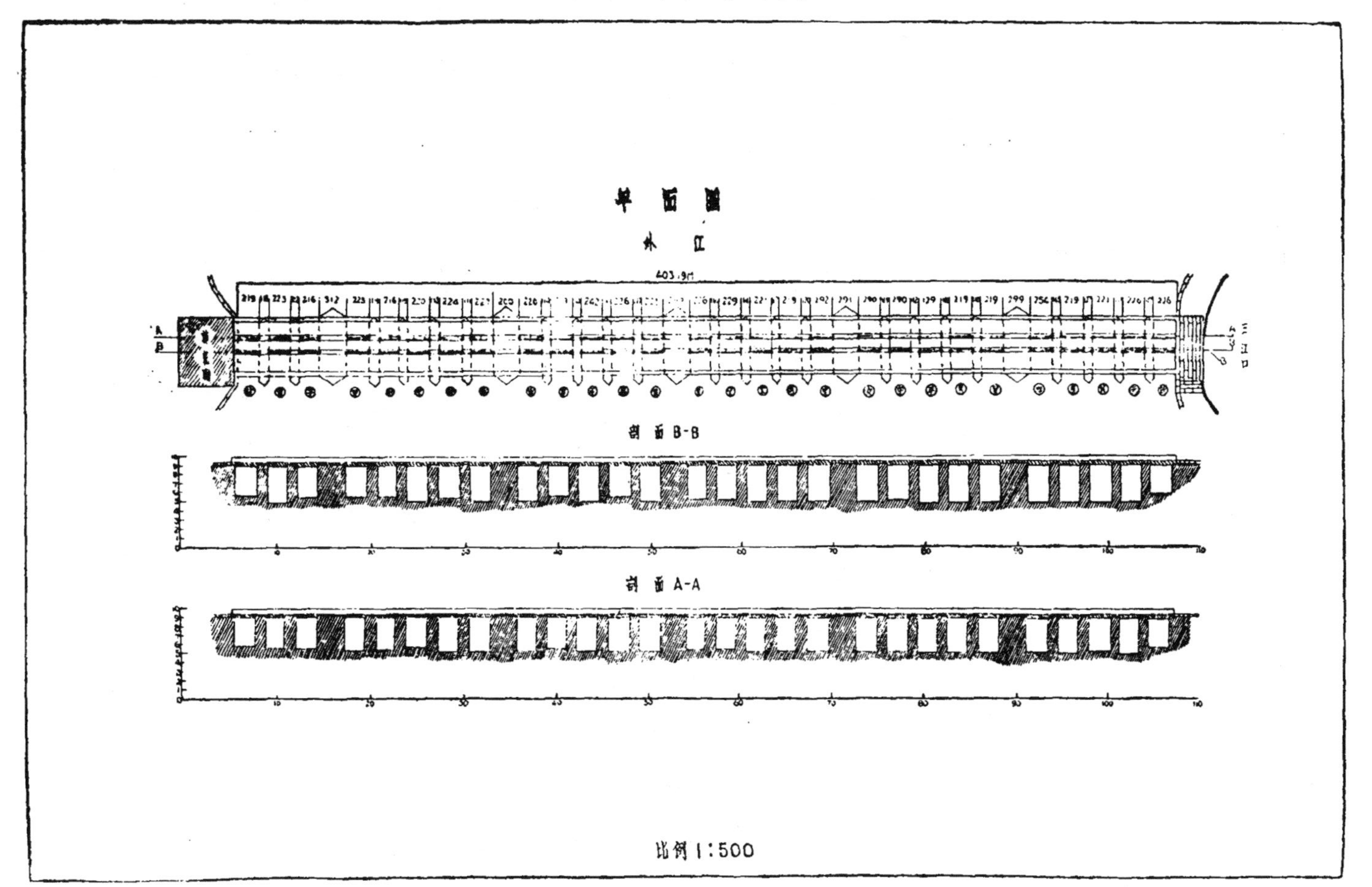

三江闸平剖面图，此图属于修筑绍兴三江闸工程报告二

三江閘女字洞閘面及大小閘墩圖

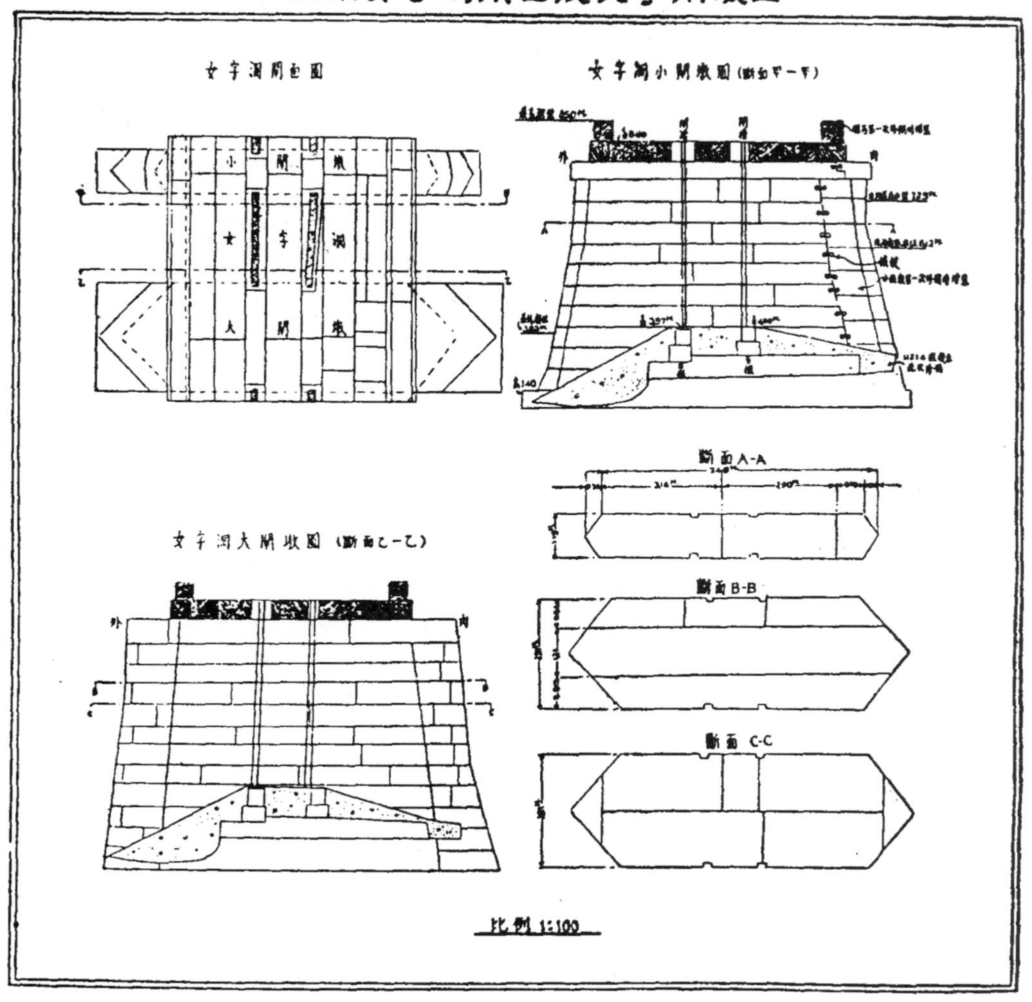

三江闸“女”字洞闸面及大小闸墩图，此图属于修筑绍兴三江闸工程报告三、五

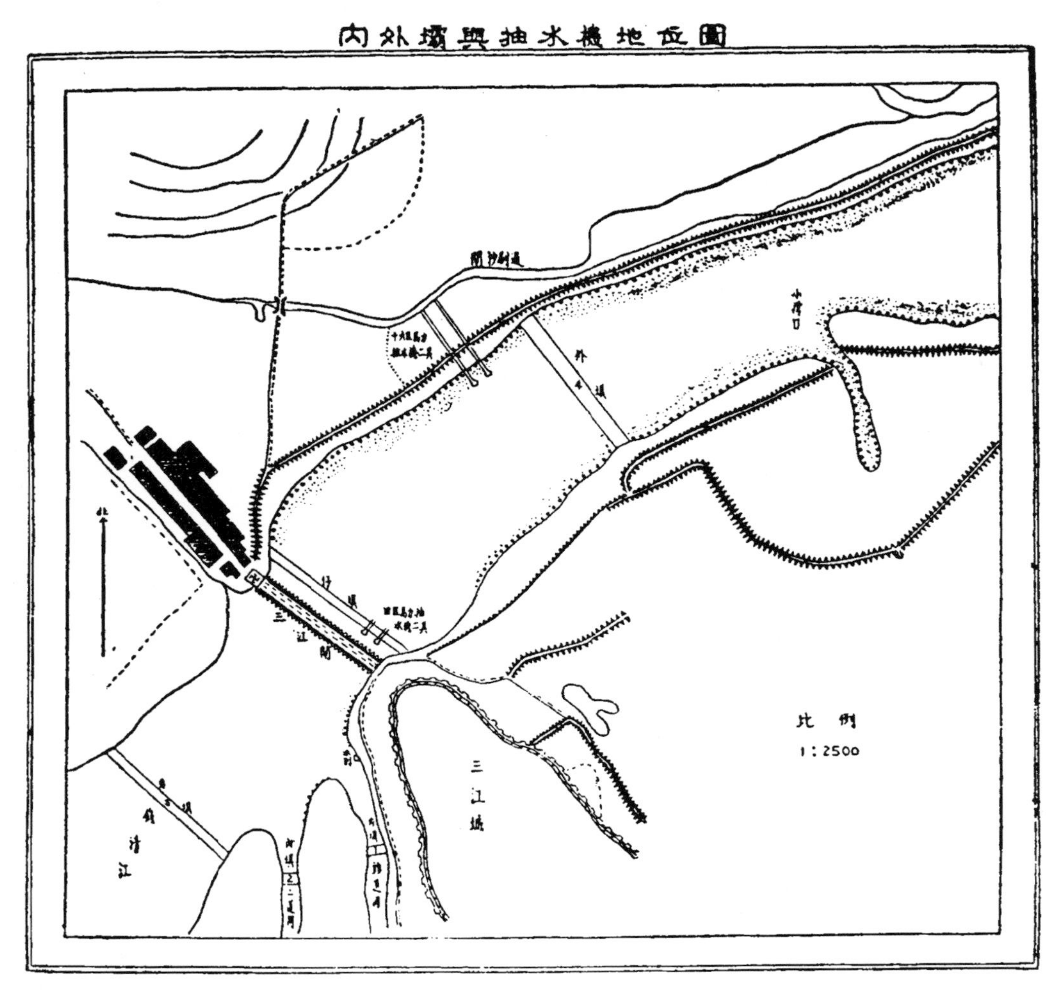

内外坝与抽水机地位图，此图属于修筑绍兴三江闸工程报告五

灌漿機汽壓機水缸濾汽機佈置圖

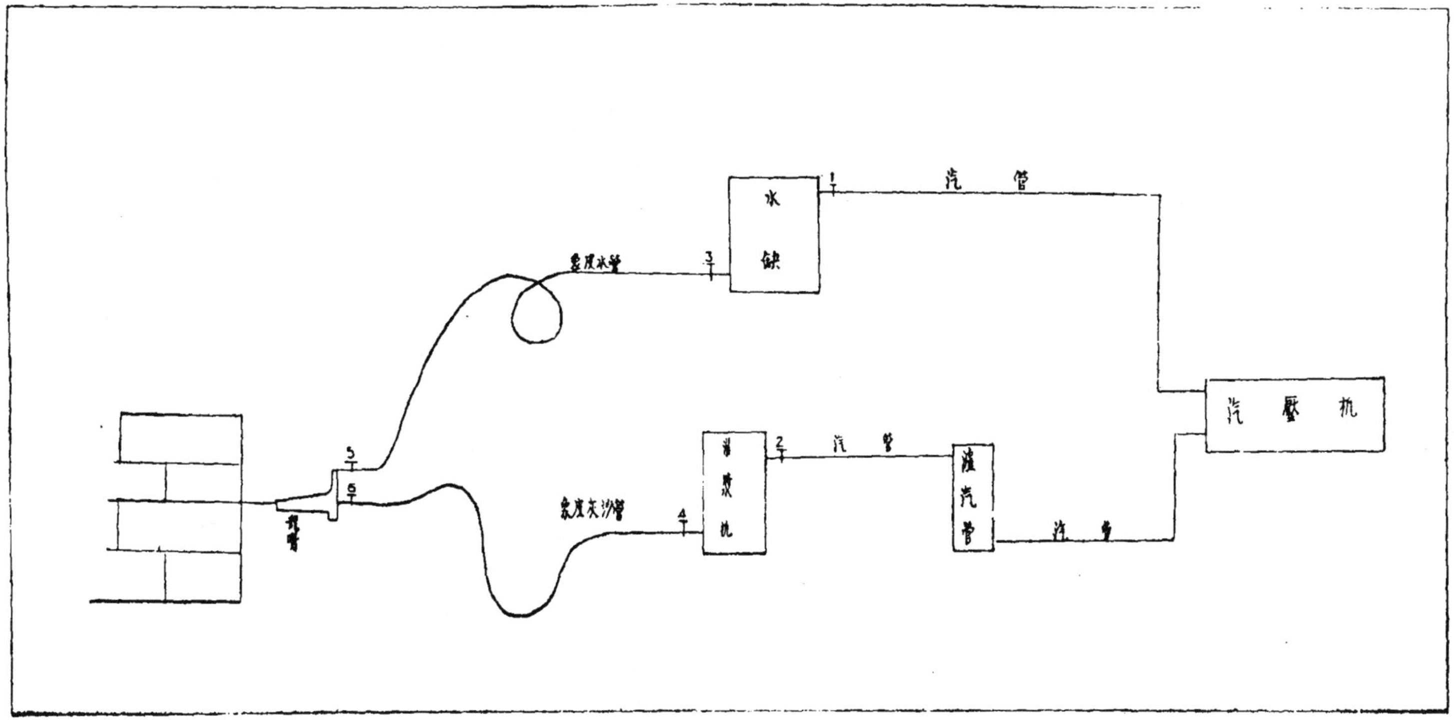

灌浆机、汽压机、水缸滤汽机布置图，此图属于修筑绍兴三江闸工程报告五

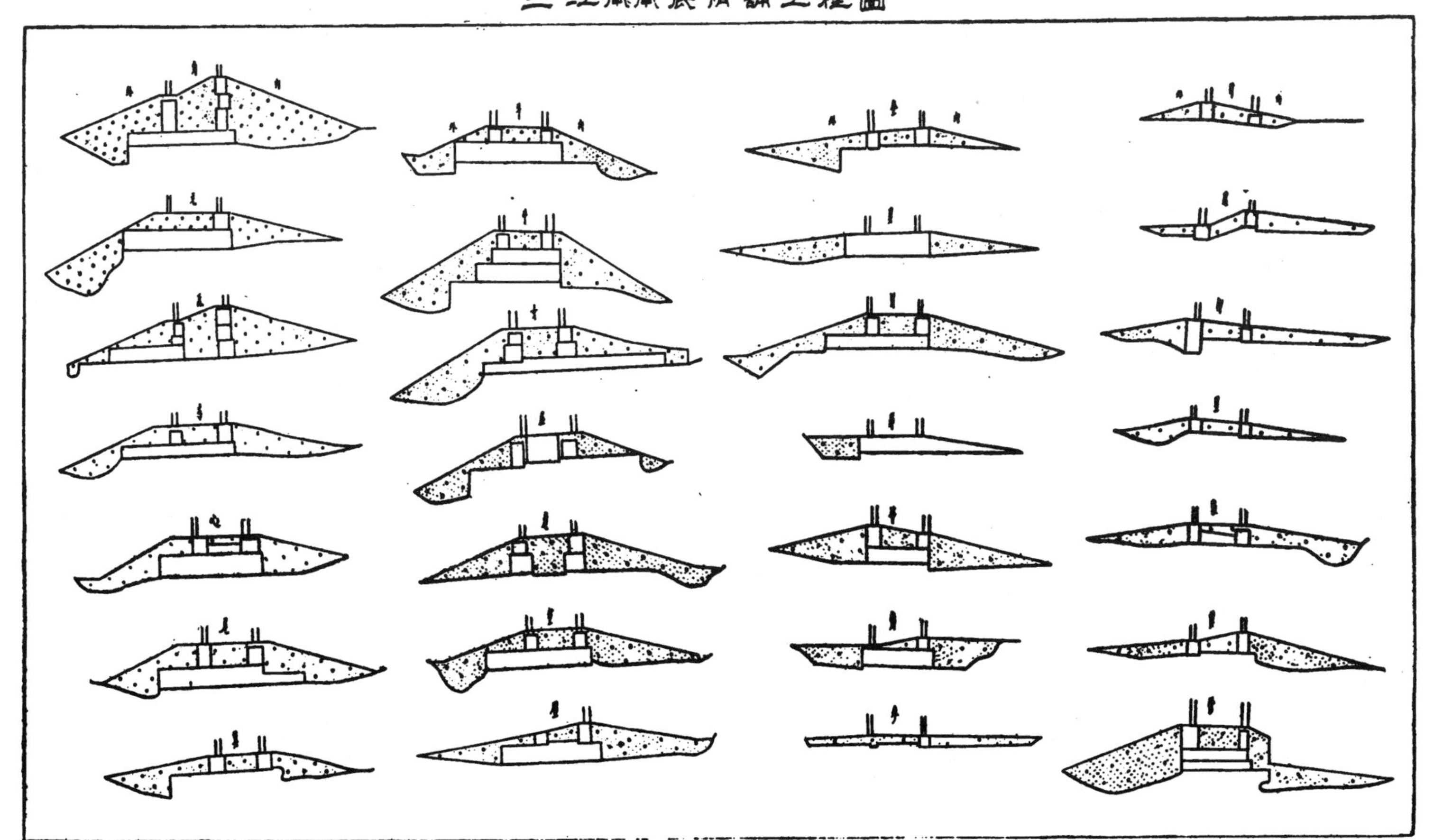

三江闸闸底修铺工程图，此图属于修筑绍兴三江闸工程报告五

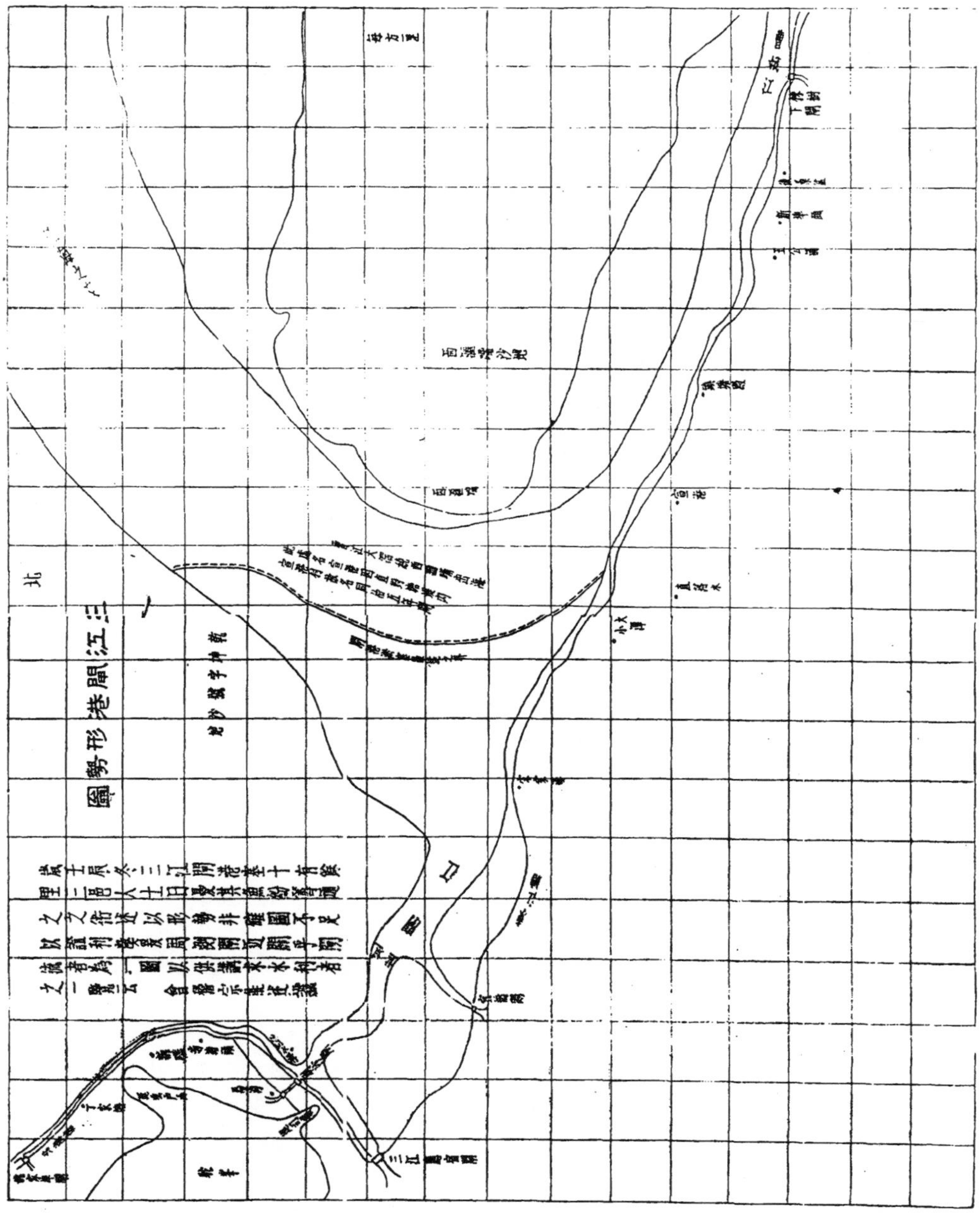

三江闸港形势图，此图属于宗能述三江闸私议附图

民国绍兴县志资料

第二辑　第二类　地理

各塘概说

绍兴水利自汉迄今,变迁不一。今绍、萧两县交界之西小江,从前因浦阳江之水经麻溪而入此江,复由钱清江至三江口入海,江潮涨落,时有水患。自明天顺间,太守彭谊凿通碛堰山,导浦阳江之水直趋钱塘大江,复筑临浦坝横亘南北,以断江水内趋之故道。于是西小江截入坝内,而旧山阴、会稽、萧山三县水利混为一区,东西临江,北面负海,藉西江、北海、东江三塘以资捍卫,南列万山,汇纳三十六溪之水,遂形成釜底矣。故言绍兴塘堤,必与萧山联合言之,且绍兴又与上虞边境壤地相错,曹娥江以北有绍属之沥海所,剡江以西有上虞之嵩坝镇。沥海有塘一百四十二字,关于绍兴水利者,不过十余村,而关于上虞者甚大;嵩坝有塘一十字,关于上虞水利者不过嵩坝一镇,而关于绍兴者与东江塘等若此者,又不能不兼载焉。兹将各塘字号丈尺、沿海岸线及闸、坝等修建历史,采列于后:

西江塘:自西兴“天”字号起,至麻溪坝“伯”字号讫,计三百五十九字号,属萧山(每字号长旧营造尺二十丈)。

北海塘:自西兴“天”字号起,至瓜沥三祗庵“犹”字号讫,计三百四十二字号,系萧山辖境。三祗庵东“天”字号起,至宋家溇“气”字号讫,计三百七十五字号,系绍兴辖境,合计七百一十七字号。

东江塘:自宋家溇大池盘头“天”字号起,至曹娥小山头“明”字号讫,计四百六十四字号。

沥海所塘:由所城西南王家“飞”字号起,缘所城西北前倪、后倪、俞家、蒋家至,至福寺“霸”字号讫,计一百四十二字号。

嵩坝塘:计“天、地、元、黄、宇、宙、洪、日、月、盈”十字号。

西江塘、北海塘、东江塘自麻溪坝北“伯”字号起,缘萧山县境之长山、龛山、旧山阴县境之龟山、会稽县境之偁山,直至曹娥小山头“明”字号止,计长一百八十里(华里),合公里一百另四里。

海岸线自萧、诸交界之浦阳江起,至上虞嵩坝之馒头山止,计长五百二十里(华里),合公里约三百里(依据民国五年陆军测量)。

绍萧段塘闸情形

（见浙江省水利局总报告民国二十一年二月至二十四年六月）

此段所辖塘工，西起临浦之麻溪山东，迄嵩坝之口头山，再加曹娥对江“飞”字至“坝”字共一百四十二字号，因属绍兴县境，亦归绍、萧段管理。全段塘长一百十八余公里，分为第一、第二、第三三区。塘工分土塘、丁由石塘、鱼鳞石塘、半截石塘四种，险塘地点为临浦、闻堰、南塘头、镇塘殿、车家浦、贺盘六处，而尤以闻堰适当富春江、浦阳江之顶冲，为最险。

沿塘之闸有十，其中因闸外沙地淤涨、闸港淤塞，已失宣泄效能，闸洞业经填塞者，为山西闸、黄草闸。闸外沙涂屡涨屡坍，泄水之效能已去十之八九者，为姚家埠闸。宣泄灵畅，时在启用者，为三江闸、刷沙闸、宜桥闸、楝树闸、西湖闸，泄水以三江闸为主，刷沙、宜桥、楝树、西湖四小闸为辅。遇天时亢旱，内河水枯，兼作进水之用者，为茅山闸、清水闸（附绍、萧段塘工种类里程地位表）。

紹蕭段塘工種

- **區界**：一區；第一區工程處；一區｜二區
- **城鎮**：麻溪橋、茅山閘、臨浦、新壩、義橋、孔家埠、聞家堰、漁頭、長河頭、西興；樓下陳、龕山鎮、瓜瀝鎮
- **山名**：[illegible]山、虎爪山、压山、半爿山；任山、龕山、航塢山
- **山地**
- **土塘**
- **丁由石塘**
- **魚鱗石塘**
- **半截石塘**
- **字號**：儀至取字號、官一至十二號、[illegible]至斷字號、蘭至德字號、莘至過字號、知至四字號、[illegible]至食字號、駒至人字號、官至鳞字號、淡至珍字號、珍字至西興、地至水字號、玉至重字號、民至羌字號、[illegible]字號、化至得字號、建至谷字號、傳至學字號、優至律字號
- **說明**：土塘、土塘丁由石塘、土塘、丁由石塘、土塘、土塘、土塘、丁由石塘、土塘、丁由石塘、土塘、丁由石塘、土塘、丁由石塘、土塘、丁由石塘、土塘、土塘、半截石塘、土塘、丁由石塘

0. KM.　10. KM.　20. KM.　30. KM.　40. KM.　50. KM.

類　里　程　地　位　表

二區工程處　三區工程處

二區｜三區　三區｜三區

山西閘　党山鎮　姚家埠閘　南塘頭　剎沙閘　三江閘　三江城　宜橋閘　新埠頭　桑盆殿　楝樹閘　塘浦　車家浦　黄草閘　賀盤　西湖閘　塘角　曹娥鎮　蒿壩　清水閘

大和山　偁山　蒿壁山

字號	塘工種類
呂字至山西閘	土塘
出至菜字號	丁由石塘
重至劍字號	土塘
文至積字號	丁由石塘
及至大字號	土塘
五至慶字號	丁由石塘
尺至興字號	魚鱗石塘
數至似字號	丁由石塘
斯至真字號	土塘
邑至洛字號	丁由石塘
安至存字號	土塘
以至善字號	丁由石塘
往至重字號	土塘
芥至大字號	半截石塘
帝至衣字號	丁由石塘
陶至委字號	半截石塘
賓至竹字號	土塘
白至大字號	半截石塘
五至數字號	丁由石塘
女至立字號	土塘
形至[illegible]字號	半截石塘
聲至孝字號	土塘
當至去字號	半截石塘
而至真字號	土塘
[illegible]至精字號	半截石塘
雅至鼓字號	土塘
髮至明字號	丁由石塘
天至[illegible]字號	土塘
飛至霸字號	屬於三區範圍內曹娥江東岸土塘既至隸十二字民國十一年改築半截石塘餘一百三十字均屬土塘

60 KM.　70 KM.　80 KM.　90 KM.　100 KM.　110 KM.

绍、萧段塘工种类里程地位表

绍萧段二十一年至二十二年护塘取缔案件情形

（见浙江省水利局总报告）

绍、萧两县，塘堤蜿蜒辽远，塘上村镇甚多，其较大者，第一区有临浦、新坝、义桥、闻堰、潭头。第二区有西兴、龛山、瓜沥、党山。第三区有镇塘殿、新埠头、楝树下、车家浦、杜浦、曹娥、嵩坝。沿塘过货，设有旱闸，第一区有四处，第三区有二十六处，管理取缔颇感困难。民元以前民办，期间各项规章尚无所闻。嗣收归官办始，有绍、萧水利联合研究会议决之取缔章程十三条，呈准省府核准，迨民国十七年，由两县县政府水利局会衔布告，严申禁令。兹将关于护塘地取缔案件列表附后（表内有属萧山者从略）：

绍萧二十一年至二十二年护塘取缔案件情形明细表（只录绍兴）

区别	地点	字号	姓　名	年月	事由	取缔经过
第三区	王公浦	“民”字号	沈德兴过塘行	民国二十一年二月	奉令饬查，据陶安谷等呈控该过塘行侵占塘地一案	依照取缔章程第五条之规定，责令出具保结。
第三区	葑山村塘角	“上”字号		民国二十一年四月	据报塘上发现獾洞，有害塘身，请核办一案	命工程队翻掘獾洞捉获小獾二只，呈局作标本。
第二区	党山		陈伯先	民国二十一年四月	奉令饬会查，据请拟在塘上建闸泄水一案	该处塘上建闸有危塘身，呈请核示。
第三区	桑盆殿		东北二乡长	民国二十一年九月	准绍兴县转函搬运农产物品请免于取缔一案	准以农产物为限，含有营业性者一律禁止。
第三区	徐家堰	“能、莫”两字间	阮庆镛等	民国二十一年十二月	据呈拟在塘上设过塘行，请派员会勘一案	奉令：所请设行碍难照准。
第三区	贺盘		徐叶庆	民国二十一年十二月	据呈拟在塘上设过塘行，请派员会勘一案	奉令：所请设行窒碍难行。
第三区	新埠头		王顺泰过塘行	民国二十一年十二月	该处过塘行过货之旱闸拟改为码头，由本段估计呈送图表示遵一案	呈请核准。

绍萧塘闸工程处十年来塘务之取缔

（民国十七年至廿六年）

绍、萧两县，塘堤蜿蜒辽远，分三区管理，直属于段工程处。塘上村镇甚多，其较大者，在上虞界内有嵩坝；在绍兴有曹娥、杜浦、车家浦、楝树下、塘湾、新埠头、大吉庵、镇塘殿、党山、瓜沥；在萧山有临浦、新坝、义桥、闻堰、潭头、西兴、龛山。沿塘过货，设有旱闸，如上虞界内二处，绍兴计二十二处，萧山计十六处(视绍、萧海塘沿塘旱闸一览表)。塘面及内坡埋有石槨，坟墓累累无万数，尤以绍属北海塘为最夥，兼之各村镇之私建房屋，各河埠之私过货物，以及沿塘之偷葬坟墓，均在在足以增加塘身之危险，故管理取缔颇感困难。迨民国十七年始，根据绍、萧水利联合会议决之取缔章程十三条(视护塘地取缔章程)，呈准省府核准，由绍、萧两县县政府、浙江省水利局会衔布告，严申禁令后，取缔工作渐有成效。十年以来，案件繁多，不胜枚举，其最著者厥为上虞及绍属东江塘旱闸之堵塞与改造焉。查东江塘过埠旱闸，闸顶低于塘面自一公尺至一点八公尺以上，每值春秋二汛，山洪暴发，外江水位高涨时，往往漫闸而过。虽由各行商自备闸板，以司启闭，且协助防堵，但事权不一，流弊滋多，况江水由闸板缝漏入，势甚汹涌，即不出险，而防险人工之往来与材料运输交通，均受阻碍。经绍、萧塘闸工程处拟具计划，于廿三年八月，呈准省府，将大吉庵"衣"字至楝树下"王"字号十二个旱闸，均责成过塘行商自行填塞，过埠内外各做成一比四坡石板路，以利货运。时逾两年，行商尚无不便，乃于廿六年七月更计划填筑曹娥、嵩坝两处旱闸。然两处居曹娥江上游，塘身较高，曹娥石塘又系着塘流水，填筑工程必须坚固，费大工巨，非各行商力所能办；又以两处踞运河终点，为货运枢纽，一旦与外江隔绝，则交通、营业两受影响。遂呈准由省款办理，既将各旱闸用一比三比六混凝土填筑，并择要建筑石板路公共码头，以调剂货运。计曹娥"席"至"达"字号填筑旱闸十一个，"席、陛、达"三字号建筑公共码头三座，嵩坝地"亢"号填筑旱闸二个，"地"字号建筑公共码头一座。两共用去公帑四千五百余元。自此以后，上虞、绍兴沿塘更无旱闸之存在，而取缔章程十三条内之第七条于今已不适用，有修改之必要矣。(附绍、萧护塘地取缔章程十三条暨沿塘旱闸一览表，绍、萧海塘形势图一张。)

浙江省第三区绍萧塘闸工程处护塘地取缔章程

一、本办法根据绍、萧水利联合研究会之议决案，呈奉前省署核准，取缔护塘地章程之规定，以沿塘内外各距塘脚十丈为护塘地之界限。

二、护塘地亩原系官产，其已被居民侵占者，应限令报明亩分，估值缴租。设或观望不前，希图影戤者，查出须追缴租价，并从严罚办。

三、护塘地界内，不论田或地，如系民间私产，执有民粮契串者，仍归民间管业，但只许耕种，不准有新建筑毁掘等事(如起屋、造坟、掘池及其他工作)。倘有违犯，应立即勒令恢复原状，其情节较重者，并处以相当之惩罚。

四、塘面塘坡旧有粪池、卤池及其他障碍物，应令拆除。嗣后不准再有。前项情弊，倘经查出，勒令拆除封填。

五、塘面及护塘地内，旧有房屋，设因塘工拆除，或年久损坍，或天灾毁坏，要求修葺者，应由局会同县署勘明，确无妨碍，方准照旧修葺。惟在塘上或近在二丈以内者，仍须出具保固塘身切结，并担任岁修义务。

六、塘面及护塘地内原有建筑，而已成市集者，除由局派员勘明，确与塘身无甚妨害，姑暂准维现状；如在塘上或距离在二丈以内者，须令负责保管塘堤，并担任岁修义务，其屋旁如有粪池及卤池并种植等，仍应限令除去，以免塘身穿漏之虞。

七、货料过塘之处，向例须呈县立案，现因由局会同两县，布告沿塘商民，须将过塘之处，无论有案无案，概行令其指定地点重行呈请县局会勘核准布告后，方得盘货过塘，其盘运之处塘身必低，须责成填筑坚实，建造旱闸，预备闸板，并出具切结，随时守御，以免意外。如于未经核准之处，私自盘运者，一经告发，即查明送究。

八、过塘货料不准堆积塘面，损害塘堤，倘不能即时运尽，须暂行堆积者，至少离塘脚五丈以外，方许暂行停顿。

九、沿塘偷埋棺木，凡有主者应即迁移，无主应迁者，由本段工程处函商，同善局顺道收埋。嗣后如有违犯，一经查出，立予拘罚，并勒令迁移。

十、塘内外距离塘脚各留余地一丈，无论官有私有，一概不得垦植，以杜镵松泥土、侵害塘坡之弊。

十一、培修塘堤不得沿塘取土，须距离塘脚内外至少各五丈以外，无土可取者，宁取远方，以免剜肉补疮，贻祸将来。

十二、塘身塘坡不得任意纵放牛羊及牛车运行，将坡土践踏，致附土坍损，违者送警罚办。

十三、本办法呈由省政府核准后发生效力。

绍萧沿塘所有旱闸一览表

地段	字号	数量（个）	闸宽（公尺）	闸槽高（公尺）	闸板道数	闸板管理人	填塞年月	备考
萧坝	地	一					廿六年七月	萧坝计有旱闸二个，于廿六年七月填塞，在“地”字号改建公共码头一座，庶塘工与交通得以兼顾。
	玄	一					廿六年七月	

（续表）

地段	字号	数量（个）	闸宽（公尺）	闸槽高（公尺）	闸板道数	闸板管理人	填塞年月	备考
曹娥	席	一					廿六年七月	曹娥共计有旱闸十一个，与蒿坝旱闸同时填塞，在“席、陛、达”三字号改建公共码头三座。
	升	一					廿六年七月	
	阶	一					廿六年七月	
	陛	二					廿六年七月	
	转	一					廿六年七月	
	星	一					廿六年七月	
	广	三					廿六年七月	
	达	一					廿六年七月	
新埠头	衣	一					廿三年八月	新埠头计有旱闸十一个，于廿三年八月填塞。
	有	一					廿三年八月	
	陶	一					廿三年八月	
	唐	一					廿三年八月	
	民	一					廿三年八月	
	罪	二					廿三年八月	
	伏	一					廿三年八月	
	戎	二					廿三年八月	
楝树下	王	二					廿三年八月	
潭头		一	3.6		一	王汝茂行		自潭头至临浦计有旱闸十六个，该处塘上已成市镇，碑牌遗失，旱闸所在字号不明。
		一	3.5	1.4	二	王汝茂行		
闻堰		一	2.9	2.9	二	来大曾、李鼎成等行		
		一	3.1	2.1	二	来大曾、李鼎成等行		
西汪桥		一	5.9	0.5	二	汪永兴行		
汪家堰		一	3.9		二	孔连生		
义桥		一	2.8	0.9	二	存义桥商会		
		一	2.6	0.9	二	存义桥商会		
新坝		一	3.4	1.0	一	无		
		一	4.3	0.9	一	无		
		一	3.7	1.1	一	无		
		一	3.7	1.7	二	存新坝大庙		
		一	3.1	1.8	二	存新坝大庙		
		一	1.7	0.7	一	存新坝大庙		
临浦		一	2.2	1.3	一	地保		
		一	2.1	1.4	一	存临浦大庙		

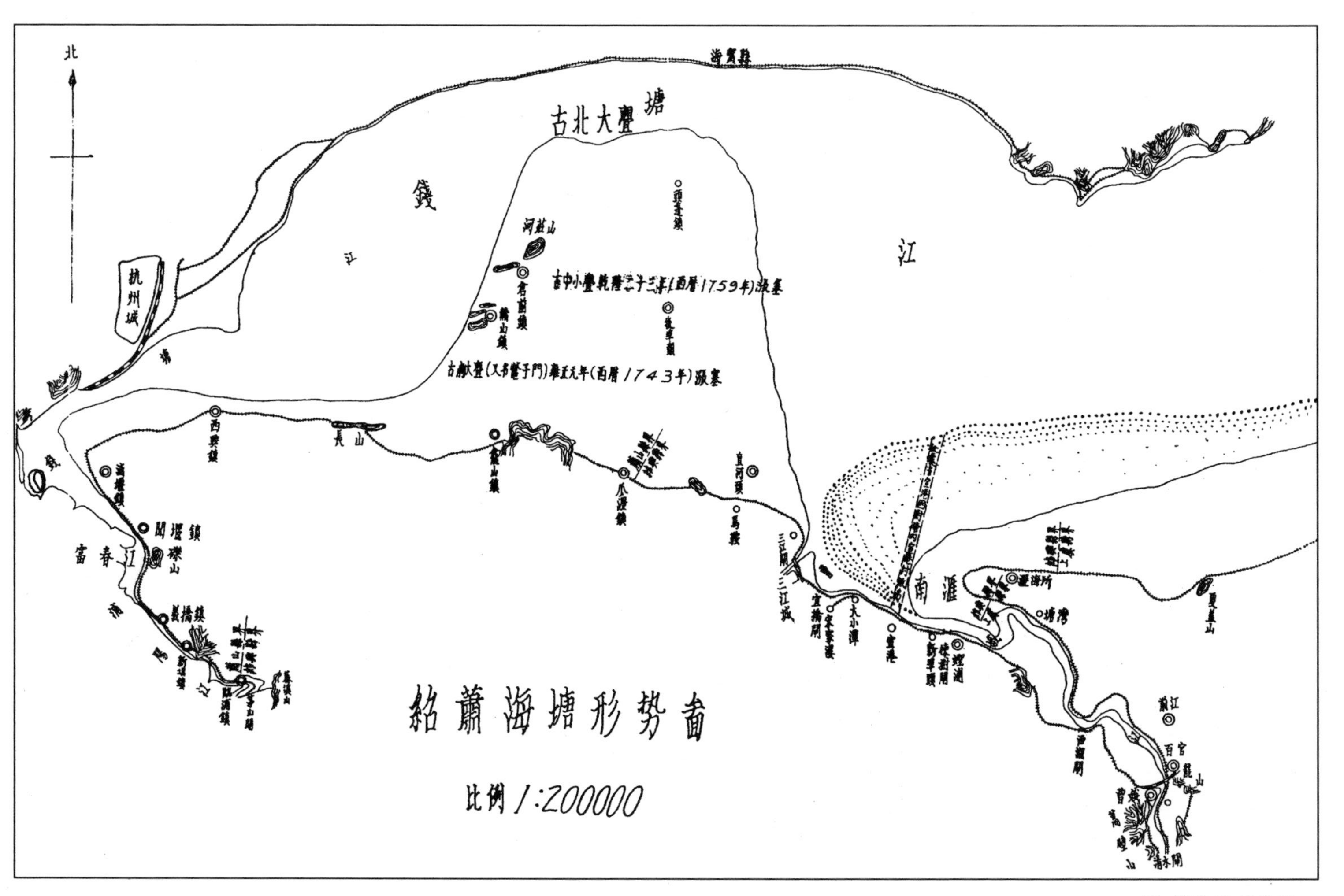

北
古北大亹塘
錢
江
江
杭州城
河莊山
古中小亹乾隆二十三年(西曆1759年)淤塞
古龕赭(又名鳖子門)雍正元年(西曆1743年)淤塞
西興鎮
長山
南匯
富春江
夏蓋山
紹蕭海塘形勢圖
比例 1:200000

绍、萧海塘形势图

东　塘

东江塘

东江塘：按东江即曹娥江，原出上虞县，经县界四十里北入海(《嘉泰会稽志》)。《名胜志》云：自剡溪来，东折而北，至曹娥庙前，名曹娥江；又北至龙山下，名舜江；又西折至三江口，入海。万历《府志》云：以汉曹盱女死孝名。潮汛之险亚于钱塘，坍沙陷溺，常为民患，谚曰“铁面曹娥”。

剡溪其源有四：一自天台，一自武义、东阳，其一导鄞之奉化沙溪，又一自台之宁海，历三坑西绕三十六度，与杜潭会，出浦口入于剡溪，合流为一，入于江(《府志·山川门》)。

民国元年，东塘“道、垂、拱、平”字号土塘，被山水江潮上冲下顶，塘身剥蚀，当经雇工修筑，计长六十五丈，高一丈，阔二丈四尺，将芦根泥块与草根泥块，顶排实叠积填，计支洋二百零一元六角三分五厘。

民国二年，东塘楝树闸外，坦水被急水冲坏，大半闸不能开，以致闸内水涨，时无从宣泄，当于闸外筑成月坝一道，将水车干，先钉梅花桩，桩花中嵌砌毛石，以三和土上铺旧石坦水三道，并做阔二尺四寸，厚一尺二寸，长一丈八尺七寸。新闸腮五道外钉保口桩一毗，闸旁有屋三间倒坍殆尽，亦经修复。计支用洋三千九百零八元八角九分五厘。

民国三年，东塘“犹”字号土塘靠内一边，蚀陷长六丈余尺，势颇危险，当时修筑完固，计支用洋六十六元二角九分八厘。

民国四年，东塘“火、帝、鸟”字号石塘现有裂缝，兼形塌陷，正在抢修间，适逢狂风暴雨，又值大汛期内，潮为风激，霎时飞涨，高至二丈有余，新埠头、镇塘殿两处，立时决口。连夜雇就乡民数百人，赶觅盐包、车袋，灌以田泥，即行堵塞。同时出险者：一、宋家溇后面大池盘头地方，“兄、弟、同、气”四字号塘身损坏，又“天”字起，“往”字止，共十八字号塘身倒坍；一、直落施地方，“阳”字起，“生”字止，共十一字号塘身低陷，且有洞三个；一、堰头底地方，“五、常、恭、惟、鞠”五字号塘身冲坍；一、丁家堰、汤湾等处地方，“命”字号塘身坍矬二处，又“之”字号塘身有洞一个，又“守、真”二字号塘身坍矬，又“志”字号塘身有洞一个，又“靡、都”二字号塘身坍矬；一、姚家埠地方“坟”字起，“隶”字止，共十字号塘身面坍去一半；一、桑盆地方“坐”字起，“爱”字止，共九字号泥塘冲去一半，又“周、发、商、汤”四字号石塘，面土冲去一半；一、嵩湾乡地方，“安、定”二字号间，有缺一处，又“笃”字起，“令”字止，共八字号塘身穿漏坍陷，且有洞四十二个，又“学”字号塘身矬坍，又宜桥闸“旁”及“登”字号有洞二个；一、塘湾地方“戎、羌”两字号，塘身低陷，广仅三四尺；一、楝树下地方“率、归、王”三字号塊头冲坍；一、徐家堰地方，“必”字号起，“短”字止，共十字号，塘身低陷，其中“莫”字号外塘坍化三处；一、啸唫后面地方，“信”字号塘身本低，脚已坍直；一、杜浦地方，“正”字号塘身极狭，内临深河，塘脚坍直。以上各处亦即分报抢修。阅二月余，始告工竣。计支用洋四千八百五十七元五角七分五厘。

民国四年，东塘“罪、周”字号塘身裂陷，当时雇工拆修，其拆下旧石间有尺寸狭小或已就碎烂者，易以新石，塘底钉以排桩，外用条石坍水，计新修之塘底□尺，塘面□尺，面长八丈九尺，阔五尺，高则连底共十二毗。计支用洋九百四十一元一角一分五厘。

民国五年，东塘“垂、拱”等字号，因地处潮冲，塘形危险，前虽抢修，势难持久，将塘身帮阔，加高石脚，以期稳固。计支用洋三百二十二元七角五分三厘。

民国五年，东塘“宜、令”字号附土塘裂陷坍化，当于塘脚密钉排桩，计长八丈一尺，增阔附土，高一丈五尺，底面牵阔七尺五寸，塘面长十一丈五尺。计支用洋一百四十三元七角六分一厘。

民国五年，东塘“翔、唐”等字号，及大吉庵盘头，因被大雨冲淋，或有溜沟，或遭坍矬，当经一律修补，计支用洋十二元。

民国六年，东塘“火、帝、鸟、官、人”字号修筑石塘，当将塘底清出，先钉疏密排桩，桩花中嵌以毛石一毗，再用做光条石密铺一层，塘身则用丁由石，按出顶清缝做法，层叠而上，计十一层，面盖做光条石一层，连底共十三层。内用毛石整肚，距塘一丈外，密钉排桩，内铺毛石，上加条石坦水，以免冲刷。计筑新塘长八十五丈三尺，高一丈五尺二寸，底阔一丈二尺，面阔五尺。现甫完工，正在赶办报销，约支用洋一万八千余元。

民国十年（民国九年丁紫芳继钟寿康为绍、萧塘闸工程局长，款由绍、萧塘工有奖义券奖余项下拨支。）

东江塘大小潭，“昃”至“往”字号，新筑石塘一百九十三丈二尺，计工料银六万九千四百三十元零九角九分。

东江塘大小潭，“月”至“往”字号，新筑石坦水二百四十三丈二尺，计工料银一万八千一百二十九元三角另八厘。

西湖底新筑鱼嘴盘头七十丈，计工料银一千六百十二元零零六厘。

民国十一年（钟寿康复任）

东江塘“形”至“终”字号，培修土塘五百四十五丈二尺，计工料银二千五百九十八元九角五分。

西湖底“优”至“从”字号，新筑半截石塘一百二十一丈二尺，并新筑坦水一百二十一丈二尺，共计工料银三万九千七百九十五元一角另七厘。

民国十二年（钟办）

东江塘贺盘，“慎”至“学”及“甘”至“益”字号，培修土塘三百八十五丈，计工料银一千七百另一元八角另六厘。

东江塘桑盆，“道”至“爱”字号，建筑半截石塘一百二十一丈，并建筑石坦水一百二十一丈，共计工料银四万另一百六十六元一角六分六厘。

民国十三年（钟办）

偁浦“五”至“慕”字号，拆修石塘二百十三丈，并拆修坦水二百丈，共计工料银三万二千六百三十四元二角三分二厘。

东江塘曹娥“鼓”至“升”字号，全石塘八十二丈七尺，并坦水八十二丈，共计工料银二万八千九百五十六元二角九分七厘。

东江塘曹娥“承、明”字号，全石塘二十五丈，并石坦水二十六丈，共计工料银八千六百七十四元四角九分三厘。

前见府署修理堤塘案卷甚夥，现多散失，无从考查，兹仅调得民元以后塘闸局卷宗，摘录至十三年止。十三年至十六年秋，工程已见《塘闸汇记》者，不复查载，北海塘、西江塘同。

编者识

袁绪钧何元泰章宝榖章琜任元炳朱士行徐绳宗章琦章于天呈省政府建设厅文（二十年九月）

呈为绍兴东塘危险万状，环请速饬绍、萧段赶备防御工作，一面令行浙江钱塘江堤岸工程处逐段勘估，从速修筑，以保民命事：窃绍兴第三区道墟里起，至曹娥村止，北首一带塘堤久失修理，本年八月二十四、五日，风雨为灾，连宵达旦，山洪暴注，怒潮汹涌，江流横溢，冲激堤身，沿塘居民鸣锣告急，就地士商携带防御之具，如麻袋、竹簟等物，彻夜抢护，幸免崩溃。惊魂甫定，后患堪虞。查东塘自民国九年，竭官绅之力，筹款增修，稍资稳固，及民国十五年曹豫谦任绍、萧塘闸局局长，禁止塘面及内坡蓄草，并增挑土牛，规画方新，而曹局长旋即去职。现在塘面及内外坡蔓草丛生，塘身亦日坍日削。公民等巡视该塘，从沥泗村“当”字号起，至贺盘村“业”字号止，共四十八字号，计长九百六十丈，塘外沙田坍没，水已冲及塘根，而塘身卑薄之处，有阔仅一丈、高仅八九尺者，且复塘草茂密，人不能行，貛猪窟穴其中，无从查察。一遇江潮泛涨，上漫下漏，抢救为难。此次“思”字号忽焉坍陷，实坐此病。“业”字号以东，塘身稍为宽阔，然貛洞叠见，渗漏时闻，若塘角“睦、夫”等字号，会龙庵“诸、姑”等字号，近因外丘倒塌，水逼塘身，尤为险要。转瞬大潮旺汛，岌岌可危。公民等惕各省之奇灾，惧目前之急祸，故敢沥陈险状，环乞钧府、厅电鉴，俯念绍兴百万生灵，依塘为命，近来东塘更属危急，迅赐电饬绍、萧段预备防御工作，俾秋汛得免巨患；一面令饬浙江钱塘江堤工程处，逐段勘估，立予拨款兴修，藉弭水患而保民命，不胜迫切待命之至。

第三区贺盘第一第二两号挑水坝护岸工程（见浙江水利局总报告民国二十一年二月至二十四年六月）

曹娥江流域多崇山峻岭，每逢秋汛暴雨，山水湍急，奔腾而下，贺盘适当曹娥江凹岸，受山洪冲激，损坏特重。自民国五年至二十年间，塘外沙地渐次坍进，竟达六百公尺之巨，若不设法补救，则势必坍及塘根。故于“慎、辞”两字号坍损最甚处，各筑块石挑水坝一座，一号坝长七十六公尺，二号坝长七十八公尺，并于坝根各筑块石护岸六十公尺，坝身与来水成一百零五度之角，顶宽二公尺，上水坡度为一比一点五，下水坡为一比三，块石护岸顶宽一公尺，其高度与塘外沙地相同，向外坡度为一比一点五（附贺盘曹娥江形势图）。

挑水坝施工之前，按照坝身地位方向，先于江之两岸树立标杆，嗣后所到运石船即依此直线排列，抛放块石。工程进行时，每经过朔、望潮汛或山水稍大，河床即有变化，须随时测量断面，以定各处块石应抛数量。在水位较低时，并饬包商雇工下水，依照计划坡度，加以整理。至坝根护岸，块石必须于朔、望大潮时施抛，因水小时石船不能靠岸。块石采自上流蒿坝，规定大小，挑水坝自二十五公斤至七十五公斤，护岸自十公斤至五十公斤，于二十一年一月十九日兴工，同年五月十九日完工，计挑水坝抛块石二六九七点三公方，护岸抛块石一一六二点二九公方。此项工程完工迄今已及两年，江岸坍势业已停止，且两坝上下浮沙亦见涨高，对于护岸护塘已有相当效果。不过该处坍岸之范围甚大，于上下游尚须增筑挑水坝工程。且已成之挑水坝，日受山水潮浪之冲击，亦应随时补抛块石，以策安全。（附贺盘挑水坝断面图）

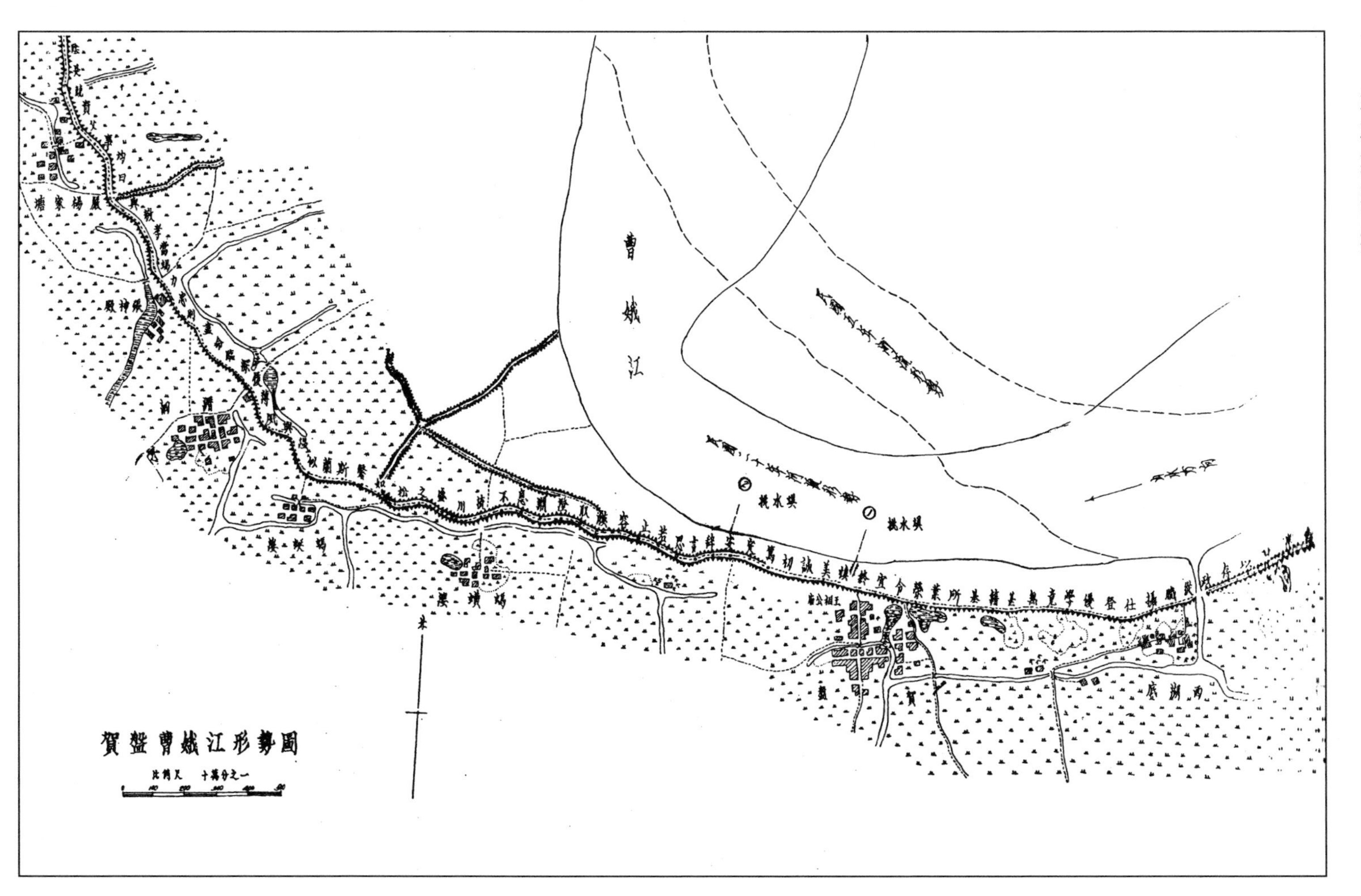

贺盘曹娥江形势图

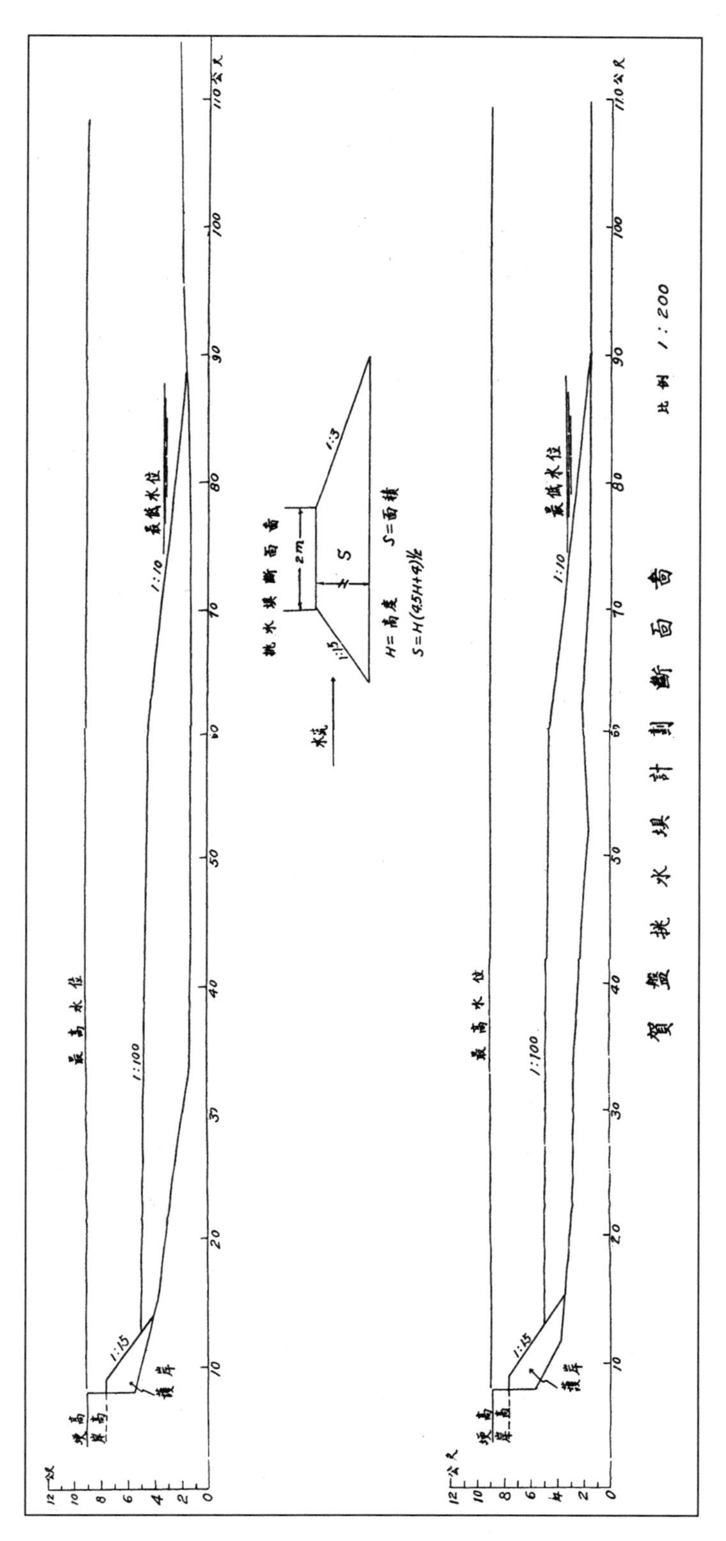
賀盤挑水壩計劃斷面圖
比例 1:200
最高水位
最低水位
挑水壩斷面圖
2m
S
H=高度 S=面積
1:100
1:10
1:15
1:3
護岸

贺盘挑水坝计画断面图

呈一件：贺盘塘开行过货呈请禁止免害塘身由

（呈二十七年十二月十一日，于东关镇公所）

一、查本镇贺盘堤塘，以地当西北，削水冲激较甚，地方人士向视险要，不仅不许设行过坝，即笨重货件，历来亦禁过塘，省、县政府不无旧案可稽。

二十五年建字第一二四九号训令，准绍、萧塘闸工程处函。二十六年七月二日建字第一三六八四号训令，准浙江省水利局函。二十六年七月三日建字第一三七〇八号训令，准绍、萧塘闸工程处函。二十六年九月十三日建字第八二八号指令，二十七年八月九日建字第一一八九号代电，准绍、萧塘闸工程处函，暨浙江省建设厅二十六年九月一日机字第一九五四号训令，军委会密勤字第二一九号代电，浙江省建设厅本年五月二十一日机字第八四四号命令，莫不将贺盘堤塘列为危险冲要地段，饬加紧防护在案。镇长为个人职责计，为全绍生命财产计，自不能坐视无睹。本年夏间，上虞人徐增全，勾结就地痞棍，拟贺盘地方领帖开行，代客运货过塘，经由该处前保长叶增寿层电省宪禁止，又在案。

二、查该徐增全已在贺盘开行过货，字号联泰永记，但图私利，罔顾塘身危险，经分别呈函东关区署及绍、萧段塘闸工程处，设法制止。讵一方既未禁止，而徐某且扬言已与当局说妥，四出抖揽货品。似此行为，不仅危害塘堤，且客众麕集，亦于军事稽查不无关系。

三、除参照战时乡镇队长各项法定职权，认为切要时，得取当然处置，派员制止营业外，为特据情呈请钧厅鉴核，迅赐转饬绍、萧塘闸工程处，切实查禁，并令饬东关区署切实禁止，以维堤塘安全，不胜感激。谨呈

浙江省政府建设厅厅长伍

东关镇镇长何元泰

命令（二十八年二月十六日自绍兴县政府发）**建字四百五十号**

一、案奉浙江省第三区（行政督察专员公署、保安司令部）本年二月九日建字第四五九号训令，内开“案奉浙江省建设厅本年一月廿六日第二二三号指令，本署部廿八年一月十八日呈一件为贺盘塘上过货设埠，转请鉴核示遵由，内开‘呈件均悉，查该处塘上过货设埠，有害塘身，前经禁止在案，所请碍难照准，仰即转饬绍兴县政府暨绍、萧塘闸工程处知照，件存。此令’等因。奉查，此案前據该县东关镇镇长何元泰等先后呈请禁止，当经令饬该县查禁，嗣据绍、萧塘

闸工程处呈，以商民顾永芳所请设埠，未违反取缔护塘章程之规定，并饬在塘面及斜坡铺砌石板，于塘身无碍，经准设立情形，绘图报请备案前来，当经据情转请核示，去后兹奉前因，除分令外，合行令仰该县长，即便遵照前令查禁，并转饬东关镇长知照”等因。

二、除分令外，合行令仰该镇长知照，遵令查禁具报为要。

查该行封闭后，迄今覆勘塘身，该行所筑塘外石坡大半为水冲卸，足见贺盘地位险要，万无开行过货之理，尤而效之，可以休矣。编者志。

沥海所塘

沥海所塘(海塘),万历四年,上虞县丞濮阳传有《海塘湖塘要害议》中云:又勘得原有会稽县三十三都犬牙相参,本县七都之间最为崩损,底薄者自章家墓起,至西汇嘴湾底、沥海所北门马路头、篡风寺五里墩边止,约计一十余里,虽系会稽,实与上虞同此一岸海塘,相应协力修筑。此会稽三十三都有关于六都之紧要者(《上虞县志·水利门》)。今沥海所“霸”字号塘东与上虞篡风寺“学”字号塘衔接,又西北“飞”字号塘与上虞西汇嘴“竟”字号塘衔接。

民国十一年(钟办)

沥海所塘“既”至“隶”字号,新筑半截石塘二百四十三丈六尺,并新筑石坦水二百四十六丈,共计工料银八万七千一百四十九元九角三分二厘。

蒿坝塘

蒿坝塘，在上虞十一都蒿坝村，乾隆初创筑，长六十丈有奇。道光二十三年，洪水冲决，柴绍祖集资修筑。三十年又遭大水被决，咸丰二年俞凤来创议改建石塘未果。同治四年培高加厚(《上虞县志·水利门》)。清光绪二十五年六月决口，旋由虞人修复，钟公闸即建其右。民国十年春增高培厚，上立"天、地、元、黄、宇、宙、洪、日、月、盈"十字号塘碑。董其役者邑绅袁文纬。

北　塘

北海塘

北海塘，考萧山旧《志》：自长山之尾，东接龛山之首，跨由化、由夏、里仁诸乡，横亘四十里，共分十二段，每段设塘长一人看守（万历《萧山志》），其塘曰西兴塘；治北一带濒海，自龙王塘至长山又迤而东，至龛山，统曰北海，其塘曰北海塘。江与海虽属毗连，既有江塘、海塘之分，则山川内应，先江后海，各标名目，以清原委。又钱武肃王筑塘，虽始于西陵，然亦统名捍海，载《宋史·河渠志》，即今江、海两塘之缘起也。后人因地区名，乃有西江塘、北海塘之称。旧《志》不知考史，其分别门类亦未允当，既于《山川》内载江而不及于海，已属脱漏；又将江、海两塘，编入《水利》塘闸内，至浙江之下，摭拾潮论、潮赋及前人潮诗，乞邻借润，累幅不穷，而于江海之屏障反无一字道及，轻重失宜，不得不为更正（万历《萧山志·山川门》）。

北海塘，按萧山旧《志》，该塘西自长山之尾，东接龛山之首，跨由化、由夏、里仁诸乡，横亘四十里，自龛山至新灶河塘三百八十丈，新灶河至丁村塘二百八十五丈，丁村至陈家塘三百丈，巨塘至三神庙塘三百八十丈，三神庙至横塘三百三十丈，横塘至唐家埠塘一百九十丈，唐家埠至莫家港塘二百八十九丈，莫家港至金家埠塘二百十四丈，金家埠至蒋家埠塘二百十四丈，蒋家埠至横塘二百四十丈，共分十二段，每段设塘长一名看守，修筑派里仁、凤仪二乡，不及诸乡云云。查以上所载，仅十段，计长二千八百二十二丈，以华里一百八十丈为一里计算，十六里还弱，云四十里者不知何据。（民国十六年，绍、萧塘闸工程局西区管理处查报北海塘字号为三百四十二字，每字二十丈，合计六千八百四十丈，与志载四十里相差无几。）

宋嘉定六年，溃决五千余丈，郡守赵彦倓重筑兼修补者共六千一百二十丈，砌以石者三之一，起汤湾，迄王家浦。

清康熙壬辰，沿海土塘尽崩，郡守俞卿修筑，癸巳复溃，公乃筑丈午村蔡家塘等处石塘四十余里。

民国二年，北塘“菜、重、芥、薑”字号土塘，受海潮山洪互相冲激，塘身坍矬，外面塘脚所钉排桩残缺不全，即经购料雇工，加钉桩木，并于桩内用柴捆厢加土夯筑，计长六十七丈零，共支用洋一百九十九元二角七分七厘。

民国四年，西兴龙口闸即永兴闸闸板废弃无存，因沙地坍近，潮水内拥，即经购置长一丈七尺闸板三十块，以及铁圈、捞钩、搁凳等，计支用洋九十六元一角一分二厘。

民国五年，北塘长山头至西兴“宿”字号，又长山东自莫家港起，至龛山双池止，绵长三十余里，塘外沙地坍没，海潮、山洪直冲，塘身坍矬穿漏，低薄之处水涨时漫溢过塘，均属岌岌可危。当经分别抢修，计支用洋四千九百三十四元九角五分一厘。

民国五年，北塘“丝”字号土塘穿漏一处，即行雇工，翻掘清底，加土夯筑完固，计支用洋十二元九角七分七厘。

民国六年，北塘“归、王、鸣”字号土塘，及长山闸外泥坝，因被风浪迭冲，塘根护土刷深，塘身矬裂，当即兴工抢修，筑成柴塘十八丈九尺，石塘三十六丈四尺，连闸外泥坝加高培厚，计支用洋一千五百二十元零零二分九厘。

民国六年，北塘“鸣”字号迤东旧塘，及“戎”字号块石塘，被潮冲坍；“发”字号附土塘面彻底穿洞，形甚危险，当经修筑翻填，暂御眉急，计支用洋七百五十一元九角四分五厘。

民国十年(丁办)

北海塘“庆”至“与”字号，加筑条石塘二百八十二丈四尺，计工料银十一万二千一百九十九元五角五分二厘。

大、小潭“弟”至“日”，暨“月”至“盈”字号，新筑石塘共二百五十丈，共计工料银八万七千零十九元三角六分一厘。

大、小潭“弟”至“日”字号，石坦水二百丈，计工料银一万六千八百四十三元四角一分三厘。

民国十一年(钟办)

北海塘大、小潭，大池盘头石塘八十丈，并东西两翼石塘八十五丈，并石坦水一百六十五丈，并两处拦潮坝共一百八十丈，共计工料银八万四千三百六十九元八角八分一厘。

北海塘丁家堰“竭、力、忠”字号，新建条石备塘七十丈，计工料银三万二千八百一十元零三角五分一厘。

北海塘“与”至“命”字号，加高石塘二毗，计二百三十丈，计工料银四千六百六十三元七角七分一厘。

民国十二年(钟办)

北海塘三江“縻”至“华”字号，建筑全石塘计七十二丈，计工料银二万七千八百六十一元三角五分五厘。

北海塘丁家堰“君、曰、严”字号，石坦水六十丈，计工料银三千七百五十一元七角八分六厘。

民国十三年(钟办)

北海塘三江“自”至“夏”字号，石坦水一百零三丈，计工料银八千四百零六元七角六分六厘。

北海塘荏山头“归、王、鸣、凤”字号，全石塘六十丈零一尺五寸，并石坦水六十丈，共计工料银二万三千六百六十八元四角零三厘。

北海塘荏山头“戎、羌”字号，修理旧石塘四十一丈九尺，计工料银二千二百八十四元三角零九厘。

第二区南塘头温至兰字建筑柴坦工程

(见浙江省水利局总报告，民国廿一年二月至廿四年六月)

损坏情形及修筑计划：本处断面一与八之间为丁由石塘，其外原有条块石坦水断面，一以南为灌浆块石斜坡塘，始于二十年建筑，当时因塘外沙涂甚宽，未建坦水。二十一年伏汛后，江流变迁，逼近塘身，且迭受大潮汛之袭击，灌浆块石斜坡塘与条石坦水接头处(系圆弧形)受损颇重，发现裂痕(见南塘头裂陷图)，宽约二公寸，底脚排桩向外侧倾。“温、清”字号塘外涂涨，亦日见倾圮，致坦水桩高露达一公尺以上，形势已极危险，故将灌浆块石斜坡塘损坏部份，照原来做品修筑，再于斜坡塘脚抛块石坦水，并坍水桩外用枪柴建筑柴坦一道(见柴坦水平面图、柴坦水断面图)，外坡为三比一，面宽为二点五公尺，面上露出桩顶，用地龙木缚以铅丝而横庄之(有图列后)。

施工情形及工程效果：柴坦所用枪柴木桩，系利用修理三江闸剩余及内外坝拆除之材料，于小汛期内按照计划图从事镶柴钉桩扎地龙木修复，损坏灌浆块石斜坡塘，复于斜塘外添抛块石坦水，以资巩固。二十二年三月三日兴工，四月七日完工，完工迄今已届一年，虽经过去秋两次大风潮，而全段坦水形势均无变动，且柴坦水外已见淤涨，成效甚著，惟柴料年久易腐，此次因利用三江闸拆剩材料为经济计也。

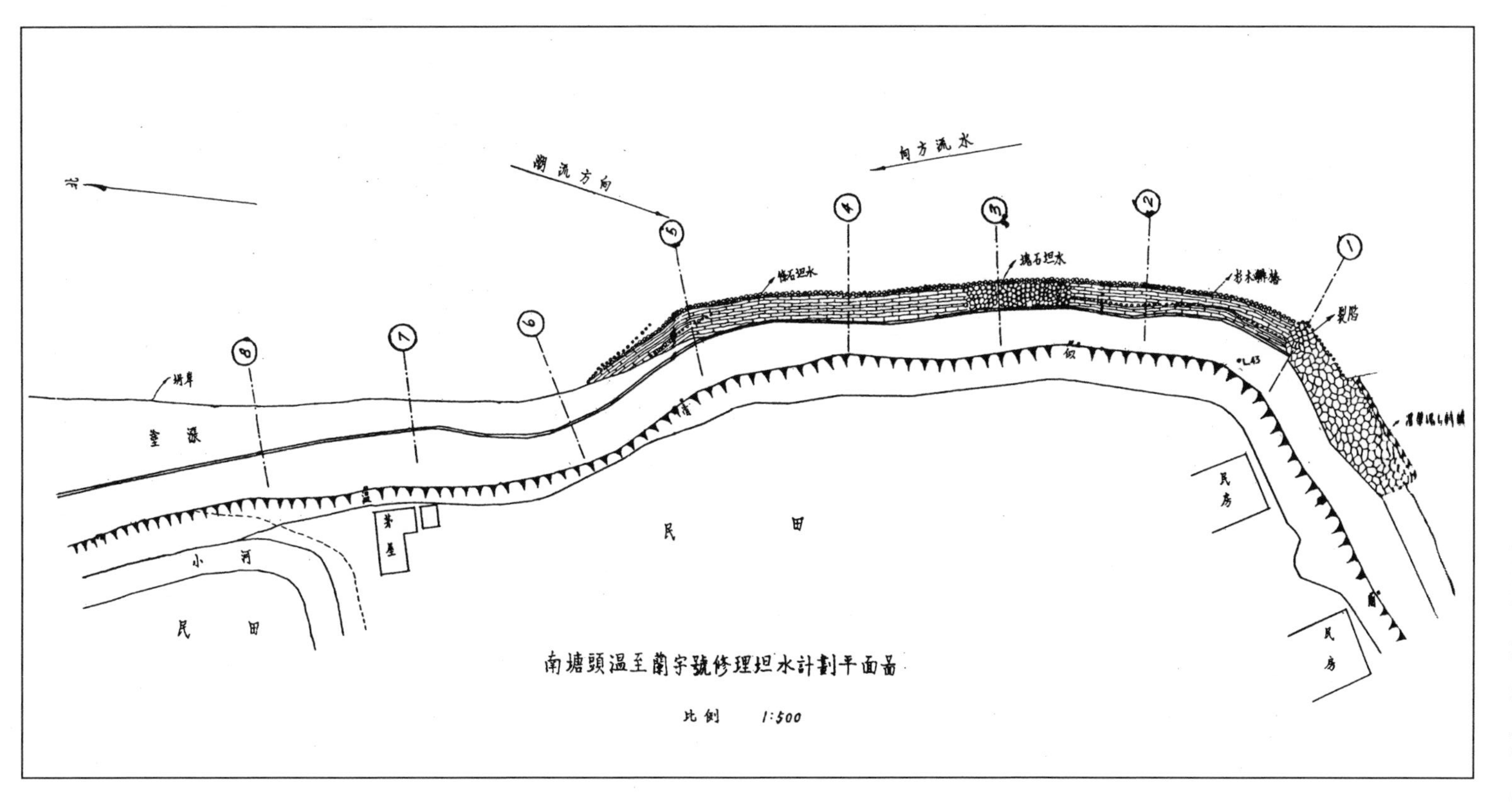

南塘头"温"至"兰"字号修理坦水计划平面图

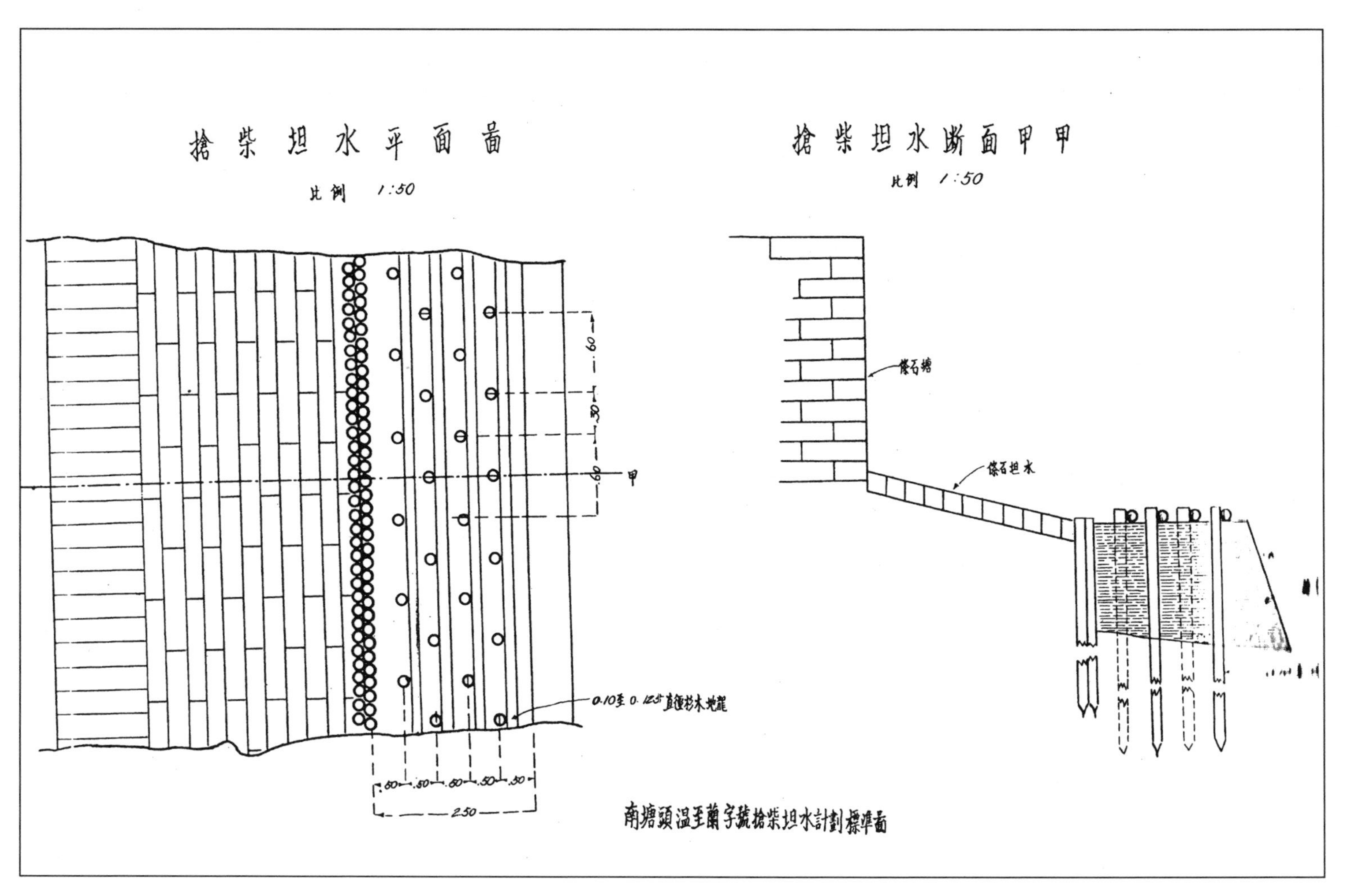

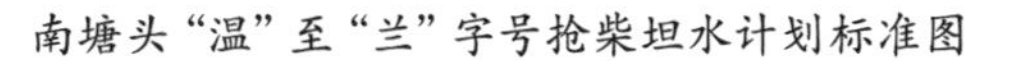
南塘头“温”至“兰”字号抢柴坦水计划标准图

西　塘

西江塘

西江塘：即钱塘江东塘也，以在萧山县西，故曰西江(《萧山县志》)。

西江塘在萧山县西南三十里，邑之尽处也，塘外为富阳江，受金、衢、严、徽四府之水，其上源高，势若建瓴，萧山在其下流，独赖此一带之塘捍之(万历《府志》)。

民国元年六月，抢修西江塘“归、王、鸣、凤”四字号，工程费用开列于后(款系财政司拨借)：

“归、王”两字号，塘内培土长九十丈，扯高一丈三尺，底面扯三丈五尺，并贴草夯硪。塘外柴坦平底加泥；“鸣、凤”两字号塘外挖掘裂缝排桩，铺柴填土，沉船四只。共计银九千三百七十六元一角一分七厘(连局用一切在内)。

萧山塘董王畤昌、王燮阳呈文

呈为抢修西江塘“归、王、鸣、凤”等四字坍卸裂矬，仅存壁立附土三四尺，省委履勘时，犹复渐渐剥矬，危险万分，附塘居民呼号迁徙内地，异常恐怖，阖邑绅董无一肯任此险工，蒙面谕：董等夙有经验，偕同绍知事会衔照会，委赴工次，相机抢护。董等以一分子任两县义务，誓以力保危堤、不令决口为唯一之宗旨，由阴历六月初一开工，任事时与驻局绍绅互相商酌，正在兴工间，因“壹”字号石盘头坍卸，奉饬一并抢护，奔驰于炎天酷暑之中，急抢于骇浪惊涛之地，诚不惜牺牲生命，求保两县田庐。越四十日，而泥土、桩石、沉船、柴坦工程，内外俱举，足保秋潮大汛不至决口。惟专待大工继续，俾董等得以完全交卸，不辱两知事之委命。阴历七月二十九日，欣闻县议会举定新塘董继续办理，董等即于八月初五日撤局，藉节开支。兹特造具逐项清册一分，送呈核销，为董等完全之交卸，并请移咨绍知事，补给不敷款项，以清经手，除将用余材料什物点存局所外，为此具禀电核(见县议会卷)。

民元十月，省派邵文镕为督修西江塘大工委员，修筑西塘“归、王、鸣、凤”等字号洋灰石塘，闻此项工程需款十四万元，由省拨支，其报销本县无卷可稽。

民国二年，西塘“平、章、爱”字号石塘坍陷，附土仅存一线，情形危险异常，即经抢修临江一面，计筑柴塘长二十八丈四尺，内临深河，计填筑土塘长四十七丈八尺，河内密钉排桩，并用柴捆和土填成塘外面。柴塘先用柴铺底，并用大小篾缆捆住，上铺塘柴。南段水量较深，分作三层，北段分作二层，每层均密钉排桩，上面用土加高，与内边附土融成一片。南北两头及柴塘外水深处，用船叠石系以篾缆沉于江中，上抛毛石，以护塘脚。两局合计支用洋九千一百二十六元九角九分三厘。

民国三年，西塘“平、章、爱”字号修筑石塘，长七十二丈七尺四寸，当时清出塘底，计阔一丈四尺，深逾旧塘二尺有余，先用桩木疏密钉排，并于各桩花中嵌砌毛石两毗，再用做光条石密排三层，其塘身则用丁由石按出顶清缝做法，层叠而上，计十四层。塘面盖以做光条石一层，连底共十七层，内用乱石整肚，石塘之内填筑附土塘，石塘之外加高柴塘面土，并傍柴、土塘沿，加抛毛石坦水。计支用洋三万四千四百九十七元一角八分二厘。

民国四年，西塘“壹”字号盘头坍缺处，塘根壁立，冲削日深，情形危险，两局共抛乱石七百八十四万七千四百十九斤，计洋一千九百六十一元八角五分四厘。嗣因该处正值山水顶冲，所抛坦水尚嫌单薄，加抛乱石三百九十五万五千六百十一斤，计洋九百八十八元九角零二厘。两共支洋二千九百五十元零七角五分六厘。

民国四年，西塘杨家浜“短”字号土塘有横穿漏洞一处，里面塘身矬陷，当经雇工翻掘，加土填补夯筑，计塘身长一丈，底面牵阔五丈，高一丈四尺，计支用洋三十三元六角。

民国四年，西塘砾山庙前乱石塘被山水冲坍，又“化”字号附土塘面矬陷三处，又“及”字号土塘外面坍矬，又富家山南土塘外面坍矬，又“盖、惟、鞠、养、岂、毁、驹”七字号附土穿矬，碛堰山南土塘矬陷，均经购料雇工，分别建复修筑，计支用洋一百四十八元七角三分九厘。

民国五年，西塘“臣”字号盘头，受山水顶冲，根底激空，日形低矬，当经抛掷毛石以护根脚，因随抛随坍，旋即中止。计支用洋九百七十元四角四分。

民国五年，西塘“垂、拱、平、章、爱、体、率、宾”八字号新旧石坦被轮浪冲坍，塘身裂陷，危险日甚，当抛坦水毛石七千三百八十万八千四百四十斤，并因“体、率、宾”三字号塘脚坍削，密钉排桩，以作拦护。计支用洋一万九千八百二十二元一角四分。

民国七年，西塘“臣”字号盘头，因前抛坦水坍矬，当用石刺菱在距盘头五丈外填底，以作关拦，上抛毛石坦水，藉保根脚，奈随抛随坍，仍无效果，现已停工，尚未报销。

民国七年，西塘之“食、场、化、暨、人、始、皇、制”字号，又曹家里、陆家潭、小曹家、杨家墩、耕耘庵并西兴六甲盘头等处，北塘之莫家港、楼下陈、新林周、大树下、宏济庵、湾头徐、郭家埠、车盘头、丁村新灶户等地方及富家塔“戎、羌”二字号等土、石各塘，因春夏之交连绵霪雨，山洪海潮，水势奇涨，先后坍决、穿漏、漫溢，情形异常危险，当经分报抢修，现有数处工程尚未告竣。

民国七年省委钟寿康为绍、萧塘闸工程局长（款由绍、萧塘工有奖义券奖余项下支用）

民国八年

闻家堰“伏、戎、羌、遐、迩、壹、体、率”八字号新石塘一百六十六丈，计工料银七万一千八百六十元零八角四分四厘。

闻家堰备塘“垂”字号计三十三丈，“拱”字号计十五丈八尺，并坦水“人”字号计十八丈，“垂”字号计三十三丈，“朝”字号计十六丈六尺，“壹”字号计十九丈，在西汪桥南首之“白”字号计二十五丈，“场”字号计二十八丈七尺，“化”字号计十七丈，“被”字号计二十八丈，“皇、率、鸣、在”四字号计各二十二丈，“始、制、伏、戎、羌、遐、迩”等七字号，暨在西汪桥南首之“竹”字号，计各二十四丈，“文、字、拱”三字号计各二十一丈，“驹、食”二字号计各二十三丈，“乃、服、衣、裳、推、位、闻、道、体、凤、竹、白”十二字号各计二十丈。

民国九年（钟办）

闻家堰护塘“让”字号计十六丈二尺，“国”字号计八丈六尺，并盘头“虞”字号计二十丈五尺，“臣”字号计二十五丈七尺，并坦水“让”字号计二十丈，“国”字号计八丈六尺，“有”字号计二十九丈，“虞”字号计二十丈二尺，“平”字号计二十三丈八尺，“章”字号计二十丈，“爱”字号计二十丈，“育”字号计二十丈，“黎”字号计二十丈，“首”字号十九丈，“臣”字号计三十一丈，“宾”字号计二十四丈，“归”字号计二十丈，“五”字号计二十丈，“鸣”字号计二十一丈五尺，“凤”字号计二十丈，西汪桥南首“在”字号计二十丈，“芥”字号计二十三丈五尺，“薑”字号计二十三丈五尺，“海、咸”二字号计各二十三丈五尺，“河”字号计十三丈五尺。以上共计工料银廿一万七千八百七十八元三角一分九厘。

民国十一年(钟办)

碛堰:“兰、斯、馨、如、川、流”字号石塘七十二丈五尺,并“兰”至“息”字号坦水二百二十一丈,并“兰”至“映”字号塘面培土二百五十二丈。共计工料银五万一千一百六十四元二角七分一厘。

民国十二年

西江塘,义桥“德”至“靖”字号培修土塘一千零四十丈,计工料银一万五千五百八十元零七角零三厘。

民国十三年

闻家堰,“文、字、乃”三字号半截石塘五十二丈三尺,计工料银一万二千八百二十二元九角九分五厘。

潭头,“珍”至“重”字号第二排石坦水,计一百丈,计工料银七千七百三十七元零零四厘。

民国十六年度至廿五年度绍兴塘闸各项工程费统计表

年度	岁修	月修	抢修	闸务费	工程队费	合计	备考
一六	8755.41				85.40	8840.81	
一七	10059.69	1389.63		531.86	2110.37	14091.55	
一八	2620.07	2220.27	50.13	1131.69	2326.75	8348.91	
一九	17022.94	2405.18	1207.44	199.75	2274.02	23109.33	
二〇	25461.99			1098.53	2304.00	28864.52	
二一	54447.01	3653.93		1055.03	2320.60	61476.57	
二二	13704.06	1710.76	1977.82	670.47	2454.99	20518.10	
二三	19692.59	3286.13		964.15	2491.34	26434.21	
二四	926.17	1130.05	401.67	909.07	2524.62	5891.58	
二五	16614.81	2467.15	127.02	2664.00	2772.00	24644.98	
总计	169304.74	18263.10	3764.08	9224.55	21664.09	222220.56	

民国十六年度至廿五年度绍兴塘闸工程类别一览表

工程类别	工程数量	金　额	备　　考
新建斜坡块石塘	514 公尺	8240.72	
修理石塘(机器灌浆)	1533 公尺	28170.83	
修理坦水	2344 公尺	41811.18	
修理土塘	21219 公尺	21699.36	
建筑潜水坝	2 座	4706.38	
建筑挑水坝	4 座	10831.91	
修理三江闸	1 座	48349.94	民国廿一年修闸费计 31376.5 元,连廿年修闸被捣毁之损失费计如上数。

（续表）

工程类别	工程数量	金　额	备　　考
建筑埠头	5座	1934.01	
修理涵洞	1个	355.40	
挖掘闸港	6次	18940.84	
修楝树闸	1座	211.70	
钻探闸基	73公尺	547.02	在新埠头拟建新闸一座，在闸基钻三穴，共深73公尺。
封筑旱闸	11座	2467.15	
抢修		3056.48	
总计		191322.92	

民国十七年度至廿五年度绍兴塘闸工程月修统计表

年度	区别	地点及字号	工程类别	工程数量	金额	日期	
						开工年月日	完工年月日
一七	一	临浦火神塘“官”字号	修理坦水	14.72公尺	71.62		
一七	二	夹灶“大”至“恭”字号	修理土塘	81.50公尺	278.59		
一七	二	夹灶“四”字号	修理土塘	59.20公尺	143.07		
一七	二	夹灶“男、效、才、得、能”字号	修理土塘	127.36公尺	176.96		
一七	二	镇龙殿“木”字号	修理土塘	51.84公尺	33.21		
一七	二	镇龙殿“赖”字号	修理土塘	37.76公尺	41.37		
一七	三	直落泗“雨、露”字号	修理土塘	80.00公尺	84.50		
一七	三	万胜庵“场、化”字号	修理土塘	134.40公尺	75.21		
一七	三	万胜庵“被、草”字号	修理土塘	120.00公尺	50.34		
一七	三	万胜庵“竹、白”字号	修理土塘	127.36公尺	48.25		
一七	三	万胜庵“驹、食”字号	修理土塘	64.00公尺	30.22		
一七	三	塘湾“戎、羌”字号	修理土塘	30.72公尺	53.66		
一七	三	塘湾“羌、遐”字号	修理土塘	73.60公尺	65.26		
一七	三	塘湾“迩、壹”字号	修理土塘	128.00公尺	92.87		
一七	三	塘角“和、下、睦、夫”字号	修理土塘	128.00公尺	96.00		
一七	三	啸唫“欲、难”字号	修理土塘	64.00公尺	48.50		
合计					1389.63		

（续表）

年度	区别	地点及字号	工程类别	工程数量	金额	日期	
						开工 年月日	完工 年月日
一八	二	“章、玉”至“珍”字号	修理土塘	579 公尺	320.95	一九．二．二一	一九．三．一四
一八	二	“珍”至“学”字号	修理土塘	515 公尺	370.40	一九．三．一五	一九．三．二八
一八	二	“鳞”至“衣裳”字号	修理土塘	599 公尺	356.59	一九．五．二四	一九．七．一九
一八	三	塘湾“臣、伏”字号	修理土塘	96 公尺	43.04		
一八	三	车家浦“良”至“得”字号	修理土塘	410 公尺	379.10		
一八	三	车家浦张家“效”至“慕”字号	修理土塘	390 公尺	318.42	一九．一．一八	一九．三．二八．
一八	三	宣港“夜”至“李”字号	修理土塘	263 公尺	332.19	一九．四．一三	一九．五．一五
一八	三	塘湾“体、率、宾”字号	修理土塘	160 公尺	99.58		
合计					2220.27		
一九	二	镇龙殿“及”至“髪”字号	修理土塘	192 公尺	376.60	一九．八．二五	一九．九．二〇
一九	二	镇龙殿“及”至“髪”字号	修理土塘	140 公尺	378.00	一九．一〇．	
一九	二	镇龙殿“及”至“髪”字号	修理土塘	140 公尺	378.00	一九．一一．	
一九	二	镇龙殿“及”至“髪”字号	修理土塘	60 公尺	174.56	一九．一二．	
一九	三	直落泗“扬”至“露”字号	修理土塘	2637 公尺	369.21	一九．七．二二	一九．九．三
一九	三	直落泗“露”至“水”字号	修理土塘	369 公尺	368.56	一九．一〇．二一	一九．一一．二八
一九	三	直落泗“水”至“剑”字号	修理土塘	360 公尺	360.25	二〇．一．	二〇．一．
合计					2405.18		
二一	二	南塘头“温”至“兰”字号	修理坦水	175 公尺	2950.74	二二．三．三	二二．四．七
二一	三	贺盘“爱”至“面”字号	修理土塘	1152 公尺	642.22	二一．七．一二	二一．九．六
二一	三	贺盘“流”至“渊”字号	修理土塘	448 公尺	60.97	二一．三．二三	二一．四．一四
合计					3653.93		

（续表）

年度	区别	地点及字号	工程类别	工程数量	金额	日期	
						开工年月日	完工年月日
二二	三	沿塘	修理土塘	土牛164个，164公尺	937.45	二二．一一．一八	二二．一二．一四
二二	三	严浦“巨”至“称”字号	修理土塘	250公尺	773.31	二二．八．一六	二二．一〇．一四
合计					1710.76		
二三	二	三江闸	挖掘闸港		3074.43	二四．一．七	二四．一．一九
二三	三	楝树闸	修闸	1座	211.70	二四．六．二一	二四．六．三〇
合计					3286.13		
二四	三	徐家溇“李”至“重”字号	修理土塘	230公尺	583.03	二四．一〇．一四	二四．一一．七
二四	三	新埠头	钻探闸基	73.15公尺	547.02	二四．八．四	二四．八．一五
合计					1130.05		
二五	三	曹娥“席”至“承”字号	封筑旱闸	11座	2467.15	二六．六．一九	二六．七．三一
合计					2467.15		
总计					18263.10		

民国十六年度至廿五年度绍兴塘闸工程岁修统计表

年度	区别	地点及字号	工程类别	工程数量	金额	日期	
						开工年月日	完工年月日
一六	二	三江“鸣”至“在”字号	新建斜坡块石塘	192公尺	3681.73		
一六	二	三江“摄”至“政”字号	新建斜坡块石塘	257.92公尺	2195.16		
一六	二	三江“存”字号	新建斜坡块石塘	64公尺	2363.83		
一六	二	姚家埭“庆”字号	修理土塘	8.32公尺	337.42		
一六	二三	二区“鸣、凤”字号，三区“衣”至“伏”、“羌”至“归”、“效”至“政”、“能”至“五”、“遐”至“一”字号	修理土塘	1088公尺	177.27		
合计					8755.41		
一七	二	三江“学”至“仕”字号	修理土塘	212.8公尺	283.12	一八．二．一五	一八．三．一五
一七	二	夹灶“女”字号	修理土塘	46.71公尺	148.45	一八．三．四	一八．三．一七
一七	三	镇塘殿“火”至“人”字号	修理坦水	258.12公尺	9628.12	一八．二．一五	一八．五．

（续表）

年度	区别	地点及字号	工程类别	工程数量	金额	日期	
						开工年月日	完工年月日
合计					10059.69		
一八	三	大吉庵“衣”字号	修理坦水	68.60公尺	2620.07		
合计					2620.07		
一九	二	三江闸	修闸	1座	16496.55	一九.一二.二七	二〇.二.二二
一九	二	三江闸	修闸	1座	476.89	二〇.三.二五	二〇.五.四
一九	二	刷沙闸	挖掘闸港		49.50		
合计					17022.94		
二〇	一	临浦“官”字十七号	修理涵洞	1个	355.40	二一.三.二	二一.四.三
二〇	一	临浦第二号、第四号	建筑潜水坝	2座	4706.38	二一.一.二一	二一.二.二一
二〇	一	临浦“官”字三至十号	修理土塘	45.76公尺	6695.55	二一.四.八	二一.六.一
二〇	三	贺盘	建筑挑水坝	2座	6735.91	二一.一.一九	二一.五.一九
二〇	三	贺盘“如”至“终”字号	修理土塘	1623.5公尺	4189.94	二一.三.一一	二一.五.九
二〇	三	新埠头“周”至“汤”字号	修理坦水	285公尺	2778.81	二〇.一〇.一八	二〇.一二.一九
合计					25461.99		
二一	一	临浦“官”字三号至十号	修理坦水	512公尺	12233.03	二二.三.二一	二二.六.一五
二一	二	三江闸	修闸		31376.50	二一.八.二五	二一.一二.三一
二一	二	三江闸西首石塘	石塘机器灌浆	50.2公尺	668.38	二二.一.一一	二二.一.二三
二一	三	车家浦	建筑挑水坝	2座	4096.00	二一.八.二五	二一.一二.三一
二一	三	大吉庵“人”至“服”字号	修理坦水	465公尺	6073.10	二二.三.一五	二二.六.二〇
合计					54447.01		
二二	三	镇塘殿“师”至“人”字号	修理坦水	276公尺	1962.28	二二.一〇.一八	二二.一二.二三
二二	三	镇塘殿“师”至“火”字号	修理坦水，石塘机器灌浆	118.2公尺 66.2公尺	4472.18	二三.四.一四	二三.五.一〇
二二	三	新埠头“周”至“汤”字号	石塘机器灌浆	232.5公尺	2593.33	二三.六.二二	二三.七.二一

（续表）

年度	区别	地点及字号	工程类别	工程数量	金额	日期	
						开工年月日	完工年月日
二二	三	大吉庵“人”至“服”字号	石塘机器灌浆	387.3公尺	4676.27	二三.五.一一	二三.六.二一
合计					13704.06		
二三	二	三江闸	挖掘闸港		15109.31	二四.三.八	二四.三.一七
二三	三	镇塘殿“师、火”字号	石塘机器灌浆	92.5公尺	1096.32	二四.四.一	二四.五.一〇
二三	三	大吉庵“人”至“服”字号	石塘机器灌浆	388公尺	3486.96	二四.四.一一	二四.六.八
合计					19692.59		
二四	三	车家浦杨家塘	修理土塘	7775公尺	926.17	二四.一二.一	二五.四.一〇
合计					926.17		
二五	三	曹娥“转”至“星”字号	修理坦水	112公尺	3493.41	二五.一二.二三	二六.三.一七
二五	三	蛏浦“木”至“大”字号	石塘机器灌浆	704公尺	11187.39	二六.六.一二	二六.九.二一
二五	三	曹娥“席、陛、达”字号	建筑埠头	3座	1934.01	二六.六.一九	二六.七.三一
合计					16614.81		
总计					169304.74		

民国十八年度至廿五年度绍兴塘闸工程抢修统计表

年度	区别	地点及字号	工程类别	工程数量	金额	日期	
						开工年月日	完工年月日
一八	三	贺盘至西湖底后桑盆	抢修		50.13		
合计					50.13		
一九	二	宜桥闸	抢修		538.52	二〇.三.二五	二〇.六.五
一九	二	刷沙闸	挖掘闸港		49.50		
一九	三	“思、训、诸、贵、和、下”字号	抢修		619.42	一八.八.二六	一八.九.一五
合计					1207.44		
二二	二	三江闸、西湖闸、刷沙闸	挖掘闸港		256.43	二二.九.一九	二二.九.二五
二二	二	宜桥闸	抢修		23.45	二二.九.六	二二.九.一〇
二二	三	镇塘殿“师、火”大吉庵“人、服”	抢修		1548.74	二二.九.一九	二二.九.二二

（续表）

年度	区别	地点及字号	工程类别	工程数量	金额	日期	
						开工年月日	完工年月日
二二	三	王公浦“陶”至“塘”字号	抢修		149.20	二二.九.一五	二二.九.二四
合计					1977.82		
二四	二	三江闸	挖掘闸港		401.67	二五.四.二七	二五.四.二七
合计					401.67		
二五	三	蛏浦“方”字号	抢修		127.02	二五.九.四	二五.九.八
合计					127.02		
总计					3764.08		

绍萧段二十一年至二十三年月修决算表

年份	区别	地点及字号	工程类别	长度		金额（元）		比较（元）		日期	
				计划	实办	估计	决算	增	减	开工年月日	完工年月日
二一	三	贺盘“流、取、客、诚、初、定、渊”	翻掘獾洞	六字号	七字号	928.26	60.97		867.29	二一.三.二三	二一.四.一四
二一	三	贺盘“爱、在、木、洁、男、深、忠、履、祸、入、国、有、羌、选、首”	翻掘獾洞	十五字号	十五字号	2439.26	642.22		1797.04	二一.七.一二	二一.九.六.
合计						3367.52	703.19		2664.33		
二二	二	南塘头“温”至“兰”	柴坦及块石斜坡	175.00公尺	175.00公尺	3778.00	2950.74		827.26	二二.三.三	二二.四.七
二二	三	严浦“巨”至“称”	培土	250.00公尺	250.00公尺	635.00	773.31	138.31		二二.八.一六	二二.一〇.一四
二二	三	沿塘	翻掘獾洞培置土牛	190.00公尺164.00个	164.00公尺164.00个	1046.60	937.45		109.15	二二.一一.一八	二二.一二.一四
合计						5459.60	4661.50		798.10		
二三	三	蒿坝清水闸	修闸	1座	1座	1795.00	1637.54		157.46	二三.八.九	二三.八.二五
合计						1795.00	1637.51		157.46		
共计						10622.12	7002.23		3619.89		

绍萧段二十一年至二十三年岁修决算表

年份	区别	地点及字号	工程类别	长度(公尺)		金额(元)		比较(元)		日期	
				计划	实办	估计	决算	增	减	开工年月日	完工年月日
二三	三	镇塘殿“火、师”	灌浆	60.00	66.20	4920.00	4472.18		447.82	二三.四.一四	二三.五.一〇
二三	三	大吉庵“人”至“服”	灌浆	378.00	378.00	6301.00	4676.27		1624.73	二三.五.一一	二三.六.二一
二三	三	新埠头“周、发、商、汤”	灌浆	230.00	232.50	2722.00	2593.33		128.67	二三.六.二二	二三.七.二一
合计						13943.00	11741.78		2201.22		

火神塘

民国十一年(钟寿康办)

临浦火神塘:“官”字号(其塘在麻溪坝外天乐乡,向系该乡自筑自修、低小易溃之私塘,于公家无与,自民国三年麻溪改坝为桥之后,始归绍、萧塘闸工程局办理。)改土塘为半截石塘二百丈,块石盘头一座,石坍水二百丈。共计工料银六万七千九百二十四元七角八分六厘。(款由绍、萧塘工券奖余项下拨支。)

火神塘案(见绍、萧两县水利联合研究会议事录)

按:本案五年八月二日准绍兴县公署函开,奉民政厅第一三四五号饬开,案奉都督批,发委员袁钟瑞详为复文:火神、西江两塘,敬陈二策,请饬县会同塘闸局筹办由,内开呈悉,所陈移立号石、内塘种桑二策,为一劳永逸之计,用意甚善,仰民政厅分饬萧、绍两县,会同塘闸局协议筹办,此批抄详发等因。奉此,除分饬外,合亟抄发原呈,饬仰该知事,会同萧山县知事,督同两县塘闸局暨水利研究会,协议筹办,具复察夺,切切,此饬等因到县。奉此,除饬塘闸局理事,遵照协议,并函致萧山县知事,一体分行照办外,用特备函,奉达贵会查照办理为要,此致并抄送原呈一件等由到会。准此,查阅火神塘监工委员,都督府法律顾问袁钟瑞原呈,所陈二策,一曰移立号石,二曰内塘种桑,其主张理由,略谓“西江塘自临浦镇后市梢戴家桥量起,经与推猪刨衔接处,至麻溪桥,连该桥东西两垵,及由里坝兜至戴家桥,共计一万一千五百零三英尺;火神塘自该镇火神庙量起,绕新闸头,沿茅山闸、刘公祠至推猪刨,与西塘衔接处止,及后塘头三百英尺,共计四千九百七十英尺。是火神塘仅得百分之四十三三。既有火神塘为外障,嗣后只修火神塘足矣,西江塘似可毋庸再修,公家可节省经费不少。请将该火神塘改为官堤,以西塘所立号石顺次移立于火神塘,归入西江塘塘工项下办理,以垂永久,此一策也。西江塘该处一段,既有火神塘为外障,自与别段接近江水者情形不同,则此段自觉无足重轻,修之固可不必,废之亦属可惜,拟将西江塘自戴家桥外起,麻溪桥止,两傍栽种桑树,即化无用为有用，亦兴利之一端，以每年所收利益为火神塘岁修经费，洵属一举两得。此亦一策也”等语，并据绍兴塘闸局理事兼本会会员何兆棠、李培初备具意见书，前来本会，当将各件一并印刷分布于第五次常会提议，经众研究，议决如左：

一、议火神塘如归官款官办，本会应即赞成；如归入西江塘工项下办理，两塘范围各别，未便赞成。至移钉号石及废塘种桑二策，应请均免置议，所有理由根据绍兴塘闸局理事提出之意见书。

附录：绍兴塘闸局理事提出之意见书

奉饬协议火神塘监工委员袁钟瑞条陈移立号石、种桑兴利二策一案，今奉省长以据火神塘监工委员袁钟瑞条陈移立号石种桑兴利二策檄饬协议筹办等因，足征省长审慎周详之至意。夫塘有官私之别，又有公私之分，所谓官塘者，出官款以修之者也。如民间自修者，均为之私塘。此国家对于民间之塘之名称也。第民间之私塘亦自有别，吾绍、萧东西北三塘，绵亘二百余里，竭两县之财力以修筑之，以防不测，缘关系绍、萧数百万之生灵财产，是可知三塘者，两县之公塘也，若论塘外包塘，其必有沙地之处，或数千百亩集资而筑一道，或千数百亩集资而筑一道，其关系以塘为限，仅止一隅，绍、萧两县人民对于此等包塘，向均目之为私塘，故私塘中又有公私之分也。火神塘贴邻浦阳江，由该处之千余亩田产集资自筑，即属私塘，若可移钉号石，改私为公，吾恐沿塘如火神塘者不一而足，援引请求，势难偏侧，即令一律加征塘捐，姑毋论沙地与湖田粮赋轻重各别，而办理亦多窒碍，矧工程难以预定，所出之捐，又不能指定所用之处。近年来西江塘险工迭出，东北两塘亦有工程，绍、萧两县已觉力不能支，岂能再加此负担哉？民国二年间，朱将军应天乐乡人裘垚等之请，檄饬两县修理火神塘，嗣经县议会陈明不能承认之理由，由绍县陆前知事转呈，蒙另委邵文镕承修，动支省款，迨后以支用之款，责令两县筹还，又经绍县自治办公处委员续陈难以承认等情，呈经金前知事转呈俯准在案。前者绍、萧两县议会又欲思以西江塘归为官款官办，援本省海宁塘之案，迭次请求于省长，并复请求于省议会，虽经省议会议准，而在省款支出，由省委员办理者，仅得“归、王、鸣、凤”四字工程，此外则仍两县自筹，所以然者，以向系民间自办耳。袁委员所引直隶、山西、河南改民地为官堤成例，如能将西江塘、火神塘一律改为官塘，是最为吾两县人民所朝夕盼祷者也。惟西江塘、火神塘历来如此，争议可知。省中不肯将西江塘改为官办者，无非拘定私塘二字。而况西江塘与火神塘同为私塘之中亦有公私之分，其性质天然不同，其办法自有向章可守，更难以遽行变更，合而为一，袁委员殆未知火神塘之向不归官，故有此议也。又，塘外沙地，三塘如火神塘者甚多，而较阔于火神塘者亦复不少，北塘之丁家堰、童家搭，东塘之枯渚、杜浦等村，塘外沙地约有一二十里或四五里之遥，其包塘多者二三道，少者一二道，形势稳固，岂逊于火神塘乎？去年夏间风潮为灾，包塘冲决者十之八九，而绍、萧数千百万之生灵财产，幸赖此一线塘堤为之屏蔽，得保无虞，此曷故哉？缘包塘全用沙土，性极松，不足以恃，不若公塘之用田土、或用条石为之者之坚实，是未便弃坚实之塘，而恃沙土之塘。且火神塘之沙田，亦远不及丁家堰等村塘外之阔，以彼例此，"慎、终"等字号之西江塘，断不可以言废也。又塘外沙地坍涨靡常，其他姑毋论矣，以现今之新林周、莫家港等村塘外言之，此处熟地向有五六十里之遥，其间村落市镇极夥，亦有包塘为之外藩，而形势之稳固，亦岂逊于火神塘乎？近年来，沙地逐坍，几及龛山，为人料所不及，而潮水又到公塘塘沿，该处人民急急然筹修私塘，以图自卫，而萧山塘闸局亦从事修整新林周、龛山等处北塘矣。且公塘在老地，填筑基础较实，不若私塘之筑于涨沙之上，沙地既如是之不足恃，则筑于沙地上之私塘，夫岂反可以恃乎？火神塘现在情形虽可无虞坍卸，然以新林周等村之塘外沙地比例观之，"慎、终"等字号之西江塘，尤不可以言废也。至栽桑，原兴实业之一种，然栽桑于塘之上，极不相宜者也。塘必期其坚实，必使之罅隙无漏，所恐涓涓不塞，成为江河；而种桑则反是，土必刨之松，使其根易于发展。姚江乡首创塘上种桑，始则由县议会以大损塘堤，议决拔除。去年秋间，勘塘委员俞伟目击情形，亦深不以为然。详奉屈巡按使批县，勒令拔除。旋屈巡按使以据该乡自治委员施仁禀陈缘由，批县暂缓拔除，由县随时察看，此外不得起而效尤各等因，又经绍县自治办公处，会同塘闸局，以急宜整顿塘堤案，内详奉屈巡按使饬县查覆，各在案。是塘上种桑，久为人民所反对，亦为功令所禁止者也。上述各端，本诸往议，证以现情，"慎、终"等字号之西江塘与火神塘，其不能更改之原因既如是，而塘上之不能种桑又如彼。用特详揭理由，请民政厅转请督军收回成命，以保公塘，绍、萧幸甚。是否有当，应请诸君核议施行。

具意见书：绍兴塘闸局理事、绍萧水利研究会会员　何兆棠

绍兴塘闸局理事、绍萧水利研究会会员　李培初

六年二月一日准绍兴县知事金函开案

奉省长公署第五号指令：两县会呈火神塘工程用款不敷，临浦商会不认筹还，如何办理请示由。内开呈悉，查绍、萧火神塘工，前经令饬该知事等协议，

改为公塘，归并西江塘工办理有案。此项垫款，临浦商会既不认筹还，而商借之款催索甚急，断难久延，应即在两县西江塘工经费项下克日照数拨解，以清垫款等因，奉此，查修筑火神塘一案，先奉前省长吕，捐发经费银二千元，并由绍、萧两县署，会拨前发风灾案内工赈银九百五十元，其余不足之数，原议由临浦商会就地筹集，嗣因该地商民不认筹缴，经监工委员袁钟瑞呈奉前省长吕，以塘工告竣，该处商民受绝大利益，何得以款无可筹，遽请免缴？指令转饬遵照，而临浦商会复以该地商民无力负担，复请转呈各在案，兹经呈奉指令，前因复查萧、绍两县署西江塘工均无余款存储，碍难照拨，第垫款久悬，势不得不另筹拨还之法，卷查上年九月间奉前民政厅第六二九号训令，饬将火神塘协议改为公塘等因，曾由宋前知事函知贵会，会同绍、萧塘闸局议复在案，尚未复到，今此项垫款计银六百九十六元三角六分五厘，究应如何另行筹拨之处，应请并案核议，除函致萧署查照，并令行绍局理事遵办外，相应函达贵会查照，希即将前奉省令，将火神塘协议改为公塘一案，暨此项不敷垫款应如何另行筹拨，克日会同绍、萧两局理事并案协议，见复，以便核办，幸勿稍稽，此致等由，准经于第十次常会交议。议决如左：

一、议火神塘应否改为绍、萧公塘归入西江塘工项下办理一案，佥谓西江塘在绍、萧两县塘内人民视为公塘，在官厅视为两县人民之私塘；而火神塘则天乐乡人民视为公塘，绍、萧两县塘内人民视为天乐一乡之私塘。范围各别，负担亦异，所有不能赞成改为公塘理由，已于本会第五次常会记事录报明在案。惟以水利利害研究之，火神塘不承认为公塘，于塘内农田水利，有西塘保障毫无损害，如果认火神塘为公塘，则塘内农田水利之利害，关系如故，而塘内人民反多一重负担，是以仍照前次议决，不承认火神塘为绍、萧两县之公塘。以情理论，东、西、北三塘为绍、萧两县塘内人民共同出资经营自卫之政策。火神塘可归入西塘办理，须得塘内人民之同意，应待两县县议会恢复后，请两县知事咨交议决。

闸

山、会、萧古称泽国，仅南面依山，东、西、北三面皆水，东临曹娥江，西濒浦阳江，北负钱塘江，为潮汐出没之地。绍兴城内龙山之巅，有亭曰望海亭，可想见当时潮水与郡城相距情形。自汉迄明，水利代有改进，东、西、北三面沿江筑塘。自麻溪坝至西兴曰西江塘，自西兴至宋家溇曰北海塘，自宋家溇至曹娥曰东江塘，以捍外来之潮汐，遂成瓮形，一遇霪雨，溪水横流，田庐每遭淹没。故明季郡守汤公笃斋，有应宿闸之建也。

应宿闸：一名三江闸，在县西北三十八里之三江口（即钱清江、曹娥江、钱塘江会合之处），为内河外海之关键。明嘉靖十五年（《府志》十六年），郡守汤公绍恩相地建闸于此，凡二十八洞，并筑堤百余丈，操纵内地之水，使旱有蓄、涝有泄，启闭有则，无旱干水溢之患，从此绍、萧人民得安居乐业，生聚繁茂，蔚为东南名郡者，水利之兴修有以致之，而三江闸尤为枢纽。二十八洞启闭，以则水牌为准。闭闸先下内版，开闸先起外版，有闸夫十一人司其事，“角、轸”二洞名常平，土人呼减水洞，十一闸夫所共也。闭闸只下版，不筑泥，故二洞无工食。除此二洞外，每夫派管二洞，深浅相配，有管“房、胃”洞者，有管“心、参”洞者，有管“尾、柳”洞者，有管“箕、娄”洞者，有管“斗、室”洞者，有管“女、觜”洞者，有管“昴、井”洞者，有管“毕、星”洞者，有管“鬼、翼”洞者，又有依次连管二洞者，“亢、氐、奎、壁”是也，“牛、虚、危、张”四患洞，名大家洞，不在分管之数。三夫共管一洞，盖“牛、虚、危”三洞，乃尤深洞也。“张”洞虽不深，因槽底活石有坚硬处，锤凿难施，未采平下板，筑泥费力，亦在公管之例。闸板共计一千一百十三块（见《闸务全书》）。

民国十五年，余任东区主任，令闸夫挨洞盘起闸板，先后数次，最多总数仅得一千一百零九块，与《全书》所载不符，因思深洞必有底板未起，开放时拦梗震撼，积久损害闸座，闸夫习于偷懒，不肯深求。爰于十六年夏，另雇善泅渔人，深入水底探摸，务令清出石槽，果于“牛、虚、危、张”各深洞起出陷板四块，合计总数始与《全书》相符。陷板铁环脱落，两旁泥沙淤积，故平时不易钩起也，兹将挨洞盘查闸板确数开列于后。

“角”字洞最浅，板十五块(中深)。
“亢”字洞深，板四十四块。
“氐”字洞深，板四十五块(外槛下有洞)。
“房、心”二洞深，板均四十六块(中平)。
“尾、箕”二洞深，板均四十八块。
“斗”字洞深，板四十六块。
“牛”字洞深，板五十块(外槛下有长洞)。
“女”字洞深，板四十四块。
“虚、危”二洞尤深，板均五十块。
“室、壁”二洞深，板均四十四块。
“奎”字洞半深，板四十块(内槛下有洞)。
“娄”字洞半深，板三十三块。
“胃”字洞半深，板三十八块。
“昴”字洞半深，板三十四块。
“毕”字洞半深，板三十四块(外槛下有洞)。
“参、觜”二洞半深，板均三十八块(觜字内槛下有洞)。
“井”字洞半深，板三十四块。
“鬼”字洞半深，板四十块。
“柳”字洞半深，板三十八块(外槛下有大洞)。
“星”字洞半深，板三十四块。
“张”字洞半深，板四十块。
“翼”字洞半深，板三十八块。
“轸”字洞尤浅，板十四块。

汤公建闸迄今已四百年，其间经修理六次。明万历十二年，郡守萧公良幹第一次修整，即建闸后四十八年，并置沙田一百二亩三分三厘九毫，草场一所，地属山阴，府征其租为修治费。崇祯六年，宁绍台道林日瑞，知府黄䌹，山阴知县钟震阳等重修，修撰余煌(会稽人)有《重修碑记》，是为第二次，距第一次修四十九年。第三次，清康熙二十一年，距第二次修四十九年，闽督姚启圣(会稽人)捐赀重修。二十四年，知府胡以焕置田三十亩，以岁入修补闸板、铁环，乡宦姜希辙有记。第四次修，清乾隆六十年，距第三次修一百十三年，知府高三畏，尚书茹棻(山阴人)修。第五次，清道光十三年，距第四次修三十八年，郡守周公仲墀修。历次修理方法，具载《闸务全书》，不赘。第六次系建设厅水利局修理，距第五次修理九十八年。照历次修闸期间计之已觉较远，闸底石槛下之岩石，有因裂解冲出闸墩，及两端翼墙之漏水，每日几等闸洞三洞出水之量，旱则内水易涸，失灌溉之资，而闸外朔、望两汛，咸潮经石缝涌入，尤伤田禾，且水啮石，罅石渐苏，水日益驶，剥蚀亦益烈。民国二十一年，建设厅依水利局总工程师白狼都(奥国人)之计划，用汽压灌浆机，注射石缝，弥补两石衔接处之空隙，于是年冬，内外诸坝筑成，抽出坝内之水，先将石缝原有之石灰锡铁等物凿去，其缝内淤积沙泥，用手摇洋龙三具冲洗，使荡涤清净，然后以汽压灌浆机，用水泥注射石缝，使缝中空隙填满，再移注他缝，闸墩灌注弥满，再灌注两端翼墙。惟闸底岩基，凸凹不平，淤泥犹多，先挖掘尽净，再用洋龙冲洗，然后依各洞形势，两石槛间及内外用混凝土填补成一斜坡，使槛下岩石，不致再有裂解冲出之患。是役设计者白狼都，督其役者为绍、萧段工程师董开章（嵊县人）。《碑记》在闸东之彩凤山，有亭覆焉。

茅山闸（一作猫）：（俞志）在麻溪坝外三里，天乐四都之田截出坝外，岁被江潮淹没。明成化间，知府戴琥于茅山之西，筑闸二洞，以节宣江潮，久之闸圮。崇祯间，乡宦左都御史刘宗周议移麻溪坝于茅山，土人阻之而止。十六年，乃筑茅山闸三洞，甃其上半，禁船出入，三江旱则引水。茅山实与应宿闸相为呼吸焉。

刘蕺山先生猫山闸议（闸始嘉靖）

猫山之有闸也，为麻溪有坝，则天乐之水不得不另开一道，以走外江，而又虞外江之冲入，故建闸以启闭之，法良善矣，无如岁久而不可恃也。闸有夫二名，向以土棍无赖者充之，凡外江货物船只入内河，独由猫山一路为便，虽向有明禁，而闸夫弁髦之。方春夏雨集之日，江潮澎湃，闸以外水盈寻丈，闸夫得钱即启闸以过货船，势湍急不可卒闭，因以决，外江之水注入天乡，竟为大害。天乐之所以卒为荒乡者，又以闸为之祟也。于今亦得二策焉，其一曰更闸制。旧制闸二洞，洞口高二丈余，今请筑其上一半如坝制，使闸口仅高丈许，时方大水，闸口没入水下，虽有货物无由过闸；遇水涸之日，闸口上出水面，又可听货船之出入而无害。旧制闸门一重，今请于门内又加板一重，内外两扃之，如是则启闭之间可不设禁法，不烦余力而永无虞于外江之患矣。其一曰更闸夫。闸夫既属之无赖子弟，虽欲不私过货船、以启闭为儿戏不可得。今请以地方殷实户司之，或十年一更，或五年一更，听地方自相推认。富户土田庐舍不出乡，其关系在身家性命，所不尽心力而为之者，未之有闻。查闸夫岁领工食若干，另置公田若干亩，为修理闸板之费颇饶。今一并付之，富户又未有不欣然用命者也。举此二者，猫山之闸庶几可恃为一方司命，即不开麻溪坝，天乡之民当有起色。盖麻溪有坝，内水虽不能遽出，而猫山有闸，外水决不能骤入。乡人之言曰：“山溪之水，清水也，淹禾数日而无恙；外江泛滥之水，浊水也，淹禾一朝而立死。”此亦事理之可据者也。夫麻溪之三策而苟一行也，又能不先事猫山已乎？（见《刘子全书》第二十四卷廿七页至廿八页。）

宜桥闸：在应宿闸东三里许，位于北海塘“益”字号，三洞。建于何时待查。

刷沙闸：在应宿闸西北里许，北海塘“操”字号，一洞。清光绪十六年知府霍顺武建。因闸港屡塞，欲以此闸冲刷之。三江闸港屡塞之由，实缘于鳖子门涨塞，盖古时钱塘江入海之道有三：一曰南大亹(即鳖子门)，在龛山、赭山之间。一曰中小亹，在赭山与河庄山之间。一曰北大亹，在河庄山与海宁县城之间。钱江之潮势如排山奔马，名闻中外，而尤以鳖子门一路为最猛，山洪之下注，亦以该路为最烈。北海塘系着塘流水，故自西兴至三江，蜿蜒四十余公里之塘，均系条石砌成，建筑极为巩固。迨清雍正元年，江流变迁，鳖子门竟因以涨塞。至乾隆二十二年，中小亹又淤为平陆，而北海塘外，成横纵各二十余公里之南沙江流，完全由北大亹入海，自是以还，南沙常有向东增涨之势，三江闸港始屡有淤塞之患矣。(见浙建厅水利局报告册。)

楝树下闸：在县东北三十里，位于东江塘"归"字号，三洞。清同治五年知府高贡龄建。因三江闸港屡塞，是年夏浮沙壅积，且越闸入内河。浙抚马新贻檄委按察使王凯泰诣勘旧港，既不可循，与知府高、邑绅沈元泰等议，别凿一港以通，并加建楝树下、姚家埠两新闸，而与正闸相辅焉。有《碑记》。(在三江汤公祠。)

西湖底闸：在县东北七十里，白沙港东江塘"从"字号，三洞。清光绪十六年知府霍顺武建。同治四年五月，东江、北海、西江三塘相继决口，山、会、萧三邑均成巨浸，适三江闸港淤塞，无从宣泄，邑绅鲁月峰时董理东江塘，遂决白沙港之"从"字号塘堤，以泄内水。后光绪十五年七月大水，又值三江淤塞，郡绅徐树兰遂建议于是处筑闸，以裨应宿闸之不足，大吏准之。是闸之设计及典工者，为邑绅袁文纬，督其役者为邑绅章廷黻、杜用康。有《碑记》。(在闸旁汤、霍二公祠)。

山西闸：在县西北五十余里，白洋龟山(一名大和山)之西，故名。明万历十二年，郡守萧良幹既修三江闸，复于龟山之西北海塘"玉"字号建闸三洞，以杀上流水势，补三江之所不足。清康熙二十九年，知府李铎增设二洞，共为五洞。复置田二十九亩以资岁修，后为怒潮所激，毁其西三洞。五十三年，知府俞卿遵旧制修葺。三洞洞底拽巨石巩护，屹如金城(详见《府志》)。同治五年，知府高贡龄、署绍兴府李寿榛又修复，今废。(民国十五年五月间，潮水拥入，堵塞后又被该地农民开掘外水注入。)

后附山西闸外地势水道图说。(见民元前丁酉《经世报》)

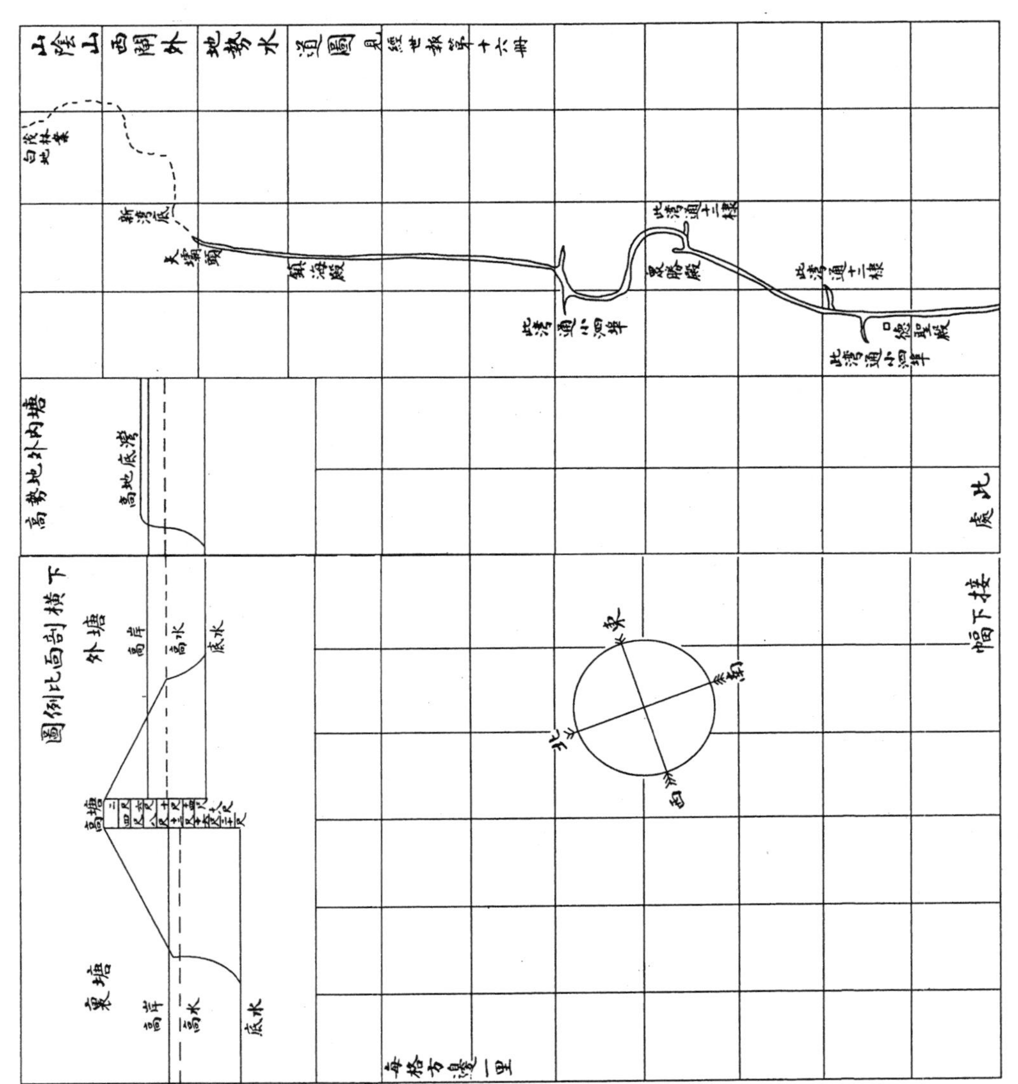

山阴山西闸外地势水道图(上)

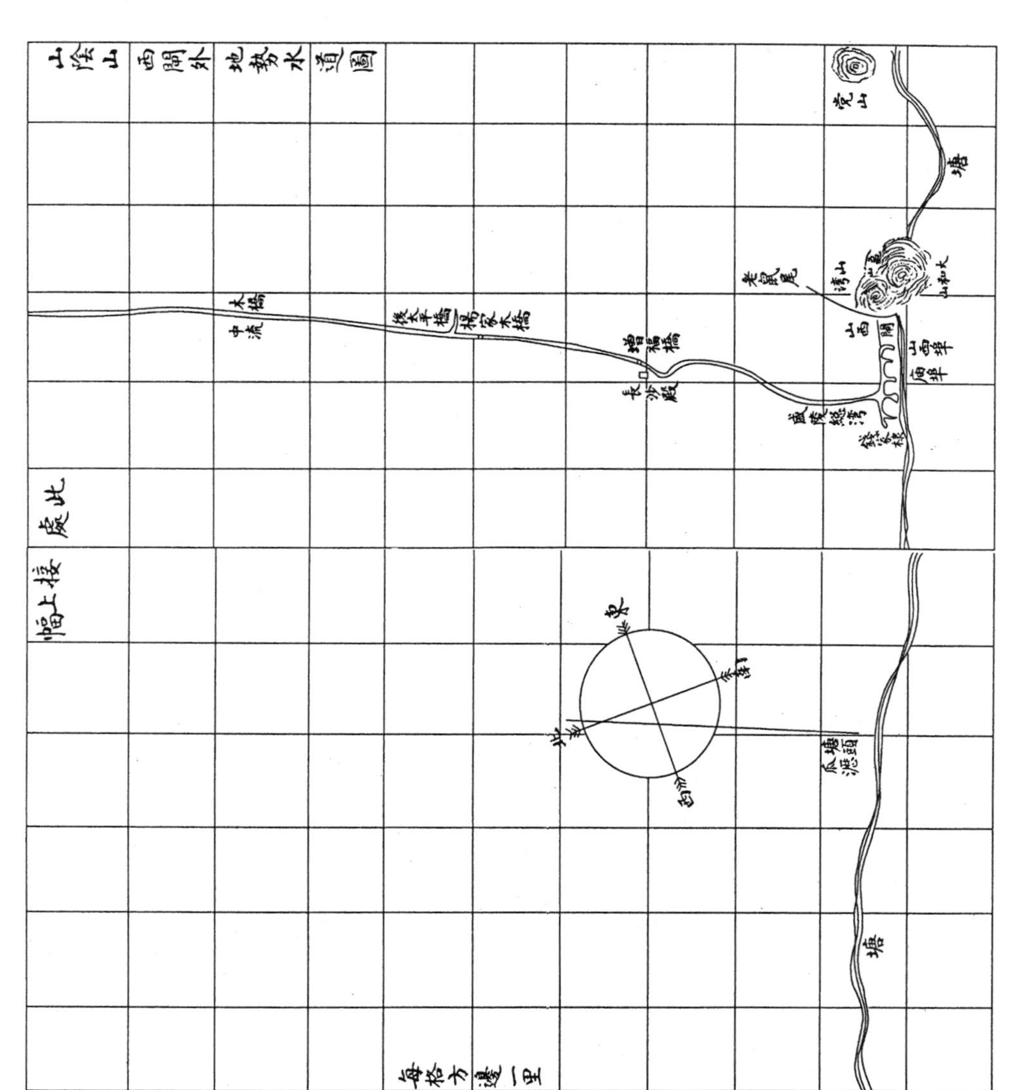

山阴山西闸外地势水道图(下)

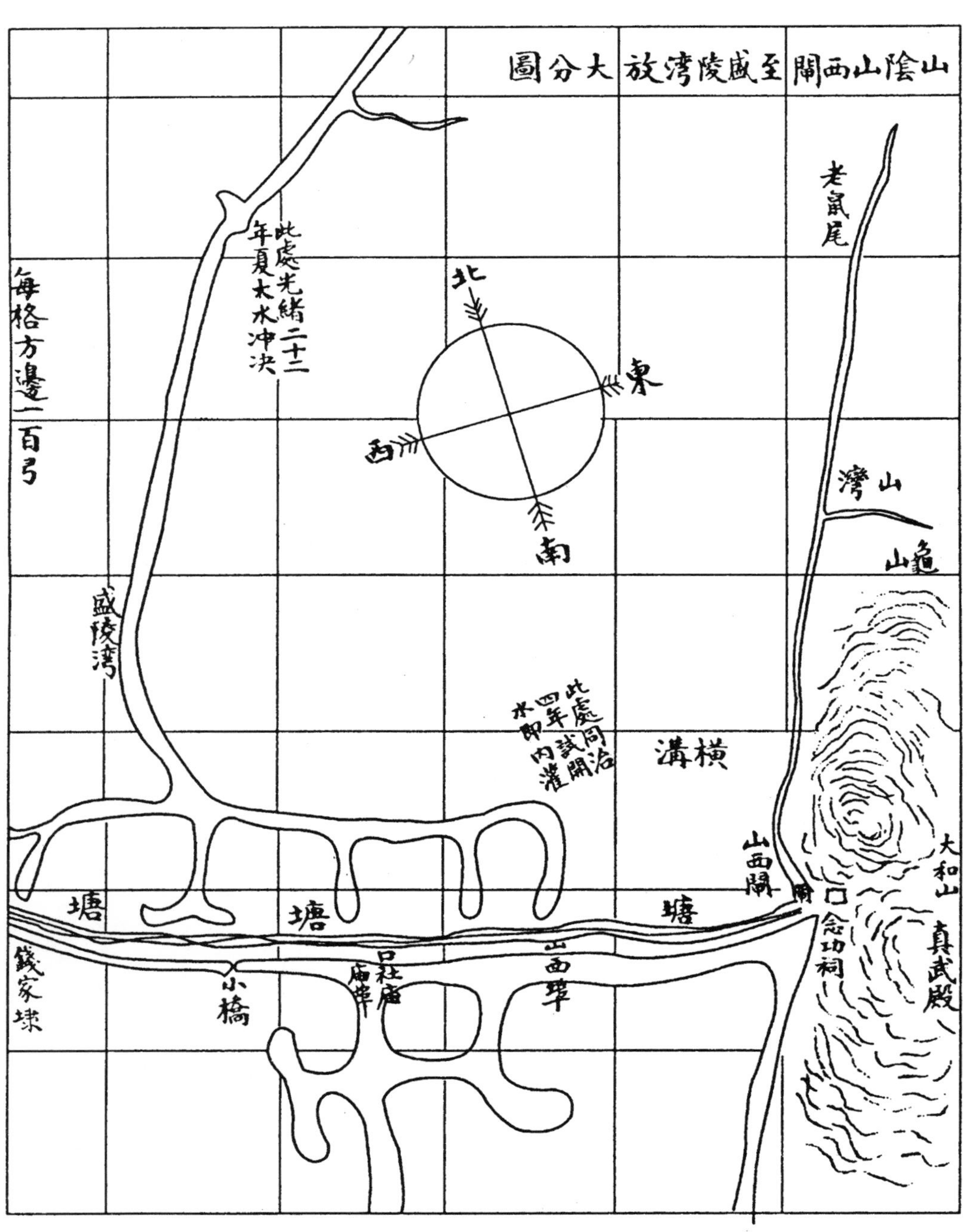

山阴山西闸至盛陵湾放大分图

一、总图。绘山西闸、盛陵湾至新湾底水路，及闸东、西塘路，东至党山，西过瓜沥。（自瓜沥迤东北过太平桥为山阴、萧山分界）。

一、分图。绘山西闸至盛陵总湾河身，其间支流咸用丽著，并绘傅塘内河。

一、地势高下，用水平准实测，别作剖面比例图于下方。

一、湾水曲直，悉用指南针测定方向。

一、总图每各格方边一里，分图每格方边一百弓，自山西闸至新湾底，直径二十里，若并湾曲计之，约三十余里。新湾底以外阴沙，尚不下三十里（水涨时不过十余里）。未经实测，不著于图。

一、图中河身作⑊，沟作乀，塘身作巛，山形作◎，其乚则现在开掘处也。

一、盛陵总湾东西支港，无虑百十，东皆通十二埭，西皆通小泗埠，不及备测，仅于舟楫往来较多处，测其港口，著之于图。（新湾底旧日出口处，正对中小亹，适当潮来之冲，故易致湮塞。十二埭在盛陵湾东南出口处，当宣港下游，今亦湮塞。小泗埠在盛陵湾西北，正对海宁州三十堡，今尚畅流。）

按：山西闸建于前明万历年间，其时龟山（即大和山之北峰）半著海边，故足以遏潮势而资宣泄。嗣后外沙日涨，宣泄渐致不灵。今则外沙涨至四百余方里，其中沟港曲折纷岐，水多渟著，而外沙自南而北，地势渐渐加高，又地皆斥卤，水尽含咸，故塘内外河湾隔绝，不使流通，而闸亦无所用。闸西有横沟一道，与盛陵湾紧连，其间沙埂不过数弓（即同治四年试开者）。若开通此处，再将横沟浚深加广，固是易易，但此次实测，塘外地高于塘内地五尺有余。外湾底亦高于内河底五尺有余，新湾地复高于塘外地尺余，故外湾水常高于内河水，常年夏秋淫雨，湾水往往平埂（如分图所绘冲决处，即去年夏间之事）。则水面当高于塘内平地五尺有余，而新湾地尚高出水面。爰据现在形势与从前沿革，附识之，以备考核。丁酉端阳识。

姚家埠闸：在县西北四十里许姚家埠。清同治五年，知府高贡龄建，位于北海塘“善”字号，三洞（今淤塞）。

黄草沥闸：在县东北六十里道墟村后（《府志》）。位于东江塘“尺”字号。建于何时待考。清同治五年，因三江淤塞，知府高公修复，旋即淤塞。今废。

王公闸：在县东南百余里二十四都范阳村。清康熙三十三年，邑令王凤彩建，故名（《府志》）。

丰安闸：在二十四都范阳村。乾隆二十八年邑令彭元纬建（《府志·采访事实》）。

唐家闸：在丰安闸右(《府志》)。

以上一十二闸，属于山阴者六，属于会稽者六。除王公闸、丰安闸、唐家闸系在德政乡外，余均建于北海、东江两塘之上。如黄草沥、姚家埠、山西等闸，塘外浮沙淤成平陆，今已废弃而旧迹犹存。

清水闸：在县东南八十里，至蒿坝里许，亦临东江(见《府志》)。查此闸离上虞蒿浦(即今蒿坝镇)里许，引剡江之水藉以疏刷三江口之淤沙，与应宿闸相呼吸。迨清乾隆初，蒿浦繁盛，虞人自蒿壁山至凤山之麓，横亘筑一土塘，从此剡江之水源隔断，闸因是以废(今改为桥)。

清水闸(又名钟公闸)**：**在上虞蒿坝镇南凤山之麓，三洞，清光绪二十五年，邑绅钟厚堂观察(念祖)独资捐建。盖光绪十二年，钟公宦归，适应宿闸连年淤塞，绍兴频遭水灾，官民苦无法疏通。公即创议仿明清水闸重建，以引剡水。惟是时蒿坝塘外淤沙三四里，业均成熟，塘内又皆民田，内河与外江相距太远，群以闸位无从安置，议遂罢。迨光绪二十五年六月，蒿坝塘在凤山北溃决，会稽田禾尽被淹没。公决计建议，在凤山脚筑闸，与现在蒿坝塘之"盈"字号衔接。议上，大吏报以无款可拨，公即出资，于翌年创筑。有《碑记》在闸内钟公祠。(旋废弃，至民国二十三年因救旱修复。)

玉山陡门闸：在府城东北三十里，唐贞元元年观察使皇甫政建。明弘治郡守曾鐩重修(《万历志》)。凡七门，泄三县之水出三江口入海。自应宿闸建，而陡门之启闭废，舳舻可游行，然洞狭水急，往往碎舟。清康熙六十一年，知府俞卿扩闸高三尺，复去其柱之触舟者，使空阔无碍(《闸务全书》)。

扁拖闸：在府城北三十里，其闸有二：北闸三洞，明成化十二年知府戴琥建。南闸五洞，正德六年知县张焕建。均废(《浙江通志》)。

泾溇闸：在玉山闸之北，明正德六年知县张焕建。

樟塘闸：在玉山闸之东北，明嘉靖十七年建。

钱清旧闸：在县西北五十里(《嘉泰志》)。

钱清新闸：在县西北五十一里，嘉泰元年置。先是小江南北岸各一堰，官舟行旅如织，每潮汛西下，壅遏不前，则争斗致殴伤，堰卒或以病，告提举茶盐叶公篚，因宋公之请始为之，仍于堰旁各置屋，以舍人牛捐镪二百万(《嘉泰志·采访事实》)。

郑家闸：在郡城西南六十里，自义桥分麻溪之流汇芝塘，而东北合流于运河之官塘，计四五十里，而流百曲如带之萦折，水平时则闸芝塘而启郑家闸，使

麻溪之水不溢；旱则筑板郑家闸而泄芝塘之水，以溉江塘、中村数十里之田，使不涸。(《府志》)

清水闸：在县西一十二里。

小凌闸：在五云门外。

柯山闸、三山闸：并在鉴湖之西，湖废为田，今皆湮没。

五眼闸、平水闸：并在三江所城西门外，嘉靖十七年建。

朱储闸(又名护家闸)：在县西三十余里。唐贞元初，观察使皇甫政建。宋嘉定间，郡守赵彦倓以潮水为患，筑塘包截，后建大闸。小江亦为内河，复开通此闸，改为护家桥。

甲蓬闸：在县西北三十五里下亭山之麓，扁拖闸之东北。

新灶闸：今叠石为塘，留五洞改为桥。

柘林闸：在县西北三十余里。

以上三闸并郡守戴琥所建，因小江涨塞，此闸久废。

顾埭闸：在县西北三十余里。

牛口闸(府志作午口闸)：在县西北三十余里上方山之南麓。

白马山闸：在县西北四十五里白马山之麓，明天顺元年郡守彭谊建。

舍浦闸：在县西南六十里，与郑家闸并属新安乡九都地方。

柳塘闸：在县西七十里天乐乡。

九眼闸：在县西五十里钱清江南，元、明居民所建。

广陵闸：在县西六十五里，汉会稽太守马臻建以蓄鉴湖者。公殿建于广陵斗门山上，闸即在殿右山下。

新泾闸：在县西四十六里抱姑之左，九眼之北。唐太和七年，浙东观察使司陆旦(《府志》作“亘”)所建。

白溇闸：在县西四里常禧门外，堰之西有则水牌。政和中立。

新河闸：在县西北四十五里，明郡守戴琥建以泄湘湖、麻溪之水，土名牛口闸。西余寺前有《水闸碑记》立桥畔。明成化十二年十一月，推官蒋谊撰。(《府志·采访事实》)

真武殿闸：在县西六十里夏履桥二里许，土名长墩坂。溪深田高，建闸灌溉三千七百余亩，故时无旱涝，其后上流湮塞而闸废。(《府志·采访事实》)

三桥闸：无考。(《府志》)

迎龙闸(一洞)：在萧山县东二十余里。

龛山闸(二洞):在萧山县东北二十余里,郡守戴琥建。

长山闸:在萧山县东里许。

龙口闸(即永兴闸):在萧山西兴。

以上三十七闸,除钟公闸建于上虞蒿坝塘外,属于山阴者三十,属于会稽者二,属于萧山者四,惟龛山、长山、龙口三闸,并建于北海塘,其余有系湖闸(鉴湖),有系小江闸(钱清江),废弃已久,或夷为桥,或为居民填占,徒成历史上之名词而已。

坝(附)

各地之坝均附于塘，调查所得，或旧设，或私开，悉著于此，而附诸塘闸之后焉。

麻溪坝　在县西南一百二十里。浦阳江自金华浦阳县为概浦江，北流百余里，入诸暨，或分或合，遂为大江。至萧山官浦，纪家汇、峡山、临浦而注于山阴之麻溪，北过乌石山，又北东至钱清镇，曰钱清江，然后穿内地而入海。(此《万历志》所载麻溪未筑坝以先之形势，坝成以后故道久湮，乌石山附近麻溪形迹已难辨认。)明成化间，知府戴琥营筑土坝，横亘南北。(《府志》及《山阴志》均称坝为成化间戴公所筑。《万历萧山志》称知府彭谊筑临浦、麻溪二坝。刘宗周《天乐水利议》称：天顺中，太守彭公谊筑坝临浦，后人复筑麻溪一坝。任三宅《议》称：弘治间，郡守戴公令萧山，于麻溪营筑石坝。诸说互异。按天顺、成化、弘治三朝紧相衔接，意者议始于彭，而功成于戴。又嘉靖间，进士黄九皋上巡按书，亦称坝为戴筑，并碛堰亦戴所开凿，而成化十八年戴公所撰《绍兴水利碑》，尚无开碛堰、筑麻溪之说。岂戴公在弘治间尚为绍守，开堰筑坝在成化十八年以后乎？)于是浦阳江有碛堰直趋富春江，不复经过内地。万历十六年，萧山知县刘会加石重建，(坝未筑时，萧境钱清江北岸受害尤烈，故坝在山阴而筑坝之费出自萧山。见任三宅《麻溪坝议》。)下开霪洞，广四尺。崇祯间，乡宦都御史刘宗周倡议，欲展坝十五里，移于茅山，以天乐四都截在坝外，欲包四都入内，萧人力阻之，遂止。(刘公于十六年改建茅山闸，俾四都宣泄益利。刘公《天乐水利议》，萧人任三宅《议》，均载《府志》及《山阴志》。)崇祯十六年，乡宦学士余煌加广霪洞。清康熙二十一年，乡宦福建总督姚启圣改洞为三，各广六尺。五十五年五月坝决。五十六年知府俞卿修复，改洞为二。启闭时，坝内外每有争执。清末天乐乡人屡议废坝，请于咨议局。民国初，又请于省、县议会。绍、萧人士多主保存，争持两载，县议会议决，俟水涨时勘明形势，测定水量，再决存废。当局迫不及待，民国三年春，都督朱瑞、民政长屈映光派委将洞合并为一，实已改坝为桥(今水利局制绘图说均称麻溪桥)。

按：堤坝以完密为主，霪洞有利于帖近之农田，而有害于全局，故开塞之争，《志》不绝书。《府志》来鸿雯《大修西江塘》说："至于私霪为害尤酷，本妨人利己之阴谋，成挖肉医疮之愚计。利归一室，祸及千家。此可与城门失火、楚国亡猿比，而论罪宜乎麻溪坝之坍，为十七都一、二、三图士民所切齿。”张文瑞《西江塘霪洞议》：“从来塘下田地听其抛荒，若私霪一开，他日秋水高涨，先于霪处决裂，必致余塘俱倒。”（来、张两议均见《府志》第十五卷《水利志》。）来、张二氏为此说、议，在康熙五十三年至五十八年，正当西江塘、麻溪坝溃决修复之际。（五十五年，麻溪坝决，《府志》不见正文，惟《水利志》附载张文瑞《西江备塘记》：“五十五年九月，总督满保按浙，邑诸生来竹等请筑西江备塘。呈称：自五十三年西江塘决半爿山、杨家滨，今年五月又决麻溪坝。临浦塘修筑甫竣，而八月大潮，又以塘坍见告。”与来说互相参证，则坝之决裂，与姚氏二十一年之广洞、增洞因果关连。）从可知姚之广洞，无非为少数之利益，而俞之减洞，则鉴于当前之覆辙，为三县谋久安，而帖近塘坝之田地，只能任其抛荒，实为根本解纷之要义。又考戴公琥成化十八年《绍兴水利碑》（图、说合镌，向在府署，今移置汤公祠东廊）：“西小江、山阴天乐大岩、慈姑诸山之水合于上、下溋等五湖。”（《府志》卷十四《水利志》载，“旧志，山阴废湖，自鉴湖外有上溋湖［或作盈，或作瀛］、下溋湖”。）今天乐乡有溋湖坂，可知麻溪筑坝时，坝外尚有上、下两溋湖，足以蓄潦济旱。厥后占湖成田，水无所归，遂致泛滥，是占垦之为害，而非筑坝者弃天乡如瓯脱，其理甚明。今将民初废坝案有关文件，摘附于后，以供采择。

汤寿潜：沉冤纪略序（宣统三年）

天乐，位山阴县西偏一乡也，区上、中、下，东、南、北皆环山。浦阳江襟其西，独中乡距山与江更逼，其山冕旒最尊，伸左臂以界上与中之交。其山之水，溪行十五里，连麻溪，乃越下乡，东迤钱清，入于海。钱清一带为山阴、萧山分治，过此则羼入会稽，故三县共利害。初，浦阳江北迤二百数十里，亦径临浦注麻溪。临浦者，以临浦阳江得名。明季凿碛堰，乃西逾碛堰凿处汇钱塘江，其上游浙江、桐江、金华江、衢江，合旁近诸水，均汇之以入海，往往潮水大上，江水弱不得下，势必横溢，反挟江潮犯浦阳江，循茅山入上、下溋湖，人知凿碛堰之利，而无人知利中之害，中乡于是内山水，外江水、潮水，岁或三四灾。刘忠介《建茅山闸记》谓：天乐无收成者数十年，由下乡遂波及山、会、萧三县。人一日不食则饥，无收成至数十年之久，有此土者顾漠然无慨于怀，安得谓之有人心乎？天顺间，彭谊守绍兴，大营西江塘，并筑麻溪坝，潦则闭之，旱则江水、潮水先径坝，坝一启，吸外江以灌坝内，其为坝以内计，未尝不善。而截中乡缘山四十八村于坝外，悍然弃之为瓯脱、为萑苻，以三县数百里不愿受之水，忽坝焉，而令中乡十余里一隅专其害。坝以内真天乐矣，坝以外不地狱耶？使其时知以麻溪之坝，移置距坝里余浦阳江初入口之茅山而为之闸，中乡虽无福得比下乡，若数十年无收成之祸，要不若是其甚也，铸此大错，有利人之心而所虑不审，陆沉我中乡者三百年，天乎冤哉！戴公琥继任，悟彭之失，一时不便反汗，又不忍山水、江水、潮水之决中乡而鱼鳖也，不得已建闸茅山之麓。是举也，山水即不得免，而江潮则有所障。迄于今，中乡虽以荒乡炳于府、县《志》，而瘠土民劳，劳则善心生，种族犹不殄绝，戴戴二天矣。中乡之蚩蚩者，不察端末，见坝内人与彭同祀于坝上，连类而诟病之，何其颠也？闸址得刘忠介而始，固荒乡之感忠介亦独盛。父老相传，忠介未达时，尝授徒于麻溪侧鲁氏，盖缘山四十八村之一，岁以水徙其塾，因斠求荒乡水利甚悉，力主移坝之上策。不成人之美者阻之，阻之者最，萧山任三宅。三百年来，天下人之视刘与任，其贤不肖之相去何如也？然任《议》有曰："麻溪坝既筑，始无江水冲入，诸堰闸可不复议修改。"老友葛籀臣明经(简青)谓：任议亦以遏江水为主，若其时先有闸，即任氏必谓茅山闸既筑，诸堰坝可不复修改。所见未远，遽逞辩口，祸我中乡，忠介无如何，查坝旧制高四尺，因拟增其倍，广则增三尺。余学士煌成之，坝二孔。前福建总督姚公启圣改三孔，各广六尺，具载绍兴俞《志》。今姚公题字犹在坝门。明明坝也，何以有孔？且有槽，则闸矣。荒乡并此不辨，刘、余、姚三先生均怜荒乡而为鸣不平者，于名坝实闸之制，亦习而不察，何欤？今坝存者止二孔，又卑小，不逮姚筑之半。或曰道光末，坝以内人假重修窃为之。在任之失，仅未见闸之利而已，偷改坝制，三者二之，而减缩其高广，但享尽先挹注之利，不蒙勺水侵入之害，推其心，直以荒乡为邻壑而不惜，试问于荒乡何仇？刘也，余也，姚也，无一非坝以内人，无一非君子。深望坝以内人人皆为刘、余、姚，亦人人皆为君子，无为任三宅也。禹视天下之溺犹己，潜生于斯、长于斯，实己溺焉。吾高曾之高曾，祖父之祖父，且己溺焉，己溺而视若无睹，恶乎可？未冠即不自揣，志忠介之志，期活此一方民，顾以世变日亟，妄意澄清，信未著而疑，诚未至而谤。愚公之愚，未遽谅于太行之神，吾道非欤？一身则又何惜，所大疚者，世变无所裨，而土著之地，剥肤之痛，常此沦胥以铺。日月逾迈，潜且垂垂老矣，世讲葛陛纶、鲁昌寿、吾仲氏寿密刳心于是不少衰，会有咨议局之举，爰就潜平昔所论，列之利害，录而存之。又于先贤遗著，凡关系吾乡者，摘抄其略，绘图贴说，将以上之省局议行。天幸忠介坝内人而有移坝一议，令荒乡尚有容喙之隙，否则口众我寡，奚以辩为？是《略》虽于著书体例，未尽符契，其事甚迫，其心亦良苦已！为书数语于其耑。

郡守彭公谊大营西江塘，开凿碛堰，筑麻溪坝，兢兢于山、会、萧三县水利，亦可谓良吏矣。麻溪坝不利于天乐中乡，地方官长筹画大计，弃天乐中乡一隅，而可使三县有水利无水患。两利相较取其重，两害相较取其轻，亦不得已之苦心，非有仇于天乐人而加之害也。惟其不谙地理形势，不经营于茅山之上游，而筑坝壑邻，是其失计，然当时地方绅民胡不上书献策，安能以计划未周，仅责备官长？蛰先前辈《天乐沉冤记序》，于彭公含怨词，因本乡受灾而存我见，亦未免欠恕。设非彭公凿碛堰于前，则中乡江塘无所施其工，或至今水患犹未已也。

戊寅闰七夕前三日倚云书后

解释刘念台先生绍兴天乐乡水利议

绍兴水利以麻溪坝、三江闸为两大关键。（绍兴之水本属山阴、会稽、萧山县共其利害，昔称三县，今则山、会并为绍兴，称绍、萧焉。）今天乡图决麻溪坝以泄溪水于内地之议起，绍、萧人民惶急万状，争议遂亟。天乡之人执为撤坝之依据者，以先生此文也。先生之文诚所当宗，然先生之文，系按时势以立言，非令后世于时改势变之后，复以其文为表槷也。试考先生作议时之地利形势如何，今日之地利形势如何，两两相较，其差点如何，再究其事物如何相异，利害如何相反，自可知先生之文，非今日适用之文。先生生于今日，必无决坝之议，且必有否认决坝之议，此可以断然者。按先生之议，即以麻溪坝、三江闸为两大关键以成文者也。乃举昔日之闸与昔日之坝兼筹并论者也，非举今日之闸与昔日之坝预筹而通论者也。夫治水之书，易时异势，用必不适。书之《禹贡》一篇，治水之鼻祖也，能执以治今日之水乎？述家世奉刘子，夙夕崇拜，敢不敬刘子之文？惟此文关系于绍、萧者重且大，何敢泄沓以尊闻，况先生文中，实有风言微旨，深注意于内地者，不敢不抉出以质时髦而慰先生，其字句间，偶有与真相不甚吻合者，亦敢不略贡谏正，以规传讹。述钦仰先生之文之不遑，奚敢议先生之文，特恐先生之文为他人所误用，以致重诬先生。此述之所以不能已于言也，惟秉共和、守人道之大君子，鉴亮心臆，怜顾绍、萧，相与信麻溪坝之万不可撤也，数十万生命幸甚。

原议曰：至有比岁不登者，居民苦之。故老相传，诗曰："天付吾乡乐，虚名实可羞。荒田无出产，野岸不通舟。旱潦年年有，科差叠叠愁。世情多恋土，空白几人头。"

先生此议载入《刘子全书》中，今天乡所抄录刊布者，与《刘子全书》异。

其何以异者,则不可解也。

“野岸不通舟”之句,苦无水之诗也。此诗之作在未坝之先乎,抑在既坝之后乎?如在未坝之先而苦无水,其利贵蓄,坝之所以蓄之也,坝应为天乡之利矣;如在既坝之后,坝之而犹苦无水,无坝岂不益苦无水乎?坝应有利于天乡,非有害天乡也。即无利于天乡,其决无害于天乡矣。

细绎“旱潦年年有”句,坝之无罪益明,何则?坝苟为害,或曰使天乡年年潦犹可说也,坝而为害,苟曰使天乡年年旱,则不可说也。虽曰因有霪洞,旱时水由霪洞泄入内地,致旱者坝也,不知天乡傍水依谷,地势高于坝者寻丈,旱干之岁,不待坝之泄,乡先涸矣,尚何水之可由霪洞而泄乎?果曰天乡之旱,由洞泄而成,洞之泄水,速率大矣,坝外之水其何能积?不能积,则无所谓潦矣。此百思而不可得解者,必也。潦之因,别有在乎?

天乡亦曰溋湖,以其本有上下两溋湖也。湖实为乡之水藏,自有侵为田者,而湖小;有积以污者,而湖浅。湖不容水,泛滥为灾,此则天乡潦之真病原也。今天乡不于湖求疏浚,而惟知坝之是撤,岂竟以内地为壑乎?天乡盍亦返而求诸己乎?

原议曰:独临浦以上有猫山嘴一带,江塘未筑,江流反得挟海潮而进,合之麻溪,横入内地,为患叵测。故后人复筑麻溪坝以障之,相传悬为厉禁,曰:“碛堰永不可塞,麻溪永不可开。”凡以谋内地万全者如是。

江流挟潮合溪入内地为患,先生固大声疾呼而言之矣,麻溪坝之筑,原以障江海合溪之横入也,今曰撤麻溪坝,纵有猫山嘴之江塘,亦不足恃以为障,叵测之患将成矣。

“碛堰永不可塞,麻溪永不可开”,两语悬为厉禁,可见民生之关系重矣。先生特表示及之,可以知先生不偏之意矣。

万全者,昔日之万全也。今日处三江常塞之境,并只全之无可言,岂犹有万?若撤坝则不复能保其全矣,言之可痛。

先生言天乐乡凡四都,由麻溪行者仅都半之水。此都半之水,设使竟违众论,决麻溪以注内地,其他二都半之水由浦江行者,亦天乐之水也,何独不可援例,决火神塘以注内地乎?即不然,亦可导之使合麻溪以注内地也。青青之长,势不至塞碛堰而不已,绍、萧数十万生灵其何以堪,言之可痛。

原议曰:春夏雨集之时,山洪骤发,外江潮汛复与之会,有进无退,相持十余日,天乡之人其为鱼鳖。

又曰：况又有旱干以虐之。

必春夏雨集之际，必山洪骤发，必江潮与会，必有进无退，必相持至十余日，然后天乡有鱼鳖之虞。若春夏雨集，其时或甚暂，其时或江潮未必会，其时或有进有退，其时或相持不足十余日，天乡皆可不鱼鳖。即果有之，其极点亦不过十余日耳，过此则虐之者旱干也。一年患潦者三十六分之一耳，而患旱当为之三十六分之三十五，断无十年九荒为十一之比例也。此不可以辞害意者是矣。

原议曰：麻溪溯源赵家桥，凡十五里，逾坝入内河，不过天乡都半之水，以水均分三县，讵盈一箨？又日夜通流以出三江，万不足为三县害。

由坝道而入之水，万不能分三县也。会稽地居东偏，五云诸大溪之水，源远者数十里而遥，势如建瓴，自南注北，由宜桥、三江两闸而出。其山阴十数短源之水，平衍北流，与会稽水会于越城中，经线之经流，以出三江，水力各相抵制，莫能相灌输也。至萧山之水，由西小江以达三江，但经山阴西北乡诸流，若山阴西南乡，非所得入也。山阴之水不能分与会稽，萧山与山阴西北之水，亦不能分与山阴，其麻溪之水又安能于下注西北之后，而复仰分于东南乎？分麻溪之水者，惟萧山与山阴西北耳，然山阴西南与会稽全境虽不能分麻溪之水，而于萧山及山阴西北水长时水力上抵，流行迟滞，其受害则同也。

三江闸果能一年三百六十日日夜通流，设约束以纳坝外都半之水，谓之不足害内地，尚非过论，先生之议所由作也。今之三江闸，十日不雨即有潮沙壅塞，闸外之港塞之甚者，延长十余里，积高十余尺，穷千百农夫之力不得通者有之，即通而水流细缓，亦迥非明代日夜畅流之象。潦之为病，于绍、萧无岁不有，尤无岁不加深，人民之困厄至矣，极矣。无坝外之水，病犹如是；苟再加以坝外之水，病不益剧乎？如曰坝外之水不过都半，夫都半之水不为少矣，在呼吸仅属之人，能再受吭间一扼乎？言之可痛。

原议曰：莫若撤麻溪之坝，移坝猫山，猫山永无冲决之患，而内地之万全如故。天乡三万七千亩一朝而成沃壤。

移坝猫山，令天乡水入内地，内地万全如故。斯言也，昔也或能如是，今也尾闾时闭，岂但不能保万全，直贻之万害耳。先生所谓内地万全如故者，乃昔日三江闸日夜通流时之言也，安能用于今日哉？

又读先生《茅山闸记》，有云："自神庙以来，民享其利。"又曰："不惟溋田足以永赖，而与麻溪坝交相捍卫。"读此可以知猫山闸既筑以后，天乡之民已享其利,湓湖之田已得永赖;不独闸之永赖,且麻溪坝亦得并称捍卫之功矣。先生岂专主撤坝者耶?

移坝而潦之病去,事或然矣。其旱之病,无以去也。即所移之坝,仍有霪洞可以泄浦江之水,所泄之水,恐循麻溪坝址之流以趋于内地,不能逆溯以纳湓湖也。天乡之旱,或将如故耳。

原议曰:遇雨集之日,天乡之水从七尺霪洞约束而入,其流有渐,不致全河一决,使内地有暴涨之虞。

信斯言也,天乡之水全河一决,内地即有暴涨之虞;内地易致暴涨,天乡必易致立涸矣。今之言撤坝者,岂取其全河一决乎?岂求其内地暴涨乎?并不必顾天乡之立涸乎?吾愿天乡人其静思之。

七尺之规,先生定之,以其言为可重欤,则今日添洞、广洞之说,赘说也,妄说也。如有添广之必要,何以彼时不八尺、九尺、十尺乎?且三江畅通之日,犹限以七尺,今三江常塞,而谓可以广,可以添乎?其殆未之思耳。

先生于三江畅通之日,于坝事犹如是,其慎且重,虑全河立决也,虑内地暴涨也,洞必规以七尺也,流必求其约束也,今于三江常塞之日,天乡之人但曰撤坝撤坝,他勿知也,他勿顾也,岂非与先生之文立于反对地位耶?

原议曰:夫同一天乡,处坝内者近,以有此霪洞,永无旱干之虞,故荒乡已改为乐土,厥田上上。

在坝内左近者,下天乡也,旱潦年年有如故也,实未尝能号乐土、称上田,桑田沧海,此岂先生所及料哉?

原议曰:以视坝外之民遍枯极矣,今但损坝内之全利,以纾坝外之全害。

先生不曰损坝内之利乎,损内地之利以裨天乡,在三江畅通之日,犹可也。今三江常塞,全利尽失,尚何可损?先生可起,必将自易其稿矣。

原议曰:虽然,此特为一乡言利害,而未及乎三县之大利大害也。三县命脉全恃三江为咽喉,倘三江一决而不守,旬日之间三县皆为平陆。

又曰:一雨即淹,一亢即涸,其势然也。幸而前人开碛堰以通外江矣,诚能加筑猫山之闸,令其坚好如三江,启闭如三江。每遇春夏以前,用土筑闸,既坚壁以绝江潮;望秋以后,遇旱则启,一日两潮源源而入,以引灌三县枯槁之田,其为利孰大于是。

又曰:至于失三江之险,犹有猫山一路可恃,以无坐困。

呜呼!先生之不独专为一乡筹,亦为绍、萧筹也。可谓详且尽矣。惟当时形势，三江日夜通流，故所谋者在为平陆，为枯槁，就令决麻溪都半之水入内地，即谓之不足害内地亦可，即谓之适成内地之全利，亦无不可。其如三江常塞，事实上已成反比例何？先生专顾一乡之议，本难以行；先生通筹全局之心，自不可灭也。今之人，能体先生通筹全局之心以为心，方为不负此文。

绍、萧命脉在三江，三江为绍、萧之咽喉，先生昭然揭之矣。今三江常塞，命脉仅一发之留，咽喉仅一息之存。设有其人，尚欲绝之、扼之，必致绍、萧于死地矣。若谓先生之策也，先生之文冤矣。

三江之险未失之时，先生犹为内地深谋远虑，图以猫山闸为后户，以泄绍、萧之水。今三江常塞，其险已失，绍、萧之水又不能如先生所图，仰出猫山闸以泄于江。先生如犹生也，岂有不为内地深谋远虑，岂犹以决坝为宗旨？必不然也。

中华民国二年一月江苏吴县知事绍兴宗能述敬述

能述谨释刘子之文，将以求诲于故乡父老，乃先承汤蛰仙先生移书，内有“本蕺山之上策为要，求稍明事理者，即知其以中策为解决明矣”数语。兹数语者，先生推心置腹，放无上光明之言也，读之不禁额手者百，先生宏愿将对于汤使君，媲前汤、后汤之美，对于刘子，绍前贤、后贤之传矣。述之所释，本可覆瓿，然衾影之过，亦不敢不奉父老之一观，且并以蛰仙先生之心告父老也。二月十四日，能述又识。

刘忠介天乐水利议（见《刘子全书》第二十四卷二十三至二十七页）

山阴之西南接壤萧山，曰天乐乡，隶四十都、四十一、二、三都，凡四都，世称荒乡。而四十一、二都之间特甚，为田三万七千亩有奇，计岁入不足当湖乡五之一，至有比岁不粒登者，居民苦之。故老相传诗曰：“天付吾乡乐，虚名实可羞。荒田无出产，野岸不通舟。旱潦年年有，科差叠叠愁。世情多恋土，空白几人头。”读之可涕！夫天乡之所以卒为荒乡者，非徒坐天时地利，盖亦人事之缺陷也。按越中形胜，千岩万壑，外绕东西两江，而北襟大海。东江在会稽外界，不具论。西江则自东阳发源，历浦江、诸暨、萧山、山阴至三江所口以出海。往者山、会中，鉴湖以北，皆潮汐出没之区，又有西江一水以合之，故全越皆为水乡。迨汉筑南塘，唐筑斗门沿江诸闸，入我明筑三江大闸，渐出而拒海，海潮遂不得越三江一步。而西江之水，已包举于内地矣。夫西江积五县之水，包举内地，将骤决三江而不可得也，势必以山、会、萧三县为壑。于是宣德中有太守某者，相西江上游开碛堰口，径达之钱塘大江，乃筑坝临浦以断内趋之故道，自此内地水势始杀。独临浦以上有猫山嘴一带，江塘未筑，江流反得挟海潮而进，合之麻溪，横入内地，为患叵测，故后人复筑麻溪一坝以障之。相传设有厉禁曰："碛堰永不可塞，麻溪永不可开。"凡以谋内地万全如是。或曰麻溪即指临浦而言，至今临浦坝称麻溪大坝，而麻溪为小坝云。然自麻溪坝，而一溪之水不得不改从猫山以合外江矣。当春夏雨集之日，山洪骤发，外江潮汛复与之会，有进无退，相持十余日，天乡之民尽为鱼鳖，安望此三万七千亩尚有农事乎？况又有旱干以虐之，坐是十年九荒，信有如昔人所咏者。至嘉靖中，始建猫山闸以司启闭。万历中，土人复自猫山嘴至郑家山嘴筑大塘，永捍江流，不使内犯，而内水仍不可以时泄，其祸未解也。夫此一乡者为三县故，而受灾则亦付之无可奈何者也，而岂知其事有不尽然者。前人之策，所为睹其一未睹其二也。今请遂言补救之策曰：上策莫如移坝，中策莫如改坝，下策莫如塞坝霪。何谓移坝？麻溪之有坝也，原以备外江，非备天乐一溪之水也。但三江未闸之先，内地水患不常，故割尺则尺，割寸则寸，不免并置麻溪于度外。及既闸之后，绍兴千岩万壑同出三江，独多此麻溪一派流乎？麻溪溯源赵家桥，凡十五里，逾坝入内河不过天乡都半之水，以之均分三县，讵盈一簎？又日夜通流以出三江，万不足为三县害，则一坝之役何为者乎？而说者谓猫山闸不足恃，所虑仍在外江。夫猫山果不足恃，莫若撤麻溪之坝，移坝猫山，猫山永无冲决之虞，而内地之万全如故，天乡三万七千亩一朝而成沃壤矣。且坝下仍通霪口，可以节旱潦，其利虽不能普之三县，而天乡独受之，洵称天付之乐乡，故曰上策也。何谓改坝？越人久习"麻溪永不可开"之说，以为一移坝，则三县之祸不旋踵。讹以传讹，迄于今日，屡费当事苦心无已。请从原坝稍改其制，坝故有霪洞，高广四尺，今第加广三尺，高倍之，为通流水道，遇雨集之日，天乡之水从七尺霪口约束而入，其流有渐，不至全河一决，使内地有暴涨之虞。需之数日，潮汛渐平，又可转决猫山以去，此虽于天乡之水，不能一朝尽拔乎，而势已少杀，霪潦之患亦可减其六七，故曰中策也。何谓塞坝霪？谓移坝与改坝均之有内地之虞者，将必使坝外之水涓勺不入内地而后可，则霪洞之设何为？查此霪乃坝内之民私开之以为利者，故其启闭，一听之坝内，潦则闭之，使勺水不泄于内；旱则启之，使勺水不留于外。冤哉！此一方民至此极乎？今若遂塞此霪，适还其故制而止，遇潦之日，一方之民亦既甘受其祸矣；遇旱之年，犹得酌彼西江，存此涸鲋。而无如坝以内终称不便也。夫同一天乡，而处坝内者近，以有此霪洞永无旱干水溢之虞，故荒乡已改为乐土，厥田上上，而科粮则一体天乡，从下下。以视坝外之民，可为偏枯之极矣。今但损坝内之全利，以纾坝外之全害，酌盈济虚，香火之情，何独不然？语至此，而情愈出于无聊，故曰下策也。过此以往，仍旧贯焉耳。以土田日荒，以人民日困，以盗贼日繁，以钱粮日逋，斯称无策，将白头之叹，何时已乎！虽然，此特为一乡言利害，而未及乎三县之大利大害也。三县命脉，全恃三江为咽喉，倘三江一决而不守，旬日之间三县皆平陆，故昔人曰越可决。即如前岁亢旱，河流尽涸，农人艰于桔槔，岌岌乎有秋之无望矣。越虽千岩万壑，而水源出秦望以南不过二十里，一雨即淹，一亢即涸，其势然也。幸而前人开碛堰以通外江矣，诚能加筑猫山之闸，令其坚好如三江，启闭如三江，每遇春夏以前，用土筑闸，既坚壁以绝江潮；望秋以后，遇旱则启，使一日两潮源源而入，以引灌三县枯槁之田，其为利孰大于是？即一日地方有事，至于失三江之险，犹有猫山一路可恃，以无坐困，真万世之长策也。则麻溪之通塞，有不待言者矣。嗟乎！民难虑始，自古病之。往者萧山人惕于猫山一带土塘未筑之先，岁遭水患，独恃一坝为长城，与天乐岁争通塞，而近坝奸民倚坝以为利者，辄藉口旧禁以助之，使三县群起为难。又天乐居民多闾左单户，势不能敌三县之豪右，故虽有凿凿可行之策，自来不能得之于上官。抱隔肤之见，而忘一体之痛痒，狃已成之辙，而忽今昔之时宜，久矣。夫人情之不可解也！昔者三江之役，前太守汤公凿山填海，经营至数年，竭三县之膏，罹万姓之谤而不恤，卒成伟功，万世赖之。今之当事者，倘念及天乐孑遗，不难举三策而酌行之，是亦再起之汤公也。不得已思其次，其惟中策易行乎？目今麻溪坝石圮，山、萧两县方议修筑，千载一时，谨从地方诸父老后，具所见闻如此，以备采择。

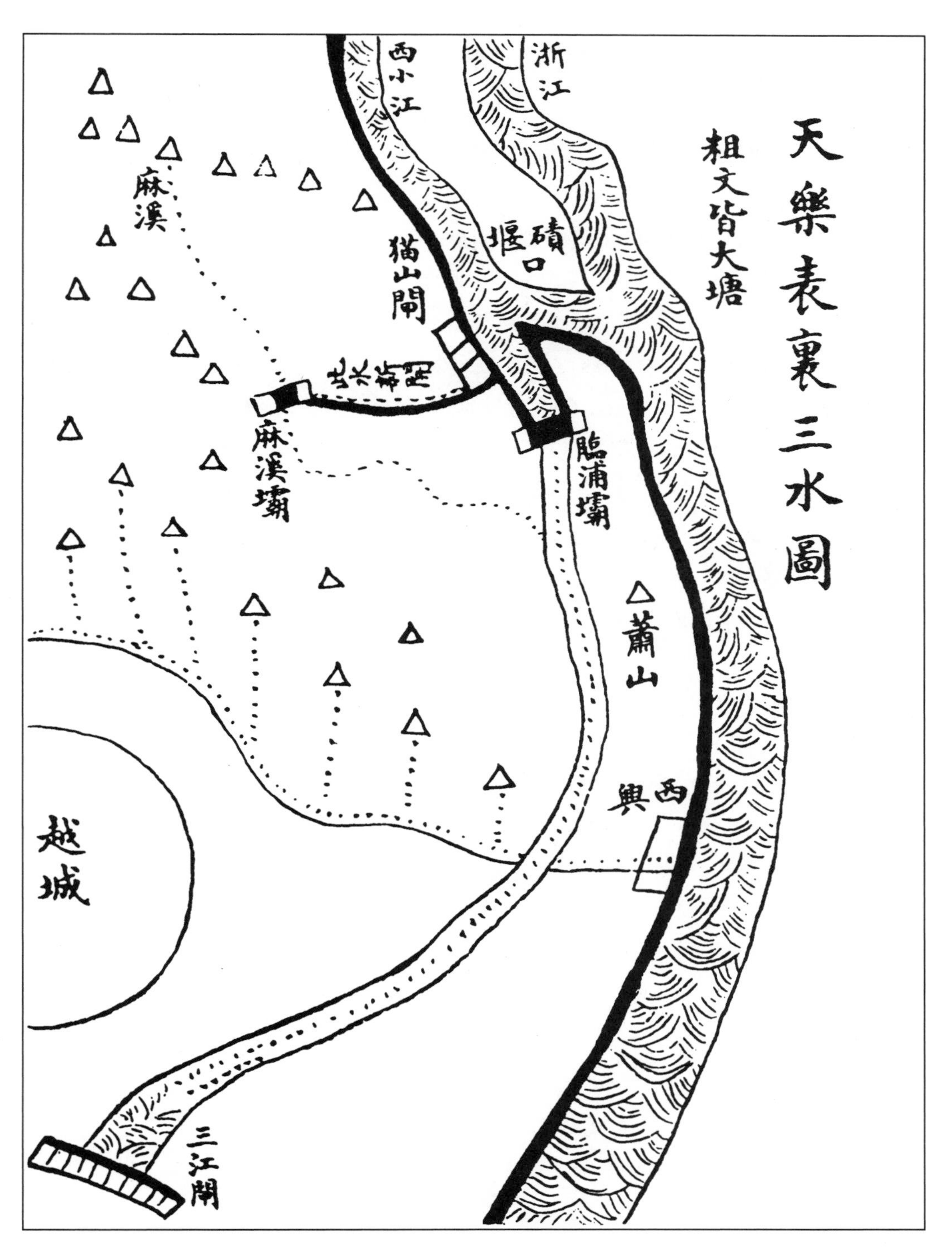

天乐表里三水图

图说

按：有麻溪之水，有西小江之水，有浙江之水。二江，江水也，麻溪，溪水也，终不可以麻溪之水，谓即是西小江、浙江之水。有临浦之坝，有麻溪之坝，临浦坝以断江流，麻溪坝以断溪流也，终不可以麻溪之坝，谓即是临浦之坝。(见《刘子全书》第二十四卷二十三页)

葛陛纶驳萧山任三宅麻溪坝议(见《麻溪改坝为桥始末记》)

麻溪地属山阴天乐之西南边境，非吾萧所辖也，曷为筑以石坝，而令萧输其工费哉？

查《万历萧山志》：知府彭谊筑临浦、麻溪二坝。又《绍兴府志》：明成化间，知府戴公琥筑土坝横亘南北，此为麻溪坝名称所自始，固俨然坝制也。及万历十六年，萧山知县刘会加石重建，下开霪洞，广仅四尺，于是改坝制而闸矣。改坝为闸成于萧令，绍府及山、会二县独不闻。刘会越职擅权，罔上欺民，罪不可逭。此数语不啻代刘会认罪状也。抑麻溪坝尝以关系山、会、萧三县利害，闻改建石闸，萧人讵甘独任工费？其殆官绅朋比兴工敛钱，假公以济其私耳。维其假公以济私，故不敢公然通告山、会同僚，不能公然派取山、会绅民也。然则此数语，又不啻自供罪状也。

在府治东曰东小江，在邑治西曰西小江。

查西小江与东小江对称。东小江溯源嵊县，下游即曹娥江。西小江为浦阳江经临浦入钱清之旧称。自碛堰既凿，径入钱塘大江，而土人则于所前以下至钱清一带之水，犹沿西小江旧称，其实则内河也。兹言在府治东曰东小江，是直指曹娥江言矣。试问临浦至钱清一带地方，在绍兴府治东乎？抑否乎？又言在邑治西曰西小江，此邑治如指山、会两县，则山、会与府同治，不必为是骈言也；若指萧县，则萧山邑治之西越西兴而钱塘江矣。试问临浦以至钱清在萧山邑治西乎？抑否乎？地望之不知，原委之不详，信口开河，与所前乡说帖所称江水超过山岭同一怪谈。犹龂龂与人谈水利，而不知反自暴其浅陋，以贻人笑也。

但南岸皆山，延袤至于钱清而未断，山为阻截，被害之田土犹少。

绍县议会哄全县人为鱼鳖，被害之乡多可以想见。兹云被害之田土犹少，任三宅与山、会人何无香火情若此，岂亦被蕺山先生运动耶？绍县人士犹奉是议为金玉，冤哉！

若北岸并无山冈阻截，一望平田，而且多通江之水口。一遇泛溢，平田以内皆江也；即不泛溢，而江水由各河以入，浸淫洋溢，无一田庐非江也。

碛堰未凿，茅山未闸，天乐中乡之江塘未民筑，信乎无一平田非江也，无一田庐非江也。碛堰凿，茅山闸，江塘由天乐民筑，重闭叠围，江水万难侵入，苟非西江塘坍决，则虽欲求其为江不可得。今昔异势，可实地勘验者也。坝内人民不考沿革，不察地势，闻是语而震惊之，而不知是数语者，系未凿未闸未塘之言，且系仅指萧山邑治以南数乡之言，绍兴全县人何苦寻猘犬自啮哉？其原文内"即不泛滥"句下，又紧接以"浸淫洋溢"句，自相矛盾，文理亦欠通顺。

宋元迄明，设策备御，但于各河口多筑堰、闸、坝焉。堰则有单家堰、邱家堰、凑堰、大堰、衙前堰、沈家堰、曹家堰、杨新堰、孙家堰、章家堰、凤堰，以遏江水内溢之势。闸则有徐家闸、螺山闸，以时启闭，节水之流。又特筑龛山石闸，以为江流入海之道。坝则有临浦大坝、小坝，又特筑钱清大坝，使江水东奔山、会。

不守其外，而徒支支节节于内，此是前人治水利不尽完善处，无可讳也。惟萧邑节节设有坝堰，竟致江水东奔山、会，是直以山、会为壑矣。山、会人忍萧人之为壑于前，而反奉萧人之唆议于后，岂惟愧对蕺山，抑且愧对祖宗。

而麻溪要害处尚未筑坝。

只知麻溪山麓为要害处，而不知茅山山麓之尤为要害。眼光短促，误事不小。其所以如此者，由彭谊筑江塘至此竣工所致，使其时竣筑江塘于茅山山麓，则一般绅民之眼光将群注重于茅山，而茅山早闸矣，谁复认麻溪为要害处而坝之，且偷改而闸之哉？且既认麻溪山麓为要害，何以迟迟而未坝也？迟迟而未筑坝，则前人不忍弃天乐中乡也明矣。

弘治间，郡守戴公琥，询民疾苦，博采舆论，相视临浦江迤北有一山在江中，名曰"碛堰"，因凿通碛堰。

查《万历萧山志》：碛堰在治南三十里。天顺间，知府彭谊建议，开通碛堰于西江(此西江指富阳江下游而言)。碛堰非戴公所开，《志》书凿凿可考，岂碛堰凿二次而始通耶？且此《志》成于万历，见闻较任三宅早且确，任《议》强推功于戴，殆为后文令萧山于麻溪营筑石坝数语张本，自欺欺人，欲盖弥彰矣。

遂令萧山于彼麻溪营筑石坝，横亘南北。

查《绍兴府志》及《萧山县志》皆云："明天顺间，知府彭公筑临浦、麻溪二坝。成化间知府戴公琥营筑土坝，横亘南北。"并无令萧山营筑石坝之事。《志》书具在，可考而知，不然则偷改者也，又不然　则假托戴公之命，以欺后世也。

其余诸堰闸可不复议修筑也。

自麻溪坝成则诸堰闸可不复议修筑，然则自茅山闸成而麻溪坝亦可不复议修筑矣。彼持坝不可废于茅闸既成之后者，非犹欲复诸堰闸于麻坝既成之后同一悖于事理欤？

则害及天乐乡一都有半之民，夫此一都有半之民，

痛哉，此一都有半之民，愚贱阘弱可欺侮也，寥落零丁可压制也。惟恐人之不知，而重言以申明之，此贵族视奴隶、大国待附庸之故智也。

在坝外东南贴近猫山闸至郑家山嘴大塘者也。

明明知坝外有猫山闸，明明知闸旁有郑家大塘，则坝已退处无用之地，议者非不默认，因其负有意气，故不免略去事实。卒之事实昭著，仍不觉其流露于口也。

涝固可通沟道，由闸以泄其水；旱尤可资江水，由闸以灌其田。

江之对于天乐，旱涝均蒙其利如此，而一入天乐以内地方，则复大肆患害，江水无情，竟知私天乐而仇绍、萧。然则绍、萧人之必欲保存麻坝者，恐江水之挟仇也，且所谓由闸以泄水者，泄之于闸底欤？抑泄之于江欤？如言泄之于江也，则天乐涝时，江水亦盛，水何从泄？岂天亦择地而雨耶？

而困此山阴天乐一都有半之田土，孰与于困夫麻溪北岸萧山苎萝诸乡所跨之田土也，二者较量，孰多孰少？

天乐面积户口何曾少于苎萝、来苏等五乡，不过此一都有半之民，积荒而穷，积穷而弱，势力不及数乡之多耳，且近来苎萝等乡之明达者，已稔知茅山闸之足恃，麻溪坝之无用矣。夫苎萝等乡议者，谓为受困者也，而竟不困苎萝等乡以外之山、会地方，议者并未言及受困者也，而我绍县人强自认其困，且强自认为鱼鳖，岂水能超过苎萝等乡，而致仇于绍人耶？

明达如戴公，夫岂不轸念此一方也，良亦利害有轻重，地势有缓急，故不得不就筑于麻溪耳。

戴公诚明达，岂蕺山不明达乎！利害之轻重，地势之缓急，戴公知之，蕺山讵不知之乎？戴公踵彭后，改一土坝，则暂而不常，可知倘能久官斯土，则改移拆毁也。又可知其改筑土坝也，即轸念此一方民之心也。蕺山之欲移坝也，则所以竟戴公未成之志，而实行其轸念一方民之心也。若夫改土而石，改坝而闸，则不独无轸念一方民之良心，且具殄灭一方民之毒计矣。

使此坝一开，既无堰闸之防，又无兴复之费，脱有不虞，将如生灵何？

数语仍系碛堰未凿、茅山未闸、天乐中乡江塘未民筑以先之形势。上文不曾言天乐恃塘闸而无虞乎？夫天乐在坝外，坝外无虞，岂尚坝内之足虞乎？脱有不虞云云者，岂虞茅山闸之倾倒，天乐民塘之坍决乎？一旦而水势震撼之力，果足以倾闸而决塘也，吾恐绍之三江闸、萧之西江塘，亦早不保，而何暇计及天乐之塘闸哉？

岂独萧山，即天乐迤东沿江诸乡水害，孰与御之？

天乐向称上、中、下三乡。上乡迤东而沿江，与中乡有山纵截之，山以南为上乡（即所指天乐迤东沿江诸乡），其地背山面江，筑有民塘以围田地，势与中乡大异。不独与麻溪坝无关系，并且与茅山闸无关系。兹言麻溪坝一开，害且及于上天乐，激水逆流，以超重山，越广陌，至数十里之远，自有世界以来，此为第一奇事，复何怪激绍兴全县人之狂惑自扰哉。

山、会将并受其害。

全篇文字只此句轻轻说到山、会将受其害，为推度之疑辞。绍兴人何苦自重枷责，反为任三宅所笑。（原议录后）

任三宅麻溪坝议（见《府志》第十四卷《水利志》二十三页至二十四页）

谨按：麻溪地属山阴天乐之西南边境，非吾萧所辖也。曷为筑以石坝，而令萧输其工费哉？盖萧山东南境外有概浦江者，源出金华浦江县，北流一百余里入诸暨县，与东江合流至官浦，浮于纪家汇东北，过峡山又北至临浦，而注于山阴之麻溪，北过乌石江，又北至钱清镇，曰钱清江，乃东入于海。对富春大江而言，名曰小江，在府治东，曰东小江，在邑治西，又曰西小江。计此江经流麻溪之南岸以达于钱清者，皆山阴地也；经流麻溪之北岸以达于钱清者，皆萧山地也。水害宜均受之。但南岸皆山，延袤至于钱清而未断，山为阻截，被害之田土犹少。若北岸并无山冈阻截，一望平田，而且多通江之水口，一遇泛溢，平田以内皆江也；即不泛溢，而江水由各河以入，浸淫洋溢，无一田庐非江也。萧山苎萝乡、来苏乡、由化乡、里仁乡、凤仪乡被害尤剧。宋元迄明，设策备御，但于各河口多筑堰、闸、坝焉。堰则有单家堰、邱家堰、凑堰、大堰、衙前堰、沈家堰、曹家堰、杨新堰、孙家堰、章家堰、凤堰，以遏江水内溢之势。闸则有徐家闸、螺山闸，以时启闭，节水之流。又特筑龛山石闸，以为江流入海之道。坝则有临浦大坝、小坝，又特筑钱清大坝，使江水东奔山、会。而麻溪要害处尚未筑坝，江水犹多冲入，虽有诸堰、闸、坝，害犹未除。弘治间，郡守戴公琥，询民疾苦，博采舆论，相视临浦江迤北有一山在江中，名曰碛堰，因凿通碛堰，令浦阳江水直趋碛堰北流，以与富春江合，并归钱塘入海，不复东折而趋麻溪，遂令萧山于彼麻溪营筑石坝，横亘南北，石坝以内始无江水冲入。南岸山阴田土固不受害，而萧山北岸污莱悉成沃壤矣。其余诸堰闸可不复议修筑也。又嘉靖间，太守汤公绍恩筑三江闸，以泄下流，而水益不为害。盖弘治迄今一百六十余年无水患者，皆麻溪坝之为利也。万历十六年，邑令刘公会，加石重建，以杜祸源，惟惧坝渐湮圮，以踵前患，何今日突有开坝移建之议也？以为此坝不开，则害及天乐乡一都有半之民，夫此一都有半之民在坝外东南，贴近猫山闸至郑家山嘴大塘者也。涝固可通沟道，由闸以泄其水；旱尤可资江水，由闸以灌其田。于坝无甚利害也。即使有害，而困此山阴天乐一都有半之田土，孰与于困夫麻溪北岸萧山苎萝诸乡所跨之田土也，二者较量，孰多孰少？且先时建坝之初，明达如戴公，夫岂不轸念此一方民也，良亦利害有轻重，地势有缓急，故不得不就筑于麻溪耳。且开坝之害，不可胜言，就萧山言之，麻溪未筑之先，屡有小江之患，而不至剥肤者，以有塘、闸、堰、坝为之屏翰也。今尽废久矣，使此坝一开，既无闸堰之防，又无兴复之费，脱有不虞，将如生灵何？岂独萧山，即天乐迤东沿江诸乡水害，孰与御之？其横溢钱清以北，奔注于三江口者，势将倍于曩时。一遇霪霖，泛溢横奔，山、会将并受其害，讵止一邑之殷忧也？为民牧者，一审诸时。崇祯十六年。

所前乡说帖（民国元年十月廿七日）

具说帖所前乡乡董赵利川，议长娄克辉暨公民等。谨说者：窃天乐分上、中、下三乡，敝乡系下天乐。至称所前乡之理由，因前清自治划区，曾与萧山县之来苏乡合并，而所前乃下天乐之表面，故更名曰萧山所前乡，离临浦二十余里。是以上、中天乐在麻溪坝之上，敝乡则在麻溪坝之下，若非麻溪一坝，则敝乡之水患防不胜防。今有拆废麻溪坝而自名水利改良者，此言虽属传闻，然敝乡不得不考郡《志》及前贤《记》《议》而说之。盖吾越夙称泽国，水九旱一，地势中下。自汉有太守马公，明有太守彭公、戴公、汤公筑湖建闸，前后相继，而越始号乐土。按郡《志》，镜湖在府城南三里，亦名鉴湖。后汉永和五年，太守马公讳臻，字叔荐，茂陵人，创开鉴湖，筑大塘以潴三十六源之水，溉田九千余顷。又界湖为二，曰东湖，曰南湖。南湖所灌田在今山阴境，东湖所灌田在今会稽境。水少则泄湖溉田，水多则泄田中水入海，无荒废之田、水旱之岁者，此也。宋祥符后，民渐盗湖为田，二湖合为一。今则皆起科，而田湖尽废矣。后千有余年，明太守彭公讳谊，字景直，东莞人，中乡举，景泰五年擢右佥都御史，提督紫荆、倒马诸关。天顺初，罢巡抚官，中朝有不悦公者，下迁绍兴知府。历九载，多惠政，相西江上游，建议开通碛堰，仍筑坝临浦以截之。又于下流筑白马山闸以遏三江口之潮汎。自此内地水势始杀。迄成化间，太守戴公讳琥，字廷节，浮梁人，起家乡贡，由南台御史来知绍兴，于茅山之西筑麻溪坝。按麻溪坝在山阴县西南一百二十里，浦阳江自金华浦阳县为概浦江，北流一百余里入诸暨界，或分或合，遂为大江。至萧山之官浦、纪家汇、峡山、临浦，而注于山阴之麻溪。北过乌石山，又北东至钱清镇，曰钱清江，然后穿内地而入海。其经麻溪南岸以达钱清者，山阴境也；经麻溪北岸以达钱清者，萧山境也。于是两岸水口，各筑塘、坝、堰、闸，以捍江水，而时患横溢。戴公相视临浦江，又凿碛堰，令浦江水直趋碛堰北流，以与富春江合，并归钱塘入海，不复东折而入麻溪，遂于麻溪营筑石坝，横亘南北，下开霪洞，广四尺。后山阴乡宦学士余煌，广其霪洞。前清山阴乡宦福建总督姚启圣改洞为二，各广六尺，迄今山、萧南北岸，无江水之冲，而污莱悉成沃壤者，皆麻溪坝之利也。然麻溪坝御水之上流，而下流不泄，则水患犹未尽平也。不数十年，而有汤公。按陶谐《建闸记》：公，安岳人，讳绍恩，字汝承，号笃斋，嘉靖五年擢第，十四年由户部郎中迁德安知府，寻移绍兴，下询民情，实惟水患。于是相厥地形，直走三江。江之浒，山嘴突然，下有石磈然，其西北山之址亦有石隐然起者，及掘地取验，方数尺余，果有石如甬道，横亘数十丈。公曰：两山对峙，石脉中联，则闸可基矣。遂访同寅，得义民百余十人，分任效劳，命石工伐石于山，授以方略，使用巨石，牝牡相衔，煮秫秫和灰固之，其石激水则剡其首，其下有槛，其上有梁，中受障水之板，横侧掩之，以石刻平水之准，使启闭维时。又于塘闸之内，置数小闸，曰经溇、曰撞塘、曰平水，以节水流，以备干旱，五易朔而功成，从此三邑蒙恩。溯四公之宏猷伟绩，千百世下，断无改良更作之才。讵料大汉光复以来，竟有视麻溪坝为不足重轻，议将拆废者，个人意见其可行耶？全局破坏竟不顾耶？断送敝乡之田亩、住房，其忍心耶？总之，事关三县，独敝乡对于此事而不能缄默者，缘上、中天乐外江，则自筑之民塘可恃。若得拆废麻溪一坝，则水不停留，田亩固多利益。敝乡则半都塘里、半都塘外，内有山洪积聚，外有江潮涌激，若无麻溪坝之克御，上流则当江水直冲而下，受害最先。况敝乡田亩，惟山栖圈居多数，共计圈内蓄溪水七十二条，必出柳塘一闸，即无外来之水拥挤，已属易盈难涸，高确类有东坞、西坞、大坞、小坞等田，势如梯级，稍旱绝望。低洼则有城湖坂、渔荡坂、张家坂、湾里坂等田，形若锅心，小水常淹，为此塘闸捐与钱粮两项，仍照上、中天乐一律。逮前清道光年间，柳塘闸倾圮重修，乡民恃有麻溪、三江之蓄泄，改闸为桥，以致山栖圈之御水方法一无抵制。今既发现此说，未免因假成真，适或达到目的，在敝乡已无补救，恐山、会、萧三县以内之区域，必多在水一方矣。用特叙明麻溪坝之利弊，并将敝乡村落形势，田坂高低，绘成一图，除呈请县知事外，合行说明，相请贵议会即予议决，不胜盼祷之至。谨说。

天乐乡议会废坝建议（民国元年十一月）

绍兴县山阴旧治天乐乡议会，为陈请建议事：从来寸土无可弃之理，一夫有不获之辜，事关地方大利害，行政者郑重出之，尚恐计虑有所不及，未有矜情率意，以利民之心，举虐民之役，如天乐乡麻溪坝之甚者。乡分上、中、下，在绍县故山阴治西偏，壤错萧山。《府志》：在县西南百二十里。《县志》：在治城西八十里。《县志》专就陆路入天乐上乡东境计，《府志》则就东境尽下乡之西北境计，所以差四十里欤？天乐东、南、北皆山，浦阳江襟其西，故成釜底。麻溪界中乡以注下乡，无岁无水患，甚至一岁患水不一次。盖浦阳江俗称小江，碛堰一凿，浦阳江得由凿处出，汇钱塘江，俗称西江，江水、潮水亦得由凿处入犯天乐。明天顺间，彭谊守绍兴，官筑塘以捍西江。初止浦阳江害天乐而已，后且江水、潮水亦以害天乐者害三县，乃筑麻溪坝。坝以内天乐下乡也。壤错萧山、山阴、会稽，截中乡于坝外而弃之，今已三百余年。坝内三县数百里，去山与江本宽，山水、江潮有坝御之，坝以内诚天乐矣。中乡四十八村耳，山水下注，江潮上逆，欲由下乡泄以达三江，而阻于坝，屹然不得越雷池一步，田曰天田，靠天为活也；乡曰荒乡，十年九灾也；塘曰民塘，官不顾问也。惜哉！其时彭谊不知就茅山闸址而筑坝，以圈吾乡于坝内，悍焉割而弃之，为瓯脱，为萑苻，坝以外非地狱耶？成化初，戴公琥继彭谊为守，完坝工所未竣，已明悟其失，一时又不便反汗，乃建土闸于茅山之麓。崇祯时，先贤刘忠介又扩而充之。坝以外人望坝内如天，其种族之不殄灭者，犹赖有此闸也。同是人民，顾以三县数百里不愿受之水，忍令吾乡十余里受之？昔不知就闸址为坝，保三县以弃吾乡，犹谓不智；既有闸而坚持坝不可废，直欲陆沉我中乡缘山四十八村，讵非不仁之甚者乎？夫使茅山尚未筑闸，则中乡之灾一，三县之灾什。中乡不欲勿施，亦万不愿以一而波累三县之什，至与同尽以为快。自茅山既闸，麻溪坝不过第二重门户，三百年来从未闻改建石闸有坍卸之警，此坝之可废者一。夫使麻溪而确为坝也，其制横亘如槛，水溢始超以过，水涸可留以待，尚曰利害各听之天，各因之地也。然如萧山白露塘之坝，近且以舟行不便，其县议会决议，旁建桥以通之。今麻溪有孔、有槽，明明闸也，号于众曰坝，载于档曰坝，欺荒乡无人而习焉不察，积非成是，名不正，言不顺，此坝之可废者二。夫使麻溪废坝，而中乡之山水、潮水，遂以三县为归墟，坝以内易与乐成，无怪深闭固拒。今江水、潮水有高坚之闸以资捍御，中乡之山水由下乡匀摊三县，其害几何？天下合则水聚而灾巨，分则水纾而灾微。其旱也，三县乏水，中乡亦乏水，必启闸以引江潮，而必先经坝，坝以内一吸而尽，以便沾溉。吾乡转浥其余沥。三县不应勺水必避，尤不应垄断自利，听中乡永永邻壑，此坝之可废者三。夫使废坝以后善后难，因一隅以妨三县，是保小而误大，直剜肉以医疮，请言善后之策。相距止里许，闸与坝混，论表面，亦不能不核其实。废而为桥，一举手之劳耳。宜深坝潭：贴坝内外均有潭，淤淀特甚，汲汲疏浚，水可渟蓄。下乡近坝汊河，亦浅者深之，水一归槽，左右游波，舒缓不迫，坝内必无暴溢。宜去闸南里许新闸桥之中墩：万历时，毛公寿南筑桥以为闸之外蔽，初亦置板冀当江潮，板去亦百余年矣。桥置一中墩，方以丈水，乡种较迟，一月间潮汛居半，往往山水、江潮互相抵制，水落半日半时之速钝，可卜秋收之有无。闸水建瓴新石桥丈许，石墩中为之梗，阻隔水势，所损实多。宜整新闸桥迤北之火神塘：北去里许至临浦市东，庙祀火神，塘以名焉，残缺特甚，葺之治之，刻不容缓。宜修茅山以南之茅潭塘、下邵塘、沈家渡塘、四洲塘：约六里而强，加高培厚，亦大易事。此皆为浦阳江而备，此坝之可废者四。夫使废坝以后筹款难，坝可废，西江塘万不能废。塘董之侵蚀，江潮之漱啮，工段之低矬，三县田庐势成累卵，重以废坝之善后，既负不测之仔肩，恐掷多金于虚牝，顾塘工虽归官垫，财政仍出民捐，无非按亩随粮，分年摊缴。添认西江之塘，中乡自与有责，若中乡内地之溪塘、河塘及上、下溋湖之闸坝，一应仍属诸民，于官无与，所增之费，正复无几。此坝之可废者五。夫使彭谊筑坝，其后迄无一官议废，吾乡亦似难越三百年而顿创此议。顾戴公琥继彭而完未竣之坝工，其建闸也，实隐正彭谊之失。毛公寿南继戴而筑缘浦之塘工，其在任也，已明发废坝之端。前清光绪间，龚公嘉儁守绍兴，病三江闸之塞，特莅坝诊察，时江潮正盛，坝板叠下。龚谓三江闸如尾闾，麻溪坝如咽喉。咽喉被扼，尾闾安通？饬将闸板载归郡城。坝董请留板以救三县子民，龚云："坝以外独非子民乎？"今板庋府城隍庙中。毛西河《萧山水利议》曰："麻溪咽，三江绝。"是废坝有益于中乡，且大有益于三县，此坝之可废者六。夫使官议废坝，而坝以内之绅自保其田庐，无一人之赞同。事隔易代，无端而欲以中乡之私见，强当道以平反，未免不恕。刘忠介非坝以内之绅乎？其《茅山闸记》、其《天乐水利议》《麻溪三策》，明载府、县《志》，此非坝制可私改为闸，三孔可私改为二也。余学士煌、姚尚书启圣，皆生长坝以内，无一吾乡人，与于其间，何以亲炙忠介之绪论，惟恐不表同意？此坝之可废者七。夫使忠介虽为坝以内人，而仅一乡邑之善，未足为大贤也，或不免有所私于中乡，即一得之见，亦未必系地方之轻重。忠介从祀文庙，列在祀典。吾乡奉作香火，谅三县亦望若泰山。忠介以废坝为可，若三县以废坝为不可，忠介成人之美，余、姚应和于前，岂有三县多闳亮而犹反对忠介，并不愿附余、姚之后尘，亦太自贬其身分。此坝之可废者八。以上八者，质诸天下，推诸海外，准诸公理，验诸人情，破家湛族无此冤，倒海倾河无此泪，皆彭谊之割弃我中乡沿山四十八村阶之厉。盲视跛履，人虽至愚，总不欲长居荒乡，自甘沉溺。况此坝一废，于吾乡得免荒乡，而三县亦无忧苦。县乡之人纷向敝会奔走告哀，其欲暴动以自拆废者屡矣，经敝会再四劝阻，允代设法。前清宣统三年八月已具书陈请，前咨议局议筹补救方法，业蒙公鉴积困情形，编入议案，一面具呈前清省院，核派候补府黄守恩融，绍绅亦开会公推鲍君香谷等，至中乡查覆。适倡光复，是案本末具在，今者开国之初，兴利除弊，喁望更切。咸以敝乡迭经大歉，饿殍相继，饥困十倍他处，愁惨之气，郁而成厉。乡民何知，以为敝会谋之鲜终也，而怨诟之，诘责之。麻溪坝一日不废，中乡人民一日不安，大有沦胥以铺之痛。爰将天乐中乡农田水利困苦情形及应行改良理由翔实声告，惟贵会实图利之，活此一方民，万口呼吁，万代馨香。须至陈请者。

绍兴县议会呈大总统内务总长文(民国元年十二月廿九日)

绍兴县议会议长任元炳、副议长徐维椿，为呈明利害事。案准所前乡董赵利川、议长娄克辉同议员公民等，递具说帖，其大略谓：敝乡系下天乐，在麻溪坝之下，若非麻溪一坝，则敝乡之水患防不胜防，今有人欲拆废麻溪坝，而自名水利改良者，不得不考郡《志》及前贤记载而说之。吾绍夙称泽国，水九旱一。自汉有太守马公，明有彭公、汤公，筑湖建闸，而越始号乐土。然犹有江水溪流之患，迄弘治间，有太守戴公琥，于茅山之西筑坝，横亘南北，以遏江水，而杀溪流。于是绍、萧污莱之田尽成沃壤，今既发现拆坝之说，设或达其目的，在敝乡已无补救，第恐绍、萧以内之区域，必多在水一方矣。旋又连合夏履、延寿、新安、九曲、前梅、钱清等七乡，递具说帖，以麻溪坝关系绍、萧水利，尽人皆知，今闻天乐中乡声称上级官厅无不运动妥洽，不日将坝拆废，以致乡民佥谓麻溪无坝，则坝内人身家性命从此灭亡，转向各自治会为难。议长等碍于众怒难犯，就西一区之延寿乡开联合会讨论坝事，公决绍、萧水利必藉麻溪坝以杀上源、三江闸以泄下流，此皆百世不磨之论。若碍一乡之势力，准其废坝，则于七十余乡之民瘼于何补救，请速开议决定。并准天乐乡刊具《沉冤纪略》及《水利条议》，以该坝有八可废等语，当以事关全县水利，不得不征求意见，随即分函城镇各乡，邀请条陈利弊，佥谓天乐乡倡议废坝，系仅顾一隅之私，不顾全县之害，反对情形，大致与所前乡同。其愤激者，竟有"如不能文词争，定当以武力继，与其死于水，毋宁死于火"，词旨较为沉痛，遂将各说帖函件，刷印分布，开会公议。谓吾绍地低，素有水患。自宋、元迄明，设策备御，筑堰者十有一，筑闸者三，筑坝者三，害仍未除。迨前明弘治间，郡守戴公琥，询民疾苦，凿通碛堰，使江水直趋北流，复于麻溪横筑石坝，使江水不冲南岸，而绍属土田始成沃壤。万历间，复有邑令刘公会者，惧坝渐圮以踵前患，由是加石重建，力杜祸源。彼二公者，岂尚不知截出天乐一都有半之田，未及同沾利益乎？良以利害有轻重，地势有缓急，故不得不就筑于麻溪。然筑坝于麻溪，不过未救天乡，并非有碍天乡。天乡称荒，不自坝始。况自筑坝而后，已添筑猫山闸以资启闭，造郑家塘以资捍卫，是天乡之与麻溪实属无甚关碍。观于先哲任三宅《麻溪议》可为明证。今河流如故，青山依旧，而曰废此一坝，无害绍县，其将谁欺？兹就天乡八可废条议而讨论之。其略曰：自猫山既闸，麻溪坝不过第二重门户，三百年来从未闻坍卸之惊。指为可废者一。按：麻溪坝自前清康熙五十六年，郡守俞公卿重修。不坍，何事修为？此固明明欺人之谈。姑不具论。至该溪出水，向分二道，一从猫山闸出，一从坝之霪洞出，盖因天乡地处高阜，连天阴雨，山洪暴发，水势如同建瓴，分而杀之，方免冲决。今废此坝，不啻银河倒泻，内地势必壅积。绍属江田万顷，能淹几日？害乎？否乎？此不待知者所能辨矣。其所称为第二重门户，尤属诡词饰耸。又曰：有孔、槽，明明闸也，号于众曰坝，载于档曰坝，欺荒乡无人而不察，习非成是，名不正，言不顺。指为可废者二。按：是坝本无孔、槽。盖于万历十六年，刘公会加石重建，始开二洞，康熙二十一年姚公启圣改洞为三。嗣因增广，而后内地不堪其冲，五十六年俞公卿重修，随改复二洞旧制，留以灌引，本系坝也，何以闸名？以坝名者，仍原称也，即使名称不当，亦无关于水利，奚得指为可废之征？又曰：夫使麻溪坝废，而中乡之山水、潮水遂以三县为归墟，无怪深拒固闭。今有高坚之闸以资捍御，中乡之山水由下乡匀摊三县，其害几何？指为可废者三。查一乡之山水，无论源流远近，苟能三县匀摊，为害诚少，可救一方，亦何乐而不为？不知地方面积不平，水性天然就下，其在上游，无非多经过一二日耳，而低洼处宣泄不易，愈积愈深，历久难退，试问从何匀摊？若但顾一己之私，而不察他人之害，则不公；若明知他人之害，而但逞一己之欲，则不恕。不公不恕，何以服人？况绍属出水处，只一应宿闸耳，并无旁通曲引，未议废坝，低处犹连患水灾，无可呼吁，今复加以万山争流之水，骤然集于一方，积寸之水，十日不消，其为害之大，当不止十倍于今日之天乡，则于是坝其为可废否乎？又曰：夫使废坝以后善后难，请言善后之策。曰坝废为桥，曰疏坝潭，曰浚汉河，曰去新闸桥之中墩，以水落半日半时之速钝，可卜秋收之有无，闸水建瓴新闸桥丈许，石墩中为之梗，阻隔水势，所损实多。又谓宜整新闸桥迤北之火神塘，宜修猫山闸以南之猫潭塘、四洲塘，约六里而强，为浦阳江之备。此指为可废者四。呜呼！坝址改桥，坝已废矣，而犹患水流不畅，宜去新闸桥之中墩，是为天乐中乡计则得矣，其如水乡最低之“效、信”等二十字号之江田、安昌等一镇十余乡之庐墓何？况已明言火神塘之残缺，葺治刻不容缓，猫潭塘、下邵塘、沈家塘、四洲塘之低矬，修培尤不宜迟。是塘未修葺，则浦阳江溃决一若已在目前，果如所言，复何堪再议废坝？又曰：夫使废坝以后筹款难，以废坝之善后，有不测之仔肩，顾塘工虽归官垫，财政仍出民捐。所增之费，正复无几。此指为可废者五。细按此条，殊多费解。是否倡议废坝出于天乡，而办理善后摊入坝内？如前条所云改桥修塘等类，抑指废坝以后，内地堰闸仍须照旧规复？若指规复旧堰、坝、闸而言，任三宅先生所云“使此坝一开，既无闸堰之防，又无兴复之费，则仔肩实为不测”，而谓所费无几者，不知何所据而云然；若指前条改桥修塘，则天乡自谋私利，岂款项尚须公摊？然此支离之词，不得谓可以废坝之据，自当置诸不议。又曰：夫使彭公筑坝其后，迄无一官议废，吾乡亦难越三百年而顿创此议。顾戴公继彭而完未竣之坝工，其建闸也，实隐正彭公之失。毛公南继戴而筑缘浦塘，已明发废坝之端。此指为可废者六。按麻溪一坝确系戴公所筑，而开通碛堰，系属彭公建议。其坝下霪洞，又系刘公会所开。载在《志》《乘》，班班可考。今以刘公开有霪洞，强指该坝为闸，谬矣。而尤妄扯戴公为隐正彭公之失，抑又谬矣。其余所指大率类是，此万难作为可废之证。又曰：夫使官议废坝，而坝以内之绅，无一赞同，断难强当道以平反，刘忠介非坝以内之绅乎？其有《麻溪三策》。此为可废者七。查刘公废坝三策，在《天乐水利议》内已自明言，曰“此为一乡言利害，未及三县谋大利害”也。夫既不为三县谋大利害，则就天乡而论天乡，而于天乡以外之民，岂能认其为可。果其可行，则三百年前已早行之，奚待今日之聚讼哉？又曰：夫使忠介以坝内人而以废坝为可，若三县以废坝为不可，忠介成人之美，余学士、姚尚书应和于前，岂有三县多闳亮而犹反对忠介，并不愿附余、姚之后？亦太自贬身分。此指为可废者八。查是条无非反激之词，然当时刘忠介原有废坝之策，而同时有任公三宅作《麻溪坝议》辨论利害，既深且切，实有万不可移、万不可改者。今城镇各乡，对于废坝之举，直同切肤之灾，以故议皆反对，所前等乡，首当其冲，益觉呼号不遑。县议会议员等衡量情节，苟于废坝而后，天乡足可纾困，水乡无甚大碍，当此开通时代，原不容拘泥旧说，无如详加讨论，利于天乡者少，而害于水乡者多。天乡一隅，水乡则三县也。两利相并取其重，两害相并取其轻。熟思审处，万无可议拆废。然天乡既倡此说，遽议否决，无以折服其心，万不获已，议待来岁春水暴发之际，邀请官厅并城镇各乡自治职暨公民等，寻委溯源，于天乡之出水处，于水乡之积水处，切实履勘，究于废坝何利何害，再行复议，报办表决通过，呈请都督、民政司核示。复以乡民因闻废坝之信，群相惊惶，恐有无意识之举动，并咨本县知事出示两造，少安毋躁。嗣奉都督批示，查此案，前准临时省议会咨请派员查勘，已令行该司遴派妥员，前往该乡会绅切实履勘，绘图帖说，复司详晰。核议呈候，复交议会议决，公布在案。据呈"前情仰司令县，转咨查照"等因，是天乡明知损人利己，难掩本会耳目，亦明知现当水涸天寒，履勘易于欺饰，竟于未交本会公议之先，已越俎要求省议会议请委勘，显系诡秘隐谋，用心叵测。当将现勘不能承认缘由，并援本省自治章程，认为依据法令，属于县议会权限内之事件，一再缕陈官厅。不意民政司不顾本会议案，于本年十二月十号委员俞良谟、陈世鹤前往查勘。是日系众议员初选之期，本会议员及城镇乡自治职公民等均须投票，未能随同勘办陈说利害，该委员等亦但就坝址附近绘图测量。各乡居民闻有此勘，恐其一言淆惑，铸成大错，无不惶骇万状，陈请议阻之书，纷至沓来，正在无可呼吁之际，忽接旅杭同乡警告，谓此次委员履勘到省，悉听汤寿潜党指示机宜，但称所勘无碍，即可决议拆废。事机危迫至此，县议会为人民代表，岂容坐视不顾，遂即电请大总统暨浙江都督、民政司行令阻止。乃省司覆电，仍谓俟勘报到日核办。由是民情益加惶急，激刺之风，剧烈愈甚，不得已于二十四日在县城大善寺开特别大会，以冀从长讨论。城镇乡自治职员暨政党团体，商学农工诸界来会者三千余人，佥谓是坝一开，吾绍其鱼。天乡但顾一己之私，而谓水可三县匀分，其如水性就下，节节淤阻，不听匀分何？废坝之举，死不承认。事关数百万生命财产，倘官厅受人运动，强力压制，置绍人于死地，惟有辍学、停工、罢耕、闭市，并要求县知事及议会肩承力争，暨临时主席娄克辉即刻电省解决，再次振铃不散。爰即将会议情形，拟电付读通过，始各贴然而去。民心危迫，可见一斑。讵省司电覆并不切实解决，且有"迹近挟制"、"毋再滋扰干咎"等语。窃念人民迫于身家性命，原不免语出愤激，然要求则有之，"挟制"则未也；而又曰"毋再滋扰干咎"，是则人欲生我则生之，人欲杀我则杀之，并不容其一言伸诉乎？专制时代已无如此压制，不谓竟见于共和时代也！吾浙黑暗至此，当为大总统所罕闻。但本会所争者，在不废坝，人民所争者亦在不废坝，并不敢咬文嚼字，与长官争意气。第现读委员勘覆稿，悉据天乐乡八可废之诡议，粉饰成文，本会驳议之案，全不提及。是谓悉听汤党指挥，毫无疑义，深恐长官已受运动之言，又非无因。则是废坝之举，必当实行，绍县民命，将付东流。万一酿成事变，一县不足惜，其如大局何？谨将本案始末，披沥上陈，并钞《志》载任三宅《麻溪坝议》暨此次委员勘覆文稿，呈请大总统、内务总长察核，迅赐电令阻止，以解倒悬，本会幸甚，绍县幸甚！再，本会议员葛陛纶系天乐人，是以赞成拆坝。合并声明，须至呈者。

计钞呈先哲任三宅《麻溪议》暨此次委员勘覆文稿各一件，再勘覆之文，本县知事并未会印画行，合并登明。

农事试验场技师俞良谟工程课课员陈世鹤绍兴县知事萧山县知事会呈民政司文

本年十二月五日奉司长令，开：本年十一月二十六日奉云云，克日呈复。计发《绍兴天乐中乡代表陈请书》一件，《水利条议》一件，《纪略》一本，附图二页，绍兴所前乡乡董等说帖一件，附图一页，仍缴。本年十二月八日，又奉司长令，开：本年十一月三十日奉云云，查照前令各令事理并案办理，计抄发绍兴所前七乡、萧山潘西乡议事会原呈各一件，各等因。奉此，即于本月十日，由省起程，并先函电萧、绍二知事订期会勘。十一日到临浦，绍兴县知事、萧山县参事已在临浦，当日会同知事、参事并绍兴天乐乡乡董汤寿密、议长孔昭冕、县议会议员葛陛纶，沿山四十八村临事代表裘尧等，所前乡代表李维翰、赵启瑛，萧县苎萝乡乡董何丙藻，县议会副议长王超等，先由临浦镇沿浦阳江至新闸头地方，再迂折一里余，至茅山，有石闸，照工部尺计算，闸高二丈，阔六丈六尺，广四丈二尺，闸洞有三，各高一丈一尺，阔九尺五寸，势颇坚固，外扃以门，中有两槽，插以木板，随时启闭，以备旱潦。照此形势，江水、潮水无由侵入。该闸确在麻溪坝前面，为御江潮之保障，诚如所前乡图说所称"钱塘江与诸暨江之潮汐，断难流入内河以为民患”等语相符合。十二日，仍沿浦阳江而行。沿江民塘重围，如火神塘、茅潭塘、下邵塘、沈家渡塘、泗洲塘是也，过太婆坟止。又行十五六里，至新江口折北行三里，至上天乐乡欢潭地方。据所前乡图说“山、会、萧受外江之洪暴，其来源系从新江口起，其支流绕大岩山、肇家桥、葛家山、上下溋湖而达麻溪”等语。查该处崇山峻岭，并无浦阳江绕大岩山而达麻溪之支流。十三日，再与各绅董越大岩岭北行而下，至天乐中乡肇桥地方。其间山路崎岖，林深木茂，中乡溪水导源于此。溪流窄浅，出经上、下溋湖，坂田势独低，沿溪两岸筑有民塘。约行十五里而抵麻溪坝，溪面渐宽，近坝内外地势无甚高下。该坝形制是闸，其洞有二：一高五尺六寸，阔五尺，在绍兴县界；一洞高六尺三寸，阔五尺二寸，在萧山县界。均照工部尺计算。据绍兴县所前乡说帖“麻溪坝石闸，前清山阴乡宦福建总督姚启圣改洞为三，各广六尺”等语，今只两洞，测计水势自难畅泄。此是上、下溋坂患水之原因。又阅所前乡图，有下溋湖横绕坝旁山中，直通所前而至西小江之河流。委员等入山穷探，并无此水。又查坝内河道，阔计三丈左右，深计丈半有奇。现时水向麻溪出茅山闸而流，坝内地势稍高。坝外约行四五里，至苎萝乡屠家桥地方，有屠家桥，计一洞，颇形狭小，是河流至所前乡以后，诚如天乐乡《纪略》所载“港河纷错，水面宽广，麻溪注之，左右游波，纾缓不迫”，及刘忠介《天乐水利议》移坝上策所载“肇桥止十五里，逾坝入内河不过半都之水，均分三县，讵盈一箨？又日夜流通以出三江，万不足为三县害”等语相符合。细度该坝内外情形，外有茅山闸足御江潮之保障，内则港河纷错，麻溪之水讵盈一箨，断非外御潮汛之三江闸所能比拟。所前乡说帖以三江闸而比麻溪闸，殊未深悉该坝情形。据潘西乡议事会所称“从茅山出碛堰，顺流只五六里，不应舍近而图远。试问中乡为溋湖计，何不废茅山闸而必废麻溪坝”等语。查溪涨之日，亦即江潮之日，启版泄宣，反遭内溢。必俟江潮退落方可议宣，而闸内田禾已不可问矣。准上情形，天乐乡陈请书所称善后三策，曰“改坝为桥，浚深坝潭，坝内汊河浅者深之，并去新闸桥之中墩”等语，事理充分，均属可行之论。此委员等奉令会查麻溪坝之实在情形也。正在呈覆间，又奉司长令开：本年十二月初九日案奉云云，并案办理等因。奉此，理合遵照前今各令并案据实呈复，仰祈司长察核施行。再，所前乡议事会代表李维翰、赵启瑛会同履勘，十二日并不声明缘由，中途折回。次日接意见书一件，合并声明。此呈。

县议会上北京农林部电(民国元年十二月)

农林部长鉴：阅政府公报载，钧部致浙江都督电，以麻溪坝关系重大，非详查利害，未可轻举，应派员复勘，并征集众见，务将应存应拆确情电复核办，审慎周详，莫名钦感。兹都督已派民政司勘覆，有添洞、广洞两说。查该坝自明万历间开有二洞，清康熙廿一年改洞为三，民不堪命，五十六年仍改二洞。是添洞已见其害，若广洞，出水较大，直同拆废改桥，为害尤烈，舆论大哗。应请主持保全，以重国计而安民生。切祷。绍兴县议会议长任元炳等叩。卅。

绍兴县商会县议会上浙江都督民政司电(民国元年十二月)

都督、民政司钧鉴：前请缓勘麻溪坝电，度蒙垂览。兹闻司长勘覆，有添洞、广洞两说。按添洞曾见其害，故于康熙五十六年改复二洞。详呈有案。广洞出水较大，直同拆废改桥，为害尤烈，众见惶哗。除电农林部外，应请力主保全，以重国计而安民生。绍兴县议会、商会公叩。卅。

绍兴县议会呈农林总长文(民国二年二月)

绍兴县议会正议长任元炳、副议长徐维椿，为呈请主持保全，以安民生而重国计事。窃读政府公报，载有钧部致浙江都督电，称“迭据绍兴县议会文、电，请阻止拆废麻溪坝等情。该坝关系重大，应存应废，非详查利害，未可轻举。先由贵都督电缓拆废，并派员复勘，征集众见，务得应拆应存确情，电复核办”等因。仰见大部关怀民瘼，审慎周详，钦感莫名。伏念该坝之存废，当以利害之轻重为衡。利害之轻重，尤以涨水时周勘为证。业已一再议呈上级官厅，乃不蒙明察，未待可勘之时，亦不周历应勘之地，而贸然一勘即定存废，自欺欺人，恐非吾绍数百万人民所能忍受压制。兹将不可废之理由，谨为大部觌缕陈之。查该坝创始于明弘治时，开洞、重建于万历间。迨前清康熙二十一年改修，添筑三洞。五十六年复修，筑回二洞。变泽国为沃壤，相安垂三百余年矣。彼创议废坝者诡称，建有猫山闸、郑家塘，指是坝为赘瘤，不知猫山闸、郑家塘均成于明弘治、嘉靖间，与麻溪筑坝无甚先后，且为唇齿之依，载于刘蕺山《猫山闸记》。果系此坝无用，在初建者或尚不知有猫山闸、郑家塘之可恃，彼一再改修者，岂故欲劳民伤财，以害天乐乎？且既辟成三洞矣，又何必改回二洞，既改回二洞矣，又何必于距坝里许而遥筑新闸桥，建大石墩，以杀水势？可见该坝添一洞且不能，即二洞亦嫌其多，此考之成迹，所万不能拆废者也。至若绍、萧出水，仅恃一应宿闸耳，近年尚称灵通。无如绍兴地势过低，霪雨风潮已宣泄不易，几无岁不患水灾。告账乞籴，筹捐济荒，当为天下人所共闻。上年秋季，近闻沙地骤然涨复，大有淤滞之势，若再拆废该坝，一旦溪洪暴发，江潮内涌，其来愈骤，其去愈钝，田园庐墓、生命财产，势必荡然无存。此求诸现象，所万不能拆废者也。但此坝不拆，则坝内已十年九涝，追往抚今，自无疑义。按绍兴正税岁入二十五万元有奇，以八成计，亦二十万元。既少有秋之年，必多逋逃之户；既多逋逃之户，必有待赈之民。绍县人民达二百余万，逃税有限，待赈无穷，哀惨情形姑不具论，而长此逃赋待赈，其将若何处置？此对于国计民生所万不能废、万不能拆、万不能改者也。兹民政司带同汤寿潜之旧徒、工程科员前往复勘，闻有添洞、广洞两说，已于卅电陈明，深恐果议添广，则仍踵前患。广则等于改桥，绍民惧降厥凶，无可号泣，皆指谪本会之不能维持，本会亦呼诉不灵，迫得披沥实情，上陈钧部鉴察，俯赐主持，以全大局。本会幸甚，绍民幸甚！再，本会立全县议事地位，坝内之灾害自须力筹，坝外之痛苦亦当兼顾。是坝既不能开，其坝外防水大塘，必须公同肩任，庶昭公允，除咨商各乡父老以冀委曲求全外，特此谨呈。

绍兴县议会上浙江都督民政司长电(二年一月廿一日)

杭州都督、民政司长钧鉴：麻溪坝关全县命脉，非待水涨时上下游并勘，不能统筹利害，即难决定存废。现闻司长于廿二日往勘，若为全县民命赋税计，务请待时而动。值此冬旱水涸，仅从坝址前后履勘，实难窥厥全豹。谨乞从缓，以昭详慎。绍县议会任元炳等叩。

集庆姚江曹娥等乡联电(二年一月)

杭州都督、民政司钧鉴：拆废麻溪坝事，前经会议公决，万不承认。电呈在案。兹闻有添洞、广洞两说，夫洞可议添，当日何必筑塞？若竟增广，何异改桥？为救湓湖少数低田，而害全绍万顷膏腴，利害相权，下愚且知不可，尚祈采取众见，不事改作，以安生灵而全大局。致深盼祷。某某乡等联叩。个。

绍兴县三镇四十乡自治会上北京农林部浙江都督电(三年二月十二日)

北京农林总长、浙江都督钧鉴：麻溪坝案，前经各镇乡联合开会电请阻废，奉屈民政司以“迹近要挟，毋得喧扰干咎”等批驳斥，绍民惶骇万状。今闻屈民政司创议添洞、广洞，不知此坝在前清康熙间曾开三洞，嗣因受害过重，筑塞其一。此即不能添广之明证。经县议会电阻，又奉屈民政司以“摇动人心，不知自爱”等词批驳，直欲禁止议会发言，似此极端专制，大非共和政策。事关生命财产，势不能不群起力争。自治会等为人民代表，实逼处此。谨合词披沥电陈，务希俯采舆论，力为保全，救我全绍，幸甚，祷甚，迫切待命之至！绍兴三镇四十乡自治会叩。

农务司长陶昌善致浙督电

万急。杭州。都督朱介人乡先生鉴：麻溪坝广洞一案，本部迭接各处文件，及代表到部，均乞中央维持，俟春水涨后，详测再定，否则必酿暴动云。弟于绍府情形未尽深悉，办理殊多棘手。如因是而无识愚民煽惑，亦系桑梓之祸。不如暂从众请，从缓举办，高明以为何如？现在如何情形，并希电复。农林部农务司长陶昌善。元。

旅京同乡参议员王家襄等致浙督电

朱都督、屈内务司鉴：麻溪坝存废，关系绍、萧利害甚大。迭接绍、萧各团体来电争存，并称行将广洞，议会全体辞职，绅民开会聚集万余人，情甚激烈，势将酿成事变。旅京同乡等开会议决，应俟春夏水涨，请饬地方官并会同绍、萧议会切实履勘，再付公决。情势迫急，务恳迅速电饬停止广洞，以纾患害。除分呈内务、农林两部外，急切吁陈旅京绍、萧同乡。王家襄、王式通、冯学书、陈浚等公叩。

马鞍乡议员沈一鹏乡董胡汝谦禹门乡乡董缪蔚昭荷湖乡议员傅尚达感凤乡议员谢云灿三江乡乡董曾家坚嵩湾乡议员王静川陶里乡议员俞沾甫等咨

窃於越古称泽国，自汉太守马公臻浚镜湖始，年谷渐熟。其后，代有兴废，古法渐失，而所恃以保卫田庐者，但于各河口多筑堰、闸、坝而资抵御，其于麻溪要害处，则虽知之而未筑也。明成化间，太守戴公琥，询民疾苦，而知前太守彭公有开碛堰之议，遂勘得概浦江之入自麻溪，为害甚巨，爰凿碛堰而通之，以合于钱塘江，而导之入海。而又于茅山筑闸，以泄溪流，然后截住麻溪之水，于中天乐筑就土坝，使上而山乡，下而水乡，截然分为两区，俾各减夫水患者，非仅为水乡计也，而于该山乡亦可谓双方兼顾矣。嗣嘉靖间，太守汤公绍恩，鉴于各闸之仅顾偏隅，未关大局，爰于三江所城之侧，度地建闸，为二十八洞，使中而山阴，东而会稽，西而萧山，内水尽归大海，外水截于麻溪，举向日之十一堰、三闸、三坝，寂然消灭于无形，皆汤、戴二公力也。无何，万历间，邑令刘公会，改建石坝，始开二洞，遂致有隙可乘，诒人口实。因之崇祯间，刘公忠介创有移坝、改坝、塞坝三策。后闻任公三宅之《议》，幡然中止，改建茅山闸而高大之，且并为之《记》。其略曰，是闸也，崇堤壁立，势轶岩阙，殆与汤公之应宿闸争雄峻，而与麻溪坝交相捍卫，有唇齿之势。是麻坝之不可废，忠介已先言矣。后于前清康熙二十一年,姚公启圣增洞为三,以不堪其冲,五十六年,俞公卿仍复二洞。是改犹不可,而况乎其废也?讵咸丰间,该乡恃其强横势力,遂将闸板废弃,而使溪水长流。数十年来,绍、萧一遇水发,动辄成灾,皆该坝未阖之害故也。乃彼都人士,扭于忠介之说,竟不曰移、曰改、曰塞,而曰废,抑何变本加厉,反对忠介若此乎!试就天乐乡八可废之议而讨论之,另纸粘呈。窃以前届冬令,运动官长之迭次履勘,岂知冬旱水涸之候,即两浙官塘亦皆一同可废,而况麻溪坝之小焉者也。尤复禹凿龙门犹留砥柱,而乃以邻为壑,竟欲改坝为桥,又将上通江水,而去新闸之中墩,在山乡固有利矣,其如水乡之大害何?一鹏等亦自治会之一分子,闻警报之频来,凡父老子弟走相告者,无不谈虎色变,共怀其鱼之忧。视人心之皇皇,恒中夜而惕惕。即经再三劝导,而利害切身,或恐众怒之难犯也。今调停其间者,创为增洞、广洞之说,是犹朝三暮四,朝四暮三,以术愚人,为害则一。前经姚公启圣增洞为三,因为患不堪,俞公卿改复二洞。成案具在,有例可援,若之何其可增可广?又复三江之间,近或一二年,远或三四年,叠被沙涨闸前,历年开掘有案,若再加以麻溪之水,则如火益热,如水益深,危险情形,更可想见。敢为同胞请命,愿得一视同仁。所有阻开麻坝暨新闸并增洞、广洞缘由,除径呈农林部、都督、民政司暨县知事外,咨请察核存案,采择施行。此咨县议会。

粘附麻溪坝八不可废条议一纸。

介绍人胡汝立

再呈者:就天乐乡"八可废"之议而讨论之。如谓"茅山既闸,麻溪坝不过第二重门户",按:麻溪出水向止茅山一道,自坏于刘公会之开二洞,于是又从坝之霪洞出,非古法也。乃欲改坝为桥,俾为通港。倘遇山洪暴发,势必如银河倒泻,水乡之江田万顷,能淹几日?乌乎废?又谓有孔有槽,明明闸也,号于众曰坝,载于档曰坝,名不正则言不顺,指为可废之据。按:是坝本无孔、槽,自坏于刘公会之开二洞。又经姚公启圣增洞为三,俞公卿改复二洞。本系坝也,何以闸名?如必循名责实,则丸泥可封函关,中乡欲改今之道,下乡应复古为怀,当亦情理之常也,乌能废?又谓中乡之山水,由下乡匀摊三县,其害几何?不知中乡之水,其蓄积于上、下溋湖及小海。此湖者,或仅谓天乐都半之水。讵知近自赵家,来者则已十五里,远自欢团、曹坞,来者则且六七十里。而又上有群山众壑,下有四十八村庄,其水皆奔注下游。若果废坝,则坝外之水,势不复出茅山,必将尽趋坝内,恐绍、萧数百万之身家性命,皆将莫保矣。人民恐慌,不寒而慄，而何可云废？又谓坝改为桥，曰疏坝潭，曰浚汊河，曰去新闸之中墩，以水落半日半时计之，可卜秋收之有无，闸水建瓴新闸桥丈许，石墩中为之梗，阻隔水势，所损实多。按：坝址改桥，坝已废矣。犹未知其为害已深，谋去新闸之中墩，人言籍籍，谓开过塘行而通行舟，恐非无因。惟新闸为茅山闸外蔽，撤此中墩，江水从此直入，船只到处通行，是为个人之谋私利，不顾同胞之罹大害也。况乎金、衢、严之发水，时时高至二三丈与四五丈不等，即奔流至临浦、义桥，往往水溢官塘。如照此议实行，则新闸无复关闭，而江水内达绍河，将远如同治四年之大水，近如温、处两属之奇灾，不但岁岁发现，且将时时遭厄也。绍、萧之安土重迁，行将鱼鳖，姑置勿论，而坏我先人坟墓，以及世守田庐，谁非人子？谁无父母？其能降心相从者鲜矣，与效精卫之衔石填海，何如螳螂之奋臂当车，窃恐万众一心，势将暴动，非所以安民也，而安得言废？又谓麻溪坝之仔肩，塘工虽归官填，财政仍出民捐，所增之费，正复无几。抑知废坝以后，内地既无堰闸之防，又无兴复之费，将近江之水口，一遇泛滥，平田以内皆江也；即不泛滥，而江水由各河以入，浸淫洋溢，无一田庐非江也，而岂得指为可废？又谓戴公继彭而完未竣之工，其建闸也，实阴正彭公之失。不知麻溪一坝，与茅山之闸，均为戴公所筑，惟开通碛堰则从彭公之议而行之。二公均无失策，而何得议为可废？又谓刘忠介亦坝内之绅，其有《麻溪三策》议，为可废之因。顾忠介大节昭然，实为千古完人。其崇祯末年所建《天乐水利议》内，已自明言，曰此为一乡言利害，未及三县言大利害也。夫不为三县言大利害，此实智者之千虑一失，是犹周公之圣人，且有过也。然忠介闻任三宅之《议》，遂改变方针，可为从善如流矣。今不师忠介之从善，而扭于一偏之说，其如三县之大害何？而安在可废？又谓刘忠介，以坝内之人，而以废坝为可。余学士、姚尚书应和于前，何三县反对忠介，并不愿附余、姚之后？夫忠介建移坝、改坝、塞坝三策，并未言废坝为桥，亦未言去新闸之中墩，卒以知其不可而中止，今乃内废麻坝，外拆新闸，在己已反对忠介，而犹责人之不附，试思灭顶之祸，无异切肤之灾，余、姚若生于今日，当亦起而反对矣！而岂认可废？“八可废”之议，亦既讨论而不可废矣，而谓麻坝顾可废乎哉？

绍兴县参议会致杭州朱都督电（民国二年三月六日）

浙都督鉴：麻溪坝一案，原议俟春水暴涨实地查勘，再定存废，现闻实行广洞，并五号《越铎报》载，天乐乡“废坝救死会”来函，谓“不可废麻溪坝，当填塞碛堰，开通茅山闸，使全越为泽国”等语，人民奔走呼号，相率赴县议会诘责，而会已解散，复来诘责本会，佥称广洞而无害绍兴，都督固不忍使天乐独受其灾，如果有害绍兴，亦不应使天乐独享其利，且民政司及委员两次履勘，均当水涸，无从测其利害。遽将广洞上之都督，不交复议，径上大部，专制从事，是箝制我绍民，刀俎我绍民。谁无室家，谁无庐墓？断难甘心忍受。且称此案系天乐乡与各乡争议事件，应由县议会解决，抑由官厅独裁？又谓本会为人民代表，当兹存亡交迫，何以默无一言？面责本会，声色俱厉，怒目叱咤，本会无词以对，当劝其毋乱秩序，允为据情上达。谨此电陈，伏乞钧裁电复，俾慰人心。一面电阻恃强拆坝，以免双方暴动，不胜惶恐待命之至。绍兴参议会。鱼。

绍兴县参议会商会致民政长电（民国二年三月八日）

杭州。民政长钧鉴：虞电敬悉，麻溪坝之水一出坝霪，一出猫山闸，前人两路分导，确系内外兼筹，不可少有移易，尤恐坝霪水出太狂，以故横拦一槛，复加闸板，使溪洪暴发藉资阻杀。今增广坝洞，则水出益猛，而茅山闸之流，势必并涌入坝，实贻坝内大祸。此人民灾深切肤，奔走呼号，并非稍存意见。昨奉省委将临，人心更形惶迫，无可空言开导，暴动即在目前，究竟谁任其咎？在人民别无他意，不过原议俟春水暴发履勘酌办，现在何故迫不及待，必须实行广洞，以致人民狂骇愤激，势不可遏？本会言尽于此，尚乞俯顺舆情，收回成命，电达大部、仍俟水涨会勘酌办，以全大局，不胜迫切待命。绍兴县参议会、商会。齐。

绍兴县议会咨本县知事文（民国二年四月廿一日）

绍兴县议会为咨复事准贵知事咨开：本年三月二十六日，奉浙江行政公署训令第二百六十四号，内开云云：究竟春水发生系在何时，仰该知事转行议会，切实查明，以便核办。所有该县议会各职员转令照旧任事，以期无碍自治进行等因。转行到会，准此。窃查有言责者，不得其言则去，此古今中外之通理，少有气节者无不知之，微独本会议员为然也。此案自上年九月发生以来，主废坝者独天乐一乡，主保坝者计一城四镇七十一乡，就取决多数而论，自应以保存定议，毫无疑义。然本会为全县代表，天乐亦同在范围之内。既称因坝受害，究竟坝存而害于坝外者若干，坝废而害坝内者若干？当于两害相并中权其轻重，决定存废，庶足昭公理而平争持。此本会所以不遽议存而议勘，不议急勘而议春水暴发时勘。盖水不暴发，即害未毕见，纵周历履勘，仍不免于一争。而曰春水者，系指最早期间耳。当日，天乐乡议员葛陛纶曾在会场诘问曰："万一春水不发，如何？"而诸议员则谓苟能感召天地之和，使水永不发生，彼此无害偏灾，则该坝之存废不必争，又何事乎勘为哉？因水争坝，因坝议勘，皆注意在害字，害从水势暴发而生，实事求是，故非暴不能勘，勘则侧重“水势暴发”四字，初非囿于一春之期间也。本会提议，此案瞻前虑后，谨小慎微，可谓一秉大公者矣，讵议案甫上，而委勘已至，理由重申而司长亲莅，未几而闻“添、广”之说，又未几而下广洞之令，人民奔走呼号，咸归咎于本会，不能依法力争，设苟早从取决多数之议，何致变故横生？其责备也深且切、暴且烈，而本会则文电交驰，卒不能上邀长官之听，直无立言地位，此本会出席议员三十余人所以全体辞职，未出席者亦相继缴照也。兹奉省长训令，以春水发生系在何时，行会切实查明呈报，并令照常任事，以期无碍自治进行。是省长深以地方自治为重，并令查明春水发生时间，则仍予以立言之权。天职所在，岂容放弃，随于四月初九，遵令召集，重将坝事悉心核议。佥谓该坝无论存、废、添、广，终非勘明利害、熟权轻重，万难决定，而诣勘又非水势暴发不能晰辨利害。上年议以最早期间，俟来岁春水暴发时勘办，本极持平忠厚之至论。至春水不发，发而不暴，盖天意也，非故混指时日，藉缓勘办为得计耳。平心推求，惟有仍执前议。以水势暴发时，邀同公民官绅切实勘明议拟报办，特不敢再指春水、夏水、秋水、冬水，恐终岁水势不发，不能达可勘地位，又上劳省长之责问，下授人民之惶惑矣。惟奉文确查，则曰“春水发生系在何时”，盖因原议有“春水暴发”之“春”字，故为是问。今已将原议情形详细声明，自无待赘述也。相应咨复，为此备咨贵知事，希即查照转呈核办。此咨。

绍兴县议会呈农林总长文（民国二年十二月）

绍兴县议会议长徐维椿，为陈说利害拱候勘办事：窃照麻溪坝被天乐中乡乘乱拆废一案，先经呈奉省长指令，以被毁后并未受患，仍执广洞办法，当将因旱未遭水灾，及被毁后出有火神塘险象情形，电呈钧部，并请省长详察。去后嗣奉省长电复，谓现定广洞办法，如有妨碍，官厅自负责任，并令劝谕人民，毋使滋生事端等语，当将电牍分头宣布。接据人民诘问，以绍兴户口达一百十三万有奇，身家财产、祖宗庐墓何可胜计，一经被灾，官厅从何担负？又据公民沈濂清等请严惩拆坝匪徒等情，具说到会。正在无可剖解，适据呈奉钧批，内开“据呈已悉，查麻溪坝一案，彼此争执，是非混淆，究应如何办理，仰候本部派员履勘，再行核夺”等因。又经电请省长饬委停工，候勘核办，各在案。伏念麻溪坝实绍县重要门户，萧县其次也。天乐中乡刊分《沉冤纪略》，其著为论说者，固专为一己之谋，无待置喙，即节录《志》载，无非断章取义。凡关于坝内利害者无不从而删之，此将来委勘到绍，不难捧《志》《乘》而指核者也。至交本议会“八可废”之条陈，尤为一偏之见，业于上年呈明，可无赘述。然省中大吏，每惑中乡一面之词，而所勘专在上游，又非水涨可勘之时。一若废坝为不足重轻，并以广洞为调停两可，以故一再策呈大部，罔顾舆论，毅然决行，虽中乡非法暴动，概置不议。此人民抑郁无伸，不免哓哓有词，而本议会交受指谪，又不能已于言也。兹奉有派员履勘之批，谨将该坝关系，再为我钧部覼缕陈之：查吾绍素称泽国，自建塘筑闸而后，外无泛滥，内资宣泄，于是乎始号乐土，然犹有洪水之患。明季郡守戴公琥，询民疾苦，相度至麻溪而筑坝也。由是内地甚少水患，独天乐一都有半之田，截出坝外，不免有一夫不获之叹，遂复集款建茅山闸，又以余资筑郑家塘，使江水无犯天乡，溪流得资畅行，污莱尽辟，溋湖成田，是则天乐中乡虽在坝外，实与坝内同歌乐利，相安垂三百余年矣。顾麻溪坝与茅山闸相距仅三五里遥，苟谓有茅山闸可以无麻溪坝，当时何必劳民伤财，重兴大工？前贤经营缔造，岂真极无审顾？不知其间实有莫大关键，并非率尔操觚。缘茅山闸直接浦江源流，其左右则茅潭塘、四州塘、火神塘、下邵塘、沈家塘，皆在沿江一带，溃决时虞，有麻溪坝以阻之，一旦出险，虽天乐中乡稍受偏灾，而绍、萧全局可无妨碍，此实地势使然，非于坝内有所偏也。今天乐中乡，恃在上游，强行毁坝，直欲嫁祸全绍。百万户身家性命所系于此，谁肯甘心？纵使强制一时，必酿异日大衅。在官厅拟以广洞办法，非不苦心孤诣，曲为调停，不知绍地低洼，容水之量只可如现在坝霪丈尺而止，盖内地田庐正与坝霪平也。所以前人已改三洞，旋又规复二洞。若再从而广之，不惟塘堤决口，尽成汪洋，即以茅山闸之咸潮随汛倒灌，则绍地田禾悉遭萎枯，民生无噍类矣。绍民虽至愚鲁，岂故欲与官厅争？绍民岂无贤达，又何必与天乡人争耶？有此极大原因，其势不能不争。但读刘公《茅山闸记》，其略曰：“是闸也，崇堤壁立，势轶岩阙，殆与汤公应宿闸争雄峻，而与麻溪坝交相捍卫，有唇齿之势。”刘公，天乐人所崇拜者也，可见闸是闸，坝是坝，互有关系，要不得谓有茅山闸在，即指麻溪为第二重门户也。缘奉前因，相应呈请。

北京农林部咨浙江民政长文（民国三年一月）

案据前农林部农务司司长陶昌善奉令履勘麻溪坝情形，先后电称“茅山闸雄厚坚实，足捍江流；麻溪坝阻障溪流，隔绝交通，坝外水源长仅二十里，坝内港汊纷岐，尽堪挹注。上、下溋湖历年淤积，是今日湖阪之田，即昔日溋湖之底。农民与水争地，为患日烈。是地本极洼下，虽废全坝，决不如坝外人之希望尽能宣泄，亦决不如坝内人之恐惧悉成鱼鳖。盖坝内外地形之勾配极微，水面之差度极小，即遇盛涨，既无建瓴之势，乌有冲溃之虞？而坝内人未尝一勘实状。前次双方会勘，中途散归，此次邀往同勘，一人不到。故绍县议会等所倡水源由新江口起绕越大岩山而下达麻溪之说，广布传单，煽动乡愚，实属荒诞。盖不知大岩山下仅有二三溪沟，至山头埠始汇流而下，乃误会争持，悬案不解。去年，屈民政长所定广洞办法，于水利交通固已兼筹并顾，今为坝内外根本计画，似当更进一筹，谨拟两利办法：一、上、下溋湖间已成为汉湾沟渠者，应即疏浚。及坝内外淤积之地，亦应挖掘，以扩其容水之区，并可高其两岸之田。一、坝有霪洞，名坝实闸。前之主存主废不免各有主观。现履勘水源地势之实在情形，复按诸刘念台、余煌、姚启圣诸贤之所见，今昔无异，故熟察审处，莫如并洞。查两洞共阔一丈二寸，各高六尺，现在修筑已定，各阔一尺，高三尺，今并为一，即除中墩原阔八尺五寸，若并两洞，原阔似嫌太广，不如持取半数，合原阔共一丈五尺。洞高已定九尺，即为两柱之高，上筑圜洞式。其他坝内外桥梁，若新闸桥、漠江桥等之倾圮低隘者，亦可略加修广。如是，坝内外既便交通，亦有裨疏泄。遇亢旱启茅山闸灌入江水，各得其利。至是项经费，除修坝仍由省款支出外，其疏浚一项，似可由坝外按亩集款，官为督修”等情，当由本部核准，并洞办法甚是，阔一丈五尺照办。圜洞中心高可一丈二尺，以便水大时交通。疏浚之先，须测量规画，由坝外集款，兼浚坝内，官督民办，收效较易。如何集款之法，即就近商，由民政长饬属办理。旋复据该司长呈称“疏浚工程既归民办，款项似亦由民集。拟请由地方官察核民力，筹画进行，较为切实”等情。并即核准在案。查此案争持颇久，今勘得实状，与前人成议既相符合，所拟办法又双方兼顾，现值冬令水涸，正易动工，应即照所定丈尺，饬属迅修。并一面督饬集款开浚，毋令延误，以图两利而免纠纷。相应咨行贵民政长查照。转饬遵办，此咨。

临浦坝　在县西南一百三十里，半属萧山。明宣德中，筑以断西江之水（《浙江通志》）。正德以来，商舟欲取便，乃开坝建闸，甚为患。嘉靖十三年，萧山知县王聘塞之（《萧山县志》）。

曹娥坝　曹娥之坝凡十一，均旧设。其地址所在如左：

（一）老坝。（二）施家衖。（三）草席埠头。（四）灰衖。（五）徐家衖。（六）缸甏衖。（七）挑柴衖。（八）抬竹衖。（九）正和埠头。（十）拖船衖。（十一）大埠头。

顾德兴坝　在东塘大吉庵“衣”字号(私设)。

沈德兴坝　在东塘“唐”字号(私设)。

麦边坝　在东塘“吊”字号(私设)。

沈德兴、沈祥兴私设坝　在东塘“伐”字号。

王慎泰协泰兴坝路　在东塘“伏”字号。

协泰兴坝路　在东塘“戎”字号。

王懋昌坝路　在东塘“羌”字号。

沈德兴坝路　在东塘“归”字号。

海船运货每就其便利,于塘上私开坝路。

山乡塘堤障水,货物运输、船筏上下必设坝。具其左:

六陵磊坝　在旧埠,叠石为之,以遏铁溪(亦曰六陵溪)之水。宽约二丈,高约一丈。(童谷簳君采访。)

轰溪坝　在舜水乡冢斜村,大石建筑,高八尺,阔三十丈。清明下秧则闭之,至秋分后始开。当闭时水由坝上沟中入,可以灌田。平时蓄之,以备旱。每岁闭坝前修理一次,村中派十人管理。秋收每田一亩输谷一升,以为工资。(余竺庄君采访。)

新坝　在达郭,石质,高八尺,阔三丈六尺。素以蓄水灌溉,现被山洪冲坍。(毛邦达君采访,下同。)

茶亭坝　在达郭,石质,高三尺,阔一丈六尺,蓄水灌溉,现失修,仅有礅步,可行人。

南园坝　在达郭,石质,高八尺,阔一丈二尺,可灌溉田千余亩。现被山洪冲坍。

汤浦大坝　亦称保安桥,在汤浦,石质,高五尺八寸,阔四尺五寸,长四丈一尺,盖已为桥制,灌溉农田可千余亩。清光绪己卯里人朱锦堂募款创筑。坝基长八尺,坝上坝下水埊相差九尺,下成深潭。当初坝上仅设矴步,光绪末年吴乐川、吴桂林募款加建石桥。(吴鲁卿君采访,下同。)

小坝　在汤浦,石质。长二丈七尺,上设木桥,长一丈七尺,年久失修。

经费沿革

案：绍、萧塘闸经费，旧山、会两县，向有小塘捐、曹蒿捐，计山阴“效、才、良、知、过、必、改、得、能、莫、忘、罔、谈、彼、短、靡、恃、己、长、信”二十号，合计田九万二千二百三亩，每亩海塘捐四厘三毫七丝八忽(民国元年县议会议定每亩五厘)。又“辰、宿”二号，下田，共一万六千三百二十七亩，每亩小塘捐二文。两共每年额征钱四百九十三千六百六十九文。会稽“荒”字至“汤”字三十四号，合计田十五万三千五百二十九亩七分二厘。每亩小塘捐四文，计钱六百十四千一百十九文。又“果、珍、汤、菜、殷”五号，合计田一万四千九百三十七亩七分七厘，每亩曹蒿捐钱五文，计钱七十四千六百八十九文。统计三项捐钱额数仅千串有奇，创自何年，殊难详考。检查清代档案，知此类塘捐，专为东江、北海两塘岁修之用。

嘉、道以后，每遇出险，例由山、会、萧三县临时就受益田亩摊派，民捐民办。同治四年，东、西两塘同时决口，倒坍八九百丈，浙抚马端愍(名新贻)公，拨借厘金十二万串，兴工修筑，奏明由三县于得沾水利田内，按亩摊捐，分年归款。至光绪五年，亩捐截止计山、会两县除归还厘金及添办工程外，尚有盈余。萧邑则因中间停办两年，遂无余款。厥后，西塘屡出险工，萧邑应派工费无出，陆续借支山、会亩捐一万八千余串。光绪八年，萧山杨家浜决口，堵筑无费，藩司德某又将山、会两县库存沙租等项，尽数提归工用。于是山、会工款为之一空。此清季塘工临时亩捐之大略也(摘录《三县塘工旧案》内，光绪十三年沈维善等请筹岁修专款说帖)。

民国元年县议会议决：每地丁银一两附收塘闸费七分。是项附捐系光绪三十三年征起，经县议会议决续收。

民国七年张财政厅长呈准：举办绍、萧塘工有奖义券，每月一期，每期售出券款，除给中签奖金外，指定作为绍、萧塘工专款。自□年□月起至□年□月止，统计拨给工款银□元。

民国十三年奖券停办。至十五年，经省议会议决，改办塘工有奖债券，以是年夏，北海塘萧属楼下陈、湾头徐、车盘头、郭家埠等处决口，先以债券向中国银行抵借，绍、萧两县各借银五万元，以应急需。嗣后债券办至十六年夏停止，统计拨到工费银□元。

管理沿革

塘闸管理机关沿革

案：塘闸管理机关，清季由绍兴府聘绅耆一人为塘闸董事，下雇司事数人，督率塘闸夫役，管理巡视。遇有险工，设临时工程处，名称不一，办工人员或由省委，或由董事邀集就地绅衿，公同主持。其详一时无从查考。民国以来之沿革，具述如后：

民国元年，县议会议决，组织绍兴塘闸局，公举正副理事各一人，任期三年。

民国七年，省令改组绍、萧塘闸工程局，委派局长。

民国十三年，复理事制，仍由县议会公推理事一人。

民国十五年秋，省令设立绍、萧塘闸工程局，委派局长。是年秋，取消理事，划分东西两区，各设主任一人，隶属于局。

民国十六年秋，省令塘闸事宜直隶省水利局，设绍、萧段塘闸工程处，委工程师一人。

历任理事局长主任姓名表

名　称	姓　名	备　考
第一任塘闸局正理事	王树槐(植三)	本县曹娥人，任期自民国元年至民国二年去职。
副理事	何绍棠(子肯)	本县峡山人，任期与王同。
第二任塘闸局正理事	何绍棠	任期自民国二年至七年。
副理事	李培初(幼香)	本县漓渚人，任期与何同。
第一任绍、萧塘闸工程局局长	钟寿康(文叔)	本县吴融人，民国七年到任，九年去职。
第二任绍、萧塘闸工程局局长	丁紫芳	□□□□□人，民国九年到任，十年交卸。
第三任绍、萧塘闸工程局局长	钟寿康	民国十年回任，至十三年复理事制，去职。
绍兴塘闸局理事	李培初	十三年复理事制，县议会仍推李培初任理事，十五年改组，去职。

（续表）

名　称	姓　名	备　　考
绍、萧塘闸工程局局长	曹豫谦（吉甫）	本县漓渚人，民国十五年夏，省令委充局长，绍、萧两县理事仍存在。是年秋始取消理事改为东西两区，至十六年秋改组，去职。
绍、萧塘闸局东区主任	任元炳（葆泉）	本县东关人，十五年秋，塘闸局设东西两区，各设主任一人，凡本县境内为东区，萧山为西区。其时西区主任为虞琴轩，萧山闻家堰人，均由局长委任。十六年秋改组，去职。
绍、萧段塘闸工程处工程师	戚孔怀（怡轩）	上虞人，十六年秋任事，□□年去职。
绍、萧段塘闸工程处工程师	董开章	嵊县人，继戚孔怀之后。

曹娥江防洪工程计划

（见浙江省水利局总报告）

一、计划概述

曹娥江源出浙东诸山，泻四明山西麓，大盆山北麓，及会稽山东麓诸水，流向自南而北，注入杭州湾。其流域面积，境跨九县，就中以新昌、嵊县、上虞等县关系尤切。总计流域广袤四千余平方公里，为浙东一大河系。上游诸溪汇聚，略成扇形。一遇暴雨，山洪骤集；中、下游地势平坦，益以杭州湾潮水影响，泄水更感困难。既无天然潴蓄之湖泊，复少拦滞暴洪之设备。所恃以御水者，厥惟两岸堤塘而已。但以年久失修，亦多低薄。每值洪水时期，泛滥成灾，历年屡见。各种损失，甚属不赀。故目前最急要之整理，当从防治水灾为主。约可分为三大端，述之于后：

（子）于各主要支流建筑拦洪水库，拦滞过度洪水：（一）计新昌溪一处，容量约八千八百六十万立方公尺。（二）澄潭溪二处，容量约为一万二千四百万立方公尺与三千一百万立方公尺。（三）西江二处，容量约为一千四百五十万立方公尺与一千二百万立方公尺。（四）黄泽港一处，容量约七千八百八十万立方公尺。（五）小舜江一处，容量约八千四百万立方公尺。

（丑）于各拦洪水库之上游建筑拦沙工程，以防泥沙石子下流，计：（一）新昌溪五处。（二）澄潭溪四处。（三）西江二处。（四）黄泽港四处。（五）小舜江三处。

（寅）自长乐经嵊县章家埠至江口，两岸修筑堤塘、水闸、护岸等工程，以防溃决。计：（一）建筑新堤：右岸长约六十八公里，左岸长约五十二公里。（二）培修旧堤：右岸长约三十七公里，左岸长约四十一公里。（三）护岸工程：右岸长约十六公里，左岸长约十五公里。（四）水闸：右岸三座，左岸六座。（五）涵洞：右岸二十八座，左岸十九座。

二、经费概算

本工程经费概算如下：

名　　称	经费(元)
新昌溪拦洪水库一处	1288000
澄潭溪拦洪水库二处	5413000
西江拦洪水库二处	1676000
黄泽港拦洪水库一处	2043000
小舜江拦洪水库一处	2231000
各拦洪水库上游拦沙工程十八处	180000
建筑新堤长一百二十公里	1325000
培修旧堤长七十八公里	495000
护岸长三十一公里	780000
水闸九座	270000
涵洞四十七座	940000
共计	15795000

以上共计需工料费洋一千五百七十九万五千元。

三、整理后之利益

全流域内泛滥所及之地，大部在嵊县至江口之间，约一百二十万亩。其全数被淹者约五年一次，半数被淹者约三年一次。如每次每亩之损失以十五元计，则全数被淹一次之总损失为一千八百万元，半数被淹一次之总损失为九百万元。即每五年损失二千七百万元，平均每年损失五百四十万元。此仅就农产物一项而言，至若房屋、桥梁、堰坝、道路等建筑物之被毁，人民生命与畜类之溺毙，则更难以数字计。将来防洪工程实施以后，不特此项巨额损失可以免除，而地价增高，如每亩以十元计，亦可得一千二百万元。工程经费，如有受益田亩负担，自第六年起分十年摊还，计每亩每年约需一元五角。

绍兴德政乡水利概述

（民国二十八年绍、萧段塘闸工程处工程师董开章拟）

绍兴德政乡岗峦环绕，东濒曹娥江，筑有塘家、庙湖、王公三堤，以御外江水患。其建筑年代已不可考。塘家、王公两堤，各设一闸，以为内江出水之路。前清乾隆中叶，知县彭元玮，将王公堤大闸迁移闸址，改建丰安闸于覆船山、凤山之间，今称为彭公闸。而塘家堤小闸则仍其旧。内江有二：一长桥江，源远约十七公里；一蒋镇江，源远约十公里。二江各汇集众山之水至范洋以东，合而为一，名范洋江，经彭公闸以流入曹娥江。全部流域面积计七九点五平方公里。在蒋岩桥及长潭坝以下有九湖、东苏等畈农田，共约七千余亩。地势低洼，每遇山洪暴发，兼值曹娥江水位高涨之时，彭公闸失其宣泄之效，则此七千余亩农田必遭淹没，十年九歉，颗粒无收。此德政乡水利大概之情形也。地方士绅怵于水患之烈，奔走相告，苦无善策。迭经吁请省、县当局履勘，拟具治水计划有三：（一）于长桥江上游前岩经清山瓦窑岭间，至白鹤庙东，凿通一渠，入嵝浦江，则大水时，长桥江前岩以上之水，分泄于嵝浦江，可以减少九点七平方公里流域面积之水量。（二）在长桥江中游长潭坝东，至下方头凿通一渠，俾通曹娥江，则大水时可减少长桥江长潭坝以上二五点三平方公里流域面积之水量。（三）于彭公闸旁择地设置大量抽水机，值内河山洪暴涨，可将内水抽去，以减少灾害。以上三种计划果能择善而从，付诸实施，则一乡水患自可稍抒。惜多年以来，以经费、人事关系，迄无结果，亦地方热心人士所宜急起直追者也。

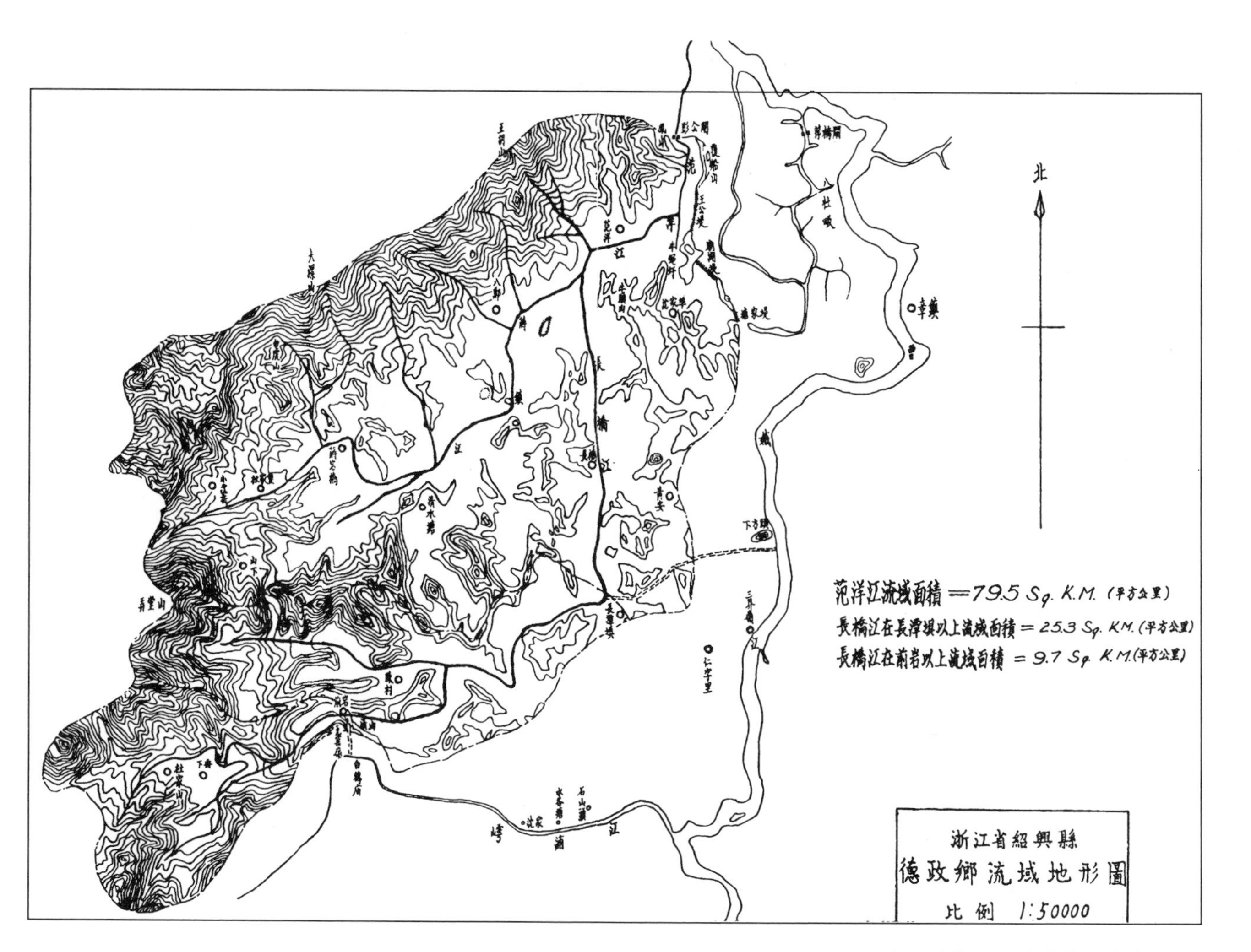

浙江省绍兴县德政乡流域地形图

碑　记

绍兴府戴公琥重修水利碑

（图说合镌，向在府署，今移置汤公祠东廊）

绍兴居浙东南，下流属分八县，经流四条：一出台州之天台，西至新昌，又西至嵊县，北经会稽、上虞而入海，是为东小江。一出山阴西北，经萧山，东复山阴，抵会稽而入海，是为西小江。一出上虞，东经余姚，又东过宁波之慈溪，至定海而入海，是为余姚江。一出金华之东阳、浦江、义乌，合流至诸暨，经山阴，至萧山入浙江，是为诸暨江。其间泉源支派汇潴，堤障会属从入如脉络藤蔓之不绝者，又不可不考。东小江则发源天台关岭、天姥山之水东北来，从东阳之水出白峰岭，诸暨之水出皂角岭，合流会于嵊县之南门。至浦口，则罗松溪自西南三溪、黄泽溪自东南来入，东至上虞东山，会稽汤浦之水自西从之。又东至蒿陡，会于曹娥，由东关、蛏浦入海。罗松溪之上则有新塘、普惠塘、东湖塘；溪之下则有利湖、下湖、斛岭、路丝、并湖、书院、广利及汉、沃、芦十塘。三溪之上则有爰湖塘、黄塘，溪之下则有何家塘、任翂塘，黄泽溪之下则有西山塘、清隐塘，下湖之上有西溪湖，凡二十所焉。西小江则山阴天乐、大岩、慈姑诸山之水，合于上下瀛等五湖，西北出麻溪，东西分流；西由新河闸随诸暨江从渔浦入浙江；东历萧山白露塘而三峡、苎罗、石岩诸塘，利市、固家、湘湖、排马湖、运河之水，东由螺山等闸注之。又东至钱清，山阴之黄湾、越山、铜井之水，西由九眼斗门注之。故道堙塞，并入山、会中村。而所谓三十六源以及秋湖、沸石湖、容山湖之乱于运河，连黄垞、东西瓜汙、央茶等湖，横流出新灶、柘林闸。白洋、西扆、金帛、马鞍诸水，南出夹篷、扁佗闸。会稽之独树洋、白塔洋、梅湖，亦乱于运河，并贺家池横流，出玉山陡门，合于故道。余姚江则上虞百楼诸山溪涧之水，合于通明而成江。自此以下，则松阳湖、东泉炉塘、西泉、莫湖、前溪、鸭阳、蒲阳、兆阑诸湖塘之水自西南桐子穴湖，自东北上岙、上林、烛溪，北出小河；而南鲤子、劳家、横山、桐树、乌戒、烛老六湖，东出小河，而西南各来入新、牟二湖，则西北。汝仇、千金、余支三湖，则东北俱从长冷港出曹墅桥，上虞县夏盖、上妃、白马三湖，亦相属东从长泠港来会，乐安、藏野，会大、小查湖，南及皂李湖，俱经南来。入诸暨江则金华之义乌、浦江、东阳之水，所谓浦阳江、苏溪、开化溪，西北合流于丫江。丫江之上，西有鲤湖，东有洋湖，下则东有木陈、柳家、诸家、杜家、王四之五湖。丫江北经县治至茅诸步，分为东、西江。西江则有竹桥溪、受马湖、章家湖，及新亭、柘树二湖，大、东二湖与夫镜子、沈家、道士三湖之水，又有京堂湖及朱家、戚家、江西三湖，神堂、峰山、黄潭三湖；东江则莲、仓、象、菱四湖，横塘、陶湖、高公、落星、上下竹月六湖，张麻、和尚、山后、缸灶四湖，泌湖及桥里、霍湖、家东、马塘、杜家、毕草七湖，前村、石荡、历山、忽睹、白塔、横山六湖。二江之间，则有大侣、黄家二湖，赵湖、泥湖、线鱼湖、西施湖、鲁家湖。二江合处名三港口，东有吴、金、蒋、下四湖，西有陶湖、朱公二湖，观庄、湄池、浦朱、里亭四湖，各来入，同归浙江。东小江田多高阜，水道深径，无所容力。灌溉之功，嵊治以上可以为碑，以下则资之诸塘。西小江自鉴湖废、海塘成、故道堙，水如盂注，惟一玉山陡门，莫能尽泄。而山、会、萧始受其患。曾为柘林、新灶、扁佗、夹篷、新河、龛山、长山闸共十三洞泄之。遇非常之水亦不能支，须于有石山脚如山阴顾埭、白洋，会稽枯枝、新坝等处，增置数闸，则善矣。诸暨江潮至大侣，自此以上诸湖则防水之出，人力可以有为；以下诸湖则防潮之入，亦有尽非人力所能为者。惟使斗门圩埂有备，余当付之天矣。余姚江通潮，支港能深浚之，使潮得以远入，湖得以不泄。又诸湖放水土门、砯之以石，如我汝仇湖之设，则水有余利矣。诸暨江，萧山旧有积堰，并从西小江入海，堰废始析而二。好事者不察时务，不审水性，每以修堰为言。殊不知筑堰之初，未有海塘，水尚散流，故筑其一道而余犹可以杀其势，故能成功。兹欲以篑致之土，塞并流之江，可乎？设如堰成障，而之东小江数丈之道，果能容之乎？予固谓诸暨将为巨浸，而山、会、萧十余年舟行于陆，人将何以为生？或以先浚西小江为言者，亦不知世久故道皆为良田，浚之，故土无所安置。虽或暂通，而水势不能敌潮，故潮入则泥澄，不胜其浚，而终无益于堙塞。不然，则至今尚通可也。堰决不可成，小江决难复通矣。萧山湘湖，往年禁弛，奸民盗决堰塘，四农失利。近虽有防，而黄竹塘等处石堰仍须修复如《湖经》所载，则龟山之遗惠不竭矣。大抵湖塘民赖以为利，侵盗之禁不可少弛，弛则民受其害，复禁又生怨如近日。堰闸圩埂，贵时修筑，然而荒弊之秋，材无所出，而请求者不已，故事未举而谤已兴，听者少察，遂致不乐其成，如民事何？后之君子，庶几视如家事，随时葺理，不避嫌，不恤谤，不令大败以佐吾民，则幸甚。成化十八年五月。

戴公重修水利记(琼山丘浚撰)

绍兴居浙东下流,凡邻郡及属邑之水,多会于斯以入于海。有东西二江焉。东江于民无甚利害,惟西江之水,则会稽、山阴、诸暨、萧山四邑之民实资以为利。近因潮涌沙涨,水不能行,而亦往往有害于其间,故昔官于兹、有志利民者,若马氏之筑鉴湖,龟山之筑湘湖,赵彦倓之筑海塘,皆所以为民计也。虽然,土地变迁,古今异宜,固有昔然而今不然者,君子举事,视夫利之所在何如尔,又何陈迹之泥哉?当是之时,水散流以入于海,利在于蓄水也,是宜昔人筑塘积堰,而禁民废湖以为田;今则塘堰久废之余,凡昔者汪茫沮洳之区,莫不畇畇而芃芃,悉成膏腴之壤,四邑之仰给以生生者,非一日矣,尚欲泥其迹而不知变更,可不可哉!此绍兴府浮梁戴侯琥水利之兴,所以异于前人也欤?侯以名御史来知郡事,下车之初,问民疾苦,知其所患莫急于水利之修,乃躬临其地而遍阅之,以求其利之所在,与夫害之所必至,备得其实,乃择日庀徒于其要害处,建石以为闸凡六。在山阴之境者五:曰新灶,曰柘林,为洞者四,以泄江南之水;曰夹篷,曰匾陀,为洞者三,以泄江北之水;曰新河,为洞者二,以泄麻溪五湖之水。在萧山之境者一,曰龛山,为洞者二,以泄湘湖之水。夫如是,则小江虽淤积,堰虽废,而诸水悉有所往,终不能为民之害也。其所建置,疏塞启闭,咸有法则,断断乎必有利而无害,必可经久而不坏。诸费一出于官,而民无与焉。於乎,若戴侯者,所谓良二千石者,非耶?郡之耆旧封给事中张蕴辉为乡人唱,属节推蒋君谊来京师求予文,以永侯之功于不泯。窃惟五行之用,水土为大,土爰稼穑,而所以生者水也。水之在土也,潜则泉,发则源,流之则为川,塞之则为渊。润下之性,固无往而非利也。然夫所制,则往往或能以为害,故水必赖土以制之。人因其用,留其所不足,而放其所有余,适无过不及之中,然后能成生物之功,其大用在滋稼以养民生,善用之则燥阳不能以亢,湿阴不过于淫,而草木蕃芜,百谷用成矣。此古之明王所以必谨沟洫防庸之制,而世之良吏,亦必举夫疏通潴蓄之政,有以也。夫绍兴古名郡,吏治之载于史册者,代有其人,而尤以兴水利为良,今其遗迹,或存或湮,而百世之下,蒙其利而仰其德者,恒如一日。戴侯继前人后而兴此役,虽不拘拘于其已往之陈迹,而其利民之心,则固昔人之心也。后之继侯者,人人存侯之心,行侯之政,次第推广之,则其利之在民者,庸有既耶!于是乎书以为记,盖美前政之良,所以启后之继者于无穷焉。

成化十五年秋七月(碑在府署民国廿四年移置汤公祠东廊)

前浙江巡抚马奏援案借款修筑山会萧三县南塘要工片

（同治四年七月二十三日）

再查：绍兴府属萧山县所辖之西江塘，为山、会、萧三县田庐保障。本年五月下旬，霪雨为灾，江河盛涨，自麻溪至长河一带，共坍缺塘坝三十余处，共计长七百数十丈，以致江水内灌，高阜水深数尺，田畴庐舍半入洪波。当经臣饬委前任臬司段光清，暨藩司委员前往，会同该处地方官，分投雇工抢堵，设法宣泄，以救目前。而此次水势之大而且骤，实从来所未有，若不将被坍各塘赶修完固，转瞬秋潮大汛，其患更不可言。惟工程浩大，需费繁多，约略估计，非二十余万串不可。当此库藏空虚，闾阎凋敝，又无殷富可捐，且事在紧急，断难延挨，即经段光清督同该府县及地方绅士勘明实在情形，援照从前办法，拟请借项发给绅士兴修，俟大工告竣，查明实用数目，于得沾水利民田项下，分作两年按亩摊捐还款。又，山阴所辖之童家塔、宜桥、王家埭闸侧等处，会稽所属之塘角、贺盘、蚂蝗溇、楝树下等处，塘身同时被水冲倒。此为山、会两县田庐之捍卫，与西江塘无分缓急，所需经费，约计钱四万余串，亦经该司等议请，一律借项兴修，工竣由该两县按亩加捐归款等情。臣查三县塘堤为刻不可缓之工，民间既无可捐，所请援案借项兴修摊捐归还，亦属万不得已之举。惟库项空虚，实难筹此巨款。当饬藩司尽力设措，拟共借给钱十万串，以八万串为西江塘修费，二万串为童家塔等处修费。陆续发交绍兴府，转给该绅士等承领，择其最要之工，赶紧修筑，以御秋汛。余俟亩捐收起，即可接续兴办。兹据藩司蒋益澧具详前来，除仍饬该司暨宁绍台道，照例饬取工段丈尺字号，以及应用工料实数，并查明每亩摊捐数目、起捐年分，妥议章程，另行会详具奏外，谨将借款修筑南塘要工缘由，附片具奏，伏乞圣鉴。敕部查照施行。谨奏。

抄录原片札行布政司及宁绍台道文

札：布政司、宁绍台道知悉：照得援案，借款修筑山、会、萧三县南塘要工，仍按亩分年摊捐归还缘由，经本部院于同治四年七月二十三日附片具奏，合行抄片札知，札到该司、道，即便移、转行知照，仍照例饬取工段丈尺字号，以及应用工料实数，并查明每亩摊捐数目、起捐年分，暨随正批解归还借款，迅速妥议章程，核明会详请奏，毋违。

浙江财政厅呈省长为奉令核议绍萧两县呈请塘木免捐一案文

（民国六年）

呈：为核议绍、萧两县呈请塘木免捐一案，复请核示事。案奉省长指令“绍、萧两县会呈塘工需用杉桩，请令厅准予免捐，给照验收由，奉令仰财政厅查核，令遵呈抄发，此令，等因”奉此，查此案先据该知事等会呈到厅，当以绍、萧塘闸局前次兴修塘工需用松桩，恳乞给照免捐，虽经前国税厅筹备处核准，饬将需用枝数，并由何处采运、应经何处，开单由县详核呈处，以凭填发护照。嗣后迄未呈复。究竟当时如何采运，无案可稽。即经令饬萧山闻家堰两统捐局查明呈复，去后，兹据该局等呈称，以“民国三年，绍、萧塘闸局抢修西塘，采运木料，均由内地购买，毋庸经过局卡，是以虽经呈请免捐，未曾请给执照”等情前来。厅长复加察核，该塘闸局前次兴修塘工需用木桩，由该前县呈请，前国税厅筹备处核准免捐，事在三年四月。嗣奉财政部核定，浙江省统捐章程施行细则第十六条规定，免捐货物以农具及经财政部认可者为限，此项塘木，本不在免捐之列，第念事关公益，既据该两县会呈请免，自应量予变通。可否准如所请，免其完纳捐款，由厅给照执运之处，仰祈省长察夺，指令遵行。谨呈。

诗

五月三日大雨连朝恐伤海塘

朱拙斋(名篚)

地险称江北,民廛受浙东。每怀沙碛固,何虑海潮通。近觉新洲出,遥看怒浪冲。(自三十二年南沙崩塌已尽,淤泥由中流涨至新洲,上自鳖门,下至三江,凡潮至中洲低处,由北直射南岸,正冲白洋、党山之间,故蔡家塘一带约四百余步,水涨时已逼塘址。八月潮信,恐不能支也。)危堤翻巨浸,旧石倒飞洪。况值山崩雨,兼来舶趠风。桑田形忽改,斥卤计将穷。西墅楼台蜃,南池涧蛪虹。污莱终汗漫,霖潦复泷冻。万井禾麻毙,千门杼柚空。自当医困苦,谁复问疲癃。垂死农蓑命,调元斗柄功。帝阍虽万里,犹可代天工。

予改西充学桥为会龙,因写数诗以示多士,中有见予诗者,出其日前卜箕仙诗,云:“天起文明久弗通,蛟龙今喜会河东。风波炯出三山绿,伫看云霞玉兔红。”乃知第二句即予命桥之义也。事必有先,言必有合,岂偶然哉。则予名桥后,当必有应玉兔而出三山者矣,用依韵续诗十首云。

六月三十日与同人视柳塘溃口集芥园会议塘工风雨大作遂泛白塔洋往陶堰

昨夜星光照船尾,一片乌云化风起。晓来四山岚雾浓,半雨半晴浑不止。拖泥小艇行田间,直溯断塘烟柳里。闻自柯溪巨涨侵,怪鼍破障成潭水。万畂惊祷鼍一鸣,忽转危澜神徙倚。(共见神人立堤上。)潮退长虹已中坼,潮生怒马愁狂驶。登压揽势穷患源,隔岸飞流冲掌底。积沙不疏为岃嵬,郁溜不舒相拒抵。安得金门善节宣,顿去险巇安坦砥。芥园聚论度土功,荆树犹荣莲梗萎。欲教鸿泽少哀嗷,还念令原旧兄弟。(时章介甫已逝,端甫与任畚局。)凄飙急冻催我行,决口两三难遍履。(塘角、贺盘二口尚易修复,不及往观。)放舟白塔浪花翻,欲访故人寻栗里。(舟径至陶查仙家。)

绍兴水利文献丛集

冯建荣　主编

广陵书社

经野规略

刘　序

《经野规略》一书,前明万历三十一年刘贞一先生所手定,而为治暨之良法所不可易者也。迨世远年湮,散佚莫考。国朝雍正九年,崔雨苍明府莅暨,景仰前徽,搜罗日久,迄未成帙。旋于先生之孙明经书升处得所藏原本,为重梓之,藉以流传至今。然往往索诸坊肆中不可多见。绅承乏来兹,购有崔明府刊本,一一遵行罔替,复付剞劂,俾传于后来,庶几见古人之意美法良,而合邑人民亦永以为赖也夫。

嘉庆十八年四月上浣。洪洞刘肇绅谨识。

重刊《规略》序

事有踵于前而不嫌袭，垂于后而无庸创者，匪曰表章遗绩为梓里光，盖以培水利，重农功，杜兼并，息讼端，于斯民大有裨益。故兴剔修举，急于此者不乏，而此乃得先诸务而乐观厥成，如余之重梓《经野规略》是也。《规略》者，先朝见初刘公治暨之政谱也。暨处万山之中，四承上流之水，山田苦旱，湖田苦潦。旱不必酷，潦不必霪。《志》载："五夜月明来告旱，一声雷动便行舟。"概可想矣。明以前，岁书大有，百不获一。自非公竭智殚思，经画区处，虽五风十雨，民亦安得蓄泄咸宜，丰凶有备如今日哉？余承乏兹邑，首重农事，遍历七十二湖，见其埂堰坝闸崩缺坍塌，所在多有，怒焉忧之，急命各圩长及时修筑，毋令巨浸与吾民争此土也。且窃叹前人之所以经营创造之者何如，其劳心而任其废坠，可乎？越数日，竞田畻、争埂界者纷纷投牒，半引《规略》为据，诘之，又无全书。始疑故匿，以便侵占，询之绅士，知为兵燹所毁，板亦无存。再访之，得其散帙，而湖势之高下，田亩之多寡，埂坝之修短阔狭，与夫筑理之方，禁制之条，以及置买义田存放仓谷之法，无不井井，虽残编断简而全豹已窥。益叹公治行彰彰，光昭史册。而《规略》一书，尤其精神所贯注，经济之始基也。然终以不得完本为憾。公世居青阳，去余家仅百里，度其后人当必有世守之者。正思所以招致之，而公之裔孙明经字书升者，已抱所藏原本而来矣。先是制宪修省志，博求名贤事迹，四方君子闻风戾止者甚夥。而余亦藉是，喜向所勤求未获者，一旦得之意外。意者公固有灵，至今不忍弃暨之百姓，而欲假手于余，以利赖于无穷乎？爰设局鸠工，招邑廪生傅憕并馆刘子董其事，而邑之绅士亦各踊跃捐赀以助。惟是沧桑屡易，丈册久更，势难一一仍旧。然苟稍为增删一字，恐奸宄藉是舞文，是利未兴而弊已伏，其害有不可胜言者，故止令重刊，非但以谫陋无文谢不敏也。呜呼！昔之人莅斯土也，既出其心思智虑，为民开百世之利；又惧其久而或替，复取而笔之于书，使后人知所遵循，意洵美、法洵良矣。昌黎云："莫为之前，虽美弗彰；莫为之后，虽盛弗传。"余生也晚，不获亲睹公之经营区画。犹以后公而治，得揽其遗编，传其伟绩，俾千载下附以不朽。则此书之刻，固公之幸，暨民之幸，而亦余之幸也夫！因其成，识诸简末。

雍正辛亥嘉平月朔。仙源崔龙云撰。

《经野规略》序

太史公尝言："江淮以南，呰窳偷生，无冻馁之人，亦无千金之家。"暨且依山盘谷，水易暴涨，复易泻涸。高者好雨，卑者好旸，非五日一风，十日一雨，全暨必无各足之岁。是暨固山邑而反苦涝，暨固泽国而更苦旱。旱则虽无珠玑瑇瑁齿革之利，而犹有漆丝帛絮枣栗之饶。涝则大泽中一望鱼鳖，匹夫编户之民，智不谋长，袖手待毙，非有发徵期会，以共捍大患，恶能逞北山之诚，壹以自济也哉。神禹不生，天下岂遂为沼。池阳刘大夫，国器无双，治暨不三年，而庭可张罗，卧犬生氂。尝曰："仓廪实而知礼节，衣食足而知荣辱。"非空言也。暨疆亩百万，而大半当水之冲，顾自披草莱以来，未有蒿目而力捍之者，岂以为迂缓而簿书足兢兢耶。乃以单骑循浣江而下，度其两堤，以图培之。令田间自趋力，而民亦无复惰窳不前者。董率劳来，大夫恒身冒风雨，暴露于外，不辞困顿，而收比年之穰。又周视水势，凡纡回处舟行数十里，而陆行径捷可数十武者，皆凿直以杀奔溃之势。邻邑境上有曲流为吾患，审顾定亟，召其民盟而凿之，曰："毋令秦越之筑道旁也。"快哉此举！盖曩者明诏复浣江入海故道，其后议者纷纭不决，以迄于今。大夫固善为权衡，以力捍大患如此。即其所立永利仓者，亦以汉之常平仓，后世往往失其意，至类青苗法。大夫为捐其岁息，岁久取其息，置义田以备旱涝之无可致力者。嗟乎，立法之良，至此极矣。夫捍患则劳，劳乃永逸。法久必穷，穷则必通。禹治洪水，万邦作乂。大夫之粒我烝民，则暨之禹也。余闻之父老，间者以农隙治水，数月不雨，仓舍鼠为徙去。大夫之积精委神，以为暨也，颢穹谅之矣。今取其书读之，陒陋沈斥[1]，无所不至；锱铢尺寸，无所不悉；突奥荧烛，无所不炤。天下奇才也！暨即惰窳，当无饱衣食而具须眉者矣。余愿后之代大夫者，守若画一可也。

岁在昭阳单阏阳月既生魄。赐进士出身通奉大夫广东等处承宣布政使司左布政使前巡按直隶奉敕提督学校监察御史经筵侍从官治生陈性学顿首拜撰。

1　沈斥，指碱卤性的水田。

《经野规略》序

孟子曰："受人之牛羊而为之牧者，则必为之求牧与刍。"太史公曰："饥寒切于人之肌肤，欲其无为奸邪，不可得矣。"管子曰："衣食足而后知礼节。"则奉天子明命，惠养一方元元，计所以哺字安全之，俾无乖戾[1]忿疾之心，愁叹不平之声者，非导利而与以自生，不可也。暨之民率资生田亩，暨之田又半属下泽，高田虽硗，十年而旱者二三，枣、栗、茶、笋、麻、麦、丝、絮之产出处，山民犹得各取所有以济燃眉，可少须臾无死。若低田，则与浣江平，上流澎湃而来者不知几千百派，中之容受处仅一衣带，下之归泄处若咽喉然，骤雨终朝，百里为壑，十年而得无害者亦不二三。暨民盖无岁不愁潦矣。况一经漂没，居无庐，野无餐，立之乎沟壑四方耳。每见埂倒，老幼悲号彻昼夜，此岂为人上者所忍闻而得坐视之乎？光复戊戌冬抵暨，值大祲之后，次年冯夷为虐，各湖遍没，几无以为生。幸天牖下民，予巡视所及，询无隐情，令鲜玩梗，受事约成，不闻愆期。比年遂获大有，民始知不为徒劳。嗣是岁岁畚锸，亦岁岁逢年。而长年三老与力田者谓：人事未尽，天灾所时有也；官民未习，大功不易就也。欲因众心之鼓舞，图生养之永计，害祈尽除，利祈尽兴。时云中刘公抚越，谆谆勖以必行，当道俱交勉之。于是凿渠导流，芟秽塞窦，丈埂分筑，高广倍加，两岸有路通行，滩中无物作梗，十旬而千里之堤屹然。暨民之勤生，固如此哉，吾何与焉？倘其祛故维新而尽若兹也，礼让之风，予日望之乎！虽然，桑田沧海，天地不能以自必，此特其大略也。若谓今之垒土者，遂可晏然无事，不几诬暨民而祸后日乎？独念谫劣如复，黾勉朝夕，犹荷天祐，以无荒民事，况聪明特达，百倍于复者耶？暨《志》有之曰："三夜月明来告旱，一声雷动便行船。"则暨之所重，与思所以重暨民者，可知先务矣。

万历叁拾年月日。绍兴府知诸暨县事池阳刘光复谨识。

1　嘉庆本作"乖次"，同治本作"乖戾"。当以同治本为是。

经野规略全书原目

邑侯讳光复字贞一号见初刘公手定

邑侯讳云龙字雨苍崔公重梓

粮厅杨讳翔凤

署粮厅事谢讳邦达　仝督辑

捕厅牛讳克嶷

刘公四世孙锺秀书升氏纂述

后学傅憕端衡氏校订

阖邑绅士公同较阅

上卷

疏通水利条陈

善后事宜

泌湖里递呈词并议详申文

禁插箔申文

议督水利申文

大侣湖石埂呈词并议详申文

禁坑鸬山并兔石头凿石申文

白塔湖士民呈词并议详申文

大侣等湖居民呈词议详申文

开治河渠申文

花园埂圩长呈词

花园埂官塘申文

五十七都居民呈词

泌湖败落荡官田申文

泌湖违禁插箔申文

正七都居民呈词

违禁放霪大湖申文
高湖居民呈词
高湖违禁申文
二十八都居民呈词
后荡官湖申文
小沥湖官田申文
续议高湖官荡申文
立碑示禁永全水利申文
大侣湖石埂记
白塔湖记
朱公湖埂记
高湖埂闸记
五浦闸记
毛村等湖记
太平桥记
祝桥记
会义桥记
跨湖桥记
善感桥记
金浦桥记
花园埂记
祝桥开河记
新亭桥记
茅渚埠桥田记
茅渚埠江神庙记
永利仓记
在兹阁记
沙埭埂记
安家湖起工祝文
大侣湖造闸起工祝文
黄家埠取石祝文

下卷

目终

上　卷

疏通水利条陈

绍兴府诸暨县为疏通水利以拯民命事：本县粮田柒拾余万，山、湖相半，山田硗脊寡入，恒仰给于湖田。湖田一不收而通邑告饥矣。卑县职司民收[1]，既不能家施而户与，稍睹利弊，又焉忍袖手以旁观。意欲竭三冬之精神，图百年之长计。第有大益必有小损，而便于众或不便于独。倘遂奸豪蠹政之谋，徇愚民晏安之习，事未有能成而无坏者。谨将湖田事宜条陈开后，苟言不虚谬，可以施行，乞颁降宪示，晓谕概县百姓，庶民心顺而事功易就。异日川居之民永荷奠安之休，亦未可知也。另具书册，理合具申，伏乞照详，示下施行，须至申者。

今开：

一、开斫两岸江滩树竹，以导河流。诸暨惟浣江一带，上接金、处万山洪水，下通钱塘、富阳两江，逆涛五百里，长流不知几百折。而由江入海，麻溪塞其故道，碛堰锁其噤喉。先年小雨犹不泛溢者，以泌湖蓄水而埂外多隙地，河广足以容流也。今泌湖变卖筑城，势难骤复。官埂之外，人人占为私业，起庄房于溪滩，植桑柳于河中。此地时涨岁充，彼埂日危月削，甚且田委河伯而空赔粮差，日望对岸之如林，徒嗟故业之焉在，是皆滩作孽而木为祟。若释今不治，竹木日盛一日，将来泛溢，无时可免。职意：欲于房屋所在不甚大碍，姑免拆移，令存官路，其滩地谅弯直以分多寡。无妨水势，官路之内，仍归本人；有碍者，相度钉界树石。高阜立为义冢，卑湿任从放牧，则流无阻滞，小水未能骤长，洪涛亦必易泄矣。伏乞宪裁。

一、平挖私埂，以存旧日江路。筑湖之初，埂外余地悉为荒弃，不以小利妨大计也。无奈奸贪之徒捏报开垦，始事菜果，既谋稌黍，湖外自成一湖，岸上更加一岸，期月盈尺，终岁成丈，不数年而蓬茨绕匝，荻芦弥缝，壁立坚密，屹如崇墉。一当阨会，冲激喷薄，奈之何不东奔西溃也。职临湖中，长老咸曰：曩年水

1　“收”字同治本作“牧”，当以同治本为是。

势犹缓，近三五年来，突易泛长。而沿江踏视，指讯一二小湖，皆三五年中筑成，既非彼之恒产，即种瓜豆，亦已过分，何为必欲膏腴此弹丸以殃及一方乎？况倒一埂缺，无论茫茫巨浸，啼号景象，不堪闻见。即议修筑，小则百金，大踰千数，又何为不忍割尺寸之爱而保全万命？故汇湖有久远无碍者可置弗问，查果丈量以后，曩系通潮之湖，不许加埂。有近来私筑井[1]关锁水口者，尽行摊平过水。其存有园地，止令夹竹篱以备牲畜，不得垒土栽培荆棘，壅塞下流。庶河广水平，不致湍激冲射，可免频年告灾之虞。伏乞宪裁。

一、辟岸路，丈隙地，以杜侵占塞截，为经久可持之计。树竹斫矣，不无萌孽之生；私埂摊矣，谁禁畚插之加？两江四岸，约千有余里，岂一人耳目能时周？豪猾骛利走死间，人焉肯挺身作对？是官来彻篱，官去作堵，名归公廷，实圈私家，徙[2]劳斧斤，何裨畔岸？必须各业主将江干芟锄成衢，其滩地逐处丈量，填注土名，编号印册。即续有涨地，永不许报升入户。圈塞者即坐以侵占水利究解道府。其紧要处所，竖立碑石，登记弓口[3]，示不可移灭。勘地树苗、竹笋，诸人皆得采取。而舟人挽楫两岸，络绎不绝，有道里坎陷不修治者，许首鸣拘究。如此则林莽芥然成途，救埂驰逐甚便，无虞榛芜，求杜窥伺，似亦经久之计也。伏乞宪裁。

一、均编圩长夫甲，分信地以便修筑捍救。本县湖田既广，淹没时有，民亦习为故常。怠人事，徼天幸。故有有湖而无圩长者，有湖内无田而冒当圩长者。彼田多大户，惟恐身一担当，则有拘索之扰，身家之妨，又虑众民萋菲之口，故避圩长若咸[4]役然，百计求脱，甘任无藉之播弄矣。而无田之人利害不切其身，孰肯殚心力以从事，夫可折卖，工可欺报，聊以掩一年故事。及有疏虞，不过受数十板之杖责，而挟以派工索直，反获重利。此埂不固而易败者，往往坐此。卑县于白塔、朱公、高湖等处，虽稍示规条，而各湖犹未画一，事无专责，终属推误。惟就各湖而计之，有田若干，埂若干，每亩约埂若干尺。田几十亩编夫一名，一夫该埂若干丈，几夫立一甲长，几甲立一圩长。大湖加总圩长几名，小湖或止圩长一二名，听彼自便。必择住湖、田多、忠实者为长，夫甲以次审编。其田多、住远者，圩长夫甲照次挨当，恐管救不及，令自报能干佃户代力。每湖

1　“井”字同治本作“并”，当以同治本为是。
2　“徙”字同治本作“徒”，当以同治本为是。
3　弓口：方言，指步弓两足间的跨度。引申指土地面积。
4　“咸”同治本作“戍”，当以同治本为是。戍役，犹兵役。

刻石紧要处所，备载塍尺夫甲之数，自某处至某处，某人修筑督救。本县仍类刻一册，印给各湖。夫随田转，塍以夫定，则分数昭如指掌。官便稽查，民绝规避。暇则合力通筑，急则悉心救护。官又亲行湖土，别勤惰，明功罪，用示劝惩，人心自尔鼓舞不怠。师什伍之遗意，为备御之预图，似亦上策也。伏候宪裁。

一、定业主佃户工费，以便遵守。本县山间富户以湖田为剩余，湖上居民以湖土为命脉。然富室罔恤佃户之艰，咸谓做工其当然；贫民虽知塍务为重，辄苦工食之难措。彼推此挨，率多误事。窃谓业主、佃户收则均利，没尽乌有，亦当参酌以垂定规。每一亩定要一工，秋冬之交，圩长率夫甲集工加培。各分塍所佃户做工，业主每亩或算银壹分，或抵租伍升，为饭食之赀。亩起二工者，业主每工算给二分，至三工则业主当自募夫。盖辇输捆载与叨分担石者，贫富既殊，而数年一调，与为子孙立根基者，劳逸亦难概论。每见筑一倒缺加一患塍，亩约费钱余，小民终岁勤苦所获几何，而能堪此乎？即隐忍不敢与主者较，能免鬻儿剥肤之惨乎？前规亦为不偏贫富，觉宜遵行。若一亩一工，无论有患无患，年年断不可少，积寸壤尺，日久自固。况续加于平时，何如骤筑于一旦。而一工之费，视重栽苗、空赔粮又大悬也。岁终必须亲勘加培何处，稽查夫簿完工与否，不以姑息启玩愒。如此则有确常规，人知遵守，无坐视崩塌之患，无纷争推误之累。似亦一策也。伏候宪裁。

一、议挑掘田价以恤独累。诸暨向来对塍取垦不给其值，湖内田多，犹曰捐小以全大。乃有穷民止一二亩，即尽掘之，不惜；亦有边塍数十亩，被水冲没者半，复迁塍其田，又起土于田中。人之产一旦乌有，惟仰屋叹而已。且田去粮存，世世趣贷以偿，苦极而莫控也。圩长夫甲类惧强欺弱，贪饵忘害，取土画基，往往那[1]移。岂细民之不平，恒纷争以靡定。职谓天灾流行，何苦一家。况通湖酌量派价，众擎易举。已往弗论，自后有迁塍基、培塍缺者，圩长夫甲公同勘丈，用某田若干，该原价若干，除淤没者不给，好田令半偿之。查有新升田亩，仍为抵豁其粮。培塍对田取泥，迁塍惟择利便，务从公道，断不许避奸豪而移殃贫弱，如此则得价，人情易从，除粮可免，世患忧虞，不甚偏枯，贫富均荷超恤，似亦所当议行者也。伏候宪裁。

一、预议积贮，谨巡视以备仓卒不虞。蚁穴溃堤，涓涓滔天。方其初渗窦也，锄泥可塞。及既洞决，虽排山无济已。故培塍当勤而救塍尤急。暨民每遇

1　“那”字同治本作“挪”，当以同治本为确。

春涛泛发，率高卧于家，埂倒尤不及觉。圩长被催促无奈，始徒手往视。急问居民求一破荐朽桩不可得，坐观其冲没，辄来报曰：水大不可为力也。言之堪叹息。窃谓圩长夫甲各有分地，则力易施。而一年水发不过数次，每次不过数日，何惮旬日之劳，而不为终岁计。欲于初夏令圩长夫甲各计埂之多寡，预备竹簟几片，松杉竹木几株，惟寄附埂人家。旧袋几十百只，锄箕索篾人人毕具。辽远者谅立稻蓬几所，以避风雨，驻足埂边。多坑荡水深者，即备门板船只待用。圩长执锣，夫甲执梆，夜各高揭灯笼一盏巡视。遇有警急即鸣锣击梆，声柝相闻，齐力救卫，钉桩护泥，囊沙截水，人力胜天，亦未有不济者。人夫一名不到，计所种之田，每亩罚工一日，埂倒则倍之。圩长夫甲不到，每亩罚工二日，埂倒又倍之。桩木等项不备者，亦如例罚。圩长夫甲仍以失事大小杖责，枷号埂所示众。其桩竹诸费，科派细民则扰众，责办圩长又累独。莫若立一义会，以今年为始，计亩出稻，类总轮放。如：白塔湖九百余名夫，每名田三十亩，若止一亩半升，可得谷百三十余石。各湖量田出谷，亩无过一升。当兹收割之际，秉穗检拾，奚啻升余。来春即以此稻买木若干株，竹簟若干片，余存生放息，止加二轮放之。人即承买木簟，价值听各圩长夫甲公估，不得虚报。其木簟用于某分埂所，该夫甲圩长于秋收时纳稻抵补；备而未用，轮年之人卖稻补数，特不起息。旧袋，圩长夫甲各备，用则算价，不则已。又，种田人户或二十亩或十亩，要草荐一片，春末交纳，圩长夫甲听官点查，少则禀究。如此则费轻易集，有备无患，既免嚣争之习，又成守助之风，得人行之永久，文公社仓遗法可渐臻矣。失今不为，更待何时乎？此职之所惓惓究心者也。伏候宪裁。

一、禁私霪，通官沥，绝捕鱼，以救低田。一湖必有一闸，以备蓄泄。而居民虑其不能尽济也，沿江各开私霪，使置立如法，无为湖患亦奚不可，独奈何人多为己，不恤妨众。缸霪脆薄，入土年久多碎，洞无关键，闭塞为难，一遇骤水，滔滔入流，埂未破而田沉水底矣。甚且掘沟安车，踰岁不填，霪已破坏，甘任倾圮，倒埂多由之。职谓：欲造霪利己，必须坚固，内外俱要石板紧口，庶启闭时易，可免误事；不则尽令起霪，筑塞其沿江小湖，止许霪从江出，不得放向大湖。若湖中沥河，涝藉放泄，旱资灌溉，通湖命脉所系。职巡各湖，见近沥田户将沥基高者垒土成田，低者筑坝为塘，既塞喉碍肠，焉得下咽利泻。此泛没旬日未减，暵干一滴不到。又有无赖之徒，妄称湖闸是伊祖父所造，即据为己有，任意截箔装袋，惟图鱼虾之利，不顾禾苗之灾。湖民惧其强悍而莫可奈何者，比比然。沥本官存，焉得私擅；闸原为田，岂容捕鱼。恣数人之欲而以一湖为壑，此义之所禁而法不得不严。春夏之际，须取通湖圩长夫甲结状，湖内有无占塞官沥及插箔佈袋等弊，许诸人公举，犯者重究申解。圩长含糊不举，并治。庶宿弊可革而患其消弭[1]乎？伏候宪裁。

一、分管水利以便责成。本县有七十二湖，东、西二江，相去各百余里。逐湖踏勘，约二旬始遍，一人恐未能办此。湖民怠缓习惯，非娓娓绳督，亦徒虚应而罔功。窃欲尽将概县湖田三分之，县上一带委典史，县下东江委县丞，西江委主薄，立为永规，令各专其事，农隙督筑，水至督救。印官春秋时巡视其功次，分别申报上司。盖勤职不过为民，牧民无先足食。以治田之勤怠，定本官之贤否，则力分易给而专责自励。官不敢溺其职，民不敢慢其事，上下相维，善后之上策也。伏乞宪裁。

一、均塘荡额粮，以救枯贫。泌湖初为各湖潴蓄之所，今筑成圩，反居上流，泥坚水泻，地衍土肥，所入既多，受患反轻。纳粮上则每亩科银柒厘叁毫，中则每亩科银伍厘玖毫，下则每亩科银叁厘伍毫。别无差徭。而各湖如白塔湖金家等漊，高湖十二堡等处，三年两荒，十种九空，每亩肆分条粮，里甲夫役费且不赀，卖之莫售，弃之粮在，岁岁称苦，时时怀愁。语云："白塔湖底田拾亩，胜过子孙军一名。"卑职督埂，有一人告馁不能筑，问："田若干？"云："二百亩。"问："何故贫甚？"云："三年无粒入矣。"为给稻三石而始能就工，其他数拾亩赔粮空役者，比比皆是。世有倒悬若此，而不思所以救之乎？职谓塘荡每亩课银壹厘伍毫，而有育鱼灌溉之利，即倍之亦不为过。泌湖居民久已成业，转卖多主，一方待命，势在必争。众湖俱尾其下，议弃未必骤益，变更徒滋扰攘，莫若将上则者二亩则一亩，中则者三亩则一，下则者四亩则一，自度不能成田者告鸣摊埂，永不许成田，止许鱼草之利，与塘荡科则。而各湖甚低处，酌量议则，沿江通潮湖亦分别起科，如此则粮成业定，泌湖固在乐从，而入簿税轻，穷民可免逋累，似亦通变宜民之术也。伏乞宪裁。

一、丈田以清夫数。曩时计田编夫，今日久漶漫，有田去而夫存者，有有田而无夫者。富豪高卧收花，贫寒忍饥代筑。细细询查，流传莫知所自；哀哀陈诉，众人谁替分灾？又有田被水冲沙没，旧日夫役犹存，颗粒全无到口，泥沙日日肩身。空赔粮差，压做土工，为终身不解之愁，贻子孙无穷之患，观之伤心，言之於邑。职谓：各湖旧册可查，无大偏枯者，照号编夫。其失额差误甚者，必

1　嘉庆、同治二本皆作"稍弥"，然以文意判定，当为"消弭"之误。

须履亩查丈,顺序以业主编审,并无错谬淤没,因而开豁,亦脱苦殃。况清夫而不清粮,则便民而非扰民。一时之劳,似为无穷之便也。伏候宪裁。

右申

绍兴府:蒙批候道示行。缴。

浙江等处承宣布政使司分守宁绍台道按察司副使兼左参议叶批:湖田事宜,规画堤防,备极周悉,真地方百世之利。求民瘼如该县者有几哉。该府既经覆议,仰令着实遵行。刻石通衢,用垂永久。缴。

钦差巡视海道兼理边储分巡宁波整饬宁绍兵备带管分守宁绍台道浙江按察司副使王批:既经该府同水利官覆议,前十款俱凿凿可行,后一款姑俟将来。如议着实修举,仍候守道批示行。缴。

善后事宜

大凡议法易,行法难;示法于民易,使民不玩法难。前所条陈,申清当道,皆谆谆加意,吾民其或遵宪令,谅予衷庶几不悖于义。尚有琐琐管见,稍裨湖土者,殚竭于左,愿与暨人永守之。

计开:

一、芟锄两江碍水竹木笆埂为治湖第一义。每年断要亲行巡视,执法毋挠。

一、捕鱼罾埠,最能壅水作浪,夏、秋两季断不可容人私立。犯者须急治以儆众。

一、屯堆木捆江口,闭塞咽喉最为害事。夏、秋两季,须严禁木客牙行。毋犯。

一、圩长必择殷实能干、为众所推服者充之。抚绥优恤,以作勤劳,禁革奸弊,以杜侵渔,庶可鼓众集事。

一、各湖圩长夫甲,有催集之烦,奔走之苦,量其田亩多寡,稍免夫役,亦不为过。若免外作弊,隐匿假名科派者,合加严究。

一、圩长各退顶役,须在八月大潮之后,对众明审的确。不宜听信单词,中其规避包揽之计。

一、圩长交替时,须取湖中诸事甘结明白,不致前后推挨。若遇病故,其子弟贫弱者,又宜审众急易,毋使误事。

一、湖民圩长有呈首湖中利病者,当为准行,事完即注销,不得累以纸赎。

若假托仇伤人者,严责可也。

一、圩长有事到堂禀白呈递,当即拨冗审发,令情得易达,毋致久羁受累。

一、圩长大略三年一换。年年培厚,三年总加高一尺。以雨零人畜践踏多时,必有低损,未完工者不许脱役,着带罪速完发落。如下手含糊顶役,再不许推委前人,方肯任事收效。

一、湖中有事,故委勘差督,类多虚应,须亲行踏勘,相地势,察舆情,权轻重,而酌其宜。毋为甘言所乘,毋为浮议所夺,方能底绩。

一、临湖须轻舆寡从,自备赀粮,预度该餐之所。先使一人备饭给食。从役庶无留行告困,断不可扰费闾里。

一、临湖须霁颜色,遍加咨询,言当者即出刍牧,亦必倾听速行。令人人得以进说,自少壅蔽之患。

一、湖民多怠玩,须明功罪,信赏罚,方克济事。慎毋以私意行喜怒。至役人弄法索诈,又当时时察治。

一、各湖原差最慢事,有能催筑高厚,督救无虞,即对众奖赏。违玩者如法惩治,庶可作勤而儆惰。

一、加埂不厌过阔,毋求过高。宁厚培其脚,毋徒垒土于首。

一、查工必先计本。湖之田若干,该工若干,每工可挑土若干,或量田中泥方,或相埂上土迹。奖有功,惩虚冒,庶无欺掩。

一、秋末遍给加埂牌示,夏初遍给救埂牌示,皆宜预先申饬号召。遇有霖雨,督令原差星驰催救,各衙悉出分救该管地方。本县亲驻紧要处所指挥策应,不得因循坐视。

一、救各湖固欲兼济,设遇洪水势难遍及,当以大侣等内七湖为切要,次则白塔、朱公、高湖及东西两边江各大湖。盖诸湖田多者十数万,少亦不下数千余。或势居上流,地形高阜,宜知缓急之分。

一、倒埂多在夜间。入夏即延见各湖民,查点夫甲种户,各该备灯笼、草荐、桩竹,俱要如数叮嘱。水至毋怠夜巡。

一、每湖患埂止数处,遇水须多聚人夫救护此处,其余止令数辈更番巡视蚁穴、漏洞,便无误事。

一、春夏大雨之后,即查各湖有无倒塌损漏。有则责令上紧培修,即雨淋沟荡亦须速砌草皮补满,以防复水误事。

一、埂上止许插柳及樟梓之类,不得种蔬豆桑麻柏果。盖开挖则埂易损,有利则人争据，加筑救护俱为不便。

一、傍埂之田，种者多锄埂脚，一年削寸，十年去尺。此自破之道也。须严禁埂下田户，春来止许焚芟茨草，不得铲挖，见有锄迹处，即提业主佃人并究，庶无轻犯。

一、湖埂止专责圩长经理，不得轻听居民承佃看管，遂其侵占之谋。

一、祝庵桥以内及太平桥上各湖，多有地形高厚不必加工者，修筑时须审实分派，毋泥每亩该埂若干之成数，令圩长得以役众利己。

一、湖民遇有滩涨，多阁地，升科数年，官更，方始执管，人莫可谁何，惟令于报升单内明注：不系埂外滩地。查有故违者，追还坐罪。圩长不举及里老冒结，一体究治，庶乎此弊可息。

一、各湖有置立闸田及义会稻谷，俱要逐年清理，毋令奸豪侵欺。

一、旧河基除黄沙汇议立救荒湖，蒋村汇议立学湖，申详院、道外，余俱短窄，听两处过水，不许势豪居民承佃侵塞。

一、各湖田亩，惟白塔履丈编夫，余俱依旧报，额数未必尽实。后有争论告查者，照丈量柳条册，令各业主逐号插牌，登记四至、弓口，执册临田一查，自[1]毫不能逃；苟无大争，仍旧为妥。

一、各湖埂皆本县目击亲量，苟非倒塌迁徙，长短当不甚殊。

一、水性冲突无常，江河桑田更变，以故患埂不尽注。日后巡行访视，当自得之。

一、各湖汇湖并一，己湖[2]、小湖多有未量，以力足易备，且不以小妨大故也。

一、暨俗尚气，多雄长不相下。有争论湖中事情者，固须分别可否，以帖服人心。尤宜掩瑕宽过，毋重伤民和。盖协同攸济，角力罔功，此又联人心、厚风俗而集事机之微权也。

泌湖近湖里递呈词

呈状里递虞世京、湖长陶英二等，系绍兴府诸暨县六十四都。呈为升粮豁累事：本县系官泌湖一所，丈计四万二千有奇。先年奉台变卖，可堪筑埂，稍有鱼草之利者，纷召士民承佃，俱各纳价，输粮有主，祸剩极低。江塔、水荡、大

1 “自”字同治本作“目”，当以嘉庆本为是。

2 “己湖”，此处指一家之湖，湖必不大，故后文有“且不以小妨大故也”句。

官荡等处，二千余亩，原无埂岸可因，日通两潮冲没，岁无纤利可收。比蒙县主勘以废土，官民不科税价，申鸣抚院司道府县案证。祸因日久官更案沉，霹于万历十七年，县缺正宰，贪吏赵良器等违宪曲谮，县署朦申前项荡、塔，每年每亩要追鱼税租银一分，案行县佐，捉拿二等湖长，开追混提，差人络绎，事无休息，民遭荼毒，地方不宁，京等极于廿二年四月呈。蒙守道吴爷准，批县勘问[1]，被吏书图延冰阁，不勘不缴，复行扑捉，团诈无门。叩批该县正官临勘，稍可樵捕者量估纳价，止可刍牧，比照下则科税开报入户，官民两便。国有余税，民不移害，恩德配天，激切连名上呈察院爷爷施行。

万历二十四年十月日

巡按浙江监察御史唐批：仰县查报。

议存泌湖申文

绍兴府诸暨县为升粮豁害事：万历二十四年十月初三日，蒙巡按御史唐批，发本县六十四都里递虞世京等连名呈词到县，遵该本县知县刘光复行拘原呈里递虞世京等到官，带同临湖查看，得诸暨地势窪下，上受万山之水，下通两江之潮，自麻溪筑而流益壅塞，七十二湖时遭淹没，故隙泌湖为蓄潴之所，以杀水势。初存五万余亩，小雨犹不涨溢。逮嘉靖三十五年倭儆，变价筑城，高阜悉归宦门，中下亦佃豪户，各争稼穑之利，不顾防川之灾，河窄如喉，受流若咽，骤霖终朝，一望成沼。当事者目击心悲，计已无之，惟叹前人之不早见耳。此二千六十亩者，锅中底，壶身颈，既鲜厚利；千家刍，万人渔，亦莫定主。必欲责常税于里递，其谁听之？况下则不及三厘，而水荡科至一分，何怪乎民不堪命？独其"着主承佃，归户输粮"之说，此辈亦为身谋，非出公论。盖湖民浼伊报册，则可索微赀，膏腴攘为己业，则可专永利。而塞口止啼，后来奔溃四溢之虞，则彼不暇计矣。前日已误，今日岂堪再误。卑职三四临湖，每却顾而寒心也。为民者不与争利，远图者不轻尝试。府学何须额外之供，一邑岂无涓滴之渗？莫若以剩湖定为官湖，听贫民渔草其中度活，仍着原呈人并附近里递，贮碑四面，钉界以杜侵占，则豪奸永绝窥伺，河流犹存故道，或不致泛滥逆行。概县实蒙其利，不然责课累及彼乡，定业害及通邑。苟且一时，遗殃百世，俱未见其可也。赵良器"役满故久，无庸审拟"等词在卷。缘蒙批仰查报事理，卑县未敢擅

1　嘉庆、同治二本皆作"勘向"，推敲文意，当为"勘问"之误。

便，拟合请详为此，今备前项缘由，同原蒙批词，另具书册，理合具申。伏乞照详，示下施行。

一申

巡按浙江监察御史马

万历三十年三月日

巡按浙江监察御史马批：如议行。缴。

禁插箔申文

绍兴府诸暨县为水利事：万历二十八年二月二十三日，该本县知县刘光复查有白塔湖埂告溃，随即临都讲乡约，亲勘埂岸，路由阮家埠出草湖港口，有近民阮参十九与钱堪百六等，各于本处将竹木插钉港中，筑箔捕鱼，横截水利。事干地方利害，当将木桩竹箔拆卸，给圩长袁忠百七十，领钉花园庙嘴等埂岸外，就经行拘钱堪百六等各犯到官。查审得，本县有七十二湖，田圩卑窪，稍雨即时泛溢，屡年涝没，民甚苦之。本县莅任即行禁示居民，不得贪水利以坏粮田。后因赈饥过鸡山，见桩箔横截江口，拥水难行。询之，乃近民筑此捕鱼。比以初犯，朴责弗究，立碑示禁：概县港渚永不许筑箔捕鱼。又给示各湖民，保长、老人令不时查首。盖深惧饥溺吾民，而用此殷殷也。尔百姓亦既耳且目之矣。乃今仲春骤雨，白塔湖告溃，本县因讲乡约，亲勘其埂，由阮家埠港以出，视其河，仅仅一衣带耳，上三县万山之水从此出。行不数里而有二箔，是何暨民利己害众，抗官而藐法也？本当重治，姑以糊口细民累累乞饶，拆其桩箔，给圩长护埂，量从轻拟。而地方大利害所关乡约，保长人等弗行呈举，安用彼为？亦应示惩。仍令立碑筑箔之处，请给宪禁，镌石以震压顽民，具招见在。为此，今备前项缘由，另具书册，拟合申详。伏乞照详，示下施行。

一申

浙江等处承宣布政使司分守宁绍台道左参政谢

一申

绍兴府

万历二十八年三月日

浙江等处承宣布政使司分守宁绍台道左参政谢批：捕鱼小利而令低田淹没，诚所当禁。钱堪百六等各依拟发落，仍出示禁约，库收。缴。

绍兴府：挑本犯贪小利而溃防病众，诚敝民也。依拟与各犯赎决发落，仍候守道详示行。缴。

议督水利申文

绍兴府诸暨县为水利事：照得本县山湖相半，上接金衢洪水，下通钱塘江潮，一朝骤雨，山洪泛溢，潮迸水涌，冲倒埂岸，湖田淹没无收。历年民皆困苦，钱粮逋负。自卑县莅任以来，查得县有七十二湖，临都踏勘，圩埂多系坍塌，间有近江居民，插钉木桩、竹箔，捕鱼阻水，即行拆卸，申呜严禁。仍督各湖圩长照田集夫筑捺，迩皆就绪。此虽因高易崇，然亦一篑可虞。适今有秋，民颇乐业，又值农暇力隙之时，凡有损塌，相应培修高厚，以御春洪。卑县入觐在迩，虽经谕令修筑，诚恐民众难齐，时日易懈，及今不力，来春何为？查将县上关全等湖，关发岑县丞，县下大侣等湖，牒行朱主簿。趁此闲暇，照田集夫培修。倘能单骑履亩，悉心区画底绩，则据实呈报，乞奖荐以加成劳。若徒因循弥缝，罔济民艰，责有攸归。如此，则事有责成，功可坐计，思患而早图，不致前功之尽弃矣。事干水利重务，卑县未敢擅便，拟合申呜。为此，今备前项缘由，另具书册，理合具申。伏乞照详，示下施行。

一申

浙江等处承宣布政使司分守宁绍台道按察司副使兼左参议张

万历二十八年九月日

绍兴府诸暨县为水利事：蒙本府票文，该蒙浙江等处承宣布政使司分守宁绍台道按察司副使兼左参议张批，发本县申详修筑县上关全等湖，县下大侣等湖，照田集夫，培筑高厚等缘由，备蒙仰将该县原议申详关全等湖，上紧督令，委官率众培筑，完工核实申报，以凭转报等。因蒙此查得，前项湖埂本县俱已遵照，集夫筑捺，时勤防护，连年有秋。去冬因民心鼓舞，已条陈申详，履亩丈埂，分段培筑，上自关全，下至兔石头，概县七十二湖靡不兴工。卑县时常单骑亲诣各湖，朝夕督劝，圩埂比旧俱加培高厚。又，开凿西施、顾家、黄沙、蒋村四汇河以泻水，即今五月初大雨经旬，各埂尚皆无恙。自后修救不懈，亦可永保无虞矣。缘蒙差人守催，拟合申呜。为此，今备前项缘由，理合具申。伏乞照验施行。

一申

绍兴府

万历三十一年六月日

大侣湖居民呈词

绍兴府诸暨县六十八都，呈状人王镇六、石齐四十七、陈斌四十八、郭东五十、石蒙二十等，呈为裕国救民事：本县大侣湖庙嘴头患埂一百二十余丈，内包七湖粮田一十五万，半县民命攸关，埂坐低窪，上接金衢洪水，下受钱塘江潮，每遇洪水，冲塌如线，单薄似掌。幸蒙刘县主亲巡圩岸，勘拆阻塞鱼箔，木桩给发钉卫，仅获有秋。但埂正值东西两港咽喉，沙土易崩，木桩易朽，若不固筑石矶，则桑田变海，漂没民居，半县生灵尽遭鱼鳖。伏乞轸念国税民食，准批廉县督率圩长蒋京六十五、陈周十一、蒋加廿九、徐良二、陈美廿一、赵能八十八、祝高廿八、孙加廿八、孙加四十九、傅东三十二等，乘农隙着各田多大户蒋太四十九、赵澄八十四、孙加四十三、袁忠百七十、赵坤廿四等，估办桩石，监督完工。庶埂永固，湖土绝沉溺之苦；粮食有望，万世锡平成之福。激切连名具呈。

万历二十八年九月日。呈状人：王镇六等呈。

浙江等处承宣布政使司分守宁绍台道按察司副使兼右参议张批：仰县查报。

万历二十九年四月日。呈状湖民：王镇六等呈。

浙江等处提刑按察司清军驿传带管屯盐水利河道副使陈批：仰县速查报。

绍兴府诸暨县为裕国救民事：本县知县刘光复拘集各圩长蒋京六十五、赵能八十八等，亲诣王镇六等所呈庙嘴埂处所查勘得：本埂上接金衢洪水，下通钱塘江潮，坐当两江咽喉，七湖关要。水冲倒塌，湖田淹没。设非固筑石矶，难垂永久。议造石埂八十五丈五尺，脚用松桩密钉，厚阔石板盖桩，上用牵钉石条，内用细石填堵砌筑，仍着大户量田高下远近照数派银，径给石匠。示谕毋令多科，先将各埂培修，俟至农隙，本县亲督。已经兴造，缘蒙行仰查报事理，拟合申详。为此，今备前项缘由，另具书册，同原蒙批词，理合具申。伏乞照详，示下施行。

一申

浙江等处承宣布政使司分守宁绍台道按察司副使兼左参议叶

一申

浙江布政使司分守宁绍台道带管屯盐水利河道副使兼左参议叶

万历二十九年十二月日

绍兴府诸暨县为裕国救民事：万历二十九年十二月二十七日，蒙府票文，蒙分守道副使兼左参议叶批，发诸暨县申详。六十八都王镇六等呈筑大侣湖庙嘴埂缘由，蒙批仰府覆查议报，蒙此备行仰县即将原详，估办桩石，量田高下远近，派银给匠督造。大侣湖庙嘴埂处所，应否改选石埂，是否舆情允协等因，遵该本县知县刘光复亲诣庙嘴埂处所，拘集原呈王镇六，并圩长湖民蒋京六十五、孙宏六十六等，面同覆勘。得本埂坐当两港咽喉，七湖关要，洪水冲倒埂岸，节年淹没，民苦无收。呈筑石埂，舆情妥悦。近奉批行覆勘，斟酌埂患重轻，量田高下远近，派银并不干动官钱，田户径自给发石匠，亦无假手冒克。改造石矶，湖民无不趋事。分段认筑，不日可以成功。堪御春洪汛涛，永无崩颓后虞。缘蒙行仰覆勘册报事理，并将各圩长认造议派田亩、桩石、料价文册，取造见在，拟合申详。为此，今备前项缘由并文册，理合具申。伏乞照详，转达施行。

一申

绍兴府

万历三十年二月日

禁坑鸬山并兔石头凿石申文

绍兴府诸暨县为地方大害事：万历三十年九月二十五日，据附七都十递居民吴海澄、俞振尚等连名呈称“本都一境，背依坑鸬巨山，面绕连塘等湖，凡遇山水聚发，浚溪绕江，埂无充没，向被吞恶。邵付献等将山投献石明，故将来龙陇脊凿石烧灰，毁深千丈，穴洞数里，山崩脉断，地震神号。损坏一境坟宅，地方日致凋零，克绝多姓。日逐发掘，沙涨溪高，一遇洪雨，致水横流，冲坏各处圩岸，淹没粮田千余，以致国税无办，民食不敷。及损三德名寺，僧亡产仿[1]，先年有僧告禁，被贿冒结，凿塞尤甚。痛思一人得利，害及万民。若不呈鸣，粮田变为沙土，良民皆为饿殍。恳乞怜准亲勘，封禁山宕，则田粮有赖，民食有生”等情到县。间又据湖民郭敬等呈称“禹稷神功，疏河惠民，兔石官山被石匠俞福一占开石圹，石屑塞江，冲塌对埂，粮田七千余亩遭害无伸，叩示禁止留恩”等情前来，该本县知县刘光复亲临，勘得“七都坑鸬山虽系石齐百廿五已业，实长兰一镇数姓龙脉，庐井千家，坟墓万堆。邵傅献等佃凿烧灰，起于正德末年，迄今日久，深入千尺，石骨见龙形，土屑满河岸，无论人鬼震惊，即田舍屡被冲

1　“仿”字同治本作“绝”，当以同治本为确。

漂，拯溺救焚，时不可缓。石氏固称祖父世业，擅利亦久，居民欲免背膂剥肤，谅为偿价。令正七都十递公派银叁拾肆两给与石齐百廿五，其山书契与众，封作官山，轮管荫蓄，永不许开凿，庶一方之民其少瘳乎？若兔石头临江下流，原系官山，石匠俞福一等密尔凿石，初亦不觉其害。积岁起石，既多屑块，沉江充塞，什今不止，岂独对埂七千亩遭害，将上流数十万俱受其殃。一人擅利，通邑何辜？允宜禁塞，毋贻民患”等词在卷。缘干地方事宜，拟合申详。伏乞照详，示下施行。

一申

钦差巡视海道兼理边储分巡宁波整饬宁绍兵备带管

分守宁绍台道浙江按察司副使王

一申

钦差整饬兵备分巡杭严带管屯盐水利道浙江等处提刑按察司佥事何

万历三十年十月日

钦差巡视海道兼理边储分巡宁波整饬宁绍兵备带管分守宁绍台道浙江按察司副使王批：利一人而害数十万家，此岂为人上者所忍闻也。仰该县严行禁塞，故违究详。

钦差整饬兵备分巡杭严带管屯盐水利道浙江等处提刑按察司佥事何批：坑鸬山官买给价，不许开凿，诚为地方除一大害。其兔石山亦宜给价官买，禁止凿石。仰县再议详报夺。

绍兴府诸暨县为地方大害事：万历三十年十月二十日，蒙钦差整饬兵备分巡杭严带管屯盐水利道浙江等处提刑按察司佥事何批，发前事蒙此，遵该本县知县刘光复覆议得：自坑鸬山凿烧以来，绝姓十余家，冲坏田地数百顷。一方痛心疾首，而莫敢谁何，惟群呼告危求救。卑县亲至其山，见凿穴几至穿绝，深为恻然。多方晓谕，石齐百廿五亦悔厥心。十递仗义乐输，卑县捐赀助给，山契领状俱明，无容议矣。若兔石头居县界水口，原系官山，石匠余福一住于对岸，日续盗凿，私卖获利，不计追没官，已为厚倖，更复给价，何人承受？惟乞宪示一颁，人心自是帖服，山川永奠无虞。缘蒙批仰再议详报夺事理，卑县未敢擅便，拟合申详。为此，今将前项缘由并原蒙批词，理合具申。伏乞照详，示下施行。

一申

钦差整饬兵备分巡杭严带管屯盐水利道浙江等处提刑按察司佥事何

万历三十年十二月日

钦差整饬兵备分巡杭严带管屯盐水利道浙江等处提刑按察司佥事何批：依拟出示禁约，不许石匠余福一等偷凿。着该坊里保每月具结。缴。

白塔湖士民呈词

绍兴府诸暨县六十、六十三、六十四、六十五等都白塔湖民华纲四、蒋勤七十一、周忠廿六、何大八、何宰廿二、蒋景三十八、蒋连十五、何美十八、李贤廿四、何渊七十三等呈为捍海工成，万民乐业，勘纪殊绩，以永不朽事：切惟本邑水利，稽诸古额。碛堰不开，而山洪海潮无逆流之害；麻溪不塞，而金婺诸洪一泻入海。固无所为水患，亦无藉于圩塘。迨元至正间，萧山县主崔嘉纳奏塞麻溪，山洪无从泄泻；开通碛堰，海潮为之逆流。泛滥桑田，万民鱼鳖。嘉靖初，少冢宰亭立朱爷篮仕本邑，受牧民之专职，悯牧地之陆沉，亲历诸湖，筑成圩埂。昔苦沉灶产蛙，旋荷安居粒食。及今百有年来，主业变更，上下怠事，湖埂日至倾颓，湖田洊罹水患。四等白塔一湖，尤坐七十二湖之下，内连历山马塘，粮田四万余亩，横跨两乡，周回百里，边江圩岸一千三百有奇。浣江内冲，枫川东薄，北通钱塘，一日两潮，昼夜搏激，如土名上下打拄头、陡闸口、大小二狡、荷花塘等处，患埂七百余丈。东筑西坍，了无成日。仅设总小圩长八名，村落星分，人心秦越。兼之豪家大户恃有膏腴，渺视湖田，弃为废土。以趋筑为劣弱，以坐视为豪梁，彼此观望，皷效成风，灾荒接踵，万爨啼饥。幸今刘县主廉干性生，聪明天启，下车问俗，洞悉民瘼。不辞胼胝，亲历该湖，搜剔源委。一都选立总圩长一人，五都设伍总圩长。一总之下，每村每甲各立小圩长，或五人、或十人。按籍查夫，计夫授埂，酌量田亩之高低，给湖埂之患否，徒步齐民，亲稽丈尺。革免夫之故习，抑豪右之专恣。择今仲朔日兴工，人心效顺，老稚欢腾。昼则埋锅塍岸，夜则露宿郊坡，无分昼夜，不惮星霜。尤荷诚敬格天，自兴工以至告竣甫[1]一月，而江潮退舍，雨雪潜形。当隆冬沍寒之日，如阳春和煦之时。近埂河塘干如陆地，就中取土工力倍常。即今十里湖塘，高如冈阜，阔若坦途。水不为灾，民怀故产。流离渐复，逋负可完。上不烦于追呼，下有藉于俯仰。累世难筑之患塘，一朝速就；亘古为患之水灾，于今永杜。挈泥淄昏垫之民，置寿域春台之上。诚旷古之循良，实万民之父母。爰戴同心，谣歌遍野。为此叩鸣天宪，督发水利正官，临湖勘视，核实呈详。仍候宪批，允日

1 嘉庆本作“逋”，同治本作“週”，似“甫”字更确。

立石纪工，并照原分界段，立五都界石，庶宪敕严而豪强屏迹，经界正而世世遵守。感激连名具呈。

右具呈

万历三十年二月日

呈状湖民：华纲四、蒋勤七十一、周忠廿六、何大八、何宰廿二、阮魁二等呈

浙江等处承宣布政使司分守宁绍台道按察司副使兼左参议叶批：仰县查立。缴。

绍兴府诸暨县儒学生员沈希尹、华麟、寿必大、蒋朝明等呈为筑埂工成，勒石定界，以垂不朽事：白塔湖粮田四万，圩岸一千三百余丈。上受金衢山水，下通钱塘江潮，随筑随崩，屡种屡荒。今蒙刘县主下车以来，观风问俗，设立总小圩长四十余名，照田起夫分埂，东西定界，老稚欢趋。累年患埂一朝速就，亘古水灾于今永杜。万民享粒食之休，六都无沉灶之虞。立法甚良，民心允洽。虑后懈弛，仍蹈覆辙。恳天准呈，立石埋定各都界限，世遵县主懿规，永全两乡民命。恩感上呈。

万历三十一年二月日

生员沈希尹、华麟、寿必大、蒋朝明

浙江等处承宣布政使司分守宁绍台道按察司副使兼左参议叶批：仰县立碑，以永不朽。缴。

申覆白塔湖士民呈词申文

绍兴府诸暨县为捍海工成，万民乐业，勘纪殊绩，以永不朽事：万历三十年二月十三日蒙浙江等处承宣布政使司分守宁绍台道按察司副使兼左参议叶批，发本县六十（二、三、四、五）[1]等都，白塔湖湖民华纲四等连名呈词到县，蒙批仰县查立。缴。又，为筑埂工成，勒石定界，以垂不朽事：蒙本道叶批，发本县儒学生员沈希尹等连名呈词到县。蒙批仰县立碑以永不朽。缴。遵该本县知县刘光复覆议看得，白塔湖包括两乡六都，粮田四万，烟村几千。但地势甚窪，众流会集，埂岸屡被冲颓，民困愁无底止。卑职初至即临湖督筑患埂，幸获有秋，人心思奋，欲一劳而永逸，咸荷锸以待命，计田授工，随便分筑。偶值天时之多霁，是以人事之易效。然皆民勤手足之力，官何胼胝之劳？且功未大成，闸图

1　此处（ ）内数字应作六十二、六十三、六十四、六十五解。因原文如此，故附加（ ）以助读。

创建。遽来褒扬之声，必多苟且之意。徇情似难信法，归美亦匪示观。稍俟农毕，再为加工，利百全而无一害，斯敢禀成命以坚法守。所有批呈恐致稽阁，先行申缴。缘蒙批仰查立碑记事理，卑县未敢擅便，拟合申详。为此，今将前项缘由，另具书册，同原蒙批呈，理合粘连具申。伏乞照详，示下施行。

一申

浙江等处承宣布政使司分守宁绍台道按察司副使兼左参议叶

万历三十年三月日

浙江等处承宣布政使司分守宁绍台道按察司副使兼左参议叶批：该县筑塘既完，湖民立碑颂德，欲垂久远，似宜准从。仰县发勘加工，仍听行。缴。

大侣等湖居民呈词

绍兴府诸暨县大侣、横塘等湖居民赵澄四十三等呈为恳天励恩主，鼓善良，刻录奇功，永惠苍生事：本县七十二湖，窪田数十万，水患十三乡，苦有浣江一带，上接金、衢、处水，下通碛堰、钱塘。山洪海迸，桑田旦属沧海。是以年年布种，岁岁怀忧。暨邑之患[1]，莫甚于此。然此皆因上无赤心拯溺之主，下无倾心率化之民。埂不加培，以致日倾月卸，民遭淹溺。幸逢刘县主存心仁义，莅政刚明，报国敬先乎粮税，忧民笃慎乎水乡。除葺各湖外，亲勘本湖庙嘴埂，势坐咽喉，患非小可；周村埂缺，冲要之地，变出非常。更与横塘等七湖一统，低田十万，不忍一概空粮。急申道府，公选富室大户赵澄八十四等及该段八家圩长蒋京六十五、石齐四十七，焚香劝率全庙嘴，而经费动千，民无一梗。保周村而集夫近万，子率乐从，不岁成功，不威允服。此真不世出之英能，千百年之奇遇也。不料五月梅洪，山溪骤涌，大侣巨崩于沙埭，横塘遍倒于东娄。野哭横尸，家惶沉灶。本县亲冒凶波，轻舟遍诣。患木桩之无措，捐给俸赀；念民力之弗堪，祈均大户。慢事稍惩，速功重赏。果尔两月天成，功巍捍海。更念本湖五浦闸，旱涝相关，旱则灌潮救槁，涝则泄水疏洪。大利窪田，古今莫毁，迄今崩危告扰。本县主刻日兴工，不动小民声色，无惊大户秋毫。咸称曰："刘父母果七湖万姓之保障，而无收土属岁岁有收之腴产矣。"此尔功盖一方，而一方诵美，将见七十二湖之埂一概丰培，其利可胜言哉。且如白塔、马塘湖水患，历冲而旦筑之，致居民有饱食暖衣之诵。黄白、太平桥崩颓，日废而旦造之，

1　嘉庆本作"惠"，同治本作"患"，字义正反，当以同治本为是。

使行人免陷溺涉险之忧。至于禁锢婢,绝停棺,罪淹女,释宗奴,决讼怜鬫,纸赎徵粮,督察免头,造福流恩,岂止一言尽述。三思有功不报,有德不陈,切恐日后莫知所思,岁远罔知所法,别患不经,前功灰矣。伏望保留重奖,及将各役姓名勒碑叙绩,厉前官善而又善,振后主贤而益贤。良民知所劝,惰民知所勤。万古无虞,苍生永惠。为此连名具呈。

万历三十年八月日。呈状人:赵澄四十三等呈。

钦差巡视海道浙江布政使司右兼按察司佥事带管分守宁绍台道王批:仰府查报。

议覆湖民呈词申文

绍兴府诸暨县为恳天励恩主,皷善良,刻录奇功,永惠苍生事:万历三十年八月二十五日,蒙府票文该蒙带管分守道王批,发湖民赵澄四十三等呈词,前事备牌,仰县将赵澄四十三等连名所呈事情,备查各湖曾否培筑,作何永远之计,一切修补工费仍应作何取给,不妨勒石以为遵守,逐一从长查议妥确,具由申府转详等因。随为恳乞天恩,纪成工,垂后法,以救万民事。万历三十年九月二十四日,蒙府飞票,奉按察司批,发居民蒋嘉七十三等连名呈词,称县官多方筑埂,利益济民,恳乞勒碑叙绩等情。蒙批仰府查报备。蒙行仰查议申府覆详等因,蒙此遵该本县知县刘光复看得:牧民之官,惟力是视,苟有利于百姓,更何惜乎发肤。纤害未除,即抱此衷之隐歉;众美备举,亦属职分之当然。区区筑埂治田,不过末节,岂堪见德色于人群;幸幸修救逢年,莫非偶值,何敢贪天功为己力?况乎纵下谀上,甚伤雅道;见任称功,自有明禁。倘仍相蒙之陋习,何以策励精之微权。宜黜浮夸,用臻实效。惟于大侣、白塔、高湖、朱公等大湖,各竖碑明载埂尺分段及湖中利弊缘由。蒋村汇、黄沙汇、金浦桥、黄家埠、长兰、新亭、茅渚埠、五浦闸各要津及县前孔道,竖碑申明宪示水利诸禁款。立一定之规,示不变之法。庶顽梗无敢冒犯,良善愈思力田,则事理之正大光明而可行者也。缘蒙行仰查议由报事理,拟合申覆。为此,今备前由,理合具申。伏乞照验施行。

一申

绍兴府

万历三十一年六月日

绍兴府为恳天励恩主,皷善良,刻录奇功等事,蒙分守道副使兼左参议叶批府申详：诸暨县湖民赵澄四十三等连名呈词缘由，蒙批该县加意兴除，为地方垂永利，诚寓内牧民所希睹。据申，湖民勒石颂功，诚为美举，但见任纪碑，向有明禁。士民感德兴思，不妨于后行之。其水利诸禁，如议准行。缴。行间又为恳乞天恩，纪成功等事，蒙按察司批，发本府议详。诸暨县湖民蒋嘉七十三等连名呈词缘由，蒙批如议行。缴。蒙此案照先据该县议申前来，已经具由，转详去后。今蒙前因，拟合并行。为此，仰县官吏查照先今事理，即将前项湖中水利事宜，照依原议，遵照施行。具由报府毋违。须至票者。

右票，仰诸暨县准此。

万历三十一年七[1]月日给

开治河渠申文

绍兴府诸暨县为开治河渠以臻永利事：卑职见本县地势低下，岁苦水灾，思稍救其万一。故夏秋以来，每巡视江岸，芟锄壅塞。踏至县下柒拾余里土名黄沙汇，河流北行复折而南，约十里许，自汇头穿透不过五十二丈，即通三江。顺流又下三十里，土名蒋村汇，则系山阴地方，河向西北复折东南，约五里余，自汇中穿透不过三十丈。职谓湖民曰：从此开去，工费亦易，水长可杀上流，水退易得归泻，治河无以易此。民咸欢呼称便。长老又曰：此隔县地方，恐有异议，须速治之。卑县即给价买其田壹拾陆亩，比九月十五，夜已二鼓，飞票召集湖夫，诘朝趋赴者约三千余人，计人授地，亲为指督，三日而成巨浸，高樯大楫往返无碍矣。然下湖之民止拾亩一工，不为劳也。黄沙汇河身该田二十亩，亦本县给价买之，令上湖照田分挑，近者千亩丈余，远者千亩六七尺，民皆忻然认工，约十月中可就。特谋贵虑远，而利图万全，蒋村远在异地，脱奸民为梗，则壅塞可虞。东岸有剩田，令湖民佃住开店，管河路，立义渡，以通往来。西岸永不许造房，恐逼狭而碍水利。新河既通，旧河必淤，蒋村旧基约可得百亩。卑县既费价伍拾金，湖民费万工，其基宜归诸暨。日后淤满存为本县学田，以赈贫生之不能葬娶者。黄沙汇旧河基约可百伍拾余亩，汇中有田捌玖拾亩，民皆愿售。卑县念柒年初任时，捐俸设处并赈济，余谷约伍百余石，不在社仓之数。每年生放以助湖民桩竹，计今有七百石。河通埂高似乎寡虞，日久谷多必至耗费，莫若粜谷以买此田。并河满之日可得田贰百余亩，自立一湖，亩取石余，以备

1　“柒”字同治本作“七”，观文中年款用字，为求统一，改择“七”字。后文此例均同。

荒年赈给。如此，则新河无奸顽之阻塞，旧河免豪家之争夺，治河治田并行，君子小人得养，似亦永利也。拟合申详。为此，今备前项缘由，另具书册，理合具申。伏乞照详，示下施行。

一申

浙江等处承宣布政使司分守宁绍台道按察司副使兼左参议叶

一申

钦差整饬兵备分巡杭严带管屯盐水利道浙江等处提刑按察司佥事何

万历三十年十月日

浙江等处承宣布政使司分守宁绍台道按察司副使兼左参议叶批：据申浚河以防水患，买田以储赈荒，皆循吏不朽泽也。暨民其有赖哉。如议行。缴。

钦差整饬兵备分巡杭严带管屯盐水利道浙江等处提刑按察司佥事何批：如议行。缴。

花园埂圩长呈词

呈状圩长郭南五十四、袁良百九十七、陈美五十一、郭庆二、蔡都四十五，呈为官塘事：花园埂内有官沥地，并水井埂基，万历拾叁年洪水倒埂，与石百十四田水冲相混，不分官民，俱被占管。恳差公正人役，将彼田照号量还，余剩俱系官塘，以便泄灌，万民感恩。上呈本县施行。

万历三十二年九月日。呈状圩长：郭南五十四等呈。

本县申详花园埂官塘申文

绍兴府诸暨县为官塘事：万历三十二年九月十六日，据花园埂圩长郭南五十四等连名呈词前来。该本县知县刘光复亲诣，勘审得大侣湖花园埂旧有官霪通水出入，内有霪基水井，而埂下亦多余地，此本县初到督筑时，所秘闻之湖民者。三十年，以霪损漏误事闭之，其中沥井余地，虽与石太百十四水塘冲混为一，而湖民车灌，亦宜听彼自便，乃庄人又多阻挠宜湖，众圩长之愤然请丈。据石太百十四自称，田地通共叁拾陆亩，今见存之田且有拾余亩，而水塘丈来不啻叁拾余亩。百十四始口塞无词矣。本县亲分钉桩，止以东角柒亩为官塘，余听百十四管业蓄鱼。亦哀彼田多被冲，而令其得资鱼利耳。在众民不过藉水灌溉，毋用琐琐与彼争尺寸而较锱铢。自后于界所插竹分截，示不相混。其桩竹则石太百十四出八股，圩长出二股。官塘柒亩即与官埂住房人种菱度活，每年交纳租银伍钱与圩长,以为修房桩竹之费。特官塘中不许养鱼取鱼,致与石太百十四纷争。永立成规,各宜遵守。拟合申详。为此,今备前由,理合具申。伏乞照详,示下施行。须至申者。

一申

钦差巡视海道分巡宁波整饬宁绍兵备带管分守宁绍台道浙江按察司按察使洪

万历三十二年十月日

钦差巡视海道分巡宁波整饬宁绍兵备带管分守宁绍台道浙江按察司按察使洪批:准照议行,各犯纸免。缴。

五十七都居民状词

告状人马献三十,为抗杀事:郑杞三十二、杞三十九、金惠五十八违禁占泌湖无主官田荡五十亩,岁花动百。三十系官役,奉文向阻成恨。今十九谋聚,郦加六十四、陈科十六等持凶杀晕弟男献四十,马龙救,遭各杀。陈洪巽等证。叩验勘。告本县施行。

万历三十二年九月日。告状人:马献三十,五十七都民。

本县申详泌湖败落荡官田申文

绍兴府诸暨县为抗杀事:万历三十二年九月二十七日,据本县五十七都马献三十告词前来,行拘事犯郑杞三十二等到官。审得泌湖二千六十余亩官荡已经本县申详院道,立石示禁,杜民侵占,人人皆目之矣。土名败落荡,田壹拾叁亩陆分,原在册中。而郑杞三十二、杞三十九以先有库收,仍潜地耕种。然库收止纳银肆两,又未申详上司,作何支用,给帖亦书暂管另议。今十余年,收花已不啻百金,焉得长执为己业。马献三十老于湖中,熟知其事,称欲鸣官。此虽意念未尽公,而词有可执。故郑杞三十二、杞三十九不畏理法,前月十九日在田割稻,见马献三十来说,遂恃强凶殴,金惠五十八、郦加六十四亦同帮助,致三十齿损发落,又伤其弟男,扯破网巾三顶、雨伞一把。情甚可恶,合各杖惩。仍令郑杞三十二、杞三十九、金惠五十八各给银伍钱与马献三十为药价,并赔网巾、雨伞。以前田花,姑免穷究,止追今年每亩壹钱,发立水利禁碑。其田留之酿争,弃之可惜,嗣后将此壹拾叁亩陆分着五十四都一二图里长,轮年管种收花,为枫桥公馆杂用。特不许筑埂,致壅上流。荡粮即为除豁。下帖库收涂抹附卷弊陷之说,谅系郑人抵饰。马献三十免拟。拟合申详。为此,今备前由，理合具申。伏乞照详，示下施行。须至申者。

一申

钦差巡视海道分巡宁波整饬宁绍兵备带管分守宁绍台道浙江按察司按察使洪

万历三十二年十月日

钦差巡视海道分巡宁波整饬宁绍兵备带管分守宁绍台道浙江按察司按察使洪批：郑杞三十二等依拟决赎发落，照行库收领状。缴。

六十四都居民呈词

告状人黄廷十四为违禁事：爷禁江湖，不许闸箔，勒石通衢，湖民感戴。独泌湖豪民虞贞六十二等，霸占官田鱼草，串保陶百八截江闸箔，捕鱼觅利，害及通湖。箔投地方，何速三十二等验证。叩肃究。告本县施行。

万历三十二年八月日。告状人：黄廷十四状。

申详违禁箔泌湖申文

绍兴府诸暨县为违禁事：万历三十二年八月二十八日，据本县六十四都黄廷十四告词，前来行拘事犯虞贞六十二等到官。审得泌湖乃本县蓄水官湖，原存肆万余亩，悉为势家冒佃筑埂，以致水无所归，阖邑受害。止余贰千陆拾亩湖荡，已经卑县申详按院，立碑禁止侵占，听贫民鱼草其中度活。乃宪墨未干，而虞贞六十二遂倚兄势，插箔于官河中，见王周郎、王义保在湖采捕鱼虾，反加赶逐，则宪法必不可行，而豪家将何惮而不为乎？理应坐徒，姑以初犯杖惩。据黄廷十四、王金八等所开手本，牛槽片、费家荡、水路荡、金保荡等处，生员虞大有称，伊并未曾管业，独孔湖头、上西片有库收。然本县亲临踏勘，两处皆随潮出入，明系官湖。特地近虞姓，欲攘为己有耳。湖土每报一罩十，指东掩西，库收何足为凭，犹宜遵奉宪禁，以一民志。其库收涂废，仍令虞贞六十二重立禁碑于两处，虞大有合拟应得罪名，王金八、黄廷十四并杖。拟合申详。为此，今备前项缘由，理合具申。伏乞照详，示下施行。须至申者。

一申

钦差整饬兵备分巡杭严带管屯盐水利道浙江等处提刑按察司副使王

万历三十二年九月日

钦差提督学校带管屯盐水利河道浙江布政使司右参议兼按察司佥事饶批：依拟虞贞六十二等各赎决发落，余照行库收。缴。

正七都居民呈词

呈状人赵尊原为违禁事：蒙台碑禁，江边小湖不许藏霪放水出湖，各遵填塞，万姓感仰。岂惟土豪王宗三十四等有藏[1]小湖霪，仍开放水出湖，实切利己害民，亦干欺公藐法。呈恳究塞。连名上呈。

被告王宗三十四、王太七十八、王太百十二。

本县施行。

万历三十二年九月日。呈状人：赵尊原呈。

申详违禁放霪大湖申文

绍兴府诸暨县为违禁事：万历三十二年九月廿二日，据赵尊原呈词，前来行拘事犯王宗三十四等一干人证到官。审得汇湖不许放水入大湖，此本县申详院道，立有成规。王太百十二、王太七十八、王宗三十四一己小湖，有霪向朱公外湖，本县发放掘塞。王宗三十四称，外湖塘有水，分须霪车灌。令起霪高壹尺，使旱时得车救，而雨盛不溢流，亦委曲两便之微权。乃王宗三十四坚抗不起，总欲豪逞厥志，如宪禁何？姑以便车，令王太七十八、王太百十二、王宗三十四起霪高陆寸，其江边新开地田，本县相视水势有碍，特给价买其三分一毫并官滩，听湖民开洗过水，毋令日后拥泛，害及通邑。里边存田壹亩陆分伍厘玖毫，令王太百十二等升科纳粮管种。其挑田塍挟笆于壹亩陆分田内，亦为无害，听之。罪姑免拟。拟合申详，为此，今备前由，理合具申。伏乞照详，示下施行，须至申者。

一申

钦差巡视海道分巡宁波整饬宁绍兵备带管分守宁绍台道浙江按察司按察使洪

万历三十二年十月日

钦差巡视海道分巡宁波整饬宁绍兵备带管分守宁绍台道浙江按察司按察使洪批：准照议行，各犯纸免。缴。

高湖居民呈词

呈状人：余呈七十四。

呈为占官殃民事：切县高湖一处，粮田贰万余亩，内聚七十二溪山水，

1　“藏”字，诸暨方言音同“上”，故湖民信笔如此。

外通江潮涌逆，十无一收。赖有湖中低荡一千余亩，免粮蓄水，蒙禁侵渔，宪法森严。突出土豪余东十九，纵窝强盗施淮二，拒赃巨富，捺案横行，妄图势占，高筑围埂，损害粮田。一方绝食，老幼愓惶，四系圩长禀县阻触。乘觐邈署，将四荡边粮田贰拾壹亩，前月十三，搆党寿主八十七，冒宦率仆插牌，概强统占。钱明、汤晨等证。占官殃民，大蔑宪典，下司莫治，叩批县勘急究。上呈。

万历三十二年三月日。呈状人：余呈七十四。

钦差提督屯田仓粮盐法水利河道浙江按察司副使李批：仰诸暨县查报。

申详高湖官荡申文

绍兴府诸暨县为占官殃民事：万历三十二年三月廿三日，蒙钦差提督屯田仓粮盐法水利河道浙江按察司副使李批，发本县余呈七十四状词，蒙批仰诸暨县查报，蒙此遵行间随。据余东十九投诉前来，该本县知县刘光复亲诣余呈七十四、余东十九等讦告处所踏勘。通拘各犯一干人证到官，再三研审得，高湖环围五十余里，民居四都六图，山田叁万有零，低田一万二千九十亩，中有七十二溪，骤雨一朝，半湖为壑。故先时空千余亩为官湖以蓄水，为粮田计也。曩时闸小埂单，常被淹没。今造闸加埂，外水不入，而内得易泄，高下有秋。然此湖民胼胝劳甚，自宜计及久远。乃余东十九私种官荡不已，窃有投献之思，唆令寿主八十七，将久卖余呈七十四田二十一亩分投盗，当日引隔县宦族到湖相视规画。毋论七十四号呼，而通湖数千家皆惊惧不宁。是余东十九实为地蠹。姑以宦族明义，不听其说，民未受害。与寿主八十七各杖。余呈七十四虽云惧祸，词亦太甚，并拟。而湖中之事，则宜乘时详定。两闸板四十块须用大木，不下拾金。曩时居民利鱼，则资鱼以备板，而田之被害者多。今禁止插箔装袋，而板价无所出。玩视则误事，细科则扰众。官湖有草可取，令十三家圩长每年共出银贰两肆钱而分卖。湖中有官荡，本县勘丈约上中可田者共九十九亩二分。每年纳二分，总计得课壹两玖钱捌分零。民已乐从。下者概不许种，雨盛留以蓄水，旱极不致放干，以便民耕。陶湖莲藕利亦甚夥，税止壹厘伍毫，每年亦令出银壹分。令十三家圩长分为三朋，每朋管闸两年，其草税田荡之银轮朋收管，以为闸板修理之费。仍立石官湖边，永不许人报升侵占。则以湖中余利利通湖之民，均及而无不平之叹，法立而无侵侔之思。此长久之策也。合宜申详，以垂永赖。拟合申详。为此，今备前项招由，理合具申。伏乞照详，示下施行，须至申者。

一申

钦差提督学校带管屯盐水利道浙江布政使司右参议兼按察司佥事饶

万历三十二年十月日

钦差提督学校带管屯盐水利道浙江布政使司右参议兼按察司佥事饶批：依拟余东十九等各杖赎决发落。其高湖闸板修费据拟甚妥，俱如照行库收。缴。

二十八都居民呈词

呈状人王良政，为藐谕事：本都后(塘)[荡][1]湖，亘古蓄水，救万民粮田。被恶王能十三放干作田，恣占窃花。遭旱，众民绝食，告蒙给示，岂伊藐谕，复放霸种，贿串圩长王尊二十等隐纵殃民。叩审湖民郑宗十二等究。呈本县施行。

万历三十二年十一月日。呈状人：王良政呈。

申详后荡官湖申文

绍兴府诸暨县为藐谕事：据二十八都王良政呈词到县，据此随该本县知县刘光复通拘词内一干犯证王能十三、王尊二十、王良政、王能二十、王灯十二等到官，再三研审得：谋占官湖，律有明禁，后荡湖粮田叁千余亩，内存官荡五十余亩，固通湖藉以灌溉者。廿四年，王能十三计献宦家，请佃。廿六年，遇旱，阖湖遂不收颗粒。小民相率控泣于县，比卑职初任，即给示禁止，续临田相视。此湖与白塘湖相连，共田七千余亩。白塘湖官湖谓荡三百余亩，亦与此官湖相通。跪道哀救者不知几千百人，卑县不忍坐视民艰，断不容种。宦家亦明于义，甘心还官，不复栽插者四年。于兹伊何人，斯今年仍私下放水耕种。果遂其谋，则官法不可施之豪奸，而数千居民将焉待命乎？及今不力为之妨，后日何所底止。王能十三本应依律拟徒，姑以人役从轻坐杖。已插禾苗令急犁没，示不可复犯。圩长王尊二十容隐不举，亦应杖惩。具招。

万历三十一年七月日通申。

督抚军门尹批：王能十三姑依拟加责三十，与王尊二十各赎发。今后官荡再不许奸民投献宦家及放水耕插，以致民田无所灌溉。违者申解枷号。余如照实收。缴。

1　诸暨方言“荡”读“塘”音，故湖民信笔如此。

巡按御史吴批：王能十三擅占官湖，私行耕插，一杖岂足尽辜。姑依拟枷号一个月示惩，满日与王尊二十追赎发落。余如照行库收。缴。

巡盐御史周批：王能十三等占官湖以绝民利，豪横甚矣。各责三十板，枷号半月，各赎完发落。余如断。永为遵守库收。缴。

布政使司批：王能十三以官湖为利薮，始计献于官，继复放水强种。奸豪目无三尺矣。姑依拟加责三十板，枷号半月示众。余照行库收。缴。

清军右布政使范批：细民田亩以湖水为命，何故王能十三，计献官家，不忌律法，大胆无状甚矣。拟杖似未尽辜，先加责三十大板，枷号湖边一个月，以泄千百人之愤。候两院详示行。缴。

按察司批：据招具见恤民锄奸实政，仰候院详行。缴。

分守道叶批：王能十三占种官湖，王尊二十受贿不举，均非良民。依拟赎罪发落，取库收仍候院示行。缴。

兵巡道刘批：仰候三院批示行。缴。

带管海道叶批：仰候院道详行。缴。

带管水利道副使王批：仰候通示行。缴。

绍兴府批：仰候通示行。缴。

绍兴府水利海仓通判徐批：仰候通示行。缴。

三十一都居民呈词

呈状人祝元四十五等，为违天事：变祖小沥湖荡费价、佃田、科粮纳今，上年蒙断入官，粮未蒙豁，遵不敢种。岂今湖霸阮鼎十四、私泼阮良一等，违天霸种成熟。叩豁户粮，勘追田花。上呈本县施行。

万历三十二年月日。呈状人：祝元四十五、祝元三十七。

呈状人毛远四十六、周雍百八，为惠民事：都有小沥官湖，世传蓄水，灌救粮田，万姓沾恩。因被祝元四十五、元三十七等侵占，上年蒙断，入官积水，岂强插种，欺天玩法。叩勘追粒上仓，不许再种，蓄水灌禾，恩沐万世。连名上呈本县施行。

万历三十二年九月日。呈状人：毛远四十六、周雍百八、赵生六十四、阮鼎十四。

申详小沥湖官田申文

绍兴府诸暨县为违天事：据三十一都祝元四十五等连名呈词前来，据此。随为惠民事：据毛远四十六等呈词到县，据此。该本县知县刘光复行拘事犯祝元四十五，面同会义桥耆民沈礼四、赵春八十二、赵生六十一查丈田数前来。就经亲诣踏勘，押带各犯到官，再三研审得：小沥湖内有官荡，盖通湖资以灌溉者。祝元三十七等称，嘉靖二十二年，伊祖会买之宣员五十六。而湖民以官湖不得私卖讦告，积仇搆讼五十余载，费不啻几百金矣。是湖不为利而反为殃。上年告发已经断明，各愿发还官。今仍潜种，复致纷争。总之，此湖土也，宣员五十六不闻请之于官，给有下帖；又不见原买于谁何。而祝人一旦称买之伊手，来历已自不明。况报田又在今廿八年，升粮甚近，祝人终不能有辞于湖民。而湖民亦不得有所私据。卑县到湖亲勘，田可耕种者，丈来叁拾叁亩玖厘，塘贰拾伍口，此皆无损于水利。留之酿争，弃之可惜。近地有会义桥一所，原系东浙上五府往来要冲。耆民沈礼四、赵春八十二、赵生六十一、胡良四十四、赵制廿六等共捐数百金，新建石桥。然山洪水急，石垛恐时有冲损。众议此田听民自愿认种者，以后每亩纳租银壹钱伍分，无收之年减免。上塘每口纳银肆分，中塘贰分，下塘壹分。交纳耆民为修理公用，不愿者摊坏还官。其余湖荡再不许挑塘填田。如此则豪强绝觊觎之念，湖民无不平之忿。田得资水以为利，桥得藉湖以永存，是亦便民靡争之道也。罪以远年事情，俱免究拟。拟合申详。为此，今抄原发招由，理合具申。伏乞照详，示下施行。须至申者。

一申

钦差巡海道分巡宁波整饬宁绍兵备带管分守宁绍台道浙江按察司按察使洪

万历三十二年十月日

钦差巡海道分巡宁波整饬宁绍兵备带管分守宁绍台道浙江按察司按察使洪批：准照议行。各犯纸免。缴。

续议高湖官荡申文

绍兴府诸暨县为垂恩事：万历三十三年二月二十一日，据高湖圩长方兆百廿四等连名呈词称，高湖未立闸夫，粮田屡没。今蒙造闸置夫，呈蒙勘，将堪种官荡玖拾玖亩贰分，每亩岁科银贰分，抵为工食。已蒙申详水利道老爷批允在案。四等复查得各堡遗荡伍拾亩零伍厘捌毫，例应并科，并申永为遵守。外有湖民零星侵占，致妨蓄水湖荡肆拾肆亩肆分伍厘伍毫，由追号存，乞赐除豁等情前来。据查，呈报前荡未委虚实，随本县知县刘亲诣本湖处所，督着原呈圩长方兆百廿四等勘审得：高湖官塘人皆垂涎，侵种不休。不知此实蓄水之所，旱涝必资，湖民咸欲清理，以为永计，此其实情。今众圩长复查，稍高堪种者伍拾亩零伍厘捌毫，令照前每年亩输贰分为闸费，人既乐从。低下尚有肆拾肆亩肆分伍厘伍毫，若仍与耕种，势必放湖太干，纳银于闸又恐无收空赔。谕令还官蓄水，豁其荡粮，亦各允服。取有认状退状，再四佥谋佥同。但恐日久民玩，奸弊复生。伏乞宪批严禁，则法明而众自不犯，阖湖可恃永赖矣。拟合申详。为此，今备前项缘由，另具书册，理合具申。伏乞照详，示下施行。须至申者。

右申

钦差提督屯田仓粮盐法水利河道浙江等处提刑按察司佥事常

万历三十三年三月日

钦差提督屯田仓粮盐法水利河道浙江等处提刑按察司佥事常批：如议。高者给种起科，低者还官蓄水。仍严禁奸民侵没，以垂永久。缴。

申详立碑示禁永全水利申文

绍兴府诸暨县为疏通水利以拯民命事：卑职抵暨之初，延见小民，问以疾苦。咸谓诸暨山湖相半，屡年困于水灾，不能聊生。究其由，则下流之多壅也。人心之怠散也。豪顽专利作梗，怨劳之莫任也。职不敢见溺不救，每每亲行督筑，率皆从命。幸而逢年，民力稍裕。上岁因其奋发之机，示以激劝之意。逐湖丈埂，计亩分培，三冬巡行，而万井就绪。今夏骤雨连朝，湖无一溃。民颇乐其业矣。所有湖中事宜，及埂尺田亩分段之数，编次刊刻成书。本县印存三本于工房，县丞、主簿、典史各给壹本。通县圩长每一湖散给一本，取领附卷，以备稽查。小民愿领者，听其备纸自刷。虽则目前效职，犹虞日久弊生。近埂屋侧园头，窃据时有，湖民客寓星散，约束最难。刻本藏之数家，未必人切顾諟。苟不明示以显，祸断不尽。革其故习，与其正罪于既犯，孰若严禁于未然。恳乞宪令森颁，镌石竖之通衢，庶利害昭析，人人触目儆心，奸顽毋敢玩愒，永世可保万全。实暨民之大愿也。拟合申详。为此，今备前项缘由，并后开禁款。另具书册，同刊成湖册，理合具申。伏乞照详，示下施行。须至申者。

计开：

一、不许蓄养[1]已斫过竹木，蔽塞江路。

一、不许置立私霪。如紧关当置者，俱要坚筑内外，用石砌紧口，承担管守，不得误事。

一、不许江滩挑埂、围墙，阻碍江流。

一、不许夹篱栽茨，侵截埂顶通行路及东西沿江官路。

一、不许埂中起瓦窑，造厕屋，致易冲塌。

一、不许锄削埂脚，致单薄误事。

一、不许埂上栽种蔬豆、桑桕、果木，阴图据为己业。

一、不许报升埂外隙地、江滩，潜行挑筑荫养。

一、不许承佃已买过水田地，及追还各义冢官地。

一、不许造屋逼狭已开埂路、江路。

一、不许汇湖通霪，放水大湖。

一、不许各河港及湖沥插箔截流捕鱼。

一、不许砌筑鱼埠，致激浪冲射圩埂。

一、湖内沥基及埂外过水沟缺，俱不许侵占。

一、各湖霪闸不许乘水佈袋、装箔捕鱼，致灌没田苗。

一、夏秋两季，不许木客堆簰捆三江口及各河中，致壅水汎滥。

一、不许侵占各湖蓄水官湖。

一、不许侵占承佃淤满旧河基。

一、不许埂脚下开掘私塘。

一、不许东西两江及概县山溪湖沥毒流药鱼。

一、埂脚下不许牵戛脚网捻蚬。

钦差提督军务巡抚浙江等处地方都察院右佥都御史尹批：该县水利禁约，小民仰赖匪轻。准镌石通衢，永为遵守。如有豪奸抗顽，重惩不恕。缴。

巡按浙江监察御史吴批：水利疏浚，此该县目击其弊源者。允应勒石申禁，永为遵守。缴。

钦差巡按浙江等处监察御史周批：据申妥稳周挚。兼并者无所肆其奸矣。如照行镌石，以垂永久。缴。

浙江等处承宣布政司使批：据呈及书册，该县循良实政，不啻垂之百年。

1　嘉庆、同治二本皆作“样”，当为“养”字之刊误。后文多有此误。

令人敬服。使濒水之邑在在如是,何患不丰年哉。镌石示后,诚可为规。仰候三院详示行。缴。

浙江等处提刑按察司批:仰候通示行。缴。

钦差提督屯田仓粮盐法水利河道浙江等处提刑按察司副使李批:据申及览湖册,具见该县留心民瘼。如议镌碑,用垂永赖。缴。

浙江等处承宣布政司使分守宁绍台道按察司副使兼左参议叶批:据申水利事宜,非有保赤纯衷者,胡能周悉若此。仰刊石通衢,永示遵守。缴。

钦差整饬台州兵备分巡绍台道浙江按察司副使刘批:据申诸款皆利民实政。仰勒石通衢晓禁,永久遵行。缴。

钦差巡视海道兼理边储分巡宁波整饬宁绍兵备浙江等处提刑按察司按察使洪批:阅湖田册及诸禁款,因地兴利,经营堤防,备极周悉。斯我民无疆之泽,而良牧之所有事也。镌石通衢,共为遵守。议是仰照院示行。缴。

绍兴府批:仰候院道详示行。缴。

绍兴府水利仓粮通判徐批:据疏通水利刊成湖经,诚暨民永久之计也。仰候各上司详示行。缴。

正 卷

大侣湖庙嘴埂记

尝考周室井田之制，沟浍川涂深广有则，疏导封畛高下有备。上之人无日不殚心计于陇亩，下之人无日不竭胼胝于畔岸。融融陶陶，会不见其惮烦且劳，历世因之，数百年无改其道，而风气益酿太和。乃后之人，官欲布利而不能得之民，民欲勤生而不能必之官，恒多龃龉废格。此曷以故？试想，致谨龙见火见[1]，与夫卑服康功[2]，田畯农家，慰勉馈馌光景，则当时必不以簿书期会先穑事，更无他徭役奔命之苦，刍从供应之费。其兴作休息，一听之民，若乳母求婴孩之欲恶。其主持斡旋，一任之官，若良医诊[3]卧病之脉络。下无疑二，上不因循，大致固与今远矣！然而，民之力本务生，果且有异乎哉？县下大侣湖约田贰万亩，并东西横塘、朱家等湖，以十数。总计粮田千顷，居民万灶，通邑视其收否为丰歉。自茅渚埠庙嘴埂至三江口，直透七十里，环而匝百有五十里，疮孔固多可虞。独庙嘴埂当两分要冲，宝婺[4]万山之水，由太平桥下奔突其埂，势甚湍猛。曩时，埂地数亩，上有江神庙。复廿七年初至，隙地虽委河伯，庙之前犹可舆行，下视单削，四顾田庐，怔怔警念不自已。适获插箔河中者，拆其桩竹，钉护此埂。比年大水，得无恙。次年，桩竹竟成乌有，庙址又半落波颓。远迩大惧，议甃石为固。呈之当道，属复事事，复以入觐，不欲钱谷经胥役手，令酌远近分派丈尺，责成各湖圩长。湖民俱跃然赴工，无一顽梗，通力合作之风，殊不异成周太和间[5]。斯民也，固三代直道而行之民欤？独不佞资民财，因民功。乘案牍倥偬之余，勉示鼓舞振作之意。自知短拙绵弱，其得仿佛古人万一否耶？幸今就工，查剩金六十余两，买埂下田二十亩，岁可收谷二十四石，苟主计

1 《左传·庄公二十九年》："凡土工，龙见而毕务，戒事也。火见而致用，水昏正而栽，日至而毕。"

2 "卑服康功"典出《尚书·无逸》："文王卑服即康功田功。"康功，安民之功；田功，养民之功。

3 嘉庆、同治二本皆作"胗"，同误。当以"诊"为是。

4 "宝婺"，古金华府之雅称。

5 "成周太和间"，借周公辅佐成王的兴盛时代以喻民风。

累积有方，而无或渔蠹其中，尚可为补旧之一资乎？若夫率作辑和，登民上理以毕我志也，吾以望之后之君子！时董事圩长、耆民石齐四十七等皆令书名于左。

白塔湖埂闸记

县东江下六十里，有白塔湖，通沥山湖。包括八十里，粮田四百余顷。两乡六都之民不啻千落[1]，皆待命于兹。旧设圩长，岁一更，皆苟且以延时日。埂极发弛，倒缺与江流齐。春夏之交，霖雨时集，各湖尚无恙而白塔人家悉沉灶产蛙矣！水所从泄，惟陡门一闸，潮来灌闭，终朝缩不盈十[2]。高上三无两登，低下十不九插。啼号困苦，此湖称最。己亥岁仲夏，予亲踏勘，犹登舟穿湖。游抵大坄缺，令舟人度之，莫测其底，不胜愕然，曰：此一方殆哉！拘旧圩长督责勉励，明示功罪状，始大惧获戾，矻矻赴工，数日亦报可。又数日，水骤至，接壤马塘埂倒，而白塔得无虞。湖民大喜，连年有秋。民虽稍事畚插，然图了一年故事，不为经久计，埂之削者啮者，略不关心。予谓如此听命于天，终苟道也。又相其地形，三面阻山，独一面临江，约田三万余亩，埂仅壹千叁百叁拾陆丈，计田分筑，亩不半尺，一劳可垂永逸。于是总湖民而讯之，田多者为总圩长，次者为小圩长。两乡定界，依亩分寸。湖民亦思及时成业，埋锅就食，野宿待晨。予旬一临视，再旬而如岗如阜，民益欢忻忘劳矣。次年壬寅，夏大雨匝月，滔天为虐，各湖遍没，而白塔独无恙。得收早谷数十万斛，民益大喜过望。各湖始悔不如白塔人之早计也，俱奋励培筑，湖中长老必欲善后无患，议广蓄泄，议导下流，议徙上流，皆凿凿有据。于是创上新之闸，铲江中之石，开西施之河，凿蒋村之汇。凡打拄头、白水潭、大坄、小坄、夜城、荷花荡、陡门口诸患处，倍加功力，沥山湖圩长亦洗对江滩造固埂，摆埂之高厚埒白塔。两湖屹然，皆自谓有金汤之固。夫白塔湖民至涣散难齐也，始策之不前，招之固避。然三五申而率以趋事赴役，云合响应，晨昏唯命。建功异壤，鼓动邦邑，卒得此湖之力焉。则此湖之民习予，予用此湖之民如廉将军驱赵兵，予何日忘之，予何日忘之！虽然，尔民有经久之谋，吾为尔有经久之心。然可必之人，而终不可听之天。尔民无以今日自恃，蚁穴江河之戒，所宜竞竞者。又闻鲁文伯之母曰：沃土之民不材逸也，脊土之民向义劳也。尔湖仅仅免鱼鳖耳，可遂谓乐土乎？可遂忘

1　“落”字同治本作“万”，显系剞劂之误。当以同治本为是。

2　“十”字同治本作“寸”。当以同治本为是。

劳而即于淫乎？饱暖无教，圣人犹忧之。吾为尔计久远，惟力耕而节用，崇儒以训嗣。毋逞豪悍，毋习侈靡。雍雍礼义之乡，是则吾所望于尔者，尔民有知，当必翻然吾言矣，为尔谨志之。总圩长六人，小圩长五十人，勤劳三载，凡丈量、编册、管闸，悉供命效力之人。书命碑左，用识不忘。

朱公湖埂闸记

县下西江三十余里，有朱公湖，额田一万三千零。环匝两舍之地，三都七图之民，居庐耕凿其中。圩埂旧分上中下三浦修筑，湖民之有识者谓：上中二浦，沿江一带，计埂一千三百九十余丈。岁冲突无常，蚁穴为殃，而万家慒惶。稍内连山，补隙不过二百余丈，防捄甚便，猝有暴溢，可保无虞。近江居民则不欲独当其冲，托堪舆家言以争，屡议屡格，辄不能就。壬寅夏，圩长史学九、傅长四十三、姚福八十七等公举创内埂，便谆谆恳悉，予与订期，临湖酌之。及到湖熟视，而外埂五倍于内，其劳逸不敌也；外田九百亩，不失旧物，内之逾万可成膏壤，其大小不敌也；外湖穿而易注，即有非常水患，不至冲淤过甚，内埂山依为固，断隔江涛，永免陆[1]沉，其利害不敌也！义从民便，无俟再计。料钱，买址亩不二分，计田授工亩不三寸，民咸䜣䜣听命。独沿江人夥而噪，首事者皆踧踖傍观，莫敢撄其锋。余召一二长老，谓曰："若辈意何为？"曰："为不利于庐墓。"余曰："无论方术不足信，即今尔居在前，而后蔽风寒，尔墓向右，而左固地气，皆称最吉，又何訾乎？吾求利百姓，姑贳[2]，若騃儿[3]怀私梗，令法有常刑，毋自悔。"听者感悟，群趋叩头，愿受成于是。布约束，示方略，二旬而往按功，崇墉[4]埒山，连串若贯珠然。向之言不便者，皆称大便矣。更询湖中诸利弊，众曰：内水难泻，低田岁苦无收。余视其闸口形高，而闸门又为石逼，募工直凿下，为石栏而去其木闸，铲劈两傍壁立，门得洞开，上加横石，高阔倍旧。更给下浦工费，修砌旧霪完固。湖中沥河多为豪民侵筑成塘，壅塞为害，俱查追还官，截桩摊坝。下浦之埂，通湖照田分培，下横埂又与桥里、贯庄二湖共筑，仍买田若干，以备闸费，为经久计，沿江居人亦各隆其埂。凡捕鱼、侵牟诸弊，

1　嘉庆、同治二本皆作"六"，当以"陆"为是。

2　"贳"，宽纵。

3　"騃儿"，傻孩子。

4　"崇墉"，高墙、高城。此指新筑内埂如高墙貌。

俱申饬严禁，民遵义不犯，遂无复沮洳[1]之患，比年有秋，次年下下亩获数锺[2]，收入倍于腴田，远迩咸怀乐土，悔其功之不早就也。向使稹稜狐疑迁延异同之论又不然，而一切击断弗中窾会[3]要领，何以解不必然之惑而驯扰之若是耶？语云：民可与乐成，不可与虑始。吾于兹役信焉。勤即田工，毋弃成劳，是在尔民与继之者。此一役也，首倡义谋，利赖一方，姚学成、傅长四十三、史学九、赵元九十、黄宁三十五等夙夜董事，凡在奔命，宜并书名以为后劝。

高湖埂闸记

韩子曰："事成而有利，权其利而害多，则已之。事成而有害，权其害而功多，则为之。"此固与民共功之大较乎？若人咨人度，不一坚决，是道傍而询筑室之谋也。东望西顾，不有专责，是巍舟而无方寸之柁也。信大言，懵成事，闪幻时日，而弗按功罪状，是鸠工聚物，竟付毁瓦画墁之手也，以求底绩，必不可几矣。县下东江二十里许有一湖，环绕四都六图，山田数百顷，湖田壹万贰千余亩，湖中之窪而易没者，又复逾半。沿山沼沚[4]、溪涧，无虑数十，即新店弯、古栎桥、赵毛岭三大川，雨注时沸腾若江河然，不终朝而数十里茫茫巨浸矣。谚云："高湖沉水底。"伤内水之无归也。边江上下计埂九百四十余丈，坍塌狼狈。旧时埂倒，辄起排门[5]。夫筑之家，户田有多寡，率推避后。圩长亦苟且塞责，邀倖于天，以是屡年无秋。岁壬寅，夏五月大雨，清水潭埂冲洗沉渊，湖民大恐失望。予临湖召集圩长，曰："为之奈何？"方兆百三十三等曰："旧挨门分筑。"予曰："筑埂卫田，论人户非是宜，令照田。"民从之，匝月而塞渊成山，又，通埂俱垒土培旧，穹然阜峙，鼓掌而夸胜，概不俟鞭策之频加也。先是，闸石崩陷，湖民呈之官，议修、造而未定。及埂成，田高者，以外水可御，欲息肩。田低者，谓内水不出，伊等仍遭汩没[6]。同功异患，当不其然。况修与创较，费无大悬，旧两洞各阔六尺，今改加二尺，为各八尺，甚便利。予不忍力均而偏苦也，则听低田者议。予又曰："孰任此？"方兆百廿四、方兆百三十三进曰："照里立十三总圩长，各领三小圩长，使照田采石、集工费，某二人夙夜董其成，毋敢懈。"予

1 "沮洳"，指低湿。
2 "锺"，古容量单位，釜十则锺。
3 "窾会"，要害，关键。
4 "沼沚"，池塘也。
5 "排门"，此处意指挨家逐户。
6 "汩没"，沉没。

察其能足办事也，则举而委责之。自秋徂冬，河干不能运石，无可督促。春水稍长，惧功之不就，卒然冯夷为虐，而贻通湖殃也。频频至止[1]，淬励督率，祈即成无患，比架横桥数层。仲夏初，骤雨连朝，外水大至，亦不能为患；内水暴涨，五日而泻，尽减半乡。时高田称上上，低田增早谷贰千余亩，晚稻阖湖全收。民见其利，而后知劳为功矣。夫农氓冲风冒口，摩肩裂踵，剜肉雇匠，忍饥饭工，予思何以保万全而令长享其利乎？惟愿尔民念前劳，儆无虞，佥谋[2]一心，甘苦同力，庶免异日之害。予其为不孤也夫！凡圩长效力者，皆令书名于左。

五浦闸记

吾窃怪夫世之因人成事者，率沾沾喜以自多也。小民胼胝而劳役，吾人安坐而课成，此果何功乎？焦发沃肤之不恤手足，未濡者反攘以自与，巧伺意旨之夫，又从而贡谀[3]侈张之，殊不知吾力之所能为，即职分之所当为。宇宙公共之事，为之以宇宙公共之人，安见其在我？安见其及人？铢铢而称之，寸寸而度之，较量人我之间，浅之乎识矣！县下五里许，有大侣湖，又东行余二十里，有五浦闸，即湖之蓄泄处也。湖中田约二百顷，上稍昂脊，群潦归宿其下，雨未终朝，而半湖作沼渚，势必致也。兼之楮木、戚家、张家新湖三处各数十顷，皆从此泄沥之。逾旬犹不睹田畔，奈之何？苗不萎而谷不耳。旧闸卑小，且将圮。先令尹公从淑[4]，议复创两所以利民，时内闸甫完而公擢水部去，外闸遂辍。予抵暨时，旧闸圮甚，内埂多单缺，不足御水。众论欲卜基进旧闸数十武，卸内石并为一巨闸，导流易涸，合湖称便。曩之督工耆民章惠百九十四、孙宏六十六，忻然募工，搬拆数日，而石悉外移。众推赵澄八十四，忠诚无它肠，使主役，忘昼夜寝食者三冬，遂毕其事。高七尺二寸，阔六尺二寸，皆倍旧，长十丈，极称完固。又移内小闸于戚家湖，高阔各三尺余，水所得泄，视昔加倍。稍起之田，骤时之注，咸免灾沴矣。曩使众各一心，坚持己见，潝訿[5]攻讦之不暇解，何望成功？今闸告竣，而尹公为民之志得遂，章、孙昔日之劳不泯，赵人[6]竟其事，阖

1　“至止”，到结束为止。

2　“佥谋”，众人筹画。

3　“贡谀”，献媚也。同治本作“面谀”，意虽近而略异。

4　尹从淑，四川宜宾人，万历十四年丙戌科进士，万历二十三年前后任诸暨知县，故曰“先令尹公”。

5　“潝訿”，谓小人相互勾结，朋比为奸。

6　“人”字同治本作“某”。当以同治本为是。

湖享其利，洋洋乎有大道为公之风焉！视彼沾沾者，果何如也？赵澄八十四又舍己田五亩，以膳闸户，向义甚笃。并湖民之效力者，各书名以志其劳。

碑亭埂赵郎毛村等湖记

古之人成功而不有，今之人无实而冒居[1]。古之人恻怛惠利之心胜，而民信之；今之人委曲弥缝之念周，而民亦予之。然而功害劳逸，目前百世之计，尸其事者知之有难，以告语人，总是因人成事。若遂蛟[2]附雷，和图夸树，无前而耀来世，内以欺己，外以欺人，谓独知何？予数年孳孳湖土，急当务耳，幸而就绪，民亦劳止。县上碑亭，赵郎、毛村等湖颇称沃野，巨族数姓错处其间，皆自今乐有恒产。毛生睿卿、郭生辰星等来请，欲乞文人志不朽，予懼然曰："是何言？贪天功，鼓民谀，予纵自不爱，毋辱大贤笔，速已之。"二生曰："石载道傍矣！必得一言以报父老子弟。"予曰："华实厚薄，予窃闻老氏之旨。上以名炫下，不若示之法守；下以名归上，不若从其教化。当道禁示彰彰，尔往镌之，俾父老子弟恪遵弗替。余为尔民之念不虚，而尔民之爱吾亦不徒文焉而已。"二生欣然曰："君言是也。归即书之，愿佩明训于无斁[3]。"

太平桥碑记

诸暨右抚长山，左临浣江。江吞婺、剡万溪之水，绕城北流，消长靡时。对城隔两岸，出户而跬步称艰。正统间，先令洛阳张公易浮桥而置石桥，名曰太平桥，迄今百余年，民利涉之。戊戌冬，予释褐从事是邦，环顾胜势，兹桥称要津焉。顷，往来道上有耆民十余辈，扣舆，指曰："桥石差欹，请修之。"予曰："岁方大祲[4]，吾下车未能佐百姓急，奈何又重烦以劳民？"诸耆民曰："不修，惧圮。圮而复建，及未圮而修，劳费孰多？且我辈各任其事，不以烦公家、扰里胥也，请急修之。"予听其请弗拒。于是，此二十人者，捐赀率先，分旬督役。又各导其知故饶，挟稍输钱以补不足。越数月，来报曰："工竣矣，请一言以记之。"予往周览，倾者起，罅者塞，欹者立。穷[5]隆壮固，气色一新，因抚舆而思曰：此桥

---

1 "冒居"，不适当地居其位。

2 "蛟"字同治本作"蚊"。当以同治本为是。蚊雷，典出《汉书》，比喻说坏话人多了，会使人大受损害。

3 "无斁"，不厌倦。

4 "祲"，不详之气。

5 "穷"字同治本作"穹"。当以同治本为是。穹隆，高大貌。

旧名通远，张公胡以改号太平？尝闻释氏之说云，世界有缺陷，世界本无缺陷。峭围峻堑，隔绝内外，望洋滔天，限带南北。而岐路崎岖，棿杌[1]万状，即咫尺有弗通者。谓天地无不平，吾不得而知也；然重险无径，弗有巨浸，一苇可杭[2]极之。而日入月出之乡，梯航毕到，陆通水错，如历庭户而周堂奥。谓天地有不平，吾不得而知也。故凿山开决，则称平成。而徒杠舆梁[3]，亦称平政。功有大小，其通塞补绝普济而调民于适，则一也。非独山川，人情亦然。彼管窥井测之徒，挟知相尚，怀利相炫，强凌弱，众暴寡，私犯公。甚且腹内运刃，影底射沙，骨肉分胡越，刎颈成下石。如鬼如蜮，令人睹面莫测而颠踬多途。如此，平耶，否耶？倘割膜去瘴，醒眼大观，知我与若同类，而交相援者也。犹各载一舟于海若，而彼此固无碍也；即同载一舟而把舵操楫，亦相济而不相害也。智必矜愚，富必怜贫，贵必下贱，勇必挈懦，同必合异，亨必通困。爱其亲以及人之亲，敬其兄以及人之兄，恤其孤以及人之幼。融融陶陶，而天下太平矣。吾想张君既平其政，而又欲民之咸平其心，故命以兹名。尔百姓其各绎思夫张君之意也。桥以庚子年仲夏日修，仲秋日竣。工若干，费若干。一修举而若此，则当日起堑于渊，飞跨绵亘，工、费当何若，其焦劳可胜道哉！吾又表而出之，令暨民益知张公之勋，而告后之君子，毋轻民力也。张公讳大器，景泰间进士。耆民二十人，令书名于左，以旌勤义云。

祝桥记

闻之司马氏曰：积金于子孙，子孙未必能守。积书于子孙，子孙未必能读。不若积阴德于冥冥，为子孙长久之计。又闻之《礼》经云：其先祖有善而弗知，不明也；知而弗传，不仁也。君子耻之。则前贵善积，后贵善承，岂不大彰明较著哉？然骛利走死之徒，狼戾骄奢，豪夸以明得意，甘为子孙作蛇蝎。不则亦垢体枵腹，累铢两，固笥箧，愁难渗涓滴，终于牛马毙焉已耳。畴能为子孙计久远，即子若孙有蒙故袭，休者，不一再传而解散，杯酒片肉弗平，则反唇相稽。甚且先茔埸鞠茂草，群熟视弗一动念也，而又何望捐金集众，修远世遗泽乎？独湄池傅氏，犹有古风焉。傅本邑中华族，其先世文魁，以赀雄闾里。能仗义，

1 “杭”字同治本作“杌”。当以同治本为是。棿杌，不安，言危也。

2 “一苇可杭”，即一苇可航。杭，古同航，渡河。

3 “徒杠舆梁”，指修筑桥梁。

急施与，出资造桥十余所，祝桥其一也。岁辛丑，为水冲泻，桥圮二拱[1]。予每适兹，见负者侧肩行，贵人弃舆踵移，慑甚。而溪属武林通道，日无虑百千过。附桥悉赁[2]僦细民，帑鲜赢钱，欲修续而计无之也。未几，复往巡郊，见老健数辈，率僮仆督工匠，前喁后于，砉然砰然。就讯之，傅火等跽告曰："此桥吾五世祖文魁所创，某某等皆其子孙，举议不忍没祖德，谨勉力修之。"予曰："嘻，有是哉！"越两日，傅生元之来请，曰："鄙宗凡出高祖系者，俱愿力完其事，不欲扰闾左，贻公家忧。请禁绝伪募。"予曰："嘻，有是哉！"越月，生及宗人某某复来报曰："工完矣，昨溪水聚[3]涨，有舡自上流冲突，倖登拽，卒[4]得无虞。迟三日，尽圮无遗石矣！"予曰："嘻，有是哉！"天之阴骘善人而欲成其美也。夫向时蓄赀如文魁者，谅不乏人，独渠殷殷博济，名闻邑中，功施到今。今其后胤[5]饶而且多佳士，为邑望，果何损于文魁！彼恣睢鄙薄者，尽得至今存否也？傅火等毕力缵绪，则可谓孝；溥惠远迩，则可谓仁；使予释焦劳而免征发之扰，又可谓忠。一举而众善集，延流衍庆，傅氏之昌炽尚未量也。吾固表而出之，以勖世之善积，而毋毁弃尔先德者。

会义桥记

暨城之南十里许，有黄白川，上受宝婺万山之水，而通浣江一带，终朝霖潦，柁工辍[6]揽舟而奔岸，毋敢近涛焉。溪属浙东诸郡达武林要津，舆马商贩日凑泊争过，阻莫渡，恒弛担倚陂而慨息，无可谁何。旧设渡夫一名，居人以为不济事，欲造石桥，又竟不能成，乃叠木为巨搭，缭亘重板，上覆瓦屋十余楹，费逾数百金。然不数载，而风雨时飘飖[7]，钮解屋颓，板木悉朽腐为乌有矣。岁己亥，予以赈济过兹，见残木三两株架其上，一人缘而渡，若将系绝者，为之恻然恒[8]然。舍之，从舟过。问居民曰："桥若此，奈何？"居民曰："曩者，里中善士十余辈约共捐金二百，创复。以费不敷，又惧功不永，而辍。"予曰："为之奈何？"

1　嘉庆、同治二本皆作"洪"，则文意不通。应为"拱"字之误。
2　"赁"字同治本作"赁"，两字意同。
3　"聚"字同治本作"骤"。当以同治本为是。
4　嘉庆、同治二本皆作"碎"，当为"卒"字之刊误。
5　"胤"字同治本作"裔"。同治本误。
6　"辍"字同治本作"辄"。当以同治本为是。
7　"飘飖"，此处意为摇动、晃动。
8　"恒"字同治本作"慑"。当以同治本为是。

亦私计工、费之难万全[1]也，刺刺于心而已。川近安家湖，每临湖督筑，目之而吁。一日，耆民二十余人跪请曰："某等皆近桥民，石工某谓桥可石造。某等咸愿捐金，多者满百，少不下二十金，约几五百金。可以集事，敢告君候。"予曰："尔等勤施若是，当为尔成之。"于是，以忠正者主钱谷，干力者主工役，心计者会计、雇值、出纳，各依次就事。起工于辛丑年七月，至壬寅年八月报完。请行临视，桥长二十丈，为三拱[2]，阔几三丈，中拱[3]约五丈余。亘衍雄峻，亦希睹者。诸耆民曰："此桥从来不能施工，今日之成，天相君侯也。请赐名以志不朽。"予曰："吾无片纸只字促尔，尔亦无甚剥肤患害必不可解之责，胡然众共一心毕计戮力之若此乎？"诸人曰："吾等悯行李艰阻，惧或堕且溺也。吾等耻居若地，各悭所余，务温护其身而不推以急人也。吾诚知此之为当然，此之为不必然，故不阻不疑，相率而为之耳。"吾闻之，慨然曰："是心也，非即恻隐、羞恶、辞让、是非之心乎？人之有是四端也，谁不感物触衷。然卒躄躄株两，宁灭丧初念不顾，嗜利胶之也。诸人固力本务生者，一旦出百十金无难色，谓非喻义真机，有火然泉达[4]而不能自已者耶？孟子曰：鸡鸣而起，孳孳为善者，舜之徒也；孳孳为利者，蹠[5]之徒也。诸人取天地自然之利，还以济天地间公共之人，所谓利为义之和者，非耶？尔诸人毋以一节自多，而遵道遵路不厌，尔子姓必以诸人作则，而寖昌寖炽[6]不替。身为太平醇良，门积无疆休庆。由家而乡而邑而天下，会归有极[7]之风，不于我暨倡之乎？"诸耆民咸唯唯曰："大哉！君侯之教也。愿身世永配之。"吾于是而益信：人无有不善。非由外铄我者也，我固有之也。遂题桥曰："会义桥。"因记之。

跨湖桥记

凡细民之能出钱帛而造果缘者，我知之矣。或欲满所欲，而一盂篝篓之为

---

1 嘉庆、同治二本皆作"金"，以文意忖度，当为"全"字之误。

2 嘉庆、同治二本皆作"洪"，为"拱"字刊刻之误也。

3 同上。

4 "火然泉达"，典出《孟子・公孙丑》："凡有四端于我者，知皆扩而充之矣，若火之始然，泉之始达。"比喻形势发展迅猛。

5 "蹠"，即盗蹠（盗跖），又名柳下跖，相传为柳下惠之弟。《庄子・杂篇》有"盗跖第二十九"一章，记其与孔子事。世称盗跖为盗贼之祖。

6 "寖昌寖炽"，意谓家道兴旺。

7 "会归有极"，典出《尚书・洪范》："会其有极，归其有极。"意谓君王聚合诸侯臣民，有其准则；诸侯臣民归顺君王，亦有其准则。

禳也；或欲却所慑，而数缗万孽之祈销也。不则或伺见上之人喜兴作[1]，当先而好为逢者也；又不则或将有事官府，而机见情动，尝试以善事欲幸一识之为快也。匪是而意空无著，情触独知，阇然自成其善念者，盖不多得焉。城北五里许，有跨湖川，受五泄诸流之水，奔迅湍激。桥三拱[2]，旧有石垛，无梁。每架木数株，过者一失足，辄漂没不可拯救，往来患之。壬寅春，予踏湖至此，近桥三老子弟，环而诉，欲就石梁。问："费约几何？"曰："百余金。"问："若等办否？"曰："无力任之。"予曰："若是，而乌可草草者，吾将思之。"逾秋复巡湖，抵桥所，则已架石矣。询之三老子弟，皆曰："此里中耆民讳周文一者，独成之。前捐五十金，造垛。今遂不以烦人。"予闻之，不觉跃然曰："暨民固多向义，此尤其最者乎！"予自戊戌冬莅暨，适岁大祲，议赈贷。文一首出十金，给里中，为他乡倡。嗣是五春秋，绝不见其面。闻之乡曲，亦不以德施自见。伊子孙绳绳[3]，享太平之福。予又无督募徵发意旨示人，即伊之无所希冀忏销，与不为尝试逢迎，断可知矣。是纯然一发乎恻隐之良，而太朴不雕，固其素性然耶？大抵已饥已溺，司牧有同情，睹地方所共苦患，未尝不脉脉念。恐遂益滋地方纷扰，又未尝不兢兢慎之。如此役也，公帑无余，募派非策，予几束手。文一慨然独任，而宏济者夥，予安得不为地方志喜乎？是以特表出之，为善人劝。若无所为而为者，其得天自隆又奚待予祝也！

善感桥记

善恶之报，祸福之因，其可必耶，其不可必耶？以为可必，则无论颜跖[4]寿夭，六卿三桓富厚赫奕，孔孟穷年不售，即世之踽踽绳趋而困厄不支，狼戾恣睢反鸣得意者，不可谓尽无也；以为不可必，又无论六事洒霖，一言除彗，与夫还带渡蚁，移薄福而膺上荣者，历历不可胜记，即世之人善念方处[5]屋漏，而福庆已集门庭。如响斯答[6]，毫若[7]不爽，此何以故也？天不锱铢人人以报施，然而无

1　"兴作"即兴建；兴造制作。

2　嘉庆、同治二本皆作"洪"，实"拱"字之刻误也。

3　嘉庆、同治二本皆作"纯"。当为刊误，以"绳"为是。子孙绳绳，典出《诗经·螽斯》，意即多子多孙，延绵不断。

4　"颜跖"，指颜回和盗跖。喻圣贤和小人。

5　嘉庆、同治二本皆作"虔"，实"处"字之刻误也。

6　嘉庆、同治二本皆作"向"，当为"响"之误也。如响斯答，比喻反应迅速。

7　"若"字同治本作"发"。当以同治本为是。

一人之不欲其善者，则天之心也。所谓降衷[1]下民，厥有恒性是也。人不必徼求事事之征应，然而无一念之不若于善者，则人之心也，即天之心也。所谓"不识不知，顺帝之则"是也。能确信其所当然，而毋感于不可知，则善恶之分明，而祸福之应亦定。此又必至之势也。南隅居民土[2]友十一者，素称醇谨，壮年艰于嗣，矢心积善。以双港系浙东诸群来往之冲，欲造桥利涉。其兄土[3]友三亦助之。三年而得两子，是果人耶，天耶？桥梁俱载至，匠以凿石与何人构隙，遂委置溪中。予踏湖见之，询知其由。语王人而忻忻赴工，语何人而娓娓听命，抑果人耶，天耶？吾想王人动念之顷，即得降衷本来之心，胤子叠生，益可徼善善之助顺王。与何弃争落成，又可见人人之易与为善。总之，自证其心者，当得之可必，不可必又何琐琐计焉？予窃观十一与兄友三、友五有怡怡风，子侄咸敦朴守礼，世其善而不替，王氏之基隆又未始不可必矣！次其事而为之记，因命名曰："善感桥。"

金浦桥记

天下有当为之事，易竟之功，恒龃龉废格而不就者。非事之难，以任事之难其人也。非任之难，以公心事事而不与有我之难也。又以实能各事其事，而共偕大道之为难也。今夫耘耨畚插，出作入息，胼胝陇亩者，庶民之事也；省察补助，奖忠策顽，尽力沟洫者，有司之事也。若夫秉义急公，捐己利众，下轸细民之颠危，而助顺有司之德意，则又里中长者之事也。然旱涝失救，疾苦谁达于几筵；簿案羁束，精神曷周于阛阓[4]？民欲事其事而不能得之有司，有司欲事民之事而不能必之己。即里中饶有力者，类欲挟赀雄闾左，奴役千家之为快，又安得长者而与之？此成事之犹难也！县下七十里三江口。又余二十里，东岸地名金浦桥。旧有石桥，颓久不治，淹塞港口，无论往来称难，即内中十数湖，粮田万余亩，岁苦涨溢。予踏湖至此，居民叠叠争指利害，咸谓："桥当急创。"予曰："孰任其事？"居民曰："此中冯、陈、袁、郭数姓，多长者，堪任事。"于是召陈钦百三十七等十人至，谕意，彼十人曰："众虽不料某等无能，然某等居室衣食在焉。为人，亦自为也。敢不殚力？"计费二百余金，酌议公派、协助

1　"降衷"，典出《尚书·汤诰》："惟皇上帝，降衷于下民"。意谓施善；降福。

2　"土"字同治本作"王"。当以同治本为是。

3　同上。

4　"阛阓"，街市也。此处借指民间。

各半。戒期举事，予足不再临，而工报可矣。是何曩者视之甚难，而今成之甚易也？则以此十人者，真心任之，公心处之，毋私财若力，而湖民量之，不加毁妒焉。故也嗣是而田工无虞，行旅无壅，十人之所利赖，岂浅浅乎？为善最乐，公私人己间，益密体而密证之，长者之能事可毕，耕食凿饮，丰凶有备。庶民之从善亦轻。予藉民与诸人之力，晏然受成，将何事事乎？予纵未能志三代之英，倘得破觚斫雕[1]，暨民之孝弟力田，还返其朴，尽如古初也。亦庶几释予惧矣。

花园埂碑记

大侣湖自茅渚东下里许，即花园埂，其埂自万历十三年洪水冲后，屡筑屡倒。田被沙没者二百余亩，洗而为渊者亦百余亩。己亥仲夏，雨潦大降，埂复冲坏，时岁歉民饥，倒缺沉甚，居民咸谓功不可几。余临埂，召圩长问以湖中事情，则不达端绪，但称苦而已，问伊湖中产若干，则言乌有。予笑曰："焉得无利于此，而甘为人御患者？弊坐是。"已，按籍得本埂田多者袁忠百十七等五人，引抵埂所，谓之曰："此埂宁可如是否？埂不筑，筑不坚，阖湖宁无咎尔否？尔即欲偷旦夕安，湖民能岁受饥荒，尔等能常赔粮差否？"五人各唯唯，愿身任其责，蚤夜力督。二旬而功半，陡雨，埂不没者三寸，湖民谓有天幸。益奋功力，逾月而底绩。壬寅孟秋月杪，淫雨连朝，余亲率役人往救沙埭埂。夜半，忽报花园埂破，驰往，而水入涛涛有声矣，至，则袁良百九十七、郭庆二同二三工人拽小舟傍埂号呼。余择善泅者没水寻孔窦。令舆人及从役鱼贯捧土实潭内，沉以塞之，幸得无虞。自是岁岁加筑，三倍曩时。五人又虑埂所孤远，搆屋召人以备非常，勒碑乞言以垂永久。余曰："初，湖间立碑，予惧文士侈张笔端，故不以属人，而独自叙叮嘱之意。言而烦，非予志矣。"五人曰："各湖皆得赐教言，此埂乃君侯始事者，何独弃置吾曹？"恳恳不休。余曰："劳者，尔民力；费者，尔民财；指挥而料理者，尔诸人之心计。尔辈勤苦，吾独知之；吾之衷肠，尔等悉之。诚思预图保防如饥餐寒袭，在湖民时加之，意非可以言说尽者。尔有不忘艰难之心，自得痛痒疾迟肯綮。傥不其然，纵列碑如林，镌字若星，只为石灾，乌乎用之？"五人相顾，悚[2]而稽首曰："君侯之言，豳风[3]

---

1 "破觚斫雕"，典出《汉书·酷吏传序》："汉兴，破觚而为圜，斫雕而为朴，号为罔漏吞舟之鱼。"比喻理政之去繁从简也。

2 "悚"，此处作恭敬解。

3 "豳风"，为《诗经》十五国风之一，共有诗七篇，多状农家辛勤力作之景。

亟时之遗教也，敢不拜赐！”

祝桥湖开河记

暨城北出里许，有张家畈、东贺湖，各田盈千，合沈家湖三者连为唇齿。转向西南一望，湖以数十计，大者千余亩，小者数百，约三万有奇。沈家湖田不三顷，独尾诸湖之下，而当其冲，富阳千溪百涧之水，由五泄奔腾百里而来，至此阨不得骤泻，则泛溢上流，一被冲没，诸湖全无粒入。本湖田少埂多，屡冲患重，内二湖又谓此埂不固，怨尤之。居民傍徨特甚，咸指对江汇地为祟，愿竭力开洗，导流西行。予给银四两零，买地俾民，时壬寅，各湖兴筑，未暇。及癸卯冬，以予入觐辍议。甲辰之秋，湖民相率请毕前功，各湖以次受成，皆如期力作。予时亲临指督，运土河东，回澜西下，越月而既事。乙巳春，连雨弥旬，水遂委顺无害，湖民鼓舞，郦生用宾尤不胜跃然，谋勒碑，乞文识不朽。予闻，谓之曰：“何以文为？”郦生曰：“洪恩未可忘也！”予笑谓曰：“尔不闻王沂公之训乎？恩欲归己，怨将谁归？追维余初莅暨，旱荒之后，降以水潦，民号呼颠连，几不聊生。余亦大惧无秋，乘时急塞倒缺，乃民则不胜怨。幸旱筑御水，西成[1]大获，则不胜德。已而，予悉询利弊，大举湖工，民亦喜怨半相，及功就可恃无虞，又始群然归德。湖外滩树，种种为梗，言者扼腕。予从众清理芟削，有地若树者率多告艰，至涕泣以争。毅然芟去而水患顿息，连年有秋，又人人动色相庆。彼其怨者何心，德者何心，倏怨而倏德之者，又何心？乌知怨之非德而德之非怨耶？予念在养民，其所开凿，若血脉之当通；所加培，若腹心之当卫；所芟锄而弃置，势如痈疽之不得不溃。亦惟独知而计之，独持而行之，乌知谁之为怨而谁之为德耶？即如百姓之叫号，犹稚子尫而割发，痛者其实情；既而欢适，犹婴孩枵腹得食，乐者其必至；其屡拂屡信竟无后尤，亦犹童孺之被父师督迫，虽稍见愠怒而知无它肠，亦自起自灭而真情自露。乌知怨之何来，而德之何从耶？孟子曰：‘欲为君，尽君道；欲为臣，尽臣道。’不避劳，不避怨，奉职之道也；不任德，不任怨，无我之道也；不见可德，不见可怨，三代直道而行之遗风也。吾与民亦各尽其道而已矣。倘不知大道，而上焉者屑屑收恩远怨之是亟，则下亦阴窥上之隐，明以恩怨示予夺，将尝试忻胁之不置，坏直道而阻好义公心，皆知有此恩怨启之耳。何如浑然两忘之为得乎？虽然，亦有不可忘者，孟

1　“西成”，语出《尚书·尧典》：“平秩西成”，孔颖达疏：“秋位在西，于时万物成熟”。故此句意谓秋天庄稼已熟，农事告成，大获丰收。

子曰：‘禹之治水，水之道也。’又曰：‘顺，水之性也’。夫水得其道则顺，失其道则逆。顺则安流，逆则泛溢。必至之势也。今江干净而水得其性，萌蘖不生，意念人几泯矣。守而弗替，以图利害之大凡，又在暨人自为计，非予所能了此也。”郦生唯唯曰：“书此可以诏来世，何用文为矣，请归而镌之。”

新亭桥记

暨城之北二十里，地名新亭，实东、西浙水陆交错之冲。曩有石桥，颓废数十年，石俱乌有，路又壁立单削，两傍皆坑池沼渚，每遇微雨霏雪，污淖滑泽，人马不敢展足，担夫不得弛肩，稍一差跌[1]，必堕落陷阱，弗能救援，蹶跋而前，又阻衣带莫渡。予常以霁日过此，四顾惴息，紧抚舆而行，越单木桥，怔怔泱[2]背泚颡。又况滂沱积日，雨雪相仍，能无偾辕败橐者乎？苦可知矣！己亥冬，西隅居民许椿六十一，独捐赀百数金，创桥砌路，高坚坦直，往来称便。六十一寻故，其妻顾氏，子一元、一奎咸欲缵述先志，愿以庙前湖内田陆亩零为桥产，永备修理，其弟椿八十一，亟请建碑。予犹及记夫造桥时，六十一已染重疴，予三四经过目击伊课督工匠，勤勤不置，惟恐不卒业为遗恨。今逾若干年，而妻若子若弟又惟恐其泽之不永，德之易泯，不惜资产，必成先世之名，长为行李之利，是六十一善念不息于垂没，而善根不磨于将然。就一人以证其发窾，就一家以核其本来，精之熟之，即颠沛必于是听于无声、视于无形之心也。立身行道以显父母，谁不有真念？老安少怀之度，又谁不可充而至也？故谓三代以下，民不古若者，由上之失教、俗之弊染致然，乃民之心则何尝不古若也？书以授椿八十一[3]，令为其兄记之。

茅渚埠桥田记

孟子曰：“恻隐之心，仁之端也。”以孺子入井，证怵惕恻隐之发见。又以四端拟四体，证人人之必有。论性，则言性之善犹水之就下，人无有不善，水无有不下，极言人皆可以为尧舜。后之谈心性者，祖述之。然恣戾温惠，十人而九状；残刻慈爱，一人而递念。弹肤知痛，刺喉恨浅，若是乎尔我起见，仁暴悬

1　嘉庆、同治二本皆作“趺”。实“跌”字之刊误也。差跌，失足跌倒。

2　“泱”字同治本作“决”。同治本误。泱背泚颡，后背、额头尽冒汗。喻惊恐状。

3　嘉庆本此作“拾壹”。径改作“十一”，以与前文统一。

殊者，岂子舆氏[1]欺我哉？则亦未自识其端而充之耳。人有万不齐，善端则一；一心亦自有万不齐，其发端则善。固历千百世，总千万心，而毫不僭差也。暨城下五里，有茅渚埠，当两江之冲分，实阖邑之要津。沙河不可垒石，小舟又难逆涛，即插桩架木为桥，动费数十金，未逾年而又已朽蠹。足加其上，摇摇若悬旌，啮指盘旋以过，且多投渊拍浪者矣。甲辰岁，予再督石埂，日临其地，管工、耆民、圩长等人，每来告曰："顷者，某过桥堕水。"又："某跌[2]伤某处。"哀痛迫切之情，由中达于面目。一时，同事者咸愿捐金共造坚好，置产以备修理。响应景从，惟恐或后。不佞喜吾民之乐施济众，助十金以成共美。越数日而工竣，雄峙周阔，商旅坦行，贵人舆行，老弱可无栏而行，无复曩时艰楚。又买花园埂中田伍亩零，岁课贰两，肆拾人分为肆朋，轮管生息，时易朽蠹。仍勒碑而乞言，杜后日之侵渔，永方来之善果。则虽劳未凿山开石，费无水挽陆推，田有常存，桥垂不朽矣。特众念殷殷慈恳，孰启之？而其施也；孰强之？正所谓恻隐之端，仁之根也。仁者，人也。此端引之而日长，遏之而顿索。保四海与不保其身，在火然泉达之始，机何如耳？若扩而充之，吃紧处则孟子所谓：仁之实，事亲、从兄是也。以其所不忍达，之于其所忍充，无欲害人之心是也。内思吾本来口培孝友之真机，外思吾同类除却忮求之客念，此尽其心者也。知其性者也，其于仁也何有？吾欲民乐善而恒有其善，故以孟轲氏言为众所明晓者告之。四十人俱书名于左，以识善善。

茅渚埠江神庙记

国家典礼颁载：邑令所得从祀，惟先师、先贤，城社、黍苗之司，及境内山川而已。匪是不得逾越乖谬。以故不佞叨宰兹土陆春秋，每遇告虔，辄斋肃沐浴，恪恭厥事。间闻前代节行士女，敦世砥俗者，特竭诚表祠，用广风化。匪是则毋敢淫谄以侥幸愿外，而滋民惑。茅渚埠江神庙，由来旧矣。予督埂救御，昼则游其前，夜或寝其堂，目击凋弊[3]之状，心计阨塞之冲，知此埠不可无此庙傍，后有地若树，买以畀庙祝。又与湖中田若干，对江地若干，岁充渡夫而收其额赀，数口力作，可无愁困，庙得藉是不朽。乃庙祝项文秀更跪请曰："蒙赐产植可栖，足供洒扫。窃惧时事易移，只资兼并，乞勒石以杜后虞。"予不觉掩口

1　"子舆氏"，即指孟子。孟子，名轲，字子舆。

2　嘉庆、同治二本皆作"趺"。实"跌"字之刊误也。

3　"凋弊"，同"凋敝"。

笑曰："夫夫也，而亦思永固香火乎？尔亦知予之绸缪尔庙也，其微意果何寄乎此？"此埠上当万山洪流，两分而归三江以达尾闾，政浣江腹里神灵聚焉。境内之神，时与邑令昭格助顺，而却灾以福吾民者，固神之愿也。吾葺庙妥灵，春秋巡行，必先期躬诣致洁，虽输报赛[1]积忱，亦令远迩观听，晓然邑宰重其事。至止，且有日剪锄荆棘，辟草菜[2]而治田畴，官民优豫[3]于乐郊，令之望也，民之惠也，亦神之所甚福喜也。神以庙而托灵，官为民而崇祀，尽人力以待天时，借神功默为启佑，夫岂不阖大道而徼福于回者哉。倘若觊觎兹产，神人共愤，殃必及之。暨民乐善好施，尔何虞焉？尔惟约尔素食，守尔清规，勤耕耨而时舟梁，克己济人之罔替，则道家有余芳也，庶可永世。授而镌之，以训若辈。庙产列刻于左。

在兹阁记

王政之于民，有惠然推与之而民利，森然厉禁之而民亦利者，何？总之，上不偏施，下不倖得，共成其大公无我之体段[4]而已。予自莅暨以来，凡溪涧池沼之属于官者，务与民同之，毋敢以尺寸徇人，即早为势家侵侔而群情弗便，亦悉追还，诚不欲以利民者妨民耳。己亥秋，石生蓍诵习城隍庙侧，时父老葺庙宇，相率而请辟庙前钟姓地以见水，砌湖路以通行，予谓妥神福民，可听也。庚子春，钟生律与庙下居民又合言：湖路伸上缩下不宜，莫若竟砌属城，形胜、往来两俱利益，予谓通道便民，可听也。甲辰之冬，钟生律又请曰："城北虚[5]单某自备五十金，阖族与近居者佥议，就可共得百数十金，愿起阁湖中，镇通邑之水口，标泮宫之文峰。"予谓费不烦民，功足利众，亦可听也。钟生与族人钟能七十三等俱捐赀如约，择二三能干董其役，予贸官地及学湖之被侵者，输钱佐之。迄乙巳春季而工竣。阁广三丈余，基高丈许，层而上之及巅约余六丈，不施丹垩绘藻之饰，列书格言以供顾諟[6]，焕乎炳心目矣。钟生律，张生思信、五言，赵生世臣，陈生泰阶共议祀文昌神于阁上，勒碑以乞言。世之言文昌帝君事不经见，予未审其本末，何敢谬为说词？窃意文者，天之精英，即所谓"维天

---

1 "报赛"，古时农事完毕后举行谢神的祭祀。
2 "菜"字同治本作"莱"。当以同治本为是。草莱，杂生之野草。
3 "优豫"，从容安详。
4 "体段"，指事物的形象。
5 "虚"字古同"墟"，大丘也。
6 "顾諟"，敬奉天命，承顺天地。

之命，於穆不已”[1]者是也，故曰：“於乎不显，文王之德之纯。”夫以纯言文，则文之为文可思已，驰骋辨博何如允恭安安[2]，挥洒翰藻何如默识心融，紧[3]礼缛仪何如玄淡希夷，袭圭累组何如人纲人纪。孔子曰：“文王既没，文不在兹乎？”先儒解兹为此，而此又何指耶？颜渊曰：“夫子循循然善诱人，博我以文，约我以礼。”吾人日用事事物物各有节奏，率性而发，自然成章，特几希易，毫厘千里，惟念之则惺，常念之则常惺。文是本来之灵光，尽其所以为我者，而文在矣。故君子终日乾乾夕惕，若念兹在兹，允出兹在兹也。倘不知有我，而徒慕辨博之为高，翰藻之为华，繁缛之为观，圭组之为荣，纷纷逐逐，转念而转迷，愈失而愈远，究竟有何下落？则竭吾之才，寻孔之卓，以上契羲文[4]精一之旨，夫岂异人任乎？予之听诸君为此，亦岂漫无裨益，而徒资登临眺玩已乎？二三君念之，慎毋负于斯举也。暨人皆会在兹之意，则斯阁有不记之记。

沙埭埂记

大侣湖沙埭埂，下庙嘴埂里许，去县五里而遥。己亥孟夏，为洪流冲破，比年筑就。壬寅仲夏复被冲，埂倒百七十丈，淤田三百余亩，埂下居民号呼无措，阖湖皇皇虞失秋。余约日召圩长毕集，丈分倒缺，半属本埂，半属通湖。余自募夫筑数丈示之式，又早晏驰往督役，工未六七而骤雨连朝，水大至，余乘舸抵埂所，圩长抚膺泣下，湖中有负釜而奔避者，余谓：“蹙额待溃非策，不若尽力救御，其济否，则天也。”圩长许诺，纠集数人，就埂下搬沙垒筑。余载酒致饩，亲立赏格，舆隶捕快咸荷锄列炬，人人用命。凡两昼夜，倖保无虞。湖民乘时奋功，高坚遂甲于他埂。圩长蒋加七十三、蒋加六十、蒋都三十二等呈之当道，欲表前劳。檄下，余缴覆以辍。乃七十三等，仍勒碑欲刻其呈辞。余曰：“明止之而私立之，非体也。尔湖一望千顷，万民待命，闻邑中有‘大侣爹，白塔娘’之谚，所关非渺小，尔欲识前劳，是足其劳也。足劳者，必惮劳，尔亦思己亥之卒破也，岂不谓此埂曩来无虞而漫不加意乎？”曰：“然。”“壬寅之再破，又岂不谓埂适如是可矣，而竟亏功一篑乎？”曰：“然。”“当余策马催筑，尔咸谓秋潦弗甚，而

1　“维天之命，於穆不已”，典出《诗经·周颂》，后句“於乎不显，文王之德之纯”亦然。

2　“允恭安安”，典出《尚书·尧典》，原文为：“曰若稽古帝尧，曰放勋，钦明文思安安，允恭克让”。钦、明、文、思为帝尧之四种盛德；安安，则指顺应万物之仪态风度；允恭克让，恭敬而又谦让。此处比喻高贵的品质。

3　“紧”字同治本作“繁”。当以同治本为是。

4　“羲文”，伏羲氏与周文王的并称。

何期骇不及图，既冒雨鼓勇与河伯力争，尔等指为徒劳，而犹藉以济事，岂天功可贪，抑人力可尽诿乎？”曰“然。”“用是知不备不虞，灾之招也。无恃[1]不灾，恃吾有以待其灾，预图为上策也，尔等识之。”圩长群应声曰：“然！然！愿以代呈词可乎？”余曰：“可。”

安家湖起工祝文

迩来数哉，冯夷不职。高岸为谷，民胥艰食。枵腹畚锸，莫之控极。惟神相之，功或晷刻，如冈如阜，以奠我民生于不忒。

大侣湖造闸起工祝文

生民所天，惟兹稼穑。保民敷政，无先足食。忧虞当轸，宴安必饬。修筑蓄泄，时勤时植。今兹大侣湖内人烟数千，粮田万亿，连获有秋，莫非神德。物阜民熙，治田孔亟。爰卜闸基，尽力沟洫。虚中宏外，顺流之则。高黍低稌[2]，栉比翼翼。孰为宅区，民歌帝力！

黄家埠取石文

山之东，山之西，各有主领。西山一姓，祖茔东山，粮田万顷。今我来斯，心切保民，岂忍贻瘝。拜而陈词，恳灵翰屏。石为我用，永消灾眚。顾氏隆兴，草木无儆！

七家湖造闸起工祝文

天之爱民甚殷，而民之待命，情本无穷。国之设官为民，而官之体国也，力苦不给。是以民欲力田而势不遂，官欲有为而时不从。事多苟且，心怀忧虞。欲破因循陋习，须图振刷精神。今兹我众有怀，必告无计不询。既开闸于五浦头，复卜建于戚家湖。一劳祈于永逸，虽休亦且勿休。民实劳止，徒愧绥静[3]之无方；神其鉴焉，尚赖田工之速就。

1　“恃”，依靠、依赖。《说文》：“恃，赖也。”

2　“稌”，稻子。

3　“绥静”，安抚平定。

会义桥起工祝文

桥梁利涉，王政重焉。兹之将圮，来往迍邅[1]。都有善士，捐赀率先。万民乐助，易柔为坚。邑宰卜吉，虔精[2]山川。祈神默祐，飞跨亘绵。天造地设，巩固万年。

朱公湖起工祝文

疆场之吏，为民殚诚。山川之灵，为民取精。丰穰乐利，造物[3]司衡。兹者朱公湖居民某等屡困洪潦，家户屏营，藉山为固，佥谋咸亨。光复仰邀神惠，俯顺民情。畚锸毕集，不日告成。如冈如阜，如墉如城。外流不入，内流不盈。熙皞[4]无虞，鼓哺同声。百千万岁，永奠民生！

蒋村湖祝文

天生烝民，惟艺黍稷。为国牧民，必先粒食。哀我兆庶，冯夷岁淹。号寒啼饥，谁极谁因。徒尔尸素，忧心孔疚。利民则为，岂敢自后。疏瀹[5]导流，谋获佥同。不辞戴星，来即田工。睹兹壅逆，欲事畚锸。亹亹[6]陈诉，一呼群歃。百灵效顺，万姓欢忻。水得其性，乐岁殷殷。我免浸淫，他无噬啮。鬼神标能，绩底排决！

1　迍邅，状路难行不进貌。
2　“精”字同治本作“请”。当以同治本为是。
3　“物”字同治本作“食”。似同治本更为贴切。
4　“熙皞”，和乐，怡然自得。
5　“疏瀹”，疏通水道，使水流畅通。
6　“亹亹”，状陈诉之动人貌。

下　卷(一)

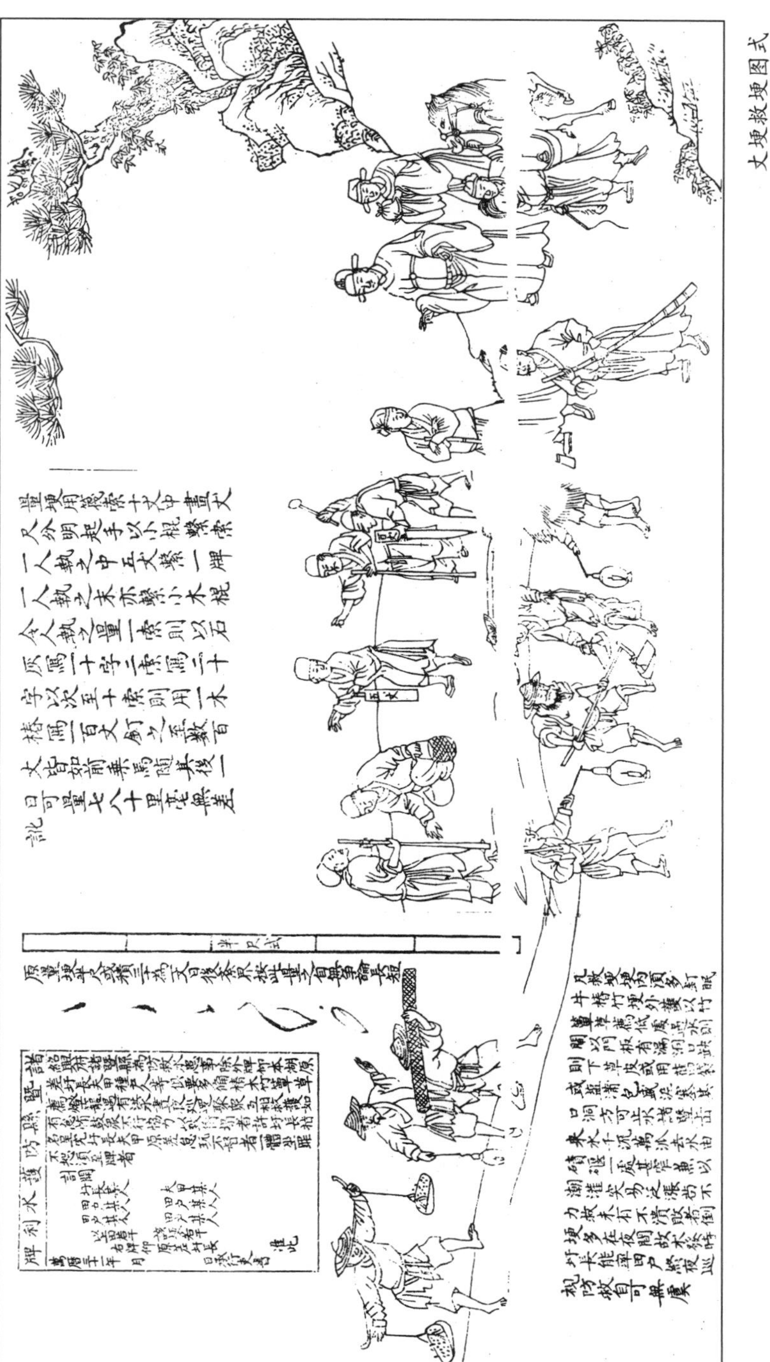

丈埂救埂图式

浣水源流图(一)

浣水源流图(二)

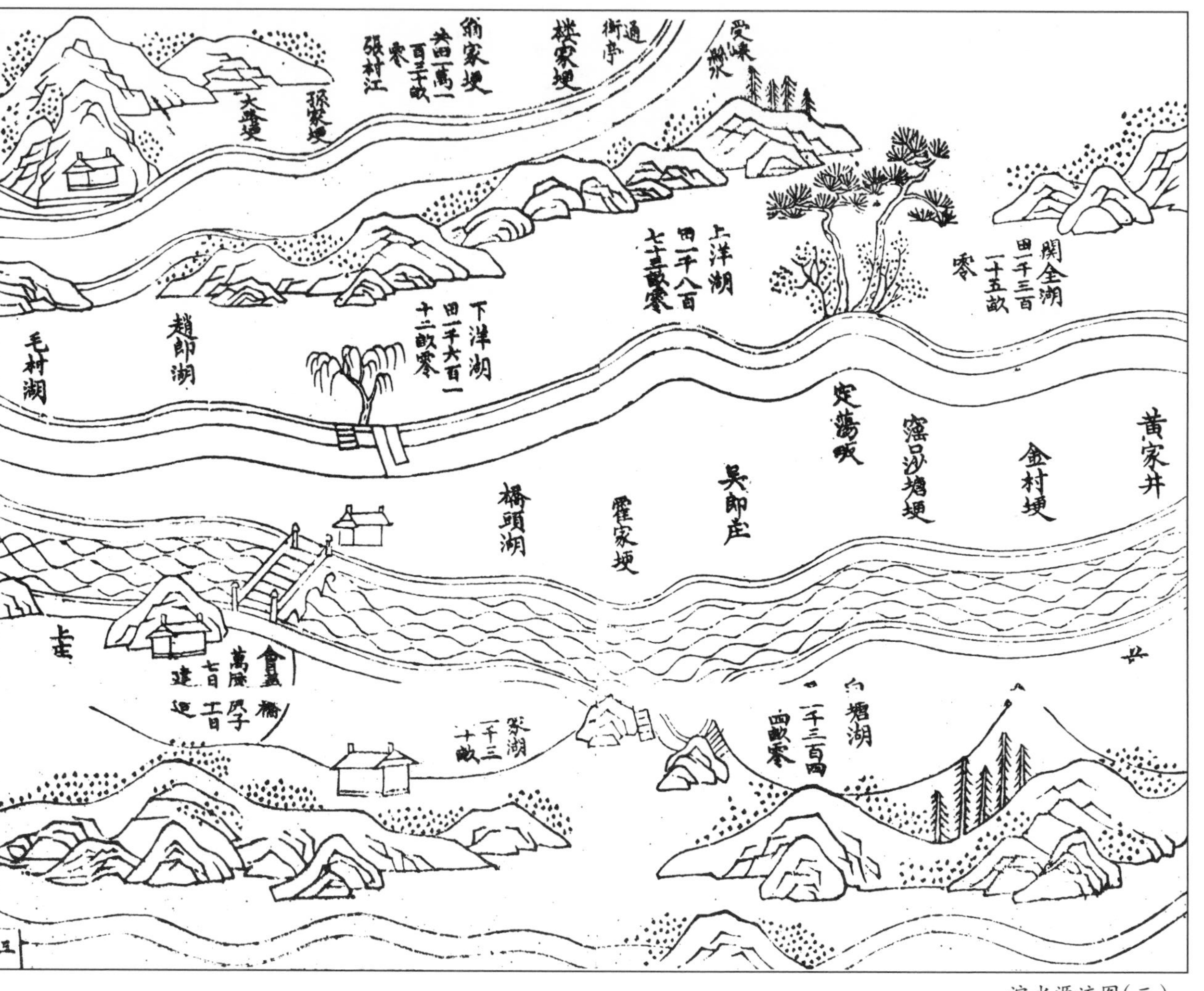

浣水源流图(三)

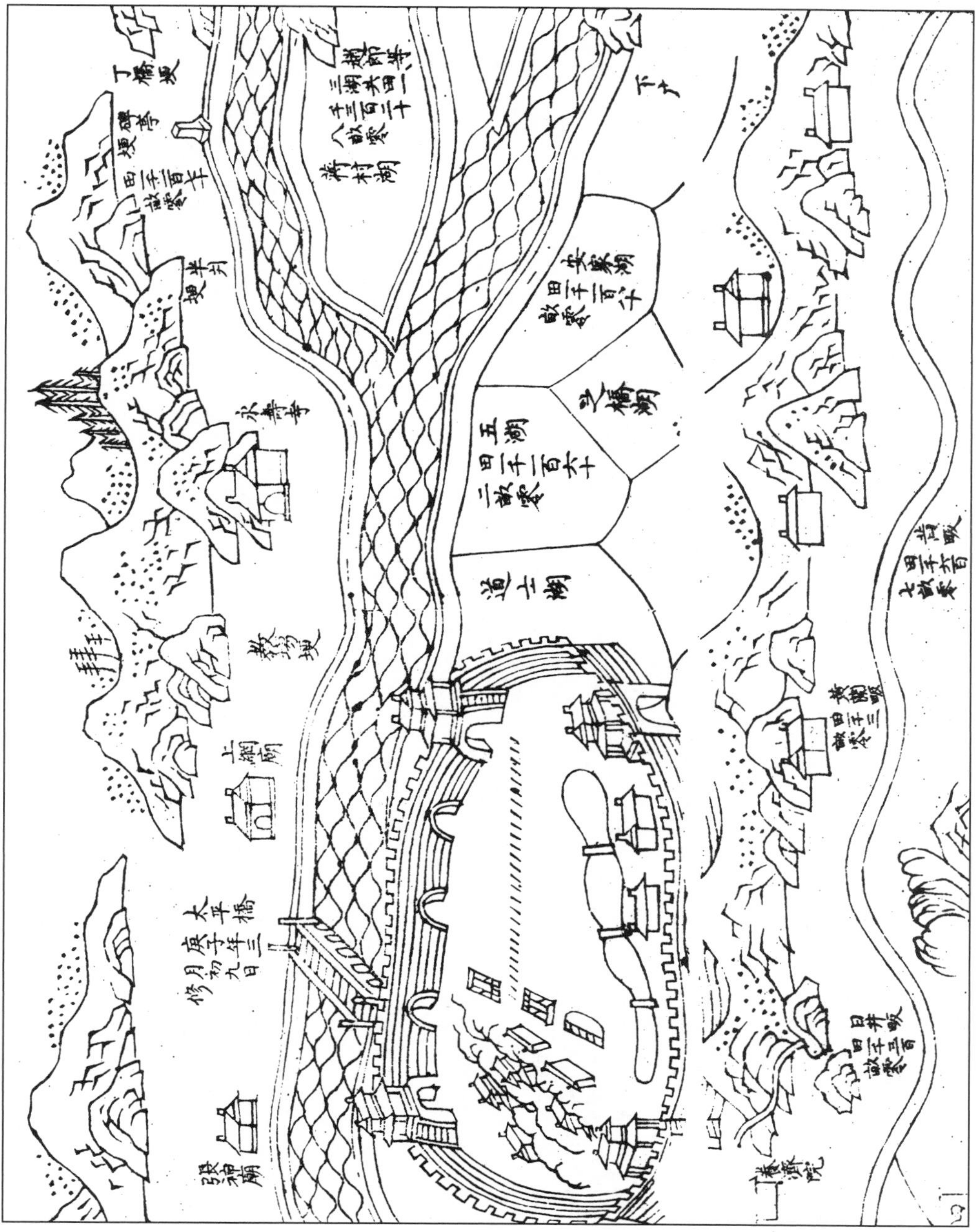

浣水源流图（四）

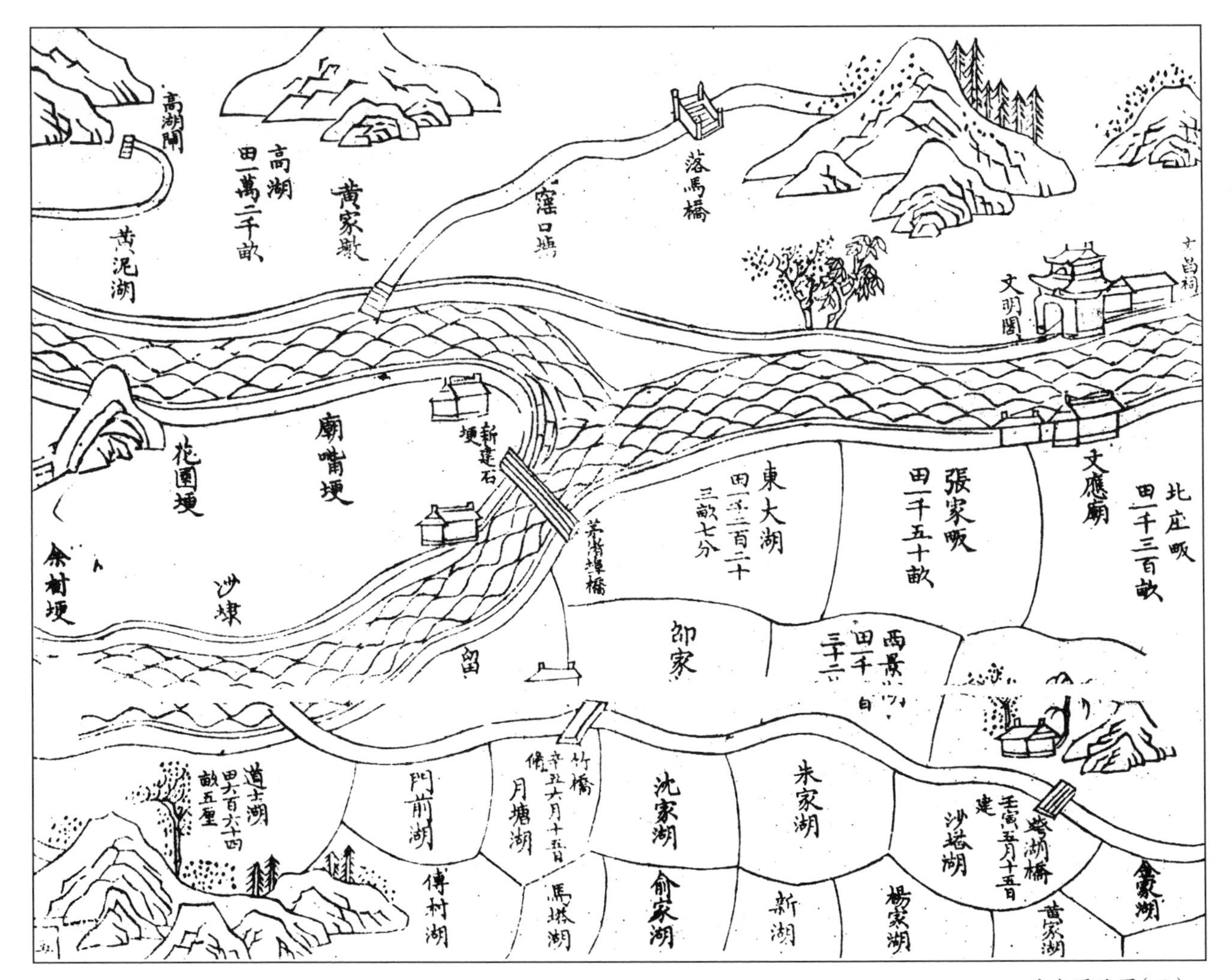
高湖閘
高湖
田一萬二千畝
黃家歟
黃泥湖
窯口堰
落馬橋
文昌祠
文明閣
廟嘴埂
新建石埂
花園埂
余村埂
沙埭
東大湖
田一千三百二十三畝七分
張家畈
田一千五十畝
文應廟
北庄畈
田一千三百畝
邵家
西景
道士湖
田六百六十四畝五厘
門前湖
竹橋
辛丑六月十五日修
月塘湖
沈家湖
朱家湖
壬寅五月十五日建
塔湖橋
沙塔湖
傅村湖
馬溪湖
俞家湖
新湖
楊家湖
黃家湖
金家湖

浣水源流图(五)

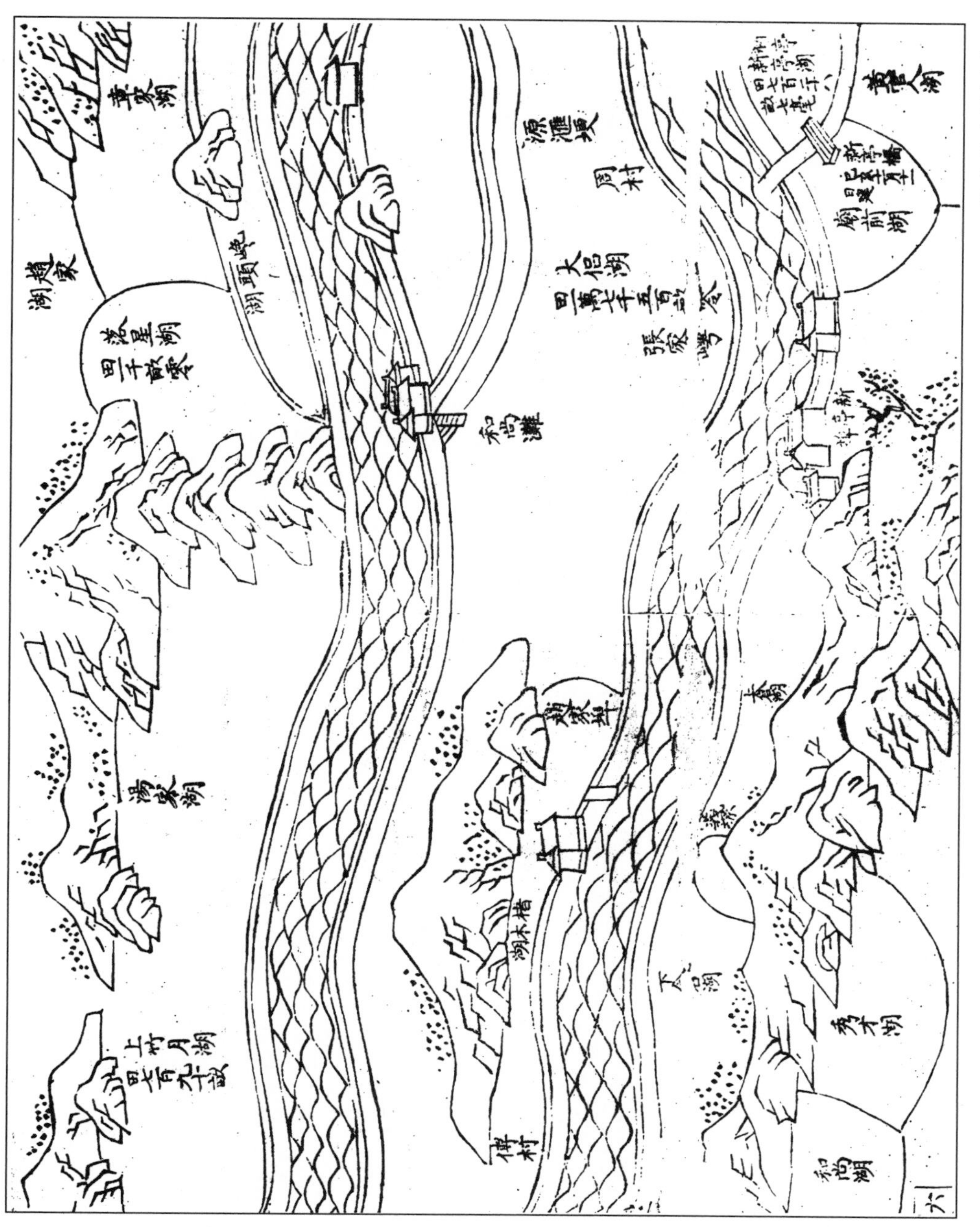

浣水源流图（六）

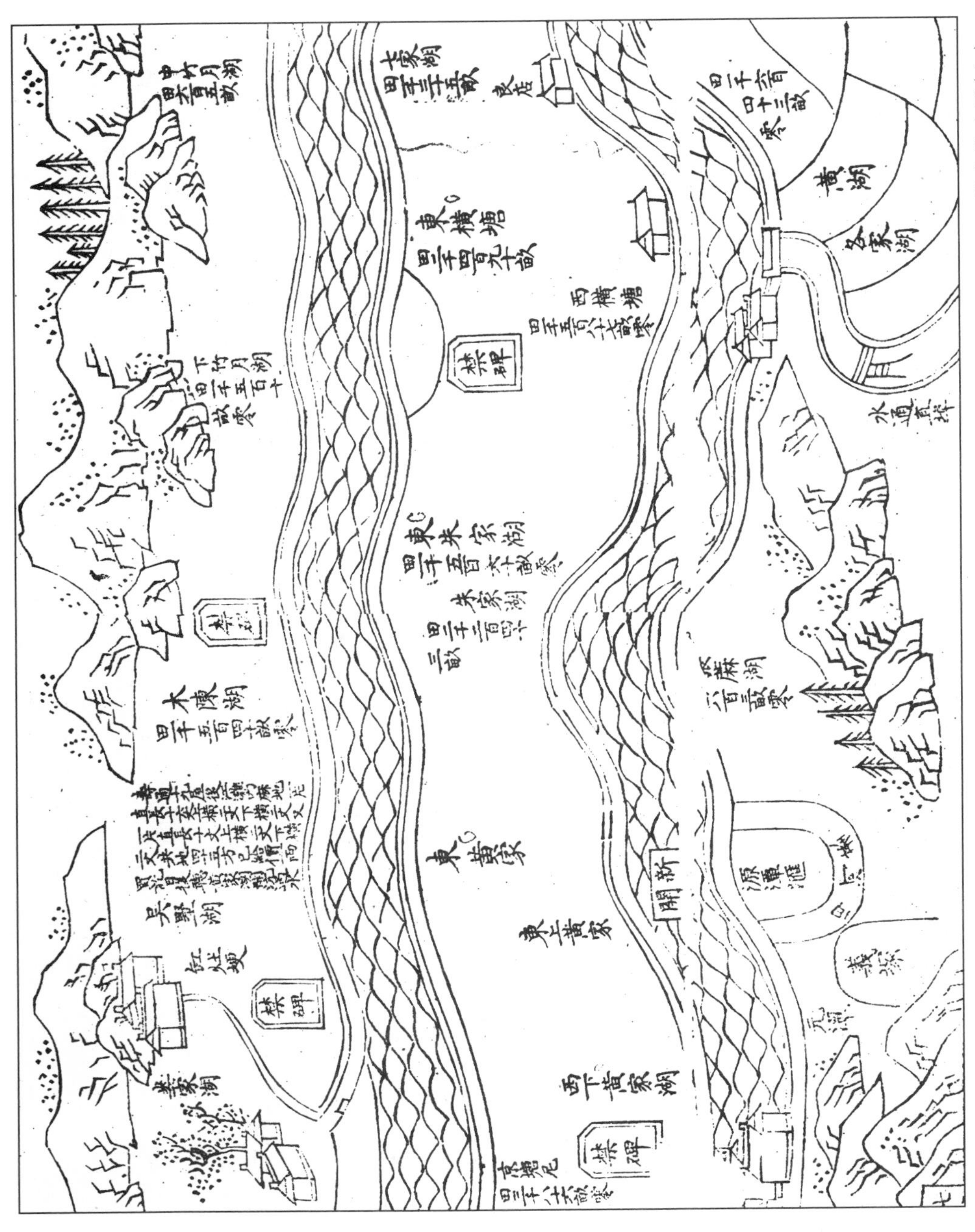

浣水源流图（七）

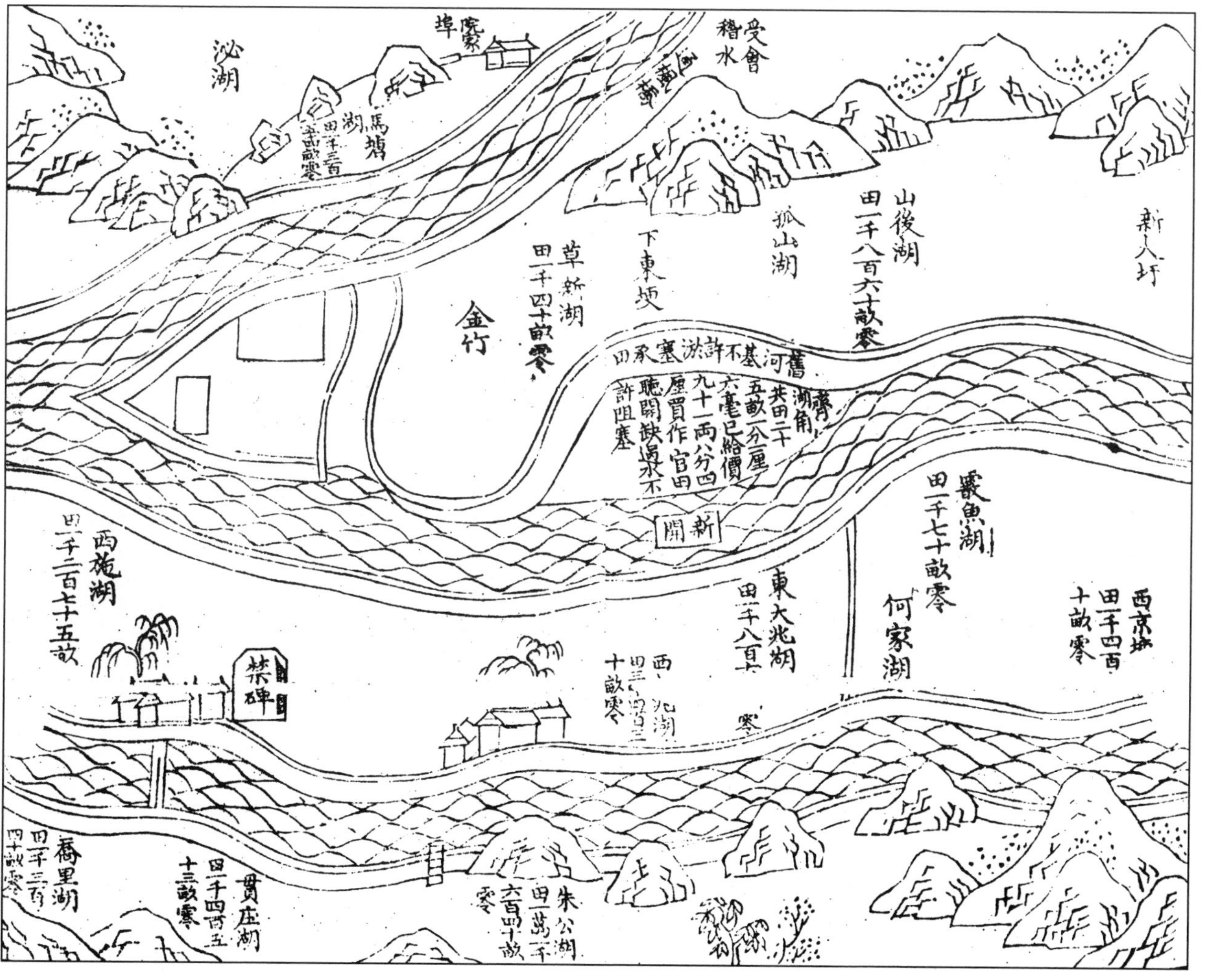
泌湖
受會稽水
山後湖
田一千八百六十畝零
孤山湖
下東坂
草新湖
田一千四十畝零
金竹
新入圩
鱟魚湖
田一千七十畝零
何家湖
西京塍
田一千四百十畝零
東大兆湖
西施湖
田一千二百七十五畝
禁碑
新閘
朱公湖
貫庄湖
喬里湖

浣水源流图(八)

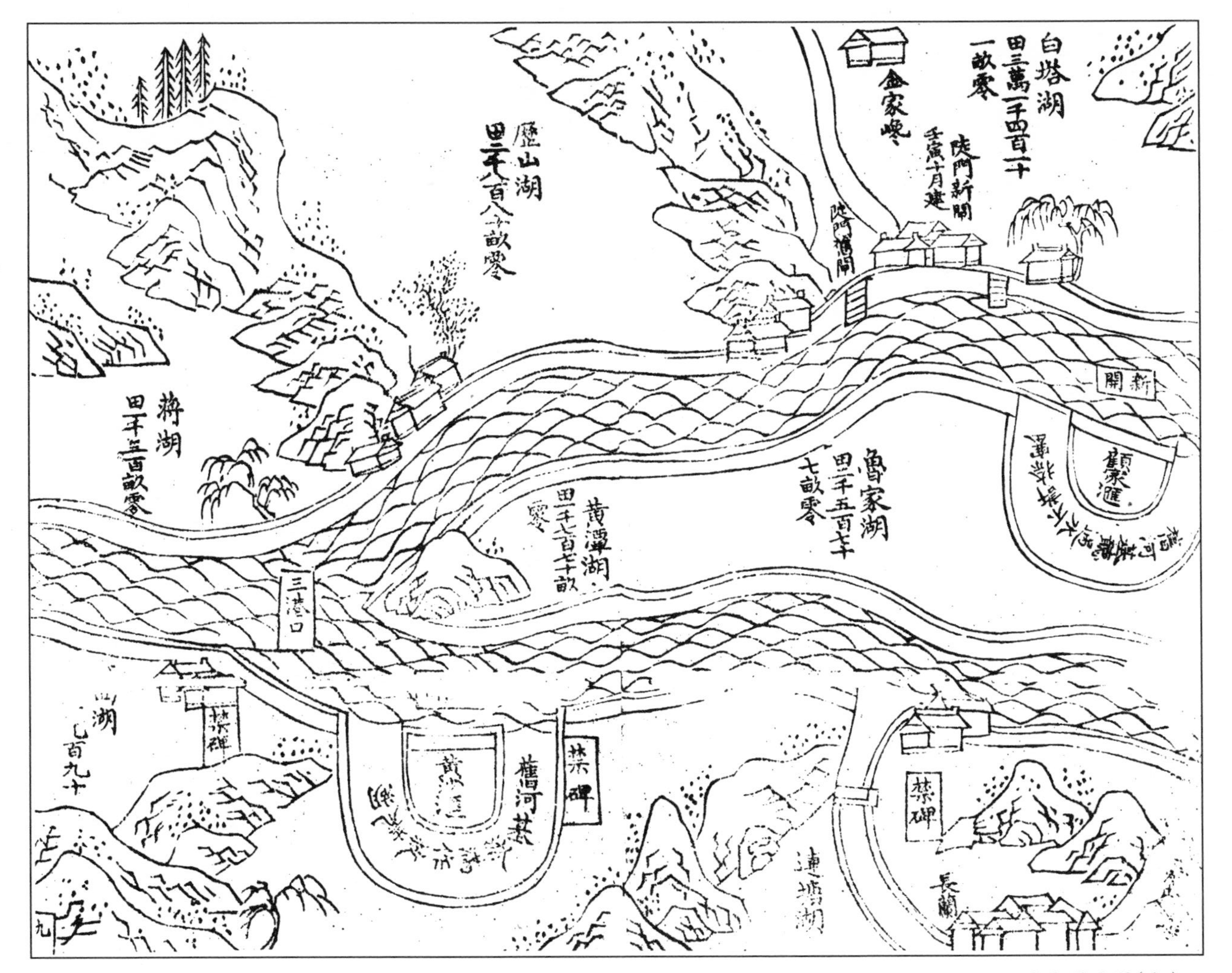
白塔湖
田三萬一千四百一十
一畝零
金家嶼
陡門新閘
壬寅十月建
歷山湖
蔣湖
田千三百畝零
鲁家湖
田一千五百七十
七畝零
黃潭湖
新閘
三港口
禁碑
舊河基
禁碑
禁碑

浣水源流图(九)

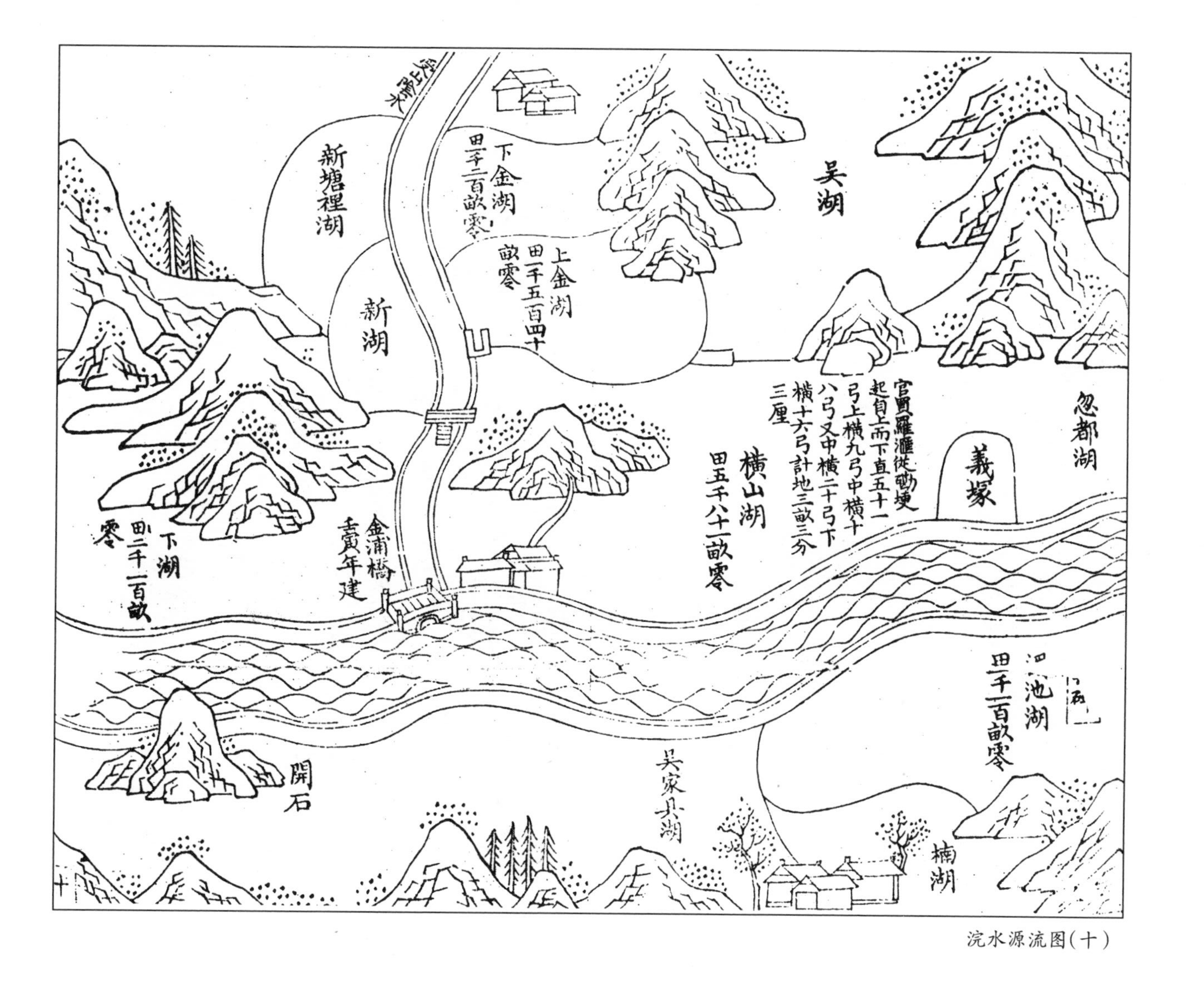
吴湖
新塘裡湖
下金湖
上金湖
田一千五百四十畝零
新湖
下湖
田二千一百畝零
金浦橋
壬寅年建
橫山湖
田五千八十一畝零
官買羅滙從砌埂
起自上而下直五十一弓上橫九弓中橫十八弓又中橫二十弓下橫十六弓計地三畝三分三厘
忽都湖
義塚
池湖
田一千一百畝零
吴家山湖
開石
楠湖

浣水源流图（十）

浣水源流图（十一）

浣水源流图（十二）

浣水源流图(十三)

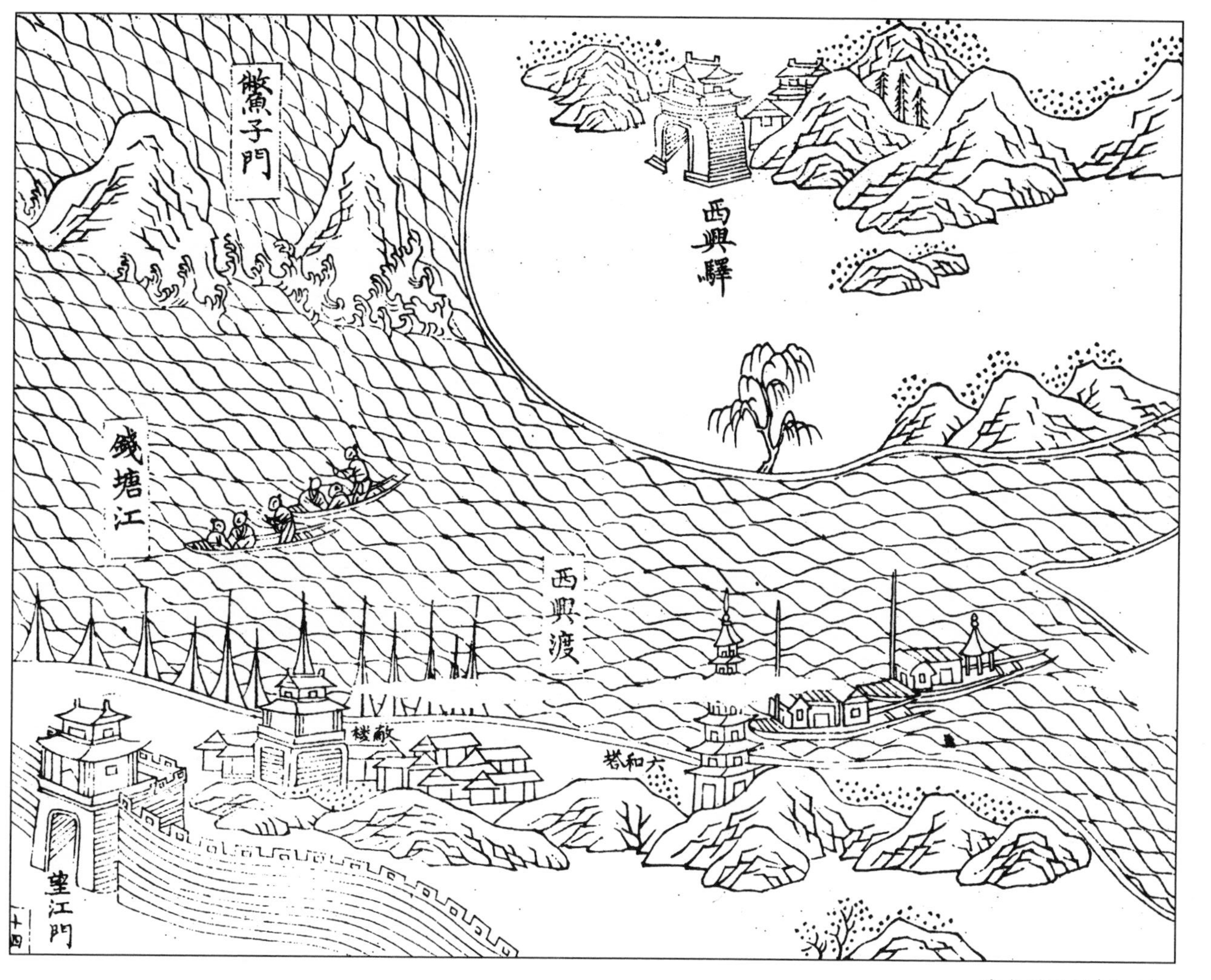

浣水源流图（十四）

上江东岸丈量湖埂田亩分段数开后

万定埂〇自周姓山嘴起,至旧横埂嘴止。共埂壹百壹拾丈叁尺。共田柒百壹拾亩。每亩该埂壹尺伍寸伍分。外免圩长田陆拾伍亩。

王家门前七家埂〇自东首店前起,至西边小屋止。共埂壹百叁拾丈。〇共田贰拾亩。每亩该埂陆丈伍尺。

上塘郎埂〇共埂叁百零肆丈。共田壹百贰拾壹亩。每亩该埂贰丈伍尺壹寸。

自王家屋后起,至马房园止,壹拾肆丈。

又自马房园破塘边起,至下塘郎界止,贰百玖拾丈。

下塘郎埂〇自上塘郎界起,至前山头止。共埂贰百捌拾丈。共田陆拾亩。每亩该埂肆丈陆尺陆寸捌分。

正廿七都庙后埂〇自庙后坟山起,至官塘埂止。共埂肆拾叁丈伍尺。陈美廿三坐田伍拾亩,自做。

官塘埂〇自陈美廿三分界起,至袁忠百七十屋止。共埂壹百肆拾肆丈。共田壹百柒拾亩。每亩该埂捌尺肆寸捌分。外免圩长田贰拾亩。注:袁忠百七十屋后,贰拾丈自业。

前山埂〇自官塘埂交界起,至包家埂界止。共埂肆百玖拾丈。共田柒百肆拾亩。每亩该埂陆尺陆寸贰分。外免圩长田伍拾亩。注:埂顶官路不许筴[1]笆、荫养竹木。

包家埂〇自前山埂交界起,至庙前埂界止。共埂贰百捌拾伍丈。共田柒拾肆亩。每亩该埂叁丈捌尺伍寸。注:埂顶官路不许筴笆、荫养竹木。

庙前埂〇自包家埂交界起,至丁家埂止。共埂壹百零陆丈。共田叁百亩。每亩该埂叁尺伍寸肆分。外免圩长田陆拾贰亩。

丁家埂〇自庙前埂交界起,至神堂畎埂止。共埂壹百贰拾陆丈。共田贰百亩。注:业主赵呈百六十七、赵生百二、娄容七十二、娄正五十二等照田培筑。每亩该埂陆尺叁寸。外免圩长田壹拾陆亩。

神塘畎埂〇自丁家埂交界起,至破塘埂界止。共埂陆拾壹丈。共田伍拾亩。注:业主赵呈百六十七等。每亩该埂壹丈贰尺贰寸。

1 “筴”,同“策”。此处特指用竹片编连。

麻园埂〇共埂壹百肆拾叁丈。共田贰百零肆亩。每亩该埂柒尺零壹分。外免圩长田壹拾伍亩。

自破塘埂交界起，至娄容七十二庄屋边止，计玖拾贰丈。

又自娄容七十二庄后起，至大园埂接界止，计伍拾壹丈。

大园埂〇共埂壹百肆拾伍丈。共田贰百柒拾亩。每亩该埂伍尺叁寸柒分。外免圩长田壹拾陆亩。

自麻园埂交界地起，至徐惠廿七屋止，叁拾柒丈。

又自徐姓屋前起，至徐惠店房止，壹百零捌丈。

黄家井埂〇自徐惠二屋起，至徐槐廿七屋止。共埂叁拾陆丈。共田壹百柒拾亩。每亩该埂贰尺壹寸贰分。注：徐姓店房基埂，着各业主自做。

金村埂〇自张高百七十四园地起，至霪口埂止。共埂壹百贰拾伍丈。共田壹百柒拾亩。每亩该埂柒尺叁寸陆分。外免圩长田壹拾壹亩。注：张高百七十四屋基埂，着自做。

霪口沙塘埂〇自金村埂界起，至洪高九屋边止。共埂壹百叁拾陆丈。共田壹百肆拾伍亩。每亩该埂玖尺叁寸捌分。外免圩长田壹拾亩。注：洪姓屋基不量，令业主自做。

杜家埂〇自洪高九屋后起，至江下埂止。共埂壹百贰拾丈。共田壹百陆拾亩。每亩该埂柒尺伍寸。外免圩长田壹拾壹亩。

中湖水埂〇自王见一屋边起，至徐家屋止。共埂壹百柒拾柒丈。共田壹百肆拾壹亩。每亩该埂壹丈贰尺伍寸肆分。外免圩长田壹拾亩。

下湖水埂〇自徐家屋后起，至吴郎庄麦塔止。共埂壹百肆拾壹丈。共田壹百肆拾伍亩。每亩该埂玖尺柒寸叁分。外免圩长田壹拾亩。

吴郎庄埂〇共埂贰百壹拾壹丈。共田贰百亩。每亩该埂壹丈零伍寸陆分。外免圩长田壹拾伍亩。

自麦塔起，至沈家门前止，贰百壹丈。

又自沈家屋后起，至陈贞四十五屋止，壹拾丈。

坟塔埂〇自赵生十九屋后起，至三十一都埂嘴界止。共埂捌拾肆丈。共田柒拾陆亩。每亩该埂壹丈壹尺。

霍家埂〇自附廿七都交界起，至斯家屋止。共埂玖拾肆丈伍尺。共田贰百亩。注：业主斯恭廿九。每亩该埂肆尺柒寸贰分。外免圩长田壹拾伍亩。

桥头湖〇共埂玖拾肆丈贰尺。共田壹百肆拾亩。注：业主赵制五十七管业。每亩该塘陆尺柒寸叁分。外免圩长田壹拾亩。

自斯家屋后俞坟山起，至赵庄前止，叁拾丈。

又自赵屋后园起，至俞家李园止，伍拾壹丈伍尺。

又自俞家园地起，至俞门前止，壹拾贰丈柒尺。

上江西岸丈量湖塘田亩分段数开后

柘湖○自夏潮竹园起，至前湖接界止。共塘贰百贰拾柒丈伍尺。共田肆百捌拾亩。每亩该塘肆尺柒寸叁分捌厘。外免圩长田贰拾捌亩。

前湖○自柘湖交界起，至西塘山嘴止。共塘贰百玖拾陆丈。共田壹百柒拾亩。每亩该塘壹丈柒尺肆寸贰分。外免圩长田壹拾亩。

白塘湖○共塘壹千壹百柒拾柒丈肆尺。共田贰千贰百伍拾亩。每亩该塘伍尺贰寸叁分。外免圩长田玖拾肆亩。

自前湖交界起，至娄正八十一地止，陆拾贰丈。

又自黄家坟山起，至娄家坟山止，叁拾肆丈。

又自西头山起，至斯敬十二屋止，叁百柒拾丈。

又自斯姓园地起，至顾仁八十八庄房止，贰百叁丈。

又自顾家庄后园地起，至王姓屋止，贰百叁拾捌丈肆尺。

又自王姓屋后墙边起，至闸头止，贰百柒拾丈。注：外斯姓屋基一带，着自做。顾庄基地塘，令自做。

宣家湖○共塘壹百叁拾捌丈伍尺。共田叁千叁百亩。每亩该塘肆寸捌分肆厘。外免圩长田伍拾亩。

自白塘闸山起，至了山闸止，柒拾捌丈。

又，横塘自石公墓山起，至横里山止，陆拾丈伍尺。

上庄湖○自了山起，至俞屋边止。共塘贰百捌拾肆丈。共田贰百壹拾陆亩。每亩该塘壹丈叁尺伍寸贰分。外免圩长田壹拾亩。注：钱姓屋基并麻车基，着自做贰拾丈。俞英十七小屋边着自做陆丈。

下庄湖○自俞英十七屋边起，至黄白山止。共塘壹百叁拾丈。共田捌拾柒亩。每亩该塘壹丈肆尺柒寸柒分。外免圩长田伍亩。

安家湖○共塘捌百肆拾壹丈伍尺。共田壹千壹百亩。每亩该塘柒尺陆寸伍分。外免圩长田捌拾亩。

自山校塘钱家山起，至庙塔止，贰拾贰丈。

又自新横埂庙山嘴起，至斯家庄前止，壹百捌拾肆丈。

又自斯姓屋后起，至赵振十九屋边止，肆百肆拾叁丈。

又自赵振十九屋边起，至石嘴庙山头大树止，捌拾贰丈伍尺。

又自庙下起，至钱家山止，壹百壹拾丈。注：外斯姓屋基壹拾柒丈，着自做。店基横头埂塔，有坟人自做。俞、斯、潘等姓屋边埂路，听通行，不许荫养侵塞。

兹桥湖〇共埂贰百零肆丈。共田贰百陆拾亩。每亩该埂柒尺捌寸肆分。外免圩长田贰拾亩。

自钱姓塘顶树边起，至横埂止，贰拾丈。

又自黄坭田埂头起，至瓦窑塔止，壹百捌拾贰丈。

又山茭埂，贰丈。

五湖〇共埂陆百陆拾肆丈。共田壹千壹百亩。每亩该埂陆尺零叁分。外免圩长田陆拾贰亩。

自胡坟山头横埂起，至包家段止，肆拾捌丈。

又自杨姓坟山下首山头起，至杨姓屋止，壹百壹拾肆丈。

又自冬青树起，至杨惠三十五地止，壹拾捌丈。

又自杨恩三十八园地边起，至下杨屋止，柒拾玖丈。

又自俞家屋后小桑木起，至周汝道门前止，捌拾贰丈。

又自周汝道屋起后山嘴起，至苎萝山嘴止，叁百贰拾叁丈。注：外杨恩四十门前至冬青树止，叁拾丈，俱屋主自做。杨姓屋边官路俱要留阔，不许侵占。近江岸不许荫养竹木。埂外通潮湖不许加埂，地不许做埂。郦姓地边不许种养竹木。

苎萝下首埂〇自坟山边起，至赵秉三十屋边止，共埂壹百壹拾柒丈。共田伍拾陆亩。每亩该埂贰丈零玖寸。注：赵家塘外桑木不许种蓄。

道士湖〇自葛屋墙下起，至杨姓屋止，共埂柒拾玖丈。共田叁百柒拾亩。每亩该埂贰尺壹寸肆分。外免圩长田叁拾伍亩。注：江边一带不许荫养树木。

双港河直下一带湖埂田亩分段数开后

正廿七都小港门前埂〇共埂贰百肆拾玖丈。共田壹百壹拾亩。每亩该埂贰丈贰尺肆寸叁分。

自王元七十屋后起，至周明十一屋止，叁拾叁丈。

又自杨家店房起，至黄仕堂接界小柏木止，贰百肆拾玖丈。注：埂角不许做园。

祖宅门前埂〇自王文献埂柏木起，至黄家麻地塴止。埂伍百零伍丈伍尺。

共田伍百零伍亩伍分。每亩该埂壹丈。外免圩长田伍拾肆亩。

关全湖○共埂柒百肆拾丈。共田壹千贰百肆拾亩。每亩该埂伍尺玖寸柒分。外免圩长田柒拾伍亩。

自千秋桥周贤七十六屋边起，至惠姓屋南止，贰百柒拾陆丈。

又自惠屋后起，至宣姓屋前柏木止，贰百叁丈伍尺。

又自宣姓屋边起，至徐恩十七屋边止，壹百肆拾伍丈。

又自徐恩十七屋起，至闸头地止，壹百贰拾丈。注：惠樟十四屋基埂，自做。宣家屋基后一带，着业主自做高大。徐恩十七、赵生十一屋后埂，着自培高大。

上洋湖○共埂肆百贰拾柒丈。共田壹千捌百亩。每亩该埂贰尺叁寸柒分。外免圩长、夫甲田柒拾叁亩。

自毛燕山起，至祝姓坟山嘴止，捌拾伍丈。

又自山嘴起，至祝姓园地大松木止，捌拾丈。

又自祝家店房边起，至下湖界止，贰百陆拾贰丈。注：祝姓店后园地埂，着自培高大。

下洋湖○共埂捌百伍拾壹丈。共田壹千伍百肆拾亩。每亩该埂伍尺伍寸贰分。外免圩长田柒拾贰亩。

自上湖交界起，至陈家庄止，壹百叁拾玖丈。

又自陈庄屋下起，至闸头止，柒百壹拾贰丈。注：陈庄屋前不量，着自做。

赵郎湖○共埂贰百柒拾丈。

徐恩三十四田顶埂，肆丈。

自潘姓屋边起，至赵姓屋边止，壹百伍拾伍丈。

又自潘家山起，至毛村湖界止，壹百壹拾壹丈。

毛村湖○共埂陆百壹拾叁丈伍尺。

自赵郎湖交界起，至郭东七十七庄前梅树止，陆拾贰丈伍尺。

又自郭东七十七庄房起，至毛加八十七松木边止，壹百壹拾伍丈。

又自毛加八十七屋起，至毛加百十一麻地止，肆拾贰丈。

又自毛加百十一庄边起，至毛美七十七园墙止，壹百伍拾丈。

又自毛加百十六园头起，至毛美三十九地止，贰百丈。

又自庙山起，至孙文八十四园地止，肆拾肆丈。

注：外毛美三十九屋后，自做壹拾壹丈。郭家庄后一带自做。毛加百十七屋边，着自做。毛加百十一屋后并麻地埂一带，自做承管。

蒋村埂〇自孙文八十四园蓬边起,至山嘴庙止。埂柒拾叁丈。

注:已上毛村、赵郎、蒋村埂,三湖共田壹千叁百伍拾亩贰分。

三湖共派,每亩该筑毛村、赵郎二处埂陆尺肆寸。

又共该筑蒋村埂每亩伍寸伍分。

街亭以下一带丈量湖埂田亩分段数开后

正三十四都楼家埂〇共埂贰百玖拾壹丈。共田肆百肆拾亩。每亩该埂陆尺陆寸叁分。外免圩长田叁拾伍亩。

自松山嘴起,至楼姓店房止,壹拾柒丈。

又自楼姓屋后地嘴起,至楼小孙地止,叁拾捌丈。

又自小闸头起,至三十三都界止,贰百叁拾陆丈。

三十三都陈村埂〇自陈高地起,至三十二都闸下墩界止。埂壹百贰拾丈。共田叁百叁拾亩。每亩该埂叁尺陆寸伍分。外免圩长田叁拾陆亩。

注:外自三十四都界,起陈店基高地,至槐木止,叁拾叁丈。业主陈稳九十三自做承管。

翁家荷花埂〇共埂叁百陆拾捌丈。共折实田叁千壹百肆拾柒亩玖分柒厘。每亩该埂壹尺壹寸陆分玖厘。外免圩长田壹百肆拾柒亩。

注:内一则田壹千玖百壹拾柒亩肆分,二则田壹千陆百贰拾壹亩柒分,三则田壹千柒百捌拾壹亩壹分。今共折作实田叁千叁百贰拾壹亩玖分,免田在内。

自三十三都交界起,至翁宗廿八屋前止,叁百壹拾丈。

又自翁宗廿八屋园地起,至孙文八十四埂界止,肆拾捌丈。注:外翁宗念捌门前起,至屋后园地止,贰拾丈,业主自培。

张村埂〇自翁家埂界起,至岩山庙止。共埂壹百玖拾丈。共田玖百柒拾亩贰分。每亩该埂贰尺玖分伍厘。外免圩长田捌拾贰亩。

孙家横埂〇自山头起,至孙家园地止。共埂贰拾壹丈。共田陆亩壹分。每亩该埂叁丈伍尺肆寸。注:麻地着业主培筑。

大樟树埂〇自大松木起,至大樟木止,共埂壹拾丈。注:业主孙文八十四、孙千二等培修。

大路埂〇自孙家屋后起,至石坟山止。共埂壹百壹拾丈。共田柒拾亩。每亩该埂壹丈伍尺捌寸。

七十二都丁桥埂〇自石坟山起,至郭南一屋边止。共埂陆拾伍丈。共田捌拾叁亩。注:业主陈美七、郭南一、孙文廿三等修筑。每亩该埂柒尺捌寸伍分。注:郭南一庄前塘壹拾丈，着自做。塘脊不许种插塞路。

庙前碑亭半爿塘〇共塘贰百玖拾玖丈。共田壹千壹百亩。每亩该塘贰尺柒寸贰分。外免圩长田柒拾陆亩。

自郭南一庄屋边起，至陈美七庄止，贰拾贰丈。

又自陈美七庄起，至碑亭边止，陆拾丈。

又自半爿塘屋边起，至庙边止，贰百壹拾柒丈。注：外陈美七庄前捌丈，着自加筑。下塘头屋基边，着毛明三自做。

上网庙陶家塘〇自陈云四十六地起，至陈美园墙止。共塘肆拾玖丈。共田贰百亩。每亩该塘贰尺肆寸伍分。外免圩长田贰拾叁亩。

山后河东岸湖塘田亩分段数开后

水磨堰塘〇自堰边起，至黄兰坂塘界止。共塘肆拾贰丈。注：着塘内侯家等姓业主自做。

黄兰坂〇共塘陆百玖拾玖丈。共田玖百肆拾亩。每亩该塘柒尺肆寸叁分。外免圩长田陆拾叁亩。

自侯家塘界起，至周章十屋边止，伍百贰拾玖丈。

又自周姓屋后起，至石井坂霪止，壹百柒拾丈。注：溪滩不许养树。

石井坂〇共塘柒百玖拾伍丈。共田壹千叁百叁拾亩。每亩该塘伍尺玖寸捌分。外免圩长田柒拾亩。

自黄兰坂交界起，至金姓屋止，叁百捌拾丈。

又自金姓屋下起，至卸湖界止，肆百壹拾伍丈。注：溪滩不许养树。

卸湖〇共塘叁百壹拾捌丈伍尺。共田叁百伍拾亩。每亩该塘玖尺壹寸。外免圩长田贰拾亩。

自石井坂交界起，至横塘止，贰百贰拾叁丈。

又自横塘下起，至钟地边止，柒拾贰丈。

又自徐小屋起，至俞姓屋边止，贰拾叁丈伍尺。

西景湖〇共塘壹千壹百壹拾陆丈。共田壹千壹百柒拾亩。每亩该塘玖尺伍寸肆分。外免圩长田陆拾玖亩。

自卸湖交界起，至上麻园地止，壹百零陆丈。

又自麻地起，至楼姓地边止，壹拾贰丈。

又自楼小屋起，至滕家门前止，陆拾肆丈。

又自滕屋起，至楼见六园地止，贰拾丈。

又自楼屋后起，至杨园地止，壹拾壹丈。

又自杨姓园地起，至朱家门前止，肆拾丈。

又自麻地起，至朱家屋南止，叁丈。

又自朱章五十屋后起，至朱家屋南止，陆拾壹丈。

又自朱姓屋后起，至俞地南止，陆拾丈。

又自俞姓高地起，至狗眠山下首山嘴止，壹百捌拾捌丈。

又自上横埂俞姓屋后起，至钟园地止，肆拾丈。

又自河边钟姓墙头起，至朱屋前止，贰百零壹丈。

又自朱家屋后起，至狗眠山止，叁百壹拾丈。

注：朱家屋后荒地，不许筑埂养木，朱姓屋边园地，俱要业主照地加筑小埂，不许疏虞。杨高七园地，着自己加埂。

留仁荒湖〇自西景湖交界起，至何家山嘴止。共埂肆百柒拾丈。共田叁百贰拾亩。每亩该埂壹丈肆尺柒寸。外免圩长田壹拾亩。

徐家湖〇自五峰山起，至杨家山止，共埂壹百柒拾丈。共田贰百亩。每亩该埂捌尺伍寸。

山后河西岸湖埂田亩分段数开后

牌坂芝麻埂〇共埂捌百壹拾贰丈。共田壹千伍百叁拾亩。每亩该埂伍尺叁寸贰分。外免圩长田柒拾柒亩。

自小埂松木边起，至许姓屋止，壹拾伍丈。注：着种田夫帮做此埂。

又自浪堰头起，至金家湖交界止，柒百玖拾柒丈。

金家湖〇共埂柒百玖拾肆丈。共田陆百亩。每亩该埂壹丈叁尺贰寸叁分。外免圩长田肆拾贰亩。

自牌坂起，至下园埂嘴止，壹百丈。

又自梁姓屋边起，至沈家园南止，柒拾陆丈。

又自沈家园起，至徐姓屋止，捌拾丈。

又自东厮边起，至俞姓地边止，壹拾陆丈。

又自徐加四田顶埂，壹拾丈。

又自俞连七屋起，至郦宁百三十庄止，陆拾柒丈。

又自徐家屋起，至沙塔湖界止，柒拾丈。

又自沙塔湖界起，至牌坂陈家塔止，叁百柒拾伍丈。注：桥上埂外一带桑木，着该圩长速催斫[1]，不许种蓄。

沙塔湖〇共埂柒百肆拾捌丈伍尺。共田柒百壹拾亩。每亩该埂壹丈伍寸伍分。外免圩长田肆拾亩。

自金家湖界起，至徐加廿六松木边止，捌拾捌丈。

又自楼萃四园地起，至钟贤九十二住房止，叁拾玖丈伍尺。

又自西边金家湖界起，至钟贤九十二三公塔止，陆百贰拾壹丈。

注：对江西景湖江边滕地，不许栽接柏木。对江西景湖埂外楼地，不许养竹蓬。楼萃四屋基南梁章九十篱笆，着移进。江边树竹不许荫养。

黄家湖〇自黄都廿二地起，周围至赵制四地止，共埂玖百伍拾丈。共田伍百玖拾亩。每亩该埂壹丈陆尺壹寸。外免圩长田壹拾亩。

新湖〇自黄家路起，至何墈路止。周围共埂陆百贰拾壹丈。共田叁百伍拾亩。每亩该埂壹丈柒尺捌寸。外免圩长田壹拾亩。

杨家湖〇自朱姓屋边起，至朱姓下首山头止。共埂叁百陆拾柒丈。共田贰百玖拾亩。每亩该埂壹丈贰尺陆寸伍分。外免圩长田壹拾亩。

马塔湖〇共埂陆百伍拾丈。共田伍百亩。每亩该埂壹丈叁尺。外免圩长田伍拾亩。

自小荒湖起，至本湖闸止，伍百陆拾丈。注：内埂易修。

月塘湖〇自陆家山起，至楼家桥上塘墈止，共埂伍百伍拾陆丈。共田叁百伍拾亩。每亩该埂壹丈伍尺玖寸。外免圩长田贰拾亩。

朱俞二湖〇共埂捌百玖拾壹丈。共田柒百捌拾亩。每亩该埂壹丈壹尺肆寸叁分。外免圩长田肆拾亩。

自马湖界起，至钟贤七十八屋止，玖拾贰丈。

又自沈家庄起，至陈姓屋止，陆百玖拾贰丈。

又内横埂，叁拾贰丈。

合家湖〇共埂壹百贰拾壹丈。共田伍拾肆亩玖分。每亩该埂贰丈柒尺肆寸。

自陈姓屋起，至郭姓屋止，肆丈。

又自郭姓屋边麻地起，至道士湖界止，壹百壹拾柒丈。

---

1 嘉庆、同治二本皆作“砟”，实“斫”字之误。“斫”，意谓用刀、斧等砍。

注：埂外地肆亩肆分，并荒地一带，官给银肆两叁钱与业主沈加四十六，已尽买作官地，契由附卷。

前地听张家坂东贺湖居民开河过水。

太平桥下东江东岸丈量湖埂田亩分段数开后

霪口塘自张神庙砖墙起，至袁忠百捌地头止。柒拾壹丈。注：内袁一明基地贰拾壹丈，自做实埂伍拾丈。共田捌百亩。每亩该埂陆寸贰分。外免圩长田伍拾玖亩。注：后村埂大塔不许筑埂。宣家埠不许筑埂。陈家湖外一带沙塔不许做埂、荫养。黄泥埂外一带沙塔不许筑埂。天打徐埠埂外官地不许开垦荫养。后畈湖外地不许开田筑埂。内有小湖数处，类系一已业主，且地势颇高，故不量埂。

黄家墩〇共埂伍百玖拾捌丈叁尺。共田肆百陆拾亩。每亩该埂壹丈叁尺。外免圩长田肆拾亩。

自马鞍山起，至方德念叁柏树止，陆百零贰丈。注：内胡良肆园地自做念丈，培埂脚。方见拾柒麻地培脚，自加埂壹拾丈。实埂伍百柒拾贰丈。

又自方德念叁屋边樟树起，至高湖分界止，贰拾陆丈叁尺。注：又自柏树起，至方德念叁竹笆止，贰拾丈，系麻地，念叁一已做埂。屋后屋头念叁丈，方德念叁自加小埂。埂外圩田不许加埂，后畈圩外荒滩，不许加埂蓄养。

高湖〇共埂玖百肆拾壹丈捌尺。共田壹万壹千柒百叁拾亩。每亩该埂捌寸贰厘。外免圩长田叁百陆拾亩。

自螃蟹山起，至羊秀山余巽肆拾柒墙头止，叁拾陆丈。

又自埂头山起，至曲潭庙山头张建百捌拾壹墙止，壹百玖拾丈。

又自茶山起，至雪落山头止，壹百壹拾玖丈。

又自小山岗起，至骆家山止，壹拾贰丈叁尺。

又自骆家山起，至小湖山止，叁百肆拾陆丈伍尺。

又自罗山起，至闸头边止，柒拾陆丈。

又自皂隶山脚起，至埂尾止，壹百陆拾贰丈。注：黄泥埂方兆百伍等屋后，自加高大。埂外滩地不许筑埂蓄养。

汤家湖〇自罗山下起，至鳢头湖埂止。共埂贰百陆拾伍丈。共田壹百壹拾玖亩。每亩该埂贰丈贰尺贰寸玖分。

鳢头湖〇共埂柒百玖拾伍丈。共田叁百陆拾亩。每亩该埂贰丈贰尺壹寸。外免圩长田拾贰亩。

自小湖山起，至大松木边止，贰百伍拾贰丈。注：松木边起，至屋后枣木至，柒拾玖丈，方加肆拾叁等自做。

又自方加柒拾玖屋边起，至方美叁拾壹松木边止，肆百拾丈。注：自松木边起，至方美叁拾壹屋后止，贰拾肆丈，自筑。

又自方美叁拾壹高埂边起，至屋后止，壹百贰拾贰丈。

又自戚德拾叁屋后起，至罗山止，壹拾壹丈。注：埂外滩地，不许荫养。

章家赵家湖○共埂叁百柒拾叁丈。共田叁百肆拾亩。每亩该埂壹丈零玖寸陆分。外免圩长田贰拾亩。

自长山脚起，至庵边止，柒拾伍丈。

又自庵边起，至赵家湖分界止，贰百捌拾丈。

又自霪头起，至牛头庵止，柒拾丈。注：埂外滩地，不许荫养。

落星湖○自东郑山嘴起，至乌龟山止。共埂玖百叁拾贰丈伍尺。共田玖百伍拾亩。每亩该埂玖尺捌寸壹分。外免圩长田肆拾伍亩。注：外园地叁丈陆尺，业主自做。

寿文肆拾捌新湖○共埂叁百玖拾玖丈。共田肆百伍拾亩。每亩该埂捌尺捌寸柒分。自乌龟山起至寿文肆拾捌麻地止，伍拾玖丈。

又自麻地起，至寿文肆拾捌庄屋止，贰拾叁丈。

又自张立柒拾麻地起，至寿文肆拾捌屋边止，壹百柒拾丈。

又自寿文肆拾捌屋边起，至横埂头止，贰拾玖丈。

又自江边直埂起，至乌鸡山脚止，壹百壹拾捌丈。注：新湖横埂业主寿文肆十八自做。

上竹月湖○共埂伍百叁拾伍丈。共田柒百伍拾陆亩。每亩该埂柒尺柒分伍厘。外免圩长田陆拾亩。

自横埂起，至寿主捌拾陆屋边止，肆百伍拾丈。

又自寿主捌拾陆屋边起，至中竹月湖止，捌拾伍丈。注：张立柒拾侵占官埂，摊坏，不许加埂荫养。埂外滩地不许荫养。

中竹月湖○共埂叁百肆拾肆丈伍尺。共田伍百伍拾亩。每亩该埂陆尺贰寸陆分。外免圩长田伍拾伍亩。

自寿主捌拾捌屋后起，至寿文肆拾捌屋边止，贰百叁拾柒丈伍尺。

又自寿文肆拾捌屋边起，至寿享百肆拾陆地止，贰拾柒丈。

又下横埂坐田壹百贰拾亩，做埂捌拾丈。注：埂外滩地不许荫养。

下竹月湖○共埂伍百玖拾丈。共田壹千肆百肆拾伍亩。每亩该埂肆尺捌分。外免圩长田陆拾伍亩。注：埂外一带滩地俱不许荫养侵塞。

自中竹月湖分界起，至寿文肆拾捌庄屋止，伍拾壹丈。

又自寿文肆拾捌庄屋边起，至王昂柒拾柒桑地止，壹百叁拾伍丈。

又自寿主百柒起，至张神庙止，壹百玖拾柒丈伍尺。

又自寿地起，至寿英贰麻地止，贰拾肆丈伍尺。

又贰拾肆丈。

又自王轩捌拾玖屋起，至寿必德屋边止，壹百叁拾肆丈伍尺。注：内免竹月湖做捌拾丈，实埂伍拾肆丈伍尺。

又自寿必德麻地起，至王加叁拾陆麻地止，玖拾丈。

又自冯献拾贰粪池起，至寿享叁麻地止，壹拾叁丈伍尺。注：寿享百伍麻地，低处自己加培。寿必德麻地、屋后令自做。埂外滩地不许荫养。

木陈湖○共埂陆百捌拾叁丈柒尺。共田壹千肆百柒拾亩。每亩该埂肆尺陆寸伍分。外免圩长田壹百亩。

自庙山起，至寿享贰拾麻地止，上横埂壹百肆丈伍尺。土霪埂贰丈叁尺。

又自寿升叁拾柒地边起，至寿臻期地止，柒拾伍丈。

又自寿臻期地起，至寿臻期地止，壹拾丈。

又自寿通拾玖麻地起，至寿享叁拾陆麻地止，叁百捌拾叁丈伍尺。

又自对麻地起，至寿享叁拾陆地止，壹拾叁丈。

又自寿享三十六地起，至寿文肆拾捌麻地止，伍拾柒丈。

又自寿文四十八起，至寿京三十七麻地止，壹拾叁丈。

又下横霪头埂壹拾伍丈肆尺。坟埂壹拾丈。注：寿升叁拾柒麻地拾柒丈，自做埂。寿通拾玖麻地肆拾伍方，买作官滩，不许种植荫养。寿通拾玖墈下麻地，听对江挑挖作官路，永不许荫养。人家屋后沿江官路不许荫养。埂外滩地不许荫养。

吴墅湖○自竹埂寿享念叁麻地起，至寿家屋侧竹埂边止，壹百陆拾玖丈。共田叁百亩。每亩该埂伍尺陆寸叁分。外免圩长田贰拾壹亩。注：埂外滩地不许荫养。

楼家湖○自馒头山下起，至犬眠山止，连横埂贰百柒拾玖丈。共田壹百柒拾亩。每亩该埂壹丈陆尺肆寸贰分。外免圩长田柒亩。

新大圩○共埂壹百伍拾叁丈。共田叁百伍拾亩。每亩该埂肆尺叁寸柒分。外免圩长田拾玖亩。

自上石霪起，至潘滔拾叁麻地止，玖拾伍丈。

又自潘滔拾叁麻地起，至下石霪止，柒拾肆丈。注：内潘滔拾叁桑园边，自做壹拾陆丈。

实埂伍拾捌丈。

又自楼家湖横埂边起，至上石霪止，壹拾玖丈。楮木坂做。

山后湖〇共埂壹千壹百柒拾陆丈肆尺。共田壹千柒百陆拾亩。每亩该埂陆尺柒寸捌分。外免圩长田壹百亩。

自潘家屋樟木边起，至缸灶埠潘家屋边止，壹百贰拾玖丈肆尺。

又自汪荣柒园边起，至麻地边止，陆拾壹丈。

又自麻地起，至潘肆麻地止，捌拾壹丈。

又自潘贤柒起，至孤山湖分界止，玖百伍丈。注：缸灶屋后园边，着业主、田户共做。

孤山湖〇自山后湖分界起，至石米横埂止，贰百陆拾肆丈肆尺。共田叁百玖拾亩。每亩该埂陆尺捌寸。外免圩长田叁拾柒亩。

下东埂〇自孤山湖起，至鹁鸽山止，伍拾叁丈。又山坡肆丈，俱许姓居民修培护救，如误事，听圩长执管。

四湖共筑石米横埂〇自鹁鸽山下起，至江边直埂止，伍拾捌丈。

注：山后孤山湖管一半，照田分筑。

草、新二湖管一半，照田分筑。

草湖〇共埂壹千壹百壹拾贰丈。共田壹千亩。每亩该埂壹丈壹尺壹寸贰分。外免圩长田肆拾亩。

自新湖分界起，至寿享拾肆屋止，叁百肆拾伍丈。

又自寿家屋起，至钱理肆拾壹屋头止，壹百捌拾贰丈。

又自钱理拾柒屋边起，至钱惠拾叁屋边止，叁百玖拾肆丈。

又自钱惠拾叁屋边竹埂起，至分界止，壹百玖拾壹丈。

注：钱理四十一屋后、屋头令自筑。埂外滩地不许荫养。

新湖〇共埂壹百叁拾玖丈，共田贰百柒拾亩。每亩该埂伍尺壹寸伍分。外免圩长田贰拾捌亩。

自孤山湖接界起，至东边草湖分界止，叁拾肆丈。

又自草湖分界起，至横埂头止，陆拾柒丈伍尺。

又自直埂头起，至眠羊山止，叁拾柒丈伍尺。

金竹塘湖○共埂壹百伍拾柒丈。共田叁百亩。每亩该埂伍尺贰寸叁分。外免圩长田贰拾亩。

自新湖横埂起，至横埂头止，柒拾贰丈。

又自次公山下起，至江边直埂止，内横埂捌拾伍丈。

马塘湖○共埂柒百玖拾陆丈伍尺。共田壹千贰百伍拾亩。每亩该埂陆尺叁寸柒分。外免圩长田壹百肆亩。

自马塘霾头山起，至李京肆拾肆屋边止，肆百壹拾壹丈。

又自邵家埠桥起，至马家屋边竹埂止，捌拾陆丈伍尺。

又自马家屋边起，至鸡笼石何宰念贰园地边止，贰百玖拾玖丈。注：宣家堰草塔一带，埂移进挑平，不许加高。邵家桥庙前，令业主自做。马家桑园外，路不许壅塞。马家屋后江滩，自边屋竹埂起，至江水止，永不许荫养。

白塔湖○两乡共埂壹千贰百叁拾陆丈。共田叁万壹千肆百零肆亩叁厘。丈量编夫壹千肆拾陆名陆分。注：内总圩长陆名，每名免夫贰名，该拾贰名。小圩长每管夫贰拾名免壹名，计所管多寡增减，该免伍拾贰名。共免陆拾肆名。

除免外，净实夫玖百捌拾贰名陆分。

西安乡○共埂肆百柒拾柒丈。共田壹万壹千肆百陆拾亩零玖分。每亩该埂肆寸壹分陆厘。注：每夫壹名共该壹丈贰尺肆寸捌分。外总圩长叁名，免夫陆名。小圩长壹拾捌名，共免夫贰拾名贰分。该田柒百捌拾陆亩。

自杨玖夜成至詹家山嘴起，至何家屋基止，壹百叁拾肆丈。

又自大竣何姓屋基起，至何渊陆拾陆屋基止，陆拾丈。

又自小竣何渊柒拾叁粪池边起，至南山嘴止，叁拾柒丈。

又自江边鸡笼石起，至紫岩乡交界止，贰百肆拾陆丈。

紫岩乡○共埂柒百伍拾玖丈。共田壹万捌千零贰拾叁亩叁厘。每亩该埂肆寸贰分壹厘。注：每夫壹名，共该壹丈贰尺陆寸肆分伍厘。外总圩长叁名，免夫陆名。小圩长贰拾捌名，共免夫叁拾壹名捌分。共该田壹千壹百叁拾肆亩。

自江边西安乡界起，至顾家屋边止，柒百叁拾壹丈。

又新闸顶埂叁丈。新拖船埠埂叁丈。旧拖船埠壹丈。

又自华家岩边起，至陡闸石将军止，贰拾壹丈。注：埂外顾家汇新开河基田壹拾陆号，计柒亩陆分零。园贰个，计壹亩叁分玖厘，内开河仗田肆号。又下汇顾章叁拾田捌分，顾章一地一片并江滩地壹带，俱本县给价官买。埂外沿江一带官路，不许荫养侵塞。

历山湖○自陡门山起，至王家埠屋边止。共埂伍百陆拾陆丈。共田贰千柒百亩。每亩该埂贰尺玖分陆厘。外免圩长陆名,免田壹百捌拾亩。

注:外华家墙内壹拾丈自做。蒋玉拾陆基地壹拾壹丈自加培。王家埠上汇田一带,不许加埂。

蒋湖忽睹湖〇共埂玖百叁拾叁丈。共田壹千柒百陆拾亩。每亩该埂伍尺叁寸。外免圩长田柒拾亩。

自蒋秀山起,至鸡山头园地止,陆拾丈。

又自鸡山下起,至蒋玉拾陆庄房止,贰拾玖丈伍尺。

又自蒋玉拾陆庄房下起,至横田埂汇湖止,肆百肆丈。

又自霪边汇湖起,至王村衕止,叁百叁拾丈。

又自王村衕江边起,至袁拱念叁地边止,肆拾柒丈。

又自林万伍屋边起,至横山湖横埂止,陆拾贰丈伍尺。注:霪外汇田,不许加埂。

横山湖〇共埂壹千玖百伍拾陆丈陆尺,共田肆千玖百亩。每亩该埂叁尺玖寸玖分柒厘。外免圩长田壹百捌拾亩。

自忽睹湖横埂鉙鸬子山起,至袁京肆石坎[1]边止,壹百肆拾叁丈伍尺。

又自袁京肆竹园起,至金文伍拾屋边石坎[2]止,叁拾壹丈。

又自金文伍拾屋边墙起,至王荣壹塘角止,陆拾丈。

又自庙山头起,至潭头俞万壹园墙止,叁百柒拾壹丈伍尺。

又自俞万壹屋边基地头下首起,至罗家屋坎[3]至,肆百贰拾丈。

又自陈积壹笆园起,至茶山止,贰百玖拾柒丈。

又自潭山头起,至马家埂止,陆百捌拾贰丈。注:内除霪口量下肆拾捌丈肆尺,与吴湖。

实埂陆百叁拾叁丈陆尺。注:江滩柜湖不许加埂。江下柜湖不许加埂。江边大路不许闭塞,也不许挑出。

吴湖〇共埂捌拾丈。共田柒百叁拾亩。每亩该埂壹尺壹寸。外免圩长田伍拾伍亩。

自霪头山下起,至马家埂中心止,叁拾壹丈陆尺。又管过马家埂肆拾捌丈肆尺。

上金湖〇自凤凰山脚陈子孝园地竹笆起,至下金湖横埂止,陆百贰拾捌丈。共田壹千伍百肆拾陆亩。每亩该埂肆尺陆分。注:外圩长免田陆拾亩,外蓬首

1 "坎"字同治本作"墈"。

2 同上。

3 同上。

免田陆拾亩。

共免田壹百贰拾亩。

下金湖〇自上金湖界起，至镬头塆[1]山脚止，共埂玖百叁拾叁丈。注：内除店基捌丈，不作数。共田壹千叁百零壹亩。每亩该埂柒尺壹寸陆分。注：外圩长贰名，免田伍拾伍亩，外夫甲叁名，免田伍拾伍亩。

共免田壹百壹拾亩。

新塘里〇共埂壹百伍拾叁丈。共田贰百肆拾亩。每亩该埂陆尺叁寸柒分。外免圩长田贰拾捌亩。

横小埂贰拾叁丈。

又自横小埂起，至上爪山头止，伍拾柒丈。

又自上爪山脚起，至下爪山脚止，伍拾叁丈。

又自爪山角起，至新湖接界止，贰拾丈。

新湖〇自新塘里分界起，至小霪头吴家柜界止。共埂肆百捌拾柒丈。共田柒百叁拾亩。每亩该埂陆尺陆寸。外免圩长田伍拾亩。

吴家柜〇自新湖界小霪头起，至邵子山王昌拾叁园地头止。共埂贰百陆拾贰丈。共田贰百肆拾亩。每亩该埂壹丈玖寸。外免圩长田贰拾亩。

下湖〇共埂捌百壹拾叁丈。共田贰千壹百亩。每亩该埂叁尺捌寸柒分。外免圩长田壹百拾叁亩。注：照所管田多寡除免。

自象鼻山脚起，至田恩玖拾肆庄屋后墙角止，叁百玖拾柒丈。

又自田恩玖拾肆庄屋前右墙角起，至郭�椒肆拾捌屋边砖墙止，贰百柒拾丈。

又自郭敬肆拾捌屋后砖墙起，至田恩柒拾陆庄屋墙止，肆拾丈。

又自田恩柒拾陆园地墙脚起，至霪头止，壹百零陆丈。注：埂外官路并江滩，不许荫养侵塞。

太平桥下东江西岸丈量湖埂田亩分段数开后

庙嘴埂〇共埂肆百玖拾贰丈贰尺伍寸。共田壹千叁百亩正。每亩该埂叁尺陆寸捌分。外免圩长田壹百壹亩。

自沙埭分界起，至庙园墙止，贰百壹拾丈。

1　“塆”字同治本作“湾”。二字字义略有不同。

又自庙前起，至花园埂界止，贰百捌拾贰丈贰尺伍寸。注：庙下月塘埂外滩荡，不许承佃荫养。章家埂外荒田一带，不许筑埂荫养。郭家汇湖荒地一带，永不许荫养。

花园埂〇共埂捌百壹拾柒丈，共田壹千陆百肆拾亩。每亩该埂肆尺玖寸捌分。外免圩长田壹百壹亩。

自花园埂分界起，至赤山止，伍拾玖丈。

又自花园山起，至出山头止，贰百丈。

又自出山下起，至郭忠叁屋边止，壹百玖拾陆丈。

又自宣家埠庙下起，至半爿埂接界止，叁百陆拾贰丈。注：埂外荒田地一带，原无埂岸，永不许挑筑荫养。出山下埂外荒田地一带，永不许挑筑荫养。宣家埠滩地新开田一带，原无埂岸，永不许挑筑荫养。徐家坟山下埂外官滩，永不许佃种荫养。大塘顶埂外新开田数丘，不许荫养。下霪口埂外荒田并地塔，不许挑筑壅塞。外宣家埠屋后边贰拾肆丈，屋主自做。

源汇埂〇自花园埂分界起，至和尚埂接界止，肆百肆拾陆丈。共田玖百捌拾亩。每亩该埂肆尺伍寸伍分。外免圩长田陆拾贰亩。注：半爿埂下天打徐埠原官滩一带，永不许承佃荫养。源汇下埂外荒地不许挑筑荫养。店园埂外新开地一带，不许荫养。挑埂官滩，不许人承佃侵占。

和尚滩〇共埂柒百贰拾伍丈。共田叁千亩。每亩该埂贰尺肆寸壹分正。

自半爿埂分界起，至姜陇山止，肆百伍拾丈伍尺。

又自白露头内擂鼓山起，至大路止，壹百壹拾丈。

又直埂壹百陆拾丈，至小湖尽止。注：郭家屋后俱官滩，不许承佃荫养。埂外月塘官滩，不许加埂承佃。赵家庵前湖，原系通潮，不许加埂。下畈山前田数丘，不许加田塍。骆家湖外地塔，尽不许挑埂荫养。清水潭边葛家湖外摊平一带滩地，永不许荫养。又庵下滩地及隔沟地，不许挑埂荫养。白鱼潭沙地，不许做小埂、坭墙。

张家新湖〇共埂贰百贰拾丈。注：内园地贰丈。共田陆百伍拾亩。每亩该埂叁尺叁寸捌分。外免圩长田伍拾亩。注：埂上首与落星湖石壁山相对寿家园埂，已摊平过水，不许复筑。

戚家湖〇共埂伍百捌拾伍丈。共田玖百陆拾亩。每亩该埂陆尺壹寸。外免圩长田柒拾伍亩。

自施家屋后墙起，至下湖尽寿屋止，叁百柒拾捌丈。

又自郭家屋后埂樟木边起，至寿家小湖至，贰百零柒丈。注：伍浦闸下埂外沙地壹块，不许荫养。戚家湖外破湖，不许加埂；学湖外，不许加埂。又官滩，不许承佃荫养。下埂外通潮田一带，不许加埂。新闸下荒滩，不许承佃筑埂。

戚家湖下寿家汇湖○共埂壹百陆拾柒丈玖尺，共田壹百零陆亩。每亩该埂壹丈伍尺捌寸。

自本湖新闸下分界起，至宣柏柒园树边界止，壹百拾叁丈。

又自寿家汇湖横埂陈家屋基，至横塘湖接界止，叁拾贰丈。注：宣柏柒园地基址柒丈玖尺，自做。陈彰念贰屋基至埂止，伍丈，自做。

东横塘湖○共埂伍百叁拾柒丈。共田贰千肆百亩。每亩该埂贰尺贰寸叁分。外免圩长田玖拾玖亩。

自寿家汇湖分界起，至寿庄前止，陆拾贰丈。

自寿主百念壹屋边霪埂起，至寿应科屋边止，捌拾伍丈。

自寿享叁拾屋后起，至寿享伍拾玖屋止，壹百肆拾伍丈。

自寿享伍拾玖屋后樟木边起，至寿主百柒庄前止，壹百陆拾叁丈。

自寿主百柒庄后起，至吴姓坟山止，捌拾贰丈。注：寿主百伍拾捌屋基叁丈，自挑。寿主百念壹屋基叁丈，自挑。三江店边埂外汇湖田地，不许加埂。寿应科屋边埂外，不荫养茨竹。寿享叁拾屋头，自筑防救。寿应科屋前屋侧埂，自培防救。寿享伍拾玖汇湖外一带荒滩，不许承佃荫养；屋后一带通潮田地，不许加埂。

朱家湖○共埂叁百玖拾丈。共田壹千肆百捌拾亩。每亩该埂贰尺陆寸肆分。外免圩长田捌拾亩。

自吴姓坟山起，至横塘埠止，壹百叁拾丈。

自王姓园地起，至横塘埠屋后壹围，伍拾丈。

又自横塘埠上首屋后起，至寿麻地止，贰百陆拾丈。

又自寿麻地下起，至黄家湖接界止，捌丈伍尺。注：朱家埂外汇田，不许加埂。寿享肆拾伍汇田，不许加埂。横塘埂外破塘，不许承佃筑埂。横塘下埂霪边荒沟滩，不许承佃荫养。

东黄家湖○共埂壹百肆拾肆丈。共田柒百柒拾亩。每亩该埂壹尺捌寸柒分。外免圩长田陆拾亩。

自朱家湖分界起，至寿主百叁拾肆上圩至，捌拾肆丈。

又自地嘴起，至东楼止，陆拾丈。注：圩湖横埂，着业主自做高大。

东京塘湖○共埂柒百伍拾壹丈肆尺。共田壹千捌百玖拾肆亩。注：李洪念叁该管埂肆百捌拾捌丈玖尺。田壹千贰百柒拾肆亩，每亩该埂叁尺捌寸叁分，外免圩长田陆拾叁亩。寿享念贰该管埂贰百陆拾贰丈伍尺，田陆百贰拾亩，每亩该埂肆尺叁寸叁分伍厘，外免圩长田肆拾肆亩。

自东楼[1]屋后楼钦念陆麻塨起，至楼太贰拾屋后止，壹拾捌丈伍尺。

又自楼太贰拾屋后麻地起，至寿享念贰界止，伍拾壹丈肆尺。注：已上共埂陆拾玖丈玖尺，俱圩长李洪念叁管，楼太贰拾分做。

又自寿享念贰接楼太贰拾界起，至李洪念叁界止，贰百陆拾贰丈伍尺，寿享念贰管。

自李洪念叁接寿享念贰界起，至李余叁拾肆屋麻地止，贰百柒拾贰丈。

又自陈汗伍拾贰塘边麻地嘴起，至坭湖接界止，壹百肆拾柒丈。注：荣河头埂外李余叁拾肆屋侧边，不许做埂。寿主玖小汇湖，不许加埂。卢尚捌下地一带，不许荫养。李洪念叁自管并楼太贰拾，共肆百捌拾捌丈玖尺。

泥湖○共埂陆百贰拾肆丈伍尺。共田壹千贰百柒拾亩。每亩该埂肆尺玖寸贰分壹厘。外免圩长田捌拾亩。注：祖额[2]西江汪王王姓坐落田伍百肆拾肆亩，在此埂修筑。圩长王太玖拾陆，本埂圩长陈忠肆，额田柒百柒拾亩，旧规照田分筑。本埂圩长除田伍拾亩，王姓圩长除田叁拾亩。

自泥湖霪头起，至陈家桑园磡止，叁百叁拾陆丈伍尺。

又自陈家麻园地下磡起，至赵湖止，贰百捌拾捌丈。渔[3]。注：江边斜塨要留大路。圩外荒塔[4]不许做埂承佃，并汇湖一带田，不许加埂。

东大兆湖○共埂伍百叁拾丈。共田壹千柒百捌拾亩。每亩该埂贰尺玖寸捌分。外免圩长田捌拾壹亩。

自泥湖横埂分界起，至园止，壹百玖拾陆丈伍尺。

又自菱蓬塘麻塔起，至麻地止，叁拾丈。

又麻地起，至本湖下界止，捌拾贰丈。注：已上上甲钱玉伍拾肆管。

又自接钱玉伍拾肆分界起，至霰渔湖接界止，贰百壹拾壹丈伍尺。注：已上下甲潘京拾叁管。钱玉伍拾肆埂外汇湖，不许加埂。钱玉肆拾捌埂外汇湖，不许加埂。

霰渔湖○共埂柒百叁拾陆丈。共田壹千亩。每亩该埂柒尺叁寸陆分。外免圩长田伍拾亩。

自东大兆湖分界起，至柴姓屋边止，壹百玖拾丈。注：并地屋叁拾丈，着屋主做壹拾伍丈，湖民听做壹拾伍丈。

1 "楼"字同治本作"娄"，并"东京塘湖"条，凡涉"楼"字皆如此。今"东楼"村名尚在，民多楼姓，故同治本误。

2 宋制，茶、盐、酒等税各地皆有定额，谓之"祖额"。于此可见，此税制明仍其旧。

3 嘉庆、同治二本皆有"渔"字，在此莫知所谓。

4 诸暨方言，旱地称"地塔（读 da 声）"，原意或为稍稍高起的旱地，小丘。荒塔，即荒地。

又自柴盛伍拾壹屋后起，至陈良壹坟山止，肆百玖拾柒丈。

又自桑园下起，至西施湖接界止，壹拾玖丈。注：江爿头汇湖一带，不许加筑。

西施湖〇伍百陆拾捌丈。共田壹千贰百亩。每亩该埂肆尺柒寸叁分。外免圩长田柒拾伍亩。

自霞渔湖接界起，至陈良壹屋边止，壹拾捌丈。注：又屋地壹拾肆丈，着陈良壹、周科肆做。又屋后新埂壹拾肆丈，陈良壹、周科肆自做，江路不许闭塞。

又自陈家屋边新埂起，至陈京拾捌麻地止，贰百贰拾丈。

又自陈麻地起，至陈坟塔止，壹拾陆丈捌尺。

又自汇湖埂头起，至陡门止，贰百玖拾贰丈。

又自胡家霪头横埂起，至姚家屋止，玖丈。

又自姚家园地起，至鲁家湖接界止，壹拾贰丈贰尺。注：陈京拾捌草湖港口园地具湖一带，不许加埂。

鲁家湖〇共埂捌百贰拾壹丈。共田贰千肆百玖拾亩。每亩该埂叁尺叁寸。外免圩长田捌拾柒亩。

自接西施湖壜[1]顶界起，至鲁家湖山头蒋玉拾陆地坎止，陆百贰拾壹丈。

又自西江刘文叁拾叁屋檐起，至姚福百肆拾捌庄房竹笆止，贰百丈。

注：鲁家湖山下裙一带，不许做埂。

太平桥下西江东岸丈量湖埂田亩分段数开后

沙埭埂〇共埂肆百陆拾贰丈。共田壹千玖百亩正。每亩该埂贰尺肆寸叁分贰厘。外免圩长田壹百捌拾肆亩。

自庙嘴埂接界起，至蒋宁柒竹园止，壹百玖拾叁丈。

又自蒋都九十七屋后基地起，至蒋加七十三里园角止，伍拾陆丈。

又自蒋加六十地边起，至横路口止，叁拾丈。注：内除店基自做伍丈。实埂贰拾伍丈。

又自蒋加陆拾起，至庵上止，壹百壹拾肆丈。注：内蒋道人、蒋生贰自做陆丈。实埂壹百捌丈。

又自新埂下起，至余村埂接界止，捌拾丈。

余村埂〇共埂肆百玖拾陆丈壹尺。共田壹千肆百亩。每亩该埂叁尺伍寸

1 “壜”，同“坛”。

肆分叁厘。外免圩长田壹百亩。

自沙埭接界起，至梁彰三十屋边止，柒丈陆尺。

又自梁彰伍拾柒竹园高埠起，至杨蒋氏北边竹园止，壹百伍拾丈。

又自徐良玖竹园后起，至徐彰柒基地边止，贰百玖拾壹丈。

又自徐家竹园边起，至周村栗树塔接界止，肆拾柒丈伍尺。注：杨蒋氏、徐良玖竹园后，自做。钱石地一带不许荫养加埂。王荣拾贰地一带，不许挑埂荫养。王荣拾贰园后，与徐彰柒自己加小埂。

大侣湖周村埂○共埂壹千陆百肆拾陆丈柒尺。共田柒千壹百亩。每亩该埂贰尺叁寸壹分玖厘叁毫。

注：郦生念伍等，共田壹千陆百柒拾亩。外免圩长田壹百柒拾捌亩零。自陆拾捌都界起，至姚村埂止，该埂叁百陆拾捌丈叁寸伍分。又麻车肆段埂壹拾玖丈贰尺捌寸捌分伍厘。周宁念肆等，共田柒百伍拾亩。外免圩长田柒拾捌亩零。自姚村埂起，至葛家衙止，该埂壹百陆拾伍丈贰尺捌寸伍分。又麻车叁段埂捌丈陆尺陆寸贰分伍厘。赵澄捌拾肆等，田壹千捌百捌拾亩。外免圩长田壹百贰拾亩零。自葛家衙起，至观音庵上首止，埂壹百玖拾叁丈陆尺捌寸。周如拾贰地磡起，至施家塘止，贰百贰拾丈陆尺叁寸伍分。已上贰处共埂肆百壹拾肆丈叁尺壹寸伍分。又麻车贰段埂贰拾壹丈柒尺壹寸肆分。孙加肆拾叁等共田贰千肆百亩。外免圩长田贰百拾肆亩零。自施家塘起，至安家埂止，埂伍百贰拾捌丈玖尺壹寸叁分。又麻车伍段埂贰拾柒丈柒尺贰寸。祝高念捌等，共田肆百亩。外免圩长田伍拾叁亩零。自安家埂起，至楮木湖止，该埂捌拾捌丈壹尺伍寸贰分。又麻车壹段埂肆丈陆尺贰寸。

自徐广八接界起，至郦生见地头止，陆拾伍丈伍尺。

又自赵坤念贰竹园下首起，至郦村赵坤念肆庄屋头止，壹百肆拾陆丈。注：内郦生拾贰自培叁丈。屋后赵坤念贰庄后自培叁丈。实埂壹百肆拾丈。

又自郦村竹园后起，至郭家庄屋上首止，叁百伍拾丈。注：内赵坤廿肆下庄葛家衙庄后自培柒丈。实埂叁百肆拾叁丈。

又自郭完地坎起，至观音庵上首止，壹百柒拾捌丈伍尺。

又自观音庵起，至周村下墙衖止，捌拾贰丈。

又自周家屋后周如拾贰地起，至周宁念肆庄屋上首止，叁百念陆丈柒尺。

又自周宁念肆庄起，至庵上首地头止，捌拾贰丈。

又自周章叁拾壹墙起，至接横埂止，肆百贰拾玖丈。注：上滩地一带，不许荫养挑筑。郦生拾肆地，不许荫养树木。郦生念壹等地，不许荫养挑埂。麻车埂患处对岸陆家地，不许荫养。姚村埂患处隔江滩地，不许荫养。郭敬陆拾伍、敬拾壹私埂摊平，不许复筑。又上首地塔摊小埂，不许挑筑。郭敬陆拾伍地塔一带，不许荫养。周家屋边，止许种菜麦，不许做埂、栽茨，壅塞水道。银盏丘埂内通潮田地，不许做埂；又田外不许加埂。张家弯地塔，不许种植、加埂。郦正叁拾壹湖，已摊埂，不许加筑。孙加玖拾壹地塔，摊平，不许加埂。祝盛肆拾贰汇田，不许加埂。又祝盛肆拾贰地一带，摊平，不许加埂。

楮木湖〇共埂伍百柒拾陆丈柒尺。共田伍百捌拾亩。每亩该埂玖尺玖寸肆分。外免圩长田陆拾亩。

自横埂杨树埂中心分界起，至大侣湖青山头止，壹百柒拾贰丈。

自祝高念捌柜湖起，至钟主叁屋边园地头止，壹百叁拾丈。

又自俞庄屋后起，至赵呈百伍拾陆屋止，壹拾贰丈柒尺。

又自赵呈百伍拾陆屋起，至赵家桑园坎止，叁拾壹丈。

又自钟家园起，至赵家屋头止，壹拾玖丈。

又自赵家埠屋后火墙坎起，至庙上首止，壹百贰拾贰丈。

又自赵家庙起，至通潮湖山脚田止，玖拾丈。注：沿江埂肆百零肆丈柒尺，又横埂柒拾贰丈。柜湖树木，不许荫蓄。

西横塘湖〇共埂柒百柒拾伍丈伍尺。共田贰千玖百陆拾壹亩。每亩该埂贰尺陆寸叁分。外免圩长田壹百伍拾亩。

自通潮湖起，至孙章陆屋前土墙头止，贰百肆拾陆丈陆尺。

又自孙章陆园地起，至傅东叁拾贰园地止，肆拾伍丈。

又自傅钦肆拾叁园地起，至周樟拾贰麻地合止，壹百柒拾肆丈。

又自周樟拾贰麻地起，至孙和拾玖庄前坭墙止，肆拾捌丈。

又自孙和拾玖麻地起，至周樟拾肆屋前止，伍拾肆丈。

又自周南叁拾陆麻地起，至寿宪壹庄屋边止，玖拾贰丈伍尺。

又自寿宪壹庄屋起，至杨圣百拾肆园地止，壹百丈。

又自杨圣百拾肆屋边起，至朱家湖界止，壹拾陆丈。注：埂外月塘湖，不许加埂。傅钦肆拾叁汇湖，不许加埂。

西朱家湖〇共埂捌百捌拾丈壹尺。共田贰千壹百贰拾亩。每亩该埂叁尺捌寸贰分。外免圩长田壹百肆拾叁亩。

自西横塘湖界起，至傅念念贰园地沙朴树止，壹拾叁丈伍尺。

又自傅余念贰竹园起，至梁彰捌拾壹坟山边止，壹百零陆丈。

又自梁彰捌拾壹坟山起，至梁忠陆拾叁庄屋边止，叁拾伍丈。

又自杨德陆拾捌庄屋前起，至何良念肆屋前土墙角止，陆百零捌丈。

又自何德伍屋边基地头起，至何盛屋前地头肆股樟树止，玖拾陆丈伍尺。

又自何盛屋后砖墙起，至上黄家湖界止，贰拾壹丈。注：埂外汇湖，不许加埂。埂外湖角一带，不许加埂、畜木。埂外汇湖一带，不许加埂。埂外荒地一带，不许加埂蓄养。

西上黄家湖○共埂壹百陆拾柒丈。共田肆百壹拾亩。每亩该埂肆尺柒分。外免圩长田陆拾贰亩。

自朱家湖界起，至赵制肆屋左檐止，伍拾贰丈。

又自赵制肆屋后园地起，至下黄家湖横埂止，壹百壹拾伍丈。

西下黄家湖○共埂肆百陆拾壹丈。共田陆百伍拾亩。每亩该埂柒尺零玖分。外免圩长田肆拾贰亩。

自王宗肆拾店屋砖墙起，至张神庙前屋檐止，壹拾肆丈。

又自张神庙砖墙起，至王宗拾伍右手梓树止，壹百陆拾柒丈。

又自王宗拾伍屋边土墙起，至王宗伍拾肆屋檐砖墙止，壹百捌拾叁丈。

又自王宗伍拾肆起，至王宗伍拾伍麻地止，捌拾丈。

又自王宗玖拾地头起，至西京塘湖界止，壹拾柒丈。注：埂外一带荒地，不许荫养。

西京塘湖○共埂伍百零伍丈。共田壹千肆百陆拾壹亩捌分。每亩该埂叁尺肆寸陆分。外免圩长田陆拾贰亩。

自黄家湖界起，至王宗伍拾肆地界止，柒拾捌丈。

又自王宗伍拾肆地边起，至王宗叁屋边地头止，肆拾丈。注：外王宗伍拾肆自加小埂壹拾伍丈。

又自王太玖拾叁园中起，至王宗念陆园中心止，捌丈。

又自王太捌拾柒墙头起，至王太百叁拾伍麻地止，贰百零叁丈。

又自王太百叁拾伍麻地起，至王太捌拾地止，壹百贰拾陆丈。

又自王太百拾地起，至何家湖界止，伍拾丈。注：埂外一带官路，不许占塞。滩地不许蓄养。汪王住基，低处俱要屋主做闸板。

何家湖○共埂贰百柒拾贰丈伍尺。共田叁百亩。每亩该埂玖尺捌分。外免圩长田贰拾陆亩。

自京塘湖界起，至王家屋前柏树止，贰百陆拾肆丈。

又自王太百捌屋基墙起，至西大兆湖接界止，捌丈贰尺。

西大兆湖○共埂陆百捌拾柒丈伍尺。共田叁千叁百捌拾亩。每亩该埂贰尺叁分伍厘。外免圩长田壹百伍拾伍亩肆分。

自何家湖界起，至死马塔园地竹笆止，叁百肆拾陆丈。

又自姚伦店屋起，至福百拾伍园春[1]树止，贰拾肆丈。

又自姚福百念贰屋地起，至下庄屋前地头止，壹百丈。

又自下庄基地起，至姚福百肆拾捌砖墙止，贰百壹拾柒丈伍尺。注：姚公埠坎江官路一带，业主长要修治平坦，不许私自夹篱侵占。姚公埠住基，港口低处俱要屋主做闸板。

黄潭湖〇共埂壹千壹百壹拾丈。共田壹千陆百肆拾亩。每亩该埂陆尺柒寸柒分。外免圩长田柒拾亩。

自姚大山脚起，至柴家园上首地头止，肆百肆拾肆丈。

又自柴家园地起，至应远肆拾陆屋墙头止，贰百肆拾丈。

又自应家砖墙起，至官田横埂止，玖拾丈。

又自新河土山起，至黄潭山嘴止，叁百肆拾丈。

太平桥下西江西岸湖埂田亩分段数开后

北庄畈〇共埂肆百肆拾壹丈陆尺。共田玖百叁拾陆亩。每亩该埂肆尺柒寸贰分。外免圩长田肆拾亩。闸夫免田肆拾亩，夫甲陆人免田壹百贰拾亩。

自石家窖池屋边起，至油车屋头止，叁拾柒丈。

又自油车屋后起，至文应庙上首至，叁拾丈。

又自文应庙下首中门起，至王丙柒屋上首止，捌拾丈。

又自石彰百叁拾贰屋头起，至石齐肆拾陆上屋墙止，壹百贰拾伍丈。

又自石齐捌拾伍屋下首起，至王华陆屋止，柒丈壹尺。

又自王华拾贰桑园边起，至王华叁地，柒丈。

又自滕彰肆屋下首起，至滕彰百壹屋，叁丈伍尺。

又自丁柏壹屋头起，至王伦拾壹园头止，贰拾伍丈。

又自王伦拾壹屋笆边起，至郦明百肆拾肆竹园止，壹拾柒丈。

又自郦明百陆拾壹墙边起，至滕天捌屋墙止，壹拾陆丈。

又自滕天捌大树边起，至郦明百陆拾壹屋墙头止，叁拾肆丈。

又自郦明百陆拾壹屋边柏树边起，至擂鼓山止，陆拾丈。注：埂外荒地一带，不许承佃荫养。园屋边一带，俱业主自培高厚。

张家畈〇共埂捌百陆拾贰丈伍尺。共田壹千亩。每亩该埂捌尺陆寸贰分。

---

1 嘉庆、同治二本皆作“春”。“春树”一名，莫知所谓，故疑为“椿”字。

外免圩长田伍拾亩。

自下山头起，至梁彰叁拾屋墙止，壹百肆拾柒丈。注：内除拾贰丈屋基。梁彰玖拾叁丈，梁忠伍拾柒叁丈，梁忠肆拾肆叁丈，梁彰玖拾叁丈，俱自做。

实埂肆百柒拾贰丈伍尺。

又自陈能肆屋边起，至钟律大树边止，贰拾玖丈。

又自朱元伍竹蓬起，至钟律地止，伍拾丈。

又自钟律屋前起，至石蒙贰拾屋止，共壹百伍拾壹丈。注：梁姓屋基边自做，一带门首不许养竹木。王京十七屋边埂脊，不许养竹木。埂外园地一带斫过树木，不许荫养。

邵家湖〇共埂肆百零肆丈。共田贰百陆拾亩。每亩该埂壹丈伍尺伍寸肆分。外免圩长田贰拾叁亩。

自张家畈界起，至袁加拾陆高地边止，柒拾丈。注：内园地屋边贰拾柒丈，俱园地主自加小埂。

又自郦家屋起，至小湖横埂头止，备埂伍拾肆丈。

又自郦用宾小湖横埂起，至沈家陆拾屋头止，肆拾丈。

又自沈加陆拾屋边起，至陈柏拾陆屋止，贰百肆拾丈。

注：江边官路一带，不许养竹木闭塞。余村潭边除沙淤，自茅草滩中心起，至内地止，壹拾丈。直上下俱作官滩，永不许荫养承佃。

郦用宾小湖〇自郦升叁拾玖屋檐起，至邵家湖止，埂壹百贰丈。

东大湖〇共埂陆百肆拾肆丈贰尺。共田壹千壹百肆拾亩。每亩该埂伍尺陆寸陆分。外免圩长田捌拾叁亩。

自沙嘴埂郦屋起，至郦地止，捌丈。

又内埂叁拾捌丈。

又自小湖界起，至陈屋南树边止，贰百叁拾肆丈贰尺。

又自陈春屋起，至陈姓屋止，贰百壹拾玖丈。

又自陈屋起，至钟贤捌拾柒屋止，壹百肆拾伍丈。

道仕湖〇共埂壹千壹百叁拾陆丈捌尺。共田壹千玖百伍拾叁亩。每亩该埂伍尺捌寸贰分。外免圩长田伍拾肆亩。

自合家山脚起，至沈加陆拾屋前桥边止，壹百壹拾贰丈。

又自沈加陆拾庄屋后起，至张春伍园地头止，壹百柒拾玖丈叁尺。

又自张春伍园磡起，至张太叁拾伍屋边止，叁百捌拾柒丈伍尺。

又自严清陆园地起，至陆绅叁竹林止，叁百贰拾壹丈伍尺。注：严清陆壹拾丈伍尺做大埂。又壹拾丈加小埂，又园地加小埂壹拾叁丈。

又自朱文百壹屋边起，至楝[1]树边止，叁丈。

又自朱文百壹地起，至新亭湖界止，壹百丈。注：陆家屋后江边滩地，自上至下壹百丈，横拾丈，俱作官滩，不许荫养。对江郭敬陆拾伍园地，摊埂作官滩。已买郭孝悦、周文肆、张万肆拾捌周村汇田共壹拾亩壹分壹厘，掘埂放过水，永不许筑塞。

新亭湖〇自道仕湖清潭埂界起，至鹅毛山脚止，共埂陆百陆拾丈。共田陆百陆拾亩。每亩该埂壹丈。外免圩长田陆拾捌亩。

黄官人湖〇自下杨衕口起，至娄家湖界止，共埂伍百伍拾丈，共田肆百亩。每亩该埂壹丈叁尺柒寸伍分。外免圩长田壹拾陆亩。

庙前湖〇自黄官人湖界起，至金加拾柒屋边止，共埂叁百零肆丈。共田贰百伍拾亩。每亩该埂壹丈贰尺壹寸陆分。

陈家湖〇自新亭街下首店屋砖墙起，至陈厚拾陆屋止，共埂柒拾丈。共田贰拾伍亩。每亩该埂贰丈捌尺。

上苍湖〇共埂伍百肆拾肆丈。共田陆百贰拾亩。每亩该埂捌尺柒寸柒分。外免圩长田伍拾壹亩。

自新亭街下山头起，至朱京叁拾捌屋前柱边止，贰百零陆丈。

又自朱京叁拾捌竹园起，至横埂头止，贰百伍拾捌丈。

又自本湖埂接头起，至东远山脚止，横埂捌拾丈。注：朱齐陆拾伍屋后江边已斫[2]园地，不许荫蓄。苍湖官塔地肆拾贰亩陆分零作义冢，不许锄种。

下苍湖〇自上苍湖埂起，至象湖横埂界止，共埂壹百壹拾捌丈。共田壹百零贰亩。每亩该埂壹丈壹尺肆寸。外免圩长田肆亩陆分。

象湖〇共埂壹千壹百壹拾丈。共田壹千伍百伍拾叁亩。每亩该埂柒尺壹寸肆分。外免圩长田玖拾亩。

自接下苍湖横埂起，至黄泥山头止，柒拾丈。

又自俞寅柒拾伍屋后土墙起，至傅梓壹地头止，壹千零肆拾丈。注：埂外方家滩，不许加埂。鱼鲁滩柜湖不许加埂。前店塘滩湖不许筑埂荫养。

黄湖〇共埂伍百壹拾丈伍尺。共田伍百叁拾亩。每亩该埂玖尺陆寸叁分。外免圩长田贰拾叁亩。

自象山头起，至本湖横埂止，肆百贰拾叁丈。

1　嘉庆、同治二本皆作“练”，当为“楝”字之误。

2　嘉庆、同治二本皆作“砟”，当为“斫”字之刊误。

又自直埂起，至前山头止，计横埂捌拾柒丈伍尺。

郭家湖〇自闸口黄湖埂界起，至和尚湖界止，共埂壹百贰拾丈。共田伍拾亩零柒分。每亩该埂贰丈叁尺叁寸肆分。

和尚湖〇自郭家湖界起，至秀才湖界止，贰百捌拾贰丈。共田贰百玖拾亩。每亩该埂壹丈肆寸。外免圩长田柒亩陆分。

秀才湖〇自和尚湖界起，至花山头止，共埂贰百玖拾玖丈。共田壹百陆拾亩。每亩该埂壹丈捌尺陆寸玖分。外免圩长田柒亩。

潭湖〇业主傅楠百肆拾伍，田肆拾捌亩，筑内横埂。

车湖〇业主傅长陆拾陆，田贰拾捌亩。

张麻湖〇共埂柒百陆拾肆丈。共田柒百伍拾亩。每亩该埂壹丈壹寸玖分。外免圩长田伍拾叁亩。

自张家山郦丙伍拾陆庄屋边起，至傅梓贰百念肆右手坟地止，肆百零伍丈。

又自傅梓贰百念肆坟塔起，至唐献伍屋头柱下坎止，壹百陆拾玖丈。

又自唐家樟树边起，至朱公湖埂心止，壹百玖拾丈。注：陈家门前埂外江滩，不许荫养种作，永为官滩。

朱公湖〇共埂壹千叁百玖拾叁丈肆尺。共田壹万壹千贰百陆拾亩。每亩该埂壹尺贰寸肆分。外上、下二浦各免圩长田壹百亩，中浦免圩长田壹百伍拾亩，共免田叁百伍拾亩。

一衕自张马岭起，至正比山止，肆拾伍丈。

二衕自正比山起，至马鞍山止，叁拾壹丈。

三衕自马鞍山起，至小正比山止，玖拾陆丈肆尺。

四衕自小正比山起，至小覆泉山止，拆作柒丈。

五衕自小覆泉山起，至大覆泉山止，玖拾丈伍尺。

自大覆泉山闸头起，至赵元三十六屋柱边止，贰百贰拾丈。

又自赵元五十九墙起，至贯庄湖埂头止，捌百伍拾叁丈伍尺。

又分筑横埂西头，伍拾丈。注：上圩塘听人放牛，永不许承佃管业荫养，其高地作义冢。黄加七九圩塘荒湖一带，不许加埂。黄家湖沙角嘴移埂外地，不许加埂。王官舍地已追由入官，听管闸[1]人、租人种菜收花。

1 此处嘉庆本作“闸管”，同治本作“管闸”。嘉庆本误。

朱公外湖上浦○自张麻湖横塍起，至小正比山止，共塍陆百柒拾陆丈。共田伍百陆拾亩。每亩该塍壹丈贰尺柒分。外免圩长田贰拾壹亩。

中浦自正比山起，至大覆泉山蛇洞口横塍止，共塍柒百叁拾壹丈。共田肆百肆拾亩。每亩该塍壹丈陆尺陆寸贰分，外免圩长田壹拾捌亩叁分。

贯庄湖○共塍玖百柒拾丈。共田壹千叁百捌拾亩。每亩该塍柒尺叁分。外免圩长田柒拾叁亩。

自朱公湖塍起，至桥里湖水沟界止，玖百贰拾丈。注：塍外柜湖，不许加塍。滩地不许荫养。

又与桥里湖筑上横塍东头，伍拾丈。

又贯庄湖分筑东起，贰拾伍丈。

又桥里湖分筑东中，贰拾伍丈。

桥里湖○共塍贰百贰拾壹丈。共田壹千叁百亩。每亩该塍壹尺柒寸。外免圩长田肆拾亩。

自水沟界起，至宣华九屋角止，贰百贰拾壹丈。

连塘湖○自连塘山脚起，至石坎止，共塍肆百壹拾丈。注：内石坎至镇龙桥，壹百伍拾丈，沙塍易做。实塍贰百陆拾壹丈。共田叁百肆拾亩，每亩该塍柒尺陆寸柒分。外免圩长田贰拾亩。

江西湖○共塍壹千玖百捌拾丈伍尺。共田贰千玖百亩。每亩该塍陆尺捌寸叁分。外免圩长田玖拾叁亩。

自石齐十一屋边起，至犬眠山脚止，壹百丈。

又自石齐十一屋边起，至杨圣百叁拾陆园地桑树边止，陆百(拾)[1]伍拾丈。

又自杨圣百叁拾陆地起，至三江口田家左手土墙止，叁百叁拾柒丈。

又自三江口田家屋边起，至袁京拾陆庄屋边地头止，叁百伍拾玖丈。

又自袁京拾陆庄屋边起，至陈邦三屋止，肆百伍拾壹丈、

又自陈邦三地起，至水塔山脚止，捌拾叁丈伍尺。注：一带通潮田地，不许加塍荫养。

浦球湖○共塍贰百丈。共田叁百肆拾亩。每亩该塍伍尺捌寸。外免圩长田贰拾亩。

自江西湖横塍起，至袁京拾陆庄屋止，柒拾丈。

1　嘉庆本衍一“拾”字。

又自袁京拾陆地起，至湄池湖止，壹百叁丈。

湄池湖〇共埂壹千伍拾肆丈。共田壹千零伍拾肆亩。每亩该埂壹丈。外免圩长田伍拾肆亩。

自龟山脚起，至傅板拾贰园地茨坎[1]止，叁百陆拾陆丈肆尺。

又自傅板叁拾叁园墙起，至傅玉百拾叁左首店屋砖墙止，陆百壹拾叁丈。

又自傅玉百拾叁屋边起，至南湖埂头止，柒拾肆丈陆尺。注：埂外柜湖，不许加埂。对江罗汇外除江滩内，自高埠地埂起，官给银肆两玖钱玖分伍厘与傅应氏，买过叁亩叁分叁厘，其地立作义冢，永不许承佃荫养。

南湖〇共埂贰拾贰丈。共田贰百柒拾亩。每亩该埂捌寸贰分。外免圩长田叁拾亩。

自湄池湖埂头起，至傅玉伍拾柒屋前止，贰拾贰丈。注：内有横埂。

下坂湖〇共埂壹百伍拾叁丈。共田伍拾亩零。每亩该埂叁丈陆寸。外免圩长田贰拾亩。

自团头山脚起，至傅玉二百十三住屋止，伍拾捌丈贰尺。

又自傅板九十一店屋起，至东园下止，玖拾肆丈捌尺。注：埂外畈田，不许蓄桑筑埂。

枫山湖〇自吴村起，至团头山脚止，埂贰百捌拾捌丈陆尺。共田贰百捌拾亩。每亩该埂壹丈伍寸。注：埂外不许蓄桑筑埂。外免圩长田贰拾伍亩。

神堂湖〇共埂肆百贰拾壹丈捌尺。共田贰百玖拾亩。每亩该埂贰丈贰尺贰寸。外免圩长田拾亩。

自花园埂起，至小山脚起，贰拾捌丈捌尺。

又自小山脚起，至吴村山脚止，叁百玖拾叁丈。注：江下湖不许做埂。

---

1 “坎”字，同治本作“墈”。

下　卷（二）

今将本县置买大侣湖内田亩号数并卖主姓名田价议定每年租银开后

计开：

一、买得石蒙二十陆拾捌都上贰图陆堡“稽”字号　注：已下俱“稽”字号

壹百叁拾陆号田柒分柒厘肆毫　失由

该租银叁钱叁分叁厘

价银贰两陆钱捌分

一、买得郭恭百三十三

壹百贰拾壹号田玖亩捌分　有由

该租银叁两柒钱贰分肆厘

壹百贰拾肆号田叁亩　注：内新开贰分叁厘贰毫　失由

该租银壹两壹钱肆分

壹百叁拾号田叁亩捌厘　注：内新开贰分柒厘柒毫　失由

该租银壹两叁钱贰分伍厘

壹百叁拾壹号田玖分柒厘肆毫

该租银肆钱贰分

壹百叁拾柒号田叁亩贰分捌厘　失由

该租银壹两肆钱壹分

已[1]上共田贰拾亩玖分捌毫，共租银捌两叁钱伍分贰厘　注：与大侣通湖圩长轮年收管，加贰生放，修砌石埂。其银冬至日交盘，并租银报数于县。每积至伍拾两，则宜以一半买田亩，毋令久而侵没。

壹百贰拾叁号田壹亩贰分柒厘叁毫　失由

该租银伍钱伍分

1　“已”，古同“以”。已上，即以上。后文皆同。

此号作关神庙与范、文二大夫祠祀田　注：两庙每祭，与耆民胙贰斤、礼生贰斤、管祭吏书贰斤、香烛纸马贰分、贳[1]猪羊叁分伍厘，两祭共除银叁钱伍分。仗银贰钱与耄民修理本祠。

壹百贰拾伍号田玖分伍厘　失由

该租银肆钱壹分

此号作文应庙祠田　注：该租银肆钱壹分，以壹钱伍分与道人供香烛，贰钱陆分与耆民叁拾贰人生放公用。

壹百叁拾叁号田壹亩伍分　有由

该租银陆钱肆分伍厘

此号作江神庙祀田　注：春秋巡埂两祭，每祭礼生胙贰斤、管祭吏书贰斤、香烛贰分贰厘、贳[2]猪羊肆分、管四岸民壮头各壹斤，共除肆钱肆分。仗银贰钱，与本埂四蓬轮放。

已上通共田贰拾肆亩陆分叁厘贰毫

共价银捌拾两正

一、买得葛献二

壹百玖拾陆号田捌亩贰分捌毫　有由

该租银叁两柒钱　注：西边肆亩壹分肆毫，与十二耆民管银壹两捌钱伍分。东边肆亩壹分肆毫，与庙嘴埂银壹两捌钱伍分。

价银叁拾贰两正

一、买得徐彰七

壹百贰拾贰号田捌分叁厘柒毫　注：与江神庙道人种，供香烛，免租。

价银贰两玖钱贰分玖厘

一、买得石齐四十七

壹百叁拾肆号

壹百叁拾伍号　并丈[3]共田贰亩贰分

该租银玖钱伍分

价银柒两肆钱

注：已上租银玖钱伍分与贞烈祠，每年大寒一祭，造祠耆民胙肆斤、礼生二人贰斤、官祭吏书叁斤，计银壹钱捌分。酒壹棹银壹钱、纸烛贰分、贳猪羊银伍分。仗银陆钱与耆民生放，修理本祠。

1　“贳”，租。

2　嘉庆、同治二本皆作“税”字，然以上文“关神庙和范、文二大夫祀田”条注文相衡，当同作“贳”字。

3　“并丈”，此处意指“壹百叁拾肆号”田与“壹百叁拾伍号”田一并丈量田亩数。

一、袁忠百七十　义助七十一都一图玖堡“邵”字号

壹百捌拾捌号田壹亩捌分壹厘陆毫　有由

一、买得王齐拾壹　陆堡“嵇”字号

壹百叁拾贰号田伍分壹厘　失由

并地壹分玖厘

价银贰两壹钱正

一、买得袁拱百五十八等　七十一都一图九堡“邵”字号

伍百柒拾玖号田陆分捌厘

价银叁两肆钱正

一、买得袁献百廿三等　玖堡“邵”字号

壹百玖拾陆号田壹亩陆分

价银伍两贰钱伍分正

一、买袁拱百五十等　捌堡“吉”字号

壹千伍拾柒号地叁分玖厘柒毫

价银壹两叁钱正

已上伍号田地与贞烈祠道人耕种，免租，以供香烛。

一、赵澄八十四义助闸田　陆拾捌都上二图叁堡“射”字号

肆百叁号田伍亩叁分陆厘　有由　注：与闸户自种，管闸培埂，已认在案。

今将本县置买过徐湖角田亩号数
并卖主姓名田价议定每年租银开后

计开：

一、买得钱金四　陆拾陆都贰图伍堡“嫡”字号　注：以下共田贰拾叁亩伍分肆毫正。每年每亩议定预租银贰钱正。已下[1]俱“嫡”字号。

伍百肆拾柒号拍田壹亩贰分玖厘　有由

该租银贰钱伍分捌厘

价银肆两叁钱伍分

一、买得钱玉五十

1　嘉庆、同治二本皆作“上”字。通读文意，当为“下”字之误。

伍百肆拾伍号田壹亩陆分叁厘叁毫　失由
该租银叁钱贰分陆厘柒毫
价银伍两捌钱柒分
一、买得钱玉五十四
伍百伍拾号田陆分叁厘伍毫　失由
该租银壹钱贰分柒厘
伍百陆拾壹号拍田捌分伍厘
该租银贰钱柒分
伍百伍拾伍号田壹亩捌分叁厘肆毫　失由
该租银叁钱陆分陆厘捌毫
伍百伍拾肆号田壹亩壹分肆毫　失由
该租银贰钱贰分捌毫
伍百肆拾陆号田陆分壹厘伍毫　有由
该租银壹钱贰分叁厘
伍百肆拾玖号拍田柒分肆厘玖毫　失由
该租银壹钱肆分玖厘
伍百伍拾捌号拍田壹亩肆分柒厘壹毫　有由
该租银贰钱玖分伍厘
伍百陆拾叁号田壹亩玖分壹厘陆毫　有由
该租银叁钱捌分叁厘贰毫
伍百肆拾捌号田壹亩贰分　有由
该租银贰钱肆分
伍百伍拾叁号田壹分陆厘陆毫　失由
该租银叁分叁厘贰毫
伍百伍拾[1]壹号田柒分　有由
该租银壹钱肆分
已上共田壹拾壹亩陆分柒厘捌毫
共价银肆拾贰两叁分玖厘
一、买得钱清六十八

1　嘉庆本作“拾伍”，按前文，当是“伍拾”之误。

伍百伍拾贰号田壹分叁厘壹毫　有由

该租银贰分陆厘贰毫

伍百伍拾陆号田壹亩捌分柒厘柒毫　有由

该租银叁钱柒分伍厘肆毫

伍百伍拾玖号田捌分柒厘伍毫　有由

该租银壹钱柒分伍厘

伍百陆拾贰号田壹亩叁分捌厘伍毫　有由

该租银贰钱柒分柒厘

已上共田肆亩贰分柒厘

共价银壹拾肆两玖钱肆分伍厘

一、买钱清五十

伍百肆拾玖号拍田柒分肆厘　有由

该租银壹钱肆分捌厘

伍百陆拾号田玖分捌厘伍毫　有由

该租银壹钱玖分柒厘

已上共田壹亩柒分贰厘

共价银陆两伍分伍厘正

一、买得寿享百三十一

伍百伍拾柒号田壹亩捌分柒厘叁毫　失由

该租银叁钱柒分肆厘

伍百伍拾捌号拍田壹亩肆分柒厘壹毫

该租银贰钱玖分肆厘

已上共田叁亩叁分肆厘肆毫

共价银壹拾壹两柒钱零肆厘正

已上通共田贰拾叁亩伍分肆毫正

共租银肆两陆钱捌分叁厘正　注：此系官买掘埂过水田，故轻其税，如灾过五分，则宜亲勘，酌量减免。

一、买得钱清六十八

伍百肆拾叁号拍田柒分陆厘叁毫　有由

伍百肆拾肆号拍田陆分伍厘　有由　注：以上贰号除埂基外，听管田叁人分种，免租。

已上共田壹亩肆[1]分壹厘叁毫

共价银肆两玖钱肆分正

已上共田贰拾叁亩伍分肆毫[2]，每年共租银肆两叁钱捌厘，与在兹阁士民收租生放、修理。

今将本县置买新亭周村埂角田亩并卖主姓名每年租银开后

计开：

一、买得郭孝悦　四都二图八堡　注：以下每亩议定每年预租银壹钱捌分。

贰号田壹分壹厘

该租银壹分壹厘

叁号田壹亩壹分　有由

该租银壹钱壹分

肆号田叁亩壹厘肆毫　有由

该租银叁钱壹厘肆毫

陆号田肆分壹厘贰毫　有由

该租银肆分壹厘贰毫

柒号田柒分贰厘叁毫　有由

该租银柒分贰厘叁毫

捌号田玖分柒厘肆毫　有由

该租银玖分柒厘肆毫

壹号塘陆分　有由

共田陆亩叁分叁厘零

共价银壹拾贰两整

一、买得周文四　四都

拾壹号田叁亩肆分　有由

该租银叁钱肆分整

价银陆两整

1　嘉庆、同治二本皆作“壹”字。而二田合计实际田亩数，此当为“肆”字之误。

2　此总计田亩数或应再加上“买得钱清六十八”二号田的“壹亩肆分壹厘叁毫”。

一、买得张万四十八

伍号田肆分壹厘　有由

已上俱“河”字号

该租银肆分壹厘

价银捌钱整

已上共田拾亩壹分肆厘

每年通共租银壹两零壹分肆厘叁毫　注：内伍钱与拾柒家做会，伍钱与叁拾贰耆民公用。

今将本县买过陆拾贰都壹图贰堡黄沙汇开江仗田亩数开后

“钬”字号壹千贰百玖拾壹号田陆分

该租银壹钱伍分

壹千贰百玖拾贰号田陆分

该租银壹钱伍分

壹千贰百玖拾玖号田壹亩壹分捌厘柒毫

该租银贰钱玖分柒厘

壹千贰百玖拾肆号田壹亩贰分玖厘

该租银叁钱贰分叁厘　注：已上肆号每亩贰钱伍分算

已上共田叁亩陆分柒厘柒毫　注：姚公埠桥碑亭各收肆钱陆分，灾过伍分则宜酌量减免，设有冲洗，又宜勘丈豁租。

徐湖角、周村埂角、黄沙汇开江仗田，叁项每年共该租银捌两伍钱零陆厘。此银收积，设遇洪水冲埂，患大力竭，谅发买桩竹，以补民不及，得易集事。若日后巡视埂岸，随从人役每人日给银壹分伍厘作饭食，亦可免扰细民。

一、朱公湖买得傅成正　柒都肆图捌堡“商”字号

捌百柒拾贰号田玖亩玖分叁厘玖毫，给价拾两。内将捌亩，听管闸人收花，修理闸门。其壹亩玖分叁厘玖毫与下霪，收花修理。

一、文应庙田坐北隅一图一堡“谓”字号

叁拾柒号田壹亩正　注：郦明百六十一卖价伍两陆钱。张怡五十五、张悦廿九、张悦三

十七、张悦五十六、张悌五等买舍文应庙道人收花，供奉香火。

一、坐西隅二图三堡　“陋”字号官田

叁百念捌号田陆分肆厘　注：与文应庙道人管种收花，供奉香火。

一、买陈行十五田　坐柒拾壹都二图拾贰堡“引”字号

贰百贰拾玖号田壹亩伍分肆厘肆毫　有由

贰百叁拾捌号田肆亩贰分捌厘捌毫　有由　注：内新开田壹亩伍分。

贰百伍拾捌号田壹亩叁厘贰毫　有由

贰百陆拾壹号田贰亩柒分玖厘捌毫　有由　注：门前长塘灌注。

已上共田捌亩壹分陆厘伍毫　注：俱陈行十五卖，价叁拾贰两壹钱。每年共该租银叁两与文明阁耆民，轮年收花，修理各屋公用。

一、买源汇埂下　坐陆拾捌都上二图拾一堡“丸”字号

肆百叁拾贰号田壹亩陆分壹厘　注：袁良二百五十八卖，价叁两叁钱。租银肆钱叁分，每年内除银捌分与陈洲十一户内作钱粮。余银叁钱伍分，与管霪圩长、蓬首四家轮管生放，以备修霪公费，毋得侵用。

一、买严贤五十六埂脚下田捌分柒厘，价银贰钱伍。开土培埂，作官塘。

一、买高湖陡门田　坐陆拾捌都下三图九堡“巧”字号

柒百贰拾捌号田贰亩叁分贰厘

柒百贰拾玖号田叁亩贰分肆厘柒毫　注：贰号方洪十三等卖，共伍亩伍分陆厘柒毫，价壹拾柒两。租银壹两玖钱正。

柒百叁拾号田贰亩叁分玖厘

柒百叁拾捌号田叁亩正　注：贰号方兆百廿四、方兆百三十三义助，共伍亩叁分玖厘，租银壹两玖钱正。

一、闸头官屋伍间，每年租银陆钱正。

一、本湖官荡草租银贰两肆钱正。

一、官田荡壹百肆拾玖亩贰分伍厘捌毫　注：每年每亩贰分，共银贰两玖钱捌分捌厘壹毫。

一、陶湖官荡壹百肆拾肆亩叁分陆厘叁毫　注：每年每亩壹分，共银壹两肆钱肆分叁厘陆毫。

已上通共租银壹拾壹两贰钱叁分壹厘柒毫，内每年给闸夫工食银肆两。余银柒两贰钱叁分壹厘柒毫，与本湖管闸圩长，轮流生放，交与下手，

毋致侵用。

白塔湖

一、买华纪十五华纲十一田　坐六十三都上二图八堡“妾”字号

捌百伍拾陆号田壹亩肆分伍厘肆毫　注：华纪十五卖，价叁两捌钱。今量，得壹亩捌分捌厘，又塘壹厘、荒田壹厘。租银叁钱伍分。柏木陆株与张神庙道人，收花以供香烛。

捌百伍拾柒号田壹亩壹分捌厘　注：华纲十一卖，价叁两。今量，得壹亩陆分贰厘。租银贰钱玖分伍厘，交该年管闸圩长公用。柏木贰株亦与道人。

一、买坐六十五都棺材潭小湖　附燕字一号田壹拾贰亩　注：蒋朝明卖，价贰拾两。内缸霪一口，蒋朝明卖，价壹两。

荒田壹拾柒亩　注：何美十八、何滔五十二、何宰廿二卖，价壹拾捌两柒钱。

屋叁间，基地壹片，并前后园、桑、柳。　注：何渊七十九卖，价贰拾两正。

已上俱本湖圩长轮年收花管闸。

一、买顾家汇河基田共壹拾陆号，计田柒亩陆分，园贰个，计壹亩叁分玖厘。　注：价贰拾伍两。内开河仗田肆号每年。租银贰钱正。

下汇田捌分　注：顾章三十卖，价贰两捌钱每年。租银壹钱正。

顾登壹门前桑园、沿江沙地壹带。　注：顾登一卖，价银壹两叁钱陆分每年。租银壹钱。

已上叁处付张神庙道人收用。

一、买沥山湖六十三都上二图七堡“粮”字号

伍百陆拾壹号田贰亩零贰厘。　注：修惠寺僧福褓卖，价肆两陆钱陆分每年。租银柒钱，与该年圩长、蓬首轮流生放，修理霪摆。

正七都源潭

一、买得王宗三十四等　“周”字号

玖百拾柒号田拍叁分壹毫，并外江滩，听湖民开挖过水。注：价银柒钱伍分正。

一、湄池湖埂外江滩新开田叁丘，共田贰亩玖分伍厘陆毫。

一、枫山湖埂外江滩新开田拾丘，共田陆亩肆分贰厘。注：已上两处共田玖亩叁分柒厘陆毫，议拨湄池埠渡夫耕种，以抵工食，免租。

一、买会义桥田　坐附廿七都一图四堡投字

柒拾叁号田贰亩。　注：沈礼四卖，价银捌两肆钱。租银捌钱，每年内除租银壹钱，与胡良四十四户内作粮。余银柒钱，与本桥耆民收放，修理碑亭，不许侵用。

一、买茅渚埠桥田　坐七十一都二图十二堡“引”字号

柒百伍拾贰号田捌分陆厘肆毫

柒百伍拾叁号田壹亩捌分壹厘玖毫

柒百伍拾伍号田壹分陆厘

柒百伍拾柒号田拍贰亩叁分。

贰百拾玖号田伍分玖厘捌毫,外塘壹亩贰分。　注:俱胡加二卖,价银壹拾伍两。租银贰两,内除贰钱玖分与石周氏户内作钱粮,余银壹两柒钱壹分,与本桥四十耆民收租,轮流生放,修葺本桥,不得侵用。

今将本县置买山阴地方蒋村汇中新开河边田亩号数并卖主姓名每年议定预租银开后

计开:

一、买得田有封“慕”字号

贰千陆百柒拾玖号拍田捌分捌厘伍毫

该租银贰钱贰分整　有由

贰千陆百柒拾捌号田陆分捌厘柒毫　有由

该租银壹钱柒分整

注:已上贰号与蒋村碑亭修理公用,共田壹亩伍分柒厘贰毫,共价银叁两肆钱肆分肆厘整

一、买得田万春“慕”字号

贰千陆百柒拾柒号田壹亩叁厘玖毫　有由

该租银贰钱玖分壹厘整　注:与渡夫,修船,免租。

贰千陆百柒拾壹号田柒厘贰毫捌丝　失由

该租银贰分肆毫

贰千陆百柒拾贰号田壹亩叁分叁厘叁毫

该租银叁钱柒分叁厘贰毫

已上二号与蒋村碑亭修理公用

贰千陆百柒拾叁号田玖分贰厘叁毫　失由

该租银贰钱伍分捌厘伍毫　注:此田与渡夫耕种,作工食,免租。

共田叁亩叁分柒厘,共价银柒两叁钱捌分柒厘整　注:以上四号每亩预租银贰钱捌分算。

一、买得田六德“慕”字号

贰千陆百柒拾玖号拍田捌分捌厘伍毫　有由

该租银叁钱肆分贰厘　注：与蒋村碑亭修理公用。

价银贰两柒钱玖分整

注：已上壹号每亩预租银贰钱伍分算。

已上共田伍亩捌分贰厘柒毫，每年共该租银壹两陆钱柒分伍厘壹毫

一、买得田恩百廿一“慕”字号

贰千陆百柒拾伍号，贰契，共田壹亩贰分贰厘伍毫　失由

该租银叁钱肆分贰厘

价银贰两柒钱玖分整

已上壹号每亩预租银贰钱捌分算

一、买得鲍道相“慕”字号

贰千陆百捌拾壹号田叁亩捌分捌厘　有由

该租银壹两叁钱陆分整

价银玖两柒钱整

已上贰号共田伍亩壹分零，拨郭敬拾陆收花，抵纳粮差

一、买得田光祖“慕”字号

贰千陆百柒拾陆号田陆分肆厘伍毫　有由

该租银壹钱整　注：与蒋村碑亭修理公用。

价银壹两贰钱整

一、买得方科五等“慕”字号

贰千陆百捌拾号地壹亩零捌厘伍毫　失由

价银壹两伍钱整　注：与渡夫修船，免租。

一、买得郑廷元“慕”字号

贰千陆百陆拾贰号田壹亩陆分零

贰千陆百伍拾玖号田贰亩伍分捌厘

共田肆亩贰分零，共价银贰拾两整

注：此田与渡夫耕种，作工食，免租。

又田荣三十九“慕”字号

贰千陆百陆拾叁号田壹亩伍分捌厘叁毫，开江剩田柒分　注：此田与渡夫耕

种,作工食,免租。

一、买得周敬五、周敬七、吴连十　地叁分　注:与渡夫修船,免租。

价银伍钱整

今将本县置买过三十一都桐树铺田亩并卖主姓名田价议定每年官斗租谷开后

计开:

一、买得赵万百八十二　拾堡“楼”字号

叁百柒拾壹号田贰亩玖分柒厘伍毫　有由

又小田壹丘,计田壹分

共该租谷陆石玖斗

已上共田叁亩零柒厘伍毫,价银贰拾伍两贰钱整

一、买得赵生叁拾伍、赵生四十六、赵制廿六、赵制五十七等　拾堡“楼”字号

叁百肆拾壹号田叁亩伍分柒厘伍毫　有由

该租谷柒石柒斗

叁百肆拾贰号田壹亩叁分捌厘陆毫　失由

该租谷叁石

叁百肆拾肆号田壹亩柒分　有由

该租谷叁石伍斗伍升

叁百肆拾伍号田壹亩贰分贰厘柒毫　有由

该租谷贰石柒斗伍升

叁百肆拾陆号田壹亩捌厘捌毫　有由

该租谷贰石叁斗伍升

叁百肆拾柒号田壹亩贰分柒厘伍毫　失由

该租谷贰石捌斗

叁百伍拾贰号田贰亩肆分伍厘捌毫　有由

该租谷伍石叁斗

叁百陆拾贰号田陆亩壹分　失由

该租谷壹拾叁石壹斗

叁百陆拾伍号田壹亩叁分柒厘伍毫　失由

该租谷叁石

叁百陆拾玖号田叁亩贰分捌厘肆毫　有由

该租谷柒石肆斗伍升

叁百柒拾号田壹亩肆分伍厘柒毫　有由

该租谷叁石叁斗

叁百叁拾伍号田肆亩肆分柒厘　失由

该租谷玖石壹斗

叁百肆拾号田贰亩玖分柒厘　失由

该租谷陆石伍斗

已上共田叁拾贰亩贰分陆厘伍毫,价银贰百贰拾捌两贰分

一、买得胡良四十四　拾堡“楼”字号

叁百伍拾陆号田贰亩柒分叁厘　有由

该租谷陆石

叁百陆石陆号田壹亩柒分贰厘　有由

该租谷叁石柒斗叁升

叁百陆拾柒号田壹亩伍分贰厘伍毫　失由

该租谷叁石叁斗

叁百陆拾肆号田壹亩贰分捌厘　有由

该租谷贰石陆斗

叁百陆拾捌号田贰亩柒分壹厘　有由

该租谷陆石壹斗贰升

已上共田玖亩玖分陆厘伍毫,价银陆拾玖两柒钱陆分整

一、买得郦和六十九　拾堡“楼”字号

叁百伍拾壹号田玖分捌厘　有由

该租谷贰石贰斗

叁百伍拾伍号田贰亩伍分叁厘柒毫　有由

该租谷伍石

附叁百伍拾陆号田伍分　有由

该租谷壹石壹斗

已上共田肆亩零壹厘柒毫,价银贰拾玖两壹钱整

一、买得董四保　拾堡“楼”字号

叁百肆拾玖号田贰亩叁分肆厘陆毫　有由

该租谷伍石叁斗

叁百陆拾叁号田壹亩捌分玖厘　有由

该租谷肆石壹斗

已上共田肆亩贰分叁厘陆毫,价银叁拾肆两壹钱整

一、买得陈尊八十三　拾堡“楼”字号

叁百肆拾叁号田壹亩玖分壹厘整　有由

该租谷肆石壹斗

叁百伍拾叁号田贰亩壹分陆厘　有由

该租谷肆石陆斗

叁百伍拾肆号田贰亩陆分贰厘伍毫　有由

该租谷伍石陆斗伍升

已上共田陆亩陆分玖厘伍毫,价银肆拾捌两捌钱陆分伍厘

一、买得楼主五十三、楼宪百五十、楼正百四十二、楼正百六十八　拾堡“楼”字号

叁百叁拾柒号田壹亩伍分陆厘　有由

该租谷叁石贰斗肆升

叁百叁拾捌号田贰亩肆厘贰毫　有由

该租谷肆石肆斗伍升

一、买得楼主五十三、楼宪百五十、楼正百四十二、楼正百六十八　捌堡“盘”字号

玖百拾柒号田贰亩壹分肆厘叁毫　有由

该租谷肆石柒斗伍升

玖百拾玖号田肆亩伍分捌厘肆毫　有由

该租谷壹拾石贰斗伍升

已上共田壹拾亩零叁分叁厘,价银柒拾贰两叁钱壹分整

一、买得陈尊百十四　拾堡“楼”字号

叁百叁拾玖号田贰亩柒分肆厘伍毫　有由

该租谷陆石

叁百肆拾捌号田壹亩贰厘伍毫　有由

该租谷贰石贰斗伍升

已上共田叁亩柒分柒厘,价银贰拾陆两捌钱玖分整。　注:外,土名庄里塘,

照契管业。

一、买得陈尊九十五　捌堡"盘"字号

玖百肆拾号田贰亩叁分贰厘　有由

该租谷伍石壹斗伍升

价银壹拾柒两整　注:外,土名泉塘塘,照契管业。

叁拾壹都通共田柒拾陆亩陆分柒厘叁毫

通共给价银伍百伍拾壹两贰钱肆分伍厘

每年通共该租谷壹百陆拾陆石陆斗玖升

今将本县买过附陆拾玖都壹图陆堡田亩并卖主姓名田价议定每年官斗租谷开后

计开:

一、买得何正七十九　"每"字号

玖百捌拾玖号田肆亩捌分贰厘壹毫　失由

该租谷捌石肆斗壹升

玖百贰拾捌号田壹亩叁分玖厘

该租谷贰石壹斗

已上共田陆亩贰分壹厘,价银叁拾壹两整

一、买得石浩十一　陆堡"每"字号

玖百捌拾贰号田玖分肆厘贰毫　有由

该租谷壹石肆斗贰升

玖百捌拾叁号田玖分贰厘伍毫　有由

该租谷壹石叁斗柒升

已上共田壹亩捌分陆厘柒毫,价银捌两肆钱整

一、买得袁良三十七　陆堡"每"字号

玖百柒拾陆号田壹亩伍厘　有由

该租谷壹石肆斗贰升

玖百柒拾伍号田捌分玖毫　有由

该租谷壹石贰斗壹升

已上共田壹亩捌分伍厘玖毫,价银柒两陆钱整

一、买得方兆九十八　陆堡"每"字号

玖百捌拾壹号田贰亩伍分贰厘叁毫　有由

该租谷叁拾捌斗

玖百捌拾肆号田陆分陆厘叁毫　有由

该租谷壹石

已上共田叁亩壹分捌厘陆毫,价银壹拾肆两整

一、买得袁良百六十七　陆堡"每"字号

玖百捌拾陆号田壹亩陆分　失由

该租谷贰拾肆斗

玖百捌拾柒号田壹亩陆分　失由

该租谷贰拾伍斗壹升

玖百捌拾捌号田壹亩柒分柒厘　失由

该租谷贰拾陆斗捌升

已上共田伍亩零肆厘,价银贰拾贰两伍钱整

一、买得傅明三　陆堡"每"字号

玖百玖拾号田壹亩捌分叁厘叁毫　有由

该租谷叁拾壹斗叁升

价银玖两柒钱整

附:六十九都通共田壹拾玖亩玖分玖厘伍毫

通共给价银玖拾叁两贰钱

每年通共租谷叁拾壹石肆斗伍升

今将买过三十一都十堡八堡塘号土名开后

计开:

拾堡"楼"字号

伍百伍号　注:土名小栏坂塘　叁分肆厘,全官买。

叁百陆拾伍号　注:土名山下塘　叁分,全官买。

伍百玖号　注:土名水阁塘　壹亩捌分陆厘,全官买。

叁百伍拾柒号　注:土名门口塘　贰分,全官买。

叁百伍拾叁号　注:土名坂底塘　伍分,全官买。

捌堡"盘"字号

叁百叁拾壹号　注：土名铺下塘　壹亩零陆厘，内拍伍分叁厘。

伍百贰拾肆号　注：土名长塘　壹亩贰分叁厘，俱官塘。止许塘上贰丘车灌。

玖百拾伍号　注：土名庄园塘　叁分柒厘，内拍壹分捌厘伍毫。

玖百拾贰号　注：土名王家大塘　壹亩，内拍伍分。

玖百肆拾叁号　注：土名山头塘　叁分贰厘伍毫，内拍贰分壹厘。

肆百玖拾柒号　注：土名园里塘　肆分零　内拍贰分。

今将本县置买黄沙汇中田亩号数
并卖主姓名田价议定每年官斗租谷开后

计开：

一、买得宣寅八　陆拾贰都壹图贰堡“饫”字号　注：以下俱“饫”字号

壹千贰百玖拾柒号田贰亩柒分伍厘肆毫　有由

该谷租叁担叁升

壹千叁百肆拾叁号田叁亩零壹厘壹毫

该租谷叁担叁斗陆升　有由

壹千叁百伍号田壹亩肆分叁厘壹毫　有由

该租谷壹担伍斗捌升

壹千叁百伍拾肆号田捌分肆厘伍毫　失由

该租谷玖斗壹升

已上共田捌亩肆厘壹毫，共价银壹拾柒两壹钱整

一、买得郑贤三

壹千叁百拾贰号田陆分玖厘贰毫　有由

该租谷柒斗柒升

壹千叁百贰拾陆号拍田捌分捌厘

该租谷玖斗柒升

已上共田壹亩伍分柒厘贰毫，共价银叁两壹钱肆分整

一、买得应广六十四

壹千叁百肆拾号田壹亩肆分伍厘陆毫

该租谷壹担陆斗　有由

壹千叁百叁拾玖号田壹亩肆分贰厘柒毫　有由

该租谷壹担陆斗叁升

壹千叁百拾陆号田捌分陆厘伍毫　有由

该租谷玖斗伍升

已上共田叁亩柒分肆厘捌毫,共价银柒两肆钱玖分陆厘

一、买得应如三

壹千叁百伍拾壹号田柒分叁厘肆毫　失由

该租谷捌斗壹升

共价银壹两伍钱整

一、买得应远三十

壹千叁百贰拾捌号田捌分柒厘壹毫　有由

该租谷玖斗伍升

价银壹两柒钱伍分整

一、买得程长十一

壹千叁百拾玖号田柒分贰厘伍毫　有由

该租谷捌斗

壹千叁百伍拾陆号田壹亩壹分　失由

该租谷壹担贰斗壹升

已上共田壹亩捌分贰厘伍毫,共价银叁两陆钱伍分整

一、买得应远三十六

壹千叁百叁拾捌号田壹亩贰分叁毫　有由

该租谷壹担叁斗伍升

壹千叁百柒号拍田壹亩捌分柒厘壹毫伍丝　有由

该租谷贰担陆升

已上共田叁亩柒厘肆毫伍丝,共价银陆两壹钱整

一、买得应远四十三

壹千叁百拾肆号拍田捌分陆厘壹毫　失由

该租谷玖斗柒升

价银壹两柒钱伍分

一、买得应远十二

壹千叁百贰拾陆号拍田壹亩零　有由

该租谷壹担壹斗肆升

价银贰两壹钱整

一、买得应远三十四

壹千叁百拾号田柒分柒厘　注：父失，无遗。

该租谷捌斗伍升

价银壹两伍钱柒分

一、买得石彰百廿六

壹千叁百叁号田壹亩柒厘　有由

该租谷壹担壹斗捌升

壹千叁百捌号田肆亩贰分柒厘伍毫　有由

该租谷伍担贰斗贰升

壹千叁百玖号田肆亩柒分贰厘壹毫　有由

该租谷伍担捌斗壹升

壹千叁百拾柒号田叁亩柒分陆厘柒毫

该租谷肆担壹斗伍升

壹千叁百贰拾号田贰亩柒分肆厘叁毫

该租谷叁石贰斗壹升

壹千叁百贰拾壹号田玖分伍厘陆毫　有由

该租谷玖斗柒升

壹千叁百贰拾肆号田壹亩贰分伍厘　有由

该租谷壹担肆斗叁升

壹千叁百叁拾肆号田叁亩贰分玖厘陆毫　有由

该租谷叁担玖斗贰升

壹千叁百叁拾伍号拍田柒分　失由

该租谷柒斗柒升

壹千叁百伍拾号田玖分叁厘陆毫　有由

该租谷玖斗伍升

已上共田贰拾叁亩柒分壹厘，共价银伍拾陆两伍钱整

一、买得胡元八

饫字壹千叁百肆拾号田壹亩贰分肆厘柒毫　有由

该租谷壹担叁斗柒分

价银贰两伍钱整

一、买得王加三十二

壹千叁百叁拾柒号田贰亩肆分陆厘　失由

该租谷贰石捌斗捌升

壹千叁百肆拾贰号田伍亩玖分壹厘贰毫　失由

该租谷陆担伍斗壹升

壹千叁百肆拾伍号拍田壹亩贰分肆厘

该租谷壹担叁斗柒升　有由

壹千叁百肆拾伍号拍田壹亩贰分叁厘叁毫　有由

该租谷壹担叁斗陆升

壹千叁百叁拾号田柒分贰厘叁毫　有由

该租谷捌斗

壹千叁百贰拾玖号田壹亩陆分柒厘　有由

该租谷壹担捌斗肆升

壹千叁百贰拾叁号田贰亩肆分柒毫

该租谷贰担陆斗柒升

壹千叁百拾叁号田壹亩肆分贰厘伍毫

该租谷壹担肆斗叁升

壹千叁百号田壹亩壹分捌厘肆毫　有由

该租谷壹担贰斗陆升

壹千叁百肆号田壹亩陆厘　有由

该租谷壹担壹斗柒升

壹千叁百拾壹号田壹亩壹分伍厘伍毫

该租谷壹担贰斗贰升　有由

已上共田贰拾亩叁分捌厘陆毫,共价银肆拾贰两整

一、买得石潮百三十一

壹千叁百贰拾柒号田壹亩叁分柒厘壹毫　有由

该租谷壹担伍斗壹升

壹千叁百伍拾捌号田壹分柒厘壹毫　有由

该租谷壹斗玖升

已上共田壹亩捌分柒厘伍毫,共价银肆两整

一、买得石潮百廿三

壹千叁百拾伍号田捌分捌厘伍毫　有由

该租谷玖斗陆升
壹千叁百肆拾壹号田壹亩壹分陆厘
该租谷壹担贰斗捌升
壹千叁百叁拾叁号田玖分伍毫
该租谷壹担
壹千叁百伍拾柒号田壹亩肆毫　有由
该租谷壹担壹斗壹升
已上共田叁亩玖分伍厘肆毫,共价银玖两整
一、买得石潮百叁拾贰
壹千叁百叁拾伍号田捌分贰厘贰毫　有由
该租谷玖斗壹升
壹千叁百叁拾壹号田壹亩叁分柒厘壹毫　有由
该租谷壹担伍斗壹升
已上共田贰亩壹分玖厘叁毫,共价银肆两玖钱整
一、买得吴良三十六
壹千叁百伍拾号拍田陆分玖厘壹毫　有由
该租谷柒斗肆升
壹千叁百伍拾贰号田壹亩肆分肆厘伍毫　有由
该租谷壹担伍斗贰升
壹千叁百贰拾伍号田壹亩肆分捌厘肆毫　有由
该租谷壹担柒斗壹升
壹千叁百伍拾叁号田陆分柒厘柒毫　有由
该租谷柒斗肆升
壹千叁百肆拾肆号田壹亩柒分壹厘陆毫　失由
该租谷壹担捌斗玖升
已上共田陆亩壹厘叁毫,共价银壹拾叁两肆钱整
一、买得应远四十八
壹千叁百拾肆号拍田捌分陆厘壹毫　有由
该租谷玖斗伍升
壹千叁百陆号田壹亩壹分贰厘　有由
该租谷壹担贰斗肆升

已上共田壹亩玖分捌厘壹毫,共价银肆两整

一、买得应高四

壹千叁百叁拾伍号田捌分壹厘贰毫　失由

该租谷捌斗玖升

价银壹两玖钱整

一、买得金忠四十六

壹千叁百贰拾贰号田壹亩玖分捌厘柒毫　有由

该租谷贰担壹斗玖升

壹千叁百叁拾号田壹亩叁分肆厘

该租谷壹担肆斗捌升

已上共田叁亩叁分贰厘柒毫,共价银柒两整。

一、买得魏坤二

壹千叁百柒号拍田壹亩捌分柒厘壹毫伍丝　有由

该租谷贰担陆升

价银伍两整

一、买得田亨廿二、田亨二十五

壹千叁百肆拾捌号田壹亩贰分玖厘贰毫　有由

该租谷壹担叁斗捌升

壹千叁百肆拾玖号田壹亩叁分肆毫　有由

该租谷壹担贰斗贰升

壹千叁百肆拾柒号田壹亩壹分捌厘　有由

该租谷壹担贰斗陆升

已上共田叁亩柒分柒厘陆毫,共价银捌两整。

一、买得应广六十四

壹千贰百陆拾玖号田壹亩叁分肆厘

该租谷壹担肆斗捌升

价银贰两玖钱贰分整

一、买得朱德六十

壹千叁百拾捌号田叁亩伍厘　有由

该租谷叁担叁斗陆升

价银陆两捌钱整

一、续买得应广六十等

新开

拾叁号田叁分壹厘

该租谷叁斗壹升

拾肆号田贰分陆厘壹毫

该租谷贰斗陆升

已上共田伍分柒厘壹毫，共价银叁钱整

一、续买得应远四十三、应远四十八新开田贰号

田肆分陆厘伍毫

该租谷肆斗柒升

田贰分柒厘肆毫

该租谷贰斗柒升

已上共田柒分叁厘玖毫，价银壹钱捌分

黄沙汇通共田玖拾玖亩叁分陆厘玖毫

新开在内通共给价银贰百壹拾肆两伍钱伍分陆厘

每年通共该租谷壹百零捌担叁斗贰升

桐树铺下、十里铺、黄沙汇三处，共田壹百玖拾陆亩叁厘柒毫

每年共该租谷叁百零陆石肆斗陆升

今将本县置买过陆拾捌都下壹图肆堡田亩并卖主姓名田价议定每年官斗租谷开后

计开：

一、买得寿斯仁、寿斯德、寿嘉胤　“恬”字号

贰百肆拾玖号田拍叁分　有由

该租谷伍斗

贰百陆拾肆号田贰亩壹分叁厘　有由

该租谷叁石肆斗

叁百贰拾肆号田拍叁亩贰分肆毫　有由

该租谷伍石壹斗贰升

叁百叁拾肆号田叁亩肆分玖厘柒毫　有由

该租谷伍石陆斗

叁百肆拾叁号田叁分伍厘叁毫　有由

该租谷伍斗陆升

叁百柒拾号田肆分捌厘　有由

该租谷柒斗柒升

叁百捌拾肆号田捌分壹厘肆毫　有由

该租谷壹石叁斗

肆百拾捌号田壹亩贰厘柒毫　有由

该租谷壹石陆斗伍升

肆百叁拾壹号田陆亩肆分肆厘　有由

该租谷壹拾石叁斗

肆百叁拾贰号田肆亩壹分伍厘　有由

该租谷陆石陆斗肆升

肆百叁拾叁号田叁亩伍分柒厘伍毫　有由

该租谷伍石肆斗贰升

肆百肆拾号田壹亩捌分肆厘柒毫　有由

该租谷贰石玖斗陆升

肆百肆拾贰号田贰亩伍分　有由

该租谷肆石

肆百肆拾叁号田壹亩玖分伍厘捌毫　有由

该租谷叁石壹斗叁升

肆百肆拾伍号田壹亩壹分贰毫　有由

该租谷壹石柒斗陆升

肆百肆拾陆号田拍叁亩陆分捌厘　有由

该租谷伍石捌斗玖升

[1]号田　分　厘

该租谷

号田壹亩柒分捌厘

该租谷

1　该页自此以下之空缺，嘉庆、同治二本同缺。盖原本之缺失即如此，今仍其旧。

号

该租谷

号

该租谷

伍百　　号田贰亩肆分　厘

该租谷贰石贰斗玖升

伍百　　号田壹亩　分陆厘壹毫

该租谷贰石伍斗

陆百叁拾壹号壹亩贰分伍厘

该租谷贰石

壹千玖拾伍号园

该租银贰钱

壹千壹百玖拾叁号田

壹千壹百玖拾叁号塘

壹千壹百玖拾肆号塘拍伍分

壹千壹百玖拾伍号塘拍柒分

壹千壹百玖拾陆号塘柒厘捌毫

壹千壹百玖拾柒号塘拍伍厘

壹千贰百拾肆号塘拍柒分捌厘

壹千贰百拾柒号塘拍伍分

壹千贰百拾捌号塘拍壹分

已上共田伍拾亩伍分伍厘伍毫,共价贰百柒拾叁两捌钱。

共租谷捌拾石伍斗玖升整。

一、买得章注宾、章生三十七等坐正六十九都贰图叁堡“俗”字号　注:壹契共捌名

贰百号田贰亩叁分叁厘叁毫　有由

该租谷叁石伍斗

肆百拾贰号田贰分捌厘伍毫　有由

该租谷肆斗贰升捌合

肆百拾叁号田壹亩壹分捌厘柒毫　有由

该租谷壹石柒斗捌升

肆百拾肆号田壹亩肆分叁厘肆毫　有由

该租谷贰石壹斗伍升壹合

肆百叁拾叁号田壹亩柒分伍厘　有由

该租谷贰石陆斗贰升伍合

肆百叁拾陆号田叁亩肆分伍厘　有由

该租谷伍石壹斗柒升伍合

已上共田壹拾壹亩肆分叁厘

一、买得章生九十一　贰堡“利”字号

肆百伍拾伍号田壹亩叁厘肆毫　有由

该租谷壹石伍斗伍升壹合

肆百玖拾号田壹亩伍分伍厘　有由

该租谷贰石叁斗贰升伍合

一、买得章生三十二、汤淇二　叁堡“俗”字号

贰百肆拾号田肆亩叁分贰厘　有由

该租谷陆石肆斗捌升

贰百肆拾叁号田叁亩陆分叁毫　有由

该租谷伍石肆斗肆升伍合

一、买得章生七十三　贰堡“利”字号

肆百柒拾玖号田拍贰亩壹分　有由

该租谷叁石壹斗伍升

肆百捌拾号田肆亩贰分肆毫　有由

该租谷陆石叁斗叁合

肆百玖拾贰号田伍分伍厘捌毫　有由

该租谷捌斗叁升柒合

伍百拾贰号田壹亩壹分捌厘柒毫　有由

该租谷壹石柒斗捌升

一、买得章生八十四　贰堡“利”字号

肆百拾柒号田叁分叁厘玖毫　有由

该租谷伍斗玖合

肆百拾捌号田壹亩陆分陆厘伍毫 有由

该租谷贰石肆斗玖升捌合

伍百拾叁号田壹亩 有由

该租谷壹石伍斗

伍百拾肆号田壹亩贰分贰厘 有由

该租谷壹石捌斗叁升

伍百玖拾陆号田贰亩叁分贰厘 有由

该租谷叁石肆斗捌升

叁堡“俗”字号

壹百肆拾叁号田贰亩壹分 [1]厘 有由

该租谷 石 斗 升

一、买得章国宝 贰图

肆百柒拾肆号田壹亩叁分 厘 毫

该租谷贰石 斗 升

叁堡“俗”字号

壹百叁拾 号田 柒

该租谷 石伍斗

壹百叁拾 号

该租谷 斗 升

壹百 号田

该租谷 柒斗 伍合

壹百

该租谷

一、买得 “利”字号

叁

壹百拾捌号田壹分陆厘 有由

该租谷贰斗肆升

1 该页自此以下之空缺，及下一叶之空缺和空行，嘉庆、同治二本同缺。盖原本缺失即如此，今仍其旧。

一、买得章生八十五　叁堡“俗”字号

肆百伍拾壹号田贰分捌厘玖毫　有由

该租谷肆斗叁升肆合

肆百陆拾柒号田贰亩捌分肆厘贰毫　有由

该租谷肆石贰斗陆升叁合

已上共田肆拾玖亩玖分捌厘柒毫，价银贰百柒拾玖两陆钱，共该租谷柒拾四石玖斗柒升玖合整。

正六十九都塘土名

道人塘　梁下塘　河溜塘　苍蒲塘

新开塘　丈古塘　马慢子塘

官塘磡下塘

六十八都塘土名

稍箕塘壹个　埂缺塘半个

后头塘壹个　下沙塘半个

柿树塘半个　秧地畈大小塘贰个

上沙塘半个　中沙塘半个

东塘半个　样[1]鱼塘半个

黄天塘壹个

一、买得郭彦　坐七十二都三堡　“仰”字号

肆百伍拾伍号田壹亩玖分　有由

该租谷叁石叁斗

肆百玖拾伍号田壹亩陆分伍厘柒毫　有由

该租谷贰石柒斗

伍百拾壹号田贰亩贰分陆厘陆毫　有由

该租谷叁石柒斗

伍百叁拾玖号田叁亩肆毫　有由

该租谷肆石玖斗伍升

七堡“带”字号

1　“样”字同治本作“漾”。然正误莫辨，故同列于此。

陆号田壹亩肆分肆分贰厘捌毫 有由

该租谷贰石壹斗肆升

柒号田壹亩玖厘叁毫 有由

该租谷壹石陆斗

伍百玖拾壹号塘拍壹分 有由

已上共田壹拾壹亩叁分贰厘捌毫,价银柒拾壹两,共租谷壹拾捌石叁斗玖升。

一、买得郭以垣 坐六十八都上一图十二堡 “斩”字号

叁百贰拾号田伍亩贰分柒厘 有由

该租谷柒石玖斗零伍合

拾贰堡“稽”字号

壹百玖拾玖号田贰亩叁厘 有由

该租谷叁石贰斗肆升捌合

壹百玖拾柒号田壹亩壹分叁厘 失由

该租谷壹石捌斗零捌合

已上共田捌亩肆分叁厘,价银肆拾贰两,共租谷壹拾贰石玖斗陆升壹合。

六十八都下一图共田伍拾亩伍分伍厘伍毫 地壹亩,共给价银贰百柒拾叁两捌钱。

每年共计租谷捌拾壹石叁斗玖升

正六十九都贰图共田肆拾玖亩玖分捌厘柒毫

共给价银贰百柒拾玖两陆钱

每年共计租谷柒拾肆石玖斗柒升玖合

七十二都共田壹拾壹亩叁分贰厘捌毫,共给价银柒拾壹两

每年共计租谷壹拾捌石叁斗玖升

六十八都上一图共田捌亩肆分叁厘,共给价银肆拾贰两

每年共计租谷壹拾贰石玖斗陆升壹合

四处新田地共壹百贰拾壹亩叁分，共价银陆百陆拾陆两肆钱

通共每年租谷壹百捌拾柒石柒斗贰升整

永利仓申文

绍兴府诸暨县为恳怜俯顺便民事：据永利、大雄二仓仓夫王佑富、姚德全、蒋王钱、徐仲章、宣李陈、王世荣等连名呈称，先蒙升任刘知县设立社仓，积贮稻谷，每遇春放秋收，示谕概县小民散领。蹇因连年旱涝相仍，又值今夏淫雨泛滥，湖乡田禾尽行淹没，颗粒无收。民皆绝食，老幼慒惶[1]，流离载道，万目其艰[2]。今蒙单催，追比数月，久无完贮。间有谷欠户，山阜不通舟楫，艰于肩负；无谷欠户，苦于遏籴。小民哀苦，伏乞给示"有谷者输谷上仓，无谷欠户定价折银，限日易完，恳照刘知县仓书事例折银买田。上不繁[3]官，下顺民情，实为两便"等情前来，据此案照，先为酌议社仓，以永利民生事。该升任刘知县嗣奉明文设社仓，一永利，一大雄，二仓劝输贮稻谷叁百石。每年各仓令殷实粮长看管生放，利止每石加贰斗，以伍升与粮长，作耗谷、修仓诸费，官收壹斗伍升。苟不遇荒，年年清理，伍载可倍。今剩谷壹千柒百壹拾陆石叁斗陆升捌合，粜银可得伍百余两，度可易腴田八九十亩。每年得租百有余石，亦择粮长二名看放，如前例三年一粜，银买田。如此则民不烦劳，官便清查，行之数年以后，谷日多，田日增，田愈增而谷愈多。遇有荒歉，水乡舟载散赈，陆地车运就给。大户无劝借之扰，穷民免沟壑之填，似亦利民之永计也。当该升任刘知县备具前由，通申抚、按二院，并守巡道、府允批，社仓稻谷粜银买田，收贮缘由，刊布书册，遵行在卷。今该本县知县洪云蒸查得，暨邑除预备仓外，永利、大雄二仓隶于邑治。自万历三十一年，升任刘知县以俸余、粜买、良民义助肇起为仓，在永利一仓，又置田壹百玖拾陆亩零，岁收租叁百零陆石肆斗陆升，规制具在，方策井井有条，其大意：丰年收息，凶年备赈。故不奉上司查盘，恐为成数所拘，反贻民苦，又议二仓生息谷止可共约千余石，若息多，则易银置田。是以范文正义田之法，行朱晦翁常平之意，真不易良规！第三十三年升任，而当事者止凭仓夫出纳，未及清查新旧，交盘止一领状，完状在官，谷之入仓与否，置而不问。仓夫乘是为奸，空存交

1 "慒惶"，喻惊恐状。

2 "其艰"同治本作"共见"。当以同治本为是。

3 "繁"字同治本作"烦"。当以同治本为是。

盘之名，实酿虚会之弊，每谷壹石，新仓夫受例少许，即于本年注完数，而下年又注领本谷若干，加息若干，名曰会过。自虚会相沿，则按册而计之，本息相乘累百千石，就仓而盘之仅仅百余石，辄又以细民复借支吾。故上年水灾，此二仓无谷可赈。本年五月，本县诣仓亲盘，则大雄之数近千石，而盘之得壹百肆拾柒石，永利之数近叁千贰百余石，盘之仅贰百伍拾捌石伍斗。渊薮大弊，令人骇愕，然查其源，惟虚会之过也。本县欲于刘知县升任后逐一查追，然年远则仓夫物故者有之，时久则细户流徙者有之，且欠在历年甚易，而并在一朝甚难，似非宜民之意。故于三十六年以前俱免追，而三十七年起至三十九年止，细查欠户，详注单目，催比间又值冯夷为灾，湖田淹没，谷价甚腾。若历年俱责之以谷，即血责终为不了之局，致仓夫等有俯顺便民之呈，欲折银置田，因刘知县已试之规，本县又以备赈以谷为主，不宜多折，就中酌其三十七年、三十八年、三十九年欠数少者准折，四十年不准折。其折者，照宪例以一石折银贰钱伍分严比，逾月乃躬亲盘验，在大雄仓盘银壹百叁拾伍两壹钱贰分柒厘柒毫，折谷伍百肆拾石伍斗壹升捌合，见追上仓谷叁百陆拾陆石捌斗捌升陆合捌勺，未完谷壹百肆拾柒石玖斗陆升玖合肆勺。又，永利仓盘银伍百叁拾壹两贰钱柒分壹厘伍毫，折谷贰千壹百贰拾伍石捌升陆合，又盘上仓谷柒百叁拾玖石壹斗捌升，并本年租谷叁百零陆石肆斗陆升，共壹千肆拾伍石陆斗肆升，未完谷肆百陆拾柒石壹斗叁升叁合肆勺。二仓之谷比于曩时，已倍加充盈，而所折银陆百陆拾陆两肆钱，召买得寿斯仁、章注宾、郭彦、郭以垣等四契，共腴田壹百贰拾亩叁分，地壹亩，每年计租壹百捌拾柒石柒斗贰升，以新买之租，并旧置之租，共计肆百玖拾肆石壹斗捌升，嗣是清理有加，则仓谷永可充盈，而岁凶可以有备。然欲世世遵守，永为民便，则必藉宪台严谕，谆谆申饬，庶刘知县之良法藉以不朽！而本县之清查，亦不徒为一时之策，且为出日之利。为此，除将未完另追外，缘觐期大逼，拟合具由申请，卑职未敢擅便，伏惟别赐裁夺。今将前项缘由，另具书册，理合具申。伏乞照详，示下施行，须至申者。

万历肆拾年拾壹月拾肆日申

蒙钦差提督军务巡抚浙江等处地方都察院右佥都御史高批：详奉批，仰分守道查报。

又奉本府帖。蒙钦差兵巡海道带管分守宁绍台道浙江按察司副使秦牌面。该奉督抚军门高批：道呈，详奉批，以二仓谷价买田征租，用备赈济，大为民便。永利之法，如行登报循环，年终该道稽核完欠，毋生侵弊。缴。

先奉本县，批详。奉批，候道示行。缴。

又奉钦差整饬台州兵备分巡绍台道浙江按察司按察使于批：详奉批，易谷置田，以充储蓄，洵利民之永计也。候院示行。缴。

又先奉带管分守道副使秦、钦差巡视海道兼理边储分巡宁波整饬宁绍兵备浙江等处提刑按察司副使秦，各批：同前事俱批，仰府查报。

又奉巡按浙江监察御史吕批：县申详，奉批。虚会弊沿，几至空廒[1]，使良法不遵。该县务于收放时亲查的数，毋致仓蠹乾没[2]。所买田租亦须置簿备载，凭稽。缴。

今将本县置买各湖官地并都图堡号业主开后

一、石埂对岸后村塔地坐七十一都一图九堡“邵”字号

一、买袁良百七、袁良百四十四、袁良百九十七、周悦七十九

壹百拾肆号地贰拾肆亩捌分柒厘　注：价银肆拾柒两贰钱伍分叁厘

内将拾陆亩伍分玖厘柒毫为义冢，余地捌亩。

租银壹两肆钱陆分正

玖百叁号地捌亩叁分叁厘　注：王良六卖，价拾叁两叁钱叁分贰厘捌毫。

租银壹两伍钱正

玖百壹号地陆亩壹分柒厘伍毫　注：王清十六卖，价拾壹两壹钱壹分伍厘。

租银壹钱柒分正

玖百柒号地伍亩捌分叁厘　注：袁忠百六卖，价拾两肆钱玖分肆厘。

租壹钱正

玖百肆号地陆分肆厘贰毫　注：骆忠十九卖，价银玖钱陆分叁厘。

租银壹钱壹分伍厘陆毫正

捌百玖拾玖号地拍伍分捌厘叁毫　注：严能十七卖，价捌钱陆分伍厘。

租银壹钱伍厘正

捌百玖拾玖号地拍叁分肆厘贰毫　注：袁良百二卖，价伍钱壹分叁厘。

租银陆分壹厘陆毫正

捌百玖拾玖号地拍叁分伍厘柒毫　注：骆忠廿二卖，价伍钱叁分伍厘伍毫。

1　“廒”，收贮粮食的仓库。

2　“乾没”，侵吞公家或别人财物。

租银陆分肆厘[1]毫正

玖百拾贰号地拾亩肆分肆厘伍毫　注：袁良二百三十八卖，价拾玖两捌钱肆分伍厘伍毫。

租银壹两玖钱伍分正

玖百拾叁号地捌亩贰分伍厘　注：袁方十七卖，价拾伍两陆钱柒分伍厘。

租银壹两伍钱壹分正

玖百贰号地壹分捌厘柒毫　注：孙忠十八卖，价贰钱捌分。

租银叁分叁厘柒毫

玖百伍号地拍伍分伍厘　注：骆忠十二卖，价捌钱贰分伍厘。

租银玖分玖厘正

玖百拾陆号地贰亩陆分叁厘

柒拾贰号田叁亩　注：贰号袁拱百七十四、袁和尚卖，共伍亩陆分叁厘，价柒钱肆分伍厘。摊埂过水，量纳租银叁钱陆分正。

已上拾肆号，与大侣通湖圩长轮年收租生放，修石埂。

玖百捌号地壹亩贰分捌厘　注：袁忠二百五十四卖，价贰两叁钱肆厘。与文应庙道人管种，以供香烛，免租。

玖百玖号地壹亩捌分叁厘　注：陈厚十一卖，价叁两贰钱玖分肆厘。与茅渚埠张神庙道人管种，以供香烛，免租。

一、买茅渚埠张神庙右侧　坐六十八都二图六堡　稽字

附壹百贰拾叁号壹亩　注：蒋加六十、石彰八十九，价肆钱正。与张神庙道人，免租。

一、买花园埂下赤山头地　坐七十一都一图十一堡　“捕”字号

陆百贰拾柒号地陆分壹厘贰毫

陆百贰拾玖号地拍伍分玖厘柒毫

陆百贰拾捌号地陆分壹厘贰毫

陆百叁拾贰号地肆分柒厘伍毫　注：已上四号俱赵淮五十四卖，共贰亩贰分玖厘陆毫，价叁两壹钱柒分捌厘。租银叁钱贰分壹厘肆毫。

陆百贰拾玖号地拍伍分玖厘　注：赵澄三十九卖，价捌钱贰分陆厘。租银捌分贰

1　嘉庆、同治二本此处皆空缺。盖原本缺失如此。

厘陆毫。

陆百叁拾肆号地捌分

陆百叁拾壹号地肆分柒厘伍毫　注：已上二号俱赵淮六十七卖，共壹亩贰分柒厘伍毫，价银壹两柒钱捌分伍厘。租银壹钱柒分捌厘伍毫。

陆百贰拾壹号地肆分伍厘

陆百贰拾贰号地拍玖分　注：已上二号俱赵澄三十六卖，共壹亩叁分伍厘，价银壹两捌钱玖分。租银壹钱捌分玖厘。

陆百贰拾贰号地拍捌分伍厘

陆百叁拾号地捌分柒厘　注：已上二号俱赵淮六十九卖。共壹亩柒分伍厘，价贰两肆钱伍分。租银贰钱肆分伍厘。

陆百贰拾叁号地贰亩捌分柒厘伍毫　注：徐正四十六卖，价肆两贰分伍厘。租银肆钱零贰厘伍毫。

陆百叁拾叁号地伍分叁厘叁毫　注：徐正五十卖，价柒钱肆分陆厘贰毫。租银柒分肆厘陆毫。

陆百贰拾肆号地肆分壹厘陆毫

陆百贰拾伍号地伍分伍厘肆毫

陆百贰拾陆号地伍分叁厘　注：已上三号俱徐正五十二卖，共壹亩伍分，价银贰两壹钱。租银贰钱壹分。

已上拾陆号，与大侣通湖圩长收租生放，修砌石埂。

花园埂对岸地

玖百柒拾肆号地壹亩肆分贰厘　注：陈美六卖，价贰两壹钱叁分。租银贰钱壹分叁厘。

玖百柒拾陆号地拍壹亩叁分壹厘　注：郦潮廿二卖，价贰两贰钱贰分。租银贰钱贰分叁厘正。

贰号与花园埂圩长收租，修理埂房公费。

一、买沙埭埂对岸地　坐正一都一图二堡　“地”字号

玖拾柒号地壹亩伍分捌厘捌毫　注：蒋京七十五卖，内掘坏伍分贰厘捌毫，实地壹亩陆厘，价壹两肆钱捌分肆厘。租银贰钱壹分贰厘。

玖拾陆号地壹亩陆分伍厘

壹百捌号地壹亩壹分　注：已上贰号俱周棣廿九卖，内掘坏壹亩陆分柒厘，实地壹亩捌

厘,价壹两伍钱壹分贰厘。租银贰钱壹分陆厘。

壹百玖号地肆分陆厘　注：蒋都六十九卖,除外掘坏叁分玖厘,实地肆分陆厘,价陆钱壹分陆厘。租银玖分贰厘。

壹百拾号地壹亩叁分　注：蒋宁十二卖,价壹两伍钱陆分。租银贰钱陆分正。

壹百拾壹号地壹分陆厘陆毫　注：蒋都三十一卖,又量出地肆分伍厘,共实地陆分壹厘陆毫,价叁钱玖分玖厘。租银壹钱贰分叁厘贰毫正。

壹百柒号地拍柒分肆厘

壹百拾号地拍壹亩陆分柒厘　注：贰号俱蒋宁九卖,共贰亩肆分壹厘,价叁两肆分。租银肆钱捌分贰厘。

已上捌号与沙埭埂圩长收租生放,管守埂屋。

壹百柒号地拍壹亩　注：蒋宁十一卖,价壹两肆钱正。租银贰两正。

壹百柒号地拍玖分叁毫　注：蒋宁三卖,价壹两叁钱伍分。租银壹钱捌分正。

已上贰号共壹亩玖分叁毫,共租银叁钱捌分,与沙埭埂圩长开沙嘴。

柒拾捌号地贰分肆厘伍毫

捌拾号地肆分玖厘　注：贰号俱梁彰百二十卖,共柒分叁厘伍毫,价伍钱。

无号地贰分壹厘零　注：梁彰四十八卖,价壹钱肆分正。

已上叁号,共玖分肆厘伍毫零,与沙埭埂住房人自种,免租。

壹百拾肆号地拍壹亩捌分贰厘　注：蒋生五四卖,价贰两壹钱捌分肆厘。租银叁钱陆分肆厘正。

壹百拾贰号地壹亩叁厘捌毫　注：蒋都三十二卖,价壹两贰钱肆分伍厘。租银贰钱柒厘陆毫。

壹百柒号地拍捌分贰厘　注：蒋宁六卖,价壹两壹钱陆分贰厘。租银壹钱陆分肆厘。

已上贰号地,与此号地内拍肆分共叁亩贰分伍厘捌毫,与文应庙会首石浩十等收租生放。余地肆分贰厘,与沙埭埂圩长收租管屋。

一、买余村埂对岸地　坐六十八都上一图四堡　“捕”字号

贰百伍号地壹亩正

贰百拾陆号地贰分壹厘

贰百捌号地壹亩贰分伍厘

贰百拾柒号地贰亩伍分

贰百贰拾号地贰亩贰分柒厘

贰百贰拾贰号地壹亩壹分肆厘

贰百贰拾叁号地壹亩叁分叁厘　注：柒号郦用宾等卖，共玖亩柒分，价贰拾叁两伍钱正，内除开河田壹亩柒分伍厘伍毫，实地柒亩玖分肆厘伍毫。租银玖钱柒分，与余村埂圩长、蓬首收花生放，修理霪摆。

一、买大侣湖葛家衕田地　坐附六十七都一图六堡　“特”字号

贰百拾肆号田叁分伍厘肆毫

贰百拾贰号地拍叁亩叁分贰厘捌毫

贰百拾柒号地拍壹亩壹分陆厘陆毫

贰百拾柒号地拍壹亩壹分陆厘柒毫

贰百拾贰号地拍叁亩叁分贰厘玖毫

贰百拾伍号塘捌分贰厘伍毫　注：陆号郭敬六十五、郭完、郭敬十一、郭有嘉卖，共田地拾亩壹分陆厘玖毫，价贰拾肆两伍钱，摊埂过水高地陆亩，每亩租银柒分，低地伍亩陆分，每亩租银伍分，共银柒钱，与五浦头管闸圩长，收换闸板，止许种菜麦，不许养[1]木侵占。

一、买陆家滩地　坐四都三图十堡　“邻”字号

陆百捌拾伍号地拍贰亩贰分陆厘伍毫

陆百捌拾伍号地拍伍分贰厘伍毫　注：贰号俱朱文百十一卖，共贰亩柒分玖厘，价陆两玖钱柒分伍厘。

陆百捌拾陆号地贰分壹厘伍毫

陆百捌拾伍号地拍伍分陆厘捌毫

陆百捌拾伍号地拍贰亩捌厘　注：叁号俱朱文百一卖，共贰亩捌分陆厘叁毫，价柒两壹钱伍分柒厘。

陆百捌拾捌号地拍玖分正

陆百捌拾柒号地拍伍分贰厘伍毫　注：贰号俱陆经十一卖，共壹亩肆分贰厘伍毫，价叁两伍钱陆分贰厘。

陆百捌拾号地拍叁分柒厘伍毫

陆百捌拾伍号地拍壹亩贰分玖厘伍毫

陆百捌拾伍号地拍壹亩贰分　注：叁号俱陆经四卖，共贰亩捌分柒厘，价柒两壹钱柒分伍厘。

1　嘉庆、同治二本皆作“样”字，通读文意当为“养”字。养木，即养树也。

陆百捌拾肆号地陆分捌厘柒毫　注：陆绅五、绅十、经三卖，价壹两柒钱壹分柒厘。

陆百捌拾叁号地壹亩贰分正

陆百陆拾壹号地玖分玖厘陆毫

陆百柒拾肆号地捌分正　注：叁号陆缙廿二、陆文宾卖，共贰亩玖分捌厘陆毫，价柒两肆钱陆分伍厘。

陆百捌拾号地拍贰亩叁分贰厘　注：张万三十九卖，价伍两柒钱玖分贰厘正。

以上拾伍号，共地壹拾伍亩玖分叁厘陆毫，内除开河肆亩壹分，实地壹拾壹亩捌分叁厘陆毫。租银贰两正，与下湖五家圩长照田分收租银，培麻车患埂。

一、买朱家滩地　坐五都十堡　"始"字号

叁百肆拾捌号地叁亩伍厘叁毫　注：俞见心、朱齐五十六卖，价陆两壹钱，内除开河陆分柒厘，实地贰亩叁分捌厘叁毫。租银叁钱正。

一、买新亭滩地　坐附六十七都一图八堡　"跃"字号

陆百柒拾叁号地贰分叁厘壹毫　注：金迁廿八卖，价肆钱陆分。租银贰分正。

陆百陆拾柒号地柒分陆厘陆毫　注：郦正三十一卖，价玖钱壹分。租银陆分正。

陆百柒拾贰号地拍壹亩壹分陆毫　注：郦正七十二卖，价贰两贰钱正。租银壹钱捌分正。

陆百柒拾贰号地拍柒分柒厘柒毫陆丝　注：金迁廿一卖，价壹两伍钱伍分。租银壹钱贰分正。

一、买张家湾地　坐附六十七都一图八堡　"跃"字号

陆百陆拾叁号地柒分伍厘

[1]号地拍壹亩肆分捌厘肆毫　注：贰号俱祝盛四十二卖，共贰亩贰分叁厘肆毫，价伍两伍钱捌分伍厘。租银叁钱陆分正。内除叁分纳粮。

已上朱家滩、新亭滩、张家湾共柒号，共地柒亩壹分陆厘柒毫陆丝。租银壹两零肆分，与下湖五家圩长，照田分收租银，培麻园患埂。

陆百陆拾号地伍分伍厘柒毫　注：孙加九十一卖，价壹两壹钱正。其地作为官滩，永不许耕种。

今将各禁碑坐落处所开后

计开：

1　此处嘉庆、同治二本皆作空缺，盖原本即已缺失。

一、会义桥禁碑(壹)[1]座,基系官地。

一、碑亭埂禁碑壹座,基系官地。

一、县前东首碑贰座,买石怡十一地。注:横肆尺伍寸,长玖尺。

一、县前西首碑叁座,买马增六十一地。注:横伍尺,长壹丈伍尺。

一、文应庙禁碑壹座,基系官地。

一、茅渚埠禁碑壹座,基系官地。

东江

一、花园埂禁碑壹座,基系官埂。

一、高湖禁碑壹座,基系官地。

一、五浦头禁碑贰座,基系官地。

一、横塘埠禁碑壹座,寿应魁助地。注:横阔□□丈[2],直长□□,碑前不许闭掩。

一、宣家埠禁碑壹座,基系官埂。

一、缸灶埠禁碑壹座,买潘滔三十基地。注:方圆壹丈伍尺。

一、陡门张神庙侧禁碑壹座,基系官地。

西江

一、北门外铜佛殿前禁碑壹座,基系官地。

一、沙埭埂禁碑壹座,基系官埂。

一、祝桥张神庙前禁碑壹座,基系官地。

一、新亭禁碑壹座,基系官地。

一、晚浦禁碑壹座,买郭敬六十五地。注:长贰丈,阔壹丈伍尺。

一、汪王禁碑壹座,王宗四十、王六十助地。注:碑前不许闭掩。

一、姚公埠禁碑壹座。注:买姚禄仕廿八坐正七都二图六堡,周字捌拾玖号桑地肆分贰厘,给价肆两正。又,买姚福二百十四、福百七十八、福二百十一周字玖拾壹号土名桥埦头地陆分,并四园桑木俱卖在官,给价捌拾两正。又,买姚禄五十九周字九十号拍地叁分陆厘,给价叁两伍钱正。又,买姚福二百六周字玖拾号拍地叁分,给价叁两肆钱正。

一、长澜浦口禁碑壹座,买郦见八田壹分陆厘正。

一、三江口禁碑壹座,基系官地。

一、湄池埠禁碑壹座,买傅火湄池埠店前基地。注:方圆捌尺。

一、金浦桥禁碑壹座,基系官地。

---

1 嘉庆、同治二本皆漏刻此“壹”字。

2 此注文中存两处空缺,嘉庆、同治二本皆如此,盖原本即已缺失。

一、蒋村埠碑壹座，基系官地。

设置义冢都图土名四至亩数

计开：

本县捐赀新买义冢八处

东隅交界柒拾壹都新冢壹所，土名后村埂。直伍拾叁弓叁尺，横伍拾伍弓伍尺，计地壹拾贰亩零贰厘叁毫。注：东南至埂，西北至大侣湖地。

价银贰拾贰两捌钱肆分

又新冢壹所，土名后村塔地。西直拾伍弓，中直拾伍弓，东直拾弓叁尺，横肆拾弓，计地贰亩贰分叁厘玖毫。注：东南至埂，西至袁屋，北至新冢地。

价银肆两壹钱柒分

又新冢壹所，土名后村塔地，直拾玖弓，横念玖弓伍尺，计地贰亩叁分叁厘伍毫。注：东至埂，南至新义冢地，西北至大侣湖地。

价银肆两肆钱贰分肆厘

肆都祝桥新冢壹所，土名沈家汇，计地肆亩。注：西南至河，北至合家湖埂，东至沈家屋头地。

价银肆两叁钱

附柒都长澜新冢壹所，土名灰宕山，计地拾亩。注：东至瞿付山，南至山峰，西至寺山，北至水溪。

价银叁拾肆两

陆拾贰都湄池新冢壹所，土名罗汇高埠，计地叁亩叁分，官滩在外。注：东至傅地，南至江，西北至官滩。

价银肆两玖钱玖分伍厘

陆拾捌都新冢壹所，土名埂地，计地肆亩。注：东至水坑，南至新坑，西至大溪，北至塘。

价银肆两

清出官地立为义冢叁处

伍都上仓湖新冢壹所，系江塔，计地肆拾贰亩陆分。注：东至河，南西北至沟。

陆都源潭村新冢壹所，土名上圩塘，计地壹拾贰亩。注：四至皆河。

肆拾壹都陈蔡村新冢壹所，土名黄济山，计地拾亩。注：东至蔡英壹地，南至黄良肆拾壹地，西至赵文壹地，北至行路。

士民舍立新冢二十三处

正柒都姚公埠新冢壹所，土名沈家埠，计地肆亩。系民人姚大德舍出。注：东至俞贤山，南至山脚，西至姚伦山，北至山峰。

拾壹都应店新冢壹所，土名庙后山，计山伍亩。系民人应和肆拾叁、应太贰舍出。注：东至应和山，南至溪，西至应太山界，北至陇峰。

拾壹都贰图新冢壹所，土名泉井坞，计山捌亩。系民人俞良伍舍出。注：东至应太地，南至应南伍拾玖山，西至山峰，北至王伯仁山。

拾陆都草塔墅新冢壹所，土名黄婆山，计山壹拾捌亩。系民人赵俊叁拾玖舍出。注：四至皆赵建山。

念贰都安华新冢壹所，土名应家衙，计山叁亩。系民人许惠四十一舍出。注：东至何山，西至行路，南北至许惠山。

正念肆都壹图宣何新冢壹所，土名庙后山，计山叁亩。系民人何连拾壹舍出。注：东至塘，南至石塔，西至官路，北至何连七山。

正念肆都贰图新冢壹所，土名闸桥山，计山伍亩。系民人何源拾舍出。注：东至石塔，南至山峰，西至何谨四十八塘，北至驿路。

念玖都排头[1]新冢壹所，土名毛阳山，计山肆亩。系民人吴稳拾舍出。注：东至金生贰山，南至李堂田，西至金生柒山，北至吴稳壹山。

正叁拾肆都街亭镇新冢壹所，土名石唐山，计山伍亩。系民人陈稳九十三舍出。注：东至己山，南至楼宰廿九田，西至楼加三十二亩，北至楼宰廿九山。

叁拾陆都横山镇新冢壹所，土名黄观山，计山贰亩。系黄姓公众舍出。注：东西至横庚祥山，南至山岗，北至田。

又壹所，土名后山塔地，计地壹亩。系民人黄六庚十六舍出。注：东至蒋宰廿九山，南北至蒋宰山，西至田。

叁拾捌都乌岩新冢壹所，土名马蓼山，计地贰亩。系民人蔡子智舍出。注：东至蔡子正地，南至挂钟山，西至山宠[2]，北至磡。

又新冢壹所，土名丁家坞，计山贰亩。系民人蔡子智舍出。注：东至地，南至界首，西至杉树宠，北至田埂。

---

1 嘉庆、同治二本皆作“排头”，即今“牌头”。

2 “宠”字，同治本作“陇”，下同。

叁拾玖都东蔡村新冢壹所，土名瓦窑头，计山壹亩。系民人张仲贤舍出。注：东至张震廿九山峰，南至张节九等山地，西至张华一山，北至张节一等山。

肆拾都独山新冢壹所，土名白虎山，计山陆亩。系民人赵存四十二、赵恒三十四舍出。注：东至赵存山，南至赵恒山，西北至孙潮山。

伍拾肆都枫桥镇新冢壹所，土名铺前山，计山拾亩。系民人陈都叁拾叁舍出。注：东至王奇山，南至紫阳宫山，西至骆增九十二山，北至巳山。

陆拾都黄阔新冢壹所，土名梅园山地，伍亩。系民人斯润、斯那彦舍出。注：东南至斯那彦地，西北至斯润地。

陆拾壹都店口新冢壹所，土名牛角岭，计山伍亩。系乡约陈钦百叁拾柒舍出。注：东至陈英田，南至大路，西至俞天田，北至陈尊山。

陆拾肆都阮家埠新冢壹所，土名道堂山，计山伍亩。系里递黄仲玉舍出。注：东至黄达山，南至大路，西至阮怡山，北至金进山。

陆拾陆都木陈村新冢壹所，土名岐山脚，计地叁亩。系生员寿秉初舍出。注：东至寿享伍拾柒地，南至寿享地，西至寿享百拾地，北至寿主在众地。

又，新冢壹所，土名安家埠，计地肆亩。系民人寿文陆拾肆舍出。注：东至寿享百七十四地，南至寿享地，西至寿享百十地，北至寿主在众地。

又，新冢壹所，土名安家埠，计地四亩，系民人寿文六十四舍出。注：东至寿享百七十四地，南至寿享地，西至江水，北至寿祥地。

陆拾陆都贰图鱼墅新冢壹所，土名金家园，计山拾亩。系民人寿顶承舍出。注：东至本山，南至山埂，西至麻地，北至山地。

陆拾玖都古栎桥新冢壹所，土名豹青鸬，计山陆亩。系民人郑元亮、章良一舍出。注：东至章森山，南至郑洵山，西至章会山，北至郑钦山。

清查过旧义冢柒处

南隅旧冢壹所，土名苎萝山脚，计叁亩。注：东至赵田，西南至周山，北至埂。

北隅旧冢壹所，土名黄泥塘，计壹亩。注：东至钟文十九田，南至钟文十九地，西至胡康七十三地，北至钟律田。

陆都直埠旧冢壹所，土名地塔，计拾亩。注：东至傅樟二百山，南至众山，西至众塔，北至新庵。

叁拾都平阔镇旧冢壹所，土名黄泥山，计贰亩。注：东至陈田，南至陈田，西至大路，北至朱田。

附肆拾柒都廊下旧冢壹所，土名荒平，计山拾亩。注：东至田，南至塘，西至山岗，北至黄荣山。

伍拾伍都前塘村旧冢壹所，土名黄土岭，计山拾亩。注：东至岗峰，南至骆来山，西北至王英地。

陆拾捌都土名西边地旧冢贰处，计地伍分玖厘。注：东至沟，南至蒋坟，西至田，北至大侣湖田。

陆拾壹都新冢壹所，坐八堡垣字玖百玖拾肆号、玖百玖拾伍号，共山肆亩。系民人陈钦百三十七舍出。

陆拾捌都新冢壹所，土名西边地，计叁分玖厘。注：东至石齐田，南至石宁地，西至陈生田，北至王济田。

价银叁钱

陆拾捌都又新冢壹所，土名西边地，计贰分。注：冬至石齐田，南至石宁地，西至陈生田，北至王济田。

价银贰钱

陆拾陆都伍图新冢壹所，土名黄家湖江边地，计贰亩肆分伍厘。系民人寿祥四十四舍出。注：东至江水，南至寿文六十四地，西至高磡，北至空地。

伍拾陆都一图新冢壹所，土名黄泥陇，坐乾溪驿路边，计地柒分。系乡约谢富三十四舍出。注：冬至陈都田，南至陈都地，西至谢富十三山，北至谢富四十六地。

拾柒都壹图新冢壹所，土名黄泥陇，计贰亩。系里长杨和顺约副杨顺百五十等舍出，注：东至路，南至宠路，西至杨国升地，北至杨积七十田。

伍拾都壹图新冢壹所，土名陆家山，计贰亩零，坐六十五都。系里长魏文聪、乡约魏洪十舍出。注：东至魏玉山，南至行路，西至魏深三山，北至岭。

陆拾陆都□[1]图新冢壹所，土名黄家湖安家埠江边，□□□百四十七舍出。注：东至江水，南至寿祥四十四地，西至高磡，北至寿文义冢地。

伍拾壹都壹图旧冢壹所，土名童山，计壹拾亩伍分。系民人骆来贰百肆拾玖舍出。注：东至楼学九田，南至石荡山，西至吴坟山，北至行路。

陆拾贰都上壹图旧冢壹所，土名焦树弯，计山贰分。注：东至行路，南至蔡正一山，西北至傅儒山。

又旧冢壹所，土名朝山头，计山贰分。注：东至行路，南至楼尊拾伍山，西北至傅连山。

1　此段存两处空缺，嘉庆、同治二本皆如此，盖原本即已缺失。

肆拾伍都旧冢壹所，土名大磨山，计贰亩叁分。注：东至周悦廿五山，南至周有山，西至吴潮廿三山，北至周松九地。

念捌都贰图新冢壹所，土名塘田顶，计山贰亩。系乡约王本清舍出。东至王能十三山，南北至王尊廿二山，西至郦田。

永利仓申文

绍兴府诸暨县为酌议社仓以永利民生事：本县知县刘光复看得，社仓古良法，善用之则民受其利，不善用之则民受其害。本县廿六年大旱之余，仓无颗粒见粮，议赈措置甚艰。嗣奉明文，设立社仓九处。道府及卑县各出资买谷倡先，居民争随意乐助，得谷本壹千玖百零柒石贰斗，四年生息以来，有现谷贰仟柒佰壹拾陆石叁斗陆升捌合。然九仓散在村僻，看守不易；仓谷逐年加多，稽查为难。况以乡约主出纳，其中亦有贫富不齐，醇狡异规，即今屡称羁身妨务，被骗赔偿往往告难者。日甚一日，贻害匪轻。下年入觐又迩，谷散不能骤集，而署事与后来未知源委，倘为左右奸人欺掩，一岁不清理，则前功顿废矣。职查本县预备仓谷，将近叁千石，似足御歉。职意欲于社谷内，止存本谷壹千石。大雄寺在县，枫桥巨镇，两仓各贮叁百石；长兰、宣何两仓各贮贰百石。每年各仓就附近殷实中户粮长，择贰名看管生放，而免其差解。别项钱粮，又以公正乡约数人董之，无令作奸。利止每石加贰斗，以伍升与粮长，作耗谷、修仓诸费。官收壹斗伍升。苟不遇荒，年年清理，五载可倍。今剩谷壹千柒百壹拾陆石叁斗陆升捌合，粜银可得伍百余两，度可易腴田捌、玖拾亩，每年得租百有余石。卑县已另买田捌拾余亩，亦当得租捌拾石，拆天曹、梵惠、横山、黄阔、石佛伍仓板瓦，本县自设处，另置一仓于公馆旧基上，每年亦择粮长贰名，看放如前，例三年一粜，银买田。如此，则民不烦劳，官便清查。行之数年以后，谷日多，田日增。田愈增，而谷愈多。遇有荒歉，水乡舟载散赈，陆地车运就给。大户无劝借之扰，穷民免沟壑之填。似亦利民之永计也。卑县未敢擅便，拟合申详。为此，今将前项缘由，另具书册，理合具申。伏乞照详，示下施行，须至申者。

钦差提督军务巡抚浙江等处地方都察院右佥都御史尹批：据议似为有见，仰再议详。

巡按浙江检察御史吴批：该县此举，诚有利于民生。覆议详报。

浙江等处承宣布政使司分守宁绍台道按察司副使兼左参议叶批：据议足垂永利，真念切民瘼者，仰候院示行。缴。

万历三十一年七月十八日，蒙本府票文，为酌议社仓以永利民生事，蒙分守道副使叶信牌，奉督抚军门尹批，呈详诸暨县社仓仓谷粜银买田收贮缘由，奉批准照行。缴。

又蒙巡按御史吴批：如议行。缴。

永利仓记

古昔盛时，数口有百亩之田，树蓄织纴[1]，种种具备。又且耕凿淳朴，不闻侈縻。食息熙恬，臾无侵剥。上之人犹然虑及旱溢为灾，愁怜菜色，预图三年九年，以备非常。今何时乎？富者罄室涂观，贫者朝不谋暮。国家虽称轸念民艰，而挽输不得后时，它凡意外军兴，徭费与夫邮饰厨传[2]，一切倚办小民。此颜阖[3]策其将疲、贾生涕泣太息之秋也。无论焦燎、泛滥特甚，即一方稍稍不登，匍匐号救者十人而九卒，然议赈无资，议借莫应。申请未当可，而枵腹已填沟中矣。初，复廿六年仲冬抵暨，目击其旱魃遗殃、家户徬徨困顿状，搜之，帑庾俱已悬罄。幸当道许假权宜，民颇乐义，犹得因人济人。沿都量给，亦或苏命旦夕，然得无时不及待，僵不能移，奄奄竟作馁鬼者乎？此复之疚心，而于今不能以梦寐宁也。苟可利后，敢畏难劳？今蒙两院允粜社谷壹千柒百余石，得银伍百余两，因帮银买桐树铺前田柒拾陆亩零，并先买黄沙汇及下十里铺共田壹百玖拾陆亩零。岁课叁百余石，总计三年，生息约千余石。县有额谷，社有四仓，而此仓又日积岁充，小歉议平粜，大祲用赈贷。持筹而熟计之，暨民其亦可免沟壑乎？复之竭蹶为此者，不忍当吾世而再见颠危，又不忍以身亲莫措之苦，更贻艰于后人也。仓中一颗一粒，莫非民膏；寸木片瓦，俱仗民力。苟平日泄泄于奸人，荒岁又辄攘攘于闾阎。徒饬利民之具，不蒙惠济之实，则是仓也，实予之罪府也！谨志予怀，以告同志。

永利仓事宜

一、桐树铺前及下十里铺二处，俱高田上上。黄沙汇田中上。俱恒年有收，非甚水旱，勿听佃户告灾。若果灾荒，二铺离县十里，可巳出午归。黄沙汇顺

1　“织纴”，纺织布帛。

2　“厨传”，语出《汉书·王莽传》：“厨传勿舍，关津苛留。”颜师古注曰：“厨，行道饮食处；传，置驿之舍也。”

3　“颜阖”，战国时的鲁国贤人。典出《庄子·杂篇》。

流一夜可达。必须亲勘酌量，慎毋差委，以开倖端。

一、黄沙汇田，势颇高阜，比湖田不同。设早禾被没，夏末秋初，犹宜晚谷。七八月间，无大水淹浸，仍得倍收。勿以前没而轻议蠲除。

一、小民纳租官仓，有远输守候之苦，故薄其课，以示作法于凉[1]之意。后勿较量民间常租，思议增益。

一、小民多愚顽饰诈，设缠扰告减，则照民间先秋预租。桐树铺田，可亩得五钱余；十里铺田，可亩得四钱余；黄沙汇田，可亩得三钱。总给守仓粮长，买谷上仓，亦觉甚便。如苟相安，仍旧为妥。

一、三处买过额田壹百玖拾陆亩叁厘柒毫，止将五亩纳粮，余壹百捌拾亩零，即将报升科新田抵除，盖新田多被积书隐匿，不若抵豁此粮，犹为公之通邑。

一、前存田亩，另立一户，即名永利仓，附寄东隅一图一甲。输纳粮银，以示不可磨减。户不纳丁，田不差解。如遇该年粮里长及编审时，本图本户宜自呈鸣，该管吏书亦即禀白，毋令混扰。

一、抵除田粮，乃一时权宜，如后遇丈量，积买既多，即可粜谷纳粮。如遗漏田号，反被奸豪侵没。

一、该纳田粮若干，即算除仓谷若干与管仓粮长，令卖银，如数投柜，比簿由票，即注明"某隅某图永利仓纳银若干"，以备稽查。

一、本仓虽工房督造，而积谷原为备赈，宜仍归礼房轮管，每年终报在仓实数，移付当年户房。如遇歉，预备仓谷散完，户房即可申请给散，以示彼此牵制，毋致侵没难稽。

一、本仓稻谷须以九月间示期交盘，管仓粮长将所收本谷若干、息谷若干、总共若干，晒扬干净，交盘下手粮长。其该管吏书亦照前造册二本，钤印明白，盘日交一本与接管吏书，留一本附卷本房，仍取下手粮长领状、仓收接管吏书甘结，以备查考。如有错误隐漏，依律究罪。

一、本仓稻谷专备凶荒，不得为别项那移借支。

一、本仓门廊四间，以左二间与粮长修仓，右二间官与造仓耆民收赁修理厅房，毋复扰民。

一、交盘时，接管粮长先看各仓房，有损漏处即禀官，令该管粮长修完。如

1　"作法于凉"，语出《左传》："君子作法于凉，其弊犹贪；作法于贪，弊将若之何？"

盘后有损，则接管自修，不得推委前人。该管吏书亦要禀白，逐年督耆民盖理厅房，毋坐令崩朽。

一、管仓粮长不许吏书及左右生事需索。交盘日，更不许设酒，亦须本县亲盘，不得另委各衙，以致烦劳。

一、管仓须择在隅及近城忠实粮长，庶免奔疲，且能集事。不可拨见役吏书之家。

一、管仓粮长，大约三百石谷，则用三百亩田人户，谷多，以次渐加，亦须殷实谙事，若众细民朋户，又恐错误遗累。

一、田户纳租，宜于八月中晴明日，官为给示。粮长要常川在仓，经收稻谷干净，即时听纳，给与印信。仓收不得延挨捐勒。衙门人役有驱索者，许纳户到县门喊禀拿究。

一、仓收每年刻板一片，上横书"永利仓某年仓收"，填号明白，自一号至一百号，共百张。送印完，仍递状领出，收稻时，中分，半纸与纳户留执，半纸俟百号齐，总缴存县。又挨号填一百送印，如前收缴。次年必换新式，恐将旧票混掩，亦不可雷同粮票。

一、盘日必查明在仓稻谷实数，不许粮长私自折干。至出谷，须过来春清明，验岁时顺序，给示粮长，令加二生放。亦不许无藉之徒强借。若未禀白，先期私卖私放者，即依律究罪。

一、桐树铺前田及下十里铺田，已令耆民八人分管。黄沙汇田，令近地诚实居民七蓬分管，仍刻石田所，某号田若干，该租若干，令种户人人见之，庶管田者不能多取。日后查有蓬首、耆民科勒，及荡废不良者，宜即易之，毋使坏事。

一、各耆民、蓬首，宜照分定田亩，催纳租课如数，及督修该田陂池，而已毋令合伙兼管。盖分则专责而无推诿，共则延玩而多骚扰。若仓中田上有利弊，当公举者，俱得直言，毋许容匿。

一、佃田须有身家、公正者方可，不得仍佃原卖主，恐有暗地典当之弊。尤不许衙门人役及士夫家呈佃。

一、佃户十年须一亲审调换，若查有抛荒者，即宜更易。至过时难插，仍责偿本年田租如额，租无缺。又，不许仇家造端争夺。

一、积谷为民，如遇地方谷价腾贵，即酌量减价，遍示各村，令民赴籴。谷完，则又以银买谷转粜，谷价亦稍平数时，不致骤踊过甚。特买谷转卖，须拨殷实粮长数人帮主其事，不得独累当管粮长一人。

一、荒年赈济，须预遍示，里长公报饥民，亲行沿都给散，不宜假委生奸，亦不宜令饥民远奔。预订日期，虽风雨必至，毋使久候坐困。

注：念柒年，本县临都赈荒，先制平头签百根，尖头签百根，画押签上，令诚实里长递花名册，分别极贫、次贫，择宽厂处所，招该图饥民俱进立，左手逐名唱过，右手验过。衰疾孤单即准极贫，与尖签；稍有菜色，准次贫，与平签；可无给者，呼之出；查有田产及壮子多者，亦不与。点完，先给谷尖签者，次给平签者，收签即给。故人皆面见而不敢欺，散则凭签而不得混。里长有诡名被冒，及遗漏贫窭者，许人首禀，质实，即令里长给其人，仍加责究，亦自无犯。此陋劣之见，倘高明化裁，犹可革奸弊，而令穷民蒙实惠云。

一、本仓不可安歇过客，及设酒席于内，恐遗火烛误事。

一、门廊店面，止许手艺杂货人佃住，不可安卖酒饭果饼，并煎银匠，亦恐失火不便。

一、仓谷积至千五百石，比年桑麦成熟，即宜申详出粜壹千石买田，以秋租有数百石，又复近千故也。

一、日后买田，宜择膏腴、水旱无忧者，不必求多。宁宽价，听民乐从，不可强勒。又须近县及大路边易得经目者，逐一亲行勘丈明白，然后给价。庶免重买之弊，且硗瘠不为人所欺。

一、买过田亩不俟过割年份，即宜收入永利仓户内，毋仍听卖主纳粮，使愚弱有赔累之苦，奸豪蒙窃据之念。其契书由领俱要附卷，用板箱盛贮库中。逐季交盘，仍刊印田号成册，并契书造册叁本，礼、工房各存一本，库吏收执一本。每年终，礼、工吏同库吏当堂照册查检一次，庶内外不能磨灭。

一、黄沙汇旧河基，三五年后淤满，约可成田二百亩，并今买过九十余亩，另筑一湖，即可增租二百余石。蒋村汇旧河基，淤满成田，可百余亩，存为学田，收租以赡济贫生，事易而利溥[1]，后来当加意于斯云。

一、本仓约可容贰千余石。设贮满，县厅后有空园，起造平仓二十余间，可蓄万石，须中留空场，以备晒扬。

一、各仓编立字号，用簿登记，并所收年份开明于内，挨次出粜，毋令搀[2]越，庶免陈腐。

一、凡收谷粜谷，工费简便，点拨粮长不必如生放者田亩之多。每年收谷壹千石，止用三百亩田，人户须一年替换，毋致久羁。上手人出晒交盘与接管

1　“溥”，广大。

2　“搀”，混合。

粮长明白，官亲查验封锁，取下手人仓收领结备查。

一、每间仓门，左右各用坚木作小窗数格，里用铁线网，以铁栏密钉四傍。交盘毕日，用石灰印盖稻上，封锁仓门时，从窗隙望之，管守人自不能侵盗，又得时察损漏浥烂[1]。或门板上凿一隙，令猫得出入，亦可免鼠害。

一、谷多日，县后设能置仓，凡修理诸费，宜取之谷内，每石宜除耗谷三升。积谷亦不可过万，太多或难清理，弊窦转生。

一、本仓田租，每岁额至千余石，即不宜生放。连积三年，盈三千余石，用常平法存留二千余石，出粜一千石买田。额租至二千余石，即连积四五年，盈一万余石，每年粜五千余石，以额租二千石之银买田，余照时价买谷三千石上仓。出陈易新，岁岁充盈，用以宽省徭役，无施不可。虽或天灾流行，尽心赈助，亦无饿殍之虞矣。

一、官田坐落处所，皆穷乡细民，设有事到彼踏勘，不得劳扰种户。及该都里递并管田耆民，断不宜令献饭。即椅桌未备，亦不可见之辞色，使左右缘以恐吓索诈。盖体恤未周，奸弊百出，虽有田而人皆畏避，谁与管种？试想，人、土，财之所本，则不可以不慎矣。

一、本仓原祖述社仓立法。社仓奉有察院明文，不查盘。日后该管吏书每年止将实在谷数申报院、道、府，不许预备仓斗级，及该房吏书假名科索造册等费，扰累粮长。

书经野规略跋

《经野规略》者，邑大夫刘公诸湖水利之迹也。夫天下有美意，有良法，良法必出于美意，然意虽美而法未必良者有之。天下有治人，有治法，治人必有治法，然法虽治而不得其人者有之。是故，美意必得良法而后行，治法必得治人而后达。是虽书生之腐谈，而天下事理卒莫出此。暨之水利，莫大于诸湖，予生长其中不能知，而公一睹了然，勤勤恳恳，必就绪而后已。公为政有一美意，必有一良法，类如此然，此治之法也。而公之精神流贯于其中，下之人习而安之，上之人信而垂之，何待多言？顾人之意见不齐，才力亦异，《周礼》一书，周公用之治，而王荆公用其一节，卒以不靖一单父也。戴星者治，鸣琴者亦治，暨民多福，则此法必不可废，而亦不能保其尽无异同。盖得鱼兔者多弃

1　“浥烂”，潮湿霉烂。

筌蹄[1],而筌蹄既弃,恐鱼兔不可复得。则公之拳拳此书,固令尹子文告政[2]之意,而规随穷通,则不惟在于继公者,而尤在乎民之目力也。抚卷兴思,聊著其鄙见耳。治生骆问礼识。

1 “筌蹄”,典出《庄子·物外》,筌,捕鱼竹器;蹄,捕兔网。后以“筌蹄”比喻达到目的的手段或工具。

2 典出《左传》,“令尹子文”,即斗子文,春秋时期楚国名相。所谓“告政”者,子文三次卸职,而无愠色,“旧令尹之政,必以告新令尹”。

附：历次刊本旧《序》补辑

四次重刊经野规略序

义安毗连八邑，幅员辽阔甲于浙东，额田八十一万六千二百有奇，其地山湖参半，山田患旱，湖田患涝。旱犹十遇一二，涝则几无虚岁。盖以浣江之水，上承浦、义、东、嵊，中汇山、会、萧、富，而群趋于钱塘江，崇朝骤雨，宣泄维艰，濒湖之田辄成巨浸，农民咸苦之。前明万历间，刘公见初宰是邑，筑堤埂以捍灾，储仓谷以恤患。详求水利，刊为成书，名曰《经野规略》，诚暨邑之治谱，尤湖民所奉为成规而不可少者也。厥后散佚不全。迄国朝雍正九年崔公雨苍宰暨，购原书而重梓之，并附辑《刘公政略》于卷末，于是乎成全书。嘉庆六年张公玉衡、十八年刘公肇绅先后莅暨，重为修辑，书赖以传。咸丰十一年浙中经兵焚，暨邑蹂躏尤甚，其书遂荡然无存。予于同治四年春奉檄权兹土，履任未三月，适淫雨七日夜，城乡皆为泽国。阖境七十二湖，无湖不淹，无埂不倒。愁苦之声达道路，救御无策，惄焉心伤。湖民纷纷以坍埂涉讼，动引《经野规略》为证，予急求其书而不可得，心窃忧焉。嗣知前宰萧公云史有善本，假而读之，益悉刘公治法，犁然毕具，而于埂务为尤详，无怪乎暨之民世守弗谖[1]也。虽其间经界变更，古今互异，然无是书，暨之民将伥[2]无所之，即后之治暨者，亦茫无所据。爰倡捐廉俸，谋诸城乡绅士，集资重刊。悉遵原本，不妄为增减一字，固以谢不敏，亦所以仍旧制也。刻既成，以书板存储毓秀书院中，俾广刷印，以永其传。庶不负刘公釐定是书之初心，及诸君子重为梓行之深意也夫。是为序。

同治五年丙寅仲春，梁溪华学烈涤初谨识。

经野规略序

所贵乎亲民之吏者，非徒以催科迅速，听断强能也，非徒以奔走趋承，善

1　“谖”，忘记。

2　“伥”，迷茫不知所措的样子。

事上官也。兴利除弊而间阎[1]安,体国经野而民食裕。一邑有一邑之井疆,一乡有一乡之宜忌,相度既审,力行有效。又复笔为成书,原原本本,详晰分晓,以昭示后人。俾数百年之久遵其遗法而奉行之,引伸弗替,则诚循吏之所为,非贤智之士存心利物有干济大略者,不能与于斯也。予荷朝廷厚恩,以先荫奉檄来令浙之瑞安,嘉庆庚申代庖暨邑,兢兢业业,惟不克负荷是惧。而能薄材谫,设施无术,两年来,秋涨泛溢,邑东南乡之居山者,尚获有收,其西北濒湖村落皆被水艰食。犹幸皇仁宪德,赈恤有加,民免流离之困。然予心则尽焉伤之,思欲巡历各乡,履勘地形,立法以垂永久。诸绅士耆老咸曰:"无庸!前明邑侯刘公有《经野规略》一书,科条大备,近颇废弛。若申令而行之,水虽暴,患亦当减。"予急索观,不可得。越旬日,张君英堂始以其书来,水道桥岸及冲决要害皆有图,凡凿渠导流芟秽塞窦,大埂分筑高广尺寸,井然秩然,有条不紊。因岁久板亡,书已不多,爰捐俸命工,印行千部,以广其传。使浣江以下,东西两江达于兔石头濒湖有田之家,恪守成规,堵御抵塞,以捍水患。可以不烦官役,而岁保无虞,岂非暨民之大利哉?夫前事者,后事之师也。成效者,万世之验也。伊古以来,河内殷富由于史起;关中沃野肇自郑国;南阳创堤踵成召杜。刘公此书,谓非暨邑之史郑、召杜不可也!予不敏,虽不敢以五日京兆玩视民瘼,然瓜代有期,未遑尽心力以谋善后之策。姑即此为邑人之有田于七十二湖者,告自今日以往,岁书大有,民安鼓腹,藉前人之光,以免旷瘝[2]之诮,则予亦与有荣施矣。刘公讳光复,字贞一,江南青阳人,明万历戊戌进士,以治行内升侍御史,其他行略具见《浙江通志》及郡、邑《志》,故不书。

皇清嘉庆六年辛酉冬十二月朔日署诸暨县事渭南张德标撰。

序　言

予之承刊《规略》也,或有谓予者曰:"君子居其位,则思死其官,其为民尽职,宜也。子若孙又出其书而更镌之,是不可以已乎?"予应之曰:"唯唯否否,先奉常当日为埂闸而置田,为瘗埋而置地,为备赈而置仓也。原以赡万民,非以私一姓;亦以养庶士,非以利豪强。今乃乘其书亡而兼并侵渔,先人之泽蔑如矣。幸逢上谕清查,制宪严檄,兴利除弊,此其时也。是书之刊,又乌容已或曰豪右之巧于兼并也。田则移都而易号矣,地则种树而围墙矣,谷则收丰而报

1 "间阎",泛指平民。
2 "旷瘝",指旷废职守。

歉矣。《规略》虽刊，而兼并者仍兼并，侵渔者仍侵渔，书庸有裨乎？是又不然。夫缵述旧章以承先志，此后人责也。至于弊革而利随，以兴实存而名不虚立，则缙绅乡老之事，而邑大夫之任也。今虽不及遽行，后之君子得是书而准焉，当必使田还田，地还地，谷退仓。然则书在即皆在也，而无裨云乎哉？"书吾得诸崔大尹矣，田将安往，吾姑待其人焉耳。于是乎书。

雍正辛亥岁冬月。四世孙钟秀漫识。

浦阳江测量报告书

（浙江水利委员会印行）

谨案：浦阳江发源浦江县西境深袅山，合东阳、义乌、嵊县、故会稽、富阳诸山之水，经浦江、诸暨、绍兴、萧山各属，会钱塘江而东注于海。综计干流三百余里，为浙东大江之一。其经流地域农田肥沃，生殖繁庶，惜上游、中游垫淤日甚，下游则仅碛堰山（系明弘治间绍兴守戴琥凿通[1]，详见《绍兴府志》）内外一段较为直驶，余皆江曲而流阻，以致旱潦频闻，灾害不绝。而沿江农民惟知致力堤埂，仅务其末，开浚之举，实所罕闻。有明万历间诸暨令刘光复就诸暨境内顾家、黄沙、源潭及故山阴境内之蒋村各汇，另凿新江，以畅其流，迄今三百余年矣。将来江底愈高，江面愈狭，江流愈曲，而欲以一线土堤抵万山奔腾之水，其危险情形殊属不堪设想。兹者陈恺等奉委测量业已蒇事，举凡全江江面之阔狭、江底之深浅与夫两岸地面之高低、流速流量之缓急大小，以及有害水流之阻碍物，悉于平面、剖面各图表示明确。谨再就测量结果与夫调查所得，列举现状、原因，分段说明。并就管见所及，参以末议，缕晰详陈，以备采择。

浦阳江源流支干分合之说明　浦阳江发源浦江西境深袅山之井硎岭，屈曲东南行十七里有奇，经长阪而至外黄宅，有文溪之水自北来，注之。（自外黄宅上至发源处，纯属溪涧，溪底顽石大逾寻丈，小亦数尺，实属无可施工，故此次测量以外黄宅为终点。）又东行四里零，至寺口村，有深袅溪之水，自西北来，注之。又东行二里零，至双溪口，有双溪之水自南来，注之。又东行五里零，经前吴出通济桥，有镇溪之水自北来，注之。又东行八里零，经阳田周、石宅、石陵而至浦江城西，有西溪之水自北来，注之。又东行二里零，经浦阳桥至浦江城东，有东溪之水自北来，注之，双龙溪之水自南来，注之。又东行五里零，经大溪楼、金狮山而至中埂溪口，有中梗溪自北来，注之。又东行一里零，经下方至巧溪（一名桥溪）口，有巧溪之水自西南来，注之。又东行七里许，经湖山、泖山而至小溪口，有小溪之

1　碛堰之凿开系明天顺间绍兴知府彭谊任上所为。此处引用有误。

水自南来，注之。又东行二里许，经蒋村、何村而至鹤塘溪口，有鹤塘溪之水自北来，注之。又东行一里许，至八合溪口，有八合溪自北来，注之。又屈曲东北行一十三里零，经黄宅下于下林而至下宕溪口，有下宕溪自西来，注之。又北行二里零，经甄村、葛村而至金家桥溪口，有金家桥溪水自西来，注之。又屈曲东北行六里零，经严店、前严而至傅宅市前，有鲍溪之水自西北来，注之。又东北行一里零，至白马桥前，有白马溪水自西来，注之。又北行三里零，至龙门溪口，有龙门溪水自西来，注之。又东北行五里许，经葛公山、唐里树蓬而至界牌，（由井硎岭至界牌综计干流九十里许，系浦江县辖境，是为浦阳江之上游。）又自界牌东北行三里零，经长蛇山、车头山、胡椒山而至王沙溪口，有王沙溪水自西北来，注之。又东北行三里许，经下滩、吴村埠，复折而东南行四里许，经下丰江、邵家堰而至大陈港口，有大陈港之水自西南来，注之。又屈曲东北行二十一里零，经安华、王店埠头、邵家、丰江周、下王河头、水霞张、金黄、马家街埂、大郦家、陈家桥、马郎埠、上楼宅、长塘埠而至夏家坞溪口，有夏家坞溪水自南来，注之。又屈曲东北行二十里零，经赵家汇、包家塘顶、何村埠、宣家、小砚石、大砚石、章家店、黄家井、黄家江、下江头而至了山，有了山溪（又名平阔峡溪）水自西北来，注之。又屈曲东北行九里零，经袁家、二年，出会义桥，经中央庄、潘家、上虞、湖纹岭，而至洪浦港口，有洪浦港水自东南来，注之。又北行半里零，之横山港口，有横山港水（一名街亭港）屈曲自东来，注之。又屈曲北行九里许，经金鸡山、苎萝山、沙塔头、诸暨县城东，出太平桥，而至茅渚埠分江流为二干，名曰下西江、下东江（又名西小江、东小江）。

下西江自茅渚埠屈曲北行八里零，经梁家埠、蒋家村、王家堰头、祝桥，而至五泄溪口，有五泄溪水自西来，注之。又屈曲北行一十八里零，经严家、九家庙、新亭埠、赵家埠、高埂，而至劢浦，有小溪自西来，注之。又屈曲东北行十三里零，经杨店、张麻山、青塔、源潭、上赵、汪王，而至下赵。又折而屈曲北行一十一里零，经下衢、姚公埠、黄潭、郑家而至殷家汇。又折而东行四里许，而至三江口，会下东江之水而下行，仍称浦阳江。

下东江自茅渚埠屈曲东行四里许，经红砞、石磡而至嵩山溪，有嵩山溪水自东南来，注之。又东北行七里零，经天带齐、黄家墩湖而至陆家山。又屈曲北行四里许，经清水潭、石家、白鱼潭而至关河口，有关河水自东南来，注之。又屈曲北行十里许，经五浦桥、三江店、四七王、沙塔、何家而至西坑口，有西坑水自东来，注之。又屈曲东北行五里许，经上下横塘、安家埠、王家埠而至仙家前，有仙家埠溪水自南来，注之。又屈曲东北行十四里，经凤凰山、云河埠、陈家埠、钱治、夹境、灰埠而至枫桥港口，有枫桥港水自东来，注之。又屈曲北行二里零，经顾家而至斗门，有白塔湖河水自东来，注之。又屈曲北行四里零，经黄家埠而至三江口，会下西江之水而下行，仍称浦阳江。

又由三江口屈曲北行十四里许，经姜家、西林、阔都、湄池、潭头、渔村而至金浦桥，有金湖港水自东来，注之。又屈曲西北行二里零，经兰头角而至吐石头[1]。（由界牌至吐石头，中合东西小江，综计干流一百九十五里零，系诸暨县辖境，是为浦阳江之中游。）

又由吐石头北行二里零，经傅家村、新江口而至石浦河口，有石浦河自东来，注之。又屈曲北行三里零，经姜村、小满而至杜家坞溪口，有杜家坞溪水自东北来，注之。又折而东行二里零，经下亭江而至纪家汇，有鸡鸣港水自西南来，注之。又折而北行三里零，经李家埭、汪家埭而至四卦。又折而西行四里许，经黄袋、柴船山、尖山而至（凤）[凰][2]桐港口，有凰桐港水自西南来，注之。又折而屈曲北行八里零，经蓬山、杨公潭、观音庵、于家埠、朱家塔、沈家渡、许家而至闻家塘，有回龙桥河水自西来，注之。又屈曲北行五里零，经水埠里、下邵、茅潭、小杨家而至待诏村，有待诏河水自西来，注之。又折而东北行二里零，经冯家里而至新闸头，有麻溪水出茅山闸自东来，注之。又折而西行四里许，经临浦江、沿廊、陈家塘、詹家而至陈塘河口，有陈塘河水自西来，注之。又西北行九里许，经同家里、杨家阜[3]、碛堰山、彭家墩、新坝、凤凰山而至眠犬山，有州口溪水自南来，注之。又西北行六里零，经义桥、富家山、杨家堡而至渔浦，与钱塘江会合东流而入海。（由吐石头至渔浦，综计干流五十一里有半，为浦阳江之下游。）其自吐石头至临浦一段三十三里，右岸系绍兴辖境，左岸系萧山辖境，自临浦至渔浦一段十八里有半，俱系萧山辖境。

浦阳江各段之形势及疏浚计划之概要

一、下游第一段：渔浦至临浦一十八里零，江流径直，江面之宽自一千尺以至三百六十尺不等，平均之数为五百九十三尺，平常水量深自十五尺至五六尺不等。惟江口内外一里间最为淤塞，凡值小汛小水时极深处仅五六尺，其余

1　吐石头，即兔石头。下同。

2　“凤”为“凰”字之刊误。下同。凰桐港，即凰桐江，诸暨方言港、江音同。

3　底本作“阜”，疑为“埠”字之刊误。

自二三尺以至数寸不等。在此期间，凡小轮及吃水较深之船舶均阻滞而不得出入，尾闾窒塞，胸腹乃益受其害，今拟江口内外一里间平均浚深三尺，广八十丈，约计去土四万三千余方。

二、下游第二段：临浦至吐石头三十三里有奇，江面之宽自六百三十尺以至二百九十尺不等，平均约为三百九十四尺，平常水量深自四十余尺以至四五尺不等，平均约为十五尺有奇。惟江道异常湾曲，有多数S字之形，以致水流所经，屡生阻滞，设遇山洪暴发，江潮骤涨，来水之量大，去水之途阻，冲决横溢，势实难免。兹择湾曲最大之李家嘴、鹰嘴汇及小满村、塘外、沙角各处，另辟新江以畅其流，应需地面亩数及去土方数分列如下：

（一）拟开李家嘴（系临浦对岸萧山县属），新江长一千一百尺，面宽二百五十尺，底宽二百二十尺，深十五尺（水面上下合计），计需地四十五亩有奇，须去土三万八千七百七十五方。

（一）拟开鹰嘴汇（系萧山县属），新江长八百五十尺，面宽二百五十尺，底宽二百二十尺，深十五尺（水面上下合计），计需地三十五亩有奇，须去土二万九千九百六十二方。

（一）拟开小满村（系绍兴县属）塘外沙角，新江长六百五十尺，面宽二百五十尺，底宽二百二十尺，深十五尺（水面上下合计），计需地二十七亩有奇，须去土二万二千九百十二方。

三、中游第一段：自吐石头经下西江至茅渚埠，计六十九里零。按照现状分为甲乙丙三段说明之。

甲：吐石头至姚公埠二十八里零，江面之宽自四百六十尺以至一百六十尺不等，平常水量深自二十余尺以至五六尺不等，平均约为十二尺有奇。惟江道湾曲，流不得驶。兹择屈折最大之西林村对岸沙角，另辟新江，以畅其流，应需地面亩数及去土方数开列如下：

（一）拟开西林村对岸沙角（系诸暨县属），新江长八百四十尺，面宽二百尺，底宽一百七十尺，深十五尺（水面上下合计），计需地二十八亩，须去土二万三千三百一十方。

乙：姚公埠至赵家埠二十四里零，江面之宽自三百五十尺以至一百七十尺不等，平均约为二百六十尺，平常水量深自一十二尺以至四五尺不等，平均约为七尺有奇。江道湾曲，水流阻滞，江中涨沙渐积渐多，江底之高有逾平陆。农民惟知致力堤埂，疏浚之举，实所罕闻。故天晴数日，即碍行船。去岁之旱，交通中断者数月,更无论矣。姑以平均浚深一尺,广二十丈计,约去土八万六千八百余方。又择湾曲最大之中赵对岸一沙角,另辟新江,以畅其流,应需地面亩数及去土方数约计如下:

(一)拟开中赵对岸沙角,新江长四百四十尺,面宽二百尺,底宽一百七十尺,深十五尺(水面上下合计),计需地一十四亩有奇,去土一万二千二百一十方。

丙:赵家埠至茅渚埠一十七里零,江面之宽自四百尺以至一百九十尺不等,平均约为二百六十二尺,平常水量深自一十尺以至四五尺不等,平均约为六尺有奇。江道湾曲,水流阻滞,岸旁沙滩愈聚愈多,天晴数日即碍行船,崇朝骤雨泛滥立见。姑以平均浚深一尺有半,广二十丈计,约去土九万三千四百余方。又择湾曲最大之新亭、九家庙间二沙角,另辟新江,以畅其流,应需地面亩数及去土方数分列如下:

(一)拟开新亭、九家庙间第一沙角,新江长六百尺,面宽二百尺,底宽一百七十尺,深十五尺(水面上下合计),计需地二十亩,去土一万六千六百五十方。

(一)拟开新亭、九家庙间第二沙角,新江长五百四十尺,面宽二百尺,底宽一百七十尺,深十五尺(水面上下合计),计需地一十八亩,去土一万四千九百八十五方。

四、中游第二段:自三江口经下东江至茅渚埠,计五十二里有奇,按照现状分为甲乙丙三段说明之。

甲:三江口至仙家埠二十一里有奇,江面之宽自三百尺以至一百三十尺不等,平均约为二百零四尺,平常水量深自十七八尺以至六七尺不等,平均约为九尺有奇,水深流驶,曲折不多,应毋庸议开浚。

乙、仙家埠至五浦桥一十三里有奇,江面之宽自三百尺以至一百零五尺不等,平均约为一百九十五尺,平常水量深自一十尺以至四五尺不等,平均约为六尺有奇。沙淤渐积,江底渐高,雨量略少,不克通舟,山洪骤发,立见泛滥。姑以平均浚深一尺,广一十四丈计,约去土三万四千二百余方。其沿江侵占地亩,致江面之宽不满一十五丈之处,须一律清查规复。凡在江岸五丈以内并禁止其栽植竹木,拦筑篱笆,以畅水流。

丙:五浦桥至茅渚埠一十七里零,江面之宽自三百三十尺以至一百二十尺不等,平均约为二百尺,平常水量深自八九尺以至三四尺不等,平均约为五尺有奇。江中沙淤弥望皆是,非大雨时期不克通航。且有无知农民于垫淤处节节拦筑堤埂,栽植竹木,阻遏水流,以图自利,害实匪浅。兹拟平均浚深一尺有半，广一十四丈，约计去土六万五千四百方。其江面之宽不满一十五丈之处，两岸五丈以内，须一律禁止栽植竹木及有碍流速各物，以畅水流。

五、中游第三段：茅渚埠至包家塘顶三十六里有奇，江面之宽自四百七十尺以至一百一十尺不等，平均约为二百三十四尺，平常水量深自八九尺至三四尺不等，平均约为五尺有奇。江道虽多湾曲，曲折尚不甚大，惟江底渐高，水流愈浅，天晴则满目黄沙，天雨则汪洋一片。垫淤情形较下流为尤甚。兹拟平均浚深二尺，广十丈，约计去土一十三万方。又宣家、庙前两村间江心一沙洲，颇为水流之障碍，亦应在开浚之列，其面积及土方数估计如下：

面积：六百有奇方丈

浚深尺数　一十三尺（水面上下并计）

土方数　八千余万

六、中游第四段：包家塘顶至界牌三十七里有奇，江面之宽自三百九十尺以至一百五十尺不等，平均约为二百五十九尺，平常水量深自八九尺至二三尺不等，平均约为四尺有奇。其自包家塘顶至安华二十四里间，曲折之多，湾度之大，不啻羊肠九曲。宜乎岸旁涨滩日增月累，江心沙洲星罗棋布，为水流之大障碍。自安华至界牌一十二里有奇，曲折较少，惟江底沉淀沙石体积渐大，常年交通悉系竹筏，即遇大水时期，船舶亦无由越安华而上。兹拟平均浚深二尺，广十丈，约计去土一十三万五千方。又择湾曲最大之马郎埠与埂大村间一沙角，另辟新江，以畅其流，应需地亩及去土方数估计如下：

（一）拟开马郎埠、埂大村间新江，长一千四百尺，面宽一百五十尺，底宽一百二十尺，深十五尺（水面上下并计），计需地三十五亩，去土二万八千三百五十方。

又，本段王老君村前沙洲及长潭埠下竹墈间沙洲、邵家村前沙洲俱应在开浚之列，其面积及土方数分列如下：

王老君村前沙洲：长径七百尺，阔径一百六十五尺

面积：七百十二方丈

浚深尺数：十三尺（水面上下合计）

土方数：九千二百五十六方

长潭埠下竹磡间沙洲：长径一千六百尺，阔径二百三十尺

面积：二千七百十七方丈

浚深尺数：十五尺（水面上下并计）

土方数：四万七百方

邵家村前沙洲：长径九百尺，阔径一百七十尺

面积：八百四十方丈

浚深尺数：十五尺（水面上下并计）

土方数：一万二千六百方

七、上游第一段：界牌至浦阳桥四十八里零，江面之宽自六百九十尺以至一百五十尺不等，平均约为三百三十八尺，平常水量深自六七尺以至一尺数寸不等，平均约为三尺有奇。滩浅水峻，非遇雨水时期，竹筏亦不克上达浦江县城，其水面勾配由缓而渐急，水底沙石由小而渐大。惟江面尚宽，岸旁涨滩亦少拦筑堤埂，听水往来，故遇洪水绝少横溢之害。此其不患潦而患旱，与中游诸暨县属东、西小江一带适属相反。查浦江全境，十九皆山，惟本段浦阳江水流所经，平陆较多，全县农田悉在于此。去岁之旱，灾情奇重，全县稻田通计无一二分之收成，疏浚之举亦未可缓。姑以平均浚深二尺，宽十丈计之，须挖去沙石一十七万四千二百余方。然本段地势倾斜颇急，由界牌至浦阳桥水程不及五十里，水平线相差至一百四十八尺之多。开浚之后，尤须就江中分段拦筑堰堤，以增高其水位，使寻常水量不至一泻而下，庶农田获灌溉之益，而旱患或可无虞也。

八、上游第二段：浦阳桥至外黄宅水程二十四里有半，江面之宽自四百九十尺以至七十余尺不等，平均约为二百四十七尺，平常水量深自五六尺以至一尺数寸不等，平均约为二尺有奇。滩愈浅水愈峻，江底之块石渐大，地势之倾斜益急。以二十余里之距离，水平线相差至二百零八尺之多。虽两岸尚多稻田，而地势崎岖，若是开浚，亦殊无益，故不赘。

以上计划大纲略分为四：一为疏浚原有淤塞之江流；一为另辟湾曲最大处之新江；一为挖掘阻碍水流之沙洲；一为增筑上游江中之堰堤。至沿江数百里塘堤，除下流右岸渔浦至临浦一段，属西江塘范围之内，余皆民筑、民修，有各区董管理其事，岁修之费视各区田地之多寡、堤埂之长短按亩摊派，尚称公允。惟沿江涨滩，须永远不许私家再行拦筑升科，以图自利，沧桑之变，或可无虑也。

全江计划概要已分述于前列各段之下，兹再综而计之，以便稽核。

一、下游：绍、萧境内，疏浚江口一里，去土四万三千二百方。又另辟新江三处，去土九万一千六百四十九方。合计去土一十三万四千八百四十九方。

一、中游：诸暨境内，疏浚原有淤塞江流一百四十五里有奇，去土五十四

万四千八百方。又另辟新江五处，去土九万五千五百零五方。又挖掘阻碍水流之沙洲四处，去土七万六千八百五十六方。合计去土七十一万七千一百六十一方。

一、上游：浦江境内，疏浚原有淤塞江流四十八里零，去土一十七万四千二百方。

浦阳江支流经过地域之调查

深袅溪：发源浦江县西乡深袅山东麓，东南行十三里有奇，折而南行二里零，出马桥而入江。

西溪：发源浦江县北乡富润尖南麓，屈曲南行七里有奇，经浦江县城西而入江。

东溪：发源浦江县北乡金坑岭，屈曲南流八里有奇，经仙华、智后二山麓而抵板桥，复由板桥南行九里零，经龙峰山东麓出东桥而入江。

中埂溪：发源浦江县东乡北犁头尖山南麓，屈曲南行一十五里有奇，经十里亭出黄泥山、梅山之间而入江。

巧溪(一名桥溪)：发源浦江县南乡百墩土山北麓，屈曲东北行一十四里有奇，经巧溪村而入江。

鹤塘溪(一名左溪)：发源浦江县北乡柯坑山南麓，屈曲西南行六里有奇，至箬帽坞山西麓，复折而屈曲东南行八里有奇，经洪山、白岩山间而抵洪公桥，又屈曲东南行十里有奇，经左溪山西麓而入江。

八合溪(一名深溪)：发源浦江县东北乡松山南麓，屈曲南行一十九里有奇，经寿乐桥、蒙山、潘家阪、石姆岭、东阪、横溪而至前店，又屈折东南行一十四里有奇，经大样山西麓而入江。

金家桥溪(一名松溪)：发源浦江县东乡三圣岩，屈曲南行一十五里有奇，经箬帽山、方山、里坞尖而至郑家，又东南行四里许，经独山东麓而入江。

以上为上游浦江境内入浦阳江之各支流，尚有文溪、寿溪、双溪、镇溪、毛桥溪、双龙溪、派溪、云溪、下宕溪(一名白麟溪)、鲍溪(一名碧溪)、白马溪(一名下柳溪)、龙门溪、王沙溪亦均流入浦阳江，类皆源近而流小，不赘述。

大陈港(一名酥溪，一名义乌溪)：发源义乌县北乡天星潭，屈曲南行一十里有奇，经金麟山、睡魔岩而至龙旂山西麓，又屈曲西南行，复折而西，共行一十五里有奇，经白马、金峰两山间而至酥溪镇，又屈曲西北行五里有奇，经白坑尖山下而至青龙头山东麓，又折而屈曲北行一十八里零，经宣亩村、葛溪口、箭湖山、骆家山间而至外坞，入浦江县境，又屈曲北行五里有奇，至稻蓬山，入诸暨县境，又屈曲东北行九里有奇，经大刀山之东而入江。综计自天星潭至大刀山东，经行义、浦、诸三县境内，共为六十六里有奇。浦阳江重要支流，此其一也。

夏家坞溪：发源义乌县状元岩，东北行三里有奇，至羊店桥，入诸暨县境，又屈曲东北行五里有奇，经蒋徐而至坑西，又折而屈曲西北行一十五里有奇，经郎树下、朱村，出双江桥而入江。

横山港：发源东阳县西白山，屈曲西北行一十二里有奇，至枫山，入诸暨县境，又屈曲西北流五里许，至乌岩市，又折而北流九里有奇，经石壁脚、方家、杨宅而至永济桥，又屈曲北行一十一里许，经陈宅、沙田、吴家桥、岩上、岩下、翁家坞，而至独山，又屈曲西北行一十六里，经横山市、陈家塘、山口村而至五灶街，又屈曲西北行一十三里有奇，经上下石岭、陈家桥、长塘、张家寺前而至鸭塘村北，有里浦港水自东南来，注之。又屈曲西北行一十三里有奇，经陈村、徐家汇、石佛潭、碑亭埂至五里亭西南而入江。浦阳江重要支流，此其二也。

五泄溪：发源富阳县南乡长春山，屈曲西南行一十一里经周村、祝家而至伏虎山麓，入诸暨县境，又屈曲南行八里有奇，经五泄山东麓而至夹岩寺，又屈曲东南行九里有奇，经青口街、横头店而至同善桥，又屈曲东行一十七里有奇，经开口山南麓，出溪园桥、合溪桥而至黄金塔南，又屈曲东北行一十九里许，经何村、桑园陈、金村，出跨湖桥、大祝桥而入西小江。浦阳江重要支流，此其三也。

嵩山溪：发源诸暨县东乡吴家村山西麓，屈曲西行二十一里有奇，经上下大桥、宝福桥、钱家桥、庙山桥而至丁桥，又折而屈曲西北行二十二里有奇，经东安桥、白马墩、枯树桥、永丰闸，又西折出双江桥而入东小江。

枫桥港：发源嵊县、诸暨分界之袁家岭，屈曲西北行二十一里有奇，经西坑、土地庙、太平桥、王村、前畈而至万安桥，又屈曲西北行九里有奇，经角虎山北麓、大竹骆、灵峰寺而至枫桥镇，又屈曲北行一十八里有奇，经阮村、泌湖、何村而至骆村，又折而屈曲西流一十四里许，经永福桥、邵家桥至顾家村南而入东小江。浦阳江重要支流，此其四也。

白塔湖河：发源故山阴与诸暨北乡分界之苦竹岭西麓，屈曲西行一十二里有奇，经黄阔亭而至清福桥，又屈曲西南行二十一里有奇，经白塔湖出陡门新闸而入东小江。

金湖港：发源故山阴县西南乡朱家坞，西南行三里有奇，至万罗山，入诸暨县境，复屈曲西行二十三里有奇，经钟村、沿坑、金湖桥、新闸桥，出金浦桥而入江。

凰桐港：发源富阳县南乡长春岭，东行一里有奇，至新桥，入诸暨县境，又屈曲东行一十四里许，经乌石头出骆家桥而至双桥，又屈曲东北流二十四里有奇，经麻车山、土塘头、镇山、丁家坞、杨村、董家坞而至朱村，又屈曲北流五里有奇，经大桥市至思丁桥北，又折而屈曲东北行一十四里有奇，经铎山村、山环市而至陶村，入萧山县境，又屈曲东北行一十二里有奇，至篷山之南而入江。浦阳江重要支流，此其五也。

麻溪：发源绍县天乐乡曹坞，屈曲西北行一十一里有奇，经庙后王而至马家店，又屈曲西行八里有奇，经山头埠、张家桥而至菱山之南，又折而屈曲西北行一十一里有奇，经安山陈、鲁家而至麻溪桥，又折而西行二里七分有奇，出茅山闸而入江。

州口溪：发源富阳县南乡石冲岭，屈曲北行一十一里有奇，经姚村、大章而至田村，入萧山县境，又屈曲东北行三十三里有奇，经徐家店、楼家塔、樟树下、河上店、独山而至板桥村南，又屈曲北流一十七里有奇，经张山、石板山，出永兴桥而至石门溪口，又折而东行一里有奇，至眠犬山北而入江。

以上各支流，皆系与大江直接相灌注，至若支中之支，错综纷歧，则又不胜枚举也。

浦阳江形势以及疏浚计划概要具述于前，惟工程浩大，需费不赀，上下游数县均有连带关系，又非短少时期所可集事。第中游诸暨一带，涨塞情形日甚一日，且该县中区及北乡地势低洼，以浦阳江贯乎其中，上承万山之洪水，下接钱江之逆涛。每当春夏大汛，山洪、江潮同时集注，江淤且曲，流不得驶。顷刻之间，水位之高上升寻丈，浸淫泛滥，侵啮塘堤，险象环生，诚属可怖。故比年以来，灾害叠见，冲决频闻，疏浚之举，实以该县境内一百九十余里之江流为最关紧要。拟请由会转详巡按使饬下沿江各县协力筹办，并先就中游诸暨县境内东、西小江及下游渔浦江口提前开工，然后循序进行。俾得早日减轻水患，他年蓄泄有资，旱潦无虞，沿江数百里人民永荷奠安之休，亦未可量也！

测绘员　金建中

第一测量队　队　长　陈　恺报告

测绘员　何　杲

中华民国四年十月

麻溪改坝为桥始末记

绍兴王念祖编纂　己未孟夏蕺社印存

序

麻溪改桥之议,创自刘蕺山先生,先生之言曰:上策莫如移坝,中策莫如改坝,下策莫如塞坝霪(说详蕺山先生《天乐水利图议》,载第一卷)。萧山任三宅驳之,辞多牵强,本无损刘议毫末。旋以鼎革,此议遂寝。然余学士煌,惓惓刘议,曾于崇祯十六年大广其霪洞。及至清代,姚公启圣又改洞为三,各广六尺。是则倡言移坝者,蕺山刘先生也;广洞者,余学士也;改洞者,姚公启圣也。三公皆坝内人,而改桥之计画,实基础于此。后知府俞卿修坝,盲不加察,改为二洞而小之。道咸之际大水频年,坝以外一片汪洋,几为鱼鳖;坝以内平畴寸水,乐业如恒。坝外人愤不能平,遂致激变兴狱。经府、县严勘,许开放一洞。光绪十七年知府龚公嘉俊,因三江久塞,谓:"麻溪咽喉也,三江尾闾也。塞咽喉而望尾闾之通,不可得也。"遂将坝洞牐板用舟载归,置之城隍庙,以杜塞坝之弊。前清宣统三年八月天乐乡自治会,乃以废坝之议,陈请省会咨议局。业经议决,咨请增抚[1]派员查勘(《陈请书》载在第四卷),因浙省光复,未及核办。民国元年十一月,由天乐中乡举代表汤寿密、葛陛纶、孔昭冕、鲁雒生,以废坝事陈请于省议会,并呈朱都督、屈民政长暨陆知事(《陈请书》及《呈文》载第四卷)。当由省议会咨都督令行民政司长派员查勘复核。嗣由所前乡乡董赵利川等具反对说帖于县议会,议会长任元炳不加调查,亦不知照坝外,四布危词,征求各乡意见,实行煽惑之计,并飞电呈请京外当局,反对手段酷烈已极。元年十二月,省派委员俞良谟、陈世鹤查勘竣事,呈复当局,略谓"茅山闸确在麻溪坝前面,为御江潮之保障,外江潮汐断难流入内河。而麻溪坝霪洞低窄,水势不易畅泄,为上下湓湖患水之原因。若废坝以后,十五里之溪水逾坝入内河,不过半都之水均分三县,又日夜通流以出三江,万不足为三县害。准上情形,是天乐乡《陈请书》所称善后诸策曰'改坝为桥。浚深坝潭。坝内汊河浅者深之。并去新闸桥中墩'等语,事理充分,均属可行"云云。呈复(原《呈》载第三卷)而绍、萧知

1　此指时任浙江巡抚增韫。

事陆钟麟、彭延庆呈称“此次查勘，仅得地势之概略，未验水道之状况，该坝应存应废毫无把握。应俟春水发生，实地测勘”等语，呈复当局。民国二年正月，朱都督令饬屈民政司长亲往，会督官民，详细察勘竣事，覆称“察勘情形，熟筹办法，拟就此坝添辟一洞，高一丈，阔九尺；或就原有之洞各加高三尺，务使水得渐次畅行”等语(原《呈》载第三卷)，呈由都督电请部示。二月，接到农林部电，称“麻溪坝广洞、添洞两法，既一再勘明有利无害，自可照行。惟添洞费大工巨，不如广洞为宜，希察勘妥定办法”等语。当由都督派委杨际春，会县妥为办理。三月，由朱民政长布告，略谓“广洞办法，实系委曲求全，慎重民生起见，当为绍、萧两县人民所共谅。乃自办法宣布以后，尚有误会之人，试思就原有之洞略加开广，坝内下天乐等乡地多平原，汊港纷歧，洞中宣泄之水分数百里，日夜通流，散而不聚，过而不留，何致害及下乡？更何至化绍、萧两县为巨浸？为此，布告人民，如有造谣煽惑，未便姑容”等语(原文载第三卷)，而议会仍力谋抵抗部电，不肯承认。三月，农林部暨农务司司长陶昌善先后电请浙督，从缓办理，以致已成之事，又复停顿。于是，天乐中乡人民愤积冤莫雪，起与代表为难。天乐乡自治会乡董汤寿密、议长孔昭冕对于官厅、乡民两方均受挤轧，穷于应付，不得已呈请辞职，并请将汤、孔、葛、鲁四人代表名义一并取消。同时天乐中乡四十八村联合会成立。盖中乡人民固知：坝亡，则数万生命或可不亡；坝存，则数万生命决难幸存。人人有舍生救死之决心，冀达其废坝雪冤之目的，遂以联合会名义三次呈请(原文载第四卷)，均由官厅批令“静候办理”。维时四十八村之人民，足疲于走，耳疲于探，静候广洞之实行。不意久之寂然又久之寂然。忽忽三月，春涨已了，夏水又生。田庐既淹，塘圩将决，巨灾已成。忍无可忍，万众一致，集愤于坝。不一日，而四十八村男女老幼荷锸舁[1]索，拆坝而废之。同时以拆坝情形呈告当道，并呈农商部，请派大员实地履勘，就所呈“十二误以成十二冤”情形察勘之，以定广洞之办法(原《呈》均载第四卷)。是时，朱都督派绍防管带何旦、绍兴警官薛瑞骥赴坝查勘，勘得“坝已拆毁而乡民四散无迹，因四十八村人民目的在坝，志愿在废，坝已拆废，夫复何求，当然散归，制止不及。至坝内人民亦经多方劝导，饬令静候办法”等语，呈复。十月，屈民政长布告略谓“麻溪坝一案，曾亲诣履勘，拟具广洞办法，未及办理，被天乐乡人民将坝拆毁，自属不合。惟坝毁以后，绍、萧两县并未受有水患，是广洞办法

1　“舁”，抬。

无害于两县水利已有显证。经电农林部核准，仍照广洞办法办理”等语(原文载第三卷)。一面派科长姚永元、技士陈世鹤前往妥办。十一月，农林部委派农务司司长陶昌善切实覆勘。十二月，据覆称“茅山闸雄厚坚实，足捍江流；麻溪坝阻障溪流，隔绝交通。坝外水源长仅十余里，坝内港汊纷歧，尽堪挹注，上下溋湖历年淤积，是今日湖坂之田，即昔日溋湖之底。农民与水争地，为患日烈。是地本极洼下，虽废全坝，决不如坝外人之希望，尽能宣泄；亦不如坝内人之恐惧，悉成鱼鳖。盖坝内外地形之勾配极微，水面之差度极小。即遇盛涨，既无建瓴之势，焉有冲溃之虞？故绍县议会等所倡‘水源由新江口起，绕越大岩山下而下达麻溪’之说，广布传单，煽动乡愚，实属荒诞。不知大岩山下，仅有二三溪沟至山头埠始汇流而下，乃误会争持，悬案不解。去年屈民政长所定广洞办法，于水利交通固已兼筹并顾，今为坝内外根本计画更进一筹，谨拟两利办法：一、上下溋湖间已成为汊港沟渠者，应即疏浚，及坝内外淤积之地，亦应挖掘，以扩其容水之区，并可高其两岸之田。一、坝有霪洞，名坝实闸，前之主存主废不免各有主观。现履勘水源地势之实在情形，复按诸刘念台、余煌、姚启圣诸贤之所见，今昔无异，故熟察审处，莫如并洞。查两洞共阔一丈二寸，各约高六尺，现在修筑，已定各加阔一尺，各加高三尺。今并为一，即除中墩原阔八尺五寸，若并两洞，原阔似嫌太广，不如持取半数，合原阔约共一丈五尺(按两洞原阔一丈二寸，本无可减，若并加阔二尺及中墩原阔八尺五寸似嫌太广，原文‘持取半数’系专指两洞加阔及中墩原阔数而言，应得五尺二寸五分，再并两洞原阔一丈二寸，共得一丈五尺四寸五分。云‘约共一丈五尺’者，举成数言之也)。洞高已定九尺，即为两柱之高，上筑圜洞桥式。其他坝内外桥梁若新闸桥、漠汀桥、屠家桥等之倾圮低隘者，略加修广。如是，坝内外既便交通，亦裨疏泄。遇亢旱启茅山闸灌入江水，各得其利。至是项经费，除改坝为桥仍由省款支出外，其疏浚一项由坝外按亩集款，官为督修”等语，呈部。当由部核准，以“并洞办法甚是，阔一丈五尺照办，圜洞中心高可一丈二尺，以便山水大时交通疏浚。之先须测量规画，由坝外集款，兼浚坝内，官督民办，收效较易。如何集款之法，就近商由民政长饬属办理”等语。旋复据陶司长呈称“疏浚工程既归民办，款项仍亦由民集，拟请由地方官察核，民力筹画进行，较为切实”等情(原文载第三卷)，并由部核准。盖至是而废坝计画完全确定矣。桥工开始于民国二年十二月，竣工于民国三年七月，由官厅派员验收。桥工既成，爰记始末，以告来者。其文件公牍汇为一编，详载于后。

坝内人曰：我中国人有通病也，名曰起哄。起哄者，一人倡之，千百万人和之。事理之究竟固未审也。余坝内人也，当民国二年废坝之议起，绅哄于前，民哄于后，奔走呼号，若大难将旦夕至。谓“我侪不死于水，必死于饥”。迨今事过境迁，安谧如故。向日奔走呼号之诸先生，旧事重提，哑然失笑，不禁赧然而言曰：错怪汤先生矣！此亦吾乡之大滑稽也，不可不记之。

坝内人绍兴王念祖附识

汤蛰先先生《沉冤纪略·序》宣统三年

天乐位山阴县西偏，一乡也，区上、中、下。东、南、北皆环山，浦阳江襟其西。独中乡距山与江更逼。其山冕旒最尊，伸左臂以界上与中之交，其山之水溪行十五里达麻溪，乃越下乡，东迤钱清，入于海。钱清一带为山阴、萧山分治，过此则羼入会稽，故三县共利害。初，浦阳江北迤二百数十里，亦径临浦注麻溪。临浦者，以临浦阳江得名。明季凿碛堰，乃西逾碛堰凿处，汇钱塘江，其上游渐江、桐江、金华江、衢江，合旁近诸水，均汇之以入海，往往潮水大。上江水弱，不得下势，必横溢，反挟江潮犯浦阳江，循茅山入上下溋湖。人知凿碛堰之利，而无人知利中之害。中乡于是内山水，外江水、潮水，岁或三四灾。刘忠介《建茅山闸记》谓：天乐无收成者数十年，由下乡遂波及山、会、萧三县。人一日不食则饥，无收成至数十年之久，有此土者，顾漠然无慨于怀，安得谓之有人心乎？天顺间，彭谊守绍兴，大营西江塘并筑麻溪坝，潦则闭之，旱则江水、潮水先径坝，坝一启，吸外江以灌坝内。其为坝以内计，未尝不善，而截中乡缘山四十八村于坝外，悍然弃之，为瓯脱，为萑苻，以三县数百里不愿受之水忽坝焉，而令中乡十余里一隅专其害。坝以内真天乐矣，坝以外不地狱耶？使其时知以麻溪之坝，移置距坝里余浦阳江初入口之茅山而为之闸，中乡虽无福得比下乡，若数十年无收成之祸，要不若是其甚与？铸此大错，有利人之心而所虑不审，陆沉我中乡者三百年，天乎冤哉！戴公琥继任，悟彭之失，一时不便反汗，又不忍山水、江水、潮水之决中乡而鱼鳖也，不得已建闸茅山之麓。是举也，山水即不得免，而江潮则有所障。迄于今，中乡虽以荒乡炳于府、县志，而瘠土民劳，劳则善心生，种族犹不殄绝，戴戴二天矣。中乡之蚩蚩者，不察端末，见坝内人与彭同祀于坝上，连类而诟病之，何其傎也。闸址得刘忠介而始固，荒乡之感忠介亦独盛。父老相传，忠介未达时，尝授徒于麻溪侧鲁氏，盖缘山四十八村之一，岁以水徙其塾，因斠求荒乡水利甚悉，力主移坝之上策。不成人美者阻之，阻之者最，萧山任三宅。三百年来，天下人之视刘与任，其贤不肖之相去何如也？然任《议》有曰：麻溪坝既筑，始无江水冲入，诸堰闸可不复议修改。老友葛籀臣明经简青谓：任《议》亦以遏江水为主，若其时先有闸，即任氏必谓茅山闸既筑，诸堰坝可不复修改。所见未远，遽逞辩口，祸我中乡。忠介无如何，查坝旧制高四尺，因拟增其倍，广则增三尺。余学士煌成之，坝二孔。前福建总督姚公启圣改三孔，各广六尺。具载绍兴俞《志》[1]。今姚公题字犹在坝门。明明坝也，何以有孔且有槽？则闸矣！荒乡并此不辨。刘、余、姚三先生均怜荒乡而为鸣不平者，于名坝实闸之制，亦习而不察，何欤？今坝存者止二孔，又卑小不逮姚筑之半，或曰：道光末，坝以内人假重修窃为之。在任之失，仅未见闸之利而已。偷改坝制，三者二之，而减缩其高、广，但享尽先挹注之利，不蒙勺水侵人之害，推其心，直以荒乡为邻壑而不惜，试问于荒乡何仇？刘也，余也，姚也，无一非坝以内人，无一非君子，深望坝以内人人皆为刘、余、姚，亦人人皆为君子，无为任三宅也。禹视天下之溺犹己，潜生于斯长于斯，实已溺焉。吾高曾之高曾、祖父之祖父且已溺焉。已溺而视若无睹，恶乎可？未冠即不自揣，志忠介之志，期活此一方民。顾以世变日亟，妄意澄清，信未著而疑诚未至，而谤愚公之愚，未遽谅于太行之神，吾道非欤？一身则又何惜，所大疚者，世变无所裨，而土著之地、剥肤之痛常此沦胥以铺。日月逾迈，潜且垂垂老矣，世讲葛陛纶、鲁昌寿、吾仲氏寿密[2]，刳心于是不少衰。会有咨议局之举，爰就潜平昔所论，列之利害，录而存之；又于先贤遗著凡关系吾乡者，摘抄其略，绘图贴说，将以上之省局议行。天幸忠介坝内人而有移坝一议，今荒乡尚有容喙之隙。否则，口众我寡，奚以辩为？是《略》虽于著书体例未尽符契，其事甚迫，其心亦良苦已！为书数语于其耑。

《沉冤纪略》系上省议会请愿时所刊印，其原文散见《始末记》中，故将是《序》列是编序文之次。

编者附识

---

1 此指俞卿主纂康熙《绍兴府志》。

2 汤寿密，汤寿潜先生仲弟。故曰“吾仲氏寿密”。

原　目

麻溪改坝为桥始末记　上册目录

麻溪改坝为桥始末记　下册目录

蕺山先生傳畧

先生劉氏諱宗周字起東一字念臺明山陰人家於郡治蕺山之麓故世稱蕺山先生父諱坡母章氏萬歷二十八年先生成進士累官工部侍郎左都御史直言匡國於烈廟指陳尤切然屢被嫌黜國事亦益壞歸二年而京師陷先生募義旅討賊將發而福王監國於南京起先生故官先生以大仇未復不受職自稱草莽孤臣一劾馬士英再劾阮大鋮均不聽乃告歸越歲五月南都亡先生慟哭曰此余正命時也遂絕食死年六十有八時明福王宏光元年即民國紀元前二百六十六年也先生在官日少家居布袍粗飯樂道安貧而風規峻潔踐履端直凛然如秋霜烈日之不可犯越中自陽明講學後弟子遍天下後或不規師說譸議於世先生憂之築證人書院集同志講肄從學者甚衆嘗語門人曰學之要誠而已主敬其功也敬則誠誠則天其卒也門人多殉義者浙東義師亦屢舉蓋忠義之烈有以風勵之矣先生嘗寓吾鄉目擊水害以爲不宜屏之壩外也於是倡移麻溪壩於茅山之議忌者阻之乃於崇禎十六年率鄉人建茅山閘爲廢壩之預備適遘國難壩不果廢迄今三百年卒得根據先生緒論改壩爲橋鄉人不敢忘譔繪像以祀祭之俾世世子孫得所瞻仰焉

中華民國三年七月蕺社同人譔誌

刘蕺山先生像传

山會蕭略圖

山、会、萧三县略图

塘名	里數
江塘	
大神塘	一五三一一
茅潭塘	五三三四四
西徐塘	五一七二七七
朱家埭塘	四七四三二二
横江岙塘	二四九一一一
荷花塘	五一一八八
泥螺坂塘	一四一三三三
小漁山頭塘	二七四九五
歡潭塘	五七三三三
小計	三五二八七六六
河塘	
下溫湖塘	九九五八三二
上溫湖塘	四四八一六六
前湖塘	六三
慈姑塘	一三六二八
大甲塘	三九一三
潘塘	一七五八九二
小計	四三六〇五〇八
總計	七八八九二七四

天乐乡水利图

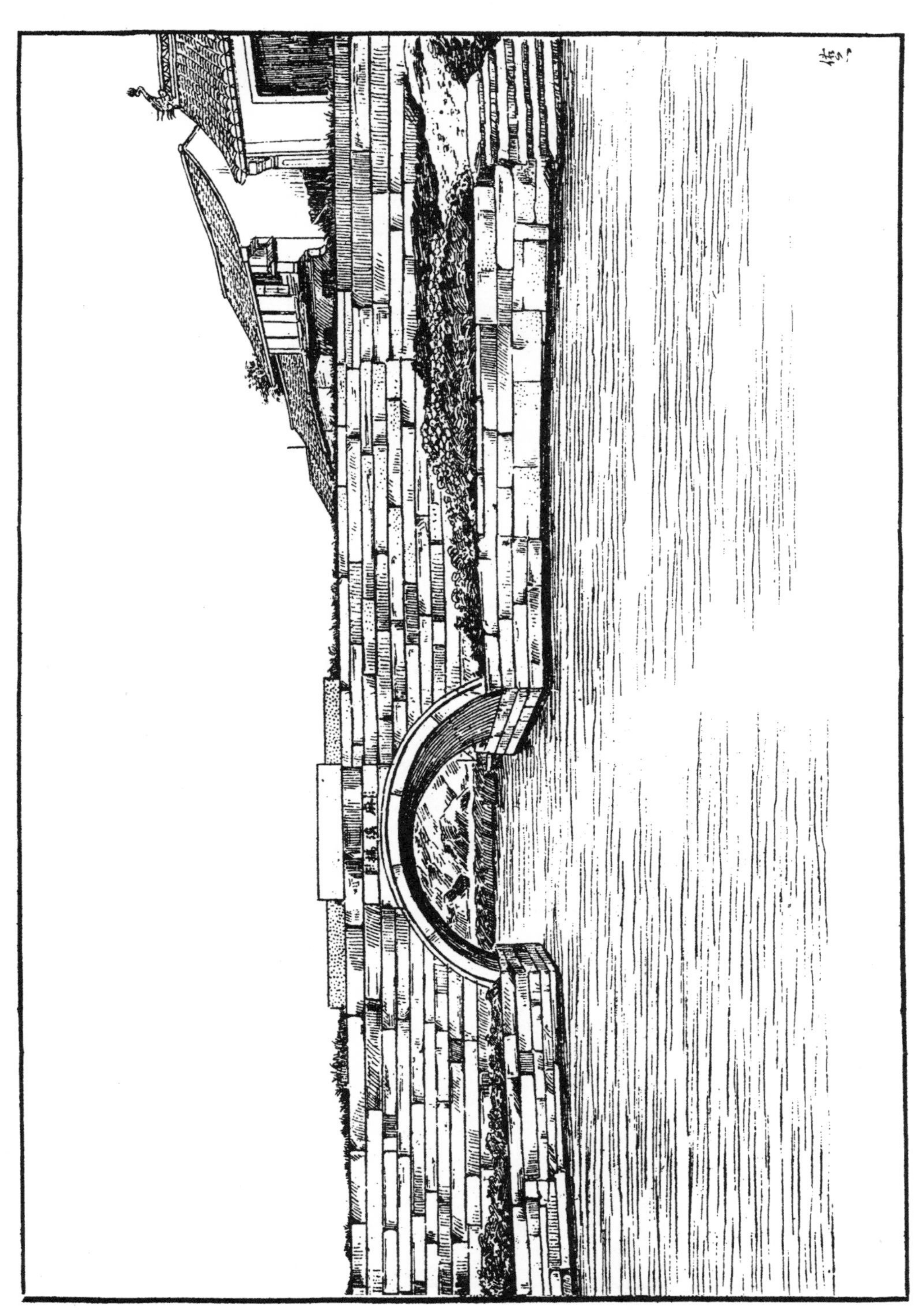

麻溪桥图

茅山闸图

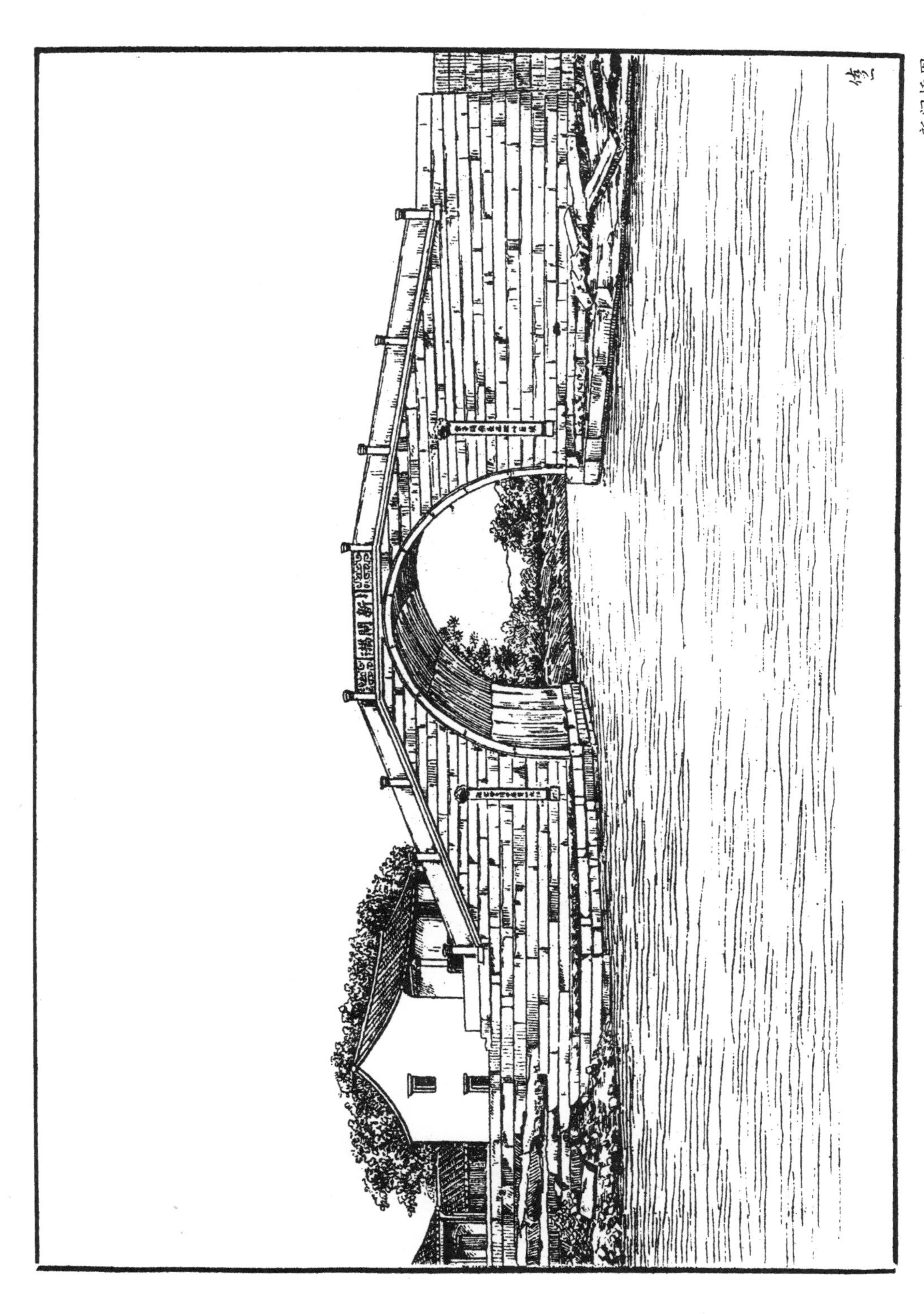

新闸桥图

屠家桥图

麻溪改坝为桥始末记卷一

绍兴王念祖纂

论 著

刘蕺山先生天乐水利图议 图略 附《天乐乡自治会书》后

山阴之西南接壤萧山曰天乐乡，隶四十都四十一、二、三都，凡四都。世称荒乡，而四十一、二都之间特甚。为田三万七千亩有奇，计岁入不足当湖乡五之一，至有比岁不粒登者，居民苦之。故老相传诗曰："天付吾乡乐，虚名实可羞。荒田无出产，野岸不通舟。旱潦年年有，科差叠叠愁。世情多恋土，空白几人头。"读之可涕，夫天乡之所以卒为荒乡者，非徒坐天时地利，盖亦人事之缺陷也。按越中形胜，千岩万壑，外绕东西两江，而北襟大海。东江在会稽外界，不具论；西江则自东阳发源，历浦江、诸暨、萧山、山阴，至三江所口以出海。往者，山会中鉴湖以北皆潮汐出没之区。又有西江一水以合之，故全越皆为水乡。迨汉筑南塘，唐筑斗门、沿江诸闸，入我明，筑三江大闸。渐出而拒海，海潮遂不得越三江一步，而西江之水已包举于内地矣。夫西江积五县之水，包举内地，将骤决三江而不可得也，势必以山、会、萧三县为壑。于是，宣德中有太守某者，相西江上游开碛堰口，径达之钱塘大江，仍筑坝临浦，以断内趋之故道。自此，内地水势始杀。独临浦以上，有猫山[1]嘴一带，江塘未筑，江流反得挟海潮而进，合之麻溪，横入内地，为患叵测。故后人复筑麻溪一坝以障之，相传设有厉禁。曰："碛堰永不可塞，麻溪永不可开。"凡以谋内地万全如是。或曰，麻溪即指临浦而言，至今临浦坝称麻溪大坝，而麻溪为小坝云。然自麻溪

1 猫山，即茅山。下同。刘蕺山先生于天乐水利诸篇章中，猫山与茅山并用。

坝而一溪之水不得不改从猫山以合外江矣。当春夏雨集之日，山洪骤发，外江潮汐复与之会，有进无退，相持十余日，天乡之民尽为鱼鳖，安望此三万七千亩尚有农事乎？况又有旱干以虐之，坐是十年九荒，信有如昔人所咏者。至嘉靖中，始建猫山闸以司启闭。万历中，土人复自猫山嘴至郑家山嘴筑大塘，永捍江流，不使内犯，而内水仍不可以时泄，其祸未解也。夫此一乡者，为三县故而受灾，则亦付之无可奈何者也。而岂知其事有不尽然者，前人之策，所谓睹其一未睹其二也。今请遂言补救之策，曰：上策莫如移坝；中策莫如改坝；下策莫如塞坝霪。何谓移坝？麻溪之有坝也，原以备外江，非备天乐一溪之水也。但三江未闸之先，内地水患不常，故割尺则尺，割寸则寸，不免并置麻溪于度外。及既闸之后，绍兴千岩万壑同出三江，独多此麻溪一派流乎？麻溪溯源赵家桥，凡十五里，逾坝入内河，不过天乐都半之水，以之均分三县，讵盈一箨[1]？又日夜通流，以出三江，万不足为三县害。则一坝之役，何为者乎？而说者谓：猫山闸不足恃，所虑仍在外江。夫猫山果不足恃，莫如撤麻溪之坝，移坝猫山，猫山永无冲决之虞，而内地之万全如故，天乡三万七千亩一朝而成沃壤矣。且坝下仍通霪口，可以节旱潦，其利虽不能普之三县，而天乡独受之，洵称天付之乐乡。故曰上策也。何谓改坝？越人久习"麻溪永不可开"之说，以为一移坝则三县之祸不旋踵，讹以传讹，迄于今日，屡费当事苦心无已，请从原坝稍改其制。坝故有霪洞，高广四尺，今第加广三尺，高倍之，为通流水道，遇雨集之日，天乡之水从七尺霪口约束而入，其流有渐，不至全河一决，使内地有暴涨之虞。需之数日，潮汐渐平，又可转决猫山以去。此虽于天乡之水不能一朝尽拔乎，而势已少杀，霪潦之患亦可减其六七。故曰中策也。何谓塞坝霪？谓移坝与改坝均之有内地之虞者，将必使坝外之水涓勺不入内地而后可，则霪洞之设何为？查此霪乃坝内之民私开之以为利者，故其启闭一听之坝内。潦则闭之，使勺水不入于内；旱则启之，使勺水不留于外。冤哉，此一方民至此极乎！今若遂塞此霪，适还其故制，而止遇潦之日，一方之民亦既甘受其祸矣；遇旱之年，犹得酌彼西江存此涸鲋。而无如坝以内终称不便也。夫同一天乡，而处坝内者，近以有此霪洞，永无旱干水溢之虞，故荒乡已改为乐土，厥田上上。而科粮则一体天乡，从下下。以视坝外之民可为偏枯之极矣。今但损坝内之全利，以纾坝外之全害，酌盈剂虚，香火之情何独不然？语至此而情愈出于无聊。过曰

1　"箨"，指竹笋壳。

下策也。过此以往，仍旧贯焉耳，以土田日荒，以人民日困，以盗贼日繁，以钱粮日逋，斯称无策，将白头之叹何时已乎？虽然，此特为一乡言利害，而未及乎三县之大利大害也。三县命脉全恃三江为咽喉，倘三江一决而不守，旬日之间三县皆平陆。故昔人曰："越可决。"即如前岁亢旱，河流尽涸，农人艰于桔槔，岌岌乎有秋之无望矣。越虽千岩万壑，而水源出秦望以南不过二十里，一雨即淹，一亢即涸，其势然也。幸而前人开碛堰以通外江矣，诚能加筑猫山之闸，令其坚好如三江，启闭如三江。每遇春夏以前，用土筑闸，既坚壁以绝江潮。望秋以后，遇旱则启，使一日两潮源源而入，以引灌三县枯槁之田，其为利孰大于是？即一旦地方有事，至于失三江之险，犹有猫山一路可恃，以无坐困，真万世之长策也。则麻溪之通塞，有不待言者矣。嗟乎，民难虑始，自古病之。往者萧山人惕于猫山一带土塘未筑之先，岁遭水患，独恃一坝为长城，与天乐岁争通塞。而近坝奸民倚坝以为利者，辄藉口旧禁以助之，使三县群起为难。又，天乐居民多闾左单户，势不能敌三县之豪右，故虽有凿凿可行之策，自来不能得之于上官。抱隔肤之见而忘一体之痛痒，狃已成之辙而忽今昔之时宜，久矣，夫人情之不可解也！昔者三江之役，前太守汤公凿山填海经营至数年，竭三县之膏，罹万姓之谤，而不恤，卒成伟功，万世赖之。今之当事者，倘念及天乐孑遗，不难举三策而酌行之，是亦再起之汤公也。不得已思其次，其惟中策易行乎？目今麻溪坝石圮，山萧两县方议修筑，千载一时，谨从地方诸父老后，具所见闻如此，以备采择。

自彭谊弃吾乡于坝外，沉冤三百年，天幸留有先生此议。今稍稍一伸喙，辄被任元炳假绍议会之势汹汹号召，除习惯外一无理由，不过刺取《议》中二语为口实。其呈都督文有曰：查刘公废坝三策，在《天乐水利议》内已自明言，曰"此为一乡言利害，未及三县谋大利害也"。夫既不为三县谋大利害，则就天乡而论天乡，而于天乡以外之民，岂能认以为可惜哉？吾绍县议长竟不通文义至此，怪哉！任炳元不通文义，居然滥竽吾绍县议长也。刘议于"未及三县谋大利害"下，紧接"三县命脉全恃三江为咽喉"一段，是"未及三县谋大利害"语，明明引起下文并非结住上文。又曰"诚能加筑茅《集》作猫山闸，令其坚好如三江……其为利孰大于是甚？"且曰"一旦地方有事，至于三江失险，犹有茅山一路可恃……真万世良策"。刘《议》之为三县谋大利害者，深切著明。任元炳所见之刘《议》，岂此段适已鼠啮蟫蚀，故未见全文耶？抑任元炳以外吾绍无一人曾见全文，故悍然可刺取二语以便其梦呓耶？且谓官厅即见全文而亦如任元炳之不通文义，故敢以梦呓显列呈内耶？敬请浙人、非浙人，绍人、非绍人，凡见刘《议》全文者、通文义者，垂悯天乐三百年沉冤，至今日犹为任元炳一手遮天，当面造谣，乞据刘《议》全文一加紬绎。如果任元炳所解不谬，刘《议》"未及谋大利害"二语确系专论天乐，而其下云云并不及三县，天乐本属荒乡，情愿自认不通文义，以后冤沉到底，无面目复与任元炳争言麻溪坝矣。否则，天下谓任元炳何？刘《议》又曰："近坝奸民……藉口旧禁，使三县群起为难。"又曰："天乐居民多闾左单户，势不能敌三县之豪右，故虽有凿凿可行之策，自来不能得之上官。"然则奸民固以为刘《议》逆睹，愿上官毋并为刘《议》所逆料，天乐幸甚！绍县持公道者、通文义者究居多数，亦共幸甚！敝会乡董久已迁居坝内，在坝以外无田无产，但有墓耳，非敢谓能学蕺山先生以坝内人力为坝外挽救。实以生长其地躬被其毒，且以敝乡水害累蕺山先生于赐谥列祀以后，致为其里人公布不认，敝乡之罪益大，万不容已于言。民国二年元旦绍兴天乐乡自治会书后。

刘蕺山先生茅山闸议

茅山之有闸也，为麻溪有坝，则天乐之水不得不别开一道以走外江，而又虞外江之冲入，故建闸以启闭之法，良善矣。无如岁久，而不可恃也。闸有夫二名，向以土棍充之。凡外江货船入内河，闸夫得钱，即启闸以过，水势湍急，不可卒闭，外水注入，竟为大患。今得二策焉，其一曰更闸制。旧制闸如桥，为二洞，洞高二丈，今请筑其上半如坝，制使闸口仅高丈许。时方大水，闸口没入水下，虽有货船，无由过闸。遇水涸之日，闸口上出水，而又可听货船出入而无害。旧制闸门一重，今于门内又加板一重，内外两扃之，如是则启闭之间可不设禁，而永无虞外江之患矣；其一曰更闸夫。请以地方殷实者司之，或十年一更，或五年一更，听地方自相推认。凡富户，土田庐舍不出于乡，其关系在身家性命，有不尽心力为之者乎？今将闸夫岁领工食，且零置公田为修理之费，一并付之富户。举此二者，茅山之闸庶可恃为一方司命，即不开麻溪坝，而天乐之民当有起色。盖麻溪有坝，内水虽不能遽出，而茅山有闸，外水决不能骤入矣。

刘蕺山先生建茅山闸记

自麻溪筑坝，而湓湖数万亩之田遂为瓯脱，天乡诸山之水，既不能越坝而分其涨，而小江之水复挟江潮循茅山以入溋湖，汪然巨浸矣。贤者忧之，于茅山之口建一水门，山洪并发，则启以泄之，潮汐骤冲，则扃而拒之。遇水旱干，溪流枯竭，则又节宣潮汐，以为数万亩桔槔地。自神庙[1]以来，民享其利，又自茅山至郑家山嘴筑大塘，使江流不得横溢，必逶迤曲折，由闸而入。而后，茅山一闸始屹然孤峙，有砥柱之势，天乡命脉悬于一线。此诚地方一大关键哉。岁久倾圮，塘水溃决，以致江潦溪流漫为沛泽，天乡之无收数十年于兹矣。余向曾著《天乐乡水利议》及《茅山闸议》，惓惓于移坝改坝，实足为三县兴永利，有志未逮。岁癸未，太史余公煌及各长吏走麻溪，疏导水源，而苦于霪窄，因改修旧坝而广其霪，复顾茅山而谓曰：天乐水利，向者先生建三策，今不能行其上而姑用其中乎？请先开茅山，潦则泄，旱则灌，使三邑之民晓然知茅山之为利，而不愿麻溪之有坝，然后渐开麻溪以兴永利，不亦可乎？予应曰：唯唯。于是令曰：旧制水门二，今加辟其一，皆以寻为度，高视旧增四之一，而以石甃其上半，内外皆设霪门，中施板干，务在雄壮坚牢，可垂永久。是闸也，旧通舟楫。诸商人惟取便利，不顾节宣，以致溋湖江海连为一壑。今增而高，即遇狂潦，不致阑入矣。半甃以石，使不容船，估舶望而却走矣。增辟水门，则消长迅速，进退不停滞矣。广杀于旧则势益谨严，狂澜易抵矣。夫然后天乐之水利兴，而民无昏垫之苦。予于是谋之长吏以及耆老，佥曰：可！即先捐银若干两。余公煌及各长吏各有所捐，厚集人徒，隤林揵石，畚锸之工日以千计，人谋毕协，共襄厥功，崇堤壁立，势轶岩阙，殆与汤公之应宿争雄峻矣。以其余资筑郑家大塘，高三丈，广倍之，不惟溋田藉以永赖，而与麻溪交相捍御，有唇齿之劳。虽不能行其上策，而三邑亦未必不沾利也。功既成，土人欲予书其事于石，顾予不文，且遘国难，尚何颜自侈其功哉。因书月日以告后人。

摘录绍兴府志及山阴县志

崇祯间，乡官左都御史刘宗周倡议，欲展坝三里移于茅山，以天乐四都截出坝外，欲包四都在内，萧人力阻之，遂止。十六年，乃于茅山建闸以御江水，其麻溪坝霪洞，明乡学士余煌广之。及清康熙二十一年，乡官福建总督姚启圣又改洞为三，各广六尺。

茅山闸，在麻溪坝外三里。天乐四都之田，截出坝外，岁被江潮淹没。明

---

1 此处“神庙”，指明神宗朱翊钧。

成化间，知府戴公琥于茅山之西筑闸二洞，以节宣江潮。久之，闸圮。崇祯间，乡官左都御史刘宗周议移麻溪坝于茅山，坝内人阻之而止。十六年，乃筑茅山闸三洞，甃其上半，禁船出入。三江旱，则引水茅山，实与应宿闸相为呼吸焉。

《人物志·名宦类》：明万历中，山阴令毛公寿南以天乐乡民田三万七千有奇，苦江潮冲溢，为筑堤茅山、郑家山等处以捍之。民争趋事，不费公帑一缗。事竣，欲开麻溪坝，泄两湓湖，使山会萧三县无旱潦。会应召，不果行。然惠山阴已五年矣。

《闸务全书》：麻溪坝筑，而上下湓湖之田益苦于江潮。成化间建茅山闸，而渐圮，崇祯时重修，而上下湓湖田赖以收。

葛壮节麻溪筑坝始于不慎终于不悟论

治水如用兵，然不察地势，不审险易，贸然尝试，必偾乃事。用兵之失，在于一时；治水之失，及于世世。故治水尤较用兵难，惟难，故不可不慎，一不慎则贻害千百年，莫知所底，人民昏垫苦且烈于兵祸。奚以知其然也，盖吾乡之被水患也，吾目睹者数矣；闻父老之谈，躬被水患而尚若色然警者亦数矣。吾乡之山非加多于他方，地势亦不尽加低于他方，而被水患则每视他方有加焉，并视他方之山多于我、地势低于我者有加焉。此曷以故？以溪水不能顺故道宣泄之故。溪水何以不能顺故道宣泄？以麻溪下流有坝中梗之故。坝筑于麻溪下流之山麓，故名麻溪坝。自县治西迤，又东南折至此，水程百数十里，邑吏及邑人士至此，几视如邑之边界而目为要害。殊不知麻溪山麓之外之尚有天乐中乡一区也，更不知麻溪山麓之外尚有茅山山麓之尤为要害也。盖邑吏与邑人士之视如边界者，实天乐中乡之腹地也，腹地而梗以物，其不噎塞而日就羸瘠者几希。不察地势，不审险易，妄以麻溪山麓为要害而坝之。及既坝，邑吏与邑人士乃渐知其失，是故开坝之议，毛公寿南主之；移坝之策，刘子念台倡之；广洞为三，姚公启圣成之。邑吏及邑人士惓惓于正前人之失也如此，毛以去官阻，刘以国亡阻，姚成其功而被后人私改，则先不阻而后阻。毛与刘之被阻，天也；姚之被阻，人也。天，吾无怨；人，则曷甘一误再误，祸中乡数百年，中乡之民积荒而弱不能自白其苦久，则邑吏与邑人士反视为固然焉。又，久则习非成是焉，虽有毛、刘诸前贤之成说，不能胜其习非成是之心。始于不慎，终于不悟，铸此大错，为一方厄，呜呼，冤哉矣！然则治水者其可不慎哉？既不慎于先矣，其可不悟其失，而谋所以正之哉？今而后，邑吏而有毛公其人欤？邑人士而有刘、姚其人欤？荒乡之人日企颈望之矣！

按：吾乡当茅山闸未建、郑家塘未筑以先，浦阳江水经临浦，东合麻溪而下注钱清，水涨则山、会、萧受其害。及后，凿碛堰，筑西江塘，筑临浦坝与麻溪坝，相继工成，山、会、萧三县江水无涓滴侵入，于是三县遂视麻溪坝为保障。独吾乡屏出坝外，溪水莫泄，江潮并冲，永成泽国，盖几化外矣。明末先贤刘忠介未达时寓吾乡久，暇辄游眺，稔察地势而志之，隐然有己溺之志，未发也。及登籍，国事方艰，未遑桑梓。告归以后，乃著《天乐水利图议》，告三县以移坝茅山为上策，移之云者即明言坝之可废也。当是时，忠介直声震天下，退居讲学，又足廉顽而立懦，德业闻望，越之泰斗。倘或明室不乱，天假忠介以年，其所倡议必为当时人士笃信，麻溪坝之废，可于重建茅山闸后决之。虽有阻之者，蚍蜉撼树，何足较哉！而无如适逢鼎革，不获竟忠介之志以救一方，为可惜也。凌台又识。

朱孟晖麻溪坝开塞议辨

昔乡官都御史刘宗周目击麻溪坝外天乐乡水害，田土荒，人民困，地理未尽，倡议开坝移建茅山，展麻溪十五里于塘内。而萧人力阻，有任三宅亦著《塞坝议》一篇，修志者与刘之《天乐水利议》并载，无所区别。愚请辨之，窃谓：刘公之议相时按势，有利而无害，确论也；任子之言耳食手揣，似是而实非，浮议也。盖绍郡之西有西小江，发源金华，经浦江、诸暨、萧山、山阴至三江所口入海，曰浦阳，曰暨阳，曰钱清江，随地异名，其入山、萧之境，至官浦浮于纪家汇，趋临浦注麻溪而会于小江，源远流长，水势浩大。故宋元以前，沿江两岸多设塘坝堰闸，以防其溢。筑朱储、玉山诸斗门，以泄其流。然斗门海沙易淤，江流泛涨，时有横决之患。迨明天顺间，太守彭公谊，相西江上游，凿开碛堰，径达钱塘。仍筑临浦坝、麻溪坝，以断其内趋故道，保内地。截天乐乡于坝外，所谓择利莫如重急，则治标也。其后，成化九年浮梁戴公琥来守郡，修彭公遗迹，见天乐麻溪内溢，江潮外犯，悯乡人昏垫，为建茅山闸以司启闭。万历十六年，邑侯毛公寿南以天田苦江潮，为筑堤茅山及郑家山，当时即有开坝之议，会召不果。萧令刘会适因新遭西兴水灾，所以加石重修麻溪坝也。但天乐乡虽蒙戴、毛二公经营，当春夏淫雨，山洪骤发，江水怒涨，相持不泄，尽为鱼鳖，十年九荒，故刘公建补救之策，莫如移坝，其言曰：麻溪有坝，原以备外江，非以备天乐一溪水也。麻溪溯源赵家桥，止十五里，逾坝入内河，三县均分，不盈一箨，又日夜通流以出三江，万无一害。今撤麻溪坝，移坝茅山，天乐免灾，内地万全如故。盖刘所谓开坝入内止麻溪十五里水耳。而萧人任三宅习闻“麻溪永不可开”之语，著《议》抵制，观其所言，开坝之害皆碛堰未通，临浦未坝，江水涌入之患，迂远不切。其言塞坝之利，则曰：弘治至崇祯百六十年无水患。岂有此理哉！天灾流行，何时蔑有。据愚闻见所及，康熙五十二年，临浦坝塘坍，麻溪坝坏，知府俞公卿修之。乾隆四十一年，麻溪坝坍，临浦塘决，山邑赵公思恭重建。前后六十年，已被灾两次，讵有百六十年无患之理？驾空饰词，荧惑人听。由此观之，可知浦阳南下，浙潮北上，若水大，虽有坝无济；若水小，则已有茅山闸、郑家塘捍御。而麻溪有坝，只害天乐、上下溋湖，以麻溪十五里水汇之两溋湖，则成巨浸，分之三县，不盈一簭。故曰：刘公之《议》相时按势，有利无害，确论也；任子之《议》耳食手揣，似是而实非，浮议也。总之，至碛堰未开，茅山未闸，郑家塘未筑，则麻溪宜塞，塞则惟天乐受害而内地保全；至碛堰既开，茅山既闸，郑家塘既筑，则麻溪宜开，开则天乐免灾而内地仍无害。且移坝茅山，涝既有备，如遇旱暵，放水通潮，更资灌溉之利，即三江出险，可以无虞。刘公所谓“万世之长策”，不虚也。凡利害因时势而改，无庸拘执陈言。昔有宋淳熙朝，浦阳江直注内地，诸暨发洪下流，纪家汇委顿泛滥为害，暨民请于提刑，蒋公芾为请诸朝，奉诏开汇，而萧山令张晖不承，曰：“晖头可断，汇不可开。”其事遂寝。至明万历间，诸暨令刘光复开纪家汇新江，暨有利而萧山卒无害。诚以时移势改也。麻溪坝之可开可移，亦若是而已矣。大抵守土之官，每未及亲行按勘，悉其形势，又重于改变，故易为浮议所动，恐楚失而齐亦未得。愚故辨其是非利害，以俟贤司牧断而行之。而凡为乡官者，慎毋忘刘公之志哉！

举行须俟机会，如乾隆四十一年水涨坝坍，可惜邑侯赵公不解事，贔屃重建，错过机会耳。然乾隆五十七年修郡志不载其事，亦可见无关利害而不甚念及之矣。

朱孟晖天乐乡水利形势图说 图缺

天乐乡在山阴之西南，接界萧、诸，濒江傍山，土瘠民贫，号曰荒乡。然有不可以人力挽回者，尚有可以人事补救者。盖其乡北至金鸡山，南至欢潭，西濒浦阳江，东傍大岩、青化诸山。大岩居乡之东南，面西岗峦迤逦，自西南北折至郑家山而断、茅山而止。成化间，太守戴公筑茅山闸，万历间邑侯毛公筑郑家塘焉。青化山居乡之东北，面南支麓斜迤，而西北麻溪在内，茅山在外。从麻溪坝看大岩犹左手弯抱至茅山，而上下溋湖在其怀焉，麻溪之源出其腋焉。故茅山闸、郑家塘之外，自临浦至欢潭，沿江田万余，被害在外江，虽各筑土埂，而十年九荒，此不可以人力挽回也。而茅山闸、郑家塘之里，上下两溋湖，田亩二万余，所患在内水，但一移坝，瘠土变膏腴，犹可以人事补救者。此念台刘公所以有移坝茅山之《议》也。或曰：刘公之《议》，上策移坝，中策改坝。自崇祯十六年，学士余煌改建崇广霪洞。国朝康熙二十二年，总督姚公启圣复改为三洞。乾隆四十一年，邑侯赵公思恭又重建。中策之行百五十年矣，而土田之荒如故也，何也？曰：中策虽行，而实无益也。盖刘公及诸缙绅本意谓大其霪洞，使水约束而入，日夜通流。而乡民何知仰体，旱则开霪，以分其利；涝则紧闭，以重其害。故改建而溋湖之民益惫矣。欲救一方，非行上策不可，愚故著为《图说》，以告仁人君子焉。

前清宣统二年山阴劝业所报告劝业道调查农田水利区域之一

中天乐流域，当麻溪坝未筑之先，溪流合浦阳江之水经钱清江而同出三江，固三江流域也。自明宣德中，郡守某公开碛堰口，引浦阳江水直入钱塘大江，筑坝临浦以断内趋。其后因中天乐一带江塘未筑，江流每挟潮由此而入，横溢内地，复筑麻溪一坝以障之。而中天乐乃截出坝外，改三江流域而为浦江流域矣。复以地势居浦阳江下游，春涨秋霖，山洪下注，江潮上溢，既无麻溪以资泄泻，沿溪田庐时遭淹没。嘉靖中，始建猫山闸以司启闭，复自猫山迤南沿江筑塘二十余里以障江流。从此，中天乐溪流北遏于坝、西遏于闸，前之不能远达三江者，今又不能近注于浦江。就农田水利而论，遂不得不别为区域焉。自建闸筑塘，而后江潮之患稍纾矣。独此二十里之溪流苦难畅泄，虽麻溪坝下有霪洞，足资泄宣，然洞小而低，涓涓之流难拯眉急。猫闸虽可启闭，然溪涨之日亦即江涨之时，启版泄宣反遭内溢。必俟江退潮落，方可议宣，而闸内田禾已不可问矣。乡人遭此，不得已为治标之计，于溪之两旁筑塘二道，使上游群山之水咸束诸塘，然淫雨及旬，非溢即决。此中天乐水利排泄困难之特点也。若夫灌溉潴蓄，则与三江流域、浦江流域无甚悬殊，故不复赘。

绍兴金汤侯与坝内父老书

父老赐鉴:麻溪存废问题,坝内坝外纷纷聚讼,非一日矣。汤侯坝内人也,室家在坝内,高曾祖考坟墓在坝内,亲戚故旧无一不在坝内。废坝而有害,与父老同其害,父老即不言,汤侯亦必尽个人能力以与彼坝外人抗。惟天下事必先有反对之理由,然后可施反对之方法,于是走麻溪,溯水源,审地势,归而考蕺山刘忠介之说,乃恍然于反对废坝者系心理上之空言,主张废坝者,实水利上之确论,请为父老一言其故:盖浦阳江之为我绍地患也久。自彭谊筑麻溪坝,而江水不得越雷池一步,先民安之,歌功颂德,流传已数百年于兹矣。一旦而曰废坝,所为非常之,原黎民惧也。在汤侯初闻消息,何常不惊骇却走。心以为危,岂容轻试,一说也;仍之以为安,又一说也。然而皆不免心理上之空言。夫彭谊筑坝于麻溪,有利人之心也,而所虑一不审,致中天乐受无穷之患,是岂彭之所愿哉。戴公琥悟彭之失,建闸茅山以救中天乐,非有中天乐之民请而为之也。盖筑坝于麻溪,诚不如筑于茅山之为完全也,戴公固知之稔矣。厥后,移坝、改坝、塞坝之议,我坝内刘忠介议之也。果使废坝而有害于坝内之三县,忠介岂不知权利害轻重而肯昧昧为是言耶?况忠介《茅山闸记》,明明言"移坝、改坝实足为三县兴永利",《遗书》具在,决不吾欺。其时我坝内余忠节亦赞成忠介之议者也,忠介固不为偏论,忠节亦岂肯盲从耶?查忠介当日改修茅山闸,实为移坝张本,观其记修闸文,内叙忠节之言曰"使三邑人民晓然于茅山之为利,而不愿麻溪之有坝,然后渐开麻溪,以兴永利"云云。一方面救坝外人民于陆沉之中,一方面导坝内人以废坝之渐,其用心亦良苦矣。乃讫今数百年,三邑人民不但不知茅山之为利,并不知茅山之有闸,坐是以反对废坝,是谁之过欤?使有人焉为之解释利害,我坝内人非顽固不化者,害己利人之事纵不肯为,似此有利于人无害于己,何乐而不为耶?父老有疑山洪为患者,洵属老成远虑,但"麻溪之为坝,原以备外江,非为天乐一溪水也",刘忠介言之旧矣,愿父老三复忠介《天乐水利议》,何难立释疑团。呜呼!贾让治河之策,余观历史,所谓圣主与贤臣者,无一不赞成其说,而迄今不得行。今忠介、忠节两公为我乡数百年所崇拜、所宗仰者,而独于论坝之说疑义横生,图始之难,古今一辙。余小子,夫复何言,言之未必能终悟,悟之未必能终信。甚矣,积重之难返也,奚足为父老怪?所大恐者,世界进化,他日父老之子孙与汤侯之子孙,一登麻溪之上,一览忠介之书,而复反对吾父老今日之反对坝者,则家内之竞争,必有甚于坝内与坝外矣。故为父老告者，以此禹视天下之溺犹己溺。孔子曰：当仁不让。愿父老弘[1]此远谟，曷胜幸甚！

葛留春麻溪坝利弊刍言

山阴天乐乡四十一都有麻溪坝，坝两霪，自与前明闸三江、凿碛堰相继而筑者也。坝筑而山会萧内地称沃壤，独天乐中区截出坝外。诸、义、浦[2]江水，钱江潮水，汇溪洪而于兹为壑。先贤刘忠介悯之，议补救之策，上策移坝，中策改坝，下策塞坝。塞坝情出无聊，其愤言也，意盖注重上策，谓“三江既闸，千岩万壑同出尾闾。麻溪有坝，原以备外江，非备天乐一溪之水也。撤麻溪之坝，移坝茅山，茅山无冲决之虞”，斯启闭应时，均得免于旱潦，洵卓识宏议哉！乃坝内人力阻之，不果行。而刘忠介视由己溺，倡率坝外人重建茅山闸以堵江潮，不得已也。自明迄今垂三百年，移坝固无容复议，而越人狃于“碛堰永不可塞，麻溪永不可开”之语，致天乐竟成巨浸。夫天乐世称荒乡，力难与抗，但求如忠介改坝之议，并霪洞而高广之，俾得日夜流通，十五里溪源摊入，不盈一勺，此亦极平之论矣，而坝内人仍力阻之。尤可怪者，坝内南岸诸村厥田上上，只以同属天乡一体，赋从下下，乃亦附和而相与为难。是以道光之末，大水频年，坝以外泛滥溪洪，田庐漂没；坝以内平畴寸水，禾稼青葱。隔一坝而苦乐相形，遂致激变兴狱。幸府邑尊当时莅勘，知情形大是偏枯，准坝霪权宜启闭，案遂寝。厥后，岁遇旱干，河流尽涸，坝内人贿通坝夫，两霪启底，以引茅山闸放进之潮，灌注内河，桔槔共利，则坝之利通有明效也。近数十年，沧桑有变，三江闸屡被沙壅，水不畅流，鉴湖满盈有必，待江潮退后，茅山开闸之时，内水倒流坝外，合天乐溪水而同出外江者，于此见内地之利坝通，又有明征也。盖坝外即茅山闸，岁旱则资其通潮，江潮退则资其泄水，果使并洞加高，则茅山闸启闭之利，坝内外将共利之。无如坝内人不明利弊，据为己有，下填巨石，动辄把持。是必赖官绅协同谕导，并督其急所当务，于三江良法疏通，勿使淤塞；于江塘实心培护，勿使倾颓。斯坝内不必与坝外争权，自得两全而无害。前龚郡尊为三江塞口，上溯麻溪，谓“上流通，斯下流泄”，撤去两霪板闸，内外均称大效，惜不并坝霪而高广之，犹留余憾耳。顾言利必言弊，塘董以坝夫为末役，不择人而充之，彼伺小船、木簰、竹簰进出，即闭塞索贿，得贿启行，留难听之坝夫，

1 原刊本作“宏”字，盖因习惯而避乾隆帝讳使然。

2 此句指诸暨、义乌、浦江三县之江水。

鲜不贻误。是必禁绝其偷设之私板，去其所填巨石，而后此弊可除。毛西河《三江闸议》引民谣云：“三江咽，民口绝；三江豁，民口活。”麻溪坝何独不然。近见贴坝砖瓦、石灰等铺，积屑成堆，已苦咽而不豁，兼以近坝河道浅狭，水流濡滞，是必浚使深、掘使阔，则水自畅行，无虞暴涨。斯二者坝内外均关利益，合筹当不难耳。而所重要者，莫如忠介改坝之议并洞加高也。盖天乐当夏秋霪雨，闭茅山闸以堵江潮，江潮不退闸不启，甚有迟至二三旬者。斯时坝内外水势并盈，其皆急切而望茅山闸之泄水，与旱年之望其通潮无以异，此大势使然。天殆以天乐截出坝外为非是，欲验忠介移坝茅山之策而稍混一之耳。明水利者，正宜设法改坝，并洞使广，拆造上半截，拓起五六尺，庶水利之去来俱畅，旱潦咸资，其裨益于坝内外者，或亦大且久哉。率臆陈言，愿有识者垂教焉。

按：麻溪坝之议，明季山阴刘忠介与萧山任三宅互相辨驳，俱载《绍兴府志》及山、萧《县志》。刘忠介，绍郡昌安坊人，何厚于天乐？无非深明水利，己饥己溺，至公无私。不似任三宅，隐分畛域，有邻国为壑之见存也。《刍言》本忠介改坝之策为主义，两全无害，但愿先贤见得到说得到，而后人做得到耳。

绍兴县山阴旧治天乐乡水利条议

从来寸土无可弃之理，一夫有不获之辜。事关地方大利害，行政者郑重出之，尚恐计虑有所不及。未有矜情率意，以利民之心举虐民之役，如天乐乡麻溪坝之甚者！乡分上、中、下，在绍县故山阴治西偏，壤错萧山，迤东接会稽。《府志》：在县西南一百二十里。《县志》：在治城西八十里。《县志》专就陆路入天乐上乡东境计，《府志》则就东境尽下乡之西北境计，所以差四十里欤。天乐东、南、北皆山，浦阳江襟其西，故成釜底；麻溪界中乡以注下乡，无岁无水患，甚至一岁患水不一次。盖浦阳俗称小江，碛堰一凿，浦阳江得由凿处出，汇钱塘江，俗称西江，江水潮水亦得由凿处入犯天乐。明天顺间，彭谊守绍兴，官筑塘以捍西江，初止浦阳江害天乐而已，后且江水潮水亦以害天乐者害三县，乃筑麻溪坝。坝以内天乐下乡也，壤错萧山、山阴及会稽；截中乡于坝外而弃之，今已三百余年。坝内三县数百里，去山与江本宽，山水江潮有坝御之，坝以内诚“天乐”矣。中乡四十八村耳，山水下注，江潮上逆，欲由下乡泄以达三江而阻于坝，屹然不得越雷池一步。田曰天田，靠天为活也。乡曰荒乡，十年九灾也。塘曰民塘，官不过问也。惜哉，其时彭谊不知就茅山闸址而筑坝，以圈吾乡于坝内。悍焉割而弃之，为瓯脱，为萑符，坝以外非地狱耶！成化初，戴公琥继彭谊为守，完坝工所未竣，已明悟其失，一时又不便反汗，乃建土闸于茅山之麓。崇祯时，先贤刘忠介又扩而充之。坝以外人望坝内如天，其种族之不殄灭者，犹赖有此闸也。同是人民，顾以三县数百里不愿受之水，忍令吾乡十余里受之。昔不知就闸址为坝，保三县以弃吾乡，犹谓不智。既有闸而坚持坝不可废，直欲陆沉我中乡缘山四十八村，讵非不仁之甚者乎？夫使茅山尚未筑闸，则中乡之灾一，三县之灾什。中乡不欲勿施，亦万不愿以一而波累三县之什，至与同尽以为快。自茅山既闸，麻溪坝不过第二重门户，三百年来从未闻改建石闸有坍卸之警。此坝之可废者一。夫使麻溪而确为坝也，其制横亘如槛，水溢始超以过，水涸可留以待，尚曰利害各听之天各因之地也。然如萧山白露塘之坝近，且以舟行不便，其县议会决议，旁建桥以通之。今麻溪有孔有槽，明明闸也，号于众曰坝，载于档曰坝，欺荒乡无人，而习焉不察，积非成是，名不正言不顺。此坝之可废者二。夫使麻溪废坝，而中乡之山水潮水，遂以三县为归墟。坝以内易与乐成，无怪深拒固闭，今江水潮水有高坚之闸，以资捍御，中乡之山水由下乡匀摊三县，其害几何？天下合则水聚而灾巨，分则水纾而灾弭。其旱也，三县乏水，中乡亦乏水，必启闸以引江潮，而必先经坝，坝以内一吸而尽，以便沾溉，吾乡转挹其余沥。三县不应勺水必避，尤不应垄断自利，听中乡永永邻壑。此坝之可废者三。夫使废坝以后善后难，因一隅而妨三县，是保小以误大，直剜肉以医疮。请言善后之策：相距止里许，闸与坝混论，表面亦不能不核其实，废而为桥，一举手之劳耳。宜深坝潭：贴坝内外均有潭，淤淀特甚，汲汲疏浚，水不渟蓄。下乡近坝汊河，亦浅者深之，水一归槽，左右游波舒缓不迫，坝内必无暴溢；宜去闸南里许新闸桥之中墩：万历时，毛公寿南筑桥以为闸之外蔽，初亦置板冀当江潮，板去亦百余年矣。桥置一中墩，方以丈，水乡种较迟，一月间潮汛居半，往往山水江潮互相抵制，水落半日半时之速钝，可卜秋收之有无。闸水建瓴新闸桥丈许，石墩中为之梗，阻隔水势，所损实多；宜修整新闸桥迤北之火神塘：北去里许，至临浦市东庙，祀火神，塘以名焉，残缺特甚，葺之治之，刻不容缓；宜修茅山以南之茅潭塘、下邵塘、沈家渡塘、泗洲塘：约六里而强，加高培厚亦大易事。此皆为浦阳江而备。此坝之可废者四。夫使废坝以后筹款难，坝可废，西江塘万不能废。塘董之侵蚀，江潮之漱啮，工段之低矬，三县之田庐势成累卵，重以废坝之善后，既负不测之仔肩，恐掷多金于虚牝，顾塘工虽归官垫，财政仍由民捐，无非按亩随粮，分年摊缴。添认西江之塘，中乡自与有责。若中乡之溪塘、河塘及上下溋湖之霪闸，一应仍属诸民，于官无与，所增之费，正复无几。此坝之可废者五。夫使彭谊筑坝，其后迄无一官议废，吾乡亦似难越三百年而顿创此议。顾戴公琥继彭而完未竣之坝工，其建闸也，实隐正彭守之失。毛公寿南继戴而筑缘浦之塘工，其在任也，已明发废坝之端。前清光绪间，龚公嘉俊守绍兴，病三江闸之塞，特莅坝诊察，时江潮正盛，坝板叠下。龚谓："三江闸如尾闾，麻溪坝如咽喉。咽喉被扼，尾闾安通？"饬将坝板载归郡城，坝董固请留板以救三县子民。龚云："坝以外独非子民乎？"今板庋府城隍庙中，毛西河《水利议》曰："麻溪咽，三江绝。"是废坝有益于中乡，且大益于三县。此坝之可废者六。夫使官议废坝，而坝以内之绅自保其田庐，无一人之赞同。事隔易代，无端而欲以中乡之私见，强当道以平反，未免不恕。刘忠介非坝以内之绅乎，其《茅山闸记》，其《天乐水利议・麻溪三策》，明载府县志，此非坝制可私改为闸，三孔可私改为二也？余学士煌、姚尚书启圣皆生长坝以内，无一吾乡人与于其间，何以亲炙忠介之绪论，惟恐不表同意？此坝之可废者七。夫使忠介虽为坝以内人，而仅一乡邑之善，未足为大贤也，或不勉有所私于中乡，即一得之见亦未必系地方之轻重，忠介从祀文庙，列在祀典，吾乡奉作香火，谅三县亦望若泰山。忠介以废坝为可，若三县以废坝为不可，忠介成人之美，余、姚应和于前，岂有三县多闳亮，而犹反对忠介，并不愿附余、姚之后尘，亦太自贬其身分。此坝之可废者八。以上八者质诸天下，推诸海外，准诸公理，验诸人情，破家湛族无此冤，倒海倾河无此泪，皆彭谊之割弃我中乡沿山四十八村阶之厉。盲视跛履，人虽至愚，总不欲长居荒乡，自甘沉溺。况此坝一废，于吾乡得免荒乡，而三县亦无忧苦，县乡之人纷向敝会奔走告哀，其欲暴动以自拆废者屡矣。经敝会再四劝沮，允代设法。前清宣统三年八月已具书呈请前咨议局，议筹补救方法。业蒙公鉴，积困情形编入议案，一面具呈前清省院核派候补府黄守恩融，绍绅亦开会公推鲍君香谷等至中乡查覆，适倡光复，是案本末具在。今者开国之初，兴利除害，喁望更切，咸以敝乡迭经大歉，饿殍相继，饥困十倍他处，愁惨之气郁而成厉。乡民何知，以为敝会谋之鲜终也，而怨诟之、诘责之。麻溪坝一日不废，中乡人民一日不安，大有沦胥以铺之痛。爰再将天乐中乡农田水利困苦情形及应行改良理由翔实声告，惟仁人君子以公理折衷之。

山阴旧治天乐乡自治会谨上。

葛陛纶荒乡积困节略

谨略者：山阴天乐乡在治城西遵陆八十里，乡人以形便，别全乡为上、中、下三小区。上、中隶四十一、二、三三都，下隶四十都，有带山二，曰大岩山、青化山。大岩南为上区，溪水径入浦阳江，青化北为下区，溪水径入西小江（西小江昔为浦阳江经临浦入钱清之称，今浦阳江早由碛堰入钱塘江，然土人于钱清以上一带之内河，犹沿西小江旧称，兹仍之。）两山间为中区，汇山泉为麻溪（今地图称天乐溪），下流有坝截之，不能径入西小江。自筹备地方自治，下区划为所前乡，上中二区仍为天乐乡。此天乐乡山水及区域之大略也。下区今既自成为乡，故略而不论。兹就今日之天乐乡包有上中二区者言之，昔者浦阳江自金华北流入诸暨界，又北经山、萧两邑间之纪家汇、峡山、临浦，而东受麻溪，北过乌石山，又东北经钱清入海。江水盛涨，则山、会、萧三县为壑。明郡守彭公外凿碛堰（在临浦西距五里），使浦阳江径入钱塘江，水患已减。又筑临浦坝及麻溪坝，而山、会、萧三县水患全纾。独天乐乡截出坝外，江水反挟洪潮进灌麻溪，岁淹田庐。后戴公于距坝二里外之茅山建二水门，经久亦圮。崇祯十六年，乡贤刘忠介议修改，首捐赀重建，而加宏固焉。霪洞三，洞外旁剡其石以杀水势，而扃以门，霪之中各纵凿为轨而闸以板，即称茅山闸是也。此天乐乡坝闸由来之大略也。茅山既建，江潮稍障矣。然外塘未备，江及潮仍数数灌入，而麻溪水为坝遏，不得泄。内外相持，则交困。乡人乃叠筑江塘捍外溪，塘束内塘泥挖于田间，用沙（沙惟用于溪水上流之塘，余均用泥，泥均取于田）。塘有长，司营救修补事，计亩敛钱而出纳之。亦有无塘长，而责成田多之户与贴塘有田之户者。计外江塘自四十三都之新霪浦起，至临浦镇止，除临江小山可藉支障毋须筑塘外，曲折约三十里。内溪塘自四十二都之马家店起，北岸至麻溪坝，南岸至茅山闸，曲折各约二十五里，皆私塘也。塘多田少，害数工巨，每一决则破产者相属。此天乐乡建筑塘圩之大略也。私塘既建，民力已不支矣。然雨未及旬，内溪发洪，山堰不得不开。外江涨汛，闸门不得不扃。泥塘、沙塘东倾西啮，无岁无之。每当夏秋水盛，群山奔赴之溪流，西遏于闸，北遏于坝，其冲突壅溢之势与江塘以外之潮水、江水相呼应。乡人无昼夜、无老稚，举锸舁石张篁挽索以卫塘。新禾披靡，熟穗飘流，目见心灼，莫可如何。日露体以迎送江、溪、潮三流，而与鱼鳖争粒食。此坝内健农所骇惧不前，吾乡农民优为之而视为固然者也。此天乐乡叠受水灾之大略也。自外江塘以内、麻溪坝以外，环居村落七十余，现有人口三万一千余，辟庐舍，砌坟墓，日以加增。而田切成池，水激为潭者，又与塘相环接。较康熙时丈出田地亩数去十之一二，低洼之处，内水积月渟潴，无望粒收者，又去十之二三，湖居者生计大困。山多岩石，少材木，山旁之地率硗确不中蔬艺，有土处则种竹，烂为傅箔黄纸，纸贱米贵，二日工易一日食，山居者生计尤困。有鬻女以籴升斗者矣，有食糠渣以延喘息者矣，忍饥饿之苦，无从呼吁以求免此，其情实大可悯恻者也。此天乐乡地瘠民贫之大略也。天乐既以瘠土当水冲，又以私力成数塘，考碑记，披志乘，故皆称荒乡。向使筑坝遏江，范围外扩，天乐不至截出坝外，则可以不荒；刘忠介移坝之议（详志书蕺山先生《天乐水利议》）不为拘忌者所阻，则可以不荒；私塘告成，一劳永逸，不至以少数田屡受巨患，则又可以不荒；户口或稀，田敷支配，则虽荒而犹可支持。而皆不然。以生齿之日繁，处荒且瘠之片掌地，几何不山童泽竭、诛茅锄根耶？山童泽竭、诛茅锄根之不足供，又安望挟赀为商、及时求学耶？无商无学，生计愈窒，风气愈闭，斗殴愈积，钱赋愈逋，循环辗转，祸引弥长，其不流为匪盗，幸也。不为匪盗而又不甘冻馁以死，则叫嚣以求逞，又势也。愁苦忧叹之不暇，而何力以促进自治耶？天演之行于一邑，未尝异也，胡是乡独陷穷苦欤？抑及今补救而犹可为也，人之情孰不欲去苦而就乐，长任昏垫而不为之所，则旁溢横决何所不至，发牵身动，瓶罄罍耻。天乐之不幸亦全邑之忧也，贤长官与邑中负地方责任之仁人君子，将毋有具大愿力以援助之者乎？

葛陛纶废坝刍言

麻溪坝筑于明天顺中，知府彭谊在茅山闸未筑以前，天乐中乡四十一、二都截出坝外。溪为坝遏不得泄，而江水反挟洪潮以进，大受水患。成化初，戴公琥恻然悯之，为筑茅山土闸。刘蕺山先生谂[1]知有闸不必有坝，因倡议曰："上策移坝，中策改坝，下策塞坝。"坝内人阻之，议卒不行。刘不得已于崇祯间首捐赀以石建茅山闸，以补救之。自茅山闸成，而麻溪坝遂退处无用之地。坝内人狃于旧日形势，阻开坝也如故，阻之者其说有二：一曰开坝则浦阳外江灌入也；一曰开坝则麻溪内水进注也。呜呼！具是说者，可谓偏且执矣。麻溪筑坝，捍浦阳江非捍麻溪也。碛堰开，茅山闸，江水有闸为保障，则麻溪坝直骈枝耳。有损于中乡，无益于内地，而犹龂龂焉视坝为长城，甚矣，其执也！若徒为麻溪

1 "谂"，同"审"。

灌入，而为是力阻也，则以三县之大能容千岩万壑之众流，而独不能容一源流十余里之麻溪，是麻溪必一怪溪也。举百钧而不能一羽，其可通乎？且阻之者臆度未然之害，孰若刘目睹已然之害之为亲切也。人即不信中乡，刘则坝内之大贤，顾何仇于坝内人而复疑之也。甚矣，其偏也！《志》言：浦阳江自金华、诸暨注天乐麻溪，又东北至钱清入海，其流甚大，必开塘堰以畅其流，筑堤坝以杀其势，二者昔之所急也。今则不然，今所急者，内水则主泄，外水则主遏而已。夫麻溪独非内水也哉？必遏之不使泄，泄之不使畅，此何理也。谓溪流奔放，遏之则可免横溢坝内田畴之患耳。夫溪之奔泻而横溢也，天雨使然，非溪之性也。不然，我绍兴溪流亦多矣，奔泻犹是，横溢犹是，不尽堵之，而必以麻溪为虑，岂公理哉！况坝内港河纷错，水面宽广，麻溪注之左右，游波纾缓不迫，必无横溢之患乎？若遏之不使畅泄，则麻溪水面广仅一苇，窄隘而不容泛滥、而旁溢，使穷乡贫户岁岁修筑数十里溪塘、江塘而仍不免漂没之患，此实数百年来独受之冤，不能不归咎于患内水而不主废坝者之偏也。自临浦大小坝成，而茅山闸继之，天乐中乡各段江塘又继之，重蔽叠围，江水不能越雷池一步，故乌石山一带昔为江水经流之道，今则良田华屋栉比矣。萧山任三宅《议》言：自麻溪坝既筑，始无江水冲入，诸堰、坝可不复议修改。任《议》亦以遏江水为主，非沾沾于麻溪一水而必欲遏之也审矣，况今昔情形异势，昔之要害在麻溪坝，今之要害在茅山闸。任谓“坝成而诸堰、闸可废”，则自茅山闸成，而闸内之麻溪坝独不可废乎？总之，麻溪坝在今日无几微遏江之功，独于潦时遏溪不使泄，旱时遏潮不使通而已。溪不泄则坝外困，潮不通则坝内困，交相困矣，犹靳而不废，非特刘之罪人，抑亦戴之罪人也，是不能不归咎于患外江而不主废坝者之执也。或谓以三县与一隅较，大小悬殊，治水利者安能恤小而害大？不知为地方除害者，计受害之浅深，不以大小而偏重也。恤小害大固不可，大无害而小以恤讵不可乎？大非特无害而已，且有大利焉。坝内旱则茅山闸可放潮以灌田，三江塞则茅山闸可启闸以泄水，茅山闸与三江闸势如常山蛇首尾相应，而后旱潦得以互济。梗之以坝，则俱伤而两败。或谓无坝之利如是，蕺山何又议塞乎？不知塞坝特愤言耳，设因力阻废坝之故，愤而出于闭塞。吾恐坝内外将终失旱潦互济之益，而其困可立待，故曰下策也。今天乐被灾亦甚矣，不谋拯救之则已，仁人君子而欲谋拯救之乎，则荒乡之人顶祝以俟废坝之持公理者，勉为蕺山先生第二也。

驳萧山任三宅麻溪坝议

麻溪地属山阴天乐之西南边境,非吾萧所辖也。曷为筑以石坝而令萧输其工费哉。

查万历《萧山志》:知府彭谊筑临浦、麻溪二坝。又,《绍兴府志》:明成化间知府戴公琥筑土坝,横亘南北,此为麻溪坝名称所自始,固俨然坝制也。及万历十六年,萧山知县刘会加石重建,下开霪洞,广仅四尺,于是改坝制而闸矣。改坝为闸,成于萧令,绍府及山、会二县独不闻?刘会越职擅权,罔上欺民,罪不可逭,此数语不啻代刘会认罪状也。抑麻溪坝尝以关系山、会、萧三县利害,闻改建石闸,萧人讵甘独任工费,其殆官绅朋比兴工敛钱,假公以济其私耳?维其假公以济私,故不敢公然通告山、会同僚,不能公然派取山、会绅民也。然则此数语又不啻自供罪状也。

在府治东,曰东小江。在邑治西,曰西小江。

查西小江与东小江对称。东小江溯源嵊县,下游即曹娥江。西小江为浦阳江经临浦入钱清之旧称。自碛堰既凿,径入钱塘大江,而土人则于所前以下至钱清一带之水,犹沿西小江旧称,其实则内河也。兹言:"在府治东,曰东小江。"是直指曹娥江言矣。试问临浦至钱清一带地方,在绍兴府治东乎?抑否乎?又言:"在邑治西,曰西小江。"此"邑治"如指山、会两县,则山、会与府同治,不必为是骈言也。若指萧县,则萧山邑治之西,越西兴而钱塘江矣。试问临浦以至钱清在萧山邑治西乎?抑否乎?地望之不知,原委之不详,信口开河,与所前乡《说帖》所称"江水超过山岭"同一怪谈。犹龂龂与人谈水利,而不知反自暴其浅陋以贻人笑也。

但南岸皆山,延袤至于钱清而未断,山为阻截,被害之田土犹少。

绍县议会哄全县人为鱼鳖,被害之多可以想见。兹云"被害之田土犹少",任三宅与山、会人何无香火情?若此,岂亦被蕺山先生运动耶?绍县人士犹奉是《议》为金玉,冤哉!

若北岸并无山岗阻截,一望平田,而且多通江之水口。一遇泛溢,平田以内皆江也;即不泛溢,而江水由各河以入,浸淫洋溢,无一田庐非江也。

碛堰未筑,茅山未闸,天乐中乡之江塘未民筑,信乎无一平田非江也,无一田庐非江也。碛堰凿,茅山闸,江塘由天乐民筑,重闭叠围,江水万难侵入。苟非西江塘坍决,则虽欲求其为江不可得,今昔异势,可实地勘验者也。坝内人民不考沿革，不察地势，闻是语而震惊之，而不知是数语者，系未凿、未闸、未塘之言，且系仅指萧山邑治以南数乡之言，绍兴全县人何苦寻猘犬自啮哉？其原文内“即不泛溢”句下，又紧接以“浸淫洋溢”句，自相矛盾，文理亦欠通顺。

宋元迄明，设策备御，但于各河口多筑堰、闸、坝焉。堰则有单家堰、邱家堰、凑堰、大堰、衙前堰、沈家堰、曹家堰、杨新堰、孙家堰、章家堰、凤堰，以遏江水内溢之势。闸则有徐家闸、螺山闸，以时启闭，节水之流。又特筑龛山石闸，以为江流入海之道。坝则有临浦大坝、小坝。又特筑钱清大坝，使江水东奔山、会。

不守其外而徒支支节节于内，此是前人治水利不尽完善处，无可讳也。惟萧邑节节设有坝、堰，竟致江水东奔山、会，是直以山、会为壑矣。山、会人忍萧人之为壑于前，而反奉萧人之唆议于后，岂惟愧对蕺山，抑且愧对祖宗！

而麻溪要害处尚未筑坝。

只知麻溪山麓为要害处，而不知茅山山麓之尤为要害，眼光短促，误事不小。其所以如此者，由彭谊筑江塘至此竣工所致，使其时竣筑江塘于茅山山麓，则一般绅民之眼光将群注重于茅山，而茅山早闸矣。谁复认麻溪为要害处而坝之，且偷改而闸之哉？且既认麻溪山麓为要害，何以迟迟而未坝也。迟迟而未筑坝，则前人之不忍弃天乐中乡也明矣！

弘治间郡守戴公琥询民疾苦，博采舆论，相视临浦江迤北有一山在江中，名曰碛堰，因凿通碛堰。

查万历《萧山志》：碛堰在治南三十里。天顺间知府彭谊建议开通碛堰于西江(此西江指富阳江下游而言)。碛堰非戴公所开，志书凿凿可考，岂碛堰凿二次而始通耶？且此《志》成于万历，见闻较任三宅早且确。任《议》强推功于戴，殆为后文“令萧山于麻溪营筑石坝”数语张本，自欺欺人，欲盖弥彰矣。

遂令萧山于彼麻溪营筑石坝，横亘南北。

查《绍兴府志》及山、萧《县志》，皆云：明天顺间，知府彭公筑临浦、麻溪二坝。成化间，知府戴公琥营筑土坝，横亘南北。并无令萧山营筑石坝之事。志书具在，可考而知，不然，则偷改者也，又不然，则假托戴公之命以欺后世也。

其余诸堰、闸可不复议修筑也。

自麻溪坝成，则诸堰闸可不复议修筑。然则自茅山闸成，而麻溪坝亦可不复议修筑矣。彼持坝不可废于茅闸既成之后者，非犹欲复诸堰闸于麻坝既成之后同一悖于事理欤？

则害及天乐乡一都有半之民，夫此一都有半之民。

痛哉，此一都有半之民，愚贱暗弱，可欺侮也；寥落零丁，可压制也。惟恐人之不知而重言以申明之。此贵族视奴隶、大国待附庸之故智也！

在坝外东南，贴近猫山闸至郑家山嘴大塘者也。

明明知坝外有猫山闸，明明知闸旁有郑家大塘，则坝已退处无用之地，议者非不默认，因其负有意气，故不免略去事实卒之。事实昭著，仍不觉其流露于口也。

涝固可通沟道，由闸以泄其水；旱尤可资江水，由闸以灌其田。

江之对于天乐，旱涝均蒙其利如此。而一入天乐以内地方，则复大肆患害。江水无情，竟知私天乐而仇绍、萧。然则绍、萧人之必欲保存麻坝者，恐江水之挟仇也。且所谓由闸以泄水者，泄之于闸底欤？抑泄之于江欤？如言泄之于江也，则天乐涝时，江水亦盛，水何从泄？岂天亦择地而雨耶？

而困此山阴天乐一都有半之田土，孰与于困夫麻溪北岸萧山苎萝诸乡所跨之田土也，二者较量，孰多孰少？

天乐面积户口何曾少于苎萝、来苏等五乡，不过此一都有半之民积荒而穷，积穷而弱，势力不及数乡之多耳。且近来苎萝等乡之明达者，已稔知茅山闸之足恃、麻溪坝之无用矣。夫苎萝等乡议者谓为受困者也，而竟不困；苎萝等乡以外之山、会地方议者，并未言及受困者也，而我绍县人强自认其困，且强自认为鱼鳖，岂水能超过苎萝等乡而致仇于绍人耶？

明达如戴公，夫岂不轸念此一方也，良亦利害有轻重，地势有缓急，故不得不就筑于麻溪耳。

戴公诚明达，岂蕺山不明达乎？利害之轻重，地势之缓急，戴公知之，蕺山讵不知之乎？戴公踵彭后改一土坝，则暂而不常可知，倘能久官斯土，则改移折毁也又可知。其改筑土坝也，即轸念此一方民之心也。蕺山之欲移坝也，则所以竟戴公未成之志，而实行其轸念一方民之心也。若夫改土而石，改坝而闸，则不独无轸念一方民之良心，且具殄灭一方民之毒计矣。

使此坝一开，既无堰、闸之防，又无兴复之费，脱有不虞，将如生灵何？

数语仍系"碛堰未凿，麻溪未闸，天乐中乡江塘未民筑"以先之形势，上文不曾言天乐恃塘、闸而无虞乎？夫天乐在坝外，坝外无虞，岂尚坝内之足虞乎？"脱有不虞"云云者，岂虞茅山闸之倾倒、天乐民塘之坍决乎一旦？而水势震撼之力，果足以倾闸而决塘也，吾恐绍之三江闸、萧之西江塘亦早不保，而何暇计及天乐之塘、闸哉？

岂独萧山,即天乐迤东沿江诸乡水害,孰与御之?

天乐向称上中下三乡。上乡迤东而沿江,与中乡有山纵截之,山以南为上乡(即所指天乐迤东沿江诸乡),其地背山面江,筑有民塘以围田。地势与中乡大异,不独与麻溪坝无关系,并且与茅山闸无关系。兹言"麻溪坝一开,害且及于上天乐",激水逆流,以超重山越广陌至数十里之远,自有世界以来,此为第一奇事,复何怪激绍兴全县人之狂惑自扰哉。

山、会将并受其害。

全篇文字,只此一句轻轻说到山、会将受其害,为推度之疑辞。绍兴人何苦自重枷责,反为任三宅所笑?

附:萧山任三宅麻溪坝议

谨按:麻溪地属山阴,天乐之西南边境,非吾萧所辖也,曷为筑以石坝,而令萧输其工费哉?盖萧山东南境外有概浦江者,源出金华浦江县,北流一百余里入诸暨县,与东江合流,至官浦,浮于纪家汇东北,过峡山,又北至临浦,而注于山阴之麻溪,北过乌石江,又北至钱清镇,曰钱清江,乃东入于海。对富春大江而言,名曰小江。在府治东,曰东小江;在邑治西,又曰西小江。计此江经流麻溪之南岸以达于钱清者,皆山阴地也。经流麻溪之北岸以达于钱清者,皆吾萧山地也。水害宜均受之,但南岸皆山,延袤至于钱清而未断,山为阻截,被害之田土犹少。若北岸并无山冈阻截,一望平田,而且多通江之水口,一遇泛溢,平田以内皆江也。即不泛溢,而江水由各河以入,浸淫洋溢,无一田庐非江也。萧山苎萝乡、来苏乡、由化乡、里仁乡、凤仪乡,被害尤剧。宋元迄明,设策备御,但于各河口多筑堰、闸、坝焉。堰则有单家堰、邱家堰、凑堰、大堰、衙前堰、沈家堰、曹家堰、杨新堰、孙家堰、章家堰、凤堰,以遏江水内溢之势。闸则有徐家闸、螺山闸,以时启闭,节水之流。又特筑龛山石闸,以为江流入海之道。坝则有临浦大坝、小坝。又特筑钱清大坝,使江水东奔山、会。而麻溪要害处尚未筑坝,江水犹多冲入,虽有诸堰、闸、坝,害犹未除。弘治间,郡守戴公琥询民疾苦,博采舆论,相视临浦江迤北有一山在江中,名曰碛堰,因凿通碛堰,令浦阳江水直趋碛堰北流,以与富春江合,并归钱塘入海,不复东折而趋麻溪。遂令萧山于彼麻溪营筑石坝,横亘南北,石坝以内,始无江水冲入。南岸山阴田土固不受害,而萧山北岸污莱悉成沃壤矣。其余诸堰、闸,可不复议修筑也。又,嘉靖间,太守汤公绍恩筑三江闸以泄下流,而水益不为害。盖弘治迄今一百六十余年,无水患者皆麻溪坝之为利也。万历十六年,邑令刘公会加石重建,以杜祸源，惟惧坝渐湮圮，以踵前患。何今日突有开坝移建之议也？以为此坝不开，则害及天乐乡一都有半之民。夫此一都有半之民在坝外东南，贴近猫山闸，至郑家山嘴大塘者也。涝固可通沟道，由闸以泄其水；旱犹可资江水，由闸以灌其田。于坝无甚利害也。即使有害，而困此山阴天乐一都有半之土田，孰与于困夫麻溪北岸萧山苎萝诸乡所跨之土田也，二者较量，孰多孰少？且先时建坝之初，明达如戴公，夫岂不轸念此一方民也？良亦利害有轻重，地势有缓急，故不得不就筑于麻溪耳。且开坝之害，不可胜言，就萧山言之，麻溪未筑之先，屡有小江之患而不至剥肤者，以有塘、闸、堰、坝为之屏翰也。今尽废久矣，使此坝一开，既无堰闸之防，又无兴复之费，脱有不虞，将如生灵何？岂独萧山，即天乐迤东沿江诸乡水害，孰与御之？其横溢钱清以北，奔注于三江口者，势将倍于曩时。一遇淫霖，泛溢横奔，山、会将并受其害，讵止一邑之殷忧也。为民牧者，一审诸时。崇祯十六年。

坝外天乐乡自治议会驳绍兴县所前乡乡董赵利川麻溪坝说帖之谬

天乐旧分三乡，麻溪坝以内下天乐也，今析为所前乡。坝以外，中天乐也，计缘山共四十八村。初，天乐皆荒乡，山水下注，江潮内犯，旧《山阴县志》详载之。明天顺初，彭谊筑麻溪坝以捍江潮，且捍山水，而下天乐不荒。于是中天乐十余里为山水、江潮所汇聚，荒乃益甚。成化间，戴公琥悯中天乐之荒，于坝南里余之茅山址，系江潮所从入处为筑土闸。崇祯时，坝以内刘忠介蕺山先生悯土闸虽足捍江潮，而山水既不得西泄于坝，势不能不南泄于闸，苦一月必有半月为江潮所抵御，此四十八村者荒如故，乃创议移坝，于土闸为两利计，坝以内有幕于当道者力沮忠介，乃改筑土闸以石，而中天乐三年荒始有一年熟之望矣。夫荒三而熟一，讵非麻溪坝阶之厉哉，是以坝以外奉忠介如魁杓，疾彭谊如仇敌。彭有利人之心，未规其全，陆沉我中乡三百年，可哭；累我三县父老，习非胜是，以反对移坝者反对忠介，尤可哭也。忠介大贤也，且坝以内之大贤也，代吾中乡讼冤不得直。当时人之视忠介，亦坝内寻常一分子耳，宜不胜反对之众口。今中国凡有知识，无不以瓣香奉忠介，坝内有此大贤人，方为坝内荣，其言宜足依据。讵赵利川与忠介同为坝内人，犹悍然习焉不察，曾未一审。其与忠介反对，已无自处之余地，惜之，重惜之！敬摘其《说帖》之不合理处列上方，而列驳议如下，姑以助忠介张目，试质诸三县之俎豆忠介、主持公理者：

天乐三乡筑有麻溪官坝，系山、会、萧三县安危之大问题。

民国不应再以官压人，既曰三乡之官坝，是上、中二乡亦共安危。

下天乐乡适当其冲，受害居先。

既知受害有先后，何至三县数百里人人惶恐万状，该乡董不过以此激动三县，肺肝如见。三县多贤者，其不肯为赵利川惑而自反对，其坝以内之大贤，可以公理决之。

离坝只二十余里。

所前离坝恰止有十余里，该乡董说得太远。唯离坝一二里之间，先有苎萝一乡，其广袤不亚于所前乡，村落相望，受害宜更居所前乡之先，何以不闻惶恐？岂水有所私于苎萝乡，越之而专为害于所前乡耶？

考《郡志》及前贤《记》《议》。

何不兼考《县志》。敢问坝以内之前贤，均能如忠介否？何不一引其《记》《议》。

越始号乐土。

该乡以坝而乐土，中乡即以坝而苦海，苦且更深一层。

汉永和五年以下。

缕叙彭谊、马公臻、戴公琥仕履，与天乐乡利害何干？无非以官压人之习惯。

彭谊筑白马山闸，遏三江口之潮汐，自此内地水势始杀。

此中天乐之内地，抑下天乐之内地？若水势已杀，何[1]闸、坝之纷纷为？

宋祥符后……田湖尽废。后千有余年，明太守彭谊……

祥符系宋真宗，至宋亡二百七十二年，元八十六年，至明英宗复辟，天顺八年，一百六年。自祥符至此，合计共四百五六十年，并无千余年。若连上文"永和五年"起算，诚有一千二百余年，似乎文法还应斟酌。且算例及百，必实指，况及二百，以余字浑括之，非也。

开通碛堰，仍筑坝临浦。

然则彭谊止筑临浦坝，非筑麻溪坝乎？恐彭谊亦要向该乡董讼冤。

戴公于茅山之西筑麻溪坝。

坝系彭筑而戴公成之，非始于戴公。且坝在茅山之北，非西也。

1　原刊本为"河"字，当为"何"字之刊误。

戴公相视临浦江,下凿碛堰。

既曰彭谊"开通碛堰",相隔止数行,即改称戴公,是否彭谊凿,而戴公又凿之?

令浦江水直趋碛堰北流以与富春江合,并归钱塘入海。

富春江位碛堰之南,钱塘江东出于海。试问该乡董,浦江水既直趋出碛堰,如何能北流?又如何南合于富春江?既逆流而上,合富春江矣,更何能归钱塘入海?且上称麻溪坝在茅山之西,请该乡董细心诊察,毕竟碛堰地望在茅山何方?

不复东折入麻溪。

既云出碛堰北流以合于富春江,从何东折而入麻溪?

于麻溪筑石坝,横亘南北。

既曰坝系横亘,何以下开霪洞。天下有坝而下开霪洞者乎?且有槽有板,是闸乎?是坝乎?

明余学士煌广霪洞。

余学士即助刘忠介移坝之议者,曰"广",可见霪洞之阻水为害于中乡矣。

前清姚公启圣改洞为三,各广六尺。

余公、姚公皆与忠介同为山阴人,且皆坝以内之山阴人。岂三公在坝内无庐墓可惶恐,独该乡董有庐墓之可惶恐乎?今坝止两洞,低矬不容舟。信如该乡董言,今坝果存有三洞,就算谰语,应负此废坝之责任,以免所前乡之惶恐。三县父老闻之三洞,系该乡董自言,如所存现止两洞,则为该乡董私改,祸我中乡。二与三,寓目即瞭,请坝内人共同实地调查。

皆麻溪坝之利也。

然则余公不广而仍窄小,姚公不改二为三,所前乡岂不更利乎?姚公定三洞,而今实存止二洞,坝内人并姚公而欺之,又何有于中乡人哉?

不数十年而有汤公。

上说至前清姚公启圣,似乎汤公反在姚公之后。

断无改良更作之才。

该乡董诚自谦,恐不应抹煞三县人,更欲抹煞天下人乎?岂不闻刘忠介即创改良更作之议乎?

讵料大汉光复,而后竟视麻溪坝为不足重(轻)[1]。

前清宣统三年八月,吾乡自治会已呈请咨议局议决通过,咨抚院委黄守恩融赴地调查绍兴为塘闸事,亦开会公推鲍君香谷等从坝以外直溯麻溪上游至大岩山麓,莅勘殆遍,鼎铛有耳。该乡董等竟一无所闻,谓在“大汉光复之后”,请该乡董下一转语。

拆废者个人意见,众怒难犯,可不顾耶?

四十八村是个人否?抑众怒否?

鱼鳖三县,其忍心耶?

鱼鳖四十八村,则忍心三百年矣。

舆论自有攸归。

四十八村或不足当舆论,刘忠介移坝之《议》足当舆论否?

拆坝之本心,势必改作要津。

距所前五六里,萧山之白露塘,确乎是坝非闸。其县议会诸多闳亮已从人民之请,议易坝以桥,将谓白露塘亦以成要津而然乎?

新闸河、避海塘均可随时启闭。

未闻河与塘均可启闭。即有启闭之处,无裨中天乐全局。该乡董上文称,汤公于应宿外置泾溇、撞塘、平水等备闸,岂皆不可启闭乎?何以必断断于麻溪坝也。

坝外江潮为患,茅山闸可随时启闭。

既自称茅山闸可启闭以御江潮矣。茅山闸,大门也;麻溪坝,二门也。然则必保存此坝,何居?

居民稠密,富多于贫。

此条议所谓种类不至殄绝者,赖有茅山闸也。劳则善心生,所以四十八村于忠介社而稷之。该乡董于其稠密而富,若有妒词,是岂君子所宜出乎?

半都塘里,半都塘外,内有山洪积聚,外有江潮涌激。

塘里之山洪,胡为乎来?既云半都塘外,中有麻溪坝以为之扞格,岂非连塘外之半都,亦在江潮涌激之中?

柳塘闸即无外来之水,已汤汤不绝。

此汤汤之水,是否亦从麻溪坝而来?

---

1 此“轻”字应断在后句。盖原引文者句读有误也。

高确……稍旱绝望；低洼……小水常淹。

上文言“污莱悉成沃壤”，皆麻溪坝之利。此何以称该乡水、旱且若甚于中乡？不过要保麻溪坝，不得不言坝之利；要保该乡沃壤之粮，仍准中天乐十余里荒则起科，不得不言乡之害，遂自忘其矛盾耳。第恐该董所言，该乡之水、旱不实不尽，其信然也。则麻溪坝于所前实无益而有害，即不经中乡之请愿，所前自为计，亦宜拆之废之，朝不及夕矣。该乡董尚不考古今，不辨地望，而盲请保存，岂犹以所前乡高确低洼之水旱为未足耶？

道光初年，乡民恃有麻溪坝之蓄泄，改柳坝闸为桥。

忽忽者将百年，并不闻此闸一改，所前乡或被水患。此次中乡恃有茅山闸之蓄泄，要求改麻溪坝为桥，以矛陷盾，即援此例。坝内俗谚“麻溪坝永不可开”，此茅山闸未筑以前情形。自茅山既改石闸，麻溪坝特为下天乐第二重保障，忠介若自弃其庐墓而轻议移坝于闸，岂忠介智不若该乡董哉？查应宿闸尤为三县命脉，毛西河亦坝以内贤者，其《水利议》有曰：“麻溪咽，三江绝。”即坝内人早与“麻溪坝永不可开”之说左矣。

驳赵利川说帖后所附图说之谬

据天乐人云云……

所前乡今虽新析，犹是下天乐也。衡以粪本之谊，不应析置未久，即已自忘所前亦属天乐，而竟别有所据之天乐人。

闸在坝前，潮汐断难流入内河，照图亦属符合。

既曰符合，则虽有强词，何堪夺理！

来源从新江口起。

定名曰浦阳江，虽愚者亦知来源从浦江起，该乡董上文甫称浦阳江自金华浦阳县为概浦江，何以又改称起从新江口？前后自伐。

山、会、萧受外江之洪暴。

就坝以内论之，三江闸、西江塘、茅山闸均关三县紧要，麻溪坝实无足重轻。今坝内人听西江塘之日即于危，并不注意，而瞋目攘臂以反对忠介移坝之议，负忠介，并负彭谊筑西江塘之苦心矣。西江塘真能免三县之洪暴，万一出险，江水且倒灌坝外而为中乡害，此层非坝以内所知。须知西江塘之洪暴大，麻溪坝即洪暴亦小，以坝外有茅山闸屏捍外江，断不至以洪暴害坝内之三县。外江之入闸，必先经吾乡里余而后入坝，如有洪暴，势必吾乡先被之矣。

其支流绕大岩山、肇家桥、葛家山、上下溋湖而达麻溪。

怪哉！浦阳江之支流也受遏于茅山闸，无从灌入，反能从二十里以上之新江口逆流而上大岩山。大岩一名鹅鼻，又名冕旒，高可千数百丈，远出青化、越王峥之上，其次高之中史岭亦六七百丈。因大岩村以名岭，岭亦高二、三百丈，即岩麓距江口之地平，高低且一二十尺。《图》载岭南有支流，岂黄河之水天上来耶？该乡［董］信口开此河，亦扪心一问否？孟子曰："激而行之，可使在山。"浦阳江之支流，非该乡董激之，宜不至此。江口恰有一支流，东行二里至欢潭村，自村至山麓陆行七里，不见有支流，意者如济水之伏流乎？夫江能逆流，一奇；逆流至陆地忽伏流至山麓，二奇；伏流至山麓，忽趵突而起，超越二三百丈之岭，达大岩山北以出麻溪，三奇。麻溪即是大岩北麓之水，并非江水有支流至南麓，跃起而逾二三百丈之大岩岭由南而北之水。该乡董即有愚公移山手段，地望不容倒，土人不可欺，惟该乡董自欺以欺三县耳！忠介《天乐水利议》谓：麻溪发源肇桥，止十五里逾坝入内河，不过半都之水，均分三县，讵盈一箨？敢告三县明者，请至大岩山之南与北而目之，如南麓实有新江口之支流能越二三百丈之岭，而北出麻溪，中天乐虽永为鱼鳖，亦不复议及麻溪坝矣。否则，何以教吾乡？其《说帖》又言："今拆废官坝而不先呼吁，此后之骇波巨浪势必回拥山栖。"该乡董非言江水逆流，即言回拥。东、西人讲水学，必以机挈之而上，始能自上下下，四达不悖，该乡董殆有得于此乎？吾乡既有超越二三百丈山岭之江水，又有回拥山栖之骇波巨浪，无论匡庐台荡之瀑布，即瑞士之阿斯干第那半岛、英美交界之加拿大南端、日本之日光世界所号为最大瀑布者，均不得专美于天下。惜乎，吾乡有此奇境、有此伟观，若该乡董以一呼吁了之，未免太煞风景矣！

至茅山闸之作用，非但能塞上源，反迫激麻溪坝之水汛耳。

若如该乡董所云，且更议拆废茅山闸而后可。人既不自顾其身居何等，不惮反对其里之大贤，则亦何惮拆废一茅山闸乎？

照印赵利川等说帖及图

具说帖。绍兴县所前乡乡董赵利川、议长娄克辉同议员公民等谨说者：窃绍兴之天乐三乡，有麻溪官坝以御水患，系山、会、萧三县安危之重大问题。自上、中天乐有公牍呈县参议会，运动拆坝之举，三县居民人人有身家田庐之患。所前乡即下天乐乡，适当其冲，惶恐万状，缘离麻溪坝只二十余里。上、中天乐在麻溪坝之上，所前乡在麻溪坝之下，若竟听其拆废，受害居先，故不得不考《郡志》[1]及前贤《记》《议》。叩贵议会而说之：吾越夙称泽国，水九旱一，地错中下。自汉有太守马公，明有太守彭公、戴公、汤公筑湖建闸，前后相继，而越始号乐土。按《郡志》：镜湖在府城南三里，亦名鉴湖。后汉永和五年，太守马公讳臻，字叔荐，茂陵人，创开鉴湖，筑大塘以潴三十六源之水，溉田九千余顷，又界湖为二，曰东湖，曰南湖。南湖所灌田，在今山阴境；东湖所灌田，在今会稽境。水少则泄湖溉田，水多则泄田中水入海，无荒废之田、水旱之岁者，此也。宋祥符后，民渐盗湖为田，二湖合为一。今则皆起科而田庐尽废矣。后千有余年，明太守彭公讳谊，字景直，东莞人，中乡举，景泰五年擢右佥御史，提督紫荆、倒马诸关，天顺初罢巡抚官，中朝有不悦公者，下迁绍兴知府，历九载，多惠政，相西江上游建议开通碛堰，仍筑坝临浦而截之，又于下流筑白马山闸，以遏三江口之潮汐，自此内地水势始杀。迄成化间，太守戴公琥，字庭节，浮梁人，起家乡贡，由南台御史来知绍兴，于茅山之西筑麻溪坝。按麻溪坝在山阴县西南一百二十里，浦阳江自金华浦阳县为概浦江，北流一百余里入诸暨界，或分或合，遂为大江，至萧山之官浦、纪家汇、峡山、临浦而注于山阴之麻溪，北过乌石山，又北，东至钱清镇曰钱清江，然后穿内地而入海。其经麻溪南岸以达钱清者，山阴境也；经麻溪北岸以达钱清者，萧山境也。于是两岸水口外筑塘、坝、堰、闸以捍江水，而犹患横溢。戴公相视临浦江，又凿碛堰，令浦江水直趋碛堰北流，以与富春江合，并归钱塘入海，不复东折而入于麻溪。遂于麻溪营筑石坝，横亘南北，下开霪洞，广四尺，后山阴乡官学士余煌广其霪洞，前清山阴乡官福建总督姚启圣改洞为三，各广六尺。迄今山、萧南北岸无江水之冲，而污莱悉成沃壤者，皆麻溪坝之利也。然麻溪坝御水之上流，而下流不泄，水患犹未尽平也。不数十年而有汤公，按陶谐《建闸记》：公安岳人，讳绍恩，字汝承，号笃斋。嘉靖五年擢第，十四年由户部郎中迁德安知府，寻移绍兴。下询民情，实惟水患。于是相厥地形，直走三江，江之浒山嘴突然，下有物巉然。其西北，山之址亦有石隐然起者。公图其状以归，议诸寮属，皆往，相视之。掘地取验，下及数尺，果有石如甬道，横亘数十丈，公曰："两山对峙，石脉中联，则闸可基矣。"因访义民百数十人，分任效劳。命石工伐石于山，授以方略，使用巨石，牝牡相衔，煮秫和灰，固之其石。激水则剡其首。其下有槛，其上有梁，

---

1 此指前人所纂《绍兴府志》。秦设三十六郡，内有会稽郡。郡比县大，与后世之府相埒。

中插障水之板，横侧掩之以石，刻平水之准，使启闭惟时。洞凡二十有八，以应天之经宿。六易朔而告成。又于塘闸之内置数小闸，曰泾溇，曰撞塘，曰平水，以节水流，以备干旱。从此三县蒙恩。溯四公之宏猷伟绩，千百世下断无改良更作之才。讵料大汉光复，而后竟视麻溪坝为不足重，轻议将拆废者，个人意见其可行耶？众怒难犯可不顾耶？鱼鳖三县其忍心耶？总之，事关三县，舆论自有攸归。敝乡之对此问题有不能缄默者，爰推上、中天乐其拆坝之本心，势必改作要津，通商船以射山海之利。若因坝外之江潮为患，则伊乡之朱家闸、茅山闸、新闸河、避海塘，均可随时启闭，水则易盈易涸，旱则有车有济。居民稠密，富多于贫，一坝之存亡何碍？敝乡则半都塘里、半都塘外，内有山洪积聚，外有江潮涌激，若非麻溪坝之克御，上流其鱼之叹顷刻间耳。而况敝乡田亩村落，惟山栖圈居多数，圈内蓄溪水七十二条，必出柳塘一闸。即无外来之水相壅激，已属汤汤不绝。高确则有大坞、小坞、东坞、西坞等塘田，势如梯级，稍旱绝望；低洼则有城湖坂、鱼荡坂、张家坂、湾里坂，田四形若锅心，小水常淹。是以钱粮、塘闸捐二项，与上、中天乐一律，至前清道光初年，柳塘闸倾圮重修，乡民恃有麻溪、三江之蓄泄，改闸为桥，从此山栖圈之，御水机关一无抵制。今对拆废官坝而先不呼吁，则此后之骇波巨浪必回拥山栖，从何补救？为此将敝乡与上中天乐乡……云云。（下略）

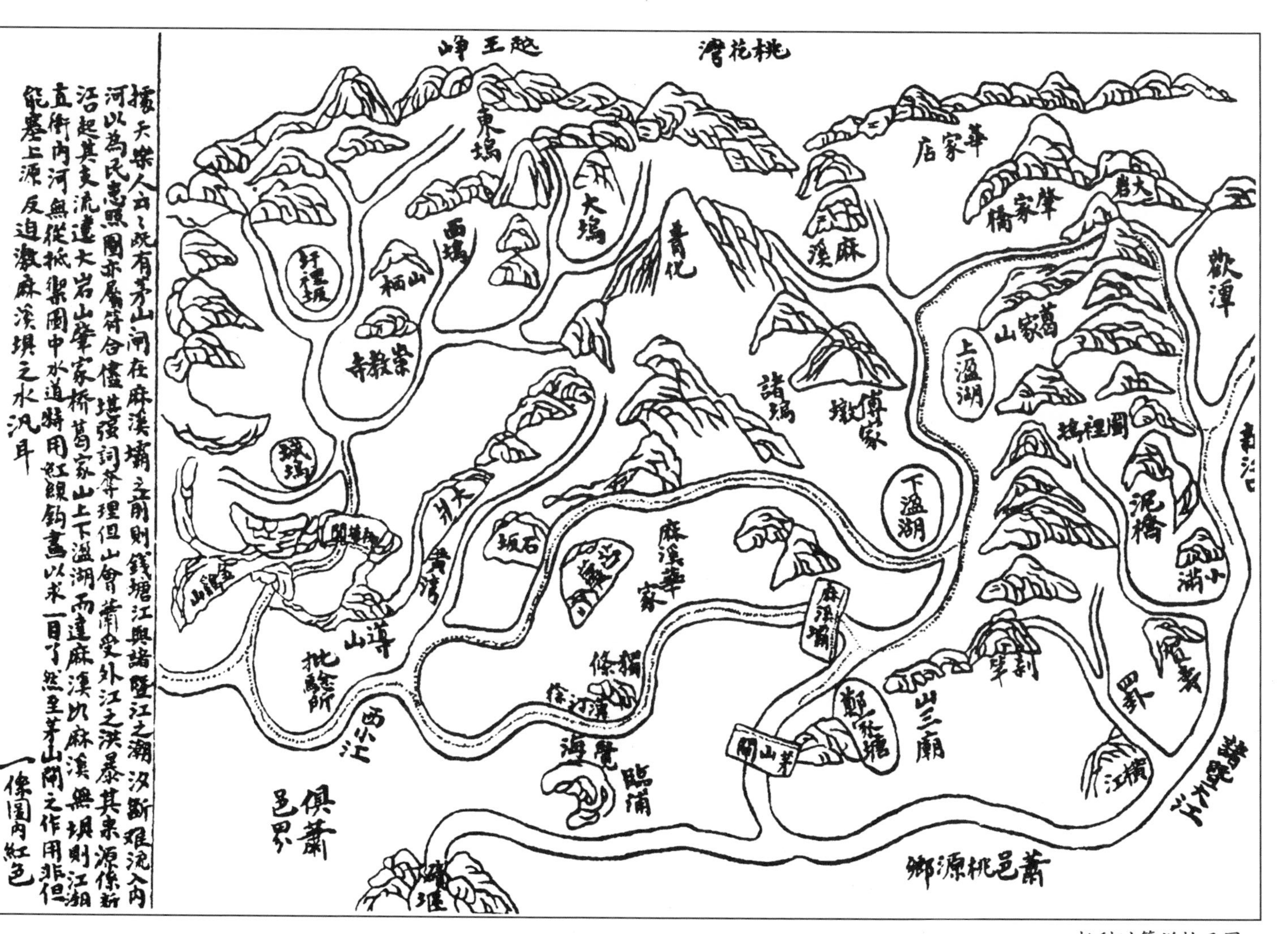
據天樂人云：既有茅山閘在麻溪壩之前則錢塘江與諸暨江之潮汐斷難流入內
河以為民患照圖亦屬符合儘堪強詞奪理但山會蕭受外江之洪暴其來源係新
沿起其支流達大岩山肇家橋葛家山上下溢湖而達麻溪以麻溪無壩則江湖
直衝內河無從抵禦圖中水道特用紅線鉤畫以求一目了然至茅山閘之作用非但
能塞上源反迫激麻溪壩之水汎耳
一像圖內紅色
赵王峰
桃花灣
華家店
東塢
西塢
大塢
青化
麻溪
肇家橋
大岩
歡潭
葛家山
上溢湖
下溢湖
諸塢
傅家墩
栖山
紫教寺
麻溪華家
石城
茅山
茅山閘
麻溪壩
西小江
俱蕭邑界
蕭邑桃源鄉
諸暨大江
臨浦
峽山
泥橋
江橫
三廟山

赵利川等说帖及图

麻溪改坝为桥始末记卷二

绍兴王念祖纂

记　事

谢仁侯水利碑记

闻之□建者不□□兴利，务令慎厥有终之谓贵。繄此天乡，阻山滨江，□县百里□能□□□□□□□□□□□□□□□雨不崇朝而内冲外激，田□五六万悉成巨浸，遂名曰上下溋湖，民其鱼鳖□□矣，□□□□□□□□□□□□□□□闸实□攸赖，然而鸠工未尽也，典守未备也。嗣□毛、杨二侯踵行□□□□□□□□□□□□饬立闸夫四亩七分，共一十六亩，意欲牧宁百姓，藉以图存，讵料□□非人，欺公济私，□□甲戌秋望之灾□□□□□□□□□□□□□果若斯也，将四都之民竟无起色乎？□□□□鉴□赐我仁侯，征取□税，委询疾苦，念□民□胡独困此一方，亟以法惩其不恪者，而又□□□□□□□□□□□□□□□□□□□□□□□盖拆坝为桥，水瀹有常，令为匿税计而转□茅山□闸所致归□□□屡思□□耶？□□□□□□□□□□□□□□其祠宇之圮者，并立石以戒。舟师之毁拆者，叮咛晓谕□□□□功，即古已溺已饥之思□□□□□□□□□□□□□□□得耕耨以时，其造福宁有既哉，不啻轶前徽而过之矣。向使侯或躬亲于甲戌之先，大浸稽天能为患耶？所称谓永厥终者，不信然欤？□□勒铭□□□□□□□□□□□□□□□□□

随刊有声，历偈群退，洒沉堑淹，乐利永垂。实惟明德，载馨斯□，攸居允奠，永□尔□□□□□□□□□□□□□□□□□□为新，桑柘影锄，均切孔怀，鉴兹懋绩，福禄骈绥。

侯讳鼎新，别号汝观，明崇祯甲戌进士，直隶溧阳人，赐同进士出身，通议大夫□命特召前顺天府府尹□□□□□□□诏起□□□侯□□□□□□□光禄尚宝少卿丞、礼部仪制清吏司主事、行人司行人

□□□

□□□□举人　王开阳

生　张天柱　唐应迁　王良忠

葛亮寄　张洪典　李树玉

监生　章大奎　陈于衮

员　张用新　张济龙　华文治

裘觐复　陈大典　王柳元

崇祯八年乙亥季秋之吉

重修茅山闸记

刘蕺山先生移坝之策阻于任氏，既不得行，乃慨然有茅山建闸之议。其计画具详于先生《建茅山闸记》中，不具赘。先是成化间知府戴公琥于茅山之西筑闸，二洞以节宣江潮。久之闸圮，至是先生乃改筑三洞，皆以寻为度，高视旧增四之一，甃其上半，内外皆设霪门，中施版干，以便启闭，事详《绍兴府志》。道光六年，邑侯石公同福以茅山闸倾漏，惧为民患，集绅耆议修复，苦无要领。里中戴山金先生与张海尊、赵庚、张庆增、裘用宾、金云亭、金文治、诸国泰、金跃诸先生合力董其事，醵资兴修，于道光七年二月十五日兴工，先期筑御潮、截洪二坝，皆告成。时石公以卓异引见，周君镛莅任，详请开麻溪坝，泄山水出三江。十月十六日拆旧闸，十二日定闸基，叠石六尺，江潮大涨，内外土坝同时陷决。有鱼名斜鲠者，千万为群，攻岸为穴，已成之工瞬息毁坏，遂祭于蕺山先生庙，为文以祷之。至道光八年四月遂告成功，闸身长八丈[1]，高二丈二尺，阔三丈六尺，自底至面叠石十九层，霪洞三，各阔八尺，洞旁立石，凿槽施板，以资启闭。闸旁建刘公祠，岁时祭享。又建小屋两楹，安宿闸夫。里人有碑，记修闸事綦详，附载于后。

蕺山先生移坝之策，萧山任三宅实阻其成。至不得已，乃建茅山闸，谓慰情，聊胜无也。而其功固已伟矣。上年，废坝之议起，其不溃于任议长之手者几希，乡人之言曰：吾乡不幸靓此两“任”，前“任”后“任”，其揆一也。虽然，余于任议长不敢厚非之，其用心犹可原也。所短者懵于形势，而发为危言，几误大事耳。试引而致之茅山之颠，横览遐瞩，洞察利害，盖将悔其前日之所为而负疚不置也矣。

王念祖附识

1　底本刊为“尺”，当为“丈”之误。

金戴山公行述

公讳鳌，字戴山，武略佐骑尉佐清公长子也。性严毅，有胆识，遇事敢为，必求其成。幼读书知大义，以好武略，舍去。年十九应武科，受知于学使。道光六年间，公年廿八岁，邑候石君同福议修茅山闸，众举公董其事。先是茅山闸倾漏，父老皆忧之，惧不能集事，议每中止。石君之议修也，至闸座集绅耆、塘长等与之谋，皆茫若望洋，莫知所措。佥曰："闸当江潮山水之冲，恐一经拆造，成功无日，水患一至，其祸蔓延将无底止。众以为难。"公曰："合乡性命全赖此闸，不急修，必决，决而受害，其伤必多，是宜修。"众曰："若水患何？"公曰："修之而水患尚可预防，不修而水利请问安在？"众咸目公，公归，告于家庙，与族兄云亭、文治，族侄跃商酌，凡水道利害及工作料物，皆再三筹画，得其大概。翌日，又会议于火神庙，公曰："江潮可作坝拒之，内水可由麻溪坝约束而入，出于三江，又，筑内坝以防山洪骤长可矣。"众又以派费为难，公曰："此公事也，谁不乐从？田坂有远近，利害有轻重。下溋湖于闸最为切要，每亩派钱四百文，其余各坂每亩派钱二百五十文，足矣。"众恐不敷用，公曰："但须捐得若干数，倘不足，皆我任之。"众大悦，举公董其事，张德尊、赵庚、张庆增、裘用宾、金文亭、金文治、诸国泰、金跃协助之。七年正月，公购料齐备，石君详报，定于道光七年二月十五日开工，先期筑御潮、截洪二坝，皆告成。石君以卓异引见，周君镛莅任，详请各大宪开麻溪坝泄山水，出三江。十月十六日拆旧闸，越三日清闸底，见闸底闸柱坚固异常，请于周君，周君命仍其旧，水矶稍有损坏，即改作之。十二月初二日定闸基，至十六日，叠石仅六尺。其日，江潮大作，增筑土坝高四五尺。至暮，疾风暴雨，浪发坝上，高至丈余，公率众救护。有鱼名斜鲠者，尖头锐尾，善攻岸为穴，千百为群，随潮涌至，攻穿御坝瞬息十余处，潮随漏入，声若雷鸣，工人皆惊走。公立坝上最险处，众心稍定。重赏善泅者塞其穴，每穴一金，水稍止。自十六日卯刻救护至十七日午刻，塞穿漏数百，风雨稍息。公之赴救也，触石伤足，血流遍地，然不自知，督救益力。及风势稍定，始觉痛楚。将归裹足，忽闻漏声，而已不可救矣。截坝较御坝稍低，水与坝平，同时被决，湖内淹没者数百家，公竭力堵塞，下柴皆随浪冲去，下石皆扫归闸潭。闸潭者，水矶下冲激之处也，广五六亩，深不可测，量不可以填塞，无可奈何，祷于刘公之庙，水稍平即下柴堵塞，旁施板簟，以防穿漏，上则用泥压之。坝已坚固，无如河底悉是涂沙，穿从底过，无可寻觅，势不能以复塞。公祭于刘公之庙，其文曰："呜呼，有千古不敝之精神，无千古不敝之形器，其必敝者，全赖不敝者以贞之，则虽敝而终归于不敝，承承继继，皆前人之灵爽所式凭者也。先生传千圣之渊源，成一朝之柱石，心光日月，气壮山河，所作茅山一闸，赖以备一乡之水旱者，不过小焉者耳。昔程子修筑檀州桥，后见大木心辄计度，盖身所经理者，事虽小不能忘情焉。先生当明季土崩之际，天时人事俱已无可挽回，生死存亡谅已早决。甲申岁，犹与故乡父老建闸于此，诚以乡土情殷，绸缪备至，恐猝遭大变，遗憾无穷。所以亟亟于此者，盖欲为故乡子弟谋万世之安也。近年来，闸已倾漏，某等奉邑父母命，派费重修，修造未半，猝遭水患，内外土坝同时陷决，合乡之人无不受害。水势稍缓便即堵塞，今外坝已就，惟斜鲠为患，时时穿漏，百计阻塞，徒劳无功。昔昌黎治潮，鳄鱼赴海，精诚感格，冥顽通灵。某等无昌黎祭之之诚，又无原吉[1]杀之之智，遭兹小丑，致误巨工，缅想前贤，汗惭雨下。恭维先生殁而祭社俎豆犹新，时虽隔乎古今，情自通乎桑梓。即或岁时不顺，犹且敬奉明禋，况乎恩泽所留，岂不力为呵护？惟是外拒江潮，内泄洪水，奔雷走电，日夜冲撞，土石之力，能有几何？二百余年，不能无坏。邑父母仰承德意，加惠子民，谬委某等与闻工作，谁知办理不善，遭此奇祸，谨修尺素，敢告先生，神之格思，体物俱在。尚飨！"祭毕，又购大鱼，传檄于东海，并用夏公法以石灰填之，斜鲠遂绝。道光八年四月告成，署太守聂公铣敏履勘转详，抚部院刘公彬士奏请议叙，石公韫玉赐碑，勒其文曰："昔管夷吾之论水利也，曰水者地之血气，如筋脉之流通者也，是以圣人之治于世也，其枢在水。是说既传，故后世谈治术者，必曰水利。夫水之为利于民诚大矣，然亦未尝无害。田畴之灌溉，舟楫之游泳，是其利也；天有霪雨之灾，地有怀襄之眚，是其害也。祛其害而收其利，是非人力不为功。山阴为绍兴负郭之邑，所辖有天乐乡，其地濒江，往时为潮汐泛滥之地。明时刘宗周公创议建茅山坝以拒江潮，于是，天乐乡等八坂共田壹万贰千贰百余亩始可种作。其事垂今将二百年，岁月既久，闸座倾颓，前功将弃。予长子同福于道光某年移宰斯邑，因邑人之请，相度厥址，咨诸父老，及时修建。适有武生金鳌请任其事，爰庀工鸠材，诹吉兴工。闸身长八丈，高二丈二尺，阔三丈八尺。自底至面叠石十九层。霪洞三，每洞阔八尺，洞旁立石，凿槽施板以为启闭之用。闸旁建刘公祠，岁时祭享，以申邑人报本追远之志。又建小屋两楹，安宿闸夫。自七年七月起，止八年四

1　此指明初重臣夏原吉治理浙西水患事。下文"并用夏公法……"句，其典同出是役。

月告成。凡用金钱六百有奇，金生独捐贰百金，其余则各塘长按亩敛钱，以足成之。功既竣，邑人请勒碑纪其事。窃谓世间事作之难而守之尤不易也，此闸自念台先生议建以来，论者谓其捍御江潮，保护汙田二百余顷，岁纳其稼，给万人之食，其利溥矣。而更有利焉者，岁旱则收外江之潮，可以资灌溉之利；水溢则泄内河之溜，可以免昏垫之灾。是在司其事者善为启闭而已。如是，而一方之民享其利，消其害，庶不负先贤创建之苦心，而此日邑人修举之劳，亦久而不废也。是为记。”公曰：“按亩派费，于修闸本足敷用。其坝工、水工縻费多金者，安知非办事不善之咎？捐赀本不足道，即少效微力，而各塘长及各执事俱有勤劳。幸沐议叙，已属过分，安敢勒碑以示后世？惟邑侯为民兴利不可以不传。”命侄跃另撰之，其文曰：“麻溪自古不通江潮，与诸、义、浦[1]三县之水合流而聚于鉴湖。前明天顺间，塞麻溪，开碛堰，决三县之水注于钱江。由是，江潮逆流而上，与三县之水相冲激，而天乐一都半之地遂为巨浸。太守戴公琥筑闸于江岸，以御江潮，稍可耕种，然而闸小地旷，堤堰不坚，时有溃决之患，十岁九荒，不堪其苦。先贤刘忠介公遭明季之乱，不获大用，退居于越，思有以展其经济，以垂裕于万世。于是，悯一方之颠覆，筹山阴、会稽、萧山三县之利害，而移戴公之闸改筑于茅山。茅山者，西接江塘，南带郑家塘，山水之扼要，而山、会、萧三县之所恃以为呼吸者也。时有不知谁何之任三宅，倡‘麻溪永不可开’之说，致三县之民不获实受其利，而天乐一都半之水终为麻溪所阻，不得泄，往往溢入田庐，至十余日不退。幸恃茅山闸为外卫，俟江潮交泄之日，放干河道，以待山洪，而山洪之为害少减，较之十岁九荒时，已不啻起死人而骨肉之矣。刘公以经世名贤遭时不遇，退而为一乡一郡之民兴其利而除其害，其心亦良苦矣，而犹阻于邪说，卒不得行。此刘子所为痛哭流涕，而托诸空言，以俟百世之圣人复起也。然自有此闸，而天乐一都半之民已沐其恩矣，立庙闸左，岁时必祝之，此民之心也。二百年来闸已渗溜，前邑侯石君恐先贤之遗迹就圮也，急命兴修。选董事五人，按亩醵费，以附居近闸者总其事。开工之后，石侯以卓异升任，周侯来莅兹土，下车即经理闸务工程，更选三人共任其事，以讫于成功。工成，父老命跃曰：‘茅山闸幸告成矣，吾辈世居闸内，依闸为命，效力捐赀，分所应得，不书名可也。石侯、周侯修先贤之遗迹，救天乐一都半之民命，其恩不可忘，请书之以勒石于刘公忠介之庙。’石侯，名同福，字敦甫，江苏吴县人。

1　此指诸暨、义乌、浦江三县。下同。

周侯,名镛,字和庵,湖北汉川人。闸自道光七年七月开工,至八年四月告成。里人金跃敬献文曰:水旱自天,凶丰视地。补救斡旋,是在良吏。维我天乐,古称瘠壤。碛堰一开,江潮涌上。旁溢倒流,莫可名状。嗟我乡民,遭此沉沦。蜃田蛙灶,与鬼为邻。死亡相藉,行者莫慬。天生刘子,主持明季。道大莫容,为世所忌。解组归田,乡人是庇。乃择茅山,依山筑闸。惠我天乡,莫不被泽。公曰惜哉,未竟其役。佑启后人,垂以三策。历年二百,壤朽石泐。江潮击之,导虚走隙。虹贯雷飞,目动股慄。天赐成功,来我石父。狱讼轻闲,巡行比户。到我茅山,询我疾苦。爰命兴修,万民鼓舞。乃述前贤,均役以田。购料鸠役,畚挶俱全。天子命之,即日荣迁。维贤侯周,抚理兹土。夙夜维勤,百废俱举。易旧以新,以终厥绪。茅山巍巍,刘公之德。岁久就倾,民忧饥溺。伊谁复之,二侯之力。麻溪永清,刘公之心。江潮穿溜,乡民震惊。伊谁奠之,二侯是平。安我庐墓,复我田畴。殷因夏造,厥功允侔。始时乡民,卧不贴席。今此乡民,安坐而食。始时乡民,忧心如捣。今此乡民,欢声载道。黄发怡怡,妇子欣欣。奔走偕来,聿观厥成。金跃作碑,以颂大德。义不取谀,词皆从实。社立栾公,祠新朱邑。勒之贞珉,刘公是式。”又,周侯赐联云:“砥柱同功,惠垂首邑;恩纶拜宠,荣晋头衔。”公笑曰:“此适足以贻笑大方耳。”命藏之。时公年三十,其年乡试不售,遂绝意进取,与村中父老谈农圃而已。

修筑天乐中乡江塘记

天乐中乡江塘之在外者,曰泗州塘,曰沈家渡塘(又称西徐坂塘),曰茅潭塘。塘随江道曲屈,共长十二里有奇。其内筑杜衖庵塘、珊山庙塘、下邵塘、茅山塘重蔽之,皆取弦势,短于外塘三之二。悉由民力自成,官不过问。清同治初,江潮俱盛,水决外塘,入犯内塘,下邵塘适当冲而决,决处深激为潭,不可测。塘长等每有事于塘,必提议修筑下邵塘事,辄以潭深不可施工止。岁癸丑,上距下邵塘决口之岁已四十八年,于时麻溪坝奉部令废改为桥,中乡水利渐有起色。前乡董汤农先先生乃倡议修筑下邵塘,邀集四十八村父老于杜家衖村之珊山庙,以三事付议公决:一、修筑江塘,内外孰先?二、捐派塘费,范围孰准?三、塘费捐数,多寡孰宜?佥议曰:宜先修筑下邵内塘;塘费派捐宜以从前江塘决口被害之处为准;工程艰巨,费不足不克底于成,凡田一亩,宜捐费五百文。议既定,往视决处,果极深不可施工,乃议移入旧决处二百步内之坂田上起筑,首尾与旧塘衔接,而避出旧决处,取直径计百丈,自下邵村口东北起,至磡头颜村之北磡止。十月某日兴工，凡竹木、灰石、畚锸、簟索……一切需用之具先数日咸备，人夫大集，各应其用，无患不给；一日数十役，一役数十人，各举其事，无有不称。凡泥均挖取于对塘各田，塘底面积步之可三十余亩，多近塘各村居户产，咸愿割让以便工成，其舍己从人勇于公益也如此。新塘全身计合英尺长一千零六十三尺，高十尺，面阔十五尺，底阔四十六尺。以英尺计算者，因塘工系浙路工程师陈叔胤君勘定而又相助为理也。下邵新塘既成，遂分工修葺泗洲塘、杜衖庵塘、珊山庙塘、茅山塘，加高培厚，弥隙添桩，工费与新塘埒。次年春，一律完工，高大坚实，视西江官塘有过之无不及，实维绍、萧二县之外障，讵独一乡蒙其利哉！是役也，汤农先先生始终总其成，佐之者，浙路工程师陈君及同里诸先生。农先先生家距塘约七八里，星出月归，无弛晴雨，事无纤巨，必躬必亲，募资不及济用，则农先先生任垫发以周转之，尽心力与财力为地方谋乐利。宜乎人谋毕协，各能分尽其心力以相与有成也。甲寅莫[1]春，下浣里人葛陛纶谨记。

改建新闸桥屠家桥记

甲寅春，蕺社告成立。四十八村父老咸会于临浦火神庙，议重建新闸桥、屠家桥事，遵部令也。蕺社社长汤农先先生宣言曰："新闸桥为商旅通津出水要口，桥身太低矬，一水即病涉；茅山闸所泄之水，又为中墩梗阻不畅速，水利交通两病，宜速改建。"佥曰："可。"又问曰："改建桥身，平与圜孰便？"佥曰："圜桥便。"于是公推华丈旭初，陈丈济川，裘君锡章，童君寄卿、止强，汤君楚珊，陈君以忠、益智，鲁君六铭九人董其事。九人又互推华丈旭初总其成，华丈力辞，社长言曰："华君毋辞，兹事体大，非数人之力所能胜，仆当随诸君后分其劳，募捐经费，倘不能以时济用，由仆暂垫给，其营度工料等事，请与诸君互酌而行。"皆曰："诺。"五月某日兴工，卸桥全身，及底而止。底距水面丈许，不能瞭见其松实，裘君锡章亲泅入，手揣之出，以贴西北岸之底未实告。因内外筑两土坝，戽水使尽，务露见底面以便兴作。潮至决坝则停工，屡决屡筑共七八次，而下桩、填石、嵌缝诸工以完。盖地处江冲，一月间朔、望两潮汛之进退居其半，与潮争时以施工，故筑坝及戽水皆以夜。董其事者，昼夜均不得休息。底工成而天适旱，内河水道干涸，石料艰于运，势不能停工以待，乃将原桥块西

1 "莫"，同"暮"。

北岸关帝庙之当冲者移出之，内河之屠家桥拆卸之。一面奔走上、中天乐各村劝募经费，无一人一时敢自暇。及十月，内河水通，石料陆续运到，新闸桥、屠家桥二工并兴，日役人夫百，纷纭旁午，足不停趾，饭不暖席。又以其余力筑茅山闸内外两石埠，于闸上建戏台及屋数楹。社长与董事和衷协力，整齐划一。迄功之成，无倦容、无废事、无遗料；役工以万，无毫末伤害。经始于甲寅夏五月某日，落成于乙卯夏三月某日。计新闸桥原阔一丈八尺，除中墩八尺，高一丈四尺，面广一丈五尺；现在改作圜桥，计阔二丈八尺，高三丈三尺，面广一丈六尺，洞板七肩左右，堍头十二丈，桥外筑大抢水二座，成三角形，桥内筑河埠及抢水二座。屠家桥原高一丈二尺，阔九尺；现在改作圜桥，计阔一丈七尺，高一丈六尺，面广一丈，洞板五肩左右，堍头四丈八尺。共用银圆八千三百五十一元八角四分二厘，除巡按使批饬绍兴县拨助五百元外，皆系募集。凡捐助者另列入《征信录》，兹不赘。乙卯夏五月里人葛陛纶谨记。

蕺社成立记

吾越代多君子，有明更盛，阳明、蕺山、梨洲[1]接踵而起，德、言、功俱足以不朽。而艰贞蒙难，具爱国之忱，尽成仁之旨者，以蕺山刘先生为尤著。当明之季，边祸日亟，流寇复起，天下岌岌不可终日，先生方以直谏被斥归，既归，则讲学蕺山以诏后学。其后，北京陷，福王监国，起原官，先生以大仇未复，不敢受职，自称草莽孤臣，屡疏陈天下大计。及南京陷，先生遂绝食死。文、谢[2]以后，一人而已。先生起家孤苦，以正立朝，以学明道，以死殉国，其志节行诣彪炳《明史》，为全国人所景仰，非吾越所得而私，更非吾乡所得而私。独是先生侨寓吾乡，实于麻溪讲学力田，故于吾乡水利知之独稔，言之独切。其移坝于闸之议将三百年，吾乡卒得根据定论，改坝为桥，先生有知，亦为凌云一笑。况今世变益亟，道德沦丧，戎狄禽兽变而愈下，读先生《人谱》一书，汗涔涔下。读其书想见其为人，将以针砭末俗，非是焉赖？同人等爰有蕺社之组织，既以慰先生爱中国之灵，又以慰先生爱吾乡之灵。奉其道德，互相砥砺，以克救世，梓桑末学，咸共有责。仅仅以先生能爱吾乡，尸而祝之，有如畏垒，此犹未足尽吾乡人所以爱先生之苦心也。后学葛陛纶谨记。

1　原刊本作“阳明、梨洲、蕺山接踵而起”，则序次大误，今作改正。

2　此指文天祥、谢翱。

重修火神塘记

浦阳之滨，自临浦至尖山，塘圩绵亘，约十七里强，皆民塘也。而火神塘为其一，塘之外积沙壅其东，曰燕子窝，曰老鹰嘴，曰李家汇，名曰三大汇。燕子窝处上游之颠，老鹰嘴踞其中，李家汇居其下。故三汇之中，李家汇距塘近而贻患为最烈。上游诸、义、浦三江之水顺泻而下，如高屋之建瓴，燕子窝阻之，老鹰嘴又阻之，迨逼近临浦，而李家汇又阻之。加以钱塘之潮逆流而上，于是乎上流之水怒不可泄，而以雷霆万钧之势，使陈旧衰朽之塘身受之。岌岌乎，火神塘其危哉！天乐中乡之民离塘最近而受祸最巨，塘故为乡人私财所筑，数百年来不耗官家一文钱，努力奔走，疲于修缮，私人之力有限而江水之险无穷，其为患也，可谓巨矣。民国二年，绍、萧二县公民吁于官厅，屈民政长批令绍县知事筹款，会同西江塘局长邵文镕从事修葺火神塘，是为动用公款之第一次。嗟乎！西江塘者，绍、萧人民生死之关键也。而火神塘者，西江塘之屏蔽也。《传》[1]曰："辅车相依。"又曰："唇亡则齿寒。"天乐中乡之民勤于此塘者，无所不用其极。盖使两县之民受其利而不自知者，垂数百年焉。民国四年秋冬之交，水势应杀而反涨，火神塘骤然卸陷者十之五，秋实既烬而农力已疲。哀哉！吾乡之人也。公民汤兆法等，暨临浦商务分会经理吕祖楣等，以其事先后状于官，巡按使屈公映光、都督吕公公望皆能知民疾苦，饬所司就地方公款酌量补助，而都督吕公又捐俸二千元，委都督府顾问官袁钟瑞赍款兴修，并责成绍、萧知事筹款解用。同时绍、萧知事请于上官，以风灾工赈款项尽数拨作修筑火神塘费，上官可之。遂于民国五年某月鸠工兴修，培土以增其高，抛石以固其基，补苴缀拾，历数阅月而后成。督工者为袁钟瑞，董其事者为汤寿宻、吕祖楣，验收工程者为王济组。是役也，亦地方乐利之本也，不可以不记。鲁雒生。

蕺社题联

展册溯流风，馨香不朽。居千百载儒林专席、道学名家，岂惟枌社铭恩，艳说[2]安澜资保障。

论功同应宿，惠爱勿谖。看四十村报德鸣弦、胪欢[3]酎酒，来就茅山稽首，争酬

1　指《左传》。

2　"艳说"，指艳羡地评说。

3　"胪欢"，歌呼欢腾。

遗泽祝丰年。

光绪辛巳　汤沛恩撰立

九原恨不诛三宅
一闸真应戴二天

甲寅夏　蕺社同人

有闸可无坝，先生坝内人，愚岂从井，为吾乡独抱不平，三百年来两沧桑，上策行矣！
曰溪明非江，贱子江畔产，活此一方，与先贤同膺无妄，四十八村诸父老，于意云何？

甲寅夏　后学汤寿潜

息壤告成，如太守三江应宿。
鬟河底绩，唯先生一路福星。

吾乡厄于坝三百年，移坝上策至今始得实行，茅山旧有祠，父老益扩大之。时方养疴庐山，寄题此联，博先生凌云一笑。

甲寅夏五　后学汤寿潜谨题

酬功山顶瞻铜像
报德岗头奏石琴

后学吕祖棡

畏垒大穰宜社稷
茅山明德共平成

后学汤寿密

一坝存亡关劫数
两湖上下尽恩波

后学汤公度

以桥易坝，有志竟成，勒石上苗山，到此披云重见日。
越明而清，吾谋始用，濒江营蕺社，大家饮水共思源。

后学汤寿铭

视犹己溺，畛域奚分，吾越号多贤，正须善学古人，同扩恩波流应宿。
拔此沉冤，沧桑再易，荒乡今得所，愿各懔怀殷鉴，勿封固步负先生。

后学葛陛纶

饥溺如切身，治水于今行上策。

沧桑经再见，活民终古仗先生。

后学鲁昌寿

荒乡赖有斯三策，
乐土于今免陆沉。

后学童兆廖

邻壑何心，难得冯蠵今效顺。
曲防示罚，纵教有蟓不为灾。

后学汤汉

改坝为桥，创论居然成事实。
建祠于闸，乡贤良不愧明禋。

后学徐汉平

人定天可胜，继自今，水不横流，冯夷效顺。
害除利乃兴，愿此后，年皆大有，射的常明。

后学华隼

蕺社题额

饮水思源
服畴食德
重见天日
冯蠵切龢
宣房来福
洒沉澹灾
堨流有法
导气钟美
钟水物丰

保护蕺社告示

绍兴县知事宋为出示晓谕事：案据天乐乡公民汤寿宗、鲁昌寿、葛陛纶、裘韶尧等禀称“窃敝乡逼近浦阳江，素号泽国。先贤刘蕺山先生曾莅兹讲学，悯其鱼鳖，乃于崇祯年间，捐廉集资筑茅山闸以捍江水，乡民利赖，筑庙于闸以祀先生，迄今盖百余年矣。自麻溪改桥以后，茅山闸倍形扼要，乡民感戴之心，因而益挚。爰于去春集议重修，庙貌焕然一新，并于庙右隙地筑室三楹，悬先生真正遗像于堂，名曰‘蕺社’。又于庙前茅山上(此山除颜姓己山外，已由汤兆发等禀请禁止放牧砍伐在案)种梅千株，杂以花草，名曰‘梅林’。庙后有鱼荡一区，蕺社之左又新筑一荡，种荷其中，名曰‘荷荡’。虽云点缀林泉，无非意存景仰，唯恐乡愚无知，视若等闲，日久年深，轻玩益甚，对于庙、社不免有堆积毁坏之虞，对于林、荡不免有摧折侵渔之虑，将何以肃观瞻而全公德？为此，叩请俯予保卫，迅赐出示晓谕，如有前项情弊，立予提案惩究，则不但足以永妥先生之灵，倘有心先生之心，来兹瞻拜先生者，亦得领优游之雅趣”等情，据此，除批示外，合行出示晓谕。为此，示仰该处人等知悉：尔等须知先贤刘蕺山先生捐廉筑闸，保障斯民，厥功甚伟，乡民感戴心诚，重修庙貌以资景仰。自示之后，不准在该庙各处堆积薪柴，毁坏糟蹋，倘敢故违，一经该公民等指名禀控，定即提案惩办，决不宽贷。凛之切切，特示。

中华民国四年十二月十三日给

保护各塘告示

绍兴县知事宋为出示谕禁事：案据天乐乡公民汤兆法等禀称“该乡之泗洲塘、杜隆庵塘[1]、茅山塘、郑家塘、火神塘等处，栽种竹木等项以资保护塘身。近查邻塘各村人民，擅于沿塘一带放牧牛羊，任性砍伐，并挖取塘泥，不顾公益。倘或效尤日众，常此摧残，殊于塘身有碍，请予出示禁止”等情到署。据此，查泗洲塘等处均与西江塘唇齿相依，关系極为重要，护塘之油竹、柳枝及沿塘河泥，如果任意蹂躏挖取，将何以固塘身而垂永久？为此，合亟出示谕禁，仰邻塘各村人民一体知悉。自示之后，毋得违反上项情事，如敢故违，定即惩办不贷。切切，此谕。

中华民国四年十一月十八日给

护塘禁约

为公众议决永远禁止事：窃吾乡自麻溪改桥以来，所有重要塘圩及时筹款建筑，补种竹木，以期巩固而垂久远，业经禀县存案，并通告各处，谅为诸父老兄弟所深悉。近查邻塘各村间，有不明利害之人擅敢牧放牛羊，随意糟蹋，

1　“杜隆庵塘”，即前文“杜衖庵塘”。越地方言，“衖”同“弄”，读 Long 音。

殊非保卫塘堤之道。为此，特于四月初二日在刘公祠演戏全台，重申严禁，务祈各村父老兄弟互相劝勉，一律保护，勿再摧残，则竹木得期其成荫，而塘圩亦因之而坚固。嗣后再有故意违禁者，一经察获，无论何人，照后规例议罚，决不宽贷。特此禁约。

一、所禁地点：泗洲塘、杜隆庵塘、珊山庙至茅山庙塘、新闸桥两面至茅山闸北首推猪刨塘，以及下溋湖塘一带，塘上竹木不得摧残，沿塘河泥亦不得挖取。

一、茅山除颜姓己山外，统在禁界之内。非特不准造葬，并不准带刀入山。

一、犯禁之人重则送县究治，轻则罚戏酬神。

一、来社报告者，视犯禁之轻重议赏。

民国四年五月日蕺社事务所白

麻溪改坝为桥始末记卷三

绍兴王念祖纂

公牍上

朱都督令屈民政司文 元年十一月二十九日

浙江公报公布为查照省议会议案令司派员查勘麻溪坝以凭照覆议会议决事

十一月十九日准临时议会咨开：本年十一月十日，据绍兴天乐乡中乡代表汤、葛、鲁、孔等《请拆废麻溪坝陈请书》，并附来《纪略》，历举麻溪坝不可不废之理由有八，请赓续前议，咨请施行等因到会；同时，又据绍兴县所前乡乡董赵利川、议长娄克辉等具来《说帖》，与天乐中乡所陈请适相反对。本会查天乐一乡，三面环山，一面临江，碛堰既凿，海潮上灌，内受山水，外受江潮，全乡婴其害。当茅山闸未建之前，麻溪筑坝以捍下乡、三县数百里之地，而使中乡一区受山水、江水之害，害小而利大，犹无不可。茅山闸既筑，江水、潮水在于下乡已无倒灌之虞，而存此一坝，使中乡独受山水之害，已属不均；况中乡去山迫而隘，下乡去山远而宽，汇于一区，中乡有陆沉之患，放而东之迤钱清以入于海，地势既宽，顺水之性流而不滞，其在下乡似亦不能为害。至所前乡乡董附来《图说》，谓“山、会、萧受外江之洪暴，其来源系从新江口起，其支流绕大岩山、肇家桥、葛家山、上下溋湖，而达麻溪”云云，核与事实不符，新江口地势极低，大岩山山势极高，水性就下，断无超山而过之理。故本会以为，废麻溪坝于中乡为大利，于下乡亦无害。惟境跨三邑，民生休戚，所关至巨，地势水流非实地测勘不可。前清咨议局既经议决，咨请增抚派员查勘，虽以光复中止，自应援照旧案，仍由主管官厅遴选干员，会同就地正绅，详加察夺，决定存废，以维水利而救民生。相应将《陈请书》《纪略》《说帖》备文咨送查照，即饬民政司派员会绅查勘，以定该坝存废。计咨送绍兴天乐中乡代表汤、葛、鲁、孔等《陈请书》一件,又《水利条议》一件,又《纪略》一本、附图两页;所前乡乡董赵利川等《说帖》一件、附图一页等因到本军府,准此并据汤寿密、葛陛纶、鲁雒生、孔昭冕暨赵利川等先后具呈前来,查麻溪坝于天乐中、下两乡,利害关系至巨,亟应查照议会议案,由司遴派妥员驰诣该乡,会绅切实查勘,绘图贴说复司,详晰核议,呈复以凭,照复议会议决公布。合就令行该司,即便遵照办理,复候核夺。此令。

省委陈俞会衔呈覆屈民政司长文 元年十二月

为奉令会勘麻溪坝及探察天乐乡溪水源流事

农事试验场技师俞良谟　绍兴县知事陆锺麟

工程课课员　　陈世鹤　萧山县知事彭延庆　会呈

民国元年十二月五日奉司长令开:本年十一月二十六日奉……云云,克日呈覆,计发绍兴天乐中乡代表《陈请书》一件,《水利条议》一件,《纪略》一本、附图二页;绍兴所前乡乡董等《说帖》一件、附图一页。仍缴。本年十二月八日又奉司长令开:本年十一月三十日奉……云云,查照前今各令事理并案办理,计抄发绍兴所前七乡、萧山潘西乡议事会原呈各一件。各等因奉此即于本月十日由省起程,并先函电萧、绍二知事订期会勘。十一日到临浦,绍兴县知事、萧山县参事已在临浦,当日会同知事、参事,并绍兴天乐乡乡董汤寿密、议长孔昭冕、县议会议员葛陛纶、沿山四十八村临时代表裘绍尧等,所前乡议事会代表李维翰、赵启瑛,萧山县苎萝乡乡董何丙藻,县议会副议长王超等,先由临浦镇沿浦阳江至新闸头地方,再迂折一里余至茅山。有石闸,照工部尺计算,闸高二丈,阔六丈六尺,广四丈二尺。闸洞有三,各高一丈一尺,阔九尺五寸,势颇坚固,外扃以门,中有两槽,插以木板,随时启闭,以备旱潦。照此形势,江水、潮水无由侵入。该闸确在麻溪坝前面,为御江潮之保障,诚如所前乡《图说》所称"钱塘江与诸暨江之潮汐,断难流入内河,以为民患"等语相符合。十二日仍沿浦阳江而行,沿江民塘重围,如火神塘、茅潭塘、下邵塘、沈家渡塘、泗洲塘是也。过太婆坟山又行十五六里至新江口,折北行三里至上天乐乡欢潭地方,惟见江水曲折,南自诸暨来,下经临浦,出碛堰口直达钱塘江。据所前乡《图说》"山、会、萧受外江之洪暴,其来源系从新江口起,其支流绕大岩山、肇家桥、葛家山、上下溋湖而达麻溪"等说,查该处崇山峻岭,并无浦阳绕大岩山而达麻溪之支流。十三日再与各绅董越大岩岭北行而下,至天乐中乡肇桥地方，其间山路崎岖，林深木茂，中乡溪水导源于此，溪流窄浅，出经上下溘湖坂，田势独低，沿溪两岸，筑有民塘。约行十五里而抵麻溪坝，溪面渐宽，近坝内外，地势无甚高下，该坝形制是闸，其洞有二，一高五尺六寸，阔五尺，在绍兴县界；一洞高六尺三寸，阔五尺二寸，在萧山县界。均照工部尺计算。据绍兴县所前乡《说帖》所称“麻溪坝石洞，前清山阴乡官福建总督姚启圣改洞为三，各广六尺”等语，今只二洞，又甚低窄，测计水势，自难畅泄，此是上下溘湖坂患水之原因。又阅所前乡图，有下溘湖横绕坝旁，山中直通所前而至西小江之河流，委员等入山穷探，并无此水。又查坝内河道，阔计三丈左右，深计丈半有奇，现时水向麻溪出茅山闸而流，坝内地势稍高，约行四五里至苎萝乡屠家村地方，有屠家桥，计一洞，颇形狭小，是河流至所前乡以后，诚如天乐乡《纪略》所载“港河纷错，水面宽广，麻溪注之左右，游波纾缓不迫”，及刘忠介《天乐水利议·移坝上策》所载“麻溪发源肇桥，止十五里，逾坝入内河，不过半都之水，均分三县，讵盈一箨？又日夜通流以出三江，万不足为三县害”等语相符合。细度该坝内外情形，外有茅山闸，足御江潮之保障；内则江河纷错，麻溪之水注之，讵盈一箨？断非外御潮汐之三江闸所能比拟。据所前乡《说帖》所称，以三江闸而比麻溪坝，殊未深悉该坝情形。据潘西乡议事会所称“从茅山出碛堰顺流只五六里，不应舍近而图远，试问中乡为溘湖计，何不废茅山闸而必废麻溪坝”等语，查溪涨之日亦即江涨之日，启版宣泄反遭内溢，必候江潮退落方可议宣，而闸内田禾已不可问矣。准上情形，天乐乡《陈请书》所称善后之策曰“改坝为桥，浚深坝潭；坝内汊河浅者深之；并去新闸桥之中墩”等语，事理充分，均属可行之论。此委员等奉令会查麻溪坝之实在情形也，正在呈复间，又奉司长令开云云等因，奉此理合遵照前今各令并案呈复司长，察核施行。再，所前乡议事会代表李维翰、赵启瑛十二日并不声明缘由，中途折回，次日接《意见书》一件，今并陈明。此呈

民政司长屈

俞良谟　陈世鹤　陆钟麟　彭延庆

计呈原发绍兴天乐乡代表《陈请书》一件，《水利条议》一件，《纪略》一本、附图二页；绍兴所前乡乡董《说帖》一件、附图一页。所前乡代表《意见书》一件。《麻溪坝略图》一页。

绍兴县知事陆示

为会勘后到坝晓谕乡民麻溪坝外确有茅山石闸足以抵御江潮事

查麻溪坝外确有茅山石闸，足以抵御江潮。新江口并无河通大岩山而达麻溪之支流，下溋湖亦无河通所前之河流。其余情形切实，详请民政司核办。特此先布，仰各乡民知照。

民国元年十二月十三日给(印)

绍兴县陆萧山县彭知事呈浙江朱都督文 元年十二月

为奉令会委查勘麻溪坝事

绍兴、萧山县知事呈，案准民国元年十二月九日奉民政司长令，转奉都督令开准临时议会，咨"据绍兴天乐中乡代表汤、葛、鲁、孔等请拆废麻溪坝，举不可不废之理由有八，陈请赓续前议，咨请施行。又，据绍兴所前乡乡董等具来《说帖》，所陈适相反对。本会以为麻溪坝于中乡为大利，于下乡亦无害。惟境跨三邑，民生休戚，所关至巨，地势水流非实地测勘不可，前清咨议局既经议决，咨请浙抚派员查勘，虽以光复中止，自应援照旧案，仍由主管官厅遴选干员，会同就地正绅，详加察夺，决定存废，以维水利"等因到府，准"此亟应查照议案，由司遴派委员驰诣该乡，会绅切实查勘，绘图贴说复司，详晰核议，呈复以凭，照复议会议决公布"等因，行司查照，并奉民政司长"派委农事试验场技师俞良谟、工程课课员陈世鹤，令饬会绅切实查勘，复司核转"等因，下县奉此，知事钟麟先赴萧山，其时适彭知事因事请假，由魏参事前往履勘，于十二月十一日会同委员暨各绅士，先由临浦镇沿浦阳江至新闸头，迂折里余到茅山闸，该闸在茅山之口，麻溪之前，形颇坚壮，闸有三门，中闸木板，扃拒潮水，启泄河流，诚属一大关键，于麻溪坝约距二里，有交相捍御之势。十二日由浦阳江沿塘一带转新江口，折北至上天乐。十三日越大岩岭北行，西下至上下溋湖，即中天乐。该处东、南、北皆山，西向一隅地势独低，中贯一溪，两岸筑有溪塘，约行十三四里达麻溪坝，坝有二洞，宽可五尺，洞极低矬，距坝二里为茅山闸，闸以外即浦阳江支流。盖天乐中乡之地势，其形如釜，山洪建瓴而下，麻溪坝之洞未能畅流，赖茅山闸以资宣泄。惟遇潮汛汹涌时，每虞江水进灌，但能闭闸以拒，山水所注，无从泄发，地成荒乡，遂起废坝之议。然废坝为桥之举，有无溪水摊入之足患，则亦未可断言。至所前乡之《图说》，以为"浦阳江之水绕大岩山而达麻溪”，又“下溋湖有支河通过所前”，均系谬指。第存废之目的，必权利害之轻重，此次会勘，仅得地势之概略，而未测验水利之状况。究竟，坝存，中乡被若何之水患；坝废，内河受若何之影响？欲权其利害之所在，实属毫无把握。今天乐中乡主张不可不废，而内河人民纷纷以废坝为害甚烈，视同切肤之灾。叠据详陈情形，并呈都督有案。知事等愚见，自非俟春水暴发之际实地勘测不足以辨别利害之重轻，是否有当，还乞钧裁。奉令前因，合将查勘情形，绘图备文呈复，仰祈都督察核。此呈。

计呈送《图说》一幅。

陆钟麟　彭延庆

批：查麻溪坝存废问题，必须详细查勘，兼筹并顾，方足以明利害而息纷争，据呈该知事等此次会同委员查勘，仅得地势之概略，而未测验水道之状况。该坝应存应废毫无把握，非俟春水发生实地测勘不足以辨别利害之轻重，系为慎重水利、预弭衅端起见。惟该坝关系水利至为重要，除令饬民政司亲往该处，会督该县知事详晰察勘，妥为核议呈候察夺外，仰即遵照。再，该知事等此次会呈何以委员并不列名，是否宗旨不合，有无别情？并即具覆察核。此批图存。

浙江朱都督令屈民政司文 元年十二月

为绍、萧两县会呈委员并不列名有无别情令司转饬具覆核夺事

本年一月十一日，据绍兴、萧山两县知事会呈称，案准民国元年十二月九日奉民政司长令转奉都督令开云云，至仰祈察核等情到府，据此，下照批，有无别情，并即由司转饬，具复核夺。此令。

北京国务院致浙江朱都督电 元年十二月三十日

为绍兴县议会电阻废坝饬都督切实查明复核事

朱都督：大总统令，据绍兴议会任元炳等电称“汤寿潜主拆麻溪坝，案前经电呈，令省司委员勘覆，悉凭汤党指挥，确定拆废，日内即当举行，我绍必成泽国，民命何堪？在省司犹思压力对待，大非共和政策，况时局日非，万一酿成事端，恐不止一省一县已也。本会为民请命，并非要公挟制，特再电恳，电令阻止，以解倒悬，详情另呈”等情，麻溪坝存废，关系绍、萧两县水利，既据该议会一再电呈，究竟该坝拆毁利害如何，即由该都督切实查明，详细电覆，以凭查核等因，合电遵照。国务院。艳印。

浙江屈民政司致绍兴县知事电 二年元月五日

为传电晓谕绍县城镇乡自治会娄克辉等毋再喧扰干咎事

县知事：览城镇乡自治会娄克辉等电，称“如废麻溪坝，则罢市停工”等语。按坝之存废，官厅自应权衡利害以定办法。娄克辉等不静候核办，遽以“势将暴动”等语电司，迹近要挟，实属不合，仰该知事传电晓谕，毋再喧扰干咎。民政司。有。

浙江朱都督令屈民政司文 二年元月十二日

为令民政司亲往会督县知事暨就地人民详勘麻溪坝呈复核夺事

本年一月十一日，准国务院咨开“奉大总统发下绍兴县议会议长任元炳等呈，称‘麻溪坝关系绍、萧水利，不宜拆废，请饬令阻止以解倒悬’等因，并附呈二件。相应将原呈、附件一并咨行贵都督查核妥办，见复可也，此咨”等因到府。准此，查麻溪坝存废问题，前经令司派员前往查勘，复据绍、萧二县知事会呈，称“该坝应存应废毫无把握，请俟春水发生实地测勘”等情，已令行该司亲往会督，各该县知事暨就地人民详细察勘，妥议呈复核夺在案。准咨前因，合就令行该司，即便遵照前令办理。此令。

民政司长

浙江屈民政司致绍兴县电

为赴临浦查勘麻溪坝知会绍、萧两县知事如期到临以备咨询事

陆知事转萧山彭知事，本司长定于二十二日由省赴临浦，查麻溪坝。仰即如期到临，以备咨询。民政司长屈。

浙江屈民政司呈复朱都督文 二年元月

为查勘麻溪坝事

（上略）本司详细察勘，见所谓麻溪坝者筑有二洞，其构造方法与绍属蒿坝、曹娥坝截然不同。二洞分属绍、萧二县，以工部尺计算，属绍者高五尺六寸，阔五尺。属萧者高六尺三寸，阔五尺二寸。中各有槽可闸厚板，以资启闭，是则麻溪一坝仅具虚名，其实已非坝矣。距坝一里余，有茅山闸，以工部尺计算，闸高二丈，阔六丈六尺，深四丈二尺。有三洞，各高一丈一尺，阔九尺五寸，中有

槽，闸以厚板，旱潦之时可启可闭。此闸形甚坚固，足以御钱江、浦阳江之每日潮汐。且察勘涨潮时闸面水迹，其最高者仅及洞门三尺，是则有此一闸，可以免江潮倒灌之虞，而麻溪一坝已虚设矣。坝外之天乐中乡，东、南、北三面环山，西隅有民塘围绕，其间上下溜湖，田地约计有三万七千余亩，地势较低，其形如釜，每当山水注集之时，恒有停蓄难泄之患，荒歉频仍，职是之故。至坝内之下天乐等乡，地多平原，港汊纷歧，如果中乡山水宣泄得宜，分数百里日夜通流，必不至害及下乡，又何至波及三县？盖水道短狭，则其流急，为害烈；水道长，则其流缓，无泛滥之虞。今下天乐等乡，既多港汊，分受山水，必不至鱼鳖人民。若该乡以为承受上、中乡之水，即受骇波巨浪之患，则上、中乡以狭小地积，当此巨浸，其乡早无人类矣。据此，亦可知宣泄得宜，徐徐流通，不碍三县也。本司周览情形，熟筹办法，固不忍使坝外之人屡遭昏垫，亦何忍使坝内之人致慨沦胥？拟就此坝添开一洞，高一丈，阔九尺，或就原有之洞各加高三尺、阔一尺，务期水得渐次畅行。在坝外者既免切肤之痛，在坝内者亦无为壑之忧。庶几兼筹并顾，藉息争端。（下略）

农林部致浙江都督电　二年二月二十二日

为添洞费大不如广洞为宜事

都督鉴：马电悉，麻溪坝广洞、添洞两法，既经一再勘明有利无害，自可照行。惟添洞费大功巨，不如广洞为宜，仍希贵都督就近察看，妥定办法，转饬遵办，总宜无留后患，是所至盼。农林部。养印。

浙江都督兼署民政长朱令　二年二月二十六日

为遵部定广洞办法派员会同绍、萧两县办理事

案，查绍兴、萧山两县属之麻溪坝存废问题，迭据各方面人民电牍纷驰，互相争执，前经派委民政司亲往察勘，以昭慎重。兹据该司呈称“一月二十二日，本司自省渡江，会督绍、萧两县知事驰往该处，详细察勘，见所谓麻溪坝者，筑有二洞，其构造方法与绍郡蒿坝、曹娥坝截然不同。二洞分属绍、萧两县，以工部尺计算，属绍者高五尺六寸，阔五尺；属萧者高六尺三寸，阔五尺二寸。中各有槽，可闸厚板，以资启闭，是则麻溪一坝仅具虚名，其实已非坝矣。距坝一里许有茅山闸，以工部尺计算，闸高二丈，阔六丈六尺，深四丈二尺。有三洞，各高一丈一尺，阔九尺五寸。中有槽，插以厚板，旱潦之时可启可闭。此闸形

甚坚固,足以御钱江、浦阳江之每日潮汐。且察勘潮涨时闸面水迹,其最高者仅及洞门三尺,是则有此一闸,可以免江潮倒灌之虞。而麻溪一坝已如虚设矣。坝外之天乐中乡,东、南、北三面环山,西隅有民塘围绕其间,上下溋湖田地约计有三万七千余亩,地势较低,其形如釜,每当山水注集之时,恒有停蓄难泄之患,荒歉频仍,职是之故。至坝内之下天乐等乡,地多平原,港汊纷歧,如果中乡山水宣泄得宜,分数百里日夜通流,必不至害及下乡,又何至波及三县?盖水道短狭,则其流急,为害烈;水道长,则其流缓,无泛滥之虞。今下天乐等乡,既多港汊,分受山水,必不至鱼鳖人民。若该乡以为承受上、中乡之水,即受骇波巨浪之患,则上、中乡以狭小地积,当此巨浸,其乡早无人类矣。据此,亦可知宣泄得宜,徐徐通流,不碍三县也。本司周览情形,熟筹办法,固不忍使坝外之人屡遭昏垫,亦何忍使坝内之人致慨沦胥?拟就此坝添开一洞,高一丈,阔九尺,或就原有之洞各加高三尺、阔一尺,务期水得渐次畅行。在坝外者既免切肤之痛,在坝内者亦无为壑之忧,庶几兼筹并顾,藉息争端。愚昧之见是否有当,理合备文呈复察夺,仰祈批示施行”等情。据此,当将该司察勘情形电准农林部。电复“麻溪坝广洞、添洞两法,既经一再勘明,自可照行。惟添洞费大功巨,不如广洞为宜,仍希贵都督就近察看,妥定办法,转饬遵办,总宜无留后患,是所至盼”等因到府。查此案争执已久,现在既经中央核定办法,应即派委专员,会同绍、萧两县知事前往该乡,查照民政司原拟广洞尺寸妥为办理,以息纷争而资兼顾。查有该员堪以派委,除批示并分令外,合即令行该员,即便遵照,会同绍、萧两县知事妥为办理,呈报察核。此令。
委员杨际春。

朱 瑞

中华民国二年二月二十六号

浙江行政公署布告文第四号 二年三月八日

为准部定广洞办法布告两县人民各泯意见事

照得麻溪坝存废问题,双方争执驰于极端。查此案自本民政长准临时议会咨请派员查勘前来,当即令饬屈前民政司派员往勘。据报,茅山闸建立以来,麻溪已成废坝,实有可拆之理。本民政长为慎重民生起见,不厌求详,又令饬该司亲往查勘,以期妥洽,是本民政长对于此事审慎周详可谓无微不至。旋经该司详察附近农民议论,斟酌地势情形,拟定添洞、广洞两种办法呈覆前来,正在核办间，而农林部据绍县议会电称情形云须由部核办。本民政长爰将前后察勘各情电请农林部核示嗣准，电覆内开“添洞费大工巨，不如广洞为宜”等因，准此。查广洞办法系就原有之洞量加开广，坝内坝外均无妨碍，正为保存该坝调停起见，与拆废大有分别。且查前准临时议会咨开“天乐一乡三面环山，一面临江。碛堰既凿，海潮上灌，内受山水，外受江潮，全乡婴其害。当茅山闸未建之前，麻溪筑坝以捍下乡、三县数百里之地，而使中乡一区受山水、江水之害，害小而利大，犹无不可。茅山闸既筑，江水、潮水在于下乡已无倒灌之虞。而存此一坝，使中乡独受山水之害，实属不均。况中乡去山迫而隘，下乡去山远而宽，汇于一区，中乡有陆沉之患；放而东之迤钱清以入于海，地势既宽，顺水之性流而不滞，其在下乡似亦不能为害。至所前乡乡董附来《图说》，谓‘山、会、萧受外江之洪暴，其来源系从新江口起，其支流绕大岩山、肇家桥、葛家山、上下溋湖而达麻溪’云云，核于事实不符。新江口地势极低，大岩山山势极高，水性就下，断无超山而过之理。故本会以为，废麻溪坝于中乡为大利，于下乡亦无害”等语。又查屈前民政司派员俞良谟、陈世鹤呈称“委员等于十二月十日由省起程，并先函电萧、绍二知事，订期会勘。十一日到临浦，绍兴县知事、萧山县参事已在临浦，当日会同知事、参事并绍兴天乐乡乡董汤寿密，议长孔昭冕，县议会议员葛陛纶，沿山四十八村临时代表裘绍尧等，所前乡议事会代表李维翰、赵启瑛，萧山县苎萝乡乡董何丙藻，县议会副议长王超等，先由临浦镇沿浦阳江至新闸头地方，再迂折一里余至茅山，有石闸，照工部尺计算，闸高二丈，阔六丈六尺，深四丈二尺。闸洞有三，各高一丈一尺，阔九尺五寸，势颇坚固，外扃以门，中有两槽，插以厚板，随时启闭，以备旱潦。照此形势，江水、潮水无由侵入。该闸确在麻溪坝前面，约距里许，为御江潮之保障。诚如所前乡《图说》所称‘钱塘江与诸暨江之潮汐，断难流入内河以为民患’等语相符合。十二日仍沿浦阳江而行，沿江民塘重围，如火神塘、茅潭塘、下邵塘、沈家渡塘、泗洲塘是也。过太婆坟山又行十五六里至新江口，折北行三里至上天乐乡欢潭地方，惟见江水曲折南自诸暨来，下经临浦，出碛堰口直达钱塘江。据所前乡《图说》‘山、会、萧受外江之洪暴，其来源系从新江口起，其支流绕大岩山、肇家桥、葛家山、上下溋湖而达麻溪’等语，查该处崇山峻岭，并无浦阳江绕大岩山而达麻溪之支流。十三日，再与各绅董越大岩岭，北行而下，至天乐中乡肇桥地方，其间山路崎岖，林深木茂，中乡溪水导源于此，溪流窄浅，出经上下溋湖坂，田势独低，沿溪两岸筑有民塘。约行十五里而抵麻溪坝，溪面渐宽，近坝内外地势无甚高下。该坝形制是闸，其洞有二，一洞高五尺六寸，阔五尺，在绍兴县界；一洞高六尺三寸，阔五尺二寸，在萧山县界。均照工部尺计算。据绍兴县所前乡《说帖》所称‘麻溪坝石洞，前清山阴乡官福建总督姚启圣改洞为三，各广六尺’等语，今只二洞，又甚低窄，测计水势，自难畅泄，此是上下溋湖坂患水之原因。又阅所前乡《图》，有下溋湖横绕坝旁，山中直通所前而至西小江之河流，委员等入山穷探，并无此水。又查坝内河道，阔计三丈左右，深计丈半有奇，现时水向麻溪出茅山闸而流。坝内地势稍高，约行四五里至苎萝乡屠家村地方，有屠家桥，计一洞，颇形狭小，是河流至所前乡以后，诚如天乐乡《纪略》所载，港河分错，水面宽广，麻溪注之，左右游波，纾缓不迫。又刘忠介《天乐水利议·移坝上策》所载‘麻溪发源肇桥，止十五里逾坝入内河，不过半都之水，均分三县，讵盈一箨？又日夜通流以出三江，万不足为三县害’等语相符合。细度该坝内外情形，外有茅山闸足御江潮之保障，内则港河分错，麻溪之水注之，讵盈一箨？断非外御潮汐之三江闸所能比拟。据所前乡《说帖》所称‘以三江闸而比麻溪坝’，殊未深悉该坝情形。据潘西乡议事会所称‘从茅山出碛堰，顺流只五六里，不应舍近而图远，试问中乡为溋湖计，何不废茅山闸而必废麻溪坝’等语，查溪涨之日亦即江涨之日，启板宣泄，反遭内溢，必候江潮退落，方可议宣，而闸内田禾已不可问矣。准上情形，天乐乡《陈请书》所称‘善后之策曰改坝为桥，浚深坝潭；坝内汊河浅者深之；并去新闸桥之中墩’等语，均属可行之论”等语。又查屈前民政司亲往查勘后，其呈复文内有“麻溪坝筑有二洞，其构造方法与绍郡蒿坝、曹娥坝截然不同。二洞分属绍、萧二县，以工部尺计算。属绍者高五尺六寸，阔五尺；属萧者高六尺三寸，阔五尺二寸。中各有槽，可闸厚板，以资启闭，是则麻溪一坝仅具虚名，其实已非坝矣。距坝一里许有茅山闸，以工部尺计算，闸高二丈，阔六丈六尺，深四丈二尺，有三洞，各高一丈一尺，阔九尺五寸，中有槽，插以厚板，旱潦之时，可启可闭。此闸甚形坚固，足以御钱江、浦阳江之潮汐，且察勘潮涨时闸面水迹，其最高者仅及洞门三尺，是则有此一闸，可以免江潮倒灌之虞，而麻溪一坝已如虚设”等语。详览以上各节，是麻溪一坝并无不可拆废之理，惟是非常之原，黎民所惧，自应出以审慎，兼筹并顾。照前民政司所拟办法电部决定，今广洞办法既准部电准行，自应遵照办理，以息争端而维水利。本民政长忝领全浙，对于各地人民要皆一视同仁，不分畛域，固不忍使坝外者屡遭昏垫，亦何忍使坝内者致慨沦胥？广洞办法实系委曲求全，慎重民生起见，当为绍、萧两县人民所共谅。

乃自办法宣布以后，尚有误会之人，试思就原有之洞量加开广，坝内下天乐乡地多平原，港汊纷歧，洞中宣泄之水分数百里日夜通流，散而不聚，过而不留，何致害及下乡？更何致化绍、萧两县为巨浸？为此剀切布告，深望两县父老子弟各泯意见，静察河流，勿以来源不塞为忧，勿以广洞贻害为虑。尤望两县明达士民及各团体就近劝告，以免再有误会，是所殷盼。如有藉端造谣，煽动无识愚民致酿事端，则本民政长膺维持地方治安之责，未便任其骚扰，稍事姑容。其各遵照毋违。特此布告。

中华民国二年三月八日　　浙江民政长朱瑞

农林部农务司长陶昌善致浙江朱都督电 二年三月十三日

为恐坝内愚民煽惑酿事广洞从缓办理事

万急！杭州都督朱介人乡先生鉴：麻溪坝广洞一案，本部迭接各处文电及代表到部，均乞中央维持，俟春水涨后详测再定，否则必大起暴动云。弟于绍府情形未尽深悉，办理殊多棘手，如因是而无识愚民煽惑酿事，亦桑梓之祸，不如暂徇众请，从缓举办，高明以为何如？现在如何情形，并希电覆。农林部农务司长陶昌善元印。

三月十三日

农林部农务司长陶昌善致浙江朱都督电 二年三月廿一日

为商请双方共晓利害和平进行事

都督介人乡先生鉴：筱电敬悉，所示机宜具见硕画周远，部意正复相同，能得双方共晓利害，和平进行，事最万全。现在如何情形，仍乞随时电部为盼。农林部农务司长陶昌善哿印。

绍兴县知事陆通告 二年三月三十日

为奉行政公署训令诘问县议会春水何时发生复县转报事

本年三月二十八日，奉浙江行政公署三月二十六日训令第二百六十四号内开“照得麻溪坝一案，前经本民政长将广洞理由刊发布告，令饬绍兴、萧山两县知事广为张贴，俾便周知，以息争端而维水利在案。本民政长以此案关系重大，审慎周详，无微不至，当为两县人民所共谅。惟本民政长叠接各处关于此案之电牍，有谓须于春水发生时查勘，似属格外审慎之意。究竟春水发生系在何时，仰该知事转行县议会切实查明呈报，以便核办。所有该县议会各职员，仰该知事传令，照旧任事，以期无碍自治进行。为此，令仰该知事遵照办理毋违。此令。”等因到县，奉此，除咨请县议会各职员照旧任事，并定期召集，查议春水发生约在何时，复县转报外，合亟出示通告。为此，示仰阖邑人民，一体知照。特此通告。

中华民国二年三月三十日给

浙江朱都督训令 二年八月

为废坝后据天乐乡四十八村灾民及绍县县议会

参议会电称劝告各乡民静候办法免滋事端事

朱都督兼民政长训令：绍兴县知事暨何统带[1]云，（上略）天乐中乡四十八村男女灾民呈称“灾民等受麻溪坝遏截，沉冤三百年，迭经前乡议事会四十八村联合救死会呈诉，蒙前屈民政司长委员查视于先，亲勘于后。咨奉都督通告，广洞在案，为万死灾民求一线生机。灾民等虽违始愿，然念都督及前司长苦衷，既感且泣。广洞通告洋洋三千余言，为近今文告中所罕有，揭之通衢，宣之报纸，妇孺咸知，内外并晓，灾民等逃死万一，莫敢再违。足疲于走，耳疲于探，以共候广洞之实行。不意久之寂然又久之寂然，涣汗大告，同于棘门、坝上，一欺再欺，一误再误，忽忽三月。此三月中，春涨甫了，夏水大生，淹没灾民等田庐塘圩，实又一月。塘圩之危险，保障之勤苦，植立风雨，无间昼夜。秧插再种，再种又没，则又再插，及今而三。灾民之力困不足计，庐舍之沉浸不暇计，其如秧之无可购买何？求诸远道诸暨、富阳，为时已迟，虽出重价，亦不能购得，至今犹有不能布种者。此等苦痛，坝内人生生世世所未梦见，独灾民等受之。同是人类，同是都督所属治子民，果何罪孽忍令永受，忍不一拔？既明知水之成灾在于坝，而靳其废；又不得已求其次，而定为广洞；至广洞又无望，而灾民等死期将近矣。死切于身，不得不谋自救，人情也，想亦都督所许也。灾民等思之又思，如其死于万劫不拔之冤，无宁与坝同尽。万情一致，血泪成雨，荷锸舁索，罄四十八村男女老少均出，不一日而坝已拆废。迫于天时，迫于人心，不敢自讳，谨呈以闻，众情惶迫，沿用旧日白禀，有失体裁，合并声明”等情，绍兴县议会、参议会宥电称“都督兼民政长钧鉴，麻溪坝于七月十七、八等日昏夜被

1 此“何统带”，指时任绍防管带何旦。

大汤坞等村,纠众持械强行拆毁,已请绍县知事派人往看,并电呈在案。该凶民趁此时局不靖,率意乱行,居心叵测,所幸上江水小,三江闸灵,目前尚无巨害。设或上江水涨,山洪猝发,绍、萧两县生命财产不堪设想。西江塘倒坍两次,正在抢险,人民得此消息,益形惶骇。际此时艰,不能不示以镇静,现设法劝解,仰乞迅速派员修复;一面查拿拆坝首从各犯严办,以安人心而维大局”等语,先后到署。查此次该乡民等,对于麻溪坝藉口“广洞无期”,竟不候官厅命令,辄自聚众将坝拆毁,宽计三丈有余,深计丈余,且来《呈》仅用“四十八村男女灾民”名义,实属不合。除由省派员查勘,再行核办外,仰即一面会同县、参两议会,劝告各乡民静候办法,以免滋生事端。并转行县、参两议会,暨天乐乡自治会知照。此令。

民国二年八月

浙江民政长令绍兴县陆知事 二年八月四日

为劝告坝内外乡民静候办理事

(上叙县参议会及知事电,并天乐乡灾民各原文)查此次该乡民对于麻溪坝借口“广洞无期”,不候官厅命令擅自拆毁,宽三丈,深一丈余,且来《呈》仅用“四十八村男女灾民”名义,亦属不宜。除派员查勘再行核办外,仰即妥为防范,无任再拆,一面会同县、参两议会劝告乡民,静候办理。并一面令行县、参议会及天乐乡自治会知照。此令。

绍兴县知事陆钟麟绍防管带何旦会衔呈复都督戒严司令文 二年八月

为会同驰往查办拆坝缘由事

为会衔呈复事:本年八月九日,案奉绍属戒严司令部、钧部第二十六号内开,本年八月七日准贵统带会衔呈称:本年八月五日,奉浙江都督府指令第一千五百四十号内开,据该知事呈,以天乐乡民聚众拆毁麻溪坝,犹复开会集议,预备抵抗……等情,查此案曾据萧山公民函称前情,即经训令管带何旦酌拨防兵开驻临浦,镇摄在案。兹该乡民胆敢聚众为非,实属蛮横已极,自不得不严加制止,以免别滋事端。除函行政公署查照外,合行令仰该知事会同管带何旦,呈明绍兴戒严司令官徐团长乐尧,立即派兵驰往该乡,从严查办,免碍治安为要。此令……等因。奉此,理合备文,呈请司令官立即派兵并祈指示机宜,俾便从严查办,深为公便……等情。准此,查该乡民不候官厅命令,聚众为非,实属不合。自宜遵照都督指令办理,希由贵统带酌派防兵,会同陆知事立即驰往该乡,妥为弹压,以免别滋事端。并将查办情形详细见覆,以便转报都督核夺可也。据呈前情,相应函覆,贵统带查照施行。此致……等因。奉此,知事陆钟麟因现在人心不靖,未便轻离,委派绍兴警察所所长薛瑞骥随带警察十名,管带何旦酌带游击队中哨兵士五棚[1],漏夜赶往,于八月十一号傍晚驰抵临浦镇。侦知麻溪坝与临浦镇距离约四五里之遥,深恐暮夜前进,易启乡民猜疑,遂互相商酌,暂在该镇驻扎一宵。十二号破晓,迅拔队开往,并传集两方地保同至该坝,详细查勘,见坝虽实行拆毁,而乡民已四散无迹。推其原因,盖天乐中乡四十八村人民目的在坝,志愿在废坝。既拆废,目的自达,志愿亦遂,夫复何求,当然散归,制止不及,此坝外天乐中乡人民之情形也。至坝内各乡人民,以该乡不候官厅命令,胆敢趁此时事多故之秋,恃众挟械,猝然暴起,拆废古坝,群情虽极愤激,然尚知遵守法律,复经知事、管带等多方开道劝令,现在天旱水涸,暂时容忍,静待知事、管带等呈复都督鉴核后,自有相当办法……等情。虽传闻"所前乡自治会有联合各乡集议"之说,然无剧烈之现象,似亦无须弹压,此坝内各乡之情形也。惟实测得,该坝原高三米突八十珊,知现被拆去二米突二十珊,知尚存一米突六十珊,知现放上阔十四米突,下阔六米突七十珊,知现由坝内外流之水平线七十珊,知此麻溪坝拆废后,深、广之实在情形也。当日管带何旦以此态度无可措施,只得商县委,一面将兵队开回临浦,一面遣弁持函往请该乡议会派员来临,会议解决方法。候至终日,去弁回称该会业经解散,无权代表舆论,该乡人民深不愿到临与会。管带等不得已,宣布都督威信,并将此次会议无非为商量善后办法,使坝内外人民各得其平,俾得和平解决以释嫌疑而融意见之意,面嘱地保,传知该乡士民,或派代表或具意见书前来,以凭呈覆。去后,该乡始递到《说帖》一件,黏抄呈鉴。知事、管带等奉令会同驰往,原为制止乡民非法行为,免致别生事端起见。兹坝外人民目的已达,满意散归。坝内人民尚知法律,静待解决。似乎两方不致决裂。至坝之存废关系久在都督、司令官洞烛之中,知事、管带等何敢妄参末议,奉令前因,合将会同驰往麻溪坝查办缘由,除分呈都督、呈复绍属戒严司令官外,理合会衔呈请都督、司令官察核施行。再,此呈由管带何旦主稿,合并呈明。谨呈浙江都督朱、绍属戒

---

1 "棚",清末陆军编制,兵士十四人为一棚。

严司令官徐，计呈送黏抄《说帖》一纸。

绍县知事陆钟麟
管带　　何　旦
中华民国二年八月

浙江都督府布告第四十三号 二年八月三十日

为废坝后如何处置官厅自有办法人民勿听谣传事

照得麻溪坝一案，聚讼经年，访闻近有无知之徒扬言暴动等情，该坝如何处置，将来官厅自有办法，该居民人等务安生业，勿听谣传。当此戒严期内，倘有造谣煽动，聚众逞蛮者，即是扰乱治安。军令具在，决不姑宽。其各凛遵。特此布告。

浙江行政公署布告第八十七号 二年十月

为麻溪坝决定广洞办法事

为布告事：案，查绍兴麻溪坝一案，本民政长前在民政司任内，曾亲诣履勘，拟具办法，由前民政长朱电请农林部核示，接准部覆照广洞法办理。未及照办，旋值赣乱戒严，继据绍、萧两县知事呈报"该天乐中乡人民率众将该坝私行拆毁，宽三丈余，深一丈余"等情到署，当经饬候派员查勘，并准都督先后函知，令饬绍兴县知事会同何管带呈明绍属戒严司令官徐团长派兵驰往该乡，从严查办，并将"该坝如何处置，将来官厅自有办法"刊发布告等因在案。惟该天乐中乡人民不待官厅命令，竟自由率众，将该坝一部分擅行拆毁，固属不合，亟应严查究办。而该坝如何处置，亦宜早日决定，以资办理。兹查前拟广洞办法，照本民政长亲诣履勘情形，于绍、萧两县地方并无妨碍，拟"此次该坝被毁后，绍、萧两县并未受有水患，是广洞办法实无害于两县水利已有显证。经电农林部，电准查照办理"等因。除派员驰赴，迅遵广洞办法，将该坝督工兴修以保水利外，为此，布告两县人民周知，务各体官厅决定广洞之苦心，静候派员办理，毋稍疑虑。其地方绅耆，尤宜顾全大局，广为劝导，俾无知小民免于误会。如有不安本分之徒，从中捏词惑众，希图阻挠生事者，一经本民政长访查确实，定予严惩，决不宽容。特此布告。

浙江民政长屈训令 二年十月终

为委员会县妥速办理麻溪坝广洞事

实业司呈“查绍兴麻溪坝一案，现经本民政长决定查照从前亲诣覆勘情形后，由前民政长电请农林部核定之广洞办法办理。业经电奉农林部复准，查照办理”等因，并布告绍、萧两县人民。各在案所有修筑工程事宜，自应遴选妥员以专责成。兹查有实业司第一科代理科长姚永元、技工陈世鹤堪以派委前往，除分行并令知绍兴、萧山两县知事迅派军警同往，随时加意保护外，合亟令仰该员遵照，即日束装驰往，会县妥速办理，仍随时将办理情形具报核夺，毋得延误干咎。切切。此令。

浙江行政公署训令第四千一百六十四号 二年十一月

为不准绍县公民联名呈请规复原坝事

实业司案呈，本年十一月十五日，据该县公民郁某等呈请规复麻溪坝等情前来，除批呈，悉查麻溪坝筑于明天顺中知府彭公，茅山闸筑于明成化间知府戴公，来《呈》谓“先闸后坝”，于该坝建筑历史尚未明瞭；叙述麻溪来源谓“南至欢潭、曹坞”，又“长计数十里，东西横阔数十里”，亦与该处实在地势不合。若谓观水有术，必观其澜，诚属至论。惟本民政长上年履勘之时，正雨雪载途之候，且历年水痕尚在，水势大小一望可知。该民等虑广洞以后，倘有不虞，绍、萧皆成鱼鳖。试问，同此一水，果如来《呈》所云，在该坝未毁以前，溪流皆汇潴天乐中乡，该乡不几早成鱼鳖乎？按之情势，此论已不能成立。至上年温、处奇灾，各地情形不同，尤未能援为比例。总之，官厅对于地方一视同仁，断无歧视之理。此次广洞办法系经再四斟酌，双方兼顾，始行决定。该民等自毋庸虑。其毁坝首要各犯并早经饬县访拿，严办在案，更未尝稍事姑容。该公民等率行呈请规复，殆未喻本民政长维持此举之深意，特此批令知之。此批等语挂发外，合亟令仰该知事知照原呈抄发。此令。

浙江屈民政长训令

为奉部令派员查勘麻溪坝暂行停止广洞工程事

本年十二月一日，据该县县议会东电称“昨奉农林部张发来批示，公民沈濂清等呈请严办拆坝匪徒”等情，奉批“据呈已悉。查麻溪坝一案，彼此争执，是非混淆，究应如何办理，仰候本部派员履勘，再行核夺可也。此批。”等因，该坝既奉部批派员履勘，应请饬委停工，候部员到绍勘明核办等情前来，查部派履勘麻溪坝专员业已赴绍履勘后，自有一定办法。该县会所称自可照准，仰即转行知照。此令。

农林部委任令第四十四号 二年十一月二十二日

为委任农务司长陶昌善覆勘麻溪坝事

查浙江麻溪坝一案，前经该省屈前民政司长亲往查勘，拟具“添洞、广洞两种办法，当经电覆，照广洞办法办理”等因在案。嗣因赣宁乱事，浙省戒严，天乐乡人民率众将该坝掘毁。现本部叠据绍兴县议会及公民等呈请复修该坝，而天乐乡人民所呈则又以“麻溪坝万不可存”为辞，双方争执，殊难悬断。兹特派农务司司长陶昌善前往该处，查按图籍及前贤成议，切实覆勘，拟具办法，呈候核夺。此令。

中华民国二年十一月二十一日

农林部总长　张謇

农商部张咨浙江民政长文 二年十二月十二日

为就麻溪坝址并洞加高改为圜洞桥式并改广新闸桥屠家桥事

农商部咨案，据前农林司司长陶昌善奉命履勘麻溪坝情形，先后电称“茅山雄厚坚实，足捍江流。麻溪坝阻障溪流，隔绝交通。坝外水源长仅十余里，坝内港汊纷歧，尽堪挹注。上下溋湖历年淤积，是今日湖阪之田，即昔日溋湖之底，农民与水争地，为患日烈。是地本极洼下，虽废全坝，决不如坝外人之希望尽能宣泄，亦决不如坝内人之恐惧悉成鱼鳖。盖坝内外地形之勾配极微，水面之差度极小，即遇盛涨，既无建瓴之势，乌有冲溃之虞？而坝内人未尝一勘实状，前次双方会勘，中途散归。此次邀往同勘，一人不到。故绍县议会等所倡‘水源由新江口起，绕越大岩山而下达麻溪’之说，广布传单，煽动乡愚，实属荒诞。盖不知大岩山下仅有二三溪沟，至山头埠始汇流而下，乃误会争持，悬案不解。去年，屈民政长所定广洞办法，于水利交通固已兼筹并顾，今为坝内外根本计画，似当更进一筹，谨拟两利办法：一、上下溋湖间已成为汊湾沟渠者，应即疏浚，及坝内外淤积之地亦应挖掘以扩其容水之区，并可高其两岸之田。一、坝有霪洞，名坝实闸，前之主存主废不免各有主观。现履勘水源地势之实在情状，复按诸刘念台、余煌、姚启圣诸贤之所见，今昔无异，故熟察审处莫如并洞。查两洞共阔一丈二寸，各约高六尺。现在修筑已定各加阔一尺，各加高三尺。今并为一，即除中墩原阔八尺五寸，若并两洞，原阔似嫌太广，不如持取半数，合原阔约共一丈五尺。洞高已定九尺，即为两柱之高。上筑圜洞桥式。其他坝内外桥梁，若新闸桥、漠汀桥、屠家桥等之倾圮低隘者，亦可略加修广。如是，坝内外既便交通，亦有裨疏泄，遇亢旱，启茅山闸灌入江水，各得其利。至是项经费，除修坝仍由省款支出外，其疏浚一项似可由坝外按亩集款，官为督修”等情，当由本部核准，并洞办法甚是，阔一丈五尺照办，圜洞中心高可一丈二尺，以便山水大时交通。疏浚之先，须测量规画，由坝外集款兼浚坝内，官督民办，收效较易。如何集款之法，即就近商，由民政长饬属办理。旋复，据该司长呈称“疏浚工程既归民办，款项似亦由民集，拟请由地方官察核民力，筹画进行较为切实”等情，并即核准在案。查此案争持颇久，今勘得实状与前贤成议既相符合，所拟办法又双方兼顾。现值冬令水涸，正易动工，应即照所定丈尺，饬属迅修，并一面督饬集款开浚，毋令延误，以图两利而免纠纷。相应咨行贵民政长查照转饬遵办。此咨。

农商部总长　张謇

农商部张咨浙江民政长电 三年五月十五日

为麻溪桥放圆加高应准照办事

民政长鉴：麻溪坝圆洞桥式自当合法立造，所请放圆加高应准照办，其余丈尺不得擅改，希转饬遵办，将加高尺寸报农商部。咸。

民国三年五月十五号

绍兴县金知事详巡按使文 三年七月

为详报麻溪桥工事

详为桥工告竣，绘具图说，报祈鉴赐，派员验收事：窃知事等奉钧使第七百八十六号饬开“以麻溪桥工程果否完竣，迅行会同，前赴该坝查明，绘具圆洞加高尺寸《图说》，详候派员验收，察核转报”等因，奉此，查此案前奉前行政公署训令，绘图会报等因，分行两县，正拟遵办间，奉饬前因，遵即会同前诣，勘明该桥工程确已告竣。所有圆洞加高尺寸，当饬绘手绘具《图说》，理合会衔，具文详报，仰祈钧使鉴核俯赐，派员验收。再，该包工斯生记承办是项工程，因

放圆加高，工料损失自是实情，应如何酌予津贴，以示体恤之处，应请于验收时一并勘明核办。合并声明。谨详

浙江巡按使屈

计详送《桥工图说》一册。

会稽道尹详覆浙江巡按使文 民国四年六月

为委员查覆麻溪桥工及新闸屠家二桥事

详为据委员详覆，查明麻溪桥工程草率并改造新闸、屠家二桥不敷工款一案，转详察核事：案据该委员朱邦杰详称，窃于本年五月二十六日奉钧署第一二八号饬开，案奉巡按使批发绍兴裘韶尧等禀，麻溪桥工程草率，请顺便覆勘，责成补救，并请酌补改造新闸、屠家二桥不敷工款。由奉批，查麻溪桥工程系由工人斯生记承包，工竣后取有该工人认保三十年保固单一纸存案。兹据禀称“桥工草率，一值天雨，圜洞渗漏如泻，过者莫不危惧”等情是否属实？仰会稽道迅速派员，切实察勘，具复核夺。至禀称“新闸、屠家二桥已由该民等次第赶造，募款不敷甚巨”各情，并仰一并详勘查复，以凭核办。此批，原禀抄发……等因。奉此，合行饬委该员前往麻溪桥，切实察勘，并将新闸、屠家二桥情形切实详勘，其公款是否不敷，一并据实具复，以凭核转。此饬，计抄发原禀……等因。奉此，委员遵即束装起程，行抵临浦镇，会晤魏警佐，请其饬唤乡警，往传天乐乡耆民裘韶尧等，俾详询工程情形，并约期偕往察勘。去后，嗣据该乡警复称，裘韶尧等或住居僻远，或在学校担任教科，一时难于往传，仅请到汤绅寿密前来接洽，委员当即接见汤绅。据称，新闸、屠家二桥工程均系该绅一手经办，次日约同前往察勘，先至麻溪桥，按照原禀详加察勘，查原禀所称“圜洞渗漏”一节，细勘圜洞内间有数处灰浆流出缝外水湿痕迹。又原禀谓“圜洞贴腹合笋石板未曾深密”一节，细勘石笋尚无脱露之处，是否深密，无从窥见。至原禀所称“桥墩下桩甚稀”，委员察勘所下之桩漫在水底，亦无从辨认多少。统观全桥工程，桥面石板嵌缝灰泥间有剥蚀，似非纯用灰浆灌筑，工料略欠坚实。惟承包工人既有三十年保固单存案，倘于限内坍卸，尽可责令赔修，于公家当无损失。此查勘麻溪桥之大略情形也。复赴麻溪桥下游察勘屠家桥，据汤绅面称，原有桥工高一丈二尺、阔九尺，今改筑丈尺计高一丈六尺、阔一丈七尺，桥面一丈见方，洞板五肩左右，塊头计四丈八尺。旋由屠家桥前往新闸桥，查是桥在茅山闸外，改造丈尺情形，询据汤绅答称“原来面积一丈八尺，内

除墩八尺；现在加阔至二丈八尺，高三丈三尺，桥面一丈六尺见方，洞板七肩左右，堍头计十二丈；桥之外筑大抢水二座，成三角形，桥之外河埠踏步及抢水两个，均系改造时加增”等语。详其工料费用若干，募集款项收入若干，核计不敷，尚欠若干。据云“两桥工料费用共计洋八千三百五十一元八角四分贰厘，募集经费共洋五千七百十一元，现尚不敷洋二千六百四十元八角四分二厘”等语。又据汤绅面称“新闸桥工费用较巨，一原因，于天旱日久，河水浅涸，运料维艰。且位处外江，筑坝戽水屡被江潮冲决，亏耗甚大，职是之故；二原因，于桥底夯工及多用桩木，俾资巩固，费用是以甚巨。缘靠西北岸原有关帝庙一座，坐落桥堍，有碍交通，只得迁移他处，惟基址拆去，脚跟浮松，是以添用桩木至二百五十三根之多”等语。委员察勘桥之四面，见有所谓新加抢水，询以丈尺情形，据称“靠西南面阔四丈见方，东南面三角形，较西南面略小，约二丈左右，东北面阔约八尺左右，长二丈，西北面与东北面同。至抢水里面，系用蛮石与灰浆填满”等语。委员察勘两桥工程，纯用新石砌成，建筑颇为坚实。而新闸桥面积既广，规模犹大。该绅所称，桥梁丈尺，查勘大致相符。至“经费不敷”一节，询诸舆论，所言相同，但是否不敷至二千六百数十元，一时无从查悉。此察勘新闸、屠家二桥工程之情形也。奉饬前因，除调取汤绅所开账单暨图表符文详送外，理合备文详复，仰祈钧尹察核转详，实为公便……等情，据此，查此案前奉批发到署，遵经饬委该员前往麻溪桥切实察勘，并将新闸、屠家二桥情形切实详勘，其工款是否不敷，一并按实具复，以凭核转在案。据详前情，于饬查各节尚属详细，除复外，理合检同送到。图表账单一并详送巡按使察核施行。谨详。

巡按使批：

详件均悉，麻溪桥工既据复称“工料略欠坚固”，应准俟有坍卸，再责令承保人照单赔修。至屠家、新闸二桥建筑，既颇坚实，所称经费不敷，并经询诸舆论，所言皆同，准即拨助银五百元，由该管县所有二成公益费内支给，其余仍令该民等自行设法。仰即分别转饬知照，并咨财政厅查照。此批。图表各一件存。

麻溪改坝为桥始末记卷四

绍兴王念祖纂

公牍下

天乐乡自治会上咨议局请愿书 清宣统三年八月

为陈请建议事：窃绍府附郭山阴县属天乐乡，在治城西八十里，滨江环山，地势如釜底。无年不患水，今岁尤甚，中天乐尤甚，前后两次被淹没者月余，粒收无望，众情汹汹，咸以塘坝为苦，地处穷僻，呼吁末由。兹幸山、会、萧三县城镇乡自治，职联合有调查塘闸之举，除将天乐乡农田水利困苦情形从实报告调查诸君，并交请协议会讨论外，敬请贵局鉴核，亟筹补救以苏积困。自古有司志兴水利，一不慎而弃数十里地方成瓯脱之地，数百年民风蒙强悍之名，事之不平，未有如天乐中乡自明以来三四百年受麻溪坝之累之甚者也！明彭谊守绍兴，筑西江塘，不可谓非心乎民者。假使将塘衔接茅山石麓今置闸之地位，则天乐中乡均为西江塘圈限，有利无害，其功岂在禹下？诊察不审，多筑三里之塘与麻溪山衔接而坝焉，其时天乐人不能自白其利害，坝以内私利之劣绅簧鼓之，官则何知焉？意以为坝内而旱，则坝以外山水江潮，坝一启随时可挹注也；坝内而潦，则下有三江闸可泄，上更可启麻溪坝而外泄。天乐乡人生死可不问也。明目张胆弃吾天乐中乡为化外，荒乡之称，炳于府、县志。塘闸水利听民自为，仁者忍出此乎？若无成化间太守戴公琥为闸于茅山，乡贤刘蕺山先生就茅山闸址而扩充之，吾天乐中乡区三隅潦则山水汇注，江潮大上，受两面之敌；旱则启闸以引江潮，而先经坝，坝一启则吸而入以尽灌坝内之田。天乐中乡独非赤子？公理何在？一坝之隔，宣泄异、咒诵异、肥瘠亦异。每当大水旱时，内外争坝之启闭。坝以内三县数百里被灾，毫发耳，谁肯孤注者？坝以外田庐存亡决于旦夕，一呼而应百，人人以性命拼。荒乡少读书，无官无幕即无绅，有司听坝以内者一面之词，曾无能谅天乐人之苦，而悉以不美之名归之。

尤可痛者，天乐一乡分上、中、下三区，上天乐利害无甚关；下天乐即坝以内而利害正相反，官、幕、绅较多，有司询及此，安有为吾中乡呼冤者？有司若曰：“吾所闻天乐人所言固如是。”而岂知坝内外之人正负至此极哉？兹先将天乐乡地势、民塘、闸坝情形分甲乙丙丁四项说明如下：

（甲）天乐乡上区之地势及民塘　上区自欢潭村起，沿浦阳江西北至朱家塔村止。东北倚大岩山，西南临浦阳江，地势倾斜向江，其形狭长而曲，民舍农田全恃江塘以资扞御。计共筑塘二十余里，霪九洞，闸四座。塘以田多之户分段管理之，修筑费由塘内各田户摊派。

（乙）天乐乡中区之地势及民塘　中区自曹坞村起，西至临浦镇止，东、南、北三面环山，西向一隅当浦阳江，地势低陷，其形如釜，中贯一溪，束以溪塘，南北两岸共为塘曲折五十里，霪二十二洞，闸两座。西北一隅筑江塘以御江水，计共十余里，曰茅潭塘，曰下邵塘，曰西徐坂塘。中屹一山，曰茅山。于山麓要害处筑闸，曰茅山闸。更沿闸而西，筑塘四里为西江官塘，之外蔽曰火神塘。凡江塘、溪塘之泥均取于田，溪水上流之塘则用沙。塘长强推田多者为之，司修筑救护事，计亩敛钱而出纳之。其无塘长者，责成田多之户与贴塘有田之家，而争端滋多矣。

（附注）上天乐与中天乐有山脉纵截，凡沿上区一带之江水不能侵及中区。故江塘可分为二大段，一为上天乐之江塘，一为中天乐之江塘，与麻溪坝及西江塘有关系者均系中天乐之江塘，而上天乐则无之。此后所言塘、闸、坝情形，详中区而略上区。

（丙）茅山闸

（一）闸所在地及建筑之形制　闸距临浦镇三里，在麻溪坝外二里而弱，离浦阳江面不一里，傍茅山石麓筑成。闸洞三，洞外旁剡其石以杀水势，而内外扃以门，洞内纵凿为轨而牐以板，闸上两旁阑以巨石，形制与应宿闸略同，特较小耳。闸上有明刘蕺山先生祠，绍守戴公琥、学士余公煌、知山阴县毛公寿南、国朝福建总督姚公启圣、绍府龚公嘉俊附焉。

（二）筑闸之原因　明成化中，知府戴公因彭谊已兴之工而竣筑麻溪坝，以堵浦阳江水。又悯天乐截出坝外，江水每挟洪潮进灌，乃于距坝二里之茅山建闸二洞，其制如桥，经久亦圮。后乡贤刘蕺山先生以天乐屡遭水患，议移麻溪坝于茅山，有志未逮，遂于崇祯十六年就戴公所筑之故址，首捐赀重建而大之，即今之茅山闸是也。先生著有《天乐水利议》《建茅山闸记》及《茅山闸议》，俱载《刘子全书》及《府志》《县志》。贤者所至，有益地方如是。

（三）闸止堵御江水而不能宣泄溪水之故　茅山闸成后，外江塘亦先后告竣，于是闸内无江潮灌入之患，农田始可插种。然钱塘江一月两潮，每次汛起须七八日始退，汛发时闸门不得不扃。计一月内可开闸者止十余日耳。若雨后山水集则溪水溢，外江之水同时盛涨，闸门更须牢闭。盖应宿闸所以泄内地之水，利在乎通；茅山闸所以拒外江之水，利在乎闭，其形势有不同也。

（丁）麻溪坝

（一）坝所在地及建筑之形制　坝在天乐中乡之四十一都，距临浦镇四里处，茅山闸内二里，去浦阳江面三四里，扼麻溪之下流。霪洞二，形制小于茅山闸，过从低矬者，恐中天乐勺水侵入也。

（二）筑坝之原因　昔者浦阳江自金华北流，经诸暨，入山、萧两邑间之纪家汇、碛山，西至临浦，西北经乌石山而东，受麻溪更北，经钱清入于海。江水盛涨，则山、会、萧三县为壑。明宣德中（又云天顺中），知府彭谊始为西江塘，于麻溪下流西江塘尽处筑坝。成化中，知府戴公琥竣工，以断江流之趋入，于是三县水患全纾。天乐中乡沿山四十八村由是弃为瓯脱，而戴公且与彭谊同被诅咒矣，惜哉！

（三）移坝改坝之阻止及坝霪之开放　刘蕺山《天乐水利议》以移坝为上策，坝以内人昧于形势、习于故常，阻止之，不果行，蕺山因倡建茅山古闸以为补救。同时余学士煌相助为理，而深以移坝之策不行为可惜。入国朝后，乡贤姚公启圣改坝为三洞，各广六尺，事载《府志》。后知府俞卿重修，改为二洞而小之，亦小人之用心矣。至道咸之际，大水频年，坝以外一片汪洋，坝以内平畴寸水，乡民愤不能平，遂致激变兴狱。府、县履勘，知情形确系偏枯，始许开放一洞。光绪十七年，知府龚公嘉俊因三江久塞，谓“麻溪咽喉，塞咽喉而望尾闾之通，不可得也”，一再相度于坝与闸之间，毅然将坝洞牐板用舟载归，置之城隍庙，以杜塞坝之弊。至今吾天乐中乡实尸祝之。

（四）坝成后天乐乡之受困　中天乐三面环山，地势低陷，溪流中贯，蜿蜒北流者约十八里，西趋则遏于茅山闸，顺故道而北趋，则又遏于麻溪坝，水无所泄，一雨即灾，不得不束以数十里溪塘为治标之计。乡民既苦塘埂之冲决，又患农田之淹没，塘多田少，害数工巨，伏愿官吾土者各勉为龚公嘉俊，无为彭谊、俞卿，坝以内之绅各勉为刘蕺山先生，则天乐中乡世世子孙不敢忘。如谓天乐中乡人之言不可信也，愿一读蕺山先生之《天乐水利议》。

天乐乡地势、闸坝、民塘及灾荒情形既如上述，欲筹补救之法，其最要者有二端：

（一）麻溪坝亟应拆废。

（一）中天乐江塘应协助修筑经费。

拆废麻溪坝之理由　麻溪坝昔为堵御浦阳江而设，则其功用在使江水不侵入内地，而止今既有坚固雄伟之茅山闸屹障于外，又有乡民修筑高厚之江塘圈围于旁，重蔽叠围，江水万难侵入，犹之重门外锁，户闼深藏，早已退处无用之地。若必留之以困天乐一隅，亦断非坝内人所忍出，此则当废者一也。如谓"溪流奔放，有害坝内田畴"，则更可以无患，盖坝内港河纷错，水面宽广，麻溪注之，左右游波，纡缓不迫，必无盛溢之患。山、会山乡各有群山，奔赴之溪流水量大于麻溪数十倍，无不汇归于一，同泄三江。则以一溪之微，摊入三县之大，其不盈一勺也可知，此当废者二也。今昔形势大异，昔之重要在麻溪坝，今之重要则在茅山闸。自麻溪坝成，而坝以内之堰、闸以废（详《府志》），则自茅山闸成，而闸以内之麻溪坝独不可废乎？夫言水利者，每以外水主遏内水主泄为要，坝既不能遏江水以效功于内，反阻溪流以致害于外，则当废者三也。山、会两县环山，为乡者十余，各溪源流长者二三十里，短者亦十余里，均得向北畅流，无须筑塘扞卫。独天乐一溪无从宣泄，岁修溪塘数十里以束之，而仍不免淹没之苦，则麻溪坝为之厉也，此当废者四也。由此言之，废坝之策纯乎有利而无害，若拘泥昔日之情形，而不深体穷乡之冤苦，恐数万穷民集怨于坝，以发其宿愤，激成暴动，拼生命以博拆废之目的，则有不忍言者矣。

协助塘费之理由　由坝迤西至临浦之西江塘，因有天乐之塘闸重蔽于外江，水无涓滴侵入者将三百年，非天乐农民修护江塘之尽力与茅山闸工程之坚固，何以致此？则天乐乡竭尽之脂膏，实隐为三县人民之保障。故修筑江塘之经费，能酌量协助，则积困之民，庶可稍宽重负。公款之摊收有限，而穷乡之受惠实多，其利一也。既有公款补助，则塘身益加坚固，三县可高枕无忧，天乐亦长城足恃，其利二也。天乐与西江塘密迩，麻溪坝废后则休戚与同，事既切身，救护必力，近可与萧人共事，远足为山、会分忧，其利三也。具此三利，则协助之举，想高明者必赞成之矣。

上天乐地势与西江塘、麻溪坝无关系，故从略。不敢言放潮以溉坝内者，因内地人民久惊惧于江潮之为害，恐潮通则江水亦将大至，易因误会而生反对，且又疑咸潮之不利灌溉，而不知潮水之足以肥田也。谨援《咨议局章程》第六章第二十一条十二项，陈请贵局议决，转呈抚宪察核批示，实为公便。谨呈。

天乐中乡四十八村代表上省议会请愿书 上县议会同 中华民国元年十一月 为援案请废坝事

天乐中乡四十八村代表汤寿密、鲁昌寿、葛陛纶、孔昭冕等为援案陈请建议事：窃绍兴县旧山阴治天乐乡之麻溪坝，于下天乐为水利，于天乐中乡则为水害。上年陈由自治会转请咨议局建议公决，咨请前清抚院派员察夺，旋以光复中止。查天乐一乡东、南、北皆山，浦阳江襟其西，故成釜底。麻溪界中乡以注下乡，无岁无水患，甚至一岁患水不一次。盖浦阳俗称小江，碛堰一凿，浦阳江得由凿处出，汇钱塘江，俗称西江，江水、潮水亦得由凿处入犯天乐。明天顺间，彭谊守绍兴，官筑塘以捍西江，初止浦阳江害天乐而已，后且江水、潮水亦以害天乐者害三县。乃筑麻溪坝，坝以内下天乐也，截中乡于坝外而弃之，今已三百余年。坝内山、会、萧三县数百里，去山与江本宽，山水、江潮有坝御之。中乡四十八村耳，山水下注，江潮上逆，欲由下乡泄以达三江而阻于坝，屹然不得越雷池一步，故田曰天田，靠天为活也；乡曰荒乡，十年九灾也；塘曰民塘，官不过问也。惜哉！彭谊其时不知就茅山闸址而筑坝，以圈吾乡于坝内，悍焉割而弃之，为瓯脱、为萑苻，坝以内诚天乐矣，坝以外非地狱耶？成化初，戴公琥继彭谊为守，完坝工所未竣，已明悟其失，一时又不便反汗，乃建土闸于茅山之麓。崇祯时，先贤刘忠介又扩而充之。坝以外人望坝内如天，其种族之不殄灭者，犹赖有此闸也。同是人民，顾以三县数百里不愿受之水，忍令吾乡十余里受之？昔不知就闸址为坝，保三县以弃吾乡，犹谓不智；既有闸而坚持坝不可废，直欲陆沉我中乡缘山四十八村，讵非不仁之甚者乎？夫使茅山尚未筑闸，则中乡之灾一，三县之灾什，中乡不欲勿施，亦万不愿以一而波累三县之什，至与同尽以为快。自茅山既闸，麻溪坝不过第二重门户，三百年来从未闻改建石闸有坍卸之警。此坝之可废者一。夫使麻溪而为坝也，其制横亘如槛，水溢始超以过，水涸可留以待，尚曰利害各听之天、各因之地也。然如萧山白露塘之坝，近且以舟行不便，其县议会决议旁建桥以通之。今麻溪有孔有槽，明明闸也，号于众曰坝，载于档曰坝，欺荒乡无人而习焉不察，积非成是，名不正言不顺。此坝之可废者二。夫使麻溪废坝而中乡之山水、潮水遂以三县为归墟，坝以内易与乐成，无怪深拒固闭。今江水、潮水有高坚之闸以资捍御，中乡之山水由下乡匀摊三县，其害几何？天下合则水聚而灾巨，分则水纾而灾微。其旱也，三县乏水，中乡亦乏水，必启闭以引江潮而必先经坝，坝以内一吸而尽，以便沾溉，吾乡转挹其余沥。三县不应匀水必避，尤不应垄断自利，听中乡永永邻壑。此坝之可废者三。夫使废坝以后，善后难，因一隅而妨三县，是保小以误大，直剜肉以医疮，请言善后之策：相距止里余，闸与坝混，论表面亦不能不核其实，废而为桥，一举手之劳耳。宜深坝潭：贴坝内外均有潭，淤淀特甚，汲汲疏浚，水不渟蓄。下乡近坝汊河亦浅者深之，水一归槽，左右游波，纾缓不迫，坝内必无暴溢。宜去闸南里许新闸桥之中墩：万历时，毛公寿南筑桥以为闸之外蔽，初亦置板，冀御江潮，板去亦百余年矣。桥置一中墩，方以丈，水乡种较迟，一月间潮汛居半，往往山水、江潮互相抵制，水落半日半时之速钝，可卜秋收之有无。闸水建瓴新闸桥丈许，石墩中为之梗，阻隔水势，所损实多。宜整新闸桥迤北之火神塘：北去里许，至临浦市东庙，祀火神，塘以名焉，残缺特甚，葺之、治之刻不容缓。宜修茅山以南之茅潭塘、下邵塘、沈家渡塘、泗洲塘：约六里而强，加高倍厚，亦大易事。此皆为浦阳江而备。此坝之可废者四。夫使废坝以后筹款难。坝可废，西江塘万不可废。塘董之侵蚀，江潮之漱啮，工段之低矬，三县田庐势成累卵。重以废坝之善后，既负不测之仔肩，恐掷多金于虚牝。顾塘工虽归官垫，财政仍出民捐，无非按亩随粮，分年摊缴。添认西江之塘，中乡自与有责，若中乡之溪塘、河塘及上下溋湖之坝闸，一应仍属诸民，于官无与，所增之费，正复无几。此坝之可废者五。夫使彭谊筑坝，其后迄无一官议废，吾乡亦似难越三百年而顿创此议。顾戴公琥继彭而完未竣之坝工，其建闸也，实隐正彭守之失。毛公寿南继戴而筑缘浦之塘工，其在任也，已明发废坝之端。前清光绪间，龚公嘉俊守绍兴，病三江闸之塞，特莅坝诊察，时江潮正盛，坝板叠下，龚谓："三江闸如尾闾，麻溪坝如咽喉。咽喉被扼，尾闾安通？"饬将闸板载归郡城。坝董请留板以救三县子民，龚曰："坝以外独非子民乎？"今板庋府城隍庙中。毛西河《水利议》曰："麻溪咽，三江绝。"是废坝有益于中乡，且大益于三县。此坝之可废者六。夫使官议废坝，而坝以内诸绅自保其田庐，无一人赞同。事隔易代，无端而欲以中乡之私见，强当道以平反，未免不恕。刘忠介非坝以内之绅乎？其《茅山闸记》、其《天乐水利议·移坝上策》明载《府志》《县志》，此非坝制可私改为闸，三孔可私改为二也！余学士煌、姚尚书启圣皆生长坝以内，无一吾乡人与于其间，何以亲炙忠介之绪论，唯恐不表同意？此坝之可废者七。夫使忠介虽为坝以内人，而仅一乡邑之善，未足为大贤也，或不免有所私于中乡，即一得之见亦未必系地方之轻重。

忠介从祀文庙，列在祀典，吾乡奉作香火，谅三县亦望若泰山。忠介以废坝为可，若三县以废坝为不可。忠介成人之美，余、姚应和于前，岂有三县多闳亮而犹反对忠介，并不愿附余、姚之后尘？亦太自贬其身分！此坝之可废者八。以上八者质诸天下，推诸海外，准诸公理，验诸人情，破家湛族无此冤，倒海倾河无此泪！皆彭谊之割弃我中乡沿山四十八村阶之厉。盲视跛履，人虽至愚，总不欲长居荒乡，自甘沉溺。况此坝一废，于吾乡得免荒乡，而三县亦无忧苦，县乡之人上年即纷向敝乡自治议会奔走告哀，非不能暴动以自拆废，会员再四劝阻，允代设法。前清宣统三年八月已具书陈请前咨议局，议筹补救方法，业蒙公鉴，积困情形编入议案，一面具呈前清省院核派候补府黄守恩融，绍绅亦开会公推鲍君香谷等至中乡查覆，适倡光复。是案本末具在，今者开国之初，兴利除害，喁望更切。吾乡迭经大歉，饿殍相继，饥困十倍他处，愁惨之气郁而成厉。乡民何知，以为敝会谋之鲜终也，而怨诟之，诘责之。麻溪坝一日不废，中乡人民一日不安，大有沦胥以铺之痛。爰再将天乐中乡农田水利困苦情形，及应行改良理由翔实声告，谨按本省《议会法》，收受本省自治会或人民陈请建议事件，应属议会权限以内，且上年已审查通过。理合援案，陈请贵会鉴核。迅予赓续前案，咨报都督，公布施行。

附呈旧刊《中天乐乡沉冤纪略》并《舆图》计四十册，《水利条议》四十份。

呈浙江都督朱民政司长屈文　附都督民政司县知事批

为援案呈请废坝事

天乐中乡四十八村代表汤寿密、鲁雒生、葛陛纶、孔昭冕等为呈请事：窃绍兴县旧山阴治天乐乡之麻溪坝，于天乐下乡为水利，于天乐中乡则为水害，均详《天乐水利条议》，并《沉冤纪略》及《舆图》。已于本月十五号专呈贵都督、司长察核，颁有民政司回片，或以公事殷繁，恐一时未及浏览，爰再将原件附呈贵都督、司长，以浙人长浙[1]，民“桐乡朱邑”[2]、“买臣会稽”[3]情形更切闻见较真。如谓麻溪坝三百年，理应保存，何以清国三百年今成民国乎？上年八月已具书陈请咨议局议决通过，一面具呈前清抚院核派候补府黄守恩融，绍绅亦开会公

1　时浙江都督朱瑞、民政司长屈映光皆为浙江人，故有“以浙人长浙”一说。

2　“桐乡朱邑”，指汉代朱邑二十多岁任桐乡（今安徽桐城）啬夫，以仁义之心广施于民，由此得以累迁，终以“治行第一”选拔入京任大司农事。

3　“买臣会稽”，指汉代朱买臣任职会稽太守时之诸种善政。

推鲍君香谷等至中乡查覆,适倡光复。是案本末具在,麻溪坝一日不废,中乡人民一日不安,大有沦胥以铺之痛。除呈请都督、司长外,相应据实陈明,迅予核准。活此一方民,不胜迫切待命之至。

都督批:

绍兴县天乐中乡代表汤寿宻等呈请拆废麻溪坝,由《呈》及附件均悉。麻溪坝于该乡利害关系至巨,现准临时议会咨呈派员查勘核复,以定存废等因,已令行民政司遵照办理,应候复到,再行覆交议会议决公布。仰即遵照。此批。《条议》《略》《图》均存。

民政司批:

绍兴天乐中乡代表汤寿宻等呈批,《呈》及《纪略》《条议》均悉。麻溪坝是否可拆,前据该县所前乡议会仝公民等具呈前来,业经批,仰绍兴县知事迅即查明呈覆核办,并转行该县参议会暨该乡董等知照在案。据《呈》前情,仰绍兴县知事查勘该处情形,并案具复,毋稍徇延。此批。《呈》抄发,《纪略》《条议》附发。仍缴并示。

陆知事批:

来《牍》并《条议》《纪略》《水利图》均悉。该坝存废利害,现奉都督令行民政司长派委员查勘,应候勘复核饬遵行。此答。

天乐乡乡董议长呈都督民政长文 县知事同 二年正月 附批

为缴还照会退职事

为缴还照会,迅饬另举董长,俾得退职避地或免后累事:窃治下之天乐乡,《志》《乘》载明荒乡,寿宻等不幸而生此荒乡,更不幸而被举为荒乡之董长。自彭谊筑麻溪坝,而弃我天乐四十八村于坝外,沉冤三百年。天乐人根据坝内大贤刘蕺山先生所持之公论,要求董长以废坝请,不得谓之痴。为之请者,亦不得谓之妄。所前乡以有坝而厥田上上,粮则仍照荒乡,暗享其利三百年而不足,独具反对《说帖》于县议会。此非所前一乡之议会,我天乐亦在绍县范围,任元炳如稍明事理,稍有人心,此等大利害应先征求各乡代表,公同调查得实而后意见始可发生。讵不问坝之洞数,山之方位,水之有无,仓皇张大,四布危词,征求意见。独于天乐之《意见书》反压不速议,至委、县勘明则不承认,犹为之传单开会。此惟恐秩序不大乱,惟恐天良不尽丧,非有厚恩于所前、有深仇于天乐,奚以至此?独贴近坝内第一当冲之萧山苎萝乡自治会,耳目切近,不肯盲从。任元炳亦何尝不知之,知之而故为危词,是明明以吾乡三百年之沉冤尚未到底,而以冤寿宻者且冤委、县,并冤及蕺山先生也。以县议长而敢不认委、县,甚而不认蕺山先生,寿宻等从此并呼冤而不敢矣。除呈都督、民政司长外,理合呈请知事,迅饬另举天乐乡乡董、议长,寿宻等得以早日退职,奉亲避地,免于坝事有干。诸祈知事秉公察核明白,批示遵行,再自呈请。而后天乐自治会之事寿宻、昭冕概不与闻,合并声明。此呈绍兴县知事陆。

天乐乡乡董汤寿宗、议长孔昭冕

中华民国二年正月日

都督批:

《呈》悉。查麻溪坝应存应废,已令行该司亲往察勘,应由司勘明议复再行察夺。至该乡董、议长所请退职,核与《自治章程》第二十条不符,碍难照准。仰民政司令饬绍兴县知事转行知照。此批。《呈》抄发。一月二十一日

知事陆批:

来《牍》阅悉。查麻溪坝存废问题,已奉都督委令民政司长亲诣覆勘,当有妥善办法。贵董长幸勿因此告退,致自治前途顿生阻力。还希以桑梓为重,勉力担任,是所至盼。执照两纸仍给。此答。抄由发。一月三十一号

天乐乡自治会呈都督民政司文 附批

为绍县议长法人不法请派员查办事

为绍县议长任元炳,法人不法,妨害治安,吁请饬派大员查办,以资折服而雪沉冤事:窃茅山闸未筑以先,麻溪坝诚关绍、萧之利害。闸既筑且坚,坝外迭援废坝之案,据以争废。坝内犹执茅山坝未筑前之旧说以争存。坝内之明达者已知争存之无谓矣,所前乡《说帖》已明称茅山闸足御江潮,特捏称绍、萧受外江之洪暴来源系新江口起,其支流绕大岩岭而达麻溪,江潮直冲,藉耸坝内之听。则存废之争点即在支河之有无。县议长任元炳徇其《说帖》,妄为煽动各乡。甚至司长奉都督令饬委会同两县知事、议会公同实地查勘,萧县一一如议,独任元炳呈称勘非其时,一则曰不承认,再则曰不承认。凡属国民,听此三字,触耳惊心,初不料任元炳之无意识至此!夫冬令即不能勘水之深浅,讵不能勘河之有无?及所前乡代表李维翰、赵启瑛已随同各员行二十里,将到调查实地,任元炳密使截回,情虚脱逃。尚复为之传单开会,实属有妨秩序。任元炳不正当之举动,有不可解者十:坝外沉冤已三百年,忽无所据而创废坝

之议。私坝外十余里一隅，不惜废坝以害绍、萧，坝外果有此忍心，其永堕荒乡也，理亦宜之。顾此议实创自从祀文庙、明谥忠介刘蕺山先生，坝内人，且大贤也。敝会岂不知，坝外一纸呼诉，不足胜坝内三百年积非胜是之私心，况有任元炳为之煽动。若前无先生废坝之公论，坝外沉冤到底，夫复何言？赖有先生为坝内大贤，三百年前即为坝外发此公论，意坝内略识之无者，无不识先生；略具良知者，无不信先生。且先生坝内亦有庐亦有墓，未必任元炳之不如，而竟若不识先生不信先生。一不解。"麻溪坝永不可开"系前明未有茅山闸之言。(成化)[天顺][1]间，彭谊为绍、萧筑坝，弃中天乐数十余村于坝外。成化初，戴公琥已悟彭失而悯坝外被弃之冤，就坝南里余，今茅山闸址先为筑土闸。崇祯时，蕺山先生始本戴公之意，议移坝于闸，冀坝内外两利。其时山阴、会稽多君子，信之无异辞，萧人任三宅倡议力阻，先生乃改戴筑之土闸为石闸，即所前乡所谓足御江潮者。请任元炳平议，蕺山先生与任三宅，孰君子孰小人？乃于两乡之事实、历史绝不平心考求，于所前《说帖》种种误处视而不见。二不解。试譬之，茅山闸如大门，麻溪坝如堂门，大门既阖而堂门无重轻矣。再譬之，茅山闸如三江新闸，麻溪坝如陡门等旧闸，自新闸筑而旧闸无关系矣。又就所前乡譬之，其《说帖》自言：清道光初，乡民恃有麻溪、三江之蓄泄，改其柳塘闸为桥。今恃有茅山闸之蓄泄，麻溪坝亦如柳塘闸，大可援例改桥。任元炳何以不许中天乐援所前乡之例，平地煽此大风潮？三不解。所前乡《说帖》谓：其乡对此问题而不能缄默者，爰推上、中天乐拆坝之本心，势必改作要津，通商舶以射山泽之利。然则任元炳代为转询，但得坝外人答复并无射利之说，该乡即可缄默矣。此时之不安缄默者，任元炳自思，是否挟私见为之？四不解。任元炳一见该乡之《说帖》，不加调查，绝不知照坝外，而飞速四布危词。征求各乡意见，何不先征求坝外人有何意见？五不解。非但不征求坝外之意见也，元年十一月二日天乐乡自治会《意见书》上，副议长徐维椿交任元炳，竟被抑置，延不交议。任元炳何仇于坝外？六不解。不交议，则明明以县议长而夺我坝外人鸣愿之权矣。彭谊为绍、萧筑坝而截之于坝外，任元炳为所前乡左袒而抑令其无告。是彭谊不智而一弃，任元炳不仁而再弃？七不解。任元炳所布危词，无非坝一废，绍、萧鱼鳖，他无理由也。敢问任元炳，坝不废，此鱼鳖绍、萧数百里之水，是否鱼鳖中天乐十余里？以十余里之水而匀于数百里，面积、雨量一算便明，蕺山先生谓："不过半都之水，讵盈一箨？"坝外十余里虽屡以荒告，而

1　刊本此作"成化"，实"天顺"之误。

三百年尚未鱼鳖，茅山闸之效，愚者皆知。任元炳愚乃太甚？八不解。任元炳“八不可废”之《呈》，满纸无稽，实无辩论之价值，今姑举其一以质坝内之明白文义者，任《呈》断章蕺山先生《水利议》“此谓一乡言利害，未及三县谋大利害”之言，谓：“蕺山先生明言就天乐论天乐。”故不认先生。此显然先生为三县谋大利害，特借此语引起下文曰“三县命脉全恃三江”，又曰“诚能加筑茅山闸……其为利孰大于是……且以为万世长策，麻溪通塞有不待言”。任元炳即神经瞀乱，宜不应迷惑至此。或所见蕺山先生原文已属断烂，止见“未及谋三县大利害”二句乎？抑见全文而不谙文义，故作呓语以诳天下乎？坝以内见全文、通文义者其多如鲫，绍县会能以此等谬词呈都督，即请迅饬绍县会全体公复，数行蕺山先生所议之全文，为敝会所捏造。即非捏造，其文义实应如任元炳断章所解释。敝会即自认不谙文义，而分戒吾乡人无再议废坝。无劳任元炳以火争、武力争。若见任元炳所呈狂谬，则请吾绍公决，似此颠倒是非而充县议长，吾绍亦太无人矣。且所呈不认蕺山先生者，任元炳个人乎？抑绍县全体乎？九不解。任元炳电大总统及旅外绍人，无不曰“汤氏棍痞欲废坝”。汤氏，坝外人也。坝外人有理由请废坝而为棍痞，坝内人无理由请存坝果棍痞否乎？蕺山先生以坝内人反为坝外议废坝，任元炳何不惜以汉奸目之，而但《呈》称不认而已？十不解。抑于十不解外，仍就任元炳所呈，更得一极易了解之一策，倘为任元炳所乐闻乎？天乐乡田价每亩以七八十千计，此为任元炳所呈，非敝会之欺人也，可否将天乐乡所有之田再照任呈，每亩减一二十千，即减三四十千亦可，一律售与县议会。天乐乡四十八村有此为膏秣，皆得避绍县之火争、武力争，徙而之他，庶坝内即免废坝之纷纭，又可享每亩贬售三四十千之田价。否则，未闻县议长而可不承认县公民，并不承认其同里之大贤，岂绍县专认一县议长乎？敝会陈请之公权已为任元炳所抑，是否中天乐仍在绍县区域中，以后如果有陈请书，陈请何县相应？呈请都督察核，专派大员查办，以儆哗扰而雪沉冤。实为公便。此呈浙江都督朱。计粘呈刘蕺山先生《天乐水利图议》一纸。

中华民国二年正月十号

浙江民政司屈批：

《呈》悉。查麻溪坝存废问题，已据司派委员暨绍兴、萧山县知事先后呈复到司，正在核议转呈，据呈前情，仰候并案汇呈都督批示，祗遵可也。此批。抄由发。一月十七号

天乐中乡四十八村联合会呈民政长文 附批 二年二月

为所前乡捏造江河请究诬罔以救垂死事

呈为捏造江河，事奇心毒，亟请究诬严办，以救垂死事：窃民等世居绍兴县山阴旧治天乐中乡，区域广袤约三十余里，因截出在麻溪坝外，水灾迭告，夙称荒乡。一溪之水，被坝阻遏，无从泄宣，不得不束以数十里溪塘，塘多田少，害数工巨。既遭淹没，复费财力。哀此孑黎，破家相属，饿殍相继。自祖若宗以及子孙，精神骨肉俱被坝销磨而摧荡之。吾越先贤刘蕺山先生深悯其冤，著有《天乐水利议》，议移坝于茅山，而废之，后又重建茅山闸。为实行废坝地步。明末鼎革，蕺山殉国，坝不果废，三百年来冤终未拔。至去岁，又大遭水灾，始有咨议局之陈请，旋以光复中止。今岁秋，所前乡遽上《说帖》于绍兴县议会，主存是坝。敝乡亦上书陈请县议会，建议废坝以救一方。同时所前乡又上《说帖》及《图说》于省议会。其图信口开河，凭空添造一浦阳江之支流，超越大岩山而流入天乐中乡以达麻溪，又添造一自天乐中乡下溋湖坂穿越重山而直通西小江之河流。此图勒以红线、加以附注，存卷于省议会，分配于各议席，揭示于全县人民，所以证明麻溪坝不可拆废之实据。全县人民足不履是地，目不睹是状，惟所前乡捏造江河之图是凭，骇然于浦阳江流之回绕，坚持坝不可废，盲声附和，置天乐数万人民于死地而后快。天下万国，当无有如此事之奇，此心之毒者！如谓天乐人之言不足信也，则大委与绍、萧知事会勘，并言无之，且给示晓谕矣。岂此一江一河畏官之威而避匿耶？如谓大委及两知事之言不足信也，则天乐山岭未崩，天下人目未瞽，人人得按其图而寻索之。寻索之而果有此一江一河也，以司长之明当严究大委及两知事之诬上欺民，以慰所前乡之心而杜天乐乡之口，民等虽老死以至子孙，不敢复言废坝事。若寻索之而无是二水，则所前乡敢于诬省、县议会，敢于诬长官，敢于诬绍、萧两县人民，狂妄自恣，玩人片纸之上，以构成此倾害天乐中乡之行为。人心不死，国法具在，若不澈惩，恐肆其诬惑手段之所极，民等将永不获重见天日。天然之地势既可伪造，则人为之坝何不可以毁废？如死于诬，宁死于坝，民等亦何惜区区生命？为伏念我司长至公一视，早烛其奸，应请迅予从严究治，以伸国法。遏奸谋，定人心，雪积冤，救垂死。不胜惶切待命之至。谨呈浙江民政长。谨粘呈所前乡《说帖图》一纸，《天乐乡水利图》一张。

中华民国二年二月日

民政司长批：三月十二日

《呈》及附《图》二纸均悉。查此案，前该乡联合会呈“为县议会阻止，废坝乡民宁拼命与争”等情前来，业经本民政长将农林部电准广洞办法并派委会同绍、萧两县知事妥为办理，各节明晰，批示在案。该各村人民等应静候办理，仰即知照。此批。

天乐乡自治会呈民政长朱文

为绍县议会压抑陈请藉端煽动法团不法呈请辞职事 附批

为绍县会压抑陈请，藉端煽动，法团不法，乡会无可隶属，唯有呈请辞职，求免贻误事：窃明天顺间，绍守彭谊筑麻溪坝而截弃中天乐乡四十八村，沉冤三百年，自愧荒乡。直至近年，始本坝内大贤刘忠介、余忠节之公论，陈请废坝。绍县会绝不调查，压抑其陈请书，四布危词，藉端煽动。不顾天乐不恕，不顾绍县更不仁。本年三月八号民政长据司及委先后所查勘情形，剀切通告。天乐三百年披云雾而见青天。寿密、昭冕等不才，仰体盛意，力劝四十八村忍于无可忍之中，静候饬办。寿密、昭冕等亦已智力穷尽矣，曾不谓通告之墨迹未干，县会之反对益烈。夫县议会为全县托命，反对，可；反对而无理由，则不可。所据者所前乡之《图说》，而洞数、方位与绕越大岩岭之支河纯属捏造，不纠正其失，反举所陈请者压抑之。坐以越县会而陈请省议会为不当，何以所前乡先我而上捏造之《图说》于省议会乎？该县会何所仇于天乐而为此所托者各乡之舆论？盖坝水所注，以县论非经萧县，断无越山阴而至会稽之理，以乡论非经苎萝，断无至所前之理。萧县与苎萝亦有议会，亦有庐墓，何以自顾其代表价值，不愿盲从？绍县会文电，一则曰绍、萧，再则曰绍、萧，其实萧议会并不干预，而所前乡独隔苎萝乡而具一捏造之《图说》于县会、于省会，岂坝水亦被天乐之运动，专淹绍县不淹萧山，专淹所前不淹苎萝耶？况止天乐中乡一溪之水，该坝原有二霪洞，启而不闭，坝内相安已久，今蒙民政长准部电饬，照原有之洞而高广之，以期水渐畅行而纾溪面之水势，岂真有支河并入，溪水骤然增大，于坝内有碍耶？县会于理由舆论二者不一顾，无非谩骂恫吓，“坝一废三县即鱼鳖”，“三县即暴动”，“勘必春水发生”三语而已。敢问鱼鳖如此之易，他复谁为暴动，是否鱼与鳖自为暴动？尤有疑焉，中天乐一溪之水，蓄于一隅三百年，但有被灾，尚未鱼鳖；一注入三县，反不免鱼鳖，岂坝水专认三县而鱼鳖之，独畏中天乐不鱼鳖乎？此三百年中，何年不春，何春无水，直待天乐请废，始以勘必春水为言。己自具平日于春水如何发生，如何涨落，全不经心之供招。以不及春水而勘，骂天乐可也，骂及刘子并骂及京内外官厅；吓天乐可也，并吓及绍县各乡。此胡为者。今春且暮而将夏矣，水亦涨而且落矣，不闻该县会一践履勘之言。但闻其传单传单，开会开会，煽动罢市、罢课，且敢罢粮。李安民《天声报》并编招决死队，岂尚嫌绍地盗案之不多，唯恐绍地秩序之不乱？非有利于绍地盗案之多、秩序之乱，必不为是煽动也。甚至天乐亦执“勘必春水”之言反唇以诘问某等，而追理前此陈请亦为绍县会所压抑，太无能力，劝亦无可置词，冤哉！绍县会以求快于天乐之一念，而不惜为此不正当之现状。绍县，浙东之望，县会全体议员亦应自重其人格。证人遗教，未尽泯泯，敢请民政长明诘该县会，天乐乡陈请书例得压抑乎？意见生于事实，不调查事实而先布危词以征集意见，非授意使反对乎？究竟该乡果有绕越大岩岭之新江口支河乎？谓忠介未及论三县之大利害，不能认以为可，其文义应作如是解乎？该县会明则虽未实地履勘，暗中必已次第勘过，茅山闸能否抵御江潮，全体此时心理，照去年反对发端时悟而悔乎？抑羞而怒乎？天乐本忠介、忠节公论请废，是长毛棍痞乎？抑忠介、忠节在坝外有庐有墓乎？试于夜气来复时平情一论，且勿望为天乐设身处地，即以绍议员而为绍县计，连年风鹤，方导以秩序之不暇，而以法团借请命之名，汹汹煽动，是自治会抑自乱会乎？伏念通告有云“未便任其骚扰”，稍事姑容，愈姑容愈骚扰，其影响已及天乐矣。天乐中乡虽止四十八村，而合老小男女，不下三四万人，去坝有余，遏抑过甚，万一迫而出此。某某等暨全体议员已劝无可劝，将来绍县会之蔽，罪不知何似。念之自危，前已呈请辞职，蒙都督援《自治章程》第二十条批，不准辞。然寿峾、昭冕智力短浅，既不能见谅于绍县，又不能见谅于本乡，日夜彷徨，莫知所措。惟有呈请俯鉴苦衷，准予全体辞职，并取消四十八村代表。以快县会而免贻误。再，代表中尚有葛陛纶、鲁雒生二名，并请取消备案，合并声明。右呈浙江民政长朱。

天乐乡自治会及代表等呈民政长朱文 呈县知事同

民国二年四月十二号

为请撤消代表并辞职事

绍县天乐乡议会乡董汤寿峾、议长孔昭冕暨全体议员等，为陈请被压愧对地方，惟有辞职求免贻误事：窃麻溪坝一案，前承民政长据司及委先后所查勘情形，电蒙农林部核准广洞得覆，一面饬委照办，一面剀切通告在案，在天乐尚以为取法于上，仅得其中，未能满足。经寿宻、昭冕等力劝，谓三百年沉冤有此拨雾见天之日，亦云厚幸。讵县议会声称“勘必春水发生”，屡不承认，今春且暮而将夏矣，水且落而涨矣，不闻该县会一践履勘之言。天乐中乡虽一隅，犹是人民，讵竟化外，讵竟异域？去年十一月，绍县会压置陈请而与天乐人民反对，明明摈四十八村于绍县范围以外。该县会所据者所前乡之《图说》，而洞数、方位与绕越大岩岭之支河纯属捏造。不纠正所前乡之失，反举天乐所陈请者压抑之，坐以越县会而陈请省议会为不合，何以所前乡先我而上捏造之《图说》于省议会，试问该县会何所仇于天乐而为此？天乐忍无可忍，甚且执“勘必春水”之言反唇以责寿宻、昭冕等，谓附和县会，且追究前此陈请书何以为绍县会所压置？穷诘痛诋，实无词以对乡民而谢父老。寿宻、昭冕前已陈请辞职，蒙都督援《自治章程》第二十条，批不准辞。然寿宻、昭冕暨全体议员等智力短浅，既不能见谅于绍县，又以陈请之压抑，并不能见谅于天乐，双方受挤，莫知所措。且前所陈请既被压抑，寿宻、昭冕等无可隶属全体议员开会公决，惟有陈请俯鉴苦衷，准予全体辞职，并取消四十八村代表，俾安生业而免贻误。除陈请民政长外，理合缴完执照、钤记，仰祈察核施行。再，代表中尚有葛陛纶、鲁雒生二名并请取消备案。又，乡佐田崇礼函表同意，因病未到会，是以执照未缴，合并声明。实为德便。此呈民政长朱。

天乐中乡四十八村联合会呈民政长文 附批

为县议会阻止废坝陷害人民撤业以待死期事

窃民等前由乡议会陈请县议会，建议拆废麻溪坝，后又呈请省议会，建议经由省议会议决，转咨司长派员查勘在案。十二月十一号，大委奉命来乡，连日会同绍兴县陆知事、萧山县魏参事暨绍兴所前乡代表、天乐乡乡董、萧山县苎萝乡乡董等实地会勘。当奉陆知事将会勘实情给示晓谕乡民，乡民顿易其愤激之情而为欢忭，咸为解我倒悬，可于会勘呈报后是决。不意会勘以后，报纸连日揭登绍县议会有呈文函电，迭次上阻，虚架危辞，冀以朦耸之手段，行之于我司长之前。总其措辞概要，不曰“洪水大至，绍县将成泽国”，则曰“江潮并进，生命同于鱼鳖”，文字愈快，事实愈远。试思坝外有高坚之闸、重蔽之塘，洪水从何而至，江潮从何而进？若谓塘闸不足恃也，则三百年来绝未闻有坍卸之警。且江潮冲入，天乐中乡首当其冲，虽至愚暗，断无自害害人之理。塘闸无恙即江潮无患，必欲重锁以坝，堵一溪流而不使泄，令中乡永永受灾害而不恤。同具人心，其谁甘之？刘忠介谓："一溪之水，摊入三县，讵盈一箨？"以不盈一箨之水而张皇其词，曰洪水，曰江潮，撇实势不顾，置灾民不问，欺大贤不惜，逞一时之口以快意气，仁且智者果若是乎？而所前乡之《图说》则且信口开河，竟有捏造一江一河俱使超岭穿山之奇事。县人士盲声附和，歧中又歧，奉闭门悬揣之言，置数万灾民于死地，置数万灾民世世子孙于死地。若果有害全县，则牺牲此数万灾民、此数万灾民世世子孙以保我全县人民之幸福，义者犹或为之。明明无丝毫之害，强令一乡人民牺牲其性命，天乐人民虽僻陋顾，犹是人类，其忍自默而与此终古乎？民等有冤莫诉，惟血可流。弃我一乡，惟命是听；即取民等生命而宰割之，亦惟命是听。坝亡则民等数万生命或可不亡，坝存则民等数万生命决难幸存。坝之存亡，实与数万生命成反比例。无用之坝与无告之民，二者相较孰应存孰应亡？请迅饬绍县议会一解决之。县议会解决之日，即民等数万生命得生之日；否则，为数万生命临死之日。民等当撤业以待将死。言哀，不知所择。谨呈民政司长屈。

附民政司长批：

查麻溪坝一案，前经本民政长据前民政司所呈察勘情形，及所拟添洞、广洞办法，电请农林部核示，去后旋准电复"广洞、添洞两法，既经一再勘明，自可照行，惟添洞费大工巨，不如广洞为宜"等因。准此，当照该司所拟办法，就原有之洞各加高三尺、阔一尺，以期水渐畅行，坝内坝外各乡两无妨碍。并派员杨际春前往会同绍、萧两县知事妥为办理，以息纷争而重水利。在案仰即知照。此批。三月十日

天乐中乡四十八村男女灾民呈浙都督文

为广洞无期迫灾拆坝事

浙江省山阴旧治天乐中乡四十八村男女灾民，为呈告广洞无期，迫于灾荒，已将麻溪坝拆废事：窃灾民等受麻溪坝遏截，沉冤三百年，叠经前乡议事会、四十八村联合救死会呈诉，蒙前屈民政长委员查视于先，亲勘于后，咨奉都督通告广洞在案，为万死灾民求一线生机。灾民等虽违初愿，然念都督及前司长苦衷，既感且泣。广洞通告洋洋三千余言，为近今文告中所少有，揭之通衢，宣之报纸，妇孺咸知，内外并晓。灾民等逃死万一，不敢再违，足疲于走，耳疲于探，以静候广洞之实行。不意久之寂然又久之寂然，涣汗大告，同于棘门、坝上，一欺再欺，一误再误，忽忽三月。此三月中，春涨甫了，夏水大生，淹没灾民等田

庐、塘圩者，实又一月。塘圩之危险，保障之勤苦，植立风雨，无间日夜，秧插再种，再种又没，则又再插，及今而三。力困不足计，庐舍之沉浸不暇计，其如秧之无可觅购何？远道以求之诸暨、富阳，时过秧少，重价不能得，至今犹有不能成插者。此等苦痛，坝内人生生世世所未梦见，独灾民等受之。同是人类，同是都督所属治子民，果何罪孽，忍令永受、忍不一拔？既明知水之成灾在于坝，而蕲其废；又不得已求其次，而定为广。至广之无望，而灾民等死期果近矣。死切于身，不得不谋自救，人情也，想亦都督所许也。灾民等思之又思，如其死于万劫不拔之冤，毋宁与坝同尽，万情一致，血泪成雨，荷锸舁索，罄四十八村男女老少偕出，不一日而坝已拆废。迫于天时，迫于人心，不敢自讳，谨呈以闻。此呈浙江都督兼民政长朱。

天乐中乡四十八村男女灾民上何管带说帖

为诉明拆坝理由事

具说帖。天乐中乡四十八村男女灾民谨说者：窃灾民等受麻溪坝遏截，水灾迭告，十年九荒，迭经前乡议会陈请省、县两议会，建议拆废，以救一方民。不意坝内人民施其强凌弱、众暴寡之手段，虚架危词，屡次刁难，不曰"洪水大至绍县将成泽国"，则曰"江潮并进，生命同于鱼鳖"，空空洞洞，羌无理由。试思坝外有高坚之石闸，重蔽之圩塘，洪水由何而至，江潮从何而进？刘忠介谓："一溪之水，摊入三县，讵盈一篺？"以不盈一篺之水而张皇其词，曰洪水，曰江潮，撤实势不问，欺先贤不忌，置灾民不恤，逞一时之口以快意气，有人心者果若是乎？水利至要，人命至重，至此而尚欲意气用事，此事之不能和平解决者，势也。今之岁，春水盛涨，夏水大生，淹没田庐，冲决塘圩，不可胜计。巨灾已成，忍无可忍，万众一致，集愤于坝，不一日而坝已拆废。拆废之后，今三旬矣，坝内人果为鱼鳖否乎？其生命财产果损失毫末否乎？明明无害，而必强言有害，以自欺而欺人，岂以三百年来天乐民族犹未殄灭，心犹未足，故为是投井下石之计乎？不察形势，不考沿革，不准公理，不体人情，强令一乡人民牺牲其生命、其子孙，而于全县仍无丝毫之利。天乐民虽僻陋，顾犹是人类，其肯忍而与此终古乎？当坝之拆废也，适夏水大涨之时，坝内人不于是时作鱼鳖，不于是时损伤其生命财产，则废坝之万万无害已彰明较著，无待烦言。若犹以广洞相欺，民等万死不能承认。盖灾民等则始终以废坝为目的而已，目的有一间之未达，则愚公之志，待以身后。徒言高广，岂能折服灾民等之心哉？灾民等自乡自治会解散后，惶惶无所奔诉，闻吾管带之至，佥谓拔此沉冤。实行废坝，在此一举，欢忭相庆，咸聚于道。惟人数众多，不能偕前自白，爰谨具说帖以闻。

天乐中乡四十八村公民呈农商部文 二年十月

为呈请派员实勘更从广洞改良事

具呈。浙江绍兴县故山阴天乐乡四十八村公民等，呈为俗吏以生人者杀人，奸民以守旧者守弊，向隅四十八村，沉冤三百余年，泣求饬派贤员莅坝确勘，断行更从广洞改良，务使均沾利益，以活一方而雪积枉事：窃山阴县本绍兴附郭，西偏百二十里之中天乐乡，明天顺间绍守彭谊但见浦阳江得灌麻溪以灌山、会、萧，不察地势，率为筑坝。坝以内下天乐也，其水达山、萧，微及会稽；坝以外中天乐也，承接上天乐单面数山，为麻溪所自出，外襟浦阳江。坝内之待坝外，始因错而成冤，终因冤而益错。夫数山而单面，溪水有几？民等所惧者，江水耳，彭谊但见江水入麻溪之害，而截弃中天乐之四十八村于坝外，误在不知其坝南移里许今茅山闸址，便足包四十八村而同入范围。冤一。继彭者戴公琥，贤守也，误于前任垂竣之水利，不能不为赓续，告成后，察及坝一移至茅山闸，此四十八村大可不必截弃于坝外，乃为筑一土坝于今茅山闸之西，而四十八村十年中始有三四年之收获，第年必有二三次被水不等，以迄于今。冤二。刘忠介蕺山先生即坝以内绍城人，其封翁兼峰先生曾耕读于麻溪山。蕺山先生微时亦继之耕读，稔悉四十八村截弃于坝外之奇冤，而恍然于戴公所筑之土坝，稍稍移内之今茅山闸址，虽未能四十八村常稔，终胜于前。一误于彭守，再误于萧人任三宅。三宅幕于布政司，一闻蕺山先生“移坝上策”之议，煽动三县内奸民横抗。冤三。“碛堰山永不可闭，麻溪坝永不可开”，明明旧说。民等亦闻之，碛堰开则浦阳即径出钱塘江入海，若闭碛堰而茅山无闸，江水势必全灌麻溪，而害由坝以及三县，民等虽愚亦不愿为。今碛堰山自明天顺间已开矣，即有入麻溪之江水，忠介已改土坝为石闸，屹然砥柱，启闭以时，坝以内但俟闸启潮入，开坝以吸其利。误在绍县会妄执茅山未闸前之旧说，必谓其举莫废，强欲保存此坝，然则革命之谓何？冤四。筑坝以防由麻溪而入之江水，并非防麻溪十余里之山水。江水已为闸障，误在并一箬之溪水而亦不容其入坝，试思聚十余里之山水于中天乐一隅，害不过常以荒告，三百年尚未鱼鳖，安有由坝普及三县三四百里之面积，转患鱼鳖之理？愚骇亦可释然矣。中天乐四十八村筑茅山闸后，尚苦荒熟参半，甚至志乘载明“荒乡向寡官、幕，并读书者少”，亦以为坝所截，交通大不便，穷迫更甚。《县志》载有忠介移坝上策之成议，迄无人知，执坝内人之矛以陷坝内人之盾。冤五。忠介为坝以内之大贤，未必一无田庐，何独惜坝外四十八村之冤，冒疑谤、縻[1]金钱，为筑石闸？自为公理耳。绍县会幸生忠介后，民等意必人人愿为忠介，有诟以任三宅者，必色然怒。误在积非胜是，故此次绍议员之悍者，竟敢不认忠介为可，平旦思之，能无汗下？冤民等并冤忠介，奚有道德法律足以动其怀哉？冤六。祸根均在所前乡“江水逾大岩山岭”之《图说》。绍县会一接此件，并不计及向与坝贴近者尚有苎萝一乡，坝水必不能越苎萝而即淹所前乡，误由其乡自治会董长赵利川、娄克辉为人傀儡，谬焉越俎。绍县会亦不确查有无逾岭之江水，率焉飞电传单，据以煽惑各乡自治会，而递科民等以大罪。尚赖为所煽者半，不为所煽者亦半。全力以煽先受坝水之苎萝乡，始终不肯盲从，亦受绍县会诟病不少，冤民等并冤苎萝。冤七。三县大有读书明理、私淑忠介者，顾不欲撄绍县会悍夫之锋，亦惟有为忠介呼冤，为四十八村呼冤，发起麻溪坝研究会于杭，有心哉！旅杭多三县人，误在路远未见坝之方位，遑与考坝之利害？绍县会一闻研究而生惧，必欲民等永沉苦海。冤八。忠介坝内人，研究会亦坝内人，绍县会殆疑其为坝外必有所私于民等四十八村，而不惮显与违伐，何辜于天？绍县会有议员残忍至是，民等将何托命？非但不认其坝内人也，民等于前清辛亥之秋呈请省议会议决，咨请浙抚院派黄守恩融查办，该守抵绍，适光复作罢。方该守奉委时，绍人已自开会公推鲍绅香谷实地调查，见坝外有茅山闸高大坚固数倍麻溪坝，声称以御江水有余，恨报告亦以光复无效。冤九。前清可不认也，民等于去秋重提前议于临时省议会通过，省会前后议员均有坝以内议员列席，且为中天乐介绍，不闻绍县会一词反对，平空轩起大波，误在因误成羞，非但不认其坝以内之议员，也并不认县委先经都督、民政司会委，及绍、萧两县知事到地履勘。所前乡既捏造新江口有江水逾大岩山岭而北注麻溪之《图说》，不得不派代表随行，已随行二十余里矣，不十里可抵新江口，该代表李维翰、赵启瑛忽匿踪影遁去，无从当场面诘。冤十。非但不认县委，也并不认前屈民政司。初绍人谓止麻溪十余里之溪水耳，及绍议会误于所前乡以江水逾大岩岭以达麻溪之《图说》，电也，报也，传单也，全力煽动，于是以讹传讹，愚者颇以鱼鳖是惧。冤十一。绍县陆知事会勘时，则以“并无江水逾岭”给有手示，回绍时，

1　“縻”，此处作浪费解。

则劫持于绍议会，但计见好于该议会，绝不以所前乡之代表中途逃脱诘问一声。省吏幕中多坝以内人，实纲维是观，于绍议会不认民政司，实不翅以幕友不认民政司，痛哉！非但不认民政司，并不认都督。绍县会忝踞法团，必有公款，误已成矣，惟任意行动便可任意支销。自民政司躬往履勘，报告都督，如话如画，而绍议会之汹汹如故。朱督乃据民政司所勘详情大文通告，谓“确有拆废之理”。而绍县会叫嚣之度益高，一则曰“须春水涨时测勘”，再则曰“须梅水涨时测勘”。既其实，徒托空言，不过搪塞民等为缓兵之计。民等祖宗已为绍人所欺，陆沉三百余年，忍无可忍，秋间凉夜，四十八村激于公愤，不约而男女毕集，逾时而坝平。朱督亦通告以为可拆废，未便重罪，则亦听绍县会之山膏狂骂而已。冤十二。朱督广洞之通告，味其词意似有为所胁迫之苦衷，长官己溺为怀，与先贤如出一辙，非仅仅照原洞增高加广，足以自慰也。可知明知之而故靳之，为德不卒，民受其殃。绍县会竟忘朱督通告系秉承大部所令饬，怒不择词，到处开会、登报，惟恐人心之不乱，惟恐治安之不扰，无非乘之以为奸利。综上十二大误，酿成十二大冤。民等益不敢莅绍县会，益不敢复自治会，益无人敢为四十八村之代表，以避绍县会之丑诋暗杀。嗟乎！民等何罪，幸值共和之世，长为无告之穷。惟有仰恳大部，大发慈悲，实行查办，迅派贤能大员，专诚实地履勘，就所呈十二误以成十二冤，趾而目之，以定广洞改良之办法，而雪三百余年之积冤，务使水利、交通两有裨益，无任迫切待命之至。万口呼吁，万代馨香！附呈刘忠介《天乐水利图说》、朱督第四号《布告》、绍县陆知事手谕并《天乐沉冤纪略》《水利条议》、所前乡自治会《图说》《驳议》各一分。谨呈农林部总长。

天乐中乡耆民禀浙江巡按使文 民国四年四月廿七日　附批

为麻溪桥工草率禀请出巡时顺道履勘事

禀为麻溪桥工官不恤民，一味草率，叩请于节麾巡绍之便顺道履勘，切实验收，责成补救而免坍卸事：窃麻溪一案，前蒙农商部咨由勋使前在民政长任内改坝为桥，俾坝内外水利、交通两有裨益，民等服畴食德，世世不忘。去夏亢旱，东南苦涸，绍、萧尤甚，麻溪适以改桥，江潮可由茅山闸直灌，幸资挹注，得免奇歉。刘蕺山“以废坝为上策”，其言信矣！该桥之改良自无待言，其修筑时在勋使责令绍、萧两知事会同办理，原期坚实牢固，一劳永逸，倚为长城。似此重要工程，自开工至告竣时，未闻两县到地查勘，仅由绍县派一委员，名为监工，草草从事，悉听包工者自由建造。桥墩下桩甚稀，只贴萧山界一面，且不结实。上砌以石，每层应灌灰浆，而纯用松土垫之，间用石块，数亦无几。至圜洞贴腹合笋之石板，至重且要，其板视他桥为松脆，且笋亦未曾深密，即无识者亦一览即知其不胜重量。如墩外有砂嘴桥，所赖以杀水势也，乃工程一味含糊，过者莫不危惧。无论何项桥工，全以结实为主要，今此桥一值天雨，圜洞渗漏如泻，夫渗漏即坍卸之渐，不待日久，即将出险，如民命何？如国课何？此民等所以日夜担忧，无日不盼节麾履勘，切实验收，责成补救，免贻他患者也。伏读农商部令，文载"有坝内外桥梁，若新闸桥、屠家桥等之倾圮低隘者，亦可略加修广，既便交通，亦有裨疏浚"一节，现在新闸、屠家二桥，民等虽愚，亦知关系重大，已勉遵部令，于麻溪桥工竣后，不得已次第改造，自顾其私，督率赶修，以视麻溪桥工，经费较为浩大，幸尚坚实。款皆按户一再募集，精尽力疲，不敷尚巨。天乐向称荒乡，穷于罗掘，惟是新、屠二桥于水利、交通关系匪细，不敷之款，急于待需，惟有仰恳勋使，逾格垂怜，迅予设法拨款补助，大苏民困。其麻溪桥工系绍、萧两知事承办，而草率如此，应否责令罚赔以重国课而苏民命？不胜迫切待命之至。谨禀浙江巡按使。

批附　五月十五日发

查麻溪桥工程，系由工人斯生记承包。工竣后，取有该工人认保三十年保固单一纸存案。兹据禀称"桥工草率，一值天雨，圜洞渗漏如泻，过者莫不危惧"等情，是否属实，仰会稽道迅速派员，切实察勘，具覆核夺。至禀称"新闸、屠家二桥，已由该民等次第赶造，募款不敷甚巨"各情，并仰一并详勘查覆，以凭核办。此批。

天乐乡自治会致绍兴县城镇乡各自治会并送奉沉冤纪略水利图书

径启者。十一月五号接县议会函知，为麻溪坝存废问题征集各乡意见。敝乡截出坝外，受坝之害，自明迄今三百余年，僻处一隅，末由呼吁，值此议会垂询，正可陈请，建议废坝以苏积悃。因恐贵镇、乡于今昔形势及敝乡灾困情形或未详悉，特将敝乡印刊之《沉冤纪略》一本及《山、会、萧略图》《天乐乡水利图》各一幅，送奉浏览。如蒙悯其积困，不狃故常，一伸公论而张人道，则仁言利溥，必能活此一方，数万灾民祷祝，其曷有济。至废坝在今日之有利无害，已详《沉冤纪略》中。兹不赘渎。肃此。祇请某某先生大鉴[1]。

天乐乡议长孔昭冕、乡董汤寿峦谨启

天乐乡自治会致绍兴县城镇乡各自治会请开导乡民勿狃旧习书

径启者。前奉《水利条议》《沉冤纪略》,想蒙公鉴。所前乡上省议会《说帖》及《图》,其荒谬不一而足,敝会逐加驳语付印,兹奉一份呈览,想贵会明达诸君,更可恍然于废坝之有利无害矣。惟各乡农民,狃于旧闻,动多隔膜。尚乞诸公力为开导,一空障翳,是所至祷。如荷惠临勘视,更所欢迎。肃此。祇请某某先生大鉴。

天乐乡乡董汤寿峦、议长孔昭冕谨启

十二月七号

天乐乡自治会致本县各绅董书

某某先生台右:

前日驾临,诸多简亵,深滋歉仄。坝事发生,敝乡不见谅于多数,而本乡父老,又以严厉之词尝相责备。弟等忝为代表,当冲受轧,傍徨莫知所措。幸先生亲到是地,于坝闸等形势已了然于胸,正可据实在情形以破耳食者之大惑。总之,吾邑对于是事几成一种迷信,不察地势、不查沿革、不体人情,信口反对而美其名曰统筹全局,必欲弃此一乡使永被灾害以为快,不意越多君子与近日提倡之共和主义、国民主义、人道主义均相背而驰。此岂民之福耶?弟等资浅识短,本不敢与议及此,因公理所在,若鲠在喉,不能自默。明达如先生,必能谅其苦衷而有以教之。倘得借重鼎力,追步先贤,则讵独一乡蒙其利哉。专此。

敬请

台安!

其 二

某某先生大鉴:

敬启者。自坝事发生,敝乡与邑人士不能开诚相见,为人民计,各具热肠,

---

1 刊本作“鑒”字,乃“鉴”字误植。

其为是疑虑也，亦无足怪。惟坝外既有茅山石闸，江水、潮水万难侵入内河，若必堵溪水而不使畅泄，同具人心，其谁甘之？且以三县所不愿受之水，忍一乡独当其冲，易地以观，毋乃非恕？总之，敝乡主张废坝，一准公理，损人利己，不敢为亦不忍为。乡人以历代沉冤，至今日必思振拔，尝以激烈之语来相责备，弟等忝为代表，外不见谅于邑人士，内不见信于乡父老，资浅责重，势成维谷。伏念先生望重一邑，瞻言百里，仁言所及，障翳一空，累代倒悬，藉以解脱，则先生之德，不独弟等个人感戴之，实数万灾民，世世奉馨香以祝者也。肃此。

敬请

台安！

天乐乡自治会致报馆并送奉沉冤纪略水利图书

大主笔先生惠鉴：

径肃者。浙绍山阴旧治天乐乡麻溪坝，在三百年前为上游之保障。自明贤刘忠介公移坝茅山之议不果，另建茅山闸以拯天乐，于是十岁九荒之穷乡稍得粒食，而麻溪坝不特成为赘疣，且为天乐中乡之大害。盖外水既遏，内水莫泄，适成邻壑焉。迩以公理日彰，沉冤可诉，陈请省、县议会建议，以竟忠介未竟之志。绍、萧三邑之人未莅其地、未吃其苦，并未察今昔异势，辄引从前陈语与未然理想，以相反抗。不知益一乡而患三邑，不但天乐之民不敢言，即易地以处，吾恐天乐虽小，亦不甘受，而谓三邑之人不明是理也耶？其地理历史详情均载《沉冤纪略》。兹以夙钦贵报支持公道，鉴空衡平，用特呈上一册，敬希浏览。如蒙登入来函或新闻栏内，尤以刘忠介《天乐水利议》及绍兴县山阴旧治天乐乡《水利条议》《陈请书》为最要。表而出之，多所商榷，实大主笔之盛心，亦荒乡之幸事！感泐无尽。专此。

敬请

道安！

四十八村联合会致麻溪坝研究会书

麻溪坝研究会诸乡先生均鉴：

敝乡厄于一坝垂三百年，苦痛特甚，其大不利于天乐，有益无损于绍、萧，先贤论之，地势呈之，即坝内稍明事理者，亦莫不心知之，固无待研究也。而必出于研究者，徒以绍、萧三县之广众，中天乐半乡之轻微耳。众寡强弱之势迥殊，不能骤争，积重难返，习非成是之大错，亦理势之当然也。是故刘忠介坝内人，何爱天乐半乡而弃绍、萧三县？盖深一夫不获[1]之心，尤具水利只眼，贤人用心自是不同。任三宅无理取闹，不异今之任元炳，以意气为是非，以哄动为长技。愚民可与图成，难与谋始。况以死畏之，宁有不盲从者？一三宅足以尼忠介之志，非忠介不坚也，时期未至也。今则民国肇兴，公理日明，当不如忠介之处末世，而任元炳身居议长，首先反对议会为人民托命。水利为地方要务，天乐虽小，莫非越土，而任元炳亦以意气用事。嗟乎！二任何先后之殃吾乡如此其悍耶？报馆为舆论之机关，亦狂吠而未已，此足为报界羞，吾又奚屑与辩。至于挟乡愚以自豪，口公益而心私利者，此殆别有肺肝，何可与谋桑梓？敝乡困于一坝，无生人趣，微忠介筑茅山闸，天乐之民宁尚有今日之能奔走呼号耶？幸也！是非自在公论，乃有贵会以研究，叙父老为申平议，苟祛私见共谋公益。敝乡数百年之积困，庶几来苏，而贵会之顾全大局能不让美先贤！缵禹之绪，吾绍同光，贵会勉旃，敝乡幸甚。本即遵约旁听，仍恐真理有余，而薄言不足用。具下忱，敬希涵鉴。

附：

绍兴县麻溪坝利害纪略

自刘忠介《天乐水利议》倡移坝、改坝、塞坝三策，于是乎天乐人处心积虑求达其目的者，迨数百年于兹矣。而卒未能如愿以偿者，良以利害轻重相权，迫于公理所不能耳。不意有欺世盗名之汤寿潜出，以为才足以济奸，气足以凌众，遂不恤舆论，摭拾忠介一偏之说，（其原议曰："此为一乡言利害，未及三县言大利害也。"），参与一己臆造之私，（如"河流改道，沧桑变更"等语）广布《纪略》[2]，谣惑众听，而曰麻溪坝可以拆废。考麻溪坝，自明弘治间戴公琥询民疾苦，相度而筑。绍、萧不为水害者，皆麻溪坝为之利也。万历间刘公会惧坝渐圮，加石重建。前清俞公卿又加修之。可见该坝实关绍、萧命脉。前贤士大夫凡以谋内地之万全者，无不注重于此。此忠介三策所以理屈难行也。试就其上策移坝而论，曰"该坝原备外江，已有郑家大塘为之捍卫，即可移坝茅山，使彼天乐一溪十五里之水，均分三县，讵盈一箨？不足为害"等语。噫，忠介误矣。以溪流论，不过十五里，虽害无几，不知天乐四面环山，万壑所归，一旦溪洪暴发，其原未可限量，无坝以阻，水势不杀，冲将何扼？而均分一说，尤为欺人之谈。盖水性就下，惟

1　刊本作"获"，为"获"字之误植。

2　此指汤寿潜自著《山阴中天乐乡沉冤纪略》一书。

低是趋。试起忠介而质问之，其将若何均分？恐亦哑口无辞矣。其中策曰改坝，谓“从原有霪洞广而高之，使天乡之水约束而入，其流有渐。”聆之似尚近理。乃夷考[1]该坝，曾于前清康熙二十一年，姚公启圣改洞为三，各广六尺，盖与忠介中策用意相同。讵自增广而后，内地不堪其冲。五十六年俞公卿重修，随即规复旧制。是中策又不可行。而下策塞坝之说，一若负气争胜，更非贤者建策之立论矣。所以任公三宅作《麻溪议》，追本穷源，痛陈利害而驳饬之。今天乡犹执忠介《水利议》，且不曰移、曰改、曰塞，而曰废，则是变本加厉，为谋私益，祸我全绍。先准所前等乡，闻有废坝之举，陈请公议。旋准天乐乡刊具《沉冤纪略》及《水利条议》。以该坝有八可废等语，当以事关全县利害，不得不征求意见。嗣准各乡议覆，无一不与废坝反对，参核八可废之理由，亦多不能充足，随即公同讨论，逐条驳议。犹恐不足折服，又议待来岁春水暴发时，会集官绅公民，首尾实地履勘，报官核办。不图天乡明知损人利己，难掩本会耳目，亦明知现当天旱水涸，履勘易于欺饰，竟于未交本会公议之先，已求省议会议请委勘。此等阴谋诡秘，用意极为深刻。乃昨接旅杭同乡警告，谓此次委员履勘，回省悉凭汤党指挥，但称现勘无害，该坝议决拆废。天理不容，神人同疾。爰议邀集城镇、乡自治团及各政党、社会、绅商、学界开特别大会，讨论对待方法。谨刊任三宅先生《麻溪坝议》，暨本会上各官厅文并略述缘起如左。

附：

任三宅先生麻溪坝议

谨按：麻溪地属山阴天乐之西南边境，非吾萧所辖也。曷为筑以石坝而令萧输其工费哉？盖萧山东南境外，有概浦江者，源出金华浦江县，北流一百余里入诸暨县，与东江合流至官浦，浮于纪家汇东北，过峡山，又北至临浦，而注于山阴之麻溪；北过乌石江，又北至钱清镇，曰钱清江，乃东入于海。对富春大江而言，名曰小江。在府治东，曰东小江。在邑治西，又曰西小江。计此江流经麻溪之南岸，以达于钱清者，皆山阴地也；经流麻溪之北岸，以达于钱清者，皆萧山地也。水害宜均受之。但南岸皆山，延袤至于钱清而未断，山为阻截，被害之田土犹少。若北岸并无山岗阻截，一望平田，而且多通江之水口，一遇泛溢，平田以内皆江也。即不泛溢，而江水由各河以入，浸淫洋溢，无一田庐非江也。萧山苎萝乡、来苏乡、由化乡、里仁乡、凤仪乡被害尤剧。宋、元迨

1　夷考，考察。典出《孟子·尽心下》：“夷考其行，而不掩焉者也。”

明，设策备御，但于各河口多筑塘、闸、坝焉。堰则有单家堰、邱家堰、凑堰、大堰、衙前堰、沈家堰、曹家堰、杨新堰、孙家堰、章家堰、凤堰，以遏江水内溢之势。闸则有徐家闸、螺山闸，以时启闭，节水之流。又特筑龛山石闸，以为江流入海之道。坝则有临浦大坝、小坝，又特筑钱清大坝，使江水东奔山、会。而麻溪要害处尚未筑坝，江水尤多冲入，虽有诸堰、闸、坝，害犹未除。弘治间，郡守戴公琥，询民疾苦，博采舆论，相视临浦江迤北，有一山在江中，名曰碛堰。因凿通碛堰，令浦阳江水直趋碛堰北流，以与富春江合，并归钱塘入海，不复东折而趋麻溪。遂令萧山于彼麻溪营筑石坝，横亘南北。石坝以内，始无江水冲入。南岸山阴田土固不受害，而萧山北岸污莱悉成沃壤矣。其余诸堰闸，可不复议修筑也。又，嘉靖间，太守汤公绍恩，筑三江闸以泄下流，而水益不为害。盖弘治迄今一百六十余年无水患者，皆麻溪坝之为利也。万历十六年，邑令刘公会，加石重建，以杜祸源，惟惧坝渐湮圮，以踵前患。何今日突有开坝移建之议也？以为此坝不开，则害及天乐乡一都有半之民。夫此一都有半之民，在坝外东南，贴近茅山闸至郑家山嘴大塘者也，涝固可通沟道，由闸以泄其水；旱尤可资江水，由闸以灌其田，于坝无甚利害也。即使有害，而困此山阴天乐一都有半之田土，孰与于困夫麻溪北岸、萧山苎萝诸乡所跨之土田也，二者较量，孰多孰少？且先时建坝之初，明达如戴公，夫岂不轸念此一方民也？良亦利害有轻重、地势有缓急，故不得不就筑于麻溪耳。且开坝之害，不可胜言。就萧山言之，麻溪未筑之先，屡有小江之患，而不致剥肤者，以有塘、闸、堰、坝为之屏翰也。今尽废久矣，使此坝一开，既无堰、闸之防，又无兴复之费，脱有不虞，将如生灵何？岂独萧山，即天乐迤东沿江诸乡水害，孰与御之？其横溢钱清以北，奔注于三江口者，势将倍于曩时。一遇霪霖，泛溢横奔，山、会将并受其害，讵止一邑之殷忧也。为民牧者，一审诸时。崇祯十六年。

附：

麻溪坝案第一次呈都督民政司暨省议会文

绍兴县议会议长任元炳、副议长徐维椿，为呈、咨请事，准所前乡乡董赵利川、议长娄克辉同议员、公民等递具说帖。其大略谓：敝乡系下天乐，在麻溪坝之下，若非麻溪一坝，则敝乡之水患，防不胜防。今有拆废麻溪坝而自名水利更良者，不得不考郡《志》及前贤记载而说之。吾绍夙称泽国，水九旱一。自汉有太守马公，明有彭公、汤公，筑湖建闸，而越始号乐土，然犹有江水溪流之患。迄成化间，有太守戴公琥，于茅山之西筑坝，横亘南北，以遏江水而杀溪流，于是绍、萧污莱之田尽成沃壤。今既发现拆坝之说，设或达其目的，在敝乡已无补救，第恐绍、萧以内之区域，必多在水一方矣。旋又连合夏履、延寿、新安、九曲、前梅、钱清等七乡，递具说帖，以麻溪坝关系绍、萧水利，尽人皆知。今闻天乐中乡声称，上级官厅无不运动妥洽，不日将坝拆废。以致乡民佥谓“麻溪无坝，则坝内人身家性命，从此灭亡”，转向各自治会为难，议长等碍于众怒难犯，就西一区之延寿乡，开联合会，邀集乡民，宣告所前乡之呈批，令其安心毋躁，一面讨论坝事公决。绍、萧水利，必借麻溪坝以杀上源，三江闸以泄下流，此百世不磨之论。若碍一乡之势力，准其废坝，则对于七十余乡之民瘼，于何补救？请速开议决定，并准。天乐乡刊具《沉冤纪略》及《水利条议》，以该坝有八可废等语。除两造呈递有案，邀免冗叙外，当查该坝实关全县水利，旁及萧邑，天然属于县议会范围之内，断难弃置不议。所谓当仁不让，其在斯乎？然既关全县危害，不得不征求意见。随即分函各城镇乡，邀请条陈利弊，准各城镇三十七乡，先后议复，佥谓天乐乡倡议废坝，系仅顾一隅之私，不顾全县之害，反对情形大致与所前等乡同。其愤激者，竟有如“不能文词争定，当以武力继，与其死于水，毋宁死于火”，词旨较为沉痛。时因情势急迫，未覆之乡，未能延待，遂将已到各说帖函件，先行刷印，分布开会公议。谓吾绍地低，素有水患，自宋、元迄明，设策备御。筑堰者十有一，筑闸者三，筑坝者三，害仍未除。迨前明弘治间，郡守戴公琥，询民疾苦，凿通碛堰，使江水直趋北流，复于麻溪横筑石坝，使江水不冲南岸，而绍属土田始成沃壤。万历间，复有邑令刘公会者，惧坝渐圮，以踵前患，由是加石重建，力杜祸源。彼二公者，岂尚不知截出天乐一都有半之田，未及同沾利益乎？良以利害有轻重，地势有缓急，故不得不就筑于麻溪。然筑坝于麻溪，不过未救天乡，并非有碍天乡。天乡称荒，不自坝始。况自筑坝而后，已筑茅山闸，以资启闭，造郑家塘，以资捍卫。是天乡之与麻溪坝，实属无甚关碍。观于先哲任三宅《麻溪坝议》，可为明证。今河流如故，青山依旧，而曰废此一坝，谓无害于绍县，其将谁欺？兹就天乡八可废条议而讨论之。其略曰：自茅山既闸，麻溪坝不过第二重门户，三百年来，从未闻有坍卸之惊。指为可废之一。按：麻溪坝自前清康熙五十六年，郡守俞公卿重修，不坍，何事修为？此固明明欺人之谈，姑不具论。至该溪出水向分二道，一从茅山闸出，一从坝之霪洞出。盖因天乡地处高阜，连天阴雨，山洪暴发，水势如同建瓴，分而杀之，方免冲决。今废此坝，不啻银河倒泻，内地势必壅积，绍属江田万顷，能淹几日？害乎？否乎？此不待知者所能辨矣。又曰：

有孔有槽，明明闸也，号于众曰坝，载于档曰坝，欺荒乡无人而[习焉][1]不察，积非成是，名不正言不顺。指为可废者二。按：是坝本无孔槽，盖于万历六年，刘公会加石重建，始开二洞。康熙二十一年，姚公启圣，改洞为三，俾资灌引。本系坝也，何以闸名？以坝名者，仍原称也。即使名称不当，亦无关于得失，奚得指为可废之征？又曰：夫使麻溪坝废，而中乡之山水、潮水遂以三县为归墟，无怪深拒固闭。今有高坚之闸以资捍御，中乡之山水，由下乡匀摊三县，其害几何？指为可废者三。查一乡之山水，无论源流远近，苟能三县匀摊，为害诚少。可救一方，亦何乐而不为？不知地方面积不平，水性天然就下，其在上游无非多经过一二日耳，而低洼处宣泄不易，愈积愈深，历久难退，试问从何匀摊？若但顾一己之私，而不察他人之害，则不公；若明知他人之害，而但逞一己之欲，则不恕。不公不恕，何以服人？况绍属出水处，只一应宿闸耳，并无旁通曲引。未议废坝，低处犹连患水灾，无可呼吁，今复加以万山争流之水，骤然集于一方，积寸之水，十日不消，其为害之大，当不止十倍于今日之天乡。则于是坝其为可废否乎？又曰：夫使废坝以后，善后难，请言善后之策。曰坝废为桥，曰疏坝潭，曰浚汉河，曰去新闸桥之中墩，以水落半日半时之速钝，可卜秋收之有无。闸水建瓴新闸桥丈许，石墩中为之梗，阻隔水势，所损实多。又谓宜整新闸桥迤北之火神塘，宜修猫山闸以南之茅潭塘、泗洲塘，约六里而强，为浦阳江之备。此指为可废者四。呜呼！坝址改桥，坝已废矣，而犹患其水流不畅，宜去新闸桥之中墩，是为天乐中乡计，则得矣，其如水乡最低之□信等二十字号之江田、安昌等一镇十余乡之庐墓何？况已明言火神塘之残缺，葺治刻不容缓。茅潭塘、下邵塘、沈家塘、泗洲塘之低矬，修培尤不宜迟。是塘未修葺，则浦阳江之溃决，一若已在目前。果如所言，复何堪再议废坝？又曰：夫使废坝以后，筹款难，以废坝之善后，有不测之仔肩。顾塘工虽归官垫，财政仍出民捐，所增之费，正复无几。此指为可废者五。细按此条，殊多费解，是否倡议废坝出于天乡，而办理善后摊入坝内？如前条所云改桥、修塘等类，抑指废坝以后，内地堰、闸仍须照旧规复。若指规复旧堰、坝、闸而言，任三宅先生所云使此坝一开，既无闸、堰之防，又无兴复之费，则仔肩实为不测。而谓所费无几者，不知何所据而云然？若指前条改桥、修塘，则天乡自谋私利，岂款项尚须公摊？然此支离之词，不得谓可以废坝之据，自当置诸不议。又曰：夫使彭公筑

1　“习焉”漏落，后一“积”字误植为“习”字，今据《水利条议》原文补正。

坝,其后迄无一官议废,吾乡亦难越三百年而顿创此议。顾戴公继彭而完未竣之坝工,其建闸也,实隐正彭公之失;毛公南继戴而筑缘浦塘,已明发废坝之端。此指为可废者六。按:麻溪一坝,确系戴公所筑,而开通碛堰,系属彭公建议,其坝下霪洞,又系刘公会所开,载在《志》《乘》,班班可考。今以刘公开有霪洞,强指该坝为闸,谬矣;而尤妄扯戴公为隐正彭公之失,抑又谬矣。其余所指大率类是。此万难作为可废之证。又曰:夫使官议废坝,而坝以内之绅,无一赞同,断难强当道以平反。刘忠介非坝以内之绅乎?其有麻溪三策。此指为可废者七。查刘公废坝三策,在《天乐水利议》内,已自明言曰此为一乡言利害,未及三县谋大利害也。夫既不为三县谋大利害,则就天乡而论天乡,而于天乡之外之民岂能认其为可?果其可行,则三百年前已早行之,奚待今日之聚讼哉?又曰:夫使忠介以坝内人而以废坝为可,若三县以废坝为不可,忠介成人之美,余学士、姚尚书应和于前,岂有三县多闵亮而犹反对忠介,并不愿附余、姚之后?亦太自贬身分!此指为可废者八。查是条无非反激之词,然当时刘忠介原有废坝之策,而同时有任公三宅作《麻溪坝议》,辩论利害,既深且切,实为万不可移、万不可改者。今各城镇、乡对于废坝之举,直同切肤之灾,以故议皆反对。所前等乡首当其冲,益觉呼号不遑。县议会议员等衡量情节,苟于废坝而后,天乡足纾困,水乡无甚大碍,当此开通时代,原不容拘泥旧说。无如详加讨论,利于天乡者少而害于水乡者多,天乡一隅,水乡则三县也。即使利害相等,民间姑不必说,而公家先受其亏,譬如报荒一顷,天乡之田课在下下,而水乡则在上中矣。且闻天乡田价每亩以七八十千计,较之水乡无分上下,是天乡此日之称荒,尚未可以尽信。若果连遭水患,田土断无厚值,此虽不经之谈,要亦可为印证。然天乡既倡此说,遽议否决,无以折服其心。兹议于来岁春水暴发之际,邀请官厅并各城镇、乡自治职暨公民等,寻委溯源,于出水受水处,切实履勘,究于废坝何利何害,再行复议报办。惟现在乡民因闻废坝,群相惊慌,恐有无意识之举动,除咨县先行出示两造少安毋躁外,相应呈、咨请都督、司长、贵议会察核。须至呈、咨者。

附:

麻溪坝案第二次呈都督民政司暨咨省议会文

绍兴县议会为呈明事。本年十二月八号,准本县知事函开“麻溪坝存废问题,已奉民政司长令,委俞君良谟、陈君世鹤查勘,于初十就道,用特函知贵会公举代表,前往会勘”等因,查初十日,正众议员投票初选举之期,会员均以回乡投票，无从公推。惟麻溪坝之存废，当以全属利害之轻重为衡，利害之轻重，必待山乡水乡同遭水患时首尾履勘为证。前经公同议决，呈报在案。兹值内外水涸，未谙底细者，但观一时现象，不独坝可废，闸可拆，连东西南北诸塘均可不筑。无论如何查勘，孰者利多，孰者害深，万难得其真相。现在委员如何勘报，未可悬揣。但恐一言淆惑，为三县铸成大错，虽欲复争，噬脐何及？事关绍、萧两县数百万生灵财产，奚堪轻忽？所有此次奉委勘办，万难承认，缘由相应，沥情呈明，为此呈、咨请都督、司长、贵议会察核，并乞训示，以解惶惑。不胜屏营待命之至。须至呈者。

附：

麻溪坝案第三次呈都督民政司暨咨省议会函

绍兴县议事会为呈请事。阅本年十二月十三日公报，载“奉都督批绍兴县议会议长任元炳等：据所前乡乡董递具说帖，麻溪坝不能废弃等情，奉批呈悉。查此案前准临时省议会，咨请派员查勘，已令行该司，遴派委员前往该乡，会绅切实履勘，绘图帖说，复司详晰核议，呈候复交议会议决，公布在案。据呈前情，仰民政司令饬绍兴县知事转咨查照，并由该知事剀切布告两造，务须听候和平解决，不得发生无意识之举动，致干咎戾。切切。此批。”等因。仰见都督对于该坝存废问题，审慎周知，感佩无已。伏念该坝之存废，实关旧治山、会两县之利害，而旁及于萧邑苎萝等十余乡。今天乐一乡，倡议废掘，明知损人利己，难犯众怒，故未邀议于邻乡，亦不交议于本会，而呈请于临时省、贵议会，此其老奸巨猾、阴谋诡秘已昭然矣。何以言之？盖省、贵议会议员多非本县之人，奚知本县之害？既据诡词陈请，势不得不议请勘，有此一勘，即以坠其术中，所谓可欺其方者是。然则议勘误矣？非也。彼以陆沉之说进省、贵议会，未谙底细，不议勘办，从何解决。然则委勘误矣？又非也。官厅以水利所关，既陈省、贵议会议请，不即委勘，何以辩白。即如此次，本会决议亦谓非勘不可，特议勘则同，而请勘之时则不同。所谓勘者，务必求其实在，非待该坝内外同遭水患时，从天乡之出水处与水乡之受水处，实地履勘，方知利害之轻重，情势之缓急，然后决定存废，庶几公道自在，罔敢非议。当兹天寒水涸之际，但求坝址以为图说，近地以为测量，是不啻仅顾天乡不顾水乡，仅窥一隅不窥全局。然而此时，在省、贵议会只有议至此至矣，即在官厅亦惟办至此至矣。舍此别无长策。岂知此时之勘，实省、贵议会隐为其愚弄，官厅隐为其欺朦，而不能知觉其手段敏滑，用心深刻，一至如此，险矣哉！是以前闻已奉委勘，当将不能承认,缘由沥情缕、通呈在案。总之,该坝垂三百余年,初本无洞,嗣筑二洞,继建三洞,旋又改复二洞,使知多建一洞,三县已不堪受,而谓全坝可拆废乎?乃自奉勘而后,居民惶骇无状,佥谓五百年前腴美之地,五百年后鱼鳖之地,此谣将于今验,陈请议阻之书,纷至沓来。本会惟有仍申前议,俟来岁发水时,会集官绅公民,周历确勘,并将该坝援《县自治章程》第二节第十九条第六项,认为依据法令,属于县议会权限内事件,由本会公同议拟,报请核办。所有此次勘报图说,既无各乡绅民与勘,亦非全县周勘,且又勘非其时,应请取消,以彰公道,而照实在。奉批前因,相应呈请都督、司长、贵议会察核。须至呈者。

附:

绍兴县议会致北京电

北京大总统袁、参议院钧鉴:

绍兴素称泽国,专恃麻溪坝以截外水,应宿闸以泄内流,利赖垂三百余年。讵今汤寿潜谓该坝苦其天乐中乡,罔顾大局,竟诡称江流改道,突议拆废。人民惶号于途,议会争阻于官,皆莫之恤,悍然挟迫官长,期在必准。万一开掘,其如绍兴数百万生灵何?迫得叩乞电阻,其利害情形,另文详呈。绍兴县议会暨所前乡等四十一乡议会公民冒死谨上。霰。

附:

绍兴县议会致杭州电

杭州都督、民政司长、省议会钧鉴:

顷接旅杭同乡警告,谓“此次麻溪坝委勘,回省悉听汤寿潜党指挥,藉口现状无险,决议拆废,果被朦准,则温、处奇灾,将岁岁发现于吾绍。乞弗视汤为神圣不可犯,共图力争”等语。查现勘,本不承认,两次呈报有案。今警报如此,用再电达,事关全县利害,停议候覆。绍兴县议会叩。霰。

上虞塘工纪略四卷

光绪戊寅八月　敬睦堂藏板

上虞　连仲愚撰

上虞塘工纪略叙

昔楚相雩野之渠，芍陂渺其烟浪；黄门鹿山之渎，杨埭郁其黍禾。沫水上流，离堆之遗无改；汴溪回注，景堨之法犹新。崇安留琴鹤之名，海陵标清白之颂。大抵司牧其地，各有勤民之肩。雷行鼓鼙，云集荷锸。权之所归，利斯溥焉。然且邵伯之湖，梁公之堰，循名醲泽，艳诸志乘者，不多觏也。而况遗荣家衖，养素丘樊。江海非阶闼之间，闾阎岂戚属之近？而乃瘁身将事，洒沉澹灾。涛浪啮而益前，风雨横而愈出。职非东郡，几欲身填金堤；事异宣防，何惜家为玉璧。盖尝揆时度地，而叹公之捍患御灾，集事愈艰，厎绩愈奇也。夫兖冀负海，嚣耿濒河，一水为灾，犹怵沉患。若夫面江负海，顾彼失此。联鲸鳄其一气，交螭蜃以双烟。驹隙之稽，勤瘁十载；蚁穴之忽，鱼鳖百里。此一难也。搴茭迅流，揵竹河上。自来瓠子之塞，具仗水衡之钱。而是时青犊逞兵，陆沉尤亟。竭手文之富，期滥塞乎泗渊；毁乳谷之家，思永填乎汉水。此二难也。况夫谤谣蜂起，氛祲蝟集。雷雨倏焉陵谷，潮汐瞬其沧桑。乃欲衽席于万派之险，苞桑于廿年之久。贾让之策，施之元成则疏；郦元之经，证以江淮则舛。此三难也。且夫中山壑邻，鄅邑病国，利一害十焉。用彼相此地，上连剡邑，下通曹江。两水就平，三州咸乂。郭细侯之河润，福并京师；郑水工之渠成，沃延秦国。则泽流旁郡者大。百日之泽，宣尼所羞；十年之计，管子勿尚。公置楼捍海，筑堂留耕。集下潩于众擎，割上腴为永算。自此偁山树古，长留甘棠之碑；夏盖湖澄，不改沈菜之堰。则功及百世者深。河渠之书，创自司马。沟洫之志，续于孟坚。古有其人，今难为役。公著有《塘工纪略》四卷，具俯畚揭，谓略而益详；孽靖龙蛇，虽纪而实志。盖至麻叔开河之记，翻成有用之书；杨林筹海之编，永溥仁人之利。则利赖更无纪极云。又窃有异焉者。夫堂崇七璧，早符钟离之名；塘募千钱，已兆婆留之迹。公半生修筑，经始连字，以厎于成。然则渡号萧家，渠名薛氏。宜乎公之躬胼胝胈，家事不啻也。今令嗣某某昆季，斧藻其德，渐兰于躬。芬诵益清，德食愈旧。他日者沈啓吴江之考，校自贤孙；皇甫峡水之篇，附于若考。不尤赅备也欤！

光绪二年，岁次丙子，七月既望，南皮张之洞序

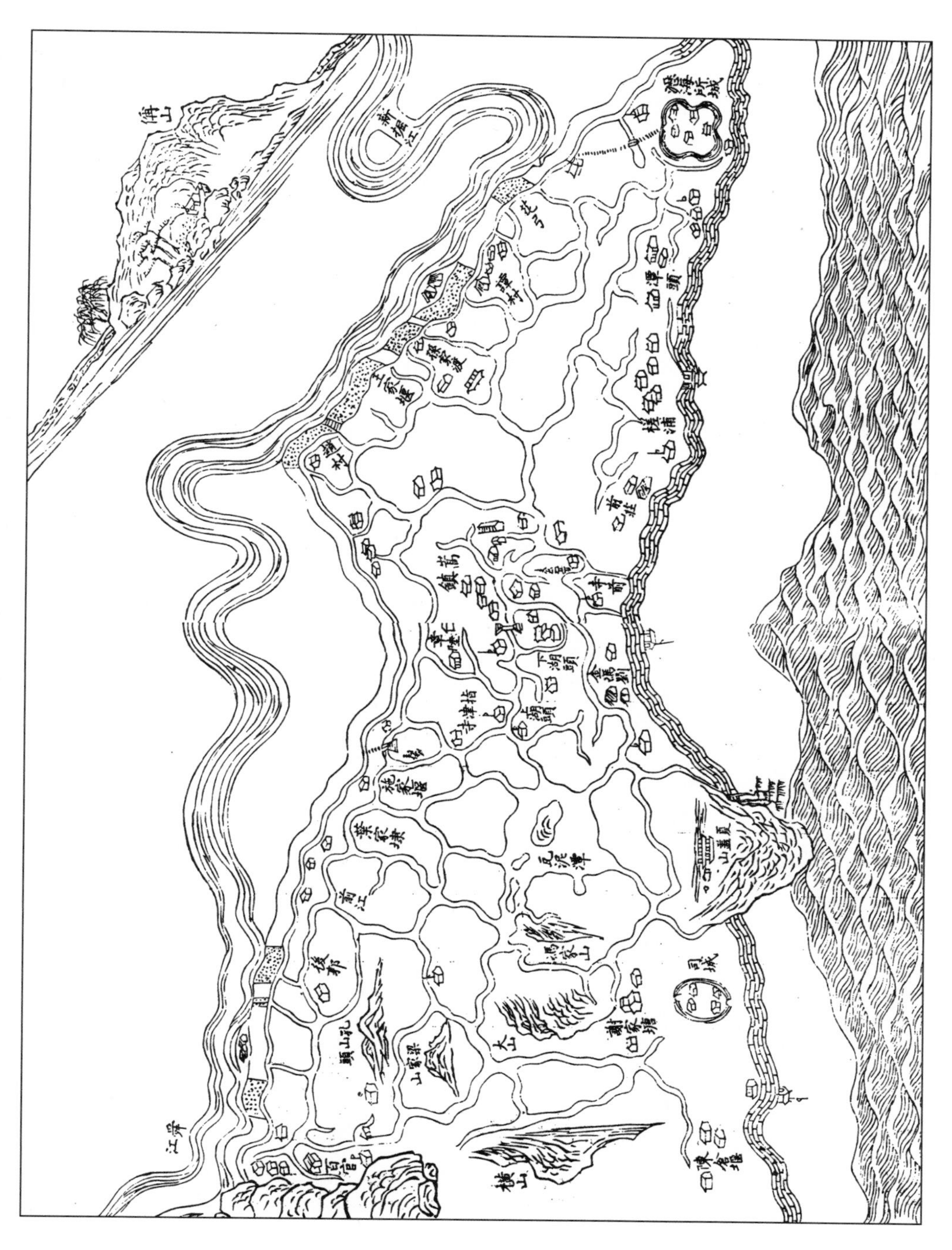

江海塘堤图

上虞前江后海。江塘六千六百二十六丈，碑碣三百三十二号。海塘四千七百六丈六尺，碑碣二百三十六号。计程九十里。

上虞连公七十双寿序

夫积陀移之齿，贞旗翼之龄。和神于景风，植体于灵岳。鲵金齿而逾固，髟雪鬓其未秋。亦曰曼龄，实由天幸。百年易骋，一瞑谁知？何足算也。若夫隐德傒天，修心逢吉。虞廷德寿之应，隋宫仁寿之年，亦足以葆天和，甄灵贶。金石流耀，丹青承辉。然而三世五世之量，十载百载之名，声闻不流，年华遂谢，彭殇一也。独有大患大灾，必百世祀；立功立言，垂千载名。思谢傅者，过邵伯之埭；诵范公者，耕姑苏之田。此则河山所不能蚀，沧桑所不能更。寿身者寿止百龄，寿世者寿且千禩焉。乐川连公，浙右名门，古虞望族。奇璞耀采，灵珠吐芒。董仲绥之儒枭，李德林之伟器。振奇乎横经之岁，掩雅乎选俊之场。已补博士弟子员，非所好也。小范之为秀才，有忧乐天下之志；仲举之植世范，怀澄清一代之衷。虽复魁柄，不属斧柯。莫假而胞与之量，施济之方。瘠己以肥人，裕家以逮国。谓夫天厚吾侪，补两间之缺陷；谁为宗子，忍百族之颠连？宋罕仁者之粟，樊重君子之富。庇人厦大，护世城隆。谓足以颂耆龄、介茂祉也乎？而未然也。虞邑负海面江，倚塘为固。咸丰之季，百圮一存。楼橹涛澜，人物鲛蜃。一堤蚁溃，数县鱼烂。公也手奠江河，身为堤岸。蓑风笠雨，寝涛卧波。冬则肤层冰焉，夏则浴暑雨焉。夜潮响月，则万火星驰；秋浸稽天，则千石雷转。蛟鳄竞识其颜面，子姓亦娴于波涛。白马趁趯，退银澜三舍而外；宛虹蚴蟉，屹金堤万丈之间。乃复瓠子宫成，甘棠碑立。公之寿不且与偁山永峙，曹江长流也哉！邑之经匪扰也，堂皇埃芜，宫墙移剥。钟虡列于禾黍，车服鞠于园蔬。公乃拓其址基，崇其梁桷。删红桃李，补绿芹茆。宫两楹而倒茄，碑三体而剔藓。百年版筑，免葵燕麦之讥；一代冠裳，襕带唐巾之位。践俎豆其有序，烂巾卷以充庭。自是而公寿贞于翟碑，牢于宣鼓矣。虞民自历兵尘，重以水厄。雁鸿哀野，蛇豕交途。公为置敬睦堂义产，饥者饷粟，病者捐金。片念春风，一方膏雨。推曼卿之麦，活及万人；贩东吴之秔，饩夫百室。封桩米好，散陈红于十年；续命田腴，增郑白于十顷。盖自义田创，而公所以寿斯民者，人忘歉岁，村罕穷阎，为不朽也。至于田氏荆枝，韦家花树。鲁连与人解纷难，应詹与友共苦甘。酬人及一瓜之施，自奉甘三韭之馔。桑东术妙，橘里谈深。此在人为孅谭，而于公非至者。宜其裕宗，猷恢庭诰。济南有子，六龙云兴；半千之孙，十龟玉列。而令子少初昆季，颜温玉尺，度叶珠绳。黼藻九流，琴筝六藉。将以三月之吉，恭称双寿之觞。德配陈氏孺人，兰白威姑，莲红相府。良妻以勤俭修职，隽母以慈仁为怀。临也得奉瑶觞，有惭银管，聊陈耳食，用佐手仇。欣紫诰之方来，进黄封而介寿。堂同五代，知纯嘏之方臻；功在千秋，锡遐龄于无极。

同治十三年，岁次甲戌，孟春下浣，年小侄鲍临拜撰

候选训导光禄寺典簿连乐川先生行状

先生讳仲愚，姓连氏，乐川其字也。世居上虞之湖头村。曾祖雄飞。祖彭年，四川忠州直隶州。父声佩，候选通判。公少负大志，自习举子业，即以呫哔为耻，应试辄冠军。补邑诸生。两应秋试，非其好也。居恒谓人："男儿自有真事业，大则康济天下，否亦泽及一方。安能丐笔砚、希出身哉！"公性俭素，不事家人生产。自废读，致千金者屡矣，然施予辄罄其赀。人以急告，虽匮乏必摒挡应。于寒士尤极恩意。累岁赈饥荒，恤茕独，解纷排难，不自暇逸。而半生心力，江海防尤利赖焉。古虞负海面江，东连余、慈、鄞，西毗山、会、萧，先后倚塘为固。而后海自道光季年，海水南趋。咸丰三年迅涨，啮堤几尽。寺前村一带危甚，堵修连日夜不止。而江塘连决三口，群情骇顾，不知所为。时军需浩大，请帑维艰，摄令林公钧，请款五千缗，倚公督理。公由此东西奔驰，无息晷矣。自公任事，督修海塘险工，自查浦村"连"字起，至金刘冯村"楹"字止，计八十二号。四年夏，抢修"鼓"字决口十六丈，补建石塘。七年七月，后海飓风，堵修查浦"怀"字，漾荡庵"筵"字，各塘一律坚厚。此公兴修海塘之大略也。曹江自道光三十年，秋潮迸迅，横决塘口十七处。公寝食工所年余，筑复圣恩寺"珠、称、夜"等塘四十余丈，钱库庙"师、火"等塘三十余丈。又补柴土塘一千二百余丈，并加修老塘。民庆更生焉。咸丰三年伏汛，抢修后木桥"吕、调"字、章家村"章、爱"字、吕家埠"良、知"字决口三处。五年七月，山水骤涨，西风乘之，沙墙塘根尽陷。公督率塘夫，夹水堵筑，复邀集农人千余，防管居民盗决之弊。七年，创修临江大墙。自五月之七月，工未就而狂风骤雨，江流迅奔，海潮逆上，直攻悬沙、新墙及孙家渡官塘。公亟集夫堵孙家渡。命其子守悬沙。九月，大墙成，计工长三千六百丈。次年，乃改建石塘一百七十余丈。时匪扰矣，复勉立孙家渡坦水桩八十余丈，贼退乃毕功。同治四年，筑复吕家埠"过、必、改、得、能、莫"六号，王家坝"用、军、最、天"四号，沈塘及后郭"韩、烦"字决口三十六丈。五年夏，复培修老塘五百余丈。又建贺家埠"庆、尺、璧、非"柴工八十余丈。凡此皆险大工程，其余岁岁修堵，详《纪略》中，勿赘也。此公防理江塘之大概也。公又念潮汐无常,不能不为久远计,集同志二十六人,首割腴田百亩为创,先后得田三百亩。立石孙家渡为管塘会。又于渡口筑捍海楼十余楹,中祀潮神,为工上休息之所。计公在工二十余年,殚思竭虑,眠筹梦策于一万一千余丈之间。远闻风涛,辄竟夜彷徨,风霜寒暑疾病之不顾,惟以生民为念。厥功伟矣。而只身障江海,耗公家钱不满万。古人谓毁家纾难,非公孰当之?乃自两堤巩固,各属庆安澜。而我公亦已老矣。公在暮年,益孳孳力善,尝置敬睦堂田五百亩以周本村贫户。除壮丁外,每口岁领二千文。贫户之鳏寡孤独以熟米养之。逢月朔,族人给斗五升,杂姓一斗。佃农贷米,则春借秋还。至匪扰后,学宫坍废,从邑宰请,重建大成殿及各官署,皆经理之。公卒由是劳勚成疾,同治十三年三月遂不起。距生嘉庆十年,得年七十。娶陈氏。子六:茹,副贡生,候选内阁中书。芳,候选州同。萼、藻、荇,俱国学生。蘅,优廪生。孙十一,入邑庠者三人。曾孙一。著有《塘工纪略》四卷行世。乌程汪曰桢谨状。

皇清敕授征仕郎光禄寺典簿衔候选训导连君墓志铭

滨东南皆海也。而吾浙海涛异他处，衍溢漂疾，易为患。朝廷岁縻金钱以巨万计，筑塘捍之，海水犹或啮入，荡田庐，凌冈垄。然则塘工尤要哉。余于咸丰末，避地上虞之查浦。其地负海而前临曹娥江。土人谓之前海、后海。前后皆有塘。塘工险要为浙东最。父老每为余言："乐川连君从事于江海两塘者十余年。吾侪至今安全者，连君之力也。"余固已知君之为人。至光绪二年，君之孤以君事略，乞铭其墓，则君已古人矣。按事略，君讳仲愚，乐川其字也，上虞人。曾祖雄飞。祖彭年，四川忠州直隶州知州。父声佩，候选通判。君自幼为忠州君所奇，抚其背曰："可儿，可儿，异日兴我家者，此子也。"及应童子试，冠其曹。然君不屑为科举之学，友于兄弟，厚于本支，信于朋友。其器识之宏，学养之深，言行之笃，实材干之优裕。事略所载，未得其十一。余无以言也。举其一琐事云：儿时偶大啼，邻人赵叟抱至瓜田，摘一瓜予之。乃喜，为之笑。六十年后，追念此事，买田二亩与其孙，为赵叟祭田。即此一事，可见君之为人矣。君生平落落大者，在前江后海两塘。上虞之西乡，曹江在焉。其上为新昌、嵊县。万山重叠，众流奔赴。下接大海，潮汐汹涌。而乾隆以后，外来流民盗种山场。每逢大雨，山中泥沙随流俱下，溪河先淤，而江身亦日以高。江高而水大，水大而塘危。道光三十年秋八月，霖雨连日，风潮大作，决大口十有七。布政使汪公临视，借库银三千两，命知县张公致高修筑之。张公以属君。君寝食于工次者一年有余，而十七决口皆合。咸丰三年，海水逼塘下，护沙不盈十丈，而江塘适又决大口三，权知县事林公钧，议筑决口及修前后塘，又以属君。君自是奔走于前江后海，无暇日矣。君以为善治病者，必治病之所自来；善用兵者，必不使敌临城下。于是有创修临江大墙之举。墙成，凡三千六百丈，而其内土塘有重关之固。于是首险、次要各工，乃得次第经理。而贺家埠柴塘厥工尤巨。先是塘之最险者，曰孙家渡，为江海互激之区。其后因孙渡严守无可乘，乃移而冲突贺家埠。海潮西上，江水东下，激而怒起，高过于塘。塘内一河之隔，皆民居也。地形局促，不能加广，即无可增高。君乃议筑柴塘八十余丈，以分水势。至今赖之。然君之言曰，水势迁移不定，则堤工夷险无常。安知今日之次要，非异日之首险？孙家渡、贺家埠，其明征也。而后海石塘，历年既久，日就倾圮，数百里民命全系于此。每至塘上，辄徘徊不能去。同邑有邵培福者，感君高义，创设管塘会。君甚嘉焉，命其会曰“众擎”，倡捐田百亩入会中。乡里慕义者咸附之，先后得田三百亩，岁入其租，以供修筑之费。君以孙家渡为全塘扼要之地，即于其地建别业一区，藏庋书籍，杂莳花木，颜其堂曰“留耕山房”。平时养老于此，有事即为公所。其中有所谓“捍海楼”，凭栏而望，则江海形势皆在目中。君虽老且病，犹可于此中卧而治之。孰意楼成而君旋卒也。君卒于同治十三年三月二十日，年七十岁。上虞县学生、候选训导加光禄寺典簿衔。配陈氏。生丈夫子六人。茹，副贡生，候选内阁中书。芳，候选州同。莩、藻、荇，俱国学生。蘅，优廪生。孙十一人，入邑庠者三人。曾孙一人。君所自著者，《塘工纪略》四卷，都凡海塘四千七百六丈，江塘六千六百二十六丈，皆君手所规画，故言之甚详。余剌取其事，铭君墓。又附《敬睦堂条规》，则以赡族党邻里之贫者。连氏子孙所宜世守者也。铭曰：

庚辛之际，道路荆榛。君运于海，以食饥民。
大乱初定，百度一新。凡百有为，惟君是询。
功在黉舍，利及民田。君所措意，尤在海滨。
经之营之，垂二十年。前江后海，无役不亲。
微君之力，民其介鳞。何以报之，视彼后人。

赐进士出身前翰林院编修河南学政德清俞樾撰

训导连君传

古之所谓乡先生没而可祭于社者，非仅以教子弟、兴廉让也。本其肫然仁物之心，由一家以推之宗族，推之乡党，以及于一国。而其所施为，遂可为后世永赖，而国蒙其利。尝考周官大司徒，以乡三物教万民，其二曰六行：孝、友、睦、姻、任、恤。而不然者，有刑其属。族师则书其孝弟睦姻有学者，闾师则书其敬敏任恤者。而乡大夫三年大比，考其贤能而宾兴之。故朝有得人之效，野无滞贤之叹。后世乡失其职，乡举里选之法，变而为九品中正，又改而为科举。士之贤能特出者，无由自见，乃退而自力于乡，以展其效于国。然朝廷终无以旌异之，虽功行显显，万众指睹，亦止托于儒生之文字，以冀或传于后。若上虞连君乐川者，为可慨也。君讳仲愚，世居上虞之松陵。自少为县学生有声，然不屑为科举之学。家世衣冠，田庐殷赈，内行全备，善无不为。而其一生所致力者，在江海两塘。盖松陵为上虞之西乡，其地负海，前临曹娥江，而承新昌、嵊两县之下流，山涧瓴注，潮汐彦击，于浙东塘工为最险。君孰悉利害，锐身任事。于道光三十年则有塞十七决口之役，于咸丰七年则有筑临江大墙之役，于贺家步则立柴塘以护之，于后海之石塘则为众擎会以守视之。又以孙家渡为全塘扼要之地，营别业其上，建“留耕山房”及“捍海楼”，盖将终身焉于此。而君亦既老矣，未几遂卒。盖竭其财与力于塘，而一息不自解，亦可谓能捍大患，以死勤事者也。然而宅里之表无闻，配社之脤不及。而所谓贤能之兴者，皆出不能效一官，处不能善一事，浚公私以为己利而已。尝慨近世，既以至庸极陋之文取士，相沿成格，莫敢变议。其不能得人，亦夫人知之而无可如何。至于贤良方正、孝廉方正之举，本朝廷之特典，有无多寡，非有恒例。宜若可以得人，而何以所举者率多鄙诡险污，偭名实而不顾？求如君者，盖千百不得一焉。下丧其真而上受其弊，此论世者所为太息而不已也。以君之所为，于周官六行无不备。而彼之所谓恤者，不过振忧贫者耳。盖其时沟洫浍川之制，画然一定，所以固堤防而时蓄泄者，上之人无不以为先务，自遂人而下，官尽其力，无待于民，亦以事之难者，不敢以期之人。而贤能之所书，不过振恤而已也。然则如君者，使得生于其时，其设施又何可量哉！君以援例候选训导加光禄寺典簿衔。生于某年月日，卒于某年月日。年七十。曾祖雄飞。祖彭年，四川忠州直隶州知州。父声佩，候选通判。娶陈氏。子六人：茹，同治丁卯副贡，候选内阁中书。芳，候选州同。萼、藻、荇，俱国子监生。蘅，优禀生。孙十一人，为诸生者三人。君之规画塘事，编修俞君樾为墓志，言之已详。故述其大要，其他义行亦弗之及。著有《塘工纪略》四卷，《敬睦堂条规》一卷。

李慈铭曰：事非知之难，行之难。士夫平居议论，视天下事无不可为。及当之，鲜有不挠者。岁乙丑，越中大水，西江塘大决。余时里居，郡守高君强之治塘。余始视地形，筹土石薪木之费，以为事可立办。既而吏之老而悍者掣其权，民之犷者梗其议，冒利者竞进，嫉忌者力构，众口嚣腾，危欲败而懂免。始叹任事之才不易，而乡里为尤难也。比十余年，浙吏大治仁和、海宁两境海塘，历巡抚已四政，糜帑金至七百余万，而事犹不集。海宁尖山之塘，浙西偁最险。与上虞之江海塘比者也。官吏道谋，未知所措，安得起君而询之哉？

上虞塘工纪略卷一

古虞连仲愚乐川乐

后海塘

上虞负海为邑。西北维夏盖山，危峰峭壁，屹峙沙滨。山之北古称海门，波涛汹涌，潮患频仍。塘堤沿革，远莫能稽。相传元至正、明洪武间，垒石为塘。民皆有谣以颂有司，夏泰亨、谢肃有记。岁久沙积石沉，居民培塘以土，力不足以御海潮久矣。山之南，方数十里，一片汪洋，因山得名，谓之夏盖湖，为潮汐往来之所。至今近塘地方尚有大漾荡、小漾荡，皆海潮之所啮也。康熙戊午，海啸，飓风大作，漂没庐墓田畴不胜计。（雍正、嘉庆年间，夏盖湖前后升科三万亩，以抵坍没田粮。戊午潮患已可想见。）余姚、慈溪两县俱遭淹浸，连年告灾告溺。庚子，总督觉罗满公保、巡抚朱公轼、知府俞公卿奉命建造石塘。工长二千三百余丈。《县志》载，雍正二年，东西两头土塘坍塌甚多，尚书朱公轼、巡抚法公海，议将塘底填筑乱石，上铺条石，具奏。又载，三年，知县虞公景星请项筑石，自两乡石塘先后告成。余、上两县永无北潮之患，而夏盖湖渐高，遂成沃壤。盖石塘攸关数百里民命，国家恩及百姓，若是其厚且久，而诸君子建造之功，不其伟欤？仲阅石塘上虞境内，自纂风"学"字号起至乌盆"济"字号止，工长四千七百六丈六尺，碑碣二百三十六号（碑立塘上）。海对岸为海宁州（即古之盐官县）海盐县。《宋史·河渠志》载，嘉定十二年，潮失故道，盐官县南四十余里尽沦于海。国朝张维赤疏言，海盐两山夹峙，潮尤汹涌，昔之县治已没海中。盖啮而进者七十余里，其土多涨于绍兴府属，我虞塘外至海滨沙地三四十里不等。涨久沙坚，乡人筑圩植木棉，阅六十年，仍倒于海。沧桑迭为循环。道光二十三、四年以后，潮水南趋，海循故道。至咸丰三年直逼塘下，护沙不盈十丈。寺前村一带尤为近海，亦甚危矣。仲目睹潮汐冲激，而塘堤久不修理，土戗处处漏洞，咸潮灌进，近塘田亩不能种植，危在旦夕。适会前江塘于是年六月二十三日冲决大缺口三处，居民疾痛颠连，不堪言状。若海塘再复成患，咸潮泛滥，是无余、上两县也。窃不自揣，雇募夫工，身往堵御，犹河滨之人捧土以塞孟津。时江塘缺口，详报大府，因军需浩繁，奏请帑项须缓时日。林公钧权篆上虞，正值江塘开口，海塘危险，创捐钱二百缗。旋禀大府，于捐输款内划钱五千缗，将以筑复缺口，并修理前后塘。与仲相商，仲以海逼塘脚，潮冲塘身，节节漏洞，其大者阔数丈，石塘孤立而沙壅江流，柴工失修，桩朽薪烂，坦水更属年久，磈石滚失，坦桩攲斜，统估工程，所费不赀，区区划款，未敢肩任。家大人诏仲以保卫桑梓。从此东奔西驰，力障险塘，于今十年矣。先是宰上虞者为张公致高，深悉海塘危急，禀请加修统塘。大府以帑藏支绌，饬先报首险。于是张公删除次要，将首险工程自查浦村东首“连”字号起，至金刘冯村“楹”字号止，禀报八十二号在案。仲接手后，低塌者增高，仄狭者贴阔，坍卸者修整。而工费最大在兜底漏洞，其数甚多，必须兜底翻做。凡经修首险一载有余。张公以修筑前后塘所费甚巨，悯仲之独力难支也，先后捐钱九百缗。夫不惜己资以赡百姓之急，乐只君子，民歌舞之矣。当是时，江塘工程紧急，夫工不敷，只有将海塘次要，暂缓，俾得专力于江塘。讵咸丰四年闰七月初汛，东北风大作，水立云飞。初五日黎明，冲决未修之“鼓”字号缺口十六丈。（落地漾荡庵小有漏洞，竟致疏虞。所谓以蚁穴而成滔天之势也。咎在仲专力江塘，无暇兼顾海塘，翻修稍迟，竟致决口，噬脐何及。○幸而首险八十二号俱经修复，不然祸岂可胜言。）咸潮奔赴，急于塘外用半草半土抢作燕子窝。潮退赶筑，潮涨停工。迅速造就，虽决口不为灾。次年正月开工，将缺口补建石塘。三阅月告竣。（家大人命仲弟兄辈按亩捐钱二百四十缗。冯安澜暨侄奎捐钱二百缗。王荫捐钱一百六十缗。为筑复缺口之经费。）鉴于前车，不敢少息，续修次要工程。至咸丰五年冬季，后海全塘完工，而沙地亦于数年间涨起。继张公者为刘公书田，素来留心水利，见仲驰驱南北，力不胜任，为捐洋银二百番。咸丰七年七月望汛，大雨如注，山水旺涨，前江塘万分危急，正在竭力堵御（事详《江塘纪略》中），而后海飓风大作，狂潮怒发，雷击电奔，冲通查浦村“怀”字号漏洞一个，漾荡庵“筵”字号漏洞两个，急用黄草堵塞，幸不溃决。（此番风潮特甚，海宁等处塘工多被冲决。）霜降后翻修，自此统塘漏洞修净，一律加高，而沙地辽阔，潮来势缓，可息肩者五十年。是皆从前造石塘者之丰功伟绩，俾后之人有可缵修。而林、张、刘三君子谬相推奖，盖深以一方之民命为重，此情此谊，不可忘也。

同治元年岁次壬戌孟秋上浣谨记

上虞塘工字号册底

后海塘纂风“学”字号起至乌盆“济”字号止，石塘四千七百六丈六尺，字号二百三十六个。

学字号(石塘二十丈)	优(以下俱系石塘)	登	仕
摄	职	从	政
存	以	甘	棠
去	而	益	咏
乐	殊	贵	礼
别	尊	卑	上
和	下	睦	夫
唱	妇	随	外
受	傅	训	入
奉	母	仪	诸
姑	伯	叔	犹
子	比	儿	孔
怀	兄	弟	同
气	连	枝	交
友	投	分	切
磨	箴	规	仁
慈	隐	恻	造
次	弗	离	节
义	廉	退	性
静	情	逸	心
动	神	疲	守
真	志	满	逐
物	意	移	坚
持	雅	操	好
爵	自	縻	都
邑	华	夏	东
西	二	京	背
邙	面	洛	渭
据	泾	宫	殿
盘	郁	楼	观

飞　惊　图　画
彩　仙　灵　丙
舍　傍　启　甲
帐　对　楹　肆
筵　设　席　鼓
瑟　吹　笙　升
阶　纳　陛　弁
转　疑　星　右
通　广　内　左
达　承　明　既
集　坟　典　亦
聚　群　英　杜
稿　钟　隶　漆
书　壁　经　府
罗　将　相　路
侠　槐　卿　户
封　八　县　家
给　千　兵　高
冠　陪　辇　驱
毂　振　缨　世
禄　侈　富　车
驾　肥　轻　策
功　茂　实　勒
碑　刻　铭　磻
溪　伊　尹　佐
时　阿　衡　奄
宅　曲　阜　微
旦　孰　营　桓
公　匡　合　济（石塘六丈六尺止，以下接余姚塘）

塘工纪略卷二

古虞连仲虞乐川氏

前江塘

上虞西乡滨临曹江。江上连新昌、嵊县，万山重叠，众流奔赴；下接大海，潮汐汹涌，回环冲激。未知塘堤始地何时。志书所载江塘，略而不详，且甚有牴牾，仲翻县卷，多系逾限柴工禀报请修。今又焚毁一空，塘工册底，仅录前后塘字号及柴土石塘、坦水丈尺，与碑碣相符，余无可考。仲经修塘堤至今十有三年，日不暇给，未及论述。夫塘工关系民命，后之居斯土者，有志水利，法禹之明德，经济学术，百倍于予，何俟下逮刍荛？然愚者千虑，必有一得，故曰："狂夫之言，圣人择焉。"且念兹在兹十余年，精神所注，亦不忍湮没。今老矣。横览时世，可为痛哭流涕，不得不撰次二卷。凡水法之变迁，沙地之坍涨，塘堤之险夷，工程之大小，悉载诸兹，以备后人之采择。前江塘，上虞境内后郭王家坝"天"字号起，至张家埠会稽、上虞交界"竟"字号止。又补竖碑号，百官龙山脚"绮"字号起，至后郭王家坝"最"字号止。工长六千六百二十六丈，碑碣三百三十二号(碑立塘上)。期间柴塘一千二百六十丈，土塘五千三百六十六丈。向来柴塘间段请帑岁修，有保固限期；土塘虽有款可指，徒存虚名，从不修理，低狭不堪。尤可怪者，塘外沙墙十余丘，民筑民修，更属不堪。一遇江水，衍溢冲决沙墙。近塘居民偷掘钦工，移祸江东，所从来久矣。当时虞民不甚痛苦者，以进潮多在秋汛，湖田蚤禾收成，而高田尚不被浸。足征从前江底深水势低。(先时江流通畅，塘堤不甚危险，偏历年请帑；今则无款可筹，偏值江流淤塞，海逼塘脚。凡事如此，胡可胜叹。)设有人出而经理其间，则用力少而成功大。自乾隆年间，南京人来奉化山中盗开山场，种植苞米。从此新昌、嵊县乡民转相效尤，贪小利而忘巨祸。每逢大雨，沙随水流，溪河先淤，沿江一带，有田皆石，以致曹江逐渐壅高。夫江底高则水势大，水势大则塘堤危，此不待明者而见也。加以夷人滋事，此后请帑维艰，有失岁修，柴、土两工，并置不顾，于是水有泰山之势，而塘有累卵之危。道光三十年八月十三、四等日，烈风骤雨，连宵达旦。正值望汛，怪水狂潮吼奔而至，形同马驶，声若雷鸣，天地改观，山谷响应。塘内居民无不人人惴恐。当是时，风潮大作，两水怒激，高过塘面一二尺不等。节节坍卸，溃决大缺口十七个。（先时惟决上塘，今则柴、工并决；先时土塘多由盗决，今则水高于塘，并无待于开掘。）如圣恩寺“珠、称、夜”三号缺口四十余丈，内外冲成深潭，径七十余丈。钱库庙“师、火”二号缺口三十余丈，内外冲成深潭，径五十余丈。其余缺口二十余丈及十余丈不等。又间段坍卸柴、土塘一千二百余丈。高田水深五六尺，漂散庐墓不可胜数。余姚、慈溪两县尽遭淹没。江潮为患，伊古以来未有若斯之烈也。布政使汪公本铨亲到塘上，以帑藏支绌，借库款银三千两，饬知县张公致高转交董事筑复。当时江塘业经败坏决裂，实有无可挽回之势，苦无身膺其责者。仲以曹江年高一年，塘堤日损一日，若不大加整顿，是无塘堤，也即无余、上两县也，由是慨然，不辞劳怨，（上虞成案，近塘内外取土向无例价。先时官工不过岁修柴塘，取土甚少。遇有大水，决口不过一二个，每个阔不到十丈。取土亦属无多。今则缺口大者阔数十丈，内外冲成深潭，且多至十七个。大加筑复，取土多而且远。又加修老塘，尤为居民所创见，处处掘田取土，能无怨乎？然经手十余年，掘损田地不下千亩，虽有怨言而不遭大祸，犹有天幸也。）挑选督工董事，四处兴修。仲寝食工次，总理其事，筑复缺口十七个，格外高阔，（圣恩寺“珠、称、夜”三号缺口最大，填潭筑塘用土工不下一万，工极其坚固。仲友邵培仁督工，勤劳倍至。）并加修老塘，（土塘增高贴阔，柴塘仅加塘面，不曾拆镶，力不足也。）殚精竭虑者一年有余。（司出纳者为仲友王养田。当时工程浩大，设局崧镇之东庵。君俭约特甚，其言曰：“局中省一钱用度，则塘上加一钱工程。”颇有王外郎筑海塘，饮粥汤之风。）咸丰三年伏汛，风潮竞发，上游大雨倾盆，山水奔赴，形同山岳。六月二十三日，冲决缺口三个，（后木桥“吕、调”二号，向有漏洞。咸丰元年加修老塘，失于翻洞而溃。章家村“章、爱”二号，因霪洞不结实而溃。吕家埠“良、知”二号，因道光三十年官工仍照旧章，不足以资抵御而溃。不知者以江塘经仲修过，仍不免冲决之患，岂知曹江淤塞，处万难之势，若非前次加意增修，则全塘沉陷，不可收拾矣。仅开三缺，非不幸也。）湖田蚕禾、高田木棉，晚获尽被淹没，痛苦极矣。而海塘潮汐冲激，无处不渗漏，大有溃败之象。林公钧权篆上虞，捐钱划款（事详《海塘纪略》中），嘱仲修复江海塘堤。自惟才力浅薄，未敢当此巨工，为之迟回者久之。家大人以塘堤攸关数百里民命，且祖宗坟墓在焉，诏仲勿辞。伯兄汝愚在旁亦再三敦勉。（兄天性仁慈，忧人之忧，急人之急。幼年时有失红之症，自知精神不逮，未敢驰驱塘工。时相敦勉，良可悲也。〇兄字省之，长仲二岁。平生以诗酒自娱，不知钱财为何物，翕然有善人之称。奈归道山已五年矣。抚今思昔，能无泫然？）奉命之下，敢不竭力以从事？时海道逼临塘脚，风助潮势，撼击难御。而后戗漏洞甚多，其大者阔数丈，咸潮灌进，倘一溃决，祸同滔天。此海塘工之刻不可缓也。至曹江直接大海久矣，沙壅江底，水日高而塘日险。每逢淫雨，山水奔腾，而潮遏江流，互相鼓荡。兼之对岸偁山虎蹲，沙图凸涨，水势北趋，上激塘身，下搜塘根。而柴工失修，后戗薄弱，地势深陷，（向来近塘取土，塘内已成池荡，积水汪汪，通年不干，非一朝夕之故也。夫水法之冲激，天为之；而地势之空虚，则人为之。海宁等处塘工均此陋习，其败也将一蹶而不可复振，悲夫！后之修塘者，慎毋蹈此覆辙也。）坦水多坏，将成大患，此江塘工之刻不可缓也。夫以险要塘堤至一万一千余百丈之多。而数千款项，只手经修，所恃惟天，不避艰险。一面赶修海塘，于咸丰三年秋季兴工，至咸丰五年冬季告竣，具载《海塘纪略》中；一面赶修江塘，先筑缺口，较官工加高三尺，加阔六尺。次做柴塘，料坚工实。（择险要坍卸者造过。）后戗加阔，两倍从前，（凡柴塘后戗尽行加阔。）于十丈外取土（前则取之于近，今则取之于远；前则取土少，今则取土多。虽有怨言，所不恤也。）填补空虚，培植地势，（塘工以地势高阜为第一义，仲于此三致意焉。）创造塘台，（后戗之内挑高六尺，挑阔八尺，使后戗有可倚靠，名之曰塘台。事事与官工相反。）并修坦水；次相度情势，（如圣恩寺钱库庙、施家堰等处塘堤，向为盗决之所，必须格外高阔。如前江村之“水、玉、出”等号，叶家埭之“海、咸、河、淡”等号，两边房屋，塘堤低狭。然而村中自相保护，从不溃决，所谓情也；塘堤有凹凸之分，水法有顶冲、缓冲之别，所谓势也。不可不知。）重修老塘，（咸丰元年修过，此番重修，以期悠久。计两次加修，增高一尺起至五六尺不等。有不曾贴阔之处，有贴阔至两倍、三倍之处。工程最大者孙家渡，塘面阔五丈余尺。）与海塘并时兴工。至咸丰五年夏季，颇有就绪。是年七月望汛，上游连日大雨，山水旺涨，值怒潮陡发，阻江路而拂其性，水势横流，自后郭至吕家埠，里外沙墙尽行沉陷。塘外水高一丈余尺，离塘面无多，狂风猛浪，不可逼视。以致叶家埭附近之“光、果、珍”三号冲卸官塘半根，势甚危急。仲激励塘夫鼓勇涉水，用半草半土抢筑。邀天之幸，竟不溃决。然水浸满塘六千余百丈，风涛震荡，凡险要之处，均须堵御。又虑沿塘居民旧习难除，仲邀集高田及夏盖湖农民一千余人，防管三昼夜，水势较小，始得保全。是役也，急水狂澜，塘外浩浩瀚瀚，宛如大海；而塘内民田正当蚕禾收割，木棉将起之际，并无滴水之漏。当时耆老以为沙墙圮坏而官塘竟得保全，从未有也。而仲经手塘工，忧勤惕厉，奔走跋涉，未有甚于此时者也。（地势民田低而沙地高，而沙地又复里丘低而外丘高，沙墙一倒，狂澜迅逼官塘，势不能往外泻出。沿塘居民救沙地目前之急，以邻国为壑。此掘塘之由来也。沙墙低小仄狭，从前江底深，水势缓，尚有冲决之患；今则江底壅高，水势满溢，其见水即圮，事之可必者也。沙墙圮而官塘尚可保守，事之绝无仅有者也。且自后郭至吕家埠沙地不下二万亩，数千烟灶仰给于此。若得堵御大水，则良田美地反在民田而上。暨乎沙墙沉陷，一片汪洋，若无津涯，其流离困苦之状实堪悯恻。况近年江流淤塞，洪水为灾，无岁无之。增筑沙墙，尤为当今之要务。亟思变计，作未雨之绸缪。则保沙地者二万，而保民田者数县，岂非策之最上欤？奈沿塘居民，因循苟且，不尽力于沙墙，无可奈何，则出于下下之策。夫盗决官塘，不过使沙地早干一旬耳。而于地上之花稻，仍无济也。而孰知数百里告灾告溺，其害有不可胜言者？吁！可慨也。○前江、叶家埭、施家堰三村聚族而居，贴邻塘堤。每逢沙墙圮坏，恐大水直冲庐舍，于是作一举两得之计，盗决村外官塘，以保烟灶，而使沙地蚤干一旬。如圣恩寺"珠、称、夜"等号，钱库庙"龙、师、火"等号，施家堰"鸟、官、人"等号，向系盗决之所，地势低陷，内临深潭，反使开掘易于为力。且同恶相济，虽甚雠隙，不肯漏言。数十年来，余、上两县叠遭水患，竟不能问及盗决主名。可胜叹哉！）窃意江塘工程首险，则临江柴工有潮汐冲啮、桩朽柴霉之虞，坦水有搜挖倾倒之虑。次要则近江土塘，山水与海潮互激浸满，塘身有坍挫渗漏之患。具此数者，业已疲于奔命矣。加以墙内土塘，自后郭"辰"字号至吕家埠"莫"字号，工长三千二百丈，居江塘之半，即或分外高阔，而一逢大水，沙地被灾。塘不决之于水，即决之于人。无处不用防堵，一人之精神，其能周乎？夫沙地辽阔，丘墙重叠，本可作唇齿之依，今反因沙地，而启盗决之衅。数十年来，官塘开口多由居民开掘，总在圣恩寺、钱库庙、施家堰一带。积习相沿，牢不可破。彼愚民固然其无足怪，而承修者亦不知深谋远虑，坐视数百里之灾害。且夫善治病者，必治病之所由来；善用兵者，必不使敌临城下。修墙内土塘而不顾及于沙墙，此楚囊瓦城郢之计也。仲险过思险，必欲计出于两全，于是有创修临江大墙之举。斯时也，咸丰七年也。刘公书田宰上虞，留心水利，与仲有同志。用举章三畏、（君住章家村，习知水利，屡邀集村民修章家大丘及化旺丘，而不惬意。尝画丘墙图数幅，出入必携以相随。指谓仲曰："可惜此良田美地。"实有启仲之意。今大墙告竣，无所不包，君愿亦慰矣。）朱彰德（君住悬沙，屡苦大水。尝谓仲曰："莫如统筑临江一带。然工段甚长，非其人不能举也。"今大墙告竣，所包者广。利人而已，亦未尝不利。有志者，事竟成也。）为沙墙董事，齐心协力，定立章程。外丘沙地每亩派三工，里丘沙地每亩派二工，不足之数由仲筹垫。仲时正修柴工，顾后瞻前，倍形竭蹶。儿子茹住悬沙之镇海殿，经理其间。而章、朱二董亦任劳任怨，各尽其力。所苦人心不一，多存私见，罔顾大局，以此见民工之难也。（沿塘居民历修里丘墙圩，大丘数千亩，小丘数百亩。强者于中取利，弱者设法诡避。间有急公好义，无从为力。而况临江大墙，地多人众，尤难措手。仲久拟修筑，所以迟至今日始议创修者，诚畏其难也。）蚤防秋汛大水，赶于闰五月初旬开工。东西并兴，百废具举。七月十六日至二十三日，飓风大作，骤雨经旬，水发似箭，涛怒如雷，江流迅奔，海潮逆上，以致两水相斗，骤高一丈余尺。烈风又助之以为威，直攻悬沙新墙，（上沿有后郭丘，下沿有化旺丘，惟悬沙水势突高四五尺，因西挑角挑出数百丈，江流洄曲所致。）及孙家渡“声、堂、习、听、因”五号。（东有王家堰，西有贺家埠，惟孙家渡水势突高六尺，因近年来对岸沙图凸涨，尤为顶冲。）盖山潮交会，悬沙则山水之患居重，孙家渡则海潮之患居重。仲邀集塘夫防堵孙家渡，（柴塘可以制潮，而不能制风潮。此番飓风大作，潮挟风力，间段揭去面柴。咸丰二年以来，孙家渡最为危险。仲蚤经精神专注，用全力于“声、堂”等号，其高阔为统塘第一。虽水势突高，几临塘面，仲加筑土埂防堵，总不开口。〇惟茅草塘可以制风潮。赵村“器、欲”二号，双墩头“悲、丝、染、诗”四号，向系柴工，仲因水势缓冲，后戗加厚，改为土塘，满塘细杆茅草。今水浸满塘，狂风猛浪震撼多日，而以柔克刚，毫无伤损。附记于此。）儿子督同做墙夫工，防堵悬沙，（新做墙工，骤惊风潮，冲啮特甚，竭力防堵，得免溃决。若兴工稍迟，则全墙沉陷，贻祸无所不至。危哉！危哉！）两免灾殃。于是年九月完工，加高一倍，增阔两倍。东与后郭塘“辰”字号接壤，西与吕家埠塘“莫”字号接壤。工段三千六百丈，保卫官塘三千二百丈。一举而三善备焉。（沙地可免水患，一也；居民管墙，人自为战，二也；官塘不致开掘，三也。）是役也，兴工之际，谣言四起，若非刘公任人不疑，始终成全，未必神速若此。自大墙告竣，（墙系沙土，风吹日晒、雨淋水冲，难免坍塍，必须隔年加修，方可垂之永久。咸丰七年以来，岁有大水，全赖此墙作长城。俾沙地得以丰稔，前之怨者且转而为感矣。今岁尤为得利，较之民田，不啻倍收。率以修墙易于为力，后之经手塘工者，切勿置大墙于度外也。）而墙内土塘，有重关之固。兵其少弭，仲始得专力于首险及次要矣。近江土塘工长二千一百六十六丈，仲前费重本，大加修理，业经两次，足资抵御。惟水势湍悍，浸满塘身之际，既受冲啮，必多坍卸。临时重在防堵，事后必须增加。十三年来，每水浸一次，仲必修整一次，（自经手以来，咸丰三年一次，五年一次，七年一次，俱已详细叙明。十一年八月初二日起，连日大雨，山水旺发，正遇秋汛，海潮奔激。至初四、五日，江水漫衍，竟临塘面。孙家渡等处，加筑土埂，竭力抵御，不至进水。最险者后郭“颇、牧”二号，塘外旧有枯树根穿通塘底，江水冲入内河，势甚危急。仲亲杜梅占邀集该处居民，用麻袋盛土，夹水堵筑。奈水势已旺，力难保全。适塘上有客米数十袋，急不暇择，用米七袋堵塞冲要之区，得免溃决。缘土见水则卸，米见水反涨，以此获全。事由创造，功出意外，异哉！过后凡坍卸塘堤，仲一一培修。特备载于此。）然工费无多，犹可为也，（塘堤最忌漏洞，而最容易有漏洞。或野兽，或树根，岂能处处防到？凡见漏洞，必须先时翻做，切勿因循苟安。此第一要紧，不可失也。〇此等塘堤不常浸水，得能种满细杆茅草，虽遇风潮，犹可守也。〇此就塘外有沙地者言之，惟水法变迁不定，凡近江土塘，倘遇沙地坍尽，水法顶冲，当改为首险工程。犹临江柴塘，得能沙地涨开，水势缓冲，当加阔后戗，改为次要工程，其理一也。）所难总在临江险塘。统计柴工一千二百六十丈，坦水九百六十九丈。天下无不敝之物，而况无日不受潮汐之冲激乎？岁岁修造，岂有已时。咸丰八年以后，桩、柴并缺，不得已改建石塘一百七十余丈，字号丈尺列后。（内惟余家埠“勿、多”二号，仲友王棨邀同百官绅富捐钱，改建石塘二十一丈六尺。可谓实获我心矣。）尚有孙家渡“声、堂”等号，拟建石塘百丈。购料过半，值时世大变，采办不齐，（建石塘必先做坦水。南塘坦水，俱系块石，仲因孙家渡近年来水法顶冲，万分危险，特不吝重本，全用条石。正在购桩运石，采办过半，突见阻于意外之变。今春勉强先钉坦桩八十余丈，尚缺十余丈，未知何日铺石完工，为之慨然！）容俟续建。（明知事在万难，然此心耿耿，不容已也。）凡有水法缓冲之处，仲前培补后戗改为土塘，计长四百余十丈。（此种塘堤向系柴工，然水法更变，势已缓冲，自可加阔后戗，改为土塘也。）此外，险工正复多多，难以息肩。兼之坍涨无常，险夷不定，此塘工之所以贵岁修也。假仲余年，尽心力而为之，不敢稍懈。（经修十余年，垫数甚巨。值时世大变，筹款倍艰，然殚心竭力，尽其在我者而已。）至于事之成败，则天也。惟冀仰邀神佑，得以永保无虞。则余、上、鄞、慈等县均有厚幸焉。

同治元年岁次壬戌中秋后三日谨记

上虞塘工字号册底

前江塘、后郭、王家坝“添”字号起，至张家埠会稽、上虞交界“竟”字号止，柴、土塘五千八百二十丈，字号二百九十一个。

又补竖碑号，百官龙山脚“绮”字号起，至后郭、王家坝“最”字号六丈止，柴、土塘八百六丈，字号四十一个。

添字号柴塘二十丈	地柴塘五丈，土塘十五丈	元土塘二十丈	黄土塘十一丈，柴塘九丈
宇柴塘五丈，土塘十五丈	宙土塘二十丈	日以下俱系土塘	月
盈	辰	宿	列
张	寒	来	暑
往	秋	收	冬
藏	闰	馀	成
岁	律	吕	调
阳	云	腾	致
雨	露	结	为
霜	金	生	丽
水	玉	出	昆
冈	剑	号	巨

阙　珠　称　夜
光　果　珍　李
奈　菜　重　芥
姜　海　咸　河
淡　鳞　潜　羽
翔　龙　师　火
第　鸟　官　人
皇　始　制　文
字　乃　服　衣
裳　推　位　让
国　有　虞　陶
唐　民　周　发
商　坐　朝　问
道　垂　拱　平
章　爱　育　黎
首　臣　伏　戎
羌　遐　迩　壹
体　率　宾　归
王　鸣　凤　在
竹　白　驹　食
场　化　被　草
木　赖　及　万
方　盖　此　身
髮　四　大　五
常　恭　惟　鞠
养　岂　敢　女
慕　贞　洁　男
效　才　良　知
过　必　改　得
能以上俱系土塘　莫土塘十九丈,柴塘一丈　忘柴塘二十丈　罔柴塘二十丈
谈柴塘二十丈　彼柴塘二十丈　短柴塘二十丈　靡柴塘二十丈

恃柴塘二十丈	己柴塘二十丈	长柴塘二十丈	信土塘七丈，柴塘十三丈
使柴塘二十丈	可柴塘二十丈	复柴塘二十丈	器柴塘二十丈
欲柴塘二十丈	难柴塘二十丈	量柴塘二十丈	墨柴塘二十丈
悲柴塘二十丈	丝柴塘二十丈	染柴塘二十丈	诗柴塘二十丈
赞柴塘二十丈	羔柴塘二十丈	羊柴塘二十丈	景柴塘二十丈
行柴塘二十丈	维柴塘二十丈	贤柴塘二十丈	克柴塘十一丈五尺，土塘八丈五尺
念土塘二十丈	作土塘二十丈	胜土塘二十丈	德土塘二十丈
建土塘十一丈，柴塘九丈	名柴塘二十丈	立柴塘二十丈	形柴塘二十丈
端柴塘二十丈	表柴塘二十丈	正柴塘二十丈	谷柴塘二十丈
传柴塘二十丈	声柴塘六丈，土塘十四丈	堂柴塘二十丈	习柴塘十丈，土塘十丈
听土塘十三丈，柴塘七丈	因柴塘八丈，土塘十二丈	积土塘二十丈	福土塘二十丈
缘土塘十五丈，柴塘五丈	善柴塘二十丈	庆柴塘二十丈	尺柴塘二十丈
璧柴塘二十丈	非柴塘二十丈	宝柴塘二十丈	寸柴塘二十丈
阴柴塘二十丈	是柴塘二十丈	竞柴塘二十丈	资柴塘二十丈
父柴塘二十丈	事柴塘二十丈	均柴塘三丈五尺土塘，十六丈五尺	曰土塘二十丈
严以下俱系土塘	与	敬	孝
当	竭	力	忠
则	尽	命	临
深	履	薄	夙
兴	温	清	似
兰	斯	馨	如
松	之	盛	川
流	不	息	渊
澄	取	映	容
止	若	思	言
辞	安	定	笃
初	诚	美	慎
终	宜	令	荣
业	所	基	藉
甚	无	竟土塘二十丈止，以下接会稽塘。	

以上前江塘王家坝“添”字号起，张家埠“竟”字号止，柴、土塘五千八百

二十丈。字号二百九十一个。

补竖碑号

绮土塘二十丈	回土塘二十丈	汉土塘二十丈	惠土塘二十丈
说土塘二十丈	感土塘二十丈	武土塘二十丈	丁土塘二十丈
俊土塘二十丈	乂柴塘二十丈	密柴塘二十丈	勿柴塘二十丈
多柴塘二十丈	士柴塘二十丈	实柴塘九丈，土塘十一丈	宁土塘二十丈
晋土塘二十丈	楚土塘二十丈	更土塘二十丈	霸土塘二十丈
赵土塘二十丈	魏土塘二十丈	假土塘二十丈	途土塘二十丈
践土塘二十丈	土土塘二十丈	会土塘二十丈	盟土塘二十丈
何土塘二十丈	遵土塘二十丈	约土塘二十丈	法土塘二十丈
韩土塘二十丈	烦土塘二十丈	起土塘二十丈	翦土塘二十丈
颇土塘二十丈	牧土塘八丈，柴塘十二丈	用柴塘二十丈	军柴塘二十丈

最柴塘六丈止，以下接王家坝“添”字号柴塘。

以上补竖碑号，百官“绮”字号起，后郭“最”字号止。柴、土塘八百六丈，字号四十一个。

统前江塘百官“绮”字号起，张家埠“竟”字号止，工长六千六百二十六丈，字号三百三十二个。计柴塘一千二百六十丈，土塘五千三百六十六丈。

上虞前江塘坦水字号丈尺

绮字号坦水十六丈	乂全坦	密全坦	勿全坦
多全坦	士全坦	牧全坦	用全坦
军全坦	最全坦	添全坦	地坦水五丈
忘全坦	罔全坦	谈全坦	彼全坦
短坦水十八丈，抛石二丈	靡全坦	恃全坦	己全坦
长全坦	信全坦	使全坦	可全坦
复全坦	器全坦	欲全坦	难全坦
量全坦	墨全坦	悲全坦	丝全坦
染全坦	诗坦水十八丈，抛石二丈	赞全坦	羔全坦
羊全坦	景全坦	行全坦	维全坦
贤全坦子	克坦水八丈，抛石三丈五尺	建坦水六尺	名全坦

立全坦	形全坦	端全坦	表全坦
正全坦	谷全坦	传全坦	声坦水七丈
盛坦水十丈			

右前江塘坦水统计九百六十九丈，抛石七丈五尺。

上虞前江塘临江首险失修柴工新建石塘字号丈尺开列于左

赵村

“信、使”二号。新建石塘十五丈（道光三十年冬季建造，次年春季工竣）。

余家埠

“勿、多”二号。新建石塘二十一丈六尺（咸丰九年冬季建造，次年春季工竣）。

双墩头

“难、量、墨”三号。新建石塘三十丈三尺（咸丰九年冬季建造，年底工竣）。

王家堰

“赞、羔、羊”三号。新建石塘六十三丈（咸丰九年冬季建造，次年春季工竣）。

吕家埠

“谈、彼、短、靡”四号。新建石塘六十三丈（咸丰十冬季建造，次年春季工竣）。

右新建石塘统计一百六十二丈九尺。

前江塘今年新钉坦水桩字号丈尺开列于左：

“声”字号坦桩十三丈。

“堂”字号坦桩二十丈。[1]

“习”字号坦桩二十丈。

“听”字号坦桩二十丈。

“因”字号坦桩十二丈。

右新钉坦水桩统计八十五丈。

同治元年，岁次壬戌，八月下浣谨记

1 “堂字号”一行，底本重复，今删去。

上虞续塘工纪略卷全

古虞连仲愚乐川氏

前江塘

仲撰《塘工纪略》二卷，成于同治元年仲秋。先时粤匪窜越，江浙深山穷谷之中，扰乱殆徧。崧下有俞泰者，为其所迫，不能脱身，因而羁縻之。由是西乡东连夏盖湖，西距沥海所，南尽曹江，北至海，方数十里，虽经陷没，尚未蹂躏。居民耕种如故，而仲亦得勉强修理塘工。且夫流寇滋扰，患在一时；而塘工成败与否，其利害贻于无穷。是以不避艰险，于万难之中，钉立孙家渡坦水桩八十余丈。（督工者为从弟桂初，素稔堤工，商同办理，此番不避艰险，尤为难得。）尚缺十余丈，料无购处，工未完竣，语在《江塘纪略》中。是年孟冬，克复上虞。仲巡视工程，后海塘虽间有侵损，因涨沙辽阔，尚可息肩。最紧要者，前江塘沥海所一带土塘，因近年江水渐逼，坍坐累累。当即雇夫培筑，刻不迟延。诚以堤工一道，先时防护犹恐疏虞，若稍自偷安，一遇春汛，倏成巨浸，噬脐无及。是以竭蹶赴工，虽多事之秋，亦不敢因循怠荒，良非得已。其明年，江水安谧，不过小有坍损，随时修补。并孙家渡未竣之工，购桩钉齐，近年来最为平静。然而居安思危，惴惴焉若临深渊。且年迈六旬，遭遇寇难，惊悸余生，实不堪重任。每一念及，终夕傍徨，大惧独力难支，贻误要工，非细故也。幸而吾乡迭起有人。港口村有邵培福者，出自田间，慨然相助，其言曰："咸丰元年以来，未曾请帑兴修，若乏人经理，则鱼鳖久矣。凡我塘内，当思同舟共济之义，且其人已衰，宜急助之。"爰邀乡里，得同志者二十六人，（从中罗三秀尤为得力。）设立管塘会，以备缓急。质之于仲，仲因之有感焉。慨自经手塘工，迄今十五年矣。凡逢山水旺涨，冲激堤防之际，急风暴雨，相逼而来，仲督率夫工，东西驰驱，不难沾体涂足，冒险阻以从事。而自百官至张家埠，工长六千余百丈。虽竭力堵御，终难免顾此失彼之虞。当此之时，大声疾呼，欲求将伯之助，岂可得哉？不图今日于农夫野老之中，得此乡党自好之人，不避风雨，备尝艰苦，悯仲衰颓，匡仲不逮，甚盛意也。况乎创设义举，感动乡里，实繁有徒，如指臂之相使。此岂一朝一夕所能尔哉？盖素所树立使然也。仲嘉培福之高义，厕贱名于诸君子之间，号其会曰“众擎会”，志缘起也。而管塘所需工食油烛器械，在在均须费用，苟非置有恒产，会其能久乎？仲虽历年经修塘堤，筋敝力尽，而事不可息。先割田四十亩，交司会者收管；又吾乡殷富及会中温饱之家，集腋成裘，助田四十亩，共得田八十亩，以应管塘急需。虽不敷用，不无小补云尔。凡会中名姓及一切捐钱助田支销，另立簿登记。是岁，同治三年也。其明年春，王家堰，孙家渡，东、西花宫一带塘堤多有坍损，（三年久旱，秋冬无雨。塘土晒松。四年正月，春雪弥漫。二月久雨滂沱，江塘绵长，多有坍损。此岁修之不可废也。）即托培福督工，间段修整，仍仲垫款。是年五月二十三日，天大雨（凡六昼夜），次日江水溢，骤高一丈余尺。（从来上虞堤工溃决，必由山水旺涨，海潮怒激，始则东北风大作，扇起海水；继则西南风猛烈，水挟风势，迅逼北岸。于是沙墙、官塘俱难保守。历古如此。今岁上游并不发水，时值小汛，亦无怒潮，又无狂风猛浪之险。奈江水满溢，较道光三十年秋汛大水，江面更高一尺六寸。此真非常之灾异，令人不可思议。且三十年大水，一经两岸塘堤溃决，江水逐次就低。此番大水，南岸沙地尽行沉陷，山、会两县官塘，三日之内连决大缺口三处，而曹江泛滥不止。直至二十九日巳刻，雨已将停，最后冲决我虞后郭塘“韩、烦”二号。午刻江水退，夫平风静浪，本非山水海潮互激，何以江水骤涨至于此极？更奇者，自二十四日起，曹江中间一溜，较之两旁水面凸高二尺，如是者五昼夜。至二十九日，后郭塘开缺。不到数刻，中间一溜较之两旁水面骤凹二尺。窃意山、会、萧三县，地面广阔，南岸连日决塘，水向南走，自然坍散，何以江水应低而反溢？且南岸沙地沉没，山、会两县官塘节次开缺，而曹江中间凸高二尺，历五昼夜不平，何其久也；至后郭塘溃决，仅止一缺，不逾时而曹江中间骤凹二尺，又何其速也！此历历亲睹者，浙江水怪，良不诬也。）萧山西江塘冲缺十余处，山、会两县官塘冲缺三处。我虞江塘虽历年培修，而此次水面极高，凡低塌之处，全赖临时加筑土埂，抵御大水。最险患者，吕家埠“过、必、改、得、能、莫”六号，（塘外多系盐厂，向有子塘。每逢大水，各厂防护，子塘不至进水。此次江水极高，冲决子塘，直逼官塘。而盐灶贴近堤工，塘土久经烧松，且塘内向有深河，一经江水漫衍，高过塘面，松土步步泻出，塘身步步挫塌，江水步步冲入。仲经管十余年，未有见吕家埠塘之难保者。）及王家坝“用、军、最、天”四号，（向系临江险工，内临深潭，兼之旧有漏洞，塘底进水，塘面坍卸，险患极矣。）于二十五日，塘竟沉陷，由外江冲入内河，水势奔激，事已不可为矣。邵培福率领众擎会，邀集近塘居民，夹水堵筑吕家埠塘。如良医之救人于垂毙，亡而复存。（塘土被盐灶烧松，见水即泻。二十四日起竭力抵御，至二十五日，塘竟沉陷，水高于塘二尺余寸，冲入内河，水势将横。居民惊惶已甚，搬家不遑。而培福身先夫工，奋不顾命，激励众人用炭包盛土，夹水堵筑。虽塘土泻出，而土包有加无已，直倚以为塘。如是者历五昼夜不息，至二十九日江水退，始得平静。○炭包系稻草编成，价甚廉，每只十余钱。吕家埠“过、必、改”等号塘土，早被盐灶烧松，此次大水，塘已坍卸，全赖炭包盛土，夹水堵筑，得以成功。若仅知掘土加塘，势必随加随泻，何益之有？自后管塘，须先多备炭包。此良法也。）并嘱罗三秀率领多人，防护孙家渡、贺家埠以西一带塘堤。（沥海所为曹江出水口，东、西花宫毗连沥海所一带，塘堤最为平善，向来置之不顾。嘉庆、道光年间，请帑岁修，多在赵村塘左右。咸丰二年以后，孙家渡水势顶冲，仲全力防堵十年，并吕家埠、赵村、双墩头、王家堰择险要之处，先后改建石塘一百七十余丈。而后郭至吕家埠，咸丰七年创修临江大墙，遮蔽官塘三千二百丈。事详《江塘纪略》中。其余又防守谨严，于是水无可攻。近年来，竟攻逼贺家埠及东、西花宫一带塘堤。此次大水，尤为可危。幸而防护人众，筑埂抵御，不然，开缺不可胜计矣。〇仲幼时，塘堤低塌，而江底不至甚浅。是以节次开缺，湖田被灾，于高田尚无害也。数十年来，江底日壅日高，沙地日涨日阔，其咎始于江宁人在上山盗种苞米，继而仙居、黄岩、新昌、嵊县各县居民辗转效尤。每逢狂雨，沙水并流。于是江底高而江路曲折。祸极于道光三十年八月望汛，水势泛滥，南岸山、会、萧，北岸余、上、慈等县俱成巨浸，为从来未有之大灾。迄今又十六年矣。江底愈高，江流愈塞。南岸三江等处，对出北岸，沥海所对出，为江海交接之所，阴沙涨高，大船难以进出，以致此番大水，较三十年八月间水面更高一尺六寸。而东、西花宫一带塘堤，向属平顺，近年殊为险要，甚至山阴之星宿闸不能宣泄。积重难返，流毒伊于胡底。噫！）杜梅占邀集后郭本村堵御王家坝塘，如信陵之救赵，危而复安。（未雨之前，仲早嘱杜梅占临时防护，果遇大水。自二十四日起，水过塘面，且向有漏洞，塘身带漏带卸。兼之内有深潭，无土可取，而梅占踊跃急公，督率村民，行权宜之计，掘取坟土，堵御大水，经历五昼夜。若效宋襄、陈余之仁义，则塘不保矣！）讵江塘绵长，有防管不到之处。二十九日巳刻，后郭“韩、烦”二号溃决，缺口三十六丈，内外冲成深潭，径六十余丈，（“韩、烦”二号地势高阜，不过旧有漏洞，防护尚属不难，大非吕家埠、王家坝险塘可比。夫江塘六千余百丈，险患之处甚多，此番节节保守，幸免疏虞，而“韩、烦”二号并非紧要，反致开口，良由管理不善，变生意外。此仲所以每临缺口，而不胜浩叹也！且自二十四日至二十九日，业已守过多日，巳刻决塘，午刻江水退，成败只争片时。乃该处居民管理不善，仓猝之间，竟致巨患，忍使坟墓漂散不下百数，田地淹没不可胜计。虽曰天灾，亦人事不尽，有以致之也。悲夫！〇即如塘外沙墙，向来见水即圮。咸丰七年，创修临江大墙，绵亘三千六百丈。此次江水满溢，居民竭力堵御，竟不进水。夫各县官塘多致开缺，而临江沙墙偏能保全，可见变故之来，总恃人力，为之弥补。后之经手塘工者，遇有大水，切勿诿为天灾也！〇自后郭至吕家埠墙内，土塘三千二百丈，幸而大墙不溃，得以保卫。不然，前江叶家埭、施家堰等处官塘，又有盗决之患矣。吁，可畏也！）塘底更深。（前江塘不知何时建造，自后郭王家坝“天”字号起，至张家埠会稽、上虞交界“竟”字号止，工长五千八百二十丈。历古以来，开缺多次。内外虽冲深潭，而塘底有埂，俗语所谓“龙骨”也。自百官龙山脚“绮”字号起，至王家坝“最”字号止，向系土埂。故老流传，乾隆三十年改建柴、土塘八百六丈，补竖碑号四十一个。今“韩、烦”二号缺口在补竖碑号之内。仲见塘底更深，与别处不同，颇为惊异，细寻龙骨，乃在江岸，离塘八九丈之远。所以“韩、烦”开口，塘底更深，填潭筑缺，尤难措手。若夫后郭至张家埠塘堤绵长，曲曲弯弯，总在龙骨之上。相传当时建塘，由于神授，非人力所能为也。）夏盖湖及北乡俱被淹浸。（仅开一缺，西乡高田尚不被浸。若吕家埠、王家坝两处险塘不保，则既遭逆匪滋扰，又遭洪水泛滥，余、上等县岂复成世界哉？）农民翻种晚禾，业已摒挡殆尽，万一重逢大水，秋收无成，一误岂堪再误？奈缺口未筑，秋汐伊迩，事在至急，款无可筹，不胜焦灼。（仲友王渠源，以上虞捐输款内有未解余剩洋银一千六百番，银二百六两。商量禀借兴办，虽属不敷，得以措手。）旋禀知府李公寿榛，借款筑塘。六月二十一日，后郭缺口及王家坝坍塘并时兴工。仲寝食工次，商同办理。后郭缺口由邵培福督工筑复，（此次填潭筑塘，其难有二：塘底无骨，一也；时交秋令，二也。〇工程七分之际，正值七月望汛。上游发水，冲激新塘。仲邀集夏盖湖农民一同管守。幸早备竹簟，八十张，新塘钉簟，以抵风浪，勉强获济。若兴工迟三日，则万不能保全。险过思险，令人心悸。）王家坝坍塘由杜梅占督工加修。（内临深潭，无土可取。此番贴阔加高，再掘坟土，岂得已哉？噫！）经费支绌，东挪西移，仍仲垫发。于九月间告竣。尚有王家堰，贺家埠，东、西花宫一带塘堤，经大水浸灌多日，坍卸累累。俟交春令，土有脂膏，必须修整。同治五年春季，悉索敝赋，培修老塘五百余丈。甚矣，惫！犹幸临江大墙，此次江水衍溢，不至溃决，俾墙内土塘三千二百丈得以高枕无忧。惟自咸丰七年，创修大墙，业经捍卫十载，兹复大遭冲啮，敝败不堪，不得不重加修理。章三畏（旧董，原手经理）、杜梅占为沙墙董事，循照老章，外丘沙地每亩派三工，里丘沙地每亩派二工。十一月间开工，（家大人康健如初，重到江口，陪同知县王公嘉铨、金山场李公梦庚，祀神破土。）修复大墙，（自创修大墙，沙地成熟十年。此番重修，宜其格外踊跃。奈尽力者原属不少，从中造谣言者、想取利者、置若罔闻者，种种旧习，仍复不免，人心不古，良可悲也。）为官塘之藩篱，旬内正在完工之际。

同治五年岁次丙寅端阳前三日谨记

杂　说

草之有益于塘者三，曰细杆茅草、千斤草、赖草。而芦不与焉。草之有损于塘者亦三，曰蔓草（俗名累累藤）、野茴香、野茄树。所可恶者，牛羊上塘，专食益塘之草，偏不食损塘之草。且损塘之草日盛，则益塘之草不出。除恶务尽，计惟每年春初，将损塘之草连根芟刈，庶益塘之草不种而自生。此除暴安良之法也。

塘边树木利少害多。当其盛时，枝叶遮蔽，正干抵水，不可谓非利也；及其衰时，树根枯烂，塘堤漏洞往往坐此，害更大耳。惟杨柳有细根而无总根，且其根浮而不深，虽枯不害。古人治水多植杨柳，可谓深谋远虑矣。

柏树有直根而无横根，种于塘下，亦塘工之一助也。樟树虽离塘较远，而其根大而且野，竟能穿过塘底。我虞后郭塘多有漏洞，因塘外沙地有大樟树数本，历年甚久，大根多穿塘底，枯烂成洞。同治四年霉汛，"韩、烦"二号决口，咎正在此。后之经手塘工者，塘堤左右见有樟树，虽小必除。为虺弗摧，为蛇将若何？

塘堤开口，虽系大水冲倒，其半实由于太阳晒倒。盖烈日久逼，土无脂膏，一经风潮，见水即圮。历次决塘，多在大旱之后，其明征也。且三伏炎暑，塘土晒松，有大风以吹之，雷雨以撼之，能令塘身卑狭。卑狭则难保矣。惟满堤栽种杨柳，遇烈日遮阴，遇大水分水之势，而其根又于塘无损，法之尽美尽善者也。

凡遇大水，塘身欠高，须筑土埂一条。阔三尺，高则随水之尺寸，临时抵御，不至进水。最忌者，近塘有潭。不畏塘外之潭，而畏塘内之潭。（凡逢大水，塘外一片汪洋，管塘取土，总在塘内。若塘内有潭，不特塘身孤危，且无从取土，即不能管守，大可畏也。至于塘外有潭，平时却虑其坍卸塘身，及大水弥漫之际，不过受水之区，不足畏也。）凡塘堤溃决，必然先卸里面。无论柴、土、石塘，全藉后戗结实。仲节次修塘，填补空虚，培植地势，创造塘台，俾塘堤有可倚靠，语载《江塘纪略》中。夫平地尚忧其不足恃，而况临以深潭，其为险也，岂待溃决之时，而后知哉？

凡塘堤浸满大水，里面坍卸，势必溃决，难以措手。若被大水冲激，以致外面坍卸，急宜鼓励塘夫，用一披稻草一披土，涉水抢筑。仓卒之际，扶危定倾，尚可为也。

凡塘之有潭，一由于堤工溃决，内外冲成深潭；再由于堵筑缺口，两面打桩，全从塘内取土；（譬如缺口三十丈阔，塘内冲深之潭，亦不过三十丈阔，若专从塘内取土，则潭阔不下百余十丈矣。此大谬也。○填潭筑缺，用土多而工程实，且冲深之潭可以收小；若打桩筑缺，用土少而工程虚，且冲深之潭不能收小。此一定之理也。○凡做缺口，挑掘塘外沙土填筑塘底，反为结实。且塘外潮汐往来，沙随水走，遇深陷之所，自然壅积。所以塘外掘土成潭，数年之间，不难潭平沙满。至挑筑塘身两边，须用田土，中间串用沙土。塘外取土不妨就近，塘内取土必得离塘十丈，庶潭远而堤工无碍。此做缺口之要务也。）三由于加修老塘，于塘内贴塘取土。（凡加修老塘如博后戗，原不能越塘而取塘外之土。又加高塘身，田土有脂膏，势不得不向塘内取土。但塘夫贪近，贴塘取土，以致塘愈修而潭愈多，潭愈多而塘愈危。仲遇此等塘工，必须于十丈外取土，正虑此也。）

后戗单薄，塘脚空虚，塘虽高必危，急宜加意培补。刘公书田有言："做塘身不如做塘脚，做塘面不如做塘背。"诚哉是言也。

塘内系田土，塘外系沙土。故修塘取土，以塘内之土为贵。至临江大墙则不然，墙之内外俱属沙土，而外沙有咸潮不时灌浸，土逢咸则坚，故筑墙取土以墙外之土为贵。

凡做缺口，填潭筑塘，无他谬巧，只有效愚公移山之法，庶工程结实，可垂永久。若设法以求速效，则弄巧成拙，反失之矣。

填潭筑塘恐新塘倾侧，打桩三四道，多者五道，胆小故也。其实只须塘脚开阔，工程结实，不必打桩，省事多矣。

缺口做新塘，必须做边。老塘贴阔博戗，亦必须做边。做边者，土工分班，或七八人，或十余人，视挑路之远近，定人数之多寡。每班内一人用铁爬捺土于塘边，一人持木板寸寸节节敲之，谓之敲边。（木板或檀树或漆树，取木之坚实者为之。）或做光边，或做草边，（每两三披土，间一披草。其草连根带土，俾易于生长，谓之草边。不用草者，谓之光边。）均须木板敲过，俾塘边结实而光滑。结实则不坍卸，光滑则经大雨而土不流。

凡做新塘，大概挑土先挑中间，而后挑两边。精于工程者则挑两边起，先做边而后挑中间，自始至终，总是两边先高，而中间随之而高。

塘夫有上下手之分，掘土、挑土者谓之下手。下手只求力大，何地无之？至铁爬捺土，木板敲边，却要炼过，另有一种武艺，谓之上手。上手精于塘工，熟能生巧，非临时可以猝办。武侯曰："八阵图成，自今用兵庶不覆败矣。"廉颇一为楚将无功，曰："吾思用赵人。"做塘必资上手，即此意也。

新做柴工，力量远胜于石塘。其故何也？以石御水，难免水与石相激，而水反高。至柴塘以柔克刚，分水之力，杀水之势。海潮怒激，见之而息；山水狂奔，见之而平。惜乎桩朽薪烂，不能久远，此其所短也。咸丰八年以后，改建石塘一百余十丈，取其久也。凡遇极险之处，惟柴塘足以当之。此法不可失也。

黄河系膏粱杆子筑堤。有一道员，向在河上督工，见我虞临江险塘，都用戗柴，大不以为然，必要改用芦头。不知芦头草也，未及一年便烂；戗柴系小木头，以之做塘，咸水常浸，经数年而后烂。且草烂过变灰，灰和土则土松，芦头筑塘，其害有不可胜言者。木之汁其味酸，土逢酸则坚。赵村、王家堰一带，向来多做柴工,土性坚实,与别处不同,确有明征。以是知经手塘工,不可不洞明物理也。

塘堤无草,风吹雨淋,易于坍塌,且无以抵御大水,此不留草之患。其说一也。塘草不许刈割,则草必丰,丰草之下,藏匿野兽,塘身有洞,隐而不见。平时不及防备,暨乎江水浸灌,从漏洞而酿成巨祸。此留草之患。其说又一也。二者聚讼不休。仲以为皆是,也皆不能无弊者也。今拟两从其说,塘堤外面留草,以抵大水。塘堤里面刈割塘草,俾野兽无可藏身,或者其两全乎?(塘堤外面江风大,值山水旺涨,先受浸灌,所以野兽打洞,总在塘堤里面。今外面留草而里面不留草,真两全之法也。)

三续上虞塘工纪略卷全

古虞连仲愚乐川氏

岁修塘工并善后事宜

《续塘工纪略》一卷，撰于同治丙寅，迄今又阅六年。前江塘并无溃决巨患，后海潮汛平顺，石塘无恙。即咸丰七年创修临江大墙，保卫官塘，已十余年矣。近因潮汐啮而渐进，化旺等丘半沦于江，盖水法之变，相激使然，无足怪也。然大墙自后郭至吕家埠延亘三十余里，今水势当冲之处，沙墙沦没，不过以数里计，修筑改建，犹足为官塘之藩篱。总之六年之久，山水、海潮两不为灾。是固余、上、鄞、慈各县之厚幸，亦岁修工程必不容已也。稽我虞境内，前后塘工段绵长，坍塍渗漏，无岁无之。先时弥缝，或事后修补，屈指计之，不胜枚举。从中工费最大者，莫如贺家埠新筑柴塘。盖自咸丰初年，孙家渡“声、堂、习、听、因”五号，为山水、海潮互激之区，当时岌岌难保。后因防守谨严，水无可攻，乃移攻贺家埠以西塘堤，而“庆、尺、璧、非”四号尤为顶冲，沙地坍尽，一线危堤，逼临大江，潮汐往来，撼激难当。又山水旺涨之际，一逢大汛，海潮西上而山水遏之，江水东下而狂潮阻之，以致横流逆折，突过于塘。而塘内有河，河内烟居稠密，取土维艰，且限于塘底局促，既不能贴阔，即不能加高。若非建造柴工，势必冲决大口，滔天之祸，伊于胡底，半生来辛苦艰难，不几前功尽弃乎？明知近年夫工大贵，桩柴并缺，实在力有未逮。然事出，万不容已，不得不勉措工本，于同治五年冬，购办桩柴，设法取土，勉建柴工八十余丈，以分水势而资捍卫。迄今五阅秋汛，虽塘身低塍，尚可支持，然将来桩朽薪霉，安能历久而不敝？且贺家埠段落在江塘中不过三十之一，即或历年加意巡防，不致疏虞，而江塘六千余百丈，水势冲激，不在于此，则在于彼。将来刻不可缓之工，岂无如上首之孙家渡，今日之贺家埠者乎？即如仲经手以来，亲历其境，如百官之余家埠，后郭之王家坝，以及吕家埠，赵村，双墩头，王家堰，孙家渡，贺家埠，东、西花宫，何一非紧要之处？其间虽改建石塘一百九十余丈，而临江险工统计一千二百余十丈之多，以仲才力。万不能尽建石塘，则岁修工程，岂有息肩之日？加以水法迁移不定，即堤工险夷无常，安知今日之次要，不为异日之首险？孙家渡、贺家埠明征具在也。（道光年间，孙家渡塘外尚有沙地。至咸丰初年，不特沙地坍尽，且塘身半沦于江，极为险患。又贺家埠以西一带，塘堤安谧多年，今忽水势移攻，竟为险塘。盖江流变迁，激之使然。后之经手塘工者，自宜随时修理，切不可偷安也。）倘经理乏人或工费无措，数百里民命，将何所倚赖？况后海沙地沧桑之变，振古如兹。即如咸丰初年，海潮逼临，石塘节节漏洞，前次修理三年，大费周章，事详《海塘纪略》中。然石塘尚在，翻洞培土，所需不过工食，犹可勉力为之。所可虑者，自建造石塘，历百五十年，业经沉埋大半，过此以往，百余十年，塘石尽陷，未知能否从新建造？异日者，沙地沦没，海循故道，直逼塘下，潮汐往来，汹涌之势，岂土塘所能抵御？万一帑不能请，巨款无筹，骤遇海啸，飓风大作，怪水滔天，势如雷激电奔，志书所载，康熙十八年，余、上两县尽遭淹浸，祸连及于慈溪，前车可鉴也。相传自唐长庆以来，夏盖湖田三废三升。盖石塘建，则湖淤为田，而余、上等县无咸潮之患；石塘亡，则田冲为湖，而余、上等县尽属斥卤矣。此仲所以徘徊塘上，而不胜杞人之忧也！（后海石塘，地势高阜之处十二三层，低洼之处十四五层，年深月久，逐渐沉埋。加以沙地坍涨一次，塘外地势增高一次。至今石塘出面仅有五六层，顶少者止有四层。盖石塘建造已阅一百五十年，沉埋塘底，居其大半。再阅百余十年，势必全行沉没。不过上面挑土加高，则全是土塘矣，岂足以资捍卫哉？〇后海沙地涨起三四十里不等，各有花圩，种植木棉。潮水距塘甚远，似乎石塘无关重轻。惟是沙地阅六十年尽沦于海，尔时水势南趋，直逼塘下，一日两潮，回环冲激，訇訇之势，非石塘万不足以资抵御。此皆仲历历亲睹者。况乎意外之变，在所不免，岂得以偷安目前，而不为之深谋远虑？康熙十八年，海啸、飓风大作，水势滔天，疾若雷电，威等山岳，塘内庐墓田畴悉成巨浸，余姚、慈溪两县俱遭淹没。此由于前明所造石塘，早经沉没之故也。迨至康熙五十八年暨雍正三年，东、西两乡重建石塘，先后告成。自此塘内居民高枕无忧。道光十五年，又复海啸。当时沙地正在成熟，忽然黑云四布，飓风大作，海水扇起，花圩尽坏，三四十里沙地汪洋一片，直冲官塘，狂风猛浪，不可逼视。业经海水高泼塘面，岌乎殆哉！全赖石塘抵御，不致决裂。由此言之，石塘关系甚重，固一方之保障，无如沙积石沉，过此以往百余十年，塘石尽没。若置之不顾，其害不可胜言；若购办石料，从新建造，款项甚巨，后之经手者恐力有未逮。万不得已，窃有狂瞽之言，质之达人，惟冀采择焉。石塘既沉，其条石埋于塘底，掘起仍复可用。后之造塘者，譬如从"连"字号起，先将"连、枝、交"三号打开，掘起条石，其塘底深一丈余尺，当将三号打开之土填满塘底，与沙地相平。须用水沃做，再用夯过，以结实为要。所有掘起之条石，先建"连、枝"二号石塘，留"交"字号为宽展之地。石不敷用，取"友、投"二号条石弥补，并挑"友、投"二号塘面及后戗之土，为"连、枝"二号之后戗及塘面。土不敷用，可取塘外之土补满。下仿此。总之，掘石建塘，以两号为率，递掘递造，蝉联而下，一面采办新石，弥补其缺。如此做法，经费较省。再，条石大有区别。宁波石头出于大阴山，其性坚，虽久沉沙土之中，与新采者相仿。绍兴石头荡地不一，大山石极其坚实；乌门山石有好有劣，劣者无论已，即好者，亦未能历久不变；至于吼山石，极不悠久，斯为下矣。我虞石塘“帐”字号以西系绍兴石头，“帐”字号以东系宁波石头，夏盖山相近“坟、集”等号系本山大块石垒成。乱石塘其出面者尚可用得，沉于土中者，全不中用。总之自纂风至夏盖山山脚共石塘三千二百四十丈，其条石荡地不一，刚柔不齐，大约可抵一半用场。夏盖山之东“典”字号起，“济”字号六丈六尺止，共石塘一千四百六十六丈六尺，其条石俱系大阴石，块块可用，带掘带造，所费不过工食而已。至填肚块石，夏盖山之西系本山石头，因“连”字号起，至“楹”字号止，八十二号，曾经间段兜底翻洞，其块石俱碎，不能再用。又，咸丰四年闰七月间，海潮冲通“鼓”字号缺口十六丈，塘底水深一丈余尺。后经补建，其旧时块石亦复粉碎，万无可用。凡此，皆仲所亲历者。将来建造石塘所需块石，必须从新购办。至夏盖山之东一带石塘，其填肚块石想系宁波石头，果尔，仍复可用，但未曾深悉，不敢指实。以上所陈管见是否可采，惟冀裁定。○南宋以前无可考征，元至正年间所建乱石塘，至元末而亡。明初所建条石塘，至明末而又亡。康熙年间所建条石塘，今复沉埋大半。再阅百余十年，全赖后之君子设法修造，以保全一方之民命。仲实有深望焉。○夏盖山之西“学”字号起，“坟”字号止，石塘三千二百四十丈。康熙年间，大府奉命建造，载于《东华录》，郡尊俞公卿有《记》，勒石夏盖山庙中。此其大彰明较著者也。夏盖山之东“典”字号起，“济”字号六丈六尺止，石塘一千四百六十六丈六尺。雍正三年，邑侯虞公景星请项建造，当时艰苦之状，不可胜言，而《县志》所载甚属疏略，余竟无笔墨可考。此我虞一大恨事也。尤可痛者，俞、虞字音韵相同，塘内诸民传闻失实，误以俞公为虞公，相沿久矣。仲博询故老，尝得其略，知侯独肩大任，不求援于人，而世亦无相助为理之人。履虎尾而不惊，蹈危机而不悔，然后泽及一方，功垂后世。呜呼，为民父母，专以民命为重，而不顾一己之利害，虽古经史所载，何以加兹！侯致仕后，隐居教授，安乎故吾，若无其事。盖不求人知，固侯之雅量，不可企及，而其苦心孤诣，厚德洪恩，奈何以讹传之故，几致湮没而名不彰？仲修理前后塘，观侯所建石工，低回数四，凭吊欷歔，不自知其涕之何从也。特志其崖略于此，至发潜德之幽光，窃有望于世之采风者。）窃念仲一介书生，无所建立。缅维往哲，穆然神远。今老病交侵，万念俱灰，惟此塘工管理二十余年，苦无替人。既不忍听其废弃，而仲又万不能分身。家大人年登上寿（时年八十有九），定省何敢暂离？不得不举人以自代。同治三年，邵培福邀集乡里设立众擎会，为管塘计也。语详《续塘工纪略》中。仲赞成其事，谓培福：姑弗虑经费不敷，即如当年肩任塘工，不难毁家以纾难。而况管塘所需，非从前大工可比。既立是会，必须置有恒产，不然，则善作者不必善成，善始者不必善终。及仲在日，得能扩充田亩，则将来为管塘计，即可为修塘计。此仲之大愿也。故自兴会以来，薄具田产，凡历年修理及管塘费用，悉仲筹垫，并不开销会田租息，以期继长增高，或者于善后事宜，庶有济乎！兹已集腋成裘，得田二百余十亩。恐年岁之不我与，先行竖碑孙家渡（碑立留耕山房之西耳房），以垂久远。凡捐助田亩、银钱名姓及字号、亩分，一一勒诸贞珉，以永千秋。盖不敢没诸公之善也。其续置田亩，即附于碑尾。私心窃冀天假余年，众擎产业得以层垒而上，如为山之不亏一篑，则东接余姚，西距会稽，一万一千三百余十丈之柴、土、石塘，希图永保无虞。此亦事之或然者也，特先时不敢预定耳。更有万不可缺者，管塘之际，人夫众多，沿塘一带，烟村殷繁，竟乏空屋赁借停歇，最为苦事，亦最为恨事，不得不兴造房屋，以为驻足之所。相地之宜，因人之便，惟孙家渡塘内为甚善。（以东有王家堰、赵村、吕家埠，以西有贺家埠、谭村，多系临江首险，而孙家渡正居其中。于此兴筑房屋，聚集人夫，管理两边险塘，最为得宜。且孙家渡为水势必争之地，乃全塘之咽喉，尤宜建楼房以镇江海。仲管理二十年，相地势，看水法，择此基地，良非偶然。）早于同治五年购买基地，蓄意已久，而迟至于今者，良由历年修塘，疲于奔命，更无余力兼顾也。今老矣，事不可缓，时不再来，于去年冬季购料兴工，新置别业一区，藏列书籍，（家有藏书，恐其亵渎，拟移藏于捍海楼。）种植花木，以娱桑榆之晚景。名其堂曰“留耕山房”。平时为仲书斋，临时则为管塘寓所，岂非一举而两得哉！计造飨堂三楹，每年霜降日恭祀潮神，（会内人众若择日祀神，须先期知会，殊为费事。今定于霜降日祭祀，永不改章程，省事多矣。）以肃观瞻而昭诚敬，洁之至也。东西耳房两楹，为收藏器械什物及竖立碑石之所。又楼房五楹，颜其额曰“捍海楼”，著其实也。以仲年经七旬，筋力已衰，万不能沾体涂足，如从前之冒风雨而亲督险工。今于要害之处，造此临江楼房，则危迫之际，登高眺远，山水之大小，潮汐之涨退，江海塘堤皆在目中，是诚管塘之一助也。又厢房四楹，设立厨灶，并管屋人居住。凡一切人夫饮食、歇宿处所，事事安排停妥。为志其缘起如此。落成于今四月十八日，慨然谓会内人曰：“众擎会成，则后之管塘者不致枵腹；留耕山房成，则后之管塘者不致露宿。”是皆管塘之要务。然此岂易言哉！自接手堤工以来，惨淡经营者二十余年。凡逢水势湍悍，四处告警。仲孤立无助，安得无顾此失彼之虞？乃垂暮之秋，得诸君子声应气求，成此盛会，仲始愿不及此，惟期始终如一，过此以往，指臂相使，其所以济缓急而顾全大局，岂苟焉而已哉！且咸丰年间，孙家渡“声、堂、习、听、因”五号，为全塘中第一患塘，水势直攻，多历年所。仲竭尽心力，多方堵御，不敢自必其保全，初不料今日之落成于斯也。前事具在，足征堤工一道，必有愚公移山之志，庶实心实事，危可安，险可夷，功可翘足而待。谨撰次岁修缘由，并防后事宜，编之右方，俾览者得以取去焉。

同治十年岁次辛未四月中浣谨记

捍海楼记

虞当岩壑之会，临溟渤之滨。夏盖以北，实维海门。雷辊涛怒，厥地称险焉。其西南濒曹江，江出新、嵊诸山。霖潦时降，众壑争趋，风潮逆流，互激交汇，奔荡訇墙，冒隰弥原，于形为尤险。先民有作，堤之垸之，江塘堙其前，海塘障其后，而水势稍杀。雍、乾之世，迭请内帑，以时修筑。迨道光季年，塘渐以溃，漫溢田庐，汨及邻壤。属当军兴，府藏支绌，官民束手。邑人连公仲愚，徘徊塘上，蹙然伤之。谓江海两堤，数百万生灵所托命，使无人设法堵御，任海水泛滥为灾，是无桑梓，也即无余、上也。从斯南北驱驰，任劳任怨，并率其从弟桂初、冢子茹，分道捍护。以数千之款，经理柴、土、石塘一万一千三百丈有奇。又值堤工坍废决裂之余，议者咸为公危，卒之焦思竭力，挽狂澜于既倒。迄今乐土可安，民歌舞之。公躬亲栉沐者，盖二十年。而公年亦既耄矣，乃谋久远之计。首置田百亩为创，续助百亩，乡里慕义者争附之，并得田九十余亩，号“众擎会”，为岁修资。又悯徒辈风餐露宿，遂度地庀材，建楼于塘之隘曰孙家渡，以镇之，而题其额曰“捍海楼”。凡为堂三楹，中祀潮神。耳房二，以庋器具。厢九，为庖湢，众夫役寝食之所。登斯楼也，左海右江，风云百变，潮汐之消长，畚挶之勤惰，历历在目。暇则读书其中，莳花觞客，以为别业。经始于同治九年冬，明年四月落成。於虖，公之捍水患也远矣！夫天下事固有志壹而用宏，事半而功倍者，彼庸庸者其能知乎哉？公承父兄之诏勉，督率氓愚，任厥艰巨，盖本其孝弟之诚，发为义举，而又不敢轻縻国用。毁家纾难，以抒其惓惓忠爱之忱，其惠周乎群生，其泽流之百世，岂不伟与！昔潜溪宋氏记古虞魏仲远“见山楼”，美其经营于兵后，而推言子姓之象贤。今公蒙难之余，创造斯构，利赖无穷，固远胜乎仲远之游观者；而公子若孙，咸以文行有闻于时。益钦公诒谋之善，为足与乡贤后先辉映也。琦学识谫陋，立言不足以希潜溪，而犹执笔记公之明德，亦蕲后之治塘者，一以公为法，则益广公之惠于靡涯矣。公之治塘，具载遗著《上虞塘工纪略》中，不备述。其捐助名氏、田亩备书碑阴，以谂来者。复系以铭。曰：

在昔钱王，筑捍海塘。洒沉澹灾，利及千霜。

翼然斯楼，与古颉颃。夏盖斯控，舜田斯穰。

缅惟连公，泽被乡邦。灵风灵雨，神魂回翔。

江流载顺，海波不扬。斫彼元石，邦家之光。

光绪三年岁次丁丑六月翰林院编修陶方琦谨撰

书上虞塘工纪略后

继香省亲明州，数数渡舜江，经古虞，辄闻父老妇孺啧啧称乐川连公不置。询之，曰："吾虞前江后海，时忧泛滥。公经营二十年，而两堤始完固，连阡比陌，岁无不登。微公，吾其鱼乎？"继香闻而喟然曰："嗟乎，德泽之感人有如是哉！"今冬，公仲嗣撷芗同研，邮示公《行述》及《塘工纪略》一书，则益为之感叹、景慕，而不能已也。公天性孝友，博学能文，有声于庠。读书不屑屑章句，通达世故，有康济天下之志。会道光季年，虞西江海塘倾圮，灾罹三县，守令夙重公。以塘工请。公蒿目已久，念先茔及亲舍所在，又数百万生灵所托命，遂慨然起而任之。自是输金赀，鸠工材，冒风雨，犯寒暑，虽当戎马苍黄，而畚筑不辍。视王尊请身填堤，殆有甚焉。经始于道光三十年，至同治十年告成。计海塘四千七百六丈有奇，江塘六千六百二十六丈。砰然屹然，坚若长城。公之心力既殚，而公年亦已耄矣。又惧弗善厥后，乃倡捐田百亩，立"众擎会"。既建"捍海楼"为守御之所，择乡里之贤者而代之，复手撰是编，绘图纪事，详载道里之长短，潮汐之高下，与夫兴废之利弊，堤防之缓急，俾后之人有所取法。手障百川，利赖千祀，厥功伟已。他如建邑学以崇文教，修上河坝以蓄田水，置膏腴五百亩为义田，赡族之贫困、众乡邻之茕独者，具载《敬睦堂条规》中。辛酉之难，道阻粮绝，设海运赈，饥民全活无算。其余乐善好施，虽罄竹难书。而其汲汲然赴义若渴，毁家纾难，要亦与治塘工等。夫人生不朽有三，而科第不与焉。公之功德，父老妇孺能道之，而是编洋洋数万言，又无愧立言之君子，区区科第云乎哉！独念公于一乡一邑，稍展经纶，而被泽者已如是，其大且久，设假之斧柯，以体国经野，其措施当又何如也？顾公虽不遇于时，而奠安海邦，数百里内争祷祠之，所谓挺不朽之盛业，非耶？而喆嗣少初贡士，撷芗茂才，又克继先志，砥行立名。文孙辈鼎峙黉宫，霞起云蔚，其食明德之报者，正未有艾。昔海宁陈宋斋教授，筹画海塘，著有成书。雍、乾已来，浙西百年无海患，其后子孙簪缨接踵，为两浙冠。公之功德如此，异日何遽不若？则是编，其即左券也夫！

光绪纪元嘉平月下浣后学会稽王继香子献拜识

敬睦堂记

天下者，一家之积也。大道之行，讲信修睦之推也。中古尧舜之化，自九族既睦；成周太平，自孝友睦姻任恤。盖睦之义，本尊祖敬宗之意以收族，而后日之重社稷、爰百姓，胥由亲亲推也。且夫不睦之故，未有不自不敬始者。《记》曰：“至敬无文，父党无容。”盖人既素习居，又接楹连栋，习则亵狎，亵狎则简慢。甚至岁时伏腊，斗酒言欢，男女杂坐，坠珥交舄不之禁。因而薄物细故，积为衅端，相倾相轧，有较甚于途人者。然则公之以“敬睦”名堂，其可谓知本焉已。公，上虞连氏，字乐川。平生防江捍海，众善毕举。其好施也，有敬睦堂田五百亩，以周寒族。且命令嗣，营前后堂于居右。今嗣子少初兄弟，悉遵遗教。其前平房五，分米散钱在其中。旁置仓廒，收族也，恤邻也，以兴养也。后楼五，楼上左右藏书，下为影堂，启后也，奉先也，以立教也。旁又贮救火水龙等两具，御灾也，捍患也。盖一举而数善备焉。而且禀遗命，孝也；能读父书，智也；敬祖收族，施及他族之贫者，仁也。当此谇耰锄、操觚瓢之末流，而独连氏父子之克绳厥美，庶足以挽颓风，讽薄俗云。且夫亲睦可间，敬睦不可间。昔三代明王之政，必敬其妻子也有道。惟以祖宗之心为心，则尊亦敬卑，长亦敬幼，而其本则自敬身始。孔子曰：“不能敬其身，是伤其亲，伤其亲是伤其本。”登斯堂也，亦先务乎其本焉可矣。诗曰：

岿新宫，上湖渚。光先德，启尔宇。陈简册，洎樽俎。
上贤圣，中父祖。沃千顷，给二鬴。俾作甘，毋作苦。
解愠风，护世雨。贻我谷，秩斯祜。

光绪四年岁次戊寅清明后二日山阴沈宝森谨撰

敬睦堂条规

助米章程

一、鳏寡孤独、穷而无告，亟宜以舂熟白米养之。今定立章程，凡我本族，或住居上湖头，或散居四方，每口按月予白米一斗五升，于月之初一日付发。

一、本村杂姓鳏寡孤独，与族中应有区别。但住居上湖头，触目惊心，特与本族一律看待，升斗数目同，付发日期同。

一、邻村鳏寡孤独，实在贫无可依者，先将名姓登簿，每月予白米一斗。付发日期同。

一、付发邻村鳏寡孤独以五十口为限，再多恐后难为继，不敢不量力也。

一、幼年失怙，诚可痛悯。至成丁以后，农工商贾，何事不可以有为？今定立章程，养至十五岁年底为止，不再付发，以激其自行成立。

助钱章程

一、吾族贫户中，老幼妇女度日惟艰，间有残疾者，尤为可悯。今定立章程，薄有所助。谨将各人名氏登簿，庶免临时舛错。

一、本族贫户除壮丁外同，所有老幼妇女，或不幸而残疾者，一年之间每口助钱贰千文，分两次付发，以二月初一日，十二月初一日为期。

一、凡我连姓，虽散居别村，与住居上湖头者一律付发，以示亲亲之义，不分远近。

一、赵姓由沥海所迁居上湖头，已历四世，其先人与吾祖宗有契义，不敢异视。其贫苦之家，除壮丁外，所有老幼妇女，或不幸而残疾者，每年每口助钱贰千文，亦分两次付发，为期同。

一、张、李两姓向住上湖头，义属老邻。其贫苦之家，除壮丁外，所有老幼妇女，或不幸而残疾者，每年每口助钱一千文。亦分两次付发，为期同。

一、张、李两姓外，尚有别姓迁居上湖头，虽非旧邻，然比屋而居，守望相助，应有周急之义。其贫苦之家，除壮丁外，所有老幼妇女，或不幸而残疾者，每年每口助钱六百文。亦分两次付发，为期同。

借米章程

一、吾族多系务农为业。凡农家者流，最苦布种之时，无处告贷。今定立章程，春季从敬睦堂借米，秋季交还，并不收丝毫之息。

一、借米多寡之间，不能一律。亦视其人之勤惰，种田之多寡，酌量数目。

一、春季借米若干，秋季还米短绌，所有欠下之数，明春借米之时，先行扣落，以昭画一。

一、春季借去米石，秋季全不交还，待至岁底，将户头开除，以后不再借。

一、春放秋收，既无丝毫之息。种田者谁不愿多借？惟敬睦堂所贮谷米尚未扩充，只有照上两年所借之数借出。望吾族中见原。

一、借米多寡，系先时议定，临场不得争多论寡，侵扰经手人。惟经手人务须一秉至公，不徇私情，庶可以协舆论，而垂永久。

同治十一年壬申正月上浣，乐川连仲愚撰（时年六十有八）

上虞五乡水利本末

光绪九年春锓板　藏枕湖楼连氏

会稽王继香署检

三湖塘工合刻序

吾越，古泽国也。自山、会之有鉴湖，萧山则湘湖，诸暨上、中、下湖，上虞夏盖、上妃、白马诸湖，所以备旱涝、资蓄泄，灌溉之利，溥已！人代绵历，侵占日甚，幸而浚田为湖，如湘湖，可也；不幸而盗湖为田，若鉴湖、夏盖故辙，其如水利何哉？今傍湖诸田，岁久尽成世业，升科一定，势不能复田为湖。然夏盖湖田，迄今称膏沃，则诸湖利赖犹存也，况全湖之利哉！夏盖三湖，在越尤号漏国，十日不雨，便虞亢旱，旧有《三湖水利本末》一书，其志堤、堰、沟、闸详矣。然吾谓五乡水利，有不必在三湖者。盖夏盖南临曹江，北枕大海，道光季岁前后，塘为潮汐浸灌，日就坍塌，连公竭数十年财力完成之事，详《纪略》中，自是湖田之饶，甲于诸乡矣。余向闻虞父老言，三湖之田，数百年一沧桑。近人习见湖之为利，不及思江海之为害。如人有御盗者，勤勤焉固其寝门，而外户不之闭，其后又不为之闬闳，有不为疏防者乎？夫江塘，湖之外户也，海塘，其闬闳也。盖三湖蓄水以备五乡旱灾，江、海塘捍御以备五乡水患，故三湖之利，必兼塘工，而本末始全。近年吾乡鉴湖诸田，往往积涝为害，盖巨室贪沿海沙田，闸水不流所致。则三湖水利之系塘工，顾不尤重乎哉！

光绪八年，岁次壬午中秋

山阴沈宝森撰

上虞县五乡水利本末序

井地废，阡陌开，而畎浍沟洫之制隳，由诸侯之去其籍也。郑国、白渠、芍陂之利兴，没世不忘。苟求其故，不有传载，亦何所引考？谂此，则上虞县五乡水利之编，所宜作也。县旧有三湖，曰夏盖，曰上妃，曰白马。五乡受田之家，实蒙其利。疏治围筑之规，启闭蓄泄之法，自东汉逮今，既详且密。间有擅为覆夺更易者，赖载籍明白，持以证据，于是乎得不泯。乡之人陈恬又惧其久而或讹也，裒集古今沿革兴复事实，以及志刻，左验公规讼牍，锓梓成帙，将垂不朽，俾谂来者，其用心溥矣。携求叙引。噫！读《禹贡》而知河洛，考《水经》而寻源委，讵不信然？夫水利之在天下，善用之则其施博，有考证则靡湮废。司牧受民寄庸，不究其利病耶？是湖也，在往岁，尝有横民献佃于横政者，适余视师上虞，亟力止之，得弗夺。兹故重其请而辄序焉。不征不信，有如此水。

至正二十又二年秋九月望日

奉直大夫温州路总管管内劝农防御事天台刘仁本书

上虞县五乡水利本末序

士君子有天下国家之责,则当思所以利乎天下国家。无天下国家之责,而能思所以利其乡者,其贤亦可尚已!而况所利不在于一时,而有以及于后世之远且博哉?上虞陈晏如,以五乡之水利,具有本末,不徒辑而为书,又必刻而传之,以垂永久,是其思以利其乡,于后世之意何如也?盖夏盖、上妃、白马之为湖,于上虞旧矣。幸而不为田,则其乡之利甚厚;不幸而不为湖,则其乡之害,有不可胜言者。利害之分较然,明著。奈何细人之肤见,往往役于小利,率倒施之,可为浩叹。此晏如所为夙夜惓惓,欲使后世长享厚利,而毋蹈遗害焉。予见其书而悲其意,曰:"今而见士君子不任天下国家之责,而能思于其乡,贻后世之利,如斯人者!"遂为显其首简,俾后世览者,于是乎尚其贤。

至正二十二年龙集壬寅,十二月朔

从仕郎、江浙等处儒学提举杨翮序

重刊水利本末序

嘉靖癸巳秋，予自巨鹿改令古虞。自顾匪人，郁然有艰理之虑焉。时则有解之者曰："夫虞，维讼为多；夫讼，维水利为多。吾子兹行，惟水利是图。俾民有定业，用罔艰于理。然其重且大者，又在大海与三湖而已。盖海塘弗筑，则潮溢之患难免。湖经弗讲，则蓄泄之法莫知。夫是以当先为之图也。"予始闻之，冥然罔识。既而履任之后，千讼交作。非争水相殴，则争水相辱；非争水凌尊长，则争水拒里耆。甚至姚、虞之民各相搆讼，及究其因，佥曰："塘未筑、经未讲之所致耳。"质之乡士大夫，皆曰："然。"质之都耆里英，皆曰："然。"质之僚属胥吏，皆曰"然"。予于是始憬然曰："或者之言，真确论也。"由是巡行阡陌，察其利害，而兴且革之。锐然海塘，爰筑焉。不越月而功成，高阔各七丈，延袤四十里。弗发官帑，可防海患，而斯民亦若有赖焉者。盖已三期于兹矣，乃今复讲三湖之利，躬勘于前，周咨于后，月四易而始得其详。由是而占种获利者，积收以科其罪；淤塞崩损者，刑长以示其罚。湖塘以筑，湖水以蓄，湖禁以严，湖害以去。且令利湖之家，随时疏浚，而堤防之与海塘之约同一揆焉。其一时之民，益将若晏然安堵者。然恐其既久而复晦也。里耆顾、阮辈，爰以兹本献焉，且固请其重刊，以颁之众，以延之远。予读而叹曰："噫嘻哉，古人之用心如此！惜乎其板已坏，其书仅见而损，且将亡之矣。失今弗刊，后将何稽？"于是命成生维、陈生骥重加校正，捐俸而刊之。越再月而刊完。成生辈恳余言以序之首。余维民之所养在食，食之所生在水，水之所兴在官。官以兴水，水以生食，食以养民，而理道可举矣。是故禹以治水，百祀昭功。而治我田畴如子产者，迄今有余咏焉。今此书一刊，家赐一帙，一举目之间，则界限明，疆理正，图绘炫，税赋则。湖，吾知其为湖；田，吾知其为田；闸、堰、塘、岸，吾知其为闸、堰、塘、岸。虽妇人小子，犹将能知能言，而莫之或欺。是故水利可知其必兴矣。水利兴则分业定，分业定则生养周，生养周则争端息，争端息则词讼简，词讼简则治理易。虽虞，将亦无难为者。嗣是而代有贤令，以永图之。勿俾豪右侵，勿俾权势占，勿俾奸顽坏，则后之视今，即今之视昔，而此书之刊之贻，始弗为空言也已！乃若所谓本末之故，沿革之详，堤防启闭之法，多寡先后之序，则古人良法，此书具载。有昭然可考而行之者，固弗庸余言之喋喋也。

嘉靖丙申首夏望吉

赐进士第知上虞事汝阴双溪张光祖谨书于官舍之思居亭

上虞县五乡水利本末原目

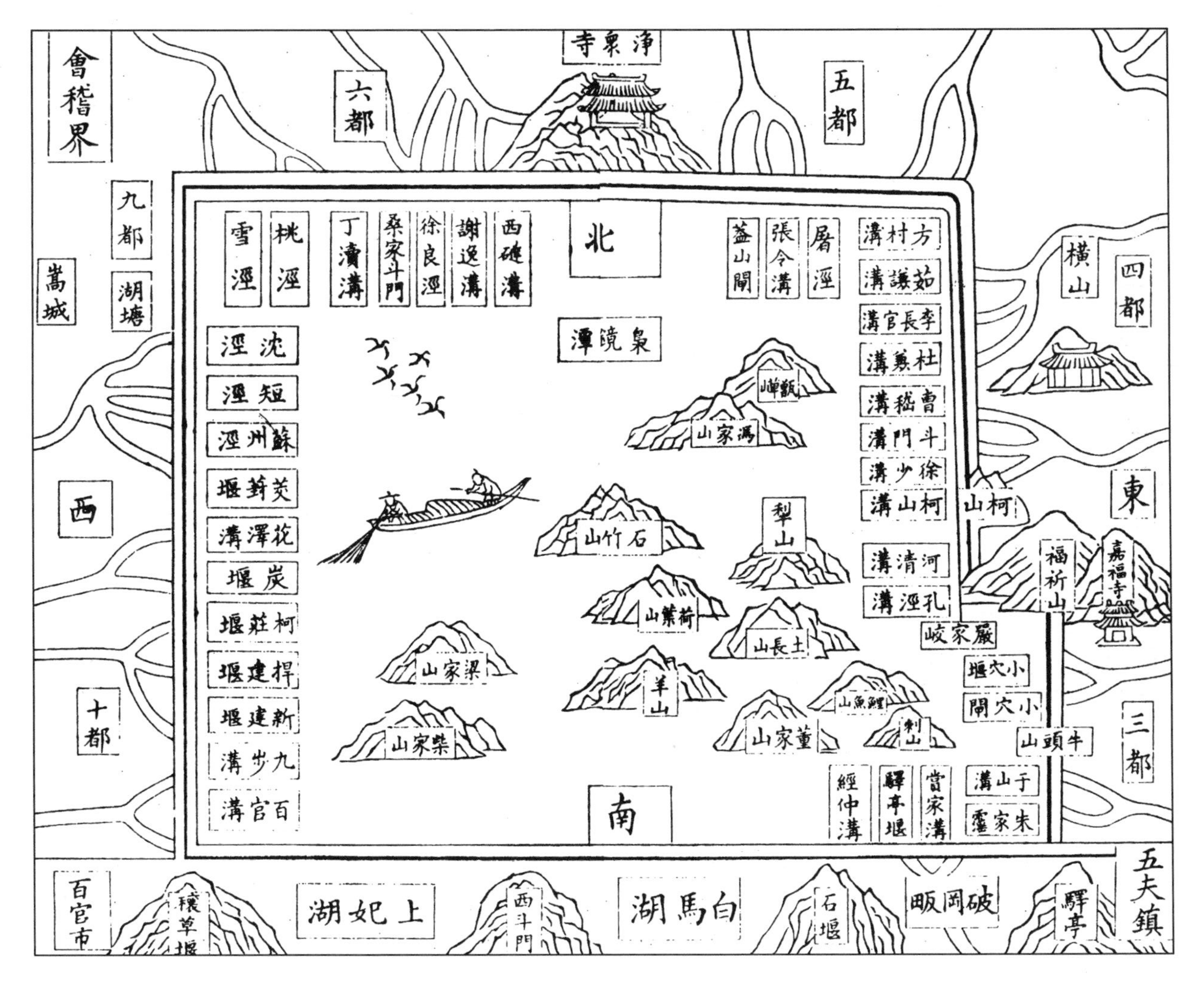

會稽界
淨衆寺
六都
五都
九都
湖塘
嵩城
北
泉鏡潭
横山
四都
東
西
十都
三都
南
百官市
上妃湖
白馬湖
破岡畈
五夫鎮
驛亭
石堰
西斗門
福祈山
嘉福寺
梨山
石竹山
牛頭山

夏盖湖图

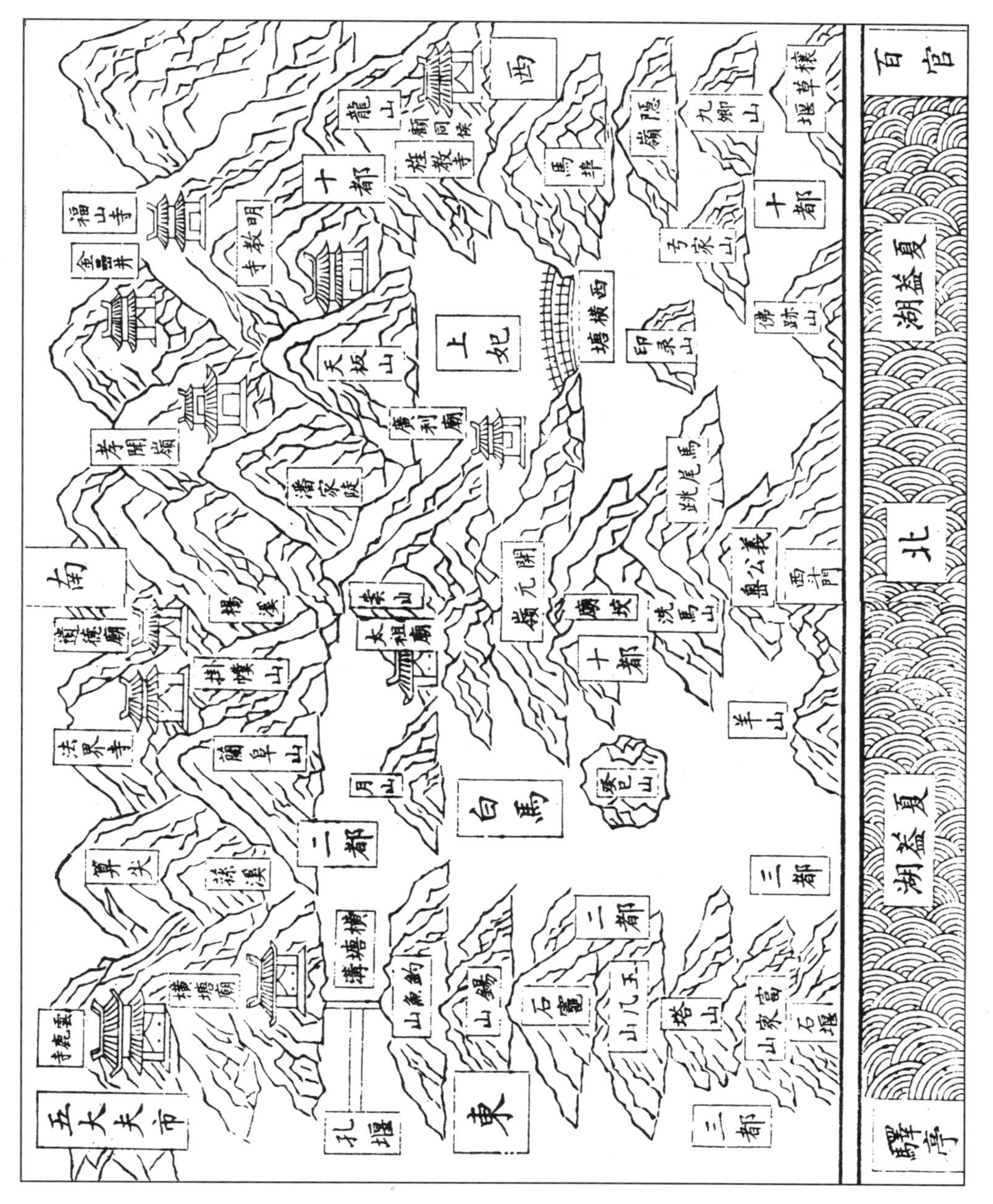
五大夫市
東
孔堰
白馬
上妃
西
南
北
百官
驛亭
夏蓋湖
夏蓋湖
十都
十都
十都
十都
二都
二都
三都
三都
西橫塘
天板山
福山寺
龍山
羊山
塔山
月山
楊溪
印录山
九鄉山

上妃白马湖图

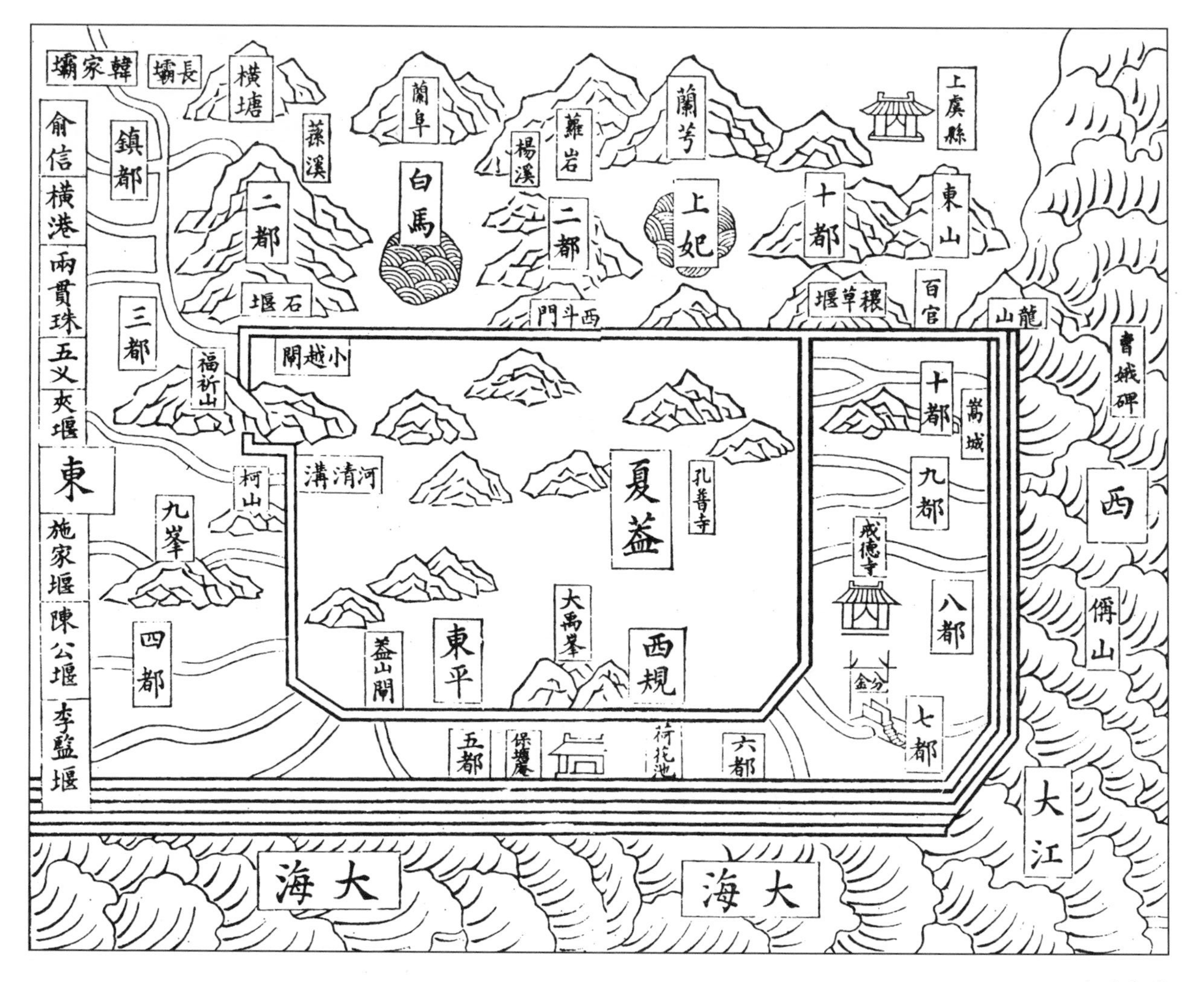
韓家𪨧
長𪨧
橫塘
蘭阜
蓀溪
白馬
楊溪
蘿岩
蘭芎
上虞縣
上妃
十都
東山
二都
二都
石堰
西斗門
稷草堰
百官
龍山
鎮都
三都
福祈山
小越閘
曹娥碑
十都
嵩城
俞信
橫港
兩貫珠
五义
夾堰
東
柯山
河清溝
夏蓋
孔普寺
九都
西
九峯
戒德寺
八都
偁山
施家堰
陳公堰
李監堰
四都
蓋山閘
東平
大禹峯
西規
金分
七都
五都
保塘庵
荷花池
六都
大江
大海
大海

三湖源委图

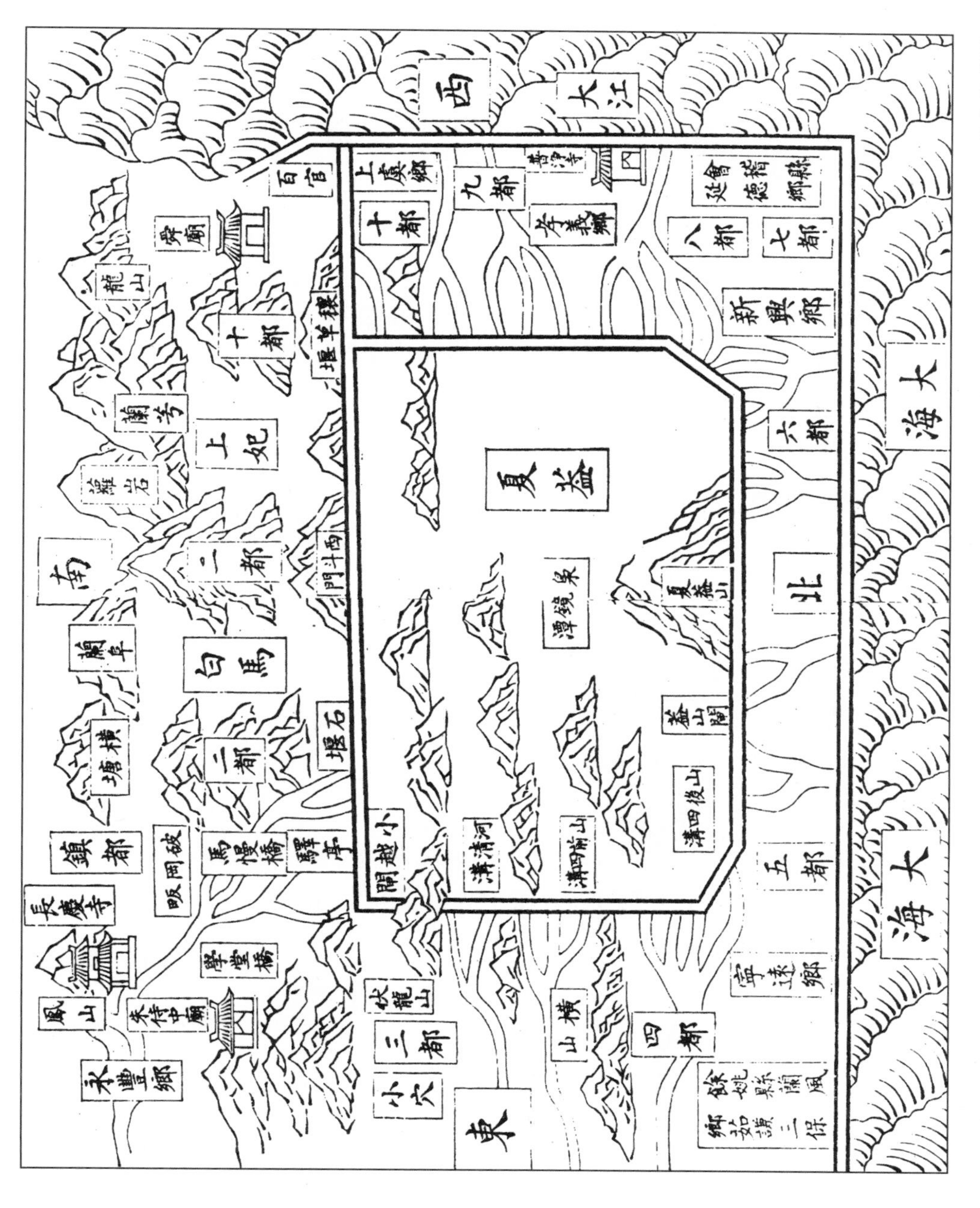
西
大江
百官
舜廟
龍山
十都
上妃
二都
南
白馬
堰石
横塘
鎮都
長慶寺
鳳山
永豐鄉
伏龍山
三都
小穴
東
山横
四都
五都
大海
北
六都
新興鄉
八都
七都
九都
上虞鄉
夏蓋
夏蓋山

五乡承荫图

三湖沿革

自禹贡九泽既陂，而湖之称述始见于《经》。周官具浸五湖而灌溉之，利著于三代。古人立法，夫岂徒然？盖田非水不饶，水非潴则涸，欲田之良，当先备水。故孙叔敖起芍陂，召信臣，修约束，淮右、南阳至今赖之。后人睹其成绩，或割田以为湖，则亦为悠久之图，而不计所割之入也。述三湖创始沿革于卷首。

夏盖湖在县西北四十里。唐长庆二年，永丰、上虞、宁远、新兴、孝义五乡之民，愿以己田为湖。周围一百五里，以为旱涝之防。旱则导湖水以灌田，涝则决田水以入江。所以赖其利者，博矣。凡水利所被，由二都（一保属峨眉乡，不系承荫）至十都（一、二、三、七保）、镇都。沾溉既足，余流分荫会稽县延德乡、余姚州兰风乡之茹谦三保（系一都内七、八、九保），他皆不及也。南连白马、上妃二湖，北枕大海，有山如盖，故曰盖山，或云大禹尝登此山，故又曰夏盖山。湖因山得名，中有一潭（名枭镜，水深不测，相传有龙居之），九墩（枫树墩、匾墩、周师墩、长墩、黄虻墩、白牛墩、马墩、栋木墩、百晒墩），十二山（梁家山、柴家山、小刺山、鳢鱼山、董家山、洋山、土长山、荷叶山、石竹山又名姜家山、犁山、冯家山、甑箪山）。《郡志》云：夏盖一作夏驾，又作夏架。郦道元《水经》云：西陵湖西有湖城山，东有夏架山，湖水上承妖皋溪，而下径浙江。古语云：夏驾山、浮盖山屹立于湖中，不为湖水涨涸也。

白马湖，在夏盖湖之南，创自东汉。周围四十五里八步。三面皆壁大山，三十六涧水悉会于湖中。有三山（癸巳山、羊山、月山），《山经》云：白马潭深无底。创湖之始，边塘屡崩，民以白马祭之，因以得名。《县志》云：一名渔浦湖。晋县令周鹏举，字垂天，出守雁门，志务幽闲，思上虞景物之胜，乘白马，泛铁舟，全家溺隐于此。时人以为地仙，白马之名由此而得。湖顶兰皋有祠（宋敕封威惠遗德侯，事见《五夫遗德庙记》），今曰午湖，取午马之义也。

上妃湖，在夏盖之南，白马之西，与白马同创于东汉。周围三十五里，其形势溪涧，亦与白马同。中有三山（弓家山、茶山、佛迹山），邵郡《志》所载谢陂湖是也。今名上妃者，人相传之讹也。

植利乡都

上虞一邑，为乡十有四。大抵九乡在东南，皆绵亘山谷，水利无所预。其西北五乡，襟海带江，土多斥卤，雨泽不时，禾受其害，故利在割田之民，而荫溉之余波，之及于邻境者附其下。列植利乡都。

上虞县

永丰乡(王祥里、游秦里、镇山里):

二都二保至十保(三保分上下,六保分东西);

三都五保至十保(又四保一半);

四都一保至九保(今并作四个保分);

镇都(元系一都第五保)。

上虞乡(姚墟里、兰芎里):

三都一保至三保(又四保一半);

十都三保并七保。

宁远乡(夏盖里、昭德里、紫微里):

四都十保(今五都半扇保是也);

五都一保至十保;

六都一保至十保;

七都一保至二保。

新兴乡(西岑里、洋浦里、纂风里):

七都三保至十保;

八都一保至九保

孝义乡(嵩城里、殷宅里、孜浦里):

八都十保;

九都一保至十保;

十都一、二保。

会稽县延德乡:

三十三都。

余姚州兰风乡:

一都八、九、十保

即茹谦三保是也,与本县河港相通。因此议逊得水,不曾包纳税粮。

沟门石闸

水有蓄积,用存启闭。疏通灌注,一视天时。然楗菑不立,扃钥不固,虽有水,不可责以利。节宣之要,关梁以为之准焉。列沟门石闸。

夏盖湖

石闸二处：

小越闸（属三都，淳熙甲辰岁置闸）；盖山闸（属五都，古曰东础沟）。

沟门三十六所：

湖东一十八所（自驿亭至盖山）：

经仲沟（承荫二都六保、三都三保），驿亭堰，
赏家陡门（承荫二都、镇都田土），朱家霪，
干山沟（承荫三都三保、四保田土），小越堰，
孔泾沟，河清沟（俱属三都），
柯山沟，徐少沟（一名逷沟），
十八保陡门（又名防备陡门，属四都横山前），
曹嵇沟（又名陆家沟），杜兼沟，
李长官沟（属四都，横山后），茹谦沟（今日余姚沟），
方村沟（一名阔河口），屠泾沟，
张令沟（属五都，盖山东）。

湖西一十八所（自穰草堰至盖山）：

百官沟（又名穰草堰），九步沟，
新建沟，捍江沟（又名咸塘头）。
柯庄堰（即前江寿生桥），炭堰（俱属于十都），
花泽沟，茭葑堰，
苏州泾，短泾，
沈泾，薛泾（薛一作雪），
桃泾（俱属九都，桃一作陶），丁渎，
桑家陡门（俱属六都），徐良泾，
谢逸沟，西础沟（属五都，盖山西）。

凡启闭之法，古有成规。遇天晴，湖西高仰，先放一日二时，湖东低下，次放一日二时。流荫既足，然后开放茹谦沟四时（自寅至午）。雨水泛溢，则开二闸，疏通入江（东平西规，为水利则）。

白马湖石闸二处、沟门一所：

石堰闸（古曰孙婆础，宋宝庆乙酉改建），
西陡门（属三都）。
横塘沟（属二都，承荫七、六保田土）。

上妃湖石闸一处：

�櫰草堰闸(属十都)。

周围塘岸

蓄水之法，堤坊为要。三湖联络，中限以堤。白马、上妃，分受诸源，皆并山立坊。夏盖承其委，面当二湖，右倍江海，东尽良田，地势四平，浩汗泛溢，荡激冲啮，与两湖不同。修筑之功，在所当讲识周围塘岸。

夏盖湖计七千一百五十三丈。

湖东二千五百七十丈。

夏盖山头东平至簟浦坊前五百丈(系茹谦三保管)；

簟浦坊前至茹谦沟三百六十丈(系宁远乡管)；

茹谦沟至柯山沟一千三百五十五丈(系永丰乡)；

柯山沟至福祈山一百三十五丈；

福祈山北接连蒋家山南，并以山脚为界。

蒋家山南至王家山北，系小越塘，五十丈；

王家山南至牛头山北八十丈；

牛头山北至山南，并以山脚为界。

牛头山南至驿亭经仲沟九十丈(各属上虞乡分管)；

湖西四千五百八十三丈。

穲草堰至新建堰四百九十丈(系上虞乡管)；

新建堰至叶珙门前一千五十丈(系孝义乡管)；

叶珙门前至茭葑堰一千九十五丈(系新兴乡管)；

茭葑堰至薛泾沟六百九十丈(系孝义乡管)；

薛泾沟至夏盖山头西规一千二百五十八丈；

西规至东平，系夏盖寺连山隔断，并以山脚为界(俱系宁远乡管)。

凡堤坊之制，趾广二丈五尺，上广一丈，高如上广之数。每塘一丈，间栽榆柳一株，如遇坍塌，随即修理。

白马、上妃湖：

经仲沟至穲草堰一千二百一十丈五尺六寸(元系两湖植利人户修管)；

横塘一段，计三十八丈；

新塘凡三百一十八丈六尺(俱系二都)。

至正十九年冬，乡人徐焕文既经理毕功，于中筑堤，为田湖之限。使田有定数，湖有定则，以杜侵占之弊。

抵界堰坝

三湖之水，沾溉有限。割田谋利，始自五乡。旁邑诸湖连比，亦各自荫其境（余姚州有牟湖、汝仇、余支、千金等湖，蓄水荫田）。故以始谋为程，而不及其外，备著抵界堰坝所在，俾后人有考焉。

镇都二处：

五夫闸（一名长坝），韩家坝（此系三湖水口五乡襟辖）。

三都四处：

俞植堰，横港堰，

两贯珠堰，五义港。

四都五处：

夹堰，施家堰（即咸水堰），

杨湖堰，徐林堰，

雉尾堰。

五都二处：

陈仓堰（今为闸），李监堰（即乌盆堰）。

七都三处：

花公堰，窦堰，

梅林堰（至孟承秀门首为界）。

限水堰闸

地有隆污，水势趋下。分荫灌溉，岂能适均？故中为堰埭，以遏奔放。使高不过浅，卑不过深，而水之为利得矣。著限水堰闸。

二都五处：

孔堰（一名奚家堰，至正庚子改为闸），

六亩堰（与董家堰相通表里），

董家堰，经家堰，

黄义公桥。

三都一十一处：

皂角闸，莲花港，
蒋家堰，柯家堰，
镇山堰（又名俞家堰），张家堰，
　周家堰，郑家堰，
　胡家堰，李家堰，
　朱家滩。
四都三处：
　横山堰（今为闸），曹家堰，羊家堰。
五都五处：
　西石础，中堰，丁家堰，
　王婆堰，徐虎堰。

御海堤塘

湖之北境，江海环其外，潮汐往来，冲决横溃。先时垒土捍之。岁劳板筑，农不得安，田亦告病。今易以石，民始奠枕，无泻卤之忧。海堤无与湖事，然潮不乘陆，则水之利始及于田，故特著焉。

夏盖湖北，去海仅一里许。大德间，风涛大作，漂没宁远乡田庐，民皆流移垫溺，县官惧。役阖境之民，运竹木，植楗畚土，为塘以捍之。岁费钱凡数千缗，既定即坏，劳民伤财，莫此为甚。后至元六年夏六月，潮复作，沿海莲华池、谢巷浦、思湖浦、湖门桥、五龙港、钱家泾诸处海堤尽坏，遂成海口，陷毁官、民田三千余亩。自海而南，泛溢伤稼，滨湖塘低，海逼，鞠为斥卤。五乡之民，饥馑无依。杭祥等率众诉于官府，委余姚州判官叶恒相视，言海高于湖，湖高于田，潮汐冲激，其势危甚。若非石砌，不能捍御。本路就委叶恒督办，满代而去，事不克就。至正七年六月，溃决尤甚。杭祥等复恳诉，遣路吏王永到县设法修筑。王永廉平恪慎，劝民每亩出谷一斗，以相其役。伐石于夏盖山之阳，市木为杙，叠石为塘。其法，塘一丈，用松木径一尺、长八尺者三十二，列为四行，参差排定，深植土内，然后以石长五尺、阔半之者四，平置，石上复以四石，纵横错置，于平石上者五重。犬牙相衔，使不动摇。外沙窊窞者，叠至八重，其高逾丈，上复以侧石钤压之。内则填以碎石，厚过一尺，壅土为塘附之，趾广二丈，上杀四之一，高视石塘复加三尺，令潮不得渗漉入塘内。经始于是年七月，讫工于又明年之九月。塘成，凡一千九百二十四丈，开运石河一千七百丈。自是海潮无冲决之患，居民免凶荒之忧。长民者时于农隙修筑土塘，以防其渐，则万世永赖矣。

至正二十二年秋，海潮大作，啮蚀堤岸。自上虞县之夏盖山西，直抵会稽县延德乡，民甚病焉。今上虞县督制官、行枢密院、断事官、经历王侯惟芳，始莅政，民白其事于官，侯恻然悯焉。亟委浙东帅府照磨徐昭文相视，谋所以修扞者。于是得坍塌损坏土堤以丈计者，一千五百三十有二。既而侯复亲至海岸上，会集故老，议其费，田二都至十都、镇都受湖水之利者，每田一亩出米一升，以给工食，计得米一千二百石有奇，民乐从之。仍取上舍岭寨无用栅木为桩，采石于夏盖山之趾，工庸称其直焉。择谨干之士，每都四人，督其科役。俾帅府令吏王权、县吏钱思敬总其纲，乡之善士潘道辅、俞龢佐之。出纳钱米则有余姚州吏夏扬庭任其事。经始于是年冬十二月，讫工于明年夏五月望也。添甃石堤二百丈，修旧石堤六十丈，补筑土堤又一千六百丈。侯之是役也，民不知劳，而役用以成，使后之为政者，皆能以侯之心为心，民岂有海堤啮蚀之患也哉？因录于此，以备修志书者择焉。

科粮等则

田赋之起，因地定则。地有肥硗，赋有轻重，古法然也。并湖之地，虽曰滋饶，地力亦复不同。自宋至今，其法三变，而赋之上下，亦第为三焉。述科粮等则。

宋咸淳年间推排时等则（用文思院圆斛）：

永丰乡民田，一等一斗四升二合七勺；二等一斗二升八合四勺；三等一斗一升四合二勺；四等一斗。

上虞乡民田，一等一斗三升五合七勺；二等一斗二升二合一勺；三等一斗九合；四等九升五合。

宁远乡民田，一等一斗四升二合二勺；二等一斗二升七合九勺；三等一斗一升三合；四等九升九合五勺。

新兴乡民田，一等一斗四升四合；二等一斗二升九合三勺；四等一斗五勺。

孝义乡民田，一等一斗三升九勺；二等一斗一升七合九勺；三等一斗四合九勺；四等九升一合七勺。

国朝至元年间，抄籍后等则（用省降方斛，假如文思院斛米一斗，展省斛米六升八合五勺，除免三分，实征七分，米四升七合九勺五抄，余皆仿此）：

永丰乡民田，一等六升八合四勺二抄五撮；二等六升一合五勺；三等五升四合七勺五抄九撮；四等四升七合九勺五抄。

上虞乡民田，一等六升五合六抄八撮；二等五升八合五勺四抄七撮；三等五合二合二勺六抄五撮；四等四升五合五勺五抄二撮。

宁远乡民田，一等六升八合一勺八抄五撮；二等六升一合三勺二抄八撮；三等五升七合一勺三抄；四等四升七合七勺一抄。

新民乡民田，一等六升九合；二等六升一合九勺九抄九撮；四等四升八合一勺九抄。

孝义乡民田，一等六升二合七勺六抄六撮；二等五升六合五勺三抄三撮；三等五升三勺；四等四升三合九勺七抄。

至正十九年，归类田粮等则（并系起科正耗米）：

第二都民田，上等六升五合，中等六升，下等五升三合；义役官田，二斗八升；万年庄田，上等四斗五升，下等三斗五升；地，二斗五升；山，一斗五升。湖田，二斗二升一合五勺（一保上等五升六合九勺，下等四升六合八勺）。

第三都民田，中等六升二合五勺，下等五升四合；官田，二斗八升二合五勺；湖田，三斗六升六合七勺三抄。

第四都民田，上等七升，中等六升六合，下等五升四合；官田，二斗八升三合六勺。

第五都民田，中等六升二合五勺，下等五升六合六勺；官田，三斗三升三合三勺三抄三撮。

第六都民田，一保七升；二保六升九合六勺；三保六升五合八勺；四保上等六升五合五勺，中等六升四合，下等六升三合；五保上等六升四合，中等六升二合，下等六升；六保中等六升四合，下等六升二合；七保六升一合；八、九、十保六升五勺；官田，二斗九升六合。

第七都民田，上等五升五合，中等五升四合一勺，下等五升三合一勺；官田，上等二斗六升，中等二斗，下等一斗。

第八都民田，一、二保中等六升，下等五升；三、五保中等六升，下等四升；四保五升九合五勺；六保六升一合五勺；八保六升二合九勺；九保六升八合九勺；十保六升三合五勺；官田，二斗八升。

第九都民田，六升一合二勺五抄；官田，二斗八升七合。

第十都民田，六升二合五勺；官田，上等三斗四升，中等二斗五升；葑田二斗三升；荡地田二斗。

镇都民田，上等六升六合，中等六升，下等五升六合三勺；官田二斗八升。

承荫田粮

邑所垦田，大率三十三万亩，公赋一万八千斛。濒湖五乡为田三之一，而粮乃当大半。盖因田为湖，租未尝减，再包湖面不耕之地，故赋视他乡为特重（上山诸乡每亩止科二升、三升，下五乡每亩起科六升、七升）。原重赋，有自列承荫田粮。

三湖承荫

上虞县永丰等五乡：

田总计一十三万九千七百四十八亩二角；

民田一十二万一千三百九十九亩一角四十四步半；

官田二千三百七十九亩三角十步半；

没官田一十二亩五十七步；

财赋官田一百三十亩一角五十一步；

灶户官田一十六亩二角十步；

灶户民田二千四百一十六亩三角四十三步半；

官员职田五百三十七亩半步；

站户元签田一万五十三亩三角五十九步半；

铺兵免粮田四十六亩一角五十七步；

寺观免粮田一千二百七十二亩二角五十步半；

本县儒学田三十三亩二十二步半；

本县儒学田一千九十六亩一角五十二步半；

义廪田四十二亩一角二十三步；

稽山书院田二百四十四亩二角四步。

民沙地田六十二亩三角一十四步；

秋租地田二亩二角四十步；

第二都，田计一万三百三十三亩三角五十三步（一保不在此数）。

官田，二百九十五亩二角四十八步半，粮八十七石九斗八升九合二勺六抄三撮；

民田，八千七百九亩三角五十二步(一保一百七十七亩四步半在外)，粮五百三十石四斗五升八合六勺(一保八石六斗二升一合在外)；

官员职田，一百七十二亩一角二十四步；

站户田，四百四十三亩四十九步(一保九十一亩二角十七步在外)；

寺观田，二百九亩一角五十四步(一保五亩三角五十七步在外)；

本县儒学田，二百五十八亩一角一步半；

稽山书院田，二百四十四亩二角四步；

秋租地田，二角。

第三都，田计二万二千八百九十五亩三角二步半。

官田，一百六十九亩一角四十二步，粮四十七石八斗六升二合五勺六抄；

民田，二万七百二十三亩二角二十八步半，粮一千二百八十九石九斗七升七合八勺；

财赋田，三亩；

灶户民田，五亩十步；

官员职田，二百十亩一角四十一步；

站户田，一千五百三十三亩三角一十三步；

本县儒学田，三十亩一角一十八步；

僧寺田，二百二十二亩三十步。

第四都，田计一万二千二十四亩三角五十七步。

官田，二百九十四亩三角四十一步半，粮八十三石六斗三升七合四勺；

民田，一万三百四十五亩二角二十八步，粮六百六十一石二升二合；

财赋田，二十七亩三角一十七步；

灶户民田，一十一亩一十八步；

官员职田，一十八亩一角一十步；

站户田，一千二百九十三亩二角二十五步半；

铺兵田，五亩二角三十八步；

本县儒学田，三亩一角三十二步；

僧寺田，二十四亩二角三十七步。

第五都，田计一万二千一十八亩一角四十二步；

官田，九十七亩一十六步，粮三十二石二斗七升四合四勺；

民田,一万三百二十九亩二角五十八步半,粮六百三十石九升五合四勺;

站户田,一千五百五十二亩二角十九步半;

本县儒学田,三亩一角一十五步;

僧寺田,三十五亩二角五十三步。

第六都,田计九千八百八十四亩二角九步;

官田八十三亩七步,粮二十四石五斗七升六合二勺五抄;

民田八千七百五十五亩一角三步半,粮五百五十七石四斗三升二合二勺;

灶户民田,八十六亩二角四十九步;

站户田,五百六十三亩三角二十四步;

本县儒学田,三百二十二亩一角五十步半;

僧寺田,七十一亩一十五步。

秋租地田,二亩四十步。

第七都,田计一万八千三百五亩一角三十七步半。

官田,三百九十七亩五十步,粮九十八石四斗七升九合;

民田,一万五千九百一十二亩二角五十三步,粮八百六十一石二升一合;

灶户民田,七百三十三亩三角十二步半;

官员职田,三十八亩四十步;

站户田,六百八十一亩三角一十五步半;

本县儒学田,三百四十九亩三十四步;

义廪田,二十五亩三角四十五步;

僧寺田,一百六十六亩二角二十七步半。

第八都,田计二万四十六亩二角四十五步半。

官田,二百八十三亩二角九步,粮七十九石三斗九升六合;

民田,一万八千一亩一角十步,粮一千八十一石六升四合;

财赋田,一十一亩三角三步;

灶户民田,二十亩五十五步;

官员职田,九十七亩三角五步半;

站户田,一千二百六亩三角五十四步;

本路儒学田,三十三亩二十二步半;

本县儒学田,一百一亩十九步;

义廪田，一十六亩一角三十八步；

僧寺田，二百七十四亩二角九步半。

第九都，田计二万四百六十二亩五十八步半。

官田，五百七十亩三角五步，粮一百六十三石六斗三升五合二勺；

没官田，一十二亩五十七步，粮六石三斗六升四合八勺；

民田，一万七千二百六十九亩三角四十七步，粮一千五十七石七斗八升五合；

灶户民田，三百二十三亩一角三十三步半；

站户田，二千一百九十五亩二角七步；

铺兵田，三十九亩三角三十九步；

本县儒学田，二十三亩三角二十二步半；

寺观田，二十六亩二角二十七步半。

镇都，田计三千七百七十七亩二角一十三步。

官田，七十八亩三角一十八步，粮二十二石七升一合；

民田，三千三百二十九亩三角六步，粮二百九石九斗九升七合五勺；

站户田，二百九十一亩一十四步；

僧寺田，七十七亩三角三十五步。

十都一保，田计二千四百三十七亩三角四十五步。

官田，八十亩五十三步半，粮二十七石二斗七升五合七勺；

民田，一千五百八十七亩三角十三步半，粮九十八石七斗三升三合一勺；

民沙地田，六十二亩三角一十四步，粮二石五斗一升二合三勺；

财赋田，四十八亩一角五十七步；

灶户官田，一十亩一角十步；

灶户民田，六百三十五亩一十四步；

站户田，一十三亩一角三步。

十都二保，田计一千九百二十七亩三十八步半；

官田，二十五亩二十四步，粮八石五斗三升四合；

民田，一千三百九十亩一角四十一步，粮八十六石九斗一合三勺；

灶户官田，六亩一角；

灶户民田，三百四十六亩一角三十二步半；

财赋田，三十五亩一十七步；

站户田，一百二十三亩三角四十四步。

十都三保，田计二千三百五十九亩三角五步。

民田，二千一十六亩三角一步，粮一百六十三石六斗一升一合四勺六抄；

灶户民田，一百五十九亩五十步；

财赋田，二角一十六步；

站户田，一百三十四亩二角四十八步；

僧寺田，四十八亩二角十步。

十都七保，田计三千二百七十四亩一十三步半。

官田三亩三角五十六步，粮一石三斗五升四合三勺三抄四撮；

民田，三千二十六亩二角二步半，粮一百八十九石一斗五升六合九勺；

站户田，一十九亩二角四十三步；

灶户民田，九十六亩九步；

财赋田，三亩三角一步；

铺兵田，三角四十步；

本县儒学田，四亩二角四十步；

寺观田，一百一十八亩二角二步。

（十都七保，有岭南、岭北之分。岭南大小板田土，系承荫皂李湖水利。其岭北田土，系承荫上妃、白马两湖水利。该站田九亩三十三步，财赋田三亩三角一步，灶户民田九十亩四十四步，民田六百七十七亩二角四十四步半。除外，余者俱系坐落岭南。）

元佃湖田

积水灌田，为利博矣。奸民私己，常有觊觎。兴利之臣，不思利病，听其自占为籍，遂开泄水之患。旱专其利，涝决关扃，而五乡俱受其害。新田所入，无补凶年。长此不悛，蚕食无已。悯湖之被蠹，疏元佃湖田，冀有以革其弊。

三湖官田，总计二千二十三亩一角五十五步半，秋粮五百七十石三斗五升二合七抄七撮。

夏盖湖，田六百七十五亩一角一十四步，秋粮二百四十一石三斗九升二合九勺三抄。

白马湖，田一千二百七十亩一角七步半，秋粮三百三石一升二合四勺四抄七撮。

上妃湖，田七十七亩三角三十四步，秋粮二十五石九斗四升六合七勺。

第二都

白马湖田，九百九十九亩一角一十四步半，每亩科正耗米二斗二升一合五勺，秋粮二百二十一石三斗四升六合七勺三抄七撮。

本县儒学田，一十七亩二角五十六步。

甲字号田，一百二十四亩四步。

乙字号田，一百二十三亩三角五十三步。

学田，一十亩。

丙字号田，一百九十九亩。

丁字号田，一百八十六亩二角一十三步。

学田，五亩二角二十六步。

戊字号田八十一亩二角三十九步。

学田，二亩三十步。

己字号田，五十九亩四十二步。

庚字号田，四十二亩一角二十三步。

辛字号田，五十七亩一十四步。

壬字号田，三十八亩一十七步。

癸字号田，八十七亩一角一十七步。

第三都

夏盖湖田，四百四十一亩，每亩科正耗米三斗六升六合七勺三抄，秋粮一百六十一石七斗二升七合九勺三抄。

财赋田，五亩三角二十九步。

白马湖田，五十一亩一角四十三步（科粮与夏盖湖田同），秋粮一十八石八斗五升五合七勺一抄。

子字号田，五十一亩一十八步。

丑字号田，三十八亩一角二十一步。

寅字号田，六十亩二角五步。

卯字号田，五十七亩三角。

财赋田，五亩三角二十九步。

辰字号田，三十九亩三十一步。

巳字号田，四十八亩三角一十七步。

午字号田，三十亩二角一十五步。

未字号田，六十一亩三角三十八步。

申字号田，一十四亩三十七步。

酉字号田，一十九亩一角五十五步。

戌字号田，一十九亩一角三步(已上十一号坐落夏盖湖)。

亥字号田，五十一亩一角四十三步(坐落于白马湖)。

第十都二保

夏盖湖，官田一百二十五亩二角一十八步，每亩科正耗米三斗四升，秋粮四十二石六斗九升五合五勺。

民户田，一十三亩，粮四石四斗二升。

灶户田，一百一十二亩二角十八步，粮三十八石二斗七升五合五勺。

白马湖，葑田八十五亩(其田元系坐落本保盖湖新建斗，今移置此湖)，每亩科正耗米二斗三升，秋粮一十九石五斗五升。

第十都三保

夏盖湖，田一百八亩二角五十六步，每亩科正耗米三斗四升，秋粮三十六石九斗六升九合五勺。

民户田，六十八亩三角六步，粮二十三石三斗八升三合五勺。

灶户田，三十九亩三角五十步，粮一十三石五斗八升六合。

上妃湖，田五十五亩五十步，每亩科正耗米三斗四升，秋粮一十八石七斗七升一合。

民户田，四十一亩二角五十步，粮一十四石一斗八升一合。

灶户田，一十三亩二角，粮四石五斗九升。

仁字号田，坐落夏盖湖。

民户田，三十四亩三角三十七步。

灶户田，一十四亩二角三十步。

义字号田，坐落夏盖湖。

民户田，一十六亩三十步。

灶户田，一十三亩一角二十步。

礼字号田，坐落上妃湖。

民户田，二十六亩。

灶户田，四亩。

智字号田，坐落上妃湖。

民户田，一十四亩。

信字号田。

民户田，一十六亩一角三十步（内一十四亩三角夏盖湖，内一亩二角三十步上妃湖）。

灶户田，九亩二角（坐落上妃湖）。

第十都七保

白马湖田，一百三十四亩二角一十步，秋粮四十三石二斗六升。

上等田，九十三亩三角八步（每亩三斗四升），粮三十一石八斗八升六合三勺。

下等田，一十四亩三角（每亩二斗五升），粮六石一斗八升七合五勺。

荡田，一亩三角二十步（每亩二斗），粮三十六升六合七勺。

灶户田，一十四亩四十二步（每亩三斗四升），粮四石八斗一升九合五勺。

上妃湖，田二十二亩二角四十四步，秋粮七石一斗七升五合七勺。

上等田，五亩三角一十二步（每亩三斗四升），粮一石九斗七升二合。

荡田，三亩三角二十步（每亩二斗），粮七十六升六合七勺。

灶户田，一十三亩一十二步（每亩三斗四升），粮四石四斗三升七合。

昔苏文忠公奏修西湖，言杭之有西湖，如人之有眉目。人去眉目，岂复为人？其不可废者有五，悉条奏之，至今赖焉。愚谓上虞之有夏盖、白马、上妃三湖，如人有脏腑。白马、上妃导其源，夏盖承其委。人无脏腑，何由以生？其尤不可废者亦有五。今并湖五乡官民田亩，一十三万有奇，秋粮一万余石，藉湖水溉荫。至如曩日，营田司稍许民请佃，所科粮仅数百石。而五乡之田，连遭荒歉，官民粮米皆为乌有。所谓一牛之失，则隐而不言；五羊之获，则指为劳绩。利害所关，虽三尺童子，犹能晓喻，况有识之士乎？此湖之不可废者一也。湖西嵩下三乡，左江右海，地势高仰，丰稔之年，流荫尚忧不足，若以湖为田，遇旱则支港断流，涸如焦釜，农民束手待毙，捄无及已。此湖之不可废者二也。湖东低洼，水门一决，势若建瓴。塘下田土，实受横流。若以湖为田，则水不能容，必致溃决。此湖之不可废者三也。嵩乡之境，土瘠泥咸，非加培壅，则禾苗不秀，全藉湖内，摝淤泥，刬草芽，以为种植之本。若以湖为田，农民必无所取，畎亩从何得饶？此湖之不可废者四也。五乡细民，当青黄不接之时，家无粒粟之储，惟赖入湖采捕鱼虾，贸易钱米，以资口食之给。若以湖为田，鱼虾既不蕃息，穷民不得采取，是犹扼喉吭而夺之食，生意微矣。此湖之不可废者五也。矧惟我朝混一以来，土宇之广，人民之众，税赋之宽，生生林林，莫不蒙休育之恩。世祖皇帝悯念越民旧赋之重，岁纳秋粮，以十分为率，永蠲三分，德之至渥，万民感赖国家仁厚，岂较此圭合之增，而或废万石之利？然恬之不敏，姑叙述生人之休戚，官民之利害，以俟夫后之贤执政有考焉。庶几疏条于上，奏损三湖之新租，仍复汉唐之旧制，则农民父老、羽毛鳞介，均乐其生，岂曰小补之哉！

五乡歌谣

凡人之情，乐则发于歌谣，怨亦形于讽咏，皆本诸人心，协诸公论，无非导其中之郁也。故禾黍之咏，黄鹄之言，愁思喜悦，一发于辞。其得失利害，了然可见，录五乡歌谣。

兴湖歌：

虞邑西乡，咸土如霜。雨泽愆期，禾稼致伤。古人忧远，筑湖以防。谢陂渔浦，源深流长。夏盖（一作夏溉）在后，开于李唐。民割己田，包输其粮。启闭周密，积水汪洋。灌我田亩，定限立疆。维兹有秋，禾黍登场。含饴鼓腹，咸乐平康。愿言此歌，彻彼上苍。

古语云：

能积三湖之水，可防两年之旱。

古谣云：

坏我陂，王仲嶷。夺我食，使我饥。天高高，无所知。复陂谁，南渡时。

谚云：

破冈畈无稻，嵩城得恰好。（言其高下之不同也。破冈，吴时，望气者凿断山冈，因以名。嵩城，晋隆安中，孙恩自海攻上虞，朝廷遣刘牢之、袁崧筑扈渎，垒于海旁以备恩。嵩城名因此得也。）

又云：

上虞西乡两年熟，不如稽阴一盂粥。（言其所收薄也。）

古诗云：

上妃白马群山绕，夏盖湖宽江海连。三夜月明争告旱，一声雷响便行船。（言其易于涨涸也。）

童谣云：

王外郎，筑海塘。不要钱，呷粥汤。（名永，字仲远，维阳人。）

乡民谣：

三年林县尹，蓄水甚有准。民田无旱涝，湖田划除尽。

废湖辞：

三湖鼎峙汉唐开，更变桑田民受灾。若要捐租仍旧贯，九重丹诏下天来。

父老云：

二都破冈畈，一夜大雨便无饭。（按《郡志》：昔是湖，今为田。其处极低洼也。）

屯田怨：

束簿屯田，夺我丰年。湖也干，田也干，颗粒不周旋。儿饥女饿逼相煎，朝啼暮哭涕涟涟。真可怜，那般冤苦，何处诉天。

兴复事绩

筑湖，美政也。而自私妄作者，往往废之。三湖兴于汉唐，以至于宋，自熙宁、元祐，迄于绍兴、嘉熙，田屡开而湖屡复，利害固昭然矣。因著兴复事迹，以为好事者之戒。

宋元祐四年（哲宗朝），吏部郎中章粢奏："前任越州，伏见本州上虞县夏盖湖，本以潴蓄山水，灌溉民田，为利甚博。自熙宁年中，县尉孙渐建议，乞立租课，许人请佃为田。自降指挥，今十五年余。人户请佃，阴取厚利，争讼不绝。而租课所入至微，亏欠省税甚多。乞废罢为田，复正为湖。"转运司诣勘上虞县夏盖湖，因熙宁六年（神宗朝），朝旨召人请佃为田，旱则资水之田无以灌溉，涝则湖势窄狭，不足以贮水，堤防决溢，并湖之田悉遭冲注，为害尤甚。自熙宁六年至元祐十二年，计一十五年所收租课，除检放及见欠外，实得租课米七千一百三十余石，却废湖为田后，水旱为害，检放过省税，比未废湖以前一十五年所收租课，计亏省税四万八千余石。今来章粢奏请，乞复正为湖，蓄水灌溉民田，委得经久允当。八月十七日奉旨，复正为湖。元祐五年十二月初一日。知县事余彦明、主簿何琢、县尉游充、邑民汤机等立石（此石立于县治，经建炎兵火，烧毁不存）。

宋绍兴元年辛亥冬十二月丁卯，吏部侍郎李光，请复东南诸郡湖田，诏户、工部取会闻奏。初，明、越州鉴湖、白马、竹溪、广德等十三湖，自唐长庆中创立。湖水高于田，田又高于海，旱涝则递相输放，其利甚博。自宣、政[1]间，楼异守明、王仲嶷守越，皆内交权臣，专事应奉。于是悉废二郡陂湖以为田，其租

1　"宣、政间"，唐宋均无"宣政"年号，疑为北宋政和、宣和间，当简作"政、宣间"。另，此段记载不见于现存《续资治通鉴长编》，乃据《建炎以来系年要录》卷五十核对，原文即作"宣政间"。

米悉入御前。民失水利而官失省税，不可胜计。光奏请复之。而上虞令赵不摇以便，遂废余姚、上虞二县湖田，而他未及也。（事见《通鉴长编》）

宋刑部侍郎陈橐，上给事傅公崧乡书云：建炎二年春，邑民尝诉湖田之害于抚谕使者。使者下其状于州、县。上虞令陈休锡遂悉罢境内之湖田。翟帅以未得朝廷指挥，数窘之，陈不为变。是岁越境大旱，如诸暨、新、嵊，赤地数百里，农夫无事于铚艾。独上虞大熟，余姚次之，而上虞新兴等五乡，被夏盖湖之利，尤为倍收。其冬，新、嵊之民籴于上虞、余姚者，属路不绝。向使陈令行之不果，则邑民救死不暇，况他境乎？夫以一县令。尚能为之。（事见会稽《志》）

左右司：状准钧旨，付下下项文字，知绍兴府张守中准：尚书省札子节文行在户部，准都省批送，下绍兴府上虞县令赵不摇札子，乞先次废罢本县湖田事。本部检会先准都省批下吏部侍郎李光札子。论政和以来，知明州楼异、知越州王仲嶷，专务应奉，遂将两都陂湖尽废为田，乞将余姚、上虞两县比较，自兴湖以来所失常赋，与湖田所得，孰多孰少？依祖宗条法，遵守施行，应东南州郡。自政和以来，以湖为田者，乞复以为湖。后批送工、户部取会。元将陂湖为田，因依及具改过若干顷亩，申省本部诣勘。昨据上虞县户丘襄状称，靖康元年三月，内降旨挥，尽罢东南废湖为田者，复以为湖。令转运司相度利害闻奏。乞先次废罢本县湖田，曾行下提刑司施行，后据本司申备，据越州签判王僖相度到因。依本部要见，元许置湖田年月，兼靖康元年三月旨挥令转运等司同共相度，当时如何具奏，曾无获到。旨挥为未应丘襄等所陈，遂再行下提刑司相度，未到。续承都省批下吏部李侍郎所奏札子，亦已系祖行下提刑司取会，未到。今又承批下赵不摇札子。本部勘会本官所乞，止是具到岁得湖田却减放省税，即无开具元承甚年月日，旨挥将陂湖为田，因依及承甚年月日，旨挥改过若干顷亩，兼元承靖康元年三月旨挥以后，曾如何具奏相度，曾无画降旨挥等事。三月二十九日，奉圣旨，委守限三日相度，具经久的确利害，申尚书省，承准后体访，及将管下碑记照对。得绍兴府明州，边近大海，田带咸卤，稍无雨水，则苗稼便伤。自东汉以来，皆有陂湖以备水旱。湖高于民田，民田又高于海。每遇旱，则放湖水溉田。遇涝则泄田水入海。所以频年丰熟，少有凶岁。政和间，知越州王仲嶷、知明州楼异，相继奏请以湖为田，别取租课，专为应奉之用。其种湖田租户，每遇旱岁，则闭塞湖水，独擅灌溉之利；遇涝则决泄湖水，泛溢下田，不容复如前日次叙引导，使归于海。遂致民田频遭损伤，官中虽得些少租课，而缘此减放苗米，暗失漕计，所得甚微，所失甚多。而民间为害尤广。除本府山阴、会稽、萧山三县数目稍多，利害不同，恐未可尽废，见今别行相度外，今先次相度到余姚、上虞县利害，并开析户部所会，未圆事件逐一条具如后：一、上虞县旧管夏盖等湖一十三处。见今改为田，计一百三十一顷二十四亩。一、余姚县旧管陂湖大小共三十一处，内汝仇等湖一十三处。见今改为田，计八十一顷四十九亩五十五步。一、自改湖为田以后，至建炎三年以前，本府及两县案牍，并经烧劫，别无文字照应外，自收复后建炎四年、绍兴元年，并是丰熟年分，犹有下项旱伤减放。今具到两年收到湖田租米及减放过苗米数目：建炎四年，上虞县收湖米三千四百四十九石九斗八升，检放过旱伤苗米八千五百一十八石二斗一升三合。余姚县收湖米二千四百四十四石七斗七升，检放过旱伤苗米二千五百三十三石八斗五升五合。绍兴元年，上虞县收湖田米三千五百二十五石六斗一合五勺，检放过旱伤苗米四千八十八石五斗。余姚县收湖田米二千一百七十一石二斗八升，检放过旱伤苗米六百八十七石八斗八升。已上两县两年通计收湖田米一万一千五百九十一石六斗二升一合五勺，减放过苗米一万五千八百二十八石四斗四升八合。一、两县以湖为田，元降旨挥因依及改过为田月日，缘本府、本县并经兵火，所有首尾一宗文字皆已烧毁不存。今询究得委，系因政和八年知州王仲嶷起请以湖为田，当年差官踏逐到前项数目，召人租种，众所共知。一、靖康元年三月，旨挥及后来转运等诸司曾与不曾相度申奏，及有无画降旨挥，缘本府及诸司皆曾经兵火，目今别无案牍存在，可以参照。守比者到任之初，询访民间疾苦，皆言湖田为害，而上虞最酷，余姚次之。方欲具利害申陈，今承前项旨挥，谨先画一两县利害，条具如前。契勘民户所纳苗米，较其私家所收，其输官者止是十分之一二。兼此两年，号为丰熟，但夏秋雨水稍不应时，其减放之数，以湖田所收补折外，官中已暗失米计四千二百三十六石八斗一升六合五勺。民间所失，当复数倍于此。则一有旱涝，其害可知。仍有贫乏下户，因失水利，逃窜失业，拖欠正数。苗米又在减放数外，两年亦不下数千石。观此，则当时变湖为田，至今诚为极弊，不可不改。今相度，若先将余姚、上虞湖田复废为湖，则自此两县逐年可望全熟。就使间有大段水旱，其所害亦必不致如此之多。兼逃移人户，渐可招诱归业，委是经久有利无害，保明诣实。伏望断自朝廷，早赐施行。候指挥小贴子称，询究得逐处租佃湖田，即非民户，多系当时权要有力之家。今来若行废罢，别无妨害，伏乞详察。又称，缘今来正是租种之时，若朝廷别无疑惑，即乞速赐行下，庶使两县之民早被实惠。本司契勘，今来张资政相度到，委是便利，今欲依申，仍自绍兴三年正月为始，候旨挥。五月十日奉圣旨，依张守相度到事理施行，仍自绍兴三年正月为始。右札付绍兴府。绍兴二年五月十二日。(事见府治《碑记》)

康等辄有迫切之悬，冒干钧听。康等窃见绍兴府上虞县管下有夏盖、白马、上妃三湖，灌溉上虞、余姚、会稽三县七乡民田一十余万亩。其夏盖一湖，虽周围甚广，而水源悉出白马、上妃湖。昨屡有贵要陈请，欲以白马、上妃湖为田者，政缘夏盖一湖水源，尽出白马、上妃二湖。若二湖为田，则夏盖虽名为湖，遂无涓滴之水。其十余万亩之田既失灌溉之利，无复有秋之望矣。所以旧来贵要一见民户有词，即置不复问者，亦知其不可故也。近岁有本乡破落无藉人徐文才，妄称已经府第投献，径将湖水开放，七乡之田因此旱干，遂成歉岁。康等去岁冒昧谨具禀札，归投大造，乞行给榜约束。仰蒙钧慈，灼见事理，即赐行下禁戢，七乡士民无不感戴恩德。今来徐文才辄改换事头，妄以白马、上妃为渔浦湖，径自部集人夫，打开湖闸，泄放湖水。切恐府第一时被其笼脱，必未深知上项的实利害，若不控沥本末，百拜申恳，乞赐约束，不惟各乡之民受无穷之害，万一迫于事情，聚众起争，必成大哄，良亦非便。康等是敢不度分势，冒昧归投，伏望钧慈，洞察民隐，特赐钧判，给榜白马、上妃两湖地头，张挂约束。仍乞移文浙东提举司、绍兴府并上虞县照会，使民户永被隆天厚地之赐，不胜幸甚！情迫词切，冒渎钧严，下情无任惶惧震慄，俯伏俟命之至。右谨具呈，伏候钧旨(总言三县七乡者，提其纲要也)。

三月日，进士张康、钱亨祖、高兴宗等札子

高一鹗、宋兴祖、高继宗、刘昌基、钱兴祖、杜嗣孙、张耕道、陈闻诗、陈有辉、林居实、陆应龙、陈子升、刘子强、张资深、许昌年、宋昭、李达、邢准、邢武、王圭、朱德

皇弟、武康军节度使钧判：湮湖为田，既无旧迹，妨人利己，亦非本心。府司给榜，仍牒县约束。(事见五夫《碑记》)

夏盖湖地形，东低而西高，旁列三十六沟。引水灌溉本县永丰、宁远、新兴、孝义、上虞五乡官、民田一十三万余亩。包纳湖面水利，每亩科米至于七升，计粮一万余石。较之他乡无灌溉者每亩止科米二三升，大相辽绝者，何哉？以有水利故也。西北一沟，分导湖水直抵会稽县延德乡，地势高仰，所失水利不多，不暇详论。东北一沟地势最低，水去如倾，直至余姚州兰风乡第一都界。古有抵界止水堰坝。其沟两岸，一岸自属本县承荫之田，一岸则隶余姚州兰风乡一都七、九、十保，自来不该承荫之田。故宋时彼乡之民，日夕就便，车水灌

田,为系同沟旁岸,不能禁止,年复一年,久以为例。今曰"茹谦三大保"是也。彼处之民,亦尝相与同修沟门塘岸,从此呼为余姚沟,其抵界止水堰外,系兰风乡第一都四、五保之田。是乡之民吴佐等,先与本县植利人陈世表等往来,累尝置备酒馔,致玖投之请。情分既熟,容令开坝,私下得水。自后人情岂能常好,不可复得。吴佐与陈康时等,却称先曾分食水利,恃强争夺。淳熙中,邑民夏邦直与陈康时俱经提刑司争告,各执一说,送司理院定拟。于是夏邦直说出陈世表等先曾容情放水之由。陈康时供称,兰风一乡共有三都,除第二都、第三都自有千金等湖水利,陈康时第一都四、五保田产,地势高仰,水所不及,是致有争。遂议定兰风乡一都田土,除茹谦三大保仍随上虞县田灌溉外,陈康时所告四、五保田六千余亩,比之上虞县田一十三万余亩,止及二十分之一,于上虞水利不至大害,拟令上虞县每年自五月以后放三十五沟水六次,余姚县放一沟水三次,每次先放湖西一日二时,次放湖东一日二时,方许余姚放水,每次放四个时辰,自寅至午初止。由是夏盖湖逐有承荫上虞、余姚、会稽三县七乡田土之名。殊不知余姚、会稽两乡之田,自来不曾包纳湖面粮米,因陈康时妄争,白得水利,于理不当。后为湖东居民,常将沟门开放,捕取鱼虾,为失水利,众共填塞各沟,却于沟水相通之处,地名小穴,及夏盖山东,就行置闸,官为锁闭,收掌匙钥,依时起闭。及于湖之东西,择士之有常产、有干略、为乡评所服者各一人以司之,且俾邑之上佐总其事。关防最善,岁久而废。江南臣附之后,其陈康时所告兰风乡一都四、五保之田,为在本县抵界止水堰坝之外,彼处自有灌溉水利,从此不曾放与夏盖湖水,经涉五十余年,无所争讼。近者余姚州住人王宝,却以兰风乡一都之田合该承荫,有上虞县顾仁等不容放水为词,告知本路。遽凭其言,罪及各人,改为余姚沟益彼损此,使本县水利大有所失。元统二年四月内,本县承奉本路总管府旨挥,该承奉江浙等处行中书省札付,备据顾仁等告前事。该省府相度,民命所系,稼穑为本,岁旱之防,潴蓄当先。水势之行,必须自近以及远,由高而就低。其或近疆未溥而遽分远境,高田未足而先注低原,则不为此受其害,而彼亦无益。仰候用水灌田之日,本路农事官与合属州县官,亲诣地所,斟酌事宜,从公予决。奉到如此。至元统三年十一月内,蒙浙东海右道肃政廉访司分司官巡历到县,顾仁等再行称词。县尹丁允文遂即详说利害缘由,宪司照过县卷立案。该夏盖湖,既累代以来据该上虞县地面,贮储霖雨山水成潴,灌溉百姓田土,防旱收稻,难同源泉之水归附。后官为水利已行,勒要包纳湖面粮米,公私便益。今本县官不考沿革、田土高下、有无放水浇田则例、是否与河渠司所管同异，缄口无词，致民争讼。设若分水必须自此遍浇，然后及彼，自高足荫，方可及下，不然安忍坐视纳粮极多之田，那水潴以济粮少之地？似此细民无稽之语，变乱论告，拟合详加审实，考定州县疆界高下、远近便利、如何分水，使民无所争讼，永为定例。相应仰本县典史刘荣抄案呈县申府，照勘此项水利有无沿革志书、父老相传之语，更为比依河渠提举司所管水利，拟定申覆上司定夺。（事见《上虞县志》）

上虞县准县尹林、承事关，尝谓陂湖壅塞，当究其源；水利疏通，必清其要。当职屡任馆阁，忝膺牧寄。粤从莅政以来，每求抚字之方。近体知得，本县概管夏盖、白马、上妃三湖，广袤二百余里，实为一邑诸湖之冠。自古积水，承荫第二都至第十都并镇都官、民田土一十三万亩，该纳税粮一万石。元贞年间，营田司不察利病，辄凭人户请佃到田二十顷，科粮六百石，于官田项下作数。以此为名，乘时将湖面占种，止存一港线流，其涸可立而待。或于渚山之根，填叠基址，起盖房屋，筑捺园地，栽种蔬果，浚为池荡，畜养鱼虾，栽莳菱藕。妨碍水利，莫此为甚。民非不告，公行贿赂，听之自若；官非不禁，揭榜墙壁，徒为虚文。所以流害至今。详其所由，盖因人户请佃之初，皆系高原去处，正一亩、半亩粮米，仅纳一斗、二斗。缘是本县别无籍册存照，又不曾明立字号，以致移丘易段，那高就低，与湖面一体上下相平，如此影射布种其间。并缘侵种者尤，且五亩、十亩，以后贪恣不已，至于顷计者有之。所纳米粮，不过元科之数。白收子粒，益己损民。若不早为区处，五乡之民徒有承荫之虚名，而无受荫之实惠。职专农事，兼知渠堰，睹兹民瘼，岂容坐视？亲诣讲究，固所当然。独员署事，难便摘离。为此，合行关请照验，烦为委官亲诣地所，会集里正、主首、社长、耆宿、湖邻人等，回避当元请佃之家，眼同相视，覆其利害，审其虚实，取勘元佃湖田亩步、编类、字号、均科、粮米，于依山高原去处，丈量见数，鱼鳞相挨，拨付各户。照依元佃亩步，布种纳粮，彩画图本，每一丘出给乌由为照，不致亏官损民。其余宽阔，划复还湖。更为条筑周围塘岸，堰、坝、沟、闸，务要坚完。设法关防，明示罪赏，以戒将来。定夺如此，允合舆论。右关本县。至正十二年正月日。

绍兴路总管府，承奉江南诸道行御史台札付，准监察御史呈：尝谓壅湖为田，实有妨于水利；任土作贡，乃欺贷于官租。事既从权，理宜改正。窃照绍兴路上虞县，带海控江，田皆泻卤，火耕水耨，民甚艰难。由汉唐以来，立陂湖为旱涝之防，获利至博。近因盗起中原，蔓延江左，台治移置绍兴，屯兵守御。上虞县粮饷不给，其统兵官遂将夏盖、白马、上妃三湖高原去处，许令军民屯种，所得子粒，添助军需。乃周一时之急，以致三湖蓄水不多，涸如焦釜，五乡田土，失荫抛荒。又且屯种湖田，一概无收。虚费工本，无益于官，有损于民。即日农事方殷，若不更张，实关利害。今后除元佃官田，照依旧额顷亩，布种纳粮外，其余屯种湖面田土，尽行革罢，复正为湖。守御将校毋得仍前屯种，与民为害；滨湖居民，亦不许以纳粮影射，乘时侵占，妨碍水利。如有不悛，许诸人径赴宪台陈告，依例问罪。如准所言，诚为允当。准此。宪台除外，合下仰照验，依上施行。奉此。总府除外，合下仰照验，依奉宪台札付内事理施行。右下上虞县，准此。至正十八年二月日。

江浙等处行中书省分省，照得上虞县夏盖、白马、上妃一应湖水，自古积储水利，专欲灌溉。所属田亩，果有淤塞，农隙之时，即与兴修。况本禾苗正长，全藉蓄水，以备不虞。今体知得，本处守御将校与彼近土著权势之家交搆，意在侵占官湖，将水道平浅去处筑捺为田，纷纭耕种，致将湖岸开掘，废坏堰坝，走泄水利。惟务己私，不思害众。若不严加禁止，深系利害。省府除外，合行出给文榜禁约，镇御军士人等，毋得似前以湖为田，妨废水利。敢有违犯，许居民指实赴官陈告，定将犯人严加治罪。右榜谕众通知。至正二十年四月日。

至正二十二年四月内江浙等处行枢密院分院，为抚治军民事：数内一项。上虞县该管白马、上妃、夏盖三湖，自第二镇都至十都，凡一十余处田，尽借此蓄水灌溉，不为不重。今近湖奸贪之徒，结托各寨将校军士，将湖扦插霸种，遇水则开闸泄放，遇旱则私禁闸沟，不容荫灌。妨夺水利，实为民害，省府已尝明榜禁止。今后敢有似前违犯之人，严行枷断。

皇帝圣旨里江浙等处行中书省分省：据上虞县总制官韩，自行呈：照得本县夏盖湖周围一百五里，旁列三十六沟，以时启闭，潴蓄水源，荫灌附近诸乡。其湖即供田之水，其田则包湖之粮。因水之利，比与他处，税粮至重。即目天色亢旸，河道枯涸，虔诚祈祷，未遂感通。本县税粮，全藉下乡以供所需。万一秋收不登，非唯下困黎庶，抑亦有妨军储。本县三、四、五镇都，与余姚州疆界交接。今体知得余姚近住沟堰之人，不思本县湖水包粮之重，却交结守御官军，恃强凌弱，恣意开掘，走泄水利，实计利害。除已差官巡视外，呈乞禁约施行。得此，省府合行文榜禁约，诸人不得结搆守御官军，强行开掘，走泄水利。如有违犯，仰指定陈告犯人，严行断罪。所有文榜，须议出给者。

右榜谕众通知。

榜禁约　至正二十年六月日（平章钧押）

皇帝圣旨里中奉大夫江浙等处行中书省左丞兼行枢密院副使：窃照上虞县所属上妃、白马、夏盖三湖，全藉蓄水灌溉孝义等五乡田土。彼处民田，已行包输湖内税粮。比年以来，近湖奸贪亭民，结托守御将校人等，却将上项湖水恣意泄放，扦插霸种，掩为己有，占夺水利。省院已尝明榜禁约。今照得即日农事正殷，诚恐镇御军士，蹈袭前弊。除外，合行出榜禁约。如有似前以湖为田，妨夺水利，许诸人指实赴省陈告，定将犯人严行断罪。所有文榜，须议出给。

右榜谕众通知。

至正二十三年闰三月日(左丞钧押)

是岁夏旱，本县廿一、廿二都，承荫西溪湖水利。故宋赵平原郡公，悉废湖为田。国朝归之财赋，不容积水。两处田土禾稻，失荫无收。上山诸乡，比比皆然，唯独永丰等五乡田土，赖夏盖、白马、上妃三湖积水灌溉，禾稻有收。观此，岂非得失利害相关耶？

古今碑记

记者，纪事之实，所以著功绩、垂久远。文或不存，豪强奸猾得以变乱，古昔失其本真。故裒集历代识刻于卷末，庶有位者知所鉴焉。

罢湖田记

上即位六年，江浙粗定，河淮未通，临朝弗怡，视古自愧。凡有害未宁于民，及所祈向而不可得者，皆废行之。乃以五月己巳，诏罢上虞、余姚湖田，从民愿也。夫会稽郡负海，田常苦涸。资湖以灌溉，非他郡比。自东汉以来，莫敢废也。政和间，逐末之说起，变古之辞用。平波汪洋，漫不少靳。分散四决，竞施厥功。由初迄今，良农受弊。穆穆布列，有号不知。资政殿学士毘陵张公守，帅浙东。诏公以利害闻。公遂条上“湖田病民，两邑为最，宜亟罢之”，诏可。阖境之众，欢呼鼓舞，谓上恩勤恤，不以赋入患百姓，而非公精诚，为人主所倚信，亦安能以一语而除万世之害，神速若此？昔白公穿渠，民得其饶。歌之曰：“田于何所，池阳谷口。郑国在前，白渠起后。举臿如云，决渠为雨。衣食京师。亿万之口。”翟方进去陂，枯旱追怨。童谣曰：“坏陂谁？翟子威。饭我豆食，羹芋魁。反乎覆，陂当复。谁云者，两黄鹄。”由是观之，湖之兴废利害，岂不相远哉！公为辅佐，于兹四年。慷慨之论行，忠义之操见。举贤扬善，审法议令。奇谋硕画，天下诵之。开镇此郡才半岁耳，仁浃循良，信孚犷悍。群材效能，微贱率职。秋毫所闻，未尝不言；朝廷闻公之言，未尝不从。使一方之人，息肩奠枕，怡怡如平时，皆公之力。不惟深计远虑，遗民丰穰而已也。公既承露门之学，入觐戒期，犹惓惓不已，命属僚以所被明诏刻诸石，而俾元若书其后。诗曰："德輶如毛，民鲜克举之。我仪图之。"后之君子，必有感于斯言，以无忘公之志。绍兴二年七月庚申，左朝请郎、主管临安府洞霄宫方元若记，左朝奉郎、前签书、宁海军节度判官厅公事邵彪书，待诏陈谅刻。（立石府治西壁）

夏盖湖新建二闸记

迪功郎、新潭州左司理参军厉居正撰

承议郎、新权通判广州军州事兼管内劝农事、赐绯鱼袋褚意书并隶额

上虞为越之邑，负海抱山，隶乡者十有四。民藉以为田畴，灌溉之利，繄陂湖是赖，视他邑之疏畎浍、通潮汐者尤急。维邑之北，与大海相去五十余步，有湖焉，其名曰夏盖。稽之《图经》，周回百里有奇。一邑之田，仰其利者，虽曰五之一，而其田赋之入于邑者，不啻通邑之半。则兹邑丰凶之权，若公若私，系于是湖，不待载而可晓。若之何地形所问，其湖左庳而右仰，加以多历年所，澄浚之功不施焉，葑藁之所湮，污淖之所淤，往往秋冬之交，则为刍牧之场，支便之径。及膏雨时至，所蓄未盈寻尺，荡然有溃决之虑。故又于左之庳者，因石为溜以泄之。溜狭且浅，不足以杀水势，平原之壤，于是遂受啮堤崩岸之害。迨其增筑未就，则水之既散者，已不可复聚。名虽曰灌溉，而水利实废矣。濒湖有巨室，曰包氏、沙氏、李氏、俞氏，自建炎以来，悉其利害，谋以木石，为提阏之门，以便潴泄。欲为而寝，将兴而辍，历数十年而不得成。今夏君名邦直者，亦湖滨之巨室也。公勤而朴实，任是湖水利之责，不啻如私家事。凡利害之有纤悉系于是湖者，奋力争之，踵顶不顾。淳熙甲辰之岁，属时亢旱，与邻邑之攘其利者，竞于有司。虽狴犴之辱，忻受而不恤。夫其所以忻受而不恤者，非有他也，冀其有所屈于此而或有伸于彼也。适当斯时，朝之巨卿丘公典司宪台，讼牒一上，高明所烛，曲直冰涣。而夏君遂得以从臾兴是湖永久之计，谋诸耋艾，质诸佥言，而又相夫地势之形，便成数十年不得成之举。于盖山之阳，小穴之阴，立水门二处，倾赀十万，役工两月，岿然若天造地设。启闭有时，蓄决有限，五乡之民，被其利而不知其劳，歌咏鼓舞，咸曰："二门之成，经营创建，固夏君之力；然而主张是纲，维是使夏君得以竭力焉，而无所回忌者，庞恩硕德，则丘公所自出也。昔召、杜兴水利于南阳，民歌之为父母，况公恩德若是，其可忘所自哉！"属予记之。余应之曰："丘公，当今第一流人物，而朝廷所倚以为柱石者也。自其负名世之学，躐不次之科，入参机密，赞谋由出，持使节镇方面，

经国之文，便民之政，宽而有制，威而不猛。名德之重，四海周知之。固将勒之鼎彝，载之旂常，传不朽而播无极矣，奚俟今赘？虽然，水门之建，既以凭藉公主张，维纲之赐，而底于成，次具依恃。所以公名德之重，使之愈久而愈固，弥远而弥新。则愿述南山之判，镵诸坚珉，以诏后世。又岂特召、杜父母之遗爱而已哉！”佥曰：“然。”故书之。丘公，江阴人，讳密，字宗卿，今以直龙图。自吴门夏君以赀为将仕郎云。淳熙十有二年，岁在乙巳七月十五日，迪功郎上虞县尉巡捉私茶盐矾兼榷纲薛寇，迪功郎、上虞县主簿张轸，承务郎、上虞县丞楼埙，通直郎、知上虞县、主管劝农事、赐绯鱼袋刘筥立石。（回禄不存）

白马湖约束碑

谦窃惟上虞之为邑，其西北濒海，每患于水泄而多旱。繇古以来有三湖，潴水为旱岁之备。曰夏盖、白马、上妃是也。古人忧深虑远，其规模经画，委曲周密，靡一不尽。既为之堤，以防其渗漏；又为之闸，以时其启闭。湖之四旁，凡受水之处，各为堰埭，限其所往，以杜其争。东西二乡，择士之有常产、有干略、为乡评所服者各一人以司之而总其事。于邑之上，佐其乡有七，田以亩计者，殆逾二十万。若岁大旱，苟积水存焉，磨镰治地，以俟刈获尔，必无他虞也。民生之休戚，关于水利之得失，其重若此。嘉熙丁酉，濒湖之民有欲堙湖为田，而托之王府者。乡之士友，相顾无策。自念与其喑默而窘惧，孰若冒昧而归投。择日斋沐联名，奏记控叙，恳悃皇弟武康军节度使，洞烛事情，曾未逾时，大书特笔，谓利己妨人，非出本心，且移文于邑，揭榜于乡，雷动风施，云行雨驰。欢声四起，有若更生。仰惟深恩厚德，无所论报。谨刊诸石，昭示后来。继自今一方士民，孙曾云来，过斯碑之下，裴回顾瞻，怀思感慨，将与此湖为终始，有若岘首之思羊公云。是岁五月初吉，儒林郎、监潭州南岳庙陈谦记。（立石五夫市长庆寺）

重建海堤水闸记

将仕佐郎、建宁路政和县主簿夏泰亨撰并书

翰林侍读学士、中奉大夫、知制诰、同修国史泰不华篆额

上虞县重作海堤及二水闸成，父老具事实，介儒学教谕孙君去棘，属余为记。按：上虞负海为邑，其北为潮汐上下之地，旧垒土为堤以障之。兴作修治，岁久，沿革不能详焉。国朝自大德以来，水暴溢则堤岸时有冲溃，既治辄坏。至元又元之六年六月，风涛大作，其地曰莲花池等处，啮入六里许，横亘二千余尺，并堤之田，莽为斥卤。岁加缮完，民遂罢于筑堤之役。至正六年，民杭祥等

群诉于县，县上其事于府。时余姚州濒海诸乡同受其病，州判官叶君恒与民议，以石易土，俾凡有田者，亩出斗粟，或输其粟之直，鸠工伐石更为之。而功适成，府令上虞循其故实，仍檄叶判官董治之。会叶君以公故，弗及为而去。明年秋，民复诉于府。郡守岛刺沙公与幕长吴君中议曰："此事已行而中止，第为择勤敏有守者专任其事，则民不忧而功易集矣。"睹府吏曹耦中，无逾王丞仲远为能，宜以委叶判官者委之。仲远承命既至，即与监县偰烈图、县尹张君叔温，集民之醇谨而更事者，商究经营之。凡出粟之家，无有敢后计其直。总为中统钞三十二万九千五贯有奇，掌以傅寿昌、卢安翁，而公出纳。采石于夏盖山，浚沟浮舟以进，售材必良，择匠必精，趋事者无惰，受佣者无怨。仲远旦暮程督，食寝起处与工作同。事虽更岁，时冒寒暑，卒不以劳勚为惮。其为制，则错直坚木以为杙，入土八尺；卧护侧石以为防，高与杙等，然后叠巨石其上，纵横密比，穹厚键固，复实刚土杂石而筑平之，重覆以石。堤之崇卑，视海堧为高下焉。既成，度计之，凡为一万九千二百四十尺。又即浚沟上筑土堤以为内备，高广过之，隐然若重城之捍蔽矣。迄工于九年之冬。先是，县东门外，有清水、孟宅二闸，受皂里、西溪诸水，达于运河而注之江。视水之大小而闭纵之。故田不病旱，舟不病涸。积久勿治，日就圮坏。岁必堰土以遏之，数费而不能持久。父老请乘海堤之便并新之，府檄就以仲远为属。是时，海堤事虽有绪而工未毕，仲远以农作方殷，不可使失灌注之利，乃先事二闸。清水闸拓二为三，孟宅闸视旧有加，累石防，以御奔流。树石，凿以纳县板，爰琢爰甃，坚致款密，先海堤一年而成。其费则出于县浮图氏三年助役之资。于是海堤水闸相继皆完，而民力稍息矣。夫是役也，海堤为大。以役之大而任非其人，而民徒劳，而事亦罔有攸济。始叶判官不获卒事，府不转委他官，乃唯一府吏是属，岂非郡守幕长爱民之切，知人之明，而委任之力欤？府吏，以赞决簿书为事耳，仲远奉承上意，卒能以身任之，殚虑尽力，使积岁为民病者一旦遂获休息，其惠利于人者亦岂少哉！乃若其民苦于劳费无已，图为永久之规，翕然义举。财既免出于经费，且拳拳焉求纪其事，以志不忘，意亦厚矣。是皆可书也。昔之良史，于凡川防沟洫之功，笔之简书，班班可见。诚以人力不可以重烦，民利不可以寖弛也。若上虞海堤水闸，关于一邑之政，又乌得而弗书？书之，非徒著其美也，庶几俾后人以图无斁焉尔。至正十年正月吉日，主簿李敏，县尉吴质，典史徐文杰，耆宿张德润、俞汝霖、余元老等立石（此石立于本县仪门）。

复湖记

中顺大夫、中书、户部尚书、宣城贡师泰撰

中书、礼部员外郎新安程文书

中奉大夫、江浙等处行中书省参知政事、鄱阳周伯琦篆额

上虞西北五乡，曰永丰、上虞、新兴、宁远、孝义。五乡有三湖，曰上妃、白马、夏盖。而夏盖实承其委，其周一百五里，其门三十有六，其溉一十三万亩，其赋一万石奇。中有潭名枭镜，虽大旱不竭，而其支流余润，又足以远被会稽之延德、余姚兰风一都三保之境。其为利也亦博哉。湖自唐长庆中，民始请割田为之，仍令受水者包其所输。至今五乡倍他产。然其地势，倚江枕海，咸卤浸淫，伤败禾稼。东南又多大山深谷，一遇暴涨，则奔溃莫御；旱，即枯涸可待。故其堤防启闭之法，瞭二湖为尤谨。叠堰分埭，以时蓄泄；限量晷刻，以节多寡；序次先后，以均远近。民免凶荒捐瘠之忧，官无侵夺纷争之讼矣。宋政和初，越守王仲嶷尝废湖为田，得不偿废。南渡后，吏部侍郎李光、县令赵不摇疏于朝，尽复为湖。嘉熙丁酉，几夺于福邸。五乡民张康等阖词争之，乃已。始末具见《碑志》及《通鉴长编》。国家内附以来，属时屡丰，水利不讲，居民乃窃缘堤高仰，以私播植。元贞间，或言之营田使者，得田三十顷，粟五百石。然自是蔓延莫禁，湖之存无几。即有旱干水溢，则五乡咸受其害矣。至正十二年，翰林应奉林希元来为尹，遂定其垦数，余悉为湖。十六年夏旱，豪民乘间侵种，其禁复弛。县尹李睿力复之。明年春，行御史台移治会稽，驻兵县境。或妄言湖膏腴，可屯田。兴兵者忽于察识，一旦竭如焦釜，所得仅百许石，而官民失利，不可胜计。御史察知其弊，俾尝赋于官者田如初，他皆谕罢。明年，又有献之长枪军者，县尹韩自行言于分省，时左右司郎中刘仁本督军至县，遂阻止之。于是积水盈溢，惠及远近，而湖之利益博矣。又明年，父老乃相率谋于邑士徐涣文、魏延，曰："湖食我民，生死倚之，不有纪述，将何以示来者？"涣文等以予理刑越上，尝信于其人也，具以状请。窃惟沟洫浍川之制废，陂湖池塘之利兴。而孙叔敖、史起，郑国、文翁、郑当时、兒宽、召信臣之流，各以治能名于时。其载之史传者，班班可见。迨我国家，内设都水监，外立庸田司，郡县守令，皆知河防兼渠堰，凡所以为生民计者，可谓周密而深远矣。尚何弗修厥职，往往使已成之业，湮废崩溃哉？且是湖也，旱则决水以灌田，涝则导田以入江，用力寡而成功多，与诸湖较之，实相倍蓰。为豪强奸贪之警，庶几长民者知所劝焉。十九年冬十一月八日乙未记。五乡士民刘和、项如珪、陆瑞、俞永昌、管德

弘、潘禹畴、杜侊、潘道生、陈经、何文惠、卢庭桂、王介、潘禹锡、王元亮、王镒、俞庸、王元臣、潘道成、王钺、余元良、傅泰义、何荣、陈好古,会稽延德邵如桂、邵文宗,余姚兰风韩泽等立石。四明湖渊刻。立石横塘善经堂。

碑阴图跋

古者山川疆域,必有《志》有图。《志》以记其事,图以著其形。有《志》则始末备,而兴废可知;有图则脉络明,而利害易见。夏盖、上妃、白马三湖之灌溉,重于上虞久矣,自唐宋以及我朝,兴而废,废而兴,不知其几。赖公论,卒为湖不易。徐君季章,魏君仲远,谋为永久计,请托于尚书宣城贡公,而刘诸石既。又图三湖之形,刻于碑阴,以示远近,其用心亦仁矣哉!予尝病《会稽郡志》不著图,观者难于考察。今是湖也,源委之承注,流派之沾被,门闸堰坝,沟泾堤路,按而索之,炳炳胪列。虽农夫过客,观摩指画,亦不待言问而喻于心目之间。湖之为利,昭然而益彰矣。湖之利益彰,岂复可得而废乎?吁,是碑之立,百世之赖也!学者陈恬以图示予,因题于后云。至正二十年二月戊午朔乡贡进士、杭州路海宁州儒学教授番易徐勉之跋并书。朝请大夫、翰林待制、东鲁申屠駉题额。

湖田诗[1] 天台刘本仁撰

湖田,闵上虞民也。田利于湖水,或夺于豪右,民甚病焉,故作诗以闵之也。

漠漠湖田,滨于海堧。为畎为亩,湖水连连。以溉以灌,稼穑置置。弗溺弗涝,弗暵弗干。

湖田绵绵,岁取百千。艺我沃壤,粒尔艰鲜。谁其作者,手足胝胼。致力沟洫,禹无间然。

维田於於,受水于湖。计水之利,亦入其租。伊何受田之家,既利其利,乃输其估。官弗民病,多黍多余。

湖水铺铺,或堙或芜。弗治弗疏,深沟为涂。弗剪弗锄,有荷与莆。彼豪者徒,罔利以图。谓湖可畬,官输是诬。乃泄其潴,以艺其淤。朘我膏腴,以害我农夫。众乃咈怒,彼有余辜。

我疆我场,我田我穑。繄湖之水,实利之食。乐岁狼戾,伊帝之力。苍苍者天,去此蝥蠈。俾浸常淫,彼夺罔殖。深我沟洫,滋我黍稷。岂弟君子,俾民

1 底本原无"湖田诗"三字,为标题清晰补之。

弗慝。后来其询，视于版籍。

湖田五章。二章章八句，一章章十句，二章章十六句。

按《郡乘》，上虞，白马、上妃、夏盖三湖，为众水之潴下。五乡民田，实藉之灌溉，岁以屡登。则既亩增其税，当三湖之入矣。比年农官失职，豪右怀利。或以啖官司，使田之。至正十七年，行枢密院官，以分镇越地，籍之为田。水利既失，岁复旱暵，官民告病。又明年，乡民有献言于参政谢公者，将屯种以给军食，分省不许。时刘君以本，省左右司郎中，监军上虞。咨询父老，下察舆情，禁止其事。复形诸诗歌，辞意曲尽。民耄倪咸感慰无已，悉能诵其诗甚习，愿刻金石以垂永远，俾来者有存焉。属予志其末。君字德玄。至正十九年夏五月，邹阳朱右识。

白马湖实田钧粮记　　立石横塘

白马湖，距上虞县治西北半舍所。三面环大山复谷，周四十五里，受涧水三十六而潴其中。其地则当邑之二都，良田接畛，萦青缭白，嘉谷屡登，实有籍于湖之力也。方春潦暴涨，或不能容，则淫溢奔放，注下罹害。唐长庆中，民始辟夏盖湖以疏其势，限以堤防，节以堰埭，视盈涸，时启闭，沾溉永丰、上虞、新兴、宁远、孝义五乡。水利之兴，有由然矣。循白马东北，别筑横塘，通一沟以达灌注。去沟数百步，作孔堰以备蓄泄。宋政和初，嬖臣嗜利，尝废湖为田。时执政疏于朝，力复之。事具史册及《碑志》。入国朝以来，民有献言于营田使，以濒湖多高仰沃饶，愿堙为田。既如其请，则豪黠竞佃，各私其有。日增月广，滋蔓莫禁。湖之存仅一线，旱则独专其利，涝则决以病民，为害莫甚。至正十九年冬，安阳韩侯谏，来尹兹邑，励心民事，考核田赋。以白马之田，广狭莫稽，赋入之数，多寡不一，将究正之。会军旅抢攘，日不暇给，乃致书前池州路税务副使徐君涣文领其事。徐君世隆乡望，尝究心水利，谊不得辞。即其形势，相其源委，躬验虚实，得元佃田九百九十九亩一角一十四步，计丈数以从其实，亩赋二斗一升一合五勺，得粮二百二十石三斗四升六合七勺，当元科之数，其他旧侵田，悉复为湖。既而以方田形第十千为号，绘列为图，仍以亩步粮数、承田姓名，具载为籍，每段署由一纸，俾执为左券。更筑新塘，以限内外，凡三百一十八丈六尺，高寻有四尺，广如高之数。浚其土为港，以便舟楫；桥其上为道，以通往来。孔堰旧筑，以土随修辄隳，虑弗经久，议改为之，遂垒石为闸。俾沾溉之家亩出斗粟，饶于田者沈仲实出内之。灰石工匠之需不敷者，愿乐补助。属耆艾何文惠以董其役。它凡沟港近接山溪，沙砾壅滞，岁久且窒，君悉俾疏浚之。由是白马湖水灌沃，利泽远及。七乡之士民感韩侯之政知治本，徐君之积有嘉惠，状其实，介慈溪儒学教谕陈君恬，征文志之。余惟自井地沟浍之法废，凡陂塘川泽丽于九州者，皆天地自然之利也。然能疏导潴泄以顺其润下之性，因民之所利而利之者，长民之责也。韩侯视政，切切于此，有古循良之风，而徐君复能体韩侯之意，夙夜注心，不惮劳勚。于是经界既正，而粮石以均，功成于一时，而惠流于永久，可无纪述以垂无穷乎？故为叙次俶末，俾刻诸坚珉，庶来者有稽焉。韩侯，字自行，今升行枢密院都事；徐君，字元章，今升行枢密院照磨云。至正二十一年龙集辛丑，秋八月甲子，赐进士出身、文林郎、衢州路西安县尹兼劝农防御事张守正记。

重刻水利本末跋

三湖水利之有志也，刻于胜元。岁久而板既佚，是故刻者蠹而未全也，录者讹而未正也。矧其仅有存者，又秘焉而私之也。故籍去，而妨害之弊兴焉。有司者尝治之，禁工而奸愈滋，终亦扰扰于岁月而已。嘉靖丙申，乃我双溪张侯莅政之三年，购而得其刻本、录本者各二帙，阅而叹之曰：“水利之敝也未知，所以正其本也。”于是乎有重刻，而患于蠹且讹也，爰命骥及成生维雠校之。不越月而蠹者全、讹者正。侯曰：“是可用刻矣。”遂首为之序而寿诸梓。是刻也，谋协于众，成断于独，费取于羡，且使之家藏一帙，而利之者执此以无恐。市号夜哭，吾知其不足治也已。君子谓侯清本之政，见于治水者，亦可纪其一。观风者采而式之，民其永享于休矣。

邑学生双泉陈骥谨跋

水利本末下

续刻三湖水利本末序

湖之废也，其在明之季世乎？原创湖之始，割腴壤以成巨浸，竭膏血而供正赋。古之人非好劳也，以为成于天者，其利公，上之人得主之；出于己者，其利私，下之人可守之。其用意周，其立心苦，真可历千百世而不易也。慨自今而湖之废也，三变矣。自宋言利之臣起，一归于屯田，再献于王府，其间屡废屡复，虽不失前人旧制，而沿湖之民侵占亦稍稍矣。然犹勒为成书，不敢大肆厥志。非尔时之民特淳，亦由上之人重本务而急民病也。此变而仍不变者。自有明万历间，豪强兼并，贪夫循利，上妃、白马以蓄为泄，两湖低洼，俱成肥产。即有一二有志之士，大声疾呼，亡身破家，至求哀两台，上叩宸阍，特蒙俞允而卒不得复者，咎在当事之因循，吾民之退缩也。嗟嗟，舍民瘼而不恤，置国是于罔闻，成何等世道也哉！此一变而不可复者。无何，人事敝于下，天变作于上。频年海水横溢，江塘冲塌，沙淤泥塞，上陈枭獍，一望无际。今则黄茅白苇，变为原野。即内河沟港，亦成陆地。仅此一带之水，曾不得挐舟而操楫，望其溉禾黍而救旱魃，必不可得之数也。况有强邻决之于下流，庸愚委之于度外。吁，五乡之民，日为焦釜之鱼矣！此变之无可变者。然则，处今日而欲一循古制，划田复湖，长为乐土，亦万不可得之势矣。惟是严启闭，筑沟闸，增湖塘，保此涓涯血沥，不失古人割田包赋之至意，以存什一于千百也哉。或曰："湖之废也，书将焉存？"余曰："湖则废矣，书不能废也。废书是废湖也，并废前人之用意周而立心苦也。况今之人又有恶其妨己而思去其籍者，则是书之刻也，乌容已乎哉！"

湖西桂林朱鼎祚凝斋识

改设堰闸

本县有上妃、白马、夏盖三湖，俱系官湖。先于东汉以来，向有上妃、白马二湖，蓄水灌田。后因田多湖狭，至唐长庆二年，五乡之民割己田益为夏盖湖。缘上妃、白马二湖，坐居上流，接受上山涧水，上妃与夏盖地势相平，由穲草堰放入夏盖，白马比夏盖略低，故必筑起孔堰，然后水由石堰放入。夏盖旁通三十六沟，疏派各乡，灌田共一十三万有余。缘各湖边向有额田二千五百六十亩九分，后被业户倚田侵占，屡行告官划复。虑有侵占，刻载《湖经》，内称占湖一亩，妨害水利一十六亩七分。后有今不在官民人徐元等，仍行侵占。嘉靖四十一年，蒙署县事本府通判林，奉文丈量。徐元等见得县田缺额，随将所占田亩乘机丈占，奏蒙工部，移咨抚、按二院，行委会、上二县杨、林二县主会勘，议将嘉靖三十九年以前丈量入册者，姑准为田，共有九百四十亩；三十九年以后入册者，悉行划复为湖。仍将孔堰筑塞，不许走泄，具由详覆在卷。后因官更事久，仍未划复。延至万历九年丈量田亩，又将三十九年以后续占田亩，尽行混入册内。至万历十三年，蒙本县知府朱，欲复西溪湖，划去民田，议将上妃等湖高处插号拨补，因而民人借号影射，悉行侵占。以致上妃一望，尽为田亩，无复有湖。白马仅存如线。夏盖东边高处，亦被民人渐次侵占。至于方春水溢，虑恐湖田淹没，却将孔堰大开泄水，以便种作，及夏水涸，又将石堰盗决，以赡灌溉，以致各乡屡遭荒旱。随有在官民人夏汝宁，与不在官王晔等，将情具状，于万历二十一年十二月内呈，蒙巡按彭批行，带管分守道吴牌行，本府水利厅转行，本县知县杨会同会稽知县罗，于万历二十二年四月十九日亲诣各湖踏勘，查议得上妃、白马二湖自东汉以来之后，因田多湖狭，至唐长庆二年，五乡之民又割己田益为夏盖湖。其湖形，上妃高于夏盖，埒接诸山之水，由穲草堰入于夏盖；白马比夏盖略低，则筑孔堰，接诸山涧之水，由石堰入于夏盖。而夏盖总纳二湖之流，旁通三十六沟闸，疏派于各乡，灌田一十三万有奇。国税民命，当一邑之半。即会稽三十三都、余姚兰风，亦稍赖承荫。古人取譬于人身，以上妃、白马为咽喉，夏盖为心腹。又勒之碑石云："占湖一亩，妨碍水利一十六亩七分。"关系何其甚重！只缘湖滨高阜处有额田，而得业之家遂倚田侵占，屡告屡惩，屡废屡复，犹未敢公然无忌。至嘉靖四十一年丈量，因县田缺额，而占田之民徐元等遂乘机丈量入册，此则废湖之张本矣。

万历元年，居民王茂贞等具奏，蒙工部移咨抚、按二院，行委会、上二县知县杨维新、林庭植会勘，议将三十九年以前丈量入册者姑准为田，三十九年以后者悉划为湖，孔堰则筑塞坚固，不许走泄。蒙已覆详奏复。奈何议之固是，而遇官更事易，划者未划，复者未复。因循至万历九年，又经丈量，即三十九年以后续占者，混行入册矣。万历十三年，朱知县议复西溪湖，划去民田，给帖插号拨补，而奸民移丘换段，借号影射，悉行侵占。至今，上妃一望膏腴，无复有湖。白马仅存如线之流。即夏盖湖如冯家山、大山下等处额田外，今年而为池荡，明年而为田亩，亦渐次而效上妃、白马之故智矣。不宁惟是，方春水溢，则大开孔堰，尽排己之浸溢，以便冬作；及夏水涸，则盗决石堰，反利人之潴蓄，以赡灌溉。是上妃、白马独有利无害，而夏盖湖不但无水之源头，昔也由喉而注腹，今则由腹而逆出于喉，屡年凶旱，秋成不收，职此之由。何怪乎王晔等复有此告也。今沿湖遍勘，相度形势，权宜利害，公同会议，有两议焉。查得万历元年，茂贞奏复抄招三湖额田，共二千五百六十亩九分，即将三十九年以前准令为田，止田九百四十亩，连前不过三千五百余亩。今据白马湖居民诉称，额田九千余亩，上妃诉称三千余亩，况有夏盖未经查算，除前三千五百而外尽皆续占，但原卷已毁，恐未足据。幸县有四十一年鱼鳞图，及林通判丈量十二格册，见在可考。欲为长远之计，合照万历四年之议，将原额田并嘉靖三十九年以前丈量入册者，及知县朱维藩近拨西溪湖田四百九十五亩，查出某湖若干，分别丈量。许令得田之家自筑高堤，以防水潦。堤以外，悉退复为湖。筑塞孔堰，使夏盖有容受、无倾泄。其应划退田亩，既称入册升税，若据理而论，则嘉靖四十一年丈量时缺额田亩，除知县林庭植续补足，所欠不多，即后有知县朱维藩划复西溪湖缺田，亦经拨佃沙地等补足。讫今何以上妃、白马二湖称田共万余，而县额不见加益也？但两经丈量，奸弊不可穷诘。五乡之民情愿将田升税钱粮，派及得荫田亩，包办其中。或有原系用价收买者，查占田之人，知势必复，争多轻价以售之有力者。此皆三十年以外者，卖主未必尽绝，听其自取还价可也。若系自行占种，则屡年花利，亦足以偿工本，免其侵占罪名足矣。此一议大有益于五乡十三万余之田，而颇不利于两湖数千亩久假不归之田。非卓有主持，力排群议，下之人言之而未必能行。若以为成田已久，势难卒更，则惟孔堰照今所勘，水势自桥板量下，至三尺八寸积水。以此为准，则白马不但额田无妨，即续占之田亦平田底，并不淹没，上妃湖则一毫无碍。合无将闸改筑溜水，石坝旧闸门广止六尺，以直而泻；今增一丈二尺，以横而泻。逢有余则自泄，但平石则常潴。其夏盖三十六沟，易于泄水。去处如朱家滩，今亦宜改为平水石坝，泄其泛滥，固其停蓄，皆如前制。又有长坝谢家塘，旧系土筑，船只往来拖拽易坍，今令改筑以石。陆家沟至河清沟一带，泥土疏薄，贪捕鱼虾者易于盗决，督令得利人夫修阔四丈有余。如此，则夏盖自为夏盖，即不能实受上妃、白马七十二涧之水，而石坝既筑，苟非大旱之年，亦可少免盗溉之患。若白马湖占田之民，犹以苦水为词，不知坝以田底定其田，断无淹没之理。至妄诉居民尽为鱼鳖，今勘居民住址，去额田尚高几许，岂复有低等洼田者也，抑何不情之甚者也？此一议则大益于上妃、白马湖而小不利于夏盖湖，不必扰动上妃、白马占田之家，而亦可少安五乡人民藉荫之意，似为易行。至于夏盖湖新池、新田，必严为划毁，以杜将来效尤之势。不然，日侵月削，数十年后，不至如上妃、白马之尽占为田不已也。其筑坝等费与责成老人等制，俱候有成议日另议。具由申府转详。问有今故民人赵大四与晓十九，及已到官郑信四、徐巧二、赵成五、经南六、沈延爵、严汗、陈瑞等图占前田，混将"违旨灭宪"情状，于本年五月内赴告水利道薛。蒙批：仰上虞县速查报。赵大四等又述前情，赴告巡按彭，蒙批：仰县查报。行间，赵大四又情赴告分守道吴，蒙批：仰府水利官并勘报。王晔等亦将乞遵明旨情状，赴呈本道，蒙批：水利官并勘报抄词。并行本县杨知县会同会稽罗知县覆议，得：上妃、白马二湖系夏盖湖之水源。自先年居民侵占为田，而其源隘；又大开孔堰，而其源泄。故七乡之田承荫不足，干旱为灾。盖人人能言之，不独王晔等始告也。然二县会勘，宁难言划复而易言筑孔堰者，为其成田已久，卒难分更，故权宜于利害之轻重，而议立溜水石坝。固不以涝病上妃、白马之民，亦庶几不以旱病夏盖之民。似为两便。方具由申复，听候裁议，而赵大四等即捏情告诉。据称"湖田尽为巨浸"，不知孔堰而下，势若建瓴，又且闸置横阔倍前，低尽田底，天下岂有不下之水，又岂有满而不溢之水哉？又据称"贿沉县卷"，本县十八年，廊房失火，一应文卷尽付毁烬矣，沉之何所？按院批词，以五月初十日奉到。水利道批词，以四月二十九日奉到。而两县会申本厅，则四月二十七日申行。岂谓之"不行拘审"，亦岂谓之"密申"也？种种刁词，殆为无据。其三湖利害与孔堰应筑溜水石坝，前议毕具，无从再议。具由于本年十月二十七日，申蒙本厅提吊人卷覆审，问赵大四等仍图告免划复，混将"违旨灭宪，蠹国殃民"情状，于万历二十三年二月二十二日呈蒙海道吴，蒙批：仰县查报。该县查得水利厅有行，具由申解，蒙本道批行，本厅并结。王通判审得上妃、白马、夏盖三湖，相为流贯，而孔堰则宣泄处也。孔堰不筑，则水势易泄，而夏盖以旱病也；孔堰高筑，则水停溜，而白马以涝伤为词矣。今如两县会议,改为溜水石坝,则旱涝俱免,庶几颇当。而赵大四又以淹没为词,亦其所告者,过也。具由呈覆。蒙道转详。间,赵大四又以“急救王土、王民”情状赴呈督抚军门刘,蒙批:分守道查究。王晔等据情具告本都院,奉批:仰水利道确勘议报。俱蒙札付水利厅查议。得:上妃、白马为水之源,夏盖为水之会,孔堰闸则利于白马之田,而不利于夏盖之田。应将上妃、白马之丈量已升科者仍旧为田,余尽入官为湖。上妃湖田应浚沟洫,宽五尺深三尺,开水路流入夏盖,其孔堰闸仍旧,但严禁民擅启闭,以利己病人。如遇天旱,严禁闸夫,不许擅启,令蓄积湖水以流入夏盖,庶几夏盖之湖可不涸,而田之所灌者广矣。具由申蒙本道批府覆详。间,本县将赵大四所呈按院状词具申,巡按唐并行水利厅从一归结。蒙通判黄亲勘,得:夏盖、上妃、白马三湖灌溉粮田一十三万有奇,不特上虞之田藉以灌溉,即会稽三十三都、余姚兰风亦波赖兹湖之水,以为旱干之备。自先年居民侵占为田而源隘,又大开孔堰而源泄,于是夏盖之水不足充七乡之用,一遇旱魃,而田为赤地矣。此王晔等之所以不容已于告也。已经前任本府水利通判王,会同两县丈量会议:已经丈量入册,成田已久者,势难卒更,惟将孔堰闸改筑溜水石坝,似为可行。而白马居民赵大四等复有“违旨灭宪、蠹国殃民”之讼者,盖因万历元年王茂贞等奏复水利,已经两院批府行县勘明,将嘉靖三十九年以前占种,仍令管业,置立埂界,分别田湖;三十九年以后者,悉令退复为湖。在上钱粮,着五乡得利居民包办。又以新占湖田,田势甚为低洼,所以得占者,为诸闸之不谨,有以泄水故也。若湖水常足,自难成田,而侵占之源可塞。议将孔堰闸筑塞坚固,其余小穴新闸,重加修砌,设立闸夫老人,时其启闭。仍刻立碑石,禁谕湖所,如有仍前盗开及侵占湖田者,比例问发,题为定制。而白马居民,一遇雨水即盗开孔堰泄水,不遵明禁,以致夏盖之水,不足备五乡之民荫。故两县会议,改筑溜水石坝,为上妃、白马之民不得盗开,以防水利。是赵大四等,知设立闸夫之为明旨,而不知孔堰闸筑塞坚固、不许盗开诸闸、侵占湖田之为明旨也。此赵大四等之所以妄告也。本职初议:上妃湖田应浚沟洫,宽五尺深三尺,以流入夏盖;白马湖田,但宜禁民擅启闭孔堰闸以泄水,仍设立闸夫二名,严擅启闭之禁,令蓄积湖水以流入夏盖。似与初议不相违背。已申分守道批府行县。查议后,因本职署上虞印,即拘王晔、赵大四一干人犯,并里递知识覆审。随据王晔执称“三县七乡十三万亩粮田,全赖三湖灌荫。今议改闸为坝,仅为权宜两便之计,尚未大服众心。如孔堰闸仍旧,则盗决者不可胜穷,而湖水日泄,数万生灵受害”必将复奏，情词激切。本职复亲诣三湖，相度利害之大较，察民情之向背。则白马居民之田少，而夏盖所荫之田多。则额田之数十万余亩，改闸为坝，虽白马之田有时受水而其田无害，况未必受水也；若仍旧为闸，则不惟上、白之湖，尽将为田，即夏盖之湖，难保数十年之后不为田矣。五乡之民何恃而不恐乎？况众怒难犯，公欲宜从。合无照前会议，其湖田已经勘议丈量入册者，姑免划复，惟孔堰闸改为溜水石坝。又将夏盖三十六沟易于泄水去处，如小穴闸，改为平水石坝。又将谢家塘长坝改筑以石。又陆家沟至河清沟一带，督令得利人夫修阔四丈有余，将夏盖湖新池、新田必严为划复，以杜将来。仍乞督批上虞县，将孔堰闸改筑溜水石坝，丈量新占夏盖湖田，尽行划复。或将赵大四等招究，或从宽宥，具由申呈。蒙本院详批：分守道覆勘详报。蒙道行府复行本厅通判黄，查得三湖事情，先经会议毕矣，无从再议。具由连人解府，蒙刘太爷审得：赵大四供伊并无分田在上妃、白马湖边，止因众人将大四名，写作呈头，其筑坝开闸，俱于大四利害不相干。据王晔供，夏盖荫田十三万，上妃、白马共三千五百亩入册。今上、白二湖膏腴之田约万余亩，除三千五百亩外，皆私占湖田，应划复还湖，仍问罪者也。今夏盖私占作田地者，亦大约二三千亩，须行县逐一丈量明白。升科外，不升科者俱应问罪划复。又二湖原议应划复田四百九十亩，今拨补西溪湖。讫查夏盖等湖私占作田地者，应究招解详。缘无占湖亩数，俟行上虞县逐一丈量明白，回文至日，另行问议解详。今水利厅同会上、会二县，勘议孔堰闸改筑溜水石坝。又将夏盖三十六沟易于泄水去处，如小穴闸改为平水石坝。又谢家塘长坝改筑以石。又陆家沟至河清沟一带，督令得利人夫修阔四丈有余，将夏盖湖新池、新田，必尽行划复。如此，则夏盖与上妃、白马十余万田亩，永免旱涝之患。而王晔、赵大四等，亦无互相讦告之词。勘议颇当，相应准从，具由申解，蒙分守道照详。间，赵大四仍图告免复，将“乞遵明旨、存古制，以全国赋民命”情状，于万历二十五年三月二十五日赴呈分守道吴，蒙批：仰上虞县查报并行间。随蒙本道发落。赵大四又述前情，于本月二十九日赴呈督抚军门刘，蒙批：仰上虞县查报并行间。蒙本道吴批府前申：查看得上虞县夏盖、上妃、白马三湖，汉时开创，积水灌溉上、会、余三县七乡民田十三万亩。载在《碑记》，其来久矣。盖夏盖湖延袤数十余里，直充七十二涧，然上妃、白马居其上流，为夏盖之源头。今则上妃、白马二湖日侵月削，尽占为田。涝则大开孔堰而泄其源，旱则反决石堰而盗其荫。遂上妃、白马之田得遂一己之私，有利无患；七乡仰灌夏盖之湖，绝流断荫，反为赤地，均受其害。是以王晔等有不平之告也。会、上二县勘议改筑孔堰闸为溜水石坝，涝则自泄，旱则蓄潴，不烦工力，不劳启闭，诚两得之利。计赵大四又以苦水为词，纷纷妄诉，不情甚矣。夫坝平田底，广倍于昔，水何由而浸之？且白马、上妃湖额田止三千五百亩，余皆侵占；夏盖十余万亩，全赖滋灌。其利害轻重又较然乎。据议，改建孔堰之坝而划复侵占之湖，诚可以快人心、杜久讼而兴利无穷矣。及查赵大四，湖无分田，揽词兴讼，尤当重究，以警刁风。合无准。从府议，将孔堰闸改作溜水石坝。其夏盖三十六沟泄水去处，悉照改筑增修，各湖侵占之田尽行划复。仍听该府查明造册呈报。惟复别有定夺，由呈巡按方详批：夏盖、上妃、白马三湖，既经勘议，明悉开沟，改筑增修，侵田划复，俱如照行。赵大四湖无分田，何以刁告，听查究详夺。本部院奉批：湖田利害既查勘明妥如议，孔堰闸并夏盖泄水去处，悉照改筑增修，三湖侵占之田尽行划复，完日册报。赵大四揽词兴讼，枷号一月，仍加责三十板示警。如后再行混扰，从重究治。蒙道札付府备帖，仰县即将孔堰闸改筑溜水石坝，夏盖三十六沟泄水去处，改为平水石闸。谢家塘长坝改筑以石。陆家沟至河清沟一带照议，督令得利人夫修阔四丈有余，以免旱涝之患。各湖占田，火速查明，尽行划复，造册呈报。先将赵大四究解。本县知县胡，拘审得：赵大四盖为占湖左袒者。大四湖无分田，而挺身出头关说，何可不一惩其刁也？其夏盖、陆家沟、河清等沟，遵奉帖文，已经委梁湖吴巡检及水利老人曹星等，见在督修高厚。至原议改筑孔堰、谢家塘等坝并划复侵占湖田，以值岁凶，续容渐次举行。合将大四先行招解，薄示其惩。问拟赵大四不应，杖罪，招解本府。署府印同知刘，审得上妃、白马之田，不过七千余亩，而夏盖湖所荫则十三万余亩，权其多寡，孔堰已当改石坝矣。况上、白二湖，先田止三千五百亩，今则七千余亩，额外之田，皆民之侵占者。既占湖田，又欲泄水壅水，以利己而病人，何也？赵大四无田而屡告，明系揽讼逞刁，中间必有科敛之情，姑不深究，相应量拟枷惩。其将孔堰闸改为溜水石坝等情，悉照前议，造册、申缴、取供，仍照原拟转招解。本道蒙道覆审无异，具招通呈本都院。奉批，依拟赵大四枷号一个月、加责三十板，追赎发落。其修浚沟洫、改筑孔堰等坝并划复占田，既有成议，该县何故延捺不行？勒限催完册报。余照库收。缴。蒙巡抚李批：占湖利弊，前院已详允矣。赵大四无田混讼，依拟杖赎，责三十板、枷示一个月，完日发落，取库收。缴。蒙道并行本府追赎发落讫，赵大四随病身故。后晓十九与郑信四等，各不合将田仍前占种收花，以致夏汝宁等又具“违旨复占官湖”情状赴告工部。移咨清吏司抄行都察院，札发本省巡按马，转行水利道彭，札府行县查勘。间，晓十九等前罪，遇蒙万历三十三年十二月十五日赦宥讫。后晓十九与郑信四、徐巧二、赵成五、经楠六、沈贤爵、严汙、陈瑞[1]等，各又不合延不出官归结，后蒙本县知县徐傕拘晓十九等各犯前来，亲诣各湖勘审。三湖水利所关于七乡之民生甚重，其应筑、应修、应复之议，详具于会、上两县。由申及王通判覆申中，已经道府历审，将赵大四等究拟在卷。大四等以结局则不能复占，故又有"遵旨存制"之控。旧年秋，本县到任，以邑之利病，莫过于三湖，随往亲勘，犹恐不得其详。近蒙府帖行催，于本月初六日，再往该地稽察形势，延访舆情。即前两县所议，改筑孔堰为溜水石坝并修紧要沟闸，划复夏盖湖占田，以为调停之术。岂至今数余载，而筑者未筑，修者未修，复者未复，则何也？白马、上妃二湖，在夏盖之上流，接诸涧水，停蓄夏盖。故必二湖之水满而溢，然后上妃由穰草堰、白马由石堰，转入夏盖，由夏盖分注三十六沟，以滋七乡之灌溉。而论势，则湖东之低于湖西，不止寻丈。若东凿孔堰，使二湖之水东走余姚，则二湖可成沃壤，夏盖之水反流石堰，尽流至孔堰，为二湖占田之利，而夏盖渐为陆地。是昔之建二湖也，所以培夏盖之源；今之占二湖也，徒以决夏盖之水。三湖者将存一湖，而其源不长，其涸立待矣。自湖东刁民之盗占也，又惧湖西之必争也，于是投托势宦，以相影射，为兼并之计。而缙绅堕彼彀中，独不思割田为湖者何心，占湖为田者何心，顾以升斗之微，忍与刁豪树赤帜，亦可怪已！不宁惟是，湖西之与湖东争剥肤之灾也，为公也；府县之伸湖西而抑湖东，从民之欲者，亦为公也。问往时夏汝宁之被访，实出中伤。嗟嗟！七乡未沾涓滴之惠，而首事者已罹丧亡之惨，又谁敢明目张胆出而与之角乎？良民敢怒而不敢言，有司能议而不能任。所以虽奉明旨，虽经宪详，而屡议屡罢。白马、上妃之占湖者，日加益也。为今之策，莫先于筑孔堰。孔堰塞则水不泄，水不泄则田不成，湖东虽欲窃据，无所用之。其次，改长坝、修沟闸、增湖塘，以致查核占田，帖由申严，故决、盗种之数者不可缺一。谨将帖内事理及覆审缘由条议上请，以补两县之所未及。总之，有利于民，无愧于心。其毁誉得失，姑听之而已。伏乞批府，再加详究。毅然举行，庶豪强久假之业，一旦肃清。而三湖还其故道，即七乡受其永赖矣。岂独完一积案而已哉！赵大四已死，其李晓十九等，乃近来占湖渠魁等，因备由及条议六款，申呈。蒙分守道邹详批：仰府覆议，有罪人犯一并究详。

1　"经楠六、沈贤爵、严汙"，前文作"经南六、沈延爵、严汙"。

本县复将前由连人申解，本府审间，李晓十九等又不合混情执辩，蒙本府朱审，得：上虞有白马、上妃、夏盖三湖，一邑之水利所关，七乡之命脉攸系，最吃紧也。然上、白二湖，所荫不过七千余亩，而夏盖则十三万亩资灌溉焉。夏盖居二湖之下流，必二湖之水满而溢，然后停蓄深而浸润远。无二湖即无夏盖，则三十六沟皆涸，而七乡渐成焦土矣。详其地势，则湖东低于湖西寻丈，若水由东堰而走余姚，则二湖俱为膏腴。所以湖东刁民必欲凿孔堰以泄水，以据二湖之利。知湖西之民所必争也，而复投托势要，以树之帜而并其势。故湖西处在必争，而府县屡勘屡审，亦皆直湖西而抑湖东。总之，以湖东之民为占田计者，私也；湖西之民为通利计者，公也。该县亲诣详勘，谓计莫先于塞孔堰，使其水不泄。水不泄则二湖之田不成，湖东即欲窃据，无所用之。他如改坝修沟、查占覆由，皆条条的确，毅然行之。使三湖无失故道，而一邑永有利赖，固今日司土者之责，而非宪禁之申谕。则奸民之凭占如故，而勘虽详，罪虽问，卷终不能结也。姑将为首李晓十九等八名拟杖示警。万历三十四年九月初三日，蒙带管水利道萧批：本府通详上虞县夏盖等湖水利覆议，筑孔堰，修沟闸，并占湖犯人李晓十九等招拟缘由。蒙批：仰府会同理刑官再一酌议，确当另详。蒙此案照，见据上虞县议申前来，该本府覆议，行审同前。随蒙带管分守道刘批同前。招蒙批：依拟李晓十九等赎完发落。其塞孔堰等项，悉听府议，行库收。缴。蒙此遵候帖县发落。又蒙本道批：发前因遵该本府会同理刑官覆议，得上虞县有上妃、白马、夏盖三湖，联如贯珠。自上、白二湖承接山涧之水，传流以入夏盖，犹人喉纳而腹受也。于是夏盖之水，疏派三十六沟，分荫七乡田亩，资灌粮田十三万有奇。其为渊泉利泽，不亦溥博乎？此古人置湖本意，盖所以为公也。奈何后世人心不古，惟利自私，今日侵一处，明日占一隅，遂将上妃尽为膏土，白马仅存线流，夏盖高阜之处，亦多蚕食。由是水之源竭矣，一遇旱熯，皆成焦土。上妃、白马之占田无患焉，而夏盖灌荫之粮田有妨。是以湖西居民夏汝宁等屡陈不平之控也。事经十载，议经多官，皆谓孔堰不筑，则水源他泄；圩塘不修，则水有横流；沟渠不浚，则水道时淤；侵占不划，则水利日湮。即此数事，凿凿当从。前议已妥，无容别议矣。其各犯李晓十九等八名，为占湖之渠魁，而该县解府，审拟杖赎，俱亦无枉无纵，似应俯照原详发落，其应划侵占田亩，恭候允示。行县丈勘确数造册，申府之日另报。缘蒙批：仰再一酌议，另详事理，本府未敢擅便，拟合覆详。为此，今将前项缘由同原批呈，另具书册，理合具呈。伏乞照详施行。万历三十四年五月日，吏陈所行，右呈带管水利道李转详。都院甘批：此事利害，原自较然。及文移往复十余年，业经允而在事者莫肯肩任劳怨，延阁至今，徒令笔舌为弊，可叹也。本院切谓湖东占田者，岂尽无良心而必为此利己害人计？有司何泄泄然，过畏徇乃尔。今该县条议更觉亲切，只在力行。仰分守道督同该府县正官，将划复占田、筑塞孔堰及改坝修沟等项着实举行，勒限完报，仍竖碑，永为遵守。李晓十九等，姑且依拟赎发。如再抗违，解院从重究处。库收。缴。蒙按院金批：奸豪图利，侵占官湖，妨农蠹国，非一日矣。李晓十九等，相习抗横，其罪可胜诛哉？既经多官勘议明妥，历年花息，姑免穷追，依拟薄惩。其改筑溜坝、划复蓄泄等法，而两县多官约画最明悉，然非本道再一查确，无以垂永赖也。分守宁绍台道再查妥确，另详报。缴。奉文下日，正直县主徐升任，续后县主王呈道，诚恐影射，亲诣三湖踏勘。其占田缘由，创始于汉唐之间，相沿于嘉隆之际，批详于上尊者，历历在案；会议于县官，彰彰有据。然而数十年来，卒不能完结此局，此中必有难调停处。见今即一拘审，而数百人哀声辙云，所谓议事易而任事难也。此一举也，开争斗之窦，长讦讼之端，干系利害，极大极远。况今正值农忙，水泛不便清理，伏乞俯顺下情，以俟冬成水涸，从容再勘，会议妥当，庶三湖民心安而亦不至反复无定矣。蒙分守道宁批：仰县将从前勘议有行文卷尽数解查。县官身任地方之责，利曰利，害曰害，不宜为两端摸稜之设。且据云占田缘由，创始于唐、汉之间，则皆以耳食耳，其实非也。宋邑宰陈橐之议，诚远矣明矣。明兴以来，唐公铎之后旧，王教授俨之《碑记》，而陈公耘之手批，且波及兰风，历历载《志》皆可考，安在其不可行于今乎？仰县再查确议报。又蒙海道邹批：天下事岂不可为？第人不肯任耳。三尺森严，殆难为豪横循也。惟谓今当水灾之后，又值冬成之时，姑收割已毕，然后力行之可也。缴。

工部覆奏

工部覆本，为豪强占湖泄水，恳乞行查，以全国赋、以救生灵事。都水清吏司案呈，奉本部送工科抄出巡按浙江监察御史萧题称：据浙江按察司提督屯田食粮浙江直水利兼理盐法河道佥事董呈称，蒙臣批据水利道呈详查，议过上虞县上妃、白马、夏盖三湖缘由，蒙批据呈，似尚草率，所与因仍开复二，顷未有的数顷亩及分别疆界，不惟无以永利，日久且难以塞责。目前本道仍行两县官再加勘报。蒙此案照，先蒙案验。该奉都察院勘札前事行道，备行会稽知县杨维新、上虞知县林庭植会勘，申道备由呈详。蒙批前因，复行二县，申称先该各官亲诣三湖处所，拘集耆里业主人等，查勘得三湖创自汉唐，潴水灌田，实五乡民利。只因各湖高阜处所原有额田，小民因将近田湖地屡次占种，各经奏勘，立碑禁革，豪民仍复侵占。至嘉靖三十九年，有民徐应元等欲佃为实业，呈蒙军门都御史胡，批府行县，勘明不准。但所占前田，尚未吐出。至嘉靖四十一年遇蒙丈量，该本府通判林仰成，即作原田丈出多数入册粮差讫。丈量之后，各民复占成田太多，且地势渐低，必泄水方可布种，因大开孔堰等闸，以致湖水少蓄，灌溉无资。一遇旱魃，五乡遂至啼饥。及今不禁，则侵占之渐，犹不可止，而五乡之害，又不可言。所以王茂贞等有今日之奏。相应查照原额，尽行革复。但念前田承业既久，粮差已定，卒欲更复，不无动众之患。议将嘉靖三十九年以前占种者，仍旧管业，置立疆界，分别湖田。三十九年以后占种者，悉退为湖。在上钱粮，即着五乡居民包办。又以新占湖田，比之额田地势甚低，所以得占种者，为诸闸之不谨，有以泄水故也。若湖水常足，自难成田，而侵占之源可塞。议将孔堰筑塞坚固，其余小穴诸闸重加修砌，设立闸夫老人司其启闭，仍立碑禁谕。如有仍前盗开并侵占湖田，比例问发，题为永制。庶水利可久而国赋不亏等情，已经具申。今复查勘前占湖田，原该林通判丈量，定有埂界，内三湖共田九顷四十一亩四分七厘零，系业主马迪等俱于三十九年以前占种者，前议姑令承业。埂外三湖共田四顷一十九亩八分六厘零，系业主叶文显等于三十九年以后占种，前议退复为湖。及审埂内田已经丈量入册粮差，埂外田尚未入册，亦无粮差包赔，各勘明白。查得田亩字号、业主姓名，申送到道。据此查得三湖除原额田共二十五顷六十六亩九分，后因居民侵占，嘉靖四十一年，该林通判丈勘定有埂界。自三十九年以前占种田共九顷四十一亩四分七厘零，俱在埂内，已经入册升粮，姑令仍旧管业。三十九年以后续占田共四顷一十九亩八分六厘零，俱在埂外，未经入册升粮，议令退复为湖。其疆界已有石埂，无容外议。然疆界虽明，恐立法不严，日后复恣侵占，合照二县前议，凡有仍前冒占者，无论多寡，比依“强占官民山荡湖泊”问拟，杖一百、流三千里。盗决者比依“盗决河防毁坏人家漂失财物淹没田禾犯，该徒罪以上，为首者问发充军”事例，并乞题请著为定规，俱候允示之日备行上虞县。查照原议，筑塞孔堰闸、修理小穴等闸，每闸设闸夫二名，湖东湖西老人二名，以司启闭。曹稽沟闸仍旧为便，不许迁移。备将改正过缘由，刻立碑石，以垂永久。呈乞照详完销勘合等因到臣。据此案照，先奉都察院巡按江五千五百四十四号勘札，准工部咨，该本部看得上虞县民王茂贞等具奏上妃等湖水利缘由，既奉旨相应行查，移咨都察院备札行臣，即将王茂贞等奏内事情，选委廉能官员，逐一从公研审，不得拘泥一面之词。审果情词是实，即行改正，究问如律。倘有利彼妨此及捏情妄奏，径自究治等因奉经行。据浙江按察司水利道，行委会稽知县杨维新、上虞知县林庭植，会勘明白议呈前来，尤恐未尽。又经批行，覆勘去后。今据因，为照吴越之间，古称泽国，耕稼之利，多仰官湖。自顷年以后，民既利湖田而敢为侵牟，因而官亦利湖田而轻为佃税。占种与佃税交作，致湖荡与堰闸俱湮，水利竟微，旱涝何备？其在绍兴各县又其尤者，在上虞县上妃、白马、夏盖亦其一也。所以王茂贞等切有此奏，诚有不可不为修复者。据查，徐应元等侵占至于多顷，而丈量亦以多年，不惟已派之税即难弗许为田，亦且已成之田即难复浚为湖。至于埂外续开之田，又非册内经丈之数，当令尽吐，以广潴蓄。然湖荡广而堰闸不严，则水泽之走泄何杜？堰闸虽严，而细民之觊觎尚滋。所据该道议将前项湖田，已经入册粮差者，仍令管业；未经入册升科者，悉复为湖。修筑堰闸，定立疆界，比依律例，刻悬禁约，似亦有见。如蒙乞敕该部查议，准令照议修复施行，庶法严则民无轻犯，湖广则水利永固。此一方黔黎之幸也。等因。奉圣旨：工部知道。钦此。钦遵抄出到部送司。

案查万历元年六月，内据浙江绍兴府上虞县民王茂贞等，奏为复水利、诛豪强以救亿万生灵，以全亿万赋税事，已经备咨都察院转行巡按御史查勘。去后，今该前因查呈到部。臣等看得浙江上虞县上妃、白马，夏盖三湖，利关一方，委当修复。今既巡按御史萧，委官相勘明白，具题前来，相应依拟，恭候命下。本部备咨都察院转行巡按御史萧，严督各司道府县等官，除徐应元等占种之田、已经入册升粮者，姑令承业外，将埂外续占之田、未经入册升粮者，尽数开复为湖，以广潴蓄。仍修堰闸，定立疆界，不许豪强仍前侵占。如违，严加究治。务垂永久。其一概禁约事宜，悉照原议施行。万历二年十二月十九日覆。本月二十一日奉旨：是。

徐公六议

一、筑孔堰。上妃、白马之占为田也，皆由附近居民私开孔堰，将二湖之水一泄而东注，余姚不烦工力便成膏腴，故占田者四起。而夏盖湖之水源已竭，湖东、湖西之争未已者，全在此。若改堰为溜水石坝，溢则流，平则蓄。庶上妃、白马之水仍归夏盖湖，而七乡十三万之田俱资灌溉矣。两湖额田之形，原高于湖。彼借口于潦之为害者，妄也。其改坝规制丈尺，具前议中。

一、改长坝。长坝与余姚接境，乃三湖各沟闸诸水所合流之处，其泻于姚，势如建瓴，故孔堰固三湖之尾闾，而长坝尤三湖之漏卮也。虽常建闸，以时启闭，近因兴船，欲避梁湖之官税，往往取道百官等镇以达长坝，而该土豪民又利其私税，遂使闸无寸板，一任水之奔注。船之往来，恬不为怪。闸旁坝原以土筑，船既由此拖过，则坝易坍塌，又何怪三湖之水不蓄，而一遇天旱即苦弗岁也。七乡民所以请改闸为坝，而坝必用石也。其谢家塘之利害亦如长坝。

一、修沟闸。夏盖湖东西，共有三十六沟，以分注其水，又有塘以捍海之咸水，有闸以蓄湖之淡水。其西固无恙也，惟东二都至五都，如陆家、河清及小穴、夏山等处，泥土浅薄，易于盗决。故土豪因而偷水灌田，又因而拖船捕鱼。近该勘视，大非旧制。若春雨连绵、山水泛滥，其溃也，可立而俟矣。应令管湖老人及圩长，将各沟作速修浚，无致倾泄。其闸亦以次缉理坚固。庶咸水不入，淡水不出，而七乡之田无旱干之害也。

一、增湖塘。夏盖湖三面枕海，其北与杭之盐官相望，所恃障海捍田者，全赖湖塘。今塘皆坍塌低狭，仅存一线之路。盖非独湖东之盗决，其北新涨沙地，渐成沃土，及属之灶户者，假灶名色，显然决湖之水以自利。水多从旁孔出，故塘之削也滋甚。及今不为修筑，或风涛冲激，或霪雨浸溃，将海潮直入其腹内，其始寻丈，其究滔天，悔何及乎？应照原议，令得利人夫修筑，阔四丈有余，以防奔溢之患。

一、查占田。贴田占田，非有祖业，非有价买。夏盖湖之窃据者，较之上妃、白马稍难。上妃、白马，一决孔堰便成田矣。若夏盖之占湖者，虽假工力、藉经理，然大山下、荷叶山、冯家山、鹅儿斗等处，在在皆有肥。后应照律例究拟，仍追籽粒，庶占者、决者惧法，而不敢肆无忌惮，亦复湖之一端也。

海塘湖田要害议

县治西北二十里之外，有曹娥江。江东一带，南自十都起，至九都、八都、七都、六都、五都，北抵余姚县界，约地一百余里。其沿泊江岸，海潮泛涨，则有漂没之患；内有白马、上妃、夏盖等湖，堤防废弛，则有旱干之忧。故沿江之岸，当筑埂以防潮汐；田上之湖，当蓄水以防干旱。但海塘、湖塘，年久低塌。及至修理，圩长、闸邻、堰邻，皆系无产棍徒，嗜酒贪利，不能号召服众。以致富豪有田者，倚强高卧；贫困无田者，枵腹虚应。公差纷尔，催勾完状，徒为虚纸。或湖田遭旱，或海塘被冲，不惟害稼，且致溺民，公私俱困。今当勘得各该堰、闸、坝、埂等处，如西踏浦、荷花池、思湖、前庄、鹊子、查浦、番花庙、董家湾、张家埠、大河口、花宫、黄家堰、潭村、贺家埠、赵村、河口、叶家埭、备塘者，随即酌处，照产田丁，派工修筑，着令居民种插细柳、桑柘等树，毋得将洒水草绊划削粪田，抵浪芦荻窃挑供爨等因。又勘得原有会稽县三十三都，犬牙相参本县七都之间。最为崩损低薄者，自章家墓起，至西汇嘴、湾底、沥海所、北门、马路头、纂风寺、五里墩边止，约计一十余里。虽系会稽，实与上虞同此一岸，海塘相应协力修筑。此会稽三十三都有关于六都之紧要者，合无申请，著落会稽水利官知会，照例修筑。并行沥海所重禁芦之条，方可无碍。及勘湖塘南自十都起，至九都、八都、七都、六都、五都、四都、三都、二都内有长坝等各闸，并宜修筑外，其上妃、白马、夏盖三湖埂，如穰草堰、杜兼沟计三十余处，坍塌颇多，亦应照田丁派工修筑，并严诸闸，以时启闭，仍禁张捕鱼虾、偷泄湖水，并拖拽船只，以致损坏埂岸。又勘得有蒋家堰、莲花、皂角闸、陈仓堰四处，系七乡下流底界吃紧处所，亦宜时修筑，毋致坍塌。俱各着近堰邻人等看守，独有镇都新坝一处，向被余姚邻近强民盗决，且坝址旷野，难于守御，往往余、上二县百姓争讼。为此，宜加令筑高阔二亩有余，方始无患。今后照该田丁，每田三十亩，派夫一名。无田寡丁，十丁攒夫一名，士宦不得优免。其圩长闸堰等邻，各要田产居上、公道能干者为之，则庶乎役均而任当矣。又县治之西有沙湖暨运河，如外梁湖夹塘之类，亦合如前起工修筑外，此若十一都之杜浦等处，十四都之败塘等处，二十二都横泾坝，又二十三都永宁闸等处，俱以照前项规则施行者也（上虞丞濮阳传议）。

邑令徐公待聘曰：余尝以勘塘至海上，云登夏盖山。北望盐官，城郭隐隐天际，而山去海则里许，波涛澎湃，亦邑一要害也。询之耆老，所恃以障海捍田者，仅有此塘。而岁久渐圮，不惟修筑之诎于物力，其石半为土民所窃，此与割腹藏珠者何异？嗟嗟，今幸海不波耳，设飓风大作，其关于五乡民命甚不小也，而得晏然已乎！

修筑江塘

吾乡江塘，自十都百官抵七都会稽延德乡，横亘一万五千六百丈，利害与海塘等。崇祯年间，水势曲割，冲决堤岸，咸水直注。盖湖上陈潭壅塞，江潮横溢，居民大危。时朱鼎祚、孙敬等投哀两台。太守王公期昇，相度水势，躬亲督筑，并浚隔江之塘角，水复如故。民怀其德，为建祠立碑于前江之东北隅，倪元璐为之《记》。

上虞之为国，以江海为外惧，而内亲湖。湖曰夏盖，方广百里，浸田一十四万有奇。挹拍娥江，归墟于海。往，江由白堰屈曲二十五里，弭节塘角，自狩其郊，未尝过湖而问。自顷居民规便，抗弓取弦，使水奔怒而啮上陈之塘。上陈塘者，湖、江之所表限也。时则名田千计，奄化为江。自是以来，塘岁一决。至崇祯九年，秋潮乘飓威吼，决叶家埭塘，以尺计三百有六十。庐墓徙于冯彝，桑田归于沧海。自虞注姚，至于甬东，邑人大号。其时上下愕眙，无能治之者。毗陵王公以南祠部郎来守越州，元璐季父封侍御晋源公、仲兄侍御三兰，闻之大喜，曰："虞不沼矣。"盖闻王公节警而思深，节警则能决谋，思深则无坠计。乃率众吁于公，公应声投袂起，曰："事有大于此者乎？"下令急筑塘。既循众愿，计区征输，又请之台使者，发乡社谷若干济之。遂以其年十一月筑新塘，明年正月筑备塘。塘成，邑人皆贺，王公曰："不然，今江犹激射未驯，其势不吞，潮不止也。"乃又求江故道，所谓塘角者。躬乘樏撬，审端究归，尽得要领。而虑馁精之不供，为出岁俸什伍，曰倡输者。于是乎，致材石，简斤锸，募丁徒，信罚赏。十千维耦，如云如风，心串力屯，争水犹鹿。自四月甲寅至于五月壬午，江通，敬告厥成矣。王公意未慊，命筑上陈，益功致坚。又相河要害、江海咽喉若干所，疏者益碛，靡者益栈。视荫之辈，讥为葸谋也。居亡何，龙躩于江，大风揭石，高岸四隤，木围五尺以上者悉拔，而塘无恙。众乃愈神王公。当此之时，农讴于野，妇笑于室。其父老以为有德于民，宜祀之；而士之髦者，谓我公至德不自功，即祀之，无使公知。乃闭匠曲房凡二十日，祠貌俱成。又使元璐阴为《记》。元璐作而叹曰：嗟乎！天下事曷有任之不成者哉？以其诚，则必得之；以其计数，则必得之。诚者，天人所际；计数者，神明之归也。昔者禹受命治水，顺用疏瀹，逆用排决，是故禹者，万世之师也。西门豹则之，以治邺河。李冰则之，以治岷江。而治邺河始于投巫，终于凿十二渠。治岷江，始于立三石人、三石牛，终于分三十六江。今王公之治娥，盖也始于为德于湖，终于为德于江。盖惟本之至诚，益以计数，近取诸身，远师神禹。故尤为天下之治才也。独叹王公为其难，而天下之可以为王公者，且不能为其易，岂不惜哉！公，昆陵宜兴人，举崇祯辛未进士，美姿容，须眉华悦，其为人，无欲有气。治其民，慈健并形。民受牒入对者，无问绌信，皆翔舞而出。颍川、南阳之流欤？虽微兹功，亦当祀也。祠枕上陈而望塘角，东去虞城三十里，西距会稽境二十里。先是富顺汤公绍恩守越，建三江闸，利越百世。越人祠之三江，其祠翼然孤跱百余年，至今而偶云。

陈仓堰事迹

绍兴府上虞县县丞濮阳为害民事。万历五年十月十六日，蒙本府通判伍牌面，该蒙钦差水利道佥事陈批“发本县曾乔状词备行，仰职速提犯人杨德等解审”等因。万历五年六月二十七日，蒙本府乐批，发杨德状词，有为飞殃事。又批发本县朱贵状词，并经行提犯杨德到县审，据曾乔等众称“古制陈仓堰闸一座，内置石霪一口(霪即是闸)，启闭及时，不致盗泄，以固水利。于成化年间，告蒙宪定闸邻二十四名，给牌看守。今因本闸日久损坏，闸邻年久逃亡，致泄水利，以致告理”等因。查得陈仓堰闸，系夏盖湖底界，堰连余姚河港底霪。若此堰被决，上虞数十里河港尽涸，盖湖之水殆尽。非但湖东受旱，而湖西之害更极，五乡之民无聊赖矣。此实干系紧要处所，随该本职亲诣该闸，照田派夫，修筑坚固外，仍将附闸居民，照田通行，串名编定闸邻一十五名，常川看守。倘遇盗泄损闸，着令闸邻随即防御，随即修筑。如或水涨冲坍并年远颓坏，人有逃、亡故、绝产，有更改变易，仍照本都承荫田亩内，算派人夫工料，重编姓名，重加修造，永为定规。合行置牌。为此，牌仰杨德等查照，牌内事理，每闸邻三名，承管木牌一面。自本年为始，以后轮流收管，周而复始。如失误隐匿者，究治以罪。年年各派加筑，如不筑废弛，并治以罪。其牌内闸邻，每名永免其修筑海塘、湖塘夫役半名，逐一遵行看守，敢有故违推诿，以致泄水利妨民者，许即执牌赴县陈告，以凭拏究，决不轻贷。须至牌者。

万历六年三月日给

陈仓堰乃五都上流之抵界也。姚邑兰风乡四、五保之民，垂涎湖水，每每起衅。不知盖湖乃虞邑五乡居民割田为湖，田包湖赋，湖供田水，湖内并无姚田。姚民不包湖赋，缘兰风七、九、十保与虞邑五都，同沟旁岸，彼乡之民就便车水，不能禁止，年复一年，久以为例。今日茹谦三大保是也。其堰外，因有虞邑“岁、律”字号田一千三百亩，故留霪洞一尺三寸，以资灌溉。中横一石，启闭以时。古有木牌，立闸邻二十四名，给牌看守，轮防盗决。堰下里许，有倪家坝，为虞、余所分界，不许开掘放水。因坝在旷野无守，姚民日逐盗毁，堰下虞河遂与四、五保相通。所以姚民屡怀盗荫，又因四、五保之民吴佐等，先与本县植利人陈世表等往来，屡屡置备酒馔，弥缝闸邻，情分既熟，容令车戽。后吴佐与陈康时等，却称先曾分食水利，持强争夺。淳熙中，邑民夏邦直与陈康时俱经提刑司争告，各执一说。司理院定拟，兰风乡一都田土，除茹谦三保随上虞田灌溉水利，其四、五保之田不容承荫。其四、五保之民，托同邑乡绅孙月峰私改《府志》，预埋占根。载《府志》云："虞邑之民，怀奸挟私，不肯于吾姚同利。"志，公书也。而曰"吾姚"，则利心毕露矣。又陈耘手批云："波及兰风，古规可志。"夫曰"波及"，则非该荫可知。且波及者，止七、九、十保，非四、五保之民也。于康熙十八年，姚民诸昌三等，统众掘坏湖塘，刬毁古堰，湖水立涸。堰邻报鸣本县，姚民反捏词控府并宁绍道，委署水利厅、会稽知县张思行，会同两县知县踏勘。姚民贿嘱张思行偏袒，详覆。五乡士民王甲先等情极，赴宪哀陈，适途遇张思行，虞民大哗。总督李随将思行参拿，批发金华府同知署府事王，与本府同知许会审。诘问两县钱粮额数，乃虞多而姚少，遂云姚民不包湖赋，不得再争水利。详覆各宪。其堰霪仍留一尺三寸，高河底二尺，止荫堰外虞田，与四、五保之民无涉，而讼端始息。但四、五保之民，垂涎湖水，屡怀奸谋，诚恐复起争端，后人不知其由。麒生曾身任其事，备知其详，特述其事，以垂后世焉。

崧城俞麒生具述

上虞县知县郑，查勘得夏盖一湖，创自唐长庆二年，乡民割田为之。周围一百五里，西高东低，约有寻丈。其湖西一十八沟，地势高仰，雨则流入于湖，旱则分支承荫，而承荫之外，并无他泄；其湖东一十八沟，地势低洼，势若建瓴，一决尽倾，注诸姚江，流入大海，毫无回洑。而谢统十八，口称"湖西一十八沟沟沟皆放，湖东一十八沟，理亦皆然"，故决塘岸九处。鞫诸原呈赵宗，则出邑《志》《水利本末》。卑职一一查核，其湖西向来无恙。而湖东一十八沟，自宋淳熙十二年，因沿沟居民常将沟门开放，捕取鱼虾。为失水利，众诉于县，县申于上台，上台具疏于朝。官民奉旨填塞各沟，即于沟水相通之处，地名小穴沟，及夏盖山东硋沟，就行置闸。官为锁闭，收掌匙钥，依时启闭。又于湖之东西，择士之有常产、有干略、为乡评所服者各一人以司之，关防最善。今谢某等不谙古制，统率众人，开放闸门，又连掘湖塘九处，七乡士民所以有"盗决、大害"之词。谢某等但识有沟名之处即可疏掘，岂知自宋至今，诸沟久塞为塘，虽存沟之名，而实无沟之迹也；而东乡小穴、盖山建闸二所，遵制开放，流贯诸沟，承荫各土，虽无沟之迹，而具有沟之实也。自宋五百余年来，历有明据。卑职奉勘详确，敢不从公具由报。

康熙六年七月日具

上虞县知县郑查

设法议巡

上虞县七乡士民呈：为严饬水利以垂永久事。窃夏盖一湖，创自唐长庆间，居民割田为之。田包湖赋，湖供田水，周一百五里。半邑国课民命，关系至重。详载《县志》，备悉《水利本末》。但地势西高东下，势若建瓴。故古制于湖之东乡，高筑塘岸，设沟闸一十八所，启闭以时，旱涝有备。仍设耆老二人，董司其事。乃湖东居民贪捕鱼虾，往往盗决，一泻无余。杀禾亏赋，屡兴大讼。虽蒙各上台暨本县，稽古按志，右西抑东，而西乡居民已大受其害。近年耆老既无夫马之费，任大责重，人不乐为，司水无人，屡不有年。继以己亥三月，异常冰雹，二麦颗粒无收，老幼惶骇。某等惟恐又遭旱魃，则噍类无遗。因会同各乡士庶，创为各姓分巡之法。自清明始至白露止，每姓止派二日，而设总巡一二姓，严董厥事。行之一年，踊跃称便。岁果大旱，亦赖有秋。但未蒙天委，一则东乡盗决，犷悍难驯，一则西乡巡警怠，不及事，势难垂久。伏恳父台垂念半邑国课，万民生命，恩准通行，仍赐印谕为照。并请通详各宪，勒石垂久，万代公侯。为此，连名激切上呈。

本县正堂蔡，看得三湖水利，国课民命所关也。而屡年盗决，多因渔人网利，致毁堰防，水利不固，民病而国课亦亏。近日客船不由百官驿亭故道，而取径于河清沟。奸牙利其往来，拖船堰上，使如带之土，将湮于洪流。湖水一决，东西之人，何岁之望哉？此亦由司水无人而然也。今幸西乡士民，立法分巡，力少功多，七乡称便。因民而行，可保湖塘之利。除一面候申各宪勒石垂久外，仍宜严饬居民，倘有东乡各沟邻圩长看守不固，并地方奸民捕鱼盗决，或客船强拖、牙人钩连者，许七乡分巡人等扭禀本县，以凭按法重处，决不姑息，以长奸而酿害也。事关重大，慎之，慎之。

顺治十七年三月日

蔡侯，讳觉春，河南归德府商丘人。己卯副榜。

虞邑西乡合巡三湖水利叙

予读郡、邑《志》及《水利本末》诸书，知盖湖之于国课民命关系重矣。及身睹其事，而益叹利害之大，而当事之苦也。然亦在人得其法、法得其人而已。千古无不敝之法，而有不敝之人，亦顾其行之何如耳。湖创自唐长庆间，居民割田为之，周一百五里。虞邑承荫之乡有五，以及余姚之兰风、会稽之延德，共为七乡，通灌田一十三万九千七百有奇。湖供田水，田包湖赋。质之《图经》，按之古制，千百年如一日也。其上妃、白马二湖聚群山之流，为水之源，系诸乡尤重。故曰“三湖水利”云。自宋迄元，言利诸臣上其事，废湖为田，屡废屡复，翻若波涛，其害不可胜纪。终明之世，豪强之侵占，奸民之盗决，雠仇讼杀，靡有夷届。前此者毋论已，且夫拆冯山之居，火陆氏之族。当斯时也，以西乡数十万之众，荷锄揭竿，官不能制，神不能禁。此无他，湖水之淤泄，亿万之性命系焉，故生死以之也。湖之利害，关乎三县，而三县利害之责，属在司水老人。昔之老人，一而已。其体甚尊，经有司之荐，出上台之委，有夫马之费，科之承荫之田。巡视之日，供诸圩里之长。由是威足以慑，而人亦乐为。自县官不重水利，而委任无权矣，一变矣。继移之百官巡司，额科给费如故，迨奸胥中饱而巡司气馁矣，又一变矣。崇祯间，议报东西乡老人各二名，互相巡察，以均劳逸，然每年迭易，如同过客，而责任不专矣，一变矣。明末清初，旷废数载。予乡有郭霞宾者，感慨激切，择老成练达二人久其任，舟楫之费，派之各里里长。不逾年而利归私橐，又亢旱频仍，抱愤者甚以为卖湖而杀稼也，并讼诸宪，而西乡自相水火矣，又一变矣。自是之后，强者戒，弱者避，水利之务，阔焉不讲，而旱干洊至，无复有秋。己亥春，王六维与弟石如暨阮羽赤，惴惴然有利害切肤之惧焉，随同予兄拱岳、侄善伯、茂之，巡历各沟闸，相其要害，归，复商司水之法。先是建议者，谓与其迭更老人，不若照海塘之式，各都分司便，然而事不归一矣。使仍责老人，而甫经任事，谤议沸腾，有害无利，殆不可复矣。于是六维诸君毅然曰：“夫水利，大事也。急水利，同心也。思西乡之土不一姓，姓不一人，并力协谋，而计姓巡之，直一二日事耳。”遂检搭诸姓，得应巡者若干数，置大牌一面，书众姓日期于其上，并某沟、某堰、某闸，次第书之。列项款，陈约法，分布井井，较若列眉。合会与嵩祠，谓便者什九，疑者什一。又议湖陂之下者姓，出瓦屑一二船，涨其流。迨行之已周，谓百年不敝之法也，旷世之举也，用力少而成功多也，疑者百不得一矣。且夫以水利之重，一十八沟之远，而责在一二人。一二人又不能时巡而坐守也，或日一至，或月一至，而盗决之夫伺之者众，来则佯壅，去则大泄，几何而不为焦釜也？又，司不得其人，众姓之耳目不及，乘间觅私，往往有之。以故水利日坏，而讼孽烦兴。今者，合西乡之力以为力，合西乡之视以为视，而月无旷日，日无旷时，辄奸宄袖手，水流以节也。且行之历年，沟者，人知其为沟，堰者，人知其为堰，或古制，或今弊，人皆知为古制与今弊。父示其子，兄传其弟，家自为虑，而族自为谋，吾知三湖之水之固也不难。

是岁已亥，大雹之余又旱魃者七十日，而河无涸渚，田有余流。立法之效已见于此。语曰："众心成城。"又曰："不惟其法，惟其人。"若夫湖塘之未高，湖坡之未浚，《湖经》之未修，侵占之未复，断有望于同志之君子，励而行之矣。时顺治十七年庚子三月，古嵩城俞得鲤天赤书。

巡水条例

一、水利大事，每年首事维艰。盖东乡盗决，向来强悍，自非著姓，难以备御。今西乡分巡诸姓，虽多踊跃乐趋，亦间有怠缓不及。自必藉督理之人，凡各处沟闸偷放，并散巡怠缓失期，皆责成为首之姓。决放者随命修筑，怠缓者从公议罚。更不得已而至于告官究理，亦系是年为首出名，众姓从之，不得推诿。

一、巡水日期，原议始清明而止白露，但白露以后，分巡首巡，足迹不及。而东乡濒湖豪猾，贪鱼鳗舟税之利，肆行决放。一至交冬，舟楫难通，采捕失业。况冬水不蓄，春夏何恃？今议轮年首姓，必自正月起至十二月止，凡白露以后，一月两巡。若有决放，呈官究治。如有一月不巡、隐匿不举者，定行议罚。至十二月半后，即请下年当面交代其下年为首者。自正月巡起，相其要害，至三月初旬，遍传各姓，照例分派瓦屑，颁日书行。

一、分巡诸姓，奉行故事，不能尽心竭力，以致每当夏秋之交，竟同焦釜。今议出巡者，须备蓬船、锅灶并锄、锹、泥络，逐一挨视。塘坏催其速筑，沟流立督加固。如有小缺渗漏，自为修补。不然，俟首巡催筑数日之后，竟成巨漏，此耗水之大病也。后仍书报单一纸，揭之通衢，或某处无恙，或某处已坏。如无报单、船只、锄锹者，作不巡议罚。

一、东乡盗决湖水，亏课殃民，关系匪轻。然必亲知灼见，的系何姓何名，乃可举辞动众。不得挟仇怀私，指名诳传。每年首事稽察，固所当严访问，必须的实，务在老成持重，慎勿轻举妄动。

一、制牌一面，书各姓承管日期。牌到之日，风雨无阻，如有偷惰不巡者，议罚。

一、牌行有日，须先期交发下肩，以便豫为料理。如有失交、越次者，议罚。

一、旧簿分巡日期，填派已定，难以加增。今议白露以后，将著姓另设一牌，开载月日，以便挨巡。

盗决禁约

康熙十年四月，湖东陆照、袁殷诳呈邑主郑，希图违例决放，蒙批水利衙王，查照旧例，行随蒙水利衙出示，通传七乡，面质旧例。我七乡士民具呈公恳，将《县志》《水利末本》，呈送邑主，切陈利弊。即蒙出示永禁，不许秋放。谨将批辞载志于后。

本县阅《县志》，览《条约》。此湖荫七乡田亩，不许盗放。每年于秋前秋后，按日按时启闭，法甚悉而制甚详，自宜恪遵旧例，毋隳成案。何得人起私意，希图决放，欲坏千年之古迹，陷万姓于阽危，使吾士民父老子弟荒废农业，彷徨伺候公庭。本县心实不忍，着一遵旧制，盗决者有禁，诳告者必惩。民以时巡，官以申饬。本县为尔等做主，不必张皇，归去急早种田可也。《志书水利》条约并发。

长坝规制

绍兴府余姚县、上虞县，为咨访利弊事。蒙本府票文，蒙布政司宪票，奉巡抚都察院线宪牌，备行前事到司，仰府即将该条陈，修理夏盖湖，关系水利民生。该县既有成见，火速确议详覆，立等转覆等因，蒙此，为查此案，即蒙宪檄严催，屡经备移水利厅转行。查议去后，延今日久，岂该县一任经承玩搁，抗不议覆，以致宪案久稽，怠忽已极？合发一催。为此，仰县官吏查照，速将夏盖湖水利一案，平心易气，关商妥确。务使彼此利益，永杜争端。立速具文详府，以凭核转。此系宪案，敢再抗延，立发二催提究，玩承不贷等因。蒙此，该余姚县知县韦钟藻、上虞县知县陶尔穟会看，得长坝之设，原藉以蓄泄水势，灌溉田亩，如姚邑之兰风都、虞邑之第四都所有疆畎，并资长坝之利，以救旱涝。规制昭然可考，只因相沿日久，两邑地形有高下之别，岁需水利又各有盈涸之分，致士民有田之家，每图已便，罔顾邻畦，辄起相争。兹蒙宪檄，饬令从公妥议，会同详覆。仰见宪恩一视同仁之至意，卑职等敢不凛遵。该地方兴革，一切当顺舆情。惟两邑农事所关，即将来国赋攸系，碍难偏徇，以滋争执。是莫如查照旧制，凡蓄泄之宜，启放之候，悉循往例，而更按年岁之有无雨泽、是否旱暵，随时关商酌行，务使相安，不致专利，则争端永杜，无非沐宪泽之深长矣。除申详府、宪外，为此备由，具册会详。伏祈宪鉴施行。须至申者。

案详水利厅本府

康熙三十五年九月十一日

绍兴府上虞县、余姚县为咨访利弊等事。蒙本府正堂加一级杨票文，蒙布政司加三级赵宪牌，奉巡抚都察院加二级线批本司呈详：该本司查得水利之兴，前人原有溥利之义。据查，夏盖湖乃虞民割田为湖，则其专利于虞也为重。姚居下流，仰其余沫，是以设坝建闸以节之，蓄泄有时，启闭有候，载有旧制，自无庸紊。既据二县平心虚公会详，仍遵旧制，应将启闭时候，明白勒石坝上，使两邑官民遵守易晓，庶可以杜争攘于日后矣。相应详请宪批申饬，以便转行遵照等因。奉批如详，转饬遵照。仍令该府督仝姚、虞二邑，公捐勒石，务将旧制启闭时候，备列碑内，用垂久远。事竣取具碑摹，遵依报查缴等批。奉此，该卑县等遵奉宪批：事理查照旧制，闸板启闭于四月初一日下闸，秋后三日开放，永杜争端，两邑恪遵，无紊旧制。须至碑者。

康熙三十六年三月初五日，上虞县知县陶尔穟，余姚县知县韦钟藻仝立

今将湖东应巡各沟闸开后

应巡沟闸

第一，经仲沟（附下河董家堰）。

第二，驿亭堰（侧附后陡亹）。

第三，朱家霪。

第四，干山沟（附下河底界堰）。

第五，小穴闸（沟底暗去一板，日放鱼虾，宜将瓦屑填塞）。

第六，孔经沟，已塞。

第七，河清沟。

第八，柯山沟，有堰。

第九，徐少沟（又云退沟，今名华沟，系丐户赵管。又有菱池头，不上水利沟内，此处甚险隘，湖塘易崩）。

第十，陡亹堰。

第十一，曹稽沟（即陆家沟，宜多填瓦屑）。

第十二，杜兼沟。

第十三，李长官沟。

第十四，茹谦沟（下有小沟，无沟邻）。

第十五，方村沟（即阔河口，其塘易坏，宜岁增瓦屑，在周姓门前，名大树后）。

第十六，屠泾沟。

第十七，张令沟（谢家塘，谢姓承管）。

第十八，盖山沟（有闸二洞，旧议塞一洞。古云东埏沟。过东半里，即兰风七甲塘。桥东系谢姓管，桥西系庙山巡司管）。

湖西轮值首巡众姓列后

王、俞、阮。

西华、顾（河西在内）。

嵩城何、朱、顾。

朱、李、周、郭（汪、任、马、连、张、曹、杨、徐、成、王、陈等姓）。

严、丁、谢、朱。

郑、徐、金、陈、丁、姜、王等姓。

嵩城潘、韩（许、沈，并乌树樟沈，贴韩）。

雁埠章、陆、屠、郑。

赵、叶、张、桑、蒲、张、王、陈。

桂林朱、夏、郑、高。

凌湖李、严、王、杨，贺家埠陈、谭、周、张、赵、金，塘湾张、金、陈、潘，黄家堰罗、杭、王、朱等姓。

港口孙、余、严、柯，五叉港王，前后郭渎陈姓等。

埄头陈，潭头李、许、张、俞等姓，周家堰周、邵，郑家埭朱。

前江金，叶家埭叶，后村汤、孙，新建王、孙，施家堰陈、王。

已上诸姓承管首巡，周而复始。

湖西折巡贴费众姓列后

达浦　金，二两。

　　沈，一两（达浦沈在内）。

　　桑，一两四钱（前一股，后二股）。

　　钟，一两。

　　宋，一两。

　　郑、高，五钱。

　　任，四钱。

　　陈，四钱。

槎浦　何，一两。

　　潘，八钱。

　　王，七钱。

　　马，三钱。

滁泽　任，一两。

　　谢，二两。

　　吴，五钱。

赵村　王，二两。

吕家埠吕，三两。

马路　朱，三两。

蒋、阮、邵，三两。

倪、孟、王、赵、沈，三两。

荷花池　杭，五钱。

沈、祝，一两。

后郭　丁、陈，五钱。

余、王（已上诸姓贴银十四年分出，交收瓦屑之日，共付首巡。如迟倍罚）。

赵

杜

教场　陈（已上五姓于前江金叶等姓，首巡之年贴费四两）。

今将各姓巡水日期并瓦屑船数依旧例开后

昌虞桥	李，	三日。	瓦屑二船。
	张、夏、丁，	一日。	一船。
	曹、杨、陈，	二日。	二船。
唐家桥	朱，	三日。	二船。
	任、汪、马，	二日。	一船。
张湖连	张（附西张），	二日。	二船。
	周、徐，	三日。	二船。
	成、俞、朱、陈，	三日。	二船。
丁渎	郭，	三日。	二船。
	蒲、蒋，	二日。	一船。

下湖头	王、陈、王、朱、刘、冯、金	三日。	二船。
盖山	陈，	六日。	三船。
荷花池	张、夏，	二日。	一船。
	杨，	一日。	一船。
	杭	五日。	二船。
	董、祝，	二日。	一船。
潭底	朱、李，	一日。	一船。
思湖	郑，	五日。	三船。
前庄	陈、钱、杭，	四日。	三船。
	金、李、吕、范，	四日。	三船。
雀子	姜，	二日。	一船。
	王，	一日。	一船。
槎浦	王，	二日。	一船。
西洋湖	夏、许，	一日。	一船。
崧镇	何，	六日。	三船。
	朱，	三日。	二船。
	顾，	二日。	一船。
	俞，	六日。	四船。
分金桥	徐，	五日。	二船。
	丁，	一日。	一船。
寺后	沈，	二日。	一船。
陈家岸	陈，	一日。	一船。
寺前	王，	六日。	三船。
丁渎	阮、何、戴，	二日。	二船。
崧镇	李，	二日。	一船。
严巷	严，	五日。	三船。
丁家埠	丁，	四日。	三船。
严巷	朱、谢，	一日。	一船。
崧城	韩，	三日。	二船。
	潘（连堰、张湖共亲一族不必分），	五日。	四船。
	梁、沈、许，	一日。	一船。

河西	顾、孙、卢，	一日。	一船。
西华	赵，	五日。	三船。
	顾，	七日。	五船。
桂林	朱，	五日。	四船。
	夏，	三日。	二船。
	郑、高、李，	二日。	二船。
凌湖	李，	三日。	二船。
港口	孙、朱、袁，	三日。	二船。
	余、柯、严，	三日。	二船。
滁泽桥	任，	二日。	二船。
车头湾	谢，	二日。	二船。
涂头	吴，	一日。	一船。
张港	王，	一日。	一船。
温泾	王、任，	二日。	二船。
乌树庄	沈，	一日。	一船。
达浦	桑、郑、陈、杨、高，	二日。	二船。
	金，	三日。	二船。
	钟、宋，	一日。	一船。
槎浦	沈，	一日。	一船。
	潘、何，	二日。	二船。
潭头	李、许，	三日。	二船。
	俞、张，	一日。	一船。
纂风	蒋、李，	二日。	二船。
墩前	邵，	一日。	一船。
东门	三邵，	二日。	二船。
沥海所	北门，	二日。	二船。
	西门，	二日。	二船。
	南门，	二日。	二船。
孔普寺	阮，	二日。	二船。
	高，	一日。	一船。
西汇嘴	王、孟、倪、赵、沈，	二日，	二船。

江头　倪、许、何、陆、杜，	一日。	一船。
马路头　朱，	三日。	二船。
花弓　陈，	一日。	一船。
周家堰　周，	一日。	一船。
林中堰　李、王、朱，	一日。	一船。
郑家埭　范，	一日。	一船。
埩头　陈，	一日。	二船。
谭村、塘湾、张墓、寺前　潘、张、金等姓，	二日。	二船。
五乂港　王，前后郭渎等姓，	二日。	二船。
贺家埠　陈、朱、张、金、周、赵，	三日。	二船。
黄家堰　罗、杭、朱、王，	二日。	二船。
亭子村、东跳头　王、谢，	一日。	一船。
凌湖　严、罗、杨(附范)，	二日。	一船。
赵村　王，	二日。	一船。
任、杭、陈、赵，	一日。	一船。
吕家埠　吕，	三日。	二船。
西华　桑、周、施、蒲，	二日。	一船。
东华　张、王、陈，	二日。	二船。
叶、夏、王，	二日。	二船。
雁埠　屠、裴，	二日。	二船。
章，	四日。	三船。
郑，	一日。	一船。
陆，	四日。	三船。
华泽沟　张、陈、连、王、杭，	一日。	一船。
施家堰　陈、王、吕、余，	一日。	一船。
叶家埭　叶，	二日。	二船。
前江　金，	二日。	二船。
李、王、孙、朱、胡、陈，	一日。	一船。
新建　王、孙，	二日。	二船。
后郭　丁、孙、汤、陈，	一日。	一船。
余、王，	一日。	一船。

	赵，	二日。	二船。
	杜，	二日。	二船。
大坝头教场	陈，	二日。	二船。
百官	俞，	三日。	三船。
	王，	二日。	二船。
	陈，	二日。	二船。
	蒋，	一日。	一船。
	余、孙，	一日。	一船。
张	三张，	一日。	一船。
	陶、茅、朱，	一日。	一船。
	季、戴、谷，	一日。	一船。
	糜，	一日。	一船。

白露后值巡各姓每巡五日

西华　顾。
　　　赵。
桂林　朱。
　　　夏。
崧城　俞。
　　　何。
　　　朱。
　　　潘。
　　　韩。
雁步　章。
　　　陆。
　　　屠、叶、郑。
寺前　王。
思湖　郑。
分金　徐。
严巷　严。
张湖　朱、李。

周、郭。

前江 金、叶。

近年利弊

己亥冰雹之后，继以旱暵。若非人得其法，则西乡几无噍类矣。成效之可见者也。但今之盖湖，已非昔之盖湖，故今之水利，倍当严于昔之水利，请详其说。自先朝崇祯间，湖啮叶家埭，湖海为一湖，如上陈潭等处，昔称巨浸，今皆陵阜。又，近年六都患塘，岁筑岁溃。海潮澎湃，不特沟港填塞，湖底岂不浅涨？由兹二患，湖之蓄水，岂能如昔？考之《湖经》，占湖一亩，妨水利一十七亩八分。今海沙之填涨，既已如此，而东乡奸民，填为蔬地蒲田者，又比比而是，则湖之所存，殆无其几，而求其广蓄水粮，以为旱暵之备，岂不难哉！又，上妃、白马二湖，聚众山溪涧之流，实为盖湖之源。古称三湖水利者是也。今二湖已侵占为田，居人利于水涸可佃，满则开孔堰以泄之，而二湖之水不复灌输于盖湖，则古昔三湖，又去其二。今者所恃，止盖湖一水而已。盖湖又复壅塞侵占如此，所谓防两年之旱，已成虚语。若不牢固沟塘，势必岁有旱患。此今日之水利，倍当严于昔日之水利也。王介石如甫记。

三湖塘工合刻跋

《水利本末》一书,具志三湖兴废事迹暨堰坝成规,而议江海防未详。水势变迁,海失故道。道光之季,塘堤坍塌,江潮泛滥,淹没田庐无算。居民患旱者,转而患水。先君出而修筑数十载完成之,事具《纪略》中,说者谓《本末》以备旱荒,《纪略》以捍水灾。三湖与塘工,自相表里,有关五乡水利,是宜合刻,以垂久远。奈世事沧桑,三湖一望膏腴,有湖之名,无湖之迹。湖西地势高仰,为近年霪洞流沙淤塞,百官、沥海所一带,港尤浅狭,势如焦釜,良可浩叹。先君晚岁,拟疏浚河渠,远复堰坝章程,昕夕从公,有志未逮,以俟后之留意水利者。

光绪八年小春,松陵后学连蘅谨跋

(武林任有容斋刻)

上虞塘工纪要

会稽王继香署检　邑人连蘅撷香著

塘工纪要序

上虞襟江负海，上承新、嵊涧水，全赖塘堤保障田庐。凡逢霉、秋大汛，飓风兴，巨浸汛，雷辊涛怒，建瓴涌注，啮堤冲岸，逐段坍圮。一旦溃决，不惟虞民鱼鳖，即姚、慈数百里，其为沼乎！向者虞塘领款岁修，道光间，英夷滋事，国帑支绌，从此塘工败坏，潮患频仍，虞民颠连。乐川连公，痌瘝在抱，慨焉起而拯之，殚精竭虑者二十余载。于是两塘巩固，水不为灾，民歌舞之。公只身障江海，深谋远虑，倡筑临江大墙，命长子少初明经总理其事。墙成凡三千六百丈，而其内官塘有重关之固。并于扼要处建塘工所，颜其楼曰“捍海”以镇之。复置管塘会田三百亩作岁修费。手著《塘工纪略》四卷、《杂说》一卷，具载工程方略，连氏奉为世守者也。公既殁，少初明经丕缵遗绪，力障险塘，积瘁以卒。其少子撷芗广文仰承父兄之志，躬栉沐者又二十余年，踵成《塘工纪要》一编，问序于余。余谓为山必因丘陵，为下必因川泽。因之易于创也，事半而功倍，人尽知之。然论学问之事，则如司马氏之史，刘氏之经，杜氏之诗，苏氏之文章，皆由宗风递衍，洞精造微，用力少而成功多；若治水则不然，今昔异时，缓急异势，非必先难而后易也。况广文之治水，其难于乃公者，盖有三焉。咸、同间风气犹朴，工食节俭，即材木亦不可胜用；今则山穷海荒，物力艰窘，米珠薪桂，虽一木一石一畚一锸，无不如贾三倍，而胼胝之徒，亦复食用糜费。此工料之腾贵也，其难一。况乎治水之术，如名将用兵，瞬息百变；如良医剂药，旦夕万殊。钱氏之滉柱，足以抵泉唐之涛，而移之治河，则偾事；脱欢之石囤，足以御元氏之水，而用之于明，则鲜功。泥法则窒，师古则蹶。此水法之变迁也，其难二。昔公治塘时，俗尚敦庞，无越俎谋，俾当局不致掣肘；今则世风嚣陵，动滋物议，嫉忌者相倾相轧，甚至吹毛索瘢，多方指摘。当已亥之夏，蛟水泛滥，七口冲决，滔天奇灾，加之饥黎肆掠，牵连罗织，于是群小藉口簧鼓，并力攻讦，几兴大狱诬陷之。而广文力顾大局，毅然于天人交迫时，破釜沉舟，激励夫役抢险堵塞，并招集近塘灾民以工代赈，协力齐心，匝旬而七口皆合。是役也，糜金钱以万计，毁家纾难，艰苦万状，目击哀鸿嗷嗷，仓皇中倡设粥厂两所，全活无算。又驰告节帅,筹拨巨款,改建石塘千二百丈。一劳永逸,功在千秋,悠悠之口,不辨自明。而连氏好义急公,益昭然在人耳目。设尔时少一瞻顾迟疑,九仞之功隳于一篑。此世变之幻谲也,其难三。广文矢百折不回之志,随机应变,孤诣苦心,卒之转危为安,因难见巧,非坚忍果毅,曷克臻此!至水利与塘工相表里,各堰坝败坏,广文大加整顿,重刻《五乡水利本末》,复辑《续水利本末》全卷,绘刊图说,具征留心水利。广文仲兄穆轩封君,遵遗命建造庄房,续置义田,集成千五百亩,扩充义举,规制宏远,悉广文赞成之。又追念先公监造文庙,大费经营,迄今三十余载,深恐风吹雨淋,宫垣损朽,爰捐赀修整,巍峨庙貌,庶几上慰灵爽。松陵书院向为北塘工所,年久倾颓,广文独力修复,焕然一新。近又撰刻恽中丞德政碑,建亭于百官通衢,以系讴思而伸崇报。综厥生平,义行难悉数,塘工最大,只手力挽狂澜,始终不懈。尤难者,万丈金堤视为一家私事,每当急风暴雨,辄旦夕傍徨,萦绕于惊涛骇浪之中,不避艰险,惟保障三邑民命为己任。建此不朽盛业,后先辉映。而广文有功不居,且自惭材力浅薄,兢兢焉坠其先业是惧。其子姓亦娴于波涛,以塘工为衣钵,悉本乐川公先忧后乐渊源,此连氏世德作求,直与江海两塘为终始,源远流长,讵有涯哉!今日者运丁阳九,沧海横流,乃至占我陪都,作彼战垒,阽危情状,视虞塘轻重何如?而彼秉国成、膺重寄者,因循敷衍,漠然若于己无与也者,而顾瞻中原,渐即沦胥,一听诸气数而莫之或救。於虖,若而人者,不知视广文当又何如!而负真经济、真血性如广文者,仅使之治塘以保卫乡邦,斯则上虞之幸,而斯世之不幸也夫!

光绪三十年岁次甲辰三月既望

会稽同学弟王继香拜撰于蓼国榷舍

塘工记要序

岁戊戌，茂镛举进士不中，第谒选人，乞外补，行试令于浙江。入国问俗，耳上虞连先生善人名。逾明年，绍兴诸县被水灾，上虞以堤塘固，灾得少杀。于是称连先生者日益众。又逾年，茂镛捧檄宰上虞。受事之初，循例阅塘，凡周历滨海若干区，询民间疾苦。乡之父老咸啧啧颂连先生再造恩，导茂镛历诸塘岸，诏之曰："此向所坍塌者，连先生实筑复诸；此向所顶冲而未坍塌者，连先生实培护诸；此向所低洼松浅而未任顶冲者，连先生实巩固而扞卫诸。吾侪小民，微连先生，则其鱼久矣！"茂镛遂迂道入蒿镇，谒连先生门。因请夫治水之所以方略者，先生出《塘工纪要》一编，且曰："此先人未竟之志，亦以识吾十数年甘苦者也。"呜呼，噫嘻！处今日浇薄之世，视父兄家人若陌路秦越者，比比矣，矧乎乡里危难也哉！连先生视乡里如一家，拯乡里之危难，并自忘其身家之危难不之恤，卒之苍苍者呵护之，而呵护逮于其乡里。都人士但藉藉称连先生厚于乡里如此，不知其坚苦卓绝者，固自善承先志来也。茂镛忝宰是邦，愧于堤工，无补万一。顾去夏当伏汛暴涨之后，躬历诸险，幸全塘工固，濒危旋安。微连先生力，何以致此？今年春，受代去县，连先生祖道赠行，依依若不忍别。岂佛家有所谓"因缘"非耶，抑气类之近而相投者然也？茂镛虽自惭德薄，然于此邦之疾痛疴痒，则未敢一日忘诸，故于连先生尤切切不能去怀。归书诸简，请还以质诸先生。

光绪二十八年岁次壬寅嘉平月
前知上虞县事平江张茂镛书于武林公解

上虞塘工纪要卷上

邑人连蘅撷香著

塘工纪要

虞塘势居上流，保障三邑民命。道光之季，潮患频仍，江塘决大口十有七，海塘节节坍卸，居民颠连。先君子留心经济，身当大厄，嗟田庐之淹为斥卤也，桑梓谊重，不忍袖手付之洪涛。重以贤宰张公致高轸、恤民瘼，知人善任，乃慨焉出而肩任塘工一万千余丈，南北驰驱，冒风雨以从役，寝食工次者，一年有余，而十七决口皆合。分筑首险、次要工程，经理二十余载不遭水灾。苦于垫款支绌，暮年捐置管塘会田二百亩，并建捍海楼于孙家渡，作塘工所，安排善后事宜，具详《纪略》中。先君子于同治十三年逝世，弥留时犹以塘工岁修为谕。伯兄茹接办塘工，力缵遗绪。光绪七、八年间，大筑后郭、谭村患塘，上下段相距五十里，并时设局，命弟蘅、子葆仁分督之。而经画工程，筹款购料，伯兄独任其艰。自秋徂春，竭蹶从公，建柴塘二百丈，加铺坦水。（后郭险工“何、遵、约、法、用、军、最”七号，谭村险工“寸、阴、是”三号，一律建造柴塘，并铺块石，加钉坦桩。○伯兄长蘅十五岁，怀才不遇，自少追随先君子经修塘工，不辞劳瘁。此番筑堤用心良苦，功绩尤著。今归道山十余载矣，蘅巡视工程，遗迹完善，不禁人琴之感，低徊欲绝也。）大工初竣，伯兄积瘁以卒。蘅叨荫庇，一介书生，初膺巨任，茫从何处下手，曷胜危疑。值督工邵培福衰迈告退，瞻顾长堤，江水浩瀚，旦夕狂潮撼激，惴惴焉若临深渊，惨遭奇灾。九年七月二十三日，飓风大作，雷击电奔，林木振拔，屋瓦齐飞，洪水横流，海塘大半沉陷，万姓呼号，有其鱼之戚。蘅兄弟跼天蹐地，仓皇中整顿险堤，风波迭起，横逆相逼而来，荆棘丛生，要工掣肘。赖邑侯唐煦春贤明，力排群议，始终信任，由是感激驰驱，筹垫巨款，大修海塘一千六百余丈，（自谭头“存”字号起，至前庄“真”字号止，计损塘七十五号。有坍卸者、低塌者、内逼深河塘身仄狭者、咸水渗漏成洞者、野猪洞兜底穿通者，逐段整顿，翻筑加高贴阔，工程浩大。）分筑临江损堤。是役也，半载完工，蘅忧悸病笃，幸兄芳善于应变，只手维持大局，转危为安。蒙抚宪刘奖给“惠周桑梓”匾额。因会田岁修不敷，遵遗命续捐百亩，合前助三百亩，附敬睦堂义田项下，详宪入告。十七年秋霖为灾，饥民蜂起，骚扰乡村。蘅昆季勉力集资，以工代赈，大筑江海塘千余丈，（先后筑海塘，塘长沈鹤鸣督工得力。）具载《县志》。年来海塘完固，护沙渐涨，差可息肩，从此专力江塘，无北顾之忧矣。江塘绵长六千余百丈，管塘会经费有限，只敷修整土塘，若一律改建柴工，经费浩大，（柴塘工料每丈需三十缗，江塘统建柴工，非巨款不济，只得择险建筑柴工，以柔克刚，抵御狂潮胜于石塘。但苦于不能经久，阅六七年柴霉桩朽，必须重造。兹从下策，坚筑塘身后戗，岁修奔命，非得已也。）公帑支绌，万难拨请。此所以险工迭出，东奔西驰，设法堵御，十余年夙夜绸缪，惊心狂涛巨浪之中，而未敢苟安也。最首险者，上段赵家坝，下段花宫、贺家埠要工，急需购料堵筑。会临江墙告警，南岸凸涨沙图，水势顶冲，危在旦夕。按沙墙保卫官塘三千二百丈，倚为长城，大墙崩决，祸延邻邑。追维先君子于同治四年加工修筑，距今三十余年矣。年久江水变迁，一线危墙，畏难因循，罪何可逭？仰承先志，竭蹶从公，倡议克日兴筑，去春于是有重修临江大墙之举。沙墙完复，拟赶筑花宫、赵家坝等处，工料无购处，（桩木出产，嵊邑毛杉最坚。俟上游山水旺发方可放运。青柴须冬季所割，滋浆团结悠久，出于会稽汤浦里山，水涨可运。无如冬令少雨水，万难装载，不能应急。此相天时，格物性，办料兴工之难也。至治水方略，尤需桀桀大才。筑塘良法具载《纪略》，不赘。）交冬陆续采运，先建赵家坝“约、法”字号柴塘二十余丈，并修“何、遵”字号患塘二十丈。大工初兴际，老母年逾九旬，久病沉笃，蘅情极呼吁，天人交迫，计穷力竭，万难兼顾。中宵傍徨，悚然以危堤关系三邑民命，未敢贻误巨工，从长筹议，跼蹐中带办塘务，艰苦万状。赵家坝完竣时届腊尾，雨雪纷集，正拟停工，虑春汛泛滥遭灾，要工刻不容缓，大声疾呼，激励夫役，勉建东、西花宫柴塘四十丈，塘台三十余丈。（后戗下挑高六尺，加阔八尺，帮护塘背堤身结实，称之曰“塘台”，一名“塘裙”，自先君子创造，费轻而功大，实为筑塘良法。）新正开工，惨遭大故，饮恨吞声，衰绖从役，续建西花宫柴塘四十四丈，并修整损堤二十丈，约清明节完工，（此番筑塘苦次运筹，派董分修。上段赵家坝督工得力于塘长余士达。下段花宫督工得力于蘅友谢圣章、余茂安两君。而余士达熟悉工程，善干事，积劳病故，曷胜悼惜。）加筑贺家埠“庆、尺”字号柴塘三十四丈。通计冬春所建柴工并去春捐修大墙所费不资，精力竭矣。次要赵村、黄家堰、双磡头一带，临江塘千余丈桩柴损朽，逐段坍圮，徘徊堤上，万难置为后图，筹款维艰，有志未逮，惟期风波偃息，宽假时日，加钉坦桩，择险堵筑，或可保全堤工。苍苍者其默鉴苦衷乎？时光绪二十二年上元后三日。

唐煦春曰：虞邑江海塘，关系匪轻。数十年长堤巩固，绝无横决之忧者，皆连氏父子兄弟力也。今读《纪要》，叙事井井有条，笔亦古致历落，实心实事，能以大文出之，当令事与文并垂不朽。

沈景修曰：叙事详明，与先德所撰《塘工纪略》一色笔墨，足垂永远。贤父子兄弟丰功伟绩，先后不朽，钦佩无已。

续塘工纪要

《塘工纪要》述于正月。江塘自光绪七年大修后，安静久矣。年来险工迭出，大费经营，遂于去春重修临江大墙，一面采运塘料赶筑上段赵家坝，下段花宫、贺家埠等处损塘，兴举大工，自冬徂夏，次第告竣。于是近塘居民目睹东奔西驰、寝食工次者有年，悯蘅之尽瘁塘工也，举欣欣然相庆，曰："险工筑复，自今七乡三邑高枕无忧矣。"而事难逆料，不图次要缓冲之堤，经霉令霪潦，交伏风潮大作，洪流急湍相逼而来，致孙家渡、黄家堰一带临江塘千余丈节节坍挫，并冲卸花宫未修之"渊、澄、取、映"字号，赵家坝未修之"韩、烦"字号。正届秋潮大汛，一线危堤，非改建柴工万难堵御。奈青柴必须冬季可办，重以早禾登场，农忙万分，势难兴役。徘徊江干，计穷力竭。窃以数百万生灵悬于花宫要口，一旦决裂，坐坏长城者，谁之咎欤？由是激励夫工，盛暑中加钉排桩，未雨绸缪。果于八月初汛，洪涛汹涌，冲决花宫塘二十余丈，幸天气晴和，随决随筑。倘遇秋霖为灾，风挟潮力，奔腾怒涌，势必全塘沉陷，田豆木棉付之横流，惨何可言？蘅终夕傍徨，慨洪水之浩浩，天惊地崩而害靡底止也；哀今之人颠连莫诉，时切昏垫之儆。会上下段并时告急，势难兼顾，不得已删除次要，专力花宫患塘，赶办桩料，添钉坦水，（坦水外加钉排桩，名"坦水桩"；柴塘外加钉排桩，名"包口桩"。○凡筑塘桩木须办嵊邑毛杉，别处所出不能经久。倘嵊邑毛杉难办，龙游杉亦可权用，至松桩只打江底相宜，筑塘断不合用。附记于此。）创造塘台，广设土牛，（间段泥栈塘上，高阔不拘，备遭险时急用。）加建后戗帮塘。八月初开工，廿九日一律完竣。讵三十日暴雨如注，东北风大作，扇驱海水直攻花宫，坍塘崩卸大半。鸣锣集众，防管三昼夜。最险者九月初二日午潮，涛立云飞，江水浸满塘身，老塘溃决殆尽，冲激新塘，危不可支。蘅大声疾呼，风雨中督率夫役，急用盐草包夹水堵筑，迅速造成新堤。直至初四日，雨止汛小，差免巨患。（此番霖雨，水乡各处遭灾。山、会塘虽不决，被闸淤塞，淹浸田禾，收成大减。我虞花宫塘险要万分，竟得保全，滴水不漏。危哉，幸哉！以此见堤工临时重在防堵,事后必须培修。先君子于《纪略》中切实载明,经修者当奉为要言。)向来塘工过八月望汛后,江流平静,今霜降在即,变生意外,实近古未有之奇灾。(此次决堤虽洪流泛溢,半由久旱塘土晒松所致。)若非八月间加建塘台、土牛、帮塘、坦水等工程,此次滔天横水,灌浸内地,不几前工尽弃乎?足为筑塘疏忽者鉴。自维才力浅薄,迭遭霉、秋狂潮撼啮,四顾苍茫,将伯徒呼。转瞬春汛泛滥,险堤大有溃败之象,踌躇久之,计维采运青柴、桩石各料,逐段坚筑柴工,加铺坦水,(塘脚用块石平铺七八尺,捍卫柴塘,名之曰"坦水"。)大举兴役。从此东西驰驱,无虚日矣。爱我者或过虑险工莫测,皇皇焉疲于奔命,佥谓:"垫款筑塘,浩大工程独力难支,当早图退归安身之计。"蘅敬谢之曰:"唯唯,否否,大丈夫不能匡济天下,惟区区保卫偏隅,良用内愧。及吾身[安],而乡里遭其鱼之惨,不一援拯,陋矣!且祖宗庐墓在此,先君子遗泽在此,曷忍袖手,坐观桑梓陆沉?窃不自量力小任重,挺身为愚公移山之计,庶几支持危局,始终保障,是予之志也夫,是予之志也夫!"时光绪二十二年九月初四日。

李登云曰:大作明畅透切,层层抉发,苦心热血,令读者如亲见其经营惨淡,不同纸上空谈。夫水利之于地方关系甚重,局外似是之言,近理乱真,传闻异辞,往往回惑,为胶柱刻舟之害。古今来《治河策要》诸书所宜束之高阁也。愿存此卷,继续先烈。俾世之有心水利者,皆可引为法,匪但舜江一隅之洒沉澹灾而已。

沈景修曰:抱己溺之怀,作豫防之计,卧薪尝胆,居安思危,直欲以一身弥天地之缺陷,其心仁矣,其志大矣。况承先启后,担荷非易。程子曰:"一命之士苟有心于利物,于事必有所济。"撷芗勉乎哉。

王继香曰:综绎二纪,仰见存心之仁,任事之勇,立见之高,防患之豫,用人之善,泽物之闳,直以江海两塘为连氏一家之事。非具大智慧、大神通者,焉能办此?至其行文叙事,曲折详尽,而起伏照应,体段秩然。无意求工而骎骎自及于古,殆所谓有德者必有言乎?他日附梓先德《塘工纪略》,俾世知己饥己溺之怀,复有善作善述之盛。前辉后光,相得益章,岂惟后之有事塘工者,咸当奉为金科玉律,直将与《五乡水利本末》一书,同垂千古。尤冀不懈益虔,大而且久,挺不朽之盛业,溥世泽于乡邦。斯又愿为三邑生灵代为祷祝者也。

陆寿民曰:据事直书,大哉仁人之言。行文夹叙夹议,淡处错落入古,浓处气韵沉雄,结尾苦心孤诣,和盘托出,具征忧国忧民至意。然虞塘万余丈,险工迭出,官民束手。撷芗肩此巨任,只手挽维,比之螳臂当车,且愚且拙。虽继志之善，始终不懈，窃恐独力难支，无补于大厦也。擨芗危乎哉，擨芗勉乎哉！

三续塘工纪要

九月初所述《续纪要》，正在花宫塘崩卸决裂之际，并孙家渡一带临江塘千余丈节节坍圮。长江浩瀚，蘅只手经修，势难挽回，即或以身填堤，何补大局？追维先君子受任于溃败之余，咸、同间力障险塘，转危为安，厥功伟矣。蘅一蹶不振，是无桑梓也，即隳遗绪也。痛益着鞭，支持危局。花宫为全塘第一首险要工，（近年南岸凸涨沙图，水势顶冲，直攻东、西花宫塘，一遇狂风猛雨，山水奔赴，洪潮逆涌，怒激横流，其祸可胜言哉，噫！）重以秋潮撼激，惨遭决口七处，设法堵修，幸免巨灾。读《诗》至“凡民有丧，匍匐救之”，塘工所关者大，不禁为之慨然、恻然。苦志经营，效兵家力扼上游，善奕者之争先著，（前经多方防堵，豫备花宫险工，果遭冲决七口之祸。此闲著即是要著。）遂乃全力专注，奔命花宫要口矣。此次兴筑堤工，值经年大修之后，筋疲力尽，正拟节劳小休，迭被洪涛冲啮花宫，将成大患，不得已破釜沉舟，尽人事以听天命，成败非敢逆知，惟此身与塘工为安危。惊心巨浪滔天，惴惴焉不遑旰食，始终周旋，谨悉索敝赋，以待交冬以来，四处采运桩、柴、石各料，大举兴役。深恐雨雪连绵，春汛泛滥，爰冒风霜、忘寝食，沾体涂足，与夫役同甘苦，一时踊跃赴功，越四旬而工就。天佑乎，人助乎？仗先父、先兄之灵呵护深之。所恨采办塘石山户，需索留难，迭蒙储邑尊传谕押运，犹复掣肘阻滞，致坦水仅铺二十余丈，贻误巨工，曷胜浩叹！至柴塘要工我为政，花宫克日筑复，双墩头相继动工，腊尾就绪。（此次筑塘，仗老友余茂安、族兄汉相督工，不辞劳瘁，采办坦水石。山户需索阻运，塘长余士荣竭力维持，克全要工。继兄士达，后先急公，可谓实获我心矣。）一面整备桩柴，开春分修孙家渡、黄家堰、贺家埠、赵家坝等处患塘。东西齐举，疲于奔命，大惧独力难支，为徘徊者久之。瞻顾一线危堤，巨祸莫测。为民命计，不暇为身家计。此所以竭蹶从公，处衰绖之中，奔走跋涉，而未敢苟安旦夕也。且夫堤工一道，遭险处设法堵筑，庶免疏虞。尤要者，事后必须修整，平时重在防护。花宫处江海交汇要口，新做柴工坚固，洪潮避实击虚，势必移攻附近“容、止”等号土塘，（花宫附近老塘敝败不堪，江水乘虚移攻，昼夜逼激，立遭崩圮。此防堵之宜豫也。）思患豫防，于是创培修老塘、建筑后戗之议。（东花宫“松、之、盛”三号加筑后戗帮塘四十丈，西花宫“容、止”等五号加筑后戗帮塘一百九丈。）本先君子培植地势、填补空虚遗法，《纪略》中郑重载之，特于此三致意焉。明知年来工食大贵，桩柴并缺，坚筑花宫要口，业已摒挡余资，困苦中迭兴巨工，续修损堤，整理老塘，经费倍形支绌。然竭力防堵，难免顾此失彼之虞，前车可鉴也。锐意加筑与续建柴塘，并时兴举，约夏初完竣。从此大工告成，长堤巩固，凡我塘内居民安堵高枕，储偫抚恤贤劳，当无西顾之忧矣。自去春重建临江大墙，迄今两阅寒暑，艰苦备尝。前月修复花宫塘，百堵皆兴，心力交瘁，形容枯槁。蘅经理塘工以来，忧勤惕厉，未有甚于此时者也。最苦花宫无停歇之所，（花宫一带僻处海滨，绝无寺观庵庙，远隔捍海楼，距塘夫居住黄家堰村十里之遥。）终岁经画工程，露立江干，甚矣惫。亟于冬初购置基址，仓皇中创建工所三间，备塘夫寝食正用。余地作园，寄栈桩木，此次筑塘大为得力。自维老境渐侵，险工迭出，历履艰难，异日未知能否南北驰驱，冒险阻以从役，惟期安澜共庆，堤工间有坍损，仰承先志，岁修小补。此我连氏之幸，抑七乡三邑之大幸也夫！时光绪丙申祀灶夕。

沈景修曰：承父兄之志，而思患豫防，一息不懈，难矣；处衰绖而驰驱于惊涛风雪之中，尤难也。险工迭出，间不容发，惟扼要以图庶易就绪，文亦扼要得势。钦佩，钦佩！

王继香曰：心精，力果，气盛，言宜，盖于此事实能洞明其利弊、先后、缓急之故。故剀切指陈，曲折详尽，良法美意，允足昭示方来。以保乡里，即以阂继述，伟哉！能肩此大事业，乃能搆此大文章。展读数过，那得不颊首至地。

四续塘工纪要

去冬大筑花宫要口，并坦水工程，暨分建双墩头柴塘，满志踌躇，窃计黄家堰、孙家渡、贺家埠等处损堤，俟新正青柴运到工次，逐段督造，克期告竣，可预操左券也。不图天时人事出于意计之外，交春雨雪连绵，严寒冰冻，米珠薪桂，购料维艰，所需塘柴，深山中万难采收，不得已出重价设法配办，始于二月初陆续运齐，兴举大工。先建黄家堰柴塘，次筑孙家渡、贺家埠逐段险工，一面培修东、西花宫老塘百五十丈，加钉坦桩五十余丈。时正百堵皆兴，东西齐举，蘅奔命驰驱之秋，适患感冒，呻吟床褥者兼旬。蘅既不能卧而治之，力疾经营，派董分段督筑。值狂雨连宵，春涛汹涌，山水湍悍，惨于二月下浣冲卸后郭一带患塘，险工迭出，危在旦夕。（时正大筑孙家渡、贺家埠柴工，警闻上段后郭塘骤被山水冲啮数十丈，迭来告急。蘅病卧榻绵，遭险后风雨交加，惊心洪涛巨浪颠连中，急呼添办青柴，赶修后郭险工，饬塘长邀集近塘居民，昼夜防堵，俟柴运到，加工筑复。）大汛在即，非改建柴塘不足以资捍御，而青柴届清明断刀之际，无从购采。（塘夫所需烧柴一时无措，由蘅家用山柴，载到工次接济，足征阴雨柴草大缺，何论青柴？）时穷势迫，束手无措。蘅力小任重，重以病躯困顿，势难兼顾，跼天蹐地，孔棘且殆，倘酿巨祸，蘅之罪也，何以对答七乡三邑生灵？且年来所建浩大工程，一旦决裂，不几前功尽弃乎？凡去冬奔命要口，多方堵御而志在必成者，其谓之何？天实为之。变生意外，事与愿违，万难力疾从役，几误要公。仗帮办董事余茂安、谢圣章、族兄汉相等不辞劳瘁，风雨中督励夫役，慎重塘务。塘夫亦踊跃急公，齐心协力。幸清明节天气晴和，分段赶筑，自二月初三日兴工，迄三月十八日完工。农忙在迩，续修后郭“韩、烦”两号险塘必需柴工，（正、二月春雨滂沱，乡民烧草无从措办，几断烟火。况里山青柴购采万难，虽出重价，山客力辞。至桩木价贵货缺，不惜经费，四处采办不齐。时局大变，为筑塘未有之艰窘。）为救急计，权用山柴坚老者，克日建复“何、遵”等号冲坍要工，修整坦水，抵御狂潮，（老坦水敝败不堪，塘脚空虚，一遇急湍，难免溃决。今加钉排桩，添铺块石，力保坦水，正所以保损堤，经修者须知。无柴可办，设法整顿，庶不成患。）约夏初工竣。蘅带病筹画工程，视驰驱江干更焦劳，更局促。自重修临江大墙以来，频年力障险塘，历履艰难，未有若斯之棘手。计穷力竭，中宵傍徨，惟吁叩苍苍者之力回阳春也。（自腊初至清明，久雨阴寒，筑塘困苦极矣。）邀天之福，大工告成，险过思险，益当思患豫防，其难其慎！统计江、海塘工一万一千三百余十丈。（海塘四千七百余丈，护沙渐涨，平静多年，间有漏洞，堤面低塌易于修筑，不若江塘之逐段紧要也。）蘅只手经理，瞻前顾后，疲于奔命，而又天时厄我，人事迫我，凡疾病之颠连，水法之变迁，物力之匮乏，工程之浩繁，筹款之支绌，购料之掣肘，（采办桩石、青柴各料，节节阻滞，煞费经营。）艰苦万状，可胜浩叹。年来专力要口，不遑兼顾，柴、土塘间段坍卸，难以息肩。今险工一律筑复，始得从事于次要矣。（近年专筑花宫、后郭、贺家埠等处患塘，难免顾此失彼，致赵村、双墩头、黄家堰一带坦水败坏，块石滚失，塘身坍挫，急需修整完固。明知工食大贵，桩柴并缺，良非得已。）乃知堤工一道，恪遵良法，尤须随机应变，因时制宜。倘沾沾焉拘守成规，其害可胜言哉。噫！时光绪二十三年谷雨后二日。

沈景修曰：力疾从公，民免其鱼之叹，厥功伟已。文亦滔滔不穷，不致再衰、三竭，足征福泽。

王继香曰：其气，则蟠天际地；其功，则填海奠江。即以文字论，亦复磅礴推衍，灿著分明，自非从学问阅历中得来，焉得精警透辟若此？后之治塘者，固当奉为圭臬，与《五乡水利》一编并传矣。

上虞塘工纪要卷下

五续塘工纪要

临江塘险工筑复，具载《四续纪要》。花宫坦水工程浩繁，自前年秋采办桩石，直至去冬告竣，蘅奔命三载，差有就绪。筑塘以来，莫艰于此。从此要口完固，可无西顾之忧矣。值对江凸涨沙图，水势顶冲，直攻西花宫堤岸，昼夜撼啮，间段崩卸一、二、四、五丈不等，急需建复。此修整花宫之不容缓也。累年择要堵筑，江塘绵长，难免顾此失彼。至赵村、双墩头、黄家堰一带缓冲堤工，节节坍挫，一旦烈风暴雨，洪水滔天，害胡底止？此逐段培修之不容缓也。后郭赵家坝烟居稠密，塘身仄狭，后戗单薄，限于地势局促，兼之坦水倾圮，难资捍御，每逢山水奔注，洪潮逆激横溢，遭灾莫测。此赵家坝重建柴工、添钉坦桩之不容缓也。际此物力告竭，时局日艰，年来迭兴大工，筋敝力尽，徘徊堤上，大江逼临。凡次要失修工程，万难迟延。若畏难因循，一遇春汛，倏成巨浸。先君子百计经营，先时防护者，谋之深、虑之远也。中宵起舞，慨然、悚然，于万难设法之中，竭区区一缕肫诚，保卫田庐，藉纾国忧而恤民命。决计大举兴役，不吝重资，四处购采桩柴各料，陆续运到工次，选董分修赵村、双墩头、黄家堰等处损堤。十一月望右开工，腊尾完工。开正整理花宫患塘，克日赶筑，未匝旬而工就。灯节后设局赵家坝，加工督造“何、约”等号柴塘，并修补坦水排桩。深恐春水旺发，泛滥遭灾，急公焦劳，戴星出入，先夫役奔走江干。时百废具举，分段建筑，值雨雪连绵，工程迁延，未知何日完竣。计重修大墙以来，三阅寒暑，终岁购料督工，竭虑殚精，备尝辛苦。最恨者，光绪廿一年冬季大筑险塘，正老母垂危革命之际，蘅负罪终天，既不能孝养左右，又未获苫块尽哀，衰绖从役，未敢贻误巨工，此一大厄也。去春兴筑，适患风瘟月余，冬间复发三阴疟，困顿中经营塘务，力疾驰驱，艰苦万状，此一大厄也。前年花宫塘添造坦水，循章购采蒿壁山块石，天人交迫，凡江道山主、石工、船户节节阻滞，掣肘万分，历一年之久，铺坦水不满百丈，可胜浩叹，又一大厄也。遭此三厄，出险入艰，痛定思痛，今要工一律告成，长堤巩固，转祸为福，危哉，幸哉！蘅疲于奔命，差图休息，（从此偃旗息鼓，养精蓄锐，以退为进之举，非怠荒也。）奈巡阅江塘，老坦水千余丈大半败坏，块石滚失，有搜挖倾倒之虞。瞻顾傍徨，明知目前米珠薪桂，经费浩大，兴举万难，（排桩每丈约需三十余个，老坦水朽坏一律重钉排桩，统计桩木四万余个，再加钉工，所费不赀，良非只手所能支持。）兼近年垫修患塘，亏累巨款无从弥补，而功败垂成，噬脐何及。未雨绸缪，只有专力坦水，多采桩木，大加整顿，为捍卫长城之计，以期一劳永逸。善后良策，莫要于此，经修者弗邈视坦水，庶事半功倍矣。时光绪二十四年花朝前一日。

储家藻曰：苦心孤诣，溢于言表，后之览者当亦有感于斯文。

沈景修曰：一鼓作气，再而衰，三而竭。常人未有不始勤终怠者。塘工至五续而犹孳孳不倦。可谓有恒，乃为之赞曰：

风饕雪虐，周巡江滨。岸蚀培阔，木朽增新。
邪许运石，绸缪束薪。功补一篑，泽流千春。
岂惟忘家，并不顾身。三过不入，我思古人。

王继香曰：以胼手胝足之力，竭移山填海之诚，述苦心孤诣之由，为长治久安之计。自非血性伟男子，那得有此作为。事既百虑百周，文亦再接再厉。而一种真挚质实，流溢于字里行间，足令读者恀然敬服。后之有事虞塘者，自当传作法程，奉为科律，岂得以寻常之文字论耶？

六续塘工纪要

蘅仰承先志，自癸未岁经理塘工，险工迭出，奔命不遑，工程具详《纪要》中。自维一介书生，生长庇荫之下，几不知风波之险、堤工之危、潮汐汹涌为祸若是之烈，及身膺巨任，南北驰驱，每逢霉、秋大汛，惊涛骇浪之中，山岳动摇，鱼龙变幻，不可逼视，重以烈风急雨，水立云飞，巨浸滔天，有一筹莫展之势，始悉先君子终岁忧勤、力障险塘之艰苦万状也。幸海塘涨沙辽阔，平静久矣。江塘绵长，自南迤西五十余里。上段山水吃重，赵家坝为最；下段海潮吃重，花宫为最。年来迭兴大工，患塘以次建复，并缓冲失修堤工逐段培筑完固，今春一律告竣。私心窃慰：兵其少弭，可息肩者数十载。值偏灾荐臻，长夏亢旱，人心惶惑，办平粜接济贫民。惨于中秋十五、六日，骤雨连宵，东北风大作，山潮互激陡涌，正届望汛，狂涛吼奔而至，并海啸泛滥，水势浩浩瀚瀚，浸满堤面，一片汪洋，天地为之改观。赵家坝、贺家埠一带要工沉陷大半，各段纷纷告急，鸣锣集众，昼夜防堵，（下段贺家埠、谭村一带分任老友余茂安，督率各塘长、塘夫管守严密。

上段赵家坝、余塘下一带，蘅邀同司官设法堵筑防守。后海塘槎浦一带，托友何松泉管守。谭头、雀嘴一带，嘱塘长陈高林管守。此次江塘不遭灾，全赖平时修整、临时防堵之力。○此番狂雨不过一昼夜，何以洪涛怒涌，比道光三十年秋灾水势更高三四尺，足征海啸怪水令人不可思议。）沿塘居民妇孺提携，逃奔流离，风雨中号呼江干，危迫极矣。蘅呼天抢地，仓皇督率乡民，急于低塌处加筑土埂，抵御大水。塘工遭险以来，未有若斯之奇厄也。（凡遇江水浸满塘面，救急之法，莫妙炭包盛土夹水堵筑，免致横流灌进。否则半草半泥，堤上加筑土埂一条，阔三尺，高二尺，亦足扞御大水。次之用竹簟排钉塘面，以抵风浪。）最惨者丁家坝“牧”字号，被老樟树根穿通堤脚，年久霉朽，灌浸成患，突于十八日下午崩溃三四丈，黄昏复内陷数处，咸潮冲奔内河，事不可为矣。夫工惊窜星散，塘身漏卮几如蜂窠，不可收拾。幸水势渐退，急用麻袋盛土填塞漏洞，并半草半泥夹水堵筑，虽决口，不为灾。（后郭丁家坝一带险工逼临曹江，苦于樟树根穿通塘底，朽烂成洞，一遇洪水，败坏难救。咸丰十一年八月，决口堵塞获全；同治四年五月，决口成患，相距不过数十丈。具详《江塘纪略》中。此番溃决不遭灾，全赖堤身高阔，后戗结实。先君子于后郭塘煞费经营，加工坚筑，今见背二十五载矣。贻泽无穷，弥深瞻仰。）然非三年大修，长堤巩固，此次江水弥漫，势必泛溢内地，祸延三邑民命，其害可胜言哉！足征堤工一道，非平时修整不为功。忆前岁百计经营，专力东、西花宫，参用三面埋伏，设奇制胜之法，首为夫役购置工所，于是创造塘台，改建柴工，加筑后戗，广设土牛，添铺坦水，并培修附近一带老塘。冒风雨以从事，殚精竭虑者有年。骤被洪涛撼啮，浩大工程，倘一旦付之横流，可为流涕。审度形势，花宫顶冲要口，非柴工所能堵御，徘徊堤上，别无万全良策，不得已择要改建石塘二十丈，未知能否坚牢。一面整顿赵家坝“何、遵”等号损堤，大费踌躇，（内逼烟居，外临曹江，塘身仄狭不堪，万难退移筑阔。得有余力，容改建石塘百丈，差资堵御。第岁岁修造，垫款支绌，有志未逮。从下策翻筑柴工，良非得已。）勉力翻建柴工，为随时应急补救之法。自是购料筹款，上下段并时兴筑，不遑启处矣。值时局日变日岌，崎岖危难之顷，重兴巨工，千绪万端，倍形跼蹐。然惊心一线危堤，长江湍悍，稍一疏虞，酿成巨灾。惟念兹在兹，不避艰险，竭余生以从役，所望后之承修者，遇久旱须多备草包，未雨绸缪。（或遇冬春大雪冰冻，继以霪雨滂沱，堤工最易崩坍，经修者宜加意防维。）要知堤工败坏，不坏于狂雨、坏于风潮，实首坏于大旱烈日，塘土晒松开裂，一无滋膏，见水即圮。中秋暴雨，坚堤多有崩卸，其明征也。时光绪二十四年重阳前三日。

沈景修曰：狂风暴雨，潮涌海啸，同时并至，实出于意料之外。使非平日未雨绸缪，其害有不堪设想者。至秋阳燥旱，土晒坼裂，见水即圮，尤为今事之师。

重筑临江大墙纪要

临江大墙为官塘外藩，保卫沙地即以保卫官塘，筑塘良策莫妙于此。向来沙墙卑狭不堪，沙地遭灾，辄掘官塘泄水，内地酿成巨祸。塘不决于洪水而决之于乡民，可胜浩叹。先君子经理塘工，每遇洪流泛滥，邀集近塘居民，风雨中昼夜防管。江塘绵长，防不胜防。先君子洞悉利弊，不避艰险，瞻顾傍徨、迟回不敢兴筑者，以大墙延亘三十余里，东与后郭塘“辰”字号接壤，西与吕家埠塘“莫”字号接壤。经费浩大，人心不齐，逐段派工捐资，情弊百出，兴举万难，踌躇久之，决计创筑。挑选公正墙董，分局督工，命伯兄茹总理其事。四阅月告竣，凡三千六百丈。工程具详《纪略》。从此永免盗决官塘之患，而二万余亩沙地遂成沃壤。时咸丰七年也。会江水变迁，悬沙、章陆一带迭经狂潮撼啮，墙身倾圮。同治四年，霉汛怪水冲决大墙，岌焉难保。先君子建议移筑，一律加修，举董照章派费，历半载而工就。邀天之福，大墙完善者三十载。年久失修，风吹雨淋，墙身节节坍损，重以山潮怒激，（连日狂雨，山水奔注，海潮逆上，互相鼓荡，致横流泛溢堤面）悬沙危险极矣。一遇春水泛溢，祸延官塘。良法具在，未敢坐隳遗绪。光绪十八年春，克日兴修，邀集老成灶户，偕友金鼎公议，举董照章派费，筑复悬沙大墙四百余丈。两月工竣，大费周章，灶地纵横云鳞，茫难计亿，于是延访近塘耆老，苦心孤诣，绘刻图说，所有丘墙疆界，江势曲折，地亩广阔，瞭然在目中矣。沧桑迭更，年来水势北趋，顶冲直攻，悬沙新墙崩卸过半，并西华、章陆一带老墙大有溃败之象，纷纷告急。正值临江患塘急需购料坚筑，险工迭出，危疑中从长计议，以大墙为官塘保障，其利溥哉，父兄深谋远虑，创此至大至要之善举，一旦决裂，大局误矣。遂乃改辙奔命，驰驱江干，惊涛骇浪之中，一线危堤遗迹就隳，悚然恻然。追维先君子经济学术百倍于蘅，犹且其难其慎，苦心经营，何敢冒昧轻任？商诸章星、金鼎、沈茂庆诸友，并谙练老成，顾全大局，竭力赞成之。时不可失，仰承先志，锐意筑复。将开大工，千绪万端，竭区区夙夜心力，筹画精当，循照旧章，按亩派捐，经费不敷，由蘅集资垫补，议定禀县兴筑。储邑侯家藻，古良吏也。抚恤民瘼，两诣江干，祀神破土，巡墙勘工，招集灶户老民，谆谆“以大汛在即，要工克日赶筑，当仰体塘董任劳任怨，专保尔等身家田庐起见”为谕，老民感储公之慈惠也，歌之舞之，欣欣然激励子弟，踊跃赴功。第工段绵长，派费分筑，灶户勤惰不一，工程参差，仗墙董公正，和衷共济，激劝督诱，一时齐心协力，众志成城。蘅驰驱长堤，握其大纲而已。计大工未兴，相度形势，经画工程，已竭蹶从公数月矣。择吉于去春正月二十八日开工，三月望完工，视旧加阔两倍，高如之，凡筑墙二千五百丈，五旬告竣。（此次筑墙悬沙尤难，水势顶冲，旧堤半倒于江。蘅相时度势，移筑三百余丈。灶户各存私见，设法调停，艰苦万状。工资不敷，蘅禀命兄芳，捐垫四百余缗至。派费公平，完工迅速，由墙董沈茂庆赞成之力。西华墙公事掣肘，仰荷储公德政，集事章、陆、裴、屠一带筑墙。蘅友章星实心办理，感动乡里，不日成之。章友急公好义，后先济美，此谊不可忘也。）天佑人助，工程神速坚固。此皆储公德化，墙董急公之力，蘅坐收其效，乐观厥成，固始愿不及此也。为地方幸，并为先灵慰。大墙告成，从此官塘三千二百丈遂有重关之固。后之经修塘工者，慎弗专顾目前，而置临江墙为缓图也。时光绪二十二年上元后五日。

附刻：唐继勋塘工纪要书后

治天下要得好县令，治一邑要得好绅士。县令一邑之首，绅士县令之翼也。慨自世衰道敝，天下人相习为苟且因循，而仕途尤甚。往往事关地方利害，庸劣有司诿避之不遑；一二豪杰有志之徒，出乡里而力肩之，卒于时艰有济，此何以故？盖今之县令传舍居官，不能与民相终始。至如地方绅士，有身家之卫，比闾族党之亲，其于地方利害大端，视之切、计之熟，故任之劳，而能持久，虽然，事之成否，有幸不幸，人之任事，有力不力，此非可同日语也。上虞连君撷芗，绅士中之杰出者也。本境江海塘工，屏障上游，关系数十万家民命。自其先人捐筑，规模大备，迄于其世，继长增高，更极经营。夫以一邑万千丈之要工，而一家综而理之。父子兄弟萃精竭财，与长堤争安危于呼吸，难矣。而又能实心实事，不间寒暑，不避风雨，奔走于惊涛骇浪之中，而力为其难。于是长堤巩固，居民安堵乐土，几忘前江后海、狂澜为祸之烈，虽险工迭出，惨遭怪水滔天，逐段崩卸，终不为患。此其中容有神灵之呵护，抑亦其苦衷孤诣，积渐而成之者也。余忝榷舜江，分局数处，半与塘邻。每以时巡视，闻诸乡中，父老啧啧称连氏治塘之劳于弗置。退而与撷芗切究工程，具能自道其甘苦。然后知人言之信而有征也。地方之事，以地方绅士任之，自分内事，难得如连君之毁家纾灾，始终不懈，善作善成，可不谓贤乎哉！

兴复西乡水利记

吾虞西乡，襟江带海，东接姚境，地势高仰，全赖堰坝蓄水以资灌溉，具载

《五乡水利本末》。年久形势变迁，水利废弛。嘉庆九年，设立河清、小穴、驿亭堰，并菱池、华沟、陡亹等则水坝，西乡遂成沃壤。此何竹林乡先辈建复水利，大有造成于西乡也。人心不古，坝夫渔利，擅私驿亭堰，改石为土，放低尺余，田禾槁矣。先伯祖馥田公偕先大父环之公顾全大局，出而力争之，卒循旧制。是举也，道光八、九年也。阅十余年，重遈刁风。先君子禀县严究，整顿规模。迨老成凋谢，水利败坏，各堰损漏不堪，水源直泻西乡，势同焦釜。蘅生长斯土，曷忍袖手，轻隳前绪？经匪扰后，案卷散佚，故老传闻失实。光绪十年间，访求《水利本末》原书，详校更正，捐资重刻。并采集嘉、道已来公牍，辑成《续水利本末》，全卷板藏枕湖楼。值塘工大修，不遑兼顾。吾乡金鼎留心水利，力图兴复，苦无同志。蘅悯其势孤而志坚也。窃不自量，参谋其事。金友乐得相助，首建大计，邀集殷户派捐购料，于是有筑复则水坝八洞之举。时光绪十六年秋也。筹款维艰，车坝缓修。会去夏亢旱，西乡水苦放泄，有石田之慨。蘅知时不可失，倡议大修河清、小穴两堰。禀兄芳筹垫经费，设法采运桩石各料。酷暑中，偕同人兴工督造完固，匝月告竣。复绘《五乡水利图》，具志沟堰遗迹，按图以求，瞭然可数，藉补郭志《五乡图》之缺憾，刊入《续水利本末》。并收复河清堰失管公产，暨百丈塘余地，租息仍归水利项下正用，大费周章。所有修费捐数悉登印簿。幸邑宰唐侯煦春、储侯家藻，慎重水利，虚怀信任，俾经理者乐事赴功；而金友任劳任怨，始终不懈，若王焕章、叶全元诸君，和衷共济，与有力焉。夫天下事，众擎易举，况水利沟堰之多，地段绵长，经费支绌，尤非一手一足所能胜任。奈谨守者观望，智巧者退避，畏难者因循，膜视要公，且从而阻之、非之，又谁与赞成之？甚矣，集事之难也！今邀天之福，堰坝一律完复，凡五乡承荫农田，差免涸鲋，微金鼎忧勤之力不及此。然后知事在人为，一劳永逸，益以见水利良法，世守者贻泽于无穷也。蘅偕诸君子乐观厥成，从此专力塘工，无东顾之忧矣。至遵章巡修，因时制宜，以永保十七万亩粮田，是所望后之留心水利者。时光绪十九年癸巳立夏前三日。

王继香曰：事既可传，文亦真挚透达。信非有真血性、大经济者不办。

附刻：唐继勋兴复西乡水利记书后

地方之有水利，犹人之身之有血脉也。血脉不流通，则人身病。水利不疏畅，则地方病。以神禹之平天成地，功烈如彼，其远且大也，而孔子赞之，只“尽力沟洫”一语。诚见治远者必由近始，治大者必自小基。今之牧令日鞅掌于簿书钱谷，其于地方利弊，若弗问也者。间有好名之徒，浚渠开河，动役民夫千百，为民兴利，不知利之不在民也。不治其源而治其流，民不享其利，而先受其害。上虞西乡水利，首重堰坝，所以为旱潦之备。今之堰坝，古之沟洫也。尽力乎，不尽力乎，晓事人亮能辨之。昔召信臣作《均田记》，后人奉为水利之祖。连君无其任而有其心，修理坊庯，补苴罅漏，集众檠以举事，劳而不伐，有功而不居，乌虖足以兴矣。

附刻：王公祠序

虞西逼临曹江，潮患频仍，赖塘堤保障田庐。江塘建自何代，邑《志》疏漏，远莫能稽。明季王公期昇，名进士，以南祠部郎出守越州。适虞塘决裂，居民颠连，遭其鱼之惨。公慨然任之，大治堤工。法禹之明德，相度水势，开掘隔江之塘角，以循故道，复坚筑上陈险工，堵御狂潮。自是水流顺轨，护沙远涨，迄今三百年安堵无恙，微公之力不至此。夫治水当治其本，疏决为上，堤防次之。公不沾沾塘堤，首急浚江，其即神禹疏河之良法乎？先君子谙练塘务，恒以沙日壅、江日高为患。创建临江大墙，屏蔽官塘为重关之固，不欲以治末之法治之，深得公浚江之旨。可慨者，公有大功于七乡，《志》书略而未详。崇祯间，所建生祠中毁于火，祠中旧树倪文贞《碑记》，片石不存。茫茫坠绪，山高水长，乡先辈绝少传诵，近塘绅耆亦无一人道及之。追溯元至正间，王府史永治虞塘，有“王外郎，筑海塘。不要钱，呷粥汤”之谣，至今野老牧童讴吟弗置。公开江筑堤，近在明季，功烈视府史尤盛，秩乂尊而转寂寂无闻，岂名之传不传，亦有幸不幸与？尤怪居民累世食德，饮水思源，胡昧昧罔闻，知是，不能不太息文献之无征也。推之康熙间，郡守俞公卿奉旨建造石塘，彰明较著。而虞公景星宰上虞，于雍正三年筑海塘千余丈，建此不朽盛业，《志》书不立专《传》，仅于《水利》夹注中附志崖略，不获偕俞公流芳口碑，明禋千秋，与王公相继湮没，潜德弗彰，公道何在？先君子于《纪略》中所为凭吊欷歔，深有望于世之采风者也。幸我公治绩、文贞碑文具载《五乡水利本末》，里人金鼎，于光绪七年建复祠宇。蘅频年修筑江塘，感戴遗泽，嘉金鼎阐扬旧德，继栾社、桐乡之休风，先得我心。惟春秋馨香阙如，久昧崇报之典，有隐恨焉。商诸金君，设立王公会，春秋祟祀，端牍禀县，请梁湖分司主祭，邀集同人襄祀，以肃观瞻而昭诚敬，庶几久晦益彰。王府史、虞邑宰筑海塘有功，后先辉映，理合祔祭，谨于祠内左右楹配祀，表微也，报本也。蘅忝缵遗绪，驰驱险工，瞻顾傍徨，时切景仰之思。读谷生原《序》，原本经义阐发前贤水利；遥企倪《碑》，流连德政，敬志先人所述丰功伟绩如是，不敢以不文辞，是为序。

光绪二十五年岁次己亥清明节邑人连蘅撰

沈景修曰：行文以叙事而兼议论，表微阐幽，足补倪文贞《碑记》之阙。一乡文献赖以有征，自是不磨之作。

江塘逐培修工程并善后事宜

《六纪要》述于重阳节，时正兴筑患塘，大加整顿，四处采办塘料，陆续运到工次，克日分建柴、石塘，添钉排桩，一面培修老塘格外高阔，并择要加筑后戗、塘台、塘面等工程。经费浩大，值米珠薪桂，桩柴并缺，弥形支绌。幸冬春天气晴和，损堤次第修复，自去秋兴工，迄端阳节完工。蘅风餐露宿，疲于奔命，凡八阅月告竣。何翻造之艰而败坏之易易也！最痛恨者，赵家坝一带险工，向有枯树根穿通塘底，遇洪水节次成患，（咸丰十一年八月初汛，"颇、牧"字号冲决不遭灾。同治四年五月下浣，"韩、烦"字号决口遭灾。去年中秋"牧"字号崩溃数丈不遭灾。皆由枯树根漏洞灌浸成患。所谓以蚁穴而致滔天之祸，足征防堵之难。）兼近年塘边柏树隐翳成林，后患无穷。蘅险过思险，未敢畏难因循，重蹈覆辙，决计用全力痛除大害，煞费经营。去冬，禀县出示晓谕，自教场"士"字号起至王家坝"最"字号止，凡近塘三四丈内，大小树木不准留养一株，归塘董概行斫光，并树根兜底翻掘，翦灭无遗，为筑塘第一要事。塘树酿祸，《纪略·杂说》中切实言之，今一旦斩伐干净，上慰先君子未竟之志。计大工五载告成，首险、次要一律完固，差免溃决之虞。惟流沙日壅一日，江底年高一年，大有海高山瘦之象。（年来新、嵊并虞邑南乡广辟竹山、柴山，栽植茶桑，致山地开松。上游大雨发水，沙流淤塞，曹江壅高，《纪略》中言之深切。前患上山开种苞米，今尽地力广种茶桑，为祸益烈。）江道淤塞，沧桑迭更，非大经济、大神力浚治不为功。此蘅长虑却顾惴惴焉，窃为三邑民命危，而未敢妄参末议也。此次大筑江塘，良由年久失修，险工迭出，不得不竭蹶从事。谨将近年各段建造工程逐一载列于后，具征经理苦心，后之有志塘工者，庶不忘前事之历历在目，有所取裁云尔。

上虞前江塘逐段分建柴工石塘、坦水、里外戗，并钉排桩加塘台、塘面。各工程字号、丈尺开列于左。

赵家坝柴塘工程：

“约、法”二号二十一丈五尺(光绪二十一年冬建)。

“韩、烦”二号二十丈(光绪二十三年夏建)。

“何”字号八丈八尺(光绪二十四年春建)。

“约”字号十六丈三尺(光绪二十四年春建)。

“何”字号八丈四尺(光绪二十五年春建)。

“法”字号十一丈(光绪二十五年春建)。

花宫柴塘工程：

“川、流”二号二十三丈(光绪二十一年冬建)。

“不、息、渊、澄、取”五号间段新造四十八丈五尺(光绪二十二年春建)。

“息、渊、澄、取、映”五号间段翻造五十三丈五尺(光绪二十二年冬建)。

“取”字号挖修八丈一尺(光绪二十四年春修)。

“映”字号挖修四丈五尺(光绪二十四年春修)。

“渊、澄”二号挖修六丈(光绪二十四年春修)。

“盛”字号七丈三尺(光绪二十四年冬建)。

“川”字号挖修四丈(光绪二十四年冬修)。

“流”字号挖修一丈八尺(光绪二十四年冬修)。

“息”字号挖修一丈八尺(光绪二十四年冬修)。

“渊”字号挖修四丈二尺(光绪二十四年冬修)。

“澄”字号挖修六丈(光绪二十四年冬修)。

贺家埠柴塘工程：

“庆、尺”二号二十二丈(光绪二十二年春建)。

“因”字号十丈五尺(光绪二十三年夏建)。

“庆、尺”二号十七丈二尺(光绪二十三年夏建)。

双墩头柴塘工程：

“难”字号十丈六尺(光绪二十二年冬修)。

“诗”字号四丈二尺(光绪二十三年冬建)。

“染”字号十丈六尺(光绪二十三年冬建)。

“羊”字号二丈六尺(光绪二十三年冬建)。

“难”字号十丈五尺(光绪二十五年春建)。

黄家堰柴塘工程：

“克”字号八丈六尺(光绪二十三年春建)。

“景”字号十一丈一尺(光绪二十三年春建)。

“建”字号二丈四尺(光绪二十三年冬建)。

“名”字号八丈(光绪二十四年冬建)。

赵村柴塘工程：

“恃”字号八丈三尺(光绪二十三年冬建)。

“己”字号六丈八尺(光绪二十三年冬建)。

“己”字号四丈八尺(光绪二十五年春建)。

孙家渡柴塘工程：

“堂”字号九丈(光绪二十三年春建)。

“习”字号十九丈二尺(光绪二十三年春建)。

“听”字号六丈七尺(光绪二十五年春建)。

“因、声”二号修整四丈(光绪二十五年春修)。

右江塘修建柴工统计四百三十一丈八尺。

花宫石塘工程：

“不、息、澄、取”四号间段改造二十丈七尺(光绪二十四年冬建)。

坦水工程：

花宫“不、息、渊、澄、取、映”六号新铺百十二丈(光绪二十二年冬季动工，次年秋季工竣)。

赵家坝“何、遵、约、法”四号修整五十丈(光绪二十三年夏修)。

“盟、何”二号修铺十四丈(光绪二十五年春修)。

右江塘添做坦水统计百七十六丈。

坦桩工程：

黄家堰“建、名”二号二十二丈五尺(光绪二十三年冬钉)。

双墩头“诗”字号五丈一尺(光绪二十三年冬钉)。

花宫“流、不”二号十七丈(光绪二十三年冬钉)。

赵家坝“盟”字号七丈(光绪二十五年春钉)。

赵村“恃”字号十五丈(光绪二十五夏钉)。

“己、长”二号十五丈五尺(光绪二十五年夏钉)。

右江塘加钉坦桩统计八十二丈一尺。

里戗工程：

赵家坝“何、遵”二号二十丈(光绪二十一年冬筑)。

花宫“川、流”二号三十四丈(光绪二十二年秋筑)。

“松、之”二号三十八丈(光绪二十三年春筑)。

“映、容、止、若、思、言”六号百十一丈(光绪二十三年春筑)。

黄家堰“克”字号九丈(光绪二十三年春筑)。

花宫“不”字号十丈(光绪二十三年冬筑)。

“渊”字号十丈(光绪二十三年冬筑)。

“取”字号七丈(光绪二十三年冬筑)。

“之”字号十六丈二尺(光绪二十四年冬筑)。

“盛”字号七丈三尺(光绪二十四年冬筑)。

“渊”字号十一丈八尺(光绪二十四年冬筑)。

塘湾“温”字号九丈六尺(光绪二十四年冬筑)。

贺家埠“庆”字号十丈二尺(光绪二十四年冬筑)。

赵家坝“何”字号七丈二尺(光绪二十五年春筑)。

“遵”字号八丈(光绪二十五年春筑)。

“约”字号七丈八尺(光绪二十五年春筑)。

“法”字号七丈五尺(光绪二十五年春筑)。

“韩”字号十三丈二尺(光绪二十五年春筑)。

赵村“信”字号九丈(光绪二十五年春筑)。

吕家埠“莫”字号四丈二尺(光绪二十五年春筑)。

右江塘加筑里戗统计三百五十一丈。

外戗工程：

吕家埠“莫”字号四丈一尺(光绪二十五年春筑)。

“才、良”二号二十七丈六尺(光绪二十五年夏筑)。

右江塘加筑外戗统计三十一丈七尺。

塘台工程：

花宫“川、流”二号三十四丈(光绪二十一年冬造)。

“不”字号十丈(光绪二十二年秋造)。

“息”字号二十丈(光绪二十二年秋造)。

“渊”字号十丈(光绪二十二年秋造)。

"取"字号十三丈(光绪二十二年秋造)。

赵村"信"字号十五丈(光绪二十五年春造)。

右江塘添造塘台统计百二丈。

塘面工程:

谭村"事"字号十丈(光绪二十四年秋筑)。

"均"字号七丈(光绪二十四年秋筑)。

"日"字号十五丈(光绪二十四年秋筑)。

"严"字号五丈(光绪二十四年秋筑)。

塘湾"尽"字号十丈(光绪二十四年秋筑)。

"深"字号三丈(光绪二十四年秋筑)。

赵村"恃"字号十七丈(光绪二十五年春筑)。

"长"字号二十丈四尺(光绪二十五年春筑)。

"信"字号五丈(光绪二十五年春筑)。

西华"草"字号二十丈二尺(光绪二十五年春筑)。

右江塘加高塘面统计百十二丈六尺。

翻筑损堤工程:

花宫"不、息、渊、澄、取"五号修整二十九丈(光绪二十二年春修)。

施家堰"裳"字号五丈三尺(光绪二十三年冬修)。

丁家坝"牧"字号五丈(光绪二十四年秋修)。

贺家埠"积"字号三丈(光绪二十四年秋修)。

"缘"字号十丈(光绪二十四年秋修)。

"善"字号二十丈(光绪二十四年秋修)。

小赵家"男"字号二丈三尺(光绪二十五年春修)。

西华"被"字号十丈二尺(光绪二十五年春修)。

上地头"恭"字号九丈四尺(光绪二十五年夏修)。

右江塘翻筑损堤统计九十四丈二尺。

斫塘树工程:

教场"士"字号起,王家坝"最"字号止,计塘碑二十八号,凡近塘树木概行斫光(光绪二十四年冬季砍斫,二十五年春季掘根除净。)

光绪二十五年岁次己亥端阳节谨记

上虞五乡水利纪实

光绪戊申年开雕　版存柯庄谦守斋

徐 序

上虞地势倾仰，岁之丰歉，全视水利。夏盖湖高处西北，尤五乡水利之所系也。五乡者，永丰、上虞、宁远、新兴、孝义是也。湖受上妃、白马之水，唐长庆时，五乡之民割己田为之，周百五里，溉田十三万有奇。支流余润，又足以被会稽之延德、余姚之兰风。千百年来，为利溥矣。自孔堰决而上妃、白马尽涸为田。盖湖所资，惟在潴蓄山水，一遇旱暵，已虞不给。自盖湖占垦，屡准升科，而湖极窄，众议划复，迄以升科格不行，今视唐时仅十之一二矣。五乡之田，一线生命，惟恃堰坝霪洞，蓄泄有资，以保此涓滴之水。然附近居民，耽私利，谋垦占，时时盗决者，所在多有。则夫修守巡防之事，所系不綦重乎？金君卧云，热心公益，联合同志，经营东堤堰坝。竭二十余年心力，成《五乡水利纪实》一编，断断于值巡修守之责，详叙工作，明定章程。实于无可挽回之际，力筹补救之方，嘉惠桑梓，盖非浅鲜。夫昔之人舍田为湖，后之人占湖为田，公私相去，何啻霄壤？将为经久之谋，亟应一律划复。乃当事者执升科之见，仅顾目前，为国家惜升斗，而贻闾阎无穷之害，得不偿失。此所谓苟且之政也。今划复既无望矣，巡修之法，纵极周详，亦难保其历久无失。此固卧云诸同志，耿耿隐忧，怀此莫释者。幸也明天子慨然求治，采用泰西立宪政体，屡饬实行地方自治。宪法行则公理于以昌，自治举则公益无所阻。运有推移，势穷则变。今而后严筑孔堰，以裕水源。划除垦占，以厚湖力。将必有悉复旧观之一日乎？则卧云兹编，即其嚆矢矣。曩者续修虞《志》，卧云亦与其事。不佞应邑侯储公之聘，实总其成。于虞邑水利，颇窥厓略。故观卧云之《纪》，而乐与缀言简端。

光绪丁未仲冬之月北平徐致靖

张　序

庚子岁杪，茂镛宰越郡之上虞县。值已亥大水灾之后，元气凋丧未复，田畴荒秽不治者多。顾念州县为亲民官，必与民相亲，而后可以谓之官，于是劳农劝稼，咨民疾苦，训农事，督田功，周历各乡堡，课山泽水土之所宜。自东徂北，循夏盖山而西。顾见滨湖陇亩，弥望葱郁，意者人力土功，必以西乡为一邑冠欤？父老告予曰："此吾乡金先生卧云之功。盖今日良田沃壤，皆昔年至瘠至苦之地，以凶年多、乐岁少也。追念盖湖升科后，水无蓄储，往时堰坝沟闸，多废弃而无修理，遇旱则涸；或连朝淫雨，山水暴注，又有冲决而无宣泄，其为害尤不可胜言。我侪农夫，亦几几不聊生矣。比者金先生苦之悯之，策群力，捐重赀，复旧更新，次第规画，遂有今日。今日之熙攘林总，含哺而鼓腹者，受赐于先生实多焉。"语未及竟，茂镛肃立致敬，亟介其乡父老叩先生门而见之，遂相与谈终日。则知先生固勤悬之君子，而又当代之纯儒也。经师人师，为邑坊表。邑有大政事或善举，苟知之靡不为，苟为之靡不尽力。维时方议创恤嫠之政，惟先生与陈君春澜、屠君云峰、糜君新甫赞成其事尤力。今云峰、新甫下世已数年，为地方公益计者，舍先生莫与属。吾念虞民，言之尤泫然焉。茂镛任虞邑事凡十四月，地方巨政，无不与先生商榷者，先生亦知之无不言，言之无不尽。顾未尝有一私谒造吾庭者，其人品尤可敬也。茂镛去任之日，都人士殷然款饯，先生亦远来送吾行。离亭挥袂，眷眷不能去诸怀抱。迄于今，不通音问者又五年矣。今年秋，茂镛筦榷于台州之海门，忽先生尺书远赍，并以所著《水利纪实》编征序及于茂镛。我何人斯？千里故人，相劘道义。纵我有不能已于言者，亦乌敢为溢美之词，以取戾于先生？则请援曩日所目击而亲闻诸耆老者，及数年来与先生过往疏密之踪迹，联缀而授诸简端。庶几哉，先生当顾茂镛而引为知言矣！抑茂镛尤有进者，先生今为安吉校官，更愿宏此远谟，俾以进博士诸弟子、学堂诸学生，而劝董之，而讽励之，而本身以作则之，使人人有担公益而尽义务。今日心先生之心者，即异日所以事先生之事。推而国家，放而及于五洲。庶几我中国尚有豸焉，斯必又先生教育人才之苦心也。然乎否乎，请还以质诸先生。

时光绪乙巳小春中浣愚弟张茂镛谨叙

上虞五乡水利纪实自叙

考顾景范《读史方舆纪要》，载上虞夏盖湖水利事，较他邑为备。及顾宁人《天下郡国利病》书，述夏盖湖前朝事迹、堰坝废兴尤详。乙亥、丙子两科，浙闱策问，均以“上虞五乡何名”、“《水利志序》何人”命题。名公卿博访周咨，良有以也。第今之水利，大非昔比。旧《志》夏盖湖方广一百五里，灌田十三万有奇，历代兴废靡常。我朝雍正、嘉庆间，两次升科五万余亩，湖尽为田，无蓄水区，旧设放水沟闸俱废圮，所恃以保河流涓滴之水者，惟东堤各堰坝而已。兵燹洊臻，老成殂谢，堰坝久不修理。设非雨旸时若，五乡几同涸鲋。鼎惧庚、癸之频呼，生灵之日蹙也，爰邀同志，筹公款，度其次要，权以先后，废者举，圮者复，可因者因，宜改者改，斟酌规画，总以众谋佥同为主义。盖惨淡经营，殚精力者二十余年矣。乙巳夏，司训古鄞，偕同寅周香泉孝廉，参稽旧籍，讨论新学，期与都人士修明而振兴之。晦明风雨，枨触乡思，不禁感怀前事，出行箧中历修堰坝原稿，承为审定，怂恿付梓，俾后人有迹可循。题曰《五乡水利纪实》，非敢与陈氏旧《志》有牴牾也。盖时易势殊，复湖万不可得，但须慎重堰坝，疏浚河道，于无可挽回之际，为力筹补救之方，庶于国课民生，稍有裨益。至古籍尽存，班班可考，幸勿以告朔饩羊而忽诸。

光绪三十一年岁在乙巳秋八月上虞金鼎撰

湖东西诸沟升科后多废

《水利本末》载，湖西十八沟自穰草堰、百官沟，至西础沟，计十八处，为昔年放水灌溉而设。迨两次升科，无水可放，沿塘一带有田皆石，不能栽稻，改种木棉诸旱作，沟固尽废矣。至东十八沟如孔泾沟、柯山沟暨横山前后等处，沟亦多废。若茹谦、方村、屠泾、张令、盖山等沟，乾嘉间皆改建为桥，与虞北五都及姚境兰风诸保几同一家。此水利大坏处，无可挽救者也。他如三都小越闸、五都岑仓闸，升科后无水可放，亦虚设皆废。惟第一为经仲沟，沟门不大，在经氏义塾旁，水由山脚沿溪进，以董家堰为堤防，中有小霪洞。经该处董事拨款修筑。第二为驿亭堰，同治间，经氏阖族退坝归农，永禁车拔，上造神阁，下拖小船，堰石不致损坏。堰北为赏家陡亹，基址颇高。水大则溢，水小则止。第三为朱家霪，霪极低洼，灌溉沿山田亩有限，约计里许，至官河云庆桥。该村人于桥侧溪口造有闸版，水满归入中河。但闸版上落不定，落版则水势奔泻，不舍昼夜。凡巡查，须责成三都地保、该村居民上版管守，方无漏泄。立夏至立秋，尤宜关心。第四为干山沟，沟下蒋家桥新造减水坝，另条详载。总而论之，盖湖旧额田十三万有奇，又加两次新升田五万数千亩。以许多之田，仅恃河流涓滴之水为生活。设雨泽愆期，几何不嗟涸鲋也？我西乡之于各堰坝，能无慎而又慎哉！

按：唐侯修《志》时采访失实。如三都董家堰、云庆桥等处，分注均载“水满归入中河”六字，流弊胡底，出版后见者大哗。经生员陈珩等禀县，刊误在案。嗣储侯校续，据案削去六字，遵旧《志》以祛弊窦。知水利关系重大，秉笔者须确有根据，不得平空记载，致启衅端焉。

筑复干山沟下低界堰

十一年乙酉，为余巡值年。鼎以水利坏，思锐意整顿。春将暮，偕从侄履斋，暨叶氏昆仲，买舟巡查。过小越，近湖口，闻水声潺湲，异之。及到干山沟，见该沟低而陷，水势奔放，洞口罩以网，沿河箭笼罗列无数，窃谓此沟无关蓄，直与中河平矣。舍舟缘河行，欲穷其所止，约里许有村焉，名蒋家，居人皆怪之，殷殷垂访，无有告语者。盖鱼虾为该村垂涎，利水动，不利水静。又行一里余，见老农夫二，似曾关心时事者。询之，谓此处田稻赖上河水承荫，下有关键三：一东郑、一西郑、一张家港，三处皆以土堰止水流。今东郑久不筑，湖西人无过而问者，遂邀领路至东郑，见堰址无存，两岸泥垅尚留。时雷雨忽至，计无从出，雨止，另雇舟返沟，向泗洲堂住持购旧版堵闸门，冀杀水势而已。俟水涸购松桩办泥荡，邀上巡合作。而东郑泥堰筑完固，爰与该堡约，此堰永禁开放，有韩、石、郑三姓愿立包管以为质。明年进公禀，给告示，勒石干山沟堤上，俾土人知儆焉。（碑示载《县志》，不赘录。）

沟下蒋家桥新造减水坝

蒋家桥迤东南分三流，即东郑堰、西郑堰、张家港也。三处水大，虞溃决，而张家港官路为尤甚。彼乡屡欲官路造霪洞，而我乡不许以沟下添沟，仍与中河水平也。二十年来，屡议屡辍，余耿耿于心，必谋一善全之策。辛丑秋，承罗君藻塘邀我乡经董，于太平庵集议时，李君廉溪、经君阆仙暨各堡耆老同到坛，罗君曰："干山沟之下建霪置闸，议久不决，后必有以争水兴戎者。鄙意不若蒋家桥畔请添造一坝，坝内田荫上河水，坝外田荫破冈湖水。如是则三堰均可废而两乡遂无事。"余应之曰："君言甚善，赀由我乡出，须备述原委，禀县立案然后行。"众以为然，议遂定。于是运石料，购桩木，预储以待。会明年冬旱，择十月十一日兴工，无辍作，三旬完竣，监督者为顾君望春。嗣又购各料，中作浑背式，使水从中泄，不致猛攻。是役也，非罗君发端，李、经二君之允洽，无以成事。盖至是而干山沟之漏巵以杜，水利大有裨益焉。县禀附列。

具禀绅董金鼎、连蘅、王焕章、严朝恩、顾陛荣、俞士麐，为干山沟添造减水堰，公叩恩准立案，以垂久远事。窃虞邑西北五乡承荫，粮田全赖堰坝关蓄，章程具载《县志》。三都干山沟旧设一霪，灌溉沟下粮田数百亩。水由霪放以低界，堰为关蓄。盖设霪以通水源，筑堰以防水泻。立法本极周详，奈积久法敝，管堰者弊窦丛生，司巡者鞭长莫及。董等整顿水利，因时制宜，今冬曾同该处经董罗绅耀南、李绅品方、经绅有常及堰长人等从长计议，斟酌尽善，于干山沟下蒋家桥建造减水石堰，俾复原荫旧制。堰面高低尺寸以蒋家桥低田为准则，庶水浅赖以灌溉，水满得以疏泄，业户、佃户两获裨益。似此一劳永逸，于水利差免流弊。坝系添造，理合禀明，为此公叩公祖大人察核，恩准三都干山沟下蒋家桥添造减水石堰立案，以垂久远。戴德上禀。

批：据禀添造石堰，以资蓄泄，足见关心水利，洵堪嘉尚。准如禀立案可也。

河清创筑袋塘

河清口属三都，向造车坝，坝上有桥，桥以南接百丈塘，塘底用瓦屑筑成。时湖民遇盛涨，屡决塘，我西乡派运瓦屑以堵塞者也。惟瓦屑中多罅隙，易渗漏。岁乙酉，为余村值年，间几日巡查，见百丈塘漏泄，多无善策。阅旧簿，凡司巡者或罱泥贴塘，使不下泄，转瞬泥随水去；亦有用竹木编排，再覆以泥，未几被渔人掠去，费不赀而事无济。又一日，鼎与履斋往，回环周视，见塘下一池，池以东有口，不甚阔，天然小结束。余谓："此处添筑袋塘，先夯长桩，用纯泥筑成，外甃以石，可保百丈塘漏泄之水。"即用绳估量，不满十丈，度工程费亦不巨。惜池为他人物，不易致耳。因访，知陈氏族中产，向族长陈占奎购买焉。价议二十缗，归陈氏祭中，乃立契收号投税。会天小旱，即购料，择十月二十一日兴工。夯桩之明日，忽陈姓男妇大小约百人，以风水之说，与工匠为难，并拉监工叶君肯堂去。余闻信不挠，以契上写明"凭西乡筑塘，保卫水利"字样，拟即邀同志禀县，请委督筑。正部署间，报围解。盖初有系铃者，继即有解铃者焉。越十余日，夯班泥工竣。逾年，甃以石。共费钱壹百数十千，详载旧簿。此举幸如天之福，环河清各烟居皆晏然无恙。设当此动作兴工之日而损伤丁口，咎谁归？必归诸发端办事者。吁，可畏哉！

横山闸改造减水坝

已丑秋，淫雨四旬，江浙告灾。寓沪绅商办捐赈，例得以工代。明年春，王丈荻塘以横山闸废弛久，乘唐侯下乡办春赈，便道邀勘，改闸为减水坝，拨赈款二百金，不足由王补。发告示已张贴，择四月十六日兴工。前二日崧镇同人有所闻，均诧异，邀鼎仝往县不果，乃缮公信致唐侯，谓水利由西乡主持已千百年矣，今王某擅改闸，毋乃越俎乎？侯遂加函遣差星夜往，王无以答。因与鼎家有姻谊，贻书与鼎反覆辨论，不下千余言。著石工赶投时，十六日黎明也，鼎属石工姑稍缓，约明日具覆，即午往崧镇汇议。众论纷纷，莫衷一是。夏君彤甫发言曰："此事仍取决于君，君无以与王戚而故为缄默。"鼎谓："事须辨其公与私。然后决。王丈之拨款修建改闸为减水坝，为整水利也，公也。其请县诣勘，请县给示，公而尤公也。特事由西乡主持，不与西乡商，为可訾耳。据鄙意，我乡再择日由值年同祀土，不敷款，亦由我乡发。又仿菱池陡亹旧坝式，加石槛一条，使高低一律，如是则官绅均两全，而水利之废弛者又整顿一处。"众唯唯称善。即函覆王丈，亦允照行焉。逾年，唐侯修《县志》，鼎因公晋谒。侯曰："水利卷多蒙采访，横山闸一节，赖君斡旋，尤钦佩。今改减水坝，《志》中作何书，烦君指示。"鼎答以："两乡不列名，请贤侯主事。"侯曰："善哉。"属秉笔者照纪。兹不赘。

重修华沟菱池陡亹则水坝

三坝在柯山之北，横山之南，为全湖扼要处。曷以"则水"名？度田与水之高下而权衡之，故名曰："则水。"坝上有桥，桥柱有联。左曰："满则溢，浅则蓄。"右曰："高相安，低相宜。"此何竹林封翁所规画者也。八十年来，石料尚好，而灰木多损。重以土人贪捕鱼虾，蹂躏日甚，水之漏泄者多矣。鼎以横山闸既改建，乃与夏君彤甫、俞君保斋谋三坝修费。彤翁允百金，并邀俞君往该坝会勘。时庚寅冬初，天久晴，河水逐干。乃邀众殷富集议，并与连君撷香商，均踊跃攸助。为赶购桩石料，择十月十三日破土，多雇石作，并工趱修。分监者为王君亮生、叶君肯堂暨从侄养之，而严君晏亭亦间日一至。议以各洞上河加石仓一埭，用矿灰拌黄泥作三和土填肚，以冀永固。而河清旱坝倒塌久，亦同时修复。甫匝月完工，共用钱八百余缗，具载新印簿。明年，《县志》成，唐侯师竹、储侯仲章均先后戾止，陪同诣勘焉。

重修河清小越两车坝

车坝有三，自同治间驿亭坝经氏永禁车拔，而河清、小越船只多，糟蹋愈甚。又以坝夫不遵规，懒加柳条、泥块，致坝石多损。鼎屡思修理，苦乏同志。一日，连君撷香过访，余谈次，约期往勘，细视全坝损碎无完石，非大修不为功。而公款无多积，撷香遂禀承乃兄，垫洋三百元，向石作定小溪坝料两副。时十七年秋八月也。明年夏，大旱，择吉开土，先河清，次小越。鼎谓三车坝高低旧章皆一律，无可轩轾，属石工备水溜一具，如造屋起基式，先试水平引线至桥堍，凿槽为记，完竣日照此覆量。两坝皆一样布置，然后拆卸中河。人闻之，谓办理公道，无可置喙矣。盖修理稍或卤莽，彼乡遂啧有烦言，甚至涉讼。勘断水利之其难其慎，有以夫。是举幸天时久晴，不停工，不耗费，自始事迄完功刚帀月。河清坝旧料片石无存，小越坝留用十之二三。监工者仍叶君肯堂，余与撷香皆间日一至，严君晏亭、王君敷文亦尝到坝照料焉。又小越堰南首有燕窝一区，升科前设以放水者。《本末》一书载："此处宜多填瓦屑，以防捕鱼人偷泄。”然巡查虽严,弊终难绝,往往将底石抬高,水放石下,鱼虾因之多多。时大坝将竣,余往复周视,见有旧方石一条,长短适符。命石工竖立燕窝,上顶桥梁,下压桥盘,使底石不得动移。自谓不费钱而法善,庶贪小者不再有鬼蜮伎俩。书此以告后之巡视者。

筑复后廊堰石坝

后廊堰一名大夹堰,在兰风乡韩夏、冯邵之交。旧以石建,归虞西经管。盖地倾东北,非此则一泻无余焉。嗣因道远失顾,土人逐渐觊觎,遂易石坝为泥堰,不知几经年月矣。岁甲申,有夏君济生与李君星桥善,屡属星桥邀鼎议筑复。乃与值年陈君领三至鼎家,具以颠末告。且言此坝废圮久,不独虞地水利坏,即姚地韩夏等堡,亦少一关键。如筑复石坝,夏氏愿捐一半款。余闻而欣然,不日遂与二君往,先勘坝址,后诣夏氏晤济生。谈次却符前言,事有端倪矣。乃发单集议,众皆翕然,为购定石木料,逐渐载运。会明年夏,水涸,邀巡内首事十余人,往该坝覆勘,即在双庙议。双庙者,余、上交界区也。众谓此大工,应请两邑主会勘,事可行。鼎云:“筑复与创建有别,如诸君言,转折多,经费大,恐旷日持久,事必宕延。”乃偕星桥、领三仍与济生谋。订某日破土,某日夯桩,并与工匠约限,某日完工。越两月,果告成。用钱二百八十缗,除夏氏认半外,实支钱一百四十千文。是役也,经理者夏济生、韩夔翁,监督者李星桥、陈领三。余以省试,故不尝往,用歉然焉。后六年,下河人以丁真堰事兴讼,控省宪,牵涉虞西水利者。省宪下其事于县,县照会余,余绘图贴说,覆以上河有修复、无创建,嗣委太守时公蓬仙会两县诣勘。太守阅覆禀,遂释然,拟拜会绅董采访上河水利事,以道远不果。时虞令署任徐侯,甫下车,事皆茫然,由分司刘公有瑞传述者。

虞姚交界各堰坝

余以后廊堰既筑复,兰风诸堡皆休戚相关,必须谋整顿之方筑复之。明年,又邀李君星桥、陈君领三,历该处巡查。见十余里中,堰坝多多,皆滚水形式,石料尚完好无缺,拖舟者皆妇女及老人。询以各堰名,与旧《志》记载多不符。惟丁家堰废多年,只有小村落,是虞、姚的确分界处。稍东为赵家堰,又东为张公堰,皆修整完固。及至上鄗岳庙旁有祝家闸,水势奔泻,询之土人,云:“年久闸板缺石,亦倾圮。本归湖西管,近无人经理。”嗣鼎办两邑文社,与杨君卣香商，以我乡道远，往返多不便，烦代修祝家闸，以保上河涓滴之水。明年，修复如旧制。因经费无多，由渠乡公项开销，不向我乡支。然经年积岁，难保其完者不缺，修者不坏，且未必常有正派经董如杨、夏诸君。是在我乡留心整修，勿以道远而忽诸。

盗决夹堰

夹堰在丁家堰，东为姚兰风乡，一名黄鳝洞，横亘大路，不能拖船，港小而曲，亦虞西经管。二十一年秋，中河干孟等村，晚禾需水，率众盗决。上塘韩、夏诸士绅着人持名片至鼎家，备述盗决状。余与同人商堵筑。雇农夫数十人，贳舟十余只，由划坏田满载泥，星夜往堵，使水不奔流。又往夏君济生家，相与谋惩办之方。济生谓："事固当惩，但乌合之众，不识姓名，可奈何？贵乡既已堵塞矣，筑阔培高，余任之可也。然必与杨君谋久远之计。"鼎与之筹商，邀两邑绅耆合词具禀。两邑主会衔给示，永禁盗决，立石以垂久远。或曰："此地当旷野，无人管守，恐干孟人遇旱故智复萌。查该堰基址本狭，必上河培阔一埭，令近处作义冢，方无后虑。"然我乡路远，取泥培筑大非易事，俟异日商诸就近好义者。会禁告示录后：

余姚县正堂恽、上虞县正堂储

为会衔出示，勒石永禁事：据虞、姚耆绅夏鸿绪等二十四人禀称"上虞夏盖湖水利，东接姚地，西连会邑，关系七乡新旧粮田二十余万亩。东北隅地势较低，向有倪家堰、丁家堰为低界蓄水。嗣因年久失修，二堰已废，全赖姚境大小夹堰，以及赵家堰等处堰坝堤防为之关键，并倚就地绅士培补照料。年前曾被中河人盗决夹堰旁堤，经里绅夏焌会同职等筑复完固。讵今秋七月初五日，中河高桥冯邵、干孟、方家等村，鸣锣聚众，统率数百人，突将夹堰堤防又被盗决大口，水势奔泻，上河骤涸。职等急雇农工，载土堵塞，本拟禀请查办，因早禾已经登场，又值甘霖滂沛，延未呈控。窃思上、中、下河各设堰坝，疆界判然，粮田各有承荫。查中河粮田不满万亩，且有千金湖水可资灌溉；上河自夏盖湖升科后，湖尽为田，水仅涓滴，一逢旱年，有岌岌自危之势，何堪重被中河人越界盗决，一任二十余万粮田顿成槁壤？公叩会衔出示，勒石永禁，并饬该处地总，随时认真看守"等情到县。据此，除批示并谕饬该管地保随时看守外，合行会衔出示，勒石永禁。为此，示仰该处虞、姚居民人等知悉。尔等须知夏盖湖所蓄之水，关系七乡新旧粮田二十余万亩。向赖姚境各堰堤防，方免泄泻，自应共相保卫。今据虞、姚耆绅夏鸿绪等公禀，姚地中河各村民人辄敢聚众盗决，致上河水遭奔涸，粮田顿乏滋培，实属胆大妄为。自禁之后，如果再有不法棍徒复蹈前辙，许该耆绅等扭交地保，禀送到县，以凭照律究办，决不姑宽。各宜凛遵。切切。特示。

乙未十月二十八日

丁未初夏，雨泽愆期，禾苗正当插种，上河水尚不竭，勉强灌溉。姚地以堰坝废弛，干涸甚，闻各堡鸣锣聚众，效前丁未年方升堂开塘故事。书信络绎，惶急万分。鼎邀值年首事陆嵩高等十二人，具禀邑尊。蒙批，饬保管守各堰坝，并移会、姚邑主查禁。禀词录后：

为故智复萌，谣言四起，迫叩派差，协保管守堰坝，以杜盗决事：窃虞西地势高仰，全赖各堰坝蓄水灌溉粮田。自驿亭至盖山东，绵长数十里，向归西乡四十八姓值巡，遵奉世守，具载《五乡水利本末》暨《续水利全书》。姚人势处下游，遇旱垂涎。光绪二十一年秋，曾被开掘夹堰，禀请余、上两邑尊，会衔给示，永禁盗决在案。现届天气亢旱，插种禾苗，全赖涓滴之水。奈中下河水利废弛，河道干涸。传闻故智复萌，聚众逞蛮，意欲盗决各堰，图泄上河之水，以资挹注。果尔，则水势奔泻，禾苗立槁。匪但败坏我西乡千百年旧章，且伤害二十余万亩粮田。绝人之源以沾己，夺人之利以肥私。当兹谣言四起，虽属传闻，无不慄慄危惧。事关五乡利害，苗田需水孔殷。为此联名迫叩公祖大人恩准，迅派干差，协同三、四都地保，扼要管守，以保上河粮田。谨呈《水利本末》三本。伏祈察核，施行公便。上禀。

批：筑坝蓄水，原为灌溉农田而设。如果姚人意图盗决，自应预为之防。候移请余姚县迅速照案查禁，并谕饬该管地保，随时妥为看守。一面仍由该绅等督令值巡。各姓认真巡护，毋任稍事疏虞，致碍水利可也。《水利本末》阅发。

纪花园坝

花园坝在四都横山相近，离闸头约里许。径路曲折不可认，无花园遗址。上河港面不甚阔，中河亦如之。坝底皆用石堆砌，上筑以泥，左右车盘基各一，若对峙然。相传明季筑坝时有工匠溱病身亡，至今时有鬼物作祟。此不可深信者也。余巡查至此，见坝不险要，上下高低亦不甚悬绝。细审水势虽微有渗漏，不至奔泻，但须值年随时巡视，遇坍损略加培修而已。按《县志》及《水利本末》均无此坝。查旧簿，同治间曾修理一次，经费无多。故备纪之。

纪马家堰高低定议事

马家堰在姚、虞交界处，址属姚地，堰归虞管。前朝本湖西经理。《志》载“长坝、马家堰为三湖关键，五乡襟辖”是也。升科后，上、中河各分畛域，以保区区涓滴之水。二十年甲午秋，五夫镇杜伯憩君以年久失修漏，泄甚，属侄广浩修理。工甫竟，下河孙、魏等村以不经会议，擅加高，大有违言。一日魏君雪塘率众数百人，将该堰拆毁，致高低尺寸全无凭依。时寓沪经莲珊君闻之，愁焉不安，以与魏君至戚，贻书诘责。一面函致杨卣翁及鼎二人，属邀两邑正绅，和衷商榷，持平筑复。明年闰五月朔日，在马堰关帝庙集议。姚绅到者为张君益斋、陈君笙郊、刘君介臣、谢君畊仙十余人，虞绅到者为罗君藻塘、縻君新甫、经君阆仙、徐君焕亭七八人。磋商终日，两不相下。幸张君益斋暨鼎与卣翁力主了事，凭原石工指定旧址准数，酌加四寸许。两邑士民均允洽，遂定议其供亿之费、赔筑之资，均归姚听认。经理者为蒋君履斋、俊卿二人焉。

纪孔堰旧制

开源节流，理财恒言，水利尤关切要。盖湖源本马湖，承三十六涧之水，由石堰咽喉而达心腹，灌输七乡田亩，为利溥矣。第孔堰不筑，一泻无余，是谓流不节，倒行逆施，害胡底止？向之由喉入腹者，反而为从腹灌喉。此前明京控大案所由兴也。是案结果，在改设溜水石坝，《志》《乘》详言之。康熙间，马湖自相攻击，经县令张履勘断结，议以则水石一方，竖立桥南，自底盘量起，计高三尺八寸，镌“天地”二字，斟酌尺寸为启闭定章，较旧制溜水石坝不无轩轾。当时我乡亦得过且过，免与计较，相安无事而已。庚寅，修《县志》，分纂王葆堂君慎重水利，诣该堰勘明，不失旧制，惟年久损坏，急须修理，尝与余道及。余遇彼乡人亦屡言之，佥以经费支绌为辞。甲辰冬，晤朱君焕，意在募捐，鼎许以津贴数十金。嗣补缺赴任，与朱阔别，不通音信。传闻该乡有好义者乐助修资，特不知何年开修，何人经理，旧制遵守与否，此心殊耿耿焉。乙巳秋七月，风雨感怀，偶记于古桃书院西斋。

纪东堤旧迹

《水利本末》载，周围塘岸修筑之功，在所当讲。又载，湖东二千五百七十丈，盖自驿亭至盖山，中间又隔以山，无山处便有塘，所筑以障湖水者，塘即堤也。我乡居西,故名曰东堤。升科后湖不可复,堤则犹是也。然亦有侵占者,如王家山南、牛头山北八十丈堤,尚岿然。如河清口、百丈塘、横山北、阔河口、谢家塘等处,堤亦多存。此外如小越堰,余地被窑户占据。华沟、菱池、陡亹各埯头,被佃户侵管。凡中权有堤之处,一如无堤。盖昔所谓堤,今皆为路。湖东人每以己田毗连,将湖堤垦削过甚,并道路不见康庄。鼎频年巡视,尝与该处人理说,辄以粮号作影射之词,独不思堤以障湖水。筑堤者西乡,修堤者西乡,且有阔计四丈、载明《本末》者。若以粮号论,岂不闻"湖供田水,田包湖赋"成规乎？恐后人不察,故详言之。

严禁垦占

私占官湖,例禁綦严。昔人云:"占湖一亩,妨水利十六亩七分。"此升科前言之也。今则田多湖少,南只小越湖,北只瓦泥潭,潴蓄有限,灌输甚广。一遇旱暵,便虞不给。奈垦占者但知利己,不顾害公。当水涸时先筑埂,后罱泥,今年栽茭,明年种藕,积久渐成为田。此种事,土豪居多。司巡者一见有埂,急须阻难,毋得瞻徇。倘敢执拗,公议禀官惩办,或插有空号,并究庄书。道光间,北湖划坏田成案,昭昭可睹也。忆光绪初年,湖东喜事者意在渔利,趁新尹到任,朦禀覆丈湖田。沿湖四埠头垦户闻风,即进苞苴,为树号埋根计。嗣经正绅禀阻作罢,否则地方骚扰不堪设想矣。是知垦占之田,北湖尚少,南湖为多。安得心精力果者,援道光间划复案,而一一惩之哉？

河清堰公产(附录印管字号)

公产向只朝北庙"夜"字号民地,而河清堰旁近又置公产。光绪十年,为筑袋塘,置得陈占奎"秋"字地陆分零,计绝价贰拾千文;十七年,为备泥荡,置得张友棠"秋"字田贰亩三分零,计绝价玖拾陆千文;十九年,置得莫芷洲"秋"字田肆分叁厘零,计绝价洋壹佰元。均鼎与连君撷香经手。除张姓之田另租北边起屋,南边种植外,其坝房及余地统归坝夫陆福山、曹阿谦认租。每日提租足钱贰佰文,按月送缴董事处,遇大旱、冰冻酌免,立租契为凭。又桥北粪缸基,现租与陈姓,均归我乡管业焉。又堰北老坝房归坝夫息宿,堰南新坝房一归坝栈泥,一另租收息。其岁修经费由巡内开支,不准过大。当癸巳、甲午间举行乡约,供应需费,归坝房租暂支,禀县有案。后乡约停讲,仍积存水利项下。先是水利开销大,进款小,一遇大修理必筹捐济用。嗣鼎与撷香惨淡经营，添此进款并议减值年巡费，核实开支，不得如前之浮滥。公积遂渐多，至丁未交盘，计仗现洋银贰千元有奇。议存当生息，或置产更稳。钱店只可以暂存，是在首事诸君维持焉。

十都一里叶家庄众大巡户

夜字九百十五　　并地伍拾肆亩贰分伍厘（有草舍、草棺，毋许加添）。
秋字七百九十七　　地陆分壹厘陆毫叁丝。
七百五十　　田壹亩叁分玖厘捌毫。
八百二十八　　田壹亩。
七百四十　　田肆分叁厘肆毫。
生字二百三十五　　田叁分贰厘。
二百三十七　　田贰分。
二百三十八　　田肆分。
二百四十　　田肆分柒厘伍毫。
九百三十一　　田伍分贰厘。
调字七百五十五　　内田柒分。

右“生、调”两字，共田贰亩陆分零。巡内向无是产，不知从何而来，赔粮久矣。鼎探询是号坐落下洋等处，未得实在。志此以俟就近有心者细查焉。

广济霪通详定章

广济霪何自昉乎？为旱暵建也。光、丰之交，赭寇踞东南，粮食奇昂。夏盖湖水无蓄储，灌溉失资，禾稼焦枯。乡先辈糜秋圃封翁，愍焉忧之，邀同志谷晓峰、季翰卿二明经，暨诸士绅，公禀巡道段观察，请度大坝头“赵”字号土塘建石霪，内外两洞。段公，任水利、重民事者也，准所请，并捐廉为倡。二载告成，费以万计。自此遇旱开放，转歉为丰者屡屡。惜善后无备，章程未立，船户私放咸水，灌注内河，远乡遂啧有烦言，霪之虚设有年矣。岁庚寅，邑侯唐公纂修《县志》，以鼎尝司水利，殷殷垂访。鼎具以实告，开水利掌故，条陈利弊，《志》中所载广济霪原委，是其一也。地方公事，迭出不穷，越十年而又有石塘之役。鼎谓石塘以御水，石霪以备旱，二者相为表里。前人之良法美意，在后人善为继，斯有利无害耳。乃趁石塘劝捐之时，筹石霪善后之款，集千金存质库，以岁息为启闭。并据《志》载定章，禀请邑侯张公，通详各大宪，批准立案，以资遵守。甲辰夏，拨款息添造神殿前房屋，并设官绅禄位于两边，酬庸也，志勿谖耳。谨录禀详公文备查考，告示捐款，勒石不赘述。

具禀绅士潘炳南、金鼎、谷钧、糜祖扬、季垕、俞士麐等为广济霪严定启闭，公叩通详立案，并请给示勒石，以垂久远事：窃虞西水利，自夏盖湖升科为田，水无储蓄，灌溉失资。百官、新建、前江等处，地势尤高，遇旱立涸。咸丰年间，前道宪段留心水利，倡捐廉银，率故绅糜憩棠等慨捐巨款，于大坝头土塘内建造石霪，名曰广济。引外江之水，以溉七乡田禾。意美法良，万民利赖。第江水咸淡靡定，立法不善，则船户垂涎，咸水放入内河，于田畴大有损碍。此启闭之不可不严也。前邑尊唐当修《志》时，博访舆论，将广济霪载明，法贵尽善，必须农民待泽孔殷，又值外江水淡，邀集公正绅耆酌放，自是有利无害。近数年来，均苦夏旱，幸淡水开放接济，得以转歉为丰，此立法尽善之明效大验也。方今石塘告成，广济霪亦修理完固，职等筹募洋银壹千元存典生息，为善后启闭之费。庶法立不敝，利可长享。国课民生，所关甚大，为此联名公叩公祖大人恩准“广济霪严定启闭，必须农民待泽孔殷，又值外江水淡，邀集公正绅耆酌放”等情，通详各大宪立案，并请给示勒石，以资遵循而垂久远。谨禀。

批：据禀为顾全水利田畴起见，应即照准。候转详各大宪立案可也。

署绍兴府上虞县为详请立案事。据塘董潘绅炳南等禀称“虞西自夏盖湖升科为田，水无储蓄，田畴灌溉为难。蒙前道宪段倡捐募款，在大坝头土塘内建造广济霪洞，引外江之水以溉七乡田禾，万民利赖。第江水咸淡靡常，船户不顾咸水放入内河，有碍田畴，时图开放。又经唐前县修《志》时载明，广济霪必须内地待泽孔殷，又值外江水淡，邀集公正绅耆，公同酌放，近年大有裨益。今该霪修理完固，又集洋壹千元存典生息，以作启闭之费。公叩通详立案，并出示勒石晓谕，俾资遵循”等情到县。据此，卑职查广济霪洞载在《县志》，为内河水涸，外江水高之际，放水入河，灌溉田畴而设。惟外江之水咸淡不一，如上游山水较大，下游潮汐较小，洞外悉属山水，其性则淡，可以放入内河，车灌田畴；设或上游山水较小，下游潮汐较大，则潮水上灌，洞外悉属海水，其性则咸，咸水灌田，非惟无益，反于禾苗有碍，盖滋培田禾宜淡水而忌咸水也。向章该霪洞非外江水淡不准开放，今塘董潘绅等禀请通详立案，并给示勒石，系为顾全水利田畴起见，核与《志》《乘》相符，应准照办。除禀批示并给示勒石晓谕，嗣后该霪洞非值外江水淡，即内河水涸不准开放外，理合据情转详。仰祈宪台察核，俯赐批示立案，俾资遵守。除详抚宪暨藩宪、巡道宪外。为此备由具申。伏乞照详施行。

藩宪批：如详立案，仰绍兴府饬，候抚宪暨巡道宪批示。缴。

札绍兴府为札饬事。光绪二十八年二月初四日，奉抚宪任批："上虞县详广济霪水照章开放，请批示立案由，奉批如详立案，仰布政司转饬遵照"等因。查此案前据该县具详到司，即经批示在案。奉批前因，合行札饬。札到该府即便转饬知照。此札。

按：款存谦德当壹千贰百元，放款置地陆百余元。（丁未又记。）

浚河原委

吾乡居盖湖上游，地形高，河道浅，且港多支流。自建广济霪，淤积逐高，三十年来，舟楫不利，田禾失荫，吾民苦焦釜久矣。癸未冬，王征君秬生、糜封君琅三与同人议疏浚，设局开办，阅数月中止。以遍踏田亩，插签派捐，迂缓不得法也。嗣二公相继殂谢，鼎谓封君哲嗣新甫曰："浚河不容再缓，前次办不得法，咎在我辈；今仍按亩派捐，而略示变通，仿道光间周前县浚河成法，责成佃户，庶无窒碍。且事有次第，必先浚正港，后浚支流。俾首事者精神专注，效力者志气不涣。"时丁亥秋八月杪也。会天有旱象，鼎一再往商，力赞其成。遂邀谷、季二耆绅，王师兄紫垣暨诸父老议，且告以变通之法，无梗议者。乃设局草庵桥，择九月二十五日，请邑侯唐公亲祀土。观者如堵墙，民情踊跃。举武董事三，将正港分段丈量，着佃户包掘，用签标记，阔议二丈四尺，深议五六七尺不等，估工价有差，承荫之田每亩议捐陆百文，由局给票，归包掘佃户收取。自是畚掘者每天六七百人，不终旬而澜漕正港工过半。鼎谓诸君曰："事成有日，趁天晴可开浚支流，而以我村为先导。"乃请伯兄祝三主其事，以从侄养之辈副之。南自梭田港，北至新荡港，深阔以港面酌量，派捐之数亦递减。各村皆相率继起，仿章程办理。最后为湖田，白沙桥、大港亦一律深浚。总计正港支港二万二千余丈，皆次第完工，业主捐钱亦如数收清。冬至后始雨雪，通港非所谓谋事在人，成事在天耶？是役也，发端虽由一二人，实合乡镇同志之协助为多。而能竟父师未竟之志，以造福桑梓，厥功首推新甫焉。

改建石塘颠末

二十五年己亥夏大水，后郭江塘决七口，祸延三邑。蒙大府奏闻，施赈蠲赋，迭沛皇仁。又得寓沪绅商创义赈，委屠丈云峰、经君佩卿暨鼎总理赈务。

自秋徂冬，合群策群力，幸无陨越。十一月杪，潘君赤文、俞君谔廷过鼎家，谓方伯恽公痌瘝在抱，福我虞民，拟将江塘险处改石塘。择人而理，邀鼎任事。余惟兹事重大，非驽骀所能任，请另举贤者。腊初，潘君又相邀，并看曹娥石塘式，适余患小恙，仍力辞。新正之六日，余以工赈事访屠丈，入门，谓："君来何巧，昨陈春翁过访，谓建石塘事甚善。君如肯在事，愿慨助万金，不应，恐作罢。君毋再辞。且石塘经费大，官款给，民款必不足。老夫愿往沪筹募，以资补助，大事庶有成。"余逡巡者久之，不敢径诺。退而思之，余不允，屠、陈皆不应，余罪滋甚矣。越旬，潘君又偕俞君至。谓方伯屡下催札，府、县无以答。已将屠、金二绅筹议情形申覆矣。至是姑勉允，但与潘、俞二君约："不管银钱，以避嫌疑；兼管文案，以示慎重。"二君唯唯，乃告以屠丈言。明日，潘君偕余谒屠丈，转谒春翁，谈次果应万缗，盖至是始担重负矣。乃先往县，请吴侯相度全塘，酌首要、次要，为分段计，继往崧集书院，会议大纲，并酌筹捐若而人，购料若而人，司帐、监工若而人。部署定，乃具条议，缮公牍，通禀各大宪。时庚子正月杪，南、北湖方开粥厂也。二月初，鼎又办工赈，率灾区丁壮加整后郭、前江、叶家埭、施家堰等处土塘十里许。值天晴，两旬余竣事。而督办石塘员宪喻公并杨、曹二君至，择二月二十七日会郡尊熊公、邑侯吴公同诣贺家埠祀土。从此提纲挈领，一一布置。于后郭设上段分所，于花弓设下段分所，于羊山、鸟门设转运所，于曹娥下塘湾设收量所。先是督办喻公驻节百官旌教寺，后移驻崧镇水利局，以近总公所办公较便也。时桃汛初过，上江水小，喻公意在择险要抢筑春工百余丈，乃赶催桩石，雇石工夯班，分建丁坝、吕埠、花弓最险处。喻公不时至工次，每勗以工程须迅速加细密，必与承揽无走样，工匠亦鼓舞用命。月余，春工竣。转瞬霉汛、伏汛至，暂停开掘工，仍赶进木石料，令匠人椎凿大小。各塘石满堆塘边隙地，并多削桩木预储以待。至秋，潮汛平，遂大集夫役，大兴工作。总计上下段每日约千人，如是者三四月，至岁阑而大工过半。喻公暨潘、俞二君不数日一晤，谓如天之福，工程有把握，彼此均忻喜过望。盖初上公牍，期以两年为限也。新正过，元宵又开工，赶造如旧法。且恐春雨长，江水旺涨，趁晴日多，夯起脚桩。先砌底盘二三层，水大时再砌上层，使工不间断。自春徂夏少辍作，过端节而全工竣事。喻公谓大工能速成，始愿不及此也，时霉、伏两汛相继至，坦水、桩均不能动工。预购毛杉、毛石分运上下段，俟秋半，酌派监工。同时筑坦水，又检剩余木、石料，于赵村添造石塘三十余丈。总计上下段并王绅吕埠认造盘头石塘一千一百四十一丈，共坦水塘九百六十丈。又于上段乌树庙前南至石塘接头处,加筑低狭土塘一百数十丈。共用英洋拾万叁千伍佰柒拾伍元零。其报销清册、验收禀件并奏奖卷宗,均载《石塘征信录》,兹不赘。

上段塘工并新建小港善后

石塘既竣,垫款未清,善后事归并四十八姓水利,公牍早宣布矣。第西乡地势广袤,上段塘工僻远难于照顾,自应就近筹画以资补助。此善后之宜另备也。又,由百官教场迤逦以至新建小港约十里许,港浅而岸高,鼎于庚辰冬经修道路,尝募工掘港底泥,以培港上路。然止新建一带,袁山桥曲港不与焉。丁亥,大浚河道,以监工不得人,虚循故事,遇久晴,舟楫仍不通。鼎与糜君新甫劝募盐厂、酱园,益以乡间款,疏浚二次,已通利矣。戊戌夏大旱,开广济霪获大有,而淤积不少。明年夏大水,官塘决七日,该港当冲,塘泥遂间段淤塞。鼎拨赈款二百金,为工赈之举。倩徐君培元、杜君梅友分头督浚。奈港狭,苦不能深,计惟有数年一浚。泥必挑上田,方无壅塞。此善后又不可不备也。查桨船过塘往来,从前数处可抬,自石塘造成,只大坝头广济霪旁一处可过。鼎商请邑侯储公,以桨船过塘资抽十成之一,每日缴盐厂存储,为塘工岁修并新建港疏浚费。公以为可行,乃缮禀立案,谕饬大坝头农民分班轮值,恪遵无违。不数年而有名无实,弊即随之。又与抬班议续,禀叶公重给谕单,不致再有弊端矣。嗣后修理塘工帐入恽公祠会簿,疏浚河港帐入广济霪会簿,收支均有着落,专责成而备稽查。此鼎区区苦心,为地方公益计,冀诸同人默体焉。(续禀录后。)

具禀兵部员外郎衔潘炳南、正任安吉县训导金鼎、试用教谕俞士麐、生员杜丙华,为塘工岁修变通筹积,公叩恩准,给谕遵行事:窃自上段塘工告竣,岁修乏费,恐难持久。禀请前邑尊储饬大头桨船夫,每日于过塘抬费抽提十成之一,作为上段塘工岁修并备新建河疏浚之用。业经批准,给谕在案。近因抬夫日久弊生,不免以多报少,无从稽查的数。兹与全班农民抬夫斟酌,改议按日由班首认缴龙洋贰角,遇大旱河涸免缴,均各愿从,其洋按十日缴送盐厂存储候用。似此筹积,较为简便,于公事实有裨益。为此公叩公祖大人恩准,谕饬船夫班首陈金德、陈万和等恪守遵行。仍公道取资,悉照外梁湖桨船过塘定章,毋许勒索。再塘工善后,本归并西乡四十八姓水利经管,因上段塘堤土质沙性,雨淋易损,修补较下段加倍,此款专作上段塘工并浚河等用。合并陈明。谨禀。

正堂叶谕：大坝头船夫陈金德等知悉，据潘绅等禀称云云到县，除批示外合行谕饬，谕到该船夫遵照。即将前项抽提坝费应即照议，每日改提龙洋贰角，按十日缴送聚昌盐厂，以资备用。该船夫毋得分毫短少，亦不得藉端需索干咎。切切。特谕。（乙巳十二月十八日给。）

重建王太守祠

《水利本末》载，明崇祯间，越郡王太守筑江塘，浚沙涂，民怀其德，立祠以祀，乡贤倪文贞为之《记》，立石前江东北隅，盛举也。乾隆中，祠毁，碑亦无存。赖文贞鸿篇巨制，留贻简编，览古者有考焉。一日问业师王征君，检高祖九山公遗墨，具述太守之功德。且言祠毁，祠产亦变置，有责备同人意。征君谓鼎曰："振废起衰，责在吾辈。此一事赖君修复，君毋忽诸。"会里中复凝庵不戒于火，基址空旷。乃与社长议重建，后进供王公像。佥以为可行，遂具禀邑尊唐侯批准立案，时光绪七年秋也。爰择吉建置，计费四百余缗，皆里中筹募者。祠成，中塑王公像，左供元府史王外郎像，右供康熙间贤邑侯虞公位。二公皆勤劳海塘、有功地方者，例得附祀。又制匾额敬书文贞原文，悬其上。再议立石，并邀同志聚一会，以分金置藕荡，每岁十月举行祀事。嗣连君撷香又拨新墙外公置荡地十六亩有奇，扩充祭费，偕鼎禀县附卷，并立界石于荡地，杜侵占也。旧以王公功在水利，文载《本末》，今重建，理合仍归水利焉。

附清丈灶地事

甲辰之夏，雨旸时若，地方安谧。余以塘工毕、《志》书竣，重负皆释，正思杜门谢客，为静坐读书之计。一日接金山鹾尹李公照会，内开大府札饬，沿海新涨沙地一律升科，即以前江团地事，委余查办。余于灶地素不预，且未知有无可报升。秋初，进谒力辞，李公情词恳挚，固辞不获。乃质之里中诸父老，佥云："本团坍涨迭更，弊混实甚，必溯原竟委，先丈老地，有余然后报升，事可行。"因溯先朝沿塘形势，自后郭至吕埠，绵亘二十里，皆滨临江浒，曰柯庄堰，曰施家堰，曰炭堰，为百货过塘之所。自明季太守王公筑江塘，浚沙涂，水流顺轨，北岸渐涨，居民逐年培垦，遂成熟地。乾隆初，始准升科，分后郭、前江、雁上、雁下诸团，而前江团又分内外十户，计册地陆千叁百余亩。厥后民灶竞争，讦讼不休。经官断，是地仿民田作绝定案。诸父老又言："此次覆丈能编号绘图、造册存官，杜后日衅端，公益莫大焉。"时各业户均力赞其成，谓："覆丈编号可清从前纠葛，君肯主持，我辈愿到地清查，知诸君皆正派可共事。”适李公催书迭至，为具述前言，一一许照行。乃邀十户立议单，缮公禀，请官履勘。一面给示谕，令业户插签分段丈量。时农功方毕，从事者皆踊跃用命。明年春二月，丈竣。除足旧额外，新地报升只百亩有奇。内五户立“宫、商、角、徵、羽”字号，外五户立“仁、义、礼、智、信”字号，造图册三分，请李公覆核盖印。一详运宪，一存场署，一留本团。并仿民田卖买准推，收过户投税完粮，以执照给业户遵守，每亩派钱壹百文为办公经费，无虚縻侵蚀诸弊。又虑法久则弊生，公立善后议单，请官鉴定。内外户各执一纸，遵行勿替焉。

按：本团灶地内有隔墙，外有大墙，以为保障。中有大池，足资灌溉。逢甘霖渥沛，水由沟浍达霪洞，泄入内河。惟霪洞三堡各一，经官监造有案，不准私自添设。爰后卷毁，因附记之。

节录新印簿规则

辛卯春，鼎以水利整顿有端倪，不立规则非善后计，乃草议十条与同志参酌登簿，请县盖印。其前四条论切要关系，经唐侯收采入志，兹不赘列。后六条论司巡章程，冀同人勉力照行，应垂久远。总言水利关民生休戚，历古今不废，《县志》记其要，《本末》一书记其详。我乡人先之以考献征文，继之以补偏救弊，庶同心协力，地方长治久安矣。

一、旧章自百官至西汇嘴值年分巡，置巡水牌，立巡水簿，偷惰不到，罚戏示儆。近则怠缓废弛，大不如前，惟新议搭巡之法，妥善可行。假如本届第二巡值年，必偕上届第一巡一人同往下巡，仿此办理。如有应修堰坝，小则请董会勘，大则发单汇议，以仍旧制。

一、巡内稍价备巡查岁修之用，自应樽节。迩来收稍规模纷更，今议每年归总董暂存，值年巡费，即向总董每次领钱贰千文，作雇船伙食之需，庶费不虚縻，事归实际。至交盘之日结有余存，须存殷实店家生息，不准留存董事，致招物议。至堰坝遇大修造，经费不足，历向各殷富借垫捐助，自是急公起见。董事经理一切务须核实支销，不准丝毫浮开。倘察出弊窦，公议重罚斥退。

一、旧章自百官至西汇嘴，瓦屑出船总计二百余姓，值年轮巡只四十八姓。缘坝下强悍，非著姓难以抵御。然消长不同，有昔本小姓，今为望族；昔本望族，今且式微。人才盛衰亦然。凡我同乡全资水利为生，当思同舟共济，痛痒相关，不得拘巡内巡外之迹，致分畛域。

一、旧章尽善，岁久废弛，议巡议罚，条款蔑如。遂致告朔饩羊，视为具文，有治法无治人，良深浩叹。自今以始，力矫积弊，恪遵定章。倘值巡仍蹈覆辙，总司因循误公，凡西乡众姓皆得秉公指斥，禀官更选，以完水利。

一、水利关系要公，堰坝离西乡辽远，未便时时巡查，理合饬三、四都地总，就近照料。严禁捕鱼放水之人损坏各堰。如看管得力，每年终各犒给洋两元；倘怠玩误公，禀官重究。以昭赏罚。

一、历年收支帐目向设行簿五本，分仁、义、礼、智、信字样。仁、义簿存正、副董事，礼、智、信簿分存上、中、下三巡值年。今议每届交盘帐入行簿，必须誊正印簿，以示郑重。

兴复西乡水利记

吾虞西乡地势高仰，全赖堰坝蓄水以资灌溉。嘉庆九年，添设各堰坝，西乡遂成沃壤。此何竹林先生大有功于水利。继起恪遵，世沾遗泽。年来老成凋谢，水利废弛，各堰损蚀，危哉，西乡势同焦釜。蘅抱杞忧，中宵傍徨者久之。值塘工险要，仰承先志，不遑兼顾。吾乡金卧云，有心人也，谙练水利，力图兴复，大声疾呼，苦无同志。蘅悯其势孤而志坚也，窃不自量，与闻其事。卧云乐得相助，首建大计，于是有筑复则水坝八洞之举，时光绪十六年秋也。筹款维艰，车坝缓修。会去夏亢旱，上河水苦泄漏，蘅倡议时不可失，急筑河清、小越车坝，禀承兄穆轩鸠资购材，偕卧云苦心经营。酷暑中随同事督修，完固工竣，刊《五乡水利图》，具志沟堰遗迹，并入《续本末》。工费先后登簿，并整顿河清公地。幸逢贤邑侯师竹唐公、仲章储公，慎重水利，询及刍荛。俾董理者易于集事，而卧云得有志竟成。若严晏庭、王敷文、叶肯堂诸君同舟共济，与有力焉。夫天下事，众擎易举，况水利沟堰之多，地方绵长，经费支绌，尤非一手一足所能胜任。奈谨守者退避，智巧者观望，视要公为外之，且从而阻之非之。甚矣，任事之难也！今邀天之福，堰坝一律告成，蘅始愿不及，此为西乡幸，并为卧云贺。从此专力塘工，无东顾之忧矣。至遵章巡修，因时制宜，以永保二十万亩粮田，是所望后之留心水利者。

光绪十九年癸巳立夏前三日，里人连蘅谨识（录新印簿）

河清小越明定车坝章程

旧制以东堤障水，即以东堤各石堰拖船，无所谓车坝也。自牙行图利，揽梁湖客货与东堤居民相联络，遂以石堰为车坝。于是水易泄，石易损，讼端亦易起，远年旧案均可稽。光绪十八年，储邑尊将之任，往姚邑公干，夜过小越，以一桨船索费贰佰文。及下车，勤求民隐，邀鼎等同诣两坝，意在明定车价，立石遵行。鼎谓商船由牙行交涉，农船本有价，须分别大小轻重，以昭公允，姑缓议。遂严饬该坝夫不准苛勒等谕。讵今岁二月起，坝夫藉学堂之名，任意苛勒，致乡民怨声载道。经董等一再禀县，提坝夫二名发押月余，出具改悔切结，从宽释放。一面明定车价，请示勒石，以资遵守而垂久远。告示录后。

调署上虞县正堂洪

为出示晓谕事：据绅董潘炳南等十六人禀称"西乡水利全赖东堤为保障，千百年来志载确凿。先是商船均过梁湖，自牙行兜揽客货，东堤居民图便贪私，遂改石堰为车坝，水利从此多事。远年不具论，光绪中，河清、小越堰石均坏。经职金鼎、连蘅等筹款购料，大费经营，修筑完固，责成坝夫随时加泥，慎重管守。并蒙储县主亲诣两坝，严饬遵照定价，不准苛索等谕，相安有年。讵今岁二月间起，该坝夫借端苛勒，怨声载道。经职等禀请饬提陆圣藻、袁其海到案，确切讯明。出具嗣后不敢藉学堂之名，苛勒过往船只，改悔切结，从宽释放。第恐积久弊生，故习复萌，请照旧定车价，明白表示。除商船仍由牙行交涉外，所有满载灰料、柴薪、五谷、蔬果等项大号农船，每只车价壹佰文，中号捌拾文，小号陆拾文；客船、空船、桨船每只贰拾肆文，农夫自行车拔者，每只揽索钱拾贰文。似此明载示谕大众晓喻。俾章程永遵，衅隙可弭，为此联名公叩，给示勒石"等情到县。据此，除批示外，合行给示勒石晓谕。为此示仰该处商民、船户、坝夫人等知悉。嗣后凡遇往来船只，务须随到随车，所有车费查照后开定章给发，不准分外需索，或任意留难。倘敢故违，一经访闻或被告发，定即提案从严究惩，决不姑宽。其各凛遵毋违，切切。特示。

宣统元年十月日给

题卧云先生湖上坐啸图玉照

朱葆儒廉泉

君子为善始于乡，一乡之利仓与箱。
水旱无备仓箱罄，蓄之泄之谋斯臧。
虞西巨浸名夏盖，引灌五乡利称最。
中有九墩十二山，旁列三十六沟浍。

有唐长庆迄国朝，沧桑局变问渔樵。
是湖废兴由人力，复陂自昔传童谣。
咸同以来民多暴，乡人渔利决石窍。
堤防启闭谁所司，君来湖上一长啸。
一啸鱼龙惊，再啸风涛平。
全湖百余里，壮哉闻此声。
啸声未已颂声起，负耒老人心窃喜。
谓宅我宅田我田，微夫人力不及此。
余展斯图重吁嗟，科头兀坐水之涯。
雨淋日炙都不管，呼吸湖光侣鱼虾。
朝来湖上坐，豪强望风走。
夕来湖上坐，请试挽澜手。
疏浚有法外盗空，二十万亩年大有。
坐右一卷《河渠书》，谁云古人今不如。
岂独水利叙本末，陈子著述足启予。
呜呼！
东皋地静陶潜陟，苏门山高孙登息。
彼之啸兮身何闲，君之啸兮心独恻。
心恻恻兮才檠檠，一乡之善肇其端。
愿君出兮平鲸浪，保疆土如磐石安。

又　题

王恩元葆堂

盖湖百五里，吐纳一何广。环居七乡氓，赖兹得长养。
洪源卫秔稻，纤液润菰蒋。桑田一以更，弥望错绣壤。
余流仅涓滴，万顷失滉瀁。脱哦云汉章，龟坼讵堪想。
水利叙本末，名作炳畴曩。缅维陈君贤，太息不能两。
金子宅湖滨，胸次实慨慷。济物具寸心，挽澜奋只掌。
泽防尾闾泄，利扼势豪攘。访雨春一犁，敲月夜双桨。
九墩十二山，笠屐恣孤往。邂逅孙登徒，归效凤鸾响。
（盖湖水利得君董理，公私井井，扁舟短笠，周阅全湖，堰坝沟闸，以时修浚，私垦盗决之弊，一时衰歇。）

嗟予阍世务，旧闻罕罗网。邑《乘》辑湖陂，源流殊恍慌。
琐琐叩疑难，续续闻忠谠。如抽独茧丝，顷接盈寻丈。
唐代迄今兹，利弊可想像。昨者顾蓬门，出图见精爽。
愧乏笔淋漓，一写襟怀朗。浅储测深蕴，岂能得佛仿。
长啸激清风，左句倘心偿。

又　题

朱霞紫明

世界新复新，河山不改旧。中外一家图，不数列国绣。
而翁矍铄哉，丰采式华胄。照写逼写真，乃虞之领袖。
鹤发庆齐眉，奇福由天授。励世风骨骞，居乡德操茂。
掩骼捐赀财，赒急贷钟豆。虽非翁念存，施泽亦孔厚。
落落屈一官，归来轻组绶。眷念桑梓邦，教育怀其幼。
况复立宪时，公民无公右。兀坐何为者，旷怀澄宇宙。
长啸一声豪，生气出远岫。俯瞰夏盖湖，灌注腴田富。
那知董治疏，踵事增弊窦。汪洋百五里，徒作蛟龙囿。
潦水浸稻秔，风驰雨更骤。遇旱变石田，石窍卮同漏。
环居七乡氓，丰穰嗟罕觏。忆昔岁大祲，嗷嗷尔在疚。
恻惕长者心，援手一拯救。不屑计权宜，勤勤策善后。
叙书本末赅，水利经穷究。障海一长塘，蜿蜒石以甃。
蓄泄资堵闸，启闭有定候。流溉禹甸滋，怒平胥涛吼。
二十万亩中，从此安耕耨。时驾一叶舟，巡视历昏昼。
但得年顺成，人肥己甘瘦。输税余馔粮，问馈泯谇诟。
努力长子孙，相忘深仁覆。秋波菱藕鲜，冬岭竹松秀。
佳景拥湖山，权为我翁寿。纪颂笔无花，煅思且未就。
褒德宠天章，碑待贞珉镂。

又　题

程鹏步青

我公积学富如海，经济文章炳异彩。

揽辔本裕澄清思，分肉那论天下宰。
天教渥泽被梓桑，源之远者流自长。
二十万亩歌乐岁，一千余年溯有唐。
有唐迄今几迁变，种因得果效始见。
踏破九墩十二山，惨淡经营卅六堰。
七乡废田成膏腴，为挽狂澜奏远模。
天增越绝山川色，地辟虞封稼穑图。
古今大文在有用，摛藻掞华卑屈宋。
玉轴牙签纪实成，远近望风皆传诵。
公来一啸百里惊，先忧后乐两传情。
盖山高峻出云表，盖湖汪洋混太清。
徘徊湖滨心不置，为倩良工施绘事。
工维绘貌难绘神，饥溺谁复知高谊。
不才卜居邻德门，时亲杖履闻余论。
利病合参顾炎武，精核不殊郦道元。
又放扁舟玩景物，两岸欢声齐腾郁。
买丝争欲绣平原，拈花竞谋供生佛。
濡毫待赋天人姿，自惭蠡测与管窥。
敬献一言当奏雅，朝阳鸣凤有如斯。

又 题

骆瀛察安

天然图画展桑麻，夏盖峰前眼望赊。
一片汪洋千顷度，百年乐利万人家。
著书讹订《河渠志》，永岁芬流仁寿花。
怪底欢声齐呼应，出群鸣鹤下云霞。

又 题

苏葆仁晋卿

经营水利责匪轻，难得如君实副名。
备历勤劳敷远迩，由来姓氏重公卿。

大声疾呼情真切，救弊补偏岁顺成。
河渠书传应不朽，盖湖永永有先生。

又　题

谢震斐麟

先生人事补天工，百里湖田岁岁丰。
推解慈怀金石寿，馨香祷祝众心同。

饮水知源自古然，梓桑重任问谁肩。
买丝竞效平原绣，一幅真容万幅传。

又题　调寄满江红

章仁杰洛卿

报道先生，归去也，一声长啸。观夏盖，沧桑惊变，恐成泥淖。疏凿遑辞风雨苦，兴修几泛烟波棹。到而今、瘠壤尽膏腴，收成效。　　更从事，娥江道。塘工竣，仁声噪。喜皇恩遥被，叠膺封诰。时或科头湖上坐，书生未改当年貌。羡丹青、省识仰高风，留清照。

又题　调寄上江红

潘普恩少文

夏盖湖头，缵禹绪，伊谁之力。缘起自，苏门声里，建斯殊烈。遗响悠悠犹未已，七乡父老纷来说。谓湖西、水道失疏通，真堪戚。　　农事替，关民食。兴地利，吾儒责。便禁严私垦，浚深沟洫。博得功成心淡漠，依然啸傲清渊侧。看科头、露坐一高人，争相识。

咸丰元年起
捐修柴土塘井石塘各工案

咸丰元年十月初十日绅士连声佩朱旌臣夏廷俊俞泰连仲愚等禀

为海塘危险，民命攸关，吁叩勘详事。切虞西北乡，左抱曹江，后环大海，全赖南北两塘为之捍御，居民得安斯土。两塘之利害一较，北塘海潮甚于南塘江潮。去秋南塘冲决，居民遭灾，已奉借帑堵筑，告竣在案。至于康熙五十九年，郡侯俞，于沥海纂峰起至漾荡止，请帑筑石、竖碑、盖庙。雍正三年，邑尊虞，于漾荡起至姚邑界止，请项筑石，载入《县志》。溯自建造石塘，百数十年来，西北半县庐墓田畴不致被浸，居民安乐无恙，受二贤之恩泽，大非浅鲜者矣。后乾隆年间，邑主庄，因塘身低狭，一律增高，确载县志。第年分既久，石塘渐低。道光十五年，海啸泛溢，大为被灾。尔时前县蒋主目击惨心，无款可筹，设法劝捐，仅加面土。迄今近塘沙土逐年坍没。兹查塘身原高二三丈者，现仅丈余至八九尺不等；沙涂原远二三十里者，现仅八九丈至十余丈不等。是海潮果甚于江潮，而北塘更险于南塘。职等通阅塘身低塌不等，沥海所过东，踏浦、前庄、寺前、金刘、漾荡等处为尤甚。其塘身上面，虽有草泥罩住，其塘身底下，虚空多多，甚有试探，竟无底止。兼之一日两潮，互相冲激，职等谊切邻里，实为危极。来岁春汛匪遥，若不亟为修固，一旦潮决，则西北乡数十里庐墓田畴，尽沉波下；千万家人烟居民，皆为鱼鳖。为此公叩□□，恩念民命攸关，准即驾勘、详请，设法修理，以保民命，德同禹功。急切上禀批候，即亲诣确勘详修。惟情形险要而工费浩繁，必须乘春汛之前兴工修筑。现仅丈余至八九尺不等，本年春雨过多，潮汐旺盛，霉汛幸觉稍平，惟八月初一、二等日，风潮陡涨，水势直入石塘，遂致激去面土。节经卑职督同防员并该管塘长人等，加谨防护，除将裂缝残缺以及些小坍矬之处，雇集人夫随时挑填平整，俾免渐次损漏外，兹据绅士连声佩、朱旌臣、夏廷俊、顾璪、俞泰、连仲愚、王棨、何焜、王运寿、连希愚、周凤歌等具禀，以后海石塘本年秋汛风潮过大，从前潮涨难以查看，现当冬令潮小之际，逐细查得“自沥海所过东，踏浦、前庄、寺前、金刘、漾荡等处，被潮激去面土，冲缺堤根尾土，坍塌为尤甚。塘面虽有草泥罩住，塘底多已虚空，甚有试探，竟无底止者。一日两潮，互相冲激，实为危险过甚。来岁春汛匪遥，若不亟为修固，一旦潮决，则西北乡数十里庐墓田畴，尽沉波浪，亿万家人烟居民，皆为鱼鳖，实属民命攸关，吁叩勘详请修”等情。据此，除卑职督同分防县丞谭步蟾并该绅士等，逐一查勘，开具至险工段字号丈尺，另行筹议，详报请修外，合将后海石塘危险情形先行备文通报。仰祈宪台察核云云。

咸丰元年十一月十一日详

奉本府宪批：既据通详，仰候各宪暨南塘分府批示。缴。

奉藩宪批：已据该县详。奉抚宪批示：仰绍兴府查照另檄遵行，仍候督宪暨巡道批示。缴。

绍兴府正堂徐为饬知事

奉藩宪牌开，奉抚宪常批“上虞县详报后海石塘被冲坍塌由，奉批，该处沥海所一带，石塘面土是否被潮激去，并堤根尾土亦多冲缺，情形险要，急须修复。仰布政司即饬绍兴府确切查勘，据实具详。仍令该县随时加紧保护，不得稍有疏虞。切切。并候督部堂批示缴”等因。奉此，并据“该县具详到司，除批发并饬知南塘厅外，合行饬知”等因。奉此，除饬委山邑查勘外，合亟饬委，为此仰县官吏立即严督防员塘长人等，加谨防护，毋稍疏虞。切切。须牌。

咸丰元年十二月初六日，奉到前诣石塘一带逐加履勘。查勘得石塘自会邑接界纂峰“学”字号起，至后桑“睦”字号止，共二十七号，计工长五百四十丈。又“夫”字号起至前庄“仁”字号止，共三十七号，计工长七百四十丈。又“慈”字号起雀嘴“操”字号止，共三十一号，计工长六百二十丈。以上九十五号，共计工长一千九百丈。塘外护沙仅止十余丈至二十余丈不等，塘石露高六七尺不等，其塘面附土及塘后戗土卑薄不堪，兼多渗漏之处。又自雀嘴“好”字号起，至漾荡港“楹”字号止，共四十号，计工长八百丈，沙仅五六丈至八九丈不等，塘石露高仅止三四尺不等，其塘身沉陷已甚，非特戗土各工俱已剥落，且有被冲穿漏之处。又自漾荡港“肆”字号起，至夏盖山“坟”字号止，共二十七号，工长五百四十丈，沙脚亦仅十余丈至二十余丈不等，塘高五六尺不等，塘底均多渗漏，且内有“肆、阶”二号，漏洞甚巨，形如危楼，屡被咸潮灌入塘内，致民田难以种作。又夏盖山“典”字号起，至余邑交界乌盆“济”字号止，共七十四号，计工长一千四百六十六丈六尺，沙仅八九丈至数十丈不等，塘高八九尺不等，其戗土各工俱已卑薄，兼有漏洞不一。以上通计，石塘工长四千七百六丈六尺，均属外临大海、内保田庐之要工，现俱勘明，实多坍陷渗漏，情形最属危险。若不一律加高，乘时筑复，一经春潮大汛，势必溃决堪虞。非特卑县西北乡亿万生灵尽遭淹溺，即余、慈等邑均须受害。第工程浩大，委非计日可成。未概行请帑，即使通工请项办理，但外石内工，同时并举，亦必有须时日，而春汛伊迩，尤恐缓不济急。再四思维，惟有谆劝绅董，广为捐输，先将面土后戗，乘此冬令，加帮高阔，并筑复各处漏洞，以免咸潮内灌之虞。其石塘并须钉顺间砌，一律加高，庶无泛溢之患。据各绅董佥"上年借帑修筑江海，按亩派捐还款，迄今尚未摊征足数，今再捐筑海塘，民力诚有未逮。第石塘坍塌过甚，切近之灾，若待请项兴修，深恐鞭长莫及。既蒙劝谕，愿将戗土塘面设法捐输加帮，并将漏洞堵筑，实属勉力捐办。至条石各工，委属力难办理"各等语。卑职俯察舆情，该绅董等既愿捐筑戗土并修堵漏洞，各工费用，已属不赀，似于请帑之中，不无节省，至增加石工民力，实有未逮，系属实情，未便再强其所难。惟石塘为田庐捍卫所攸关，若不一律加高，虽由绅董筑复戗土，仍不足以资抵御。所有加高石工，惟有仰恳宪恩，垂念石塘陷塌过甚，民力难捐，俯准动项兴筑，庶官民共济，以保全塘而资捍御。除仍督令防员塘长人等加谨防护外，合将捐修戗土各工及石塘还须动项兴筑缘由，备文详请，仰祈宪台察核，俯赐委估兴修，以保民生，实为德便。云云。

咸丰元年十二月初十日出详

奉本府批：据详已悉，仰候札催委员山阴县胡令，迅速勘议详办，仍候各宪暨南塘分府批示录报。缴。

奉南塘厅批：所详后戗工程已由绅士捐修，其条石各塘希候奉到各宪批示，另行诣勘详办。一面督饬防员塘长人等加紧防护，毋任疏虞。此复。

奉藩宪批：据详，土塘工程已由该绅等劝谕捐办，务须赶速修固，毋稍疏虞。至条石塘工是否坍卸属实，刻不可缓抑或尚堪缓办，仰绍兴府会同南塘通判，即便确切查勘，据实通详，毋稍延误。并将该绅等捐修戗土开具工段，清折送阅。仍令该县严督塘堡人等加谨防护。切切。仍候督、抚宪暨巡道批示。缴。

奉道宪批：据详，各号塘工坍陷渗漏，溃决堪虞，请先令绅董捐资将面土后戗，加帮高阔，并将漏洞筑复，暂为保护。其塘身石工，仍行动项修筑等情。查海塘为田庐保障，如有漏损，固应分别修复，但各号石塘多至四千七百余丈，工程浩大，需费甚巨。当此经费支绌之时，安能筹此巨款？仰绍兴府立即会同南塘通判亲诣该塘，逐加履勘。现在情形是否实系险要？面土后戗暨渗漏之处应否先饬捐修？捐修之后石塘可否暂从缓办？其中何处为最要，何处为次要？详细勘明。并酌加核估，加帮面土等工需费若干，修筑石塘又需修若干，据实通详察夺。一面先令该县督饬防员塘长人等加谨防护，毋稍疏虞。切切。仍候两院宪暨藩司批示。缴。

奉抚宪批：据详，戗土塘面以及渗漏之处，现由绅董捐资，分别加帮堵筑缘由，洵属急公，可嘉。仰布政司即饬该府县督同该绅董等，上紧妥办，完竣具报。至后海石塘是危险应修抑或尚可暂从缓办，并即飞饬绍兴府亲诣确勘，据实具详。并饬该县加谨防护，均毋刻延。切切。仍候督部堂批示。缴。

奉督宪批：仰浙江宁绍台道会同布政司迅即委员勘估，据实详办。仍饬该县督率防员塘长人等加紧防护，毋稍疏虞。并候抚部院批示。缴。

咸丰元年十二月十六日绅士连声佩等禀

为禀叩出示劝谕事。切后海石塘现已贴近大海，一日两潮，回还冲激，不特崩坍多多，穿过塘底，咸潮灌入内河，有妨农田，抑且溃决堪虞。即经职等禀，蒙查勘，详报在案。除石工外，其土塘奉谕，以前次南塘未派之新升湖田派捐兴办，仰见公允之至。第修筑南塘，派捐田亩，先奉奏明，借帑给办，工得迅速完竣。今北塘危险已极，工程浩大，若待按亩捐修，一则缓不济急，二则经费不敷，且其中零星小户，尤虑捐资难集。查前项塘工，非仅田亩受益，庐舍坟墓，利害一体，惟有量为变通，仰邀劝令绅富于应捐田亩之外，逾格乐输。即无田亩之家，或商贾生理，或家道殷实，但身处其地，亦应量力捐输，庶几工费有资，堪以及早兴办。而零星小户，并可不必派捐。此富户得敦桑梓之谊，而小户深受邻里之惠。应请出示劝谕，速为捐输兴工，以御潮患而保民命。职等筹议鄙见，应否如斯，理合备情禀请。伏叩□□电核，恩赐出示劝谕，捐办施行。上禀批，候出示劝谕捐修。

正堂张为出示劝谕捐修海塘以资捍卫事

照得后海纂峰乡起，至乌盆乡止，一带石塘，保卫粮田庐舍，不下数十万亩，洵属御灾捍患要工，溯自康熙、雍正年间建筑之后，赖有涨沙绵远，久未请项兴修。近年以来，沙土逐渐坍没，塘身愈形低陷，兼之本年八月初一、二等日，风潮陡涨，水势直入塘，遂致激去面土，冲坏堤根尾土，塘底多已空虚。前据各都绅士连声佩等具禀，业经本县勘明，该处石塘实多坍塌渗漏，塘身矬陷，面戗各土卑薄不堪，情形危险。若不一律加高帮阔，乘时筑复，一经春潮大汛，势必溃决堪虞。惟是工程浩大，须费不赀，国家经费有常，碍难概行请项办理。即使通工请帑，而外石内土，同时并举，转瞬春汛届期，尤恐缓不济急。本县与绅董筹思至再至三，惟有请帑、劝捐并行。除石工现在详请动项兴办外，所有面土后戗以及各处漏洞，必须乘此冬令加帮高阔并修复堵筑，庶可免咸潮内灌及春汛泛溢之虞。查历年塘捐钱文，业已随时修补江塘，并已入清查之外，余皆积欠，即有些微存钱，亦不敷用，自须捐助以相佽。本县绾符斯土，轸念民艰，第恐分俸无多，狂澜莫障，所望同舟共济，集腋以成。所有新升湖田，上年修筑江塘借款摊征案内，未经摊派，凡属新升湖田诸业户，自应踊跃捐输，俾资修筑。正附近富绅大商，托足斯土，休戚相关，不必拘定有田之家，亦得一律捐助。因特遴选总董事连声佩、谢鹤龄、夏廷俊等共襄此举。民捐民办，不假手于吏胥；尔宅尔田，共敦谊于桑梓。除本县首先捐廉倡率外，合行出示劝谕。为此，示仰新升湖田诸业户及近乡衿民人等知悉。尔等须知海塘系田庐性命所攸关，现在该处贴近大海，坍陷渗漏过甚，实属受冲险要，若不乘时加高帮阔，并堵筑漏洞，一经春汛，倘或被冲溃决，尔时身家莫保，亦必同受灾殃，必须休戚相关，患难相共，通力合办，慷慨输捐。其有新升湖田之家，家道殷富者，不必拘定按亩捐钱，总当争先输集。即无田者，或系富商经营，或系家道殷实，亦须量力乐捐。必于腊底正初捐有成数，即时动工，春汛以前落成蒇事，庶足以资捍御而保民生。尔等须念切近之灾，其各踊跃从事，勿稍延挨，后悔莫及。本县实有厚望焉。特示。

咸丰元年十二月廿日出示

浙江绍兴府上虞县为查勘首要石塘情形危险亟请兴修以保民生事

切照卑县后海石塘，东连余、慈，西接会稽，共计工长四千七百六丈六尺，保卫粮田不下数十万亩。前因涨沙坍没，塘身低陷，并被风潮激去面土，塘根塘底渗漏空虚，据各都衿民纷纷具禀，经卑前县张令前诣勘明，劝令各绅士捐修戗土，并将石工请项兴修，详奉各宪批示，饬将捐修土塘赶紧兴筑完固，其石工应否从缓，委勘详办。即奉府宪，先委山邑查勘，分别险缓，详覆。间又奉南塘分府会同卑代理县余令，邀集绅士复勘。该处石塘坐临大海，时受潮汐内灌，以致戗土蹲矬，石塘裂陷，其间渗漏，不可枚举。自后桑村“连、枝”字号起至雀嘴村“对、楹”字号止，共八十二号，计长一千六百四十丈，为该处亿万生灵田庐捍卫，实属首险要工。其余各号石塘，尚在次要，暂从缓办。应将首险石塘详请动兴，修其首要；次要戗工仍劝该绅士等捐资，一体堵筑。业将会勘情形牒本府宪察核在案。卑职抵任后，复又前抵该塘，逐加履勘。所有通塘戗土石工，委因年远失修，均已坍矬低陷，塘底渗漏不堪，其首要石工一千六百四十丈,较之各工裂陷更甚,且逼近海潮,时受冲激之患,情形实属危险。若不亟为筑复,溃决堪虞,非特卑县民舍田畴尽遭淹溺,即余、慈等邑均受其患,所关匪细。第工程浩大,需费甚巨,若将前项石工概行劝令捐办,亦属力有未逮。惟有分别办理,以期迅速而资樽节。应将首要石塘详请动项兴修,至带戗土,即经卑职劝令绅士连声佩等广为劝捐,无论首要次要,一律加帮高阔。惟工段绵长,需费亦或不少。请俟工竣之后,量予议叙,以示奖励。并劝议列首董,以专责成。其首险石工,实系矬裂不堪,必须赶先后复。若仅筑戗土,诚不足以资抵御。现届春潮大汛,除督令巡员塘长人等,加谨防护并催令该绅士等,速将土戗赶紧捐办外,合将查勘首要石塘情形危险,应请动项修复缘由备文,通仰祈宪台察核,俯赐委估,动项兴修,以保民生,实为德便。云云。

奉本府批:既据通详,仰候各宪暨南塘分府批示。缴。

奉抚宪批:现在军务筹防吃紧之际,经费不支,前项工程是否堪从缓办,仰布政司即饬绍兴府亲诣确勘,据实具详。一面仍令该县加紧保护,毋稍疏虞。切切。并候督部堂批示。缴。

奉藩宪批:此案现奉抚宪批示,仰绍兴府会同南塘通判查照,仍候督宪暨巡道批示。缴。

奉督宪:仰浙江宁绍台道会同藩司,迅速委员勘估详,仍督饬防员塘长人等加紧防护,毋稍疏虞。并候抚部院批示。缴。

咸丰四年闰七月初七日董事连仲愚俞泰禀

为禀报事。切本月初五日早晨,北海风潮陡涨,将金刘冯对出之“鼓”字号石塘冲通缺口一个,计长十余丈,塘身里外冲成深潭,其余渗漏泛洞不可胜计。除职等先行雇夫,赶紧设法暂时堵御外,理合禀报,伏叩□□速赐勘明,修筑完固,以保民命。上禀批候勘修。

浙江绍兴府上虞县为详报石塘冲缺亟请勘估兴修事。窃照卑县江、海、柴、土石塘,保卫民田庐舍,均关紧要。现逢秋潮大汛,卑职即经移行分防后海石塘之卑县县丞曹缙书督同塘长人等,将后海一带石塘梭织巡查,加谨防护。乃自本月以来,飓风大雨,达旦连宵。卑职因思后海石塘年久未修,本多坍陷渗漏,经此风潮冲激,恐多矬陷。饬将裂缝残缺处所,赶紧挑填平整,以保无虞。兹据董事候选训导连仲愚、布理问俞泰禀报“本月初二日起至初八日止,狂风大雨,潮水陡涨,初八日早晨风潮猛急,致将金刘冯村‘鼓’字号石塘冲通缺口一个，计长十余丈，塘身里外，冲成深潭。叩请勘修”等情前来。卑职当即驰诣查勘，勘得石塘缺口冲决一十六丈，内外已成深潭。当饬该绅董先行雇夫，暂时堵御。伏查卑县后海石塘，前因涨沙绵远，计有百余年未曾修葺，本已坍陷不堪，旋因涨沙坍没，以致渗漏遭险，节经详报请修在案。嗣缘沙涂渐涨，兼之土戗劝捐兴修，是以将石工暂请从缓兴办。讵今秋汛期内北风甚猛，潮乘风威，逼趋塘堤，泼激异常，致将“鼓”字号石塘冲通缺口。查前项石塘，西北两乡田庐，保障攸关，委系工难延缓。惟前据该绅董通塘土戗以及渗漏泛洞处所，并修前江柴、土塘堤，工程浩大，尚未修竣。此次缺口工程，似难再令捐办。理合星驰备文详报，仰祈宪台察核，俯赐勘估，动项兴修，实为德便。云云。

咸丰四年闰七月十三详

奉南塘通判陈批：据详，后海“鼓”字号石塘被水冲缺，已饬绅董先行雇夫，暂时堵御，情形已悉。仍希督饬巡员塘长人等加谨防护，毋稍疏虞。一俟奉到宪批，即行诣勘核办。至上年该绅董捐修通塘土戗并前江柴、土、石塘，为时已久。现值秋潮大汛，亟应赶修完固，以资抵御，勿任刻延。切切。此复。

奉本府宪缪批：既据通详，仰候各宪批示，该县仍将缺口处所督饬塘长人等设法抢堵，毋使续坍，是为至要。切切，此缴。

奉藩宪批：此案现奉抚宪批示，仰绍兴府查照另札遵行。缴。

奉道宪批：既据通详，仰绍兴府饬候督、抚宪暨藩司批示。缴。

绍兴府正堂缪札上虞县知悉

咸丰四年八月初四日，奉布政使司韩札，开“本年闰七月二十九日，奉抚宪黄批：上虞县详报后海金刘冯村‘鼓’字号石塘，被水冲缺一十六丈，请委估动项兴修缘由。奉批，该县后海石塘冲缺，既系西北各乡田庐所资保障，自应急速动修，惟系百余十年来，未曾请修，现在请修‘鼓’字号石塘十余丈，究应动支何项银款，仰布政司迅即查明飞饬绍兴府亲诣确勘。如塘虽损坏，田庐尚不致淹没，工可暂从缓办，则详有无可动之款，议详请办。若亟须修复，不容稍缓，则或照前修通塘土戗之案，一律民捐民办，或另行筹款抢办，刻日兴工，均由该府察看情形，一面办理，一面具覆，以凭察夺。仍令该县先行加紧防护，不得稍有疏虞。切切。并候督部堂批示。缴”等因，奉此，并据该县并详到司，查“现在军用浩繁，库藏支绌，凡遇工程稍可从缓者，概令从缓兴办。倘实系田庐攸关，刻不可缓，应由该府督饬该县设法筹办，除详批示外，合行札知”等因，奉此，查是案工程，前据该县并据该县丞先后申详到府，即经札饬遵照在案。兹奉前因，合亟飞饬札到县查照批札，立即亲诣该处，逐一确勘。如塘虽损坏，田庐尚不致淹没，工可暂从缓办，则详查有无可动之款，议详请办。若亟须修复，不容稍缓，则或照前修通塘土戗之案，一律民捐民办，或另行筹款抢办，刻日覆候察夺。一面督饬防员暨塘长人等赶紧堵御，毋使续坍，以资保卫。并将境内各塘周历查勘，实力防范，不得少有疏虞，是为至要。切切。特札。

咸丰四年八月十八日奉札

奉督宪批：仰宁绍台道会同藩司迅将委员会勘明确，如果亟应兴修，即照例估计详办。仍令加紧防护，毋稍疏虞，并候抚部院批示。缴。

正堂张为劝捐兴修石塘缺口以保田庐事

照得后海金刘冯村"鼓"字号石塘，本年秋汛，被潮冲通缺口十余丈。前据该塘董事禀报，当经本县通详请项兴修。兹奉藩、道二宪转奉前抚宪黄批，开"现在军用浩繁，库藏支绌，凡遇工程稍可从缓者，概令从缓兴办。倘实系田庐攸关，刻不可缓，应由该府督饬该县或行筹款抢办，或照前修通塘土戗之案，一律民捐民办"等因。查该处石塘为西北乡田庐保障，实属工难延缓，且转瞬春潮泛涨，尤宜乘此冬令，及早兴工。若待筹款修办，则详咨筹画，辗转需时，殊属鞭长莫及。本县因念该乡地方风俗淳良，人多好义，其间名列缙绅、家号素封者不乏其人。当此要工未筑，庐墓田畴悉皆淹浸，谅亦同切隐忧。卷查本邑塘工，向有民捐民办之条，惟有循旧一律捐办，庶可迅速完工。除谕知董事劝捐外，合行出示劝谕，为此示仰该处绅富商民人等知悉：尔等务即踊跃捐赀，其所捐钱文，即交董事汇收支用，不假手于吏胥。至应如何修整填筑，亦由该董经手妥办。总期迅速兴工，以免潮患而资捍卫，本县实有厚望焉。其各凛遵毋违。特示。

咸丰四年十二月廿七日出示

正堂张谕绅董连仲愚俞泰等知悉

照得后海金刘冯村"鼓"字号石塘，本年秋汛被潮冲通缺口十余丈，当经本县通详请项兴修。兹奉藩、道宪转奉前抚宪黄批，开"现在军用浩繁，库藏支绌，凡遇工程稍可从缓者，概应从缓兴办。倘实系田庐攸关，刻不可缓，应由该府督饬该县，或行筹款抢办，或照前修通塘土戗之案，一律民捐民办"等因。

查该处石塘为西北乡田庐保障,实属工难延缓。现届冬令,转瞬春汛,尤宜及早兴工。若待筹款修办,势必有需时日。本县隐念民忧,再四踌躇,惟有劝谕该绅民一律捐办,庶可迅速蒇事。除出示劝谕捐办外,合行谕饬,谕到该绅董等,即将前项石塘缺口,务于富厚之家先行劝捐兴工,一面在于有田各户并该处商民按照派捐,庶可立时济用,赶筑完竣,以御春汛而资保卫。凛切。特谕。

咸丰四年十二月廿九日谕

咸丰五年正月廿八日董事连仲愚俞泰禀

为禀报开工事。切奉劝捐修筑后海石塘缺口计工十六丈,今职等分头采办桩石,一面雇集人夫,已择正月十九日祀土,先行填潭兴工。今将开工日期禀请,伏叩□□电核转报施行。上禀。

批:据禀已悉,候具文转。报该董等务即督饬人夫一律修筑完固,仍随时禀报查核,是为至要。

浙江绍兴府上虞县为遵札捐修石塘缺口详报开工日期事

咸丰四年八月十八日,奉本府札,奉藩宪札,开"奉抚宪批,上虞县详报后海金刘冯村'鼓'字号石塘被冲十六丈,请委估动项兴修缘由,奉批,该县后海石塘冲缺,既系西北各乡田庐所资保障,自应急速动修。惟系百余十年来,未曾请修。现在请修'鼓'字号石塘十余丈,究应动支何款银两,仰布政司迅速查明飞饬绍兴府亲诣确勘。如塘虽损坏,田庐尚不致淹没,尚可暂从缓办。则详查有无可动之款,议详请修。若亟须修复,不容稍缓,则或照前修土戗之案,一律民捐民办,或另行筹款抢办,刻日兴工。均有该府情形,一面办理,一面具覆,以凭察夺。仍令该县先行加紧防护,不得稍有疏虞。切切。并候督部堂批示。缴"等因。下县奉此,遵查前项石塘为西北乡田庐保障,实属刻不可缓之工,且现在春汛届期,尤宜及时修办。惟卑县既无闲款可筹,当此库款支绌,一律民捐民办,事竣请奖,庶可迅速蒇事。随即率同绅董连仲愚、俞泰等,前诣该工查勘,勘得该工业已冲成深潭,须先开工填潭,夯筑坚实,再于上面筑复石塘,方资巩固。传集匠夫,逐一樽节确估,通共实需工料银一千四百二十二两三钱五分。一面出示谕令该处绅士踊跃捐赀,一面谕饬该塘董事即速收捐,购料兴工。去后,兹据该绅董连仲愚、俞泰等禀称,业经采办桩、石一切料物,雇集匠夫,已于本年正月十九日祀土开工,具报前来,除督令上紧赶办,务须一律完固，仍俟工竣禀请验收外，第查卑县前项金刘冯村“鼓”字号石塘，百余年来未曾修葺，固限早逾，本系动项兴修之工，今该绅商因库款未裕，于两次捐输助饷之余，捐赀修办，上以樽节国帑，下而保卫田庐，洵属急公好义，迥异寻常。卷查三年九月，卑前县林令，捐修前江柴、土各塘及后海各土戗，请将各捐户援照常例加四之一请奖，具详有案。此次捐修之工，事同一律，可否俟工竣后查明捐数，援照常例加四之一，分别详请，给予虚衔封典，以示激劝。并将出力绅董，详请量予鼓励之处，理合备文详请。仰祈宪台察核示遵。云云。

咸丰五年二月十七日详

奉本府宪批：据详已悉。仰即督率绅董上紧劝捐，乘时赶办，务须工坚料实，勿使草率偷减，是为至要。一俟工竣，报候验收。一面取造实用工料细册暨工段丈尺并捐户履历各册结，并同保固加结，详候核办。均毋饰延。切切。仍候各宪暨南塘分府批示。缴。

奉南塘厅宪批：据详已悉。希即督令该绅等工紧赶修完固，以御春汛。仍候各宪批示可也。此复。

奉道宪批：如详。即饬该董事赶紧修筑，以御春汛。工竣造册请奖。毋任迟误。仍候两院宪暨藩司批示。缴。

奉督宪王批：仰宁绍台道会同藩司，饬即督令绅董赶紧如式妥办完竣，造具细册，通详请奖。仍候抚部院批示。缴。

奉抚宪批：此案“鼓”字号石塘，前据该县请修到院，即经批司饬府，查勘未覆。兹又据详前情，仰布政司迅即核明，并照前批事理，一面饬行勘办，一面具覆察夺。仍候督部堂批示。缴。

奉藩宪批：此案已奉抚宪批示，仰绍兴府查照遵行。缴。

咸丰五年四月二十一日董事连仲愚俞泰禀

为禀报完竣事。切蒙劝谕捐修后海冲通“鼓”字号石塘缺口，计工长十六丈。此工下填深潭，上筑石塘。前经樽节估计，实需工料银一千四百二十二两三钱五分。当即遵谕广劝收捐，一面购料集夫。随即本年正月十九日兴工。即经禀，蒙转报在案。职等督同夫匠人等，先将深潭土夯筑，与地相平，底钉梅花排桩，上砌条块石，塘后身戗筑尾土，逐层夯硪，以资坚固。现于四月十五日筑复完竣。工程既系实在，捐项亦无虚靡，合将完工日期禀报。伏叩□□恩赐验收转报，至工料捐户各册，容俟另送请奖，并声上禀。

批：据禀，该工修竣，缘由已悉，具见妥速，甚属可嘉，候验收转报。该董等仍将捐户姓名、银数、工料各册，赶紧造送勿迟。

绍兴府上虞县为禀报工竣事

窃照卑县后海金刘冯村“鼓”字号石塘，上年秋汛被水冲通，缺口十六丈，塘底已成深潭，应须填潭筑复。前经劝谕捐修，并督同绅董，撙节估计，实需工料银一千四百二十二两三钱五分，即据该董等照估备购料物，雇集人夫，择于本年正月十九日开工。当经备文转报在案。兹据该董事连仲愚、俞泰等禀称，前项工程自开工以来，督同夫匠人等，先将深潭土夯筑与地相平，底钉梅花排桩，上砌条块石，塘后身戗筑尾土，逐层夯硪，以资坚固。现于四月十五日筑复完竣，禀请验收转报前来。卑职查勘，委系工坚料实，一律筑复完竣。除取具工料、捐户姓名、银数各册，另行请奖外，合将完工日期先行备文申报。仰祈宪台察核。云云。

咸丰五年五月初四日详

正堂张谕绅董连仲愚俞泰等知悉

案准余姚县移。以本县详修后海金刘冯村“鼓”字号石塘十六丈，奉本府宪札委查勘验收，移请即行查造实用工料银两细册，暨工段丈尺，并捐户履历，印甘册结，并同保固切结，加具印结，刻日移送，以便核明，诣勘加结转详等由过县。准此合行谕饬。谕到，该绅董即便遵照，速将此案塘工用过工料银两若干，工段丈尺若干，查造清册，并将捐户银数履历，迅速逐一开造禀送，以凭核明加结移送，转请奖叙，毋稍迟延。切切。特谕。

咸丰五年六月十二日给谕

咸丰三年八月廿八日具禀

连声佩等，为遵谕劝捐兴工事。窃蒙恩谕，以先后详报前江村等处，被水冲缺坍卸土塘及吕家埠等处柴塘，并后海一带坍矬、渗漏土戗，均关紧要。现在，帑藏支绌之际，如待领项兴修，有需时日，而前项工程，刻难延缓。且本年沿塘一带被灾较重，饥民待哺嗷嗷，乘此赶紧筹办，亦得以工代赈。特蒙面谕，邀集各乡殷董，劝捐兴修，并倡捐廉银交职等收领，仰见仁台保卫民生之至意。切思前江村等处柴、土各塘，保护亿万生灵、粮田数十万亩，亟应赶修完固。惟工段绵长，需费甚巨，樽节估计约需银一万余千两。遵即邀同各乡殷董，分头劝捐。兹因捐项已有成数，即行招集被灾各村农民，先将前江村各处冲缺各塘，择于本月十七日开工，其余各塘亦当设法劝捐，次第兴修，以省帑项而资保障。缘奉谕饬，合将劝捐兴修缘由并开工日期，先行禀报□□大人察核施行。再，虞邑地方襟江环海，塘堤闸坝，有向归民捐者，有动项兴办者。所有该处柴、土、后海各塘，系属动项兴修之工。现因军需吃紧，库款未裕，此次勉力捐办，应请嗣后仍行照例请帑办理。并恳仁台俟工竣查明捐款，分别详请奖叙，以示鼓励。合并声明上禀。

批：前江村等处柴、土各塘，本系动项兴修之工。今该职等，因库款未裕，设法劝捐，不辞劳瘁，督率兴办，深堪嘉尚。候确切勘估，备文具详，仍候工竣核明捐数，分别详请奖叙。

上虞县为详报捐修柴土石塘以资捍卫事

窃照卑县襟江环海，全赖柴、土、石塘为之保障。前因后海石塘年久失修，屡受潮汐冲击，以致塘身坍矬渗漏。又，前江一带、吕家埠等处临水柴塘，上有山水奔流，下受潮汐泼激，更为顶冲受险之区。本年春汛，雨水过多，山潮狂涨，致将早逾固限之“罔”字等号柴塘块坦，坍卸滚失，共计工长一百九十二丈五尺。其柴塘应行拆镶修复，块坦亦须随塘添石，加桩整切。均经卑职分案详请，动项兴修。迨本年六月望汛期内风狂雨骤，连宵达旦，山、潮两水陡涨，水势湍急横流，所有前江等村“吕、调”等号一带，逾限土塘被冲缺口五个，并接续坍卸土塘共计工长二百十九丈。其冲处所已成深潭，情形甚为危险。又经卑职备文通报，仰蒙大宪批札行委宪台、绍兴府、本府，会同南塘分府、南塘通判、宪台，确勘详办，各在案。伏查卑县柴、土、石塘，保卫亿万生灵并数十万粮田，诚为刻不可缓之工。惟当此军需吃紧，库款支绌之际，若待请帑兴修，未免有需时日。且本年沿塘一带，被灾较重，饥民待哺嗷嗷。当查后海土戗工程，先经卑前县张令，倡捐廉银五百两，由董事领存。卑职复又捐廉首倡，并亲诣各工，确切勘估。前江土、柴各塘及后海一带土戗，实需工料银一万四千八十余两零，选举绅董、广为劝捐。兹据绅董连声佩、谢鹤龄、袁泩、夏廷俊、顾璪、王运寿、裴偀、谢永龄、孙赞、何焯、严昶、邵楷、王棨、顾廷修、邵棠、周凤歌、连仲愚、俞泰等禀称“奉谕捐廉首倡劝捐，修办柴、土后戗各工，遵邀各乡殷董，分头劝捐，现已捐有成数，即行招集各村被灾农民，先将前江村等处冲缺土塘，择于八月十七日开工，其余各塘亦当设法劝捐，次第兴修。至该处柴、土、后海各塘，系属动项兴修之工，现因军需吃紧，库款未裕，此次勉力捐办，应请嗣后仍行请帑办理，并俟工竣，查明捐数，邀赐分别详请奖叙，以示鼓励”等情。据此，卑职查前江村等处柴、土各塘以及后海土戗，本系动项兴修之工。今该绅董等因库款未裕，设法劝捐，不辞劳瘁，督率兴办，并将土塘缺口，招集被灾农民，先行开工，其余各塘，次第兴修。上则国帑因而樽节，下则田庐藉以保障，且被灾之后，亦得以工代赈，是一举而数善备也。其好义急公，迥异寻常。此次绅董捐修各工，已属勉力，嗣后应请照旧动项办理。至后海一带，既经捐修土戗，其外面石工，尚可从缓兴办。所有此次捐修柴、土、石塘，为数甚巨，可否俟工完竣，查明捐数，照常例加四之一，给予虚衔封典，以昭激劝之处。理合备文详请，仰祈宪台察核示遵，实为公便。

九月廿一日，本府宪批：据详，前江村吕家埠等处柴、土各塘及后海土戗工程，现经该令倡捐并劝谕绅富捐修，以工代赈，已将前江村等处缺塘，招集贫民开工兴办。具见各绅富好义急公，该令亦经理得宜，均堪嘉尚。仰再劝令绅富，接续捐输，赶紧修整，务期工坚料实，勿稍草率苟简，是为至要。至柴、土各塘工程如何佐法，戗土加高帮阔，逐段字号丈尺若干，现已另行饬查，并即查照，另札遵办。仍候各宪暨南塘分府批示。缴。

署上虞县为移请事

切照后海石塘，年久失修，屡受潮汐冲击，塘身坍矬渗漏。业经敝前县暨敝县先后详请勘办，节蒙各大宪批札行委，确勘详办在案。惟前项石塘，现在海沙渐涨，尚可从缓，而戗土工程为民生田庐保障，万难刻延。当此军需吃紧、库款支绌之候，若待请帑兴修，有需时日，且本年沿塘一带，被灾较重，饥民待哺嗷嗷，乘此赶紧兴办，亦得以工代赈。当查后海土戗工程，先经敝前县张令倡捐廉银交董收存。今敝县复又捐廉首倡，并亲诣各工，确切勘估，选举绅董，广为劝捐。兹据绅董连声佩等禀称“奉谕劝捐，修葺石塘、戗土，设法劝捐，即当次第兴修”等情。据此，除通报外，拟合移请监修，为此合移贵厅，烦照来移，希即监同绅董，将“后海一带戗土，劝捐修筑完固，以保民生”须移札梁湖司知悉。照得前江柴、土塘堤，为民生田庐保障，最关紧要。查本年春汛，雨水过多，山潮旺涨，将吕家埠等处“罔”字等号柴塘块坦坍卸滚失，共计工长一百九十二丈五尺；又，六月望汛期内，风狂雨骤，冲缺前江等处“吕、调”等号土塘缺口五个，并接续坍卸土塘共计工长二百十九丈。情形均属危险，业经先后详报。仰蒙各大宪分别批饬勘办在案。惟前项柴、土塘堤，保卫民田庐舍，刻难延缓，当此军需吃紧，库款支绌之候，若待请帑兴修，有需时日，且本年沿塘一带，被灾较重，饥民待哺嗷嗷，乘此赶紧兴办，亦得以工代赈。当经本县捐廉首倡，并亲诣各工，确切勘估，选举绅董，广为劝捐。兹据绅董连声佩等禀称"遵即分头劝捐，已有成数，即行招集各村被灾农民，先将前江村等处冲缺土塘，择于八月十七日开工，其余各塘，亦当设法劝捐，次第兴修"等情，具禀前来，除通报外，合行札饬监修，札到该巡司遵照，立即监同绅董设法劝捐，将坍缺柴、土塘堤，招集被灾农民修筑完固，以保民生，万勿泄延。切切。特札。三年九月初六日。

署绍兴府上虞县为移知事

案奉府宪札，委贵县勘覆。敝县详请动项，修复后海首险石塘，其塘后戗土，无论首要、次要，概归绅董捐修一案。兹前项土戗，业经敝县劝举绅董禀报，先将土塘缺口开工兴修，并将前项土戗次第兴办，并声明，既经修筑土戗，其外面石工，尚可从缓兴办。已于九月初七日备文通报在案，拟合备文移知，移山邑。又为前事案，奉府宪札委贵县勘覆敝县详报前江村等处冲通土塘缺口一案，兹敝县已将前项工程劝令绅董捐修，择于本年八月十七日开工兴修，业经备文通报在案，拟合备文移知。移姚邑。三年九月十七日。

九月廿三日谕绅董连声佩等

"职等住居虞邑西乡八都地方，全赖塘堤保障。本年六月间，冲通塘缺，现蒙修筑。而职等附近南塘擦塘流水，全靠柴塘及塘外之坦水桩石以御潮汐，至今少加修补，以致塘身间有坍矬，更值秋潮凶猛，将孙家渡等处'表、正、谷'字等号塘外之坦水桩石每多冲坏，塘身坍矬，'传、声'等字号之塘外，向有护沙，今被激去，冲坍塘身，将成缺口，公叩勘修"等情到县。据此，查前江坍缺土、柴各塘以及后海一带坍矬土戗，前经选举该绅董等劝捐，次第兴修，备文通详在案。兹据前情，除批示外，合行谕饬，谕到，该董事查照，即将"表、正、谷、传、声"等号柴塘块坦，一律加高，修筑完固，以保无虞。仍俟工竣具禀，报县以凭察夺。毋稍违延。速速。特谕。

谕董事夏廷俊知悉

照得修筑柴、土各塘及后海土戗，前经遴选，该董事会同连仲愚等督率兴办，嗣因该董事有经手城工未了，不克分身。兹城垣工程已据其禀完竣，而海塘工程亟须乘此冬令水涸，赶紧级分段督饬，修筑完固，合行谕饬。谕到，该董事务即前赴工次，会同连仲愚等，督押人夫，分段赶修。俟大工告竣，本县自当详请优奖。切切。特谕。三年十月初五日。

谕绅董连声佩等知悉

查接管卷内，咸丰三年十月初十日奉本府宪缪札，开：据该县具详，卑县境内前江村“吕、调”等号一带，逾限土塘被冲缺口五个，并续接坍卸土塘，共计工长二百十九丈。现经该令倡捐，亲诣各工，勘估前江土柴各塘及后海一带土戗，实需工料银一万四千八十余两零，选举绅董，广为劝捐，并将土塘缺口招集被灾农民，先行开工，其余各塘次第兴修等情。据此，查本年七月间，据该县详报，被冲前江村“吕、调”二号、雁步村“章、爱”二号、西华村“此、身”二号，又吕家埠“贞、洁、男、效、才、良、知、过、必、改”等号，缺口坍塘，共二百十九丈，核与现办工段相符。惟查本年三月，该县详报吕家埠“罔、谈、彼、短、己、长”等号，坍卸柴塘八十六丈，赵村“使、可、欲、难、量”等号，坍卸柴塘七十八丈，双墩头“墨、诗”二号坍卸柴塘十二丈五尺，王家堰“羔、羊”二号，坍卸柴塘十六丈，共计坍塘一百九十二丈五尺。七月间，又据详报，江水泛涨，原坍柴塘愈形坍卸，是前项工程亦属亟不可缓，现须一律捐修，何以详内并不议及？又后海石塘，通计工长四千七百六丈六尺，前据详称，应修首要石工一千六百四十丈，至一带戗土，无论首要、次要，一律加帮高阔等语。现除石塘从缓修办外，惟现捐修土戗，究有工段若干，何号应行加高，何号应行帮阔，各计工长若干，及前江村“吕、调”等号土塘如何佐法，均未声叙，碍难核详。除详批示并饬委余姚县覆勘确估外，合亟札饬。札到该县遵照，立将吕家埠、赵村、双墩头、王家堰各号坍塘，樽节确估，劝令绅董一律捐办。一面将前江村“吕、调”号坍塘及后海石塘应修戗土查明，前修员名、固限并缺口坍卸土、柴各工何号，系柴塘何号，系土塘工程如何佐法，戗土加高帮阔、逐段字号、丈尺若干，逐一分晰，开具清册，详候核转。事关奏咨，必须遵照部案详晰开报，切勿稍事含混。又查道光三十年，该县大修塘工，案内册报雁步村“章、爱”二号接壤之区，冲通缺口计长十三丈，赵村“信、使”号土、柴接壤之区，冲通缺口十五丈，后木桥“吕、调、阳、云、腾、致、雨、露”八号坍卸土塘一百二十丈，业经摊征捐修，前江村“吕、调”二号缺口廿九丈五尺，雁步村“章、爱”二号土塘廿丈，赵村“信、使”字号柴塘四丈，是否系新修工段？前江之“吕、调”二号是否即系后木桥地方？亦应据实声说，免干部诘。均毋违延。切切。特札等因。并准余姚县移查，此项工程是否一律捐修，毋须勘估，抑或仍须会勘之处，刻即移覆等由过县，准此。查是案工程，业经前县会同该绅董等勘估劝捐兴修在案。兹奉前因，合行谕饬到该绅等，遵照宪札及余邑来移事理，立即查明各工是否一律捐修，毋须勘估，抑或仍须会勘之处，并分晰造具工段银数清册，限　日内禀县，以凭察转，毋稍迟延。速速。特谕。三年十一月十七日。

绍兴府正堂缪札上虞县知悉

咸丰三年十一月十二日奉宁绍台道张文，开“咸丰三年十一月初二日奉兼理督宪，有札署上虞县林令，具详劝捐，兴修前江土、柴各塘及后海一带土戗，勘估开工，俟工竣可否照例加四之一，邀将请示各缘由，奉批据详已悉。仰宁绍台道会同藩司迅速核议详覆饬遵。仍饬捐户花名、银数及实用工料清册，通详察办。仍候抚部院批示。缴”等因，除申报藩宪外，合行移知等因，奉此查是案，前准南塘分府移请复勘，会核详办等由到府，即经饬委余邑会同该县勘估劝办，嗣据该前署县林令具详。又，经查案，札饬余姚县覆勘确估，并勒催去后，迄今日久，未据造册详覆，大属玩违。兹奉前因，合再马递五百里飞札严催，札到该县查照前札指饬事理，立将吕家埠、赵村、双墩头、王家堰各号坍塘，樽节确估，劝令绅董一律捐修。一面将前江村“吕、调”等号坍塘及后海石塘应修戗土，查明前修员名、固限并缺口坍卸土、柴各塘何号，系柴塘何号，土塘工程如何佐法，戗土加高帮阔逐段字号，丈尺若干，并查造捐户花名、银数及实用工料，逐一分晰，开具清册，详候核转，事关奏咨，必须遵照部案详晰开报。切勿稍事含混。又，道光三十年，该县大修塘工案内，册报雁步村“章、爱”二号接壤之区，通冲缺口十三丈，赵村“信、使”二号土、柴接壤之区，冲通缺口十五丈，后木桥“吕、调、阳、云、腾、致、雨、露”八号，坍缺土塘一百廿丈，业已摊征捐修。今该县请修前江村“吕、调”二号缺口廿九丈五尺，雁步村“章、爱”二号土塘廿丈，赵村“信、使”号柴塘四丈，是否系新修工段，前江之“吕、调”二号，是否即系后木桥地方，亦应据实声说，免干部诘。均毋再延，致干未便。

速速。特札。三年十一月廿一日。

咸丰三年十一月二十八日绅士连声佩等禀

为奉谕禀覆事。切蒙恩谕，奉府宪札，查林前主详报选董捐修前江坍缺土、柴各塘及后海一带土戗工程，奉饬查禀等因。遵查，职等劝捐兴修各工，即前江“吕、调”等号坍缺土塘二百十九丈。又，吕家埠等处“罔、设”等号坍卸柴塘一百九十二丈五尺，并随塘沉失块坦。又，后海通塘土戗四千七百六丈六尺，俱应分别加帮高阔。业蒙林主会同职等勘估分晰工段丈尺，樽节确估工料，共需银一万四千八十余两，开具清折附卷。旋缘职等捐有成数，即将“吕、调”等号土塘缺口，先于本年九月初七日开工，余拟次第兴修。当经禀，蒙详报在案。兹土塘缺口业已完竣。现修坍卸土塘，并将后海土戗，业已加帮一千余丈。一面职等广为劝捐，容当收集捐资，即将柴塘块坦接续购料修筑。一切工程贵乎实在，已将土塘缺口用桩石夹护，填潭筑复。其坍卸土塘后戗，一律用土加帮高厚，逐层夯筑。又，柴塘应拆镶块石，须整砌，总期坚固而已。此案工段丈尺、工料、银数，前已开折附卷，至应声说。道光三十年修过各号塘工，均属有案可稽，且已限满，应请饬承查明前修员名、年限，造册声详。查捐修工程，民捐民办，例免造册报销。即如三年摊征捐修塘工，系案内造送估册，所估工料，皆因不请例估，惟以分晰计数，并未委员勘估，亦无驳饬。今次工程，均属一律捐修，既蒙林主勘明，会同职等核实估计，奉委余邑勘估一节，似可邀免。仰求一并详明。所有捐户银数，容俟工竣造册，另行请奖外，缘奉谕饬，理合查明禀覆。伏叩□□电核，俯赐饬承，造册详覆，实为公便。上禀。

批：候据情详覆。仍俟各工完竣另禀。核转可也。

上虞县为遵札详覆事

奉宪台札，开，据该县具详，前江村“吕、调”等号一带逾限土塘被冲缺口五个，并接续坍卸土塘共计工长二百十九丈。又，吕家埠等处“罔、谈”等号坍卸柴塘一百九十二丈五尺，并修块坦。又，后海一带土戗四千七百六丈六尺等因，奉此，即经卑职转饬该绅董等遵照并劝谕，将吕家埠、赵村等处“罔、谈”等号坍卸柴塘一律捐办，并各号柴土、塘工如何分晰估计，并后海土戗各工如何做法，着令逐一开报，去后兹据该绅董连声佩、袁泩、夏廷俊等禀，称：职等劝捐兴修各工，即前江“吕、调”等号坍卸土塘二百十九丈，又吕家埠等处“罔、谈”

等号坍卸柴塘一百九十二丈以及随塘沉失块坦,又后海通塘土戗四千七百六丈六尺,俱应分别加帮高阔。业蒙林前主会同职等勘估分晰工段丈尺,樽节确估工料,通共实需工料银一万四千八十余两,当经开折附卷。旋缘职等捐有成数,即将“吕、调”等号土塘缺口,先于本年八月十七日开工,余拟次第兴修。当禀。蒙林前主详报在案。兹土塘缺口业已完竣。现据坍卸土塘并将后海土戗,业已加帮一千余丈。一面职等广为劝捐,容俟收集捐资,即将柴塘块坦各工接续,购料修筑,总期一律坚固,以资保卫。惟工系民捐民办,例免造册报销。今次捐办各工,已由林前县会同职等核实、估计、应请。查照道光三十年,借款捐修塘工,由案下查明前修员名、年限,造送估册详覆,并请邀免委估等情。据此,卑职伏查前江等村“吕、调”等号被冲土塘缺口五个,并接续坍卸土塘共计工长二百十九丈,现已修筑,将次完竣。其吕家埠、赵村等处“罔、谈”等号坍卸柴塘一百九十二丈五尺,及随塘沉失块坦,亦经该绅董承认,一律捐修。至后海一带土戗,共计通塘工长四千七百六丈六尺,应须用土一律加帮宽厚。现据修筑一千余丈,其余次第兴修。此外并无遗漏工段。卷查今次被冲前江村之“吕、调”二号土塘,缺口二十九丈,即道光三十年该绅董等借款捐修后木桥“吕、调”等号土塘。又,雁步村“章、爱”二号冲通土塘,缺口二十丈,内十三丈亦系三十年同案借款捐修之工。据禀,业已限满。现仍该绅董等捐修完竣。至赵村“使”字号坍卸柴塘四丈,系道光二十三年前署县戴令承修,并非该绅董捐修。此案柴、土、后戗各工,通共实需工料银一万四千八十四两八钱三分一厘,均由卑前署县林令,会同该绅董等分晰樽节确估,并无丝毫浮冒。理合查明前修员名、年限,代造估册备文详覆。仰祈宪台察转。再,此案工程,该绅董等称,系民捐民办,将来工竣,例免造册报销。今经卑职代造估册,应仰邀免委余邑勘估之处,伏候宪示祇遵,为此备由具申。云云。

咸丰三年十二月初五日出详

奉本府批:上邑详绅董捐修前江、土柴各塘。据详,吕家埠等处“罔、谈”等号坍卸柴塘一百九十二丈五尺,业已一律抢修,共估需银一万四千八十余两,缘由已悉。惟前奉抚宪札,查前项各工内有无民捐民办等因,缘塘工内向有民捐官办之分,民办归捐,官办动项。现办坍塘,向来是否官办,未据遵饬申明。至柴、土、石塘及桩坦、条坦、双坦、单坦各工,保固年限分别。前于咸丰元年十一月间,奉前藩宪椿札,查经徐前府转饬,查案未复。咸丰元年,该县借款请修各塘,前据具报,元年五月二十二日完竣,今前江村“吕、调”及雁步村

“章、爱”等四号土塘，即元年修整之工，于本年六月被冲坍缺，详称固限已满，究竟如何扣限？且元年工竣之后，节奉饬取固限，尚未呈送，此时忽称限满，亦必奉宪查诘。又，查办理工程，如官办者，例应委勘确估详题，方准动项；即民捐者，按例亦应委员勘估通详。如蒙抚宪先行具奏，将来工竣请奖，更为结实，亦未便率请免委。以上各层详奏，案内必须逐一叙入。若不声说明晰，必奉诘查，徒烦案牍。仰即遵照指饬，刻日查明详覆，以便核详请奏。仍将元年修竣各工，遵照节饬，取具固限通送，勿稍刻延。切切。再：查册开，前江、后木桥等处“知”字等号塘工，系咸丰元年张前令详请动册存项兴修，无论固限曾否届满，而前工尚未造册详题，碍难列入请修册内，应行剔除，着落张令赔修，并即遵办。册发。

上虞县为遵批查明详覆事

奉宪台批，卑前代理县张令具详，前署林令劝谕绅董捐修前江“吕、调”等号坍缺土、柴各塘，并后海土戗工程。查明前修员名、年限，代造估册，邀免委勘等缘由。奉批全述等因，下县奉遵。查卑县柴、土、石塘均系动项官办。所有劝捐兴修坍卸土、柴塘堤以及石塘戗土，俱应动项官办，并无应行民捐之工。至卑县塘、坦各工，例价较轻，石塘仅修戗土，更为减省。坦系块石堆砌，仅钉单路关石排桩，非比北塘双坦，有单坦之别。凡筑土塘、戗土两项，均保固一年。修筑柴塘，如系拆镶，保固两年；若仅加修，保固一年。修砌条石、坦水，亦保固三年。均以验收之日起限，分别保固。伏查卑县前次绅董借款捐修各塘，系元年五月二十二日完竣。奉前府宪饬委山阴县，于是年十二月二十日验收详覆。前宪台亲诣勘验转详，藩宪批示在案。今前江村“吕、调”及雁步“章、爱”四号土塘，即元年修竣之工，于三年六月被冲坍缺，核之固限已逾。其余坍卸土、柴塘堤块坦等工，均逾固限，而石塘仅修戗土，尤属年远。至卑职于元年领项承修完竣，上年被冲缺口之吕家埠“知”字号土塘缺口九丈、“过”字号一丈，又坍卸“男”字号土塘五丈、“知”字号七丈、“过”字号四丈五尺、“必”字号十五丈，又“短”字号柴塘六丈五尺，及随塘滚失沉陷块坦六丈五尺。仰奉宪批，尚未造册详题，未列入请修。遵经卑职自行赔修完整。除知余姚县分别剔除，并查明前修员名、年限，勘估造册具详外，理合备文详覆。仰祈宪台察核转详请奏，实为德便。云云。

咸丰四年八月初三日详

奉本府批：据详该令元年领项承修“知”字号柴、土各工，由该令自行赔修，分别剔除外，其余捐修土塘块石坦水及后海戗土各工，均逾固限。现据余邑勘估具详，并无浮冒，缘由已悉。惟此案捐修各塘，前据该前署县林令，亦已前情先后具报，均经批示在案。兹查前详兴、竣日期，均未明晰声叙，碍难核转。仰将捐修各塘究竟何号、何工、于何日完竣、现在是否一律完固，迅速查明。即日详候核转，毋再迟延。切切。此缴。

正堂张谕绅董连声佩谢鹤龄袁沣夏廷骏连仲愚俞泰等知悉

本年十一月廿五日，本府宪批本县具详领项与捐修各塘等缘由，奉批“该县令元年领项全述，毋稍迟延。切切。此缴”等因。奉此，查前项各工内，惟前江、后木桥等处土塘缺口，先据该绅董等禀，于咸丰三年八月十七日兴工，究于何日完竣，未据禀报。其余柴塘块石坦水及后海土戗工程兴、竣日期均未禀报。兹奉前因，合行谕饬，谕到该绅董等遵照宪批事理，即将捐修各塘究系何号、何工、于何日完竣、现在是否一律完固，分别开具清折，限三日内禀县，以凭详请核转，毋稍迟延。切速切速。特谕。

咸丰四年十二月初三日给谕

咸丰四年十二月廿五日董事连声佩等禀

为遵谕禀报事。切奉钧谕，转奉府宪批示，饬将捐修各塘兴竣日期禀报等因。遵查，前江、后木桥等处间段，冲通“吕、调”等号土塘缺口五个，共计工长七十四丈，又间段坍卸土塘工长一百三丈五尺，系咸丰三年八月十七日兴工，即于是年十二月初十日完竣。又，吕家埠等处“罔”字等号间段坍卸柴塘，工长一百八十六丈，又应修随塘块石坦水一百八十六丈，系本年正月十八日开工，即于六月二十一日完竣。又，后海石塘专修土戗，自纂峰“学”字号起至“气”字号止，共五十三号，计工长一千六十丈，工属次要，系本年十月十八日开工，现在尚未完竣。又，“连”字号起至“楹”字号止，共八十二号，计工长一千六百四十丈，工系首险，先于本年七月初一日开工，即于本年十月十四日完竣。其“肆”字号起至“济”字号止，共一百一号，共计工长二千六丈，亦属次要，尚未兴工，容当次第赶紧捐办，以资保卫。缘奉谕饬，理合分晰禀报，伏叩□□电核转详，实为公便。上禀。

批：据禀各工兴、竣日期候核明，先行具详。所有“学”字等号土戗，该董等务即次第赶紧捐办，一律完固。仍俟工竣禀候详报谕销。

上虞县为遵批详覆事

奉宪台批，卑县具详领项承修塘工，由卑职自行赔修。其余土、柴各塘块石坦水及后海戗土，均逾固限，应请准予绅董一律捐修等缘由，奉批“据详。该令元年领项承修‘知’字等号柴、土各工，由该令自行赔修，分别剔除外，其余捐修土塘块石坦水及后海戗土各工，均逾固限。现据余邑勘估具详，并无浮冒缘由，已悉。惟查此案捐修各塘，前据该前署县林令，亦已前情先后具报，均经批示在案。兹查前详兴、竣日期，均未明晰声叙，碍难核转，仰即捐修各塘究竟何号、何工、于何日完竣，现在是否一律完固，迅速查明，即日详候核转，毋再迟延。切切。此缴”等因。遵即饬令绅董具报。去后，兹据该绅董连声佩等禀称“前江、后木桥等处间段，冲通‘吕、调’等号土塘缺口五个，共计工长七十四丈，又间段坍卸土塘，工长一百三丈五尺，于咸丰三年八月十七日兴工，即于是年十二月初十日完竣。又，吕家埠等处‘罔’字号间段，坍卸柴塘工长一百八十六丈，又，应修随塘块石坦水一百八十六丈，系于四年正月十八日开工，即于是年六月二十一日完竣。又，后海石塘专修土戗，自纂峰‘学’字号起，至‘气’字号止，共五十三号，计工长一千六十丈，工属次要，系四年十月十八日开工，现在尚未完竣。又，‘连’字号起至‘楹’字号止，共八十二号，计工长一千六百四十丈，工系首险，先于四年七月初一日开工，即于是年十月十四日完竣。其‘肆’字号起，至‘济’字号止，共一百一号，计工长二千六丈六尺，亦属次要，尚未兴工，容当次第赶修”等情，具报到县。据此，卑职查验已竣各工，均系一律完固。除将“学”字等号戗土，饬令赶紧捐办，仍俟工竣另文详报外，合将该绅董具报已修各工兴、竣日期，先行据情备文转报。仰祈宪台察核。云云。

咸丰五年二月初九日详

奉本府批：据详已悉。仰候核明转详，仍将“学”字等号戗土，饬令承办董事赶紧集资，乘时修筑，以御春汛。一俟工竣，取造册结，详候核办。毋迟。切切。此缴。

咸丰五年十月十一日董事连仲愚俞泰夏廷俊等禀

为禀叩转请宪示事。切职等蒙举董事，劝谕捐修前江、后木桥等处“吕、调”等号土塘缺口，并吕家埠等处临水柴塘块坦及后海通塘土戗等工，通共实需工料银一万三千五百六十七两零。职等已将土、柴塘坦各工，先行修筑完竣，并将后海土戗次第兴修。嗣因捐项不敷，曾经职等禀求，请帑接济。蒙批仍饬捐办。复经职等分头竭力劝捐，迄今捐可如数，工届告竣，容俟另行禀报。惟前项工程攸关保卫田庐，均属动项官办之工，兹因军需紧要，库藏支绌，蒙谕劝捐兴办。在职固应出力，而各捐户慕义乐捐，节帑项而保地方，洵为善举。前蒙详请，照常例加四之一，给予虚衔封典，未奉宪示。第官工民捐，数至万余，现经捐已如数，工将全竣之际，相应如何奖励，以昭激劝之处，应请专案详请宪示，俾有遵循而免误异。除俟工竣造具捐户履历各册另送外，为此禀叩□□恩赐，专请宪示遵办，实为德便。上禀。

批：候专案详请，宪示饬遵。

绍兴府上虞县为详请示遵事

切照卑县柴土石塘，保卫民田庐舍，如遇坍卸险要，例动南塘专款修筑。先因后海石塘涨沙坍没，堤身甚险，又前之吕家埠等处一带柴塘块坦被冲坍卸，又后木桥等处土塘被冲缺口，经卑职与前署县林令，先后详请动项筑复。嗣奉宪饬，以军需紧、库藏支绌，难以动项兴办，并奉本府宪札，劝捐办理。遵经林令选董，劝谕捐修，于咸丰三年九月间，备文通详在案。伏查前项塘堤内前江、后木桥等处，冲坍土塘缺口五个，共计工长七十四丈；又，坍卸土塘一百三丈五尺；又，吕家埠等处“罔”字等号柴塘一百八十六丈；又，该塘外沉失块石坦水与坍卸柴塘无遗；又，后海一带石塘年久低陷，应行一律用土加帮高厚。通工长四千七百六丈六尺。以上各塘，工程浩大，需费甚巨。奉前本府行委余姚县勘估，通共实需工料银一万三千五百六十七两零。经卑职遵照批示饬令该董设法劝捐兴办。去后，嗣据绅董连仲愚、俞泰、夏廷俊、王运寿，并续选董事连汝愚、冯安澜等禀，称承修各工需费甚多，除卑职未调海盐之前，捐廉五百两发交收存。又，林前令捐廉二百两，并伊等劝捐得银五千两助用外，所短甚巨，叩赐请帑接济。复经卑职晓以急公之义，饬令广为劝捐，迅速蒇事，仍将已修各工次第禀报。旋于上年十二月间，据该董等以承修坍缺土塘，先于三年八月十七日兴工，即于是年十二月初十日完竣。又，坍卸柴塘块坦，于四年正月十八日开工，即于六月二十一日完竣。其后海土戗次第兴办，先将“连”字号起至“楹”字号首险，应加土戗一千六百四十丈，于四年七月初一日开工，即于是年十月十四日完竣。又，“学”字等号应加戗土，于四年十月十八日开工兴修，工段绵长,容当次第兴修等情,即经卑职查验无异,具报本府在案。兹据该绅董连仲愚等以官工民办,捐数繁多,董其事者固应出力,而各捐户慷慨乐输,节国帑而修要工,实属好义,现在捐已集数,工将告竣,应如何量予奖励,禀请专案,详请宪示前来。卑职查前项各塘,俱应请项官办之工,各捐户深知保卫攸关,谊切桑梓,情殷报效,上以樽节国帑,下以捍卫田庐,洵属急公好义,似应仰邀宪恩,分别从优奖叙,以示鼓励。至在事各绅董,分投劝捐督办,实属不辞劳瘁,亦应随详请奖。查此案经前署县林令详请,援照常例加四之一,给予虚衔封典,迄今未奉宪示。兹据该绅董具禀前来,除将工竣日期并取具捐户履历清册另详外,可否照前县具详请奖,抑照何例奖励之处,理合专案具文详请,仰祈宪台察核示遵。除详藩宪外,为此。云云。

咸丰五年十月十六日详

奉本府宪批:既据径详,仰候藩宪批示遵办。缴。

奉藩宪批:查捐修塘工,应照乐善好施例详题奖叙。据详前情,仰即饬令赶修完竣,取造捐户姓名、银数、三代履历各册结,由府核明加结。详候核办。毋迟。缴。

咸丰六年二月初二日具禀

董事连声佩等为禀报完竣事。切上年,蒙林、张二主,前后劝谕,捐修柴、土、石塘块坦,以及沿海后戗各工,职等董司其事。缘该塘段落绵长,经费浩大,委非旦暮可以奏功。计自咸丰三年八月间兴工以来,分别次第,加帮修筑。先将柴、土塘坦以及首要土戗,逐一修竣具报。兹惟次要戗土,甫于五年十二月间,一律筑复完竣。一切工料,先奉府宪札,委余姚县勘估,均系实用实销。又有另报,四年秋汛冲通石塘缺口工程,亦系职等劝捐筑复完竣。报奉藩宪核饬,并入捐修前工案内,造册请奖在案。职等皆系近塘居民,自行保卫桑梓,所修一切工程俱系实心经理,并无草率苟简,合将完竣缘由,分晰开具清折,禀叩□□□恩赐电核,据情转报,实为公便。再禀者:所有各捐户踊跃输将,似应照例请奖,以昭激劝。容俟查取履历另禀送核。至原报之外,尚有坍卸柴、土各塘,系职连仲愚,为保卫桑梓起见,自行勉力捐修,不敢邀请奖励,合并开折,叩电并声上禀。

计送清折一扣。

批:候据情转报该董事等,即查取各捐户履历,呈候核明请奖可也。折附。

代理上虞县为报明捐修塘堤通工完竣事

奉宪台札开，奉布政使司韩批“本府详送该县绅董捐修前江村等处土、柴各塘，及后海土戗各工册结，并请可否照例奖叙由，奉批，查该县前江村土、柴各塘及后海土戗工程，前据该县详报绅民捐修，并奉抚宪批司，当经转行该府，亲勘估计查明，通详在案。今据具详前情，仰将捐修后海金刘冯村‘鼓’字号石塘应用银数，一并估计，由府径详各宪核示。一面饬令该绅董等迅将未修各工赶紧如式修筑完固，一俟通工完竣，由府亲勘明确，取具各捐户实用银数、三代履历、工料各册结，绘具图说，并保固印结并案，详案请奖励。毋延。缴。册结并发”。同日又奉署宁绍台道段批“本府详同前由，奉批据详已悉。即仰督饬上虞县，将勘估各工，饬令承办董事上紧劝捐集资，次第赶办完竣。务须工坚料实，毋稍草率苟简。一俟工竣，详候本道亲诣验收。一面取造实用银数、工段丈尺、并捐户履历、保固期限各册结，该府加结，听候本道核明，会司详请奖叙。切切。仍候藩司批示。缴。册结存各”等因，奉此合并转饬札县查照。宪批“来札事理，即将捐修后海金刘冯村‘鼓’字号石塘另案，札委余邑勘估，俟覆到，由府详办。仍督令该绅董等，迅将未修各工，赶紧如式修筑完固，不准草率苟简。一俟通工完竣，报候亲勘明确，取具各捐户实用银数、三代履历、工料各册结，绘具图说，并保固印结并案，详候核明加结，转请奖励。均毋违延，致干未便，切速。特札”等因。奉此，卑前县张令，遵即转饬赶办，未复，旋即卸事，卑职抵任接准移交，随即谕催赶修。去后，兹据该绅董连声佩、夏廷俊、王运寿、袁泩、俞泰、连仲愚、顾璪、谢鹤龄、周凤歌、裴偀、王桀、谢永龄、严昶、顾廷秀、连汝愚、冯安澜等禀称“奉谕捐修柴、土石塘块坦，以及沿海后戗各工，职等董司其事。缘塘段落绵长，经费浩大，委非旦暮可以奏功。计自咸丰三年八月间兴工以来，分别次第加帮修筑。先将柴、土塘坦以及首要土戗，逐一修竣具报。兹惟次要戗土，甫于五年十二月间，一律筑复完竣。一切工料，先奉府宪札委余姚县勘估，均系实用实销。又有另报四年秋汛冲通石塘缺口工程，亦系职等劝捐筑复，报奉藩宪核饬，并入捐修前工案内，造册请奖在案。职等皆系近塘居民，自行保卫桑梓，所修一切工程，俱系实心经理，并无草率苟简。所有各捐户请奖履历，容俟查取，另禀送核。合将兴、竣日期，开具清折，叩请转报。再，原报之外，尚有坍卸柴、土各塘，系职连仲愚，为保卫桑梓起见，自行勉力捐修，不敢邀请奖励，合并声明”等情前来。卑职查验该绅董等承办捐修、柴、土石塘块坦并后海戗土，以及连仲愚自行捐修塘堤各工，均系一律完固，并无草率苟简。除取具各捐户三代履历册结，另行详请奖叙外，合将捐修塘堤通工完竣缘由，先行备文申报。仰祈宪台察核。为此。云云。

咸丰六年三月初五日申

咸丰六年九月三十日董事连声佩等禀

为禀送履历，叩恩详请奖叙事。窃职等奉谕捐修柴、土、石塘以及后戗等工，前经报明工竣，详奉札委余姚县主验收结覆在案，所用经费浩大，既蒙张、林二前主先后倡捐，并奉廉主莅任后，垂念工资不敷，捐廉凑补。又荷分防前后粮主及梁湖司主监修并与捕主推念，同寅协恭，交相捐助以为表率，咸使各捐户闻风慕义，共襄善举，均应一体请奖。合将官绅捐户银数以及三代履历，分晰开具清折，备陈禀请。伏叩□□电核，俯赐详题奖叙，以昭激劝。再禀：职仲愚自行捐修塘，系保卫桑梓起见，不敢邀请奖励，前经禀，蒙详明在案。合并声明上禀。

批：候详请奖叙，清折附。

代理上虞县为详请奖叙事

咸丰六年二月十二日奉藩宪批，卑前县张令具详劝谕捐修后海石塘土戗，并前江柴、土塘堤各工一案，应照何例请奖，详请示遵由。奉批“查捐修塘工，应照乐善行施例详题奖叙。据详前情，仰即饬令赶修完竣，取造捐户姓名、银数、三代履历各册结，由府核明加结，详候核办，毋迟。缴”等因。又，先于咸丰五年十一月十五日奉宪台批，同前由。奉批“既据径详，仰候藩宪批示遵办。缴”等因，奉此，卷查此案塘工，系卑前县张令暨林署令，先后劝谕捐修。所修各工，系前江、后木桥等处“吕、调”等号，冲通土塘缺口五个，工长七十四丈。又，西华村等处“此、身”等号，坍卸土塘，工长一百三丈五尺。又，吕家埠等处“罔”字等号，坍卸柴塘一百八十六丈，以及随塘沉失块坦。又，后海石塘专修土戗，通计工长四千七百六丈六尺，均经卑前县详，奉前宪台札委余姚县勘估，通共实用工料银一万三千五百六十七两二钱五厘。嗣据绅董禀报通工完竣，即经卑职造册转报。又有另案，后海金刘冯村“鼓”字号石塘，被冲缺口十六丈，实用工料银一千四百二十二两三钱五分，亦系前县张令劝捐筑复，先将兴、竣日期报，蒙宪台详。奉藩宪批“饬归入前捐各工，并案详请奖励”等因，遵于报竣前工册内，一并造入。业奉宪台札委余姚县并案验收结覆，各在案。兹据绅董连声佩等禀称“窃职等奉谕捐修柴、土、石塘以及后戗等工，前因工竣报，蒙详奉札委余姚县验收结覆在案，所用经费浩大，既蒙张、林二主先后倡捐，并蒙垂念工资不敷，捐廉凑补。又先荷分防各员，在工监修，并交相捐助，以为表率，咸使各捐户闻风慕义，共襄善举，均应一体请奖。合将官绅捐户银数以及三代履历，开具清折，禀叩详请奖叙，以昭激劝。再，职员连仲愚自行捐修各塘，系保卫桑梓起见，不敢邀请奖叙，合并声明”等情前来。卑职伏查前项塘堤，俱应动项兴修之工，前县张、林二令，因值库款支绌之际，即经捐廉首倡，劝谕捐修，并分防佐杂各员，因工程浩大，各捐倣俸，谆劝各绅民，踊跃乐输，以资工用。兹已通工告竣，均系如式完固，并无草率苟简。自应遵照乐善好施例，分别请奖所有。捐银千两以上之举人阮宝霖，首先慷慨乐捐，实属急公报效。应如何邀请题叙，出自宪裁。又，捐银二百两以上之俊秀盛晋康、章宗文、金殿香、杜湘、顾玠、顾璠、顾瑄、顾敬熙、冯肇康、冯滈、冯志健，冯榆、陈镎、吕炳奎、吕周臣、吕周璜、王炳、陈震、裴本、何天祥、何绍闻、朱凤仪、朱凤祥、严士英、严朝缙、何顺、陈君佩、俞壎、王凤皋、谢思恒、俞昇、俞澮、俞棻、连容愚、俞懋、顾如松、顾炳、章素位、凌鹏飞、朱鄂清、李宗芳、陆心友、陆馨、夏时、蒋显耀、贾师衡、田之纪、田之纲、顾瑶、薛观沛、章韵生、陈棠、顾淇、周廉、何祖培、邵其桢、朱近仁等，俱系急公好义，情殷报效，上以樽节国帑，下以报卫田庐，均堪嘉尚，应请照例议奖。又，分缺间选试用训导章朱绂，系杭州府仁和县人，查该职由附贡生遵筹饷例报捐，复设训导，不论双单月分缺间选用，并分发试用，奉吏部行文调取考验。咸丰六年八月二十日，蒙抚宪何考验批准入册，差遣委用，今乐捐银六百两，洵属急公报效，自应一体奖叙。惟系教职人员，应请由外转详抚宪，照章请记大功二次，以示鼓励。如卑前县张致高，首倡捐廉五百两，前署县林钧，倡捐廉银二百两，并防员前县丞孙绍芬，现任县丞曹缙书，先后驻工，监督有方，并各捐银一百七十两。又，分防梁湖巡检黄如琳，往来督修，不遗余力，俾要工藉资巩固，并与典史曹燮，推念同寅协恭之义，各捐银一百三十两，以为表率，均与地方公事，大有裨益。至卑职到任在后，查因前工捐资不敷，致未报竣，是以凑捐廉银六百两，发交该绅董，催令赶办完竣，以终其事，系为保护地方起见，分所宜然。若论绅董中，惟候选训导连仲愚总司其事，最为出力，并因捐工之外，间有续坍土、柴各塘并矬陷柴塘后戗，既难再行劝捐修筑，又未便请帑办理，均自勉力捐修，以期有备无患。核其所用工料，不下四千余金，并经验明无异，而该董犹以保卫桑梓，不敢邀请奖励，殊见实心办事，洵为难得其人。至绅董候选通判连声佩、候选训导夏廷俊、捐纳布理问衔俞泰、议叙盐知事王棨、捐纳从九品衔王运寿、顾廷秀等，或分投劝捐，或监司出纳，或采购料物，或在工督办，均各经理得宜，洵为始终出力，不辞劳瘁，兼之官绅和衷共济，俾大功得以落成，似应仰邀宪恩，一并详题奖叙，以昭激劝。理合造具实用工料并捐户银数、三代履历各册结，加结绘图备文详请，仰祈宪台察核，俯赐加结，转请题叙，实为德便。再，此案工程民捐民办，应请免其报销，并祈免取保固。至绅董连仲愚自行捐修各工，虽不愿邀请奖励，相应造册附送，以便稽核，合并声明。为此备由具申。伏乞照详施行。

本府宪批：据详已悉，仰候核明加结，转详请奖。缴。册结绘图存送。

代理绍兴府上虞县知县刘谨禀

大人阁下敬禀者：窃照卑邑境内捐修后海石塘土戗等工，共捐用银一万四千九百八十九两零，应行照例议奖。业经卑县造具实用工料清册及各捐户履历册结，详送本府加结，转详请奖，并将在工督办之绅董候选通判连声佩、候选训导夏廷俊、捐纳布理问俞泰、议叙盐知事王棨、捐纳从九品王运寿、顾廷秀等，在工督办，始终出力，不辞劳瘁，兼之官绅和衷共济，大工得以落成，一并详题奖叙在案。兹查捐修寻常工程，保举出力绅董，前曾奉代理绍兴府上虞县为详请事。案照卑县劝谕捐修前江后海柴、土、石塘块坦戗土等工，共捐用银一万四千九百八十九两零。又，绅董连仲愚自行捐修柴、土塘堤并戗土等工，共银四千六百三十二两零。业经卑职造具实用工料清册及捐户履历册结，于上年十一月十六日详，奉本府宪台加结转详请奖在案，迄今将及一载，未奉饬知题请奖叙。迭据各捐户纷纷禀催，几无虚日。卑职伏查前项工程，例应动项兴修，卑前县张、林二令，因值库藏支绌之时，即经倡捐廉银，劝谕捐修，各绅民踊跃乐输，俾得通工完竣，洵属急公好义，亟应照例奖叙，以昭激劝。况现在吕家埠等处临江柴塘，于本年五月霉汛及七月秋汛期内，坍卸九十丈之多，并后海石塘冲通漏洞三个。查塘堤为田庐保障，若不赶紧修整，必致愈坍愈多，阖邑民命堪虞，非特将来财赋无出，即现办饷捐亦难筹办。第现值国帑万紧，既不能请项兴修，不得不急筹捐办。经卑职邀集绅董一再筹商，佥以前次捐修塘工，现尚未蒙奖叙。若此次再令捐办，势必观望不前。惟是工关紧要，何可稍事延缓？卑职虽卸事在即，未敢置之度外，再四思维，惟有仰乞宪恩，俯将卑县请奖捐修前项工程各捐生，迅赐详请题(请奖、叙奖)，俾绅民有所观感，即此次坍工，亦得赶紧筹劝捐修，以资捍卫而免观望。理合备文详请。仰祈宪台察核。云云。

咸丰七年八月廿七日出详

抚宪批：查士民捐修工程，实于地方有益者，即应及时核实请奖。如地方官迟延，立予议处。节准部咨通行在案。据详，该县绅民捐修前江后海柴、土塘等工，业已造具实用工料及捐户履历册结，于上年十一月间送府转详，迄今将及一载，未奉饬知题请奖叙等情前来。查此案未据具详请奖到院，究竟搁在何处，例有定限，未便再迟。仰布政使迅即查明，先行具覆。一面速将前项请奖之案刻即核实详办。至所称现在坍卸吕家埠等处柴、石塘工，并饬该府勘明实在情形，督令赶紧筹办修筑，以资捍卫，均毋刻延。切切。此缴。详抄发。

七年九月奉

布政使司庆札：上虞县知堂据绍兴府具详，该县境内前江村等处各号柴、土、石塘及后海土戗各工，劝据绅士捐修，实用工料银一万四千九百余十两，取造册结详请奖励等情到司。据此，查通工完竣日期，仅于册尾声叙，未据具报有案，且现据该县详报本年七月十八、九等日，山潮旺涨，吕家埠等处"罔、谈"等号柴、石塘堤间被冲坍，是否即系该绅士此案捐修之工，合亟札查，札到该县，立即遵照将此案通工完竣日期专案补报，并将现据详报冲坍之吕家埠"罔、谈"等号柴、石塘堤，是否即系该绅士等捐修之工，查明声覆，并换具现今年月册结，详严核办。毋违。切切。特札。

七年九月十九日发，廿三日奉

咸丰六年二月廿六日董事连仲愚禀

为禀请修竣事。切孙家渡"声、堂"等号坍卸塘堤八十丈，蒙张前主详捐请修，奉各宪批饬该府县设法筹，嗣因恩主莅任，诣勘柴、土、石塘，查该处塘堤甚为险要，刻不可缓，蒙恩念切桑梓，首倡捐廉六百两，发交职等购备料物，雇夫赶修。职择于上年十一月初一日开工，现于本年二月十八日，一律修筑完固。所有原建柴、土塘堤，均系改建柴塘，以资抵御，共用工料银九百八十四两，所有不敷银三百八十四两，职情甘自行捐输，保卫桑梓起见。合将兴、竣缘由禀请，伏叩□□恩准验收具详，实为德便。上禀。

批：候验收详报。

代理浙江绍兴府上虞县为详报事

窃照卑县西北两乡，滨临江海，全赖一带柴、土、石塘保卫民田庐舍，最关紧要。节经卑职督同防员塘长人等，加紧巡防在案。兹据塘长顾斌以吕家埠“忘、罔”二号，并双墩头“羔、羊”二号柴塘坍卸等情，具禀前来，卑职随即前诣该工查勘，勘得吕家埠“忘”字号坍卸柴塘一丈八尺，“罔”字号坍卸柴塘九丈，又双墩头“羔、羊”二号坍卸柴塘七丈八尺，均系久逾固限之工。察看情形，皆缘对岸会邑屠家埠等处，沙涂凸涨，水势逼趋，日受潮汐冲激，且自入春以来，于五月二十二、三等日，大雨如注，新、嵊山水旺涨，直冲塘身，以致沙脚空松，骤然坍卸。伏查前项塘工，例得请动南塘专款、西湖景工生息及契牙杂税修办。现在库藏支绌万分，卑职稔知无款可动，第工关紧要，若不设法赶筑，恐致续坍被害。惟辰下正值霉汛，霪雨不时，山潮并旺，一时未能兴工筑复，当邀绅董连仲愚再四筹商，先由卑职捐廉，于塘脚排钉木桩，并将塘后戗土加筑高厚，暂为堵御。一俟秋后潮汛稍平，即当设法赶紧修筑完整，以资捍卫。除饬令防员塘长人等加谨防护外，理合备文详报。仰祈宪台察核。云云。

咸丰七年闰五月初八日出详

奉本府宪批：既据径详，仰候各宪暨南塘分府批示录报。缴。

奉南塘分府宪批：所详备悉。希候各宪批示，此复。

绍兴府上虞县为详请事

窃照卑县西北两乡滨临江海，全赖一带柴、土、石塘保卫民田庐舍，最关紧要。每逢大汛之期，节经卑职督同防员塘长人等，加谨巡查防护在案。本年自入秋以来，风雨靡常，江潮盛涨，卑职诚恐一带塘堤有被水冲坍之虞，复饬分防县丞、巡检督同塘长，无分雨夜，梭织巡防。去后，兹据塘长范天德等，以本月十八、九、二十等日，狂风骤雨，达旦连宵，山潮旺涨，以致吕家埠等处“罔、谈”等号柴、石塘堤，间被冲坍等情禀报前来。卑职随即亲诣各塘，逐一查勘。勘得吕家埠“罔”字号坍卸柴塘一丈，“谈”字号坍卸柴塘七丈二尺，“彼”字号坍卸柴塘二丈，“短”字号坍卸柴塘二丈四尺，“己”字号坍卸柴塘一丈二尺，“己、长”二号接壤之处坍卸柴塘六丈，“长”字号坍卸柴塘四丈。又，赵村“可、复”二号接壤之处坍卸柴塘十二丈。又，双墩头“墨”字号坍卸柴塘八丈。又，王家堰“羔”字号坍卸柴塘十二丈二尺，“羊”字号坍卸柴塘六丈八尺。又，孙家渡“传、声”二号接壤之处坍卸柴塘八丈。又,金刘冯村“筵”字号冲通石塘漏洞二个。又,查浦村“怀”字号冲通石塘漏洞一个。以上共计坍卸柴塘工长七十丈八尺,又冲通石塘漏洞三个,均系已逾固限之工。察看情形,实缘该处一带塘堤,面迎大江,上受山水搜剔,下受潮汐顶冲,原属受险要区,兼之对岸沙涂凸涨,水势直逼塘身,际此秋潮大汛,风雨连朝,山潮二水,互相冲激,塘外桩木日受盐潮灌浸,已属霉朽,致被冲折漂流,块石亦多滚失沉陷,以致沙脚搜挖空松,塘身骤然坍卸。洵属刻不容缓之工,亟应将所坍柴塘,照旧拆镶修复,并将塘外滚失桩坦块石,一律添石加桩整砌。至冲通石塘漏洞三个,亦应一律修砌完整,以资捍御。伏查前项工程,例得请动南塘专款、西湖景工生息及契牙杂税修办。惟在库藏支绌,无款可动,卑职亦所深悉,极思捐廉修筑。只缘咸丰五年间卑前县张令详报孙家渡“声”字等号坍卸柴、土塘堤八十丈,奉前宪台批示“现在库藏万分支绌,有何银款可动?据详前项塘工,洵属险要,应由该府县设法筹办,以资捍卫”等因。张令未及兴办,旋即卸事。卑职抵任接准移交。因查该处塘堤日形危险,刻不可缓,当经首倡捐廉,并劝谕董事连仲愚捐输,分别修筑完整。嗣于上年秋汛期内,花宫“盛、川”等号坍卸柴塘二十三丈,又本年春汛时,吕家埠“靡、恃”等号坍卸柴塘四十丈,后郭“军、最”二号接壤之处坍卸柴塘五丈,均经卑职与董事连仲愚设法筹办,先后捐修完固,实已筋疲力尽。现在邀集绅董筹商捐修,该绅董等亦以近年以来,捐赈、捐饷以及修城垣、塘工,已形竭蹶,兼之沿江一带,频年灾歉,民力拮据。现在劝办饷捐,业已万分掣肘,此项塘工若再责令捐修,委实力有未逮。卑职察访情形,是系实在,未便强令承办,致滋事端。第该塘攸关西北两乡民田庐舍,又不敢置之度外,任其坍卸。辗转思维,惟有仰乞宪恩,俯念工关险要,准予拨项兴修,以保民生。除饬令防员塘长人等加谨防护外,合将坍卸柴塘字号、丈尺以及被冲石塘漏洞缘由,据实备文详报。仰祈宪台察核,迅赐委估勘兴修,实为德便。云云。

七年十二月十四日具禀

绍兴府知府恩荇谨禀

大人阁下敬禀者:窃居上邑,承办捐修塘工,绅董连声佩、夏廷俊、俞泰、连仲愚、顾璪、王棨禀称,窃查上虞捐修塘工请奖一案云云,全叙禀请转详,迅将前项捐修工程核奖详题等情到府。据此,卑府伏查此案,据该前县孙令换造册结,详经卑府于本年十一月初五日加结,转详宪台暨道宪请奖在案。兹据前情,理合据情转禀，仰祈大人俯赐察照前情，迅速加结转请题叙。肃泐具禀，恭请崇安。伏乞垂鉴。卑府苻谨禀。七年十二月十五日发出，十七日禀藩宪，又同日禀抚宪。

具　禀

上虞塘工绅董连声佩、夏廷俊、俞泰、连仲愚、顾璪、王桀，为叩请转详、迅赐核奖事。窃查上虞捐修塘工请奖一案，前署县刘，造具实用工料清册及各捐户履历册结，于咸丰六年十一月详，蒙宪台转详藩宪。本年八月后复详，奉抚宪批："查士民捐修工程，实于地方有益者，即应及时核实请奖，如地方官迟延，立予议处，节准部咨通行在案。据详，该县绅民捐修前江后海柴、土塘等工，业已造具实用工料及捐户履历册结，于上年十一月间，送府转详，迄今将及一载，未奉饬知题请奖叙等情前来。查此案，未据具详请奖到院，究竟搁在何处，例有定限，未便再迟。仰布政使迅即查明，先行具覆。一面速将前项请奖之案刻即核实详办。至所称现在坍卸吕家埠等处柴、石塘工，并饬该府勘明实在情形，督令赶紧筹办修筑，以资捍卫，均无刻延。切切，此缴。"并奉藩宪札开：前项工竣日期，仅于册尾声叙，饬即专案补报，并换具现今年月册结，并将通工兴竣日期备文补报，各在案。声等伏念塘工险要，合邑田庐民命关系甚巨，所有前项捐修工程未蒙核奖详题，则本年坍卸之柴、石各塘，共计八、九十丈之多，当此库藏支绌之时，请领既无款筹挪，劝捐又藉词推诿，瞬交春汛，更为可虑。即甫经换造之现年册结，开春后，年月又不符合，为此环叩大公祖大人俯赐详请，迅将前项捐修工程核奖详题，昭激劝而资保障。俾已捐者共沐恩施，续捐者可期踊跃，阖邑均感德不朽。上禀。

(前缺)绍府详绅士捐修上虞塘工完竣请奖由，已照例核详请奖。候选训导连仲愚捐修各工用银四千余两，自称不愿邀奖，自应如该府所请一体奏请，从优奖叙，并即知照。缴。

查　详

署藩司为详绅民捐修上虞县塘工完竣请奖由。本署司备查，例载"绅士商民等，有乐善好施，捐修工程士民，捐银二百两以上，给予九品顶戴。一千两以上，给予盐知事职衔。六品以下各项官员，捐银二百两以上，均议予纪录一次。又，劝捐董事、出力人员如奉旨从优议叙者，绅士给予纪录三次，地方官亦给予纪录三次。其未经奉旨从优议叙者，绅士给予纪录二次，地方官亦给予纪录二次。至生监商民等,概给予九品顶戴”各等语。又“教职人员前经详定章程,捐银三百两以上者,准记大功一次。六百两以上者,准记大功二次”等因在案。今上虞县境内柴、土、石塘被冲坍卸,经该县等首先倡捐劝,据绅民等捐修完竣,共用工料银一万四千九百八十九两五钱五分五厘,由府委据余姚县勘验属实,取造册结请奖,自应照例分别奖叙,以昭激劝。惟候选训导连仲愚于捐工之外,独力捐修柴土各工,用银四千六百余两,自陈不愿请奖,而该府仍请一体奏奖,自应照准,从优奖励,以示激劝。至捐银六百两之前任上虞县刘书田,捐银五百两之前任上虞县张致高,捐银二百两之前署上虞县林钧,又,捐银一千两以上之举人阮宝霖,捐银二百两之俊秀邵其桢、章宗文、金殿香、杜□、顾玠、顾璠、顾瑄、顾敬熙、冯肇康、冯滈、冯志健、冯榆、陈镎、吕炳奎、吕周臣、吕周璜、王炳、陈震、裴本、何天祥、朱凤仪、朱凤祥、严士英、严朝缙、何顺、陈君佩、俞壎、王凤皋、谢思恒、俞昇、俞澮、俞棻、连容愚、俞懋、顾炳、章素位、凌鹏飞、朱鹗清、李宗芳、陆心友、陆馨、夏时、蒋显耀、贾师衡、田之纪、田之纲、顾瑶、薛观沛、章韵生、顾淇、周廉、何祖培。又,民人何绍闻、顾如松、陈棠等五十员名,俱有应得议叙。至劝捐出力董事候选通判连声佩、理问衔候补训导夏廷俊、捐纳理问衔顾廷秀等三名,亦有应得议叙,应请照例分别题请。又,捐银四百两前署会稽县试用训导汤昇,系教职人员,应请由外,照章准记一次。又,捐银六百两之分发试用训导朱瑞莹,照章准记大功二次。又,捐银一百七十两之上虞县丞曹缙书、捐银一百三十两之梁湖巡检黄如琳,应各记功一次。又,捐银三百两之典史曹燮,应记大功一次。可否再从优议叙,以示鼓励之处,出自宪裁示遵。理合将送到各册结、图说详送。伏候宪台察核具题并请咨部查照。再,此案塘工系民捐民办,请免造册报销。至送到册结,仅敷分咨,余饬补取一套,另以呈送备案,合并声明,为此备由。

（前件二十九日到,新正元旦发。）

敬之公祖大人阁下

久违芝宇,时切葭思。辰惟茀履延绥,茨防翕庆。缅鸿迁于指日,益雀跃于临风。兹启者:上虞塘工近数十年来,因上游沙石冲卸,愈积愈高,以致水势略涨,即有漫溢之患。福曜临莅,敝邑时托庇敉安然。一切情形,早邀洞鉴。自道光三十年至咸丰三年,连年大水,决口至数十百丈之多,阖邑田产,大半被淹。林怡如公祖关心民瘼,声等亦谊切桑梓,不敢坐视,急切商量修筑。而库藏支绌，势不能据实请帑，万不获已，赶紧劝捐兴修。无如军饷、米捐，亦万分紧要，且照筹饷新例请奖，远胜于常例奖叙。所以声等承林怡翁谆饬，捐办堵筑，固刻难片延，而劝捐实百无一诺。仲与怡翁因各首先创捐，并声称为保护田庐起见，不敢邀叙。间有计及身家者，稍稍捐助，但其原意仍拟照捐饷例请奖。声等明知格于例案，只照乐善好施禀请，由县府转详，而各捐生之哓哓不已者，委实有难宣楮墨间矣。乃自去秋由县具结造册，并由府加结转详。适前署藩宪杨、前藩宪庆辗转交接，未蒙核办。本年霉汛及秋初上游山水陡发，兼之风潮猛烈，冲坍柴工八十余丈，幸前捐修后戗保护，未成缺口。当经刘芸翁亲历查勘，仍拟劝捐修筑，则上次未经奖叙，势难踊跃。不得已捐而未奖者，不过指斥绅董仅能搪塞乡愚。而现在所坍之塘，究竟如何办理，因又赶紧换造本年册结，于冬初复由县府转详。年前为日无多，大宪公务殷繁，恐未暇察及琐屑之事，但转瞬又将改岁，设年内不及详办，开春后册结又不符合，更多窒碍。幸徐方伯莅任，廉明公正。公祖关怀旧治，可否仰恳于晋谒藩宪时，将此案缘由详细转禀，务求于年内迅赐核奖转详，则今年续坍之工，或仍可设法捐修，合邑绅民均拜鸿慈于靡既矣。声等因公起见，不揣冒昧，干渎钧聪，伏乞鉴原。恭请勋安不既。

附呈节略一纸：

谨查上虞捐修塘工请奖一案，前署县刘，造具实用工料请册及各捐户履历册结，于咸丰六年十一月，由府转详藩宪，本年八月复详，奉抚宪批："查士民捐修工程，实於地方有益者，即应及时核实请奖，如地方官迟延，立予议处，节准部咨通行在案。据详该县绅民捐修前江后海柴、土塘等工，业已造具实用工料及捐户履历册结，于上年十一月间送府转详，迄今将及一载，未奉饬知题请奖叙等情前来。查此案未据具详请奖到院，究竟搁在何处，例有定限，未便再迟。仰布政使迅即查明，先行具覆，一面速将前项请奖之案，刻即核实详办。至所称现在吕家埠等处柴、石塘工并饬该府勘明实在情形，督令赶紧筹办修筑，以资捍卫。均毋刻延。切切。此缴。"并奉藩宪札，开"前项工竣日期，仅于册尾声叙，饬即专案补报，并换具现今年月，册结详候核办"等因。当于十月间，前署县孙，换造现年册结并通工兴、竣日期，备文报明，由府核详在案。伏乞宪恩俯念江海塘堤保卫阖邑民命。仰祈详请题叙，以昭激劝而资保障，则感激实无涯涘。谨略。

谨查孙家渡"声、堂、习、听、因"五号，咸丰四年霉、秋两汛，坍卸塘堤八十丈。张前主详报请修。奉前宪台批示“据详,前坝塘工洵属险要,应由该府县设法筹办,以资捍卫”等因。未及兴办,刘前主抵任移交,首捐廉银,并劝谕董事连仲愚捐输修筑。于五年十一月间兴筑柴工。六年二月间告竣。嗣于七年七月十八、九等日,连日风潮,山水旺涨,各处塘堤,多有坍损,惟孙家渡柴塘完固,足资抵御。奈近年来,对岸会邑扇头地等处,沙涂凸涨,水势逼趋北岸,以致沙脚搜挖空松,塘身逐渐坍卸,日形危险。且“堂、习、听”三号,向无坦水,际此南涨北坍,塘脚空虚,尤为险要。若不设法筹办,倘遇山、潮并旺,难保无虞。该塘攸关西北两乡民田庐舍,岂敢置之度外。惟是双墩头、王家堰改建石塘六十余丈,正在兴办,并“罔”字等号柴塘坍矬一百余十丈,必须及时修理,业已万分掣肘。辰下孙家渡又复告急,估计工料需费更大,实在力有未逮,不胜焦灼之至。谨略。(节略一纸,九年十二月初三日。)

谨将临江险塘、失修柴工、改建石塘字号丈尺开列呈鉴:

双墩头,“难、量、墨”三号毗连。改建石塘三十三丈六尺零,折塘工尺计三十丈三尺。九年十月廿六日开工,十一月廿七日工竣。

王家堰,“赞、羔、羊”三号毗连。改建石塘三十五丈五尺零,折塘工尺计三十二丈。九年十一月十四日开工,十二月初三日工程四分,缺石料停工;十年三月二十五日开工,闰三月十二日工竣。

计开:“难”字号新建石塘一丈六尺,“量”字号新建石塘二十丈。“墨”字号新建石塘八丈七尺。“赞”字号新建石塘六丈。“羔”字号新建石塘二十丈。“羊”字号新建石塘六丈。共六号,计塘工尺工长六十二丈三尺,计石工六十九丈二尺零。(略。折一个,九年十二月初三日。)

为禀请晓谕事

切余家埠“勿、多”两号柴塘,面临大江,山水冲激,塘身坍矬,洵属刻不可缓之工。仁台下车,念切民瘼,已蒙亲勘。谕饬险要之处,改造石塘,以资捍御。奉谕之下,敢不凛遵?正在购办桩石,因时交春汛,转瞬霉汛,未敢举动。奈塘堤日形危险,又未便任其坍卸,势难再缓。辗转筹思,惟有先将后戗赶紧帮阔,暂为堵御。且该处塘堤,前临江水,后逼民房,塘身仄狭,将来兴造石塘,亦必先做后戗,保卫塘身,始可开工。惟临江塘堤,势必由塘内取土,某等为险要工程起见,不能顾及田上种植。又,墙垣篱笆,贴近塘身,两相窒碍,若不拆动即不能帮阔后戗。理合据实禀请,伏乞出示,晓谕该处居民,俾知修理塘工,交关甚巨,不得惜小利而酿大患。仰祈□□□速即给示，以济要工而卫民生。顶德上禀。

九年三月禀

禀藩道二宪夹单

敬禀者：切照卑属上虞县各殷富，捐修后海及前江等处"吕、调"等字号冲坍石、土、柴塘，通共工长四千七百六丈零。详请卑府札委余姚县勘估，实用工料银一万四千九百八十九两零。至系料实工坚，并无草率。既经该县造具工料细册并各捐户三代履历清册。除卑府核详请奖外，再有本邑候选训导连仲愚，公正廉明，为乡里所器重。该县初办饷捐，全赖该绅士首先劝集，迨后续办饷捐并劝输捐等事宜，卑府访悉其人，曾经给予函启，嘱其协力诸绅士，谆切劝谕。诚能不避怨嫌，不辞劳瘁，得以迅速集事，为历次捐务中结实可靠之人。此次办理塘工，该绅士总司其事，并复情殷桑梓，独力认修后木桥、前江村等处土塘戗土一千九百十九丈，柴塘七十六丈，实报工料银四千六百三十二两零，犹以保卫桑梓，不愿邀奖，诚属好义急公，乐施不倦。卑府既识其人之诚恳，又悉其办事之认真，实未敢没其劳瘁，理合肃禀陈请，相应仰恳□□察核。前详转请抚宪，俯将该绅士连仲愚一体奏请，从优奖叙，庶以昭激劝而资鼓励。则感荷鸿施，实无涯涘矣。恭请崇安。伏维钧鉴。除禀□宪外卑府□□谨禀。

藩详上虞捐塘请奖件

仰候核题并候揭移吏、工二部。查照至捐银四百两之前署会稽学训导汤昇等五员，均如详，分别记功注册示奖。仍即取具册结、图说一分，呈送备查。毋迟。此缴。册结、图俱送。

廪贡陈焘等呈批

拖船、拔坝有损塘堤，业经本县出示严禁，并请各宪饬令各委员管解粮饷军装，概由梁湖官道行走在案。据呈孙家渡、贺家埠两处屡有中外兵勇，不顾塘工险要，强捉农民开掘塘坝，乱过差徭，拖坏多处。拟择水势宽缓、塘身坚固之区，认充牙行一人专司其事，以免乱过，亦属保卫之道。究竟何处系属护沙结实塘堤坚固之处，宁绍往来便道，认充牙行一人，如何令乌山船概由该处行走而不分歧孙家渡等处？着即明晰，妥议章程，禀覆察夺。现在秋汛将届，正塘工吃紧之际，务须格外小心，保护塘堤，毋任拖缓，是为至要。切切。

柴珍清呈批

查王家堰、孙家渡两处，为塘工至险之处。向来不准开行，不得更改旧章。率请开行，致损塘工，图小利而忘大害，恐尔一牙户不能当此重咎也。不准。特饬。

李宝山呈批

查开设牙行，例应觅缺赴县呈请顶补。一面由县查明，是否身家殷实，有无衿监朋充等弊，取具地邻同业保结，转详藩宪换颁新帖，给执开张。据称向在八都贺家埠地方，开设李天盛过塘牙行。究竟于何年何月请领藩字第几号牙帖给守，未据声明。且饬据经书查禀，贺家埠地方向无李天盛字号牙行，显因地方被扰，无案可稽，希图朦混。现在，府宪如何改定新章，并未奉到饬知，亦未据尔赴县呈请转详。究竟是否身家殷实，有无衿监朋充等弊，从无稽考。候详明府宪，确查核办，认保各结发还。

禀徐铁孙公祖(道光三十年)

为江流涨塞，横决为灾，公叩详请疏浚，利水道以固塘堤事。窃一维会稽之地，山峙于南，海横于北，而其东为娥江，新、嵊、虞三邑[1]，山水必经过以归海者也。娥江以上，两岸皆山，水来不患旁溢，所患者，只蒿坝一峡耳。至曹娥地界，江之东北隅，虞邑尚有兰芎、金鸡诸山，横据其旁；江之西南隅，属会之曹娥、里睦桥诸处，一派平夷，越十余里而始有丰山，越二十里而始有偁山。由是地益旷，水益横，冲激亦益猛，期间绵亘东西，藉以补山之缺，不使灌入内河，赖以御水之冲，仍使消归外海。曹娥至三江，曹塘与海塘之力焉。第山水自会之东从上而顺趋西北，海潮自会之西北从下而逆上东南，上下相争，顺逆相薄，其决塘也，最为易易。必使江无壅[2]沮，斯山水既顺而易落，海潮虽逆而易归，庶不致直激横冲，为塘堤患。否则，涨在江以南，潮折而斜趋于北，山水因之，虞邑滨江诸塘不保，水即倾入于虞，而远及余姚矣；涨在江以北，而潮折而斜趋于南，山水因之，会邑滨江诸塘不保，水即倾入于会，而远及山、萧矣。江之南北，均有所涨，其横溢四出，为患塘堤，且有不拘于虞与会者。近年来新、嵊之

1　底本衍一“邑”字，今删。

2　底本衍一“壅”字，今删。

江，既以山多开垦而源浅浅，则上无所容，其倾注于虞与会也，往往乘风乘涛，奔腾汗漫，高于塘堤之上。而会邑塘角、沥泗等处，地又多涨出于江北；虞邑前江等处，地又多涨出于江南。形若交牙，势同斗笋。其水势之壅塞，已难胜言。况偁山后面北岸之沙，盘旋入南；南岸之沙，蜿蜒绕北。加以两边涨出沙涂之上，非柏树，即芦草，每逢夏秋两汛，山潮交汇，盘踞争雄，江变为海。无怪乎癸卯迄今，会、虞塘堤，屡修屡圮也。至若偁山以西，若沽渚、啸唫等处，水势直泻，是以永无冲决之虞。按，雍正年间，塘堤亦时遭决裂，会邑侯张公兼篆海防，循前明刘公旧制，决去两边涨沙，使山水直趋西北，潮水直上东南，嗣是中流容与，决塘之患永息，民受其惠者百余年，此以往之明征也。今即虞、新、嵊三邑之源，未能备悉，应请另饬该邑，逐节查明，自行办理。而娥江以下，势处下流，壅塞已甚，若不先为利导，一经连旬阴雨、终日飙风，塘即屹若重城，能保万全无弊乎？虽疏江经费浩繁，不无可虞，然约计山、会、萧民田，不下数十万，与其连遭水患，粒无收成，孰若趁此筑塘之际，多支款项，并行疏浚，以俟岁稔？并入塘工，同就民田捐派，则费虽繁仍不觉其繁者。况遭此歉岁，食赋维艰，疏筑并兴，目前民食有资，将来国课有出，会、萧可共庆安澜，而虞邑、新、嵊，亦未为无益者也。为此谨陈管见，绘具舆图，并抄张邑侯《碑记》呈核，是否有当，伏乞宪裁，详请施行。谨禀。

禀马中丞（同治五年九月）

绍郡山、会、萧塘工总局沈、章、周、孙、余、莫谨：窃思内河以外江为宣泄，而内水无虞；外江以大海为会归，而江流斯畅。绍郡山、会、萧三县，以东西两塘为夹辅，以三江应宿闸为总水口，盖使之由河入江，由江入海耳。近年来，西塘之江，虽有涨沙，其患仅及塘而不及闸；东塘之江，其患并及闸而不仅及塘。其曷以故？西江之水自萧邑西北而来，不必经闸港以归于海，故其受患也仅在塘；东江之水自会邑东南新、嵊而来，经曹江，转百官，绕偁山，而又逆上偁浦、桑盆、宣港诸处，始得与闸港合流于西北，非无较近之路也，以偁山西北隅，闸港东北隅，有南汇沙涂，横亘其间耳。每当夏秋大汛，山水至此，不能顺趋而下，海潮至此，必将逆折而上，上下相争，顺逆相薄，互斗于闸港内外间。于是南汇南面之沙，因山水之逗留，愈高而愈厚；南汇北面之沙，因海潮之盘曲，愈阔而愈长。无惑乎江无出路，不仅塘之受患也。职道等遍历沙涂，查南汇之根，在会稽前后倪石塘外面起。该处至三江，向称一片汪洋，曹江与闸水向由此入海。

其路近，其面宽，但有海潮冲突之虞，岂有江闸淤泇之患？迨乾隆八、九年间，前后倪石塘外，涨有沙涂，名西汇嘴，旋以是地入蕺山书院。于是曹江入海之道，随南汇所涨之地，而渐改于西，然犹不必西至闸江也。闸位西南，向东北，至宣港对岸之所，与曹江会合而入海，江之路虽稍迂，而闸则仍无碍也。阅数十年来，南汇之地，涨而愈西，江道从之，而闸道亦从之俱西；涨而愈塞，闸道因之，而江道亦因之俱塞。职道等前禀，议开丁堰对岸沙涂，原以秋汛在即，是处老沙尚少，新沙尚多，易于开浚，故举及此。讵料秋潮汹涌，力可排山，一经汛后，不惟将闸外所掘之江，通而复塞，且将曹江来路塞至偁浦以东。则是前议开掘宣港为上策，迄今情形又变矣。夫曹江为新、嵊、虞三邑下流，应宿闸为山、会、萧三邑出口，今皆涓滴难通，其患岂浅鲜哉？职道等寝食焦思，前经会同大人委员李宪高、守张令、詹令商议履勘，谋开宣港，一时未敢决。盖先则所淤仅在闸，而今则所淤复在江也。因又远涉江干，访问耆旧，求所以通江、通闸之策。佥曰：“江复故道，闸始可通。”而欲江复故道，正不仅开宣港之谓，必弃蕺山书院之地，而从前后倪石塘外西汇嘴以开掘之，则曹江之入海也，其路顺而捷，其势勇而猛，猛则南汇后面之沙，一冲激而自深，深则宣港对岸之沙不开掘而自坼。以一沙涂而借新、嵊、虞三邑之水势，断其根株，攻其腹背，将见阔而长者，渐为狭且短矣；高而厚者，渐成低且薄矣。狭且短，低且薄，然再由宣港撩近之区，疏之抉之，闸港之通，有不易如反掌乎？若但开宣港，不开西汇嘴，而令曹江自偁山西北，逆上西南廿余里，再由宣港会同闸水以出海，无论节节沙涂，掘工浩大，而倒行逆施，水性勿顺，卒将复淤。故有谓闸江必借曹江水以梳刷者，此非因势利导之论也。或曰：“掘夫西汇嘴，曹江固复故道，其如书院地成巨浸，租课无出何？”不知曹江由西汇嘴而出，闸水由宣港而来，两相交汇，其地固成巨浸，独不思北江既通，南江必涨，即所涨以拨补之，较多于今十倍。或又曰：“闸港虽通，而内河水小，闸不常开，其港恐仍为海沙所淤。”岂知海沙可淤港，必不深，港果不深，闸水亦不能出，未有港可出三县之水，而港不深且广者。且闸之西有沙湖坝，议者必为尝开，其议果成，坝水与闸水并出，闸之外将不可方舟矣，而又何虑其淤乎？况闸港未通，潮来自闸之西北，其势曲，故挟沙；闸江既通，潮水来自闸之东北，其势直，沙亦少。故通后复淤，可无虑也。职道等广搜旧闻，博采时论，从长计议，而知开掘西汇嘴为首举，开掘宣港对岸为次举，开掘闸港为最后之举。次第并举，河可入江，江可入海，闸与塘均无患矣。谨再绘具图说、旧卷各一帙，禀请大人察核批示。祗遵。

后 记

绍兴水利缵禹之绪，弘扬光大；历史悠久，代有所成；地位崇高，特色鲜明。

其一，没有水利，就没有今日之绍兴。2500年以来兴建了一批功效巨大的水利工程，将咸潮直薄的沼泽之地，改造成为举世闻名的鱼米之乡。

其二，水利文献，卓然于世。从我国第一部地方志《越绝书》记载越国水利开始，其后有关水利的文献可谓汗牛充栋。据陈桥驿先生考证，[1] 绍兴古代有方志146种，名胜游记284种，水利141种，人物69种等等，总共1400余种。水之所润，无处不在，绍兴地方文献多与水有关。绍兴也可谓水利文献之乡。

绍兴水利的伟业和历史便是由以上的工程和文献组成。

上世纪80年代以来，绍兴一直重视水利史志和水文化的学术研究，取得了丰硕的成果。一批高质量的论文集、专著、史志、普及读物等相继问世，受到了社会各界的肯定，走在全国前列，也为当代绍兴水利和文化建设提供了良好的借鉴和学术支撑。

为更好地传承历史文脉，也为继续研究绍兴水利史、水文化提供更丰富的文献和更方便的阅读，绍兴市水利局、绍兴图书馆、绍兴市鉴湖研究会、绍兴市水文化教育研究会组织相关专家标点，编制出版《绍兴水利文献丛集》。

本次共遴选9部文献，[2] 增附3组资料，是为绍兴水利文献的历史精华和治谱。按工程分类和时间顺序，分为2册。

第一卷辑录《闸务全书》《塘闸汇记》和民国《绍兴县志资料·第二辑·第二类·地理》。

《闸务全书》，又名《三江闸务全书》，分上、下2卷，8万余字，附图2幅。首姚启圣、鲁元炅、李元坤、罗京序。上卷记明嘉靖十五至十六年（1536~1537）

1 陈桥驿《绍兴地方文献考录》，浙江人民出版社1983年版。及陈桥驿《绍兴修志刍议》，载《吴越文化论丛》，中华书局，1999年版。

2 主要参考邱志荣《上善若水——绍兴水文化》，学林出版社2012年版。

汤绍恩建闸实绩，及明万历十二年（1584）萧良干，明崇祯六年（1633）余煌，清康熙二十一年（1682）姚启圣主持的三次大修与管理、修理成规等；下卷论述成规的《核实》《管见》与三江闸水利的《财务》《要略》《附记》等。辑著者程鹤翥，字鸣九，明末诸生，世居三江，清康熙二十一年三江闸第三次大修司事，收有第一手修闸资料和大量史料，遂于清康熙四十一年（1702）编成此书。除康熙抄本外，有康熙蠡城溦玉斋和咸丰介眉堂两种刊本，现已稀见。清道光十六年（1836）后，又有《闸务全书·续刻》四卷问世。卷一图书碑记，卷二修闸备览，卷三修闸补遗，卷四修闸事宜，记述清乾隆六十年（1795）茹棻、清道光十三年（1833）周仲墀主持三江闸第四次、第五次大修，总结修闸的施工、技术和管理，与原《闸务全书》互补融合，组成一部出色的工程志。辑书者平衡，山阴人，三江闸第五次大修主事之一。本次编纂以介眉堂刊本为底本点校，本书前年已有标点单印本，由黄河出版社出版发行，因供不应求，再次修正辑印。

《塘闸汇记》是一部民国时期绍兴、萧山两县塘闸资料的总集，兼录明清相关史料。收入民国二十七年（1938）《绍兴县志资料·第一辑》，由当时的绍兴县修志委员会刊行。全集按塘工、闸务、闸港疏浚、塘闸经费、塘闸机关及杂记六大类编排，共辑录各种塘闸资料165篇，附图8幅。编者王世裕，字子余，绍兴城区人，近代绍兴著名爱国人士。这次编纂以绍兴图书馆藏本为底本点校，并增补民国《绍兴县志资料·第二辑·第二类·地理》，更臻完备。

第二卷辑录《经野规略》《麻溪改坝为桥始末记》《上虞五乡水利本末》《上虞五乡水利纪实》《上虞塘工纪略》和《上虞塘工纪要》6部文献，附《咸丰元年起捐修柴土塘并石塘各工案》。

《经野规略》原刊本三卷四册，长卷图1幅。为明万历年间诸暨知县刘光复在治理浦阳江实践中总结、编纂的一部水利专著，素有诸暨水利的“治谱”和“成规”之称。成书于明万历三十一年（1603），曾重刊四次。现按同治本点校，增附民国四年（1915）浙江水利委员会刊印的《浦阳江测量报告书》。

《麻溪改坝为桥始末记》四卷。首王念祖、汤蛰先序，图像7幅。编纂者王念祖，清山阴人。卷一论著，卷二记事，卷三公牍上，卷四公牍下，记明、清、民国时期浦阳江下游改道与麻溪坝兴废历史。民国八年（1919）莪社印存。现按莪社版点校，增附《麻溪坝利害纪略》。

《上虞五乡水利本末》上、下两卷，图4幅，历元、明、清三代始成。上卷述夏盖、上妃、白马三湖塘工与五乡灌溉、御潮水利诸事，上虞乡人陈恬（晏如）

辑著,元至正二十二年(1362)始刻,时人杨融、刘仁本序,是绍兴所见最早的水利志;下卷记明、清三湖水利。清光绪九年(1883)上、下卷合刻锓板。现按光绪本点校。

《上虞五乡水利纪实》,上虞金鼎撰,清光绪三十四年(1908)刊行。文记清雍、嘉年间夏盖湖围湖成田五万亩后塘工废圮,清光绪年间金氏历二十年民间兴修夏盖湖水利事,可视作《上虞五乡水利本末》续集。

《上虞塘工纪略》四卷,图1幅,首张之洞、鲍临序及李慈铭《训导连君传》等。卷一后海塘,卷二前江塘,卷三上虞续塘工纪略,卷四为三续上虞塘工纪略,由上虞连仲愚先后撰于清同治元年(1862)、五年、十年,为连氏修筑上虞海塘之经验总结。清光绪四年(1878)刊行。现按光绪本点校,全书后增附《咸丰元年起捐修柴土塘并石塘各工案》。

《上虞塘工纪要》两卷。首王继香、张茂镛序。上卷塘工纪要及二、三、四续,下卷五续、六续塘工纪要及重筑临江大墙纪要等,上虞连衡著。文记清光绪年间连氏缵先祖连仲愚之绪,续修上虞海塘,诚可称《上虞塘工纪略》续集。光绪三十年(1904)刊行。现按光绪本点校。

综上,整理和点校古籍是一件很有意义并且学术难度较大的事,对其重视并取得成果,表明我市文化建设正在向着高品位和多样化的方向发展,也说明了我市文化界人才济济,浙东学术灿烂依然。期望这些书籍的出版,对绍兴传承历史、繁荣文化、重建水城,以及开展学术研究有所帮助。最后,谨向关心、支持《丛集》出版的绍兴市政府和绍兴市水利局领导,向付出辛勤劳动的《丛集》点校者和出版社同仁,表示诚挚的敬意和衷心的感谢。不当之处,敬请学界、读者指正。

编 者

2014年9月